위험물기능사
과년도문제 해설

서상희 편저

Craftsman Hazardous material

🌀 일진사

머리말

산업의 발전과 함께 석유화학공업도 함께 발전하면서 위험물을 취급하고 사용하는 산업체가 늘어나고, 취급 및 관리 잘못으로 인하여 사고가 발생하면 인적 및 물적 손실이 큰 것이 현실입니다. 이런 이유로 위험물은 안전하게 취급하고 관리하여야 할 전문기술인력이 많이 필요하게 되었습니다. 각 산업현장에서 위험물 분야의 전문기술인력으로 취업하기 위해서는 위험물 관련 자격증은 필수 조건이며, 이 분야에서 가장 기본적인 자격증이 위험물기능사입니다.

이에 저자는 바쁜 현대 생활에서 짧은 기간에 수험생들의 실력 배양 및 필기시험 합격에 도움이 되고자 과년도 문제풀이를 중심으로 다음과 같은 부분에 중점을 두어 출간하게 되었습니다.

첫째, 한국산업인력공단의 위험물기능사 필기 출제기준에 맞추어 문제풀이를 위한 핵심 이론을 요약·정리하였습니다.

둘째, 2010년부터 2016년 제4회까지 시행되었던 7년간의 필기문제를 자세한 해설과 함께 수록하였습니다.

셋째, CBT 대비 모의고사를 자세한 해설과 함께 수록하여 CBT 필기시험 전에 실력을 점검·확인할 수 있도록 하였습니다.

넷째, 저자가 직접 인터넷 카페(네이버:cafe.naver.com/gas21)를 개설, 관리하여 온라인상으로 질문 및 답변과 함께 시험정보를 공유할 수 있는 공간을 마련하였습니다.

끝으로 이 책으로 위험물기능사 필기시험을 준비하는 수험생 여러분께 합격의 영광이 있길 바라며, 책이 출판될 때까지 많은 지도와 격려를 보내주신 분들과 **일진사** 직원 여러분께 깊은 감사를 드립니다.

저자 씀

CBT 필기시험 안내

■ CBT(Computer Based Test) 필기시험은 컴퓨터 기반 시험을 의미하며, 국가기술자격 기능사 전종목이 2016년 5회 필기시험부터 시행되기 시작하여 2017년 이후에는 기능사 전종목, 전회 필기시험에 시행되고 있습니다.

■ CBT 필기시험은 CBT 문제은행에서 개인별로 상이하게 문제가 출제되므로 시험문제는 비공개로 되며, 수험자가 답안을 제출함과 동시에 합격여부를 확인할 수 있습니다.

■ CBT 시험과정은 큐넷(q-net.or.kr)에서 CBT 체험하기를 통해 실제 컴퓨터 필기 자격시험 환경과 동일하게 구성한 가상 체험 서비스를 제공받을 수 있습니다.

위험물기능사 검정현황

종목명	연도	필기			실기		
		응시	합격	합격률(%)	응시	합격	합격률(%)
소계		134,582	45,595	33.9%	64,332	25,641	39.9%
위험물기능사	2019	19,498	8,433	43.3%	12,342	4,656	37.7%
위험물기능사	2018	17,658	7,432	42.1%	11,065	4,226	38.2%
위험물기능사	2017	17,426	7,133	40.9%	9,266	3,723	40.2%
위험물기능사	2016	17,615	5,472	31.1%	7,380	3,109	42.1%
위험물기능사	2015	17,107	4,951	28.9%	7,380	3,578	48.5%
위험물기능사	2014	16,873	4,902	29.1%	6,801	2,907	42.7%
위험물기능사	2013	14,926	3,661	24.5%	5,753	2,018	35.1%
위험물기능사	2012	13,479	3,611	26.8%	4,345	1,424	32.8%

※ 2011년까지는 위험물 제1류부터 제6류까지 각각 시험을 시행하고 자격증을 발급하였고, 2012년부터는 6개 자격증이 통합되어 '위험물기능사'로 시행되고 있으며, 2011년까지의 자료는 공개되지 않고 있습니다.

■ 본 교재에 수록된 법령을 다음과 같이 줄여서 표시했음을 알려드립니다.
  • 위험물 안전관리법 → 법
  • 위험물 안전관리법 시행령 → 시행령
  • 위험물 안전관리법 시행규칙 → 시행규칙
  • 위험물안전관리에 관한 세부기준 → 세부기준

원소주기율표

범례

원자량 → 55.847
원소기호 → Fe
원자번호 → 26
원소명 → 철
원자가, 고딕글자는 보다 안정한 원자가

- 양쪽성 원소
- 금속 원소
- 비금속 원소
- 전이원소, 나머지는 전형원소

[ ] 안의 원자량은 가장 안전한 동위체의 질량수

철족 원소(위 3개)
백금족 원소(아래 6개)

주기\족	1A	2A	3A	4A	5A	6A	7A	8			1B	2B	3B	4B	5B	6B	7B	0
1	H 1																	He 2
2	Li 3	Be 4											B 5	C 6	N 7	O 8	F 9	Ne 10
3	Na 11	Mg 12											Al 13	Si 14	P 15	S 16	Cl 17	Ar 18
4	K 19	Ca 20	Sc 21	Ti 22	V 23	Cr 24	Mn 25	Fe 26	Co 27	Ni 28	Cu 29	Zn 30	Ga 31	Ge 32	As 33	Se 34	Br 35	Kr 36
5	Rb 37	Sr 38	Y 39	Zr 40	Nb 41	Mo 42	Tc 43	Ru 44	Rh 45	Pd 46	Ag 47	Cd 48	In 49	Sn 50	Sb 51	Te 52	I 53	Xe 54
6	Cs 55	Ba 56	란탄넘계열 57~71	Hf 72	Ta 73	W 74	Re 75	Os 76	Ir 77	Pt 78	Au 79	Hg 80	Tl 81	Pb 82	Bi 83	Po 84	At 85	Rn 86
7	Fr 87	Ra 88	악티늄계열 89~															

란탄넘계열: La 57, Ce 58, Pr 59, Nd 60, Pm 61, Sm 62, Eu 63, Gd 64, Tb 65, Dy 66, Ho 67, Er 68, Tm 69, Yb 70, Lu 71

악티늄계열: Ac 89, Th 90, Pa 91, U 92, Np 93, Pu 94, Am 95, Cm 96, Bk 97, Cf 98, Es 99, Fm 100, Md 101, No 102, Lr 103

출제기준(필기)

직무 분야	화학	중직무 분야	위험물	자격 종목	위험물기능사	적용 기간	2020.1.1.~2024.12.31.

○ **직무내용**: 위험물을 저장·취급·제조하는 제조소등에서 위험물을 안전하게 저장·취급·제조하고 일반 작업자를 지시 감독하며, 각 설비에 대한 점검과 재해 발생 시 응급조치 등의 안전관리 업무를 수행하는 직무이다.

필기 검정 방법	객관식	문제 수	60	시험 시간	1시간

필기 과목명	출제 문제 수	주요 항목	세부 항목	세세 항목
화재예방과 소화방법, 위험물의 화학적 성질 및 취급	60	1. 화재 예방 및 소화 방법	(1) 화학의 이해	① 물질의 상태 및 성질 ② 화학의 기초법칙 ③ 유기, 무기화합물의 특성
			(2) 화재 및 소화	① 연소이론 ② 소화이론 ③ 폭발의 종류 및 특성 ④ 화재의 분류 및 특성
			(3) 화재 예방 및 소화 방법	① 위험물의 화재 예방 ② 위험물의 화재 발생 시 조치방법
		2. 소화약제 및 소화기	(1) 소화약제	① 소화약제의 종류 ② 소화약제별 소화원리 및 효과
			(2) 소화기	① 소화기의 종류 및 특성 ② 소화기별 원리 및 사용법
		3. 소방시설의 설치 및 운영	(1) 소화설비의 설 치 및 운영	① 소화설비의 종류 및 특성 ② 소화설비 설 치기준 ③ 위험물별 소화설비의 적응성 ④ 소화설비 사용법
			(2) 경보 및 피난설 비의 설치기준	① 경보설비 종류 및 특징 ② 경보설비 설치 기준 ③ 피난설비의 설치기준
		4. 위험물의 종 류 및 성질	(1) 제1류 위험물	① 제1류 위험물의 종류 ② 제1류 위험물의 성질 ③ 제1류 위험물의 위험성 ④ 제1류 위험물의 화재 예방 및 진압 대책
			(2) 제2류 위험물	① 제2류 위험물의 종류 ② 제2류 위험물의 성질 ③ 제2류 위험물의 위험성 ④ 제2류 위험물의 화재 예방 및 진압 대책
			(3) 제3류 위험물	① 제3류 위험물의 종류 ② 제3류 위험물의 성질 ③ 제3류 위험물의 위험성 ④ 제3류 위험물의 화재 예방 및 진압 대책
			(4) 제4류 위험물	① 제4류 위험물의 종류 ② 제4류 위험물의 성질 ③ 제4류 위험물의 위험성 ④ 제4류 위험물의 화재 예방 및 진압 대책
			(5) 제5류 위험물	① 제5류 위험물의 종류 ② 제5류 위험물의 성질 ③ 제5류 위험물의 위험성 ④ 제5류 위험물의 화재 예방 및 진압 대책

필기 과목명	출제 문제 수	주요 항목	세부 항목	세세 항목
			(6) 제6류 위험물	① 제6류 위험물의 종류 ② 제6류 위험물의 성질 ③ 제6류 위험물의 위험성 ④ 제6류 위험물의 화재예방 및 진압 대책
		5. 위험물안전 관리 기준	(1) 위험물 저장·취급·운반·운송기준	① 위험물의 저장기준 ② 위험물의 취급기준 ③ 위험물의 운반기준 ④ 위험물의 운송기준
		6. 기술기준	(1) 제조소등의 위치구조 설비기준	① 제조소의 위치구조 설비기준 ② 옥내저장소의 위치구조 설비기준 ③ 옥외탱크저장소의 위치구조 설비기준 ④ 옥내탱크저장소의 위치구조 설비기준 ⑤ 지하탱크저장소의 위치구조 설비기준 ⑥ 간이탱크저장소의 위치구조 설비기준 ⑦ 이동탱크저장소의 위치구조 설비기준 ⑧ 옥외저장소의 위치구조 설비기준 ⑨ 암반탱크저장소의 위치구조 설비기준 ⑩ 주유취급소의 위치구조 설비기준 ⑪ 판매취급소의 위치구조 설비기준 ⑫ 이송취급소의 위치구조 설비기준 ⑬ 일반취급소의 위치구조 설비기준
			(2) 제조소등의 소화설비, 경보설비 및 피난설비기준	① 제조소등의 소화난이도 등급 및 그에 따른 소화설비 ② 위험물의 성질에 따른 소화설비의 적응성 ③ 소요단위 및 능력단위 산정법 ④ 옥내소화전의 설치기준 ⑤ 옥외소화전의 설치기준 ⑥ 스프링클러의 설치기준 ⑦ 물분무소화설비의 설치기준 ⑧ 포소화설비의 설치기준 ⑨ 불활성가스 소화설비의 설치기준 ⑩ 할로겐화물소화설비의 설치기준 ⑪ 분말소화설비의 설치기준 ⑫ 수동식 소화기의 설치기준 ⑬ 경보설비의 설치기준 ⑭ 피난설비의 설치기준
		7. 위험물안전 관리법상 행정사항	(1) 제조소등 설치 및 후속 절차	① 제조소등 허가 ② 제조소등 완공검사 ③ 탱크안전성능검사 ④ 제조소등 지위승계 ⑤ 제조소등 용도폐지
			(2) 행정 처분	① 제조소등 사용정지, 허가취소 ② 과징금 처분
			(3) 안전관리 사항	① 유지·관리 ② 예방규정 ③ 정기점검 ④ 정기검사 ⑤ 자체소방대
			(4) 행정 감독	① 출입 검사 ② 각종 행정명령 ③ 벌금 및 과태료

차 례

제1편 ─o 문제풀이를 위한 핵심이론

제2편 ─○ 과년도 출제문제

부록 ─○ CBT 모의고사

위험물기능사 필기

문제 풀이를 위한
핵심 이론

Chapter 01 화학의 이해

1-1 원소의 주기율

(1) 원소의 주기율

원소를 원자 번호 순으로 나열하면 성질이 비슷한 원소가 주기적으로 나타내는 성질을 원소의 주기율이라 한다.

주기＼족	1	2	3	4	5	6	7	8	9	10	11	12	13	14	15	16	17	18
1	H																	He
2	Li	Be											B	C	N	O	F	Ne
3	Na	Mg											Al	Si	P	S	Cl	Ar
4	K	Ca	Sc	Ti	V	Cr	Mn	Fe	Co	Ni	Cu	Zn	Ga	Ge	As	Se	Br	Kr
5	Rb	Sr	Y	Zr	Nb	Mo	Te	Ru	Rh	Pd	Ag	Cd	In	Sn	Sb	Te	I	Xe
6	Cs	Ba	La~Lu	Hf	Ta	W	Re	Os	Ir	Pt	Au	Hg	Tl	Pb	Bi	Po	At	Rn
7	Fr	Ra	Ac~Lr															

(2) 화학 기호

화학 기호란 원소를 간단히 표시하기 위하여 원자를 1개 또는 2개의 알파벳 또는 로마자로 표기한 문자를 말한다.

① 1족 : H(수소), Li(리튬), Na(나트륨), K(칼륨), Cu(구리), Ag(은), Au(금)

② 2족 : Be(베릴륨), Mg(마그네슘), Ca(칼슘), Sr(스트론튬), Ba(바륨), Zn(아연), Cd(카드뮴), Hg(수은)

③ 3족 : B(붕소), Al(알루미늄)

④ 4족 : C(탄소), Si(규소), Ge(게르마늄), Sn(주석), Pb(납)

⑤ 5족 : N(질소), P(인), As(비소), Sd(안티몬), Bi(비스무스)

⑥ 6족 : O(산소), S(황), Cr(크롬), Mo(몰리브덴), W(텅스텐)

⑦ 7족 : F(불소), Cl(염소), Br(브롬), I(요오드)

⑧ 0족 : He(헬륨), Ne(네온), Ar(아르곤), Kr(크립톤), Xe(크세논), Rn(라돈)

1-2 ○ 원자량, 분자량, 화학식량

(1) 원자번호

① 원자번호 : 원자의 종류에 따라 원자핵 속의 양성자 수가 다르므로 양성자 수를 원자번호로 정하여 사용한다.

② 원자번호와 전자 수 : 원자번호는 양성자 수이고, 양성자 수는 중성원자에서 전자 수와 같다.

　　　원자번호＝양성자 수＝중성원자의 전자 수

③ 질량 수 : 양성자 수와 중성자 수를 합한 값을 질량 수로 나타내서 사용한다.

　　　질량 수＝양성자 수＋중성자 수

(2) 원자 표시법

$$^A_Z X^m_n$$

Z : 원자 번호[양성자 수 (+) = 전자 수(−)]
A : 원자 질량 (원자량)
(±) m : 원자가
n : 원자의 수
X : 원소기호

(3) 원자량

질량 수 12인 탄소 원자를 기준으로 이것을 12로 하여 다른 원자와의 질량 비교값이다.

원소명	H	He	Li	Be	B	C	N	O	F	Ne
원자량	1	4	7	9	10	12	14	16	10	20.2
원소명	Na	Mg	Al	Si	P	S	Cl	Ar	K	Ca
원자량	23	24	27	28	31	32	35.5	40	39	40

㈜ 굵은 선으로 표시된 항목은 반드시 암기하여야 함

(4) 분자량

분자를 구성하고 있는 각 원자의 원자량 합을 분자량이라 한다.

① g 분자 : 분자량에 'g' 단위를 붙여 표시한 양을 '1g 분자' 또는 '1몰(mol)'이라 한다.

② 분자량 구하는 방법

㈎ 이산화탄소(CO_2) : $C(12) + O_2(16 \times 2) = 44$

㈏ 물(H_2O) : $H_2(1 \times 2) + O(16) = 18$

(다) 아세톤(CH_3COCH_3) : $C(12) + H_3(1 \times 3) + C(12) + O(16) + C(12) + H_3(1 \times 3) = 58$

(라) 에테르($C_2H_5OC_2H_5$) : $C_2(12 \times 2) + H_5(1 \times 5) + O(16) + C_2(12 \times 2) + H_5(1 \times 5) = 74$

(마) 과염소산암모늄(NH_4ClO_4) : $N(14) + H_4(1 \times 4) + Cl(35.5) + O_4(16 \times 4) = 117.5$

(바) 삼불화브롬(BrF_3) : $Br(80) + F(19 \times 3) = 137$

(5) 아보가드로(Avogadro)의 법칙

온도와 압력이 같으면 모든 기체는 같은 부피 속에 같은 수의 분자가 들어 있다.

참고 표준상태(STP상태 : 0℃, 1기압)에서 기체 1몰(mol)의 부피는 22.4L, 분자 수는 6.02×10^{23}개이다.

1-3 ⚬ 물질의 상태

① 기화(氣化) : 액체가 외부에서 열에너지를 얻어 기체로 되는 현상으로, 이때 흡수한 열을 기화열 또는 증발 잠열이라고 한다.
② 승화 : 고체 상태에서 용해되지 않고 기체 상태로 변화하는 현상 및 그 반대 현상이다.
③ 액화 : 기체의 열에너지를 제거하여 액체 상태로 변화하는 현상이다.

1-4 ⚬ 열

(1) 열량의 단위

① kcal : 대기압 상태에서 물 1kg의 온도를 1℃ 상승시키는 데 필요한 열량
② BTU : 대기압 상태에서 물 1lb의 온도를 1°F 상승시키는 데 필요한 열량
③ CHU : 대기압 상태에서 물 1lb의 온도를 1℃ 상승시키는 데 필요한 열량

(2) 현열과 잠열

① 현열(감열) : 물질의 상태 변화 없이 온도 변화에 필요한 열이다.

$$Q = G \cdot C \cdot \Delta t$$

여기서, Q : 현열량(kcal) G : 물질의 중량(kgf)
  C : 물질의 비열(kcal/kgf · ℃) Δt : 온도변화(℃)

② 잠열(숨은 열) : 물질의 온도 변화 없이 상태 변화에 필요한 열이다.

$$Q = G \cdot \gamma$$

여기서, Q : 잠열량(kcal) G : 물질의 중량(kgf)
  γ : 물질의 잠열(kcal/kgf · ℃)

1-5 ···○ 기체의 상태 변화

(1) 보일-샤를의 법칙

① 보일의 법칙 : 온도가 일정한 상태에서 기체가 차지하는 부피는 압력에 반비례한다.

$$P_1 \cdot V_1 = P_2 \cdot V_2$$

② 샤를의 법칙 : 압력이 일정한 상태에서 기체가 차지하는 부피는 절대온도에 비례한다.

$$\frac{V_1}{T_1} = \frac{V_2}{T_2}$$

③ 보일-샤를의 법칙 : 일정량의 기체가 차지하는 부피는 압력에 반비례하고, 절대온도에 비례한다.

$$\frac{P_1 \cdot V_1}{T_1} = \frac{P_2 \cdot V_2}{T_2}$$

여기서, P_1 : 변하기 전의 절대압력 P_2 : 변한 후의 절대압력
V_1 : 변하기 전의 부피 V_2 : 변한 후의 부피
T_1 : 변하기 전의 절대온도(K) T_2 : 변한 후의 절대온도(K)

(2) 이상기체 상태 방정식

① 이상기체의 성질

㈎ 보일-샤를의 법칙을 만족한다.

㈏ 아보가드로의 법칙에 따른다.

㈐ 내부에너지는 온도만의 함수이다.

㈑ 온도에 관계없이 비열비는 일정하다.

㈒ 기체의 분자력과 크기도 무시되며, 분자 간의 충돌은 완전 탄성체이다.

㈓ 줄의 법칙이 성립한다.

② 이상기체 상태 방정식

㈎ 절대단위

$$PV = nRT \qquad PV = \frac{W}{M}RT \qquad PV = Z\frac{W}{M}RT$$

여기서, P : 압력(atm) V : 체적(L) n : 몰(mol)수
R : 기체상수(0.082 L·atm/mol·K) M : 분자량(g/mol)
W : 질량(g) T : 절대온도(K) Z : 압축계수

(나) SI단위

$$PV = GRT$$

여기서, P : 압력(kPa·a) V : 체적(m^3) G : 질량(kg)

        T : 절대온도(K) R : 기체상수$\left(\dfrac{8.314}{M}\,[\text{kJ/kg·K}]\right)$

(다) 공학단위

$$PV = GRT$$

여기서, P : 압력(kgf/m^2·a) V : 체적(m^3) G : 중량(kgf)

        T : 절대온도(K) R : 기체상수$\left(\dfrac{848}{M}\,[\text{kgf·m/kg·K}]\right)$

1-6 ○ 비중, 밀도, 비체적

(1) 비중

① 액체의 비중 : 4℃ 순수한 물의 밀도에 대한 액체의 밀도비이다.

$$\text{액체 비중} = \frac{t\text{℃ 물질의 밀도}}{4\text{℃ 물의 밀도}}$$

② 기체의 비중 : 표준상태(STP : 0℃, 1기압 상태)의 공기 일정 부피당 질량과 같은 부피의 기체 질량과의 비이다.

$$\text{기체 비중} = \frac{\text{기체 분자량(질량)}}{\text{공기의 평균분자량(29)}}$$

(2) 가스 밀도

가스의 단위 체적당 질량이다.

$$\text{가스 밀도(g/L, kg/}m^3) = \frac{\text{분자량}}{22.4}$$

(3) 가스 비체적

단위 질량당 체적으로 가스 밀도의 역수이다.

$$\text{가스 비체적(L/g, }m^3\text{/kg)} = \frac{22.4}{\text{분자량}} = \frac{1}{\text{밀도}}$$

화재 및 소화

○ 연소 이론

(1) 연소의 3요소

① 연소의 3요소 : 가연성 물질, 산소 공급원, 점화원
② 연소의 4요소 : 가연성 물질, 산소 공급원, 점화원, 연쇄반응

(2) 인화점 및 발화점

① 인화점(인화온도) : 점화원에 의하여 연소할 수 있는 최저온도이다.
② 발화점(발화온도) : 점화원 없이 연소를 개시하는 최저 온도로 착화점 또는 착화온도라 한다.

(3) 연소 형태 분류 및 가연물

① 표면연소 : 목탄(숯), 코크스, 금속분 등
② 분해연소 : 고체연료(종이, 석탄, 목재 등) 또는 중유 등
③ 증발연소 : 가솔린, 등유, 경유, 알코올, 양초, 유황 등
④ 확산연소 : 가연성 기체
⑤ 자기연소 : 제5류 위험물

연소 불꽃 색상에 따른 온도

불꽃 색상	암적색	적색	휘적색	황적색	백적색	휘백색
온도 (℃)	700	850	950	1100	1300	1500

(4) 자연발화

① 자연발화 : 축적된 산화열에 의해 발화하는 현상
② 자연발화의 조건
　㈎ 열의 축적이 많을수록 발화가 용이하다.
　㈏ 열전도율이 작을수록 (열의 축적률이 클수록) 발화가 용이하다.
　㈐ 발열량이 클수록 발화가 용이하다.

  ㈜ 공기 유통이 원활하지 못하면 발화가 용이하다.

  ㈜ 수분 및 온도가 높을수록 발화가 용이하다.

 ③ 자연발화의 형태

  ㈎ 분해열에 의한 발열 : 과산화수소, 염소산칼륨 등

  ㈏ 산화열에 의한 발열 : 건성유, 원면, 고무분말 등

  ㈐ 중합열에 의한 발열 : 시안화수소, 산화에틸렌, 염화비닐 등

  ㈑ 흡착열에 의한 발열 : 활성탄, 목탄, 분말 등

  ㈒ 미생물에 의한 발열 : 먼지, 퇴비 등

 ④ 자연발화 방지법

  ㈎ 통풍을 잘 시킬 것

  ㈏ 저장실의 온도를 낮출 것

  ㈐ 습도가 높은 곳을 피하고, 건조하게 보관할 것

  ㈑ 열의 축적을 방지할 것

  ㈒ 가연성가스 발생을 조심할 것

  ㈓ 불연성가스를 주입하여 공기와의 접촉을 피할 것

  ㈔ 물질의 표면적을 최대한 작게 할 것

  ㈕ 정촉매 작용을 하는 물질과의 접촉을 피할 것

(5) 정전기 제거설비 설치 [시행규칙 별표4]

 ① 접지에 의한 방법

 ② 공기 중의 상대습도를 70% 이상으로 하는 방법

 ③ 공기를 이온화하는 방법

2-2 ◦ 폭발의 종류 및 특성

(1) 연소범위 및 위험도

 ① 연소범위 : 공기 중 가연성 가스의 농도 백분율(체적%)로서, 연소하는 최고농도를 연소 상한계, 최저농도를 연소하한계라 하며 그 차이를 연소범위(폭발범위)라 한다.

  ㈎ 온도가 높아지면 연소범위는 넓어진다.

  ㈏ 압력이 상승하면 연소범위는 넓어진다.

  ㈐ 산소농도가 증가하면 연소범위는 넓어진다.

 ② 위험도 : 연소범위 상한과 하한의 차이를 연소범위 하한값으로 나눈 것이다.

$$H = \frac{U - L}{L}$$

여기서, H : 위험도 U : 연소범위 상한값 L : 연소범위 하한값

(2) 폭발

① 폭발의 정의 : 혼합기체가 단시간 내에 연소하면서 압력 상승이 급격히 발생

② 폭발의 종류 : 산화폭발, 분해폭발, 분진폭발

참고 시멘트 분말, 대리석 분말 등은 불연성 물질로 분진폭발과는 관련이 없다.

(3) 폭굉(detonation)

① 폭굉의 정의 : 가스 중의 음속보다도 화염 전파속도가 큰 경우로서 파면선단에 충격파라고 하는 압력파가 생겨 격렬한 파괴작용을 일으키는 현상

② 폭굉 유도거리가 짧아지는 조건

㈎ 정상 연소속도가 큰 혼합가스일수록

㈏ 관 속에 방해물이 있거나 관지름이 가늘수록

㈐ 압력이 높을수록

㈑ 점화원의 에너지가 클수록

2-3 ⚬ 화재의 분류 및 특성

(1) 화재의 구분 및 표시 색상

구분	화재 종류	표시 색상
A급 화재	일반 화재	백색
B급 화재	유류, 가스 화재	황색
C급 화재	전기 화재	청색
D급 화재	금속 화재	무색

(2) 화재 현상

① 화재현장에서 발생하는 현상

㈎ 플래시 오버(flash over) 현상 : 화재로 발생한 열이 주변의 모든 물체가 연소되기 쉬운 상태에 도달하였을 때 순간적으로 강한 화염을 분출하면서 내부 전체를 급격히 태워버리는 현상

㈏ 백 드래프트(back draft) 현상 : 폐쇄된 건축물 내에서 산소가 부족한 상태로 연소가 되다가 갑자기 실내에 다량의 공기가 공급될 때 폭발적 발화현상이 발생하는 것

② 유류 저장탱크 화재에서 일어나는 현상

    ㈎ 보일 오버(boil over) 현상 : 유류탱크 화재 시 탱크 저부의 비점이 낮은 불순물이 연소열에 의하여 이상팽창하면서 다량의 기름이 탱크 밖으로 비산하는 현상

    ㈏ 슬롭 오버(slop over) 현상 : 유류 저장탱크 화재 시 포소화약제를 방사하면 물이 기화되어 다량의 기름이 탱크 밖으로 비산하는 현상

2-4 ─○ 소화 이론

(1) 소화 방법 분류

① 물리적 소화 방법

    ㈎ 화재를 물 등을 이용하여 냉각시켜 소화하는 방법 : 냉각소화

    ㈏ 유전화재를 강풍으로 불어 소화하는 방법 : 제거소화

    ㈐ 산소공급을 차단하여 소화하는 방법 : 질식소화

② 화학적 소화 방법 : 화학적으로 제조된 소화약제를 이용하여 소화시키는 방법으로 부촉매효과(억제소화)가 해당된다.

(2) 소화 방법(효과)

① 제거소화 : 가연물 제거

② 질식소화 : 산소공급원을 차단

③ 냉각소화 : 가연물을 발화점 이하로 낮추어 연소가 진행할 수 없도록 하는 방법

④ 부촉매소화(억제소화, 화학소화) : 산화반응의 연쇄반응을 억제하는 방법

⑤ 희석소화 : 수용성 가연성 위험물에 다량의 물을 살포하여 연소농도 이하가 되도록 하여 소화시키는 방법

Chapter 03

소화약제 및 소화기

3-1 ○ 소화약제의 종류 및 특징

(1) 물 소화약제
① 특징
　㈎ 증발잠열이 539kcal/kg으로 매우 크다.
　㈏ 냉각소화에 효과적이다.
　㈐ 쉽게 구할 수 있고 비용이 저렴하다.
　㈑ 취급이 간편하다.
② 적응화재 : A급 화재 (첨가제를 혼합하면 B급 화재, C급 화재도 가능)

(2) 산·알칼리 소화약제
① 특징
　㈎ 탄산수소나트륨($NaHCO_3$)과 황산(H_2SO_4)의 화학반응으로 생긴 탄산가스를 압력원으로 사용
　㈏ 소화효과는 냉각소화이다.
　㈐ 사용온도는 0~40℃ 이하이다.
　㈑ 화학 반응식 : $2NaHCO_3 + H_2SO_4 \rightarrow Na_2SO_4 + 2H_2O \uparrow + 2CO_2 \uparrow$
② 주수 형태
　㈎ 봉상주수 : A급 화재에 유효
　㈏ 무상주수 : B급 화재 및 C급 화재에 유효

(3) 강화액 소화약제
① 특징
　㈎ 물에 탄산칼륨(K_2CO_3)을 용해하여 겨울철 및 한랭지에서 사용할 수 있다.
　㈏ 소화약제는 pH 12 정도의 알칼리성이다.
　㈐ 축압식(소화약제＋압축공기)과 가압식으로 구분한다.
　㈑ 소화효과는 냉각소화, 부촉매효과(억제효과), 일부 질식소화이다.

② 주수 형태에 따른 적응화재

   ⑦ 봉상 주수 : A급 화재에 유효

   ⓝ 무상 주수 : B급 화재 및 C급 화재에 유효

(4) 이산화탄소(CO_2) 소화약제

① 특징

   ⑦ 무색, 무미, 무취의 기체로 공기보다 무겁고 불연성이다.

   ⓝ 독성이 없지만 과량 존재 시 산소부족으로 질식할 수 있다.

   ⓒ 비점 −78.5℃로 냉각, 압축에 의하여 액화된다.

   ⓡ 전기의 불량도체이고, 장기간 저장이 가능하다.

   ⓜ 소화약제에 의한 오손이 없고, 질식효과와 냉각효과가 있다.

   ⓑ 자체 압력을 이용하므로 압력원이 필요하지 않고 할로겐 소화약제보다 경제적이다.

② 소화 효과

   ⑦ 질식소화 : 산소 농도를 15% 이하로 내려 소화한다.

   ⓝ 냉각소화 : 고체탄산(드라이아이스)의 온도가 −78.5℃이어서 냉각소화를 한다.

③ 이산화탄소 소화약제 저장용기 설치장소

   ⑦ 방호구역 외의 장소에 설치할 것

   ⓝ 온도가 40℃ 이하이고 온도 변화가 적은 곳에 설치할 것

   ⓒ 직사광선 및 빗물이 침투할 우려가 없는 곳에 설치할 것

   ⓡ 방화문으로 구획된 실에 설치할 것

   ⓜ 용기의 설치장소에는 해당 용기가 설치된 곳임을 표시하는 표지를 할 것

   ⓑ 용기간의 간격은 점검에 지장이 없도록 3cm 이상의 간격을 유지할 것

   ⓢ 저장용기와 집합관을 연결하는 연결배관에는 체크밸브를 설치할 것

(5) 할로겐화합물 소화약제

  할로겐족 원소인 불소(F), 염소(Cl), 브롬(Br) 또는 요오드(I) 중 하나 이상의 원소를 포함하고 유기화합물을 기본 성분으로 하는 소화약제로 연소반응을 억제시키는 효과(부촉매 효과)를 이용한다.

① 특징

   ⑦ 화학적 부촉매에 의한 연소 억제작용이 커서 소화능력이 우수하다.

   ⓝ 전기적으로 부도체이기 때문에 전기화재에 효과가 크다.

   ⓒ 인체에 영향을 주는 독성이 적다.

   ⓡ 약제의 분해 및 변질이 거의 없어 반영구적이다.

      (마) 소화 후 약제에 의한 오염 및 소손이 적다.

      (바) 분자량이 커질수록 융점, 비점이 올라간다.

      (사) 가격이 고가이다.

② 구비조건

      (가) 증기는 공기보다 무겁고, 불연성일 것

      (나) 비점이 낮으며 기화하기 쉽고, 증발잠열이 클 것

      (다) 전기절연성이 우수할 것

      (라) 증발 후에는 잔류물이 없을 것

③ 소화약제의 종류 및 특징

      (가) 할론 1301(CF_3Br) 특징

         ㉮ 무색, 무취이고 액체 상태로 저장 용기에 충전한다.

         ㉯ 비점이 낮아서 기화가 용이하며, 상온에서 기체이다.

         ㉰ 할론 소화약제 중 독성이 가장 적은 반면 오존파괴지수가 가장 높다.

         ㉱ 전기 전도성이 없고, 기체 비중이 5.17로 공기보다 무거워 심부화재에 효과적이다.

         ㉲ 소화 시 시야를 방해하지 않기 때문에 피난 시에 방해가 없다.

      (나) 할론 1211(CF_2ClBr) 특징

         ㉮ 할론 소화약제 중 안정성이 가장 높다.

         ㉯ A급, B급, C급 화재에 모두 사용할 수 있다.

         ㉰ 알루미늄 및 금속에 대한 부식성이 존재한다.

         ㉱ 오존파괴지수가 가장 낮다.

      (다) 할론 2402($C_2F_4Br_2$) 특징

         ㉮ 상온, 상압에서 액체로 존재하기 때문에 국소방출방식에 주로 사용된다.

         ㉯ 독성과 부식성이 비교적 적고, 내절연성이 양호하다.

④ 할론(Halon) 구조식

| Halon-abcd |

    (가) a : 탄소(C)의 수   (나) b : 불소(F)의 수

    (다) c : 염소(Cl)의 수   (라) d : 취소(Br : 브롬)의 수

⑤ 할론(Halon) 번호에 따른 화학식

할론 번호	화학식	할론 번호	화학식
Halon 1001	CH_3Br	Halon 1301	CF_3Br
Halon 1011	CH_2ClBr	Halon 2402	$C_2F_4Br_2$
Halon 1202	CF_2Br_2	Halon 104	CCl_4
Halon 1211	CF_2ClBr	Halon 10001	CH_3I

⑹ 포(foam) 소화약제

주원료에 포 안정제, 그 밖의 약제를 첨가한 액상의 것으로 거품을 발생시켜 소화에 사용하는 소화약제이다.

① 포의 구비조건

　㉮ 유류 등에 대하여 부착성이 좋을 것

　㉯ 유동성이 좋고, 열에 대한 센 막을 가질 것

　㉰ 기름 또는 물보다 가벼울 것

　㉱ 바람 등에 견디고 응집성과 안정성이 있을 것

　㉲ 독성이 적고 가격이 저렴할 것

② 종류

　㉮ 화학포 : 탄산수소나트륨($NaHCO_3$)의 황산알루미늄[$Al_2(SO_4)_3$]과의 반응에서 발생하는 이산화탄소(CO_2)를 이용하여 포를 발생시킨다.

　㉯ 공기포(기계포) : 기포안정제로 사용하는 용액(동식물 성분의 가수분해 생성물, 계면활성제)을 물에 희석한 것을 기계적으로 교란시키면서 공기를 흡입하여 포(泡, foam)를 발생시킨다.

　　㉠ 단백포 소화약제 : 단백질을 가수분해한 것을 주원료로 하는 포소화약제이다.

　　㉡ 합성계면활성제포 소화약제 : 합성계면활성제를 주원료로 하는 포소화약제로 유동성이 빠르고, 쉽게 변질되지 않아 반영구적이다. A급 화재, B급 화재에 적응한다.

　　㉢ 수성막포 소화약제 : 합성계면활성제를 주원료로 하는 포소화약제 중 기름표면에서 수성막을 형성하는 포소화약제로 인체에 유해하지 않으며, 유동성이 좋아 소화속도가 빠르다.

　　㉣ 알코올형포(내알코올포) 소화약제 : 단백질 가수분해물이나 합성계면활성제 중에 지방산금속염이나 타 계통의 합성계면활성제 또는 고분자 겔 생성물 등을 첨가한 포소화약제로서 알코올류, 에테르류 등 수용성 용제의 소화에 사용하는 약제이다.

　　㉤ 불화단백포 소화약제 : 플루오르계 계면활성제를 물과 혼합하여 제조한 것으로 수명이 길지만 가격이 고가이다.

⑺ 분말 소화약제

방습 처리한 미세한 건조분말에 유동성을 갖게 하기 위해 분산매체를 첨가한 것으로 분말 소화약제를 연소물에 방사하면 화재열로 열분해가 되고, 이때 생성되는 물질에 의하여 연소반응차단(부촉매 효과), 질식효과, 냉각효과, 방진효과 등에 의해 소화하는 약제이다. 분말은 습기에 의해 고화현상(굳는 현상)을 방지하기 위해 방습처리 되어 있다.

분말소화약제 종류 및 특징

약제의 종류	주성분	화학반응식	분말 색상	적응화재
제1종	탄산수소나트륨	$2NaHCO_3 \rightarrow Na_2CO_3 + H_2O + CO_2$	백색	B.C
제2종	탄산수소칼륨	$2KHCO_3 \rightarrow K_2CO_3 + H_2O + CO_2$	담회색	B.C
제3종	제1인산암모늄	$NH_4H_2PO_4 \rightarrow HPO_3 + NH_3 + H_2O$	담홍색	A.B.C
제4종	탄산수소칼륨+요소	$2KHCO_3 + (NH_2)_2CO$ $\rightarrow K_2CO_3 + 2NH_3 + 2CO_2$	회색	B.C

3-2 ○ 소화약제별 소화효과

① 물 : 냉각효과
② 산·알칼리 소화약제 : 냉각효과
③ 강화액 소화약제 : 냉각소화, 부촉매효과, 일부질식효과
④ 이산화탄소 소화약제 : 질식효과, 냉각효과
⑤ 할로겐화합물 소화약제 : 억제효과(부촉매효과)
⑥ 포 소화약제 : 질식효과, 냉각효과
⑦ 분말 소화약제 : 질식효과, 냉각효과, 제3종 분말소화약제는 부촉매효과도 있음

3-3 ○ 소화기의 종류 및 특성

(1) 포말(泡沫, foam) 소화기
① 특징
  ㈎ 거품의 pH가 평균 7.4로 중성포(中性泡)이다.
  ㈏ 방사시간은 1분, 방사거리는 10m 이상이다.
  ㈐ 다량의 기포로 재연소 방지에 강력한 효과가 있다.
② 용도 : 일반 화재(목재, 섬유류 등), 유류 화재

(2) 분말 소화기(드라이케미컬)
① 종류
  ㈎ 축압식 : 분말 소화약제의 방출 압력원으로 질소가스를 충전
  ㈏ 가스가압식(봄베식) : 용기 내부 또는 외부에 소화약제 방출원인 이산화탄소(CO_2)를

충전

② 특징

㈎ 신속한 진화작용, 소염작용 및 피복작용으로 재연소 방지에 효과적이다.

㈏ B급, C급 화재에 효과가 크다.

㈐ 소화 후 기물 손상이 적다.

③ 용도

㈎ ABC급 화재 : 제3종 분말소화기

㈏ BC급 화재 : 제1종 분말소화기, 제2종 분말소화기, 제3종 분말소화기, 제4종 분말소화기

(3) 할로겐 화합물 소화기

① 할론 1011 소화기 : 일염화일취화메탄(CH_2ClBr : CB 소화기)

㈎ 무색, 투명하고 특이한 냄새가 나는 불연성 액체이다.

㈏ 사염화탄소(CCl_4)에 비해 약 3배의 소화능력이 있다.

㈐ 금속에 대한 부식성이 있다.

㈑ 유류 화재, 화학약품 화재, 전기 화재 등에 사용한다.

㈒ 방사 후에는 밸브를 확실히 폐쇄하여 내압이나 소화제의 누출을 방지한다.

㈓ 액은 연소면에 직사로 하여 한쪽으로부터 순차적으로 소화한다.

② 할론 2402 소화기 : 이취화사불화에탄($CBrF_2 \cdot CBrF_2$: FB 소화기)

㈎ 사염화탄소(CCl_4)나 할론 1011(CH_2ClBr)에 비교해서 우수하다.

㈏ 독성과 부식성이 비교적 적고, 내절연성도 양호하다.

③ 사염화탄소(CCl_4) 소화기

㈎ CTC 소화기라 하며 사염화탄소(CCl_4) 압력원으로 사용한다.

㈏ 협소한 실내에서 사용할 경우 유독가스에 의한 장해에 주의하여야 한다.

㈐ 금속을 부식시키므로 사용에 주의한다.

④ 할론 1301 소화기 : 브로모트리플루오르메탄(CF_3Br)

㈎ 할론 소화약제 중 독성이 가장 적다.

㈏ 오존파괴지수가 가장 높다.

⑤ 할론 1211 소화기 : 브로모클로로디플루오르메탄(CF_2ClBr)

㈐ BCF 소화기라 한다.

㈑ 알루미늄 및 금속에 대한 부식성이 존재한다.

(4) 이산화탄소(CO_2 : 탄산가스) 소화기

① 가연물이 소량이고 그 표면만을 연소할 때는 산소 억제 효과가 있다.

② 소규모의 인화성 액체 화재(B급 화재)나 전기설비 화재(C급 화재)에 효과가 크다.

③ 피연소물에 피해를 주지 않아 소화 후 증거보존에 유리하다.

④ 방사거리가 짧아 화점에 접근하여 사용하여야 한다.

⑤ 금속분에는 연소면 확대로 사용을 제한한다.

(5) 소화기 외부 표시사항 및 사용방법

① 외부 표시사항 : 소화기의 명칭, 적응화재 표시, 사용방법, 용기합격 및 중량 표시, 취급상 주의사항, 능력단위, 제조연월일

② 소화기 사용방법

   (가) 적응화재에만 사용할 것

   (나) 성능에 따라 불 가까이 접근하여 사용할 것

   (다) 바람을 등지고 풍상(風上)에서 풍하(風下)의 방향으로 소화작업을 할 것

   (라) 소화는 양옆으로 비로 쓸 듯이 골고루 방사할 것

4-1 ○ 소화설비의 설치

(1) 옥내소화전 설비 및 옥외소화전 설비

구분	옥내소화전	옥외소화전
호스접속구까지 수평거리	25m 이하	40m 이하
수원의 양 계산	설치 수(최대 5개) $\times$ 7.8m^3 이상	설치 수(최대 4개) $\times$ 7.8m^3 이상
방수량	260L/min 이상	450L/min 이상
방수압력	350kPa 이상	350kPa 이상
개폐밸브 및 호스접속구 높이	1.5m 이하	1.5m 이하
비상전원	45분 이상	옥내소화전설비 기준 적용
고가수조 낙차 계산식	$H = h_1 + h_2 + 35\,\mathrm{m}$	
압력수조 압력 계산식	$P = P_1 + P_2 + P_3 + 0.35\,\mathrm{MPa}$	
펌프 전양정 계산식	$H = h_1 + h_2 + h_3 + 35\,\mathrm{m}$	

(2) 스프링클러설비

① 설치 기준

구분	스프링클러설비
헤드 수평거리	1.7m 이하
수원의 양 계산	스프링클러 헤드 수 $\times$ 2.4m^3 이상 (헤드 수 → 폐쇄형 : 30개, 개방형 : 가장 많이 설치된 개수)
방수량	80L/min 이상
방사압력	100kPa

② 폐쇄형 스프링클러 헤드

부착장소 최고주위온도	표시온도
28℃ 미만	58℃ 미만
28℃ 이상 39℃ 미만	58℃ 이상 79℃ 미만
39℃ 이상 64℃ 미만	79℃ 이상 121℃ 미만
64℃ 이상 106℃ 미만	121℃ 이상 162℃ 미만
106℃ 이상	162℃ 이상

(3) 포 소화설비

① 포 소화약제를 흡입·혼합하는 방식

(가) 펌프 프로포셔너(pump proportioner) 방식 : 펌프의 토출관 흡입관 사이의 배관 도중에 설치한 흡입기에 펌프에서 토출된 물의 일부를 보내고, 농도조절밸브에서 조정된 포 소화약제의 필요량을 포 소화약제 탱크에서 펌프 흡입측으로 보내어 이를 혼합하는 방식이다.

(나) 프레셔 프로포셔너(pressure proportioner) 방식 : 펌프와 발포기의 중간에 설치된 벤투리관의 벤투리 작용과 펌프 가압수의 포 소화약제 저장탱크에 대한 압력에 따라 포 소화약제를 흡입·혼합하는 방식이다.

(다) 라인 프로포셔너(line proportioner) 방식 : 펌프와 발포기의 중간에 설치된 벤투리관의 벤투리 작용에 따라 포 소화약제를 흡입·혼합하는 방식이다.

(라) 프레셔 사이드 프로포셔너(pressure side proportioner) 방식 : 펌프의 토출관에 압입기를 설치하여 포 소화약제 압입용 펌프로 포 소화약제를 압입시켜 혼합하는 방식이다.

(4) 불활성가스 소화설비

① 전역방출방식 분사헤드

(가) 이산화탄소를 방사하는 분사헤드 방사압력

㉮ 고압식(소화약제가 상온으로 용기에 저장되어 있는 것) : 2.1MPa 이상

㉯ 저압식(소화약제가 −18℃ 이하의 온도로 용기에 저장되어 있는 것) : 1.05MPa 이상

(나) 질소 또는 질소와 아르곤 및 이산화탄소를 혼합한 것을 방사하는 분사헤드 : 1.9MPa 이상

소화약제 구분	혼합 용량비
IG−100	질소 100%
IG−55	질소와 아르곤의 용량비가 50 : 50
IG−541	질소와 아르곤과 이산화탄소의 용량비가 52 : 40 : 8

② 이산화탄소 충전비(용기 내용적과 소화약제 중량의 비율)

 ㈎ 고압식인 경우 : 1.5 이상 1.9 이하

 ㈏ 저압식인 경우 : 1.1 이상 1.4 이하

③ IG-100, IG-55 또는 IG-541의 경우에는 저장용기의 충전압력을 21℃에서 32MPa 이하

④ 저장용기 설치

 ㈎ 방호구역 외의 장소에 설치할 것

 ㈏ 온도가 40℃ 이하이고 온도변화가 적은 장소에 설치할 것

 ㈐ 직사일광 및 빗물이 침투할 우려가 적은 장소에 설치할 것

 ㈑ 저장용기에는 안전장치를 설치할 것

 ㈒ 저장용기의 외면에 소화약제의 종류와 양, 제조년도 및 제조자를 표시할 것

(5) 할로겐화합물 소화설비

① 분사헤드의 압력

 ㈎ 다이브로모테트라플루오로에탄(할론 2402) : 0.1MPa 이상

 ㈏ 브로모클로로다이플루오로메탄(할론 1211) : 0.2MPa 이상

 ㈐ 브로모트라이플루오로메탄(할론 1301) : 0.9MPa 이상

 ㈑ 트라이플루오로메탄(HFC-23) : 0.9MPa 이상

 ㈒ 펜타플루오로에탄(HFC-125) : 0.9MPa 이상

 ㈓ 헵타플루오로프로판(HFC-227ea), 도데카플루오로-2-메틸펜탄-3-원(FK-5-1-12) : 0.3MPa 이상

② 소화약제 방사시간

 ㈎ 할론 2402, 할론 1211, 할론 1301 : 30초 이내

 ㈏ HFC-23, HFC-125, HFC-227ea, FK-5-1-12 : 10초 이내

4-2 ──o 소화설비의 운영

(1) 소화설비의 적응성

대상물의 구분 \ 소화설비의 구분	건축물·그 밖의 공작물	전기설비	제1류 위험물 알칼리금속 과산화물 등	제1류 위험물 그 밖의 것	제2류 위험물 철분·금속분·마그네슘 등	제2류 위험물 인화성 고체	제2류 위험물 그 밖의 것	제3류 위험물 금수성 물품	제3류 위험물 그 밖의 것	제4류 위험물	제5류 위험물	제6류 위험물
옥내소화전 또는 옥외소화전 설비	○			○		○	○		○		○	○
스프링클러 설비	○			○		○	○		○	△	○	○
물분무등 소화설비 - 물분무 소화설비	○	○		○		○	○		○	○	○	○
물분무등 소화설비 - 포 소화설비	○			○		○	○		○	○	○	○
물분무등 소화설비 - 불활성가스 소화설비		○				○				○		
물분무등 소화설비 - 할로겐화합물 소화설비		○				○				○		
분말 소화설비 - 인산염류 등	○	○		○		○				○		○
분말 소화설비 - 탄산수소염류 등		○	○		○	○		○		○		
분말 소화설비 - 그 밖의 것			○		○			○				
대형·소형 수동식 소화기 - 봉상수(棒狀水) 소화기	○			○		○	○		○		○	○
대형·소형 수동식 소화기 - 무상수(霧狀水) 소화기	○	○		○		○	○		○		○	○
대형·소형 수동식 소화기 - 봉상강화액 소화기	○			○		○	○		○		○	○
대형·소형 수동식 소화기 - 무상강화액 소화기	○	○		○		○	○		○	○	○	○
대형·소형 수동식 소화기 - 포 소화기	○			○		○	○		○	○	○	○
대형·소형 수동식 소화기 - 이산화탄소 소화기		○				○				○		△
대형·소형 수동식 소화기 - 할로겐화합물 소화기		○				○				○		
분말 소화기 - 인산염류 소화기	○	○		○		○	○			○		○
분말 소화기 - 탄산수소염류 소화기		○	○		○	○		○		○		
분말 소화기 - 그 밖의 것			○		○			○				
기타 - 물통 또는 건조사	○			○		○	○		○		○	○
기타 - 건조사			○	○	○	○	○	○	○	○	○	○
기타 - 팽창질석 또는 팽창진주암			○	○	○	○	○	○	○	○	○	○

[비고] "○"는 소화설비가 적응성이 있음을 표시하고,
   "△"는 제4류 위험물을 저장 또는 취급하는 장소의 살수기준면적에 따라 스프링클러설비의 살수밀도가 규정에 정하는 기준 이상인 경우에는 당해 스프링클러설비가 제4류 위험물에 대하여 적응성이 있음을 표시하고, 제6류 위험물을 저장 또는 취급하는 장소로서 폭발의 위험이 없는 장소에 한하여 이산화탄소 소화기가 제6류 위험물에 대하여 적응성이 있음을 각각 표시한다.

⑵ 소요단위 및 능력단위 산정법

① 전기설비의 소화설비 : 면적 100m^2 마다 소형 수동식 소화기를 1개 이상 설치

② 소요단위의 계산방법

  ㈎ 제조소 또는 취급소의 건축물

   ㉮ 외벽이 내화구조인 것 : 연면적 100m^{2}를 1소요단위로 할 것

   ㉯ 외벽이 내화구조가 아닌 것 : 연면적 50m^{2}를 1소요단위로 할 것

  ㈏ 저장소의 건축물

   ㉮ 외벽이 내화구조인 것 : 연면적 150m^{2}를 1소요단위로 할 것

   ㉯ 외벽이 내화구조가 아닌 것 : 연면적 75m^{2}를 1소요단위로 할 것

  ㈐ 제조소등의 옥외에 설치된 공작물의 소요단위 산정 방법

   ㉮ 외벽이 내화구조인 것으로 간주한다.

   ㉯ 공작물의 최대수평투영면적을 연면적으로 간주한다.

  ㈑ 위험물 : 지정수량의 10배를 1소요단위로 할 것

$$위험물소요단위 = \frac{저장량}{지정수량 \times 10}$$

③ 소화설비의 능력단위

  ㈎ 수동식 소화기 능력단위 : 형식승인 받은 수치로 할 것

  ㈏ 기타 소화설비의 능력단위

소화설비	용량	능력단위
소화전용(轉用) 물통	8L	0.3
수조(소화전용 물통 3개 포함)	80L	1.5
수조(소화전용 물통 6개 포함)	190L	2.5
마른 모래(삽 1개 포함)	50L	0.5
팽창질석 또는 팽창진주암(삽 1개 포함)	160L	1.0

위험물 종류 및 성질

5-1 ○ 위험물 용어 및 반응 생성물

(1) 용어의 정의 [법 제2조]

① 위험물 : 인화성 또는 발화성 등의 성질을 가지는 것으로서 대통령령으로 정하는 물품을 말한다.

② 지정수량 : 위험물의 종류별로 위험성을 고려하여 대통령령이 정하는 수량으로서 '제조소등'의 설치허가 등에 있어서 최저의 기준이 수량을 말한다.

③ 제조소 : 위험물을 제조할 목적으로 지정수량 이상의 위험물을 취급하기 위하여 법 제6조 제1항의 규정에 따른 허가를 받은 장소를 말한다.

④ 저장소 : 지정수량 이상의 위험물을 저장하기 위한 대통령령이 정하는 장소로서 법 제6조 제1항의 규정에 따른 허가를 받은 장소를 말한다.

⑤ 취급소 : 지정수량 이상의 위험물을 제조 외의 목적으로 취급하기 위한 대통령령으로 정하는 장소로서 법 제6조 제1항의 규정에 따른 허가를 받은 장소를 말한다.

⑥ 제조소등 : 제조소, 저장소 및 취급소를 말한다.

(2) 물과 반응하여 산소 및 가연성 가스를 발생하는 위험물

① 제1류 위험물 : 산화성 고체

㈎ 무기과산화물

㉮ 과산화나트륨(Na_2O_2) : 물(H_2O)과 반응하여 열과 함께 산소(O_2)를 발생

$$2Na_2O_2 + 2H_2O \longrightarrow 4NaOH + O_2 \uparrow + Q[kcal]$$

㉯ 과산화칼륨(K_2O_2) : 물(H_2O)과 반응하여 산소(O_2)를 발생

$$2K_2O_2 + 2H_2O \longrightarrow 4KOH + O_2 \uparrow$$

㉰ 과산화마그네슘(MgO_2) : 물(H_2O)과 반응하여 발생기 산소[O]를 발생

$$MgO_2 + H_2O \longrightarrow Mg(OH)_2 + [O]$$

㉱ 과산화바륨(BaO_2) : 온수(H_2O)에 분해되어 과산화수소(H_2O_2)와 산소(O_2)가 발생하면서 발열

$$BaO_2 + 2H_2O \longrightarrow Ba(OH)_2 + H_2O_2$$

$$H_2O_2 \longrightarrow H_2O + \frac{1}{2}O_2 \uparrow$$

② 제2류 위험물 : 가연성 고체

   ㈎ 황화린 : 물(H_2O), 알칼리와 반응하여 황화수소(H_2S)가 발생

      $$P_2S_5 + 8H_2O \longrightarrow 5H_2S + 2H_3PO_4$$

   ㈏ 철분 : 물(H_2O)과 반응하여 수소(H_2)를 발생

      $$3Fe + 4H_2O \longrightarrow Fe_3O_4 + 4H_2 \uparrow$$

   ㈐ 금속분

      ㉮ 알루미늄(Al)분 : 물(H_2O)과 반응하여 수소(H_2)를 발생

        $$2Al + 6H_2O \longrightarrow 2Al(OH)_3 + 3H_2 \uparrow$$

   ㈑ 마그네슘 : 온수(H_2O)와 반응하여 수소(H_2)를 발생

      $$Mg + 2H_2O \longrightarrow Mg(OH)_2 + H_2 \uparrow$$

③ 제3류 위험물 : 자연발화성 물질 및 금수성 물질

   ㈎ 칼륨 : 수분(H_2O)과 반응하여 수소(H_2)를 발생

      $$2K + 2H_2O \longrightarrow 2KOH + H_2 \uparrow + 9.8kcal$$

   ㈏ 나트륨 : 물(H_2O)이나 알코올 등과 격렬히 반응하여 수소(H_2)를 발생

      $$2Na + 2H_2O \longrightarrow 2NaOH + H_2 \uparrow + 88.2kcal$$

      $$2Na + 2C_2H_5OH \longrightarrow 2C_2H_5ONa + H_2 \uparrow$$

   ㈐ 알킬알루미늄

      ㉮ 트리메틸알루미늄[$(CH_3)_3Al$] : 물(H_2O)과 반응하여 메탄(CH_4) 가스를 발생

        $$(CH_3)_3Al + 3H_2O \longrightarrow Al(OH)_3 + 3CH_4 \uparrow$$

      ㉯ 트리에틸알루미늄[$(C_2H_5)_3Al$] : 물(H_2O)이나 알코올과 반응하여 에탄(C_2H_6) 가스를 발생

        $$(C_2H_5)_3Al + 3H_2O \longrightarrow Al(OH)_3 + 3C_2H_6 \uparrow$$

        $$(C_2H_5)_3Al + 3CH_3OH \longrightarrow Al(CH_3O)_3 + 3C_2H_6 \uparrow$$

   ㈑ 알칼리금속 : 리튬(Li), 루비듐(Rb), 세슘(Cs), 프랑슘(Fr)

      ㉮ 물(H_2O)과 반응하여 발열과 수소를 발생

        $$Li + H_2O \longrightarrow LiOH + \frac{1}{2}H_2 \uparrow + 52.7kcal$$

   ㈒ 알칼리토금속 : 베릴륨(Be), 칼슘(Ca), 스트론튬(Sr), 바륨(Ba), 라듐(Ra)

      ㉮ 칼슘(Ca) : 물(H_2O)과 반응하여 수소(H_2)를 발생하고 발열

        $$Ca + 2H_2O \longrightarrow Ca(OH)_2 + H_2 \uparrow + 102kcal$$

(바) 금속의 수소화물

(가) 수소화칼륨(KH) : 물(H_2O)과 반응하여 수소(H_2)를 발생

$$KH + H_2O \longrightarrow KOH + H_2 \uparrow$$

(나) 수소화붕소나트륨($NaBH_4$) : 물(H_2O)을 가하면 분해하여 수소를 발생

$$NaBH_4 + 2H_2O \longrightarrow NaBO_2 + H_2 \uparrow$$

(다) 수소화칼슘(CaH_2) : 물(H_2O)과 반응하여 수소를 발생하면서 발열

$$CaH_2 + 2H_2O \longrightarrow Ca(OH)_2 + 2H_2 \uparrow + 48kcal$$

(사) 칼슘

(가) 탄화칼슘(CaC_2) : 물(H_2O)과 반응하여 아세틸렌(C_2H_2)이 발생

$$CaC_2 + 2H_2O \longrightarrow Ca(OH)_2 + C_2H_2 \uparrow + 27.8kcal$$

(아) 금속탄화물 : 물(H_2O)과 반응하여

(가) 탄화알루미늄(Al_4C_3) : 메탄(CH_4)을 발생

$$Al_4C_3 + 12H_2O \longrightarrow 4Al(OH)_3 + 3CH_4 \uparrow$$

(나) 탄화망간(Mn_3C) : 메탄(CH_4)과 수소(H_2)가 발생

$$Mn_3C + 6H_2O \longrightarrow 3Mn(OH)_2 + CH_4 \uparrow + H_2 \uparrow$$

(다) 탄화나트륨(Na_2C_2) : 아세틸렌(C_2H_2)을 발생

$$Na_2C_2 + 2H_2O \longrightarrow 2NaOH + C_2H_2 \uparrow$$

(라) 탄화마그네슘(MgC_2) : 아세틸렌(C_2H_2) 발생

$$MgC_2 + 2H_2O \longrightarrow Mg(OH)_2 + C_2H_2 \uparrow$$

(자) 탄화알루미늄(Al_4C_3) : 물과 반응하여 메탄(CH_4) 발생

$$Al_4C_3 + 12H_2O \longrightarrow 4Al(OH)_3 + 3CH_4 \uparrow + 360kcal$$

④ 제4류 위험물 : 인화성 액체

(가) 이황화탄소(CS_2) : 물과 150℃ 이상 가열하면 분해하여 황화수소(H_2S) 발생

$$CS_2 + 2H_2O \longrightarrow CO_2 \uparrow + 2H_2S \uparrow$$

(3) 산·알칼리와 반응하여 가연성 가스를 발생하는 위험물

① 제2류 위험물

(가) 금속분

(가) 알루미늄(Al)분 : 산과 알칼리에 녹아 수소(H_2)를 발생

$$2Al + 6HCl \longrightarrow 2AlCl_3 + 3H_2 \uparrow$$

$$2Al + 2NaOH + 2H_2O \longrightarrow 2NaAlO_2 + 3H_2 \uparrow$$

(나) 아연(Zn)분 : 산과 알칼리에 녹아서 수소(H_2)를 발생

$$Zn + 2HCl \longrightarrow ZnCl_2 + H_2 \uparrow$$

$$Zn + 2NaOH \longrightarrow Na_2ZnO_2 + H_2 \uparrow$$

(나) 마그네슘 : 산(염산)과 반응하여 수소(H_2)를 발생

$$Mg + 2HCl \longrightarrow MgCl_2 + H_2 \uparrow$$

(4) 유독한 가스를 발생하는 위험물

① 황화린 : 물, 알칼리에 의해 황화수소(H_2S)가 발생

$$P_2S_5 + 8H_2O \longrightarrow 5H_2S + 2H_3PO_4$$

② 제3류 위험물

(가) 황린 : 알칼리(KOH) 용액과 반응하여 맹독성의 포스겐($COCl_2$) 가스를 발생

$$P_4 + 3KOH + 3H_2O \longrightarrow PH_3 \uparrow + 3KH_2PO_2$$

(나) 금속의 인화물

㉮ 인화석회(Ca_3P_2) : 물, 산과 반응하여 맹독성, 가연성가스인 인화수소(PH_3 : 포스핀)를 발생

$$Ca_3P_2 + 6H_2O \longrightarrow 3Ca(OH)_2 + 2PH_3 \uparrow + Q[kcal]$$

$$Ca_3P_2 + 6HCl \longrightarrow 3CaCl_2 + 2PH_3 \uparrow + Q[kcal]$$

5-2 ○ 제1류 위험물

성질	품명	지정수량	위험등급
산화성 고체	아염소산염류, 염소산염류, 과염소산염류, 무기과산화물	50kg	I
	브롬산염류, 질산염류, 요오드산염류	300kg	II
	과망간산염류, 중크롬산염류	1000kg	III
	그 밖에 행정안전부령으로 정하는 것	50kg, 300kg, 1000kg	I ~ III

(1) 아염소산염류

① 아염소산나트륨($NaClO_2$: 아염소산소다)

(가) 자신은 불연성이며, 무색의 결정성 분말로 조해성이 있고 물에 잘 녹는다.

(나) 단독으로 폭발이 가능하며, 분해온도 이상에서는 산소가 발생한다.

(다) 티오황산나트륨, 디에틸에테르 등과 혼합하면 혼촉발화의 위험이 있다.

(2) 염소산염류

① 염소산칼륨($KClO_3$)

(가) 일반적 성질

㉮ 불연성 물질이며, 광택이 있는 무색의 결정 또는 백색 분말이다.

      ⓝ 글리세린 및 온수에 잘 녹고, 알코올 및 냉수에는 녹기 어렵다.

      ⓓ 400℃에서 분해되기 시작하여 540~560℃에서 거쳐 염화칼륨(KCl)과 산소(O_2)를 방출한다.

    (나) 저장 및 취급 방법

      ㉮ 산화하기 쉬운 물질이므로 가열, 충격, 마찰에 주의한다.

      ⓝ 환기가 잘 되고 서늘한 곳에 보관한다.

      ⓓ 용기가 파손되거나 노출되지 않도록 밀봉하여 저장한다.

      ⓡ 소화 방법 : 주수 소화

② 염소산나트륨($NaClO_3$)

    (가) 일반적 성질

      ㉮ 무색, 무취의 주상 결정으로 조해성이 있다.

      ⓝ 알코올, 글리세린, 에테르, 물 등에 잘 녹는다.

      ⓓ 열분해하여 산소를 발생한다.

      ⓡ 비중 2.5, 융점 240℃이다.

      ⓜ 산과 반응하여 유독한 이산화염소(ClO_2)가 발생하며, 폭발 위험이 있다.

    (다) 저장 및 취급 방법

      ㉮ 조해성이 크므로 방습에 주의하여야 한다.

      ⓝ 강력한 산화제로 철을 부식시키므로 철제용기에 저장은 피해야 한다.

      ⓓ 환기가 잘 되는 냉암소에 밀전하여 보관한다.

      ⓡ 소화 방법 : 주수 소화

③ 염소산암모늄(NH_4ClO_3)

    (가) 무색의 결정이며 물보다 무겁다.

    (나) 폭발성과 부식성이 크며 조해성이 있고, 수용액은 산성이다.

(3) 과염소산염류

① 과염소산칼륨($KClO_4$)

    (가) 일반적 성질

      ㉮ 무색, 무취의 결정으로 물, 알코올, 에테르에 불용이다.

      ⓝ 비중 2.52, 융점 610℃이다.

      ⓓ 열분해하여 산소를 방출한다.

      ⓡ 자신은 불연성 물질이지만 강력한 산화제이다.

    (나) 저장 및 취급 방법

      ㉮ 인, 황, 마그네슘, 알루미늄과 함께 저장하지 못한다.

　　　　㉯ 환기가 잘 되고 서늘한 곳에 밀봉하여 보관한다.

　　　　㉰ 소화 방법 : 주수 소화

　② 과염소산나트륨($NaClO_4$)

　　㈎ 일반적 성질

　　　㉮ 무색, 무취의 결정으로 조해성이 있다.

　　　㉯ 물이나 에틸알코올, 아세톤에 잘 녹으나 에테르에는 녹지 않는다.

　　　㉰ 열분해하여 산소를 방출한다.

　　　㉱ 비중 2.50, 융점 482℃이다.

　　㈏ 저장 및 취급 방법

　　　㉮ 인, 황, 마그네슘, 알루미늄과 함께 저장하지 못한다.

　　　㉯ 환기가 잘 되고 서늘한 곳에 밀봉하여 보관한다.

　　　㉰ 소화 방법 : 주수 소화

　③ 과염소산암모늄(NH_4ClO_4)

　　㈎ 일반적 성질

　　　㉮ 무색, 무취의 결정으로 물, 알코올, 아세톤에는 용해되나 에테르에는 녹지 않는다.

　　　㉯ 300℃ 부근에서 급격히 분해하여 폭발한다.

　　㈏ 소화 방법 : 주수 소화

⑷ 무기과산화물

　① 과산화나트륨(Na_2O_2)

　　㈎ 일반적 성질

　　　㉮ 조해성이 있으며 순수한 것은 백색이지만 보통은 담황색이다.

　　　㉯ 공기 중에서 탄산가스를 흡수하여 탄산염이 된다.

　　　㉰ 물과 반응하여 산소(O_2)와 수산화나트륨($NaOH$)을 발생한다.

　　　㉱ 가열하면 분해되어 산화나트륨(Na_2O)과 산소가 발생한다.

　　　㉲ 아세트산(CH_3COOH)과 반응하여 과산화수소(H_2O_2)를 생성한다.

　　㈏ 저장 및 취급 방법

　　　㉮ 가열, 마찰, 충격을 피하고 가연물, 유기물, 유황분, 알루미늄분의 혼입을 방지한다.

　　　㉯ 물과 습기가 들어가지 않도록 용기는 밀전, 밀봉한다.

　　　㉰ 소화 방법 : 주수 소화는 금물이고, 마른 모래(건조사)로 소화한다.

　② 과산화칼륨(K_2O_2)

　　㈎ 일반적 성질

  ㉮ 무색 또는 오렌지색의 결정분말이다.

  ㉯ 가열하면 열분해하여 산화칼륨(K_2O)과 산소를 발생한다.

  ㉰ 흡습성이 있으므로 물과 접촉하면 수산화칼륨(KOH)과 산소를 발생한다.

  ㉱ 공기 중의 탄산가스를 흡수하여 탄산염이 생성된다.

 ㈑ 소화 방법 : 주수 소화는 금물이고, 마른 모래(건조사)로 소화한다.

③ 과산화마그네슘(MgO_2)

 ㈎ 일반적 성질

  ㉮ 백색 분말로 물에 녹지 않는다.

  ㉯ 산에 녹아 과산화수소(H_2O_2)를 발생한다.

  ㉰ 습기 또는 물과 반응하여 발생기 산소[O]를 낸다.

 ㈏ 저장 및 취급 방법

  ㉮ 유기물질의 혼입, 가열, 충격, 마찰을 피한다.

  ㉯ 습기의 접촉이 없도록 밀봉, 밀전한다.

  ㉰ 소화 방법 : 마른 모래(건조사) 또는 주수 소화

④ 과산화칼슘(CaO_2)

 ㈎ 무정형 백색 분말로 물에 녹기 어렵고, 알코올이나 에테르에 녹지 않는다.

 ㈏ 산에 녹아 과산화수소를 만들고 온수에 의해서 분해된다.

(5) 브롬산염류

① 브롬산칼륨($KBrO_3$)

 ㈎ 백색 결정 또는 결정성 분말로 물에는 잘 녹으나 알코올에는 잘 녹지 않는다.

 ㈏ 융점 이상으로 가열하면 분해되어 산소를 방출한다.

② 브롬산나트륨($NaBrO_3$)

 ㈎ 무색의 결정이고 물에 잘 녹는다.

 ㈏ 비중 3.8, 융점 381℃이다.

③ 기타 : 브롬산아연[$Zn(BrO_3)_2 \cdot 6H_2O$], 브롬산바륨[$Ba(BrO_3)_2 \cdot H_2O$], 브롬산마그네슘 [$Mg(BrO_3)_2 \cdot H_2O$], 롬산납[$Mg(BrO_3)_2 \cdot H_2O$], 브롬산암모늄(NH_4BrO_3)

(6) 질산염류

① 질산칼륨(KNO_3)

 ㈎ 일반적 성질

  ㉮ 무색 또는 백색 결정분말로 흡습성이나 조해성이 없다.

  ㉯ 물이나 글리세린에는 잘 녹으나 알코올에는 녹지 않는다.

ⓓ 400℃ 정도로 가열하면 아질산칼륨(KNO_2)과 산소(O_2)가 발생한다.

ⓔ 흑색 화약의 원료(질산칼륨 75%, 황 15%, 목탄 10%)로 사용한다.

ⓕ 비중 2.10, 융점 339℃, 용해도(15℃) 26, 분해온도 400℃이다.

(다) 저장 및 취급 방법

㉮ 유기물과 접촉을 피하고, 건조한 장소에 보관한다.

㉯ 가연물, 산류와 혼합되어 있을 때 가열, 충격, 마찰에 주의한다.

㉰ 소화 방법 : 주수 소화

② 질산나트륨($NaNO_3$)

㉮ 무색, 무취, 투명한 결정 또는 백색 분말이다.

㉯ 조해성이 있으며 물, 글리세린에 잘 녹는다.

㉰ 분해온도(380℃)에서 분해되면 아질산나트륨($NaNO_2$)과 산소를 생성한다.

㉱ 비중 2.27, 융점 308℃이다.

③ 질산암모늄(NH_4NO_3)

㉮ 무취의 백색 결정 고체로 조해성이 있고 물, 알코올, 알칼리에 잘 녹는다.

㉯ 220℃에서 분해되어 아산화질소(N_2O)와 수증기(H_2O)를 발생하며, 계속 가열하면 폭발한다.

㉰ 경유 6%, 질산암모늄 94%를 혼합한 것은 안투폭약이라 하며, 공업용 폭약이 된다.

5-3 ○ 제2류 위험물

성질	품명	지정수량	위험등급
가연성 고체	황화린, 적린, 유황	100kg	II
	철분, 금속분, 마그네슘	500kg	III
	인화성 고체	1000kg	III
	그 밖에 행정안전부령으로 정하는 것	100kg, 500kg	II, III

(1) 황화린

① 종류 : 삼황화인(P_4S_3), 오황화인(P_2S_5), 칠황화인(P_4S_7)

② 일반적 성질

㉮ 삼황화인(P_4S_3)은 물, 염소, 염산, 황산에는 녹지 않으나 질산, 이황화탄소, 알칼리에는 녹는다.

㉯ 오황화인(P_2S_5)은 물, 알칼리에 의해 황화수소(H_2S)와 인산(H_3PO_4)으로 분해된다.

㉰ 칠황화인(P_4S_7)은 찬물에는 서서히, 더운물에는 급격히 녹아 분해되면서 황화수소

(H_2S)와 인산을 발생한다.

③ 위험성

㉮ 황화린(황화인)이 분해할 때 발생하는 황화수소(H_2S)는 가연성이며 유독하다.

㉯ 삼황화인(P_4S_3)과 오황화인(P_2S_5)이 연소하면 오산화인(P_2O_5)과 유독한 아황산가스(SO_2)가 발생한다.

(2) 적린(P)

① 일반적 성질

㉮ 안정한 암적색, 무취의 분말로 황린과 동소체이다.

㉯ 물, 에틸알코올, 가성소다(NaOH), 이황화탄소(CS_2), 에테르, 암모니아에 용해하지 않는다.

㉰ 비중 2.2, 융점(43atm) 590℃, 승화점 400℃, 발화점 260℃이다.

② 위험성

㉮ 자연발화의 위험성이 없으나 산화물(염소산염류 등의 산화제)과 공존하면 발화할 수 있다.

㉯ 연소하면 오산화인(P_2O_5)이 되면서 백색 연기를 낸다.

(3) 유황(S)

① 일반적 성질

㉮ 노란색 고체로 열 및 전기의 불량도체이며 물이나 산에 녹지 않는다.

㉯ 저온에서는 안정하나 높은 온도에서는 여러 원소와 황화물을 만든다.

㉰ 연소하면 푸른 불꽃을 발하며, 유독한 아황산가스(SO_2)를 발생한다.

② 위험성

㉮ 산화제나 목탄가루 등과 혼합되어 있을 때 마찰이나 열에 의해 착화, 폭발을 일으킨다.

㉯ 황가루가 공기 중에 부유할 때 분진 폭발의 위험이 있다.

㉰ 용융황은 염소(Cl_2)와 적열된 코크스(C)와 반응하여 인화성이 강한 염화황(S_2Cl_2), 이황화탄소(CS_2)가 되므로 위험하다.

(4) 철분

① 회백색의 분말이며 알칼리에 녹지 않지만 묽은 산에 용해된다.

② 수증기(H_2O)와 작용해서 수소(H_2)를 발생하고 사산화삼철(Fe_3O_4)을 만든다.

③ 분자량 55.8, 비중 7.86, 융점 1530℃, 비등점 2750℃이다.

⑸ 금속분

① 알루미늄(Al)분

(개) 일반적 성질

㉮ 은백색의 경금속으로 전성, 연성이 풍부하며 열전도율 및 전기전도도가 크다.

㉯ 산과 알칼리에 녹아 수소(H_2)를 발생한다.

㉰ 물(H_2O)과 반응하여 수소를 발생한다.

㉱ 비중 2.71, 융점 658.8℃, 비점 2060℃이다.

(내) 저장 및 취급 방법

㉮ 분진폭발 위험이 있으므로 분진이 날리지 않도록 한다.

㉯ 소화 방법 : 마른 모래(건조사)

② 아연(Zn)분

(개) 산과 알칼리에 녹아서 수소를 발생한다.

(내) 비중 7.142, 융점 419.5℃, 비점 907℃이다.

⑹ 마그네슘(Mg)

① 일반적 성질

(개) 은백색의 광택이 있는 가벼운 금속 분말이다.

(내) 산 및 더운물과 반응하여 수소(H_2)를 발생한다.

(다) 비중 1.74, 융점 651℃, 비점 1102℃, 발화점 400℃ 부근이다.

② 위험성

(개) 공기 중의 습기나 수분에 의하여 자연 발화하는 경우도 있다.

(내) 화재 시 이산화탄소를 사용하면 탄소(C) 및 유독성이고 가연성인 일산화탄소(CO)가 발생하므로 부적합하다.

5-4 ──o 제3류 위험물

성질	품명	지정수량	위험등급
자연발활성 물질 및 금수성물질	칼륨, 나트륨, 알킬알루미늄, 알킬리튬	10kg	I
	황린	20kg	I
	알칼리금속 (K, Na 제외) 및 알칼리토 금속, 유기금속화합물	50kg	II
	금속의 수소화물, 금속의 인화물, 칼슘 또는 알루미늄의 탄화물	300kg	III
	그 밖에 행정안전부령으로 정하는 것	10kg, 20kg, 50kg, 300kg	I ~III

(1) 칼륨(K)

① 일반적 성질

㈎ 은백색을 띠는 무른 경금속으로 연소할 때 보라색의 불꽃을 낸다.

㈏ 수분과 반응하여 수소(H_2)를 발생한다.

㈐ 비중 0.86, 융점 63.7℃, 비점 762℃이다.

② 저장 및 취급 방법

㈎ 습기나 물과 접촉하지 않도록 한다.

㈏ 등유, 경유, 유동파라핀과 같은 보호액 속에 넣어 저장한다.

㈐ 보호액 누설에 주의하고, 소량으로 나누어 저장한다.

㈑ 소화 방법 : 마른 모래(건조사)로 질식소화

(2) 나트륨(Na)

① 일반적 성질

㈎ 은백색의 가벼운 금속으로 연소할 때 노란 불꽃을 낸다.

㈏ 상온에서 물이나 알코올 등과 격렬히 반응하여 수소(H_2)를 발생한다.

㈑ 비중 0.97, 융점 97.7℃, 비점 880℃, 발화점 121℃이다.

② 저장 및 취급 방법

㈎ 등유, 경유, 유동파라핀과 같은 보호액 속에 넣어 저장한다.

㈏ 가급적 소량으로 나누어(소분하여) 저장한다.

㈐ 소화 방법 : 마른 모래(건조사)로 질식소화

(3) 알킬알루미늄

① 일반적 성질

㈎ 무색의 액체 또는 고체로 독성이 있으며 자극적인 냄새가 난다.

㈏ $C_1 \sim C_4$까지는 공기와 접촉하면 자연 발화한다.

② 위험성

㈎ 트리메틸알루미늄[$(CH_3)_3Al$]은 물과 반응하여 수산화알루미늄[$Al(OH)_3$]과 메탄(CH_4)이 발생한다.

㈏ 트리에틸알루미늄[$(C_2H_5)_3Al$]의 반응 생성물

㉮ 물, 산, 알코올과 반응하여 에탄(C_2H_6) 가스를 발생한다.

㉯ 할로겐과 반응하여 가연성 가스인 염화에탄(C_2H_6Cl)을 발생한다.

㈐ 소화 방법 : 마른 모래, 팽창질석, 팽창진주암 사용

⑷ 황린(P_4)

① 일반적 성질

㈎ 백색 또는 담황색 고체로 강한 마늘 냄새가 난다.

㈏ 증기는 공기보다 무거운 가연성이며 맹독성 물질이다.

㈐ 물에 녹지 않고 벤젠, 알코올에 약간 용해하며 이황화탄소, 염화황, 삼염화인에 잘 녹는다.

㈑ 공기를 차단하고 약 260℃로 가열하면 적린이 된다.

㈒ 연소할 때 유독성의 오산화인(P_2O_5)이 발생하면서 백색 연기가 난다.

㈓ 강알칼리 수용액(KOH, NaOH)과 반응하여 맹독성의 포스핀(PH_3 : 인화수소)을 발생한다.

㈔ 액비중 1.82, 증기비중 4.3, 융점 44℃, 비점 280℃, 발화점 34℃이다.

② 저장 및 취급 방법

㈎ 자연 발화의 가능성이 있어 물속에 저장한다.

㈏ 황린을 보관하는 물은 약알칼리성으로 보관하되, 강알칼리성이 되지 않도록 주의한다.

㈐ 용기는 금속 또는 유리용기를 사용하고 밀봉한다.

㈑ 피부에 노출되었을 경우 다량의 물로 세척하거나, 질산은($AgNO_3$) 용액으로 제거한다.

㈒ 소화 방법 : 분무 주수 또는 건조사 등을 이용한 질식소화

⑸ 금속의 인화물

① 인화석회(Ca_3P_2 : 인화칼슘)

㈎ 적갈색의 괴상의 고체로 건조한 공기 중에서 안정하나 300℃ 이상에서 산화한다.

㈏ 물, 산과 반응하여 맹독성, 가연성 가스인 인화수소(PH_3 : 포스핀)를 발생시킨다.

㈐ 소화 방법 : 마른 모래(건조사)를 이용한 질식소화(주수소화 시 포스핀 발생)

⑹ 칼슘 또는 알루미늄의 탄화물

① 탄화칼슘(CaC_2)

㈎ 백색의 결정으로 시판품은 회색, 회흑색을 띠고 있다.

㈏ 물과 반응하여 가연성 가스인 아세틸렌(C_2H_2)이 발생한다.

㈐ 소화 방법 : 마른 모래(건조사), 사염화탄소(CCl_4), 탄산가스(CO_2), 소화 분말

② 금속탄화물

㈎ 물과 반응하여 생성되는 물질

㉮ 탄화알루미늄(Al_4C_3) : 수산화알루미늄[$Al(OH)_3$]과 메탄(CH_4)을 생성

$Al_4C_3 + 12H_2O \longrightarrow 4Al(OH)_3 + 3CH_4 \uparrow$

㉯ 탄화망간(Mn_3C) : 메탄(CH_4)과 수소(H_2)가 발생

$Mn_3C + 6H_2O \longrightarrow 3Mn(OH)_2 + CH_4 \uparrow + H_2 \uparrow$

㉰ 탄화나트륨(Na_2C_2) : 수산화나트륨($NaOH$)과 아세틸렌(C_2H_2)을 생성

$Na_2C_2 + 2H_2O \longrightarrow 2NaOH + C_2H_2 \uparrow$

㉱ 탄화마그네슘(MgC_2) : 수산화마그네슘[$Mg(OH)_2$]과 아세틸렌(C_2H_2) 생성

$MgC_2 + 2H_2O \longrightarrow Mg(OH)_2 + C_2H_2 \uparrow$

5-5 ㅇ 제4류 위험물

성질	품명		지정수량	위험등급
인화성 액체	특수인화물		50L	I
	제1석유류	비수용성 액체	200L	II
		수용성 액체	400L	
	알코올류		400L	
	제2석유류	비수용성 액체	1000L	III
		수용성 액체	2000L	
	제3석유류	비수용성 액체	2000L	
		수용성 액체	4000L	
	제4석유류		6000L	
	동식물유류		10000L	

⑴ **제4류 위험물의 성상에 의한 품명 분류** [위험물 안전관리법 시행령 별표1]

① 특수인화물 : 이황화탄소, 디에틸에테르 그 밖에 1기압에서 발화점이 100℃ 이하인 것 또는 인화점이 −20℃ 이하이고 비점이 40℃ 이하인 것을 말한다.

② 제1석유류 : 아세톤, 휘발유 그 밖에 1기압에서 인화점이 21℃ 미만인 것을 말한다.

③ 알코올류 : 1분자를 구성하는 탄소원자의 수가 1개부터 3개까지인 포화1가 알코올(변성 알코올을 포함한다)을 말한다. 다만, 다음 각목의 1에 해당하는 것은 제외한다.

㉮ 1분자를 구성하는 탄소원자의 수가 1개 내지 3개의 포화1가 알코올의 함유량이 60 중량% 미만인 수용액

㉯ 가연성 액체량이 60 중량% 미만이고 인화점 및 연소점(태그개방식 인화점 측정기에 의한 연소점을 말한다. 이하 같다)이 에틸알코올 60 중량% 수용액의 인화점 및 연소점을 초과하는 것

④ 제2석유류 : 등유, 경유 그 밖에 1기압에서 인화점이 21℃ 이상 70℃ 미만인 것을 말한다. 다만, 도료류 그 밖의 물품에 있어서 가연성 액체량이 40 중량% 이하이면서 인화점이 40℃ 이상인 동시에 연소점이 60℃ 이상인 것은 제외한다.

⑤ 제3석유류 : 중유, 클레오소트유 그 밖에 1기압에서 인화점이 70℃ 이상 200℃ 미만인 것을 말한다. 다만, 도료류 그 밖의 물품은 가연성 액체량이 40 중량% 이하인 것은 제외한다.

⑥ 제4석유류 : 기어유, 실린더유 그 밖에 1기압에서 인화점이 200℃ 이상 250℃ 미만의 것을 말한다. 다만, 도료류 그 밖의 물품은 가연성 액체량이 40 중량% 이하인 것은 제외한다.

⑦ 동식물유류 : 동물의 지육 등 또는 식물의 종자나 과육으로부터 추출한 것으로서 1기압에서 인화점이 250℃ 미만의 것을 말한다. 다만, 법 제20조 제1항의 규정에 의하며 행정안전부령으로 정하는 용기기준과 수납·저장기준에 따라 수납되어 저장·보관되고 용기의 외부에 물품의 통칭명, 수량 및 화기엄금(화기엄금과 동일한 의미를 갖는 표시를 포함한다)의 표시가 있는 경우를 제외한다.

⑵ 특수인화물

① 디에틸에테르($C_2H_5OC_2H_5$: 에테르)

㈎ 무색, 투명하며 독특한 냄새가 있는 인화되기 쉬운 액체이다.

㈏ 전기의 불량도체라 정전기가 발생되기 쉽고, 정전기에 발화될 수 있다.

㈐ 제4류 위험물 중 인화점(-45℃)이 가장 낮다.

㈑ 액비중 0.719(증기비중 2.55), 비점 34.48℃, 발화점 180℃, 인화점 -45℃, 연소범위 1.91~8%이다.

㈒ 디에틸에테르 중 과산화물 검출 및 제거 시약

㉮ 검출 시약 : 요오드화칼륨(KI)용액 → 과산화물 존재 시 정색반응에서 황색으로 나타난다.

㉯ 제거 시약 : 황산제1철($FeSO_4$)

㉰ 과산화물 생성 방지법 : 40메시(mesh)의 동(Cu)망을 넣는다.

② 이황화탄소(CS_2)

㈎ 무색, 투명한 불쾌한 냄새가 나는 액체로 시판품은 황색을 나타낸다.

㈏ 물에는 녹지 않으나 유기용제에는 잘 녹으며 유지, 수지, 생고무, 황, 황린 등을 녹인다.

㈐ 독성이 있고 점화하면 청색불꽃을 내며 연소하면서 아황산가스(SO_2)를 발생한다.

㈑ 가연성 증기의 발생을 방지하기 위해 물(수조) 속에 저장한다.

(마) 액비중 1.263(증기비중 2.62), 비점 46.45℃, 발화점(착화점) 100℃, 인화점 -30℃, 연소범위 1.2~44%이다.

③ 아세트알데히드(CH_3CHO)

(가) 자극성의 냄새가 있는 무색의 액체로 물과 유기용제에 잘 녹는다.

(나) 환원성이 커서 여러 물질과 작용한다.

(다) 구리, 마그네슘 등 금속과 접촉하면 폭발적으로 반응이 일어나 사용을 제한한다.

(라) 액비중 0.783(증기비중 1.52), 비점 21℃, 인화점 -39℃, 발화점 185℃, 연소범위 4.1~7%이다.

④ 산화프로필렌(CH_3CHOCH_2)

(가) 무색, 투명한 에테르 냄새가 나는 휘발성 액체이다.

(나) 화학적 활성이 크며 산, 알칼리, 마그네슘의 촉매 하에서 중합반응을 한다.

(다) 구리, 은, 마그네슘 등의 금속이나 합금과 접촉하면 폭발성인 아세틸라이드를 생성한다.

(라) 액비중 0.83(증기비중 2.0), 비점 34℃, 인화점 -37℃, 발화점 465℃, 연소범위 2.1~38.5%이다.

(3) 제1석유류

① 아세톤(CH_3COCH_3 : 디메틸케톤)

(가) 무색의 휘발성 액체로 독특한 냄새가 있는 인화성 물질이다.

(나) 물, 알코올, 에테르, 가솔린, 클로로포름 등 유기용제와 잘 섞인다.

(다) 액비중 0.79(증기비중 2.0), 비점 56.6℃, 발화점 538℃, 인화점 -18℃, 연소범위 2.6~12.8%이다.

② 가솔린(C_5H_{12}~C_9H_2O)

(가) 탄소수 C_5~C_9까지의 포화(알칸), 불포화(알켄) 탄화수소의 혼합물로 휘발성 액체이다.

(나) 물보다 가볍고, 전기의 불량도체라 정전기 발생에 의한 인화의 위험성이 크다.

(다) 액비중 0.65~0.8(증기비중 3~4), 인화점 -20~-43℃, 발화점 300℃, 연소범위 1.4~7.6%이다.

③ 벤젠(C_6H_6)

(가) 무색, 투명한 방향족 유기화합물로 증기는 마취성과 독성이 있다.

(나) 불을 붙이면 그을음(C)을 많이 내면서 연소한다.

(다) 융점이 5.5℃로 겨울철 찬 곳에서 고체가 되는 현상이 발생한다.

(라) 액비중 0.88(증기비중 2.7), 비점 80.1℃, 발화점 562.2℃, 인화점 -11.1℃, 융점

　　5.5℃, 연소범위 1.4~7.1%이다.

④ 톨루엔($C_6H_5CH_3$)

　㉮ 벤젠의 수소 원자 하나가 메틸기($-CH_3$)로 치환된 것이다.

　㉯ 독특한 냄새가 있는 무색의 액체로 벤젠보다는 독성이 약하다.

　㉰ 물에는 녹지 않으나 알코올, 에테르, 벤젠과는 잘 섞인다.

　㉱ 액비중 0.89(증기비중 3.17), 비점 110.6℃, 발화점 552℃, 인화점 4.5℃, 연소범위 1.4~6.7%이다.

⑤ 크실렌[$C_6H_4(CH_3)_2$: 자일렌]

　㉮ 벤젠핵에 메틸기($-CH_3$)가 2개 결합된 것이다.

　㉯ 독특한 냄새가 나는 무색의 액체로 톨루엔과 비슷하다.

　㉯ o-크실렌, m-크실렌, p-크실렌 3개의 이성질체가 존재한다.

⑥ 초산에스테르류 : 초산(CH_3COOH)에서 카르복시기($-COOH$)의 수소(H)가 알킬기(C_nH_{2n+1})와 치환된 화합물을 초산에스테르류(CH_3COOR)라 하며, 모두 향기로운 냄새를 갖는 중성의 액체로 분자량이 증가할수록 인화점이 높아진다.

초산에스테르류의 종류 및 성질

구분	비중	비점	발화점	인화점	연소범위
초산메틸(CH_3COOCH_3)	0.29	60℃	454℃	-10℃	3.1~16%
초산에틸($CH_3COOC_2H_5$)	0.9	77℃	427℃	-4.4℃	2.2~11.4%
초산프로필에스테르($CH_3COOC_3H_7$)	0.88	102℃	450℃	14.4℃	2~8%
부틸에스테르($CH_3COOC_4H_9$)	0.88	127℃	421℃	22℃	1.7~7.6%
초산아밀에스테르($CH_3COOC_5H_{11}$)	0.87	149℃	378.8℃	25℃	1.1~7.5%

⑦ 의산(개미산)에스테르류 : 개미산($HCOOH$)의 수소(H)가 알킬기(C_nH_{2n+1})로 치환된 모양으로 대부분 특이한 냄새를 가지고 있으며, 분자량 증가에 따라 인화점은 높아지고 수용성은 감소하며 초산에스테르류와 비슷한 성질을 가지고 있다.

의산에스테르류의 종류 및 성질

구분	비중	비점	발화점	인화점	연소범위
의산메틸($HCOOCH_3$)	0.97	32℃	456.1℃	-19℃	5.9~20%
의산에틸($HCOOC_2H_5$)	0.92	54.4℃	455℃	-20℃	2.7~13.5%
의산프로필($HCOOC_3H_7$)	0.9	81.1℃	455℃	-3℃	-
의산부틸($HCOOC_4H_9$)	0.91	107.2℃	322℃	18℃	1.7~8%
의산아밀($HCOOC_5H_{11}$)	0.88	130℃	-	27℃	-

⑧ 메틸에틸케톤($CH_3COC_2H_5$)

　(가) 아세톤과 같은 냄새가 나는 휘발성 액체로 물에 잘 녹지 않는다.

　(나) 열에 대하여 비교적 안정하지만 $500℃$ 이상에서는 열분해되어 케텐 및 메틸케텐을 생성한다.

　(다) 용기는 갈색 병을 사용하여 밀전하여 통풍이 잘 되는 냉암소에 저장한다.

　(라) 비중 0.81(증기비중 2.48), 비점 $80℃$, 발화점 $516℃$, 인화점 $-1℃$, 연소범위 1.8~10%이다.

⑨ 피리딘(C_5H_5N)

　(가) 순수한 것은 무색 액체이나 불순물 때문에 담황색을 나타낸다.

　(나) 강한 악취와 흡수성이 있고, 질산과 함께 가열해도 분해하지 않는다.

　(다) 비중 0.973(증기비중 2.73), 비점 $115.5℃$, 발화점 $482.2℃$, 인화점 $20℃$, 연소범위 1.8~12.4%이다.

(4) 알코올류

① 메틸알코올(CH_3OH : 메탄올)

　(가) 휘발성이 강한 무색, 투명한 액체로 물과는 어떤 비율로도 혼합된다.

　(나) 백금(Pt), 산화구리(CuO) 존재 하에 공기 중에서 서서히 산화하면 포름알데히드($HCHO$), 빠르면 의산($HCOOH$)을 거쳐 이산화탄소(CO_2)로 된다.

　(다) 독성이 강하여 소량 마시면 시신경을 마비시키고, 8~20g 정도 먹으면 두통, 복통을 일으키거나 실명을 하며, 30~50g 정도 먹으면 사망한다.

　(라) 액비중 0.79(증기비중 1.1), 비점 $63.9℃$, 발화점 $464℃$, 인화점 $11℃$, 연소범위 7.3~36%이다.

② 에틸알코올(C_2H_5OH : 에탄올)

　(가) 무색, 투명하고 향긋한 냄새를 가진 액체로 물과 잘 혼합되고 독성이 없다.

　(나) 액비중 0.79(증기비중 1.59), 비점 $78.3℃$, 인화점 $13℃$, 발화점 $423℃$, 연소범위 4.3~19%이다.

③ 이소프로필알코올[$(CH_3)_2CHOH$]

　(가) 무색, 투명한 액체로 에틸알코올보다 약간 강한 향기가 있다.

　(나) 액비중 0.79(증기비중 2.07), 비점 $81.8℃$, 융점 $-89.5℃$, 인화점 $11.7℃$, 발화점 $398.9℃$, 연소범위 2.0~12%이다.

(5) 제2석유류

① 등유(케로신)

㈎ 탄소수가 $C_9 \sim C_{18}$인 포화, 불포화탄화수소의 혼합물이다.

㈏ 석유 특유의 냄새가 있으며, 무색 또는 연한 담황색을 나타낸다.

㈐ 액비중 0.79~0.85(증기비중 4~5), 인화점 30~60℃, 발화점 254℃, 융점 -51℃, 연소범위 1.1~6.0%이다.

② 경유

㈎ 탄소수가 $C_{15} \sim C_{20}$인 포화, 불포화탄화수소의 혼합물이다.

㈏ 담황색 또는 담갈색의 액체로 등유와 비슷한 성질을 갖고 있다.

㈐ 액비중 0.82~0.85(증기비중 4~5), 인화점 50~70℃, 발화점 257℃, 연소범위 1~6%이다.

③ 기타 : 의산($HCOOH$: 포름산), 초산(CH_3COOH), 테레빈유, 장뇌유($C_{10}H_{16}O$), 스티렌($C_6H_5CHCH_2$), 송근유, 에틸셀르솔브($C_2H_5OCH_2CH_2OH$), 메틸셀르솔브($CH_3OC_2H_4OH$), 클로로벤젠(C_6H_5Cl), 히드라진(N_2H_4)

(6) 제3석유류

① 중유(벙커유)

㈎ 갈색 또는 암갈색인 액체로 석유류분 중 비점 300℃ 이상의 유분이다.

㈏ 점도 차이에 따라 A중유, B중유, C중유로 분류한다.

㈐ 수분이 있는 포(foam)을 사용하면 수분이 비등 증발하여 포가 파괴되며 슬롭 오버(slop over) 현상이 일어나 소화가 곤란하게 된다.

② 니트로벤젠($C_6H_5NO_2$)

㈎ 담황색 또는 갈색의 독특한 냄새가 나는 액체로 독성이 있다.

㈏ 벤젠을 진한 질산과 진한 황산의 혼합산(混合酸)으로 70℃ 이하에서 처리하여 얻어지는 가장 간단한 니트로화합물이다.

㈐ 비중 1.2, 비점 210.8℃, 인화점 87.8℃, 발화점 482℃이다.

③ 아닐린($C_6H_5NH_2$)

㈎ 황색 또는 담황색 기름 모양의 액체로 특이한 냄새가 나며 햇빛이나 공기의 작용에 의해 흑갈색으로 변한다.

㈏ 비중 1.02, 비점 184.2℃, 융점 -6.2℃, 인화점 75.8℃, 발화점 538℃이다.

④ 기타 : 클레오소트유(creosote oil), 에틸렌글리콜[$C_2H_4(OH)_2$], 글리세린[$C_3H_5(OH)_3$], 담금질유

⑺ 제4석유류

① 기어유 : 기계의 축받이나 기어 등 마찰부분에 사용하는 기름이다.

② 실린더유 : 내연기관의 내부에서 사용하는 기름이다.

③ 그 밖의 것 : 방청유, 전기절연유, 절삭유, 윤활유, 가소제 등

⑻ 동식물유류

① 요오드값에 따른 분류

구분	요오드값	종류
건성유	130 이상	들기름, 아마인유, 해바라기유, 오동유
반건성유	100~130 미만	목화씨유, 참기름, 채종유
불건성유	100 미만	땅콩기름(낙화생유), 올리브유, 피마자유, 야자유, 동백유

② 요오드값이 크면 불포화 결합이 커지고, 자연발화를 일으키기 쉽다.

③ 건성유는 걸레와 같은 섬유에 배어있는 상태로 방치해 두면 자연발화가 일어난다.

5-6 ○ 제5류 위험물

성질	품명	지정수량	위험등급
자기반응성 물질	유기과산화물, 질산에스테르류	10kg	Ⅰ
	니트로화합물, 니트로소화합물, 아조화합물, 디아조화합물, 히드라진 유도체	200kg	Ⅱ
	히드록실아민, 히드록실아민염류	100kg	
	그 밖에 행정안전부령으로 정하는 것	10kg, 100kg, 200kg	Ⅰ~Ⅱ

⑴ 유기과산화물

① 과산화벤조일[$(C_6H_5CO)_2O_2$: 벤조일퍼옥사이드]

㈎ 무색, 무미의 결정 고체로 물에는 잘 녹지 않으나 알코올에는 약간 녹는다.

㈏ 상온에서 안정하나 빛, 열, 충격, 마찰 등에 의해 폭발의 위험이 있다.

㈐ 강한 산화성 물질이며, 가열하면 100℃ 부근에서 백색 연기를 내며 분해한다.

㈑ 비중(25℃) 1.33, 융점 103~105℃(분해온도), 발화점 125℃이다.

② 메틸에틸케톤퍼옥사이드[$(CH_3COC_2H_5)_2O_2$]

㈎ 독특한 냄새가 있는 기름 모양의 무색의 액체이다.

㈏ 알칼리금속, 알칼리토금속의 수산화물, 산화철 등에는 급격하게 반응한다.

㈐ 물에 약간 용해되며 알코올, 에테르, 케톤류에는 잘 녹는다.

(라) 발화점 205℃, 융점 −20℃ 이하, 인화점 58℃ 이상이다.

(2) 질산에스테르류

① 니트로셀룰로오스($[C_6H_7O_2(ONO_2)_3]_n$)

(가) 천연 셀룰로오스에 진한 질산(3)과 진한 황산(1)의 혼합액을 작용시켜 제조한다.

(나) 건조된 면약은 충격, 마찰에 민감하여 발화되기 쉽고, 점화되면 폭발하여 폭굉을 일으킨다.

(다) 햇빛, 산, 알칼리에 의해 분해, 자연 발화한다.

(라) 비중 1.7, 인하점 13℃, 착화점 180℃이다.

(마) 물과 혼합할수록 위험성이 감소되므로 저장, 수송할 때는 물 20%나 알코올 30%로 습윤시킨다.

② 질산에틸($C_2H_5ONO_2$)

(가) 무색, 투명한 액체로 향긋한 냄새와 단맛이 있다.

(나) 물에는 녹지 않으나 알코올, 에테르에 녹으며 인화성이 있다.

(다) 에탄올을 진한 질산에 작용시켜서 얻는다.

(라) 액비중 1.11(증기비중 3.14), 비점 88℃, 융점 −112℃, 인화점 −10℃이다.

③ 질산메틸(CH_3ONO_2)

(가) 무색, 투명한 액체로 향긋한 냄새와 단맛이 있다.

(나) 물에는 녹지 않으나 알코올, 에테르에 녹으며 인화성이 있다.

(다) 액비중 1.22(증기비중 2.65), 비점 66℃이다.

④ 니트로글리세린($[C_3H_5(ONO_2)_3]$)

(가) 순수한 것은 상온에서 무색, 투명한 기름 모양의 액체이나 공업적으로 제조한 것은 담황색을 띠고 있다.

(나) 상온에서 액체이지만 약 10℃에서 동결하므로 겨울에는 백색의 고체 상태이다.

(다) 물에는 거의 녹지 않으나 벤젠, 알코올, 클로로포름, 아세톤에 녹는다.

(라) 비점 160℃, 융점 2.8℃, 증기비중 7.84이다.

⑤ 니트로글리콜($[C_2H_4(ONO_2)_2]$)

(가) 순수한 것은 무색이고, 공업용은 담황색 또는 분홍색을 나타낸다.

(나) 유동성과 휘발성이 있으며 알코올, 벤젠, 클로포름, 아세톤에 잘 녹는다.

(다) 비중 1.5, 응고점 −22℃, 질소량 18.4%이다.

⑥ 셀룰로이드류 : 셀룰로이드류는 니트로셀룰로오스를 주제로 한 제품 및 반제품, 부스러기를 지칭하는 것으로 질화도가 낮은 니트로셀룰로오스(질소 함유량 10.5~11.5%)를 장뇌와 알코올에 녹여서 교질상태로 만든 후에 알코올 성분을 증발시켜 성형한 것이다.

(3) **니트로화합물**

① 피크르산[$C_6H_2(NO_2)_3OH$: 트리니트로페놀, TNP]

(가) 독성이 있는 휘황색을 나타내는 결정으로 온수, 알코올, 에테르, 벤젠 등에는 잘 녹는다.

(나) 중금속(Fe, Cu, Pb 등)과 반응하여 민감한 피크린산염을 형성한다.

(다) 공기 중에서 서서히 연소하나 뇌관으로는 폭굉을 일으킨다.

(라) 황색 염료, 농약, 산업용 도폭선의 심약, 뇌관의 첨장약, 군용 폭파약, 피혁공업에 사용한다.

(마) 비중 1.8, 융점 121℃, 비점 255℃, 발화점 300℃이다.

② 트리니트로톨루엔[$C_6H_2CH_3(NO_2)_3$: TNT]

(가) 담황색의 결정으로 햇빛을 받으면 다갈색으로 변한다.

(나) 물에는 녹지 않는 불용이지만 알코올, 벤젠, 에테르, 아세톤에는 잘 녹는다.

(다) 충격감도는 피크린산보다 약간 둔하지만 급격한 타격을 주면 폭발한다.

(라) 비중 1.8, 융점 81℃, 비점 240℃, 발화점 300℃이다.

③ 테트릴($C_7H_5N_5O_8$)

(가) 단사정계에 속하는 연한 노란색 결정으로 물에 녹지 않는다.

(나) 디메틸아닐린을 진한 황산에 녹인 다음 여기에 질산과 황산의 혼합산(混合酸)을 넣고 니트로화하여 제조한다.

(다) 충격, 마찰에 예민하고 폭발력이 커서 뇌관과 신관의 첨장약 및 전폭약으로 사용된다.

5-7 ○ 제6류 위험물

성질	품명	지정수량	위험등급
산화성 액체	과염소산, 과산화수소, 질산	300kg	I
	그 밖에 행정안전부령으로 정하는 것 : 할로겐간 화합물[오불화요오드(IF_5), 오불화브롬(BrF_5), 삼불화브롬(BrF_3)]		

(1) **과염소산($HClO_4$)**

① 일반적 성질

(가) 무색의 유동하기 쉬운 액체이며, 염소 냄새가 난다.

(나) 불연성물질로 가열하면 유독성가스를 발생한다.

　　㈐ 염소산 중에서 가장 강한 산이다.

　　㈑ 액비중 1.76(증기비중 3.47), 융점 −112℃, 비점 39℃이다.

　② 저장 및 취급 방법

　　㈎ 유리나 도자기 등의 밀폐용기에 넣어, 저온에서 통풍이 잘 되는 곳에 저장한다.

　　㈏ 직사광선을 차단하고 유기물, 가연성 물질의 접촉을 피한다.

　　㈐ 비, 눈 등의 물과의 접촉을 피하고 충격, 마찰을 주지 않도록 주의한다.

⑵ 과산화수소(H_2O_2)

　① 일반적 성질

　　㈎ 순수한 것은 점성이 있는 무색의 액체이나 양이 많을 경우에는 청색을 나타낸다.

　　㈏ 강한 산화성이 있고 물, 알코올, 에테르 등에는 용해하지만 석유, 벤젠에는 녹지 않는다.

　　㈐ 알칼리 용액에서는 급격히 분해하나 약산성에서는 분해하기 어렵다.

　　㈑ 분해되기 쉬워 안정제[인산(H_3PO_4), 요산($C_5H_4N_4O_3$)]를 가한다.

　　㈒ 농도에 따라 밀도, 끓는점, 녹는점이 달라진다.

　　㈓ 비중(0℃) 1.465, 융점 −0.89℃, 비점 80.2℃이다.

　② 위험성

　　㈎ 열, 햇빛에 의해서 쉽게 분해하여 산소를 방출한다.

　　㈏ 은(Ag), 백금(Pt) 등 금속분말 또는 산화물(MnO_2, PbO, HgO, CoO_3)과 혼합하면 급격히 반응하여 산소를 방출하여 폭발하기도 한다.

　　㈐ 농도가 높아질수록 불안정하며, 온도가 높아질수록 분해속도가 증가하고 비점 이하에서 폭발한다.

　③ 저장 및 취급 방법

　　㈎ 직사광선을 피하고 냉암소에 저장한다.

　　㈏ 용기는 밀전하면 안 되고, 구멍이 뚫린 마개를 사용하여 저장한다.

　　㈐ 유리 용기는 알칼리성으로 과산화수소의 분해를 촉진하므로 장기 보존하지 않아야 한다.

⑶ 질산(HNO_3)

　① 일반적 성질

　　㈎ 무색 또는 담황색의 액체로 공기 중에서 물을 흡수하는 성질이 강하다.

　　㈏ 은(Ag), 구리(Cu), 수은(Hg) 등은 다른 산과 작용하지 않지만 질산과는 반응을 하여 질산염과 산화질소를 만든다.

㈐ 진한 질산은 부식성이 크고 산화성이 강하며, 황화수소와 접촉하면 폭발을 일으킨다.

㈑ 진한 질산을 가열하면 분해하면서 유독성인 이산화질소(NO_2)의 적갈색 증기를 발생한다.

② 위험성

㈎ 질산 자체는 연소성, 폭발성은 없지만 환원성이 강한 황화수소(H_2S), 아민 등과 혼합하면 발화 또는 폭발한다.

㈏ 불연성이지만 다른 물질의 연소를 돕는 조연성 물질이다.

㈐ 화재 시 열에 의해 유독성의 질소산화물을 발생하고 여러 금속과 반응하여 가스를 방출한다.

③ 저장 및 취급 방법

㈎ 직사광선에 의해 분해되므로 갈색병에 넣어 냉암소에 저장한다.

㈏ 테레핀유, 탄화칼슘, 금속분 및 가연성 물질과는 격리시켜 저장하여야 한다.

④ 용도 : 야금용, 폭약 및 니트로화합물의 제조, 질산 염류의 제조 등에 사용한다.

위험물 안전

6-1 ○ 위험물의 저장, 취급기준

(1) 위험물 저장 및 취급

① 지정수량 미만인 위험물의 저장·취급은 시·도의 조례로 정함 [법 제4조]

② 위험물의 저장 및 취급의 제한 제외 [법 제5조]

  ㉮ 시·도의 조례에 따라 관할소방서장의 승인을 받아 지정수량 이상의 위험물을 90일 이내의 기간 동안 임시로 저장 또는 취급하는 경우

  ㉯ 군부대가 지정수량 이상의 위험물을 군사목적으로 임시로 저장 또는 취급하는 경우

(2) 제조소등에서의 위험물의 저장 및 취급에 관한 기준 [시행규칙 별표18]

① 위험물의 유별 저장·취급의 공통기준

  ㉮ 제1류 위험물 : 가연물, 분해를 촉진하는 물품과 접근 또는 과열·충격·마찰 등을 피하고, 알칼리금속의 과산화물은 물과의 접촉을 피한다.

  ㉯ 제2류 위험물 : 산화제, 불티·불꽃·고온체와의 접근 또는 과열을 피하고, 철분·금속분·마그네슘은 물이나 산과의 접촉을 피하고, 인화성 고체는 증기를 발생시키지 않는다.

  ㉰ 제3류 위험물 : 자연발화성물질은 불티·불꽃, 고온체와의 접근·과열 또는 공기와 접촉을 피하고, 금수성물질은 물과의 접촉을 피한다.

  ㉱ 제4류 위험물 : 불티·불꽃·고온체와의 접근, 과열을 피하고, 증기를 발생시키지 않는다.

  ㉲ 제5류 위험물 : 불티·불꽃·고온체와의 접근, 과열·충격 또는 마찰을 피한다.

  ㉳ 제6류 위험물 : 가연물과의 접촉·혼합, 분해를 촉진하는 물품과 접근·과열을 피한다.

② 유별을 달리하는 위험물의 동일한 저장소에 저장 기준

  ㉮ 유별을 달리하는 위험물은 동일한 저장소에 저장하지 않는다.

㈏ 동일한 저장소에 저장할 수 있는 경우 : 옥내저장소 또는 옥외저장소에 서로 1m 이상의 간격을 두는 경우 허용

㉮ 제1류 위험물(알칼리금속의 과산화물 또는 이를 함유한 것 제외)과 제5류 위험물

㉯ 제1류 위험물과 제6류 위험물

㉰ 제1류 위험물과 제3류 위험물 중 자연발화성물질(황린 또는 이를 함유한 것에 한한다.)

㉱ 제2류 위험물 중 인화성고체와 제4류 위험물

㉲ 제3류 위험물 중 알킬알루미늄등과 제4류 위험물(알킬알루미늄 또는 알킬리튬을 함유한 것에 한한다.)

㉳ 제4류 위험물 중 유기과산화물 또는 이를 함유한 것과 제5류 위험물 중 유기과산화물 또는 이를 함유한 것

③ 동일한 장소에 저장하지 아니하여야 할 위험물 : 제3류 위험물 중 황린 그 밖에 물속에 저장하는 물품과 금수성물질

④ 옥내저장소 저장 기준

㈎ 옥내저장소에 위험물은 용기에 수납하여 저장하여야 한다. 다만, 덩어리 상태의 유황과 화약류는 제외

㈏ 옥내저장소에서 동일 품명의 위험물이더라도 자연발화의 우려가 있는 위험물·재해가 증대할 우려가 있는 위험물을 저장하는 경우에는 지정수량의 10배 이하마다 구분하여 상호간 0.3m 이상의 간격을 두어 저장한다.

㈐ 옥내저장소에서 위험물을 저장하는 경우 겹쳐 쌓는 높이

㉮ 기계에 의하여 하역하는 구조로 된 용기만을 겹쳐 쌓는 경우 : 6m 초과 금지

㉯ 제4류 위험물 중 제3석유류, 제4석유류 및 동식물유류를 수납하는 용기만을 겹쳐 쌓는 경우 : 4m 초과 금지

㉰ 그 밖의 경우 : 3m 초과 금지

㈑ 옥내저장소에 용기에 수납하여 저장하는 위험물의 온도 : 55℃ 이하 유지

(3) 취급의 기준

① 위험물의 취급 중 제조에 관한 기준

㈎ 증류공정 : 내부압력의 변동에 의하여 액체 또는 증기가 새지 않도록 할 것

㈏ 추출공정 : 추출관의 내부압력이 비정상으로 상승하지 않도록 할 것

㈐ 건조공정 : 온도가 국부적으로 상승하지 않는 방법으로 가열 또는 건조할 것

㈑ 분쇄공정 : 분말이 부유하거나, 기계·기구에 부착된 상태로 취급하지 말 것

② 위험물의 취급 중 용기에 옮겨 담는데 대한 기준 : '위험물의 용기 및 수납 기준'에 따른다.

③ 위험물의 취급 중 소비에 관한 기준

　(개) 분사도장작업 : 방화상 유효한 격벽으로 구획된 안전한 장소에서 실시

　(내) 담금질 또는 열처리작업 : 위험한 온도에 이르지 않도록 할 것

　(대) 버너를 사용하는 경우 : 역화를 방지하고 위험물이 넘치지 않도록 할 것

④ 주유취급소 취급기준

　(개) 자동차 등에 인화점 40℃ 미만의 위험물을 주유할 때에는 원동기를 정지시킬 것

　(내) 자동차 등에 주유할 때 탱크 주입구로부터 4m 이내에 다른 자동차의 주차를 금지할 것

6-2 ○ **위험물의 운반 기준** [시행규칙 별표19]

(1) **적재방법**

① 운반용기에 의한 수납 적재 기준

　(개) 위험물이 온도변화 등에 의하여 누설되지 아니하도록 운반용기를 밀봉하여 수납할 것

　(내) 수납하는 위험물의 성질에 적합한 재질의 운반용기에 수납할 것

　(대) 고체 위험물 : 내용적의 95% 이하로 수납할 것

　(래) 액체 위험물 : 내용적의 98% 이하로 수납하되, 55℃에서 누설되지 않도록 공간용적을 유지

　(매) 하나의 외장용기에는 다른 종류의 위험물을 수납하지 아니할 것

　(배) 제3류 위험물의 운반용기 수납 기준

　　㉮ 자연발화성 물질은 불활성 기체를 봉입하여 공기와 접하지 않도록 할 것

　　㉯ 자연발화성 물질 외의 물품은 파라핀·경유·등유 등의 보호액으로 채우거나, 불활성 기체를 봉입하여 수분과 접하지 않도록 할 것

　　㉰ 자연발화성 물질 중 알킬알루미늄 등은 내용적의 90% 이하의 수납률로 수납하되, 50℃의 온도에서 5% 이상의 공간용적을 유지할 것

　(새) 위험물이 전락(轉落), 운반용기가 전도·낙하 또는 파손되지 않도록 적재한다.

　(애) 운반용기는 수납구를 위로 향하게 적재한다.

⒁ 운반용기를 겹쳐 쌓는 경우에 높이를 3m 이하로 한다.

> **참고** 운반용기에 의한 수납 적재에서 제외되는 경우
> 1. 덩어리 상태의 유황을 운반하기 위하여 적재하는 경우
> 2. 위험물을 동일구내에 있는 제조소등의 상호간에 운반하기 위하여 적재하는 경우

② 적재하는 위험물의 성질에 따른 조치

차광성 피복으로 가리는 위험물	방수성 피복으로 덮는 위험물
• 제1류 위험물 • 제3류 위험물 중 자연발화성 물질 • 제4류 위험물 중 특수인화물 • 제5류 위험물 • 제6류 위험물	• 제1류 위험물 중 알칼리금속의 과산화물 • 제2류 위험물 중 철분·금속분·마그네슘 • 제3류 위험물 중 금수성 물질

⑦ 제5류 위험물 중 55℃ 이하의 분해될 우려가 있는 것은 보랭 컨테이너에 수납할 것

⑭ 액체 위험물 또는 위험등급 Ⅱ의 고체 위험물을 기계로 하역하는 운반용기에 수납하여 적재하는 경우에 충격 방지 조치할 것

③ 유별을 달리하는 위험물의 혼재 기준 [시행규칙 별표19 부표2]

위험물의 구분	제1류	제2류	제3류	제4류	제5류	제6류
제1류		×	×	×	×	○
제2류	×		×	○	○	×
제3류	×	×		○	×	×
제4류	×	○	○		○	×
제5류	×	○	×	○		×
제6류	○	×	×	×	×	

⑵ **운반용기의 외부 표시사항** [시행규칙 별표19]

① 공통 표시사항

⑦ 위험물의 품명·위험등급·화학명 및 수용성(제4류 수용성인 것에 한함)

⑭ 위험물의 수량

② 수납하는 위험물에 따른 주의사항

유별	구분		표시 사항
제1류 위험물	알칼리금속의 과산화물 또는 이를 함유한 것		화기·충격주의, 물기엄금, 가연물 접촉주의
	그 밖의 것		화기·충격주의 및 가연물 접촉주의
제2류 위험물	철분, 금속분, 마그네슘 또는 어느 하나 이상을 함유한 것		화기주의, 물기엄금
	인화성 고체		화기엄금
	그 밖의 것		화기주의
제3류 위험물	자연발화성 물질		화기엄금 및 공기접촉엄금
	금수성물질		물기엄금
제4류 위험물			화기엄금
제5류 위험물			화기엄금 및 충격주의
제6류 위험물			가연물접촉주의

(3) **위험물의 위험등급** [시행규칙 별표19]

① 위험등급 Ⅰ의 위험물

유별	품명
제1류 위험물	아염소산염류, 염소산염류, 과염소산염류, 무기과산화물 그 밖에 지정수량이 50kg인 위험물
제2류 위험물	무
제3류 위험물	칼륨, 나트륨, 알킬알루미늄, 알킬리튬, 황린 그 밖에 지정수량이 10kg 또는 20kg인 위험물
제4류 위험물	특수인화물
제5류 위험물	유기과산화물, 질산에스테르류 그 밖에 지정수량이 10kg인 위험물
제6류 위험물	전체

② 위험등급 Ⅱ의 위험물

유별	품명
제1류 위험물	브롬산염류, 질산염류, 요오드산염류 그 밖에 지정수량이 300kg인 위험물
제2류 위험물	황화린, 적린, 유황 그 밖에 지정수량이 100kg인 위험물
제3류 위험물	알칼리금속(칼륨 및 나트륨을 제외) 및 알칼리토금속, 유기금속화합물(알킬알루미늄 및 알킬리튬을 제외) 그 밖에 지정수량이 50kg인 위험물
제4류 위험물	제1석유류 및 알코올류
제5류 위험물	위험등급 Ⅰ 외의 것
제6류 위험물	무

③ 위험등급 Ⅲ의 위험물 : ① 및 ②에 정하지 아니한 위험물

Chapter

기술 기준

7-1 ○ 제조소 기준 [시행규칙 별표4]

(1) 안전거리

해당 대상물	안전거리
7000V 초과 35000V 이하의 특고압가공전선	3m 이상
35000V 초과하는 특고압가공전선	5m 이상
건축물, 주거용 공작물	10m 이상
고압가스, LPG, 도시가스 시설	20m 이상
학교·병원·극장(300명 이상 수용), 다수인 수용시설(20명 이상)	30m 이상
유형문화재, 지정문화재	50m 이상

(2) 보유공지

취급하는 위험물의 최대수량	공지의 너비
지정수량의 10배 이하	3m 이상
지정수량의 10배 초과	5m 이상

① 보유공지 제외 사항 : 제조소와 작업장 사이에 방화상 유효한 격벽을 설치한 때

  ㈎ 방화벽은 내화구조로 한다. 다만, 제6류 위험물인 경우 불연재료로 할 수 있다.

  ㈏ 방화벽에 설치하는 출입구 및 창에는 자동폐쇄식의 갑종방화문을 설치한다.

  ㈐ 방화벽의 양단 및 상단이 외벽 또는 지붕으로부터 50cm 이상 돌출하도록 한다.

(3) 표지 및 게시판

① 제조소에 "위험물 제조소"라는 표지 설치

  ㈎ 규격 : 한 변의 길이가 0.3m 이상, 다른 한 변의 길이가 0.6m 이상인 직사각형

  ㈏ 색상 : 백색바탕에 흑색문자

② 게시판 : 방화에 관하여 필요한 사항을 게시

  ㈎ 규격 : 한 변의 길이가 0.3m 이상, 다른 한 변의 길이가 0.6m 이상인 직사각형

㈏ 기재 사항 : 위험물의 유별·품명 및 저장최대수량 또는 취급최대수량, 지정수량의 배수 및 안전관리자의 성명 또는 직명

㈐ 색상 : 백색바탕에 흑색문자

㈑ 위험물 종류별 주의사항을 표시한 게시판

위험물의 종류	내용	색상
• 제1류 위험물 중 알칼리금속의 과산화물과 이를 함유한 것 • 제3류 위험물 중 금수성물질	"물기엄금"	청색바탕에 백색문자
• 제2류 위험물(인화성 고체를 제외한다)	"화기주의"	적색바탕에 백색문자
• 제2류 위험물 중 인화성 고체 • 제3류 위험물 중 자연발화성물질 • 제4류 위험물 • 제5류 위험물	"화기엄금"	

(4) 건축물의 구조

① 지하층이 없도록 한다. 다만, 위험물을 취급하지 않는 지하층으로서 위험물 또는 가연성의 증기가 흘러 들어갈 우려가 없는 구조는 그러하지 않다.

② 벽·기둥·바닥·보·서까래 및 계단은 불연재료로, 연소의 우려가 있는 외벽은 출입구 외의 개구부가 없는 내화구조의 벽으로 한다.

③ 지붕은 가벼운 불연재료로 한다.

④ 출입구와 비상구는 갑종방화문 또는 을종방화문을 설치한다.

⑤ 위험물을 취급하는 건축물의 창 및 출입구의 유리는 망입유리로 한다.

⑥ 액체의 위험물을 취급하는 건축물의 바닥은 적당한 경사를 두어 최저부에 집유설비를 한다.

(5) 채광·조명 및 환기설비

① 채광설비 : 불연재료로 연소의 우려가 없는 장소에 채광면적을 최소로 한다.

② 조명설비 기준

㈎ 가연성가스 등이 체류할 우려가 있는 장소는 방폭등으로 한다.

㈏ 전선은 내화·내열전선으로 하고 점멸스위치는 출입구 바깥부분에 설치한다.

③ 환기설비 기준

㈎ 환기는 자연배기방식으로 한다.

㈏ 급기구는 바닥면적 150m^2 마다 1개 이상, 급기구의 크기는 800cm^2 이상으로 한다. 다만, 바닥면적이 150m^2 미만인 경우에는 다음의 크기로 한다.

바닥면적	급기구의 면적
60m² 미만	150cm² 이상
60m² 이상 90m² 미만	300cm² 이상
90m² 이상 120m² 미만	450cm² 이상
120m² 이상 150m² 미만	600cm² 이상

(대) 급기구는 낮은 곳에 설치, 가는 눈의 구리망 등으로 인화방지망을 설치한다.

(래) 환기구는 지붕 위 또는 지상 2m 이상 높이에 회전식 고정벤추레이터, 루프팬 방식으로 설치한다.

(6) 배출설비

① 배출설비 기능(역할) : 가연성의 증기 또는 미분이 체류할 우려가 있는 건축물에는 그 증기 또는 미분을 옥외의 높은 곳으로 배출할 수 있도록 하는 설비이다.

② 배출설비 설치 기준

(개) 배출설비는 국소방식으로 한다.

(내) 배출설비는 배풍기·배출덕트·후드 등을 이용하여 강제적으로 배출하는 것으로 한다.

(대) 배출능력은 1시간당 배출장소 용적의 20배 이상(전역방식은 바닥면적 1m² 당 18m³ 이상)인 것으로 하여야 한다.

(래) 급기구 및 배출구 기준

㉮ 급기구는 높은 곳에 설치하고, 가는 눈의 구리망으로 인화방지망을 설치한다.

㉯ 배출구는 지상 2m 이상으로 연소의 우려가 없는 장소에 설치, 배출덕트가 관통하는 벽부분에 방화댐퍼를 설치한다.

(매) 배풍기는 강제배기방식으로 하고, 옥내덕트의 내압이 대기압 이상이 되지 않는 위치에 설치한다.

(7) 알킬알루미늄등 또는 아세트알데히드등을 취급하는 제조소의 특례기준

① 알킬알루미늄등

(개) 취급설비의 주위에 누설범위를 국한하는 설비와 누설된 알킬알루미늄등을 저장실에 유입시킬 수 있는 설비를 갖출 것

(내) 취급설비에는 불활성기체를 봉입하는 장치를 갖출 것

② 아세트알데히드, 산화프로필렌(이하 "아세트알데히드등"이라 함)

(개) 취급설비는 은·수은·동·마그네슘 또는 합금으로 만들지 않을 것

(내) 취급설비에는 폭발을 방지하기 위한 불활성기체 또는 수증기를 봉입하는 장치를 갖

출 것

㈐ 취급탱크에는 냉각장치 또는 저온을 유지하기 위한 장치(보랭장치) 및 불활성기체를 봉입하는 장치를 갖출 것. 다만 지하에 있는 탱크가 저온으로 유지할 수 있는 경우에는 냉각장치 및 보랭장치를 갖추지 않을 수 있다.

7-2 ○ 옥내저장소 기준 [시행규칙 별표5]

(1) 안전거리

① 옥내저장소에는 '제조소의 안전거리' 규정에 준하여 안전거리를 두어야 한다.

② 안전거리 제외 대상

㈎ 제4석유류 또는 동식물유류의 위험물을 저장 또는 취급하는 옥내저장소로서 그 최대수량이 지정수량의 20배 미만인 것

㈏ 제6류 위험물을 저장 또는 취급하는 옥내저장소

㈐ 지정수량의 20배(하나의 저장창고의 바닥면적이 150m² 이하인 경우에는 50배) 이하의 위험물을 저장 또는 취급하는 옥내저장소로서 다음 기준에 적합한 것

㉮ 저장창고의 벽·기둥·바닥·보 및 지붕이 내화구조인 것

㉯ 저장창고의 출입구에 수시로 열 수 있는 자동폐쇄방식의 갑종방화문이 설치되어 있을 것

㉰ 저장창고에 창을 설치하지 아니할 것

(2) 보유공지

저장 또는 취급하는 위험물의 최대수량	공지의 너비	
	벽·기둥 및 바닥이 내화구조로 된 건축물	그 밖의 건축물
지정수량의 5배 이하		0.5m 이상
지정수량의 5배 초과 10배 이하	1m 이상	1.5m 이상
지정수량의 10배 초과 20배 이하	2m 이상	3m 이상
지정수량의 20배 초과 50배 이하	3m 이상	5m 이상
지정수량의 50배 초과 200배 이하	5m 이상	10m 이상
지정수량의 200배 초과	10m 이상	15m 이상

㊟ 지정수량의 20배를 초과하는 옥내저장소와 동일한 부지 내에 있는 다른 옥내저장소와의 사이에는 표에서 정하는 공지 너비의 3분의 1(당해 수치가 3m 미만인 경우에는 3m)로 할 수 있다.

(3) 저장창고

① 저장창고는 위험물의 저장을 전용으로 하는 독립된 건축물로 한다.

② 처마높이

   (가) 처마높이(지면에서 처마까지의 높이)가 6m 미만인 단층건물로 바닥을 지반면보다 높게 한다.

   (나) 제2류 또는 제4류의 위험물만을 저장하는 창고로서 다음에 적합한 경우에는 20m 이하로 할 수 있다.

      ㉮ 벽·기둥·보 및 바닥을 내화구조로 할 것

      ㉯ 출입구에 갑종방화문을 설치할 것

      ㉰ 피뢰침을 설치할 것

③ 재료

   (가) 벽·기둥 및 바닥은 내화구조로 하고, 보와 서까래는 불연재료로 한다. 다만, 지정수량의 10배 이하의 위험물 또는 제2류와 제4류의 위험물(인화성고체 및 인화점이 70℃ 미만인 제4류 위험물을 제외한다)만의 저장창고는 벽·기둥 및 바닥은 불연재료로 할 수 있다.

   (나) 지붕은 가벼운 불연재료로 하고, 천장을 만들지 않는다. 다만, 제2류 위험물(분상의 것과 인화성고체를 제외)과 제6류 위험물만의 저장창고는 온도를 저온으로 유지하기 위하여 난연재료 또는 불연재료로 된 천장을 설치할 수 있다.

   (다) 출입구에는 갑종방화문 또는 을종방화문을 설치하되, 연소의 우려가 있는 외벽의 출입구에는 자동폐쇄식의 갑종방화문을 설치한다.

   (라) 창 또는 출입구에 유리를 이용하는 경우는 망입유리로 한다.

④ 구조

   (가) 바닥의 물이 스며 나오거나 스며들지 않는 구조로 하여야 할 위험물

      ㉮ 제1류 위험물 중 알칼리금속의 과산화물 또는 이를 함유하는 것

      ㉯ 제2류 위험물 중 철분·금속분·마그네슘 또는 이중 어느 하나 이상을 함유하는 것

      ㉰ 제3류 위험물 중 금수성물질 또는 제4류 위험물

   (나) 액상의 위험물 저장창고 바닥은 적당하게 경사지게 하여 최저부에 집유설비를 한다.

⑤ 채광·조명 및 환기의 설비

   (가) 제조소 기준에 준하여 설비를 갖추어야 한다.

   (나) 인화점이 70℃ 미만인 위험물의 저장창고에는 내부에 체류한 가연성 증기를 지붕 위로 배출하는 설비를 갖추어야 한다.

⑥ 피뢰침 설치 : 지정수량의 10배 이상의 저장창고(제6류 위험물의 저장창고를 제외)

⑦ 제5류 위험물 중 셀룰로이드 그 밖에 온도 상승에 의하여 분해·발화할 우려가 있는 것은 위험물이 발화하는 온도에 달하지 않는 구조로 하거나 비상전원을 갖춘 통풍장치 또는 냉방장치 등의 설비를 2 이상 설치한다.

7-3 ○ 옥외탱크 저장소 기준 [시행규칙 별표6]

(1) 보유공지

저장 또는 취급하는 위험물의 최대수량	공지의 너비
지정수량의 500배 이하	3m 이상
지정수량의 500배 초과 1000배 이하	5m 이상
지정수량의 1000배 초과 2000배 이하	9m 이상
지정수량의 2000배 초과 3000배 이하	12m 이상
지정수량의 3000배 초과 4000배 이하	15m 이상
지정수량의 4000배 초과	당해 탱크의 수평단면의 최대지름(횡형인 경우에는 긴 변)과 높이 중 큰 것과 같은 거리 이상. 다만, 30m 초과의 경우에는 30m 이상으로 할 수 있고, 15m 미만의 경우에는 15m 이상으로 하여야 한다.

(2) 옥외저장탱크 외부구조 및 설비

① 두께 : 3.2mm 이상의 강철판 또는 소방청장이 정하여 고시하는 규격에 적합한 재료

② 수압시험

  ㈎ 압력탱크 : 최대상용압력의 1.5배의 압력으로 10분간 실시하여 새거나 변형되지 않을 것

  ㈏ 압력탱크 외의 탱크 : 충수시험

③ 통기관 설치

  ㈎ 밸브 없는 통기관

    ㉮ 직경은 30mm 이상이어야 한다.

    ㉯ 선단은 수평면보다 45° 이상 구부려 빗물 등의 침투를 막는 구조로 한다.

    ㉰ 가는 눈의 구리망 등으로 인화방지장치를 할 것. 다만, 인화점 70℃ 이상의 위험물만을 인화점 미만의 온도로 저장 또는 취급하는 탱크의 통기관은 그러하지 않다.

⑭ 가연성의 증기를 회수하기 위한 밸브를 통기관에 설치하는 경우

　　⊙ 저장탱크에 위험물을 주입하는 경우를 제외하고는 항상 개방되어 있는 구조로 한다.

　　ⓛ 폐쇄하였을 경우에는 10kPa 이하의 압력에서 개방되는 구조로 한다(유효 단면적은 777.15mm^2 이상이어야 한다).

(내) 대기밸브 부착 통기관 작동압력 : 5kPa 이하의 압력차

(3) 방유제

① 방유제의 기능 : 저장 중인 인화성 액체 위험물이 주위로 누설 시 피해 확산을 방지하기 위하여 설치하는 담이다.

② 용량 기준

(개) 탱크가 하나인 경우 : 탱크 용량의 110% 이상

(내) 2기 이상인 경우 : 탱크 중 용량이 최대인 것의 110% 이상

③ 설치 기준

(개) 방유제는 높이 0.5m 이상 3m 이하, 두께 0.2m 이상, 지하매설깊이 1m 이상으로 한다.

(내) 방유제 내의 면적은 8만m^2 이하로 한다.

(대) 옥외저장탱크의 수는 10 이하로 한다(방유제 내에 설치하는 모든 옥외저장탱크의 용량이 20L 이하이고, 당해 옥외저장탱크에 저장 또는 취급하는 위험물의 인화점이 70℃ 이상 200℃ 미만인 경우에는 20 이하로 한다).

(래) 방유제 외면의 2분의 1 이상은 3m 이상의 노면 폭을 확보한 구내도로에 직접 접하도록 한다.

(매) 방유제와 탱크의 옆판까지 유지거리

　　⑦ 탱크 지름이 15m 미만인 경우 : 탱크 높이의 3분의 1 이상

　　⑭ 탱크 지름이 15m 이상인 경우 : 탱크 높이의 2분의 1 이상

④ 재료

(개) 방유제 : 철근콘크리트

(내) 방유제와 옥외저장탱크 사이의 지표면 : 불연성과 불침윤성이 구조(철근콘크리드 등)

(대) 누출된 위험물을 수용할 수 있는 전용유조(專用油槽) 및 펌프 등의 설비를 갖춘 경우에는 지표면을 흙으로 할 수 있다.

제7장 기술 기준 **69**

⑤ 간막이 둑 설치

    ㈎ 설치 대상 : 용량이 1000만 L 이상인 탱크마다

    ㈏ 높이 0.3m 이상으로 하되, 방유제의 높이보다 0.2m 이상 낮게 한다.

    ㈐ 간막이 둑은 흙 또는 철근콘크리트로 한다.

    ㈑ 용량은 둑 안에 설치된 탱크 용량의 100% 이상이어야 한다.

⑥ 방유제에는 그 내부에 고인 물을 외부로 배출하기 위한 배수구를 설치하고 이를 개폐하는 밸브 등을 방유제의 외부에 설치한다.

⑦ 높이가 1m를 넘는 방유제 및 간막이 둑의 안팎에는 계단 또는 경사로를 50m 마다 설치한다.

7-4 ○ 옥내탱크 저장소 기준 [시행규칙 별표7]

(1) 위치·구조 및 설비의 기준

① 옥내저장탱크는 단층 건축물에 설치된 탱크전용실에 설치한다.

② 옥내저장탱크와 탱크전용실의 벽과의 사이 및 옥내저장탱크 상호간에는 0.5m 이상의 간격을 유지한다. 다만, 탱크의 점검 및 보수에 지장이 없는 경우에는 그러하지 아니하다.

③ 옥내저장탱크의 용량은 지정수량의 40배 이하이어야 한다(제4석유류 및 동식물유류 외의 제4류 위험물에 있어서 당해 수량이 2만 L를 초과할 때에는 2만 L 이하일 것).

④ 옥내저장탱크의 구조는 '옥외저장탱크의 구조'를 준용한다.

⑤ 통기관 설치

    ㈎ 통기관의 선단은 건축물의 창·출입구 등의 개구부로부터 1m 이상 떨어진 옥외에 설치한다.

    ㈏ 지면으로부터 4m 이상의 높이로 설치한다.

    ㈐ 통기관은 가스 등이 체류할 우려가 있는 굴곡이 없도록 한다.

    ㈑ 인화점이 40℃ 미만인 위험물 탱크의 통기관은 부지경계선으로부터 1.5m 이상 이격한다.

    ㈒ 고인화점 위험물만을 100℃ 미만의 온도로 저장 또는 취급하는 탱크의 통기관은 그 선단을 탱크전용실 내에 설치할 수 있다.

(2) 탱크 전용실 재료 및 구조

① 벽·기둥 및 바닥 : 내화구조

② 보 : 불연재료

③ 연소의 우려가 있는 외벽 : 출입구 외에는 개구부가 없도록 한다.

④ 지붕 및 천장 : 지붕은 불연재료로 하고 천장을 설치하지 아니한다.

⑤ 창 및 출입구 : 갑종방화문 또는 을종방화문으로 하고, 유리는 망입유리로 한다.

⑥ 액상의 위험물 옥내저장탱크를 설치하는 경우 : 바닥은 위험물이 침투하지 않는 구조로 하고, 적당한 경사를 두고, 집유설비를 설치한다.

⑦ 출입구 턱의 높이 : 당해 탱크 전용실내의 옥내저장탱크 용량을 수용할 수 있는 높이 이상으로 하거나 옥내저장탱크로부터 누설된 위험물이 탱크 전용실외의 부분으로 유출하지 않는 구조로 한다.

⑧ 채광·조명·환기 및 배출 설비는 '옥내저장소'의 기준을 준용한다.

(3) 탱크 전용실 위치·구조 및 설비의 기준

① 옥내저장탱크는 탱크 전용실에 설치한다. 이 경우 제2류 위험물 중 황화린·적린 및 덩어리 유황, 제3류 위험물 중 황린, 제6류 위험물 중 질산의 탱크 전용실은 건축물의 1층 또는 지하층에 설치하여야 한다.

② 주입구 부근에는 위험물의 양을 표시하는 장치를 설치한다.

③ 탱크 전용실은 벽·기둥·바닥 및 보를 내화구조로 한다.

④ 탱크 전용실은 상층이 있는 경우에는 상층을 내화구조로 하고, 상층이 없는 경우에는 지붕을 불연재료로 하며, 천장은 설치하지 않는다.

⑤ 탱크 전용실에는 창을 설치하지 말고, 출입구에는 자동폐쇄식의 갑종방화문을 설치한다.

⑥ 탱크 전용실의 환기 및 배출의 설비에는 방화상 유효한 댐퍼 등을 설치한다.

⑦ 옥내저장탱크의 용량

㈎ 1층 이하의 층 : 지정수량의 40배(제4석유류 및 동식물유류 외의 제4류 위험물이 2만 L를 초과할 때에는 2만 L) 이하일 것

㈏ 2층 이상의 층 : 지정수량의 10배(제4석유류 및 동식물유류 외의 제4류 위험물이 5천 L를 초과할 때에는 5천 L) 이하일 것

7-5 ㅇ 이동탱크 저장소 기준 [시행규칙 별표10]

(1) 이동저장탱크 구조 기준

① 탱크 및 구조물 두께

(가) 탱크(맨홀 및 주입관의 뚜껑 포함한다) 두께 : 3.2mm 이상의 강철판 또는 소방청장이 고시하는 동등 이상의 재료

(나) 칸막이 : 두께 3.2mm 이상의 강철판 또는 동등 이상의 금속성 재료로 4000L 이하마다 설치

(다) 방파판 : 두께 1.6mm 이상의 강철판 또는 동등 이상의 금속성 재료

(라) 측면틀 : 외부로부터 하중에 견딜 수 있는 구조로 할 것

(마) 방호틀 : 두께 3.2mm 이상의 강철판 또는 동등 이상의 기계적 성질이 있는 재료

② 안전장치 및 방파판 설치

(가) 안전장치 작동압력

㉮ 상용압력이 20kPa 이하인 탱크 : 20kPa 이상 24kPa 이하의 압력

㉯ 상용압력이 20kPa 초과하는 탱크 : 상용압력의 1.1배 이하의 압력

(나) 방파판

㉮ 하나의 구획된 부분에 2개 이상의 방파판을 이동탱크저장소의 진행방향과 평행하게 설치한다.

㉯ 각 방파판은 그 높이 및 칸막이로부터의 거리를 다르게 설치한다.

㉰ 하나의 구획된 부분에 설치하는 각 방파판의 면적 합계는 당해 구획부분의 최대 수직단면적의 50% 이상으로 한다. 다만, 수직단면이 원형이거나 짧은 지름이 1m 이하의 타원형일 경우에는 40% 이상으로 할 수 있다.

③ 측면틀 및 방호틀 설치

(가) 측면틀 : 이동저장탱크의 전복 사고 시 탱크 보호 및 전복 방지를 위하여 설치

(나) 방호틀 : 맨홀·주입구 및 안전장치 등의 탱크의 상부로 돌출되어 있는 경우 부속장치의 손상을 방지하기 위하여 설치

④ 수압시험

(가) 압력탱크(최대상용압력이 46.7kPa 이상인 탱크를 말한다) 외의 탱크 : 70kPa의 압력

(나) 압력탱크 : 최대상용압력의 1.5배의 압력

(다) 시험시간 : 10분간 실시하여 새거나 변형되지 않을 것

(라) 수압시험은 용접부에 대한 비파괴시험과 기밀시험으로 대신할 수 있다.

(2) 위험성 경고 표지 및 탱크외부 도장

① 위험성 경고표지[위험물 운송·운송 시의 위험성 경고표지에 관한 기준 제3조] : 위험물 수송차량의 외부에 위험물 표지, UN번호 및 그림문자를 표시하여야 한다.

구분	표지	UN번호	그림문자
위치	이동탱크저장소 : 전면 상단 및 후면 상단 위험물 운반차량 : 전면 및 후면	위험물 수송차량의 후면 및 양 측면	위험물 수송차량의 후면 및 양 측면
규격 및 형상	60cm 이상 × 30cm 이상의 횡형 사각형	30cm 이상 × 12cm 이상의 횡형 사각형	25cm 이상 × 25cm 이상의 마름모꼴
색상 및 문자	흑색 바탕에 황색 문자	흑색 테두리선(굵기 1cm)과 오렌지색 바탕에 흑색 문자	위험물의 품목별로 해당하는 심벌을 표기, 그림문자 하단에 분류·구분 번호 표기
내용	위험물	UN 번호 (글자의 높이 6.5cm 이상)	심벌 및 분류·구분 번호 (글자 높이 2.5cm 이상)
모양	위 험 물	1 2 3 4	

② 이동탱크저장소의 탱크외부에는 소방청장이 정하여 고시하는 바에 따라 도장 등을 하여 쉽게 식별할 수 있도록 하고, 보기 쉬운 곳에 상치장소의 위치를 표시하여야 한다 [세부기준 제109조].

유 별	도장의 색상	비 고
제1류 위험물	회색	
제2류 위험물	적색	1. 탱크의 앞면과 뒷면을 제외한 면적의 40% 이내의 면적은 다른 유별의 색상 외의 색상으로 도장하는 것이 가능하다.
제3류 위험물	청색	
제4류 위험물	–	2. 제4류에 대해서는 도장의 색상 제한이 없으나 적색을 권장한다.
제5류 위험물	황색	
제6류 위험물	청색	

7-6 ○ 주유취급소 기준 [시행규칙 별표13]

(1) 주유공지 및 급유공지

① 주유공지 : 고정주유설비의 주위에 주유를 받으려는 자동차 등이 출입할 수 있도록 한 공지

② 급유공지 : 고정급유설비의 호스기기의 주위에 필요한 공지

③ 주유공지 및 급유공지의 바닥은 주위 지면보다 높게 한다.

④ 공지의 표면을 적당하게 경사지게 하여 새어나온 기름, 그 밖의 액체가 외부로 유출되지 않도록 배수구·집유설비 및 유분리장치를 설치한다.

⑤ 고정주유설비, 고정급유설비는 도로경계선까지 4m 이상 떨어져 설치한다.

(2) 표지 및 게시판

① 표지 : 백색바탕에 흑색문자로 "위험물 주유취급소" 설치

② 게시판 : 황색바탕에 흑색문자로 "주유 중 엔진정지" 설치

③ 크기 : 한 변의 길이 0.3m 이상, 다른 한 변의 길이 0.6m 이상

7-7 ○ 탱크 용량 계산

(1) 탱크 용적의 산정기준 [시행규칙 제5조]

위험물을 저장 또는 취급하는 탱크의 용량은 해당 탱크의 내용적에서 공간용적을 뺀 용적으로 한다. 이 경우 위험물을 저장 또는 취급하는 차량에 고정된 탱크("이동저장탱크"라 한다)의 용량은 최대적재량 이하로 하여야 한다.

$$\therefore \text{탱크 용량} = \text{탱크 내용적} - \text{공간용적}$$

(2) 탱크의 내용적 계산방법 [세부기준 제25조, 별표1]

① 타원형 탱크의 내용적

  ㈎ 양쪽이 볼록한 것

$$\text{내용적} = \frac{\pi a b}{4} \times \left(l + \frac{l_1 + l_2}{3} \right)$$

(나) 한쪽은 볼록하고, 다른 한쪽은 오목한 것

$$내용적 = \frac{\pi ab}{4} \times \left(l + \frac{l_1 - l_2}{3} \right)$$

② 원통형 탱크의 내용적

(가) 횡으로 설치한 것

$$내용적 = \pi r^2 \times \left(l + \frac{l_1 + l_2}{3} \right)$$

(나) 종으로 설치한 것

$$내용적 = \pi r^2 l$$

③ 그 밖의 탱크 : 통상의 수학적 계산방법에 의한다. 다만, 쉽게 그 내용적을 계산하기 어려운 탱크는 내용적의 근사계산에 의할 수 있다.

(3) 탱크의 공간용적 [세부기준 제25조]

① 탱크의 공간용적은 탱크 내용적의 $\frac{5}{100}$ 이상 $\frac{10}{100}$ 이하의 용적으로 한다.

② 소화설비(소화약제 방출구를 탱크 안의 윗부분에 설치하는 것에 한한다)를 설치하는 탱크의 공간용적은 소화방출구 아래의 0.3m 이상 1m 미만 사이의 면으로부터 윗부분의 용적으로 한다.

③ 암반탱크는 당해 탱크 내에 용출하는 7일간의 지하수의 양에 상당하는 용적과 당해 탱크의 내용적의 $\frac{1}{100}$ 용적 중에서 보다 큰 용적을 공간용적으로 한다.

08 위험물 안전관리법

8-1 ㅇ 위험물시설의 설치 및 변경 허가

(1) 설치 및 변경 허가 [법 제6조]

① 제조소등 설치장소를 관할하는 특별시장·광역시장·특별자치시장·도지사 또는 특별
   자치도지사(이하 "시·도지사"라 한다)의 허가를 받아야 한다.

② 제조소등의 위치·구조 또는 설비의 변경 없이 위험물의 품명·수량 또는 지정수량의
   배수를 변경하고자 하는 자는 변경하고자 하는 날의 1일 전까지 시·도지사에게 신고하
   여야 한다.

③ 허가를 받지 않고 제조소등을 설치하거나 그 위치·구조 또는 설비를 변경할 수 있다.

④ 신고를 하지 않고 위험물의 품명·수량 또는 지정수량의 배수를 변경할 수 있는 경우
   ㉮ 주택의 난방시설(공동주택의 중앙난방시설을 제외한다)을 위한 저장소 또는 취급소
   ㉯ 농예용·축산용 또는 수산용으로 필요한 난방시설 또는 건조시설을 위한 지정수량
      20배 이하의 저장소

(2) 제조소등 설치허가의 취소와 사용정지 등 [법 제12조]

시·도지사는 제조소등의 관계인이 다음 어느 하나에 해당하는 때에는 허가를 취소하거
나 6월 이내의 기간을 정하여 제조소등의 전부 또는 일부의 사용정지를 명할 수 있다.

① 변경허가를 받지 아니하고 제조소등의 위치·구조 또는 설비를 변경한 때
② 완공검사를 받지 아니하고 제조소등을 사용한 때
③ 수리·개조 또는 이전의 명령을 위반한 때
④ 위험물 안전관리자를 선임하지 아니한 때
⑤ 위험물 안전관리자 대리자를 지정하지 아니한 때
⑥ 정기점검을 하지 아니한 때
⑦ 정기검사를 받지 아니한 때
⑧ 저장·취급기준 준수명령을 위반한 때

⑶ **지위승계** [법 제10조]

① 제조소등의 설치자가 사망, 양도·인도한 때 또는 합병이 있는 때에는 그 설치자의 지위를 승계한다.

② 경매, 환가, 압류재산의 매각 절차에 따라 제조소등의 전부를 인수한 자는 그 설치자의 지위를 승계한다.

③ 지위를 승계한 자는 승계한 날부터 30일 이내에 시·도지사에게 신고한다.

⑷ **제조소등의 폐지** [법 제11조]

① 제조소등의 용도를 폐지한 때에는 폐지한 날부터 14일 이내에 시·도지사에게 신고한다.

② 용도폐지 신고를 하는 자는 신고서와 제조소등의 완공검사필증을 첨부한다.

8-2 ⚬ 위험물안전관리자

⑴ **위험물안전관리자** [법 제15조]

제조소등의 관계인은 위험물의 안전관리에 관한 직무를 수행하게 하기 위하여 제조소등마다 위험물의 취급에 관한 자격이 있는 자(이하 "위험물취급자격자"라 한다)를 위험물안전관리자(이하 "안전관리자"라 한다)로 선임하여야 한다.

① 안전관리자를 해임, 퇴직한 때 선임 기간 : 해임, 퇴직한 날부터 30일 이내

② 안전관리자를 선임한 경우 신고 기간 : 선임한 날부터 14일 이내에 소방본부장 또는 소방서장에게 신고

③ 안전관리자 대리자(代理者)의 직무를 대행 기간 : 30일을 초과할 수 없다.

⑵ **위험물안전관리자로 선임할 수 있는 위험물취급자격자 등** [시행령 제11조, 별표5]

위험물취급자격자의 구분	취급할 수 있는 위험물
위험물기능장, 위험물산업기사, 위험물기능사의 자격을 취득한 사람	시행령 별표1에서 정한 모든 위험물
안전관리자 교육 이수자(소방청장이 실시하는 안전관리자 교육을 이수한 자를 말한다.)	시행령 별표1에서 정한 위험물 중 제4류 위험물
소방공무원 경력자(소방공무원으로 근무한 경력이 3년 이상인 자를 말한다.)	시행령 별표1에서 정한 위험물 중 제4류 위험물

8-3 ─o 자체소방대 [법 제19조]

(1) 자체소방대를 설치하여야 하는 사업소 [시행령 제18조]
지정수량의 3000배 이상의 제4류 위험물을 취급하는 제조소 또는 일반취급소

(2) 자체소방대에 두는 화학소방자동차 및 인원 [시행령 별표8]

사업소의 구분 (제조소 또는 일반취급소에서 취급하는 제4류 위험물의 최대수량의 합)	화학소방자동차	자체소방대원의 수
지정수량의 12만배 미만인 사업소	1대	5인
지정수량의 12만배 이상 24배만 미만인 사업소	2대	10인
지정수량의 24만배 이상 48만배 미만인 사업소	3대	15인
지정수량의 48만배 이상인 사업소	4대	20인

[비고] 화학소방자동차에는 행정안전부령으로 정하는 소화능력 및 설비를 갖추어야 하고, 소화활동에 필요한 소화약제 및 기구(방열복 등 개인장구를 포함한다)를 비치하여야 한다.

① 자체소방대 편성의 특례[시행규칙 제74조] : 2 이상의 사업소가 상호 응원에 관한 협정을 체결하고 있는 경우에는 화학소방차 대수의 2분의 1 이상의 대수와 화학소방자동차마다 5인 이상의 자체소방대원을 두어야 한다.

② 화학소방차의 기준 등[시행규칙 제75조] : 포수용액을 방사하는 화학소방자동차의 대수는 화학소방자동차의 대수의 3분의 2 이상으로 하여야 한다.

과년도 출제문제

※ 본문 및 기출문제 해설에 표시한 법령은 다음과 같이 표기했으니
참고하시기 바랍니다.
- 위험물 안전관리법 → 법
- 위험물 안전관리법 시행령 → 시행령
- 위험물 안전관리법 시행규칙 → 시행규칙
- 위험물안전관리에 관한 세부기준 → 세부기준

2010년도 출제문제

2010. 1. 31 시행 (제1회)

1. 위험물제조소를 설치하고자 하는 경우 제조소와 초등학교 사이에는 몇 m 이상의 안전거리를 두어야 하는가?

① 50m ② 40m ③ 30m ④ 20m

해설 제조소의 안전거리 [시행규칙 별표4]

해당 대상물	안전거리
7000V 초과 35000V 이하 전선	3m 이상
35000V 초과 전선	5m 이상
건축물, 주거용 공작물	10m 이상
고압가스, LPG, 도시가스 시설	20m 이상
학교·병원·극장(300명 이상 수용), 다수인 수용시설(20명 이상)	30m 이상
유형문화재, 지정문화재	50m 이상

2. 제조소의 옥외에 모두 3기의 휘발유 취급탱크를 설치하고, 그 주위에 방유제를 설치하고자 한다. 방유제 안에 설치하는 각 취급탱크의 용량이 6만 L, 2만 L, 1만 L일 때 필요한 방유제의 용량은 몇 L 이상인가?

① 66000   ② 60000
③ 33000   ④ 30000

해설 제조소의 방유제 용량 [시행규칙 별표4]
㉮ 위험물 제조소의 옥외에 있는 위험물 취급탱크의 방유제 용량
　㉠ 1기일 때 : 탱크용량 × 0.5
　㉡ 2기 이상일 때 : (최대 탱크 용량×0.5)+ (나머지 탱크 용량 합계×0.1)
㉯ 방유제 용량 계산
　∴ 방유제 용량

$= (60000 \times 0.5) + \{(20000 + 10000) \times 0.1)\}$
$= 33000\ L$

3. 제5류 위험물의 화재예방상 주의사항으로 가장 거리가 먼 것은?

① 점화원의 접근을 피한다.
② 통풍이 양호한 서늘한 곳에 저장한다.
③ 소화설비는 질식효과가 있는 것을 위주로 준비한다.
④ 가급적 소분하여 저장한다.

해설 제5류 위험물은 그 자체가 산소를 함유하고 있는 자기반응성 물질이므로 질식소화가 불가능하므로 다량의 주수에 의한 냉각소화가 효과적이다.

4. 옥내소화전설비의 기준에서 "시동표시등"을 옥내소화전함의 내부에 설치할 경우 그 색상으로 옳은 것은?

① 적색 ② 황색 ③ 백색 ④ 녹색

해설 옥내소화전설비의 시동표시등 설치 [세부기준 제129조] : 가압송수장치의 시동을 알리는 표시등은 적색으로 하고 옥내소화전함의 내부 또는 그 직근의 장소에 설치한다.

5. 전기불꽃에 의한 에너지식을 옳게 나타낸 것은? (단, E는 전기불꽃에너지, C는 전기용량, Q는 전기량, V는 방전전압이다.)

① $E = \dfrac{1}{2}QV$　　② $E = \dfrac{1}{2}QV^2$

③ $E = \dfrac{1}{2}CV$　　④ $E = \dfrac{1}{2}VQ^2$

정답 1. ③　2. ③　3. ③　4. ①　5. ①

해설 ㉮ 최소 점화에너지 : 가연성 혼합가스에 전기적 스파크로 점화시킬 때 점화하기 위한 최소한의 전기적 에너지를 말한다.

㉯ 최소 점화에너지(E) 측정

$$E = \frac{1}{2} \times Q \times V = \frac{1}{2} \times C \times V^2$$

6. 이송취급소에 설치하는 경보설비의 기준에 따라 이송기지에 설치하여야 하는 경보설비로만 이루어진 것은?

① 확성장치, 비상벨장치
② 비상방송설비, 비상경보설비
③ 확성장치, 비상방송설비
④ 비상방송설비, 자동화재탐지설비

해설 이송취급소에 설치하는 경보설비 [시행규칙 별표15] : 이송기지에는 비상벨장치 및 확성장치를 설치한다.

7. 액화 이산화탄소 1kg이 25℃, 2atm에서 방출되어 모두 기체가 되었다. 방출된 기체상의 이산화탄소 부피는 약 몇 L인가?

① 278
② 556
③ 1111
④ 1985

해설 ㉮ 이산화탄소(CO_2)의 분자량(M) 계산 :
12+(16×2)=44

㉯ 기체상태의 이산화탄소 부피(L) 계산 :

이상기체 상태방정식 $PV = \frac{W}{M}RT$ 를 이용하여 계산

$$\therefore V = \frac{WRT}{PM}$$

$$= \frac{(1 \times 10^3) \times 0.082 \times (273+25)}{2 \times 44}$$

$$= 277.681\,L$$

㉰ 이상기체 상태방정식 공식 : $PV = \frac{W}{M}RT$

여기서, P : 압력(atm) → 2atm

V : 부피(L) → 구하여야 할 부피임

M : 분자량(g/mol) → 44

W : 질량(g) → 1kg=1×10^3 g=1000g

R : 기체상수(0.082L·atm/mol·K)

T : 절대온도(K) → (273+25) K

8. 다음 중 위험물 화재 시 주수소화가 오히려 위험한 것은?

① 과염소산칼륨
② 적린
③ 황
④ 마그네슘

해설 ㉮ 마그네슘은 제2류 위험물(지정수량 500 kg)로 물(H_2O)과 접촉하면 반응하여 가연성인 수소(H_2)를 발생하여 폭발의 위험이 있기 때문에 물에 의한 소화는 부적합하므로 탄산수소염류 분말소화설비 및 분말소화기, 건조사(마른 모래), 팽창질석 및 팽창진주암을 이용한다.

㉯ 물과 반응식 : Mg+2H_2O → Mg(OH)$_2$+H_2↑

9. 다음 중 소화약제가 아닌 것은?

① CF_3Br
② $NaHCO_3$
③ $Al_2(SO_4)_3$
④ $KClO_4$

해설 소화약제의 종류

소화약제	화학식
산·알칼리 소화약제	$NaHCO_3 + H_2SO_4$
할론 1311	CF_3Br
할론 1211	CF_2ClBr
할론 2402	$C_2F_4Br_2$
FC-3-1-10 퍼플루오로부탄	C_4F_{10}
제1종 소화분말	$NaHCO_3$
제2종 소화분말	$KHCO_3$
제3종 소화분말	$NH_4H_2PO_4$
제4종 소화분말	$KHCO_3 + (NH_2)_2CO$
화학포	$NaHCO_3 + Al_2(SO_4)_3$

참고 $KClO_4$: 과염소산칼륨으로 제5류 위험물 중 과염소산염류에 해당된다.

10. 소화작용에 대한 설명으로 옳지 않은 것은?

① 냉각소화 : 물을 뿌려서 온도를 저하시키

는 방법

② 질식소화 : 불연성 포말로 연소물을 덮어 씌우는 방법

③ 제거소화 : 가연물을 제거하여 소화시키는 방법

④ 희석소화 : 산·알칼리를 중화시켜 연쇄 반응을 억제시키는 방법

해설 희석소화 : 수용성 가연성 위험물인 알코올, 에테르 등의 화재 시 다량의 물을 살포하여 가연성 위험물의 농도를 낮게 하여 화재를 소화시키는 방법이다.

11. 다음 중 주된 연소 형태가 표면연소인 것은?

① 숯   ② 목재

③ 플라스틱   ④ 나프탈렌

해설 고체 가연물의 연소 형태 분류

㉠ 표면연소 : 목탄(숯), 코크스, 금속분

㉯ 분해연소 : 종이, 석탄, 목재

㉰ 증발연소 : 양초, 유황, 나프탈렌

12. 위험물 안전관리법령상 피난설비에 해당하는 것은?

① 자동화재 탐지설비

② 비상방송설비

③ 자동식 사이렌설비

④ 유도등

해설 피난설비의 종류

㉠ 피난기구 : 피난사다리, 구조대, 완강기

㉯ 인명구조기구 : 방열복·방화복, 공기호흡기, 인공소생기

㉰ 유도등 : 피난유도선, 피난유도등, 통로유도등, 객석유도등, 유도표시

㉱ 비상조명등 및 휴대용 비상조명등

참고 경보설비의 구분 [시행규칙 제42조]

㉠ 자동화재 탐지설비

㉯ 비상경보설비(비상벨장치 또는 경종을 포함한다.)

㉰ 확성장치(휴대용확성기를 포함한다.)

㉱ 비상방송설비

13. 한국소방산업기술원이 시·도지사로부터 위탁 받아 수행하는 탱크안전성능검사 업무와 관계없는 액체 위험물탱크는?

① 암반탱크

② 지하탱크저장소의 이중벽탱크

③ 100만 리터 용량의 지하저장탱크

④ 옥외에 있는 50만 리터 용량의 취급탱크

해설 탱크안전성능검사의 대상이 되는 탱크 [시행령 제8조]

㉠ 기초·지반검사, 용접부검사 : 옥외탱크저장소의 액체 위험물탱크 중 용량이 100만 리터 이상인 탱크

㉯ 충수(充水)·수압검사 : 액체위험물을 저장 또는 취급하는 탱크. 다만, 다음의 탱크는 제외한다.

㉠ 제조소 또는 일반취급소에 설치된 탱크로서 용량이 지정수량 미만인 것

㉡ 고압가스 안전관리법에 따른 특정설비에 관한 검사에 합격한 탱크

㉢ 산업안전보건법에 따른 안전인증을 받은 탱크

㉰ 암반탱크검사 : 액체위험물을 저장 또는 취급하는 암반 내의 공간을 이용한 탱크

참고 한국소방산업기술원이 탱크안전성능검사를 시·도지사로부터 위탁 받아 수행할 수 있는 법적인 근거는 법 제16조에 규정되어 있다.

14. 착화온도가 낮아지는 경우가 아닌 것은?

① 압력이 높을 때

② 습도가 높을 때

③ 발열량이 클 때

④ 산소와 친화력이 좋을 때

해설 착화온도(발화온도)가 낮아지는 조건

㉠ 압력이 높을 때

㉯ 발열량이 높을 때

㉰ 열전도율이 작고 습도가 낮을 때

㉱ 산소와 친화력이 클 때

㉲ 산소농도가 높을 때

㉳ 분자구조가 복잡할수록

㉴ 반응활성도가 클수록

정답   11. ①   12. ④   13. ④   14. ②

15. 위험물을 취급함에 있어서 정전기를 유효하게 제거하기 위한 설비를 설치하고자 한다. 위험물 안전관리법령상 공기 중의 상대습도를 얼마 이상되게 하여야 하는가?

① 50% ② 60% ③ 70% ④ 80%

해설 정전기 제거설비 설치 [시행규칙 별표4] : 위험물을 취급함에 있어서 정전기가 발생할 우려가 있는 설비에는 다음 중 하나에 해당하는 방법으로 정전기를 유효하게 제거할 수 있는 설비를 설치하여야 한다.
  ㉮ 접지에 의한 방법
  ㉯ 공기 중의 상대습도를 70% 이상으로 하는 방법
  ㉰ 공기를 이온화하는 방법

16. 이산화탄소 소화약제의 주된 소화효과 2가지에 가장 가까운 것은?

① 부촉매효과, 제거효과
② 질식효과, 냉각효과
③ 억제효과, 부촉매효과
④ 제거효과, 억제효과

해설 소화약제의 소화효과
  ㉮ 물 : 냉각효과
  ㉯ 산·알칼리 소화약제 : 냉각효과
  ㉰ 강화액 소화약제 : 냉각소화, 부촉매효과, 일부질식효과
  ㉱ 이산화탄소 소화약제 : 질식효과, 냉각효과
  ㉲ 할로겐화합물 소화약제 : 억제효과(부촉매효과)
  ㉳ 포 소화약제 : 질식효과, 냉각효과
  ㉴ 분말 소화약제 : 질식효과, 냉각효과
    (제3종 분말 소화약제는 부촉매효과도 있음)

17. 공기포 소화약제의 혼합방식 중 펌프의 토출관과 흡입관 사이의 배관 도중에 설치된 흡입기에 펌프에서 토출된 물의 일부를 보내고 농도조절밸브에서 조정된 포 소화약제의 필요량을 포 소화약제 탱크에서 펌프 흡입측으로 보

내어 이를 혼합하는 방식은?

① 프레셔 프로포셔너 방식
② 펌프 프로포셔너 방식
③ 프레셔 사이트 프로포셔너 방식
④ 라인 프로포셔너 방식

해설 포 소화약제를 흡입·혼합하는 방식 [포 소화설비의 화재안전기준(NFSC 105) 제3조]
  ㉮ 펌프 프로포셔너(pump proportioner) 방식 : 펌프의 토출관과 흡입관 사이의 배관 도중에 설치한 흡입기에 펌프에서 토출된 물의 일부를 보내고, 농도 조절밸브에서 조정된 포 소화약제의 필요량을 포 소화약제 탱크에서 펌프 흡입측으로 보내어 이를 혼합하는 방식이다.
  ㉯ 프레셔 프로포셔너(pressure proportioner) 방식 : 펌프와 발포기의 중간에 설치된 벤투리관의 벤투리 작용과 펌프 가압수의 포 소화약제 저장탱크에 대한 압력에 따라 포 소화약제를 흡입·혼합하는 방식이다.
  ㉰ 라인 프로포셔너(line proportioner) 방식 : 펌프와 발포기의 중간에 설치된 벤투리관의 벤투리작용에 따라 포 소화약제를 흡입·혼합하는 방식이다.
  ㉱ 프레셔 사이드 프로포셔너(pressure side proportioner) 방식 : 펌프의 토출관에 압입기를 설치하여 포 소화약제 압입용 펌프로 포 소화약제를 압입시켜 혼합하는 방식이다.

18. 산·알칼리소화기에 있어서 탄산수소나트륨과 황산의 반응 시 생성되는 물질을 모두 옳게 나타낸 것은?

① 황산나트륨, 탄산가스, 질소
② 염화나트륨, 탄산가스, 질소
③ 황산나트륨, 탄산가스, 물
④ 염화나트륨, 탄산가스, 물

해설 산·알칼리소화기의 소화약제
  ㉮ 반응식 : $2NaHCO_3 + H_2SO_4$
    $\rightarrow Na_2SO_4 + 2H_2O \uparrow + 2CO_2 \uparrow$
  ㉯ 반응 시 생성되는 물질 :
    황산나트륨(Na_2SO_4), 탄산가스(CO_2), 물(H_2O)

2010

19. 마그네슘을 저장 및 취급하는 장소에 설치해야 할 소화기는?

① 포 소화기

② 이산화탄소 소화기

③ 할로겐화합물 소화기

④ 탄산수소염류 분말 소화기

해설 제2류 위험물 중 철분, 금속분, 마그네슘에 적응성이 있는 소화설비 [시행규칙 별표17]

㉮ 탄산수소염류 분말 소화설비

㉯ 탄산수소염류 분말 소화기

㉰ 건조사

㉱ 팽창질석 또는 팽창진주암

20. 위험물제조소에서 국소방식의 배출설비 배출능력은 1시간 배출장소 용적의 몇 배 이상인 것으로 하여야 하는가?

① 5   ② 10   ③ 15   ④ 20

해설 제조소의 배출설비 설치기준 [시행규칙 별표4]

㉮ 배출설비는 국소방식으로 하여야 한다.

㉯ 배출설비는 배풍기·배출덕트·후드 등을 이용하여 강제적으로 배출하는 것으로 하여야 한다.

㉰ 배출능력은 1시간당 배출장소 용적의 20배 이상인 것으로 하여야 한다. 다만, 전역방식의 경우에는 바닥면적 $1m^2$당 $18m^3$ 이상으로 할 수 있다.

21. 탄화알루미늄이 물과 반응하여 생기는 현상이 아닌 것은?

① 산소가 발생한다.

② 수산화알루미늄이 생성된다.

③ 열이 발생한다.

④ 메탄가스가 발생한다.

해설 ㉮ 제3류 위험물인 탄화알루미늄(Al_4C_3)이 물(H_2O)과 반응하면 발열과 함께 수산화알루미늄[$Al(OH)_3$]과 메탄(CH_4)을 생성한다.

㉯ 물(H_2O)과의 반응식

$Al_4C_3 + 12H_2O \rightarrow 4Al(OH)_3 + 3CH_4 \uparrow + Q[kcal]$

22. 다음 중 물과 반응하여 산소를 발생하는 것은?

① $KClO_3$ ② $NaNO_3$

③ NaO_2 ④ $KMnO_4$

해설 제1류 위험물인 과산화나트륨(Na_2O_2)은 물(H_2O)과 반응하여 열(Q)과 함께 산소(O_2)를 발생한다.

$2Na_2O_2 + 2H_2O \rightarrow 4NaOH + O_2 \uparrow + Q[kcal]$

23. 황의 성상에 관한 설명으로 틀린 것은?

① 연소할 때 발생하는 가스는 냄새를 갖고 있으나 인체에 무해하다.

② 미분의 공기 중에 떠 있을 때 분진폭발의 우려가 있다.

③ 용융된 황을 물에서 급랭하면 고무상 황을 얻을 수 있다.

④ 연소할 때 아황산가스를 발생한다.

해설 황(유황)의 특징

㉮ 제2류 위험물로 지정수량 100kg이다.

㉯ 노란색 고체로 열 및 전기의 불량도체이므로 정전기 발생에 유의하여야 한다.

㉰ 물이나 산에는 녹지 않지만 이황화탄소(CS_2)에는 녹는다. (단, 고무상 황은 녹지 않음)

㉱ 저온에서는 안정하나 높은 온도에서는 여러 원소와 황화물을 만든다.

㉲ 공기 중에서 연소하면 푸른 불꽃을 발하며, 유독한 아황산가스(SO_2)를 발생한다.

㉳ 황가루가 공기 중에 떠 있을 때는 분진 폭발의 위험성이 있다.

24. 염소산칼륨의 성질에 대한 설명으로 옳은 것은?

① 가연성 액체이다.

② 강력한 산화제이다.

③ 물보다 가볍다.

④ 열분해하면 수소를 발생한다.

해설 염소산칼륨($KClO_3$)의 특징

㉮ 제1류 위험물(산화성고체) 중 염소산염류에

해당되며 지정수량 50kg이다.

㉯ 자신은 <u>불연성 물질</u>이며, 광택이 있는 무색의 고체 또는 백색 분말이다.

㉰ 글리세린 및 온수에 잘 녹고, 알코올 및 냉수에는 녹기 어렵다.

㉱ 400℃ 부근에서 분해되기 시작하여 540 ~ 560℃에서 과염소산칼륨($KClO_4$)을 거쳐 염화칼륨(KCl)과 <u>산소(O_2)</u>를 방출한다.

㉲ <u>비중 2.32</u>, 융점 368.4℃, 용해도(20℃) 7.3 이다.

25. 등유에 대한 설명으로 틀린 것은?

① 휘발유보다 착화온도가 높다.

② 증기는 공기보다 무겁다.

③ 인화점은 상온(25℃)보다 높다.

④ 물보다 가볍고 비수용성이다.

해설 등유의 특징

㉮ 제4류 위험물 중 제2석유류에 해당되며 지정수량은 1000L이다.

㉯ 탄소수가 $C_9 \sim C_{18}$인 포화, 불포화탄화수소의 혼합물이다.

㉰ 석유 특유의 냄새가 있으며, 무색 또는 연한 담황색을 나타낸다.

㉱ 원유 증류 시 등유와 중유 사이에서 유출되며, 유출온도 범위는 150~300℃이다.

㉲ 물에는 녹지 않는 불용성이며, 유기용제와 잘 혼합되고 유지, 수지를 잘 녹인다.

㉳ 전기의 불량도체로 정전기 발생에 의한 인화의 위험이 있다.

㉴ 액비중 0.79~0.85(증기비중 4~5), 인화점 30~60℃, 발화점 254℃, 융점 −51℃, 연소범위 1.1~6.0%이다.

참고 휘발유의 착화온도 : 300℃

26. 촉매 존재 하에서 일산화탄소와 수소를 고온, 고압에서 합성시켜 제조하는 물질로 산화하면 포름알데히드가 되는 것은?

① 메탄올　　　　② 벤젠

③ 휘발유　　　　④ 등유

해설 메탄올(CH_3OH : 메틸알코올)

㉮ 제조 : 촉매(동아연계 : CuO, ZnO, 아연·크롬계 : ZnO, Cr_2O_3) 존재 하에서 일산화탄소(CO)와 수소(H_2)를 고온(250~400℃), 고압(200~300atm)에서 반응시켜 제조한다.

㉯ 백금(Pt), 산화구리(CuO) 존재 하에 공기 중에서 서서히 산화하면 포름알데히드(HCHO : 포르말린), 빠르면 의산(HCOOH)을 거쳐 이산화탄소(CO_2)로 된다.

27. 다음 중 제5류 위험물이 아닌 것은?

① 니트로글리세린　　② 니트로톨루엔

③ 니트로글리콜　　　④ 트리니트로톨루엔

해설 ㉮ 니트로글리세린[$C_3H_5(ONO_2)_3$], 니트로글리콜[$C_2H_4(ONO_2)_2$] : 제5류 위험물 중 질산에스테르류에 해당된다.

㉯ 트리니트로톨루엔[$C_6H_2CH_3(NO_2)_3$] : 제 5류 위험물 중 니트로화합물에 해당된다.

㉰ 니트로톨루엔 : 제4류 위험물 중 제3석유류에 해당된다.

28. 인화칼슘이 물과 반응하였을 때 발생하는 가스는?

① PH_3　　② H_2　　③ CO_2　　④ N_2

해설 인화칼슘(Ca_3P_2 ; 인화석회)

㉮ 제3류 위험물 중 금속의 인화물로 지정수량 300kg이다.

㉯ 물(H_2O), 산(HCl : 염산)과 반응하여 유독한 인화수소(PH_3 : 포스핀)를 발생시킨다.

㉰ 반응식

$Ca_3P_2 + 6H_2O \rightarrow 3Ca(OH)_2 + 2PH_3 \uparrow + Q[kcal]$

$Ca_3P_2 + 6HCl \rightarrow 3CaCl_2 + 2PH_3 \uparrow + Q[kcal]$

29. 다이너마이트의 원료로 사용되며 건조한 상태에서는 타격, 마찰에 의하여 폭발의 위험이 있으므로 운반 시 물 또는 알코올을 첨가하여 습윤시키는 위험물은?

① 벤조일퍼옥사이드

② 트리니트로톨루엔

③ 니트로셀룰로오스
④ 디니트로나프탈렌

[해설] 니트로셀룰로오스[$C_{24}H_{29}O_9(ONO_2)_n$]의 특징
⑦ 제5류 위험물 중 질산에스테르류에 해당되며, 지정수량은 10kg이다.
⑥ 맛과 냄새가 없고 초산에틸, 초산아밀, 아세톤, 에테르 등에는 용해하나 물에는 녹지 않는다.
⑤ 질화도가 클수록 폭발의 위험성이 증가하며 폭약의 원료로 사용한다.
⑥ 건조한 상태에서는 발화의 위험이 있어 저장 및 수송할 때에는 함수알코올(물+알코올)을 습윤시킨다.
⑥ 소화방법은 다량의 주수나 건조사를 사용한다.

30. 다음 물질 중 인화점이 가장 낮은 것은?
① CH_3COOH
② $C_2H_5OC_2H_5$
③ $CH_3(CH_2)_3OH$
④ CH_3OH

[해설] 제4류 위험물의 인화점

품명		인화점
초산(CH_3COOH)	제2석유류	42.8℃
디에틸에테르 ($C_2H_5OC_2H_5$)	특수인화물	-45℃
부틸알코올 ($CH_3(CH_2)_3OH$)	알코올류	28℃
메탄올(CH_3OH)	알코올류	11℃

31. 질산암모늄에 대한 설명으로 틀린 것은?
① 열분해하여 산화이질소가 발생한다.
② 폭약 제조 시 산소공급제로 사용된다.
③ 물에 녹을 때 많은 열을 발생한다.
④ 무취의 결정이다.

[해설] 질산암모늄(NH_4NO_3)의 특징
⑦ 제1류 위험물 중 질산염류에 해당되며 지정수량은 300kg이다.
⑥ 무취의 백색 결정 고체로 물, 알코올, 알칼리에 잘 녹는다.
⑤ 조해성이 있으며 물에 녹을 때는 흡열반응을 나타낸다.
⑥ 220℃에서 분해되어 아산화질소(N_2O)와 수증기(H_2O)를 발생하며, 급격한 가열이나 충격을 주면 단독으로 분해·폭발한다.
⑥ 가연물, 유기물을 섞거나 가열, 충격, 마찰을 주면 폭발한다.
⑥ 경유 6%, 질산암모늄 94%를 혼합한 것은 안투폭약이라 하며, 공업용 폭약이 된다.
⑥ 화재 시 소화방법으로는 주수소화가 적합하다.

32. 다음 위험물 중 물에 대한 용해도가 가장 낮은 것은?
① 아크릴산
② 아세트알데히드
③ 벤젠
④ 글리세린

[해설] 각 위험물의 물에 대한 용해도

명칭(품명)		물에 대한 용해도
아크릴산 ($C_3H_4O_2$)	-	잘 녹음
아세트알데히드 (CH_3CHO)	특수 인화물	잘 녹음
벤젠(C_6H_6)	제1석유류	녹지 않음
글리세린 ($C_3H_5(OH)_3$)	제3석유류	잘 녹음

33. 다음 위험물 중 발화점이 가장 낮은 것은?
① 황
② 삼황화인
③ 황린
④ 아세톤

[해설] 각 위험물의 발화점

품명		발화점
황	제2류 위험물	233℃
삼황화인	제2류 위험물 황화인	100℃
황린	제3류 위험물	34℃
아세톤	제4류 위험물 제1석유류	538℃

34. 아세톤에 관한 설명 중 틀린 것은?

① 무색 휘발성이 강한 액체이다.
② 조해성이 있으며 물과 반응 시 발열한다.
③ 겨울철에도 인화의 위험성이 있다.
④ 증기는 공기보다 무거우며 액체는 물보다 가볍다.

해설 아세톤(CH_3COCH_3)의 특징
㉮ 제4류 위험물 중 제1석유류(수용성)에 해당되며 지정수량은 400L이다.
㉯ 무색의 휘발성 액체로 독특한 냄새가 있는 인화성 물질이다.
㉰ 물, 알코올, 에테르, 가솔린, 클로로포름 등 유기용제와 잘 섞인다 (물과 혼합이 되지만 반응하지 않는다).
㉱ 직사광선에 의해 분해하고, 보관 중 황색으로 변색되며 수지, 유지, 섬유, 고무, 유기물 등을 용해시킨다.
㉲ 비점과 인화점이 낮아 겨울철에도 인화의 위험이 크다.
㉳ 독성은 거의 없으나 피부에 닿으면 탈지작용과 증기를 다량으로 흡입하면 구토 현상이 나타난다.
㉴ 액비중 0.79(증기비중 2.0), 비점 56.6℃, 발화점 538℃, 인화점 -18℃, 연소범위 2.6 ~ 12.8%이다.

35. 아세트알데히드의 일반적 성질에 대한 설명 중 틀린 것은?

① 은거울 반응을 한다.
② 물에 잘 녹는다.
③ 구리, 마그네슘의 합금과 반응한다.
④ 무색, 무취의 액체이다.

해설 아세트알데히드(CH_3CHO)의 성질
㉮ 제4류 위험물 중 특수인화물에 해당되며 지정수량 50L이다.
㉯ 자극성의 냄새가 있는 무색의 액체로 인화성이 강하다.
㉰ 물과 유기용제에 잘 녹으며, 화학적 활성이 크다.

㉱ 비점과 발화온도가 낮고, 연소범위가 넓어 폭발 위험이 있다.
㉲ 구리, 마그네슘 등 금속과 접촉하면 폭발적으로 반응한다.
㉳ 액비중 0.783(증기비중 1.52), 비점 21℃, 인화점 -39℃, 발화점 185℃, 연소범위 4.1 ~ 57%이다.

참고 은거울 반응
㉮ 암모니아성 질산은 용액[$Ag(NH_3)_2OH$]과 알데히드(R-CHO)를 함께 넣고 가열해 은이온을 환원시켜 시험관 표면에 얇은 은박을 생성시키는 반응이다.
㉯ 은거울 반응을 하는 것 : 포름알데히드(HCHO), 아세트알데히드(CH_3CHO)

36. 트리에틸알루미늄의 안전관리에 관한 설명 중 틀린 것은?

① 물과의 접촉을 피한다.
② 냉암소에 저장한다.
③ 화재발생 시 팽창질석을 사용한다.
④ I_2 또는 Cl_2 가스의 분위기에서 저장한다.

해설 트리메틸알루미늄[$(CH_3)_3Al$] : 제3류 위험물 중 알킬알루미늄에 해당되며 지정수량은 10 kg이다.
㉮ 물과 반응하면 수산화알루미늄[$Al(OH)_3$]과 메탄(CH_4)이 발생한다.
$$(CH_3)_3Al + 3H_2O \longrightarrow Al(OH)_3 + 3CH_4$$
㉯ 할로겐족 원소와 반응하여 가연성 가스를 발생한다.
$$(C_2H_5)_3Al + 3Cl_2 \longrightarrow AlCl_3 + 3C_2H_5Cl \uparrow$$
㉰ 적응성이 있는 소화설비 : 건조사(마른 모래), 팽창질석 또는 팽창진주암, 탄산수소염류 분말소화설비 및 분말소화기

37. 과산화바륨에 대한 설명 중 틀린 것은?

① 약 840℃의 고온에서 분해하여 산소를 발생한다.
② 알칼리금속의 과산화물에 해당한다.
③ 비중은 1보다 크다.
④ 유기물과의 접촉을 피한다.

해설 과산화바륨(BaO_2) 특징

㉮ 제1류 위험물 중 무기과산화물에 해당되며, 지정수량은 50kg이다.

㉯ 백색 또는 회색의 정방정계 결정분말로 알칼리토금속의 과산화물 중 제일 안정하다.

㉰ 물에는 약간 녹으나 알코올, 에테르, 아세톤에는 녹지 않는다.

㉱ 산 및 온수에 분해되어(반응하여) 과산화수소(H_2O_2)와 산소가 발생하면서 발열한다.

㉲ 고온으로 가열하면 열분해되어 산소를 발생하고, 폭발하기도 한다.

㉳ 산화되기 쉬운 물질, 습한 종이, 섬유소 등과 섞이면 폭발하는 경우도 있다.

㉴ 비중 4.96, 융점 450℃, 분해온도 840℃이다.

38. 다음 중 분자량이 약 73, 비중이 약 0.71인 물질로서 에탄올 두 분자에서 물이 빠지면서 축합반응이 일어나 생성되는 물질은?

① $C_2H_5OC_2H_5$
② C_2H_5OH
③ C_6H_5Cl
④ CS_2

해설 에탄올 두 분자($2C_2H_5OH$)에는 에틸(C_2H_5) 2개, 수산기(OH) 2개를 각각 포함하고 있으며 여기에서 물(H_2O)이 빠지면 에틸(C_2H_5) 2개와 산소 원소(O) 1개만 남으므로 $C_2H_5OC_2H_5$(디에틸에테르)가 생성된다.

39. 과산화나트륨에 의해 화재가 발생하였다. 진화작업 과정이 잘못된 것은?

① 공기호흡기를 착용한다.
② 가능한 한 주수소화를 한다.
③ 건조사나 암분으로 피복소화를 한다.
④ 가능한 한 과산화나트륨과의 접촉을 피한다.

해설 ㉮ 과산화나트륨(Na_2O_2)은 제1류 위험물로 흡습성이 있으며 물과 반응하여 많은 열과 함께 산소(O_2)와 수산화나트륨(NaOH)을 발생하므로 소화 시 주수소화는 부적합하다.

㉯ 반응식

$$2Na_2O_2 + 2H_2O \longrightarrow 4NaOH + O_2 \uparrow$$

40. 금속나트륨의 저장방법으로 옳은 것은?

① 에탄올 속에 넣어 저장한다.
② 물속에 넣어 저장한다.
③ 젖은 모래 속에 넣어 저장한다.
④ 경유 속에 넣어 저장한다.

해설 위험물과 보호액

품명	유별	보호액
이황화탄소(CS_2)	제4류	물
황린(P_4)	제3류	물
칼륨(K), 나트륨(Na)	제3류	등유, 경유, 유동파라핀
니트로셀룰로오스	제5류	물 20%, 알코올 30%로 습윤시킴

41. 다음 위험물에 대한 설명 중 옳은 것은?

① 벤조일퍼옥사이드는 건조할수록 안전도가 높다.
② 테트릴은 충격과 마찰에 민감하다.
③ 트리니트로페놀은 공기 중 분해하므로 장기간 저장이 불가능하다.
④ 디니트로톨루엔은 액체상의 물질이다.

해설 제5류 위험물 각 품목의 특징

㉮ 벤조일퍼옥사이드[$(C_6H_5CO)_2O_2$: 과산화벤조일]은 상온에서 안정하며, 수분의 흡수나 불활성 희석제의 첨가에 의해 폭발성을 낮출 수 있다.

㉯ 테트릴($C_7H_5N_5O_8$)은 충격, 마찰에 예민하고 폭발력이 커서 뇌관과 신관의 첨장약 및 전폭약으로 사용된다.

㉰ 트리니트로페놀($C_6H_2(NO_2)_3OH$: 피크르산)은 공기 중에서 서서히 연소하나 뇌관으로는 폭굉을 일으킨다.

㉱ 트리니트로톨루엔($C_6H_2CH_3(NO_2)_3$: TNT)은 물, 알코올, 에테르에 약간 녹는 담황색의 결정이다.

42. 무색의 액체로 융점이 −112℃이고 물과 접촉하면 심하게 발열하는 제6류 위험물은?

① 과산화수소　　② 과염소산
③ 질산　　　　　④ 요불화요오드

해설 과염소산($HClO_4$) 특징

㉮ 제6류 위험물(산화성 액체)로 지정수량 300 kg이다.

㉯ 무색의 유동하기 쉬운 액체이며, 염소 냄새가 난다.

㉰ 불연성물질로 가열하면 유독성가스를 발생한다.

㉱ 염소산 중에서 가장 강한 산이다.

㉲ 산화력이 강하여 종이, 나무부스러기 등과 접촉하면 연소와 동시에 폭발하기 때문에 접촉을 피한다.

㉳ 물과 접촉하면 심하게 반응하며 발열한다.

㉴ 액비중 1.76(증기비중 3.47), 융점 −112℃, 비점 39℃이다.

43. 염소산칼륨과 염소산나트륨의 공통성질에 대한 설명으로 적합한 것은?

① 물과 작용하여 발열 또는 발화한다.
② 가연물과 혼합 시 가열, 충격에 의해 연소위험이 있다.
③ 독성이 없으나 연소생성물은 유독하다.
④ 상온에서 발화하기 쉽다.

해설 염소산칼륨과 염소산나트륨의 성질 비교

구분	염소산칼륨 ($KClO_3$)	염소산나트륨 ($NaClO_3$)
유별	제1류 위험물 염소산염류	제1류 위험물 염소산염류
지정수량	50kg	50kg
성질	산화제	산화제
물 용해도	냉수에는 녹기 어렵고 온수에는 잘 녹는다.	잘 녹는다.
알코올 용해도	녹기 어렵다.	잘 녹는다.
열분해 시 생성 가스	산소	산소
가연물과 혼합 시	연소 우려	연소 우려
소화방법	주수 소화	주수 소화

44. 과산화수소의 운반용기 외부에 표시하여야 하는 주의사항은?

① 화기주의　　　② 충격주의
③ 물기엄금　　　④ 가연물접촉주의

해설 운반용기의 외부 표시사항

유별	구분	표시사항
제1류	알칼리금속의 과산화물 또는 이를 함유한 것	화기·충격주의, 물기엄금, 가연물 접촉주의
	그 밖의 것	화기·충격주의 및 가연물 접촉주의
제2류	철분, 금속분, 마그네슘 또는 어느 하나 이상을 함유한 것	화기주의, 물기엄금
	인화성 고체	화기엄금
	그 밖의 것	화기주의
제3류	자연발화성 물질	화기엄금 및 공기접촉엄금
	금수성 물질	물기엄금
제4류		화기엄금
제5류		화기엄금 및 충격주의
제6류		가연물접촉주의

참고 과산화수소(H_2O_2)는 제6류 위험물이므로 운반용기 외부에 "가연물접촉주의"를 표시한다.

45. 알칼리금속의 과산화물에 관한 일반적인 설명으로 옳은 것은?

① 안정한 물질이다.
② 물을 가하면 발열한다.
③ 주로 환원제로 사용된다.
④ 더 이상 분해되지 않는다.

해설 알칼리금속(Li, Na, K, Rb)의 과산화물은 물과 접촉하면 발열하면서 수소(H_2)를 발생한다.

46. 황린의 취급에 관한 설명으로 옳은 것은?

① 보호액의 pH를 측정한다.

2010

② 1기압, 25℃의 공기 중에 보관한다.
③ 주수에 의한 소화는 절대 금한다.
④ 취급 시 보호구는 착용하지 않는다.

해설 황린(P_4)의 저장 및 취급 방법
㉮ 자연 발화의 가능성이 있으므로 물속에만 저장하며, 온도가 상승 시 물의 산성화가 빨라져 용기를 부식시키므로 직사광선을 막는 차광 덮개를 하여 저장한다.
㉯ 황린을 덮고 있는 물은 pH 9 이상이 되면 인화수소(PH_3)를 발생하므로 보호액의 pH를 측정한다.
㉰ 용기는 금속 또는 유리용기를 사용하고 밀봉한다.
㉱ 맹독성 물질이므로 고무장갑, 보호복, 보호안경을 착용하고 취급한다.
㉲ 피부에 노출되었을 경우 다량의 물로 세척하거나, 질산은($AgNO_3$) 용액으로 제거한다.
㉳ 소화방법은 분무주수 또는 건조사를 이용한 질식소화로 한다.

47. 트리에틸알루미늄이 물과 반응하였을 때 발생하는 가스는?

① 메탄　　　② 에탄
③ 프로판　　④ 부탄

해설 제3류 위험물인 트리메틸알루미늄[$(CH_3)_3Al$]이 물(H_2O)과 반응하면 가연성 가스인 메탄(CH_4)이 발생한다.
$$(CH_3)_3Al+3H_2O \rightarrow Al(OH)_3+3CH_4$$

48. 과산화수소에 대한 설명으로 옳은 것은?

① 강산화제이지만 환원제로도 사용한다.
② 알코올, 에테르에는 용해되지 않는다.
③ 20~30% 용액을 옥시돌(oxydol)이라고 한다.
④ 알칼리성 용액에서는 분해가 안 된다.

해설 과산화수소(H_2O_2)의 특징
㉮ 제6류 위험물로 지정수량 300kg이다.
㉯ 순수한 것은 점성이 있는 무색의 액체이나 양이 많을 경우에는 청색을 나타낸다.

㉰ 강한 산화성이 있고 물, 알코올, 에테르 등에는 용해하지만 석유, 벤젠에는 녹지 않는다.
㉱ 알칼리 용액에서는 급격히 분해하나 약산성에서는 분해하기 어렵다.
㉲ 분해되기 쉬워 안정제(인산[H_3PO_4], 요산[$C_5H_4N_4O_3$])를 가한다.
㉳ 소독약으로 사용되는 옥시돌(oxydol)은 과산화수소 3%인 용액이다.
㉴ 비중(0℃) 1.465, 융점 −0.89℃, 비점 80.2℃이다.

참고 과산화수소(H_2O_2)는 산화제이지만 자신보다 더 강한 산화제를 만나면 환원제로 작용한다.

49. 위험물시설에 설치하는 소화설비와 관련한 소요단위의 산출방법에 관한 설명 중 옳은 것은?

① 제조소등의 옥외에 설치된 공작물은 외벽이 내화구조인 것으로 간주한다.
② 위험물은 지정수량의 20배를 1소요단위로 한다.
③ 취급소의 건축물은 외벽이 내화구조인 것은 연면적 75m²를 1소요단위로 한다.
④ 제조소의 건축물은 외벽이 내화구조인 것은 연면적 150m²를 1소요단위로 한다.

해설 소화설비 소요단위 계산방법 [시행규칙 별표17]
㉮ 제조소 또는 취급소의 건축물
　㉠ 외벽이 내화구조인 것 : 연면적 100m²를 1소요단위로 할 것
　㉡ 외벽이 내화구조가 아닌 것 : 연면적 50m²를 1소요단위로 할 것
㉯ 저장소의 건축물
　㉠ 외벽이 내화구조인 것 : 연면적 150m²를 1소요단위로 할 것
　㉡ 외벽이 내화구조가 아닌 것 : 연면적 75m²를 1소요단위로 할 것
㉰ 위험물 : 지정수량의 10배를 1소요단위로 할 것
㉱ 제조소등의 옥외에 설치된 공작물은 외벽이

내화구조인 것으로 간주하고 공작물의 최대수 평투영면적을 연면적으로 간주하여 ㉮ 및 ㉯ 의 규정에 의하여 소요단위를 산정할 것

50. 다음 중 위험물의 분류가 옳은 것은?
① 유기과산화물 – 제1류 위험물
② 황화인 – 제2류 위험물
③ 금속분 – 제3류 위험물
④ 무기과산화물 – 제5류 위험물

(해설) 각 위험물의 유별 구분

품명	유별
유기과산화물	제5류 위험물
황화인	제2류 위험물
금속분	제2류 위험물
무기과산화물	제1류 위험물

51. 탄화칼슘 취급 시 주의해야 할 사항으로 옳은 것은?
① 산화성 물질과 혼합하여 저장할 것
② 물의 접촉을 피할 것
③ 은, 구리 등의 금속용기에 저장할 것
④ 화재발생 시 이산화탄소 소화약제를 사용할 것

(해설) 탄화칼슘(CaC_2)
㉮ 제3류 위험물 중 칼슘 또는 알루미늄의 탄화물로 지정수량은 300kg이다.
㉯ 탄화칼슘(CaC_2)이 물(H_2O)과 반응하면 가연성 가스인 아세틸렌(C_2H_2)이 발생하므로 물과의 접촉을 피한다.
㉰ 아세틸렌은 은, 구리, 수은 등과 접촉하면 폭발성의 아세틸라이드를 생성한다.
㉱ 적응성이 있는 소화설비 : 탄산수소염류 분말 소화설비 및 분말소화기, 건조사, 팽창질석 또는 팽창진주암

52. 다음 중 일반적으로 알려진 황화인의 3종류에 속하지 않는 것은?
① P_4S_3 ② P_2S_5 ③ P_4S_7 ④ P_2S_9

(해설) 황화인의 특징
㉮ 제2류 위험물로 지정수량 100kg이다.
㉯ 종류에는 삼황화인(P_4S_3), 오황화인(P_2S_5), 칠황화인(P_4S_7)이 있다.
㉰ 삼황화인(P_4S_3), 오황화인(P_2S_5)은 연소 시 오산화인(P_2O_5)과 아황산가스(SO_2)가 발생한다.

53. 질산칼륨에 대한 설명 중 옳은 것은?
① 조해성과 흡습성이 강하다.
② 칠레초석이라고도 한다.
③ 물에 녹지 않는다.
④ 흑색화약의 원료이다.

(해설) 질산칼륨(KNO_3 : 초석)의 특징
㉮ 제1류 위험물 중 질산염류에 해당되며 지정수량은 300kg이다.
㉯ 무색 또는 백색 결정분말로 짠맛과 자극성이 있다.
㉰ 물이나 글리세린에는 잘 녹으나 알코올에는 녹지 않는다.
㉱ 강산화제로 가연성 분말이나 유기물과의 접촉은 매우 위험하다.
㉲ 흡습성이나 조해성이 없고, 물에 녹지 않는다.
㉳ 400℃ 정도로 가열하면 아질산칼륨(KNO_2)과 산소(O_2)가 발생한다.
㉴ 흑색 화약의 원료(질산칼륨 75%, 황 15%, 목탄 10%)로 사용한다.
㉵ 비중 2.10, 융점 339℃, 용해도(15℃) 26, 분해온도 400℃이다.

54. 니트로셀룰로오스에 관한 설명으로 옳은 것은?
① 용제에는 전혀 녹지 않는다.
② 질화도가 클수록 위험성이 증가한다.
③ 물과 작용하여 수소를 발생한다.
④ 화재발생 시 질식소화가 가장 적합하다.

(해설) 니트로셀룰로오스[$C_{24}H_{29}O_9(ONO_2)_n$]의 특징
㉮ 제5류 위험물 중 질산에스테르류에 해당되며, 지정수량은 10kg이다.
㉯ 천연 셀룰로오스에 진한 질산과 진한 황산을

작용시켜 제조한다.
- ㉰ 맛과 냄새가 없고 <u>초산에틸, 초산아밀, 아세톤, 에테르</u> 등에는 용해하나 물에는 녹지 않는다.
- ㉱ 햇빛, 산, 알칼리에 의해 분해, 자연 발화한다.
- ㉲ <u>질화도가 클수록 폭발의 위험성이 증가</u>하며 폭약의 원료로 사용한다.
- ㉳ 건조한 상태에서는 발화의 위험이 있다.
- ㉴ <u>물과 혼합할수록 위험성이 감소</u>하므로 저장 및 수송할 때에는 함수알코올(물+알코올)을 습윤시킨다.
- ㉵ <u>소화방법은 다량의 주수나 건조사</u>를 사용한다.

55. 과산화칼륨에 대한 설명 중 틀린 것은?
① 융점은 약 490℃이다.
② 무색 또는 오렌지색의 분말이다.
③ 물과 반응하여 주로 수소를 발생한다.
④ 물보다 무겁다.

(해설) 과산화칼륨(K_2O_2)
- ㉮ 제1류 위험물 중 무기과산화물에 해당된다.
- ㉯ 무색 또는 오렌지색의 결정분말이다.
- ㉰ 가열하면 열분해하여 산화칼륨(K_2O)과 산소(O_2)를 발생한다.
  $$2K_2O_2 \rightarrow K_2O+O_2\uparrow$$
- ㉱ 흡습성이 있으므로 물과 접촉하면 수산화칼륨(KOH)과 산소(O_2)를 발생한다.
  $$2K_2O_2+2H_2O \rightarrow 4KOH+O_2\uparrow$$
- ㉲ 공기 중의 탄산가스를 흡수하여 탄산염이 생성된다.
  $$2K_2O_2+CO_2 \rightarrow 2K_2CO_3+O_2\uparrow$$
- ㉳ 에탄올(에틸알코올)에 잘 녹는다.
- ㉴ 비중 2.9, 융점 490℃이다.

56. 벤젠의 성질에 대한 설명 중 틀린 것은?
① 무색의 액체로서 휘발성이 있다.
② 불을 붙이면 그을음을 내며 탄다.
③ 증기는 공기보다 무겁다.
④ 물에 잘 녹는다.

(해설) 벤젠(C_6H_6)의 특징
- ㉮ 제4류 위험물 중 제1석유류에 해당되며 지정수량은 200L이다.
- ㉯ 무색, 투명한 휘발성이 강한 액체로 증기는 마취성과 독성이 있다.
- ㉰ <u>물에는 녹지 않으나</u> 알코올, 에테르 등 유기용제와 잘 섞이고 수지, 유지, 고무 등을 잘 녹인다.
- ㉱ 불을 붙이면 그을음(C)을 많이 내면서 연소한다.
- ㉲ 액비중 0.88(증기비중 2.7), 비점 80.1℃, 발화점 562.2℃, 인화점 -11.1℃, 융점 5.5℃, 연소범위 1.4~7.1%이다.

57. 질산에 대한 설명 중 틀린 것은?
① 환원성물질과 혼합하면 발화할 수 있다.
② 분자량은 약 63이다.
③ 위험물 안전관리법령상 비중이 1.82 이상이 되어야 위험물로 취급된다.
④ 분해하면 인체에 해로운 가스가 발생한다.

(해설) 질산(HNO_3)의 특징
- ㉮ 제6류 위험물로 지정수량 300kg, 분자량 63이다.
- ㉯ 질산은 그 <u>비중이 1.49 이상</u>인 것에 한하며, 산화성액체의 성상이 있는 것으로 본다. [시행령 별표1]
- ㉰ 순수한 질산은 무색의 액체로 공기 중에서 물을 흡수하는 성질이 강하다.
- ㉱ 은(Ag), 구리(Cu), 수은(Hg) 등은 다른 산과 작용하지 않지만 질산과는 반응을 하여 질산염과 산화질소를 만든다.
- ㉲ 진한 질산은 부식성이 크고 산화성이 강하며, 피부에 접촉되면 화상을 입는다.
- ㉳ 진한 질산을 가열하면 분해하면서 유독성인 이산화질소(NO_2)의 적갈색 증기를 발생한다.
- ㉴ 질산 자체는 연소성, 폭발성은 없지만 환원성이 강한 물질(황화수소(H_2S), 아민 등)과 혼합하면 발화 또는 폭발한다.
- ㉵ 불연성이지만 다른 물질의 연소를 돕는 조연성 물질이다.

58. 염소산나트륨을 가열하여 분해시킬 때 발생하는 기체는?

① 산소   ② 질소

③ 나트륨   ④ 수소

해설 ㉮ 제1류 위험물인 염소산나트륨($NaClO_3$)은 300℃ 정도에서 분해하기 시작하여 산소(O_2)를 발생한다.

㉯ 반응식

$$2NaClO_3 \longrightarrow 2NaCl + 3O_2 \uparrow$$

59. 다음 물질 중 과염소산칼륨과 혼합했을 때 발화폭발의 위험이 가장 높은 것은?

① 석면   ② 금

③ 유리   ④ 목탄

해설 과염소산칼륨($KClO_4$)의 제1류 위험물로 자신은 불연성이지만 강력한 산화제이기 때문에 가연성 고체 위험물(인, 황, 마그네슘, 유기물) 및 목탄과 같은 가연물이 혼합되었을 때 가열, 충격, 마찰에 의해 발화, 폭발의 위험이 높아진다.

60. 다음 중 제6류 위험물에 해당하는 것은?

① 과산화수소   ② 과산화나트륨

③ 과산화칼슘   ④ 과산화벤조일

해설 제6류 위험물(산화성 액체) 종류 및 지정수량

품명	지정수량
과염소산($HClO_4$)	300kg
과산화수소(H_2O_2)	300kg
질산(HNO_3)	300kg
그 밖에 행정안전부령으로 정하는 것 : 할로겐간 화합물 → 오불화요오드(IF_5), 오불화브롬(BrF_5), 삼불화브롬(BrF_3)	300kg

참고 과산화나트륨(Na_2O_2), 과산화칼슘(CaO_2)은 제1류 위험물 중 무기과산화물에 해당되고, 과산화벤조일[$(C_6H_5CO)_2O_2$]은 제5류 위험물 중 유기과산화물에 해당된다.

2010. 3. 28 시행 (제2회)

1. 다음 위험물 화재 시 소화방법으로 물을 사용하는 것이 적합하지 않은 것은?

① NaClO₃   ② P₄

③ Ca₃P₂   ④ S

해설 인화칼슘(Ca_3P_2) : 인화석회
  ㉮ 제3류 위험물 중 금속의 인화물로 지정수량 300kg이다.
  ㉯ 물과 반응하여 수산화칼슘[$Ca(OH)_2$]과 맹독성, 가연성 가스인 인화수소(PH_3 : 포스핀)를 발생시키므로 소화약제로 물은 부적합하다.
$$Ca_3P_2 + 6H_2O \longrightarrow 3Ca(OH)_2 + 2PH_3 \uparrow$$

2. 금속분, 나트륨, 코크스 같은 물질이 공기 중에서 연소할 때의 주된 연소 형태는?

① 표면연소   ② 확산연소

③ 분해연소   ④ 증발연소

해설 고체 가연물의 연소 형태
  ㉮ 표면연소 : 목탄(숯), 코크스, 금속분
  ㉯ 분해연소 : 종이, 석탄, 목재
  ㉰ 증발연소 : 양초, 유황, 나프탈렌

3. 인화성액체 위험물에 대한 소화방법에 대한 설명으로 틀린 것은?

① 탄산수소염류 소화기는 적응성이 있다.

② 포 소화기는 적응성이 있다.

③ 이산화탄소 소화기에 의한 질식소화가 효과적이다.

④ 물통 또는 수조를 이용한 냉각소화가 효과적이다.

해설 인화성액체인 제4류 위험물은 대부분 상온, 상압에서 액체 상태로 비중이 물보다 가볍고 물에 녹지 않는 불용성(비수용성)이므로 화재 발생 시 물로 소화하면 화재가 확대되기 때문에 사용이 부적합하다.

4. 다음 그림과 같이 횡으로 설치한 원통형 위험

물탱크에 대하여 탱크 용적을 구하면 약 몇 m³인가? (단, 공간용적은 탱크 내용의 100분의 5로 한다.)

① 196.25m³   ② 261.60m³

③ 785.00m³   ④ 994.84m³

해설 ㉮ 탱크의 내용적 계산
$$V = \pi \times r^2 \times \left(l + \frac{l_1 + l_2}{3} \right)$$
$$= \pi \times 5^2 \times \left(10 + \frac{5+5}{3} \right) = 1047.197\,\mathrm{m}^3$$

  ㉯ 공간용적 계산 : 공간용적은 탱크 내용적의 5/100이다.
$$V' = 1047.197 \times \frac{5}{100} = 52.359\,\mathrm{m}^3$$

  ㉰ 탱크 용량 계산
  탱크 용량 = 내용적 − 공간용적
$$= 1047.197 - 52.359 = 994.838\,\mathrm{m}^3$$

[별해] 공간용적은 내용적의 5%이므로 탱크용량은 내용적의 95%에 해당된다.
$$\therefore V = \pi \times r^2 \times \left(l + \frac{l_1 + l_2}{3} \right) \times 0.95$$
$$= \pi \times 5^2 \times \left(10 + \frac{5+5}{3} \right) \times 0.95$$
$$= 994.837\,\mathrm{m}^3$$

5. 이동저장탱크에 알킬알루미늄을 저장하는 경우에 불활성기체를 봉입하는데 이때의 압력은 몇 kPa 이하이어야 하는가?

① 10   ② 20   ③ 30   ④ 40

해설 알킬알루미늄등, 아세트알데히드등 및 디에틸에테르등의 저장기준 [시행규칙 별표18]
  ㉮ 옥외저장탱크 또는 옥내저장탱크 중 압력탱

정답   1. ③   2. ①   3. ④   4. ④   5. ②

크에 있어서는 알킬알루미늄등의 취출에 의하여 압력이 상용압력 이하로 저하하지 아니하도록 하고, 압력탱크 외의 탱크에 있어서는 알킬알루미늄등의 취출이나 온도의 저하에 의한 공기의 혼입을 방지할 수 있도록 불활성의 기체를 봉입할 것
㉯ 옥외저장탱크·옥내저장탱크 또는 이동저장탱크에 새롭게 알킬알루미늄등을 주입하는 때에는 미리 당해 탱크 안의 공기를 불활성기체와 치환하여 둘 것
㉰ 이동저장탱크에 알킬알루미늄등을 저장하는 경우에는 20kPa 이하의 압력으로 불활성의 기체를 봉입하여 둘 것

6. 주유취급소 중 건축물의 2층에 휴게음식점의 용도로 사용하는 것에 있어 당해 건축물의 2층으로부터 직접 주유취급소의 부지 밖으로 통하는 출입구와 당해 출입구로 통하는 통로·계단에 설치하여야 하는 것은?
① 비상경보설비　② 유도등
③ 비상조명등　④ 확성장치

해설 피난설비 설치기준 [시행규칙 별표17]
㉮ 주유취급소 중 건축물의 2층 이상의 부분을 점포·휴게음식점 또는 전시장의 용도로 사용하는 것에 있어서는 당해 건축물의 2층 이상으로부터 주유취급소의 부지 밖으로 통하는 출입구와 당해 출입구로 통하는 통로·계단 및 출입구에 유도등을 설치하여야 한다.
㉯ 옥내주유취급소에 있어서는 당해 사무소 등의 출입구 및 피난구와 당해 피난구로 통하는 통로·계단 및 출입구에 유도등을 설치하여야 한다.
㉰ 유도등에는 비상전원을 설치하여야 한다.

7. 위험물 안전관리법령에 따른 소화설비의 구분에서 "물분무등 소화설비"에 속하지 않는 것은?
① 이산화탄소 소화설비
② 포 소화설비
③ 스프링클러설비
④ 분말 소화설비

해설 물분무등 소화설비 종류 [시행규칙 별표17]
㉮ 물분무 소화설비
㉯ 포 소화설비
㉰ 불활성가스 소화설비 : 이산화탄소 소화설비
㉱ 할로겐화합물 소화설비
㉲ 분말 소화설비 : 인산염류, 탄산수소염류, 그 밖의 것

8. 아세톤의 물리·화학적 특성과 화재 예방 방법에 대한 설명으로 틀린 것은?
① 물에 잘 녹는다.
② 증기가 공기보다 가벼우므로 확산에 주의한다.
③ 화재 발생 시 물분무에 의한 소화가 가능하다.
④ 휘발성이 있는 가연성 액체이다.

해설 아세톤(CH_3COCH_3)의 특징
㉮ 제4류 위험물 중 제1석유류에 해당되며 수용성이기 때문에 지정수량은 400L이다.
㉯ 무색의 휘발성 액체로 독특한 냄새가 있는 인화성 물질이다.
㉰ 물, 알코올, 에테르, 가솔린, 클로로포름 등 유기용제와 잘 섞인다.
㉱ 직사광선에 의해 분해하고, 보관 중 황색으로 변색되며 수지, 유지, 섬유, 고무, 유기물 등을 용해시킨다.
㉲ 비점과 인화점이 낮아 인화의 위험이 크다.
㉳ 독성은 거의 없으나 피부에 닿으면 탈지작용과 증기를 다량으로 흡입하면 구토 현상이 나타난다.
㉴ 액비중 0.79(증기비중 2.0), 비점 56.6℃, 발화점 538℃, 인화점 −18℃, 연소범위 2.6～12.8%이다.

9. 화학포 소화약제인 탄산수소나트륨 6몰이 반응하여 생성되는 이산화탄소는 표준상태에서 최대 몇 L인가?

2010

① 22.4   ② 44.8

③ 89.6   ④ 134.4

해설 화학포 소화약제

㉮ 탄산수소나트륨($NaHCO_3$)의 반응식

$6NaHCO_3 + Al_2(SO_4)_3 \cdot 18H_2O$

$\rightarrow 6CO_2 + 2Al(OH)_3 + 3Na_2SO_4 + 18H_2O$

㉯ 탄산수소나트륨($NaHCO_3$) 2몰이 반응하면 이산화탄소 6몰이 발생하고 1몰의 체적은 22.4L이다.

∴ 이산화탄소 체적=$6 \times 22.4 = 134.4L$

10. 연소에 필요한 산소의 공급원을 단절하는 소화방법은?

① 제거작용   ② 질식작용

③ 희석작용   ④ 억제작용

해설 소화작용(소화효과)

㉮ 제거소화 : 화재 현장에서 가연물을 제거함으로써 화재의 확산을 저지하는 방법으로 소화하는 것이다.

㉯ 질식소화 : 산소공급원을 차단하여 연소 진행을 억제하는 방법으로 소화하는 것이다.

㉰ 냉각소화 : 물 등을 사용하여 활성화 에너지(점화원)를 냉각시켜 가연물을 발화점 이하로 낮추어 연소가 계속 진행할 수 없도록 하는 방법으로 소화하는 것이다.

㉱ 부촉매 소화(억제소화) : 산화반응에 직접 관계없는 물질을 가하여 연쇄반응의 억제작용을 이용하는 방법으로 소화하는 것이다.

11. 포 소화약제의 구비조건에 해당하지 않는 것은?

① 부착성이 있을 것

② 쉽게 분해하여 증발될 것

③ 바람에 견디는 응집성을 가질 것

④ 유동성이 있을 것

해설 포 소화약제의 구비조건

㉮ 유류 등에 대하여 부착성이 좋을 것

㉯ 유동성이 좋고 열에 의한 센막을 가질 것

㉰ 기름 또는 물보다 가벼울 것

㉱ 바람 등에 견디고 응집성과 안정성이 있을 것

㉲ 독성이 적고, 가격이 저렴할 것

12. 다음 물질 중 분진폭발의 위험성이 가장 낮은 것은?

① 밀가루   ② 알루미늄분말

③ 모래   ④ 석탄

해설 분진폭발을 일으키는 물질

㉮ 폭연성 분진 : 금속분말(Mg, Al, Fe 등)

㉯ 가연성 분진 : 소맥분, 전분, 합성수지류, 황, 코코아, 리그린, 석탄분말, 고무분말, 담배분말 등

참고 시멘트 분말, 대리석 분말 등은 불연성물질로 분진폭발과는 관련이 없다.

13. 옥외저장소에 덩어리 상태의 유황만을 지반면에 설치한 경계표시의 안쪽에서 저장할 경우 하나의 경계표시의 내부면적은 몇 m² 이하이어야 하는가?

① 75   ② 100   ③ 300   ④ 500

해설 덩어리 상태의 유황만을 저장하는 옥외 저장소 기준 [시행규칙 별표11]

㉮ 하나의 경계표시의 내부의 면적은 $100m^2$ 이하일 것

㉯ 2 이상의 경계표시를 설치하는 경우에는 각각의 내부 면적을 합산한 면적은 $1000m^2$ 이하로 하고, 인접하는 경계표시와의 간격을 보유공지 너비의 1/2 이상으로 할 것

㉰ 경계표시의 높이는 1.5m 이하로 할 것

14. 위험물제조소등에 설치하여야 하는 자동화재 탐지설비의 설치기준에 대한 설명 중 틀린 것은?

① 자동화재 탐지설비의 경계구역은 건축물 그 밖의 공작물의 2 이상의 층에 걸치도록 할 것

② 하나의 경계구역에서 그 한 변의 길이는 50m(광전식분리형 감지기를 설치할 경우

에는 100m) 이하로 할 것

③ 자동화재 탐지설비의 감지기는 지붕 또는 벽의 옥내에 면한 부분에 유효하게 화재의 발생을 감지할 수 있도록 설치할 것

④ 자동화재 탐지설비에는 비상전원을 설치할 것

[해설] 자동화재 탐지설비 설치기준 [시행규칙 별표17]

㉮ 자동화재 탐지설비의 경계구역은 건축물 그 밖의 공작물의 <u>2 이상의 층에 걸치지 아니하도록</u> 할 것

㉯ 하나의 경계구역의 면적은 $600m^2$ 이하로 하고, 그 한 변의 길이는 50m(광전식분리형 감지기를 설치할 경우에는 100m) 이하로 할 것

㉰ 자동화재 탐지설비의 감지기는 지붕(상층이 있는 경우에는 상층의 바닥) 또는 벽의 옥내에 면한 부분(천장이 있는 경우에는 천장 또는 벽의 옥내에 면한 부분 및 천장의 뒷부분)에 유효하게 화재의 발생을 감지할 수 있도록 설치할 것

㉱ 자동화재 탐지설비에는 비상전원을 설치할 것

15. 위험물안전관리자의 선임 등에 대한 설명으로 옳은 것은?

① 안전관리자는 국가기술자격 취득자 중에서만 선임하여야 한다.

② 안전관리자를 해임한 때에는 14일 이내에 다시 선임하여야 한다.

③ 제조소등의 관계인은 안전관리자가 일시적으로 직무를 수행할 수 없는 경우에는 14일 이내의 범위에서 안전관리자의 대리자를 지정하여 직무를 대행하게 하여야 한다.

④ 안전관리자를 선임한 때에는 14일 이내에 신고하여야 한다.

[해설] 위험물 안전관리자 [법 제15조]

㉮ 제조소등 마다 <u>대통령령이 정하는</u> 위험물의 취급에 관한 <u>자격이 있는</u> 자를 위험물안전관리자로 선임하여야 한다.

㉯ 안전관리자를 해임, 퇴직한 때에는 <u>30일 이내</u>에 다시 <u>선임</u>하여야 한다.

㉰ 안전관리자는 선임한 날부터 <u>14일 이내</u>에 소방본부장 또는 소방서장에게 <u>신고</u>하여야 한다.

㉱ 안전관리자 직무 <u>대행기간은 30일을 초과할 수 없다.</u>

16. 다음 중 물과 반응하여 조연성 가스를 발생하는 것은?

① 과염소산나트륨 ② 질산나트륨
③ 중크롬산나트륨 ④ 과산화나트륨

[해설] 제1류 위험물인 과산화나트륨(Na_2O_2)은 물(H_2O)과 반응하면 열과 함께 조연성 가스인 산소(O_2)를 발생한다.

$$2Na_2O_2 + 2H_2O \longrightarrow 4NaOH + O_2 \uparrow + Q\,[kcal]$$

17. 위험물 안전관리법령상 제4류 위험물과 제6류 위험물에 모두 적응성이 있는 소화설비는?

① 이산화탄소 소화설비
② 할로겐화합물 소화설비
③ 탄산수소염류분말 소화설비
④ 인산염류분말 소화설비

[해설] 제4류 위험물과 제6류 위험물에 무두 적응성이 있는 소화설비 [시행규칙 별표17]

㉮ 물분무 소화설비
㉯ 포 소화설비
㉰ 인산염류분말 소화설비
㉱ 무상강화액 소화기
㉲ 포 소화기
㉳ 인산염류 소화기
㉴ 건조사
㉵ 팽창질석 또는 팽창진주암

18. 옥내소화전설비를 설치하였을 때 그 대상으로 옳지 않은 것은?

① 제2류 위험물 중 인화성 고체
② 제3류 위험물 중 금수성 물품
③ 제5류 위험물

④ 제6류 위험물

해설 제3류 위험물 중 금수성 물품은 물과 접촉하면 가연성 가스(수소, 메탄, 아세틸렌 등)를 발생하므로 옥내소화전설비는 적응성이 없다.

19. 다음 중 B급 화재에 해당하는 것은?

① 유류 화재　　② 목재 화재
③ 금속분 화재　④ 전기 화재

해설 화재의 분류 및 표시 색상

구분	화재 종류	표시 색상
A급 화재	일반 화재	백색
B급 화재	유류, 가스 화재	황색
C급 화재	전기 화재	청색
D급 화재	금속 화재	–

20. 옥외탱크저장소의 제4류 위험물의 저장탱크에 설치하는 통기관에 관한 설명 중 틀린 것은?

① 제4류 위험물을 저장하는 압력탱크 외의 탱크에는 밸브 없는 통기관 또는 대기밸브부착 통기관을 설치하여야 한다.
② 밸브 없는 통기관은 직경을 30mm 미만으로 하고, 선단은 수평면보다 45도 이상 구부려 빗물 등의 침투를 막는 구조로 한다.
③ 인화점 70℃ 이상의 위험물만을 해당 위험물의 인화점 미만의 온도로 저장 또는 취급하는 탱크에 설치하는 통기관에는 인화방지장치를 설치하지 않아도 된다.
④ 옥외저장탱크 중 압력탱크란 탱크의 최대상용압력이 부압 또는 정압 5kPa을 초과하는 탱크를 말한다.

해설 옥외탱크저장소의 통기관 기준 [시행규칙 별표6] : 밸브 없는 통기관의 직경은 30mm 이상이어야 한다.

21. 다음 중 위험등급이 나머지 셋과 다른 하나는?

① 니트로소화합물　② 유기과산화물

③ 아조화합물　　④ 히드록실아민

해설 제5류 위험물 위험등급

품명	지정수량	위험등급
유기과산화물, 질산에스테르류	10kg	I
니트로화합물, 니트로소화합물, 아조화합물, 디아조화합물, 히드라진유도체	200kg	II
히드록실아민, 히드록실아민염류	100kg	

22. 다음 중 에틸렌글리콜과 혼재할 수 없는 위험물은? (단, 지정수량의 10배일 경우이다.)

① 유황　　　　② 과망간산나트륨
③ 알루미늄분　④ 트리니트로톨루엔

해설 ㉮ 위험물 운반할 때 혼재 기준[시행규칙 별표19, 부표2]

구분	제1류	제2류	제3류	제4류	제5류	제6류
제1류		×	×	×	×	○
제2류	×		×	○	○	×
제3류	×	×		○	×	×
제4류	×	○	○		○	×
제5류	×	○	×	○		×
제6류	○	×	×	×	×	

○ : 혼합 가능, × : 혼합 불가능

㉯ 에틸렌글리콜은 제4류 위험물 중 제3석유류이다. 그러므로 혼재가 가능한 것은 제2류, 제3류, 제5류 위험물이고, 혼재할 수 없는 것은 제1류, 제6류 위험물이다.

㉰ 각 위험물의 유별 및 혼재여부

품명	유별	혼재여부
유황	제2류 위험물	×
과망간산나트륨	제1류 위험물	○
알루미늄분	제2류 위험물	×
트리니트로톨루엔	제5류 위험물	×

23. 과산화수소가 이산화망간 촉매 하에서 분해가 촉진될 때 발생하는 가스는?

① 수소　　　　② 산소
③ 아세틸렌　　　④ 질소

해설 이산화망간(MnO_2) 촉매 하에서 과산화수소(H_2O_2)가 분해하면 산소(O_2)가 발생되며 발열한다.

$$2H_2O_2 \longrightarrow 2H_2O+O_2$$

24. 다음 중 위험물의 지정수량을 틀리게 나타낸 것은?

① S : 100kg
② Mg : 100kg
③ K : 10kg
④ Al : 500kg

해설 각 위험물의 유별 및 지정수량

품명	유별	지정수량
황(S)	제2류	100kg
마그네슘(Mg)	제2류	500kg
칼륨(K)	제3류	10kg
알루미늄(Al)분	제2류	500kg

25. 산화성고체 위험물의 화재예방과 소화방법에 대한 설명 중 틀린 것은?

① 무기과산화물의 화재 시 물에 의한 냉각소화 원리를 이용하여 소화한다.
② 통풍이 잘되는 차가운 곳에 저장한다.
③ 분해촉매, 이물질과의 접촉을 피한다.
④ 조해성 물질은 방습하고 용기는 밀전한다.

해설 무기과산화물(알칼리금속의 과산화물)은 물과 급격히 발열반응하므로 물에 의한 주수소화는 금지하고 건조사에 의한다.

26. 수소화나트륨의 소화약제로 적당하지 않은 것은?

① 물　　　　　② 건조사
③ 팽창질석　　　④ 탄산수소염류

해설 수소화나트륨(NaH)
㉮ 제3류 위험물 중 금속의 수소화물로 지정수량은 300kg이다.
㉯ 습한 공기 중에서 분해하고, 물과는 심하게 반응하여 가연성 기체인 수소(H_2)를 발생하므로 물은 소화약제로 부적합하다.
㉰ 소화약제로는 탄산수소염류 분말소화설비 및 소화기, 건조사(마른 모래), 팽창질석 또는 팽창진주암을 사용한다.

27. 알루미늄분의 위험성에 대한 설명 중 틀린 것은?

① 산화제와 혼합 시 가열, 충격, 마찰에 의하여 발화할 수 있다.
② 할로겐원소와 접촉하면 발화하는 경우도 있다.
③ 분진폭발의 위험성이 있으므로 분진에 기름을 묻혀 보관한다.
④ 습기를 흡수하여 자연발화의 위험이 있다.

해설 알루미늄(Al)분의 위험성
㉮ 제2류 위험물 중 금속분에 해당되며 지정수량은 500kg이다.
㉯ 산화제와 혼합 시 가열, 충격, 마찰에 의하여 착화한다.
㉰ 할로겐원소와 접촉하면 자연발화의 위험성이 있다.
㉱ 발화(연소)하면 많은 열과 함께 산화알루미늄(Al_2O_3)이 발생한다.

$$4Al+3O_2 \longrightarrow 2Al_2O_3+339kcal$$

㉲ 물과 반응하여 수소(H_2)를 발생한다.

$$2Al+6H_2O \longrightarrow 2Al(OH)_3+3H_2\uparrow$$

㉳ 산(HCl : 염산), 알칼리(NaOH : 가성소다)와 반응하여 수소(H_2)를 발생한다.

$$2Al+6HCl \longrightarrow 2AlCl_3+3H_2\uparrow$$
$$2Al+2NaOH+2H_2O \longrightarrow 2NaAlO_2+3H_2\uparrow$$

㉴ 분진폭발의 위험성이 있으므로 <u>알루미늄(Al)분은 밀폐용기에 넣어 건조한 곳에 보관한다.</u>

정답 23. ②　24. ②　25. ①　26. ①　27. ③

28. 위험물 안전관리법령상 설치허가 및 완공검사 절차에 관한 설명으로 틀린 것은?

① 지정수량의 3천배 이상의 위험물을 취급하는 제조소는 한국소방산업기술원으로부터 당해 제조소의 구조·설비에 관한 기술검토를 받아야 한다.

② 50만 리터 이상인 옥외탱크저장소는 한국소방산업기술원으로부터 당해 탱크의 기초·지반 및 탱크본체에 관한 기술검토를 받아야 한다.

③ 지정수량 1천배 이상의 제4류 위험물을 취급하는 일반취급소의 완공검사는 한국소방산업기술원이 실시한다.

④ 50만 리터 이상인 옥외탱크저장소의 완공검사는 한국소방산업기술원이 실시한다.

해설 (1) 제조소 등의 설치 및 변경의 허가 [시행령 제6조]

㉮ 지정수량의 3천배 이상의 위험물을 취급하는 제조소 또는 일반취급소의 구조, 설비에 관한 사항의 기술검토는 한국소방산업기술원으로부터 받는다.

㉯ 저장용량 50만 리터 이상인 옥외탱크 저장소 또는 암반탱크 저장소의 위험물 탱크의 기초, 지반, 탱크본체 및 소화설비에 관한 사항의 기술검토는 한국소방산업기술원으로부터 받는다.

(2) 한국소방산업기술원에 완공검사 업무를 위탁 [시행령 제22조]

㉮ 지정수량의 3천배 이상의 위험물을 취급하는 제조소 또는 일반취급소의 설치 또는 변경에 따른 완공검사

㉯ 저장용량 50만 리터 이상인 옥외탱크 저장소 또는 암반탱크 저장소의 설치 또는 변경에 따른 완공검사

29. 다음 중 지정수량이 가장 작은 것은?

① 아세톤　② 디에틸에테르
③ 클레오소트유　④ 클로로벤젠

해설 제4류 위험물의 유별 및 지정수량

품명		지정수량
아세톤 (CH_3COCH_3)	제1석유류 (수용성)	400L
디에틸에테르 ($C_2H_5OC_2H_5$)	특수인화물	50L
클레오소트유	제3석유류 (비수용성)	2000L
클로로벤젠 (C_6H_5Cl)	제2석유류 (비수용성)	1000L

30. 제조소의 게시판 사항 중 위험물 종류에 따른 주의사항이 옳게 연결된 것은?

① 제2류 위험물(인화성고체 제외) – 화기엄금
② 제3류 위험물 중 금수성물질 – 물기엄금
③ 제4류 위험물 – 화기주의
④ 제5류 위험물 – 물기엄금

해설 제조소의 주의사항 게시판 [시행규칙 별표4]

위험물의 종류	내용	색상
• 제1류 위험물 중 알칼리금속의 과산화물 • 제3류 위험물 중 금수성 물질	"물기엄금"	청색바탕에 백색문자
• 제2류 위험물(인화성고체 제외)	"화기주의"	적색바탕에 백색문자
• 제2류 위험물 중 인화성 고체 • 제3류 위험물 중 자연발화성 물질 • 제4류 위험물 • 제5류 위험물	"화기엄금"	

31. 과산화나트륨의 저장 및 취급 시의 주의사항에 관한 설명 중 틀린 것은?

① 가열·충격을 피한다.
② 유기물질의 혼입을 막는다.
③ 가연물과의 접촉을 피한다.

④ 화재 예방을 위해 물분무 소화설비 또는 스프링클러설비가 설치된 곳에 보관한다.

해설 ㉮ 과산화나트륨(Na_2O_2)은 제1류 위험물로 흡습성이 있으며 물과 반응하여 많은 열과 함께 산소(O_2)를 발생시킨다.

㉯ 저장할 때 물과 습기가 들어가지 않도록 밀전, 밀봉한다.

㉰ 화재 시 주수소화는 금지하고, 마른 모래(건조사)를 이용하여 소화한다.

32. 다음 물질이 혼합되어 있을 때 위험성이 가장 낮은 것은?

① 삼산화크롬 – 아닐린
② 염소산칼륨 – 목탄분
③ 니트로셀룰로오스 – 물
④ 과망간산칼륨 – 글리세린

해설 혼합되어 있는 각 위험물의 위험성

㉮ 니트로셀룰로오스(제5류 자기반응성물질) ↔ 물(불연성) : 니트로셀룰로오스는 건조한 상태에서 충격, 마찰에 민감하고 발화의 위험성이 있어 물이나 알코올을 습윤시킨 상태로 저장, 이동한다.

㉯ 삼산화크롬(제1류) ↔ 아닐린(제4류), 염소산칼륨(제1류 산화성고체) ↔ 목탄분(가연성물질), 과망간산칼륨(제1류) ↔ 글리세린(제4류) : 제1류 위험물인 산화성물질과 가연성물질이 혼합되어 있으므로 위험성이 있다.

33. 질산이 분해하여 발생하는 갈색의 유독한 기체는?

① N_2O
② NO
③ NO_2
④ N_2O_3

해설 ㉮ 질산(HNO_3) : 제6류 위험물로 공기 중에서 분해하면서 유독성인 이산화질소(NO_2)의 적갈색 증기를 발생한다.

㉯ 반응식 : $4HNO_3 \rightarrow 2H_2O + 4NO_2 + O_2$

34. 제5류 위험물의 운반용기의 외부에 표시하여야 하는 주의사항은?

① 물기주의 및 화기주의
② 물기엄금 및 화기엄금
③ 화기주의 및 충격엄금
④ 화기엄금 및 충격주의

해설 운반용기의 외부 표시사항

유별	구분	표시사항
제1류	알칼리금속의 과산화물 또는 이를 함유한 것	화기·충격주의, 물기엄금, 가연물 접촉주의
	그 밖의 것	화기·충격주의 및 가연물 접촉주의
제2류	철분, 금속분, 마그네슘 또는 어느 하나 이상을 함유한 것	화기주의, 물기엄금
	인화성 고체	화기엄금
	그 밖의 것	화기주의
제3류	자연발화성 물질	화기엄금 및 공기접촉엄금
	금수성 물질	물기엄금
제4류		화기엄금
제5류		화기엄금 및 충격주의
제6류		가연물접촉주의

35. 과산화칼륨의 위험성에 대한 설명 중 틀린 것은?

① 가연물과 혼합 시 충격이 가해지면 발화할 위험이 있다.
② 접촉 시 피부를 부식시킬 위험이 있다.
③ 물과 반응하여 산소를 방출한다.
④ 가연성 물질이므로 화기접촉에 주의하여야 한다.

해설 과산화칼륨(K_2O_2)의 위험성

㉮ 제1류 위험물 중 무기과산화물에 해당되며 지정수량 50kg이다.

㉯ 과산화칼륨은 물과 접촉하여 반응하면 많은 열과 산소를 발생하여 폭발의 위험성이 있다.

$$2K_2O_2+2H_2O \longrightarrow 4KOH+O_2\uparrow+Q\,[kcal]$$

㉯ 이산화탄소(CO_2)와 반응시킨 경우와 가열해
도 산소(O_2)가 발생된다.
  ㉠ CO_2와 반응
    $2K_2O_2+CO_2 \longrightarrow 2K_2CO_3+O_2\uparrow$
  ㉡ 가열 : $2K_2O_2 \longrightarrow K_2O+O_2\uparrow$
㉰ 가연물과 혼합되었을 때 마찰, 충격이 가해지
면 발화할 위험이 있다.
㉱ 피부에 접촉 시 부식의 위험이 있다.

36. 위험물제조소의 연면적이 몇 m^2 이상이 되
면 경보설비 중 자동화재 탐지설비를 설치하
여야 하는가?

① 400   ② 500   ③ 600   ④ 800

해설 제조소 및 일반취급소에 자동화재 탐지설
비만을 설치해야 하는 대상 [시행규칙 별표17]
㉮ 연면적 $500m^2$ 이상인 것
㉯ 옥내에서 지정수량의 100배 이상을 취급하는
것(고인화점 위험물만을 100℃ 미만의 온도에
서 취급하는 것을 제외한다.)
㉰ 일반취급소로 사용되는 부분 외의 부분이 있는
건축물에 설치된 일반취급소(일반취급소와 일
반취급소 외의 부분이 내화구조의 바닥 또는 벽
으로 개구부 없이 구획된 것을 제외한다.)

37. 다음 중 제6류 위험물인 과염소산의 분자식
은?

① $HClO_4$ ② $KClO_4$
③ $KClO_2$ ④ $HClO_2$

해설 과염소산 성질

구분	성질	구분	성질
분자식	$HClO_4$	증기비중	3.47
분자량	100.5	융점	-112℃
액비중	1.76	비점	39℃

38. 트리니트로페놀에 대한 설명으로 옳은 것
은?

① 폭발속도가 100m/s 미만이다.

② 분해하여 다량의 가스를 발생한다.
③ 표면연소를 한다.
④ 상온에서 자연발화 한다.

해설 트리니트로페놀($C_6H_2(NO_2)_3OH$)의 특징
㉮ 제5류 위험물 중 니트로화합물로 지정수량
200kg이다.
㉯ 분해하면 탄소(C), 질소(N_2), 수소(H_2), 일산
화탄소(CO), 이산화탄소(CO_2) 등 다량의 가스
가 발생한다.
㉰ 분해 반응식
  $2C_6H_2(NO_2)_3OH \longrightarrow 2C+3N_2+3H_2+6CO+4CO_2$

39. 트리에틸알루미늄이 물과 접촉하면 폭발적
으로 반응한다. 이 때 발생하는 기체는?

① 메탄   ② 에탄
③ 아세틸렌   ④ 수소

해설 제3류 위험물인 트리에틸알루미늄$[(C_2H_5)_3Al]$
이 물(H_2O)과 반응하면 가연성 가스인 에탄
(C_2H_6)이 발생한다.
  $(C_2H_5)_3Al+3H_2O \longrightarrow Al(OH)_3+3C_2H_6\uparrow$

참고 트리메틸알루미늄$[(CH_3)_3Al]$이 물(H_2O)과 반
응하면 메탄(CH_4)이 발생한다.
  $(CH_3)_3Al+3H_2O \longrightarrow Al(OH)_3+3CH_4$

40. 다음 중 증기비중이 가장 큰 것은?

① 벤젠   ② 등유
③ 메틸알코올   ④ 디에틸에테르

해설 ㉮ 제4류 위험물의 분자량 및 증기비중

품명	분자량	비중
벤젠(C_6H_6)	78	2.69
등유	-	4~5
메틸알코올(CH_3OH)	32	1.1
디에틸에테르($C_2H_5OC_2H_5$)	74	2.55

㉯ 증기 비중은 $\dfrac{\text{기체 분자량}}{\text{공기의 평균 분자량}(29)}$ 이
므로 분자량이 큰 것이 증기 비중이 크다.

참고 등유는 탄소수 C_9~C_{18}인 포화, 불포화탄화
수소의 혼합물로 증기비중은 4~5이다.

41. 다음 중 제2류 위험물이 아닌 것은?

① 황화인　　　② 유황
③ 마그네슘　　④ 칼륨

해설 칼륨(K)은 제3류 위험물에 해당된다.

42. 제6류 위험물의 화재예방 및 진압대책으로 적합하지 않은 것은?

① 가연물과의 접촉을 피한다.
② 과산화수소를 장기보존 할 때는 유리용기를 사용하여 밀전한다.
③ 옥내소화전설비를 사용하여 소화할 수 있다.
④ 물분무소화설비를 사용하여 소화할 수 있다.

해설 제6류 위험물 중 과산화수소(H_2O_2)의 보관방법

㉮ 직사광선을 피하고 냉암소에 저장한다.
㉯ 용기는 밀전하면 안 되고, 구멍이 뚫린 마개를 사용하며, 누설되었을 때는 다량의 물로 씻어낸다.
㉰ 유리용기는 알칼리성으로 과산화수소의 분해를 촉진하므로 장기 보존하지 않아야 한다.

43. 니트로글리세린에 대한 설명으로 옳은 것은?

① 품명은 니트로화합물이다.
② 물, 알코올, 벤젠에 잘 녹는다.
③ 가열, 마찰, 충격에 민감하다.
④ 상온에서 청색의 결정성 고체이다.

해설 니트로글리세린[$C_3H_5(ONO_2)_3$]의 특징

㉮ 제5류 위험물 중 질산에스테르류에 해당되며 지정수량은 10kg이다.
㉯ 순수한 것은 상온에서 무색, 투명한 기름 모양의 액체이나 공업적으로 제조한 것은 담황색을 띠고 있다.
㉰ 상온에서 액체이지만 약 10℃에서 동결하므로 겨울에는 백색의 고체 상태이다.
㉱ 물에는 거의 녹지 않으나 벤젠, 알코올, 클로로포름, 아세톤에 녹는다.
㉲ 점화하면 적은 양은 타기만 하지만 많은 양은 폭굉에 이른다.
㉳ 규조토에 흡수시켜 다이너마이트를 제조할 때 사용된다.
㉴ 충격이나 마찰에 예민하여 액체 운반은 금지되어 있다.

44. 다음의 위험물 중에서 화재가 발생하였을 때 내알코올포소화약제를 사용하는 것이 효과가 가장 높은 것은?

① C_6H_6　　② $C_6H_5CH_3$
③ $C_6H_4(CH_3)_2$　　④ CH_3COOH

해설 ㉮ 내알코올포 소화약제 : 알코올과 같은 수용성 액체에는 포가 파괴되는 현상으로 인해 소화효과를 잃게 되는 것을 방지하기 위해 단백질 가스분해물에 합성세제를 혼합하여 제조한 소화약제이다.

㉯ 각 위험물의 성질

품명	성질
벤젠(C_6H_6)	비수용성
톨루엔($C_6H_5CH_3$)	비수용성
크실렌[$C_6H_4(CH_3)_2$]	비수용성
초산(CH_3COOH)	수용성

45. 아염소산염류 500kg과 질산염류 3000kg을 저장하는 경우 위험물의 소요단위는 얼마인가?

① 2　　② 4
③ 6　　④ 8

해설 ㉮ 아염소산염류 : 제1류 위험물로 지정수량은 50kg이다.
㉯ 질산염류 : 제1류 위험물로 지정수량은 300kg이다.
㉰ 지정수량의 10배를 1소요단위로 하며, 위험물이 2종류 이상을 함께 저장하는 경우 각각 소요단위를 계산하여 합산한다.

$$\therefore \text{소요단위} = \frac{\text{A 저장량}}{\text{지정수량} \times 10} + \frac{\text{B 저장량}}{\text{지정수량} \times 10}$$

$$= \frac{500}{50 \times 10} + \frac{3000}{300 \times 10} = 2$$

46. 질산에틸의 분자량은 약 얼마인가?

① 76 ② 82 ③ 91 ④ 105

<강해설> 질산에틸($C_2H_5NO_3$)의 특징

㉮ 제5류 위험물 중 질산에스테르류에 해당되며 지정수량은 10kg, 분자량 91이다.

㉯ 액비중 1.11(증기비중 3.14), 비점 88℃, 융점 −112℃, 인화점 −10℃이다.

47. 다음 중 인화점이 가장 높은 것은?

① 등유   ② 벤젠
③ 아세톤   ④ 아세트알데히드

<강해설> 제4류 위험물의 인화점

품명		인화점
등유	제2석유류	30~60℃
벤젠	제1석유류	−11.1℃
아세톤	제1석유류	−18℃
아세트알데히드	특수인화물	−39℃

48. 다음 물질 중 과산화나트륨과 혼합되었을 때 수산화나트륨과 산소를 발생하는 것은?

① 온수   ② 일산화탄소
③ 이산화탄소   ④ 초산

<강해설> 과산화나트륨(Na_2O_2) : 제1류 위험물 중 무기과산화물이다.

㉮ 과산화나트륨이 물(H_2O)과 반응하면 과산화나트륨(NaOH : 수산화나트륨)과 산소(O_2)가 발생한다.

㉯ 반응식 : $2Na_2O_2 + 2H_2O \longrightarrow 4NaOH + O_2 \uparrow$

49. 벤젠의 저장 및 취급 시 주의사항에 대한 설명으로 틀린 것은?

① 정전기에 주의한다.

② 피부에 닿지 않도록 주의한다.

③ 증기는 공기보다 가벼워 높은 곳에 체류하므로 환기에 주의한다.

④ 통풍이 잘 되는 서늘하고 어두운 곳에 저장한다.

<강해설> 벤젠(C_6H_6)의 저장 및 취급 시 주의사항

㉮ 제4류 위험물 중 제1석유류에 해당되며 지정수량은 200L이다.

㉯ 무색, 투명한 휘발성이 강한 액체로 증기는 마취성과 독성이 있다.

㉰ 분자량 78의 방향족 유기화합물로 증기는 공기보다 무겁다.

㉱ 전기의 불량도체로 취급할 때 정전기발생을 조심해야 한다.

㉲ 액비중 0.88(증기비중 2.7), 비점 80.1℃, 발화점 562.2℃, 인화점 −11.1℃, 융점 5.5℃, 연소범위 1.4~7.1%이다.

50. 위험물 저장탱크의 내용적이 300L일 때 탱크에 저장하는 위험물 용량의 범위로 적합한 것은?

① 240~270L   ② 270~285L
③ 290~296L   ④ 295~298L

<강해설> ㉮ 탱크 용적의 산정기준 [시행규칙 제5조] : 위험물을 저장 또는 취급하는 탱크의 용량은 해당 탱크의 내용적에서 공간용적을 뺀 용적으로 한다.

㉯ 탱크의 공간용적 [세부기준 제25조] : 탱크의 공간용적은 탱크 내용적의 $\frac{5}{100}$ 이상 $\frac{10}{100}$ 이하의 용적으로 한다.

㉰ 탱크에 저장하는 위험물의 총량 범위 계산
∴ 탱크 총량 범위＝탱크 내용적−공간용적

$$= \text{탱크 내용적} - \left(\text{탱크 내용적} \times \frac{5}{100} \sim \frac{10}{100} \right)$$

$$= 300 - \left(300 \times \frac{5}{100} \sim \frac{10}{100} \right)$$

$$= 300 - (15 \sim 30)$$

$$= 285L \sim 270\,L$$

2010

51. 이동탱크저장소에 의한 위험물의 운송 시 준수하여야 하는 기준에서 다음 중 어떤 위험물을 운송할 때 위험물운송자는 위험물안전카드를 휴대하여야 하는가?

① 특수인화물 및 제1석유류
② 알코올류 및 제2석유류
③ 제3석유류 및 동식물유류
④ 제4석유류

해설 이동탱크저장소에 의한 위험물 운송 시에 준수하여야 하는 기준 [시행규칙 별표21]
㉮ 위험물(제4류 위험물에 있어서는 특수인화물 및 제1석유류에 한한다)을 운송하게 하는 자는 위험물안전카드를 위험물운송자로 하여금 휴대하게 할 것
㉯ 위험물운송자는 위험물안전카드를 휴대하고 당해 카드에 기재된 내용에 따를 것

52. 제조소등에서 위험물을 유출·방출 또는 확산시켜 사람을 상해에 이르게 한 경우의 벌칙에 관한 기준에 해당하는 것은?

① 3년 이상 10년 이하의 징역
② 무기 또는 10년 이하의 징역
③ 무기 또는 3년 이하의 징역
④ 무기 또는 5년 이하의 징역

해설 제조소등에서 위험물을 유출·방출 또는 확산시킨 자의 벌칙 [법 제33조]
㉮ 사람의 생명·신체 또는 재산에 대하여 위험을 발생시킨 자 : 1년 이상 10년 이하의 징역
㉯ 사람을 상해(傷害)에 이르게 한 때 : 무기 또는 3년 이상의 징역
㉰ 사망에 이르게 한 때 : 무기 또는 5년 이상의 징역

53. 다음 위험물 중 지정수량이 나머지 셋과 다른 하나는?

① 마그네슘   ② 금속분
③ 철분   ④ 유황

해설 제2류 위험물의 지정수량

품명	지정수량
마그네슘	500kg
금속분	500kg
철분	500kg
유황	100kg

54. 위험물저장소에 다음과 같이 2가지 위험물을 저장하고 있다. 지정수량 이상에 해당하는 것은?

① 브롬산칼륨 80kg, 염소산칼륨 40kg
② 질산 100kg, 과산화수소 150kg
③ 질산칼륨 120kg, 중크롬산나트륨 500kg
④ 휘발유 20L, 윤활유 2000L

해설 ㉮ 둘 이상의 위험물을 같은 장소에서 저장 또는 취급하는 경우에 있어서 당해 장소에서 저장 또는 취급하는 각 위험물의 수량을 그 위험물의 지정수량으로 각각 나누어 얻은 수의 합계가 1 이상인 경우 당해 위험물은 지정수량 이상의 위험물로 본다. [법 제5조]
㉯ 각 위험물의 유별 및 지정수량

항목	품명	유별 및 지정수량	현재량	계산결과 값
①	브롬산칼륨	제1류 300kg	80kg	1.06
	염소산칼륨	제1류 50kg	40kg	
②	질산	제6류 300kg	100kg	0.83
	과산화수소	제6류 300kg	150kg	
③	질산칼륨	제1류 300kg	120kg	0.9
	중크롬산 나트륨	제1류 1000kg	500kg	
④	휘발유	제4류 200L	20L	0.43
	윤활유	제4류 6000L	2000L	

㉰ 계산결과 값 계산과정 : ①번 예

$$: \frac{A물질 현재량}{A물질 지정수량} + \frac{B물질 현재량}{B물질 지정수량}$$

$$= \frac{80}{300} + \frac{40}{50} = 1.06$$

55. 다음 중 알루미늄을 침식시키지 못하고 부동 태화하는 것은?

① 묽은 염산　　② 진한 질산
③ 황산　　　　④ 묽은 질산

〈해설〉 알루미늄(Al)분 특징
　㉮ 진한 질산과는 반응이 잘 되지 않으나 묽은 염산, 황산, 묽은 질산에는 잘 녹는다.
　㉯ 진한 질산은 알루미늄을 침식시키지 못하고 부동태화한다.
〈참고〉 부동태화(不動態化) : 금속의 부식 생성물이 표면을 덮어 버림으로써 부식을 억제하는 현상 이다.

56. 아염소산염류의 운반용기 중 적응성 있는 내 장용기의 종류와 최대용적이나 중량을 옳게 나타낸 것은? (단, 외장용기의 종류는 나무상 자 또는 플라스틱상자이고, 외장용기의 최대 중량은 125kg으로 한다.)

① 금속제 용기 : 20L
② 플라스틱 필름 포대 : 60kg
③ 종이 포대 : 55kg
④ 유리 용기 : 10L

〈해설〉 ㉮ 아염소산염류는 제1류 위험물로 산화성고 체이다.
　㉯ 내장용기 종류와 최대용적, 중량(문제의 단서 조항 적용) [시행규칙 별표19 부표1]

용기의 종류	최대용적 또는 중량
유리용기 또는 플라스틱용기	10L
금속제 용기	30L
플라스틱 필름포대 또는 종이포대	125kg

57. 인화칼슘이 물과 반응할 경우에 대한 설명 중 틀린 것은?

① PH₃가 발생한다.
② 발생 가스는 불연성이다.
③ Ca(OH)₂가 생성된다.
④ 발생 가스는 독성이 강하다.

〈해설〉 인화칼슘(Ca_3P_2) : 인화석회
　㉮ 제3류 위험물 중 금속의 인화물로 지정수량 300kg이다.
　㉯ 물과 반응하여 수산화칼슘[Ca(OH)₂]과 맹독 성, 가연성 가스인 인화수소(PH₃ : 포스핀)를 발생시킨다.
　$Ca_3P_2 + 6H_2O \rightarrow 3Ca(OH)_2 + 2PH_3 \uparrow$

58. 옥내소화전의 개폐밸브 및 호스접속구는 바 닥면으로부터 몇 m 이하의 높이에 설치하여 야 하는가?

① 0.5m　　　② 1m
③ 1.5m　　　④ 1.8m

〈해설〉 옥내소화전설비의 기준 [세부기준 제129조]
　㉮ 옥내소화전의 <u>개폐밸브 및 호스접속구는 바닥면으로부터 1.5m 이하의 높이</u>에 설치 할 것
　㉯ 옥내소화전의 개폐밸브 및 방수용기구를 격 납하는 상자(이하 "소화전함"이라 한다)는 불연재료로 제작하고 점검에 편리하고 화재 발생 시 연기가 충만할 우려가 없는 장소 등 쉽게 접근이 가능하고 화재 등에 의한 피해 를 받을 우려가 적은 장소에 설치할 것
　㉰ 가압송수장치의 시동을 알리는 표시등(이하 "시동표시등"이라 한다)은 적색으로 하고 옥내소화전함의 내부 또는 그 직근의 장소에 설치할 것

59. 다음 수용액 중 알코올의 함유량이 60 중량 퍼센트 이상일 때 위험물 안전관리법령상 제4 류 알코올류에 해당하는 물질은?

① 에틸렌글리콜[$C_2H_4(OH)_2$]

② 알릴알코올($CH_2=CHCH_2OH$)

③ 부틸알코올(C_4H_9OH)

④ 에틸알코올(CH_3CH_2OH)

해설 제4류 위험물 알코올류의 종류 : 메틸알코올(CH_3OH : 메탄올), 에틸알코올(C_2H_5OH : 에탄올), 이소프로필알코올[$(CH_3)_2CHOH$], 변성알코올 등

60. 위험물 안전관리법령상 제4류 인화성액체의 판정을 위한 인화점 시험방법에 관한 설명으로 틀린 것은?

① 태그밀폐식 인화점 측정기에 의한 시험을 실시하여 측정결과가 0℃ 미만인 경우에는 당해 측정결과를 인화점으로 한다.

② 태그밀폐식 인화점 측정기에 의한 시험을 실시하여 측정결과가 0℃ 이상 80℃ 이하인 경우에는 동점도를 측정하여 동점도가 $10mm^2/s$ 미만인 경우에는 당해 측정결과를 인화점으로 한다.

③ 태그밀폐식 인화점 측정기에 의한 시험을 실시하여 측정결과가 0℃ 이상 80℃ 이하인 경우에는 동점도를 측정하여 동점도가 $10mm^2/s$ 이상인 경우에는 신속평형법 인화점측정기에 의한 시험을 한다.

④ 태그밀폐식 인화점 측정기에 의한 시험을 실시하여 측정결과가 80℃를 초과하는 경우에는 클리브랜드 밀폐식 인화점 측정기에 의한 시험을 한다.

해설 인화성 액체의 인화점 시험방법 등 [세부기준 제13조] : ①, ②, ③번 외

㉐ 태그밀폐식 인화점 측정기에 의한 시험을 실시하여 측정결과가 80℃를 초과하는 경우에는 클리브랜드(cleaveland) 개방컵 측정기에 의한 방법으로 다시 측정할 것

2010. 7. 11 시행 (제4회)

1. 다음 중 휘발유에 화재가 발생하였을 경우 소화방법으로 가장 적합한 것은?

① 물을 이용하여 제거소화 한다.
② 이산화탄소를 이용하여 질식소화 한다.
③ 강산화제를 이용하여 촉매소화 한다.
④ 산소를 이용하여 희석소화 한다.

해설 인화성액체인 제4류 위험물은 대부분 상온, 상압에서 액체 상태로 비중이 물보다 가볍고 물에 녹지 않는 불용성(비수용성)이므로 화재 발생 시 물로 소화하면 화재가 확대되기 때문에 사용이 부적합하다.

2. 물은 냉각소화가 주된 대표적인 소화약제이다. 물의 소화효과를 높이기 위하여 무상 주수를 함으로써 부가적으로 작용하는 소화효과로 이루어진 것은?

① 질식소화 작용, 제거소화 작용
② 질식소화 작용, 유화소화 작용
③ 타격소화 작용, 유화소화 작용
④ 타격소화 작용, 피복소화 작용

해설 물은 화재 시 봉상주수하여 증발잠열을 이용한 냉각소화가 주된 소화효과지만, 안개모양으로 무상주수를 하여 산소를 차단시키는 질식효과와 유류 화재 시에 뿌려진 물이 얇은 막을 형성하여 유류 표면을 뒤덮는 유화효과도 갖는다.

3. 화학포 소화약제의 반응에서 황산알루미늄과 탄산수소나트륨의 반응 몰 비는? (단, 황산나트륨 : 탄산수소나트륨의 비이다.)

① 1 : 4   ② 1 : 6
③ 4 : 1   ④ 6 : 1

해설 ㉮ 화학포 소화약제 : 탄산수소나트륨($NaHCO_3$)의 수용액과 황산알루미늄[$Al_2(SO_4)_3$] 수용액과의 화학 반응에 따라 발생하는 이산화탄소(CO_2)를 이용하여 포를 발생시킨다.

㉯ 반응식
$6NaHCO_3+Al_2(SO_4)_3+18H_2O$
$\rightarrow 3Na_2SO_4+2Al(OH)_3+6CO_2\uparrow+18H_2O\uparrow$

㉰ 황산알루미늄[$Al_2(SO_4)_3$] : 탄산수소나트륨($NaHCO_3$) = 1 : 6

4. 폭굉 유도거리(DID)가 짧아지는 경우는?

① 정상연소속도가 작은 혼합가스일수록 짧아진다.
② 압력이 높을수록 짧아진다.
③ 관속에 방해물이 있거나 관 지름이 넓을수록 짧아진다.
④ 점화원 에너지가 약할수록 짧아진다.

해설 ㉮ 폭굉(detonation)의 정의 : 가스중의 음속보다도 화염 전파속도가 큰 경우로서 파면 선단에 충격파라고 하는 압력파가 생겨 격렬한 파괴작용을 일으키는 현상
㉯ 폭굉 유도거리(DID) : 최초의 완만한 연소가 격렬한 폭굉으로 발전될 때까지의 거리이다.
㉰ 폭굉유도거리(DID)가 짧아지는 조건
 ㉠ 정상 연소속도가 큰 혼합가스일수록
 ㉡ 관 속에 방해물이 있거나 관지름이 가늘수록
 ㉢ 압력이 높을수록
 ㉣ 점화원의 에너지가 클수록

5. 수소화나트륨 240g과 충분한 물이 완전히 반응하였을 때 발생하는 수소의 부피는? (단, 표준상태를 가정하며 나트륨의 원자량은 23이다.)

① 22.4L   ② 224L
③ 22.4m³   ④ 224m³

해설 ㉮ 수소화나트륨(NaH)의 분자량 계산
$M=23+1=24$
㉯ 수소화나트륨(NaH)과 물의 반응식
$NaH+H_2O \rightarrow NaOH+H_2$

정답 1. ② 2. ② 3. ② 4. ② 5. ②

㉰ 수소화나트륨(NaH) 240g이 반응할 때 수소 부피 계산 : 수소화나트륨의 분자량은 24이다.

$$\therefore \ x = \frac{22.4 \times 240}{24} = 224\,\text{L}$$

6. 화재별 급수에 따른 화재의 종류 및 표시 색상을 모두 옳게 나타낸 것은?

① A급 : 유류 화재 − 황색
② B급 : 유류 화재 − 황색
③ A급 : 유류 화재 − 백색
④ B급 : 유류 화재 − 백색

해설 화재의 분류 및 표시 색상

구분	화재 종류	표시 색상
A급 화재	일반 화재	백색
B급 화재	유류, 가스 화재	황색
C급 화재	전기 화재	청색
D급 화재	금속 화재	−

7. 이산화탄소 소화설비의 소화약제 저장용기 설치장소로 적합하지 않은 곳은?

① 방호구역 외의 장소
② 온도가 40℃ 이하이고 온도변화가 적은 장소
③ 빗물이 침투할 우려가 적은 장소
④ 직사일광이 잘 들어오는 장소

해설 이산화탄소 소화약제 저장용기 설치장소
㉮ 방호구역 외의 장소에 설치할 것
㉯ 온도가 40℃ 이하이고 온도변화가 적은 장소에 설치할 것
㉰ 직사일광 및 빗물이 침투할 우려가 적은 장소에 설치할 것
㉱ 저장용기에는 안전장치를 설치할 것
㉲ 저장용기의 외면에 소화약제의 종류와 양, 제조년도 및 제조자를 표시할 것

8. 인화성액체 위험물의 저장 및 취급 시 화재 예방상 주의사항에 대한 설명 중 틀린 것은?

① 증기가 대기 중에 누출된 경우 인화의 위험성이 크므로 증기의 누출을 예방할 것
② 액체가 누출된 경우 확대되지 않도록 주의할 것
③ 전기전도성이 좋을수록 정전기 발생에 유의할 것
④ 다량을 저장 취급 시에는 배관을 통해 입·출고할 것

해설 제4류 위험물인 인화성액체는 전기의 불량도체라 정전기 발생에 주의하여야 한다.

9. 위험물 안전관리법령상 특수인화물의 정의에 대해 다음 ( ) 안에 알맞은 수치를 차례대로 옳게 나열한 것은?

> "특수인화물"이라 함은 이황화탄소, 디에틸에테르 그 밖에 1기압에서 발화점이 섭씨 ( )도 이하인 것 또는 인화점이 섭씨 영하 ( )도 이하이고 비점이 섭씨 40도 이하인 것을 말한다.

① 100, 20   ② 25, 0
③ 100, 0   ④ 25, 20

해설 특수인화물의 정의 [시행령 별표1] : 이황화탄소, 디에틸에테르 그 밖에 1기압에서 발화점이 100℃ 이하인 것 또는 인화점이 −20℃ 이하이고 비점이 40℃ 이하인 것을 말한다.

10. 위험물제조소등의 지위승계에 관한 설명으로 옳은 것은?

① 양도는 승계 사유이지만 상속이나 법인의 합병은 승계 사유에 해당하지 않는다.
② 지위승계의 사유가 있는 날로부터 14일 이내에 승계 신고를 하여야 한다.
③ 시·도지사에게 신고하여야 하는 경우와 소방서장에게 신고하여야 하는 경우

가 있다.

④ 민사집행법에 의한 경매절차에 따라 제조소등을 인수한 경우에는 지위승계신고를 한 것으로 간주한다.

해설 제조소등 설치자의 지위승계 [법 제10조]

㉮ 제조소등의 설치자가 사망하거나 그 제조소등을 양도·인도 또는 합병이 있을 때에는 그 설치자의 지위를 승계한다.

㉯ 경매, 환가, 압류재산의 매각 절차에 따라 제조소등의 시설의 전부를 인수한 자는 그 설치자의 지위를 승계한다.

㉰ 제조소등의 지위를 승계한 자는 승계한 날부터 30일 이내에 시·도지사에게 그 사실을 신고하여야 한다.

㉱ 제조소등의 설치자의 지위승계를 신고하고자 하는 자는 신고서에 제조소등의 완공검사필증과 지위승계를 증명하는 서류를 첨부하여 시·도지사 또는 소방서장에게 제출하여야 한다. [시행규칙 제22조]

11. 과산화벤조일에 대한 설명 중 옳지 않은 것은?

① 지정수량은 10kg이다.

② 저장 시 희석제로 폭발의 위험성을 낮출 수 있다.

③ 알코올에는 녹지 않으나 물에 잘 녹는다.

④ 건조 상태에서는 마찰, 충격으로 폭발의 위험이 있다.

해설 과산화벤조일[$(C_6H_5CO)_2O_2$: 벤조일퍼옥사이드]의 특징

㉮ 제5류 위험물 중 유기과산화물에 해당되며 지정수량은 10kg이다.

㉯ 무색, 무미의 결정 고체로 <u>물에는 잘 녹지 않으나 알코올에는 약간 녹는다.</u>

㉰ 상온에서 안정하며, 강한 산화작용이 있다.

㉱ 가열하면 100℃ 부근에서 백색 연기를 내며 분해한다.

㉲ 빛, 열, 충격, 마찰 등에 의해 폭발의 위험이 있다.

㉳ 강한 산화성 물질로 진한 황산, 질산, 초산

등과 접촉하면 화재나 폭발의 우려가 있다.

㉴ 수분의 흡수나 불활성 희석제(프탈산디메틸, 프탈산디부틸)의 첨가에 의해 폭발성을 낮출 수도 있다.

㉵ 비중(25℃) 1.33, 융점 103~105℃(분해온도), 발화점 125℃이다.

12. 다음 소화약제 중 수용성 액체의 화재 시 가장 적합한 것은?

① 단백포 소화약제

② 내알코올포 소화약제

③ 합성계면활성제포 소화약제

④ 수성막포 소화약제

해설 알코올형포(내알코올포) 소화약제 : 알코올과 같은 수용성 액체에는 포가 파괴되는 현상으로 인해 소화효과를 잃게 되는 것을 방지하기 위해 단백질 가스분해물에 합성세제를 혼합하여 제조한 소화약제이다.

13. 다음 중 소화기 사용방법으로 잘못된 것은?

① 적응 화재에 따라 사용할 것

② 성능에 따라 방출거리 내에서 사용할 것

③ 바람을 마주보며 소화할 것

④ 양옆으로 비로 쓸 듯이 방사할 것

해설 소화기 사용방법

㉮ 적응화재에만 사용할 것

㉯ 성능에 따라 불 가까이 접근하여 사용할 것

㉰ 바람을 등지고 풍상(風上)에서 풍하(風下)의 방향으로 소화작업을 할 것

㉱ 소화는 양옆으로 비로 쓸 듯이 골고루 방사할 것

14. 촛불의 화염을 입김으로 불어 끄는 소화방법은?

① 냉각소화

② 족매소화

③ 제거소화

④ 억제소화

해설 소화방법(소화효과)

㉮ 제거소화 : 화재 현장에서 가연물을 제거함으

로써 화재의 확산을 저지하는 방법으로 소화하는 것이다.
- ㉯ 질식소화 : 산소공급원을 차단하여 연소 진행을 억제하는 방법으로 소화하는 것이다.
- ㉰ 냉각소화 : 물 등을 사용하여 활성화 에너지(점화원)를 냉각시켜 가연물을 발화점 이하로 낮추어 연소가 계속 진행할 수 없도록 하는 방법으로 소화하는 것이다.
- ㉱ 부촉매 소화(억제소화) : 산화반응에 직접 관계없는 물질을 가하여 연쇄반응의 억제작용을 이용하는 방법으로 소화하는 것이다.

15. 다음 중 화재 시 발생하는 열, 연기, 불꽃 또는 연소생성물을 자동적으로 감지하여 수신기에 발신하는 장치는?
① 중계기   ② 감지기
③ 수신기   ④ 발신기

해설 용어의 정의 : 중계기의 형식승인 및 제품검사의 기술기준 제2조
- ㉮ 감지기 : 화재 시에 발생하는 열, 불꽃 또는 연소생성물('연기'라 한다)로 인하여 화재발생을 자동적으로 감지하여 그 자체에 부착된 음향장치로 경보를 발하거나 이를 수신기에 발신하는 것을 말한다.
- ㉯ 중계기 : 감지기 또는 발신기 작동에 의한 신호 또는 가스누설경보기의 탐지부에서 발하여진 가스누설신호를 받아 이를 수신기, 가스누설경보기, 자동소화설비의 제어반에 발신하며 소화설비·제연설비 그 밖에 이와 유사한 방재설비에 제어신호를 발신하는 것을 말한다.
- ㉰ 발신기 : 화재발생신호를 수신기에 수동으로 발신하는 것을 말한다.
- ㉱ 수신기 : 자동화재 탐지설비 중 감지기나 발신기에서 발하는 화재신호 또는 탐지부에서 발하는 가스누설신호를 직접 수신하거나 중계기를 통하여 수신하는 것으로서 소방대상물의 관계자에게 경보를 발하거나 소방관서에 통보하여 주는 장치를 말한다.
- ㉲ 자동화재 탐지설비 : 화재발생을 감지하여

당해 소방대상물의 화재발생을 소방대상물의 관계자에게 통보할 수 있는 설비로서 감지기, 발신기, 수신기, 경종 또는 중계기 등으로 구성된 것을 말한다.

16. 방호대상물의 바닥면적이 150m² 이상인 경우에 개방형 스프링클러설비의 방사구역은 얼마 이상으로 하여야 하는가?
① 100m²   ② 150m²
③ 200m²   ④ 400m²

해설 스프링클러설비 설치기준 [시행규칙 별표17]
- ㉮ 스프링클러 헤드는 방호대상물의 천장 또는 건축물의 최상부 부근에 설치하되, 하나의 스프링클러 헤드까지의 수평거리가 1.7m 이하가 되도록 설치할 것
- ㉯ 개방형 스프링클러 헤드를 이용한 방사구역은 150m² 이상으로 할 것

17. 분말 소화약제 중 인산염류를 주성분으로 하는 것은 제 몇 종 분말인가?
① 제1종 분말   ② 제2종 분말
③ 제3종 분말   ④ 제4종 분말

해설 분말 소화약제의 종류 및 주성분

종류	주성분	적응화재	착색
제1종 분말	탄산수소나트륨 ($NaHCO_3$)	B.C	백색
제2종 분말	탄산수소칼륨 ($KHCO_3$)	B.C	자색 (보라색)
제3종 분말	제1인산암모늄 ($NH_4H_2PO_4$)	A.B.C	담홍색
제4종 분말	탄산수소칼륨+요소 [$KHCO_3+(NH_2)_2CO$]	B.C	회색

㈜ 제2종 분말 소화약제의 착색 상태를 '담회색'으로 표현하는 경우도 있음

18. 탄화칼슘 저장소에 수분이 침투하여 반응하였을 때 발생하는 가연성 가스는?
① 메탄   ② 아세틸렌

③ 에탄　　　　　　④ 프로판

해설 ㉮ 탄화칼슘(카바이드 : CaC_2) : 제3류 위험물로 물(H_2O)과 반응하여 수산화칼슘($Ca(OH)_2$)과 가연성 가스인 아세틸렌(C_2H_2)이 발생한다.
　　㉯ 반응식 : $CaC_2+2H_2O \rightarrow Ca(OH)_2+C_2H_2$
　　㉰ 아세틸렌의 연소범위 : 2.5~81 vol%

19. 다음 중 위험물제조소등에 설치하는 경보설비에 해당하는 것은?

① 피난사다리　　　② 확성장치
③ 완강기　　　　　④ 구조대

해설 경보설비의 종류 [시행규칙 제42조]
　　㉮ 자동화재 탐지설비
　　㉯ 비상경보설비(비상벨장치 또는 경종을 포함한다.)
　　㉰ 확성장치(휴대용확성기를 포함한다.)
　　㉱ 비상방송설비
참고 피난사다리, 완강기, 구조대는 피난설비 중에서 피난기구에 해당된다.

20. 다음 위험물 중 끓는점이 가장 높은 것은?

① 벤젠　　　　　　② 디에틸에테르
③ 메탄올　　　　　④ 아세트알데히드

해설 제4류 위험물의 끓는점(비점)

품명		인화점
벤젠(C_6H_6)	제1석유류	80.1℃
디에틸에테르 ($C_2H_5OC_2H_5$)	특수인화물	34.48℃
메탄올(CH_3OH)	알코올류	63.9℃
아세트알데히드 (CH_3CHO)	특수인화물	21℃

21. 가연물이 연소할 때 공기 중의 산소농도를 떨어뜨려 연소를 중단시키는 소화방법은?

① 제거소화　　　　② 질식소화
③ 냉각소화　　　　④ 억제소화

해설 가연물이 연소할 때 산소공급원을 차단하여

연소 진행을 억제하는 방법으로 소화하는 것이 질식소화이다.
※ 소화방법(소화효과) 종류에 대한 설명은 14번 해설을 참고하기 바랍니다.

22. 트리니트로톨루엔에 대한 설명으로 옳지 않은 것은?

① 제5류 위험물 중 니트로화합물에 속한다.
② 피크린산에 비해 충격, 마찰에 둔감하다.
③ 금속과의 반응성이 매우 커서 폴리에틸렌 수지에 저장한다.
④ 일광에 노출되면 갈색으로 변한다.

해설 트리니트로톨루엔($C_6H_2CH_3(NO_2)_3$: TNT)의 특징
　　㉮ 제5류 위험물 중 니트로 화합물로 지정수량 200kg이다.
　　㉯ 담황색의 주상결정으로 햇빛을 받으면 다갈색으로 변한다.
　　㉰ 물에는 녹지 않으나 알코올, 벤젠, 에테르, 아세톤에는 잘 녹는다.
　　㉱ 충격감도는 피크린산보다 약간 둔하지만 급격한 타격을 주면 폭발한다.
　　㉲ 3개의 이성질체($\alpha-$, $\beta-$, $\gamma-$)가 있으며 α형인 2, 4, 6-트리니트로톨루엔이 폭발력이 가장 강하다.
　　㉳ 폭발력이 크고, 피해범위도 넓고, 위험성이 크므로 세심한 주의가 요구된다.
　　㉴ 비중 1.8, 융점 81℃, 비점 240℃, 발화점 300℃이다.

23. 제2류 위험물의 화재 발생 시 소화방법 또는 주의할 점으로 적합하지 않은 것은?

① 마그네슘의 경우 이산화탄소를 이용한 질식소화는 위험하다.
② 황은 비산에 주의하여 분무주수로 냉각소화 한다.
③ 적린의 경우 물을 이용한 냉각소화는 위험하다.

정답 **19.** ②　**20.** ①　**21.** ②　**22.** ③　**23.** ③

④ 인화성고체는 이산화탄소로 질식소화할 수 있다.

해설 적린(P)은 물에 용해하지 않고, 반응하지 않기 때문에 화재 시 주수에 의한 냉각소화가 효과적이다.

24. 제4류 위험물 중 품명이 나머지 셋과 다른 하나는?

① 아세트알데히드 ② 디에틸에테르
③ 니트로벤젠 ④ 이황화탄소

해설 제4류 위험물의 품명 및 지정수량

품명		지정수량
아세트알데히드 (CH₃CHO)	특수인화물	50L
디에틸에테르 (C₂H₅OC₂H₅)	특수인화물	50L
니트로벤젠 (C₆H₅NO₂)	제3석유류	2000L
이황화탄소(CS₂)	특수인화물	50L

25. 다음 중 함께 운반차량에 적재할 수 있는 유별을 옳게 연결한 것은? (단, 지정수량 이상을 적재한 경우이다.)

① 제1류 - 제2류 ② 제1류 - 제3류
③ 제1류 - 제4류 ④ 제1류 - 제6류

해설 ㉮ 위험물 운반할 때 혼재 기준[시행규칙 별표19, 부표2]

구분	제1류	제2류	제3류	제4류	제5류	제6류
제1류		×	×	×	×	○
제2류	×		×	○	○	×
제3류	×	×		○	×	×
제4류	×	○	○		○	×
제5류	×	○	×	○		×
제6류	○	×	×	×	×	

○ : 혼합 가능, × : 혼합 불가능

㉯ 이 표는 지정수량의 $\frac{1}{10}$ 이하의 위험물에 대하여는 적용하지 않는다.

26. 과염소산에 대한 설명으로 틀린 것은?

① 가열하면 쉽게 발화한다.
② 강한 산화력을 갖고 있다.
③ 무색의 액체이다.
④ 물과 접촉하면 발열한다.

해설 과염소산(HClO₄) 특징
㉮ 제6류 위험물(산화성 액체)로 지정수량 300kg이다.
㉯ 무색의 유동하기 쉬운 액체이며, 염소 냄새가 난다.
㉰ 불연성물질로 가열하면 유독성가스를 발생한다.
㉱ 염소산 중에서 가장 강한 산이다.
㉲ 산화력이 강하여 종이, 나무부스러기 등과 접촉하면 연소와 동시에 폭발하기 때문에 접촉을 피한다.
㉳ 물과 접촉하면 심하게 반응하며 발열한다.
㉴ 액비중 1.76(증기비중 3.47), 융점 −112℃, 비점 39℃이다.

27. 과산화바륨의 성질을 설명한 내용 중 틀린 것은?

① 고온에서 열분해하여 산소를 방출한다.
② 황산과 반응하여 과산화수소를 만든다.
③ 비중은 약 4.96이다.
④ 온수와 접촉하면 수소가스를 발생한다.

해설 과산화바륨(BaO₂) 특징
㉮ 제1류 위험물 중 무기과산화물에 해당되며, 지정수량은 50kg이다.
㉯ 백색 또는 회색의 정방정계 결정분말로 알칼리토금속의 과산화물 중 제일 안정하다.
㉰ 물에는 약간 녹으나 알코올, 에테르, 아세톤에는 녹지 않는다.
㉱ 묽은 산에는 녹으며, 수화물(BaO₂·8H₂O)은 100℃에서 결정수를 잃는다.
㉲ 산 및 온수에 분해되어(반응하여) 과산화수소(H₂O₂)와 산소(O₂)가 발생하면서 발열한다.
㉳ 고온으로 가열하면 열분해되어 산소를 발생하고, 폭발하기도 한다.

⑷ 산화되기 쉬운 물질, 습한 종이, 섬유소 등과 섞이면 폭발하는 경우도 있다.
⑻ 소화방법 : 탄산가스(CO_2), 사염화탄소(CCl_4) 및 마른 모래(건조사)의 질식소화
⑼ 비중 4.96, 융점 450℃, 분해온도 840℃이다.

28. 아연분이 염산과 반응할 때 발생하는 가연성 기체는?

① 아황산가스   ② 산소
③ 수소   ④ 일산화탄소

해설 아연(Zn)분 특징
⑴ 제2류 위험물 중 금속분에 해당되며 지정수량 500kg이다.
⑵ 은백색의 분말로 공기 중에서 가열하면 빛을 내며 산화아연(ZnO)이 된다.
$$2Zn + O_2 \longrightarrow 2ZnO$$
⑶ 산과 알칼리에 녹아서 수소(H_2)를 발생한다.
$$Zn + 2HCl \longrightarrow ZnCl_2 + H_2 \uparrow$$
$$Zn + 2NaOH \longrightarrow Na_2ZnO_2 + H_2 \uparrow$$
⑷ 비중 7.142, 융점 419.5℃, 비점 907℃이다.

29. 횡으로 설치한 원통형 위험물 저장탱크의 내용적이 500L일 때 공간용적은 최소 몇 L이어야 하는가? (단, 원칙적인 경우에 한한다.)

① 15   ② 25
③ 35   ④ 50

해설 탱크의 공간용적 [위험물안전관리에 관한 세부기준 제25조]
⑴ 탱크의 공간용적은 탱크 내용적의 $\frac{5}{100}$ 이상 $\frac{10}{100}$ 이하의 용적으로 한다.
⑵ 최소공간용적 계산 : 내용적의 $\frac{5}{100}$ 를 적용한다.
$$\therefore 최소공간용적 = 탱크 내용적 \times \frac{5}{100}$$
$$= 500 \times \frac{5}{100} = 25\,L$$

30. 질산의 성상에 대한 설명으로 옳은 것은?

① 흡습성이 강하고 부식성이 있는 무색의 액체이다.
② 햇빛에 의해 분해하여 암모니아가 생성되는 흰색을 띤다.
③ Au, Pt와 잘 반응하여 질산염과 질소가 생성된다.
④ 비휘발성이고 정전기에 의한 발화에 주의해야 한다.

해설 질산(HNO_3)의 특징
⑴ 제6류 위험물로 지정수량 300kg이다.
⑵ 순수한 질산은 무색의 액체로 공기 중에서 물을 흡수하는 성질이 강하다.
⑶ 물과 임의적인 비율로 혼합하면 발열한다.
⑷ 진한 질산을 −42℃ 이하로 냉각시키면 응축, 결정된다.
⑸ 은(Ag), 구리(Cu), 수은(Hg) 등은 다른 산과 작용하지 않지만 질산과는 반응을 하여 질산염과 산화질소를 만든다.
⑹ 진한 질산은 부식성이 크고 산화성이 강하며, 피부에 접촉되면 화상을 입는다.
⑺ 진한 질산을 가열하면 분해하면서 유독성인 이산화질소(NO_2)의 적갈색 증기를 발생한다.
⑻ 질산 자체는 연소성, 폭발성은 없지만 환원성이 강한 물질(황화수소(H_2S), 아민 등)과 혼합하면 발화 또는 폭발한다.
⑼ 불연성이지만 다른 물질의 연소를 돕는 조연성 물질이다.

31. 위험물제조소의 환기설비의 기준에서 급기구가 설치된 실의 바닥면적 150m^2마다 1개 이상 설치하는 급기구의 크기는 몇 cm^2 이상이어야 하는가?

① 200   ② 400   ③ 600   ④ 800

해설 제조소의 환기설비 기준 [시행규칙 별표4]
⑴ 환기는 자연배기방식으로 할 것
⑵ 급기구는 당해 급기구가 설치된 실의 바닥면적 150m^2 마다 1개 이상으로 하되, 급기구의 크기는 800cm^2 이상으로 한다.

㉱ 급기구는 낮은 곳에 설치하고 가는 눈의 구리
망 등으로 인화방지망을 설치할 것

㉲ 환기구는 지붕 위 또는 지상 2m 이상의 높이
에 회전식 고정벤추레이터 또는 루프팬방식으
로 설치할 것

32. 칼륨의 취급상 주의해야 할 내용을 옳게 설명한 것은?

① 석유와 접촉을 피해야 한다.
② 수분과 접촉을 피해야 한다.
③ 화재발생 시 마른모래와 접촉을 피해야 한다.
④ 이산화탄소 분위기에서 보관하여야 한다.

해설 칼륨(K)의 취급상 주의사항

㉮ 습기나 물과 접촉하지 않도록 한다.
㉯ 산화를 방지하기 위하여 보호액(등유, 경유, 유동파라핀) 속에 넣어 저장한다.
㉰ 용기 파손 및 보호액 누설에 주의하고, 소량으로 나누어 저장한다.
㉱ 오랫동안 저장하면 표면이 수산화물이 되며, 제거할 때 금속 칼륨이 떨어지므로 조심해서 제거한다.
㉲ 화재 발생 시 마른 모래(건조사)로 질식소화한다.

33. 위험물제조소에서 다음 [보기]의 위험물을 취급하고 있는 경우 각각의 지정수량 배수의 총합은 얼마인가?

[보기] • 브롬산나트륨 300kg
• 과산화나트륨 150kg
• 중크롬산나트륨 500kg

① 3.5   ② 4.0   ③ 4.5   ④ 5.0

해설 ㉮ 제1류 위험물의 지정수량

품명		지정수량
브롬산나트륨	브롬산염류	300kg
과산화나트륨	무기과산화물	50kg
중크롬산나트륨	중크롬산염류	1000kg

㉯ 지정수량 배수의 합 계산 : 지정수량 배수의 합은 각 위험물량을 지정수량으로 나눈 값의 합이다.

∴ 지정수량 배수의 합

$$= \frac{\text{A위험물량}}{\text{지정수량}} + \frac{\text{B위험물량}}{\text{지정수량}} + \frac{\text{C위험물량}}{\text{지정수량}}$$

$$= \frac{300}{300} + \frac{150}{50} + \frac{500}{1000} = 4.5$$

34. 위험물의 지정수량이 나머지 셋과 다른 하나는?

① 질산에스테르류   ② 니트로화합물
③ 아조화합물   ④ 히드라진유도체

해설 제5류 위험물 지정수량

품명	지정수량
질산에스테르류	10kg
니트로화합물	200kg
아조화합물	200kg
히드라진유도체	200kg

35. 다음 중 제5류 위험물에 해당하지 않는 것은?

① 히드라진   ② 히드록실아민
③ 히드라진유도체   ④ 히드록실아민염류

해설 히드라진(N_2H_4)은 제4류 위험물 중 제2석유류에 해당된다.

36. 위험물 안전관리법령상 제4류 위험물 운반용기의 외부에 표시해야 하는 사항이 아닌 것은?

① 규정에 의한 주의사항
② 위험물의 품명 및 위험등급
③ 위험물의 관리자 및 지정수량
④ 위험물의 화학명

해설 운반용기 외부 표시사항 [시행규칙 별표19]
㉮ 공통 표시사항
㉠ 위험물의 품명·위험등급·화학명 및 수

용성 ("수용성" 표시는 제4류 위험물로서 수용성인 것에 한한다.)

ⓒ 위험물의 수량

ⓒ 위험물에 따른 주의사항 : 제4류 위험물인 경우 "화기엄금"

37. 고정식 포 소화설비에 관한 기준에서 방유제 외측에 설치하는 보조포 소화전 상호간의 거리는?

① 보행거리 40m 이하

② 수평거리 40m 이하

③ 보행거리 75m 이하

④ 수평거리 75m 이하

해설 포 소화설비 고정포 방출구 보조포 소화전 기준 [세부기준 제133조]

㉮ 방유제 외측의 소화활동상 유효한 위치에 설치하되 각각의 보조포소화전 상호간의 보행거리가 75m 이하가 되도록 설치할 것

㉯ 보조포소화전은 3개의 노즐을 동시에 사용할 경우에 각각의 노즐선단의 방사압력이 0.35 MPa 이상이고 방사량이 400L/min 이상의 성능이 되도록 설치할 것

㉰ 보조포소화전은 옥외소화전설비 기준의 예에 준하여 설치할 것

38. 과염소산암모늄이 300℃에서 분해되었을 때 주요 생성물이 아닌 것은?

① NO_3 ② Cl_2 ③ O_2 ④ N_2

해설 ㉮ 과염소산암모늄(NH_4ClO_4)의 분해 반응식
: $2NH_4ClO_4 \rightarrow N_2\uparrow + Cl_2\uparrow + O_2\uparrow + 4H_2O\uparrow$

㉯ 분해 생성물 : 질소(N_2), 염소(Cl_2), 산소(O_2), 물(H_2O)

39. 위험물의 운반에 관한 기준 중 위험등급 Ⅰ에 해당하는 위험물은?

① 황화인

② 피크르산

③ 벤조일퍼옥사이드

④ 질산나트륨

해설 각 위험물의 유별 및 위험등급

품명	유별	지정수량	위험등급
황화인	제2류	100kg	Ⅱ
피크르산	제5류 니트로화합물	200kg	Ⅱ
벤조일퍼옥사이드	제5류 유기과산화물	10kg	Ⅰ
질산나트륨	제1류 질산염류	300kg	Ⅱ

40. 금속리튬이 물과 반응하였을 때 생성되는 물질은?

① 수산화리튬과 수소

② 수산화리튬과 산소

③ 수산화리튬과 물

④ 산화리튬과 물

해설 제3류 위험물 알칼리금속에 해당하는 금속리튬(Li)이 물과 반응하면 발열과 함께 수산화리튬(LiOH)과 수소(H_2)를 발생한다.

$$Li + H_2O \rightarrow LiOH + \frac{1}{2}H_2\uparrow + 52.7kcal$$

41. 다음 중 과산화수소에 대한 설명이 틀린 것은?

① 열에 의해 분해한다.

② 농도가 높을수록 안정하다.

③ 인산, 요산과 같이 분해방지 안정제를 사용한다.

④ 강력한 산화제이다.

해설 과산화수소(H_2O_2)의 성질

㉮ 제6류 위험물로 지정수량 300kg이다.

㉯ 열, 햇빛에 의해서 쉽게 분해하여 산소를 방출한다.

㉰ 은(Ag), 백금(Pt) 등 금속분말 또는 산화물(MnO_2, PbO, HgO, CoO_3)과 혼합하면 급격히 반응하여 산소를 방출하여 폭발하기도 한다.

㉣ 용기가 가열되면 내부에 분해산소가 발생하기 때문에 용기가 파열하는 경우도 있다.

㉤ 농도가 높아질수록 불안정하며, 온도가 높아질수록 분해속도가 증가하고 비점 이하에서 폭발한다.

㉥ 분해를 방지하기 위하여 인산(H_3PO_4), 요산($C_5H_4N_4O_3$)을 안정제로 사용한다.

㉦ 농도가 60% 이상의 것은 충격에 의해 단독 폭발의 가능성이 있다.

㉧ 농도가 진한 액이 피부에 접촉되면 화상을 입는다.

42. 제4류 위험물의 품명 중 지정수량이 6000L인 것은?

① 제3석유류 비수용성액체
② 제3석유류 수용성액체
③ 제4석유류
④ 동식물유류

해설 제4류 위험물의 지정수량

품명		지정수량
특수인화물		50L
제1석유류	비수용성	200L
	수용성	400L
알코올류		400L
제2석유류	비수용성	1000L
	수용성	2000L
제3석유류	비수용성	2000L
	수용성	4000L
제4석유류		6000L
동식물유류		10000L

43. 위험물의 운반에 관한 기준에서 다음 ( )에 알맞은 온도는 몇 ℃인가?

> 적재하는 제5류 위험물 중 ( )℃ 이하의 온도에서 분해될 우려가 있는 것은 보랭 컨테이너에 수납하는 등 적정한 온도관리를 유지하여야 한다.

① 40   ② 50   ③ 55   ④ 60

해설 적재하는 위험물의 성질에 따른 조치 [시행규칙 별표19] : 제5류 위험물 중 55℃ 이하의 온도에서 분해될 우려가 있는 것은 보랭 컨테이너에 수납하는 등 적정한 온도관리를 할 것

44. 위험물의 적재 방법 중 위험물을 수납한 운반용기를 겹쳐 쌓은 경우 높이를 몇 m 이하로 하여야 하는가?

① 2   ② 3   ③ 4   ④ 6

해설 운반용기에 의한 수납 적재 기준 [시행규칙 별표19] : 위험물을 수납한 운반용기를 겹쳐 쌓는 경우에는 그 높이를 3m 이하로 할 것

45. 다음 ( ) 안에 알맞은 용어를 모두 옳게 나타낸 것은?

> "( ) 또는 ( )은[는] 위험물의 운송에 따른 화재의 예방을 위하여 필요하다고 인정하는 경우에는 주행 중의 이동탱크저장소를 정지시켜 당해 이동탱크저장소에 승차하고 있는 자에 대하여 위험물의 취급에 관한 국가기술자격증 또는 교육수료증의 제시를 요구할 수 있다."

① 지방소방공무원, 지방행정공무원
② 국가소방공무원, 국가행정공무원
③ 소방공무원, 국가경찰공무원
④ 국가행정공무원, 국가경찰공무원

해설 출입·검사 등 [법 제22조]

㉠ 소방공무원 또는 국가경찰공무원은 위험물의 운송자격을 확인하기 위하여 필요하다고 인정하는 경우에는 주행 중의 이동탱크저장소를 정지시켜 당해 이동탱크저장소에 승차하고 있는 자에 대하여 위험물의 취급에 관한 국가기술자격증 또는 교육수료증의 제시를 요구할 수 있고 국가기술자격증 또는 교육수료증을 제시하지 아니한 경우에는 주민등록증, 여권, 운전면허증 등 신원확인을 위한 증명서를 제

시할 것을 요구하거나 신원확인을 위한 질문을 할 수 있다.

㉯ 벌칙(법 제36조) : 정지지시를 거부하거나 국가기술자격증, 교육수료증·신원확인을 위한 증명서의 제시 요구 또는 신원확인을 위한 질문에 응하지 아니한 사람은 1천500만원 이하의 벌금에 처한다.

46. 위험물 안전관리법령에서 규정하고 있는 사항으로 틀린 것은?

① 법정의 안전교육을 받아야 하는 사람은 안전관리자로 선임이 된 자, 탱크시험자의 기술 인력으로 종사하는 자, 위험물 운송자로 종사하는 자이다.
② 지정수량의 150배 이상의 위험물을 저장하는 옥내저장소는 관계인이 예방규정을 정하여야 하는 제조소등에 해당한다.
③ 정기검사의 대상이 되는 것은 액체위험물을 저장 또는 취급하는 10만 리터 이상의 옥외탱크저장소, 암반탱크저장소, 이송취급소이다.
④ 법정의 안전관리자 교육이수자와 소방공무원으로 근무한 경력이 3년 이상인 자는 제4류 위험물에 대한 위험물 취급자격자가 될 수 있다.

해설 정기검사 대상인 제조소등[시행령 제17조]
: 액체위험물을 저장 또는 취급하는 <u>50만 리터 이상</u>의 옥외탱크저장소

47. 위험물의 화재 시 소화방법에 대한 다음 설명 중 옳은 것은?

① 아연분은 주수소화가 적당하다.
② 마그네슘은 봉상주수소화가 적당하다.
③ 알루미늄은 건조사로 피복하여 소화하는 것이 좋다.
④ 황화인은 산화제로 피복하여 소화하는 것이 좋다.

해설 ㉮ 아연(Zn)분, 마그네슘(Mg), 알루미늄(Al)

분은 물과 접촉하여 가연성인 수소(H_2)를 발생하므로 주수소화는 부적합하므로 건조사를 이용한 질식소화가 적합하다.
㉯ 황화인 중 오황화인, 칠황화인은 물과 반응하여 황화수소(H_2S)가 발생하므로 주수소화는 부적합하고 건조사를 이용한 질식소화가 적합하다.

48. 다음 그림과 같이 횡으로 설치한 원형탱크의 용량은 약 몇 m^3인가? (단, 공간용적은 내용적의 10/100이다.)

① 1690.9   ② 1335.1
③ 1268.4   ④ 1201.7

해설 공간용적은 내용적의 10%이므로 탱크용량은 내용적의 90%에 해당된다.

$$\therefore V = \pi \times r^2 \times \left(l + \frac{l_1 + l_2}{3} \right) \times 0.9$$

$$= \pi \times 5^2 \times \left(15 + \frac{3+3}{3} \right) \times 0.9$$

$$= 1201.659 \, m^3$$

49. 가솔린에 대한 설명으로 옳은 것은?

① 연소범위는 15~75vol%이다.
② 용기는 따뜻한 곳에 환기가 잘 되게 보관한다.
③ 전도성이므로 감전에 주의한다.
④ 화재 소화 시 포소화약제에 의한 소화를 한다.

해설 휘발유(가솔린)의 특징
㉮ 제4류 위험물 중 제1석유류에 해당되며 지정수량 200L이다.
㉯ 물에는 용해되지 않지만 유기용제와는 잘 섞이며 고무, 수지, 유지를 잘 녹인다.
㉰ 액체는 물보다 가볍고, 증기는 공기보다 무겁다.

㉱ 휘발 및 인화하기 쉽고, 증기는 공기보다 3~4배 무거워 누설 시 낮은 곳에 체류하여 연소를 확대시킨다.

㉲ 전기의 불량도체이며, 정전기 발생에 의한 인화의 위험성이 크다.

㉳ 액비중 0.65~0.8 (증기비중 3~4), 인화점 -20 ~ -43℃, 발화점 300℃, 연소범위 1.4 ~ 7.6%이다.

㉴ 휘발유는 비수용성이기 때문에 소화방법은 포말소화나 탄산가스, 분말 소화약제를 이용한 질식소화가 효과적이다.

50. 다음 2가지 물질이 반응하였을 때 포스핀을 발생시키는 것은?

① 사염화탄소 + 물
② 황산 + 물
③ 오황화인 + 물
④ 인화칼슘 + 물

해설 인화칼슘(Ca_3P_2) : 인화석회

㉮ 제3류 위험물 중 금속의 인화물로 지정수량 300kg이다.

㉯ 물(H_2O), 산(HCl : 염산)과 반응하여 유독한 인화수소(PH_3 : 포스핀)를 발생시킨다.

㉰ 반응식

$Ca_3P_2 + 6H_2O \longrightarrow 3Ca(OH)_2 + 2PH_3\uparrow + Q\,[\text{kcal}]$

$Ca_3P_2 + 6HCl \longrightarrow 3CaCl_2 + 2PH_3\uparrow + Q\,[\text{kcal}]$

51. 질산에틸의 성질에 대한 설명 중 틀린 것은?

① 비점은 약 88℃이다.
② 무색의 액체이다.
③ 증기는 공기보다 무겁다.
④ 물에 잘 녹는다.

해설 질산에틸($C_2H_5NO_3$)의 특징

㉮ 제5류 위험물 중 질산에스테르류에 해당되며 지정수량은 10kg이다.

㉯ 무색, 투명한 액체로 향긋한 냄새와 단맛이 있다.

㉰ 물에는 녹지 않으나 알코올, 에테르에 녹으며 인화성이 있다.

㉱ 에탄올을 진한 질산에 작용시켜서 얻는다.

㉲ 인화점이 낮아 비점 이상으로 가열하면 폭발한다.

㉳ 아질산과 같이 있으면 폭발한다.

㉴ 화기를 피하고, 통풍이 잘 되는 냉암소에 저장한다.

㉵ 용기는 갈색 병을 사용하고 밀전한다.

㉶ 액비중 1.11(증기비중 3.14), 비점 88℃, 융점 -112℃, 인화점 -10℃이다.

52. 제6류 위험물 운반용기의 외부에 표시하여야 하는 주의사항은?

① 충격주의
② 가연물접촉주의
③ 화기엄금
④ 화기주의

해설 운반용기 외부 표시사항 [시행규칙 별표19]

㉮ 공통 표시사항

㉠ 위험물의 품명·위험등급·화학명 및 수용성("수용성" 표시는 제4류 위험물로서 수용성인 것에 한한다.)

㉡ 위험물의 수량

㉯ 위험물에 따른 주의사항 : 제6류 위험물인 경우 "가연물접촉주의"

53. 알코올류의 일반 성질이 아닌 것은?

① 분자량이 증가하면 증기비중이 커진다.
② 알코올은 탄화수소의 수소원자를 -OH기로 치환한 구조를 가진다.
③ 탄소수가 적은 알코올을 저급 알코올이라 한다.
④ 3차 알코올에는 -OH기가 3개 있다.

해설 수산기(-OH)가 결합된 탄소 원자에 붙은 알킬기(C_nH_{2n+1})의 수에 따른 분류

㉮ 1차 알코올 : 탄소 원자에 알킬기 1개 존재 → 에틸알코올[C_2H_5OH]

㉯ 2차 알코올 : 탄소 원자에 알킬기 2개 존재 → 이소프로필알코올[$(CH_3)_2CHOH$]

㉰ 3차 알코올 : 탄소 원자에 알킬기 3개 존재 → 트리메틸카비놀[$(CH_3)_3COH$]

54. 위험물 안전관리법령에 따른 위험물의 운송에 관한 설명 중 틀린 것은?

① 알킬리튬과 알킬알루미늄 또는 이 중 어느 하나 이상을 함유한 것은 운송책임자의 감독, 지원을 받아야 한다.

② 이동탱크저장소에 의하여 위험물을 운송할 때의 운송책임자는 법정의 교육이수자도 포함된다.

③ 서울에서 부산까지 금속의 인화물 300kg을 1명의 운전자가 휴식 없이 운송해도 규정 위반이 아니다.

④ 운송책임자의 감독 또는 지원의 방법에는 동승하는 방법과 별도의 사무실에서 대기하면서 규정된 사항을 이행하는 방법이 있다.

해설 위험물 운송 시에 준수사항 [시행규칙 별표21]

㉮ 2명 이상의 운전자로 해야 하는 경우
　㉠ 고속국도에 있어서는 340km 이상 운송하는 때
　㉡ 그 밖의 도로에 있어서는 200km 이상 운송하는 때

㉯ 1명의 운전자로 할 수 있는 경우
　㉠ 규정에 의하여 운송책임자를 동승시킨 경우
　㉡ 운송하는 위험물이 제2류 위험물·제3류 위험물(칼슘 또는 알루미늄의 탄화물과 이것만을 함유한 것에 한한다) 또는 제4류 위험물(특수인화물을 제외한다)인 경우
　㉢ 운송도중에 2시간 이내마다 20분 이상씩 휴식하는 경우

참고 서울에서 부산까지는 340km 이상이기 때문에 휴식 없이 운송하기 위해서는 2명 이상의 운전자로 해야 한다.

55. 유황은 순도가 몇 중량퍼센트 이상이어야 위험물에 해당하는가?

① 40　　② 50　　③ 60　　④ 70

해설 유황은 순도가 60 wt% 이상인 것을 말한다. 이 경우 순도 측정에 있어서 불순물은 활석 등 불연성물질과 수분에 한한다. [시행령 별표1]

56. 황린의 성질에 대한 설명으로 옳은 것은?

① 분자량은 약 108이다.
② 융점은 약 120℃이다.
③ 비점은 약 120℃이다.
④ 비중은 약 1.8이다.

해설 황린(P_4)의 성질

구분	성질	구분	성질
분자량	128	융점	44℃
발화점	34℃	액비중	1.82
비점	280℃	증기 비중	4.3

57. 산을 가하면 이산화염소를 발생시키는 물질은?

① 아염소산나트륨　　② 브롬산나트륨
③ 옥소산칼륨　　　　④ 중크롬산나트륨

해설 아염소산나트륨($NaClO_2$)

㉮ 제1류 위험물 중 아염소산염류에 해당되며, 지정수량은 50kg이다.

㉯ 산(HCl : 염산)과 반응하면 유독가스 이산화염소(ClO_2) 및 염화나트륨($NaCl$), 과산화수소(H_2O_2)가 발생된다.

㉰ 반응식
$$3NaClO_2 + 2HCl \rightarrow 3NaCl + 2ClO_2 + H_2O_2$$

58. 위험물 안전관리법령상 옥외저장탱크 중 압력탱크 외의 탱크에 통기관을 설치하여야 할 때 밸브 없는 통기관인 경우 통기관의 직경은 몇 mm 이상으로 하여야 하는가?

① 10　　② 15　　③ 20　　④ 30

해설 옥외탱크저장소의 통기관 기준 [시행규칙 별표6] : 밸브 없는 통기관의 직경은 30mm 이상이어야 한다.

59. 적린은 다음 중 어떤 물질과 혼합 시 마찰, 충격, 가열에 의해 폭발할 위험이 가장 높은가?

① 염소산칼륨
② 이산화탄소
③ 공기
④ 물

해설 적린(P)의 위험성
㉮ 독성이 없고 자연발화의 위험성이 없으나 산화물(염소산염류 등의 산화제 : <u>염소산칼륨</u>)과 공존하면 낮은 온도에서도 발화할 수 있다.
㉯ 발화하면 오산화인(P_2O_5)을 발생한다.

60. 다음 품명에 따른 지정수량이 틀린 것은?

① 알킬리튬 : 10kg
② 황린 : 50kg
③ 알칼리금속 : 50kg
④ 유기과산화물 : 10kg

해설 각 위험물의 지정수량

품명	유별	지정수량
알킬리튬	제3류	10kg
황린	제3류	20kg
알칼리금속	제3류	50kg
유기과산화물	제5류	10kg

2010. 10. 3 시행 (제5회)

1. 다음 ( ) 안에 들어갈 수치를 순서대로 올바르게 나열한 것은? (단, 제4류 위험물에 적응성을 갖기 위한 살수밀도기준을 적용하는 경우를 제외한다.)

"위험물제조소등에 설치하는 폐쇄형 헤드의 스프링클러설비는 30개의 헤드(헤드 설치 수가 30 미만의 경우는 당해 설치 개수)를 동시에 사용할 경우 각 선단의 방사 압력이 ( )kPa 이상이고 방수량이 1분당 ( )L 이상이어야 한다."

① 100, 80　　② 120, 80
③ 100, 100　　④ 120, 100

해설 스프링클러설비 설치기준 [시행규칙 별표17]
㉮ 방사압력과 방수량 : 폐쇄형 헤드 30개를 동시에 사용할 경우 각 선단의 <u>방사압력이 100 kPa 이상이고, 방수량이 1분당 80L 이상</u>의 성능이 되도록 하여야 한다.
㉯ 수원의 수량 : 폐쇄형 헤드를 사용하는 것은 30(헤드의 설치개수가 30 미만인 것은 당해 설치개수), 개방형 헤드를 사용하는 것은 가장 많이 설치된 방사구역의 설치개수에 $2.4m^3$를 곱한 이상이 되도록 설치하여야 한다.

2. 일반적으로 폭굉파의 전파속도는 어느 정도인가?

① 0.1~10m/s
② 100~350m/s
③ 1000~3500m/s
④ 10000~35000m/s

해설 연소파 및 폭굉의 속도
㉮ 연소파 전파속도(연소속도) : 0.1~10m/s
㉯ 폭굉파의 전파속도(폭속) : 1000~3500m/s

3. 다음 소화약제 중 오존파괴지수(ODP)가 가장 큰 것은?

① IG-541　　② Halon 2402
③ Halon 1211　　④ Halon 1301

해설 할로겐 화합물의 오존층 파괴지수(ODP)

구분	오존층 파괴지수
Halon 104	1.1
Halon 1211($CBrClF_2$)	3.0
Halon 1301($CBrF_3$)	10
Halon 2402($C_2Br_2F_4$)	6.0

☞ 오존층 파괴지수의 숫자가 클수록 오존파괴 정도가 크다는 의미임

4. 화학포 소화기에서 탄산수소나트륨과 황산알루미늄이 반응하여 생성되는 기체의 주성분은?

① CO　　② CO_2　　③ N_2　　④ Ar

해설 ㉮ 화학포 소화기 : 탄산수소나트륨($NaHCO_3$)과 황산알루미늄[$Al_2(SO_4)_3$]의 화학 반응에 따라 발생하는 이산화탄소(CO_2)를 이용하여 포를 발생시킨다.
㉯ 반응식
$6NaHCO_3+Al_2(SO_4)_3+18H_2O$
$\rightarrow 3Na_2SO_4+2Al(OH)_3+6CO_2\uparrow+18H_2O\uparrow$

5. 철분, 금속분, 마그네슘에 적응성이 있는 소화설비는?

① 이산화탄소 소화설비
② 할로겐화합물 소화설비
③ 포 소화설비
④ 탄산수소염류 소화설비

해설 제2류 위험물 중 철분, 금속분, 마그네슘에 적응성이 있는 소화설비 [시행규칙 별표17]
㉮ 탄산수소염류 분말소화설비 및 분말소화기
㉯ 건조사
㉰ 팽창질석 또는 팽창진주암

정답 1. ①　2. ③　3. ④　4. ②　5. ④

6. 물에 탄산칼륨을 보강시킨 강화액 소화약제에 대한 설명으로 틀린 것은?

① 물보다 점성이 있는 수용액이다.
② 일반적으로 약산성을 나타낸다.
③ 응고점은 약 −30~−26℃이다.
④ 비중은 약 1.3~1.4 정도이다.

해설 강화액 소화약제의 특징
㉮ 물에 탄산칼륨(K_2CO_3)을 용해하여 빙점을 −30℃ 정도까지 낮추어 겨울철 및 한랭지에서도 사용할 수 있도록 한 소화약제이다.
㉯ 소화약제의 구성은 '물 + K_2CO_3'으로 알칼리성(pH12)이다.
㉰ 축압식(소화약제+압축공기)과 가압식으로 구분한다.
㉱ 소화효과는 냉각소화, 부촉매효과(억제효과), 일부 질식소화이다.

7. 옥외저장소에서 지정수량 200배 초과의 위험물을 저장할 경우 보유공지의 너비는 몇 m 이상으로 하여야 하는가? (단, 제4류 위험물과 제6류 위험물은 제외한다.)

① 0.5m   ② 2.5m
③ 10m   ④ 15m

해설 위험물 옥외저장소 보유공지 기준 [시행규칙 별표11]

저장 또는 취급하는 위험물의 최대수량	공지의 너비
지정수량의 10배 이하	3m 이상
지정수량의 10배 초과 20배 이하	5m 이상
지정수량의 20배 초과 50배 이하	9m 이상
지정수량의 50배 초과 200배 이하	12m 이상
지정수량의 200배 초과	15m 이상

㊎ 제4류 위험물 중 제4석유류와 제6류 위험물을 저장 또는 취급하는 옥외저장소는 보유공지 너비의 3분의 1 이상의 너비로 할 수 있다.

8. 위험물 안전관리법령상 소화설비의 구분에서 '물분무등 소화설비'의 종류가 아닌 것은?

① 스프링클러설비
② 할로겐화합물 소화설비
③ 이산화탄소 소화설비
④ 분말 소화설비

해설 물분무등 소화설비 종류 [시행규칙 별표17]
㉮ 물분무 소화설비
㉯ 포 소화설비
㉰ 불활성가스 소화설비
㉱ 할로겐화합물 소화설비
㉲ 분말 소화설비 : 인산염류, 탄산수소염류, 그 밖의 것

9. 공기 중의 산소농도를 한계산소량 이하로 낮추어 연소를 중지시키는 소화방법은?

① 냉각소화   ② 제거소화
③ 억제소화   ④ 질식소화

해설 소화방법(소화효과)
㉮ 제거소화 : 화재 현장에서 가연물을 제거함으로써 화재의 확산을 저지하는 방법으로 소화하는 것이다.
㉯ 질식소화 : 산소공급원을 차단하여 연소 진행을 억제하는 방법으로 소화하는 것이다.
㉰ 냉각소화 : 물 등을 사용하여 활성화 에너지(점화원)를 냉각시켜 가연물을 발화점 이하로 낮추어 연소가 계속 진행할 수 없도록 하는 방법으로 소화하는 것이다.
㉱ 부촉매 소화(억제소화) : 산화반응에 직접 관계없는 물질을 가하여 연쇄반응의 억제작용을 이용하는 방법으로 소화하는 것이다.

10. 이동탱크저장소에 있어서 구조물 등의 시설을 변경하는 경우 변경허가를 득하여야 하는 경우는?

① 펌프설비를 보수하는 경우
② 동일 사업장 내에서 상치장소의 위치를 이전하는 경우
③ 직경이 200mm인 이동저장탱크의 맨홀을 신설하는 경우

④ 탱크 본체를 절개하여 탱크를 보수하는 경우

해설 이동탱크저장소에서 변경허가를 받아야 하는 경우 [시행규칙 별표1의2]
⑦ 상치장소의 위치를 이전하는 경우(같은 사업장 안에서 이전하는 경우는 제외한다.)
㉯ 이동저장탱크를 보수(탱크본체를 절개하는 경우에 한한다.)하는 경우
㉰ 이동저장탱크의 노즐 또는 맨홀을 신설하는 경우(노즐 또는 맨홀의 직경이 250mm를 초과하는 경우에 한한다.)
㉱ 이동저장탱크의 내용적을 변경하기 위하여 구조를 변경하는 경우
㉲ 주입설비를 설치 또는 철거하는 경우
㉳ 펌프설비를 신설하는 경우

11. 유류화재의 급수 표시와 표시 색상으로 옳은 것은?

① A급, 백색
② B급, 황색
③ A급, 황색
④ B급, 백색

해설 화재의 분류 및 표시 색상

구분	화재 종류	표시 색상
A급 화재	일반 화재	백색
B급 화재	유류, 가스 화재	황색
C급 화재	전기 화재	청색
D급 화재	금속 화재	–

12. 과산화리튬의 화재 현장에서 주수소화가 불가능한 이유는?

① 수소가 발생하기 때문에
② 산소가 발생하기 때문에
③ 이산화탄소가 발생하기 때문에
④ 일산화탄소가 발생하기 때문에

해설 과산화리튬(Li_2O_2) : 제1류 위험물 중 무기과산화물로 물과 반응하여 많은 열과 함께 산소(O_2)를 발생하므로 화재 현장에서 주수소화가 불가능하기 때문에 건조사를 이용한다.
$$2Li_2O_2 + 2H_2O \rightarrow 4LiOH + O_2 \uparrow$$

13. 위험물 제조소등에 옥외소화전을 6개 설치할 경우 수원의 수량은 몇 m³ 이상이어야 하는가?

① 48m³ 이상
② 54m³ 이상
③ 60m³ 이상
④ 81m³ 이상

해설 ⑦ 옥외소화전설비 설치기준 [시행규칙 별표17] : 수원의 수량은 옥외소화전의 설치개수(설치개수가 4개 이상인 경우는 4개)에 13.5m³를 곱한 양 이상이 되도록 설치할 것
㉯ 수원의 수량 계산
∴ 수원의 수량 = 4×13.5 = 54m³ 이상

14. 분말 소화약제의 분류가 옳게 연결된 것은?

① 제1종 분말약제 : $KHCO_3$
② 제2종 분말약제 : $KHCO_3 + (NH_2)_2CO$
③ 제3종 분말약제 : $NH_4H_2PO_4$
④ 제4종 분말약제 : $NaHCO_3$

해설 분말 소화약제의 주성분 및 적응화재

종류	주성분	적응화재	착색
제1종 분말	탄산수소나트륨 ($NaHCO_3$)	B.C	백색
제2종 분말	탄산수소칼륨 ($KHCO_3$)	B.C	자색 (보라색)
제3종 분말	제1인산암모늄 ($NH_4H_2PO_4$)	A.B.C	담홍색
제4종 분말	탄산수소칼륨+요소 [$KHCO_3 + (NH_2)_2CO$]	B.C	회색

㊟ 제2종 분말 소화약제의 착색 상태를 '담회색'으로 표현하는 경우도 있음

15. 마른모래(삽 1개 포함) 50리터의 소화능력단위는?

① 0.1
② 0.5
③ 1
④ 1.5

해설 소화설비의 능력단위 [시행규칙 별표17]

소화설비 종류	용량	능력단위
소화전용 물통	8L	0.3
수조 (소화전용 물통 3개 포함)	80L	1.5
수조 (소화전용 물통 6개 포함)	190L	2.5
마른모래(삽 1개 포함)	50L	0.5
팽창질석 또는 팽창진주암(삽 1개 포함)	160L	1.0

16. 다음 그림은 포 소화설비의 소화약제 혼합장치이다. 이 혼합방식의 명칭은?

① 라인 프로포셔너
② 펌프 프로포셔너
③ 프레셔 프로포셔너
④ 프레셔사이드 프로포셔너

해설 프레셔 프로포셔너(pressure proportioner) 방식 : 펌프와 발포기의 중간에 설치된 벤투리관의 벤투리 작용과 펌프 가압수의 포 소화약제 저장탱크에 대한 압력에 따라 포 소화약제를 흡입·혼합하는 방식이다.

17. 황의 화재예방 및 소화방법에 대한 설명 중 틀린 것은?

① 산화제와 혼합하여 저장한다.
② 정전기가 축적되는 것을 방지한다.
③ 화재 시 분무 주수하여 소화할 수 있다.
④ 화재 시 유독가스가 발생하므로 보호장구를 착용하고 소화한다.

해설 황(S)의 화재예방 및 소화방법
㉮ 제2류 위험물인 황(S : 유황)은 가연성 고체로 환원성 성질을 가지므로 산화성 물질과의 접촉 및 혼합을 피해야 한다.
㉯ 열 및 전기의 불량도체이므로 정전기 발생에 유의하여야 한다.
㉰ 황가루가 공기 중에 떠 있을 때는 분진 폭발의 위험성이 있다.
㉱ 화재 시 유독한 아황산가스(SO_2)를 발생하므로 보호장구를 착용하고 소화한다.
㉲ 물이나 이산화탄소와 반응하지 않으므로 화재 시 분무주수나 이산화탄소를 사용하여 소화할 수 있다.

18. 건축물의 1층 및 2층 부분만을 방사능력범위로 하고, 지하층 및 3층 이상의 층에 대하여 다른 소화설비를 설치해야 하는 소화설비는?

① 스프링클러설비　② 포 소화설비
③ 옥외소화전설비　④ 물분무 소화설비

해설 옥외소화전설비 설치기준 [시행규칙 별표17] : 옥외소화전은 방호대상물이 건축물인 경우 1층 및 2층 부분에 한한다.

19. 산화열에 의해 자연발화가 발생할 위험이 높은 것은?

① 건성유　　　② 니트로셀룰로오스
③ 퇴비　　　　④ 목탄

해설 자연발화의 형태
㉮ 분해열에 의한 발열 : 과산화수소, 염소산칼륨, 셀룰로이드류 등
㉯ 산화열에 의한 발열 : 건성유, 원면, 고무분말 등
㉰ 중합열에 의한 발열 : 시안화수소, 산화에틸렌, 염화비닐 등
㉱ 흡착열에 의한 발열 : 활성탄, 목탄 분말 등
㉲ 미생물에 의한 발열 : 먼지, 퇴비 등

20. 옥내에서 지정수량 100배 이상을 취급하는 일반취급소에 설치하여야 하는 경보설비는?

2010

(단, 고인화점 위험물만을 취급하는 경우는 제외한다.)

① 비상경보설비
② 자동화재 탐지설비
③ 비상방송설비
④ 비상벨설비 및 확성장치

해설 자동화재 탐지설비 설치 대상 [시행규칙 별표17]

㉮ 제조소 및 <u>일반취급소</u>
  ㉠ 연면적 500m^2 이상인 것
  ㉡ <u>옥내에서 지정수량의 100배 이상을 취급</u>하는 것

㉯ 옥내저장소
  ㉠ 지정수량의 100배 이상을 저장 또는 취급하는 것
  ㉡ 저장창고의 연면적이 150m^{2}를 초과하는 것
  ㉢ 처마높이가 6m 이상인 단층건물의 것
  ㉣ 옥내저장소로 사용되는 부분 외의 부분이 있는 건축물에 설치된 옥내저장소

㉰ 옥내탱크저장소 : 단층 건물 외의 건축물에 설치된 옥내탱크저장소로서 소화난이도등급 I 에 해당하는 곳

㉱ 주유취급소 : 옥내주유취급소

21. 트리니트로톨루엔에 관한 설명으로 옳은 것은?

① 불연성이지만 조연성 물질이다.
② 폭약류의 폭약을 비교할 때 기준 폭약으로 활용된다.
③ 인화점이 30℃보다 높으므로 여름철에 주의해야 한다.
④ 분해연소하면서 다량의 고체를 발생한다.

해설 트리니트로톨루엔($C_6H_2CH_3(NO_2)_3$: TNT)의 특징

㉮ 제5류 위험물 중 니트로 화합물로 지정수량 200kg이다.
㉯ 담황색의 주상결정으로 햇빛을 받으면 다갈색으로 변한다.
㉰ 물에는 녹지 않으나 알코올, 벤젠, 에테르,

아세톤에는 잘 녹는다.
㉱ 충격감도는 피크린산보다 약간 둔하지만 급격한 타격을 주면 폭발한다.
㉲ 3개의 이성질체($\alpha-$, $\beta-$, $\gamma-$)가 있으며 폭발력이 크고, 피해범위도 넓고, 위험성이 크므로 세심한 주의가 요구된다.
㉳ 폭약류의 폭약을 비교할 때 기준 폭약으로 활용된다.
㉴ 분해하면 일산화탄소(CO), 질소(N_2), 수소(H_2) 등이 발생한다.
  $2C_6H_2CH_3(NO_2)_3 \rightarrow 12CO\uparrow +3N_2\uparrow +5H_2\uparrow +2C$
㉵ 비중 1.8, 융점 81℃, 비점 240℃, 발화점 300℃이다.

22. 니트로셀룰로오스에 관한 설명으로 옳은 것은?

① 섬유소를 진한 염산과 석유의 혼합액으로 처리하여 제조한다.
② 직사광선 및 산의 존재 하에 자연발화의 위험이 있다.
③ 습윤 상태로 보관하면 매우 위험하다.
④ 황갈색의 액체 상태이다.

해설 니트로셀룰로오스[$C_{24}H_{29}O_9(ONO_2)_n$]의 특징

㉮ 제5류 위험물 중 질산에스테르류에 해당되며, 지정수량은 10kg이다.
㉯ 천연 셀룰로오스에 진한 질산과 진한 황산을 작용시켜 제조한다.
㉰ 맛과 냄새가 없고 초산에틸, 초산아밀, 아세톤, 에테르 등에는 용해하나 물에는 녹지 않는다.
㉱ 햇빛, 산, 알칼리에 의해 분해, 자연 발화한다.
㉲ 질화도가 클수록 폭발의 위험성이 증가하며 폭약의 원료로 사용한다.
㉳ 건조한 상태에서는 발화의 위험이 있고, 물과 혼합할수록 위험성이 감소하므로 저장 및 수송할 때에는 함수알코올(물+알코올)을 습윤시킨다.

23. 아세톤의 완전 연소반응식에서 (　　) 안에 알맞은 계수를 차례대로 옳게 나타낸 것은?

$$CH_3COCH_3 + (\quad)O_2 \rightarrow (\quad)CO_2 + 3H_2O$$

① 3, 4 　　　　② 4, 3
③ 6, 3 　　　　④ 3, 6

[해설] ㉮ 탄화수소의 완전 연소반응식

$$C_mH_n + \left(m + \frac{n}{4}\right)O_2 \rightarrow m\,CO_2 + \frac{n}{2}\,H_2O$$

㉯ 산소(O_2) 몰(mol)수 계산 : 아세톤의 분자식에서 탄소 원자 수는 3개, 수소 원자 수는 6개이다. 그러므로 산소의 몰수는 $\left(3 + \frac{6}{4}\right) = 4.5$ 인데 아세톤에 산소 원자가 1개 있으므로 필요로 하는 산소 분자(O_2)에서 산소원자 0.5를 제외하면 필요로 하는 산소 몰수는 4가 된다. (또는 아세톤이 완전 연소 후 생성되는 물질에서 산소 원자의 수는 이산화탄소에서 6개, 수증기에서 3개이므로 합은 9개이다. 그러므로 필요로 하는 산소 원자 수는 9개 되지만 아세톤에 산소 원자가 1개 있으므로 이것을 제외하면 8개가 되며 산소 몰(mol)수는 4가 된다.)
㉰ 이산화탄소(CO_2) 몰수 계산 : 이산화탄소의 몰수는 탄소의 수와 같으므로 3이 된다.
㉱ 아세톤의 완전 연소반응식
$$CH_3COCH_3 + 4O_2 \rightarrow 3CO_2 + 3H_2O$$

24. 제1류 위험물을 취급할 때 주의사항으로서 틀린 것은?

① 환기가 잘 되는 서늘한 곳에 저장한다.
② 가열, 충격, 마찰을 피한다.
③ 가연물과 접촉을 피한다.
④ 밀폐용기는 위험하므로 개방용기를 사용해야 한다.

[해설] 제1류 위험물(산화성 고체)의 저장 및 취급 방법
㉮ 재해 발생의 위험이 있는 가열, 충격, 마찰 등을 피한다.
㉯ 조해성인 것은 습기에 주의하며, 용기는 밀폐하여 저장한다.
㉰ 분해를 촉진하는 물품의 접근을 피하고, 환기가 잘 되고 서늘한 곳에 저장한다.

㉱ 가연물이나 다른 약품과의 접촉 및 혼합을 피한다.
㉲ 용기의 파손 및 위험물의 누설에 주의한다.

25. 유황 500kg, 인화성고체 1000kg을 저장하려 한다. 각각의 지정수량 배수의 합은 얼마인가?

① 3배　　② 4배　　③ 5배　　④ 6배

[해설] 제2류 위험물 지정수량
㉮ 유황 : 100kg
㉯ 고형알코올(인화성 고체) : 1000kg
㉰ 지정수량 배수의 합 계산 : 지정수량 배수의 합은 각 위험물량을 지정수량으로 나눈 값의 합이다.
∴ 지정수량 배수의 합
$$= \frac{A\,위험물량}{지정수량} + \frac{B\,위험물량}{지정수량}$$
$$= \frac{500}{100} + \frac{1000}{1000} = 6배$$

26. 위험물의 유별 구분이 나머지 셋과 다른 하나는?

① 황린　　　　② 금속분
③ 황화인　　　④ 마그네슘

[해설] 각 위험물의 유별 구분

품명	유별
황린	제3류 위험물
금속분	제2류 위험물
황화인	제2류 위험물
마그네슘	제2류 위험물

27. 인화성액체 위험물을 저장 또는 취급하는 옥외탱크저장소의 방유제 내에 용량 10만 L와 5만 L인 옥외저장탱크 2기를 설치하는 경우에 확보하여야 하는 방유제의 용량은?

① 5만 L 이상　　　② 8만 L 이상
③ 10만 L 이상　　④ 11만 L 이상

[정답]　24. ④　　25. ④　　26. ①　　27. ④

해설 옥외탱크저장소 방유제 용량 기준 [시행규칙 별표6]

㉮ 탱크가 하나인 경우 : 탱크 용량의 110% 이상

㉯ 2기 이상인 경우 : 탱크 중 용량이 최대인 것의 110% 이상

∴ 방유제 용량=100000×1.1=110000L 이상

28. 내용적이 20000L인 옥내저장탱크에 대하여 저장 또는 취급의 허가를 받을 수 있는 최대용량은? (단, 원칙적인 경우에 한한다.)

① 18000L   ② 19000L

③ 19400L   ④ 20000L

해설 ㉮ 탱크 용적의 산정기준 [시행규칙 제5조] : 위험물을 저장 또는 취급하는 탱크의 용량은 해당 탱크의 내용적에서 공간용적을 뺀 용적으로 한다.

㉯ 탱크의 공간용적 [세부기준 제25조] : 탱크의 공간용적은 탱크의 내용적의 $\frac{5}{100}$ 이상 $\frac{10}{100}$ 이하의 용적으로 한다.

㉰ 탱크의 최대 용량 계산 : 공간용적을 최소로 하여야 위험물을 허가 받을 수 있는 최대 용량이 된다.

∴ 탱크 최대 용량=탱크 내용적-공간용적

$$=탱크\ 내용적-\left(탱크\ 내용적\times\frac{5}{100}\right)$$

$$=20000-\left(20000\times\frac{5}{100}\right)=19000\ L$$

29. 제2류 위험물의 화재예방 및 진압대책으로 적합하지 않은 것은?

① 강산화제와 혼합을 피한다.

② 적린과 유황은 물에 의한 냉각소화가 가능하다.

③ 금속분은 산과의 접촉을 피한다.

④ 인화성고체를 제외한 위험물제조소에는 "화기엄금" 주의사항 게시판을 설치한다.

해설 제2류 위험물 제조소의 주의사항 게시판

㉮ 인화성 고체 : 화기엄금

㉯ 인화성 고체를 제외한 것 : 화기주의

30. 공기 중에서 산화되어 액 표면에 피막을 만드는 경향이 가장 큰 것은?

① 올리브유   ② 낙화생유

③ 야자유   ④ 동유

해설 ㉮ 요오드값에 따른 동식물유류의 분류 및 종류

구분	요오드값	종류
건성유	130 이상	들기름, 아마인유, 해바라기유, 동유
반건성유	100~130 미만	목화씨유, 참기름, 채종유
불건성유	100 미만	땅콩기름(낙화생유), 올리브유, 피마자유, 야자유, 동백유

㉯ 요오드값에 따른 특징

㉠ 건성유 : 요오드값이 120 이상인 것으로 이중결합이 많아 불포화도가 높기 때문에 공기 중에서 산화되어 액표면에 피막을 만드는 기름이다.

㉡ 반건성유 : 요오드값이 100 이상 130 미만인 것으로 공기 중에서 건성유보다 얇은 피막을 만드는 기름이다.

㉢ 불건성유 : 요오드값이 100 미만인 것으로 공기 중에서 피막을 만들지 않는 안정된 기름이다.

31. 제5류 위험물에 관한 내용으로 틀린 것은?

① $C_2H_5ONO_2$: 상온에서 액체이다.

② $C_6H_2OH(NO_2)_3$: 공기 중 자연분해가 매우 잘 된다.

③ $C_6H_3(NO_2)_2CH_3$: 담황색의 결정이다.

④ $C_3H_5(ONO_2)_3$: 혼산 중에 글리세린을 반응시켜 제조한다.

해설 제5류 위험물 중 각 품명의 성질

㉮ 질산에틸($C_2H_5ONO_2$) : 녹는점 -112℃로 상온에서 액체이며 물에 녹는다.

㉯ 피크린산($C_6H_2OH(NO_2)_3$) : 강한 쓴맛과 독성이 있으며 단독으로는 타격, 마찰에 둔감하며 공기 중에서 자연분해가 되지 않고, 중금속

(Fe, Cu, Pb)과 반응하여 피크린산염을 생성한다.

㉰ 디니트로톨루엔($C_6H_3(NO_2)_2CH_3$) : 니트로화합물로 물, 알코올, 에테르에 약간 녹는 담황색의 결정이다.

㉱ 니트로글리세린($C_3H_5(ONO_2)_3$) : 폭발성이 있는 무색, 투명한 기름 모양의 액체로 글리세린을 반응시켜 제조하며, 규조토에 흡수시켜 다이너마이트를 제조할 때 사용한다.

32. 알루미늄분의 성질에 대한 설명 중 틀린 것은?

① 염산과 반응하여 수소를 발생한다.
② 끓는 물과 반응하면 수소화알루미늄이 생성된다.
③ 산화제와 혼합시키면 착화의 위험이 있다.
④ 은백색의 광택이 있고 물보다 무거운 금속이다.

해설 알루미늄의 위험성

㉮ 제2류 위험물 중 금속분에 해당되며 지정수량은 500kg이다.
㉯ 산화제와 혼합 시 가열, 충격, 마찰에 의하여 착화한다.
㉰ 할로겐원소와 접촉하면 자연발화의 위험성이 있다.
㉱ 발화(연소)하면 많은 열이 발생한다.
㉲ 산, 알칼리, 물과 반응하여 가연성 가스인 수소를 발생한다.

참고 물(뜨거운 물)과 반응하면 수소(H_2)와 수산화알루미늄[$Al(OH)_3$]이 발생한다.

$$2Al+6H_2O \longrightarrow 2Al(OH)_3+3H_2\uparrow$$

33. 위험물을 저장할 때 필요한 보호물질을 옳게 연결한 것은?

① 황린 – 석유
② 금속칼륨 – 에탄올
③ 이황화탄소 – 물
④ 금속나트륨 – 산소

해설 위험물과 보호액

품명	유별	보호액
이황화탄소(CS_2)	제4류	물
황린(P_4)	제3류	물
칼륨(K), 나트륨(Na)	제3류	등유, 경유, 유동파라핀
니트로셀룰로오스	제5류	물 20%, 알코올 30%로 습윤시킴

34. 지정수량 10배의 위험물을 운반할 경우 제5류 위험물과 혼재 가능한 위험물에 해당하는 것은?

① 제1류 위험물
② 제2류 위험물
③ 제3류 위험물
④ 제6류 위험물

해설 위험물 운반할 때 혼재 기준 [시행규칙 별표 19, 부표2]

구분	제1류	제2류	제3류	제4류	제5류	제6류
제1류		×	×	×	×	○
제2류	×		×	○	○	×
제3류	×	×		○	×	×
제4류	×	○	○		○	×
제5류	×	○	×	○		×
제6류	○	×	×	×	×	

○ : 혼합 가능, × : 혼합 불가능

35. 제5류 위험물 중 지정수량이 잘못된 것은?

① 유기과산화물 : 10kg
② 히드록실아민 : 100kg
③ 질산에스테르류 : 100kg
④ 니트로화합물 : 200kg

해설 제5류 위험물 지정수량

품명	지정수량
유기과산화물	10kg
히드록실아민	100kg
질산에스테르류	10kg
니트로화합물	200kg

정답 32. ② 33. ③ 34. ② 35. ③

36. 소화설비의 설치기준으로 옳은 것은?

① 제4류 위험물을 저장 또는 취급하는 소화난이도등급 Ⅰ인 옥외탱크저장소에는 대형수동식소화기 및 소형수동식소화기 등을 각각 1개 이상 설치할 것

② 소화난이도등급 Ⅱ인 옥내탱크저장소는 소형수동식소화기 등을 2개 이상 설치할 것

③ 소화난이도등급 Ⅲ인 지하탱크저장소는 능력단위의 수치가 2 이상인 소형수동식소화기 등을 2개 이상 설치할 것

④ 제조소등에 전기설비(전기배선, 조명기구 등은 제외한다.)가 설치된 경우에는 당해 장소의 면적 100m²마다 소형수동식소화기를 1개 이상 설치할 것

해설 각 항목의 옳은 설명

① 제4류 위험물을 저장 또는 취급하는 소화난이도등급 Ⅰ인 옥외탱크저장소에는 소형수동식소화기등을 2개 이상 설치할 것

② 소화난이도등급 Ⅱ인 옥내탱크저장소는 대형수동식소화기 및 소형수동식소화기 등을 각각 1개 이상 설치할 것

③ 소화난이도등급 Ⅲ인 지하탱크저장소는 능력단위의 수치가 3 이상인 소형수동식소화기등을 2개 이상 설치할 것

37. 유별이 다른 위험물을 동일한 옥내저장소의 동일한 실에 같이 저장하는 경우에 대한 설명으로 틀린 것은?

① 제1류 위험물과 황린은 동일한 옥내저장소에 저장할 수 있다.

② 제1류 위험물과 제6류 위험물은 동일한 옥내저장소에 저장할 수 있다.

③ 제1류 위험물 중 알칼리금속의 과산화물과 제5류 위험물은 동일한 옥내저장소에 저장할 수 있다.

④ 유별을 달리하는 위험물을 유별로 모아서 저장하는 한편 상호간에 1m 이상의 간격을 두어야 한다.

해설 유별을 달리하는 위험물의 동일한 저장소에 저장 기준 [시행규칙 별표18]

㉮ 유별을 달리하는 위험물은 동일한 저장소에 저장하지 아니하여야 한다.

㉯ 동일한 저장소에 저장할 수 있는 경우 : 옥내저장소 또는 옥외저장소에 위험물을 유별로 정리하여 저장하고, 서로 1m 이상의 간격을 두는 경우

㉠ 제1류 위험물(알칼리금속의 과산화물 또는 이를 함유한 것 제외)과 제5류 위험물

㉡ 제1류 위험물과 제6류 위험물

㉢ 제1류 위험물과 제3류 위험물 중 자연발화성물질(황린 또는 이를 함유한 것에 한한다.)

㉣ 제2류 위험물 중 인화성고체와 제4류 위험물

㉤ 제3류 위험물 중 알킬알루미늄등과 제4류 위험물(알킬알루미늄 또는 알킬리튬을 함유한 것에 한한다.)

㉥ 제4류 위험물 중 유기과산화물 또는 이를 함유한 것과 제5류 위험물 중 유기과산화물 또는 이를 함유한 것

38. 가연성고체에 해당하는 물품으로써 위험등급 Ⅱ에 해당하는 것은?

① P_4S_3, P
② Mg, $(CH_3CHO)_4$
③ P_4, AlP
④ NaH, Zr

해설 가연성고체(제2류 위험물) 위험등급 분류 [시행규칙 별표19]

㉮ 위험등급 Ⅰ : 해당되는 품명이 없음

㉯ 위험등급 Ⅱ : 황화인, 적린, 유황 그 밖에 지정수량이 100kg인 위험물

㉰ 위험등급 Ⅲ : 위험등급 Ⅰ, Ⅱ 외의 것으로 지정수량 500kg인 철분, 금속분, 마그네슘 및 지정수량 1000kg인 인화성고체

39. 다음 중 인화점이 가장 높은 물질은?

① 이황화탄소
② 디에틸에테르
③ 아세트알데히드
④ 산화프로필렌

해설 제4류 위험물 중 특수인화물의 인화점

품명	인화점
이황화탄소(CS_2)	$-30℃$
디에틸에테르($C_2H_5OC_2H_5$)	$-45℃$
아세트알데히드(CH_3CHO)	$-39℃$
산화프로필렌(CH_3CHOCH_2)	$-37℃$

참고 제4류 위험물 중 인화점이 가장 낮은 것은 디에틸에테르($C_2H_5OC_2H_5$)이다.

40. 마그네슘과 혼합하였을 때 발화의 위험이 있기 때문에 접촉을 피해야 하는 것은?

① 건조사
② 팽창질석
③ 팽창진주암
④ 염소 가스

해설 마그네슘(Mg)은 제2류 위험물 가연성고체이고, 염소(Cl_2) 가스는 할로겐족원소로 조연성 성질을 갖고 있으므로 혼합하였을 때 발화의 위험이 있다.

41. 페놀프탈레인 용액이 몇 방울 섞인 물속에 금속나트륨을 넣었다. 이때 일어나는 현상을 잘못 설명한 것은?

① 물이 붉은 색으로 변한다.
② 물이 산성으로 변하게 된다.
③ 물과 반응하여 수소를 발생한다.
④ 물과 격렬하게 반응하면서 발열한다.

해설 ㉮ 지시약 종류에 따른 반응색

구분	산성	중성	염기성
리트머스지	푸른색 → 붉은색	변화 무	붉은색 → 푸른색
페놀프탈레인 용액	무색	무색	붉은색
메틸 오렌지 용액	붉은색	노란색	노란색
BTB 용액	노란색	초록색	파란색

㉯ 금속나트륨(Na)은 염기성 성질이므로 물이 붉은색으로 변하고, 물과 격렬히 반응하면서 발열과 함께 수소를 발생한다.

42. 제3류 위험물에 해당하는 것은?

① 염소화규소화합물
② 금속의 아지화합물
③ 질산구아니딘
④ 할로겐화합물

해설 각 위험물의 유별 구분

품명	유별
염소화규소화합물	제3류 그 밖에 행정안전부령으로 정하는 것
금속의 아지화합물 질산구아니딘	제5류 그 밖에 행정안전부령으로 정하는 것
할로겐화합물	제6류 그 밖에 행정안전부령으로 정하는 것

43. 위험물을 운반용기에 수납하여 적재할 때 차광성이 있는 피복으로 가려야 하는 위험물이 아닌 것은?

① 제1류 위험물
② 제2류 위험물
③ 제5류 위험물
④ 제6류 위험물

해설 적재하는 위험물의 성질에 따른 조치 [시행규칙 별표19]
㉮ 차광성이 있는 피복으로 가려야 하는 위험물 : 제1류 위험물, 제3류 위험물 중 자연발화성 물질, 제4류 위험물 중 특수인화물, 제5류 위험물, 제6류 위험물
㉯ 방수성이 있는 피복으로 덮는 위험물 : 제1류 위험물 중 알칼리금속의 과산화물, 제2류 위험물 중 철분·금속분·마그네슘, 제3류 위험물 중 금수성 물질
㉰ 보랭 컨테이너에 수납하는 위험물 : 제5류 위험물 중 55℃ 이하에서 분해될 우려가 있는 것

44. 위험물 안전관리법령에서 정하는 위험물이 아닌 것은? (단, 지정수량은 고려하지 않는다.)

① CCl_4
② BrF_3
③ BrF_5
④ IF_5

40. ④ **41.** ② **42.** ① **43.** ② **44.** ①

해설 ㉮ 제6류 위험물(산화성 액체) 중 그 밖에 행정안전부령으로 정하는 것인 할로겐화합물의 종류 : 오불화요오드(IF_5), 오불화브롬(BrF_5), 삼불화브롬(BrF_3)
ㄴ 사염화탄소(CCl_4)는 위험물에 해당되지 않는다.

45. 탄화칼슘의 성질에 대하여 옳게 설명한 것은?

① 공기 중에서 아르곤과 반응하여 불연성 기체를 발생한다.
② 공기 중에서 질소와 반응하여 유독한 기체를 낸다.
③ 물과 반응하면 탄소가 생성된다.
④ 물과 반응하여 아세틸렌가스가 생성된다.

해설 탄화칼슘(CaC_2)
㉮ 제3류 위험물 중 칼슘 또는 알루미늄의 탄화물로 지정수량은 300kg이다.
ㄴ 탄화칼슘(CaC_2)이 물(H_2O)과 반응하면 가연성인 아세틸렌(C_2H_2)가스가 발생한다.
ㄷ 반응식 : $CaC_2+2H_2O \rightarrow Ca(OH)_2+C_2H_2$

46. 품명과 위험물의 연결이 틀린 것은?

① 제1석유류 – 아세톤
② 제2석유류 – 등유
③ 제3석유류 – 경유
④ 제4석유류 – 기어유

해설 제4류 위험물 품명에 따른 분류
㉮ 특수인화물 : 디에틸에테르($C_2H_5OC_2H_5$: 에테르), 이황화탄소(CS_2), 아세트알데히드(CH_3CHO), 산화프로필렌(CH_3CHOCH_2), 디에틸설파이드(황화디메틸) 등
ㄴ 제1석유류 : 아세톤(CH_3COCH_3 : 디메틸케톤), 가솔린(C_5H_{12}~C_9H_{20} : 휘발유), 벤젠(C_6H_6 : 벤졸), 톨루엔($C_6H_5CH_3$: 메틸벤젠), 크실렌[$C_6H_4(CH_3)_2$: 디메틸벤젠], 초산에스테르류, 의산(개미산) 에스테르류, 메틸에틸케톤($CH_3COC_2H_5$), 피리딘(C_5H_5N) 등
ㄷ 알코올류 : 메틸알코올(CH_3OH : 메탄올), 에

틸알코올(C_2H_5OH : 에탄올), 이소프로필알코올, 변성알코올
㉹ 제2석유류 : 등유, 경유, 의산(포름산), 초산, 테레핀유, 장뇌유, 스티렌, 송근유, 에틸셀르솔브(에틸글리콜), 메틸셀르솔브(메틸글리콜), 클로로벤젠
㉺ 제3석유류 : 중유, 클레오소트유, 에틸렌글리콜, 글리세린, 니트로벤젠, 아닐린, 담금질유
㉻ 제4석유류 : 기어유, 실린더유, 방청유, 절삭유
㉼ 동식물유류 : 들기름, 아마인유, 참기름, 목화씨유, 올리브유, 피마자유 등

참고 경유는 제2석유류에 해당된다.

47. 제5류 위험물에 해당하지 않는 것은?

① 염산히드라진 ② 니트로글리세린
③ 니트로벤젠 ④ 니트로셀룰로오스

해설 각 위험물의 유별 구분

품명		유별
염산히드라진	히드라진유도체	제5류
니트로글리세린	질산에스테르류	제5류
니트로벤젠	제3석유류	제4류
니트로셀룰로오스	질산에스테르류	제5류

48. NH_4ClO_4에 대한 설명 중 틀린 것은?

① 가연성물질과 혼합하면 위험하다.
② 폭약이나 성냥 원료로 사용된다.
③ 에테르에 잘 녹으나 아세톤, 알코올에는 녹지 않는다.
④ 비중이 약 1.87이고, 분해온도가 약 130℃ 정도이다.

해설 과염소산암모늄(NH_4ClO_4)의 특징 및 위험성
㉮ 제1류 위험물 중 과염소산염류로 지정수량은 50kg이다.
ㄴ 무색, 무취의 결정으로 물, 알코올, 아세톤에는 용해되나 에테르에는 녹지 않는다.
ㄷ 강한 충격이나 마찰, 급격히 가열하면 폭발의 위험이 있다.

�[라] 강산과 접촉하거나 가연성 물질 또는 산화성 물질과 혼합하면 폭발 위험이 있다.
㉑[마] 상온에서 비교적 안정하나 130℃에서 분해하기 시작하여 300℃ 부근에서 급격히 분해하여 폭발한다.
㉑[바] 비중 1.87, 분해온도 130℃이다.

49. 질산에스테르류에 속하지 않는 것은?

① 니트로셀룰로오스
② 질산에틸
③ 니트로글리세린
④ 디니트로페놀

해설 제5류 위험물 중 질산에스테르류의 종류
㉐ 니트로셀룰로오스($[C_6H_7O_2(ONO_2)_3]_n$)
㉑[나] 질산에틸($C_2H_5ONO_2$)
㉑[다] 질산메틸(CH_3ONO_2)
㉑[라] 니트로글리세린[$C_3H_5(ONO_2)_3$]
㉑[마] 니트로글리콜[$C_2H_4(ONO_2)_2$]
㉑[바] 셀룰로이드류

50. 위험물 운송에 관한 규정으로 틀린 것은 어느 것인가?

① 이동탱크저장소에 의하여 위험물을 운송하는 자는 당해 위험물을 취급할 수 있는 국가기술자격자 또는 안전교육을 받은 자이어야 한다.
② 안전관리자, 탱크시험자, 위험물운송자 등 위험물의 안전관리와 관련된 업무를 수행하는 자는 시·도지사가 실시하는 안전교육을 받아야 한다.
③ 운송책임자의 범위, 감독 또는 지원의 방법 등에 관한 구체적인 기준은 행정안전부령으로 정한다.
④ 위험물운송자는 이동탱크 저장소에 의하여 위험물을 운송하는 때에는 행정안전부령으로 정하는 기준을 준수하는 등 당해 위험물의 안전 확보를 위해 세심한 주의를 기울여야 한다.

해설 안전교육 [법 제28조]
㉐ 안전관리자·탱크시험자위험물운송자 등 위험물의 안전관리와 관련된 업무를 수행하는 자는 해당 업무에 관한 능력의 습득 또는 향상을 위하여 소방청장이 실시하는 교육을 받아야 한다.
㉑[나] 법 30조 및 시행령 제22조에 의하여 소방청장은 안전관리자 및 위험물운송자의 안전교육을 한국소방안전원에, 탱크시험자의 안전교육을 한국소방산업기술원에 위탁하여 실시한다.

51. 질산암모늄의 위험성에 대한 설명에 해당하는 것은?

① 폭발기와 산화기가 결합되어 있어 100℃에서 분해 폭발한다.
② 인화성액체로 정전기에 주의하여야 한다.
③ 400℃에서 분해하기 시작하여 540℃에서 급격히 분해 폭발할 위험성이 있다.
④ 단독으로도 급격한 가열, 충격으로 분해하여 폭발의 위험이 있다.

해설 질산암모늄(NH_4NO_3)의 특징
㉐ 제1류 위험물(산화성 고체) 중 질산염류에 해당되며 지정수량은 300kg이다.
㉑[나] 무취의 백색 결정 고체로 물, 알코올, 알칼리에 잘 녹는다.
㉑[다] 조해성이 있으며 물에 녹을 때는 흡열반응을 나타낸다.
㉑[라] 220℃에서 분해되어 아산화질소(N_2O)와 수증기(H_2O)를 발생하며, 급격한 가열이나 충격을 주면 단독으로 분해·폭발한다.
㉑[마] 가연물, 유기물을 섞거나 가열, 충격, 마찰을 주면 폭발한다.
㉑[바] 경유 6%, 질산암모늄 94%를 혼합한 것은 안투폭약이라 하며, 공업용 폭약이 된다.
㉑[사] 화재 시 소화방법으로는 주수소화가 적합하다.

52. 휘발유에 대한 설명으로 틀린 것은?

① 위험등급은 Ⅰ등급이다.

② 증기는 공기보다 무거워 낮은 곳에 체류하기 쉽다.

③ 내장용기가 없는 외장플라스틱용기에 적재할 수 있는 최대용적은 20L이다.

④ 이동탱크저장소로 운송하는 경우 위험물 운송자는 위험물 안전카드를 휴대하여야 한다.

해설 제4류 위험물 중 제1석유류인 휘발유는 비수용성으로 지정수량 200L이며, 위험등급은 Ⅱ 등급이다.

53. 이황화탄소 기체는 수소 기체보다 20℃, 1기압에서 몇 배 더 무거운가?

① 11 ② 22 ③ 32 ④ 38

해설 기체의 경우 무거운지, 가벼운지 비교는 기체 비중으로 비교하면 되고, 기체 비중은 분자량을 공기의 평균분자량으로 나눈 값이다. 그러므로 이황화탄소와 수소의 무게 비교는 분자량으로 할 수 있다.

㉮ 이황화탄소(CS_2) 분자량 계산
  $12+(32\times2)=76$

㉯ 수소(H_2) 분자량 계산 : $1\times2=2$

㉰ 무게 비교
  $$\dfrac{\text{이황화탄소 분자량}}{\text{수소 분자량}}=\dfrac{76}{2}=38\ \text{배}$$

54. 탱크안전성능검사 내용의 구분에 해당하지 않는 것은?

① 기초 · 지반검사
② 충수 · 수압시험
③ 용접부검사
④ 배관검사

해설 탱크안전성능검사의 종류 [시행령 제8조]
  ㉮ 기초 · 지반검사
  ㉯ 충수 · 수압검사
  ㉰ 용접부검사
  ㉱ 암반탱크검사

55. 금속나트륨의 일반적인 성질에 대한 설명 중

틀린 것은?

① 비중은 약 0.79이다.
② 화학적으로 활성이 크다.
③ 은백색의 가벼운 금속이다.
④ 알코올과 반응하여 질소를 발생한다.

해설 나트륨(Na)의 특징
  ㉮ 제3류 위험물로 지정수량은 10kg이다.
  ㉯ 은백색의 가벼운 금속으로 연소시키면 노란 불꽃을 내며 과산화나트륨이 된다.
  ㉰ 화학적으로 활성이 크며, 모든 비금속 원소와 잘 반응한다.
  ㉱ 상온에서 물이나 알코올 등과 격렬히 반응하여 수소(H_2)를 발생한다.
  ㉲ 산화를 방지하기 위해 등유, 경유 속에 넣어 저장한다.
  ㉳ 비중 0.97, 융점 97.7℃, 비점 880℃, 발화점 121℃이다.

56. 제4류 위험물의 옥외저장탱크에 설치하는 밸브 없는 통기관은 직경 얼마 이상인 것으로 설치해야 되는가? (단, 압력탱크는 제외한다.)

① 10mm   ② 20mm
③ 30mm   ④ 40mm

해설 옥외탱크저장소의 통기관 기준 [시행규칙 별표6] : 밸브 없는 통기관의 직경은 30mm 이상이어야 한다.

57. 제6류 위험물의 위험성에 대한 설명으로 적합하지 않은 것은?

① 질산은 햇빛에 의해 분해되어 NO_2를 발생한다.
② 과염소산은 산화력이 강하여 유기물과 접촉 시 연소 또는 폭발한다.
③ 질산은 물과 접촉하면 발열한다.
④ 과염소산은 물과 접촉하면 흡열한다.

해설 과염소산($HClO_4$)은 물과 접촉하면 심하게 반응하며 발열한다.

58. 위험물 안전관리법령상 예방규정을 정하여야 하는 제조소등의 관계인은 위험물제조소등에 대하여 기술기준에 적합한지의 여부를 정기적으로 점검을 하여야 한다. 법적 최소 점검주기에 해당하는 것은? (단, 100만 L 이상의 옥외탱크저장소는 제외한다.)

① 주 1회 이상
② 월 1회 이상
③ 6개월에 1회 이상
④ 연 1회 이상

해설 제조소등의 정기점검
㉮ 정기점검 대상[시행령 제16조]
  ㉠ 관계인이 예방규정을 정하여야 하는 제조소등
  ㉡ 지하탱크저장소
  ㉢ 이동탱크저장소
  ㉣ 위험물을 취급하는 탱크로서 지하에 매설된 탱크가 있는 제조소·주유취급소 또는 일반취급소
㉯ 정기점검 횟수[시행규칙 제64조] : 연 1회 이상

59. 시크로헥산에 관한 설명으로 가장 거리가 먼 것은?

① 고리형 분자구조를 가진 방향족 탄화수소 화합물이다.
② 화학식은 C_6H_{12} 이다.
③ 비수용성 위험물이다.
④ 제4류 제1석유류에 속한다.

해설 시클로헥산(C_6H_{12}) : 제4류 위험물 중 제1석유류에 해당되는 비수용성으로 탄소 고리모양의 분자구조를 가진 지환족 탄화수소 화합물이다. 방향족 탄화수소 화합물은 벤젠(C_6H_6)과 같이 이중결합구조를 갖는 화합물이다.

60. 제5류 위험물의 화재예방 및 진압대책에 대한 설명 중 틀린 것은?

① 벤조일퍼옥사이드의 저장 시 저장용기에 희석제를 넣으면 폭발 위험성을 낮출 수 있다.
② 건조 상태의 니트로셀룰로오스는 위험하므로 운반 시에는 물, 알코올 등으로 습윤시킨다.
③ 디니트로톨루엔은 폭발감도가 매우 민감하고 폭발력이 크므로 가열, 충격 등에 주의하여 조심스럽게 취급해야 한다.
④ 트리니트로톨루엔은 폭발 시 다량의 가스가 발생하므로 공기호흡기 등의 보호구를 착용하고 소화한다.

해설 디니트로톨루엔(DNT) : 특유의 냄새가 나는 황색의 분말형 고체로 비중 1.52, 인화점 207℃로 알코올, 에테르에는 용해하지만 물에는 녹지 않는다. 강한 산화제와 접촉하면 화재나 폭발할 수 있다.

2011년도 출제문제

2011. 2. 13 시행 (제1회)

1. 위험물 제조소등에 자동화재 탐지설비를 설치하는 경우, 당해 건축물 그 밖의 공작물의 출입구에서 그 내부의 전체를 볼 수 있는 경우에 하나의 경계구역의 면적은 최대 몇 m²까지 할 수 있는가?

① 300　　② 600　　③ 1000　　④ 1200

해설 자동화재 탐지설비 설치기준 : 시행규칙 별표17

㉮ 자동화재 탐지설비의 경계구역은 건축물 그 밖의 공작물의 2 이상의 층에 걸치지 아니하도록 할 것. 다만, 하나의 경계구역의 면적이 500m² 이하이면서 당해 경계구역이 두 개의 층에 걸치는 경우이거나 계단·경사로·승강기의 승강로 그 밖에 이와 유사한 장소에 연기감지기를 설치하는 경우에는 그러하지 아니하다.

㉯ 하나의 경계구역의 면적은 600m² 이하로 하고 그 한 변의 길이는 50m(광전식분리형 감지기를 설치할 경우에는 100m) 이하로 할 것. 다만, 당해 건축물 그 밖의 공작물의 출입구에서 그 내부의 전체를 볼 수 있는 경우에는 그 면적을 1000m² 이하로 할 수 있다.

2. [보기]에서 소화기의 사용방법을 옳게 설명한 것을 모두 나열한 것은?

[보기]
ⓐ 적응화재에만 사용할 것
ⓑ 불과 최대한 멀리 떨어져서 사용할 것
ⓒ 바람을 마주보고 풍하에서 풍상 방향으로 사용할 것
ⓓ 양옆으로 비로 쓸 듯이 골고루 사용할 것

① ⓐ, ⓑ　　　　② ⓐ, ⓒ
③ ⓐ, ⓓ　　　　④ ⓐ, ⓒ, ⓓ

해설 소화기 사용방법
㉮ 적응화재에만 사용할 것
㉯ 성능에 따라 불 가까이 접근하여 사용할 것
㉰ 바람을 등지고 풍상(風上)에서 풍하(風下)의 방향으로 소화작업을 할 것
㉱ 소화는 양옆으로 비로 쓸 듯이 골고루 방사할 것

3. 압력수조를 이용한 옥내소화전설비의 가압송수장치에서 압력수조의 최소압력(MPa)은? (단, 소방용 호스의 마찰손실 수두압은 3MPa, 배관의 마찰손실 수두압은 1MPa, 낙차의 환산수두압은 1.35MPa이다.)

① 5.35　　　　② 5.70
③ 6.00　　　　④ 6.35

해설 $P = P_1 + P_2 + P_3 + 0.35\,\text{MPa}$
$= 3 + 1 + 1.35 + 0.35 = 5.70\,\text{MPa}$

참고 옥내소화전설비 압력수조를 이용한 가압송수장치 기준 [세부기준 제129조]

㉮ 압력수조의 압력 계산식

$P = P_1 + P_2 + P_3 + 0.35\,\text{MPa}$

여기서, P : 필요한 압력(MPa)
P_1 : 소방용호스의 마찰손실수두압(MPa)
P_2 : 배관의 마찰손실수두압(MPa)
P_3 : 낙차의 환산수두압(MPa)

㉯ 압력수조의 수량은 당해 압력수조 체적의 2/3 이하일 것

㉰ 압력수조에는 압력계, 수위계, 배수관, 보급수관, 통기관 및 맨홀을 설치할 것

정답 1. ③　　2. ③　　3. ②

4. 위험물의 자연발화가 잘 일어나는 경우와 가장 거리가 먼 것은?

① 주변의 온도가 높을 것
② 습도가 높을 것
③ 표면적이 넓을 것
④ 열전도율이 클 것

해설 위험물의 자연발화가 일어날 수 있는 조건
㉮ 통풍이 안 되는 경우
㉯ 저장실의 온도가 높은 경우
㉰ 습도가 높은 상태로 유지되는 경우
㉱ 열전도율이 작아 열이 축적되는 경우
㉲ 가연성가스가 발생하는 경우
㉳ 물질의 표면적이 넓은 경우

5. 위험물 안전관리에 관한 세부기준에 따르면 이산화탄소 소화설비 저장용기는 몇 ℃ 이하인 장소에 설치하여야 하는가?

① 35℃   ② 40℃   ③ 45℃   ④ 50℃

해설 이산화탄소 소화약제 저장용기 설치장소 [세부기준 제134조]
㉮ 방호구역 외의 장소에 설치할 것
㉯ 온도가 40℃ 이하이고, 온도 변화가 적은 곳에 설치할 것
㉰ 직사광선 및 빗물이 침투할 우려가 없는 곳에 설치할 것
㉱ 방화문으로 구획된 실에 설치할 것
㉲ 용기의 설치장소에는 해당 용기가 설치된 곳임을 표시하는 표지를 할 것
㉳ 용기간의 간격은 점검에 지장이 없도록 3cm 이상의 간격을 유지할 것
㉴ 저장용기와 집합관을 연결하는 연결배관에는 체크밸브를 설치할 것

6. 할로겐화합물 소화설비가 적응성이 있는 대상물은?

① 제1류 위험물   ② 제3류 위험물
③ 제4류 위험물   ④ 제5류 위험물

해설 할로겐화합물 소화설비가 적응성이 있는

위험물 [시행규칙 별표17]
㉮ 전기설비
㉯ 제2류 위험물 중 인화성고체
㉰ 제4류 위험물

7. 위험물 안전관리법령에 따라 제조소등의 관계인이 화재예방과 재해발생 시 비상조치를 위하여 작성하는 예방규정에 관한 설명으로 틀린 것은?

① 제조소의 관계인은 해당 제조소에서 지정수량의 5배의 위험물을 취급하는 경우 예방규정을 작성하여 제출하여야 한다.
② 지정수량의 200배의 위험물을 저장하는 옥외탱크저장소의 관계인은 예방규정을 작성하여 제출하여야 한다.
③ 위험물시설의 운전 또는 조작에 관한 사항, 위험물 취급 작업의 기준에 관한 사항은 예방규정에 포함되어야 한다.
④ 제조소등의 예방규정은 산업안전보건법의 규정에 의한 안전보건관리규정과 통합하여 작성할 수 있다.

해설 예방규정을 정하여야 하는 제조소등 [시행령 제15조]
㉮ 지정수량의 10배 이상의 위험물을 취급하는 제조소
㉯ 지정수량의 100배 이상의 위험물을 저장하는 옥외저장소
㉰ 지정수량의 150배 이상의 위험물을 저장하는 옥내저장소
㉱ 지정수량의 200배 이상의 위험물을 저장하는 옥외탱크저장소
㉲ 암반탱크저장소
㉳ 이송취급소
㉴ 지정수량의 10배 이상의 위험물을 취급하는 일반취급소. 다만, 제4류 위험물(특수인화물을 제외한다)만을 지정수량의 50배 이하로 취급하는 일반취급소(제1석유류, 알코올류의 취급량이 지정수량의 10배 이하인 경우에 한한다)로서 다음 각목의 어느 하나에 해당하는 것

을 제외한다.

㉠ 보일러, 버너 또는 이와 비슷한 것으로서 위험물을 소비하는 장치로 이루어진 일반 취급소

㉡ 위험물을 용기에 옮겨 담거나 차량에 고정된 탱크에 주입하는 일반 취급소

참고 예방규정에 포함되는 사항은 시행규칙 제63조에 규정되어 있음(③항과 ④항 해당)

8. 고온층(hot zone)이 형성된 유류화재의 탱크 밑면에 물이 고여 있는 경우, 화재의 진행에 따라 바닥의 물이 급격히 증발하여 불붙은 기름을 분출시키는 위험현상을 무엇이라 하는가?

① 파이어 볼(fire ball)
② 플래시 오버(flash over)
③ 슬롭 오버(slop over)
④ 보일 오버(boil over)

해설 보일 오버(boil over) 현상 : 유류탱크 화재 시 탱크 저부의 비점이 낮은 불순물이 연소열에 의하여 이상팽창하면서 다량의 기름이 탱크 밖으로 비산하는 현상을 말한다.

9. 위험장소 중 0종 장소에 대한 설명으로 올바른 것은?

① 정상상태에서 위험 분위기가 장시간 지속적으로 존재하는 장소
② 정상상태에서 위험 분위기가 주기적 또는 간헐적으로 생성될 우려가 있는 장소
③ 이상상태 하에서 위험 분위기가 단시간 동안 생성될 우려가 있는 장소
④ 이상상태 하에서 위험 분위기가 장시간 동안 생성될 우려가 있는 장소

해설 위험장소의 분류
㉮ 0종 장소 : 정상상태에서 위험 분위기가 장시간 지속적으로 존재하는 장소
㉯ 1종 장소 : 정상상태에서 위험 분위기가 주기적 또는 간헐적으로 생성될 우려가 있는 장소

㉰ 2종 장소 : 이상상태 하에서 위험 분위기가 단시간 동안 생성될 우려가 있는 장소

10. 제5류 위험물에 대한 설명 중 틀린 것은?

① 대부분 물질 자체에 산소를 함유하고 있다.
② 대표적 성질이 자기 반응성 물질이다.
③ 가열, 충격, 마찰로 위험성이 증가하므로 주의한다.
④ 불연성이지만 가연물과 혼합은 위험하므로 주의한다.

해설 제5류 위험물의 공통적인(일반적인) 성질
㉮ 가연성 물질이며 그 자체가 산소를 함유하므로 자기연소(내부연소)를 일으키기 쉽다.
㉯ 유기물질이며 연소속도가 대단히 빨라서 폭발성이 있다.
㉰ 가열, 마찰, 충격에 의하여 인화 폭발하는 것이 많다.
㉱ 장기간 저장하면 산화반응이 일어나 열분해되어 자연 발화를 일으키는 경우도 있다.

11. 분말 소화약제 중 제1종과 제2종 분말이 각각 열분해 될 때 공통적으로 생성되는 물질은?

① N_2, CO_2
② N_2, O_2
③ H_2O, CO_2
④ H_2O, N_2

해설 ㉮ 제1종 분말 소화약제 반응식
$$2NaHCO_3 \rightarrow Na_2CO_3 + H_2O + CO_2$$
㉯ 제2종 분말 소화약제 반응식
$$2KHCO_3 \rightarrow K_2CO_3 + H_2O + CO_2$$

12. 요리용 기름의 화재 시 비누화 반응을 일으켜 질식효과와 재발화 방지효과를 나타내는 소화약제는?

① $NaHCO_3$
② $KHCO_3$
③ $BaCl_2$
④ $NH_4H_2PO_4$

해설 제1종 분말 소화약제 특징
㉮ 주성분이 탄산수소나트륨($NaHCO_3$)으로 백색으로 착색되어 있다.

㉯ 가격이 저렴하고, 소화력이 우수하다.
㉰ 유류화재와 전기화재에 사용된다.
㉱ 주방에서 식용유에 의한 화재 시 효과가 있다 (식용유 화재에 탄산수소나트륨을 방사하면 비누화 현상에 의해 거품을 생성하여 질식소화 효과가 있기 때문이다).
㉲ A급(일반화재)에는 소화력이 없다.
㉳ 소화 후 불씨나 과열된 금속 등이 있으면 재발화한다.

13. 제1종 소화약제의 화학식과 색상이 옳게 연결된 것은?

① NaHCO₃ – 백색
② KHCO₃ – 백색
③ NaHCO₃ – 담홍색
④ KHCO₃ – 담홍색

해설 분말 소화약제의 종류 및 적응화재

분말 종류	주성분	적응 화재	착색
제1종	탄산수소나트륨 (NaHCO₃)	B.C	백색
제2종	탄산수소칼륨 (KHCO₃)	B.C	자색 (보라색)
제3종	제1인산암모늄 (NH₄H₂PO₄)	A.B.C	담홍색
제4종	탄산수소칼륨+요소 (KHCO₃+(NH₂)₂CO)	B.C	회색

㈜ 제2종 분말 소화약제의 착색 상태를 '담회색'으로 표현하는 경우도 있음

14. 제6류 위험물을 저장 또는 취급하는 장소로서 폭발의 위험이 없는 장소에 한하여 적응성이 있는 소화설비는?

① 건조사
② 포 소화기
③ 이산화탄소 소화기
④ 할로겐화합물 소화기

해설 제6류 위험물에 적응성이 없는 소화설비

[시행규칙 별표17]
㉮ 불활성가스 소화설비
㉯ 할로겐화합물 소화설비 및 소화기
㉰ 탄산수소염류 분말소화설비 및 분말소화기
㉱ 이산화탄소 소화기

참고 이산화탄소 소화기의 경우 제6류 위험물을 저장 또는 취급하는 장소로서 폭발의 위험이 없는 장소에 한하여 적응성이 있는 것으로 규정하고 있음

15. 알칼리금속의 과산화물 화재 시 소화약제로 가장 적합한 것은?

① 물
② 마른 모래
③ 이산화탄소
④ 할로겐화합물

해설 알칼리금속의 과산화물(제1류 위험물)에 적응성이 있는 소화설비 [시행규칙 별표17]
㉮ 탄산수소염류 분말소화설비 및 분말소화기
㉯ 건조사(마른 모래)
㉰ 팽창질석 또는 팽창진주암

16. 주유취급소에 설치할 수 있는 위험물탱크는?

① 고정주유설비에 직접 접속하는 5기 이하의 간이탱크
② 보일러 등에 직접 접속하는 전용탱크로서 10000 리터 이하의 것
③ 고정급유설비에 직접 접속하는 전용탱크로서 70000 리터 이하의 것
④ 폐유, 윤활유 등의 위험물을 저장하는 탱크로서 4000리터 이하의 것

해설 주유취급소에 설치 가능한 탱크 [시행규칙 별표13]
㉮ 자동차 등에 주유하기 위한 고정주유설비에 직접 접속하는 전용탱크 : 50000L 이하
㉯ 고정급유설비에 직접 접속하는 전용탱크 : 50000L 이하
㉰ 보일러 등에 직접 접속하는 전용탱크 : 10000L 이하
㉱ 자동차 등을 점검·정비하는 작업장 등에서 사용하는 폐유·윤활유의 전용탱크 : 2000L

이하

㉮ 고정주유설비 또는 고정급유설비에 직접 접
속하는 <u>3기 이하</u>의 간이탱크
㉯ 고속국도 주유취급소 : 60000L 이하

17. 인화점이 21℃ 미만인 액체 위험물의 옥외저
장탱크 주입구에 설치하는 "옥외저장탱크 주
입구"라고 표시한 게시판의 바탕 및 문자색
을 옳게 나타낸 것은?

① 백색바탕, 적색문자
② 적색바탕, 백색문자
③ 백색바탕, 흑색문자
④ 흑색바탕, 백색문자

해설 인화점이 21℃ 미만인 위험물의 경우 게시
판을 설치할 것 [시행규칙 별표6]
㉮ 크기 : 한 변이 0.3m 이상, 다른 한 변이
0.6m 이상인 직사각형으로 할 것
㉯ "옥외저장탱크 주입구" 바탕 및 문자색 : 백
색바탕에 흑색문자
㉰ 주의사항 : 백색바탕에 적색문자

18. 주택, 학교 등의 보호대상물과의 사이에 안
전거리를 두지 않아도 되는 위험물시설은?

① 옥내저장소   ② 옥내탱크저장소
③ 옥외저장소   ④ 일반취급소

해설 옥내탱크저장소는 보호시설과 안전거리 및
보유공지 확보 기준이 적용되지 않는다. [시행규
칙 별표7]

19. B급 화재의 표시 색상은?

① 백색   ② 황색   ③ 청색   ④ 초록색

해설 화재의 분류 및 표시 색상

구분	화재 종류	표시 색상
A급 화재	일반 화재	백색
B급 화재	유류, 가스 화재	황색
C급 화재	전기 화재	청색
D급 화재	금속 화재	-

20. 폭발의 종류에 따른 물질이 잘못 짝지어진
것은?

① 분해폭발 - 아세틸렌, 산화에틸렌
② 분진폭발 - 금속분, 밀가루
③ 중합폭발 - 시안화수소, 염화비닐
④ 산화폭발 - 히드라진, 과산화수소

해설 산화폭발 : 가연성 물질이 산화제(공기, 산
소, 산화제 등)와 산화반응에 의하여 일어나는
폭발이다.

21. 질산암모늄의 일반적인 성질에 대한 설명 중
옳은 것은?

① 조해성을 가진 물질이다.
② 물에 대한 용해도 값이 매우 작다.
③ 가열 시 분해하여 수소를 발생한다.
④ 과일향의 냄새가 나는 백색 결정체이다.

해설 질산암모늄(NH_4NO_3)의 특징
㉮ 제1류 위험물 중 질산염류에 해당되며 지정수
량은 300kg이다.
㉯ <u>무취의 백색 결정 고체로 물, 알코올, 알칼리
에 잘 녹는다.</u>
㉰ 조해성이 있으며 물에 녹을 때는 흡열반응을
나타낸다.
㉱ 220℃에서 <u>분해되어 아산화질소(N_2O)와 수
증기(H_2O)를 발생</u>하며, 급격한 가열이나 충격
을 주면 단독으로 분해 · 폭발한다.
㉲ 가연물, 유기물을 섞거나 가열, 충격, 마찰을
주면 폭발한다.
㉳ 경유 6%, 질산암모늄 94%를 혼합한 것은 안
포폭약이라 하며, 공업용 폭약이 된다.
㉴ 화재 시 소화방법으로는 주수소화가 적합
하다.

22. 적갈색의 고체 위험물은?

① 칼슘   ② 탄화칼슘
③ 금속나트륨   ④ 인화칼슘

해설 인화칼슘(Ca_3P_2) : 인화석회
㉮ 제3류 위험물 중 금속의 인화물로 지정수량

300kg이다.

㉯ 적갈색의 괴상의 고체로 비중은 2.51, 융점은 1600℃이다.

㉰ 건조한 공기 중에서 안정하나 300℃ 이상에서 산화한다.

㉱ 물과 반응하여 수산화칼슘[$Ca(OH)_2$]과 맹독성, 가연성 가스인 인화수소(PH_3 : 포스핀)를 발생시키므로 소화약제로 물은 부적합하다.

$Ca_3P_2+6H_2O \rightarrow 3Ca(OH)_2+2PH_3\uparrow$

23. $C_6H_5CH_3$의 일반적 성질이 아닌 것은?

① 벤젠보다 독성이 매우 강하다.

② 진한 질산과 진한 황산으로 니트로화하면 TNT가 된다.

③ 비중은 약 0.86이다.

④ 물에 녹지 않는다.

해설 톨루엔($C_6H_5CH_3$)의 특징

㉮ 제4류 위험물로 제1석유류에 해당되며 지정수량 200L이다.

㉯ 벤젠의 수소 원자 하나가 메틸기(−CH_3)로 치환된 것이다.

㉰ 독특한 냄새가 있는 무색의 액체로 벤젠보다는 독성이 약하다.

㉱ 물에는 녹지 않으나 알코올, 에테르, 벤젠과는 잘 섞인다.

㉲ 수지, 유지, 고무 등을 녹인다.

㉳ 액비중 0.89(증기비중 3.14), 비점 110.6℃, 착화점 552℃, 인화점 4.5℃, 연소범위 1.4~6.7%이다.

24. 황화인에 대한 설명 중 옳지 않은 것은?

① 삼황화인은 황색 결정으로 공기 중 약 100℃에서 발화할 수 있다.

② 오황화인은 담황색 결정으로 조해성이 있다.

③ 오황화인은 물과 접촉하여 황화수소를 발생할 위험이 있다.

④ 삼황화인은 차가운 물에도 잘 녹으므로 주의해야 한다.

해설 삼황화인(P_4S_3)과 오황화인(P_2S_5)의 비교

구분	삼황화인(P_4S_3)	오황화인(P_2S_5)
색상	황색 결정	담황색 결정
비중	2.03	2.09
비점	407℃	514℃
융점	172.5℃	290℃
물에 대한 용해성	불용성	조해성
CS_2에 대한 용해도	소량	76.9g/100g
물과 접촉 시 발생되는 것	−	황화수소(H_2S) 인산(H_3PO_4)
연소 시 생성되는 것	오산화인(P_2O_5) 아황산가스(SO_2)	오산화인(P_2O_5) 아황산가스(SO_2)

참고 삼황화인(P_4S_3)은 물, 염소, 염산, 황산에는 녹지 않으나 질산, 이황화탄소, 알칼리에는 녹는다.

25. 위험물 안전관리법령상 인화성 액체의 인화점 시험방법이 아닌 것은?

① 태그(Tag) 밀폐식 인화점 측정기에 의한 인화점 측정

② 신속평형법 인화점 측정기에 의한 인화점 측정

③ 클리브랜드 개방식 인화점 측정기에 의한 인화점 측정

④ 펜스키-마르텐식 인화점 측정기에 의한 인화점 측정

해설 인화성 액체의 인화점 시험방법 [세부기준 제13조~제16조]

㉮ 태그 밀폐식 인화점 측정기에 의한 인화점 측정시험 : 시료 50mL 사용

㉯ 신속평형법 인화점 측정기에 의한 인화점 측정시험 : 시료 2mL 사용

㉰ 클리브랜드 개방컵 인화점 측정기에 의한 인화점 측정시험 : 시료컵의 표선까지 채워 측정

26. 정기점검 대상 제조소등에 해당되지 않는 것은?

① 지정수량 15배의 제조소
② 지정수량 40배의 옥내탱크저장소
③ 지정수량 50배의 이동탱크저장소
④ 지정수량 20배의 지하탱크저장소

해설 (1) 정기점검 대상 제조소등 [시행령 제16조]
㉮ 관계인이 예방규정을 정하여야 하는 제조소등
㉯ 지하탱크저장소
㉰ 이동탱크저장소
㉱ 위험물을 취급하는 탱크로서 지하에 매설된 탱크가 있는 제조소·주유취급소 또는 일반취급소
(2) 관계인이 예방규정을 정하여야 하는 제조소등 [시행령 제15조]
㉮ 지정수량의 10배 이상의 위험물을 취급하는 제조소
㉯ 지정수량의 100배 이상의 위험물을 저장하는 옥외저장소
㉰ 지정수량의 150배 이상의 위험물을 저장하는 옥내저장소
㉱ 지정수량의 200배 이상의 위험물을 저장하는 옥외탱크저장소
㉲ 암반탱크저장소
㉳ 이송취급소
㉴ 지정수량의 10배 이상의 위험물을 취급하는 일반취급소. 다만, 제4류 위험물(특수인화물을 제외한다)만을 지정수량의 50배 이하로 취급하는 일반취급소(제1석유류, 알코올류의 취급량이 지정수량의 10배 이하인 경우에 한한다)로서 다음 각목의 어느 하나에 해당하는 것을 제외한다.
㉠ 보일러, 버너 또는 이와 비슷한 것으로서 위험물을 소비하는 장치로 이루어진 일반취급소
㉡ 위험물을 용기에 옮겨 담거나 차량에 고정된 탱크에 주입하는 일반 취급소

27. 다음은 P_2S_5와 물의 화학반응식이다. ( )

안에 알맞은 숫자를 차례대로 나열한 것은?

$$P_2S_5+(\quad)H_2O \rightarrow (\quad)H_2S+(\quad)H_3PO_4$$

① 2, 8, 5   ② 2, 5, 8
③ 8, 5, 2   ④ 8, 2, 5

해설 오황화인(P_2S_5)
㉮ 제2류 위험물 중 황화인에 해당되며 지정수량 100kg이다.
㉯ 오황화인(P_2S_5)은 물, 알칼리에 의해 황화수소(H_2S)와 인산(H_3PO_4)으로 분해된다.
㉰ 반응식 : $P_2S_5+8H_2O \rightarrow 5H_2S+2H_3PO$

28. 염소산칼륨에 대한 설명으로 옳은 것은?

① 흑색분말이다.
② 비중이 4.32이다.
③ 글리세린과 에테르에 잘 녹는다.
④ 가열에 의해 분해하여 산소를 방출한다.

해설 염소산칼륨($KClO_3$)의 특징
㉮ 제1류 위험물 중 염소산염류에 해당되며 지정수량 50kg이다.
㉯ 자신은 불연성 물질이며, 광택이 있는 무색의 고체 또는 백색 분말이다.
㉰ 글리세린 및 온수에 잘 녹고, 알코올 및 냉수에는 녹기 어렵다.
㉱ 400℃ 부근에서 분해되기 시작하여 540 ～ 560℃에서 과염소산칼륨($KClO_4$)을 거쳐 염화칼륨(KCl)과 산소(O_2)를 방출한다.
㉲ 비중 2.32, 융점 368.4℃, 용해도(20℃) 7.3이다.

참고 염소산칼륨($KClO_3$)은 글리세린에는 잘 녹지만 에테르에는 녹지 않는다.

29. 염소산나트륨의 저장 및 취급 시 주의사항으로 틀린 것은?

① 철제용기에 저장할 수 없다.
② 분해방지를 위해 암모니아를 넣어 저장한다.
③ 조해성이 있으므로 방습에 유의한다.

정답 26. ② 27. ③ 28. ④ 29. ②

④ 용기에 밀전하여 보관한다.

해설 염소산나트륨($NaClO_3$)의 저장 및 취급

㉮ 조해성이 크므로 방습에 주의하여야 한다.

㉯ 강력한 산화제로 철을 부식시키므로 철제용기에 저장은 피해야 한다.

㉰ 용기는 공기와의 접촉을 방지하기 위하여 밀전하여 보관한다.

㉱ 환기가 잘 되는 냉암소에 보관한다.

㉲ 열분해 시 산소가 발생하므로 취급에 유의한다.

30. 금속염을 불꽃반응 실험을 한 결과 보라색의 불꽃이 나타났다. 이 금속염에 포함된 금속은 무엇인가?

① Cu   ② K   ③ Na   ④ Li

해설 불꽃반응 색

명칭	불꽃색
나트륨(Na)	노란색
칼륨(K)	보라색
리튬(Li)	적색
구리(Cu)	청록색
바륨(Ba)	황록색

31. 과산화수소의 저장 및 취급 방법으로 옳지 않은 것은?

① 갈색 용기를 사용한다.

② 직사광선을 피하고 냉암소에 보관한다.

③ 농도가 클수록 위험성이 높아지므로 분해방지 안정제를 넣어 분해를 억제시킨다.

④ 장시간 보관 시 철분을 넣어 유리용기에 보관한다.

해설 과산화수소(H_2O_2)의 저장방법

㉮ 열, 햇빛에 의해서 쉽게 분해하여 산소를 방출하므로 직사광선을 피하고 냉암소에 저장한다.

㉯ 분해를 막기 위해 인산(H_3PO_4), 요산

($C_5H_4N_4O_3$)과 같은 안정제를 가한다.

㉰ 용기는 밀전하면 안 되고, 구멍이 뚫린 마개를 사용한다.

㉱ 유리 용기는 알칼리성으로 과산화수소의 분해를 촉진하므로 장기 보존하지 않아야 한다.

32. 다음 (   ) 안에 적합한 숫자를 차례대로 나열한 것은?

> "자연발화성 물질 중 알킬알루미늄등은 운반용기의 내용적의 (   )% 이하의 수납률로 수납하되, 50℃의 온도에서 (   )% 이상의 공간용적을 유지하도록 할 것"

① 90, 5   ② 90, 10

③ 95, 5   ④ 95, 10

해설 제3류 위험물의 운반용기 수납 기준 [시행규칙 별표19]

㉮ 자연발화성 물질 중 알킬알루미늄등은 운반용기의 내용적의 90% 이하의 수납률로 수납하되, 50℃의 온도에서 5% 이상의 공간용적을 유지하도록 할 것

㉯ 자연발화성 물질에 있어서는 불활성 기체를 봉입하여 밀봉하는 등 공기와 접하지 아니하도록 할 것

㉰ 자연발화성 물질 외의 물품에 있어서는 파라핀·경유·등유 등의 보호액으로 채워 밀봉하거나 불활성 기체를 봉입하여 밀봉하는 등 수분과 접하지 아니하도록 할 것

33. 위험물탱크의 용량은 탱크의 내용적에서 공간용적을 뺀 용적으로 한다. 이 경우 소화약제 방출구를 탱크 안의 윗부분에 설치하는 탱크의 공간용적은 당해 소화설비의 소화약제 방출구 아래의 어느 범위의 면으로부터 윗부분의 용적으로 하는가?

① 0.1m 이상 0.5m 미만 사이의 면

② 0.3m 이상 1m 미만 사이의 면

③ 0.5m 이상 1m 미만 사이의 면

④ 0.5m 이상 1.5m 미만 사이의 면

해설 탱크의 내용적 및 공간용적 [세부기준 제25조]

㉮ 위험물을 저장 또는 취급하는 탱크의 용량은 해당 탱크의 내용적에서 공간용적을 **뺀** 용적으로 한다. [시행규칙 제5조]

㉯ 탱크의 공간용적은 탱크 내용적의 100분의 5 이상 100분의 10 이하의 용적으로 한다. 다만, 소화설비(소화약제 방출구를 탱크 안의 윗부분에 설치하는 것에 한한다)를 설치하는 탱크의 공간용적은 당해 소화설비의 소화약제 방출구 아래의 0.3m 이상 1m 미만 사이의 면으로부터 윗부분의 용적으로 한다.

34. 자기반응성 물질인 제5류 위험물에 해당하는 것은?

① 과산화칼륨
② 벤조일퍼옥사이드
③ 트리에틸알루미늄
④ 메틸에틸케톤

해설 각 위험물의 유별 구분

위험물 명칭	유별	품명
과산화칼륨(K_2O_2)	제1류	무기과산화물
벤조일퍼옥사이드 $[(C_6H_5CO)_2O_2]$	제5류	유기과산화물
트리에틸알루미늄 $[(C_2H_5)_3Al]$	제3류	알킬알루미늄
메틸에틸케톤 ($CH_3COC_2H_5$)	제4류	제1석유류

35. $KMnO_4$와 반응하여 위험성을 가지는 물질이 아닌 것은?

① H_2SO_4
② H_2O
③ CH_3OH
④ $C_2H_5OC_2H_5$

해설 과망간산칼륨($KMnO_4$)의 위험성

㉮ 제1류 위험물 중 과망간산염류에 해당하고, 지정수량은 1000kg이다.

㉯ 진한 황산(H_2SO_4)과 접촉하면 폭발적으로 반응한다.

㉰ 알코올(CH_3OH : 메탄올), 에테르($C_2H_5OC_2H_5$: 디에틸에테르), 글리세린[$C_3H_5(OH)_3$] 등과 접촉 시 폭발할 위험이 있다.

36. 과산화수소가 녹지 않는 것은?

① 물
② 벤젠
③ 에테르
④ 알코올

해설 제6류 위험물인 과산화수소(H_2O_2)는 물, 알코올, 에테르 등에는 용해하지만 석유, 벤젠에는 녹지 않는다.

37. 품명이 제4석유류인 위험물은?

① 중유
② 기어유
③ 등유
④ 클레오소트유

해설 제4석유류 [시행령 별표1] : 기어유, 실린더유 그 밖에 1기압에서 인화점이 200℃ 이상 250℃ 미만의 것을 말한다. 다만, 도료류 그 밖의 물품은 가연성 액체량이 40 중량% 이하인 것은 제외한다.

38. 지정수량이 50kg에 해당하는 것은?

① 칼륨
② 리튬
③ 나트륨
④ 황린

해설 제3류 위험물의 지정수량

품명	지정수량
칼륨(K)	10kg
리튬(Li)	50kg
나트륨(Na)	10kg
황린(P_4)	20kg

39. 순수한 금속 나트륨을 고온으로 건조한 공기 중에서 연소시켜 얻은 위험물질은 무엇인가?

① 아염소산나트륨
② 염소산나트륨
③ 과산화나트륨
④ 과염소산나트륨

해설 제1류 위험물 과산화나트륨(Na_2O_2)은 제3류 위험물인 금속 나트륨(Na)을 건조한 공기 중에서 고온으로 연소시켜 얻는다.

40. 지중탱크 누액방지판의 구조에 관한 기준으로 틀린 것은?

① 두께는 4.5mm 이상의 강판으로 할 것
② 용접은 맞대기 용접으로 할 것
③ 침하 등에 의한 지중탱크 본체의 변위영향을 흡수하지 아니할 것
④ 일사 등에 의한 열의 영향 등에 대하여 안전할 것

해설 지중탱크 누액방지판의 구조 [세부기준 제88조]
㉮ 누액방지판은 두께 4.5mm 이상의 강판으로 할 것
㉯ 누액방지판의 용접은 맞대기 용접으로 할 것. 다만, 밑판의 내측에 설치하는 누액방지판의 두께가 9mm 이하인 것에 대하여는 필릿용접법으로 할 수 있다.
㉰ 누액방지판은 침하 등에 의한 지중탱크 본체의 변위영향을 흡수할 수 있는 것으로 할 것
㉱ 누액방지판은 일사 등에 의한 열영향, 콘크리트의 건조·수축 등에 의한 응력에 대하여 안전한 것으로 할 것
㉲ 옆판에 설치하는 누액방지판은 옆판과 일체의 구조로 하고 옆판과 접하는 부분에는 부식을 방지하기 위한 조치를 강구할 것
㉳ 밑판에 설치하는 누액방지판에는 그 아래에 두께 50mm 이상의 아스팔트샌드 등을 설치할 것

41. 이황화탄소를 화재 예방상 물속에 저장하는 이유는?

① 불순물을 물에 용해시키기 위해서
② 가연성 증기 발생을 억제하기 위해서
③ 상온에서 수소가스를 발생시키기 때문에
④ 공기와 접촉하면 즉시 폭발하기 때문에

해설 이황화탄소(CS_2)는 물보다 무겁고 물에 녹기 어려우므로 물(수조) 속에 저장하여 가연성 증기의 발생을 억제한다.
참고 이황화탄소는 제4류 위험물 중 특수인화물에 해당되며 무색 투명한 휘발성 액체로 연소범위가 1.25~44%이다.

42. 물과의 반응으로 산소와 열이 발생하는 위험물은?

① 과염소산칼륨 ② 과산화나트륨
③ 질산칼륨 ④ 과망간산칼륨

해설 ㉮ 과산화나트륨(Na_2O_2)은 제1류 위험물로 흡습성이 있으며 물과 반응하여 많은 열과 함께 산소(O_2)와 수산화나트륨($NaOH$)을 발생하므로 소화 시 주수소화는 부적합하다.
㉯ 반응식 : $2Na_2O_2 + 2H_2O \rightarrow 4NaOH + O_2 \uparrow$

43. 과산화수소, 질산, 과염소산의 공통적인 특징이 아닌 것은?

① 산화성 액체이다.
② pH 1 미만의 강한 산성 물질이다.
③ 불연성 물질이다.
④ 물보다 무겁다.

해설 제6류 위험물의 공통적인 성질
㉮ 불연성 물질이지만 산소를 많이 포함하고 있어 다른 물질의 연소를 돕는 조연성 물질이다.
㉯ 강산성의 액체로 비중이 1보다 크며, 물에 잘 녹고 물과 접촉하면 발열한다.
㉰ 부식성이 강하며 증기는 유독하고 제1류 위험물과 혼합하면 폭발할 수 있다.
㉱ 가연물과 유기물 등과의 혼합으로 발화한다.
㉲ 제6류 위험물은 모두 지정수량 300kg이고 위험등급은 Ⅰ등급이다.
참고 과산화수소(H_2O_2), 질산(HNO_3), 과염소산($HClO_4$)은 제6류 위험물에 속한다.

44. 벤조일퍼옥사이드, 피크르산, 히드록실아민이 각각 200kg 있을 경우 지정수량의 배수의 합은 얼마인가?

① 22 ② 23 ③ 24 ④ 25

해설 ㉮ 제5류 위험물의 지정수량

품명	지정수량	위험물량
벤조일퍼옥사이드	10kg	200kg
피크르산	200kg	200kg
히드록실아민	100kg	200kg

④ 지정수량 배수의 합 계산 : 지정수량 배수의 합은 각 위험물량을 지정수량으로 나눈 값의 합이다.

∴ 지정수량 배수의 합

$$= \frac{A위험물량}{지정수량} + \frac{B위험물량}{지정수량} + \frac{C위험물량}{지정수량}$$

$$= \frac{200}{10} + \frac{200}{200} + \frac{200}{100} = 23$$

45. 트리니트로페놀에 대한 설명으로 옳은 것은?

① 발화방지를 위해 휘발유에 저장한다.
② 구리용기에 넣어 보관한다.
③ 무색, 투명한 액체이다.
④ 알코올, 벤젠 등에 녹는다.

해설 트리니트로페놀 [$C_6H_2(NO_2)_3OH$: 피크르산]의 특징

㉮ 제5류 위험물 중 니트로화합물로 지정수량 200kg이다.
㉯ 강한 쓴맛과 독성이 있는 휘황색을 나타내는 편평한 침상 결정이다.
㉰ 찬물에는 거의 녹지 않으나 온수, 알코올, 에테르, 벤젠 등에는 잘 녹는다.
㉱ 중금속(Fe, Cu, Pb 등)과 반응하여 민감한 피크린산염을 형성한다.
㉲ 공기 중에서 서서히 연소하나 뇌관으로는 폭굉을 일으킨다.
㉳ 황색 염료, 농약, 산업용 도폭선의 심약, 뇌관의 첨장약, 군용 폭파약, 피혁공업에 사용한다.
㉴ 단독으로는 타격, 마찰에 둔감하고, 연소할 때 검은 연기(그을음)를 낸다.
㉵ 금속염은 매우 위험하여 가솔린, 알코올, 옥소, 황 등과 혼합된 것에 약간의 마찰이나 타격을 주어도 심하게 폭발한다.
㉶ 비중 1.8, 융점 121℃, 비점 255℃, 발화점 300℃이다.

46. 물분무 소화설비의 방사구역은 몇 m² 이상이어야 하는가? (단, 방호대상물의 표면적은

300m²이다.)

① 100
② 150
③ 300
④ 450

해설 물분무 소화설비의 방사구역 [시행규칙 별표17] : 물분무 소화설비의 방사구역은 150m² 이상(방호대상물의 표면적이 150m² 미만인 경우에는 당해 표면적)으로 할 것

47. 불안정한 고체 화합물로서 분해가 용이하여 산소를 방출하며, 물과 격렬하게 반응하여 발열하는 성질을 가지고 있는 위험물은?

① 무기과산화물
② 과망간산염류
③ 과염소산염류
④ 중크롬산염류

해설 무기과산화물의 일반적인 성질
㉮ 제1류 위험물(산화성 고체)로 지정수량 50kg이다.
㉯ 과산화수소(H_2O_2)의 수소가 나트륨(Na), 칼륨(K)으로 치환하는 경우 과산화나트륨(Na_2O_2), 과산화칼륨(K_2O_2)과 같은 무기과산화물이 생성된다.
㉰ 무기과산화물은 산화성 고체로 가연물이 연소할 때 산소를 잃으므로 자신은 환원하는 성질을 갖는다.
㉱ 가열하면 분해되면서 산소를 발생한다.
㉲ 물과의 반응성이 커서 많은 열과 함께 산소를 발생한다.

48. 허가량이 100만 리터인 위험물 옥외저장탱크의 바닥판 전면 교체 시 법적절차 순서로 옳은 것은?

① 변경허가 - 기술검토 - 안전성능검사 - 완공검사
② 기술검토 - 변경허가 - 안전성능검사 - 완공검사
③ 변경허가 - 안전성능검사 - 기술검토 - 완공검사
④ 안전성능검사 - 변경허가 - 기술검토 - 완공검사

해설 위험물 옥외저장탱크 바닥판 교체 법적절차
㉮ 허가량 100만 리터인 위험물 옥외저장탱크의 바닥판(밑판)을 교체하는 공사는 변경허가 대상이다. [시행령 제8조]
㉯ 한국소방산업기술원의 기술검토를 받는다. [시행령 제6조]
㉰ 변경허가신청은 시·도지사 또는 소방서장에게 제출한다. [시행규칙 제7조]
㉱ 한국소방산업기술원의 안전성능검사를 받는다. [시행규칙 제18조]
㉲ 시·도지사가 행하는 완공검사를 받는다. [법 제9조]

49. 위험물 안전관리자를 선임한 제조소등의 관계인은 그 안전관리자를 해임하거나 안전관리자가 퇴직한 때에는 해임하거나 퇴직한 날부터 며칠 이내에 다시 안전관리자를 선임해야 하는가?

① 10일 ② 20일
③ 30일 ④ 40일

해설 위험물 안전관리자 [법 제15조]
㉮ 안전관리자를 선임한 제조소등의 관계인은 그 안전관리자를 해임하거나 안전관리자가 퇴직한 때에는 해임하거나 퇴직한 날부터 30일 이내에 다시 안전관리자를 선임하여야 한다.
㉯ 제조소등의 관계인은 안전관리자를 선임한 경우에는 선임한 날부터 14일 이내에 행정안전부령으로 정하는 바에 따라 소방본부장 또는 소방서장에게 신고하여야 한다.
㉰ 안전관리자를 선임한 제조소등의 관계인은 안전관리자가 일시적으로 직무를 수행할 수 없거나 안전관리자의 해임 또는 퇴직과 동시에 다른 안전관리자를 선임하지 못하는 경우에는 행정안전부령이 정하는 자를 대리자(代理者)로 지정하여 그 직무를 대행하게 하여야 한다. 이 경우 직무를 대행하는 기간은 30일을 초과할 수 없다.

50. 위험물 안전관리법령상 소화난이도등급 Ⅰ에 해당하는 위험물제조소는 연면적이 몇

m² 이상인 것인가? (단, 면적 외의 조건은 무시한다.)

① 400 ② 600
③ 800 ④ 1000

해설 제조소, 일반 취급소의 소화난이도 등급 Ⅰ에 해당되는 시설 [시행규칙 별표17]
㉮ 연면적 1000m² 이상인 것
㉯ 지정수량의 100배 이상인 것
㉰ 지반면으로부터 6m 이상의 높이에 위험물 취급설비가 있는 것
㉱ 일반취급소로 사용되는 부분 외의 부분을 갖는 건축물에 설치된 것

51. 위험물 안전관리법령상 위험물제조소등에서 안전거리규제 대상이 아닌 것은?

① 제6류 위험물을 취급하는 제조소를 제외한 모든 제조소
② 주유취급소
③ 옥외저장소
④ 옥외탱크저장소

해설 제조소의 안전거리 기준 [시행규칙 별표4]
㉮ 제조소(제6류 위험물을 취급하는 제조소를 제외한다)는 건축물의 외벽 또는 이에 상당하는 공작물의 외측으로부터 당해 제조소의 외벽 또는 이에 상당하는 공작물의 외측까지 안전거리를 두어야 한다.
㉯ 주유취급소는 위험물을 제조 외의 목적으로 취급하기 위한 취급소에 해당되므로 제조소의 안전거리 기준이 적용되지 않는다.

52. 위험물의 화재예방 및 진압대책에 대한 설명 중 틀린 것은?

① 트리에틸알루미늄은 사염화탄소, 이산화탄소와 반응하여 발열하므로 화재 시 이들 소화약제는 사용할 수 없다.
② K, Na은 등유, 경유 등의 산소가 함유되지 않은 석유류에 저장하여 물과의 접촉을 막는다.

③ 수소화리튬의 화재에는 소화약제로 Halon 1211, Halon 1301이 사용되며 특수방호복 및 공기호흡기를 착용하고 소화한다.

④ 탄화알루미늄은 물과 반응하여 가연성의 메탄가스를 발생하고 발열하므로 물과의 접촉을 금한다.

해설 (1) 수소화리튬(LiH)은 제3류 위험물 중 금속의 수소화물에 해당되며 금수성 물질로 분류된다.

(2) 제3류 위험물 중 금수성 물질에 적응성이 있는 소화설비 [시행규칙 별표17]

㉮ 탄산수소염류 분말소화설비 및 분말소화기

㉯ 건조사

㉰ 팽창질석 또는 팽창진주암

참고 할론 소화약제는 금수성 물질인 수소화리튬 (LiH)에는 적응성이 없다.

53. 소화설비의 기준에서 용량 160L 팽창질석의 능력단위는?

① 0.5   ② 1.0
③ 1.5   ④ 2.5

해설 소화설비의 능력단위 [시행규칙 별표17]

소화설비	용량	능력단위
소화전용 물통	8L	0.3
수조 (소화전용 물통 3개 포함)	80L	1.5
수조 (소화전용 물통 6개 포함)	190L	2.5
마른 모래(삽 1개 포함)	50L	0.5
팽창질석 또는 팽창진주암(삽 1개 포함)	160L	1.0

54. 과산화나트륨 78g과 충분한 양의 물이 반응하여 생성되는 기체의 종류와 생성량을 옳게 나타낸 것은?

① 수소, 1g   ② 산소, 16g
③ 수소, 2g   ④ 산소, 32g

해설 ㉮ 과산화나트륨(Na_2O_2) : 제1류 위험물 중 무기과산화물에 해당되며 지정수량은 50kg이다.

㉯ 과산화나트륨(Na_2O_2)과 물(H_2O)이 반응하면 수산화나트륨(NaOH)과 산소(O_2)가 생성된다.

㉰ 생성되는 산소량 계산

$$2Na_2O_2 + 2H_2O \longrightarrow 4NaOH + O_2$$

$$\therefore x = \frac{78 \times 32}{2 \times 78} = 16g$$

55. 순수한 것은 무색, 투명한 기름상의 액체이고 공업용은 담황색의 위험물로 충격, 마찰에는 매우 예민하고 겨울철에는 동결할 우려가 있는 것은?

① 펜트리트   ② 트리니트로벤젠
③ 니트로글리세린   ④ 질산메틸

해설 니트로글리세린[$C_3H_5(ONO_2)_3$]의 특징

㉮ 제5류 위험물 중 질산에스테르류에 해당되며 지정수량은 10kg이다.

㉯ 순수한 것은 상온에서 무색, 투명한 기름 모양의 액체이나 공업적으로 제조한 것은 담황색을 띠고 있다.

㉰ 상온에서 액체이지만 약 10℃에서 동결하므로 겨울에는 백색의 고체 상태이다.

㉱ 물에는 거의 녹지 않으나 벤젠, 알코올, 클로로포름, 아세톤에 녹는다.

㉲ 점화하면 적은 양은 타기만 하지만, 많은 양은 폭굉에 이른다.

㉳ 규조토에 흡수시켜 다이너마이트를 제조할 때 사용된다.

㉴ 충격이나 마찰에 예민하여 액체 운반은 금지되어 있다.

56. 황린의 저장 및 취급에 관한 주의사항으로 틀린 것은?

① 발화점이 낮으므로 화기에 주의한다.

② 백색 또는 담황색의 고체이며 물에 녹지 않는다.

③ 물과의 접촉을 피한다.

④ 자연발화성이므로 주의한다.

해설 황린(P_4)의 저장 및 취급 주의사항

㉮ 제3류 위험물로 백색 또는 담황색 고체로 일명 백린이라 한다.

㉯ 자연 발화의 가능성이 있으므로 물속에만 저장하며, 온도가 상승 시 물의 산성화가 빨라져 용기를 부식시키므로 직사광선을 막는 차광덮개를 하여 저장한다.

㉰ 맹독성 물질이므로 고무장갑, 보호복, 보호안경을 착용하고 취급한다.

㉱ 황린을 보관하고 있는 물은 약알칼리성의 석회나 소다회로 중화시켜 보관하되, 강알칼리가 되어서는 안 된다 (pH 9 이상이 되면 인화수소(PH_3)를 발생한다).

㉲ 용기는 금속 또는 유리용기를 사용하고 밀봉한다.

㉳ 피부에 노출되었을 경우 다량의 물로 세척하거나, 질산은($AgNO_3$) 용액으로 제거한다.

참고 황린은 물에 녹지 않으므로 물과 접촉하여도 위험이 없고, 저장할 때 물속에 보관한다.

57. 다음 중 물에 가장 잘 용해되는 위험물은?

① 벤즈알데히드 ② 이소프로필알코올

③ 휘발유 ④ 에테르

해설 제4류 위험물의 성질

품명		성질
벤즈알데히드	제2석유류	비수용성
이소프로필알코올	알코올류	수용성
휘발유	제1석유류	비수용성
에테르	특수인화물	비수용성

58. 특수인화물의 일반적인 성질에 대한 설명으로 가장 거리가 먼 것은?

① 비점이 높다.

② 인화점이 낮다.

③ 연소하한값이 낮다.

④ 증기압이 높다.

해설 특수인화물의 정의 [시행령 별표1]

㉮ "특수인화물"이라 함은 이황화탄소, 디에틸에테르 그 밖에 1기압에서 발화점이 100℃ 이하인 것 또는 인화점이 −20℃ 이하이고 비점이 40℃ 이하인 것을 말한다.

㉯ 특수인화물의 비점을 40℃ 이하로 제한하고 있으므로 제4류 위험물 중에서 비점은 낮다.

59. 제2류 위험물에 해당하는 것은?

① 철분 ② 나트륨

③ 과산화칼륨 ④ 질산메틸

해설 각 위험물의 유별 구분

품명	유별
철분	제2류 위험물
나트륨	제3류 위험물
과산화칼륨	제1류 위험물
질산메틸	제5류 위험물

60. 위험물 안전관리법령상 위험물의 품명별 지정수량의 단위에 관한 설명 중 옳은 것은?

① 액체인 위험물은 지정수량의 단위를 "리터"로 하고 고체인 위험물은 지정수량의 단위를 "킬로그램"으로 한다.

② 액체만 포함된 유별은 "리터"로 하고, 고체만 포함된 유별은 "킬로그램"으로 하고, 액체와 고체가 포함된 유별은 "리터"로 한다.

③ 산화성인 위험물은 "킬로그램"으로 하고, 가연성인 위험물은 "리터"로 한다.

④ 자기반응성물질과 산화성물질은 액체와 고체의 구분에 관계없이 "킬로그램"으로 한다.

해설 ㉮ 산화성 액체인 제6류 위험물은 액체이지만 지정수량 단위가 '킬로그램 (kg)'이다.

㉯ 가연성 고체인 제2류 위험물의 지정수량 단위는 '킬로그램 (kg)'이다.

2011. 4. 17 시행 (제2회)

1. 다음 중 산화반응이 일어날 가능성이 가장 큰 화합물은?

① 아르곤 　　② 질소
③ 일산화탄소 ④ 이산화탄소

해설 각 물질의 연소성 여부

명칭	연소성
아르곤(Ar)	불연성
질소(N_2)	불연성
일산화탄소(CO)	가연성
이산화탄소(CO_2)	불연성

2. 가연성 액체의 연소형태를 옳게 설명한 것은?

① 연소범위 하한보다 낮은 범위에서라도 점화원이 있으면 연소한다.
② 가연성 증기의 농도가 높으면 높을수록 연소가 쉽다.
③ 가연성 액체의 증발연소는 액면에서 발생하는 증기가 공기와 혼합하여 타기 시작한다.
④ 증발성이 낮은 액체일수록 연소가 쉽고, 연소속도는 빠르다.

해설 가연성 액체의 연소형태
㉠ 가연성 액체의 증발연소는 액면에서 발생하는 증기가 공기와 혼합하여 타기 시작한다.
㉡ 연소범위를 벗어나면 점화원이 있어도 연소가 되지 않는다.
㉢ 증발성이 낮은 액체일수록 연소가 일어나기 어렵다.

3. 화재 발생 시 물을 이용한 소화를 하면 오히려 위험성이 증대되는 것은?

① 황린 　　② 적린
③ 탄화알루미늄 ④ 니트로셀룰로오스

해설 ㉠ 제3류 위험물인 탄화알루미늄(Al_4C_3)은

물(H_2O)과 반응하여 가연성인 메탄(CH_4)을 발생하므로 화재 시 물을 이용한 소화는 위험성이 증대된다.
㉡ 물(H_2O)과 반응식
$Al_4C_3 + 12H_2O \rightarrow 4Al(OH)_3 + 3CH_4\uparrow$

4. 제5류 위험물의 화재에 적응성이 없는 소화설비는?

① 옥외소화전설비
② 스프링클러설비
③ 물분무 소화설비
④ 할로겐화합물 소화설비

참고 제5류 위험물에 적응성이 없는 소화설비
㉠ 불활성가스 소화설비
㉡ 할로겐화합물 소화설비, 할로겐화합물 소화기
㉢ 분말 소화설비, 분말 소화기
㉣ 이산화탄소 소화기

5. 금속칼륨에 화재가 발생했을 때 사용할 수 없는 소화약제는?

① 이산화탄소 ② 건조사
③ 팽창질석 　④ 팽창진주암

해설 (1) 금속칼륨(K)은 제3류 위험물로 금수성 물질에 해당된다.
(2) 제3류 위험물 중 금수성 물질에 적응성이 있는 소화설비 [시행규칙 별표17]
㉠ 탄산수소염류 분말소화설비 및 분말소화기
㉡ 건조사
㉢ 팽창질석 또는 팽창진주암
참고 적응성이 있는 소화설비 외는 사용할 수 없는 소화설비이다.

6. 제5류 위험물의 화재 예방과 진압대책으로 옳지 않은 것은?

① 서로 1m 이상의 간격을 두고 유별로 정

정답 **1.** ③ **2.** ③ **3.** ③ **4.** ④ **5.** ① **6.** ④

리한 경우라도 제3류 위험물과는 동일한 옥내저장소에 저장할 수 없다.

② 위험물제조소의 주의사항 게시판에는 주의사항으로 "화기엄금"만 표기하면 된다.

③ 이산화탄소소화기와 할로겐화합물 소화기는 모두 적응성이 없다.

④ 운반용기의 외부에는 주의사항으로 "화기엄금"만 표시하면 된다.

해설 운반용기 외부 표시사항 [시행규칙 별표19]
⑦ 공통 표시사항
  ㉠ 위험물의 품명·위험등급·화학명 및 수용성("수용성"표시는 제4류 위험물로서 수용성인 것에 한한다.)
  ㉡ 위험물의 수량
⑭ 위험물에 따른 주의사항 : 제5류 위험물인 경우 "화기엄금 및 충격주의"

7. 다음 중 가연물이 될 수 없는 것은?

① 질소
② 나트륨
③ 니트로셀룰로오스
④ 나프탈렌

해설 질소(N_2)는 불연성 기체이다.

8. 일반 건축물 화재에서 내장재로 사용한 폴리스티렌 폼(polystyrene foam)이 화재 중 연소를 했다면 이것의 연소형태는?

① 증발연소　　② 자기연소
③ 분해연소　　④ 표면연소

해설 분해연소 : 충분한 착화에너지를 주어 가열분해에 의해 연소하며 휘발분이 있는 고체연료(종이, 석탄, 목재 등) 또는 증발이 일어나기 어려운 액체연료(중유 등)가 이에 해당된다.

9. 분진폭발 시 소화방법에 대한 설명으로 틀린 것은?

① 금속분에 대하여는 물을 사용하지 말아야 한다.

② 분진폭발 시 직사주수에 의하여 순간적으로 소화하여야 한다.

③ 분진폭발은 보통 단 한번으로 끝나지 않을 수 있으므로 제2차, 3차의 폭발에 대비하여야 한다.

④ 이산화탄소와 할로겐화합물의 소화약제는 금속분에 대하여 적절하지 않다.

해설 분진폭발을 일으키는 물질 중 물과 반응하여 가연성 가스 및 산소를 발생시키는 것은 사용이 제한된다.

10. 20℃의 물 100kg이 100℃ 수증기로 증발하면 최대 몇 kcal의 열량을 흡수할 수 있는가?

① 540　　　　② 7800
③ 62000　　　④ 108000

해설 소요열량 계산
⑦ 20℃ 물 → 100℃ 물 : 현열
  $$\therefore Q_1 = G \times C \times \Delta t$$
  $$= 100 \times 1 \times (100-20) = 8000 \, \text{kcal}$$
⑭ 100℃ 물 → 100℃ 수증기 : 잠열
  $$\therefore Q_2 = G \times \gamma = 100 \times 540 = 54000 \, \text{kcal}$$
⑭ 합계 소요열량 계산
  $$\therefore Q = Q_1 + Q_2 = 8000 + 54000 = 62000 \, \text{kcal}$$

11. 식용유 화재 시 제1종 분말 소화약제를 이용하여 화재의 제어가 가능하다. 이때의 소화원리에 가장 가까운 것은?

① 촉매효과에 의한 질식소화
② 비누화 반응에 의한 질식소화
③ 요오드화에 의한 냉각소화
④ 가수분해 반응에 의한 냉각소화

해설 유지(기름)를 가수분해시켜 지방산을 염으로 만들 때 알칼리(Na)를 충분히 넣어주면 쉽게 가수분해가 이루어지고 비누화가 되기 때문에 식용유 화재의 제어가 가능하며, 제1종 분말 소화약제가 여기에 해당된다.

12. 위험물제조소등의 전기설비에 적응성이 있

는 소화설비는?

① 봉상수 소화기   ② 포 소화설비

③ 옥외소화전설비   ④ 물분무 소화설비

해설 전기설비에 적응성이 있는 소화설비 [위험물 안전관리법 시행규칙 별표17]

㉮ 물분무 소화설비

㉯ 불활성가스 소화설비

㉰ 할로겐화합물 소화설비

㉱ 인산염류 및 탄산수소염류 분말소화설비

㉲ 무상수(霧狀水) 소화기

㉳ 무상강화액 소화기

㉴ 이산화탄소 소화기

㉵ 할로겐화합물 소화기

㉶ 인산염류 및 탄산수소염류 분말소화기

참고 적응성이 없는 소화설비 : 옥내소화전 또는 옥외소화전설비, 스플링클러설비, 포 소화설비, 봉상수(棒狀水) 소화기, 봉상강화액 소화기, 포 소화기, 건조사

13. 소화기 속에 압축되어 있는 이산화탄소 1.1 kg을 표준상태에서 분사했을 때 부피는 몇 m³가 되는가?

① 0.56m³   ② 5.6m³

③ 11.2m³   ④ 24.6m³

해설 ㉮ 이산화탄소(CO_2)의 분자량(M) 계산

$12+(16\times2)=44$

㉯ 기체상태의 이산화탄소 부피(L) 계산 : 이상기체 상태방정식 $PV=\dfrac{W}{M}RT$를 이용하여 계산

$$\therefore V=\dfrac{WRT}{PM}=\dfrac{(1.1\times1000)\times0.082\times273}{1\times44\times1000}$$

$$=0.559\,\mathrm{m}^3$$

㉰ 이상기체 상태방정식 공식

$$PV=\dfrac{W}{M}RT$$

P : 압력(atm) → 1atm

V : 부피(L) → 구하여야 할 부피는 m³임

M : 분자량(g/mol) → 44

W : 질량(g) → 1.1kg=1.1×1000g=1100g

R : 기체상수(0.082L·atm/mol·K)

T : 절대온도(K) → 273K

참고 표준상태(STP상태)는 0℃, 1기압(atm) 상태이다.

14. 유류 화재에 해당하는 표시 색상은?

① 백색   ② 황색

③ 청색   ④ 흑색

해설 화재의 분류 및 표시 색상

구분	화재 종류	표시 색상
A급 화재	일반 화재	백색
B급 화재	유류, 가스 화재	황색
C급 화재	전기 화재	청색
D급 화재	금속 화재	−

15. 위험물 안전관리법령상 소화설비의 적응성에서 소화설비의 종류가 아닌 것은?

① 물분무 소화설비 ② 방화설비

③ 옥내소화전설비   ④ 물통

해설 소화설비 정의 [소방시설법 시행령 별표1]

㉮ 소화설비란 물 또는 그 밖의 소화약제를 사용하여 소화하는 기계, 기구 또는 설비이다.

㉯ 종류 : 소화기구, 자동소화장치, 옥내소화전설비, 스프링클러설비등, 불분무등 소화설비, 옥외소화전설비

16. $NH_4H_2PO_4$ 이 열분해하여 생성되는 물질 중 암모니아와 수증기의 부피 비율은?

① 1 : 1   ② 1 : 2

③ 2 : 1   ④ 3 : 2

해설 제3종 분말 소화약제의 열분해

㉮ 인산암모늄($NH_4H_2PO_4$)이 열분해하여 생성되는 물질은 암모니아(NH_3)와 수증기(H_2O)이며 부피비는 1 : 1이다.

㉯ 반응식 : $NH_4H_2PO_4 \rightarrow HPO_3+NH_3+H_2O$

17. 폭굉 유도거리(DID)가 짧아지는 조건이 아닌

것은?

① 관경이 클수록 짧아진다.

② 압력이 높을수록 짧아진다.

③ 점화원의 에너지가 클수록 짧아진다.

④ 관속에 이물질이 있을 경우 짧아진다.

해설 ㉮ 폭굉(detonation)의 정의 : 가스중의 음속보다도 화염 전파속도가 큰 경우로서 파면 선단에 충격파라고 하는 압력파가 생겨 격렬한 파괴작용을 일으키는 현상

㉯ 폭굉 유도거리(DID) : 최초의 완만한 연소가 격렬한 폭굉으로 발전될 때까지의 거리이다.

㉰ 폭굉유도거리(DID)가 짧아지는 조건

㉠ 정상 연소속도가 큰 혼합가스일수록

㉡ 관 속에 방해물이 있거나 <u>관경이 작을수록</u>

㉢ 압력이 높을수록

㉣ 점화원의 에너지가 클수록

18. 과산화나트륨의 화재 시 물을 사용한 소화가 위험한 이유는?

① 수소와 열을 발생하므로

② 산소와 열을 발생하므로

③ 수소를 발생하고 열을 흡수하므로

④ 산소를 발생하고 열을 흡수하므로

해설 ㉮ 과산화나트륨(Na_2O_2)은 제1류 위험물로 흡습성이 있으며 물과 반응하여 많은 열과 함께 산소(O_2)와 수산화나트륨(NaOH)을 발생하므로 소화 시 주수소화는 부적합하다.

㉯ 반응식 : $2Na_2O_2 + 2H_2O \rightarrow 4NaOH + O_2 \uparrow$

19. 탄산수소나트륨과 황산알루미늄의 소화약제가 반응을 하여 생성되는 이산화탄소를 이용하여 화재를 진압하는 소화약제는?

① 단백포 ② 수성막포

③ 화학포 ④ 내알코올포

해설 ㉮ 화학포 소화약제 : 탄산수소나트륨(NaHCO₃)의 수용액과 황산알루미늄(Al₂(SO₄)₃) 수용액과의 화학 반응에 따라 발생하는 이산화탄소(CO_2)를 이용하여 포를

발생시킨다.

㉯ 반응식

$6NaHCO_3$[A제]$+Al_2(SO_4)_3$[B제]$+18H_2O$

$\rightarrow 3Na_2SO_4 + 2Al(OH)_3 + 6CO_2 \uparrow + 18H_2O \uparrow$

20. 옥외탱크저장소의 방유제 내에 화재가 발생한 경우 소화활동으로 적당하지 않은 것은?

① 탱크화재로 번지는 것을 방지하는데 중점을 둔다.

② 포에 의하여 덮어진 부분은 포의 막이 파괴되지 않도록 한다.

③ 방유제가 큰 경우에는 방유제 내의 화재를 제압한 후 탱크화재의 방어에 임한다.

④ 포를 방사할 때에는 방유제부터 가운데 쪽으로 포를 흘러 보내듯이 방사하는 것이 원칙이다.

해설 포를 방사할 때에는 방유제 중심으로부터 바깥쪽으로 방사하여야 한다.

21. 연소 시 아황산가스를 발생하는 것은?

① 황 ② 적린

③ 황린 ④ 인화칼슘

해설 연소 시 아황산가스(SO_2)를 발생하는 것

㉮ 황(S : 유황) : $S + O_2 \rightarrow SO_2$

㉯ 삼황화인(P_4S_3) : $P_4S_3 + 8O_2 \rightarrow 2P_2O_5 + 3SO_2$

㉰ 오황화인(P_2S_5) : $P_2S_5 + 7.5O_2 \rightarrow P_2O_5 + 5SO_2$

참고 각 위험물의 반응 후 생성물 종류

㉮ 황린(P_4) : 연소 시 유독성의 오산화인(P_2O_5) 발생

$P_4 + 5O_2 \rightarrow 2P_2O_5 \uparrow$

㉯ 적린(P) : 연소 시 유독성의 오산화인(P_2O_5) 발생

$4P + 5O_2 \rightarrow 2P_2O_5$

㉰ 인화칼슘(Ca_3P_2) : 물과 반응하여 유독성의 인화수소(PH_3 : 포스핀) 발생

$Ca_3P_2 + 6H_2O \rightarrow 3Ca(OH)_2 + 2PH_3 \uparrow$

22. 제2류 위험물의 취급상 주의사항에 대한 설

명으로 옳지 않은 것은?

① 적린은 공기 중에서 방치하면 자연발화한다.

② 유황은 정전기가 발생하지 않도록 주의해야 한다.

③ 마그네슘의 화재 시 물, 이산화탄소 소화약제 등은 사용할 수 없다.

④ 삼황화인은 100℃ 이상 가열하면 발화할 위험이 있다.

> **해설** 적린(P)은 안정한 암적색, 무취의 분말로 독성이 없고 자연발화의 위험성이 없으나 산화물(염소산염류 등의 산화제)과 공존하면 낮은 온도에서도 발화할 수 있다.

23. 가솔린의 연소범위에 가장 가까운 것은?

① 1.4~7.6% ② 2.0~23.0%
③ 1.8~36.5% ④ 1.0~50.0%

> **해설** 가솔린(휘발유)의 성질

구분	성질
발화점	300℃
인화점	−20~−43℃
액비중	0.65~0.8
증기 비중	3~4
연소범위	1.4~7.6%

24. 과망간산칼륨에 대한 설명으로 옳은 것은?

① 물에 잘 녹는 흑자색의 결정이다.

② 에탄올, 아세톤에 녹지 않는다.

③ 물에 녹아있을 때는 진한 노란색을 나타낸다.

④ 강알칼리와 반응하여 수소를 방출하며 폭발한다.

> **해설** 과망간산칼륨($KMnO_4$)의 특징
> ㉮ 제1류 위험물 중 과망간산염류에 해당하고, 지정수량은 1000kg이다.
> ㉯ 흑자색의 사방정계 결정으로 붉은색 금속광택이 있고 단맛이 있다.

㉰ 염산과 반응하여 염소를 발생한다.

㉱ 물에 녹아 진한 보라색이 되며, 강한 산화력과 살균력이 있다.

㉲ 메탄올, 빙초산, 아세톤에 녹는다.

㉳ 240℃에서 가열하면 망간산칼륨, 이산화망간, 산소를 발생한다.

㉴ 2분자가 중성 또는 알칼리성과 반응하면 3원자의 산소를 방출한다.

㉵ 목탄, 황 등 환원성 물질과 접촉 시 폭발의 위험이 있다.

㉶ 강산화제이며, 진한 황산과 접촉하면 폭발적으로 반응한다.

㉷ 직사광선(일광)을 차단하고 냉암소에 저장한다.

㉸ 용기는 금속 또는 유리 용기를 사용하며 산, 가연물, 유기물과 격리하여 저장한다.

㉹ 비중 2.7, 분해온도 240℃이다.

25. 위험물 안전관리법령상 운반차량에 혼재해서 적재할 수 없는 것은? (단, 각각의 지정수량은 10배인 경우이다.)

① 염소화규소화합물 − 특수인화물

② 고형알코올 − 니트로화합물

③ 염소산염류 − 질산

④ 질산구아니딘 − 황린

> **해설** ㉮ 위험물 운반할 때 혼재 기준[시행규칙 별표19, 부표2]

구분	제1류	제2류	제3류	제4류	제5류	제6류
제1류		×	×	×	×	○
제2류	×		×	○	○	×
제3류	×	×		○	×	×
제4류	×	○	○		○	×
제5류	×	○	×	○		×
제6류	○	×	×	×	×	

> ○ : 혼합 가능, × : 혼합 불가능
> ㉯ 각 위험물의 유별 및 혼재 여부
> ㉠ 염소화규소화합물(제3류)−특수인화물(제4류) → 혼재 가능
> ㉡ 고형알코올(제4류)−니트로화합물(제5류)

→ 혼재 가능
ⓒ 염소산염류(제1류)-질산(제6류) → 혼재 가능
ⓔ 질산구아니딘(제5류)-황린(제3류) → 혼재 불가능

26. 위험물 안전관리법령상 위험물 운반에 관한 다음 내용 중 (   ) 안에 들어갈 용어가 아닌 것은?

> 위험물의 운반은 (   ), (   ) 및 (   )에 관해 법에서 정한 중요기준과 세부기준을 따라 행하여야 한다.

① 용기   ② 적재방법
③ 운반방법   ④ 검사방법

해설 위험물의 운반(법 제20조) : 위험물의 운반은 그 용기·적재방법 및 운반방법에 관한 중요기준과 세부기준에 따라 행하여야 한다.

27. 경유에 관한 설명으로 옳은 것은?

① 증기비중은 1 이하이다.
② 제3석유류에 속한다.
③ 착화온도는 가솔린보다 낮다.
④ 무색의 액체로서 원유 증류 시 가장 먼저 유출되는 유분이다.

해설 경유의 특징
㉮ 제4류 위험물 중 제2석유류이며, 지정수량은 1000L이다.
㉯ 탄소수가 $C_{15} \sim C_{20}$인 포화, 불포화탄화수소의 혼합물로 유출온도의 범위는 200~350℃로 원유 증류 시 등유와 중유 사이에서 유출된다.
㉰ 담황색 또는 담갈색의 액체로 등유와 비슷한 성질을 갖고 있으며 디젤기관의 연료로 사용한다.
㉱ 물에는 녹지 않는 불용성이며, 품질은 세탄가로 정한다.
㉲ 칼륨(K), 나트륨(Na)의 보호액으로 사용할 수 있다.
㉳ 액비중 0.82~0.85(증기비중 4~5), 인화점

50~70℃, 발화점 257℃, 연소범위 1~6%이다.

참고 가솔린의 착화온도(발화점) : 300℃

28. 위험물 안전관리법에서 정의하는 다음 용어에 해당하는 것은?

> "인화성 또는 발화성 등의 성질을 가지는 것으로서 대통령령이 정하는 물품을 말한다."

① 위험물
② 인화성 물질
③ 자연발화성 물질
④ 가연물

해설 위험물의 정의 [법 제2조] : "위험물"이라 함은 인화성 또는 발화성 등의 성질을 가지는 것으로서 대통령령이 정하는 물품을 말한다.

29. 물분무 소화설비의 설치기준으로 적합하지 않은 것은?

① 고압의 전기설비가 있는 장소에는 당해 전기설비와 분무헤드 및 배관과 사이에 전기절연을 위하여 필요한 공간을 보유한다.
② 스트레이너 및 일제개방밸브는 제어밸브의 하류측 부근에 스트레이너, 일제개방밸브 순으로 설치한다.
③ 물분무 소화설비에 2 이상의 방사구역을 두는 경우에는 화재를 유효하게 소화할 수 있도록 인접하는 방사구역이 상호 중복되도록 한다.
④ 수원의 수위가 수평회전식 펌프보다 낮은 위치에 있는 가압송수장치의 물올림장치는 타 설비와 겸용하여 설치한다.

해설 물분무 소화설비의 기준 [세부기준 제132조] : 수원의 수위가 수평회전식 펌프보다 낮은 위치에 있는 가압송수장치의 물올림 장치는 전용의 물올림탱크를 설치하고, 물올림탱크의 용량은 가압송수장치를 유효하게 작동할 수 있도록 할 것

정답 **26.** ④ **27.** ③ **28.** ① **29.** ④

30. 고정 지붕을 가진 높이 15m의 원통종형 옥외저장탱크 안의 탱크 상부로부터 아래로 1m 지점에 포 방출구가 설치되어 있다. 이 조건의 탱크를 신설하는 경우 최대 허가량은 얼마인가? (단, 탱크의 단면적은 100m²이고, 탱크 내부에는 별다른 구조물이 없으며, 공간용적 기준은 만족하는 것으로 가정한다.)

① 1400m³
② 1370m³
③ 1350m³
④ 1300m³

해설 탱크의 내용적 및 공간용적 [세부기준 제25조]
㉮ 위험물을 저장 또는 취급하는 탱크의 용량은 해당 탱크의 내용적에서 공간용적을 뺀 용적으로 한다. [시행규칙 제5조]
㉯ 탱크의 공간용적은 탱크 내용적의 100분의 5 이상 100분의 10 이하의 용적으로 한다. 다만, 소화설비(소화약제 방출구를 탱크 안의 윗부분에 설치하는 것에 한한다)를 설치하는 탱크의 공간용적은 당해 소화설비의 소화약제 방출구 아래의 0.3m 이상 1m 미만의 사이의 면으로부터 윗부분의 용적으로 한다.
㉰ 문제의 조건과 기준을 적용하면 탱크의 최소 공간용적은 포 방출구 아래 0.3m를 기준으로 위쪽에 해당되는 용적이 공간용적이 되는 것이다. 즉 공간용적에 해당하는 높이는 상부로부터 1.3m이다.
㉱ 탱크의 최대 허가량을 묻는 것이므로 탱크 내용적에서 최소공간용적을 빼준 용적이 최대 허가량이 된다.
∴ 최대 허가량 = 탱크 내용적 − 최소 공간용적
= (탱크 단면적 × 전체 높이)
   − (탱크 단면적 × 공간용적 높이)
= 탱크 단면적 × (전체높이 − 공간용적 높이)
= 100 × (15 − 1.3) = 1370m³

31. 지정수량 10배의 벤조일퍼옥사이드 운송 시 혼재할 수 있는 위험물로 옳은 것은?

① 제1류 위험물
② 제2류 위험물
③ 제3류 위험물
④ 제6류 위험물

해설 ㉮ 벤조일퍼옥사이드(과산화벤조일)은 제5

류 위험물에 해당된다.
㉯ 제5류 위험물과 혼재가 가능한 것은 제2류 위험물과 제4류 위험물이다.
※ 위험물 운반할 때 혼재 기준은 25번 해설을 참고하기 바랍니다.

32. 분말 소화약제의 종별 주성분이 잘못 연결된 것은?

① 제1종 분말 − 탄산수소나트륨
② 제2종 분말 − 탄산수소칼륨
③ 제3종 분말 − 제1인산암모늄
④ 제4종 분말 − 탄산수소나트륨과 요소의 반응생성물

해설 분말 소화약제의 종류 및 주성분

종류	주성분	적응화재	착색
제1종 분말	탄산수소나트륨 ($NaHCO_3$)	B.C	백색
제2종 분말	탄산수소칼륨 ($KHCO_3$)	B.C	자색 (보라색)
제3종 분말	제1인산암모늄 ($NH_4H_2PO_4$)	A.B.C	담홍색
제4종 분말	탄산수소칼륨+요소 [$KHCO_3+(NH_2)_2CO$]	B.C	회색

㈜ 제2종 분말 소화약제의 착색 상태를 '담회색'으로 표현하는 경우도 있음

33. 이동탱크저장소의 위험물 운송에 있어서 운송책임자의 감독, 지원을 받아 운송하여야 하는 위험물의 종류에 해당하는 것은?

① 칼륨
② 알킬알루미늄
③ 질산에스테르류
④ 아염소산염류

해설 운송책임자의 감독, 지원을 받아 운송하여야 하는 위험물 종류 [시행령 제19조]
㉮ 알킬알루미늄
㉯ 알킬리튬
㉰ 알킬알루미늄 또는 알킬리튬을 함유하는 위험물

34. 오황화인이 물과 반응하였을 때 생성된 가스를 연소시키면 발생하는 독성이 있는 가스는?

① 이산화질소　　② 포스핀
③ 염화수소　　　④ 이산화황

해설 오황화인(P_2S_5)

㉮ 제2류 위험물 중 황화인에 해당되며 지정수량 100kg이다.

㉯ 오황화인(P_2S_5)은 물, 알칼리에 의해 황화수소(H_2S)와 인산(H_3PO_4)으로 분해된다.

$$P_2S_5 + 8H_2O \rightarrow 5H_2S + 2H_3PO_4$$

㉰ 황화수소(H_2S)를 연소시키면 유독성의 이산화황(SO_2) 가스가 발생한다.

$$2H_2S + 3O_2 \rightarrow 2H_2O + 2SO_2 \uparrow$$

35. 소화난이도등급 I 의 옥내탱크저장소(인화점 70℃ 이상의 제4류 위험물만을 저장, 취급하는 것)에 설치하여야 하는 소화설비가 아닌 것은?

① 고정식 포 소화설비
② 이동식 외의 할로겐화합물소화설비
③ 스프링클러설비
④ 물분무소화설비

해설 소화난이도 등급 I 인 옥내탱크 저장소에 설치하여야 할 소화설비 : 시행규칙 별표17

구분	소화설비
유황만을 저장 취급하는 것	물분무 소화설비
인화점 70℃ 이상의 제4류 위험물만을 저장 취급하는 것	물분무 소화설비, 고정식 포 소화설비, 이동식 이외의 불활성가스소화설비, 이동식 이외의 할로겐화합물소화설비 또는 이동식 이외의 분말소화설비
그 밖의 것	고정식 포 소화설비, 이동식 이외의 불활성가스소화설비, 이동식 이외의 할로겐화합물 소화설비 또는 이동식 이외의 분말소화설비

36. 제2류 위험물에 속하지 않는 것은?

① 구리분　　　② 알루미늄분
③ 크롬분　　　④ 몰리브덴분

해설 제2류 위험물(가연성 고체) 금속분의 정의 [시행령 별표1] : 알칼리금속, 알칼리토금속, 철 및 마그네슘 외의 금속의 분말을 말하며 구리분, 니켈분 및 $150\mu m$ 의 체를 통과하는 것이 50 wt% 미만인 것은 제외한다.

37. [보기]의 위험물 중 비중이 물보다 큰 것은 모두 몇 개인가?

> [보기] 과염소산, 과산화수소, 질산

① 0　　② 1　　③ 2　　④ 3

해설 제6류 위험물의 액체 비중

품명	액체 비중
과염소산	1.76
과산화수소	1.465
질산	1.5

참고 제6류 위험물은 산화성 액체로 강산성을 나타내며 비중이 1보다 크며 물에 잘 녹고 물과 접촉하면 발열하는 성질을 갖는다.

38. 알루미늄분의 위험성에 대한 설명 중 틀린 것은?

① 뜨거운 물과 접촉 시 격렬하게 반응한다.
② 산화제와 혼합하면 가열, 충격 등으로 발화할 수 있다.
③ 연소 시 수산화알루미늄과 수소를 발생한다.
④ 염산과 반응하여 수소를 발생한다.

해설 알루미늄(Al)분의 위험성

㉮ 제2류 위험물 중 금속분에 해당되며 지정수량은 500kg이다.

㉯ 산화제와 혼합 시 가열, 충격, 마찰에 의하여 착화한다.

㉰ 할로겐원소와 접촉하면 자연발화의 위험성이

있다.

㉣ 발화(연소)하면 많은 열과 함께 산화알루미늄(Al_2O_3)이 발생한다.

$$4Al+3O_2 \rightarrow 2Al_2O_3+339kcal$$

㉤ 물과 반응하여 수소(H_2)를 발생한다.

$$2Al+6H_2O \rightarrow 2Al(OH)_3+3H_2 \uparrow$$

㉥ 산(HCl : 염산), 알칼리(NaOH : 가성소다)와 반응하여 수소(H_2)를 발생한다.

$$2Al+6HCl \rightarrow 2AlCl_3+3H_2 \uparrow$$

$$2Al+2NaOH+2H_2O \rightarrow 2NaAlO_2+3H_2 \uparrow$$

39. 적린과 혼합하여 반응하였을 때 오산화인을 발생하는 것은?

① 물　　　　　　　② 황린
③ 에틸알코올　　　④ 염소산칼륨

해설 적린(P)의 위험성

㉮ 독성이 없고 자연발화의 위험성이 없으나 산화물(염소산염류 등의 산화제 : 염소산칼륨)과 공존하면 낮은 온도에서도 발화할 수 있다.

㉯ 발화하면 오산화인(P_2O_5)을 발생한다.

40. 지정수량이 나머지 셋과 다른 것은?

① 과염소산칼륨　　② 과산화나트륨
③ 유황　　　　　　④ 칼슘

해설 각 위험물의 지정수량

위험물	유별 및 품명	지정수량
과염소산칼륨 ($KClO_4$)	제1류 위험물 과염소산염류	50kg
과산화나트륨 (Na_2O_2)	제1류 위험물 무기과산화물	50kg
유황(S)	제2류 위험물	100kg
칼슘(Ca)	제3류 위험물 알칼리토금속	50kg

41. 위험물 안전관리법령에서 규정하고 있는 옥내소화전설비의 설치기준에 관한 내용 중 옳은 것은?

① 제조소등 건축물의 층마다 당해 층의 각

부분에서 하나의 호스 접속구까지의 수평거리가 25m 이하가 되도록 설치한다.

② 수원의 수량은 옥내소화전이 가장 많이 설치된 층의 옥내소화전 설치개수(설치개수가 5개 이상인 경우는 5개)에 18.6m^3를 곱한 양 이상이 되도록 설치한다.

③ 옥내소화전설비는 각 층을 기준으로 하여 당해 층의 모든 옥내소화전(설치개수가 5개 이상인 경우는 5개의 옥내소화전)을 동시에 사용할 경우에 각 노즐선단의 방수압력이 170kPa 이상의 성능이 되도록 한다.

④ 옥내소화전설비는 각 층을 기준으로 하여 당해 층의 모든 옥내소화전(설치개수가 5개 이상인 경우는 5개의 옥내소화전)을 동시에 사용할 경우에 각 노즐선단의 방수량이 1분당 130L 이상의 성능이 되도록 한다.

해설 옥내소화전설비 설치기준 [시행규칙 별표17]

㉮ 호스 접속구까지의 수평거리 : 25m 이하

㉯ 수원의 양 : 옥내소화전 설치개수(최고 5개)에 7.8m^3를 곱한 양 이상

㉰ 노즐선단의 방수압력 : 350kPa(0.35MPa) 이상

㉱ 노즐에서의 방수량 : 260L/min 이상

42. 위험물 안전관리법령의 위험물 운반에 관한 기준에서 고체 위험물은 운반용기 내용적의 몇 % 이하의 수납률로 수납하여야 하는가?

① 80　　② 85　　③ 90　　④ 95

해설 운반용기에 의한 수납 적재 기준 [시행규칙 별표19]

㉮ 고체 위험물은 운반용기 내용적의 95% 이하의 수납률로 수납할 것

㉯ 액체 위험물은 운반용기 내용적의 98% 이하의 수납률로 수납하되, 55℃의 온도에서 누설되지 아니하도록 충분한 공간용적을 유지하도록 할 것

43. 제5류 위험물인 트리니트로톨루엔 분해 시 주 생성물에 해당되지 않는 것은?

① CO   ② N_2 ③ NH_3 ④ H_2

해설 트리니트로톨루엔[$C_6H_2CH_3(NO_2)_3$: TNT]
㉮ 분해 반응식
   $2C_6H_2CH_3(NO_2)_3 \rightarrow 12CO\uparrow + 3N_2\uparrow + 5H_2\uparrow + 2C$
㉯ 생성되는 가스 : 일산화탄소(CO), 질소(N_2), 수소(H_2)

44. 히드라진의 지정수량은 얼마인가?

① 200kg   ② 200L
③ 2000kg   ④ 2000L

해설 히드라진(N_2H_4)의 특징
㉮ 제4류 위험물 중 제2석유류(수용성)에 해당되며 지정수량 2000L이다.
㉯ 무색의 수용성 액체로 물과 같이 투명하다.
㉰ 물, 알코올과는 어떤 비율로도 혼합되지만 에테르, 클로로포름에는 녹지 않는다.
㉱ 유리를 침식하고 코르크나 고무를 분해한다.
㉲ 가열하면 분해하여 암모니아(NH_3)와 질소(N_2)를 발생한다.
㉳ 증기가 공기와 혼합하면 폭발적으로 연소한다.

45. 탄화칼슘을 물과 반응시키면 무슨 가스가 발생하는가?

① 에탄   ② 에틸렌
③ 메탄   ④ 아세틸렌

해설 탄화칼슘(CaC_2)
㉮ 제3류 위험물 중 칼슘 또는 알루미늄의 탄화물로 지정수량은 300kg이다.
㉯ 탄화칼슘(CaC_2)이 물(H_2O)과 반응하면 가연성인 아세틸렌(C_2H_2)가스가 발생한다.
㉰ 반응식 : $CaC_2 + 2H_2O \rightarrow Ca(OH)_2 + C_2H_2$

46. 위험물 안전관리법령에서 정의하는 "특수인화물"에 대한 설명으로 올바른 것은?

① 1기압에서 발화점이 150℃ 이상인 것

② 1기압에서 인화점이 40℃ 미만인 고체물질의 것
③ 1기압에서 인화점이 −20℃ 이하이고, 비점이 40℃ 이하인 것
④ 1기압에서 인화점이 21℃ 이상, 70℃ 미만인 가연성 물질인 것

해설 특수인화물의 정의[시행령 별표1] : 이황화탄소, 디에틸에테르 그 밖에 1기압에서 발화점이 100℃ 이하인 것 또는 인화점이 −20℃ 이하이고 비점이 40℃ 이하인 것을 말한다.

47. 물과 반응하여 발열하면서 폭발 위험성이 증가하는 것은?

① 과산화칼륨   ② 과망간산나트륨
③ 요오드산칼륨   ④ 과염소산칼륨

해설 ㉮ 과산화칼륨(K_2O_2) : 제1류 위험물 중 무기과산화물로 물(H_2O), 이산화탄소(CO_2)와 반응시킨 경우 및 가열하면 산소(O_2)가 발생된다.
㉯ 반응식
   ㉠ 물과 반응 : $2K_2O_2 + 2H_2O \rightarrow 4KOH + O_2\uparrow$
   ㉡ CO_2와 반응 : $2K_2O_2 + CO_2 \rightarrow 2K_2CO_3 + O_2\uparrow$
   ㉢ 가열 : $2K_2O_2 \rightarrow K_2O + O_2\uparrow$

48. 제6류 위험물 성질로 알맞은 것은?

① 금수성 물질   ② 산화성 액체
③ 산화성 고체   ④ 자연발화성 물질

해설 위험물의 유별 성질[시행령 별표1]
㉮ 제1류 위험물 : 산화성 고체
㉯ 제2류 위험물 : 가연성 고체
㉰ 제3류 위험물 : 자연발화성 및 금수성 물질
㉱ 제4류 위험물 : 인화성 액체
㉲ 제5류 위험물 : 자기반응성 물질
㉳ <u>제6류 위험물 : 산화성 액체</u>

49. 물과 친화력이 있는 수용성 용매의 화재에 보통의 포 소화약제를 사용하면 포가 파괴되기 때문에 소화효과를 잃게 된다. 이와 같은 단점을 보완한 소화약제로 가연성인 수용성 용매의

화재에 유효한 효과를 가지고 있는 것은?

① 알코올형포 소화약제
② 단백포 소화약제
③ 합성계면활성제포 소화약제
④ 수성막포 소화약제

해설 알코올형포(내알코올포) 소화약제 : 알코올과 같은 수용성 액체에는 포가 파괴되는 현상으로 인해 소화효과를 잃게 되는 것을 방지하기 위해 단백질 가수분해물에 합성세제를 혼합하여 제조한 소화약제이다.

50. 위험물제조소에서 연소의 우려가 있는 외벽은 기산점이 되는 선으로부터 3m(2층 이상의 층에 대해서는 5m) 이내에 있는 외벽을 말하는데 이 기산점이 되는 선에 해당하지 않는 것은?

① 동일 부지 내의 다른 건축물과 제조소 부지 간의 중심선
② 제조소등에 인접한 도로의 중심선
③ 제조소등이 설치된 부지의 경계선
④ 제조소등의 외벽과 동일 부지 내의 다른 건축물의 외벽간의 중심선

해설 제조소등의 연소의 우려가 있는 외벽 [위험물안전관리에 관한 세부기준 제41조] : 연소의 우려가 있는 외벽은 다음에서 정한 선을 기산점으로 하여 3m(2층 이상의 층에 대해서는 5m) 이내에 있는 제조소등의 외벽을 말한다.
㉮ 제조소등이 설치된 부지의 경계선
㉯ 제조소등에 인접한 도로의 중심선
㉰ 제조소등의 외벽과 동일부지 내의 다른 건축물의 외벽간의 중심선

51. 제1류 위험물이 아닌 것은?

① 과요오드산염류
② 퍼옥소붕산염류
③ 요오드의 산화물
④ 금속의 아지화합물

해설 ㉮ 제1류 위험물 중 '그 밖에 행정안전부령으로 정하는 것' [시행규칙 제3조] : 과요오드산염류, 과요오드산, 크롬·납 또는 요오드의 산화물, 아질산염류, 차아염소산염류, 염소화이소시아눌산, 퍼옥소이황산염류, 퍼옥소붕산염류
㉯ 금속의 아지화합물 : 제5류 위험물 중 행정안전부령으로 정하는 것으로 질산구아니딘, 금속의 아지화합물이다.

52. 제조소등에 있어서 위험물의 저장하는 기준으로 잘못된 것은?

① 황린은 제3류 위험물이므로 물기가 없는 건조한 장소에 저장하여야 한다.
② 덩어리상태의 유황과 화약류에 해당하는 위험물은 위험물 용기에 수납하지 않고 저장할 수 있다.
③ 옥내저장소에는 용기에 수납하여 저장하는 위험물의 온도가 55℃를 넘지 아니하도록 필요한 조치를 강구하여야 한다.
④ 이동저장탱크에는 저장 또는 취급하는 위험물의 유별, 품명, 최대수량 및 적재중량을 표시하고 잘 보일 수 있도록 관리하여야 한다.

해설 황린(P_4)은 제3류 위험물이지만 자연 발화의 가능성이 있어 물속에 저장하며, 온도가 상승 시 물의 산성화가 빨라져 용기를 부식시키므로 직사광선을 막는 차광 덮개를 하여 저장한다.

53. 마그네슘의 일반적인 성질에 대한 설명 중 틀린 것은?

① 은백색의 광택이 있는 금속분말이다.
② 더운물과 반응하여 산소를 발생한다.
③ 열전도율 및 전기전도도가 큰 금속이다.
④ 황산과 반응하여 수소가스를 발생한다.

해설 마그네슘(Mg)의 특징
㉮ 제2류 위험물로 지정수량 500kg이다.
㉯ 은백색의 광택이 있는 가벼운 금속 분말이다.
㉰ 열전도율 및 전기전도도가 큰 금속이다.

④ 알칼리금속에는 침식당하지 않지만 산이나 염류에는 침식된다.
⑤ 산 및 더운물과 반응하여 수소(H_2)를 발생한다.

$$Mg + 2HCl \rightarrow MgCl_2 + H_2 \uparrow$$
$$Mg + 2H_2O \rightarrow Mg(OH)_2 + H_2 \uparrow$$

⑥ 비중 1.74, 융점 651℃, 비점 1102℃, 발화점 400℃ 부근이다.

54. 톨루엔의 위험성에 대한 설명으로 틀린 것은?

① 증기 비중은 약 0.87이므로 높은 곳에 체류하기 쉽다.
② 독성이 있으나 벤젠보다는 약하다.
③ 약 4℃의 인화점을 갖는다.
④ 유체 마찰 등으로 정전기가 생겨 인화하기도 한다.

해설 톨루엔($C_6H_5CH_3$)의 특징
⑦ 제4류 위험물로 제1석유류에 해당되며 지정수량 200L이다.
⑥ 벤젠의 수소 원자 하나가 메틸기(−CH_3)로 치환된 것이다.
⑥ 독특한 냄새가 있는 무색의 액체로 벤젠보다는 독성이 약하다.
⑧ 물에는 녹지 않으나 알코올, 에테르, 벤젠과는 잘 섞인다.
⑩ 수지, 유지, 고무 등을 녹인다.
⑪ 액비중 0.89(증기비중 3.14), 비점 110.6℃, 착화점 552℃, 인화점 4.5℃, 연소범위 1.4 ~ 6.7%이다.

55. 경유 2000L, 글리세린 2000L를 같은 장소에 저장하려 할 때 지정수량 배수의 합은 얼마인가?

① 2.5 ② 3.0 ③ 3.5 ④ 4.0

해설 제4류 위험물 지정수량
⑦ 경유(제2석유류, 비수용성) : 1000L
⑥ 글리세린(제3석유류, 수용성) : 4000L
⑥ 지정수량 배수의 합 계산 : 지정수량 배수의

합은 각 위험물량을 지정수량으로 나눈 값의 합이다.
∴ 지정수량 배수의 합

$$= \frac{A 위험물량}{지정수량} + \frac{B 위험물량}{지정수량}$$
$$= \frac{2000}{1000} + \frac{2000}{4000} = 2.5$$

56. 제3류 위험물이 아닌 것은?

① 마그네슘 ② 나트륨
③ 칼륨 ④ 칼슘

해설 제3류 위험물(자연발화성 물질 및 금수성 물질)의 종류

품명	지정수량
칼륨, 나트륨, 알킬알루미늄, 알킬리튬	10kg
황린	20kg
알칼리금속 및 알카리토금속, 유기금속화합물	50kg
금속의 수소화물 및 인화물, 칼슘 또는 알루미늄의 탄화물	300kg
그 밖에 행정안전부령으로 정하는 것 : 염소화규소화합물	10kg, 20kg, 50kg 또는 300kg

참고 마그네슘(Mg)은 제2류 위험물(가연성 고체)로 지정수량 500kg이다.

57. 적재 시 일광의 직사를 피하기 위하여 차광성이 있는 피복으로 가려야 하는 위험물은?

① 아세트알데히드
② 아세톤
③ 메틸알코올
④ 아세트산

해설 ⑦ 차광성이 있는 피복으로 가려야 하는 위험물 : 제1류 위험물, 제3류 위험물 중 자연발화성 물질, 제4류 위험물 중 특수인화물, 제5류 위험물, 제6류 위험물
⑥ 아세트알데히드(CH_3CHO)는 제4류 위험물 중 특수인화물에 해당된다.

58. 분진 폭발의 위험이 가장 낮은 것은?

① 아연분 　　　　② 시멘트
③ 밀가루 　　　　④ 커피가루

해설 분진폭발을 일으키는 물질
　㉮ 폭연성 분진 : 금속분말(Mg, Al, Fe 등)
　㉯ 가연성 분진 : 소맥분, 전분, 합성수지류, 황,
　　코코아, 리그린, 석탄분말, 고무분말, 담배분
　　말 등
참고 시멘트 분말, 대리석 분말 등은 불연성 물질
　로 분진폭발과는 관련이 없다.

59. 물과 반응하여 수소를 발생하는 물질로 불꽃
반응 시 노란색을 나타내는 것은?

① 칼륨
② 과산화칼륨
③ 과산화나트륨
④ 나트륨

해설 불꽃반응 색

명칭	불꽃색
나트륨(Na)	노란색
칼륨(K)	보라색
리튬(Li)	적색
구리(Cu)	청록색
바륨(Ba)	황록색

60. 다음 중 삼황화인이 가장 잘 녹는 물질은?

① 차가운 물
② 이황화탄소
③ 염산
④ 황산

해설 삼황화인(P_4S_3)은 물, 염소, 염산, 황산에는
　녹지 않으나 질산, 이황화탄소, 알칼리에는 녹
　는다.

2011

2011. 7. 31 시행 (제4회)

1. 고정식 포 소화설비의 기준에서 포 헤드방식의 포 헤드는 방호대상물의 표면적 몇 m^2당 1개 이상의 헤드를 설치해야 하는가?

① 3 ② 9
③ 15 ④ 30

해설 포 헤드방식의 포 헤드 설치 기준 [세부기준 제133조]
  ㉮ 포 헤드는 방호대상물의 모든 표면이 포 헤드의 유효사정 내에 있도록 설치할 것
  ㉯ 방호대상물의 표면적 $9m^2$당 1개의 포 헤드를, $1m^2$당 방사량이 6.5L/min 이상의 비율로 계산한 양의 포수용액을 표준방사량으로 방사할 수 있도록 설치할 것
  ㉰ 방사구역은 $100m^2$ 이상으로 할 것

2. 지정수량의 100배 이상을 저장 또는 취급하는 옥내저장소에 설치하여야 하는 경보설비는? (단, 고인화점 위험물만을 저장 또는 취급하는 것은 제외한다.)

① 비상경보설비
② 자동화재탐지설비
③ 비상방송설비
④ 확성장치

해설 옥내저장소의 자동화재 탐지설비 설치 대상 [시행규칙 별표17]
  ㉮ 지정수량의 100배 이상을 저장 또는 취급하는 것
  ㉯ 저장창고의 연면적이 $150m^2$를 초과하는 것
  ㉰ 처마높이가 6m 이상인 단층건물의 것
  ㉱ 옥내저장소로 사용되는 부분 외의 부분이 있는 건축물에 설치된 옥내저장소

3. 위험물 안전관리법령상 스프링클러헤드는 부착장소의 평상 시 최고주위온도가 28℃ 미만인 경우 몇 ℃의 표시온도를 갖는 것을 설치하

여야 하는가?

① 58℃ 미만
② 58℃ 이상 79℃ 미만
③ 79℃ 이상 121℃ 미만
④ 121℃ 이상 162℃ 미만

해설 스프링클러 헤드 표시온도 [세부기준 제131조]

부착장소 최고주위온도	표시온도
28℃ 미만	58℃ 미만
28℃ 이상 39℃ 미만	58℃ 이상 79℃ 미만
39℃ 이상 64℃ 미만	79℃ 이상 121℃ 미만
64℃ 이상 106℃ 미만	121℃ 이상 162℃ 미만
106℃ 이상	162℃ 이상

4. 가연물이 되기 쉬운 조건이 아닌 것은?

① 산화반응의 활성이 크다.
② 표면적이 넓다.
③ 활성화에너지가 크다.
④ 열전도율이 낮다.

해설 가연물의 구비조건
  ㉮ 발열량이 크고, 열전도율이 작을 것
  ㉯ 산소와 친화력이 좋고 표면적이 넓을 것
  ㉰ 활성화 에너지(점화에너지)가 작을 것
  ㉱ 연쇄반응이 있고, 건조도가 높을 것(수분 함량이 적을 것)

참고 가연물의 열전도율이 크게 되면 자신이 보유하고 있는 열이 적게 되어 착화 및 연소가 어려워지게 된다.

5. A, B, C급 화재에 모두 적응성이 있는 분말 소화약제는?

① 제1종 분말 소화약제
② 제2종 분말 소화약제
③ 제3종 분말 소화약제
④ 제4종 분말 소화약제

정답 1. ② 2. ② 3. ① 4. ③ 5. ③

해설 분말 소화약제의 종류 및 주성분

종류	주성분	적응화재	착색
제1종 분말	탄산수소나트륨 ($NaHCO_3$)	B.C	백색
제2종 분말	탄산수소칼륨 ($KHCO_3$)	B.C	자색 (보라색)
제3종 분말	제1인산암모늄 ($NH_4H_2PO_4$)	A.B.C	담홍색
제4종 분말	탄산수소칼륨+요소 [$KHCO_3+(NH_2)_2CO$]	B.C	회색

☞ 제2종 분말 소화약제의 착색 상태를 '담회색'으로 표현하는 경우도 있음

6. 유기과산화물의 화재 시 적응성이 있는 소화설비는?

① 물분무 소화설비
② 이산화탄소 소화설비
③ 할로겐화합물 소화설비
④ 분말 소화설비

해설 제5류 위험물(유기과산화물)에 적응성이 있는 소화설비 [시행규칙 별표17]
㉠ 옥내소화전 또는 옥외소화전설비
㉡ 스프링클러설비
㉢ 물분무 소화설비
㉣ 포 소화설비
㉤ 봉상수(棒狀水) 소화기
㉥ 무상수(霧狀水) 소화기
㉦ 봉상강화액 소화기
㉧ 무상강화액 소화기
㉨ 포 소화기
㉩ 물통 또는 건조사
㉪ 건조사
㉫ 팽창질석 또는 팽창진주암

7. 주수소화가 적합하지 않은 물질은?

① 과산화벤조일   ② 과산화나트륨
③ 피크르산   ④ 염소산나트륨

해설 ㉠ 과산화나트륨(Na_2O_2)은 제1류 위험물로

흡습성이 있으며 물과 반응하여 많은 열과 함께 산소(O_2)와 수산화나트륨($NaOH$)을 발생하므로 소화 시 주수소화는 부적합하다.
㉡ 반응식 : $2Na_2O_2 + 2H_2O \rightarrow 4NaOH + O_2 \uparrow$

8. 디에틸에테르의 저장 시 소량의 염화칼슘을 넣어 주는 목적은?

① 정전기 발생 방지
② 과산화물 생성 방지
③ 저장용기의 부식 방지
④ 동결 방지

해설 디에틸에테르($C_2H_5OC_2H_5$: 에테르)의 특징
㉠ 제4류 위험물 중 특수인화물에 해당되며 지정수량 50L이다.
㉡ 전기의 불량도체라 정전기가 발생되기 쉬워 소량의 염화칼슘($CaCl_2$)을 넣어 정전기 발생을 방지한다.

9. 소화난이도 등급 II의 옥내탱크저장소에는 대형수동식 소화기 및 소형수동식 소화기를 각각 몇 개 이상 설치하여야 하는가?

① 4   ② 3   ③ 2   ④ 1

해설 소화난이도 등급 II의 제조소등에 설치하여야 하는 소화설비 [시행규칙 별표17]

제조소등의 구분	소화설비
제조소 옥내저장소 옥외저장소 주유취급소 판매취급소 일반취급소	대형수동식 소화기, 당해 위험물의 소요단위의 1/5 이상에 해당되는 능력단위의 소형수동식 소화기등을 설치
옥외탱크저장소 옥내탱크저장소	대형수동식 소화기 및 소형수동식 소화기등을 각각 1개 이상 설치

10. 제3류 위험물 중 금수성 물질을 취급하는 제조소에 설치하는 주의사항 게시판의 내용과 색상으로 옳은 것은?

① 물기엄금 : 백색바탕에 청색문자
② 물기엄금 : 청색바탕에 백색문자
③ 물기주의 : 백색바탕에 청색문자
④ 물기주의 : 청색바탕에 백색문자

해설 제조소의 주의사항 게시판 [시행규칙 별표4]

위험물의 종류	내용	색상
• 제1류 위험물 중 알칼리금속의 과산화물 • 제3류 위험물 중 금수성 물질	"물기엄금"	청색바탕에 백색문자
• 제2류 위험물(인화성 고체 제외)	"화기주의"	적색바탕에 백색문자
• 제2류 위험물 중 인화성 고체 • 제3류 위험물 중 자연발화성 물질 • 제4류 위험물 • 제5류 위험물	"화기엄금"	

11. 폭발 시 연소파의 전파속도 범위에 가장 가까운 것은?

① 0.1~10m/s
② 100~1000m/s
③ 2000~3500m/s
④ 5000~10000m/s

해설 연소파 및 폭굉의 속도
㉮ 연소파 전파속도(연소속도) : 0.1~10m/s
㉯ 폭굉파의 전파속도(폭속) : 1000~3500m/s

12. 제조소등의 완공검사 신청서는 어디에 제출해야 하는가?

① 소방청장
② 소방청장 또는 시·도지사
③ 소방청장, 소방서장 또는 한국소방산업기술원
④ 시·도지사, 소방서장 또는 한국소방산업기술원

해설 제조소등의 완공검사의 신청

㉮ 시행령 제10조 : 제조소등에 대한 완공검사를 받고자 하는 자는 이를 시·도지사에게 신청하여야 한다.
㉯ 시행규칙 제19조 : 제조소등에 대한 완공검사를 받고자 하는 자는 신청서와 해당 서류를 첨부하여 시·도지사 또는 소방서장(완공검사를 기술원에 위탁하는 경우에는 기술원)에게 제출하여야 한다.

13. 대형수동식 소화기의 설치기준은 방호대상물의 각 부분으로부터 하나의 대형수동식 소화기까지의 보행거리가 몇 m 이하가 되도록 설치하여야 하는가?

① 10m ② 20m ③ 30m ④ 40m

해설 소화기 설치 시 보행거리 기준 [시행규칙 별표17]
㉮ 대형수동식 소화기 : 30m 이하
㉯ 소형수동식 소화기 : 20m 이하

14. 산화열에 의한 발열이 자연발화의 주된 요인으로 작용하는 것은?

① 건성유 ② 퇴비
③ 목탄 ④ 셀룰로이드

해설 자연발화의 형태
㉮ 분해열에 의한 발열 : 과산화수소, 염소산칼륨, 셀룰로이드류 등
㉯ 산화열에 의한 발열 : 건성유, 원면, 고무분말 등
㉰ 중합열에 의한 발열 : 시안화수소, 산화에틸렌, 염화비닐 등
㉱ 흡착열에 의한 발열 : 활성탄, 목탄 분말 등
㉲ 미생물에 의한 발열 : 먼지, 퇴비 등

15. 알코올류 20000L에 대한 소화설비 설치 시 소요단위는?

① 5 ② 10 ③ 15 ④ 20

해설 ㉮ 알코올 : 제4류 위험물로 지정수량은 400L이다.

2011

㉯ 1소요 단위는 지정수량의 10배이다.

$$\therefore \text{소요 단위} = \frac{\text{위험물의 양}}{\text{지정수량} \times 10} = \frac{20000}{400 \times 10} = 5$$

16. 연소범위에 대한 설명으로 옳지 않은 것은?

① 연소범위는 연소하한 값부터 연소상한 값까지이다.
② 연소범위의 단위는 공기 또는 산소에 대한 가스의 % 농도이다.
③ 연소하한이 낮을수록 위험이 크다.
④ 온도가 높아지면 연소범위가 좁아진다.

해설 연소범위(폭발범위)

㉮ 공기(또는 산소) 중에서 점화원에 의해 폭발을 일으킬 수 있는 혼합가스 중의 가연성가스의 부피범위(%)로 최고농도를 폭발범위 상한 값, 최저농도를 폭발범위 하한값이라 한다. (공기 중에서 연소범위와 산소 중에서 연소범위는 각각 다른 값을 가지며 일반적으로 산소 중에서 폭발범위가 넓고, 상한값이 크다.)

㉯ 폭발범위에 영향을 주는 요소
　㉠ 온도 : 온도가 높아지면 폭발범위는 넓어진다.
　㉡ 압력 : 압력이 상승하면 일반적으로 폭발범위는 넓어진다 (상한값이 높아진다).
　㉢ 산소 농도 : 산소 농도가 증가하면 폭발범위는 넓어진다 (상한값이 높아진다).
　㉣ 불연성 가스 : 불연성 가스가 혼합되면 산소농도를 낮추며 이로 인해 폭발범위는 좁아진다.

17. 이산화탄소 소화기 사용 시 줄·톰슨 효과에 의해서 생성되는 물질은?

① 포스겐　　　　② 일산화탄소
③ 드라이아이스　④ 수성가스

해설 ㉮ 드라이아이스 : 고체탄산이라고 하며 액체 상태의 이산화탄소가 줄·톰슨 효과에 의하여 온도가 강하되면서 고체(얼음) 상태로 된 것이다.
㉯ 줄·톰슨 효과 : 단열을 한 배관 중에 작은 구

멍을 내고 이 관에 압력이 있는 유체를 흐르게 하면 유체가 작은 구멍을 통할 때 유체의 압력이 하강함과 동시에 온도가 떨어지는 현상이다. 이산화탄소 소화기를 사용할 때 줄·톰슨 효과에 의하여 노즐부분에서 드라이아이스가 생성되어 노즐을 폐쇄하는 현상이 발생한다.

18. 건축물 화재 시 성장기에서 최성기로 진행될 때, 실내 온도가 급격히 상승하기 시작하면서 화염이 실내 전체로 급격히 확대되는 연소현상은?

① 슬롭 오버(slop over)
② 플래시 오버(flash over)
③ 보일 오버(boil over)
④ 프로스 오버(froth over)

해설 플래시 오버(flash over) 현상 : 전실화재라 하며 화재로 발생한 열이 주변의 모든 물체가 연소되기 쉬운 상태에 도달하였을 때 순간적으로 강한 화염을 분출하면서 내부 전체를 급격히 태워버리는 현상이다.

19. B급 화재의 표시 색상은?

① 청색　② 무색　③ 황색　④ 백색

해설 화재의 분류 및 표시 색상

구분	화재 종류	표시 색상
A급 화재	일반 화재	백색
B급 화재	유류, 가스 화재	황색
C급 화재	전기 화재	청색
D급 화재	금속 화재	−

20. 품명이 나머지 셋과 다른 것은?

① 산화프로필렌　② 아세톤
③ 이황화탄소　　④ 디에틸에테르

해설 ㉮ 제4류 위험물 중 특수인화물 종류 : 디에틸에테르($C_2H_5OC_2H_5$: 에테르), 이황화탄소(CS_2), 아세트알데히드(CH_3CHO), 산화프로필렌(CH_3CHOCH_2), 디에틸설파이드(황화

디메틸) 등

㉯ 아세톤(CH_3COCH_3)은 제1석유류에 해당 된다.

21. 질산에 대한 설명으로 옳은 것은?

① 산화력은 없고 강한 환원력이 있다.
② 자체 연소성이 있다.
③ 크산토프로테인 반응을 한다.
④ 조연성과 부식성이 없다.

해설 질산(HNO_3)의 특징

㉮ 제6류 위험물로 지정수량 300kg이다.

㉯ 순수한 질산은 무색의 액체로 공기 중에서 물을 흡수하는 성질이 강하다.

㉰ 물과 임의적인 비율로 혼합하면 발열한다.

㉱ 은(Ag), 구리(Cu), 수은(Hg) 등은 다른 산과 작용하지 않지만 질산과는 반응을 하여 질산염과 산화질소를 만든다.

㉲ 진한 질산은 부식성이 크고 산화성이 강하며, 피부에 접촉되면 화상을 입는다.

㉳ 진한 질산을 가열하면 분해하면서 유독성인 이산화질소(NO_2)의 적갈색 증기를 발생한다.

㉴ 질산 자체는 연소성, 폭발성은 없지만 환원성이 강한 물질(황화수소(H_2S), 아민 등)과 혼합하면 발화 또는 폭발한다.

㉵ 불연성이지만 다른 물질의 연소를 돕는 조연성 물질이다.

참고 크산토프로테인 반응 : 단백질의 정색반응 중에 하나로 단백질을 소량 함유하는 물질에 진한 질산으로 니트로화하면 황색으로 색이 변하고 냉각 후에 암모니아를 가해서 알칼리성으로 하면 등황색으로 변화하는 반응이다.

22. 제5류 위험물의 공통된 취급 방법이 아닌 것은?

① 용기의 파손 및 균열에 주의한다.
② 저장 시 가열, 충격, 마찰을 피한다.
③ 운반용기 외부에 주의사항으로 "자연발화주의"를 표기한다.
④ 점화원 및 분해를 촉진시키는 물질로부

터 멀리한다.

해설 운반용기 외부 표시사항 [시행규칙 별표19]

㉮ 공통 표시사항

㉠ 위험물의 품명 · 위험등급 · 화학명 및 수용성("수용성" 표시는 제4류 위험물로서 수용성인 것에 한한다.)

㉡ 위험물의 수량

㉯ 위험물에 따른 주의사항 : 제5류 위험물인 경우 "화기엄금 및 충격주의"

23. 과망간산칼륨의 성질에 대한 설명 중 옳은 것은?

① 강력한 산화제이다.
② 물에 녹아서 연한 분홍색을 나타낸다.
③ 물에는 용해하나 에탄올에는 불용이다.
④ 묽은 황산과는 반응을 하지 않지만, 진한 황산과 접촉면부터 서서히 반응한다.

해설 과망간산칼륨($KMnO_4$)의 특징

㉮ 제1류 위험물 중 과망간산염류에 해당하고, 지정수량은 1000kg이다.

㉯ 흑자색의 사방정계 결정으로 붉은색 금속광택이 있고 단맛이 있다.

㉰ 알코올, 빙초산, 아세톤에 녹고, 물에는 녹아서 진한 보라색이 된다.

㉱ 240℃에서 가열하면 망간산칼륨, 이산화망간, 산소를 발생한다.

㉲ 목탄, 황 등 환원성 물질과 접촉 시 폭발의 위험이 있다.

㉳ 강산화제이며, 진한 황산과 접촉하면 폭발적으로 반응한다.

㉴ 용기는 금속 또는 유리 용기를 사용하며 산, 가연물, 유기물과 격리하여 저장한다.

㉵ 비중 2.7, 분해온도 240℃이다.

24. 제조소등의 관계인이 예방규정을 정하여야 하는 제조소등이 아닌 것은?

① 지정수량 100배의 위험물을 저장하는 옥외탱크저장소
② 지정수량 150배의 위험물을 저장하는 옥

내저장소

③ 지정수량 10배의 위험물을 취급하는 제조소

④ 지정수량 5배의 위험물을 취급하는 이송취급소

해설 예방규정을 정하여야 하는 제조소등 [시행령 제15조]
㉮ 지정수량의 10배 이상의 위험물을 취급하는 제조소
㉯ 지정수량의 100배 이상의 위험물을 저장하는 옥외저장소
㉰ 지정수량의 150배 이상의 위험물을 저장하는 옥내저장소
㉱ 지정수량의 200배 이상의 위험물을 저장하는 옥외탱크저장소
㉲ 암반탱크저장소
㉳ 이송취급소
㉴ 지정수량의 10배 이상의 위험물을 취급하는 일반취급소

25. 지정수량이 50kg이 아닌 것은?

① 염소산나트륨　　② 리튬

③ 과산화나트륨　　④ 디에틸에테르

해설 각 위험물의 지정수량

위험물	유별 및 품명	지정수량
염소산나트륨	제1류, 염소산염류	50kg
리튬	제3류, 알칼리금속	50kg
과산화나트륨	제1류, 무기과산화물	50kg
디에틸에테르	제4류, 특수인화물	50L

26. 수납하는 위험물에 따라 위험물의 운반용기 외부에 표시하는 주의사항이 잘못된 것은?

① 제1류 위험물 중 알칼리금속의 과산화물 : 화기·충격주의, 물기엄금, 가연물접촉주의
② 제4류 위험물 : 화기엄금
③ 제3류 위험물 중 자연발화성 물질 : 화기엄금, 공기접촉엄금
④ 제2류 위험물 중 철분 : 화기엄금

해설 운반용기의 외부 표시사항

유별	구분	표시사항
제1류	알칼리금속의 과산화물 또는 이를 함유한 것	화기·충격주의, 물기엄금, 가연물 접촉주의
	그 밖의 것	화기·충격주의 및 가연물 접촉주의
제2류	철분, 금속분, 마그네슘 또는 어느 하나 이상을 함유한 것	화기주의, 물기엄금
	인화성 고체	화기엄금
	그 밖의 것	화기주의
제3류	자연발화성 물질	화기엄금 및 공기접촉엄금
	금수성 물질	물기엄금
제4류		화기엄금
제5류		화기엄금 및 충격주의
제6류		가연물접촉주의

27. 알루미늄분에 대한 설명으로 옳지 않은 것은?

① 알칼리수용액에서 수소를 발생한다.
② 산과 반응하여 수소를 발생한다.
③ 물보다 무겁다.
④ 할로겐원소와는 반응하지 않는다.

해설 알루미늄(Al)분의 특징
㉮ 제2류 위험물 중 금속분에 해당되며 지정수량은 500kg이다.
㉯ 할로겐원소와 접촉하면 자연발화의 위험성이 있다.
㉰ 물과 반응하여 수소(H_2)를 발생한다.
$2Al+6H_2O \longrightarrow 2Al(OH)_3+3H_2 \uparrow$
㉱ 산(HCl : 염산), 알칼리(NaOH : 가성소다)와 반응하여 수소(H_2)를 발생한다.
$2Al+6HCl \longrightarrow 2AlCl_3+3H_2 \uparrow$
$2Al+2NaOH+2H_2O \longrightarrow 2NaAlO_2+3H_2 \uparrow$
㉲ 비중 2.71, 융점 658.8℃, 비점 2060℃이다.

28. 액체 위험물의 운반용기 중 금속제 내장용기의 최대 용적은 몇 L인가?

① 5　　② 10　　③ 20　　④ 30

해설 금속제 용기의 최대 용적 [시행규칙 별표19 부표1]
㉮ 내장용기 : 30L
㉯ 외장용기(드럼 제외) : 60L

29. 제4류 위험물의 일반적 성질이 아닌 것은?

① 대부분 유기화합물이다.
② 전기의 양도체로서 정전기 축적이 용이하다.
③ 발생증기는 가연성이며 증기비중은 공기보다 무거운 것이 대부분이다.
④ 모두 인화성 액체이다.

해설 제4류 위험물의 공통적인(일반적인) 성질
㉮ 상온에서 액체이며, 대단히 인화되기 쉽다.
㉯ 물보다 가볍고, 대부분 물에 녹기 어렵다.
㉰ 증기는 공기보다 무겁다.
㉱ 착화온도가 낮은 것은 위험하다.
㉲ 증기와 공기가 약간 혼합되어 있어도 연소한다.
㉳ 전기의 불량도체라 정전기 발생의 가능성이 높고, 정전기에 의하여 인화할 수 있다.
㉴ 대부분 유기화합물에 해당된다.

30. 적린의 위험성에 대한 설명으로 옳은 것은?

① 물과 반응하여 발화 및 폭발한다.
② 공기 중에 방치하면 자연발화한다.
③ 염소산칼륨과 혼합하면 마찰에 의한 발화의 위험이 있다.
④ 황린보다 불안정하다.

해설 적린(P)의 위험성
㉮ 안정한 암적색, 무취의 분말로 황린과 동소체이다.
㉯ 공기 중에서 자연발화의 위험성이 없으나 산화물(염소산염류 등의 산화제)과 공존하면 낮은 온도에서도 발화할 수 있다.
㉰ 공기 중에서 연소하면 오산화인(P_2O_5)이 되면서 백색 연기를 낸다.
㉱ 서늘한 장소에 저장하며, 화기접근을 금지한다.
㉲ 산화제, 특히 염소산염류의 혼합은 절대 금지한다.

31. 지정수량 20배의 알코올류 옥외탱크저장소에 펌프실 외의 장소에 설치하는 펌프설비의 기준으로 틀린 것은?

① 펌프설비 주위에는 3m 이상의 공지를 보유한다.
② 펌프설비 그 직하의 지반면 주위에 높이 0.15m 이상의 턱을 만든다.
③ 펌프설비 그 직하의 지반면 최저부에는 집유설비를 만든다.
④ 집유설비에는 위험물이 배수구에 유입되지 않도록 유분리장치를 만든다.

해설 옥외탱크저장소의 펌프실 외의 장소에 설치하는 펌프설비의 기준 [시행규칙 별표6] : ①, ②, ③ 외
㉮ 지반면은 콘크리트 등 위험물이 스며들지 아니하는 재료로 적당히 경사지게 한다.
㉯ 제4류 위험물을 취급하는 펌프설비에 있어서 위험물이 직접 배수구에 유입하지 않도록 집유설비에 유분리장치를 설치하는 조건은 20℃의 물 100g에 용해되는 양이 1g 미만인 것에 적용되는 기준이다. 그러므로 문제에서 주어진 알코올은 수용성이므로 유분리장치를 설치하지 않아도 된다.

32. 알킬알루미늄의 저장 및 취급방법으로 옳은 것은?

① 용기는 완전 밀봉하고 CH_4, C_3H_8 등을 봉입한다.
② C_6H_6 등의 희석제를 넣어 준다.
③ 용기의 마개에 다수의 미세한 구멍을 뚫는다.
④ 통기구가 달린 용기를 사용하여 압력상

승을 방지한다.

해설 알킬알루미늄(제3류 위험물)의 저장 및 취급방법

㉮ 용기는 밀봉하고 공기와의 접촉을 금한다.

㉯ 물과 반응하여 가연성 기체인 에탄(C_2H_6)을 발생하므로 접촉을 피한다.

㉰ 취급설비와 탱크 저장 시에는 질소 등의 불활성가스 봉입장치를 설치하여 벤젠(C_6H_6), 헥산(C_6H_{14})과 같은 희석제를 첨가한다.

㉱ 용기 파손으로 인한 공기 중에 누출을 방지한다.

참고 알킬알루미늄은 공기 중에서 자연발화의 위험성이 있으므로 용기 마개에 구멍을 뚫는 것, 통기구가 달린 용기를 사용하여 공기와 접촉되도록 하는 것, 가연성인 메탄(CH_4), 프로판(C_3H_8)을 봉입용 가스로 사용하는 것은 잘못된 저장 및 취급방법이다.

33. 위험물제조소등에 설치하는 옥내소화전설비의 설치기준으로 옳은 것은?

① 옥내소화전은 건축물의 층마다 당해 층의 각 부분에서 하나의 호스 접속구까지의 수평거리가 25m 이하가 되도록 설치하여야 한다.

② 당해 층의 모든 옥내소화전(5개 이상인 경우는 5개)을 동시에 사용할 경우 각 노즐선단에서의 방수량은 130L/min 이상이어야 한다.

③ 당해 층의 모든 옥내소화전(5개 이상인 경우는 5개)을 동시에 사용할 경우 각 노즐선단에서의 방수압력은 250kPa 이상이어야 한다.

④ 수원의 수량은 옥내소화전이 가장 많이 설치된 층의 옥내소화전 설치개수(5개 이상인 경우는 5개)에 2.6m³를 곱한 양 이상이 되도록 설치하여야 한다.

해설 옥내소화전설비 설치기준 [시행규칙 별표17]

㉮ 호스 접속구까지의 수평거리 : 25m 이하

㉯ 수원의 양 : 옥내소화전 설치개수(최고 5개)

에 7.8m³를 곱한 양 이상

㉰ 노즐선단의 방수압력 : 350kPa(0.35MPa) 이상

㉱ 노즐에서의 방수량 : 260L/min 이상

34. 질산에틸에 관한 설명으로 옳은 것은?

① 인화점이 낮아 인화되기 쉽다.

② 증기는 공기보다 가볍다.

③ 물에 잘 녹는다.

④ 비점은 약 28℃ 정도이다.

해설 질산에틸($C_2H_5NO_3$)의 특징

㉮ 제5류 위험물 중 질산에스테르류에 해당되며 지정수량은 10kg이다.

㉯ 무색, 투명한 액체로 향긋한 냄새와 단맛이 있다.

㉰ 물에는 녹지 않으나 알코올, 에테르에 녹으며 인화성이 있다.

㉱ 에탄올을 진한 질산에 작용시켜서 얻는다.

㉲ 인화점이 낮아 비점 이상으로 가열하면 폭발한다.

㉳ 아질산과 같이 있으면 폭발한다.

㉴ 화기를 피하고, 통풍이 잘 되는 냉암소에 저장한다.

㉵ 용기는 갈색 병을 사용하고 밀전한다.

㉶ 액비중 1.11(증기비중 3.14), 비점 88℃, 융점 −112℃, 인화점 −10℃이다.

35. 위험물의 유별 구분이 나머지 셋과 다른 하나는?

① 니트로글리세린

② 스티렌

③ 아조벤젠

④ 디니트로벤젠

해설 각 위험물의 유별 구분

품명		유별	지정수량
니트로글리세린	질산에스테르류	제5류	10kg
스티렌	제2석유류	제4류	1000L
아조벤젠	아조화합물	제5류	200kg
디니트로벤젠	니트로화합물	제5류	200kg

36. 탄화칼슘이 물과 반응하였을 때 생성되는 물질은?

① 산화칼슘 + 아세틸렌
② 수산화칼슘 + 아세틸렌
③ 산화칼슘 + 메탄
④ 수산화칼슘 + 메탄

해설 탄화칼슘(CaC_2)
㉮ 제3류 위험물 중 칼슘 또는 알루미늄의 탄화물로 지정수량은 300kg이다.
㉯ 탄화칼슘(CaC_2)이 물(H_2O)과 반응하면 가연성 가스인 아세틸렌(C_2H_2)과 수산화칼슘[$Ca(OH)_2$]이 발생한다.
㉰ 반응식 : $CaC_2 + 2H_2O \rightarrow Ca(OH)_2 + C_2H_2 \uparrow$

37. 연소범위가 약 1.4~7.6%인 제4류 위험물은?

① 가솔린
② 에테르
③ 이황화탄소
④ 아세톤

해설 휘발유의 성질

구분	성질
발화점	300℃
인화점	−20~−43℃
액비중	0.65~0.8
증기비중	3~4
연소범위	1.4~7.6%

38. 니트로글리세린에 대한 설명으로 가장 거리가 먼 것은?

① 규조토에 흡수시킨 것을 다이너마이트라고 한다.
② 충격, 마찰에 매우 둔감하나 동결품은 민감해진다.
③ 비중은 약 1.6이다.
④ 알코올, 벤젠에 녹는다.

해설 니트로글리세린[$C_3H_5(ONO_2)_3$]의 특징
㉮ 제5류 위험물 중 질산에스테르류에 해당되며 지정수량은 10kg이다.

㉯ 순수한 것은 상온에서 무색, 투명한 기름 모양의 액체이나 공업적으로 제조한 것은 담황색을 띠고 있다.
㉰ 상온에서 액체이지만 약 10℃에서 동결하므로 겨울에는 백색의 고체 상태이다.
㉱ 물에는 거의 녹지 않으나 벤젠, 알코올, 클로로포름, 아세톤에 녹는다.
㉲ 점화하면 적은 양은 타기만 하지만 많은 양은 폭굉에 이른다.
㉳ 규조토에 흡수시켜 다이너마이트를 제조할 때 사용된다.
㉴ 충격이나 마찰에 예민하여 액체 운반은 금지되어 있다.

39. 물과 접촉하면 발열하면서 산소를 방출하는 것은?

① 과산화칼륨
② 염소산암모늄
③ 염소산칼륨
④ 과망간산칼륨

해설 과산화칼륨(K_2O_2)
㉮ 제1류 위험물 중 무기과산화물에 해당되며 지정수량 50kg이다.
㉯ 과산화칼륨은 물과 접촉하여 반응하면 많은 열과 산소를 발생하여 폭발의 위험성이 있다.
$2K_2O_2 + 2H_2O \rightarrow 4KOH + O_2 \uparrow + Q\,[kcal]$
㉰ 이산화탄소(CO_2)와 반응시킨 경우와 가열해도 산소(O_2)가 발생된다.
㉠ CO_2와 반응 : $2K_2O_2 + CO_2 \rightarrow 2K_2CO_3 + O_2 \uparrow$
㉡ 가열 : $2K_2O_2 \rightarrow K_2O + O_2 \uparrow$

40. 비중은 약 2.5, 무취이며 알코올, 물에 잘 녹고 조해성이 있으며 산과 반응하여 유독한 ClO_2를 발생하는 위험물은?

① 염소산칼륨
② 과염소산암모늄
③ 염소산나트륨
④ 과염소산칼륨

해설 염소산나트륨($NaClO_3$)의 특징
㉮ 제1류 위험물 중 염소산염류에 해당되며 지정수량은 50kg이다.
㉯ 무색, 무취의 결정으로 물, 알코올, 글리세린, 에테르 등에 잘 녹는다.
㉰ 불연성 물질이고 조해성이 강하다.

㉑ 300℃ 정도에서 분해하기 시작하여 산소를 발생한다.

㉒ 강력한 산화제로 철과 반응하여 철제용기를 부식시킨다(철제용기를 부식시키므로 유리나 플라스틱용기를 사용한다).

㉓ 방습성이 있으므로 섬유, 나무, 먼지 등에 흡수되기 쉽다.

㉔ 산과 반응하여 유독한 이산화염소(ClO_2)가 발생하며, 폭발 위험이 있다.

㉕ 비중 2.5, 융점 240℃, 용해도(20℃) 101 이다.

41. 보일러등으로 위험물을 소비하는 일반취급소의 특례의 적용에 관한 설명으로 틀린 것은?

① 일반취급소에서 보일러, 버너 등으로 소비하는 위험물은 인화점이 섭씨 38도 이상인 제4류 위험물이어야 한다.

② 일반취급소에서 취급하는 위험물의 양은 지정수량의 30배 미만이고 위험물을 취급하는 설비는 건축물에 있어야 한다.

③ 제조소의 기준을 준용하는 다른 일반취급소와 달리 일정한 요건을 갖추면 제조소의 안전거리, 보유공지 등에 관한 기준을 적용하지 않을 수 있다.

④ 건축물 중 일반취급소로 사용하는 부분은 취급하는 위험물의 양에 관계없이 철근콘크리트조 등의 바닥 또는 벽으로 당해 건축물의 다른 부분과 구획되어야 한다.

해설 보일러등으로 위험물을 소비하는 일반취급소 특례 기준[시행규칙 별표16] : ①, ②, ③ 외

㉑ 일반취급소 중 지정수량의 10배 미만의 것으로서 건축물 중 일반취급소의 용도로 사용하는 부분의 바닥은 위험물이 침투하지 아니하는 구조로 하고 적당한 경사를 두는 한편, 집유설비 및 당해 바닥의 주위에 배수구를 설치할 것

㉒ 건축물 중 일반취급소의 용도로 제공하는 부분에는 지진 시 및 정전 시 등의 긴급 시에 보

일러, 버너 그 밖에 이와 유사한 장치에 대한 위험물의 공급을 자동적으로 차단하는 장치를 설치할 것

㉓ 위험물을 취급하는 탱크는 그 용량의 총계를 지정수량 미만으로 하고 당해의 주위에 규정에 맞는 방유턱을 설치할 것

42. 제조소등의 위치·구조 또는 설비의 변경 없이 당해 제조소등에서 취급하는 위험물의 품명을 변경하고자 하는 자는 변경하고자 하는 날의 며칠 전까지 신고하여야 하는가?

① 1일 ② 7일 ③ 15일 ④ 30일

해설 위험물 시설의 설치 및 변경등[법 제6조] : 제조소등의 위치·구조 또는 설비의 변경 없이 위험물의 품명·수량 또는 지정수량의 배수를 변경하고자 하는 자는 변경하고자 하는 날의 1일 전까지 행정안전부령이 정하는 바에 따라 시·도지사에게 신고하여야 한다.

참고 변경신고는 "변경하고자 하는 날의 7일 전까지 신고"에서 2016. 1. 27 법령 개정으로 "1일 전까지"로 변경되었음

43. 무취의 결정이며 분자량이 약 122, 녹는점이 약 482℃이고 산화제, 폭약 등에 사용되는 위험물은?

① 염소산바륨   ② 과염소산나트륨
③ 아염소산나트륨 ④ 과산화바륨

해설 과염소산나트륨($NaClO_4$)의 특징(성질)

㉑ 제1류 위험물 중 과염소산염류에 해당되며 지정수량 50kg이다.

㉒ 무색, 무취의 사방정계 결정으로 조해성이 있다.

㉓ 물이나 에틸알코올, 아세톤에 잘 녹으나 에테르에는 녹지 않는다.

㉔ 진한 황산과 접촉하면 폭발성가스를 생성하고 폭발 위험이 있다.

㉕ 히드라진, 비소, 안티몬, 금속분, 목탄분, 유기물 등이 섞여 있을 때 가열, 충격, 마찰에 의해 폭발한다.

㉺ 비중 2.50, 융점 482℃, 용해도(0℃) 170 이다.

44. 적린과 황린의 공통적인 사항 중 옳은 것은?

① 연소할 때는 오산화인의 흰 연기를 낸다.
② 냄새가 없는 적색 가루이다.
③ 물, 이황화탄소에 녹는다.
④ 맹독성이다.

해설 황린(P_4)과 적린(P)의 비교

구분	황린	적린
유별	제3류	제2류
지정수량	20kg	100kg
위험등급	I	II
색상	백색 또는 담황색 고체	암적색 분말
이황화탄소 (CS_2) 용해도	용해한다.	용해하지 않는다.
물의 용해도	용해하지 않는다.	용해하지 않는다.
연소생성물	오산화인(P_2O_5)	오산화인(P_2O_5)
독성	유	무
비중	1.82	2.2
발화점	34℃	260℃
소화방법	분무주수	분무주수

45. 살균제 및 소독제로 사용되며, 분해할 때 발생하는 발생기 산소(O)의 난분해성 유기물질을 산화시킬 수 있는 물질은 무엇인가?

① $HClO_4$
② CH_3OH
③ H_2O_2
④ H_2SO_4

해설 과산화수소(H_2O_2)의 특징
㉮ 제6류 위험물로 지정수량 300kg이다.
㉯ 순수한 것은 점성이 있는 무색의 액체이나 양이 많을 경우에는 청색을 나타낸다.
㉰ 강한 산화성이 있고 물, 알코올, 에테르 등에는 용해하지만 석유, 벤젠에는 녹지 않는다.
㉱ 알칼리 용액에서는 급격히 분해하나 약산성

에서는 분해하기 어렵다.
㉲ 분해를 방지하기 위해 안정제인 인산(H_3PO_4), 요산($C_5H_4N_4O_3$)를 가한다.
㉳ 소독약으로 사용되는 옥시풀은 과산화수소 3%인 용액이다.
㉴ 비중(0℃) 1.465, 융점 −0.89℃, 비점 80.2℃ 이다.

참고 과산화수소는 그 농도가 36 중량% 이상인 것에 한하여 위험물로 간주한다.

46. 니트로화합물, 니트로소화합물, 질산에스테르류, 히드록실아민을 각각 50kg씩 저장하고 있을 때 지정수량의 배수가 가장 큰 것은?

① 니트로화합물
② 니트로소화합물
③ 질산에스테르류
④ 히드록실아민

해설 ㉮ 제5류 위험물의 지정수량

명칭	지정수량	지정수량 배수
니트로화합물	200kg	0.25
니트로소화합물	200kg	0.25
질산에스테르류	10kg	5
히드록실아민	100kg	0.5

㉯ 지정수량 배수는 $\dfrac{물질량}{지정수량}$ 이다.

47. 다음 중 지정수량이 다른 물질은?

① 황화린
② 적린
③ 철분
④ 유황

해설 제2류 위험물의 지정수량

품명	지정수량
황화린(황화인)	100kg
적린	100kg
철분	500kg
유황	100kg

48. 산화프로필렌에 대한 설명 중 틀린 것은?

① 연소범위는 가솔린보다 넓다.
② 물에는 잘 녹지만 알코올, 벤젠에는 녹지

않는다.

③ 비중은 1보다 작고, 증기비중은 1보다 크다.

④ 증기압이 높으므로 상온에서 위험한 농도까지 도달할 수 있다.

해설 산화프로필렌(CH_3CHOCH_2)의 특징
㉮ 제4류 위험물 중 특수인화물로 지정수량 50L 이다.
㉯ 무색, 투명한 에테르 냄새가 나는 휘발성 액체이다.
㉰ 물, 에테르, 벤젠 등의 많은 용제에 녹는다.
㉱ 화학적 활성이 크며 산, 알칼리, 마그네슘의 촉매하에서 중합반응을 한다.
㉲ 증기와 액체는 구리, 은, 마그네슘 등의 금속이나 합금과 접촉하면 폭발성인 아세틸라이드를 생성한다.
㉳ 휘발성이 좋아 인화하기 쉽고, 연소범위가 넓어 위험성이 크다.
㉴ 액비중 0.83, 증기비중 2.0, 비점 34℃, 인화점 −37℃, 발화점 465℃, 연소범위 2.1~38.5%이다.

참고 가솔린의 연소범위 : 1.4~7.6%

49. 다음 그림은 옥외저장탱크와 흙 방유제를 나타낸 것이다. 탱크의 지름이 10m이고 높이가 15m라고 할 때 방유제는 탱크의 옆판으로부터 몇 m 이상의 거리를 유지하여야 하는가? (단, 인화점 200℃ 미만인 위험물을 저장하는 경우이다.)

① 2 ② 3 ③ 4 ④ 5

해설 옥외탱크저장소의 방유제와 탱크 옆판까지 유지거리 [시행규칙 별표6]
㉮ 지름이 15m 미만인 경우 : 탱크 높이의 3분의 1 이상

㉯ 지름이 15m 이상인 경우 : 탱크 높이의 2분의 1 이상
㉰ 인화점이 200℃ 이상인 위험물을 저장 또는 취급하는 것은 옥외저장탱크와 방유제 사이의 거리를 유지하지 않아도 된다.
㉱ 유지거리 계산 : 탱크 지름이 15m 미만인 경우에 해당된다.

$$\therefore \text{유지거리} = \text{탱크높이} \times \frac{1}{3} = 15 \times \frac{1}{3} = 5\text{m 이상}$$

50. 다음 그림과 같은 타원형 위험물탱크의 내용적을 구하는 식으로 옳은 것은?

① $\dfrac{\pi ab}{4} \times \left(L + \dfrac{L_1 + L_2}{3} \right)$

② $\dfrac{\pi ab}{4} \times \left(L + \dfrac{L_1 - L_2}{3} \right)$

③ $\pi ab \times \left(L + \dfrac{L_1 + L_2}{3} \right)$

④ $\pi ab L^2$

해설 ㉮ 양쪽이 볼록한 타원형 탱크 내용적 계산식

$$V = \frac{\pi ab}{4} \times \left(L + \frac{L_1 + L_2}{3} \right)$$

㉯ 횡으로 설치한 원통형 탱크 내용적 계산식

$$V = \pi \times r^2 \times \left(l + \frac{l_1 + l_2}{3} \right)$$

51. 탄소 80%, 수소 14%, 황 6% 인 물질 1kg이 완전연소하기 위해 필요한 이론 공기량은 약 몇 kg인가? (단, 공기 중 산소는 23wt%이다.)

① 3.31 ② 7.05
③ 11.62 ④ 14.41

해설 $A_0 = 11.49\,C + 34.5\left(H - \dfrac{O}{8} \right) + 4.31S$

$= (11.49 \times 0.8) + (34.5 \times 0.14) + (4.31 \times 0.06)$

$= 14.28\,\text{kg/kg}$

정답 **49.** ④ **50.** ① **51.** ④

52. 금속칼륨의 보호액으로 가장 적절한 것은?
① 물
② 아세트산
③ 등유
④ 에틸알코올

해설 위험물과 보호액

품명	유별	보호액
이황화탄소(CS_2)	제4류	물
황린(P_4)	제3류	물
칼륨(K), 나트륨(Na)	제3류	등유, 경유, 유동파라핀
니트로셀룰로오스	제5류	물 20%, 알코올 30%로 습윤시킴

53. 아염소산염류 100kg, 질산염류 3000kg 및 과망간산염류 1000kg을 같은 장소에 저장하려 한다. 각각의 지정수량 배수의 합은 얼마인가?
① 5배
② 10배
③ 13배
④ 15배

해설 ㉮ 제1류 위험물의 지정수량

품명	지정수량
아염소산염류	50kg
질산염류	300kg
과망간산염류	1000kg

㉯ 지정수량 배수의 합 계산 : 지정수량 배수의 합은 각 위험물량을 지정수량으로 나눈 값의 합이다.

∴ 지정수량 배수의 합
$$= \frac{A 위험물량}{지정수량} + \frac{B 위험물량}{지정수량} + \frac{C 위험물량}{지정수량}$$
$$= \frac{100}{50} + \frac{3000}{300} + \frac{1000}{1000} = 13 배$$

54. 제6류 위험물에 속하는 것은?
① 염소화이소시아눌산
② 퍼옥소이황산염류
③ 질산구아니딘
④ 할로겐간화합물

해설 제6류 위험물 종류 : 산화성 액체

품명	지정수량
1. 과염소산	300kg
2. 과산화수소	300kg
3. 질산	300kg
4. 행정안전부령으로 정하는 것 : 할로겐간 화합물 → 오불화요오드(IF_5), 오불화브롬(BrF_5), 삼불화브롬(BrF_3)	300kg
5. 제1호 내지 제4호의 하나에 해당하는 어느 하나 이상을 함유한 것	300kg

㉮ 과산화수소는 그 농도가 36 중량% 이상인 것에 한하며, 산화성 액체의 성상이 있는 것으로 본다.
㉯ 질산은 그 비중이 1.49 이상인 것에 한하며, 산화성 액체의 성상이 있는 것으로 본다.

참고 ㉮ 제1류 위험물 중 '그 밖에 행정안전부령으로 정하는 것' (시행규칙 제3조) : 과요오드산염류, 과요오드산, 크롬·납 또는 요오드의 산화물, 아질산염류, 차아염소산염류, 염소화이소시아눌산, 퍼옥소이황산염류, 퍼옥소붕산염류
㉯ 제5류 위험물 중 '그 밖에 행정안전부령으로 정하는 것' [시행규칙 제3조] : 금속의 아지화합물, 질산구아니딘

55. 제5류 위험물이 아닌 것은?
① $Pb(N_3)_2$
② CH_3ONO_2
③ N_2H_4
④ NH_2OH

해설 각 위험물의 유별 구분

품명		유별
아지드화납[$Pb(N_3)_2$]	금속의 아지화합물	제5류
질산에틸(CH_3ONO_2)	질산에스테르류	제5류
히드라진(N_2H_4)	제2석유류	제4류
히드록실아민(NH_2OH)	히드록실아민	제5류

56. 황린, 수소화나트륨, 리튬을 위험등급 Ⅰ, Ⅱ, Ⅲ의 순서로 옳게 나열한 것은?

① 황린, 수소화나트륨, 리튬
② 황린, 리튬, 수소화나트륨
③ 수소화나트륨, 황린, 리튬
④ 수소화나트륨, 리튬, 황린

해설 제3류 위험물의 지정수량 및 위험등급

품명		지정수량	위험등급
황린(P_4)	황린	20kg	I
리튬(Li)	알칼리금속	50kg	II
수소화나트륨 (NaH)	금속의 수소화물	300kg	III

57. 글리세린은 제 몇 석유류에 해당하는가?

① 제1석유류   ② 제2석유류
③ 제3석유류   ④ 제4석유류

해설 글리세린[$C_3H_5(OH)_3$] 특징
㉮ 제4류 위험물 중 제3석유류에 해당된다.
㉯ 무색, 투명하고 단맛이 있는 끈끈한 액체로 흡습성이 있는 3가의 알코올이다.
㉰ 물, 알코올과는 어떤 비율로도 혼합이 되며 디에틸에테르, 벤젠, 톨루엔, 클로로포름 등에는 녹지 않는다.
㉱ 비중 1.26, 비점 290℃, 인화점 160℃, 발화점 393℃이다.

58. 벤젠의 위험성에 대한 설명으로 틀린 것은?

① 휘발성이 있다.
② 인화점이 0℃보다 낮다.
③ 증기는 유독하여 흡입하면 위험하다.
④ 이황화탄소보다 착화온도가 낮다.

해설 벤젠(C_6H_6)의 위험성
㉮ 제4류 위험물 중 제1석유류에 해당되며 지정수량은 200L이다.
㉯ 무색, 투명한 휘발성이 강한 액체로 증기는 마취성과 독성이 있다.
㉰ 분자량 78의 방향족 유기화합물로 증기는 공기보다 무겁다.
㉱ 물에는 녹지 않으나 알코올, 에테르 등 유기용제와 잘 섞이고 수지, 유지, 고무 등을 잘

녹인다.
㉲ 액비중 0.88(증기비중 2.7), 비점 80.1℃, 발화점 562.2℃, 인화점 -11.1℃, 융점 5.5℃, 연소범위 1.4~7.1%이다.
참고 이황화탄소의 착화온도(발화점) : 100℃

59. 위험물 안전관리법령상 제6류 위험물에 해당하는 것은?

① H_3PO_4 ② IF_5
③ H_2SO_4 ④ HCl

해설 ㉮ 제6류 위험물(산화성 액체) 중 그 밖에 행정안전부령으로 정하는 것인 할로겐화합물의 종류 : 오불화요오드(IF_5), 오불화브롬(BrF_5), 삼불화브롬(BrF_3)
㉯ 인산(H_3PO_4), 황산(H_2SO_4), 염산(HCl)은 위험물에 해당되지 않는다.

60. 에테르의 일반식으로 옳은 것은?

① ROR   ② RCHO
③ RCOR   ④ RCOOH

해설 원자단에 의한 탄소화합물의 일반식

원자단	일반식	보기
에테르기 (-O-)	$R \cdot O \cdot R$	디메틸에테르 (CH_3OCH_3)
알데히드기 (-CHO)	$R \cdot CHO$	포름알데히드 (HCHO)
카르보닐기 [-C(=O)-]	$R \cdot CO \cdot R$	아세톤 (CH_3COCH_3)
카르복실기 (-COOH)	$R \cdot COOH$	포름산 (HCOOH)

2011

2011. 10. 9 시행 (제5회)

1. 위험물 안전관리법령에서 정하는 용어의 정의로 옳지 않은 것은?

① "위험물"이라 함은 인화성 또는 발화성 등의 성질을 가지는 것으로서 대통령령으로 정하는 물품을 말한다.

② "제조소"라 함은 위험물을 제조할 목적으로 지정수량 이상의 위험물을 취급하기 위하여 규정에 따른 허가를 받은 장소를 말한다.

③ "저장소"라 함은 지정수량 이상의위험물을 저장하기 위한 대통령령으로 정하는 장소로서 규정에 따른 허가를 받은 장소를 말한다.

④ "취급소"라 함은 지정수량 이상의 위험물을 제조 외의 목적으로 취급하기 위한 관할 지자체장이 정하는 장소로서 허가를 받은 장소를 말한다.

해설 용어의 정의 [법 제2조]
㉮ "취급소"라 함은 지정수량 이상의 위험물을 제조 외의 목적으로 취급하기 위한 <u>대통령령으로 정하는</u> 장소로서 법 규정에 따른 허가를 받은 장소를 말한다.
㉯ 취급소는 주유취급소, 판매취급소, 이송취급소, 일반취급소가 해당된다.

2. 위험물 안전관리법령에서 정한 이산화탄소 소화약제의 저장용기 설치기준으로 옳은 것은?

① 저압식 저장용기의 충전비 : 1.0 이상 1.3 이하

② 고압식 저장용기의 충전비 : 1.3 이상 1.7 이하

③ 저압식 저장용기의 충전비 : 1.1 이상 1.4 이하

④ 고압식 저장용기의 충전비 : 1.7 이상 2.1 이하

해설 이산화탄소 저장용기 충전비 [세부기준 제134조]

구분	충전비
고압식	1.5 이상 1.9 이하
저압식	1.1 이상 1.4 이하

3. 지정과산화물을 저장하는 옥내저장소의 저장창고를 일정 면적마다 구획하는 격벽의 설치기준에 해당하지 않는 것은?

① 저장창고 상부의 지붕으로부터 50cm 이상 돌출하게 하여야 한다.

② 저장창고 양측의 외벽으로부터 1m 이상 돌출하게 하여야 한다.

③ 철근콘크리트조의 경우 두께가 30cm 이상이어야 한다.

④ 바닥면적 250m² 이내마다 완전하게 구획하여야 한다.

해설 지정과산화물을 저장하는 옥내저장소의 저장창고 기준 [시행규칙 별표5]
㉮ <u>저장창고는 150m² 이내마다</u> 격벽으로 완전하게 구획할 것
㉯ 격벽은 두께 30cm 이상의 철근콘크리트조 또는 철골철근콘크리트조로 하거나 두께 40cm 이상의 보강콘크리트블록조로 한다.
㉰ 격벽은 당해 저장창고의 양측의 외벽으로부터 1m 이상, 상부의 지붕으로부터 50cm 이상 돌출하게 하여야 한다.
㉱ 저장창고의 외벽은 두께 20cm 이상의 철근콘크리트조나 철골철근콘크리트조 또는 두께 30cm 이상의 보강콘크리트블록조로 할 것
㉲ 저장창고의 출입구에는 갑종방화문을 설치할 것
㉳ 저장창고의 창은 바닥면으로부터 2m 이상의 높이에 두고, 하나의 창 면적은 0.4m² 이내로 할 것

정답 1. ④   2. ③   3. ④

4. 옥내저장소에서 지정수량의 몇 배 이상을 저장 또는 취급할 때 자동화재 탐지설비를 설치하여야 하는가? (단, 원칙적인 경우에 한한다.)

① 지정수량의 10배 이상을 저장 또는 취급할 때

② 지정수량의 50배 이상을 저장 또는 취급할 때

③ 지정수량의 100배 이상을 저장 또는 취급할 때

④ 지정수량의 150배 이상을 저장 또는 취급할 때

해설 옥내저장소 자동화재 탐지설비 설치 대상 [시행규칙 별표17]

㉮ 지정수량의 100배 이상을 저장 또는 취급하는 것

㉯ 저장창고의 연면적이 150m²를 초과하는 것

㉰ 처마높이가 6m 이상인 단층건물의 것

㉱ 옥내저장소로 사용되는 부분 외의 부분이 있는 건축물에 설치된 옥내저장소

5. 폭굉 유도거리(DID)가 짧아지는 경우는?

① 정상 연소속도가 작은 혼합가스일수록 짧아진다.

② 압력이 높을수록 짧아진다.

③ 관지름이 넓을수록 짧아진다.

④ 점화원의 에너지가 약할수록 짧아진다.

해설 ㉮ 폭굉(detonation)의 정의 : 가스중의 음속보다도 화염 전파속도가 큰 경우로서 파면 선단에 충격파라고 하는 압력파가 생겨 격렬한 파괴작용을 일으키는 현상

㉯ 폭굉 유도거리(DID) : 최초의 완만한 연소가 격렬한 폭굉으로 발전될 때까지의 거리이다.

㉰ 폭굉 유도거리(DID)가 짧아지는 조건

㉠ 정상 연소속도가 큰 혼합가스일수록

㉡ 관 속에 방해물이 있거나 관지름이 가늘수록

㉢ 압력이 높을수록

㉣ 점화원의 에너지가 클수록

6. A, B, C급에 모두 적용할 수 있는 분말 소화약제는?

① 제1종 분말　　② 제2종 분말

③ 제3종 분말　　④ 제4종 분말

해설 분말 소화약제의 종류 및 주성분

종류	주성분	적응화재	착색
제1종 분말	탄산수소나트륨 ($NaHCO_3$)	B.C	백색
제2종 분말	탄산수소칼륨 ($KHCO_3$)	B.C	자색 (보라색)
제3종 분말	제1인산암모늄 ($NH_4H_2PO_4$)	A.B.C	담홍색
제4종 분말	탄산수소칼륨+요소 [$KHCO_3+(NH_2)_2CO$]	B.C	회색

㈜ 제2종 분말 소화약제의 착색 상태를 '담회색'으로 표현하는 경우도 있음

7. 할로겐화합물의 소화약제 중 할론 2402의 화학식은?

① $C_2Br_4F_2$　　② $C_2Cl_4F_2$

③ $C_2Cl_4Br_2$　　④ $C_2F_4Br_2$

해설 ㉮ 할론(Halon)-abcd → "탄·불·염·취"로 암기

a : 탄소(C)의 수

b : 불소(F)의 수

c : 염소(Cl)의 수

d : 취소(Br : 브롬)의 수

㉯ 주어진 할론 번호에서 탄소(C) 2개, 불소(F) 4개, 염소(Cl) 0개, 취소(Br : 브롬) 2개이므로 할론 2402에 해당되는 화학식(분자식)은 $C_2F_4Br_2$이다.

8. 톨루엔의 화재 시 가장 적합한 소화방법은?

① 산, 알칼리 소화기에 의한 소화

② 포에 의한 소화

③ 다량의 강화액에 의한 소화

④ 다량의 주수에 의한 냉각소화

해설 제4류 위험물에 적응성이 있는 소화설비 [시

행규칙 별표17]
⑦ 물분무 소화설비
⑭ 포 소화설비
⑮ 불활성가스 소화설비
⑯ 할로겐화합물 소화설비
⑰ 인산염류 등 및 탄산수소염류 등 분말 소화설비
⑱ 무상강화액 소화기
⑲ 포 소화기
⑳ 이산화탄소 소화기
㉑ 할로겐화합물 소화기
㉒ 인산염류 및 탄산수소염류 소화기
㉓ 건조사
㉔ 팽창질석 또는 팽창진주암
㉕ 스프링클러설비 : 경우에 따라 적용성이 있음

참고 톨루엔($C_6H_5CH_3$)은 제4류 위험물이다.

9. 위험물 안전관리법령상 제2류 위험물 중 지정수량이 500kg인 물질에 의한 화재는 어느 것인가?

① A급 화재 ② B급 화재
③ C급 화재 ④ D급 화재

해설 ⑦ 제2류 위험물 중 지정수량이 500kg에 해당하는 품명은 철분, 마그네슘, 금속분이다.
⑭ 철분, 마그네슘분, 금속분은 금속화재에 해당된다.
⑮ 금속화재는 화재 분류 시 D급으로 분류된다.

10. 피난동선의 특징이 아닌 것은?

① 가급적 지그재그의 복잡한 형태가 좋다.
② 수평 동선과 수직 동선으로 구분한다.
③ 2개 이상의 방향으로 피난할 수 있어야 한다.
④ 가급적 상호 반대방향으로 다수의 출구와 연결되는 것이 좋다.

해설 피난동선의 특징
⑦ 가급적 단순형태가 좋다.
⑭ 수평 동선과 수직 동선으로 구분한다.
⑮ 가급적 상호 반대방향으로 다수의 출구와 연결되는 것이 좋다.
⑯ 어느 곳에서도 2개 이상의 방향으로 피난할 수 있어야 하며, 그 말단은 화재로부터 안전한 장소이어야 한다.

11. 정전기의 발생요인에 대한 설명으로 틀린 것은?

① 접촉 면적이 클수록 정전기의 발생량은 많아진다.
② 분리속도가 빠를수록 정전기의 발생량은 많아진다.
③ 대전서열에서 먼 위치에 있을수록 정전기의 발생량은 많아진다.
④ 접촉과 분리가 반복됨에 따라 정전기의 발생량은 증가한다.

해설 정전기 발생에 영향을 미치는 요인
⑦ 물체의 종류 : 대전서열 내에서 두 물체가 가까운 위치에 있으면 적고, 먼 위치에 있을수록 발생량은 크다.
⑭ 이물질, 불순물 : 물체에 이물질, 불순물이 혼입되면 정전기 발생이 크다.
⑮ 표면상태 : 표면이 거칠고 수분, 오물, 산화물 등이 표면에 존재하면 발생량이 크다.
⑯ 발생의 이력 : 처음에는 발생이 크고, 대전의 반복 및 지속에 따라 발생이 적다.
⑰ 접촉면적, 접촉압력 : 클수록 정전기 발생이 크다.
⑱ 분리속도 : 빠를수록 정전기 발생이 크다.

12. 제거소화의 예가 아닌 것은?

① 가스 화재 시 가스 공급을 차단하기 위해 밸브를 닫아 소화시킨다.
② 유전 화재 시 폭약을 사용하여 폭풍에 의하여 가연성 증기를 날려 보내 소화시킨다.
③ 연소하는 가연물을 밀폐시켜 공기 공급을 차단하여 소화한다.
④ 촛불 소화 시 입으로 바람을 불어서 소화시킨다.

해설 ③번 항목은 질식소화의 설명이다.

13. 제3종 분말 소화 약제의 열분해 반응식을 옳게 나타낸 것은?

① $NH_4H_2PO_4 \rightarrow HPO_3+NH_3+H_2O$

② $2KNO_3 \rightarrow 2KNO_2+O_2$

③ $KClO_4 \rightarrow KCl+2O_2$

④ $2CaHCO_3 \rightarrow 2CaO+H_2CO_3$

해설 분말 소화약제의 열분해 반응식
㉮ 제1종 : $2NaHCO_3 \rightarrow NaCO_3+CO_2+H_2O$
㉯ 제2종 : $2KHCO_3 \rightarrow K_2CO_3+CO_2+H_2O$
㉰ 제3종 : $NH_4H_2PO_4 \rightarrow HPO_3+NH_3+H_2O$
㉱ 제4종 : $2KHCO_3+(NH_2)_2CO$
$\rightarrow K_2CO_3+2NH_3+2CO_2$

14. 목조건축물의 일반적인 화재현상에 가장 가까운 것은?

① 저온단시간형   ② 저온장시간형

③ 고온단시간형   ④ 고온장시간형

해설 건축물의 화재 특성
㉮ 목조건축물 : 고온단시간형
㉯ 내화건축물 : 저온장시간형

15. 위험물제조소등에 설치하여야 하는 자동화재 탐지설비의 설치기준에 대한 설명 중 틀린 것은?

① 자동화재 탐지설비의 경계구역은 건축물 그 밖의 공작물의 2 이상의 층에 걸치도록 할 것

② 하나의 경계구역에서 그 한 변의 길이는 50m(광전식 분리형 감지기를 설치할 경우에는 100m) 이하로 할 것

③ 자동화재 탐지설비의 감지기는 지붕 또는 벽의 옥내에 면한 부분에 유효하게 화재의 발생을 감지할 수 있도록 설치할 것

④ 자동화재 탐지설비에는 비상전원을 설치할 것

해설 자동화재 탐지설비 설치기준 [시행규칙 별표17]
㉮ 자동화재 탐지설비의 경계구역은 건축물 그 밖의 공작물의 2 이상의 층에 걸치지 아니하도록 할 것. 다만, 하나의 경계구역의 면적이 $500m^2$ 이하이면서 당해 경계구역이 두 개의 층에 걸치는 경우이거나 계단·경사로·승강기의 승강로 그 밖에 이와 유사한 장소에 연기감지기를 설치하는 경우에는 그러하지 아니하다.
㉯ 하나의 경계구역의 면적은 $600m^2$ 이하로 하고 그 한 변의 길이는 50m(광전식분리형 감지기를 설치할 경우에는 100m) 이하로 할 것. 다만, 당해 건축물 그 밖의 공작물의 출입구에서 그 내부의 전체를 볼 수 있는 경우에는 그 면적을 $1000m^2$ 이하로 할 수 있다.
㉰ 자동화재 탐지설비의 감지기는 지붕(상층이 있는 경우에는 상층의 바닥) 또는 벽의 옥내에 면한 부분(천장이 있는 경우에는 천장 또는 벽의 옥내에 면한 부분 및 천장의 뒷부분)에 유효하게 화재의 발생을 감지할 수 있도록 설치할 것
㉱ 자동화재 탐지설비에는 비상전원을 설치할 것

16. 옥외탱크저장소에 보유공지를 두는 목적과 가장 거리가 먼 것은?

① 위험물시설의 화염이 인근의 시설이나 건축물 등으로의 연소확대방지를 위한 완충공간 기능을 하기 위함

② 위험물시설의 주변에 장애물이 없도록 공간을 확보함으로 소화활동이 쉽도록 하기 위함

③ 위험물시설의 주변에 있는 시설과 50m 이상을 이격하여 폭발 발생 시 피해를 방지하기 위함

④ 위험물시설의 주변에 장애물이 없도록 공간을 확보함으로 피난자가 피난이 쉽도록 하기 위함

해설 옥외탱크저장소에 보유공지를 확보하는 것

은 저장 또는 취급하는 위험물의 최대수량에 따라 최소 3m 이상부터 최대 15m 이상(단, 지정수량 4000배 초과의 경우 별도 규정 적용)으로 규정되어 있다.

17. 할론 1301의 증기 비중은? (단, 불소의 원자량은 19, 브롬의 원자량은 80, 염소의 원자량은 35.5이고 공기의 분자량은 29이다.)

① 2.14 ② 4.15 ③ 5.14 ④ 6.15

해설 할론 1301 증기 비중
㉮ 할론 1301의 분자식 : 탄소(C) 1개, 불소(F) 3개, 염소 0개, 취소(Br : 브롬) 1개의 화합물이므로 화학식(분자식)은 CF_3Br이다.
㉯ 분자량 계산 : $12+(19\times3)+80=149$
㉰ 증기 비중 계산

$$\therefore \text{증기 비중} = \frac{\text{분자량}}{\text{공기의 분자량}} = \frac{149}{29} = 5.137$$

18. 탄화알루미늄을 저장하는 저장고에 스프링클러소화설비를 하면 안 되는 이유로 옳은 것은?

① 물과 반응 시 메탄가스를 발생하기 때문에
② 물과 반응 시 수소가스를 발생하기 때문에
③ 물과 반응 시 에탄가스를 발생하기 때문에
④ 물과 반응 시 프로판가스를 발생하기 때문에

해설 ㉮ 제3류 위험물인 탄화알루미늄(Al_4C_3)은 물(H_2O)과 반응하여 가연성인 메탄(CH_4)을 발생하므로 화재 시 물을 이용한 소화는 위험성이 증대된다.
㉯ 물(H_2O)과의 반응식
$Al_4C_3+12H_2O \longrightarrow 4Al(OH)_3+3CH_4\uparrow$

19. 소화효과를 증대시키기 위하여 분말 소화약제와 병용하여 사용할 수 있는 것은?

① 단백포
② 알코올형포
③ 합성계면활성제포
④ 수성막포

해설 수성막포 소화약제 : 합성계면활성제를 주원료로 하는 포 소화약제 중 기름표면에서 수성막을 형성하는 포 소화약제로 인체에 유해하지 않으며, 유동성이 좋아 소화속도가 빠르다. 단백포에 비해 3배 효과가 있으며 기름화재 진압용으로 가장 우수하다. 일반적으로 불소계 계면활성제를 사용한다.

20. 위험물은 지정수량의 몇 배를 1소요단위로 하는가?

① 1 ② 10 ③ 50 ④ 100

해설 소화설비 소요단위 계산[시행규칙 별표17] : 위험물은 지정수량의 10배를 1소요단위로 한다.

21. 낮은 온도에서 잘 얼지 않는 다이너마이트를 제조하기 위해 니트로글리세린의 일부를 대체하여 첨가하는 물질은?

① 니트로셀룰로오스
② 니트로글리콜
③ 트리니트로톨루엔
④ 디니트로벤젠

해설 니트로글리콜($C_2H_4(ONO_2)_2$)의 특징
㉮ 제5류 위험물 중 질산에스테르류에 해당되며 지정수량 10kg이다.
㉯ 순수한 것은 무색이고, 공업용은 담황색 또는 분홍색을 나타낸다.
㉰ 알코올, 벤젠, 아세톤에 잘 녹는다.
㉱ 충격, 급격한 가열에 의해 폭굉이 발생하지만 그 강도는 니트로글리세린보다 약하다.
㉲ 산의 존재 하에서 분해가 촉진되고 폭발할 수 있다.
㉳ 다이너마이트를 제조할 때 낮은 온도에서 얼지 않게 하기 위하여 니트로글리세린의 일부를 대체하는 첨가제로 사용한다.
㉴ 비중 1.5, 응고점 −22℃이다.

22. 제조소등의 소화설비 설치 시 소요단위 산정에 관한 내용 중 (   ) 안에 알맞은 수치를 차

례대로 나열한 것은?

> 제조소 또는 취급소의 건축물은 외벽이 내화구조인 것은 연면적 ( )m^{2}를 1소요단위로 하며, 외벽이 내화구조가 아닌 것은 연면적 ( )m^{2}를 1소요단위로 한다.

① 200, 100 ② 150, 100
③ 150, 50 ④ 100, 50

해설 소화설비 소요단위 계산 [시행규칙 별표17]
㉮ 제조소 또는 취급소의 건축물
  ㉠ 외벽이 내화구조인 것 : 연면적 100m^{2}를 1소요단위로 할 것
  ㉡ 외벽이 내화구조가 아닌 것 : 연면적 50m^{2}를 1소요단위로 할 것
㉯ 저장소의 건축물
  ㉠ 외벽이 내화구조인 것 : 연면적 150m^{2}를 1소요단위로 할 것
  ㉡ 외벽이 내화구조가 아닌 것 : 연면적 75m^{2}를 1소요단위로 할 것

23. 제조소등의 허가관청이 제조소등의 관계인에게 제조소등의 사용정지처분 또는 허가취소처분을 할 수 있는 사유가 아닌 것은?

① 소방서장으로부터 변경허가를 받지 아니하고 제조소등의 위치·구조 또는 설비를 변경한 때
② 소방서장의 수리·개조 또는 이전의 명령을 위반한 때
③ 정기점검을 하지 아니한 때
④ 소방서장의 출입검사를 정당한 사유 없이 거부한 때

해설 관계공무원의 출입·검사 또는 수거를 거부·방해 또는 기피한 자는 법 제35조의 규정에 따라 1년 이하의 징역 또는 1천만 원 이하의 벌금에 해당된다.

24. 제6류 위험물을 수납한 용기에 표시하여야 하는 주의사항은?

① 가연물접촉주의 ② 화기엄금
③ 화기·충격주의 ④ 물기엄금

해설 운반용기 외부 표시사항 : 시행규칙 별표19
㉮ 공통 표시사항
  ㉠ 위험물의 품명·위험등급·화학명 및 수용성("수용성" 표시는 제4류 위험물로서 수용성인 것에 한한다.)
  ㉡ 위험물의 수량
㉯ 위험물에 따른 주의사항 : 제6류 위험물인 경우 "가연물접촉주의"

25. 위험물 안전관리법령상 운송책임자의 감독, 지원을 받아 운송하여야 하는 위험물에 해당하는 것은?

① 칼륨, 나트륨
② 알킬알루미늄, 알킬리튬
③ 제1석유류, 제2석유류
④ 니트로글리세린, 트리니트로톨루엔

해설 운송책임자의 감독, 지원을 받아 운송하여야 하는 위험물 종류 [시행령 제19조]
㉮ 알킬알루미늄
㉯ 알킬리튬
㉰ 알킬알루미늄 또는 알킬리튬을 함유하는 위험물

26. 황린에 대한 설명으로 틀린 것은?

① 환원력이 강하다.
② 담황색 또는 백색의 고체이다.
③ 벤젠에는 불용이나 물에 잘 녹는다.
④ 마늘냄새와 같은 자극적인 냄새가 난다.

해설 황린(P$_4$)의 특징
㉮ 제3류 위험물로 지정수량은 20kg이다.
㉯ 백색 또는 담황색 고체로 환원력이 강하다.
㉰ 강한 마늘 냄새가 나고, 증기는 공기보다 무거운 가연성이며 맹독성 물질이다.
㉱ 물에 녹지 않고 벤젠, 알코올에 약간 용해하며 이황화탄소, 염화황, 삼염화인에 잘 녹는다.
㉲ 공기를 차단하고 약 260℃로 가열하면 적린

이 된다.

㉮ 연소할 때 유독성의 오산화인(P_2O_5)이 발생하면서 백색 연기가 난다.

㉯ 자연 발화의 가능성이 있으므로 물속에 저장한다.

㉰ 액비중 1.82, 증기비중 4.3, 융점 44℃, 비점 280℃, 발화점 34℃이다.

27. 질산과 과염소산의 공통 성질에 대한 설명 중 틀린 것은?

① 산소를 포함한다.

② 산화제이다.

③ 물보다 무겁다.

④ 쉽게 연소한다.

해설 제6류 위험물의 공통적인 성질

㉮ 불연성 물질이지만 산소를 많이 포함하고 있어 다른 물질의 연소를 돕는 조연성 물질이다.

㉯ 강산성의 액체로 비중이 1보다 크며, 물에 잘 녹고 물과 접촉하면 발열한다.

㉰ 부식성이 강하며 증기는 유독하고 제1류 위험물과 혼합하면 폭발할 수 있다.

㉱ 가연물과 유기물 등과의 혼합으로 발화한다.

㉲ 제6류 위험물은 모두 지정수량 300kg이고 위험등급은 Ⅰ등급이다.

참고 질산과 과염소산은 제6류 위험물에 해당된다.

28. 이산화탄소 소화설비의 기준에서 저장용기 설치기준에 관한 내용으로 틀린 것은?

① 방호구역 외의 장소에 설치할 것

② 온도가 50℃ 이하이고 온도변화가 적은 장소에 설치할 것

③ 직사일광 및 빗물이 침투할 우려가 적은 장소에 설치할 것

④ 저장용기에는 안전장치를 설치할 것

해설 이산화탄소 소화약제 저장용기 설치장소

㉮ 방호구역 외의 장소에 설치할 것

㉯ 온도가 40℃ 이하이고 온도변화가 적은 장소에 설치할 것

㉰ 직사일광 및 빗물이 침투할 우려가 적은 장소에 설치할 것

㉱ 저장용기에는 안전장치를 설치할 것

㉲ 저장용기의 외면에 소화약제의 종류와 양, 제조년도 및 제조자를 표시할 것

29. HO−CH₂CH₂−OH의 지정수량은 몇 L인가?

① 1000

② 2000

③ 4000

④ 6000

해설 에틸렌글리콜[$C_2H_4(OH)_2$]

㉮ 제4류 위험물 중 제3석유류(수용성)에 해당되며 지정수량은 4000L이다.

㉯ 무색, 무취의 단맛이 나고 흡습성이 있는 끈끈한 액체이다.

㉰ 물, 알코올, 아세톤, 글리세린에 잘 녹고 사염화탄소(CCl_4), 이황화탄소(CS_2), 클로로포름($CHCl_3$)에는 녹지 않는다.

㉱ 비중 1.116, 융점 −12℃, 비점 197.2℃, 인화점 111℃, 발화점 421.8℃, 연소범위 3.2% 이상이다.

30. 위험물에 대한 설명으로 옳은 것은?

① 칼륨은 수은과 격렬하게 반응하며 가열하면 청색의 불꽃을 내며 연소하고 열과 전기의 부도체이다.

② 나트륨은 액체 암모니아와 반응하여 수소를 발생하고 공기 중 연소 시 황색 불꽃을 발생한다.

③ 칼슘은 보호액인 물속에 저장하고 알코올과 반응하여 수소를 발생한다.

④ 리튬은 고온의 물과 격렬하게 반응해서 산소를 발생한다.

해설 각 항목의 옳은 설명

① 칼륨(K)은 은백색을 띠는 무른 금속으로 녹는점 이상 가열하면 보라색의 불꽃을 내면서 연소한다. 공기 중에서 수분과 반응하여 수소(H_2)를 발생한다.

③ 칼슘(Ca) : 원자번호 20, 원자량 40인 알칼리 토금속에 해당하며 칼슘의 화합물인 탄화칼슘

(CaC_2)은 물과 접촉하면 아세틸렌 가스가 발생한다.

④ 리튬(Li)은 물과 접촉하면 심하게 발열하고 수소를 발생한다.

31. 위험물을 유별로 정리하여 상호 1m 이상의 간격을 유지하는 경우에도 동일한 옥내저장소에 저장할 수 없는 것은?

① 제1류 위험물(알칼리금속의 과산화물 또는 이를 함유한 것을 제외한다)과 제5류 위험물

② 인화성 고체를 제외한 제2류 위험물과 제4류 위험물

③ 제1류 위험물과 제3류 위험물 중 황린

④ 제1류 위험물과 제6류 위험물

해설 동일한 저장소에 저장할 수 있는 경우 : 옥내저장소 또는 옥외저장소에 다음 규정에 의하여 저장하는 경우로서 위험물을 유별로 정리하여 저장하고, 서로 1m 이상의 간격을 두는 경우

㉮ 제1류 위험물(알칼리금속의 과산화물 또는 이를 함유한 것 제외)과 제5류 위험물

㉯ 제1류 위험물과 제6류 위험물

㉰ 제1류 위험물과 제3류 위험물 중 자연발화성 물질(황린 또는 이를 함유한 것에 한한다.)

㉱ 제2류 위험물 중 인화성 고체와 제4류 위험물

㉲ 제3류 위험물 중 알킬알루미늄등과 제4류 위험물(알킬알루미늄 또는 알킬리튬을 함유한 것에 한한다.)

㉳ 제4류 위험물 중 유기과산화물 또는 이를 함유한 것과 제5류 위험물 중 유기과산화물 또는 이를 함유한 것

32. 디에틸에테르의 안전관리에 관한 설명 중 틀린 것은?

① 증기는 마취성이 있으므로 증기 흡입에 주의하여야 한다.

② 폭발성의 과산화물 생성을 요오드화칼륨 수용액으로 확인한다.

③ 물에 잘 녹으므로 대규모 화재 시 집중

주수하여 소화한다.

④ 정전기 불꽃에 의한 발화에 주의하여야 한다.

해설 디에틸에테르($C_2H_5OC_2H_5$: 에테르)의 특징

㉮ 제4류 위험물 중 특수인화물에 해당되며 지정수량 50L이다.

㉯ 비점(34.48℃)이 낮고 무색투명하며 독특한 냄새가 있는 인화되기 쉬운 액체이다.

㉰ 물에는 녹기 어려우나 알코올에는 잘 녹는다.

㉱ 전기의 불량도체라 정전기가 발생되기 쉽다.

㉲ 휘발성이 강하고 증기는 마취성이 있어 장시간 흡입하면 위험하다.

㉳ 액비중 0.719(증기비중 2.55), 비점 34.48℃, 발화점 180℃, 인화점 −45℃, 연소범위 1.91 ~ 48%이다.

참고 에틸에테르($C_2H_5OC_2H_5$)의 과산화물

㉮ 검출 시약 : 요오드화칼륨(KI)용액 → 과산화물 존재 시 정색반응에서 황색으로 나타남

㉯ 제거 시약 : 황산제1철($FeSO_4$) → 황산제1철은 황산제2철[$Fe_2(SO_4)_3$]로 산화하면서 디에틸에테르 옥사이드를 환원

㉰ 과산화물 생성 방지법 : 40메시(mesh)의 동(Cu)망을 넣는다.

33. 다음 중 인화점이 가장 낮은 것은?

① 산화프로필렌   ② 벤젠
③ 디에틸에테르   ④ 이황화탄소

해설 제4류 위험물의 인화점

품명		인화점
산화프로필렌 (CH_3CHOCH_2)	특수인화물	−37℃
벤젠(C_6H_6)	제1석유류	−11.1℃
디에틸에테르 ($C_2H_5OC_2H_5$)	특수인화물	−45℃
이황화탄소(CS_2)	특수인화물	−30℃

참고 제4류 위험물 중 인화점이 가장 낮은 것은 디에틸에테르($C_2H_5OC_2H_5$)이다.

정답 31. ②   32. ③   33. ③

34. 위험물의 운반에 관한 기준에서 다음 위험물 중 혼재 가능한 것끼리 연결된 것은?

① 제1류 – 제6류 　② 제2류 – 제3류
③ 제3류 – 제5류 　④ 제5류 – 제1류

해설 ㉮ 위험물 운반할 때 혼재 기준[시행규칙 별표19, 부표2]

구분	제1류	제2류	제3류	제4류	제5류	제6류
제1류		×	×	×	×	○
제2류	×		×	○	○	×
제3류	×	×		○	×	×
제4류	×	○	○		○	×
제5류	×	○	×	○		×
제6류	○	×	×	×	×	

○ : 혼합 가능, × : 혼합 불가능

㉯ 이 표는 지정수량의 $\frac{1}{10}$ 이하의 위험물에 대하여는 적용하지 않는다.

35. 경유 옥외탱크저장소에 10000L 탱크 1기가 설치된 곳의 방유제 용량은 얼마 이상이 되어야 하는가?

① 5000L 　② 10000L
③ 11000L 　④ 20000L

해설 옥외탱크저장소 방유제 용량 기준 [시행규칙 별표6]
　㉮ 탱크가 하나인 경우 : 탱크 용량의 110% 이상
　㉯ 2기 이상인 경우 : 탱크 중 용량이 최대인 것의 110% 이상
∴ 방유제 용량=10000×1.1=11000L 이상

36. 위험물 안전관리법령상 품명이 유기금속화합물에 속하지 않는 것은?

① 트리에틸칼륨 　② 트리에틸알루미늄
③ 트리에틸인듐 　④ 디메틸아연

해설 유기금속화합물
　㉮ 제3류 위험물로 지정수량 50kg이다.
　㉯ 알킬기 또는 아미드기 등 탄화수소기와 금속원자가 결합한 화합물이다.

　㉰ 종류 : 부틸리튬(C_4H_9Li), 디메틸카드뮴[$(CH_3)_2Cd$], 테트라에틸납[$(C_2H_5)_4Pb$], 테트라페닐주석[$(C_6H_5)_4Sn$], 그리냐르 시약(RMgX), 트리에틸칼륨, 트리에틸인듐, 디메틸아연 등

참고 트리에틸알루미늄은 제3류 위험물 중 알킬알루미늄에 해당된다.

37. 벤젠, 톨루엔의 공통된 성상이 아닌 것은?

① 비수용성의 무색 액체이다.
② 인화점은 0℃ 이하이다.
③ 액체의 비중은 1보다 작다.
④ 증기의 비중은 1보다 크다.

해설 벤젠과 톨루엔의 특징 비교

구분	벤젠(C_6H_6)	톨루엔($C_6H_5CH_3$)
품명	제4류 제1석유류	제4류 제1석유류
물과 혼합	비수용성	비수용성
지정수량	200L	200L
상태	무색의 액체	무색의 액체
냄새	방향성 냄새	방향성 냄새
독성여부	독성	독성
액체비중	0.88	0.89
증기비중	2.7	3.17
인화점	−11.1℃	4.5℃
연소범위	1.4~7.1%	1.4~6.7%

38. 니트로셀룰로오스에 대한 설명으로 옳은 것은?

① 물에 녹지 않으며 물보다 무겁다.
② 수분과 접촉하는 것은 위험하다.
③ 질화도와 폭발 위험성은 무관하다.
④ 질화도가 높을수록 폭발 위험성이 낮다.

해설 니트로셀룰로오스[$C_{24}H_{29}O_9(ONO_2)_n$]의 특징
　㉮ 제5류 위험물 중 질산에스테르류에 해당되며, 지정수량은 10kg이다.
　㉯ 천연 셀룰로오스에 진한 질산과 진한 황산을 작용시켜 제조한다.
　㉰ 맛과 냄새가 없고 초산에틸, 초산아밀, 아

세톤, 에테르 등에는 용해하나 물에는 녹지 않는다.
㉣ 햇빛, 산, 알칼리에 의해 분해, 자연 발화 한다.
㉤ 질화도가 클수록 폭발의 위험성이 증가하며 폭약의 원료로 사용한다.
㉥ 건조한 상태에서는 발화의 위험이 있다.
㉦ 물과 혼합할수록 위험성이 감소하므로 저장 및 수송할 때에는 함수알코올(물+알코올)을 습윤시킨다.
㉧ 소화방법은 다량의 주수나 건조사를 사용한다.

39. 다음은 위험물을 저장하는 탱크의 공간용적 산정기준이다. ( )에 알맞은 수치를 차례대로 옳게 나열한 것은?

> "위험물 암반탱크의 공간용적은 당해 탱크 내에 용출하는 ( )일 간의 지하수 양에 상당하는 용적과 당해 탱크 내용적의 100분의 ( )의 용적 중에서 보다 큰 용적을 공간용적으로 한다."

① 1, 7
② 3, 5
③ 5, 3
④ 7, 1

해설 암반탱크의 공간용적 [세부기준 제25조] : 암반탱크는 당해 탱크 내에 용출하는 7일간의 지하수의 양에 상당하는 용적과 당해 탱크의 내용적의 $\frac{1}{100}$ 용적 중에서 보다 큰 용적을 공간용적으로 한다.

40. 서로 접촉하였을 때 발화하기 쉬운 물질을 연결한 것은?

① 무수크롬산과 아세트산
② 금속나트륨과 석유
③ 니트로셀룰로오스와 알코올
④ 과산화수소와 물

해설 각 위험물의 유별 및 접촉 시 문제점
① 제1류 위험물(산화성 고체)인 무수크롬산

(CrO₃)과 제4류 위험물인 아세트산(CHCOOH : 초산)은 접촉하였을 때 발화하기 쉬운 경우이다.
② 금속나트륨(제3류)은 산화를 방지하기 위해 석유(등유, 경유)에 보관하기 때문에 문제가 없다.
③ 니트로셀룰로오스(제5류)는 건조한 상태에서 발화의 위험성 때문에 30% 알코올(제4류)로 습윤시켜 보관하기 때문에 문제가 없다.
④ 과산화수소(제6류)는 물과 접촉, 혼합되어도 문제가 없다.

참고 무수크롬산(CrO₃)은 현재 제1류 위험물에서는 제외된 상태임

41. HNO₃에 대한 설명으로 틀린 것은?

① Al, Fe은 진한 질산에서 부동태를 생성해 녹지 않는다.
② 질산과 염산을 3 : 1 비율로 제조한 것을 왕수라고 한다.
③ 부식성이 강하고 흡습성이 있다.
④ 직사광선에 분해하여 NO₂를 발생한다.

해설 질산(HNO_3)의 특징
㉮ 제6류 위험물로 지정수량 300kg이다.
㉯ 순수한 질산은 무색의 액체로 공기 중에서 물을 흡수하는 성질이 강하다.
㉰ 물과 임의적인 비율로 혼합하면 발열한다.
㉱ 진한 질산을 −42℃ 이하로 냉각시키면 응축, 결정된다.
㉲ 은(Ag), 구리(Cu), 수은(Hg) 등은 다른 산과 작용하지 않지만 질산과는 반응을 하여 질산염과 산화질소를 만든다.
㉳ 진한 질산은 부식성이 크고 산화성이 강하며, 피부에 접촉되면 화상을 입는다.
㉴ 진한 질산을 가열하면 분해하면서 유독성인 이산화질소(NO_2)의 적갈색 증기를 발생한다.
㉵ 질산 자체는 연소성, 폭발성은 없지만 환원성이 강한 물질(황화수소(H_2S), 아민 등)과 혼합하면 발화 또는 폭발한다.
㉶ 불연성이지만 다른 물질의 연소를 돕는 조연성 물질이다.

참고 왕수 : 진한 염산과 진한 질산을 3 : 1의 체적 비로 혼합한 액체로 염산이나 질산으로 녹일 수 없는 금이나 백금을 녹이는 성질을 갖는다.

42. 위험물 제1종 판매취급소의 위치, 구조 및 설비의 기준으로 틀린 것은?

① 천장을 설치하는 경우에는 천장을 불연 재료로 할 것
② 창 및 출입구에는 갑종방화문 또는 을종 방화문을 설치할 것
③ 건축물의 지하 또는 1층에 설치할 것
④ 위험물을 배합하는 실의 바닥면적은 $6m^2$ 이상 $15m^2$ 이하로 할 것

해설 판매취급소 기준 [시행규칙 별표14]
㉮ 저장 또는 판매하는 위험물의 수량이 20배 이하인 1종 판매취급소와 40배 이하인 2종 판 매취급소로 분류한다.
㉯ 판매취급소는 건축물 1층에 설치하여야 한다.
㉰ "위험물 판매취급소(제□종)"라는 표지와 방 화에 관한 게시판을 설치하여야 한다.
㉱ 건축물의 보는 불연재료로 하고, 천장을 설치 하는 경우는 불연재료로 할 것
㉲ 건축물의 다른 부분과는 내화구조의 격벽으 로 구획하여야 한다.
㉳ 판매취급소 출입구는 갑종방화문 또는 을종 방화물을 설치하여야 한다.
㉴ 창 및 출입구에 유리를 사용하는 경우에 망입유 리로 하여야 한다.
㉵ 위험물을 배합하는 실의 바닥면적은 $6m^2$ 이 상 $15m^2$ 이하로 할 것

43. 제5류 위험물에 대한 설명으로 옳지 않은 것은?

① 대표적인 성질은 자기반응성 물질이다.
② 피크르산은 니트로화합물이다.
③ 모두 산소를 포함하고 있다.
④ 니트로화합물은 니트로기가 많을수록 폭 발력이 커진다.

해설 제5류 위험물 중 디아조화합물, 히드라진 유 도체, 히드록실아민 등과 같이 산소를 포함하지 않은 화합물도 있다.

44. 제2류 위험물의 화재 발생 시 소화방법 또는 주의할 점으로 적합하지 않은 것은?

① 마그네슘의 경우 이산화탄소를 이용한 질식소화는 위험하다.
② 황은 비산에 주의하여 분무주수로 냉각 소화한다.
③ 적린의 경우 물을 이용한 냉각소화는 위 험하다.
④ 인화성 고체는 이산화탄소로 질식소화할 수 있다.

해설 적린(P)은 물에 용해하지 않고, 반응하지 않 기 때문에 화재 시 주수에 의한 냉각소화가 효과 적이다.

45. 다음 위험물 중 저장할 때 보호액으로 물을 사용하는 것은?

① 삼산화크롬   ② 아연
③ 나트륨   ④ 황린

해설 위험물과 보호액

품명	유별	보호액
이황화탄소(CS_2)	제4류	물
황린(P_4)	제3류	물
칼륨(K), 나트륨(Na)	제3류	등유, 경유, 유동파라핀
니트로셀룰로오스	제5류	물 20%, 알코올 30%로 습윤시킴

46. 과산화나트륨에 대한 설명으로 틀린 것은?

① 알코올에 잘 녹아서 산소와 수소를 발생 시킨다.
② 상온에서 물과 격렬하게 반응한다.
③ 비중이 약 2.8이다.
④ 조해성 물질이다.

해설 과산화나트륨(Na_2O_2)의 특징

㉮ 제1류 위험물 중 무기과산화물에 해당되며 지정수량은 50kg이다.

㉯ 순수한 것은 백색이지만 보통은 담황색을 띠고 있는 결정분말이다.

㉰ 조해성이 있으며 물과 반응하여 많은 열과 함께 산소(O_2)와 수산화나트륨($NaOH$)을 발생한다.

㉱ 가열하면 분해되어 산화나트륨(Na_2O)과 산소가 발생한다.

㉲ 알코올에는 녹지 않으나, 묽은 산과 반응하여 과산화수소(H_2O_2)를 생성시킨다.

㉳ 비중 2.805, 융점 및 분해온도 460℃이다.

㉴ 주수 소화는 금물이고, 마른 모래(건조사)를 이용한다.

47. 위험물 안전관리법령상 셀룰로이드의 품명과 지정수량을 옳게 연결한 것은?

① 니트로화합물 - 200kg
② 니트로화합물 - 10kg
③ 질산에스테르류 - 200kg
④ 질산에스테르류 - 10kg

해설 질산에스테르류

㉮ 제5류 위험물로 지정수량은 10kg이다.

㉯ 종류
  ㉠ 니트로셀룰로오스($[C_6H_7O_2(ONO_2)_3]_n$)
  ㉡ 질산에틸($C_2H_5ONO_2$)
  ㉢ 질산메틸(CH_3ONO_2)
  ㉣ 니트로글리세린($C_3H_5(ONO_2)_3$)
  ㉤ 니트로글리콜($C_2H_4(ONO_2)_2$)
  ㉥ 셀룰로이드류

48. 위험물의 운반기준에 있어서 차량 등에 적재하는 위험물의 성질에 따라 강구하여야 하는 조치로 적합하지 않은 것은?

① 제5류 위험물 또는 제6류 위험물은 방수성이 있는 피복으로 덮는다.
② 제2류 위험물 중 철분, 금속분, 마그네슘은 방수성이 있는 피복으로 덮는다.

③ 제1류 위험물 중 알칼리금속의 과산화물 또는 이를 함유한 것은 차광성 및 방수성이 모두 있는 피복으로 덮는다.
④ 제5류 위험물 중 55℃ 이하의 온도에서 분해될 우려가 있는 것은 보랭 컨테이너에 수납하는 등의 방법으로 적당한 온도관리를 한다.

해설 적재하는 위험물의 성질에 따른 조치 [시행규칙 별표19]

㉮ 차광성이 있는 피복으로 가려야 하는 위험물 : 제1류 위험물, 제3류 위험물 중 자연발화성 물질, 제4류 위험물 중 특수인화물, 제5류 위험물, 제6류 위험물

㉯ 방수성이 있는 피복으로 덮는 위험물 : 제1류 위험물 중 알칼리금속의 과산화물, 제2류 위험물 중 철분·금속분·마그네슘, 제3류 위험물 중 금수성 물질

㉰ 보랭 컨테이너에 수납하는 위험물 : 제5류 위험물 중 55℃ 이하에서 분해될 우려가 있는 것

49. 다음 중 위험등급이 다른 하나는?

① 아염소산염류　② 알킬리튬
③ 질산에스테르류　④ 질산염류

해설 각 위험물의 유별 및 위험등급

품명	유별	지정수량	위험등급
아염소산염류	제1류	50kg	I
알킬리튬	제3류	10kg	I
질산에스테르류	제5류	10kg	I
질산염류	제1류	300kg	II

50. 0.99atm, 55℃에서 이산화탄소의 밀도는 약 몇 g/L인가?

① 0.62　② 1.62　③ 9.65　④ 12.65

해설 ㉮ 이산화탄소(CO_2)의 분자량(M) 계산 : $12+(16\times2)=44$

㉯ 0.99atm, 55℃에서 이산화탄소의 밀도 계산 : 이상기체 상태방정식 $PV=\dfrac{W}{M}RT$를 이용

하여 계산한다.

$$\therefore \rho = \frac{W}{V} = \frac{PM}{RT} = \frac{0.99 \times 44}{0.082 \times (273 + 55)}$$
$$= 1.619 \, g/L$$

51. 다음 중 물에 가장 잘 녹는 물질은?

① 아닐린　　　　② 벤젠
③ 아세트알데히드　④ 이황화탄소

해설 제4류 위험물의 수용성 여부

품명		수용성 여부
아닐린($C_6H_5NH_2$)	제3석유류	비수용성
벤젠(C_6H_6)	제1석유류	비수용성
아세트알데히드 (CH_3CHO)	특수인화물	수용성
이황화탄소(CS_2)	특수인화물	비수용성

52. 1기압, 20℃에서 액체인 미상의 위험물에 대하여 인화점과 발화점을 측정한 결과 인화점이 32.2℃, 발화점이 257℃로 측정되었다. 위험물 안전관리법령상 이 위험물의 유별과 품명의 지정으로 옳은 것은?

① 제4류 특수인화물
② 제4류 제1석유류
③ 제4류 제2석유류
④ 제4류 제3석유류

해설 제4류 위험물의 성상에 의한 품명 분류 [시행령 별표1]

　㉮ 특수인화물 : 이황화탄소, 디에틸에테르 그 밖에 1기압에서 발화점이 100℃ 이하인 것 또는 인화점이 −20℃ 이하이고 비점이 40℃ 이하인 것을 말한다.

　㉯ 제1석유류 : 아세톤, 휘발유 그 밖에 1기압에서 인화점이 21℃ 미만인 것을 말한다.

　㉰ 제2석유류 : 등유, 경유 그 밖에 1기압에서 <u>인화점이 21℃ 이상 70℃ 미만</u>인 것을 말한다.

　㉱ 제3석유류 : 중유, 클레오소트유 그 밖에 1기압에서 인화점이 70℃ 이상 200℃ 미만인 것을 말한다.

53. 다음 중 과산화수소의 저장용기로 가장 적합한 것은?

① 뚜껑에 작은 구멍을 뚫은 갈색 용기
② 뚜껑을 밀전한 투명 용기
③ 구리로 만든 용기
④ 요오드화칼륨을 첨가한 종이 용기

해설 과산화수소(H_2O_2)의 용기

　㉮ 갈색 용기를 사용하여 직사광선을 차단한다.
　㉯ 용기는 밀전하면 안 되고, 구멍이 뚫린 마개를 사용한다.
　㉰ 유리 용기는 알칼리성으로 과산화수소의 분해를 촉진하므로 장기 보존하지 않아야 한다.

54. 제5류 위험물이 아닌 것은?

① 염화벤조일
② 아지화나트륨
③ 질산구아니딘
④ 아세틸퍼옥사이드

해설 각 위험물의 유별

품명	유별
염화벤조일	제4류 제3석유류
아지화나트륨	제5류 그 밖에 행안부령으로 정하는 것
질산구아니딘	
아세틸퍼옥사이드	제5류 유기과산화물

55. 다음 그림과 같이 원통형 종으로 설치된 탱크에서 공간용적을 내용적의 10%라고 하면 탱크용량(허가용량)은 약 얼마인가?

① 113.04　　　② 124.34
③ 129.06　　　④ 138.16

해설 ㉮ 탱크의 내용적 계산

$$V = \pi \times r^2 \times l$$
$$= \pi \times 2^2 \times 10 = 125.663\,\mathrm{m}^3$$

㉯ 공간용적 계산 : 공간용적은 탱크 내용적의 10%이다.

$$\therefore V' = 125.663 \times 0.1 = 12.566\,\mathrm{m}^3$$

㉰ 탱크 용량 계산

탱크 용량＝내용적－공간용적
$$= 125.663 - 12.566$$
$$= 113.097\,\mathrm{m}^3$$

[별해] 공간용적은 내용적의 10%이므로 탱크용량은 내용적의 90%에 해당된다.

$$\therefore V = (\pi \times r^2 \times l) \times 0.9$$
$$= (\pi \times 2^2 \times 10) \times 0.9 = 113.097\,\mathrm{m}^3$$

(π 대신 3.14를 대입하면 113.04m³로 계산됨)

56. 제6류 위험물의 화재예방 및 진압 대책으로 옳은 것은?

① 과산화수소는 화재 시 주수소화를 절대 금한다.
② 질산은 소량의 화재 시 다량의 물로 희석한다.
③ 과염소산은 폭발 방지를 위해 철제 용기에 저장한다.
④ 제6류 위험물의 화재에는 건조사만 사용하여 진압할 수 있다.

해설 제6류 위험물의 화재예방 및 진압 대책
㉮ 과산화수소 화재 시 주수소화로 소화한다.
㉯ 질산의 소화방법은 다량의 화재를 제외하고는 일반화재의 소화방법과 같다.
㉰ 과염소산은 폭발을 방지하기 위해 유리나 도자기 등의 밀폐용기에 넣어 저온에서 통풍이 잘되는 곳에 저장한다.
㉱ 제6류 위험물의 화재에는 시행규칙 별표17의 규정에 의한 적응성이 없는 소화설비 외는 사용할 수 있다.

참고 제6류 위험물에 적응성이 없는 소화설비 [시행규칙 별표17]
㉮ 불활성가스 소화설비
㉯ 할로겐화합물 소화설비 및 소화기
㉰ 탄산수소염류 분말소화설비 및 분말소화기
㉱ 이산화탄소 소화기

57. 제2류 위험물의 위험성에 대한 설명 중 틀린 것은?

① 삼황화인은 약 100℃에서 발화한다.
② 적린은 공기 중에 방치하면 상온에서 자연발화한다.
③ 마그네슘은 과열수증기와 접촉하면 격렬하게 반응하여 수소를 발생한다.
④ 은(Ag)분은 고농도의 과산화수소와 접촉하면 폭발 위험이 있다.

해설 적린(P)은 독성이 없고 자연발화의 위험성이 없으나 산화물(염소산염류 등의 산화제)과 공존하면 낮은 온도에서도 발화할 수 있다.

58. 마그네슘이 염산과 반응할 때 발생하는 기체는?

① 수소　　　　　② 산소
③ 이산화탄소　　④ 염소

해설 마그네슘(Mg)의 특징
㉮ 제2류 위험물로 지정수량 500kg이다.
㉯ 산 및 더운물과 반응하여 수소(H_2)를 발생한다.
$$Mg + 2HCl \longrightarrow MgCl_2 + H_2 \uparrow$$
$$Mg + 2H_2O \longrightarrow Mg(OH)_2 + H_2 \uparrow$$

59. 위험물저장소에서 제4류 위험물 디에틸에테르 50L, 이황화탄소 150L, 아세톤 800L을 저장하고 있는 경우 지정수량의 몇 배가 보관되어 있는가?

① 4배　　　　　② 5배
③ 6배　　　　　④ 8배

해설 ㉮ 제4류 위험물의 지정수량

품명	지정수량	위험물량
디에틸에테르	50L	50L
이황화탄소	50L	150L
아세톤	400L	800L

㉯ 지정수량 배수의 합 계산 : 지정수량 배수의
합은 각 위험물량을 지정수량으로 나눈 값의
합이다.

∴ 지정수량 배수의 합

$$= \frac{A\,위험물량}{지정수량} + \frac{B\,위험물량}{지정수량} + \frac{C\,위험물량}{지정수량}$$

$$= \frac{50}{50} + \frac{150}{50} + \frac{800}{400} = 6\,배$$

60. 중크롬산칼륨의 화재예방 및 진압대책에 관한 설명 중 틀린 것은?

① 가열, 충격, 마찰을 피한다.
② 유기물, 가연물과 격리하여 저장한다.
③ 화재 시 물과 반응하여 폭발하므로 주수 소화를 금한다.
④ 소화 작업 시 폭발우려가 있으므로 충분한 안전거리를 확보한다.

해설 중크롬산칼륨의 화재예방 및 진압대책
㉮ 제1류 위험물 중 중크롬산염류로 지정수량 1000kg이다.
㉯ 단독으로는 안정하지만 가열하거나 유기물, 기타 가연물과 접촉을 금지한다.
㉰ 마찰 및 열을 주게 되면 발화 또는 폭발한다.
㉱ 열분해하면 산소(O_2)를 발생한다.
㉲ 화재 시 주수소화에 의한다.
㉳ 소화 작업 시 폭발우려가 있으므로 충분한 안전거리를 확보한다.

2012년도 출제문제

2012. 2. 12 시행 (제1회)

1. 물질의 발화온도가 낮아지는 경우는?

① 발열량이 작을 때
② 산소의 농도가 작을 때
③ 화학적 활성도가 클 때
④ 산소와 친화력이 작을 때

해설 발화온도가 낮아지는 조건
㉮ 압력이 높을 때
㉯ 발열량이 높을 때
㉰ 열전도율이 작고 습도가 낮을 때
㉱ 산소와 친화력이 클 때
㉲ 산소농도가 높을 때
㉳ 분자구조가 복잡할수록
㉴ 반응활성도가 클수록

2. 어떤 소화기에 "ABC"라고 표시되어 있다. 다음 중 사용할 수 없는 화재는?

① 금속 화재
② 유류 화재
③ 전기 화재
④ 일반 화재

해설 화재 종류의 표시

구분	화재 종류	표시색
A급	일반 화재	백색
B급	유류 화재	황색
C급	전기 화재	청색
D급	금속 화재	–

3. 연소 위험성이 큰 휘발유 등은 배관을 통하여 이송할 경우 안전을 위하여 유속을 느리게 해주는 것이 바람직하다. 이는 배관 내에서 발생할 수 있는 어떤 에너지를 억제하기 위함인가?

① 유도에너지
② 분해에너지
③ 정전기에너지
④ 아크에너지

해설 정전기 발생 억제대책
㉮ 유속을 1m/s 이하로 유지한다.
㉯ 분진 및 먼지 등의 이물질을 제거한다.
㉰ 액체 및 기체의 분출을 방지한다.

참고 유체의 속도가 빠르면 마찰로 인하여 발생하는 정전기 에너지가 크기 때문에 유속을 느리게 해 주어야 한다.

4. 1몰의 이황화탄소와 고온의 물이 반응하여 생성되는 유독한 기체물질의 부피는 표준상태에서 얼마인가?

① 22.4L
② 44.8L
③ 67.2L
④ 134.4L

해설 ㉮ 이황화탄소(CS_2)와 물(H_2O)과의 반응식
$$CS_2 + 2H_2O \longrightarrow CO_2 + 2H_2S$$
㉯ 유독한 기체물질(황화수소) 부피 계산 : 이황화탄소(CS_2) 1몰(mol)이 물과 반응하면 2몰(mol)의 황화수소(H_2S)가 발생되며, 표준상태에서 1몰(mol)의 기체 부피는 22.4L에 해당된다.
∴ 황화수소의 부피 = 2mol × 22.4 L/mol
= 44.8 L

5. 전기설비에 적응성이 없는 소화설비는?

① 불활성가스 소화설비
② 물분무 소화설비
③ 포 소화설비
④ 할로겐화합물 소화설비

해설 전기설비에 적응성이 있는 소화설비 [위험

물 안전관리법 시행규칙 별표17]

㉮ 물분무 소화설비

㉯ 불활성가스 소화설비

㉰ 할로겐화합물 소화설비

㉱ 인산염류 및 탄산수소염류 분말소화설비

㉲ 무상수(霧狀水) 소화기

㉳ 무상강화액 소화기

㉴ 이산화탄소 소화기

㉵ 할로겐화합물 소화기

㉶ 인산염류 및 탄산수소염류 분말소화기

참고 적응성이 없는 소화설비 : 옥내소화전 또는 옥외소화전설비, 스프링클러설비, 포 소화설비, 봉상수(棒狀水) 소화기, 봉상강화액 소화기, 포 소화기, 건조사

6. 제3종 분말 소화약제의 주요 성분에 해당하는 것은?

① 인산암모늄　　② 탄산수소나트륨

③ 탄산수소칼륨　　④ 요소

해설 분말 소화약제의 종류 및 적응화재

분말 종류	주성분	적응 화재	착색
제1종	탄산수소나트륨 (NaHCO₃)	B.C	백색
제2종	탄산수소칼륨 (KHCO₃)	B.C	자색 (보라색)
제3종	제1인산암모늄 (NH₄H₂PO₄)	A.B.C	담홍색
제4종	탄산수소칼륨+요소 (KHCO₃+(NH₂)₂CO)	B.C	회색

㊀ 제2종 분말 소화약제의 착색 상태를 '담회색'으로 표현하는 경우도 있음

7. 휘발유의 소화방법으로 옳지 않은 것은?

① 분말 소화약제를 사용한다.

② 포 소화약제를 사용한다.

③ 물통 또는 수조로 주수소화한다.

④ 이산화탄소에 의한 질식소화를 한다.

해설 휘발유(제4류 위험물 중 제1석유류)는 비수용성이기 때문에 소화방법은 포말소화나 탄산가스, 분말을 이용한 질식소화가 효과적이다.

8. 팽창질석(삽 1개 포함) 160L의 소화능력단위는?

① 0.5　　② 1.0　　③ 1.5　　④ 2.0

해설 소화설비의 능력단위 [시행규칙 별표17]

소화설비	용량	능력단위
소화전용 물통	8L	0.3
수조 (소화전용 물통 3개 포함)	80L	1.5
수조 (소화전용 물통 6개 포함)	190L	2.5
마른 모래(삽 1개 포함)	50L	0.5
팽창질석 또는 팽창진주암(삽 1개 포함)	160L	1.0

9. 플래시 오버(flash over)에 관한 설명이 아닌 것은?

① 실내화재에서 발생하는 현상

② 순간적인 연소확대 현상

③ 발생시점은 초기에서 성장기로 넘어가는 분기점

④ 화재로 인하여 온도가 급격히 상승하여 화재가 순간적으로 실내 전체에 확산되어 연소되는 현상

해설 플래시 오버(flash over) 현상 : 전실화재라 하며 화재로 발생한 열이 주변의 모든 물체가 연소되기 쉬운 상태에 도달하였을 때 순간적으로 강한 화염을 분출하면서 내부 전체를 급격히 태워버리는 현상이다.

10. 화재 시 이산화탄소를 방출하여 산소의 농도를 13 vol%로 낮추어 소화를 하려면 공기 중의 이산화탄소는 몇 vol%가 되어야 하는가?

① 28.1　　② 38.1　　③ 42.86　　④ 48.36

해설 공기 중 산소의 체적비율이 21%인 상태에서 이산화탄소(CO_2)에 의하여 산소농도가 감소되는 것이고, 산소농도가 감소되어 발생되는 차이가 공기 중 이산화탄소의 농도가 된다.

$$\therefore CO_2 = \frac{21 - O_2}{21} \times 100$$

$$= \frac{21 - 13}{21} \times 100 = 38.095\%$$

11. 자연발화의 방지법이 아닌 것은?

① 습도를 높게 유지할 것
② 저장실의 온도를 낮출 것
③ 퇴적 및 수납 시 열축적이 없을 것
④ 통풍을 잘 시킬 것

해설 위험물의 자연발화를 방지하는 방법
㉮ 통풍을 잘 시킬 것
㉯ 저장실의 온도를 낮출 것
㉰ 습도가 높은 곳을 피하고, 건조하게 보관할 것
㉱ 열의 축적을 방지할 것
㉲ 가연성가스 발생을 조심할 것
㉳ 불연성가스를 주입하여 공기와의 접촉을 피할 것
㉴ 물질의 표면적을 최대한 작게 할 것
㉵ 정촉매 작용을 하는 물질과의 접촉을 피할 것

12. 화학식과 Halon 번호를 옳게 연결한 것은?

① CBr_2F_2 – 1202
② $C_2Br_2F_2$ – 2422
③ $CBrClF_2$ – 1102
④ $C_2Br_2F_4$ – 1242

해설 (1) 화학식과 Halon 번호

화학식	Halon 번호
$CBrF_3$	1301
$CBrClF_2$	1211
$C_2Br_2F_4$	2402
CBr_2F_2	1202
$C_2Br_2F_2$	2202(할론 소화약제 번호가 없음)

(2) 할론(Halon)–abcd → "탄·불·염·취"로 암기
a : 탄소(C)의 수
b : 불소(F)의 수
c : 염소(Cl)의 수
d : 취소(Br : 브롬)의 수

13. 액체연료의 연소형태가 아닌 것은?

① 확산연소   ② 증발연소
③ 액면연소   ④ 분무연소

해설 액체연료의 연소형태 종류
㉮ 액면연소 : 액체연료의 표면에서 발생된 증기가 공기와 혼합하면서 연소하는 것이다.
㉯ 등심연소 : 연료를 심지로 빨아올려 등심(심지)의 상부나 측면에서 연소하는 것이다.
㉰ 분무연소 : 액체연료를 무화(霧化)시켜 표면적을 크게 하여 연소시키는 것이다.
㉱ 증발연소 : 액체연료를 증발관 등에서 미리 증발시켜 기체연료와 같은 형태로 연소시키는 방법이다.

참고 확산연소는 공기(또는 산소)와 기체연료를 각각 연소실에 공급하고, 적당한 혼합기를 형성한 부분에서 연소시키는 것이다.

14. 소화설비의 설치기준에서 유기과산화물 1000 kg은 몇 소요단위에 해당하는가?

① 10   ② 20   ③ 30   ④ 40

해설 ㉮ 유기과산화물 : 제5류 위험물로 지정수량은 10kg이다.
㉯ 지정수량의 10배를 1소요단위로 한다.

$$\therefore 소요단위 = \frac{저장량}{지정수량 \times 10}$$

$$= \frac{1000}{10 \times 10} = 10$$

15. 다음 중 분진폭발의 원인 물질로 작용할 위험성이 가장 낮은 것은?

① 마그네슘 분말   ② 밀가루
③ 담배 분말   ④ 시멘트 분말

[해설] 분진폭발을 일으키는 물질
㉮ 폭연성 분진 : 금속분말(Mg, Al, Fe 등)
㉯ 가연성 분진 : 소맥분, 전분, 합성수지류, 황, 코코아, 리그린, 석탄분말, 고무분말, 담배분말 등

[참고] 시멘트 분말, 대리석 분말 등은 불연성물질로 분진폭발과는 관련이 없다.

16. 소화작용에 대한 설명 중 옳지 않은 것은?

① 가연물의 온도를 낮추는 소화는 냉각작용이다.
② 물의 주된 소화작용 중 하나는 냉각작용이다.
③ 연소에 필요한 산소의 공급원을 차단하는 소화는 제거작용이다.
④ 가스화재 시 밸브를 차단하는 것은 제거작용이다.

[해설] 소화작용(소화효과)
㉮ 제거소화 : 화재 현장에서 <u>가연물을 제거</u>함으로써 화재의 확산을 저지하는 방법으로 소화하는 것이다.
㉯ 질식소화 : 산소공급원을 차단하여 연소 진행을 억제하는 방법으로 소화하는 것이다.
㉰ 냉각소화 : 물 등을 사용하여 활성화 에너지(점화원)를 냉각시켜 가연물을 발화점 이하로 낮추어 연소가 계속 진행할 수 없도록 하는 방법으로 소화하는 것이다.
㉱ 부촉매 소화(억제소화) : 산화반응에 직접 관계없는 물질을 가하여 연쇄반응의 억제작용을 이용하는 방법으로 소화하는 것이다.

17. 소화설비의 기준에서 이산화탄소 소화설비가 적응성이 있는 대상물은?

① 알칼리금속 과산화물
② 철분
③ 인화성 고체
④ 제3류 위험물의 금수성 물질

[해설] 불활성가스 소화설비(이산화탄소 소화설비)의 적응성이 있는 대상물 [시행규칙 별표17]

: 전기설비, 제2류 위험물 중 인화성 고체, 제4류 위험물

[참고] ①, ②, ④ 항목의 물질에 적응성이 있는 소화설비 : 탄산수소염류 분말 소화설비 및 소화기, 그 밖의 분말 소화설비 및 소화기, 건조사, 팽창질석 또는 팽창진주암

18. 분자 내의 니트로기와 같이 쉽게 산소를 유리할 수 있는 기를 가지고 있는 화합물의 연소형태는?

① 표면연소   ② 분해연소
③ 증발연소   ④ 자기연소

[해설] 니트로화합물은 유기화합물의 수소 원자(H)가 니트로기($-NO_2$)로 치환된 화합물로 피크린산, 트리니트로톨루엔(TNT)이 대표적이며 제5류 위험물로 분류되며, 제5류 위험물의 연소형태는 자기연소에 해당된다.

19. 위험물 안전관리법령상 소화설비에 해당하지 않는 것은?

① 옥외소화전설비
② 스프링클러설비
③ 할로겐화합물 소화설비
④ 연결살수설비

[해설] 소화설비의 종류 : 옥내소화전 또는 옥외소화전, 스프링클러설비, 물분무 등 소화설비(물분무 소화설비, 포 소화설비, 불활성가스 소화설비, 할로겐화합물 소화설비, 분말 소화설비), 대형·소형 수동식 소화기, 건조사

[참고] 연결살수설비는 소화활동설비에 해당된다.

20. 유기과산화물의 화재예방상 주의사항으로 틀린 것은?

① 열원으로부터 멀리 한다.
② 직사광선을 피해야 한다.
③ 용기의 파손에 의해서 누출되면 위험하므로 정기적으로 점검하여야 한다.
④ 산화제와 격리하고 환원제와 접촉시켜야

한다.

해설 유기과산화물(제5류 위험물)의 화재예방상 주의사항

㉮ 직사일광을 피하고 냉암소에 저장한다.

㉯ 불꽃, 불티 등의 화기 및 열원으로부터 멀리 하고 산화제, 환원제와도 격리한다.

㉰ 용기의 손상으로 유기과산화물이 누설하거나 오염되지 않도록 한다.

㉱ 같은 장소에 종류가 다른 약품과 함께 저장하지 않는다.

㉲ 알코올류, 아민류, 금속분류, 기타 가연성 물질과 혼합하지 않는다.

㉳ 유기과산화물은 자체 내에 산소가 함유되어 있기 때문에 질식소화는 효과가 없으므로, 다량의 주수에 의한 냉각소화가 효과적이다.

21. 분말의 형태로서 150마이크로미터(μm)의 체를 통과하는 것이 50중량퍼센트 이상인 것만 위험물로 취급되는 것은?

① Fe   ② Sn   ③ Ni   ④ Cu

해설 제2류 위험물의 품명 [시행령 별표1]

㉮ 철분 : 철의 분말로서 $53\mu m$의 표준체를 통과하는 것이 50중량% 미만인 것은 제외한다.

㉯ 금속분 : 알칼리금속·알칼리토류금속·철 및 마그네슘 외의 금속의 분말을 말하고, 구리분·니켈분 및 $150\mu m$의 체를 통과하는 것이 50 중량% 미만인 것은 제외한다.

㉰ 마그네슘 및 마그네슘을 함유한 것에 있어서 제외하는 것

　㉠ 2mm의 체를 통과하지 아니하는 덩어리 상태의 것

　㉡ 직경 2mm 이상의 막대 모양의 것

참고 구리(Cu), 니켈(Ni) : 50중량% 이상이 되어도 제2류 위험물 중 금속분 품명에서 제외되는 것이다.

22. 상온에서 액체인 물질로만 조합된 것은?

① 질산에틸, 니트로글리세린

② 피크린산, 질산메틸

③ 트리니트로톨루엔, 디니트로벤젠

④ 니트로글리콜, 테트릴

해설 제5류 위험물의 상온에서 상태

품명		상태
질산에틸	질산에스테르류	액체
니트로글리세린	질산에스테르류	액체
피크린산	니트로화합물	고체
질산메틸	질산에스테르류	액체
트리니트로톨루엔	니트로화합물	고체
디니트로벤젠	니트로화합물	고체
니트로글리콜	질산에스테르류	액체
테트릴	니트로화합물	고체

23. 다음 중 인화점이 가장 낮은 것은?

① 이소펜탄   ② 아세톤

③ 디에틸에테르   ④ 이황화탄소

해설 각 물질의 인화점

품명	인화점
이소펜탄	$-51℃$
아세톤	$-18℃$
디에틸에테르	$-45℃$
이황화탄소	$-30℃$

24. 위험물 안전관리에 관한 세부기준에서 정한 위험물의 유별에 따른 위험성 시험 방법을 옳게 연결한 것은?

① 제1류 – 가열분해성 시험

② 제2류 – 작은 불꽃 착화시험

③ 제5류 – 충격민감성 시험

④ 제6류 – 낙구타격감도 시험

해설 위험물의 유별에 따른 위험성 시험 방법 [위험물 안전관리에 관한 세부기준]

㉮ 제1류 위험물 : 산화성 고체

　㉠ 산화성 시험[세부기준 제3조] : 연소시험

　㉡ 충격민감성 시험[세부기준 제5조] : 낙구타격감도 시험

2012

㉯ 제2류 위험물 : 가연성 고체
　㉠ 착화의 위험성 시험[세부기준 8조] : 작은 불꽃 착화시험
　㉡ 인화의 위험성 시험[세부기준 9조] : 인화점 측정
㉰ 제3류 위험물 : 자연발화성 물질
　㉠ 고체의 공기 중 발화의 위험성 시험[세부기준 11조] : 자연발화 여부
　㉡ 액체의 공기 중 발화의 위험성 시험[세부기준 11조] : 자연발화 여부
㉱ 제3류 위험물 : 금수성 물질
　㉠ 금수성 시험[세부기준 12조] : 물과 접촉하여 발화하거나 가연성가스를 발생할 위험성 시험
㉲ 제4류 위험물 : 인화성 액체
　㉠ 인화점 측정[세부기준 14조] : 태크밀폐식 인화점 측정기
㉳ 제5류 위험물 : 자기반응성 물질
　㉠ 폭발성 시험[세부기준 18조] : 열분석 시험
　㉡ 가열분해성 시험[세부기준 20조] : 압력용기 시험
㉴ 제6류 위험물 : 산화성 액체
　㉠ 연소시간의 측정시험 [세부기준 23조]

25. 과염소산의 저장 및 취급방법으로 틀린 것은?

① 종이, 나무부스러기 등과의 접촉을 피한다.
② 직사광선을 피하고, 통풍이 잘 되는 장소에 보관한다.
③ 금속분과의 접촉을 피한다.
④ 분해방지제로 NH_3 또는 $BaCl_2$를 사용한다.

해설 과염소산(제6류 위험물)의 저장 및 취급방법
㉮ 공기 중에 방치하면 분해하고, 가열하면 폭발한다.
㉯ 산화력이 강하여 종이, 나무부스러기 등과 접촉하면 연소와 동시에 폭발하기 때문에 접촉을 피한다.
㉰ 물과 접촉하면 심하게 반응하므로 비, 눈 등에 노출되지 않도록 한다.
㉱ 유리, 도자기 등의 용기에 넣어 통풍이 잘 되

는 곳에 보관한다.
㉲ 직사광선을 차단하고 유기물, 가연성 물질의 접촉을 피한다.

참고 암모니아(NH_3)는 가연성이기 때문에 접촉 시 격렬하게 반응하여 폭발, 비산의 위험이 있다.

26. CaC_2의 저장 장소로서 적합한 곳은?

① 가스가 발생하므로 밀전을 하지 않고 공기 중에 보관한다.
② HCl 수용액 속에 저장한다.
③ CCl_4 분위기의 수분이 많은 장소에 보관한다.
④ 건조하고 환기가 잘 되는 장소에 보관한다.

해설 탄화칼슘(CaC_2 : 제3류 위험물)의 저장 및 취급 방법
㉮ 물, 습기와의 접촉을 피하고 통풍이 잘 되는 건조한 냉암소에 밀봉하여 저장한다.
㉯ 저장 중에 아세틸렌가스의 발생 유무를 점검한다.
㉰ 장기간 저장할 용기는 질소 등 불연성가스를 충전하여 저장한다.
㉱ 화기로부터 멀리 떨어진 곳에 저장한다.
㉲ 운반 중에 가열, 마찰, 충격불꽃 등에 주의한다.

참고 탄화칼슘(CaC_2 : 카바이드) 자체는 불연성이나 공기 중 수분과 만나면 아세틸렌(C_2H_2)가스를 발생시키므로 건조하고 환기가 잘 되는 장소에 보관하여야 한다.

27. 지정수량은 20kg이고, 백색 또는 담황색 고체이며 비중은 약 1.82이고 융점은 약 44℃이며, 비점은 약 280℃이고 증기 비중은 약 4.3인 위험물은?

① 적린　　　　② 황린
③ 유황　　　　④ 마그네슘

해설 황린(P_4)의 특징
㉮ 제3류 위험물로 지정수량은 20kg이다.
㉯ 백색 또는 담황색 고체로 일명 백린이라

한다.

㉠ 강한 마늘 냄새가 나고, 증기는 공기보다 무거운 가연성이며 맹독성 물질이다.

㉣ 물에 녹지 않고 벤젠, 알코올에 약간 용해하며 이황화탄소, 염화황, 삼염화인에 잘 녹는다.

㉤ 공기를 차단하고 약 260℃로 가열하면 적린이 된다.

㉥ 연소하면 유독성의 오산화인(P_2O_5)이 발생하면서 백색 연기가 난다.

㉦ 액비중 1.82, 증기비중 4.3, 융점 44℃, 비점 280℃, 발화점 34℃이다.

28. 위험물탱크 성능시험자가 갖추어야 할 등록 기준에 해당되지 않는 것은?

① 기술능력　　　　② 시설
③ 장비　　　　　　④ 경력

해설 탱크시험자의 기술능력·시설 및 장비 [시행령 별표7]

㉮ 기술능력 : 위험물기능장·위험물산업기사 또는 위험물기능사, 비파괴검사기술사, 초음파비파괴검사·자기비파괴검사 및 침투비파괴검사별로 기사 또는 산업기사

㉯ 시설 : 전용사무실

㉰ 장비 : 자기탐상시험기, 초음파두께측정기 및 영상초음파탐상시험기, 방사선투과시험기, 초음파탐상시험기

29. 과산화벤조일과 과염소산의 지정수량의 합은 몇 kg인가?

① 310　　　　　　② 350
③ 400　　　　　　④ 500

해설 각 위험물의 지정수량 및 합계량

품명	유별	지정수량
과산화벤조일	제5류 위험물 중 유기과산화물	10kg
과염소산	제6류 위험물	300kg
	합계량	310kg

30. 위험물에 대한 유별 구분이 잘못된 것은?

① 브롬산염류 – 제1류 위험물
② 유황 – 제2류 위험물
③ 금속의 인화물 – 제3류 위험물
④ 무기과산화물 – 제5류 위험물

해설 무기과산화물은 제1류 위험물에 해당되며 지정수량은 50kg이다.

31. 화재 시 내알코올포 소화약제를 사용하는 것이 가장 적합한 위험물은?

① 아세톤　　　　　② 휘발유
③ 경유　　　　　　④ 등유

해설 ㉮ 내알코올포 소화약제 : 알코올과 같은 수용성 액체에는 포가 파괴되는 현상으로 인해 소화효과를 잃게 되는 것을 방지하기 위해 단백질 가스분해물에 합성세제를 혼합하여 제조한 소화약제이다.

㉯ 각 위험물의 성질

품명	성질
아세톤	수용성
휘발유	비수용성
경유	비수용성
등유	비수용성

32. 위험물을 유별로 정리하여 상호 1m 이상의 간격을 유지하는 경우에도 동일한 옥내저장소에 저장할 수 없는 것은?

① 제1류 위험물(알칼리금속의 과산화물 또는 이를 함유한 것을 제외한다)과 제5류 위험물
② 제1류 위험물과 제6류 위험물
③ 제1류 위험물과 제3류 위험물 중 황린
④ 인화성 고체를 제외한 제2류 위험물과 제4류 위험물

해설 유별을 달리하는 위험물의 동일한 저장소에 저장 기준 [시행규칙 별표18]

㉮ 유별을 달리하는 위험물은 동일한 저장소에

저장하지 아니하여야 한다.

㉴ 동일한 저장소에 <u>저장할 수 있는 경우</u> : 옥내 저장소 또는 옥외저장소에 위험물을 유별로 정리하여 서로 1m 이상의 간격을 두는 경우

  ㉠ 제1류 위험물(알칼리금속의 과산화물 또는 이를 함유한 것 제외)과 제5류 위험물

  ㉡ 제1류 위험물과 제6류 위험물

  ㉢ 제1류 위험물과 제3류 위험물 중 자연발화성 물질(황린 또는 이를 함유한 것에 한한다.)

  ㉣ <u>제2류 위험물 중 인화성 고체와 제4류 위험물</u>

  ㉤ 제3류 위험물 중 알킬알루미늄등과 제4류 위험물(알킬알루미늄 또는 알킬리튬을 함유한 것에 한한다.)

  ㉥ 제4류 위험물 중 유기과산화물 또는 이를 함유한 것과 제5류 위험물 중 유기과산화물 또는 이를 함유한 것

33. 무색 또는 옅은 청색의 액체로 농도가 36 wt% 이상인 것을 위험물로 간주하는 것은?

① 과산화수소　　② 과염소산

③ 질산　　　　　④ 초산

해설 제6류 위험물인 과산화수소(H_2O_2)는 그 농도가 36중량% 이상인 것에 한하여 위험물로 간주한다.

34. 제4류 위험물 중 특수인화물로만 나열된 것은?

① 아세트알데히드, 산화프로필렌, 염화아세틸

② 산화프로필렌, 염화아세틸, 부틸알데히드

③ 부틸알데히드, 이소프로필아민, 디에틸에테르

④ 이황화탄소, 황화디메틸, 이소프로필아민

해설 ㉮ 제4류 위험물 중 특수인화물 종류 : 에테르(디에틸에테르), 이황화탄소, 아세트알데히드, 산화프로필렌, 디에틸설파이드(황화디메틸) 등

㉯ 지정수량 : 50L

35. 질산의 비중이 1.5일 때 1소요 단위는 몇 L 인가?

① 150　　　　　② 200

③ 1500　　　　④ 2000

해설 ㉮ 질산 : 제6류 위험물로 지정수량은 300kg 이다.

㉯ 1소요 단위 : 지정수량의 10배이다.

∴ 1소요 단위=300×10=3000kg

㉰ 무게를 체적단위로 환산

$$∴ 체적(L) = \frac{무게(kg)}{비중(kg/L)} = \frac{3000}{1.5} = 2000\,L$$

36. 경유에 대한 설명으로 틀린 것은?

① 품명은 제3석유류이다.

② 디젤기관의 연료로 사용할 수 있다.

③ 원유의 증류 시 등유와 중유 사이에서 유출된다.

④ K, Na의 보호액으로 사용할 수 있다.

해설 경유의 특징

㉮ 제4류 위험물 중 제2석유류이며, 지정수량은 1000L이다.

㉯ 탄소수가 C_{15}~C_{20}인 포화, 불포화탄화수소의 혼합물로 유출온도의 범위는 200~350℃로 등유와 중유 사이에서 유출된다.

㉰ 담황색 또는 담갈색의 액체로 등유와 비슷한 성질을 갖고 있으며 디젤기관의 연료로 사용한다.

㉱ 물에는 녹지 않는 불용성이며, 칼륨(K), 나트륨(Na)의 보호액으로 사용한다.

㉲ 액비중 0.82~0.85(증기비중 4~5), 인화점 50~70℃, 발화점 257℃, 연소범위 1~6%이다.

37. 위험물 제조소 등에 경보설비를 설치해야 하는 경우가 아닌 것은? (단, 지정수량의 10배 이상을 저장 또는 취급하는 경우이다.)

① 이동탱크 저장소

② 단층 건물로 처마 높이가 6m인 옥내저장소

③ 단층 건물 외의 건축물에 설치된 옥내탱크저장소로서 소화난이도 등급 Ⅰ에 해당하는 것

④ 옥내주유 취급소

해설 경보설비(자동화재 탐지설비) 설치 대상 [시행규칙 별표17]

㉮ 제조소 및 일반취급소
  ㉠ 연면적 500m² 이상인 것
  ㉡ 옥내에서 지정수량의 100배 이상을 취급하는 것

㉯ 옥내저장소
  ㉠ 지정수량의 100배 이상을 저장 또는 취급하는 것
  ㉡ 저장창고의 연면적이 150m²를 초과하는 것
  ㉢ 처마높이가 6m 이상인 단층건물의 것
  ㉣ 옥내저장소로 사용되는 부분 외의 부분이 있는 건축물에 설치된 옥내저장소

㉰ 옥내탱크저장소 : 단층 건물 외의 건축물에 설치된 소화난이도등급 Ⅰ에 해당하는 곳

㉱ 주유취급소 : 옥내주유취급소

---

38. 제4류 위험물에 속하지 않는 것은?

① 아세톤   ② 실린더유
③ 과산화벤조일   ④ 니트로벤젠

해설 각 위험물의 유별 구분

명칭	유별 및 품명	지정수량
아세톤	제4류 제1석유류	400L
실린더유	제4류 제4석유류	6000L
과산화벤조일	제5류 유기과산화물	10kg
니트로벤젠	제4류 제3석유류	2000L

---

39. 탱크의 공간용적은 탱크 내용적의 100분의 ( ) 이상, 100분의 ( ) 이하의 용적으로 한다. 괄호 안의 숫자를 차례대로 올바르게 나열한 것은? (단, 소화설비를 설치하는 경우와 암반탱크는 제외한다.)

① 5, 10   ② 5, 15
③ 10, 15   ④ 10, 20

해설 탱크의 공간용적 [세부기준 제25조] : 탱크의 공간용적은 탱크의 내용적의 $\frac{5}{100}$ 이상 $\frac{10}{100}$ 이하의 용적으로 한다.

---

40. 니트로셀룰로오스에 대한 설명으로 틀린 것은?

① 다이너마이트의 원료로 사용된다.
② 물과 혼합하면 위험성이 감소된다.
③ 셀룰로오스에 진한 질산과 진한 황산을 작용시켜 만든다.
④ 품명이 니트로화합물이다.

해설 니트로셀룰로오스의 특징

㉮ 제5류 위험물 중 질산에스테르류에 해당되며, 지정수량은 10kg이다.

㉯ 천연 셀룰로오스에 진한 질산과 진한 황산을 작용시켜 제조한다.

㉰ 맛과 냄새가 없고 초산에틸, 초산아밀, 아세톤, 에테르 등에는 용해하나 물에는 녹지 않는다.

㉱ 질화도가 클수록 폭발의 위험성이 증가하며 폭약의 원료로 사용한다.

㉲ 물과 혼합할수록 위험성이 감소하므로 저장 및 수송할 때에는 함수알코올(물+알코올)을 습윤시킨다.

---

41. 과산화마그네슘에 대한 설명으로 옳은 것은?

① 산화제, 표백제, 살균제 등으로 사용된다.
② 물에 녹지 않기 때문에 습기와 접촉해도 무방하다.
③ 물과 반응하여 금속 마그네슘을 생성한다.
④ 염산과 반응하면 산소와 수소를 발생한다.

해설 과산화마그네슘(MgO_2)의 특징

㉮ 제1류 위험물 중 무기과산화물로 지정수량은

정답 38. ③   39. ①   40. ④   41. ①

50kg이다.
㉯ 순수한 것은 백색이지만 보통은 담황색을 띠고 있는 결정분말이다.
㉰ 물과 접촉하면 수산화나트륨과 산소로 분해된다.
㉱ 가열하면 분해되어 산화나트륨(Na_2O)과 산소가 발생한다.
㉲ 알코올에는 녹지 않으나, 묽은 산과 반응하여 과산화수소(H_2O_2)를 생성시킨다.

42. 위험물 안전관리법령에 따라 제조소등의 관계인이 예방규정을 정하여야 하는 제조소등에 해당하지 않는 것은?

① 지정수량의 200배 이상의 위험물을 저장하는 옥외탱크저장소
② 지정수량의 10배 이상의 위험물을 취급하는 제조소
③ 암반탱크저장소
④ 지하탱크저장소

[해설] 예방규정을 정하여야 하는 제조소등 [시행령 제15조]
㉮ 지정수량의 10배 이상의 위험물을 취급하는 제조소
㉯ 지정수량의 100배 이상의 위험물을 저장하는 옥외저장소
㉰ 지정수량의 150배 이상의 위험물을 저장하는 옥내저장소
㉱ 지정수량의 200배 이상의 위험물을 저장하는 옥외탱크저장소
㉲ 암반탱크저장소
㉳ 이송취급소
㉴ 지정수량의 10배 이상의 위험물을 취급하는 일반취급소

43. 다음 중 같은 위험등급의 위험물로만 이루어지지 않은 것은?

① Fe, Sb, Mg
② Zn, Al, S
③ 황화인, 적린, 칼슘

④ 메탄올, 에탄올, 벤젠

[해설] 각 위험물에 따른 위험등급

품명	위험등급	유별	지정수량
철분(Fe)	Ⅲ	제2류	500kg
안티몬분(Sb)	Ⅲ	제2류	500kg
마그네슘(Mg)	Ⅲ	제2류	500kg
아연(Zn)	Ⅲ	제2류	500kg
알루미늄(Al)	Ⅲ	제2류	500kg
황(S)	Ⅱ	제2류	100kg
황화인	Ⅱ	제2류	100kg
적린	Ⅱ	제2류	100kg
칼슘	Ⅱ	제3류	300kg
메탄올	Ⅱ	제4류	400L
에탄올	Ⅱ	제4류	400L
벤젠	Ⅱ	제4류	200L

44. 다음 위험물 중 지정수량이 가장 큰 것은?

① 질산에틸
② 과산화수소
③ 트리니트로톨루엔
④ 피크르산

[해설] 각 위험물의 지정수량 및 유별

품명	지정수량	유별
질산에틸	10kg	제5류
과산화수소	300kg	제6류
트리니트로톨루엔	200kg	제5류
피크르산	200kg	제5류

45. 지정수량 10배의 위험물을 운반할 때 혼재가 가능한 것은?

① 제1류 위험물과 제2류 위험물
② 제1류 위험물과 제4류 위험물
③ 제4류 위험물과 제5류 위험물
④ 제5류 위험물과 제3류 위험물

[해설] ㉮ 위험물 운반할 때 혼재 기준[시행규칙 별표19, 부표2]

구분	제1류	제2류	제3류	제4류	제5류	제6류
제1류		×	×	×	×	○
제2류	×		×	○	○	×
제3류	×	×		○	×	×
제4류	×	○	○		○	×
제5류	×	○	×	○		×
제6류	○	×	×	×	×	

○ : 혼합 가능, × : 혼합 불가능

㉯ 이 표는 지정수량의 $\frac{1}{10}$ 이하의 위험물에 대하여는 적용하지 않는다.

46. 건축물 외벽이 내화구조이며 연면적 300m² 인 위험물 옥내저장소의 건축물에 대하여 소화설비의 소화능력 단위는 최소한 몇 단위 이상이 되어야 하는가?

① 1단위　　　　② 2단위
③ 3단위　　　　④ 4단위

해설 저장소의 건축물 소화설비 소요단위 계산 [시행규칙 별표17]

㉠ 외벽이 내화구조인 것 : 연면적 150m²를 1소요단위로 할 것
㉯ 외벽이 내화구조가 아닌 것 : 연면적 75m²를 1소요단위로 할 것
㉰ 소요단위 계산 : 옥내저장소이고 외벽이 내화구조이므로 연면적 150m²가 1소요단위에 해당된다.

∴ 소요단위 = $\dfrac{\text{건축물 연면적}}{\text{1소요단위 면적}}$

　　　　 = $\dfrac{300}{150}$ = 2단위

47. 위험물 안전관리법령의 규정에 따라 운반용기의 외부에 "화기엄금" 및 "충격주의"를 표시하고, 적재하는 경우 차광성이 있는 피복으로 가리며, 55℃ 이하에서 분해될 우려가 있는 경우 보랭 컨테이너에 수납하여 적정한 온도관리를 하는 예방조치를 하여야 하는 위험물은?

① 제1류 위험물
② 제2류 위험물
③ 제3류 위험물
④ 제5류 위험물

해설 (1) 운반용기의 외부 표시사항 [시행규칙 별표19]

유별	구분	표시사항
제1류	알칼리 금속의 과산화물 또는 이를 함유한 것	화기·충격주의, 물기엄금, 가연물 접촉주의
	그 밖의 것	화기·충격주의 및 가연물 접촉주의
제2류	철분, 금속분, 마그네슘 또는 어느 하나 이상을 함유한 것	화기주의, 물기엄금
	인화성 고체	화기엄금
	그 밖의 것	화기주의
제3류	자연발화성 물질	화기엄금 및 공기접촉엄금
	금수성 물질	물기엄금
제4류		화기엄금
제5류		화기엄금 및 충격주의
제6류		가연물접촉주의

(2) 적재하는 위험물 성질에 따른 조치

㉠ 제1류 위험물, 제3류 위험물 중 자연발화성 물질, 제4류 위험물 중 특수인화물, 제5류 위험물 또는 제6류 위험물은 차광성이 있는 피복으로 가릴 것
㉯ 제5류 위험물 중 55℃ 이하의 온도에서 분해될 우려가 있는 것은 보랭 컨테이너에 수납하는 등 적정한 온도관리를 할 것

48. 수소화칼슘이 물과 반응하였을 때의 생성물은?

① 칼슘과 수소
② 수산화칼슘과 수소
③ 칼슘과 산소

④ 수산화칼슘과 산소

해설 ㉮ 수소화칼슘 : 제3류 위험물 중 금속의 수소화물로 지정수량 300kg이다.

㉯ 수소화칼슘(CaH_2)이 물과 반응하면 수산화칼슘($Ca(OH)_2$)과 수소(H_2)를 발생하면서 발열한다.

㉰ 반응식

$$CaH_2 + 2H_2O \rightarrow Ca(OH)_2 + 2H_2 \uparrow + 48kcal$$

49. 과염소산칼륨과 아염소산나트륨의 공통 성질이 아닌 것은?

① 지정수량이 50kg이다.

② 열분해 시 산소를 방출한다.

③ 강산화성 물질이며 가연성이다.

④ 상온에서 고체의 형태이다.

해설 과염소산칼륨($KClO_4$)과 아염소산나트륨($NaClO_2$)은 제1류 위험물에 해당되며, 제1류 위험물은 산화성 고체로 불연성 물질이다.

50. 위험성 예방을 위해 물속에 저장하는 것은?

① 칠황화인
② 이황화탄소
③ 오황화인
④ 톨루엔

해설 물속에 저장하는 위험물

㉮ 이황화탄소(CS_2) : 제4류 위험물 중 특수인화물이고 지정수량 50L이다.

㉯ 황린(P_4) : 제3류 위험물이고 지정수량 20kg이다.

51. 착화점이 232℃에 가장 가까운 위험물은?

① 삼황화인
② 오황화인
③ 적린
④ 유황

해설 각 위험물의 착화점

품명	착화점
삼황화인	약 100℃
오황화인	142℃
적린	260℃
유황	232.2℃

52. $NaClO_3$에 대한 설명으로 옳은 것은?

① 물, 알코올에 녹지 않는다.

② 가연성 물질로 무색, 무취의 결정이다.

③ 유리를 부식시키므로 철제용기에 저장한다.

④ 산과 반응하여 유독성의 ClO_2를 발생한다.

해설 염소산나트륨($NaClO_3$)의 특징

㉮ 제1류 위험물 중 염소산염류에 해당되며 지정수량은 50kg이다.

㉯ 무색, 무취의 결정으로 물, 알코올, 글리세린, 에테르 등에 잘 녹는다.

㉰ 300℃에서 분해하여 산소를 발생한다.

㉱ 강력한 산화제로 철제용기를 부식시킨다.

㉲ 방습성이 있으므로 섬유, 나무, 먼지 등에 흡수되기 쉽다.

㉳ 산과 반응하여 유독한 이산화염소(ClO_2)가 발생하며, 폭발 위험이 있다.

53. 물과 접촉하면 위험성이 증가하므로 주수소화를 할 수 없는 물질은?

① $KClO_3$
② $NaNO_3$
③ Na_2O_2
④ $(C_6H_5CO)_2O_2$

해설 ㉮ 과산화나트륨(Na_2O_2)은 제1류 위험물로 흡습성이 있으며 물과 반응하여 많은 열과 함께 산소(O_2)와 수산화나트륨($NaOH$)을 발생하므로 소화 시 주수소화는 부적합하다.

㉯ 반응식 : $2Na_2O_2 + 2H_2O \rightarrow 4NaOH + O_2 \uparrow$

㉰ 염소산칼륨($KClO_3$), 질산나트륨($NaNO_3$)은 제1류 위험물로 물과의 반응성은 없다.

㉱ 과산화벤조일[$(C_6H_5CO)_2O_2$]은 제5류 위험물로 물을 첨가하면 폭발성을 낮출 수 있다.

54. 금속 나트륨에 관한 설명으로 옳은 것은?

① 물보다 무겁다.

② 융점이 100℃ 보다 높다.

③ 물과 격렬히 반응하여 산소를 발생하고 발열한다.

④ 등유는 반응이 일어나지 않아 저장액으로 이용된다.

해설 나트륨(Na)의 특징

㉮ 제3류 위험물로 지정수량은 10kg이다.

㉯ 은백색의 가벼운 금속으로 연소시키면 노란 불꽃을 내며 과산화나트륨이 된다.

㉰ 상온에서 물이나 알코올 등과 격렬히 반응하여 수소(H_2)를 발생한다.

㉱ 산화를 방지하기 위해 등유, 경유 속에 넣어 저장한다.

㉲ 비중 0.97, 융점 97.7℃, 비점 880℃, 발화점 121℃이다.

55. 메탄올과 에탄올의 공통점에 대한 설명으로 틀린 것은?

① 증기 비중이 같다.

② 무색, 투명한 액체이다.

③ 비중이 1보다 작다.

④ 물에 잘 녹는다.

해설 메탄올과 에탄올의 증기 비중

구분	분자량	증기비중
메탄올(메틸알코올) (CH_3OH)	32	1.1
에탄올(에틸알코올) (C_2H_5OH)	46	1.59

㉮ 메탄올의 분자량 계산

$12+(1\times3)+16+1=32$

㉯ 에탄올의 분자량 계산

$(12\times2)+(1\times5)+16+1=46$

㉰ 증기의 비중 $=\dfrac{분자량}{공기의\ 평균\ 분자량(29)}$

56. 동식물유류에 대한 설명으로 틀린 것은?

① 아마인유는 건성유이다.

② 불포화결합이 적을수록 자연발화의 위험이 커진다.

③ 요오드값이 100 이하인 것을 불건성유라 한다.

④ 건성유는 공기 중 산화중합으로 생긴 고

체가 도막을 형성할 수 있다.

해설 동식물유류 특징

㉮ 제4류 위험물로 지정수량 10000L이다.

㉯ 요오드값이 크면 불포화결합이 커지고, 자연발화를 일으키기 쉽다.

㉰ 요오드값에 따른 분류 및 종류

구분	요오드값	종류
건성유	130 이상	들기름, 아마인유, 해바라기유, 오동유(동유)
반건성유	100~130 미만	목화씨유, 참기름, 채종유
불건성유	100 미만	땅콩기름(낙화생유), 올리브유, 피마자유, 야자유, 동백유

57. 물과 반응하여 아세틸렌을 발생하는 것은?

① NaH

② Al_4C_3

③ CaC_2

④ $(C_2H_5)_3Al$

해설 ㉮ 탄화칼슘(카바이드 : CaC_2) : 제3류 위험물로 물(H_2O)과 반응하여 수산화칼슘($Ca(OH)_2$)과 가연성 가스인 아세틸렌(C_2H_2)이 발생한다.

㉯ 반응식 : $CaC_2+2H_2O \rightarrow Ca(OH)_2+C_2H_2$

58. 지정수량이 나머지 셋과 다른 하나는?

① 칼슘

② 나트륨아미드

③ 인화아연

④ 바륨

해설 제3류 위험물의 지정수량

품명		지정수량
칼슘(Ca)	알칼리토금속	50kg
나트륨아미드 ($NaNH_2$)	유기금속화합물	50kg
인화아연 (Zn_3P_2)	금속인화물	300kg
바륨(Ba)	알칼리토금속	50kg

59. 위험물 제조소에 설치하는 안전장치 중 위험물의 성질에 따라 안전밸브의 작동이 곤란한 가압설비에 한하여 설치하는 것은?

① 파괴판
② 안전밸브를 병용하는 경보장치
③ 감압측에 안전밸브를 부착한 감압밸브
④ 연성계

해설 압력계 및 안전장치 설치 [시행규칙 별표4]
㉠ 자동적으로 압력의 상승을 정지시키는 장치
㉡ 감압측에 안전밸브를 부착한 감압밸브
㉢ 안전밸브를 병용하는 경보장치
㉣ 파괴판 : 위험물의 성질에 따라 안전밸브의 작동이 곤란한 가압설비에 한한다.

60. 제6류 위험물에 대한 설명으로 틀린 것은?

① 위험등급 I 에 속한다.
② 자신이 산화되는 산화성 물질이다.
③ 지정수량이 300kg이다.
④ 오불화브롬은 제6류 위험물이다.

해설 제6류 위험물(산화성 액체)의 공통적인 성질
㉠ 불연성 물질이지만 산소를 많이 포함하고 있어 다른 물질의 연소를 돕는 조연성 물질이다.
㉡ 강산성의 액체로 비중이 1보다 크며, 물에 잘 녹고 물과 접촉하면 발열한다.
㉢ 부식성이 강하며 증기는 유독하고 제1류 위험물과 혼합하면 폭발할 수 있다.
㉣ 가연물과 유기물 등과의 혼합으로 발화한다.
㉤ 제6류 위험물은 모두 지정수량 300kg이고 위험등급은 I등급이다.

참고 오불화브롬(BrF_5)은 할로겐간 화합물(행정안전부령으로 정하는 것)로 제6류 위험물에 속한다.

정답 **59.** ① **60.** ②

2012. 4. 8 시행 (제2회)

1. 과산화수소에 대한 설명으로 틀린 것은?

① 불연성이다.

② 물보다 무겁다.

③ 산화성 액체이다.

④ 지정수량은 300L이다.

해설 과산화수소(H_2O_2)의 특징

㉮ 제6류 위험물(산화성 액체)로 <u>지정수량 300kg</u>이다.

㉯ 순수한 것은 점성이 있는 무색의 액체이나 양이 많을 경우에는 청색을 나타낸다.

㉰ 물, 알코올, 에테르 등에는 용해하지만 석유, 벤젠에는 녹지 않는다.

㉱ 알칼리 용액에서는 급격히 분해하나 약산성에서는 분해하기 어렵다.

㉲ 분해되기 쉬워 안정제(인산[H_3PO_4], 요산[$C_5H_4N_4O_3$])를 가한다.

㉳ 소독약으로 사용되는 옥시풀은 과산화수소 3%인 용액이다.

㉴ 비중(0℃) 1.465, 융점 −0.89℃, 비점 80.2℃이다.

㉵ 과산화수소는 그 농도가 36 wt% 이상인 것에 한하여 위험물로 본다.

2. 할로겐화합물 소화약제의 가장 주된 소화효과에 해당하는 것은?

① 제거효과   ② 억제효과

③ 냉각효과   ④ 질식효과

해설 소화약제의 주된 소화효과

㉮ 물 : 냉각효과

㉯ 산·알칼리 소화약제 : 냉각효과

㉰ 강화액 소화약제 : 냉각소화, 부촉매효과

㉱ 이산화탄소 소화약제 : 질식효과

㉲ 할로겐화합물 소화약제 : 억제효과(부촉매효과)

㉳ 포 소화약제 : 질식효과

㉴ 분말 소화약제 : 질식효과

3. 위험물 안전관리자의 책무에 해당하지 않는 것은?

① 화재 등의 재난이 발생한 경우 소방관서 등에 대한 연락업무

② 화재 등의 재난이 발생한 경우 응급조치

③ 위험물의 취급에 관한 일지의 작성, 기록

④ 위험물 안전관리자의 선임, 신고

해설 위험물 안전관리자의 책무 [시행규칙 제55조]

㉮ 위험물의 취급 작업에 참여하여 작업이 규정에 적합하도록 해당 작업자에 대하여 지시 및 감독하는 업무

㉯ 화재 등의 재난이 발생한 경우 응급조치 및 소방관서 등에 대한 연락업무

㉰ 위험물시설의 안전을 담당하는 자를 따로 두는 제조소등의 경우에는 그 담당자에게 다음 규정에 의한 업무의 지시

㉱ 화재 등의 재해의 방지와 응급조치에 관하여 인접하는 제조소등과 그 밖의 관련되는 시설의 관계자와 협조체제의 유지

㉲ 위험물의 취급에 관한 일지의 작성·기록

㉳ 그 밖에 위험물을 수납한 용기를 차량에 적재하는 작업, 위험물설비를 보수하는 작업 등 위험물의 취급과 관련된 작업의 안전에 관하여 필요한 감독의 수행

참고 위험물 안전관리자의 선임 및 신고는 관계인이 하여야 하는 사항이다.

4. 위험물 안전관리법령에서 정한 경보설비가 아닌 것은?

① 자동화재 탐지설비

② 비상조명설비

③ 비상경보설비

④ 비상방송설비

해설 경보설비의 구분 [시행규칙 제42조]

㉮ 자동화재 탐지설비

㉯ 비상경보설비(비상벨장치 또는 경종을 포함

한다.)

㉮ 확성장치(휴대용확성기를 포함한다.)

㉯ 비상방송설비

참고 비상조명설비는 피난설비에 해당된다.

5. 위험물 안전관리법령상 전기설비에 대하여 적응성이 없는 소화설비는?

① 물분무 소화설비

② 불활성가스 소화설비

③ 포 소화설비

④ 할로겐화합물 소화설비

해설 전기설비에 적응성이 있는 소화설비 [시행규칙 별표17]

㉮ 물분무 소화설비

㉯ 불활성가스 소화설비

㉰ 할로겐화합물 소화설비

㉱ 인산염류 및 탄산수소염류 분말소화설비

㉲ 무상수(霧狀水) 소화기

㉳ 무상강화액 소화기

㉴ 이산화탄소 소화기

㉵ 할로겐화합물 소화기

㉶ 인산염류 및 탄산수소염류 분말소화기

참고 적응성이 없는 소화설비 : 옥내소화전 또는 옥외소화전설비, 스프링클러설비, 포 소화설비, 봉상수(棒狀水) 소화기, 봉상강화액 소화기, 포 소화기, 건조사

6. 위험물 안전관리법령상 제조소의 위치, 구조 및 설비의 기준에 따르면 가연성 증기가 체류할 우려가 있는 건축물은 배출장소의 용적이 500m³일 때 시간당 배출능력(국소방식)을 얼마 이상인 것으로 하여야 하는가?

① 5000m³

② 10000m³

③ 20000m³

④ 40000m³

해설 제조소의 배출설비 설치기준 [시행규칙 별표4]

㉮ 배출능력은 1시간당 배출장소 용적의 20배 이상인 것으로 하여야 한다. 다만, 전역방식의 경우에는 바닥면적 1m²당 18m³ 이상으로 할

수 있다.

㉯ 배출능력(m³/h) 계산

배출능력＝배출장소 용적×20

＝500×20＝10000m³

7. 제3류 위험물을 취급하는 제조소는 300명 이상을 수용할 수 있는 극장으로부터 몇 m 이상의 안전거리를 유지하여야 하는가?

① 5

② 10

③ 30

④ 70

해설 제조소의 안전거리 [시행규칙 별표4]

해당 대상물	안전거리
7000V 초과 35000V 이하 전선	3m 이상
35000V 초과 전선	5m 이상
건축물, 주거용 공작물	10m 이상
고압가스, LPG, 도시가스 시설	20m 이상
학교·병원·극장(300명 이상 수용), 다수인 수용시설(20명 이상)	30m 이상
유형문화재, 지정문화재	50m 이상

8. 메틸알코올 8000리터에 대한 소화능력으로 삽을 포함한 마른 모래를 몇 리터 설치하여야 하는가?

① 100

② 200

③ 300

④ 400

해설 ㉮ 소화설비의 능력단위(소요단위) [시행규칙 별표17]

소화설비	용량	능력단위
소화전용 물통	8L	0.3
수조 (소화전용 물통 3개 포함)	80L	1.5
수조 (소화전용 물통 6개 포함)	190L	2.5
마른 모래(삽 1개 포함)	50L	0.5
팽창질석 또는 팽창진주암(삽 1개 포함)	160L	1.0

㉯ 메틸알코올의 지정수량 : 400L

㉰ 소요단위 계산 : 지정수량의 10배를 1소요단위로 한다.

$$\therefore \ 소요단위 = \frac{저장량}{지정수량 \times 10}$$
$$= \frac{8000}{400 \times 10} = 2$$

㉜ 마른 모래 계산 : 마른 모래 50L가 0.5능력단위(소요단위)이다.

$$\therefore \ x = \frac{50 \times 2}{0.5} = 200 \, \text{L}$$

9. 비전도성 인화성 액체가 관이나 탱크 내에서 움직일 때 정전기가 발생하기 쉬운 조건으로 가장 거리가 먼 것은?

① 흐름의 낙차가 클 때
② 느린 유속으로 흐를 때
③ 심한 와류가 생성될 때
④ 필터를 통과할 때

해설 비전도성 인화성 액체가 관이나 탱크 내에서 유속이 빠를 때 정전기가 쉽게 발생한다. 따라서 유속을 1m/s 이하로 느리게 하여 정전기 발생을 억제하여야 한다.

10. 위험물 안전관리법령에 따라 다음 (   ) 안에 알맞은 용어는?

주유취급소 중 건축물의 2층 이상의 부분을 점포, 휴게음식점 또는 전시장의 용도로 사용하는 것에 있어서는 당해 건축물의 2층 이상으로부터 직접 주유취급소의 부지 밖으로 통하는 출입구와 당해 출입구로 통하는 통로, 계단 및 출입구에 (   )을[를] 설치하여야 한다.

① 피난사다리   ② 경보기
③ 유도등   ④ CCTV

해설 피난설비 설치기준 [시행규칙 별표17]
㉮ 주유취급소 중 건축물의 2층 이상의 부분을 점포·휴게음식점 또는 전시장의 용도로 사용

하는 것에 있어서는 당해 건축물의 2층 이상으로부터 주유취급소의 부지 밖으로 통하는 출입구와 당해 출입구로 통하는 통로·계단 및 출입구에 유도등을 설치하여야 한다.
㉯ 옥내주유취급소에 있어서는 당해 사무소 등의 출입구 및 피난구와 당해 피난구로 통하는 통로·계단 및 출입구에 유도등을 설치하여야 한다.
㉰ 유도등에는 비상전원을 설치하여야 한다.

11. 금속화재에 대한 설명으로 틀린 것은?

① 마그네슘과 같은 가연성 금속의 화재를 말한다.
② 주수소화 시 물과 반응하여 가연성 가스를 발생하는 경우가 있다.
③ 화재 시 금속화재용 분말 소화약제를 사용할 수 있다.
④ D급 화재라고 하며 표시하는 색상은 청색이다.

해설 화재 종류에 따른 급수와 표시색

구분	화재 종류	표시 색
A급	일반 화재	백색
B급	유류 화재	황색
C급	전기 화재	청색
D급	금속 화재	무색

12. 산화성 액체 위험물의 화재예방상 가장 주의해야 할 점은?

① 0℃ 이하로 냉각시킨다.
② 공기와의 접촉을 피한다.
③ 가연물과의 접촉을 피한다.
④ 금속용기에 저장한다.

해설 위험물 유별 저장·취급의 공통기준 [시행규칙 별표18]
㉮ 산화성 액체는 제6류 위험물에 해당된다.
㉯ 제6류 위험물 : 가연물과의 접촉·혼합이나 분해를 촉진하는 물품과의 접근 또는 과열을 피한다.

13. 다음 중 연소반응이 일어날 수 있는 가능성이 가장 큰 물질은?

① 산소와 친화력이 작고, 활성화 에너지가 작은 물질
② 산소와 친화력이 크고, 활성화 에너지가 큰 물질
③ 산소와 친화력이 작고, 활성화 에너지가 큰 물질
④ 산소와 친화력이 크고, 활성화 에너지가 작은 물질

해설 가연물의 구비조건
⑦ 발열량이 크고, 열전도율이 작을 것
⑭ 산소와 친화력이 좋고 표면적이 넓을 것
⑭ 활성화 에너지(점화에너지)가 작을 것
⑭ 연쇄반응이 있고, 건조도가 높을 것(수분 함량이 적을 것)

참고 산소와 친화력이 크고, 활성화 에너지(점화에너지)가 작은 물질이 연소반응이 일어날 가능성이 크다.

14. 위험등급이 나머지 셋과 다른 것은?

① 알칼리금속 ② 아염소산염류
③ 질산에스테르류 ④ 제6류 위험물

해설 각 위험물의 위험등급 [시행규칙 별표19]

품명	위험등급	유별
알칼리금속	Ⅱ	제3류
아염소산염류	Ⅰ	제1류
질산에스테르류	Ⅰ	제5류
제6류 위험물	Ⅰ	제6류

15. 옥내저장소에 관한 위험물 안전관리법령의 내용으로 옳지 않은 것은?

① 지정과산화물을 저장하는 옥내저장소의 경우 바닥면적 150m² 이내마다 격벽으로 구획을 하여야 한다.
② 옥내저장소에는 원칙상 안전거리를 두어야 하나, 제6류 위험물을 저장하는 경우에는 안전거리를 두지 않을 수 있다.
③ 아세톤을 처마높이 6m 미만인 단층건물에 저장하는 경우 저장창고의 바닥면적은 1000m² 이하로 하여야 한다.
④ 복합용도의 건축물에 설치하는 옥내저장소는 해당 용도로 사용하는 부분의 바닥면적을 100m² 이하로 하여야 한다.

해설 복합용도 건축물의 옥내저장소 기준 [시행규칙 별표5]
⑦ 벽·기둥·바닥 및 보가 내화구조인 건축물의 1층 또는 2층의 어느 하나에 설치한다.
⑭ 바닥은 지면보다 높게 설치하고, 층고를 6m 미만으로 한다.
⑭ 바닥면적은 75m² 이하로 한다.
⑭ 출입구 외의 개구부가 없는 두께 70mm 이상의 철근콘크리트조 또는 동등 이상의 강도가 있는 구조의 바닥 또는 벽으로 다른 부분과 구획되도록 한다.
⑭ 출입구는 수시로 열 수 있는 자동폐쇄방식의 갑종방화문을 설치한다.
⑭ 옥내저장소로 사용되는 부분에는 창을 설치하지 않는다.
⑭ 환기설비 및 배출설비에는 방화댐퍼를 설치한다.

16. 연료의 일반적인 연소 형태에 관한 설명 중 틀린 것은?

① 목재와 같은 고체연료는 연소 초기에는 불꽃을 내면서 연소하나 후기에는 점점 불꽃이 없어져 무염(無炎)연소 형태로 연소한다.
② 알코올과 같은 액체연료는 증발에 의해 생긴 증기가 공기 중에서 연소하는 증발연소의 형태로 연소한다.
③ 기체연료는 액체연료, 고체연료와 다르게 비정상적 연소인 폭발현상이 나타나지 않는다.
④ 석탄과 같은 고체연료는 열분해하여 발생한 가연성 기체가 공기 중에서 연소하

는 분해연소 형태로 연소한다.

해설 기체연료는 확산연소 형태로 연소하고, 연소속도가 빨라 혼합기체가 단시간 내에 연소하며 압력상승이 급격이 일어나는 폭발현상이 나타날 수 있다.

17. 금수성 물질 저장시설에 설치하는 주의사항 게시판의 바탕색과 문자색을 옳게 나타낸 것은?

① 적색바탕에 백색문자
② 백색바탕에 적색문자
③ 청색바탕에 백색문자
④ 백색바탕에 청색문자

해설 제조소의 주의사항 게시판 [시행규칙 별표4]

위험물의 종류	내용	색상
• 제1류 위험물 중 알칼리금속의 과산화물 • 제3류 위험물 중 금수성 물질	"물기엄금"	청색바탕에 백색문자
• 제2류 위험물(인화성 고체 제외)	"화기주의"	
• 제2류 위험물 중 인화성 고체 • 제3류 위험물 중 자연발화성 물질 • 제4류 위험물 • 제5류 위험물	"화기엄금"	적색바탕에 백색문자

18. 위험물 안전관리법령에 의한 안전교육에 대한 설명으로 옳은 것은?

① 제조소등의 관계인은 교육대상자에 대하여 안전교육을 받게 할 의무가 있다.
② 안전관리자, 탱크시험자의 기술인력 및 위험물운송자는 안전교육을 받을 의무가 없다.
③ 탱크시험자의 업무에 대한 강습교육을 받으면 탱크시험자의 기술인력이 될 수 있다.

④ 소방서장은 교육대상자가 교육을 받지 아니한 때에는 그 자격을 정지하거나 취소할 수 있다.

해설 안전교육 [법 제28조, 시행령 20조, 시행규칙 78조]

㉮ 안전관리자로 선임된 자, 탱크시험자의 기술인력으로 선임된 자, 위험물운송자로 종사하는 자는 소방청장이 실시하는 교육을 받아야 한다.
㉯ 제조소등의 관계인은 교육대상자에 대하여 필요한 안전교육을 받게 하여야 한다.
㉰ 시·도지사, 소방본부장 또는 소방서장은 교육대상자가 교육을 받지 아니한 때에는 그 교육대상자가 교육을 받을 때까지 이 법의 규정에 따라 그 자격으로 행하는 행위를 제한할 수 있다.
㉱ 안전관리자 및 위험물운송자가 되고자 하는 자는 신규종사 전에 강습교육을 받으면 업무를 할 수 있다.

참고 탱크시험자의 기술인력으로 선임된 자는 기술원에서 실시하는 실무교육을 받아야 한다.

19. 철분, 마그네슘, 금속분에 적응성이 있는 소화설비는?

① 스프링클러설비
② 할로겐화합물 소화설비
③ 대형 수동식 포 소화기
④ 건조사

해설 제2류 위험물 중 철분, 금속분, 마그네슘에 적응성이 있는 소화설비 [시행규칙 별표17]
㉮ 탄산수소염류 분말소화설비 및 분말소화기
㉯ 건조사
㉰ 팽창질석 또는 팽창진주암

20. 물의 소화능력을 향상시키고 동절기 또는 한랭지에서도 사용할 수 있도록 탄산칼륨 등의 알칼리 금속염을 첨가한 소화약제는?

① 강화액
② 할로겐화합물
③ 이산화탄소
④ 포(foam)

해설 강화액 소화약제의 특징

㉮ 물에 탄산칼륨(K_2CO_3)을 용해하여 빙점을 $-30℃$ 정도까지 낮추어 겨울철 및 한랭지에서도 사용할 수 있도록 한 소화약제이다.

㉯ 소화약제의 구성은 '물+K_2CO_3'으로 알칼리성(pH 12)이다.

㉰ 축압식(소화약제+압축공기)과 가압식으로 구분한다.

㉱ 소화효과는 냉각소화, 부촉매효과(억제효과), 일부 질식소화이다.

21. 염소산염류에 대한 설명으로 옳은 것은?

① 염소산칼륨은 환원제이다.

② 염소산나트륨은 조해성이 있다.

③ 염소산암모늄은 위험물이 아니다.

④ 염소산칼륨은 냉수와 알코올에 잘 녹는다.

해설 ㉮ 염소산염류

　㉠ 제1류 위험물 산화성 고체로 지정수량은 50kg이다.

　㉡ 품명에는 염소산칼륨($KClO_3$), 염소산나트륨($NaClO_3$), 염소산암모늄(NH_4ClO_3) 있다.

㉯ 각 항목의 옳은 설명

　① 염소산칼륨은 산화제이다.

　③ 염소산암모늄은 제1류 위험물 중 염소산염류에 해당하는 위험물이다.

　④ 염소산칼륨은 글리세린 및 온수에 잘 녹고, 알코올 및 냉수에는 녹기 어렵다.

22. 제2류 위험물에 대한 설명 중 틀린 것은?

① 유황은 물에 녹지 않는다.

② 오황화인은 CS_2에 녹는다.

③ 삼화인은 가연성 물질이다.

④ 칠황화인은 더운물에 분해되어 이산화황을 발생한다.

해설 황화인의 특징

㉮ 제2류 위험물로 지정수량 100kg이다.

㉯ 황화인 종류에는 삼황화인(P_4S_3), 오황화인(P_2S_5), 칠황화인(P_4S_7)이 있다.

㉰ 삼황화인(P_4S_3)은 물, 염소, 염산, 황산에는 녹지 않으나 질산, 이황화탄소, 알칼리에는 녹는다.

㉱ 오황화인(P_2S_5)은 물, 알칼리에 의해 황화수소(H_2S)와 인산(H_3PO_4)으로 분해된다.

㉲ 칠황화인(P_4S_7)은 찬물에는 서서히, 더운물에는 급격히 녹아 분해되면서 황화수소와 인산을 발생한다.

23. 칼륨의 저장 시 사용하는 보호물질로 다음 중 가장 적합한 것은?

① 에탄올　　　　② 사염화탄소

③ 등유　　　　　④ 이산화탄소

해설 위험물과 보호액

품명	유별	보호액
이황화탄소(CS_2)	제4류	물
황린(P_4)	제3류	물
칼륨(K), 나트륨(Na)	제3류	등유, 경유, 유동파라핀
니트로셀룰로오스	제5류	물 20%, 알코올 30%로 습윤시킴

24. 위험물의 운반에 관한 기준에 따르면 아세톤의 위험등급은 얼마인가?

① 위험등급 Ⅰ　　② 위험등급 Ⅱ

③ 위험등급 Ⅲ　　④ 위험등급 Ⅳ

해설 제4류 위험물 중 위험등급 Ⅱ에 해당되는 것

품명		지정수량
제1석유류	비수용성 : 가솔린, 벤젠, 톨루엔, 초산메틸, 초산에틸, 초산프로필, 부틸에스테르, 의산에틸, 의산프로필, 의산부틸	22L
	수용성 : 아세톤, 의산메틸, 의산프로필, 피리딘	400L
알코올류	메틸알코올, 에틸알코올, 이소프로필알코올, 변성알코올	400L

☞ 제4석유류 중 위험등급 Ⅱ에 해당하는 것은 제1석유류와 알코올류가 해당된다.

25. 위험물 안전관리법령상 품명이 나머지 셋과 다른 하나는?

① 트리니트로톨루엔
② 니트로글리세린
③ 니트로글리콜
④ 셀룰로이드

해설 제5류 위험물 품명
㉮ 니트로화합물(지정수량 200kg) : 피크린산, 트리니트로톨루엔
㉯ 질산에스테르류(지정수량 10kg) : 니트로셀룰로오스, 질산에틸, 질산메틸, 니트로글리세린, 니트로글리콜, 셀룰로이드류

26. 아염소산염류 500kg과 질산염류 3000kg을 함께 저장하는 경우 위험물의 소요단위는 얼마인가?

① 2 ② 4
③ 6 ④ 8

해설 ㉮ 아염소산염류 : 제1류 위험물로 지정수량은 50kg이다.
㉯ 질산염류 : 제1류 위험물로 지정수량은 300kg이다.
㉰ 지정수량의 10배를 1소요단위로 하며, 위험물이 2종류 이상을 함께 저장하는 경우 각각 소요단위를 계산하여 합산한다.

$$\therefore 소요단위 = \frac{A \,저장량}{지정수량 \times 10} + \frac{B \,저장량}{지정수량 \times 10}$$
$$= \frac{500}{50 \times 10} + \frac{3000}{300 \times 10} = 2$$

27. 위험물의 저장 및 취급방법에 대한 설명으로 틀린 것은?

① 적린은 화기와 멀리하고 가열, 충격이 가해지지 않도록 한다.
② 황린은 자연발화성이 있으므로 물속에 저장한다.
③ 마그네슘은 산화제와 혼합되지 않도록 취급한다.
④ 알루미늄분은 분진폭발의 위험이 있으므로 분무 주수하여 저장한다.

해설 ㉮ 알루미늄분 : 제2류 위험물로 지정수량 500kg이다. 분진폭발의 위험이 있지만 물(H_2O)과 반응하여 수소를 발생하여 폭발의 위험이 있으므로 분무 주수 후 저장은 부적합하다.
㉯ 물과 반응식
$2Al + 6H_2O \rightarrow 2Al(OH)_3 + 3H_2 \uparrow$

28. 서로 반응할 때 수소가 발생하지 않는 것은?

① 리튬 + 염산
② 탄화칼슘 + 물
③ 수소화칼륨 + 물
④ 루비듐 + 물

해설 ㉮ 탄화칼슘(CaC_2)이 물(H_2O)과 반응하면 아세틸렌(C_2H_2)가스가 발생한다.
㉯ 반응식 : $CaC_2 + 2H_2O \rightarrow Ca(OH)_2 + C_2H_2 \uparrow$

29. 다음 중 발화점이 가장 낮은 것은?

① 이황화탄소
② 산화프로필렌
③ 휘발유
④ 메탄올

해설 각 위험물의 발화점(착화점)

품명	발화점
이황화탄소	100℃
산화프로필렌	465℃
휘발유(가솔린)	300℃
메탄올	464℃

30. 황린과 적린의 공통성질이 아닌 것은?

① 물에 녹지 않는다.
② 이황화탄소에 잘 녹는다.
③ 연소 시 오산화인을 생성한다.
④ 화재 시 물을 사용하여 소화를 할 수 있다.

해설 황린(P_4)과 적린(P)의 비교

구분	황린	적린
유별	제3류	제2류
지정수량	20kg	100kg
위험등급	I	II
색상	백색 또는 담황색 고체	암적색 분말
이황화탄소 (CS_2) 용해도	용해한다.	용해하지 않는다.
물의 용해도	용해하지 않는다.	용해하지 않는다.
연소생성물	오산화인(P_2O_5)	오산화인(P_2O_5)
독성	유	무
비중	1.82	2.2
발화점	34℃	260℃
소화방법	분무 주수	분무 주수

31. 메탄올과 비교한 에탄올의 성질에 대한 설명으로 틀린 것은?

① 인화점이 낮다.
② 발화점이 낮다.
③ 증기비중이 크다.
④ 비점이 높다.

해설 메탄올(CH_3OH)과 에탄올(C_2H_5OH)의 비교

구분	메탄올	에탄올
인화점	11℃	13℃
발화점	464℃	423℃
증기비중	1.1	1.59
액비중	0.79	0.79
비점	63.9℃	78.3℃

32. 알칼리금속 과산화물에 적응성이 있는 소화설비는?

① 할로겐화합물 소화설비
② 탄산수소염류분말 소화설비
③ 물분무 소화설비
④ 스프링클러설비

해설 제1류 위험물 중 알칼리금속 과산화물에 적응성이 있는 소화설비 [시행규칙 별표17]
㉮ 탄산수소염류 분말소화설비
㉯ 그 밖의 것 분말소화설비
㉰ 탄산수소염류 분말소화기
㉱ 그 밖의 것 분말소화기
㉲ 건조사
㉳ 팽창질석 또는 팽창진주암

33. 정기점검 대상 제조소등에 해당하지 않는 것은?

① 이동탱크 저장소
② 지정수량 100배 이상의 위험물 옥외 저장소
③ 지정수량 100배 이상의 위험물 옥내 저장소
④ 이송 취급소

해설 (1) 정기점검 대상 제조소등 [시행령 제16조]
㉮ 관계인이 예방규정을 정하여야 하는 제조소등
㉯ 지하탱크저장소
㉰ 이동탱크저장소
㉱ 위험물을 취급하는 탱크로서 지하에 매설된 탱크가 있는 제조소·주유취급소 또는 일반취급소
(2) 관계인이 예방규정을 정하여야 하는 제조소등 [시행령 제15조]
㉮ 지정수량의 10배 이상의 위험물을 취급하는 제조소
㉯ 지정수량의 100배 이상의 위험물을 저장하는 옥외저장소
㉰ 지정수량의 150배 이상의 위험물을 저장하는 옥내저장소
㉱ 지정수량의 200배 이상의 위험물을 저장하는 옥외탱크저장소
㉲ 암반탱크저장소
㉳ 이송취급소
㉴ 지정수량의 10배 이상의 위험물을 취급하는 일반취급소

34. 지정수량이 300kg인 위험물에 해당하는 것은?

① $NaBrO_3$ ② CaO_2
③ $KClO_4$ ④ $NaClO_2$

해설 제1류 위험물의 지정수량

품명		지정수량
브롬산나트륨 ($NaBrO_3$)	브롬산염류	300kg
과산화칼슘 (CaO_2)	무기과산화물	50kg
과염소산칼륨 ($KClO_4$)	과염소산염류	50kg
아염소산나트륨 ($NaClO_2$)	아염소산염류	50kg

35. 제2류 위험물이 아닌 것은?

① 황화인 ② 적린
③ 황린 ④ 철분

해설 황린은 제3류 위험물에 해당된다.

36. 휘발유에 대한 설명으로 옳지 않은 것은?

① 전기양도체이므로 정전기 발생에 주의해야 한다.
② 빈 드럼통이라도 가연성 가스가 남아 있을 수 있으므로 취급에 주의해야 한다.
③ 취급, 저장 시 환기를 잘 시켜야 한다.
④ 직사광선을 피해 통풍이 잘 되는 곳에 저장한다.

해설 휘발유(가솔린)의 특징
㉮ 제4류 위험물 중 제1석유류에 해당되며 지정수량 200L이다.
㉯ 탄소수 $C_5 \sim C_9$까지의 포화(알칸), 불포화(알켄) 탄화수소의 혼합물로 특이한 냄새가 나는 무색의 휘발성 액체이다.
㉰ 물에는 용해되지 않지만 유기용제와는 잘 섞이며 고무, 수지, 유지를 잘 녹인다.
㉱ 옥탄가를 높이기 위해 첨가제(사에틸납)를 넣어 착색한다.

㉲ 휘발 및 인화하기 쉽고, 증기는 공기보다 3~4배 무거워 누설 시 낮은 곳에 체류하여 연소를 확대시킨다.
㉳ 전기의 불량도체이며, 정전기 발생에 의한 인화의 위험성이 크다.
㉴ 액비중 0.65 ~ 0.8(증기비중 3 ~ 4), 인화점 $-20 \sim -43℃$, 발화점 300℃, 연소범위 1.4 ~ 7.6%이다.

37. 아염소산나트륨의 저장 및 취급 시 주의사항으로 가장 거리가 먼 것은?

① 물속에 넣어 냉암소에 저장한다.
② 강산류와 접촉을 피한다.
③ 취급 시 충격, 마찰을 피한다.
④ 가연성 물질과 접촉을 피한다.

해설 아염소산나트륨(제1류 위험물)의 저장 및 취급 시 주의사항
㉮ 비교적 안정하나 유기물, 금속분 등 환원성 물질과 격리시킨다.
㉯ 건조한 냉암소에 저장한다.
㉰ 강산류, 분해를 촉진하는 물품과의 접촉을 피한다.
㉱ 습기에 주의하여 밀봉, 밀전한다.

38. 공기 중에서 갈색 연기를 내는 물질은?

① 중크롬산암모늄 ② 톨루엔
③ 벤젠 ④ 발연질산

해설 발연질산이 공기 중에 노출되면 갈색(황갈색)의 이산화질소(NO_2)가 발생한다.

참고 발연질산(發煙窒酸) : 진한 질산에 이산화질소(NO_2)를 용해시킨 적색 액체로 의약품, 염료 합성, 유기합성 등에 사용된다.

39. 상온에서 CaC_2를 장기간 보관할 때 사용하는 물질로 다음 중 가장 적합한 것은?

① 물 ② 알코올 수용액
③ 질소가스 ④ 아세틸렌가스

해설 탄화칼슘(CaC_2 : 제3류 위험물)의 저장 및

취급 방법

㉮ 물, 습기와의 접촉을 피하고 통풍이 잘 되는 건조한 냉암소에 밀봉하여 저장한다.

㉯ 저장 중에 아세틸렌가스의 발생 유무를 점검한다.

㉰ <u>장기간 저장할 용기는 질소 등 불연성가스를 충전하여 저장한다.</u>

㉱ 화기로부터 멀리 떨어진 곳에 저장한다.

㉲ 운반 중에 가열, 마찰, 충격불꽃 등에 주의한다.

40. 위험물 안전관리법령상 위험물에 해당하는 것은?

① 아황산

② 비중이 1.41인 질산

③ 53마이크로미터의 표준체를 통과하는 것이 50 중량% 이상인 철의 분말

④ 농도가 15 중량%인 과산화수소

해설 위험물 안전관리법령상 위험물 [시행령 별표1]

㉮ 아황산(SO_2) : 황(S)이 연소할 때 발생하는 유독성 기체로 위험물에 해당되지 않는다.

㉯ 질산 : 비중이 1.49 이상인 것에 한한다.

㉰ 철분 : 철의 분말로서 $53\mu m$의 표준체를 통과하는 것이 50wt% 미만인 것은 제외한다.

㉱ 과산화수 : 농도가 36wt% 이상인 것에 한한다.

41. 분자량이 약 169인 백색의 정방정계 분말로서 알칼리토금속의 과산화물 중 매우 안정한 물질이며 테르밋의 점화제 용도로 사용되는 제1류 위험물은?

① 과산화칼슘   ② 과산화바륨

③ 과산화마그네슘   ④ 과산화칼륨

해설 과산화바륨(BaO_2) 특징

㉮ 제1류 위험물 중 무기과산화물에 해당되며, 지정수량은 50kg이다.

㉯ 백색 또는 회색의 정방정계 <u>결정분말</u>로 알칼리토금속의 과산화물 중 <u>제일 안정</u>하다.

㉰ 물에는 약간 녹으나 알코올, 에테르, 아세톤

에는 녹지 않는다.

㉱ 산 및 온수에 분해되어(반응하여) 과산화수소(H_2O_2)와 산소가 발생하면서 발열한다.

㉲ 고온으로 가열하면 열분해되어 산소를 발생하고, 폭발하기도 한다.

㉳ 비중 4.96, 융점 450℃, 분해온도 840℃이다.

참고 각 물질의 분자량

㉮ 과산화칼슘(CaO_2) : $40+(16\times2)=72$

㉯ 과산화바륨(BaO_2) : $137+(16\times2)=169$

㉰ 과산화마그네슘(MgO_2) : $24+(16\times2)=56$

㉱ 과산화칼륨(K_2O_2) : $(39\times2)+(16\times2)=110$

42. 산화프로필렌의 성상에 대한 설명 중 틀린 것은?

① 청색의 휘발성이 강한 액체이다.

② 인화점이 낮은 인화성 액체이다.

③ 물에 잘 녹는다.

④ 에테르향의 냄새를 가진다.

해설 산화프로필렌(CH_3CHOCH_2)의 특징

㉮ 제4류 위험물 중 특수인화물로 지정수량 50L이다.

㉯ <u>무색, 투명한</u> 에테르 냄새가 나는 <u>휘발성 액체</u>이다.

㉰ 물, 에테르, 벤젠 등의 많은 용제에 녹는다.

㉱ 화학적 활성이 크며 산, 알칼리, 마그네슘의 촉매하에서 중합반응을 한다.

㉲ 증기와 액체는 구리, 은, 마그네슘 등의 금속이나 합금과 접촉하면 폭발성인 아세틸라이드를 생성한다.

㉳ 휘발성이 좋아 인화하기 쉽고, 연소범위가 넓어 위험성이 크다.

㉴ 액비중 0.83, 증기비중 2.0, 비점 34℃, 인화점 −37℃, 발화점 465℃, 연소범위 2.1～38.5%이다.

43. 메틸알코올의 연소범위를 더 좁게 하기 위하여 첨가하는 물질이 아닌 것은?

① 질소   ② 산소

③ 이산화탄소   ④ 아르곤

해설 가연성 물질에 산소를 첨가하면 산소농도 증가에 의하여 연소범위가 넓어지며, 불연성 기체 (아르곤, 이산화탄소, 질소, 수증기 등)를 첨가하면 산소의 농도가 낮아져 연소범위가 좁아지게 된다.

44. 위험물의 성질에 대한 설명으로 틀린 것은?

① 인화칼슘은 물과 반응하여 유독한 가스를 발생한다.
② 금속나트륨은 물과 반응하여 산소를 발생시키고 발열한다.
③ 아세트알데히드는 연소하여 이산화탄소와 물을 발생한다.
④ 질산에틸은 물에 녹지 않고 인화되기 쉽다.

해설 위험물의 성질
㉮ 인화칼슘은 물과 반응하여 유독한 포스핀(PH_3)을 발생한다.
㉯ 금속나트륨은 물과 반응하여 가연성 기체인 수소(H_2)를 발생시키고 발열한다.
$$2Na + 2H_2O \rightarrow 2NaOH + H_2$$
㉰ 아세트알데히드(CH_3CHO)는 연소하여 이산화탄소(CO_2)와 물(H_2O)을 발생한다.
㉱ 질산에틸(제5류 위험물)은 물에 녹지 않고, 인화되기 쉽다.

45. 지정과산화물 옥내저장소의 저장창고 출입구 및 창의 설치기준으로 틀린 것은?

① 창은 바닥면으로부터 2m 이상의 높이에 설치한다.
② 하나의 창의 면적을 0.4m² 이내로 한다.
③ 하나의 벽면에 두는 창의 면적의 합계를 해당 벽면의 면적의 80분의 1이 초과되도록 한다.
④ 출입구에는 갑종방화문을 설치한다.

해설 지정과산화물 옥내저장소의 저장창고 기준 [시행규칙 별표5]
㉮ 저장창고는 150m² 이내마다 격벽으로 구획할 것

㉯ 외벽은 두께 20cm 이상의 철근콘크리트조나 철골철근콘크리트조 또는 두께 30cm 이상의 보강콘크리트블록조로 할 것
㉰ 출입구에는 갑종방화문을 설치할 것
㉱ 창은 바닥면으로부터 2m 이상의 높이에 설치한다.
㉲ 하나의 벽면에 두는 창의 면적의 합계를 당해 벽면의 80분의 1 이내로 한다.
㉳ 하나의 창의 면적은 0.4m² 이내로 할 것
㉴ 지붕은 중도리 또는 서까래의 간격은 30cm 이하로 할 것

46. 벤조일퍼옥사이드의 위험성에 대한 설명으로 틀린 것은?

① 상온에서 분해되며 수분이 흡수되면 폭발성을 가지므로 건조된 상태로 보관, 운반한다.
② 강산에 의해 분해 폭발의 위험이 있다.
③ 충격, 마찰 등에 의해 분해되어 폭발할 위험이 있다.
④ 가연성 물질과 접촉하면 발화의 위험이 높다.

해설 벤조일퍼옥사이드(과산화벤조일)의 특징
㉮ 제5류 위험물 중 유기과산화물에 해당되며 지정수량은 10kg이다.
㉯ 무색, 무미의 결정 고체로 물에는 잘 녹지 않으나 알코올에는 약간 녹는다.
㉰ 상온에서 안정하며, 강한 산화작용이 있다.
㉱ 가열하면 100℃ 부근에서 백색 연기를 내며 분해한다.
㉲ 비중(25℃) 1.33, 융점 103~105℃(분해온도), 발화점 125℃이다.
㉳ 빛, 열, 충격, 마찰 등에 의해 폭발의 위험이 있다.
㉴ 강한 산화성 물질로 진한 황산, 질산, 초산 등과 접촉하면 화재나 폭발의 우려가 있다.
㉵ 수분의 흡수나 불활성 희석제(프탈산디메틸, 프탈산디부틸)의 첨가에 의해 폭발성을 낮출 수도 있다.

47. 알킬알루미늄을 저장하는 용기에 봉입하는 가스로 다음 중 가장 적합한 것은?

① 포스겐   ② 인화수소

③ 질소가스   ④ 아황산가스

해설 알킬알루미늄(제3류 위험물, 지정수량 10kg)은 공기 중의 수분과 접촉하여 가연성 기체인 에탄(C_2H_6)을 발생하므로 취급설비와 탱크 저장 시에는 질소 등의 불활성가스를 봉입하여 저장한다.

48. 지하저장탱크에 경보음이 울리는 방법으로 과충전 방지장치를 설치하고자 한다. 탱크 용량의 최소 몇 %가 찰 때 경보음이 울리도록 하여야 하는가?

① 80   ② 85

③ 90   ④ 95

해설 지하탱크저장소의 과충전 방지장치 설치 [시행규칙 별표8]
㉮ 탱크용량을 초과하는 위험물이 주입될 때 자동으로 그 주입구를 폐쇄하거나 위험물의 공급을 자동으로 차단하는 방법
㉯ 탱크 용량의 90%가 찰 때 경보음을 울리는 방법

49. 물과 반응하여 가연성 가스를 발생하지 않는 것은?

① 나트륨   ② 과산화나트륨

③ 탄화알루미늄   ④ 트리에틸알루미늄

해설 각 위험물이 물(H_2O)과 반응하였을 때 발생하는 가스
㉮ 나트륨(Na) : 수소(H_2)
$2Na+2H_2O \longrightarrow 2NaOH+H_2$
㉯ 과산화나트륨(Na_2O_2) : 산소(O_2) → 조연성 가스
$2Na_2O_2+2H_2O \longrightarrow 4NaOH+O_2$
㉰ 탄화알루미늄(Al_4C_3) : 메탄(CH_4)
$Al_4C_3+12H_2O \longrightarrow 4Al(OH)_3+3CH_4$
㉱ 트리에틸알루미늄[$(C_2H_5)_3Al$] : 에탄(C_2H_6)
$(C_2H_5)_3Al+3H_2O \longrightarrow Al(OH)_3+3C_2H_6$

50. 위험물 안전관리법령에 따른 위험물의 운송에 관한 설명 중 틀린 것은?

① 알킬리튬과 알킬알루미늄 또는 이 중 어느 하나 이상을 함유한 것은 운송책임자의 감독, 지원을 받아야 한다.

② 이동탱크 저장소에 의하여 위험물을 운송할 때의 운송책임자에는 법정의 교육을 이수하고 관련 업무에 2년 이상 경력이 있는 자도 포함된다.

③ 서울에서 부산까지 금속의 인화물 300 kg을 1명의 운전자가 휴식 없이 운송해도 규정위반이 아니다.

④ 운송책임자의 감독 또는 지원의 방법에는 동승하는 방법과 별도의 사무실에서 대기하면서 규정된 사항을 이행하는 방법이 있다.

해설 위험물 운송 시에 준수사항 [시행규칙 별표21]
㉮ 2명 이상의 운전자로 해야 하는 경우
㉠ 고속국도에 있어서는 340km 이상 운송하는 때
㉡ 그 밖의 도로에 있어서는 200km 이상 운송하는 때
㉯ 1명의 운전자로 할 수 있는 경우
㉠ 규정에 의하여 운송책임자를 동승시킨 경우
㉡ 운송하는 위험물이 제2류 위험물·제3류 위험물(칼슘 또는 알루미늄의 탄화물과 이것만을 함유한 것에 한한다) 또는 제4류 위험물(특수인화물을 제외한다)인 경우
㉢ 운송도중에 2시간 이내마다 20분 이상씩 휴식하는 경우

참고 서울에서 부산까지는 340km 이상이기 때문에 휴식 없이 운송하기 위해서는 2명 이상의 운전자로 해야 한다.

51. 위험물의 운반에 관한 기준에서 적재방법 기준으로 틀린 것은?

① 고체 위험물은 운반용기의 내용적 95% 이하의 수납률로 수납할 것

② 액체 위험물은 운반용기의 내용적 98% 이하의 수납률로 수납할 것

③ 알킬알루미늄은 운반용기 내용적의 95% 이하의 수납률로 수납하되, 50℃의 온도에서 5% 이상의 공간용적을 유지할 것

④ 제3류 위험물 중 자연발화성 물질에 있어서는 불활성 기체를 봉입하여 밀봉하는 등 공기와 접하지 아니하도록 할 것

해설 운반용기에 의한 수납 적재 기준 [시행규칙 별표19]

⑦ 고체 위험물은 운반용기 내용적의 95% 이하의 수납률로 수납할 것

⑭ 액체 위험물은 운반용기 내용적의 98% 이하의 수납률로 수납하되, 55℃의 온도에서 누설되지 아니하도록 충분한 공간용적을 유지하도록 할 것

⑭ 제3류 위험물의 운반용기 수납 기준

㉠ 자연발화성 물질 중 알킬알루미늄등은 운반용기의 내용적의 90% 이하의 수납률로 수납하되, 50℃의 온도에서 5% 이상의 공간용적을 유지하도록 할 것

㉡ 자연발화성 물질에 있어서는 불활성 기체를 봉입하여 밀봉하는 등 공기와 접하지 아니하도록 할 것

㉢ 자연발화성 물질 외의 물품에 있어서는 파라핀·경유·등유 등의 보호액으로 채워 밀봉하거나 불활성 기체를 봉입하여 밀봉하는 등 수분과 접하지 아니하도록 할 것

52. 다음 중 지정수량이 가장 큰 것은?

① 과염소산칼륨   ② 트리니트로톨루엔
③ 황린   ④ 유황

해설 각 위험물의 지정수량

품명		지정수량
과염소산칼륨 ($KClO_4$)	제1류 위험물 과염소산염류	50kg
트리니트로톨루엔 [$C_6H_2CH_3(NO_2)_3$]	제5류 위험물 니트로화합물	200kg
황린	제3류 위험물	20kg
유황	제2류 위험물	100kg

53. 저장 또는 취급하는 위험물의 최대수량이 지정수량의 500배 이하일 때 옥외저장탱크의 측면으로부터 몇 m 이상의 보유공지를 유지하여야 하는가? (단, 제6류 위험물은 제외한다.)

① 1   ② 2   ③ 3   ④ 4

해설 옥외탱크저장소의 보유공지 기준 [시행규칙 별표6]

저장 또는 취급하는 위험물의 최대수량	공지의 너비
지정수량의 500배 이하	3m 이상
지정수량의 500배 초과 1000배 이하	5m 이상
지정수량의 1000배 초과 2000배 이하	9m 이상
지정수량의 2000배 초과 3000배 이하	12m 이상
지정수량의 3000배 초과 4000배 이하	15m 이상

참고 지정수량의 4000배 초과의 경우 당해 탱크의 수평단면의 최대지름(횡형인 경우에는 긴 변)과 높이 중 큰 것과 같은 거리 이상. 다만, 30m 초과의 경우에는 30m 이상으로 할 수 있고, 15m 미만의 경우에는 15m 이상으로 하여야 한다.

54. 위험물제조소등에 자체소방대를 두어야 할 대상으로 옳은 것은?

① 지정수량 300배 이상의 제4류 위험물을 취급하는 저장소

② 지정수량 300배 이상의 제4류 위험물을 취급하는 제조소

③ 지정수량 3000배 이상의 제4류 위험물을 취급하는 저장소

④ 지정수량 3000배 이상의 제4류 위험물을 취급하는 제조소

해설 제조소등에 자체소방대를 두어야 할 대상 [시행령 18조] : 지정수량 3000배 이상의 제4류 위험물을 취급하는 제조소 또는 일반취급소

55. 특수인화물 200L와 제4석유류 12000L를 저장할 때 각각의 지정수량 배수의 합은 얼마인가?

① 3　　② 4　　③ 5　　④ 6

해설 제4류 위험물 지정수량
- ㉮ 특수인화물 : 50L
- ㉯ 제4석유류 : 6000L
- ㉰ 지정수량 배수의 합 계산 : 지정수량 배수의 합은 각 위험물량을 지정수량으로 나눈 값의 합이다.

∴ 지정수량 배수의 합

$$= \frac{A 위험물량}{지정수량} + \frac{B 위험물량}{지정수량}$$
$$= \frac{200}{50} + \frac{12000}{6000} = 6$$

56. 과염소산에 대한 설명 중 틀린 것은?

① 산화제로 이용된다.
② 휘발성이 강한 가연성 물질이다.
③ 철, 아연, 구리와 격렬하게 반응한다.
④ 증기 비중이 약 3.5이다.

해설 과염소산($HClO_4$) 특징
- ㉮ 제6류 위험물(산화성 액체)로 지정수량 300kg이다.
- ㉯ 무색의 유동하기 쉬운 액체이며, 염소 냄새가 난다.
- ㉰ 불연성 물질로 가열하면 유독성가스를 발생한다.
- ㉱ 염소산 중에서 가장 강한 산이다.
- ㉲ 산화력이 강하여 종이, 나무부스러기 등과 접촉하면 연소와 동시에 폭발하기 때문에 접촉을 피한다.
- ㉳ 물과 접촉하면 심하게 반응하며 발열한다.
- ㉴ 액비중 1.76(증기비중 3.47), 융점 −112℃, 비점 39℃이다.

57. 제5류 위험물 중 유기과산화물을 함유한 것으로서 위험물에서 제외되는 것의 기준이 아닌 것은?

① 과산화벤조일의 함유량이 35.5 중량퍼센트 미만인 것으로서 전분가루, 황산칼슘2수화물 또는 인산1수소칼슘2수화물과의 혼합물
② 비스(4클로로벤조일)퍼옥사이드의 함유량이 30 중량퍼센트 미만인 것으로서 불활성 고체와의 혼합물
③ 1·4비스 (2-터셔리부틸퍼옥시이소프로필) 벤젠의 함유량이 40중량퍼센트 미만인 것으로서 불활성 고체와의 혼합물
④ 시크로헥사놀퍼옥사이드의 함유량이 40 중량퍼센트 미만인 것으로서 불활성 고체와의 혼합물

해설 제5류 위험물에서 유기과산화물 함유하는 것 중에서 위험물에서 제외되는 것 [시행령 별표1]
- ㉮ 과산화벤조일의 함유량이 35.5wt% 미만인 것으로서 전분가루, 황산칼슘2수화물 또는 인산1수소칼슘2수화물과의 혼합물
- ㉯ 비스(4클로로벤조일)퍼옥사이드의 함유량이 30wt% 미만인 것으로서 불활성고체와의 혼합물
- ㉰ 과산화지크밀의 함유량이 40wt% 미만인 것으로서 불활성고체와의 혼합물
- ㉱ 1·4비스 (2-터셔리부틸퍼옥시이소프로필) 벤젠의 함유량이 40wt% 미만인 것으로서 불활성고체와의 혼합물
- ㉲ 시크로헥사놀퍼옥사이드의 함유량이 30wt% 미만인 것으로서 불활성고체와의 혼합물

58. 위험물 제조소의 기준에 있어서 위험물을 취급하는 건축물의 구조로 적당하지 않은 것은?

① 지하층이 없도록 하여야 한다.
② 연소의 우려가 있는 외벽은 내화구조의 벽으로 하여야 한다.
③ 출입구는 연소의 우려가 있는 외벽에 설치하는 경우 을종방화문을 설치하여야 한다.
④ 지붕은 폭발력이 위로 방출될 정도의 가벼운 불연재료로 덮는다.

해설 제조소의 건축물 기준 [시행규칙 별표4]

㉮ 지하층이 없도록 하여야 한다.

㉯ 벽·기둥·바닥·보·서까래 및 계단을 불연재료로 하고, 연소의 우려가 있는 외벽은 출입구 외의 개구부가 없는 내화구조의 벽으로 하여야 한다.

㉰ 지붕은 폭발력이 위로 방출될 정도의 가벼운 불연재료로 덮어야 한다.

㉱ 출입구와 비상구는 갑종방화문 또는 을종방화문을 설치하되, 연소의 우려가 있는 외벽에 설치하는 출입구에는 수시로 열 수 있는 자동폐쇄식의 갑종방화문을 설치하여야 한다.

㉲ 위험물을 취급하는 건축물의 창 및 출입구에 유리를 이용하는 경우에는 망입유리로 하여야 한다.

㉳ 액체의 위험물을 취급하는 건축물의 바닥은 위험물이 스며들지 못하는 재료를 사용하고, 적당한 경사를 두어 그 최저부에 집유설비를 하여야 한다.

59. 위험물 안전관리법에서 규정하고 있는 내용으로 틀린 것은?

① 민사집행법에 의한 경매, 국세징수법 또는 지방세법에 의한 압류재산의 매각절차에 따라 제조소등의 시설의 전부를 인수한 자는 그 설치자의 지위를 승계한다.

② 금치산자 또는 한정치산자, 탱크시험자의 등록이 취소된 날로부터 2년이 지나지 아니한 자는 탱크시험자로 등록하거나 탱크시험자의 업무에 종사할 수 없다.

③ 농예용, 축산용으로 필요한 난방시설 또는 건조시설을 위한 지정수량 20배 이하의 취급소는 신고를 하지 아니하고 위험물의 품명, 수량을 변경할 수 있다.

④ 법정의 완공검사를 받지 아니하고 제조소 등을 사용한 때 시·도지사는 허가를 취소하거나 6월 이내의 기간을 정하여 사용정지를 명할 수 있다.

해설 위험물시설의 설치 및 변경 등 [법 제6조] : 허가를 받지 않고 제조소등을 설치하거나 그 위치·구조 또는 설비를 변경할 수 있으며, 신고를 하지 않고 위험물의 품명·수량 또는 지정수량의 배수를 변경할 수 있는 경우

㉮ 주택의 난방시설(공동주택의 중앙난방시설을 제외한다)을 위한 저장소 또는 취급소

㉯ 농예용·축산용 또는 수산용으로 필요한 난방시설 또는 건조시설을 위한 지정수량 20배 이하의 저장소

60. 위험물 관련 신고 및 선임에 관한 사항으로 옳지 않은 것은?

① 제조소의 위치, 구조 변경 없이 위험물의 품명 변경 시는 변경하고자 하는 날의 14일 이전까지 신고하여야 한다.

② 제조소 설치자의 지위를 승계한자는 승계한 날로부터 30일 이내에 신고하여야 한다.

③ 위험물 안전관리자를 선임한 경우는 선임한 날로부터 14일 이내에 신고하여야 한다.

④ 위험물 안전관리자가 퇴직한 경우는 퇴직일로부터 30일 이내에 선임하여야 한다.

해설 위험물 시설의 설치 및 변경 등 [법 제6조] : 제조소등의 위치·구조 또는 설비의 변경 없이 위험물의 품명·수량 또는 지정수량의 배수를 변경하고자 하는 자는 변경하고자 하는 날의 1일 전까지 행정안전부령이 정하는 바에 따라 시·도지사에게 신고하여야 한다.

2012. 7. 22 시행 (제4회)

1. 위험물을 취급함에 있어서 정전기가 발생할 우려가 있는 설비에 정전기를 유효하게 제거할 수 있는 방법에 해당하지 않는 것은?

① 위험물의 유속을 높이는 방법
② 공기를 이온화하는 방법
③ 공기 중의 상대습도를 70% 이상으로 하는 방법
④ 접지에 의한 방법

해설 정전기 제거설비 설치 [시행규칙 별표4] : 위험물을 취급함에 있어서 정전기가 발생할 우려가 있는 설비에는 다음 중 하나에 해당하는 방법으로 정전기를 유효하게 제거할 수 있는 설비를 설치하여야 한다.
  ㉮ 접지에 의한 방법
  ㉯ 공기 중의 상대습도를 70% 이상으로 하는 방법
  ㉰ 공기를 이온화하는 방법

참고 위험물의 유속이 높으면 정전기가 발생할 가능성이 높아지므로 유속을 낮추어야 한다.

2. 이산화탄소 소화기의 특징에 대한 설명으로 틀린 것은?

① 소화약제에 의한 오손이 거의 없다.
② 약제 방출 시 소음이 없다.
③ 전기화재에 유효하다.
④ 장시간 저장해도 물성의 변화가 거의 없다.

해설 이산화탄소 소화기의 특징
  ㉮ 소화 후 소화약제에 의한 물품의 오손이 거의 없다.
  ㉯ 전기 절연성이고 장시간 저장해도 물성의 변화가 거의 없다.
  ㉰ 한랭지에서도 동결의 우려가 없다.
  ㉱ 자체 압력으로 방출되기 때문에 방출용 동력이 필요하지 않다.
  ㉲ 약제 방출 시 소음이 발생한다.

3. 옥외탱크저장소에 연소성 혼합기체의 생성에 의한 폭발을 방지하기 위하여 불활성의 기체를 봉입하는 장치를 설치하여야 하는 위험물질은?

① $CH_3COC_2H_5$ ② C_5H_5N
③ CH_3CHO ④ C_6H_5Cl

해설 아세트알데히드등의 옥외탱크저장소 기준 [시행규칙 별표6]
  ㉮ 옥외저장탱크의 설비는 동·마그네슘·은·수은 또는 이들을 성분으로 하는 합금으로 만들지 아니할 것
  ㉯ 옥외저장탱크에는 냉각장치 또는 보랭장치, 그리고 연소성 혼합기체의 생성에 의한 폭발을 방지하기 위한 불활성의 기체를 봉입하는 장치를 설치할 것

참고 각 항목의 위험물 명칭
  ① 메틸에틸케톤($CH_3COC_2H_5$)
  ② 피리딘(C_5H_5N)
  ③ 아세트알데히드(CH_3CHO)
  ④ 클로로벤젠(C_6H_5Cl)

4. 위험물의 화재위험에 관한 제반조건을 설명한 것으로 옳은 것은?

① 인화점이 높을수록, 연소범위가 넓을수록 위험하다.
② 인화점이 낮을수록, 연소범위가 좁을수록 위험하다.
③ 인화점이 높을수록, 연소범위가 좁을수록 위험하다.
④ 인화점이 낮을수록, 연소범위가 넓을수록 위험하다.

해설 위험물의 화재위험이 높아지는 경우
  ㉮ 인화점 및 발화점이 낮을수록
  ㉯ 연소범위가 넓을수록
  ㉰ 연소범위 하한값이 낮을수록

정답 1. ①   2. ②   3. ③   4. ④

㉱ 위험물의 온도 및 압력이 높을수록
㉲ 위험물의 활성화 에너지가 작을수록

5. 위험물 안전관리자를 해임한 후 며칠 이내에 후임자를 선임하여야 하는가?

① 14일　② 15일
③ 20일　④ 30일

해설 위험물 안전관리자 [법 제15조]
㉮ 안전관리자 다시 선임 : 해임, 퇴직한 날부터 30일 이내
㉯ 안전관리자 선임 신고 : 선임한 날부터 14일 이내에 소방본부장 또는 소방서장에게 신고
㉰ 안전관리자 직무 대행 기간 : 30일 초과 금지

6. CH_3ONO_2의 소화방법에 대한 설명으로 옳은 것은?

① 물을 주수하여 냉각소화 한다.
② 이산화탄소 소화기로 질식소화를 한다.
③ 할로겐화합물 소화기로 질식소화를 한다.
④ 건조사로 냉각소화한다.

해설 질산메틸(CH_3ONO_2)의 소화방법 : 질산메틸은 물에 녹지 않는 제5류 위험물로 소화방법은 물을 주수하여 냉각소화를 한다.

7. 공장 창고에 보관되었던 톨루엔이 유출되어 미상의 점화원에 의해 착화되어 화재가 발생하였다면 이 화재의 분류로 옳은 것은?

① A급 화재　② B급 화재
③ C급 화재　④ D급 화재

해설 톨루엔($C_6H_5CH_3$)은 제4류 위험물 중 제1석유류에 해당되며 화재 분류 시 B급 화재에 해당된다.

8. 위험물 안전관리법령상 자동화재 탐지설비를 설치하지 않고 비상경보설비로 대신할 수 있는 것은?

① 일반취급소로서 연면적 $600m^2$ 인 것

② 지정수량 20배를 저장하는 옥내저장소로서 처마높이가 8m인 단층건물
③ 단층건물 외의 건축물에 설치된 지정수량 15배의 옥내탱크 저장소로서 소화난이도 등급 Ⅱ에 속하는 것
④ 지정수량 20배를 저장, 취급하는 옥내주유 취급소

해설 각 항목의 경보설비 설치 판단
① 연면적이 $500m^2$ 이상이므로 '자동화재 탐지설비'를 설치하여야 한다.
② 처마높이가 6m 이상인 단층건물이므로 '자동화재 탐지설비'를 설치하여야 한다.
③ 자동화재 탐지설비 설치대상이 아닌 제조소 등에 해당되고, 지정수량의 10배 이상을 저장하는 곳이므로 자동화재 탐지설비, 비상경보, 확성장치, 비상방송설비 중 하나를 선택해서 설치하면 된다.
④ 옥내주유취급소는 무조건 '자동화재 탐지설비'를 설치하여야 한다.

참고 경보설비 설치 대상 [시행규칙 별표17]
(1) 자동화재 탐지설비
㉮ 제조소 및 일반취급소
㉠ 연면적 $500m^2$ 이상인 것
㉡ 옥내에서 지정수량의 100배 이상을 취급하는 것
㉯ 옥내저장소
㉠ 지정수량의 100배 이상을 저장 또는 취급하는 것
㉡ 저장창고의 연면적이 $150m^2$를 초과하는 것
㉢ 처마높이가 6m 이상인 단층건물의 것
㉣ 옥내저장소로 사용되는 부분 외의 부분이 있는 건축물에 설치된 옥내저장소
㉰ 옥내탱크저장소 : 단층 건물 외의 건축물에 설치된 옥내탱크저장소로서 소화난이도등급 Ⅰ에 해당하는 곳
㉱ 주유취급소 : 옥내주유취급소
(2) 자동화재 탐지설비, 비상경보설비, 확성장치 또는 비상방송설비 중 1종 이상을 설치해야 하는 경우 : (1)에 해당하지 않는 제조소등으로 지정수량의 10배 이상을 저장 또는 취급하는 것

9. A급, B급, C급 화재에 모두 적용이 가능한 소화약제는?

① 제1종 분말 소화약제
② 제2종 분말 소화약제
③ 제3종 분말 소화약제
④ 제4종 분말 소화약제

해설 분말 소화약제의 종류 및 주성분

종류	주성분	적응화재	착색
제1종 분말	탄산수소나트륨 ($NaHCO_3$)	B.C	백색
제2종 분말	탄산수소칼륨 ($KHCO_3$)	B.C	자색 (보라색)
제3종 분말	제1인산암모늄 ($NH_4H_2PO_4$)	A.B.C	담홍색
제4종 분말	탄산수소칼륨+요소 $[KHCO_3+(NH_2)_2CO]$	B.C	회색

㈜ 제2종 분말 소화약제의 착색 상태를 '담회색'으로 표현하는 경우도 있음

10. BCF 소화기의 약제를 화학식으로 옳게 나타낸 것은?

① CCl_4
② CH_2ClBr
③ CF_3Br
④ CF_2ClBr

해설 소화기 분류

구분	소화기 명칭	화학식
CTC 소화기	사염화탄소 소화기	CCl_4
CB 소화기	할론 1011 소화기	CH_2ClBr
MTB 소화기	할론 1301 소화기	CF_3Br
BCF 소화기	할론 1211 소화기	CF_2ClBr
FB 소화기	할론 2402 소화기	$C_2F_4Br_2$

참고 BCF는 할로겐화합물 소화약제 중에서 탄소(C), 불소(F), 염소(Cl), 취소(Br : 브롬)을 모두 포함하는 것으로 할론 1211(CF_2ClBr)이다.

11. 물의 소화능력을 강화시키기 위해 개발된 것으로 한랭지 또는 겨울철에도 사용할 수 있는 소화기에 해당하는 것은?

① 산·알칼리 소화기
② 강화액 소화기
③ 포 소화기
④ 할로겐화합물 소화기

해설 강화액 소화기 : 물에 탄산칼륨(K_2CO_3)을 용해하여 빙점을 −30℃ 정도까지 낮추어 겨울철 및 한랭지에서도 사용할 수 있도록 한 소화기이다.

12. 위험물 안전관리법령에서 정한 자동화재 탐지설비에 대한 기준으로 틀린 것은? (단, 원칙적인 경우에 한한다.)

① 경계구역은 건축물, 그 밖의 공작물의 2 이상의 층에 걸치지 아니하도록 할 것
② 하나의 경계구역의 면적은 600㎡ 이하로 할 것
③ 하나의 경계구역의 한 변 길이는 30m 이하로 할 것
④ 자동화재 탐지설비에는 비상전원을 설치할 것

해설 자동화재 탐지설비 설치기준 [시행규칙 별표17]

㉮ 자동화재 탐지설비의 경계구역은 건축물 그 밖의 공작물의 2 이상의 층에 걸치지 아니하도록 할 것. 다만, 하나의 경계구역의 면적이 500㎡ 이하이면서 당해 경계구역이 두 개의 층에 걸치는 경우이거나 계단·경사로·승강기의 승강로 그 밖에 이와 유사한 장소에 연기감지기를 설치하는 경우에는 그러하지 아니하다.

㉯ 하나의 경계구역의 면적은 600㎡ 이하로 하고 그 한 변의 길이는 50m(광전식분리형 감지기를 설치할 경우에는 100m) 이하로 할 것. 다만, 당해 건축물 그 밖의 공작물의 출입구에서 그 내부의 전체를 볼 수 있는 경우에는 그 면적을 1000㎡ 이하로 할 수 있다.

㉰ 자동화재 탐지설비의 감지기는 지붕(상층이 있는 경우에는 상층의 바닥) 또는 벽의 옥내에 면한 부분(천장이 있는 경우에는 천장 또는 벽

의 옥내에 면한 부분 및 천장의 뒷부분)에 유
효하게 화재의 발생을 감지할 수 있도록 설치
할 것
  ㉱ 자동화재 탐지설비에는 비상전원을 설치할 것

13. 휘발유, 등유, 경유 등의 제4류 위험물에 화
  재가 발생하였을 때 소화방법으로 가장 옳은
  것은?

  ① 포 소화설비로 질식소화시킨다.
  ② 다량의 물을 위험물에 직접 주수하여 소
   화한다.
  ③ 강산화성 소화제를 사용하여 중화시켜
   소화한다.
  ④ 염소산칼륨 또는 염화나트륨이 주성분인
   소화약제로 표면을 덮어 소화한다.

  해설 제4류 위험물에 적응성이 있는 소화설비
  [시행규칙 별표17]
   ㉮ 물분무 소화설비
   ㉯ 포 소화설비
   ㉰ 불활성가스 소화설비
   ㉱ 할로겐화합물 소화설비
   ㉲ 인산염류 등 및 탄산수소염류 등 분말 소화
    설비
   ㉳ 무상강화액 소화기
   ㉴ 포 소화기
   ㉵ 이산화탄소 소화기
   ㉶ 할로겐화합물 소화기
   ㉷ 인산염류 및 탄산수소염류 소화기
   ㉮ 건조사
   ㉯ 팽창질석 또는 팽창진주암
   ㉰ 스프링클러설비 : 경우에 따라 적응성이 있음

  참고 제4류 위험물은 물을 이용한 냉각소화보다는
  포, 이산화탄소, 할로겐화합물, 분말 등을 이용
  한 질식소화가 효과적이다.

14. 소화약제에 따른 주된 소화효과로 틀린 것
  은?

  ① 수성막포 소화약제 : 질식효과
  ② 제2종 분말 소화약제 : 탈수·탄화효과

  ③ 이산화탄소 소화약제 : 질식효과
  ④ 할로겐화합물 소화약제 : 화학억제효과

  해설 분말 소화약제의 소화효과
   ㉮ 제1종 : 질식효과, 냉각효과, 부촉매효과, 열
    방사의 차단효과
   ㉯ 제2종 : 질식효과, 냉각효과, 부촉매효과
   ㉰ 제3종 : 질식효과, 냉각소화, 탈수·탄화효과

15. 소화전용 물통 8리터의 능력단위는 얼마인
  가?

  ① 0.1   ② 0.3
  ③ 0.5   ④ 1.0

  해설 소화설비의 능력단위 [시행규칙 별표17]

소화설비 종류	용량	능력단위
소화전용 물통	8L	0.3
수조 (소화전용 물통 3개 포함)	80L	1.5
수조 (소화전용 물통 6개 포함)	190L	2.5
마른모래(삽 1개 포함)	50L	0.5
팽창질석 또는 팽창진주암(삽 1개 포함)	160L	1.0

16. 액화 이산화탄소 1kg이 25℃, 2atm에서 방
  출되어 모두 기체가 되었다. 방출된 기체상의
  이산화탄소 부피는 약 몇 L인가?

  ① 278   ② 556
  ③ 1111   ④ 1985

  해설 ㉮ 이산화탄소(CO_2)의 분자량(M) 계산
    $12+(16\times2)=44$
   ㉯ 기체상태의 이산화탄소 부피(L) 계산
    이상기체 상태방정식 $PV=\dfrac{W}{M}RT$를 이용
    하여 계산

$$\therefore V=\frac{WRT}{PM}=\frac{(1\times10^3)\times0.082\times(273+25)}{2\times44}$$
$$=277.681\,L$$

   ㉰ 이상기체 상태방정식 공식

$$PV = \frac{W}{M}RT$$

P : 압력(atm) → 2atm

V : 부피(L) → 구하여야 할 부피임

M : 분자량(g/mol) → 44

W : 질량(g) → $1kg = 1 \times 10^3 g = 1000g$

R : 기체상수(0.082L · atm/mol · K)

T : 절대온도(K) → (273+25) K

17. 금속분의 화재 시 주수해서는 안 되는 이유로 가장 옳은 것은?

① 산소가 발생하기 때문에

② 수소가 발생하기 때문에

③ 질소가 발생하기 때문에

④ 유독가스가 발생하기 때문에

해설 ㉮ 금속분(제2류 위험물, 지정수량 500kg)은 물(H_2O)과 접촉하면 반응하여 가연성인 수소(H_2)를 발생하여 폭발의 위험이 있기 때문에 주수소화는 부적합하므로 건조사(마른 모래)를 이용한다.
㉯ 알루미늄(Al)분과 물의 반응식
$2Al + 6H_2O \rightarrow 2Al(OH)_3 + 3H_2 \uparrow$

18. 자기반응성 물질의 화재 예방법으로 가장 거리가 먼 것은?

① 마찰을 피한다.

② 불꽃의 접근을 피한다.

③ 고온체로 건조시켜 보관한다.

④ 운반용기 외부에 "화기엄금" 및 "충격주의"를 표시한다.

해설 자기반응성 물질(제5류 위험물)은 가연성 물질이며 그 자체가 산소를 함유하고 있으므로 가열, 마찰, 충격에 의하여 인화 폭발의 위험성이 있으므로 가열, 마찰, 충격 등을 피하고 화기로부터 멀리하여 보관한다.

19. 가연성 고체의 미세한 분말이 일정 농도 이상 공기 중에 분산되어 있을 때 점화원에 의하여 연소 폭발되는 현상은?

① 분진폭발 ② 산화폭발

③ 분해폭발 ④ 증합폭발

해설 폭발의 종류
㉮ 산화폭발 : 가연성 기체 또는 가연성 액체의 증기와 조연성 기체가 일정한 비율로 혼합되어 있을 때 점화원에 의하여 착화되어 일어나는 폭발이다.
㉯ 분해폭발 : 분해할 때 발열반응하는 기체가 분해될 때 점화원에 의하여 착화되어 일어나는 폭발이다.
㉰ 분무폭발 : 가연성 액체의 무적(안개방울)이 공기 중에 일정농도 이상으로 분산되어 있을 때 점화원에 의하여 착화되어 일어나는 폭발이다.
㉱ 분진폭발 : 가연성 고체의 미분이 공기 중에 분산된 상태에서 점화원에 의해서 일어나는 폭발이다.
㉲ 중합폭발 : 중합반응이 일어날 때 발생하는 중합열에 의하여 발생하는 폭발이다.

20. 제조소의 옥외에 모두 3기의 휘발유 취급탱크를 설치하고 그 주위에 방유제를 설치하고자 한다. 방유제 안에 설치하는 각 취급탱크의 용량이 5만 L, 3만 L, 2만 L일 때 필요한 방유제의 용량은 몇 L 이상인가?

① 66000 ② 60000

③ 33000 ④ 30000

해설 제조소의 방유제 용량 [시행규칙 별표4]
㉮ 위험물 제조소의 옥외에 있는 위험물 취급탱크의 방유제 용량
  ㉠ 1기일 때 : 탱크용량×0.5
  ㉡ 2기 이상일 때 : (최대탱크용량×0.5) + (나머지 탱크 용량 합계×0.1)
㉯ 방유제 용량 계산
∴ 방유제 용량
= (50000×0.5) + (30000×0.1) + (20000×0.1)
= 30000L

21. 위험물을 보관하는 방법에 대한 설명 중 틀

린 것은?

① 염소산나트륨 : 철제 용기의 사용을 피한다.

② 산화프로필렌 : 저장 시 구리용기에 질소 등 불활성 기체를 충전한다.

③ 트리에틸알루미늄 : 용기는 밀봉하고 질소 등 불활성 기체를 충전한다.

④ 황화인 : 냉암소에 저장한다.

해설 산화프로필렌(CH_3CHOCH_2) : 제4류 위험물 중 특수인화물, 지정수량 50L

㉮ 증기와 액체는 구리, 은, 마그네슘 등의 금속이나 합금과 접촉하면 폭발성인 아세틸라이드를 생성한다.

$C_3H_6O + 2Cu \rightarrow Cu_2C_2 + CH_4 + H_2O$
(Cu_2C_2 : 동아세틸라이드)

㉯ 보관 방법 : 공기와 접촉 시 과산화물을 생성하므로 용기 내부에 질소, 아르곤 등 불활성기체를 충전하여 냉암소에 저장한다.

22. 위험물의 운반 시 혼재가 가능한 것은? (단, 지정수량 10배의 위험물인 경우이다.)

① 제1류 위험물과 제2류 위험물

② 제2류 위험물과 제3류 위험물

③ 제4류 위험물과 제5류 위험물

④ 제5류 위험물과 제6류 위험물

해설 ㉮ 위험물 운반할 때 혼재 기준[시행규칙 별표19, 부표2]

구분	제1류	제2류	제3류	제4류	제5류	제6류
제1류		×	×	×	×	○
제2류	×		×	○	○	×
제3류	×	×		○	×	×
제4류	×	○	○		○	×
제5류	×	○	×	○		×
제6류	○	×	×	×	×	

○ : 혼합 가능, × : 혼합 불가능

㉯ 이 표는 지정수량의 $\frac{1}{10}$ 이하의 위험물에 대하여는 적용하지 않는다.

23. 과산화바륨의 취급에 대한 설명 중 틀린 것은?

① 직사광선을 피하고, 냉암소에 둔다.

② 유기물, 산 등의 접촉을 피한다.

③ 피부와 직접적인 접촉을 피한다.

④ 화재 시 주수소화가 효과적이다.

해설 과산화바륨(BaO_2) 특징

㉮ 제1류 위험물 중 무기과산화물에 해당되며, 지정수량은 50kg이다.

㉯ 백색 또는 회색의 정방정계 결정분말로 알칼리토금속의 과산화물 중 제일 안정하다.

㉰ 물에는 약간 녹으나 알코올, 에테르, 아세톤에는 녹지 않는다.

㉱ 산 및 온수에 분해되어(반응하여) 과산화수소(H_2O_2)와 산소가 발생하면서 발열한다.

㉲ 고온으로 가열하면 열분해되어 산소를 발생하고, 폭발하기도 한다.

㉳ 비중 4.96, 융점 450℃, 분해온도 840℃이다.

㉴ 소화방법 : 탄산가스(CO_2), 사염화탄소(CCl_4) 및 마른 모래(건조사)의 질식소화

24. 휘발유를 저장하던 이동저장탱크에 등유나 경유를 탱크 상부로부터 주입할 때 액 표면이 일정 높이가 될 때까지 위험물의 주입관 내 유속을 몇 m/s 이하로 하여야 하는가?

① 1　　② 2　　③ 3　　④ 5

해설 제조소등에서의 위험물의 저장 및 취급 기준 [시행규칙 별표18]

㉮ 이동저장탱크의 상부로부터 위험물을 주입할 때에는 위험물의 액표면이 주입관의 선단을 넘는 높이가 될 때까지 그 주입관 내의 유속을 1m/s 이하로 할 것

㉯ 이동저장탱크의 밑부분으로부터 위험물을 주입할 때에는 위험물의 액표면이 주입관의 정상부분을 넘는 높이가 될 때까지 그 주입배관 내의 유속을 1m/s 이하로 할 것

25. 다음 위험물 중 착화온도가 가장 낮은 것은?

① 이황화탄소　　② 디에틸에테르

③ 아세톤   ④ 아세트알데히드

해설 각 위험물의 착화온도(발화점)

품명	착화온도
이황화탄소	100℃
디에틸에테르	180℃
아세톤	538℃
아세트알데히드	185℃

26. 아세톤의 성질에 관한 설명으로 옳은 것은?

① 비중은 1.02이다.
② 물에 불용이고, 에테르에 잘 녹는다.
③ 증기 자체는 무해하나, 피부에 닿으면 탈지작용이 있다.
④ 인화점이 0℃보다 낮다.

해설 아세톤(CH_3COCH_3)의 특징
㉮ 제4류 위험물 중 제1석유류(수용성)에 해당되며 지정수량은 400L이다.
㉯ 무색의 휘발성 액체로 독특한 냄새가 있는 인화성 물질이다.
㉰ 물, 알코올, 에테르, 가솔린, 클로로포름 등 유기용제와 잘 섞인다.
㉱ 직사광선에 의해 분해하고, 보관 중 황색으로 변색되며 수지, 유지, 섬유, 고무, 유기물 등을 용해시킨다.
㉲ 비점과 인화점이 낮아 인화의 위험이 크다.
㉳ 독성은 거의 없으나 피부에 닿으면 탈지작용과 증기를 다량으로 흡입하면 구토 현상이 나타난다.
㉴ 액비중 0.79(증기비중 2.0), 비점 56.6℃, 발화점 538℃, 인화점 −18℃, 연소범위 2.6 ~ 12.8%이다.

27. 금속나트륨의 올바른 취급으로 가장 거리가 먼 것은?

① 보호액 속에서 노출되지 않도록 주의한다.
② 수분 또는 습기와 접촉되지 않도록 주의한다.
③ 용기에서 꺼낼 때는 손을 깨끗이 닦고 만

져야 한다.
④ 다량 연소하면 소화가 어려우므로 가급적 소량으로 나누어 저장한다.

해설 나트륨(Na)의 특징
㉮ 제3류 위험물로 지정수량은 10kg이다.
㉯ 은백색의 가벼운 금속으로 연소시키면 노란 불꽃을 내며 과산화나트륨이 된다.
㉰ 상온에서 물이나 알코올 등과 격렬히 반응하여 수소(H_2)를 발생한다.
㉱ 피부에 접촉되면 화상을 입는다.
㉲ 산화를 방지하기 위해 등유, 경유 속에 넣어 저장한다.
㉳ 용기 파손 및 보호액 누설에 주의하고, 습기나 물과 접촉하지 않도록 저장한다.
㉴ 다량 연소하면 소화가 어려우므로 소량으로 나누어 저장한다.
㉵ 비중 0.97, 융점 97.7℃, 비점 880℃, 발화점 121℃이다.

28. 인화점이 100℃ 보다 낮은 물질은?

① 아닐린   ② 에틸렌글리콜
③ 글리세린   ④ 실린더유

해설 각 위험물의 인화점

품명	인화점
아닐린	75℃
에틸렌글리콜	111℃
글리세린	160℃
실린더유	220~250℃

29. 제3류 위험물인 칼륨의 성질이 아닌 것은?

① 물과 반응하여 수산화물과 수소를 만든다.
② 원자가 전자가 2개로 쉽게 2가의 양이온이 되어 반응한다.
③ 분자량은 약 39이다.
④ 은백색의 광택을 가지는 연하고 가벼운 고체로 칼로 쉽게 잘라진다.

해설 칼륨(K)의 특징
㉮ 제3류 위험물로 지정수량은 10kg이다.

㉯ 은백색을 띠는 무른 금속으로 녹는점 이상 가열하면 보라색의 불꽃을 내면서 연소한다.

㉰ 공기 중의 산소와 반응하여 광택을 잃고 산화칼륨(K_2O)의 회백색으로 변화한다.

㉱ 공기 중에서 수분과 반응하여 수산화물(KOH)과 수소(H_2)를 발생하고, 연소하면 과산화칼륨(K_2O_2)이 된다.

㉲ 산화를 방지하기 위하여 보호액(등유, 경유, 파라핀) 속에 넣어 저장한다.

㉳ 분자량 39, 비중 0.86, 융점 63.7℃, 비점 762℃이다.

> 참고 칼륨(K)은 알칼리금속으로 +1가 원소이므로 원자가전자가 1개로 쉽게 1가의 양이온으로 되어 반응한다.

30. 다음 그림과 같은 위험물 저장탱크의 내용적은 약 몇 m³인가?

① 4681 ② 5482
③ 6283 ④ 7080

> 해설 $V = \pi \times r^2 \times \left(l + \dfrac{l_1 + l_2}{3} \right)$
> $= \pi \times 10^2 \times \left(18 + \dfrac{3+3}{3} \right) = 6283.185\,\text{m}^3$

31. 제2류 위험물과 산화제를 혼합하면 위험한 이유로 가장 적합한 것은?

① 제2류 위험물이 가연성 액체이기 때문에
② 제2류 위험물이 환원제로 작용하기 때문에
③ 제2류 위험물은 자연발화의 위험이 있기 때문에
④ 제2류 위험물은 물 또는 습기를 잘 머금고 있기 때문에

> 해설 제2류 위험물의 공통적인 특징
> ㉮ 비교적 낮은 온도에서 착화하기 쉬운 가연성 물질이다.

㉯ 비중은 1보다 크며, 연소 시 유독가스를 발생하는 것도 있다.

㉰ 연소속도가 대단히 빠르며, 금속분은 물이나 산과 접촉하면 확산 폭발한다.

㉱ 대부분 물에는 불용이며, 산화하기 쉬운 물질이다.

㉲ 강력한 환원성 물질로 산화제와 접촉, 마찰로 착화되면 급격히 연소한다.

32. 상온에서 액상인 것으로만 나열된 것은?

① 니트로셀룰로오스, 니트로글리세린
② 질산에틸, 니트로글리세린
③ 질산에틸, 피크린산
④ 니트로셀룰로오스, 셀룰로이드

> 해설 제5류 위험물의 상온에서 상태

품명(지정수량)		상태
질산에스테르류 (100kg)	니트로셀룰로오스	고체
	니트로글리세린	액체
	질산에틸	액체
	셀룰로이드	고체
니트로화합물 (200kg)	피크린산	고체

33. 위험물 안전관리법상 제3석유류의 액체상태의 판단기준은?

① 1기압과 섭씨 20도에서 액상인 것
② 1기압과 섭씨 25도에서 액상인 것
③ 기압에 무관하게 섭씨 20도에서 액상인 것
④ 기압에 무관하게 섭씨 25도에서 액상인 것

> 해설 위험물 및 지정수량 [시행령 별표1]
> ㉮ "인화성 액체"라 함은 액체(제3석유류, 제4석유류 및 동식물유류의 경우 1기압과 20℃에서 액체인 것만 해당한다)로서 인화의 위험성이 있는 것을 말한다.
> ㉯ "제3석유류"라 함은 중유, 클레오소트유 그 밖에 1기압에서 인화점이 70℃ 이상 200℃ 미만인 것을 말한다. 다만, 도료류 그 밖의 물품은 가연성 액체량이 40중량% 이하인 것은 제외한다.

34. 제2류 위험물 중 지정수량이 잘못 연결된 것은?

① 유황 – 100kg
② 철분 – 500kg
③ 금속분 – 500kg
④ 인화성 고체 – 500kg

해설 제2류 위험물의 지정수량

품명	위험등급	지정수량
황화인, 적린, 유황	II	100kg
철분, 금속분, 마그네슘	III	500kg
그 밖에 행정안전부령이 정하는 것	II, III	100kg 또는 500kg
인화성 고체	III	1000kg

35. 위험물의 지정수량이 나머지 셋과 다른 하나는?

① $NaClO_4$
② MgO_2
③ KNO_3
④ NH_4ClO_3

해설 제1류 위험물의 지정수량

품명		지정수량
과염소산나트륨 ($NaClO_4$)	과염소산염류	50kg
과산화마그네슘 (MgO_2)	무기과산화물	50kg
질산칼륨 (KNO_3)	질산염류	300kg
과염소산암모늄 (NH_4ClO_3)	과염소산염류	50kg

36. 위험물 안전관리법령상 위험물의 운반에 관한 기준에 따르면 지정수량 얼마 이하의 위험물에 대하여는 "유별을 달리하는 위험물의 혼재기준"을 적용하지 아니하여도 되는가?

① $\frac{1}{2}$ ② $\frac{1}{3}$ ③ $\frac{1}{5}$ ④ $\frac{1}{10}$

해설 유별을 달리하는 위험물 운반할 때 혼재 기준 [시행규칙 별표19, 부표2]에서 지정수량의 $\frac{1}{10}$ 이하의 위험물에 대하여는 적용하지 않는다.
※ 자세한 설명은 22번 해설을 참고하기 바랍니다.

37. 트리니트로톨루엔에 대한 설명으로 가장 거리가 먼 것은?

① 물에 녹지 않으나 알코올에는 녹는다.
② 직사광선에 노출되면 다갈색으로 변한다.
③ 공기 중에 노출되면 쉽게 가수분해한다.
④ 이성질체가 존재한다.

해설 트리니트로톨루엔($C_6H_2CH_3(NO_2)_3$: TNT)의 특징
㉮ 제5류 위험물 중 니트로 화합물로 지정수량 200kg이다.
㉯ 담황색의 주상결정으로 햇빛을 받으면 다갈색으로 변한다.
㉰ 물에는 녹지 않으나 알코올, 벤젠, 에테르, 아세톤에는 잘 녹는다.
㉱ 충격감도는 피크린산보다 약간 둔하지만 급격한 타격을 주면 폭발한다.
㉲ 3개의 이성질체($\alpha-$, $\beta-$, $\gamma-$)가 있으며 α형인 2, 4, 6-트리니트로톨루엔이 폭발력이 가장 강하다.
㉳ 폭약류의 폭약을 비교할 때 기준 폭약으로 활용된다.
㉴ 분해하면 일산화탄소(CO), 질소(N_2), 수소(H_2) 등이 발생한다.
$$2C_6H_2CH_3(NO_2)_3 \rightarrow 12CO\uparrow +3N_2\uparrow +5H_2\uparrow +2C$$
㉵ 비중 1.8, 융점 81℃, 비점 240℃, 발화점 300℃이다.

38. 위험물의 성질에 관한 설명 중 옳은 것은?

① 벤젠과 톨루엔 중 인화온도가 낮은 것은 톨루엔이다.
② 디에틸에테르는 휘발성이 높으며 마취성이 있다.
③ 에틸알코올은 물이 조금이라도 섞이면

불연성 액체가 된다.

④ 휘발유는 전기 양도체이므로 정전기 발생이 위험하다.

해설 (1) 각 항목의 옳은 설명

① 벤젠(C_6H_6)의 인화점 $-11.1℃$, 톨루엔($C_6H_5CH_3$)의 인화점 $4.5℃$ 이므로 인화점이 낮은 것은 벤젠이다.

③ 에틸알코올은 농도가 36wt% 이상이면 위험물로 분류하고 있으므로 물이 조금 섞여도 연소가 가능하다.

④ 휘발유는 전기의 불량도체라 정전기가 발생하기 쉽고 이로 인하여 위험성이 있다.

(2) 디에틸에테르($C_2H_5OC_2H_5$)의 특징

㉮ 제4류 위험물 중 특수인화물에 해당되며 에테르로 불려진다. 지정수량은 50L 이다.

㉯ 무색투명하며 독특한 냄새가 있는 인화되기 쉬운 액체이다.

㉰ 물에는 녹기 어려우나 알코올에는 잘 녹는다.

㉱ 전기의 불량도체라 정전기가 발생되기 쉽다.

㉲ 휘발성이 강하고 증기는 마취성이 있어 장시간 흡입하면 위험하다.

㉳ 인화점이 $-45℃$로 제4류 위험물 중 가장 낮다.

39. 니트로셀룰로오스에 관한 설명으로 옳은 것은?

① 용제에는 전혀 녹지 않는다.

② 질화도가 클수록 위험성이 증가한다.

③ 물과 작용하여 수소를 발생한다.

④ 화재발생 시 질식소화가 가장 적합하다.

해설 니트로셀룰로오스[$C_{24}H_{29}O_9(ONO_2)_n$]의 특징

㉮ 제5류 위험물 중 질산에스테르류에 해당되며, 지정수량은 10kg이다.

㉯ 천연 셀룰로오스에 진한 질산과 진한 황산을 작용시켜 제조한다.

㉰ 맛과 냄새가 없고 <u>초산에틸, 초산아밀, 아세톤, 에테르</u> 등에는 용해하나 물에는 녹지 않는다.

㉱ 햇빛, 산, 알칼리에 의해 분해, 자연 발화한다.

㉲ 질화도가 클수록 폭발의 위험성이 증가하며

폭약의 원료로 사용한다.

㉳ 건조한 상태에서는 발화의 위험이 있다.

㉴ <u>물과 혼합할수록 위험성이 감소하므로 저장 및 수송할 때에는 함수알코올(물+알코올)을 습윤시킨다.</u>

㉵ <u>소화방법은 다량의 주수나 건조사를 사용한다.</u>

40. 위험물의 품명과 지정수량이 잘못 짝지어진 것은?

① 황화인 - 100kg

② 알킬알루미늄 - 10kg

③ 마그네슘 - 500kg

④ 황린 - 10kg

해설 각 위험물의 지정수량

품명	유별	지정수량
황화인	제2류	100kg
알킬알루미늄	제3류	10kg
마그네슘	제2류	500kg
황린	제3류	20kg

41. 지정수량의 10배 이상의 위험물을 취급하는 제조소에는 피뢰침을 설치하여야 하지만 제 몇 류 위험물을 취급하는 경우는 이를 제외할 수 있는가?

① 제2류 위험물   ② 제4류 위험물

③ 제5류 위험물   ④ 제6류 위험물

해설 제조소의 피뢰설비 기준 [시행규칙 별표4] : 지정수량의 10배 이상의 위험물을 취급하는 제조소(<u>제6류 위험물을 취급하는 위험물 제조소를 제외한다</u>)에는 피뢰침을 설치하여야 한다. 다만, 제조소의 주위의 상황에 따라 안전상 지장이 없는 경우에는 피뢰침을 설치하지 아니할 수 있다.

42. 위험물 안전관리법령상 품명이 질산에스테르류에 속하지 않는 것은?

① 질산에틸

② 니트로글리세린
③ 니트로톨루엔
④ 니트로셀룰로오스

해설 제5류 위험물 중 질산에스테르류의 종류
㉮ 니트로셀룰로오스($[C_6H_7O_2(ONO_2)_3]_n$)
㉯ 질산에틸($C_2H_5ONO_2$)
㉰ 질산메틸(CH_3ONO_2)
㉱ 니트로글리세린($C_3H_5(ONO_2)_3$)
㉲ 니트로글리콜($C_2H_4(ONO_2)_2$)
㉳ 셀룰로이드류

참고 니트로톨루엔은 제4류 위험물 중 제3석유류에 해당된다.

43. '제조소 일반점검표'에 기재되어 있는 위험물 취급설비 중 안전장치의 점검내용이 아닌 것은?

① 회전부 등의 급유상태의 적부
② 부식, 손상의 유무
③ 고정상황의 적부
④ 기능의 적부

해설 제조소 일반점검표의 위험물 취급설비 중 안전장치의 점검내용 [세부기준 별지 제9호 서식]

점검항목	점검내용	점검방법
안전장치	부식, 손상의 유무	육안
	고정상황의 적부	육안
	기능의 적부	작동확인

참고 회전부 등의 급유상태의 적부(육안)는 구동장치의 점검내용이다.

44. 이동탱크저장소에 의한 위험물의 운송 시 준수하여야 하는 기준에서 다음 중 어떤 위험물을 운송할 때 위험물 운송자는 위험물 안전카드를 휴대하여야 하는가?

① 특수인화물 및 제1석유류
② 알코올류 및 제2석유류
③ 제3석유류 및 동식물유류
④ 제4석유류

해설 이동탱크저장소에 의한 위험물 운송 시에 준수하여야 하는 기준 [시행규칙 별표21]
㉮ 위험물(제4류 위험물에 있어서는 특수인화물 및 제1석유류에 한한다)을 운송하게 하는 자는 위험물안전카드를 위험물운송자로 하여금 휴대하게 할 것
㉯ 위험물운송자는 위험물안전카드를 휴대하고 당해 카드에 기재된 내용에 따를 것

45. 제6류 위험물의 위험성에 대한 설명으로 틀린 것은?

① 질산을 가열할 때 발생하는 적갈색 증기는 무해하지만 가연성이며 폭발성이 강하다.
② 고농도의 과산화수소는 충격, 마찰에 의해서 단독으로도 분해 폭발할 수 있다.
③ 과염소산은 유기물과 접촉 시 발화 또는 폭발할 위험이 있다.
④ 과산화수소는 햇빛에 의해서 분해되며, 촉매(MnO_2) 하에서 분해가 촉진된다.

해설 질산(HNO_3)
㉮ 진한 질산을 가열하면 분해하면서 유독성인 이산화질소(NO_2)의 적갈색 증기를 발생한다.
㉯ 반응식 : $4HNO_3 \rightarrow 2H_2O + 4NO_2 + O_2$

46. 다음은 위험물 안전관리법령에서 정의한 동식물유류에 관한 내용이다. ( ) 안에 알맞은 수치는?

동물의 지육 등 또는 식물의 종자나 과육으로부터 추출한 것으로서 1기압에서 인화점이 섭씨 ( )도 미만인 것을 말한다.

① 21
② 200
③ 250
④ 300

해설 동식물유류의 정의 [시행령 별표1] : "동식물유류"라 함은 동물의 지육 등 또는 식물의 종자나 과육으로부터 추출한 것으로서 1기압에서 인화점이 섭씨 250도 미만인 것을 말한다.

47. 지하탱크저장소 탱크전용실의 안쪽과 지하저장탱크와의 사이는 몇 m 이상의 간격을 유지하여야 하는가?

① 0.1

② 0.2

③ 0.3

④ 0.5

해설 지하탱크저장소의 탱크전용실 기준 [시행규칙 별표8]

㉮ 지하의 가장 가까운 벽·피트·가스관 등의 시설물 및 대지 경계선으로부터 0.1m 이상 떨어진 곳에 설치한다.

㉯ 지하저장탱크와 탱크전용실의 안쪽과의 사이는 0.1m 이상의 간격을 유지한다.

㉰ 당해 탱크의 주위에 마른 모래 또는 입자 지름 5mm 이하의 마른 자갈분을 채운다.

48. 이황화탄소에 대한 설명으로 틀린 것은?

① 순수한 것은 황색을 띠고 냄새가 없다.

② 증기는 유독하며 신경계통에 장애를 준다.

③ 물에 녹지 않는다.

④ 연소 시 유독성의 가스를 발생한다.

해설 이황화탄소(CS_2)의 특징

㉮ 제4류 위험물 중 특수인화물에 해당되며 지정수량은 50L이다.

㉯ 무색, 투명한 액체로 시판품은 불순물로 인하여 황색을 나타내며 불쾌한 냄새가 난다.

㉰ 물에는 녹지 않으나 알코올, 에테르, 벤젠 등 유기용제에는 잘 녹으며 유지, 수지, 생고무, 황, 황린 등을 녹인다.

㉱ 독성이 있고 직사광선에 의해 서서히 변질되고, 점화하면 청색불꽃을 내며 연소하면서 아황산가스(SO_2)를 발생한다.

㉲ 인화성이 강하고 유독하며, 물과 150℃ 이상 가열하면 분해하여 이산화탄소(CO_2)와 황화수소(H_2S)를 발생한다.

㉳ 직사광선을 피하고 통풍이 잘되는 냉암소에 저장한다.

㉴ 물보다 무겁고 물에 녹기 어려우므로 물(수조) 속에 저장한다.

㉵ 액비중 1.263(증기비중 2.62), 비점 46.45℃,

발화점(착화점) 100℃, 인화점 -30℃, 연소범위 1.2~44%이다.

49. 위험물 안전관리법상 설치허가 및 완공검사 절차에 관한 설명으로 틀린 것은?

① 지정수량의 3천배 이상의 위험물을 취급하는 제조소는 한국소방산업기술원으로부터 당해 제조소의 구조, 설비에 관한 기술검토를 받아야 한다.

② 50만 리터 이상인 옥외탱크저장소는 한국소방산업기술원으로부터 당해 탱크의 기초, 지반 및 탱크본체에 관한 기술검토를 받아야 한다.

③ 지정수량의 1천배 이상의 제4류 위험물을 취급하는 일반취급소의 완공검사는 한국소방산업기술원이 실시한다.

④ 50만 리터 이상인 옥외탱크저장소의 완공검사는 한국소방산업기술원이 실시한다.

해설 (1) 제조소등의 설치 및 변경의 허가 [시행령 제6조]

㉮ 지정수량의 3천배 이상의 위험물을 취급하는 제조소 또는 일반취급소의 구조, 설비에 관한 사항의 기술검토는 한국소방산업기술원으로부터 받는다.

㉯ 저장용량 50만 리터 이상인 옥외탱크저장소 또는 암반탱크저장소의 위험물탱크의 기초, 지반, 탱크본체 및 소화설비에 관한 사항의 기술검토는 한국소방산업기술원으로부터 받는다.

(2) 한국소방산업기술원에 완공검사 업무를 위탁 [시행령 제22조]

㉮ 지정수량의 3천배 이상의 위험물을 취급하는 제조소 또는 일반취급소의 설치 또는 변경에 따른 완공검사

㉯ 저장용량 50만 리터 이상인 옥외탱크저장소 또는 암반탱크저장소의 설치 또는 변경에 따른 완공검사

50. 위험물 안전관리법령상 할로겐화합물 소화기가 적응성이 있는 위험물은?

① 나트륨
② 질산메틸
③ 이황화탄소
④ 과산화나트륨

해설 ㉮ 할로겐화합물 소화기가 적응성이 있는 위험물 [시행규칙 별표17]
　㉠ 전기설비
　㉡ 제2류 위험물 중 인화성 고체
　㉢ 제4류 위험물
㉯ 각 물질의 유별 및 적응성이 있는 소화기
　㉠ 나트륨 : 제3류 위험물(금수성 물질) → 탄산수소염류 분말 소화기
　㉡ 질산메틸 : 제5류 위험물 → 봉상수(棒狀水) 소화기, 무상수(霧狀水) 소화기, 봉상강화액 소화기, 무상강화액 소화기, 포 소화기
　㉢ 이황화탄소 : 제4류 위험물 → 무상강화액 소화기, 포 소화기, 이산화탄소 소화기, 할로겐화합물 소화기, 인산염류 분말 소화기, 탄산수소염류 분말 소화기
　㉣ 과산화나트륨 : 제1류 위험물(과산화물) → 탄산수소염류 분말 소화기

51. 히드록실아민을 취급하는 제조소에 두어야 하는 최소한의 안전거리(D)를 구하는 산정식으로 옳은 것은? (단, N은 당해 제조소에서 취급하는 히드록실아민의 지정수량 배수를 나타낸다.)

① $D = 51.1\sqrt[4]{N}$
② $D = 51.1\sqrt[3]{N}$
③ $D = 31.1\sqrt[4]{N}$
④ $D = 31.1\sqrt[3]{N}$

해설 히드록실아민 등을 취급하는 제조소 안전거리 산정식 [시행규칙 별표4]
$D = 51.1\sqrt[3]{N}$
여기서, D : 안전거리(m)
　　　N : 해당 제조소에서 취급하는 히드록실아민등의 지정수량의 배수

52. 제3류 위험물 중 금수성 물질을 제외한 위험물에 적응성이 있는 소화설비가 아닌 것은?

① 분말 소화설비
② 스프링클러설비
③ 팽창질석
④ 포 소화설비

해설 제3류 위험물 중 금수성 물질을 제외한 그 밖의 것에 적응성이 있는 소화설비 [시행규칙 별표17]
㉮ 옥내소화전 또는 옥외소화전설비
㉯ 스프링클러설비
㉰ 물분무 소화설비
㉱ 포 소화설비
㉲ 봉상수(棒狀水) 소화기
㉳ 무상수(霧狀水) 소화기
㉴ 봉상강화액 소화기
㉵ 무상강화액 소화기
㉶ 포 소화기
㉷ 기타 : 물통 또는 건조사, 건조사, 팽창질석 또는 팽창진주암

53. 적린과 동소체 관계에 있는 위험물은?

① 오황화인
② 인화알루미늄
③ 인화칼슘
④ 황린

해설 황린(P_4)과 동소체 관계에 있는 것은 제2류 위험물 적린(P)이다.

54. 제조소의 건축물 구조기준 중 연소의 우려가 있는 외벽은 출입구 외의 개구부가 없는 내화구조의 벽으로 하여야 한다. 이때 연소의 우려가 있는 외벽은 제조소가 설치된 부지의 경계선에서 몇 m 이내에 있는 외벽을 말하는가? (단, 단층 건물일 경우이다.)

① 3　　　② 4
③ 5　　　④ 6

해설 제조소등의 연소의 우려가 있는 외벽 [위험

물안전관리에 관한 세부기준 제41조] : 연소의 우려가 있는 외벽은 다음에서 정한 선을 기산점으로 하여 3m(2층 이상의 층에 대해서는 5m) 이내에 있는 제조소등의 외벽을 말한다.

㉮ 제조소등이 설치된 부지의 경계선
㉯ 제조소등에 인접한 도로의 중심선
㉰ 제조소등의 외벽과 동일부지 내의 다른 건축물의 외벽간의 중심선

55. 위험물의 유별과 성질을 잘못 연결한 것은?

① 제2류 – 가연성 고체
② 제3류 – 자연발화성 및 금수성 물질
③ 제5류 – 자기반응성 물질
④ 제6류 – 산화성 고체

해설 위험물의 유별 성질 [시행령 별표1]
㉮ 제1류 위험물 : 산화성 고체
㉯ 제2류 위험물 : 가연성 고체
㉰ 제3류 위험물 : 자연발화성 및 금수성 물질
㉱ 제4류 위험물 : 인화성 액체
㉲ 제5류 위험물 : 자기반응성 물질
㉳ 제6류 위험물 : 산화성 액체

56. 과망간산칼륨의 일반적인 성질에 관한 설명 중 틀린 것은?

① 강한 살균력과 산화력이 있다.
② 금속성 광택이 있는 무색의 결정이다.
③ 가열분해시키면 산소를 방출한다.
④ 비중은 약 2.70이다.

해설 과망간산칼륨($KMnO_4$)의 특징
㉮ 제1류 위험물 중 과망간산염류에 해당하고, 지정수량은 1000kg이다.
㉯ 흑자색의 사방정계 결정으로 붉은색 금속광택이 있고 단맛이 있다.
㉰ 물에 녹아 진한 보라색이 되며, 강한 산화력과 살균력이 있다.
㉱ 메탄올, 빙초산, 아세톤에 녹는다.
㉲ 240℃에서 가열하면 망간산칼륨, 이산화망간, 산소를 발생한다.
㉳ 목탄, 황 등 환원성 물질과 접촉 시 폭발의 위험이 있다.
㉴ 강산화제이며, 진한 황산과 접촉하면 폭발적으로 반응한다.
㉵ 비중 2.7, 분해온도 240℃이다.

57. 제조소의 게시판 사항 중 위험물의 종류에 다른 주의사항이 옳게 연결된 것은?

① 제2류 위험물(인화성 고체 제외) – 화기엄금
② 제3류 위험물 중 금수성 물질 – 물기엄금
③ 제4류 위험물 – 화기주의
④ 제5류 위험물 – 물기엄금

해설 제조소의 주의사항 게시판 [시행규칙 별표4]

위험물의 종류	내용	색상
• 제1류 위험물 중 알칼리금속의 과산화물 • 제3류 위험물 중 금수성 물질	"물기엄금"	청색바탕에 백색문자
• 제2류 위험물(인화성 고체 제외)	"화기주의"	적색바탕에 백색문자
• 제2류 위험물 중 인화성 고체 • 제3류 위험물 중 자연발화성 물질 • 제4류 위험물 • 제5류 위험물	"화기엄금"	적색바탕에 백색문자

58. 제5류 위험물이 아닌 것은?

① 클로로벤젠
② 과산화벤조일
③ 염산히드라진
④ 아조벤젠

해설 클로로벤젠(C_6H_5Cl) : 제4류 위험물 중 제2석유류에 해당되며, 비수용성이다.

59. 위험물 안전관리법에서 사용하는 용어의 정의 중 틀린 것은?

① "지정수량"은 위험물의 종류별로 위험성을 고려하여 대통령령이 정하는 수량이다.
② "제조소"라 함은 위험물을 제조할 목적으로 지정수량 이상의 위험물을 취급하기 위하여 규정에 따라 허가를 받은 장소이다.
③ "저장소"라 함은 지정수량 이상의 위험물을 저장하기 위한 대통령령이 정하는 정소로서 규정에 따라 허가를 받은 장소를 말한다.
④ "제조소등"이라 함은 제조소, 저장소 및 이동탱크를 말한다.

해설 용어의 정의 [법 제2조]
㉮ "위험물"이라 함은 인화성 또는 발화성 등의 성질을 가지는 것으로서 대통령령이 정하는 물품을 말한다.
㉯ "취급소"라 함은 지정수량 이상의 위험물을 제조 외의 목적으로 취급하기 위한 대통령령으로 정하는 장소로서 법 제6조 제1항의 규정에 따른 허가를 받은 장소를 말한다.
㉰ "제조소등"이라 함은 제조소·저장소 및 취급소를 말한다.

60. 위험물저장탱크의 공간용적은 탱크 내용적의 얼마 이상, 얼마 이하로 하는가?

① $\frac{2}{100}$ 이상, $\frac{3}{100}$ 이하

② $\frac{2}{100}$ 이상, $\frac{5}{100}$ 이하

③ $\frac{5}{100}$ 이상, $\frac{10}{100}$ 이하

④ $\frac{10}{100}$ 이상, $\frac{20}{100}$ 이하

해설 탱크의 공간용적 [세부기준 제25조] : 저장탱크의 내용적의 $\frac{5}{100}$ 이상 $\frac{10}{100}$ 이하의 용적으로 한다.

2012. 10. 22 시행 (제5회)

1. 지정수량 10배의 위험물을 저장 또는 취급하는 제조소에 있어서 연면적이 최소 몇 m^2이면 자동화재 탐지설비를 설치해야 하는가?

① 100 ② 300 ③ 500 ④ 1000

[해설] 제조소 및 일반취급소에 자동화재 탐지설비만을 설치해야 하는 대상 [시행규칙 별표17]
㉮ 연면적 $500m^2$ 이상인 것
㉯ 옥내에서 지정수량의 100배 이상을 취급하는 것(고인화점 위험물만을 100℃ 미만의 온도에서 취급하는 것을 제외한다.)
㉰ 일반취급소로 사용되는 부분 외의 부분이 있는 건축물에 설치된 일반취급소(일반취급소와 일반취급소 외의 부분이 내화구조의 바닥 또는 벽으로 개구부 없이 구획된 것을 제외한다.)

2. 황린에 대한 설명으로 옳지 않은 것은?

① 연소하면 악취가 있는 것은 검은색 연기를 낸다.
② 공기 중에서 자연발화할 수 있다.
③ 수중에 저장하여야 한다.
④ 자체 증기도 유독하다.

[해설] 황린(P_4)의 특징
㉮ 제3류 위험물로 지정수량은 20kg이다.
㉯ 백색 또는 담황색 고체로 일명 백린이라 한다.
㉰ 강한 마늘 냄새가 나고, 증기는 공기보다 무거운 가연성이며 맹독성 물질이다.
㉱ 물에 녹지 않고 벤젠, 알코올에 약간 용해하며 이황화탄소, 염화황, 삼염화인에 잘 녹는다.
㉲ 공기를 차단하고 약 260℃로 가열하면 적린이 된다.
㉳ 연소할 때 유독성의 오산화인(P_2O_5)이 발생하면서 백색 연기가 난다.
㉴ 자연 발화의 가능성이 있으므로 물속에 저장한다.

㉱ 액비중 1.82, 증기비중 4.3, 융점 44℃, 비점 280℃, 발화점 34℃이다.

3. 다음 중 화재 시 사용하면 독성의 $COCl_2$ 가스를 발생시킬 위험이 가장 높은 소화약제는?

① 액화이산화탄소 ② 제1종 분말
③ 사염화탄소 ④ 공기포

[해설] ㉮ 사염화탄소(CCl_4) 소화약제를 사용할 때 유독성 가스인 포스겐($COCl_2$)이 생성될 위험성이 있다.
㉯ 반응식 : $2CCl_4 + O_2 \rightarrow 2COCl_2 + 2Cl_2$

4. 위험물 안전관리법령상 탄산수소염류의 분말 소화기가 적응성을 갖는 위험물이 아닌 것은?

① 과염소산 ② 철분
③ 톨루엔 ④ 아세톤

[해설] (1) 탄산수소염류의 분말 소화기가 적응성을 갖는 위험물 종류 [시행규칙 별표17]
㉮ 전기설비
㉯ 제1류 위험물 중 알칼리금속, 과산화물
㉰ 제2류 위험물 중 철분·금속분·마그네슘 및 인화성 고체
㉱ 제3류 위험물 중 금수성물품
㉲ 제4류 위험물
(2) 각 물질의 유별 구분
㉮ 철분 : 제2류 위험물
㉯ 톨루엔, 아세톤 : 제4류 위험물
㉰ 과염소산 : 제6류 위험물

5. 위험물 유별에 따른 성질과 해당 품명의 예가 잘못 연결된 것은?

① 제1류 – 산화성 고체 : 무기과산화물
② 제2류 –가연성 고체 : 금속분
③ 제3류 –자연발화성 물질 및 금수성 물질 : 황화인

정답 1. ③ 2. ① 3. ③ 4. ① 5. ③

④ 제5류 –자기반응성 물질 : 히드록실아민 염류

해설 ㉮ 황화인은 제2류 위험물 가연성 고체에 해당된다.

㉯ 제3류 자연발화성 물질 및 금수성 물질 : 칼륨, 나트륨, 알킬알루미늄, 알킬리튬, 황린, 알칼리금속 및 알칼리토금속, 유기금속화합물, 금속의 수소화물, 금속인화물, 칼슘 또는 알루미늄탄화물

6. 소화기에 "A–2"로 표시되어 있다면 숫자 "2"가 의미하는 것은 무엇인가?

① 소화기의 제조번호
② 소화기의 소요단위
③ 소화기의 능력단위
④ 소화기의 사용 순위

해설 소화기 표시 "A–2" 의미

㉮ A : 소화기의 적응 화재 → A급 화재로 일반 화재

㉯ 2 : 소화기의 능력단위

7. 화재 시 물을 이용한 냉각소화를 할 경우 오히려 위험성이 증가하는 물질은?

① 질산에틸
② 마그네슘
③ 적린
④ 황

해설 ㉮ 마그네슘은 제2류 위험물(지정수량 500 kg)로 물(H_2O)과 접촉하면 반응하여 가연성인 수소(H_2)를 발생하여 폭발의 위험이 있기 때문에 물에 의한 소화는 부적합하므로 탄산수소염류 분말소화설비 및 분말소화기, 건조사(마른 모래), 팽창질석 및 팽창진주암을 이용한다.

㉯ 물과 반응식 : $Mg + 2H_2O \rightarrow Mg(OH)_2 + H_2 \uparrow$

8. 석유류가 연소할 때 발생하는 가스로 강한 자극적인 냄새가 나며 취급하는 장치를 부식시키는 것은?

① H_2
② CH_4
③ NH_3
④ SO_2

해설 ㉮ 석유류에 함유된 황(S) 성분이 연소하면서 유독성이 아황산가스(SO_2)가 발생하며 수분과 반응하여 황산(H_2SO_4)을 생성하고 장치를 부식시킨다.

㉯ 반응식 : $S + O_2 \rightarrow SO_2$

9. 위험물 안전관리법령에 따른 건축물 그 밖의 공작물 또는 위험물의 소요단위의 계산방법의 기준으로 옳은 것은?

① 위험물은 지정수량의 100배를 1소요단위로 할 것
② 저장소의 건축물은 외벽에 내화구조인 것은 연면적 100m²를 1소요단위로 할 것
③ 저장소의 건축물은 외벽이 내화구조가 아닌 것은 연면적 50m²를 1소요단위로 할 것
④ 제조소 또는 취급소용으로서 옥외에 있는 공작물인 경우 최대수평투영면적 100m²를 1소요단위로 할 것

해설 소화설비 소요단위 계산방법 [시행규칙 별표17]

㉮ 제조소 또는 취급소의 건축물

㉠ 외벽이 내화구조인 것 : 연면적 100m²를 1소요단위로 할 것

㉡ 외벽이 내화구조가 아닌 것 : 연면적 50m²를 1소요단위로 할 것

㉯ 저장소의 건축물

㉠ 외벽이 내화구조인 것 : 연면적 150m²를 1소요단위로 할 것

㉡ 외벽이 내화구조가 아닌 것 : 연면적 75m²를 1소요단위로 할 것

㉰ 위험물 : 지정수량의 10배를 1소요단위로 할 것

㉱ 제조소등의 옥외에 설치된 공작물은 외벽이 내화구조인 것으로 간주하고 공작물의 최대수평투영면적을 연면적으로 간주하여 ㉮ 및 ㉯의 규정에 의하여 소요단위를 산정할 것

10. 위험물 안전관리법령상 "특수인화물"이라 함은 이황화탄소, 디에틸에테르 그 밖에 1기

압에서 발화점이 섭씨 (   )도 이하인 것 또는 인화점이 섭씨 영하 (   )도 이하이고 비점이 섭씨 40도 이하인 것을 말한다. 괄호 안에 알맞은 수치를 차례대로 옳게 나열한 것은?

① 100, 20
② 25, 0
③ 100, 0
④ 25, 20

해설 특수인화물의 정의 [시행령 별표1] : 이황화탄소, 디에틸에테르 그 밖에 1기압에서 발화점이 100℃ 이하인 것 또는 인화점이 −20℃ 이하이고 비점이 40℃ 이하인 것을 말한다.

11. 다음 중 발화점이 낮아지는 경우는?

① 화학적 활성도가 낮을 때
② 발열량이 클 때
③ 산소와 친화력이 나쁠 때
④ CO_2와 친화력이 높을 때

해설 발화온도가 낮아지는 조건
㉮ 압력이 높을 때
㉯ 발열량이 높을 때
㉰ 열전도율이 작고 습도가 낮을 때
㉱ 산소와 친화력이 클 때
㉲ 산소농도가 높을 때
㉳ 분자구조가 복잡할수록
㉴ 반응활성도가 클수록

12. 옥외저장소에 덩어리 상태의 유황만을 지반면에 설치한 경계표시의 안쪽에서 저장할 경우 하나의 경계표시의 내부면적은 몇 m^2 이하이어야 하는가?

① 75
② 100
③ 300
④ 500

해설 덩어리 상태의 유황만을 저장하는 옥외 저장소 기준 [시행규칙 별표11]
㉮ 하나의 경계표시의 내부면적은 $100m^2$ 이하일 것
㉯ 2 이상의 경계표시를 설치하는 경우에는 각각의 내부면적을 합산한 면적은 $1000m^2$ 이하로 하고, 인접하는 경계표시와의 간격을 보유공지 너비의 1/2 이상으로 할 것. 다만, 저장

또는 취급하는 위험물의 최대수량이 지정수량의 200배 이상인 경우에는 경계표시와의 간격을 10m 이상으로 하여야 한다.

13. 연소의 종류와 가연물을 연결한 것이 잘못된 것은?

① 증발연소 − 가솔린, 알코올
② 표면연소 − 코크스, 목탄
③ 분해연소 − 목재, 종이
④ 자기연소 − 에테르, 나프탈렌

해설 연소의 종류에 따른 가연물
㉮ 표면연소 : 목탄(숯), 코크스
㉯ 분해연소 : 종이, 석탄, 목재, 중유
㉰ 증발연소 : 가솔린, 등유, 경유, 알코올, 양초, 유황, 나프탈렌
㉱ 확산연소 : 가연성 기체(수소, 프로판, 부탄, 아세틸렌 등)
㉲ 자기연소 : 제5류 위험물(니트로셀룰로오스, 셀룰로이드, 니트로글리세린 등)

참고 에테르는 제4류 위험물 중 특수인화물로 증발연소에 해당된다.

14. 화재 종류 중 금속화재에 해당하는 것은?

① A급
② B급
③ C급
④ D급

해설 화재의 분류 및 표시 색상

구분	화재 종류	표시 색상
A급 화재	일반 화재	백색
B급 화재	유류, 가스 화재	황색
C급 화재	전기 화재	청색
D급 화재	금속 화재	−

15. 물과 접촉하면 열과 산소가 발생하는 것은?

① $NaClO_2$
② $NaClO_3$
③ $KMnO_4$
④ Na_2O_2

해설 제1류 위험물
㉮ 물과 접촉하면 열과 산소가 발생하는 것은 알칼리금속(Li, Na, K, Rb)의 과산화물이다.

→ 과산화나트륨(Na_2O_2), 과산화칼륨(K_2O_2), 과산화리튬(Li_2O_2)

㉯ 과산화나트륨(Na_2O_2) 및 과산화칼륨(K_2O_2)과 물(H_2O)의 반응식

$$2Na_2O_2 + 2H_2O \rightarrow 4NaOH + O_2\uparrow + Q\,[kcal]$$
$$2K_2O_2 + 2H_2O \rightarrow 4KOH + O_2\uparrow + Q\,[kcal]$$

참고 ㉮ 아염소산나트륨($NaClO_2$) : 제1류 위험물 중 아염소산염류

㉯ 염소산나트륨($NaClO_3$) : 제1류 위험물 중 염소산염류

㉰ 과망간산칼륨($KMnO_4$) : 제1류 위험물 중 과망간산염류

16. 금속분의 연소 시 주수소화하면 위험한 원인으로 옳은 것은?

① 물에 녹아 산이 된다.
② 물과 작용하여 유독가스를 발생한다.
③ 물과 작용하여 수소가스를 발생한다.
④ 물과 작용하여 산소가스를 발생한다.

해설 ㉮ 금속분(제2류 위험물, 지정수량 500kg)은 물(H_2O)과 접촉하면 반응하여 가연성인 수소(H_2)를 발생하여 폭발의 위험이 있기 때문에 주수소화는 부적합하므로 건조사(마른 모래)를 이용한다.

㉯ 알루미늄(Al)분과 물의 반응식

$$2Al + 6H_2O \rightarrow 2Al(OH)_3 + 3H_2\uparrow$$

17. 트리에틸알루미늄의 화재 시 사용할 수 있는 소화약제(설비)가 아닌 것은?

① 마른 모래
② 팽창질석
③ 팽창진주암
④ 이산화탄소

해설 ㉮ 트리에틸알루미늄 [TEAL : $(C_2H_5)_3Al$] : 제3류 위험물 중 알킬알루미늄으로 금수성 물질에 해당된다.

㉯ 적응성이 있는 소화약제(설비) : 건조사(마른 모래), 팽창질석 또는 팽창진주암, 탄산수소염류 분말소화설비 및 분말소화기

18. 공정 및 장치에서 분진폭발을 예방하기 위한 조치로서 가장 거리가 먼 것은?

① 플랜트는 공정별로 분류하고 폭발의 파급을 피할 수 있도록 분진취급 공정을 습식으로 한다.
② 분진이 물과 반응하는 경우는 물 대신 휘발성이 적은 유류를 사용하는 것이 좋다.
③ 배관의 연결부위나 기계가동에 의해 분진이 누출될 염려가 있는 곳은 흡인이나 밀폐를 철저히 한다.
④ 가연성분진을 취급하는 장치류는 밀폐하지 말고 분진이 외부로 누출되도록 한다.

해설 가연성분진을 취급하는 장치류는 밀폐하여 분진이 외부로 누출되지 않도록 해야 한다.

19. 위험물 안전관리법상 제조소등에 대한 긴급 사용정지 명령에 관한 설명으로 옳은 것은?

① 시·도지사는 명령을 할 수 없다.
② 제조소등의 관계인 뿐 아니라 해당시설을 사용하는 자에게도 명령할 수 있다.
③ 제조소등의 관계자에게 위법사유가 없는 경우에도 명령할 수 있다.
④ 제조소등의 위험물 취급설비의 중대한 결함이 발견되거나 사고우려가 인정되는 경우에만 명령할 수 있다.

해설 제조소등에 대한 긴급 사용정지 명령 등 [법 제25조] : 시·도지사, 소방본부장 또는 소방서장은 공공의 안전을 유지하거나 재해의 발생을 방지하기 위하여 긴급한 필요가 있다고 인정하는 때에는 제조소등의 관계인에 대하여 당해 제조소등의 사용을 일시 정지하거나 그 사용을 제한할 것을 명할 수 있다.

20. 주유취급소에 다음과 같이 전용탱크를 설치하였다. 최대로 저장·취급할 수 있는 용량은 얼마인가? (단, 고속도로 외의 도로변에 설치하는 자동차용 주유취급소인 경우이다.)

[보기]
- 간이탱크 : 2기
- 폐유탱크 등 : 1기
- 고정주유설비 및 급유설비 접속하는 전용탱크 : 2기

① 103200리터   ② 104600리터
③ 123200리터   ④ 124200리터

해설 (1) 간이탱크저장소 기준 [시행규칙 별표9]
: 간이저장탱크의 용량은 600L 이하이어야 한다.

(2) 주유 취급소에 설치 가능한 탱크 기준 [시행규칙 별표13]
㉮ 자동차 등에 주유하기 위한 고정주유설비에 직접 접속하는 전용탱크 : 50000L 이하
㉯ 고정급유설비에 직접 접속하는 전용탱크 : 50000L 이하
㉰ 보일러 등에 직접 접속하는 전용탱크 : 10000L 이하
㉱ 자동차 등을 점검·정비하는 작업장 등에서 사용하는 폐유·윤활유의 전용탱크 : 2000L 이하
㉲ 고정주유설비 또는 고정급유설비에 직접 접속하는 3기 이하의 간이탱크
㉳ 고속국도 주유취급소 : 60000L 이하

(3) 최대로 저장·취급할 수 있는 용량 계산
㉮ 간이탱크 1기에 저장·취급할 수 있는 양은 600L이므로 2기에는 2×600L이다.
㉯ 폐유탱크 1기에 저장·취급할 수 있는 양은 2천L이다.
㉰ 고정주유설비, 고정급유설비 전용탱크는 5만L이므로 2기에는 2×5만L이다.
∴ 최대량 = (2×600) + 2000 + (2×50000)
= 103200 L

21. 다음 위험물 중 물에 대한 용해도가 가장 낮은 것은?

① 아크릴산   ② 아세트알데히드
③ 벤젠   ④ 글리세린

해설 각 위험물의 용해도

품명	용해도
아크릴산	1000g/L
아세트알데히드	1000g/L
벤젠	0(물에 녹지 않음)
글리세린	1000g/L

22. 위험물의 저장방법에 대한 설명으로 옳은 것은?

① 황화인은 알코올 또는 과산화물 속에 저장하여 보관한다.
② 마그네슘은 건조하면 분진폭발의 위험성이 있으므로 물에 습윤하여 저장한다.
③ 적린은 화재예방을 위해 할로겐 원소와 혼합하여 저장한다.
④ 수소화리튬은 저장용기에 아르곤과 같은 불활성 기체를 봉입한다.

해설 각 위험물의 저장방법
① 황화인(제2류 위험물) : 냉암소에 보관 → 가연성 고체이므로 과산화물과 접촉하면 자연발화할 수 있다.
② 마그네슘(제2류 위험물) : 산화제, 수분, 할로겐원소와 접촉을 피해 보관 → 수분과 접촉 시 수소가 발생하므로 습윤하여 저장하는 것은 위험하다.
③ 적린(제2류 위험물) : 서늘한 장소 → 할로겐원소는 조연성 성질을 가지므로 혼합하여 저장하면 위험하다.
④ 수소화리튬(제3류 위험물) : 공기 중 수분과 접촉하면 반응하여 수소를 발생하므로 저장용기에 아르곤과 같은 불활성 기체를 봉입하여 저장한다.

23. 질산에틸과 아세톤의 공통적인 성질 및 취급방법으로 옳은 것은?

① 휘발성이 낮기 때문에 마개 없는 병에 보관하여도 무방하다.
② 점성이 커서 다른 용기에 옮길 때 가열하여 더운 상태에서 옮긴다.

③ 통풍이 잘 되는 곳에 보관하고 불꽃 등의 화기를 피하여야 한다.

④ 인화점이 높으나 증기압이 낮으므로 햇빛에 노출된 곳에 저장이 가능하다.

해설 질산에틸과 아세톤의 공통점

㉠ 휘발성이 강한 액체이므로 용기는 밀전하여 보관한다.

㉯ 인화점이 낮아(질산에틸 : –10℃, 아세톤 : –18℃) 연소가 쉽고, 폭발의 위험성이 있다.

㉰ 불꽃 등의 화기를 피하여야 하고 통풍이 잘 되는 곳에 보관한다.

참고 • 질산에틸($C_2H_5ONO_2$) : 제5류 위험물
• 아세톤(CH_3COCH_3) : 제4류 위험물 중 제1석유류

24. 위험물 안전관리법령에 의해 위험물을 취급함에 있어서 발생하는 정전기를 유효하게 제거하는 방법으로 옳지 않은 것은?

① 인화방지망 설치

② 접지 실시

③ 공기 이온화

④ 상대습도를 70% 이상 유지

해설 정전기 제거설비 설치[시행규칙 별표4] : 위험물을 취급함에 있어서 정전기가 발생할 우려가 있는 설비에는 다음 중 하나에 해당하는 방법으로 정전기를 유효하게 제거할 수 있는 설비를 설치하여야 한다.

㉠ 접지에 의한 방법

㉯ 공기 중의 상대습도를 70% 이상으로 하는 방법

㉰ 공기를 이온화하는 방법

25. 제2류 위험물을 수납하는 운반용기의 외부에 표시하여야 하는 주의사항으로 옳은 것은?

① 제2류 위험물 중 철분, 금속분, 마그네슘 또는 이들 중 어느 하나 이상을 함유한 것에 있어서는 "화기주의" 및 "물기주의", 인화성 고체에 있어서는 "화기엄금", 그 밖의 것에 있어서는 "화기주의"

② 제2류 위험물 중 철분, 금속분, 마그네슘 또는 이들 중 어느 하나 이상을 함유한 것에 있어서는 "화기주의" 및 "물기엄금", 인화성 고체에 있어서는 "화기주의", 그 밖의 것에 있어서는 "화기엄금"

③ 제2류 위험물 중 철분, 금속분, 마그네슘 또는 이들 중 어느 하나 이상을 함유한 것에 있어서는 "화기주의" 및 "물기엄금", 인화성 고체에 있어서는 "화기엄금", 그 밖의 것에 있어서는 "화기주의"

④ 제2류 위험물 중 철분, 금속분, 마그네슘 또는 이들 중 어느 하나 이상을 함유한 것에 있어서는 "화기엄금" 및 "물기엄금", 인화성 고체에 있어서는 "화기엄금", 그 밖의 것에 있어서는 "화기주의"

해설 운반용기의 외부 표시사항[시행규칙 별표19]

유별	구분	표시사항
제1류	알칼리금속의 과산화물 또는 이를 함유한 것	화기·충격주의, 물기엄금, 가연물접촉주의
	그 밖의 것	화기·충격주의 및 가연물접촉주의
제2류	철분, 금속분, 마그네슘 또는 어느 하나 이상을 함유한 것	화기주의, 물기엄금
	인화성 고체	화기엄금
	그 밖의 것	화기주의
제3류	자연발화성 물질	화기엄금 및 공기접촉엄금
	금수성 물질	물기엄금
제4류		화기엄금
제5류		화기엄금 및 충격주의
제6류		가연물접촉주의

참고 과산화수소(H_2O_2)는 제6류 위험물이므로 운반용기 외부에 "가연물접촉주의"를 표시한다.

26. "보랭장치가 있는 이동저장탱크에 저장하는 아세트알데히드 등 또는 디에틸에테르 등의 온도는 당해 위험물의 (　　) 이하로 유지하여야 한다." 괄호 안에 들어갈 알맞은 단어는?

① 비점　　　　　② 인화점
③ 융해점　　　　④ 발화점

해설 제조소등에서의 위험물 저장 기준 [시행규칙 별표18]
㉮ 보랭장치가 있는 이동저장탱크에 저장하는 아세트알데히드 또는 디에틸에테르 등의 온도는 당해 위험물의 비점 이하로 유지할 것
㉯ 보랭장치가 없는 이동저장탱크에 저장하는 아세트알데히드 또는 디에틸에테르 등의 온도는 40℃ 이하로 유지할 것

27. '자동화재 탐지설비 일반점검표'의 점검내용이 "변형·손상의 유무, 표시의 적부, 경계구역 일람도의 적부, 기능의 적부"인 점검항목은?

① 감지기　　　　② 중계기
③ 수신기　　　　④ 발신기

해설 '자동화재 탐지설비 일반점검표' 내용 [세부기준 별지 제24호 서식]

점검항목	점검내용	점검방법
감지기	변형·손상의 유무	육안
	감지장해의 유무	육안
	기능의 적부	작동확인
중계기	변형·손상의 유무	육안
	표시의 적부	육안
	기능의 적부	작동확인
수신기 (통합조작반)	변형·손상의 유무	육안
	표시의 적부	육안
	경계구역일람도의 적부	육안
	기능의 적부	작동확인
발신기	변형·손상의 유무	육안
	기능의 적부	작동확인

28. 제4류 위험물의 일반적 성질에 대한 설명으로 틀린 것은?

① 발생증기가 가연성이며 공기보다 무거운 물질이 많다.
② 정전기에 의하여도 인화할 수 있다.
③ 상온에서 액체이다.
④ 전기도체이다.

해설 제4류 위험물의 공통적인(일반적인) 성질
㉮ 상온에서 액체이며, 대단히 인화되기 쉽다.
㉯ 물보다 가볍고, 대부분 물에 녹기 어렵다.
㉰ 증기는 공기보다 무겁다.
㉱ 착화온도가 낮은 것은 위험하다.
㉲ 증기와 공기가 약간 혼합되어 있어도 연소한다.
㉳ 전기의 불량도체라 정전기 발생의 가능성이 높고, 정전기에 의하여 인화할 수 있다.

29. 트리니트로톨루엔에 관한 설명으로 옳지 않은 것은?

① 일광을 쪼이면 갈색으로 변한다.
② 녹는점은 약 81℃ 이다.
③ 아세톤에 잘 녹는다.
④ 비중은 약 1.8인 액체이다.

해설 트리니트로톨루엔($C_6H_2CH_3(NO_2)_3$: TNT)의 특징
㉮ 제5류 위험물 중 니트로 화합물로 지정수량 200kg이다.
㉯ 담황색의 주상결정으로 햇빛을 받으면 다갈색으로 변한다.
㉰ 물에는 녹지 않으나 알코올, 벤젠, 에테르, 아세톤에는 잘 녹는다.
㉱ 충격감도는 피크린산보다 약간 둔하지만 급격한 타격을 주면 폭발한다.
㉲ 3개의 이성질체($\alpha-$, $\beta-$, $\gamma-$)가 있으며 α형인 2, 4, 6-트리니트로톨루엔이 폭발력이 가장 강하다.
㉳ 폭약류의 폭약을 비교할 때 기준 폭약으로 활용된다.
㉴ 분해하면 일산화탄소(CO), 질소(N_2), 수소

(H_2) 등이 발생한다.

$2C_6H_2CH_3(NO_2)_3 \rightarrow 12CO\uparrow +3N_2\uparrow +5H_2\uparrow +2C$

㉰ <u>비중 1.8</u>, 융점 81℃, 비점 240℃, 발화점 300℃이다.

30. 제5류 위험물의 일반적인 성질에 대한 설명 중 틀린 것은?

① 자기연소를 일으키며 연소 속도가 빠르다.

② 무기물이므로 폭발의 위험이 있다.

③ 운반용기 외부에 "화기엄금" 및 "충격주의" 주의사항 표시를 하여야 한다.

④ 강산화제 또는 강 산류와 접촉 시 위험성이 증가한다.

해설 제5류 위험물의 공통적인(일반적인) 성질

㉮ 가연성 물질이며 그 자체가 산소를 함유하므로 자기연소(내부연소)를 일으키기 쉽다.

㉯ <u>유기물질</u>이며 연소속도가 대단히 빨라서 폭발성이 있다.

㉰ 가열, 마찰, 충격에 의하여 인화 폭발하는 것이 많다.

㉱ 장기간 저장하면 산화반응이 일어나 열분해되어 자연 발화를 일으키는 경우도 있다.

31. $KMnO_4$의 지정수량은 몇 kg인가?

① 50 ② 100 ③ 300 ④ 1000

해설 제1류 위험물 중 과망간산염류($KMnO_4$), 중크롬산염류의 지정수량은 1000kg이다.

㉮ 제1류 위험물 중 과망간산염류의 지정수량 : 1000kg

㉯ 과망간염류의 종류 : 과망간산칼륨($KMnO_4$), 과망간산나트륨($NaMnO_4$), 과망간산암모늄(NH_4MnO_4), 과망간산칼슘[$Ca(MnO_4)_2 \cdot 2H_2O$]

32. 알코올에 관한 설명으로 옳지 않은 것은?

① 1가 알코올은 OH기의 수가 1개인 알코올을 말한다.

② 2차 알코올은 1차 알코올이 산화된 것이다.

③ 2차 알코올이 수소를 잃으면 케톤이 된다.

④ 알데히드가 환원되면 1차 알코올이 된다.

해설 2차 알코올은 수산기(-OH)가 2개인 것으로 1차 알코올이 산화(수소를 잃거나 산소를 얻는 것)되어도 수산기(알킬)의 수는 변하지 않기 때문에 1차 알코올의 산화와는 관계가 없다.

33. 제조소 및 일반취급소에 설치하는 자동화재탐지설비의 설치기준으로 틀린 것은?

① 하나의 경계구역은 600㎡ 이하로 하고, 한 변의 길이는 50m 이하로 한다.

② 주요한 출입구에서 내부 전체를 볼 수 있는 경우 경계구역은 1000㎡ 이하로 할 수 있다.

③ 하나의 경계구역이 300㎡ 이하이면 2개 층을 하나의 경계구역으로 할 수 있다.

④ 비상전원을 설치하여야 한다.

해설 자동화재 탐지설비 설치기준 [시행규칙 별표17]

㉮ 자동화재 탐지설비의 경계구역은 건축물 그 밖의 공작물의 2 이상의 층에 걸치지 아니하도록 할 것. 다만, <u>하나의 경계구역의 면적이 500㎡이하</u>이면서 당해 경계구역이 두 개의 층에 걸치는 경우이거나 계단·경사로·승강기의 승강로 그 밖에 이와 유사한 장소에 연기감지기를 설치하는 경우에는 그러하지 아니하다.

㉯ 하나의 경계구역의 면적은 600㎡ 이하로 하고 그 한 변의 길이는 50m(광전식분리형 감지기를 설치할 경우에는 100m) 이하로 할 것. 다만, 당해 건축물 그 밖의 공작물의 출입구에서 그 내부의 전체를 볼 수 있는 경우에는 그 면적을 1000㎡ 이하로 할 수 있다.

㉰ 자동화재 탐지설비의 감지기는 지붕(상층이 있는 경우에는 상층의 바닥) 또는 벽의 옥내에 면한 부분(천장이 있는 경우에는 천장 또는 벽의 옥내에 면한 부분 및 천장의 뒷부분)에 유효하게 화재의 발생을 감지할 수 있도록 설치할 것

㉱ 자동화재 탐지설비에는 비상전원을 설치할 것

정답 30. ② 31. ④ 32. ② 33. ③

34. 그림과 같이 횡으로 설치한 원형탱크의 용량은 약 몇 m³인가? (단, 공간용적은 내용적의 10/100이다.)

① 1690.9   ② 1335.1

③ 1268.4   ④ 1201.7

해설 공간용적은 내용적의 10%이므로 탱크용량은 내용적의 90%에 해당된다.

$$\therefore V = \pi \times r^2 \times \left(l + \frac{l_1 + l_2}{3} \right) \times 0.9$$

$$= \pi \times 5^2 \times \left(15 + \frac{3+3}{3} \right) \times 0.9$$

$$= 1201.659 \, m^3$$

35. 제6류 위험물에 해당하지 않는 것은?

① 농도가 50 wt%인 과산화수소

② 비중이 1.5인 질산

③ 과요오드산

④ 삼불화브롬

해설 제6류 위험물 종류 : 산화성 액체

품명	지정수량
1. 과염소산	300kg
2. 과산화수소	300kg
3. 질산	300kg
4. 행정안전부령으로 정하는 것 : 할로겐간 화합물 → 오불화요오드(IF₅), 오불화브롬(BrF₅), 삼불화브롬(BrF₃)	300kg
5. 제1호 내지 제4호의 하나에 해당하는 어느 하나 이상을 함유한 것	300kg

㉮ 과산화수소는 그 농도가 36중량% 이상인 것에 한하며, 산화성 액체의 성상이 있는 것으로 본다.

㉯ 질산은 그 비중이 1.49 이상인 것에 한하며, 산화성 액체의 성상이 있는 것으로 본다.

36. 하나의 위험물 저장소에 다음과 같이 2가지 위험물을 저장하고 있다. 지정수량 이상에 해당하는 것은?

① 브롬산칼륨 80kg, 염소산칼륨 40kg

② 질산 100kg, 과산화수소 150kg

③ 질산칼륨 120kg, 중크롬산나트륨 500kg

④ 휘발유 20L, 윤활유 2000L

해설 (1) 각 위험물의 지정수량

품명	지정수량	유별
브롬산칼륨	300kg	제1류
염소산칼륨	50kg	제1류
질산	300kg	제5류
과산화수소	300kg	제6류
질산칼륨	300kg	제1류
중크롬산나트륨	1000kg	제1류
휘발유	200L	제4류
윤활유	6000L	제4류

(2) 지정수량 배수의 합 계산 : 지정수량 배수의 합은 각 위험물량을 지정수량으로 나눈 값의 합이다.

∴ 지정수량 배수의 합

$$= \frac{A \, 위험물량}{지정수량} + \frac{B \, 위험물량}{지정수량}$$

① $\frac{80}{300} + \frac{40}{50} = 1.066$ 배

② $\frac{100}{300} + \frac{150}{300} = 0.833$ 배

③ $\frac{120}{300} + \frac{500}{1000} = 0.9$ 배

④ $\frac{20}{200} + \frac{2000}{6000} = 0.433$ 배

참고 각각의 지정수량 배수를 합산한 값이 1 이상 나오는 것이 지정수량 이상에 해당되는 경우이다.

37. 이황화탄소의 성질에 대한 설명 중 틀린 것은?

① 연소할 때 주로 황화수소를 발생한다.

② 증기비중은 약 2.60이다.

③ 보호액으로 물을 사용한다.

④ 인화점이 약 −30℃이다.

해설 이황화탄소(CS_2)의 특징

㉮ 제4류 위험물 중 특수인화물에 해당되며 지정수량은 50L이다.

㉯ 무색, 투명한 액체로 시판품은 불순물로 인하여 황색을 나타내며 불쾌한 냄새가 난다.

㉰ 물에는 녹지 않으나 알코올, 에테르, 벤젠 등 유기용제에는 잘 녹으며 유지, 수지, 생고무, 황, 황린 등을 녹인다.

㉱ 독성이 있고 직사광선에 의해 서서히 변질되고, 점화하면 청색불꽃을 내며 연소하면서 아황산가스(SO_2)를 발생한다.

㉲ 인화성이 강하고 유독하며, 물과 150℃ 이상 가열하면 분해하여 이산화탄소(CO_2)와 황화수소(H_2S)를 발생한다.

㉳ 직사광선을 피하고 통풍이 잘되는 냉암소에 저장한다.

㉴ 물보다 무겁고 물에 녹기 어려우므로 물(수조) 속에 저장한다.

㉵ 액비중 1.263(증기비중 2.62), 비점 46.45℃, 발화점(착화점) 100℃, 인화점 −30℃, 연소범위 1.2~44%이다.

38. 알킬알루미늄등 또는 아세트알데히드등을 취급하는 제조소의 특례기준으로서 옳은 것은?

① 알킬알루미늄등을 취급하는 설비에는 불활성 기체 또는 수증기를 봉입하는 장치를 설치한다.

② 알킬알루미늄등을 취급하는 설비는 은, 수은, 동, 마그네슘을 성분으로 하는 것으로 만들지 않는다.

③ 아세트알데히드등을 취급하는 탱크에는 냉각장치 또는 보랭장치 및 불활성 기체 봉입장치를 설치한다.

④ 아세트알데히드등을 취급하는 설비의 주위에는 누설범위를 국한하기 위한 설비와 누설되었을 때 안전한 장소에 설치된 저

장실에 유입시킬 수 있는 설비를 갖춘다.

해설 알킬알루미늄등 또는 아세트알데히드등을 취급하는 제조소의 특례기준 [시행규칙 별표4]

(1) 알킬알루미늄등을 취급하는 제조소의 특례기준

㉮ 알킬알루미늄등을 취급하는 설비의 주위에는 누설범위를 국한하기 위한 설비와 누설된 알킬알루미늄등을 안전한 장소에 설치된 저장실에 유입시킬 수 있는 설비를 갖출 것

㉯ 알킬알루미늄등을 취급하는 설비에는 불활성 기체를 봉입하는 장치를 갖출 것

(2) 아세트알데히드등을 취급하는 제조소의 특례기준

㉮ 아세트알데히드등을 취급하는 설비는 은·수은·동·마그네슘 또는 이들을 성분으로 하는 합금으로 만들지 아니할 것

㉯ 아세트알데히드등을 취급하는 설비에는 연소성 혼합기체의 생성에 의한 폭발을 방지하기 위한 불활성 기체 또는 수증기를 봉입하는 장치를 갖출 것

㉰ 아세트알데히드등을 취급하는 탱크에는 냉각장치 또는 저온을 유지하기 위한 장치(보랭장치) 및 연소성 혼합기체의 생성에 의한 폭발을 방지하기 위한 불활성 기체를 봉입하는 장치를 갖출 것. 다만 지하에 있는 탱크가 아세트알데히드등의 온도를 저온으로 유지할 수 있는 구조인 경우에는 냉각장치 및 보랭장치를 갖추지 아니할 수 있다.

㉱ 냉각장치 또는 보랭장치는 2 이상 설치하여 하나의 냉각장치 또는 보랭장치가 고장 난 때에도 일정 온도를 유지할 수 있도록 하고, 비상전원을 갖출 것

㉲ 아세트알데히드등을 취급하는 탱크를 지하에 매설하는 경우에는 당해 탱크를 탱크전용실에 설치할 것

39. 적린에 관한 설명 중 틀린 것은?

① 물에 잘 녹는다.

② 화재 시 물로 냉각소화할 수 있다.

③ 황린에 비해 안정하다.

④ 황린과 동소체이다.

해설 적린(P)의 특징

㉮ 제2류 위험물로 지정수량 100kg이다.

㉯ 안정한 암적색, 무취의 분말로 황린과 동소체이다.

㉰ 물, 에틸알코올, 가성소다(NaOH), 이황화탄소(CS_2), 에테르, 암모니아에 용해하지 않는다.

㉱ 독성이 없고 어두운 곳에서 인광을 내지 않는다.

㉲ 상온에서 할로겐원소와 반응하지 않는다.

㉳ 독성이 없고 자연발화의 위험성이 없으나 산화물(염소산염류 등의 산화제)과 공존하면 낮은 온도에서도 발화할 수 있다.

㉴ 공기 중에서 연소하면 오산화인(P_2O_5)이 되면서 백색 연기를 낸다.

㉵ 서늘한 장소에 저장하며, 화기접근을 금지한다.

㉶ 산화제, 특히 염소산염류의 혼합은 절대 금지한다.

㉷ 적린의 성질 : 비중 2.2, 융점(43atm) 590℃, 승화점 400℃, 발화점 260℃

40. 탄화칼슘에 대한 설명으로 틀린 것은?

① 시판품은 흑회색이며 불규칙한 형태의 고체이다.

② 물과 작용하여 산화칼슘과 아세틸렌을 만든다.

③ 고온에서 질소와 반응하여 칼슘시안아미드(석회질소)가 생성된다.

④ 비중은 약 2.2이다.

해설 탄화칼슘(카바이드 : CaC_2)의 특징

㉮ 제3류 위험물 중 칼슘 또는 알루미늄의 탄화물로 지정수량은 300kg이다.

㉯ 백색의 입방체 결정으로 시판품은 회색, 회흑색을 띠고 있다.

㉰ 높은 온도에서 강한 환원성을 가지며, 많은 산화물을 환원시킨다.

㉱ 공업적으로 석회와 탄소를 전기로에서 가열하여 제조한다.

㉲ 수증기 및 물과 반응하여 가연성 가스인 아세틸렌(C_2H_2)과 수산화칼슘[$Ca(OH)_2$]이 발생한다.

$$CaC_2+2H_2O \rightarrow Ca(OH)_2+C_2H_2\uparrow$$

㉳ 상온에서 안정하지만 350℃에서 산화되며, 700℃ 이상에서는 질소와 반응하여 석회질소($CaCN_2$: 칼슘시아나이드)를 생성한다.

㉴ 시판품은 불순물이 포함되어 있어 유독한 황화수소(H_2S), 인화수소(PH_3 : 포스핀), 암모니아(NH_3) 등을 발생시킨다.

㉵ 비중 2.22, 융점 2370℃, 착화온도 335℃이다.

41. 크레오소트유에 대한 설명으로 틀린 것은?

① 제3석유류에 속한다.

② 무취이고 증기는 독성이 없다.

③ 상온에서 액체이다.

④ 물보다 무겁고 물에 녹지 않는다.

해설 크레오소트유(타르유, 액체피치유) 특징

㉮ 제4류 위험물 중 제3석유류(비수용성)에 해당되며 지정수량은 2000L이다.

㉯ 콜타르를 230~300℃에서 증류할 때 얻는 혼합물로 주성분은 나프탈렌과 안트라센을 포함하고 있는 혼합물이다.

㉰ 황색 또는 암녹색 기름 모양의 액체로 독특한 냄새가 있으며 증기는 독성을 가지고 있다.

㉱ 물에는 녹지 않는 불용이지만 알코올, 에테르, 벤젠, 톨루엔에 잘 녹는다.

㉲ 타르산이 많이 포함된 것은 금속에 대하여 부식성이 있으며, 살균성이 있다.

㉳ 타르산이 많이 포함된 것은 내산성 용기에 저장한다.

㉴ 비중 1.02~1.05, 비점 194~400℃, 인화점 74℃, 발화점 336℃이다.

42. 운송책임자의 감독, 지원을 받아 운송하여야 하는 위험물은?

① 알킬알루미늄　② 금속나트륨

③ 메틸에틸케톤　④ 트리니트로톨루엔

해설 운송책임자의 감독, 지원을 받아 운송하여야 하는 위험물 종류 [시행령 제19조]

㉮ 알킬알루미늄

㉯ 알킬리튬

㉰ 알킬알루미늄 또는 알킬리튬을 함유하는 위험물

43. 복수의 성상을 가지는 위험물에 대한 품명지정의 기준상 유별의 연결이 틀린 것은?

① 산화성 고체의 성상 및 가연성 고체의 성상을 가지는 경우 : 가연성 고체

② 산화성 고체의 성상 및 자기반응성 물질의 성상을 가지는 경우 : 자기반응성 물질

③ 가연성 고체의 성상과 자연발화성 물질의 성상을 가지는 경우 : 자연발화성 물질 및 금수성 물질

④ 인화성 액체의 성상 및 자기반응성 물질의 성상을 가지는 경우 : 인화성 액체

해설 복수성상 물품에 속하는 품명 [시행령 별표1]

㉮ 산화성 고체의 성상 및 가연성 고체의 성상을 가지는 경우 : 제2류 가연성 고체의 규정에 의한 품명

㉯ 산화성 고체의 성상 및 자기반응성 물질의 성상을 가지는 경우 : 제5류 자기반응성 물질의 규정에 의한 품명

㉰ 가연성 고체의 성상과 자연발화성 물질의 성상 및 금수성 물질의 성상을 가지는 경우 : 제3류 자연발화성 물질 및 금수성 물질의 규정에 의한 품명

㉱ 자연발화성 물질의 성상, 금수성 물질의 성상 및 인화성 액체의 성상을 가지는 경우 : 제3류 자연발화성 물질 및 금수성 물질의 규정에 의한 품명

㉲ 인화성 액체의 성상 및 자기반응성 물질의 성상을 가지는 경우 : 제5류 자기반응성 물질의 규정에 의한 품명

44. 다음 중 산을 가하면 이산화염소를 발생시키는 물질은?

① 아염소산나트륨

② 브롬산나트륨

③ 옥소산칼륨(요오드산칼륨)

④ 중크롬산나트륨

해설 아염소산나트륨($NaClO_2$)

㉮ 제1류 위험물 중 아염소산염류에 해당되며, 지정수량은 50kg이다.

㉯ 산(HCl : 염산)과 반응하면 유독가스 이산화염소(ClO_2) 및 염화나트륨($NaCl$), 과산화수소(H_2O_2)가 발생된다.

㉰ 반응식

$$3NaClO_2 + 2HCl \rightarrow 3NaCl + 2ClO_2 + H_2O_2$$

45. 용량 50만 L 이상의 옥외탱크저장소에 대하여 변경허가를 받고자 할 때, 한국소방산업기술원으로부터 탱크의 기초, 지반 및 탱크본체에 대한 기술검토를 받아야 한다. 다만, 소방방재청장이 고시하는 부분적인 사항을 변경하는 경우에는 기술검토가 면제되는데 다음 중 기술검토가 면제되는 경우가 아닌 것은?

① 노즐, 맨홀을 포함한 동일한 형태의 지붕판의 교체

② 탱크 밑판에 있어서 밑판 표면적의 50% 미만의 육성보수공사

③ 탱크의 옆판 중 최하단 옆판에 있어서 옆판 표면적의 30% 이내의 교체

④ 옆판 중심선의 600mm 이내의 밑판에 있어서 밑판의 원주길이 10% 미만에 해당하는 밑판의 교체

해설 기술검토를 받지 아니하는 변경 [세부기준 제24조] : 탱크의 옆판 중 <u>최하단 옆판</u>을 교체하는 경우에는 옆판 표면적의 <u>10% 이내</u>의 교체

46. 제3류 위험물에 해당하는 것은?

① NaH

② Al

③ Mg

④ P_4S_3

해설 각 위험물의 유별 구분

품명		지정수량
수소화나트륨 (NaH)	제3류 위험물 금속의 수소화물	300kg
알루미늄(Al)	제2류 위험물 금속분	500kg
마그네슘(Mg)	제2류 위험물 마그네슘	500kg
삼황화인(P_4S_3)	제2류 위험물 황화인	100kg

47. 금속나트륨, 금속칼륨 등을 보호액 속에 저장하는 이유를 가장 옳게 설명한 것은?

① 온도를 낮추기 위하여
② 승화하는 것을 막기 위하여
③ 공기와의 접촉을 막기 위하여
④ 운반 시 충격을 적게 하기 위하여

해설 ㉮ 제3류 위험물인 금속나트륨, 금속칼륨 등을 보호액 속에 저장하는 이유 : 공기 중의 수분과 반응하여 가연성인 수소를 발생하는 것과 산소와 반응하여 산화하는 것을 방지하기 위하여
㉯ 보호액 : 등유, 경유, 유동파라핀

48. 니트로셀룰로오스의 저장, 취급방법으로 옳은 것은?

① 건조한 상태로 보관하여야 한다.
② 물 또는 알코올 등을 첨가하여 습윤시켜야 한다.
③ 물기에 접촉하면 위험하므로 제습제를 첨가하여야 한다.
④ 알코올에 접촉하면 자연발화의 위험이 있으므로 주의하여야 한다.

해설 니트로셀룰로오스(제5류 위험물)는 건조한 상태에서는 발화의 위험이 있기 때문에 물 또는 알코올 등을 첨가하여 습윤시킨 상태로 저장한다.

49. 주유취급소에 설치하는 "주유중엔진정지"라는 표시를 한 게시판의 바탕과 문자의 색상을 차례대로 옳게 나타낸 것은?

① 황색, 흑색　　　② 흑색, 황색
③ 백색, 흑색　　　④ 흑색, 백색

해설 주유취급소의 표지 및 게시판 설치 [시행규칙 별표13]
㉮ "위험물 주유취급소"라는 표지와 방화에 관하여 필요한 사항을 게시한 게시판을 설치(백색바탕에 흑색문자)
㉯ 황색바탕에 흑색문자로 "주유중엔진정지"라고 표시한 게시판을 설치
㉰ 크기 : 한 변의 길이 0.3m 이상, 다른 한 변의 길이 0.6m 이상

50. 고형알코올 2000kg과 철분 1000kg의 각각 지정수량 배수의 총합은 얼마인가?

① 3　　② 4　　③ 5　　④ 6

해설 제2류 위험물 지정수량
㉮ 고형알코올(인화성 고체) : 1000kg
㉯ 철분 : 500kg
㉰ 지정수량 배수의 합 계산 : 지정수량 배수의 합은 각 위험물량을 지정수량으로 나눈 값의 합이다.
∴ 지정수량 배수의 합
$$= \frac{A\,위험물량}{지정수량} + \frac{B\,위험물량}{지정수량}$$
$$= \frac{2000}{1000} + \frac{1000}{500} = 4$$

51. 제3류 위험물 중 은백색 광택이 있고, 노란색 불꽃을 내며 연소하며, 비중이 약 0.97, 융점이 97.7℃인 물질의 지정수량은 몇 kg인가?

① 10　　② 20　　③ 50　　④ 300

해설 나트륨(Na)의 특징
㉮ 제3류 위험물로 지정수량은 10kg이다.
㉯ 은백색의 가벼운 금속으로 연소시키면 노란 불꽃을 내며 과산화나트륨이 된다.

2012

㉰ 상온에서 물이나 알코올 등과 격렬히 반응하여 수소(H_2)를 발생한다.
㉱ 피부에 접촉되면 화상을 입는다.
㉲ 산화를 방지하기 위해 등유, 경유 속에 넣어 저장한다.
㉳ 비중 0.97, 융점 97.7℃, 비점 880℃, 발화점 121℃이다.

52. 위험물에 대한 설명으로 옳은 것은?

① 이황화탄소는 연소 시 유독성 황화수소 가스를 발생한다.
② 디에틸에테르는 물에 잘 녹지 않지만 유지 등을 잘 녹이는 용제이다.
③ 등유는 가솔린보다 인화점이 높으나, 인화점은 0℃ 미만이므로 인화의 위험성은 매우 높다.
④ 경유는 등유와 비슷한 성질을 가지지만 증기비중이 공기보다 가볍다는 차이점이 있다.

해설 (1) 각 항목의 옳은 설명
① 이황화탄소(CS_2)는 연소 시 유독성의 아황산 가스(SO_2)를 발생한다.
③ 등유(인화점 30~60℃)는 가솔린(인화점 -20~-43℃)보다 인화점이 높지만, 등유는 인화점이 21℃ 이상 70℃ 미만인 제2석유류이다.
④ 경유는 등유와 비슷한 성질을 가지지만, 증기비중이 두 가지 모두 4~5로 공기보다 무겁다.
(2) 디에틸에테르($C_2H_5OC_2H_5$)의 특징
㉮ 제4류 위험물 중 특수인화물에 해당되며 에테르로 불려진다. 지정수량은 50L이다.
㉯ 무색투명하며 독특한 냄새가 있는 인화되기 쉬운 액체이다.
㉰ 물에는 녹기 어려우나 알코올에는 잘 녹는다.
㉱ 전기의 불량도체라 정전기가 발생되기 쉽다.
㉲ 휘발성이 강하고 증기는 마취성이 있어 장시간 흡입하면 위험하다.
㉳ 인화점이 -45℃로 제4류 위험물 중 가장 낮다.

53. 제1류 위험물에 해당하지 않는 것은?

① 납의 산화물
② 질산구아니딘
③ 퍼옥소이황산염류
④ 염소화이소시아눌산

해설 제1류 위험물 중 '그 밖에 행정안전부령으로 정하는 것' [시행규칙 제3조] : 과요오드산염류, 과요오드산, 크롬·납 또는 요오드의 산화물, 아질산염류, 차아염소산염류, 염소화이소시아눌산, 퍼옥소이황산염류, 퍼옥소붕산염류

참고 제5류 위험물 중 행정안전부령으로 정하는 것 : 질산구아니딘, 금속의 아지화합물

54. 벤젠을 저장하는 옥외탱크저장소가 액표면적이 45m^2인 경우 소화난이도 등급은?

① 소화난이도 등급 Ⅰ
② 소화난이도 등급 Ⅱ
③ 소화난이도 등급 Ⅲ
④ 제시된 조건으로 판단할 수 없음

해설 소화난이도 등급 Ⅰ에 해당하는 옥외탱크저장소 [시행규칙 별표17]
㉮ 액표면적이 40m^2 이상인 것(제6류 위험물을 저장하는 것 및 고인화점위험물만을 100℃ 미만의 온도에서 저장하는 것은 제외)
㉯ 지반면으로부터 탱크 옆판의 상단까지 높이가 6m 이상인 것(제6류 위험물을 저장하는 것 및 고인화점위험물만을 100℃ 미만의 온도에서 저장하는 것은 제외)
㉰ 지중탱크 또는 해상탱크로서 지정수량의 100배 이상인 것(제6류 위험물을 저장하는 것 및 고인화점위험물만을 100℃ 미만의 온도에서 저장하는 것은 제외)
㉱ 고체위험물을 저장하는 것으로서 지정수량의 100배 이상인 것

55. 위험물 옥외저장탱크의 통기관에 관한 사항으로 옳지 않은 것은?

① 밸브 없는 통기관의 직경은 30mm 이상

으로 한다.

② 대기밸브 부착 통기관은 항시 열려 있어 야 한다.

③ 밸브 없는 통기관의 선단은 수평면보다 45도 이상 구부려 빗물 등의 침투를 막는 구조로 한다.

④ 대기밸브 부착 통기관은 5kPa 이하의 압력 차이로 작동할 수 있어야 한다.

해설 옥외탱크저장소의 통기관 기준 [시행규칙 별표6]

(1) 밸브 없는 통기관

㉮ 직경은 30mm 이상일 것

㉯ 선단은 수평면보다 45° 이상 구부려 빗물 등의 침투를 막는 구조로 할 것

㉰ 가는 눈의 구리망 등으로 인화방지장치를 할 것. 다만, 인화점 70℃ 이상의 위험물만을 인화점 미만의 온도로 저장 또는 취급하는 탱크의 통기관은 그러하지 않다.

㉱ 가연성의 증기를 회수하기 위한 밸브를 통기관에 설치하는 경우

㉠ 저장탱크에 위험물을 주입하는 경우를 제외하고는 항상 개방되어 있는 구조로 할 것

㉡ 폐쇄하였을 경우에는 10kPa 이하의 압력에서 개방되는 구조로 할 것(유효 단면적은 777.15mm^2 이상이어야 한다)

(2) 대기밸브 부착 통기관

㉮ 5kPa 이하의 압력 차이로 작동할 수 있을 것

㉯ 인화방지장치를 할 것

참고 대기밸브 부착 통기관은 밸브가 부착되어 있는 통기관으로 평상시에는 닫혀 있다가 압력 차이가 발생하면 5kPa 이하에서 밸브가 개방되는 통기관이다.

56. 적린과 유황의 공통되는 일반적 성질이 아닌 것은?

① 비중이 1보다 크다.

② 연소하기 쉽다.

③ 산화되기 쉽다.

④ 물에 잘 녹는다.

해설 적린(P)과 유황(S)의 비교

구분	적린	유황
유별	제2류	제2류
지정수량	100kg	100kg
위험등급	II	II
색상	암적색 분말	노란색 고체
이황화탄소 (CS$_2$) 용해도	용해하지 않는다.	잘 용해 함 (고무 상황은 녹지 않음)
물의 용해도	용해하지 않는다.	용해하지 않는다.
연소생성물	오산화인(P$_2$O$_5$)	아황산가스 (SO$_2$)
비중	2.2	1.96(단사황)
소화방법	분무 주수	분무 주수

참고 적린과 유황 모두 물에 녹지 않는다.

57. 셀룰로이드에 대한 설명으로 옳은 것은?

① 질소가 함유된 유기물이다.

② 질소가 함유된 무기물이다.

③ 유기의 염화물이다.

④ 무기의 염화물이다.

해설 셀룰로이드 특징

㉮ 제5류 위험물 중 질산에스테르류에 해당되며 지정수량은 10kg이다.

㉯ 무색 또는 황색의 반투명하고 탄력성이 있는 고체이다.

㉰ 물에는 녹지 않으며 알코올, 아세톤, 초산에스테르류에 잘 녹는다.

㉱ 질소를 함유하면서 탄소가 함유된 유기물이다.

㉲ 장시간 방치된 것은 햇빛, 고온 등에 의해 분해가 촉진된다.

㉳ 습기가 많고 온도가 높으면 자연발화의 위험이 있고 연소하면 유독한 가스가 발생된다.

㉴ 비중 1.4, 발화온도 180℃이다.

58. 다음 중 무색투명한 휘발성 액체로서 물에 녹지 않고 물보다 무거워서 물속에 보관하는 위험물은?

① 경유   ② 황린
③ 유황   ④ 이황화탄소

해설 이황화탄소(CS_2) : 무색 · 투명한 액체로 시판품은 불순물로 인하여 황색을 나타내며 불쾌한 냄새가 난다. 물에 녹지 않고 보관할 때에는 물 (수조) 속에 저장한다.

※ 이황화탄소의 자세한 특징은 37번 해설을 참고하기 바랍니다.

59. 과산화수소에 대한 설명으로 틀린 것은?

① 불연성 물질이다.
② 농도가 약 3wt%이면 단독으로 분해폭발한다.
③ 산화성 물질이다.
④ 점성이 있는 액체로 물에 용해된다.

해설 과산화수소(H_2O_2)의 특징
㉮ 제6류 위험물로 지정수량 300kg이다.
㉯ 순수한 것은 점성이 있는 무색의 액체이나 양이 많을 경우에는 청색을 나타낸다.
㉰ 강한 산화성이 있고 물, 알코올, 에테르 등에는 용해하지만 석유, 벤젠에는 녹지 않는다.
㉱ 알칼리 용액에서는 급격히 분해하나 약산성에서는 분해하기 어렵다.
㉲ 시판품은 30~40%의 수용액으로 분해되기 쉬워 안정제(인산[H_3PO_4], 요산[$C_5H_4N_4O_3$])를 가한다.
㉳ 소독약으로 사용되는 옥시풀은 과산화수소 3%인 용액이다.
㉴ 비중(0℃) 1.465, 융점 −0.89℃, 비점 80.2℃이다.

참고 과산화수소는 농도가 60% 이상의 것은 충격에 의하여 단독 폭발의 가능성이 있다.

60. 제4류 위험물 중 제2석유류의 위험등급 기준은?

① 위험등급 Ⅰ의 위험물
② 위험등급 Ⅱ의 위험물
③ 위험등급 Ⅲ의 위험물
④ 위험등급 Ⅳ의 위험물

해설 제4류 위험물의 위험등급

품명	지정수량		위험등급
특수인화물	50L		Ⅰ
제1석유류	비수용성	200L	Ⅱ
	수용성	400L	
알코올유	400L		
제2석유류	비수용성	1000L	Ⅲ
	수용성	2000L	
제3석유류	비수용성	2000L	
	수용성	4000L	
제4석유류	6000L		
동식물유류	10000L		

2013년도 출제문제

2013. 1. 27 시행 (제1회)

1. 제1종 분말 소화약제의 적응 화재 급수는?

① A급   ② BC급
③ AB급   ④ ABC급

해설 분말 소화약제의 종류 및 적응화재

분말 종류	주성분	적응 화재	착색
제1종	중탄산나트륨 ($NaHCO_3$)	B. C	백색
제2종	중탄산칼륨($KHCO_3$)	B. C	자색 (보라색)
제3종	제1인산암모늄 ($NH_4H_2PO_4$)	A. B. C	담홍색
제4종	중탄산칼륨＋요소 [$KHCO_3+(NH_2)_2CO$]	B. C	회색

2. 제1류 위험물의 저장 방법에 대한 설명으로 틀린 것은?

① 조해성 물질은 방습에 주의한다.
② 무기과산화물은 물속에 보관한다.
③ 분해를 촉진하는 물품과의 접촉을 피하여 저장한다.
④ 복사열이 없고 환기가 잘 되는 서늘한 곳에 저장한다.

해설 제1류 위험물의 저장 및 취급방법
㉮ 재해 발생의 위험이 있는 가열, 충격, 마찰 등을 피한다.
㉯ 조해성인 것은 습기에 주의하며, 용기는 밀폐하여 저장한다.
㉰ 분해를 촉진하는 물품의 접근을 피하고, 환기가 잘 되고 서늘한 곳에 저장한다.

㉱ 가연물이나 다른 약품과의 접촉 및 혼합을 피한다.
㉲ 용기의 파손 및 위험물의 누설에 주의한다.
㉳ 알칼리 금속(Li, Na, K, Rb 등)의 과산화물은 물과 급격히 발열반응하므로 접촉을 피하여야 한다.

3. 유류 화재의 급수와 표시 색상으로 옳은 것은?

① A급, 백색   ② B급, 백색
③ A급, 황색   ④ B급, 황색

해설 화재의 분류 및 표시 색상

구분	화재 종류	표시 색상
A급 화재	일반 화재	백색
B급 화재	유류, 가스 화재	황색
C급 화재	전기 화재	청색
D급 화재	금속 화재	－

4. 소화기 사용방법으로 잘못된 것은?

① 적응 화재에 따라 사용할 것
② 성능에 따라 방출거리 내에서 사용할 것
③ 바람을 마주보며 소화할 것
④ 양옆으로 비로 쓸 듯이 방사할 것

해설 소화기 사용방법
㉮ 적응화재에만 사용할 것
㉯ 성능에 따라 불 가까이 접근하여 사용할 것
㉰ 바람을 등지고 풍상(風上)에서 풍하(風下)의 방향으로 소화작업을 할 것
㉱ 소화는 양옆으로 비로 쓸 듯이 골고루 방사할 것

정답 1. ②   2. ②   3. ④   4. ③

5. 분진폭발의 위험성이 가장 낮은 것은?

① 밀가루　　　② 알루미늄 분말
③ 모래　　　　④ 석탄

해설 분진폭발을 일으키는 물질
　㉮ 폭연성 분진 : 금속분말(Mg, Al, Fe 등)
　㉯ 가연성 분진 : 소맥분, 전분, 합성수지류, 황, 코코아, 리그린, 석탄분말, 고무분말, 담배분말 등

참고 시멘트 분말, 대리석 분말, 모래 등은 불연성 물질로 분진폭발과는 관련이 없다.

6. 열의 이동 원리 중 복사에 관한 예로 적당하지 않은 것은?

① 그늘이 시원한 이유
② 더러운 눈이 빨리 녹는 현상
③ 보온병 내부를 거울 벽으로 만드는 것
④ 해풍과 육풍이 일어나는 원리

해설 열의 이동방법
　㉮ 전도(conduction) : 고체를 매개체로 하여 열이 고온에서 저온으로 이동하는 현상
　㉯ 대류(convection) : 고체 벽이 온도가 다른 유체와 접촉하고 있을 때 유체에 유동이 생기면서 열이 유동하는 현상
　㉰ 복사(radiation) : 중간의 매개물 없이 한 물체에서 다른 물체로 열 에너지가 이동하는 현상

참고 해풍과 육풍이 일어나는 원리는 대류에 해당된다.

7. 다음 그림과 같이 횡으로 설치한 원통형 위험물 탱크에 대하여 탱크의 용량을 구하면 약 몇 m³인가? (단, 공간용적은 내용적의 100분의 5로 한다.)

① 196.3　　　② 261.6
③ 785.0　　　④ 994.8

해설 공간용적은 내용적의 5%이므로 탱크용량은 내용적의 95%에 해당된다.

$$\therefore V = \pi \times r^2 \times \left(l + \frac{l_1 + l_2}{3} \right) \times 0.95$$
$$= \pi \times 5^2 \times \left(10 + \frac{5+5}{3} \right) \times 0.95$$
$$= 994.837 \, m^3$$

8. 위험물 안전관리법령상의 규제에 관한 설명 중 틀린 것은?

① 지정수량 미만의 위험물의 저장·취급 및 운반은 시·도 조례에 의하여 규제한다.
② 항공기에 의한 위험물의 저장·취급 및 운반은 위험물 안전관리법의 규제대상이 아니다.
③ 궤도에 의한 위험물의 저장·취급 및 운반은 위험물 안전관리법의 규제대상이 아니다.
④ 선박법의 선박에 의한 위험물의 저장·취급 및 운반은 위험물 안전관리법의 규제대상이 아니다.

해설 위험물 안전관리법
　㉮ 적용 제외[법 제3조] : 위험물 안전관리법은 항공기·선박법에 따른 선박·철도 및 궤도에 의한 위험물의 저장·취급 및 운반에 있어서는 적용하지 아니한다.
　㉯ 지정수량 미만인 위험물의 저장·취급[법 제4조] : 지정수량 미만인 위험물의 저장 또는 취급에 관한 기술상의 기준은 특별시·광역시·특별자치시·도 및 특별자치도(이하 "시·도"라 한다)의 조례로 정한다.
　㉰ 지정수량 미만의 위험물 운반은 위험물 안전관리법의 적용을 받는다.

9. 제4류 위험물로만 나열된 것은?

① 특수인화물, 황산, 질산
② 알코올, 황린, 니트로화합물
③ 동식물류, 질산, 무기과산화물
④ 제1석유류, 알코올류, 특수인화물

해설 ㉮ 제4류 위험물 : 특수인화물, 제1석유류, 알코올류, 제2석유류, 제3석유류, 제4석유류, 동식물유류
  ㉯ 각 항목의 위험물 분류(제4류 이외의 것)
    ㉠ 황산 : 비위험물, 질산 : 제6류 위험물
    ㉡ 황린 : 제3류 위험물, 니트로화합물 : 제5류 위험물
    ㉢ 질산 : 제6류 위험물, 무기과산화물 : 제1류 위험물

10. 위험물 안전관리법상 옥내소화전 설비의 비상전원은 몇 분 이상 작동할 수 있어야 하는가?

① 45분 ② 30분
③ 20분 ④ 10분

해설 옥내소화전 설비의 비상전원 [세부기준 제129조]
  ㉮ 비상전원은 자가발전설비 또는 축전지설비에 의한다.
  ㉯ 용량은 옥내소화전설비를 유효하게 45분 이상 작동시키는 것이 가능하여야 한다.

11. 니트로화합물과 같은 가연성 물질이 자체 내에 산소를 함유하고 있어 공기 중의 산소를 필요로 하지 않고 자체의 산소에 의하여 연소되는 현상은?

① 자기연소 ② 등심연소
③ 훈소연소 ④ 분해연소

해설 연소의 종류에 따른 가연물
  ㉮ 표면연소 : 목탄(숯), 코크스
  ㉯ 분해연소 : 종이, 석탄, 목재, 중유
  ㉰ 증발연소 : 가솔린, 등유, 경유, 알코올, 양초, 유황
  ㉱ 확산연소 : 가연성 기체
  ㉲ 자기연소 : 제5류 위험물(니트로셀룰로오스, 셀룰로이드, 니트로글리세린, 니트로화합물 등)

12. 제1류 위험물인 과산화나트륨의 보관 용기에 화재가 발생하였다. 소화약제로 가장 적당한 것은?

① 포 소화약제 ② 물
③ 마른 모래 ④ 이산화탄소

해설 과산화나트륨(Na_2O_2 : 제1류 위험물)은 흡습성이 있으며 물과 반응하여 많은 열과 함께 산소(O_2)가 발생하므로 소화 시 주수 소화는 부적합하므로 마른 모래(건조사)를 이용하여 소화한다.

13. 위험물 안전관리법령에 따라 옥내소화전 설비를 설치할 때 배관의 설치기준에 대한 설명으로 옳지 않은 것은?

① 배관용 탄소강관(KS D 3507)을 사용할 수 있다.
② 주 배관의 입상관 구경은 최소 60mm 이상으로 한다.
③ 펌프를 이용한 가압송수장치의 흡수관은 펌프마다 전용으로 설치한다.
④ 원칙적으로 급수 배관은 생활용수 배관과 같이 사용할 수 없으며 전용 배관으로만 사용한다.

해설 옥내소화전 설비의 주배관 중 입상관은 관의 직경이 50mm 이상인 것으로 한다.

14. 위험물의 화재별 소화 방법으로 옳지 않은 것은?

① 황린 : 분무주수에 의한 냉각소화
② 인화칼슘 : 분무주수에 의한 냉각소화
③ 톨루엔 : 포에 의한 질식소화
④ 질산메틸 : 주수에 의한 냉각소화

해설 인화칼슘(Ca_3P_2)은 제3류 위험물 중 금속의 인화물로 물과 반응하여 유독한 인화수소(PH_3 : 포스핀)를 발생하므로 분무주수에 의한 냉각소화는 부적합하다. 건조사를 이용하여 소화하여야 한다.

정답 　10. ①　　11. ①　　12. ③　　13. ②　　14. ②

15. 옥내에서 지정수량의 100배 이상을 취급하는 일반취급소에 설치하여야 하는 경보설비는? (단, 고인화점 위험물만을 취급하는 경우는 제외한다.)

① 비상경보설비
② 자동화재 탐지설비
③ 비상방송설비
④ 비상벨설비 및 확성장치

> **해설** 제조소 및 일반취급소 자동화재 탐지설비 설치 대상[시행규칙 별표17]
> ㉮ 연면적 500m² 이상인 것
> ㉯ 옥내에서 지정수량의 100배 이상을 취급하는 것

16. 강화액 소화기에 대한 설명이 아닌 것은?

① 알칼리 금속염류가 포함된 고농도의 수용액이다.
② A급 화재에 적응성이 있다.
③ 어는점이 낮아서 동절기에도 사용이 가능하다.
④ 물의 표면장력을 강화시킨 것으로 심부 화재에 효과적이다.

> **해설** 강화액 소화기 특징
> ㉮ 물에 탄산칼륨(K_2CO_3)이라는 알칼리금속염류를 용해한 고농도의 수용액을 질소가스를 이용하여 방출한다.
> ㉯ 어는점(빙점)을 −30℃ 정도까지 낮추어 겨울철 및 한랭지에서도 사용할 수 있다.
> ㉰ A급 화재에 적응성이 있으며 무상주수(분무)로 하면 B급, C급 화재에도 적응성이 있다.

17. 인화점이 200℃ 미만인 위험물을 저장하기 위하여 높이가 15m이고 지름이 18m인 옥외 저장탱크를 설치하는 경우 옥외 저장탱크와 방유제와의 사이에 유지하여야 하는 거리는?

① 5.0m 이상
② 6.0m 이상
③ 7.5m 이상
④ 9.0m 이상

> **해설** 옥외탱크저장소의 방유제와 탱크 옆판까지 유지거리 [시행규칙 별표6]
> ㉮ 지름이 15m 미만인 경우 : 탱크 높이의 3분의 1 이상
> ㉯ 지름이 15m 이상인 경우 : 탱크 높이의 2분의 1 이상
> ㉰ 인화점이 200℃ 이상인 위험물을 저장 또는 취급하는 것은 옥외저장탱크와 방유제 사이의 거리를 유지하지 않아도 된다.
> ㉱ 유지거리 계산
> $$\therefore 유지거리 = 탱크높이 \times \frac{1}{2} = 15 \times \frac{1}{2} = 7.5m 이상$$

18. 금속칼륨에 대한 초기의 소화약제로서 적합한 것은?

① 물
② 마른 모래
③ CCl_4
④ CO_2

> **해설** 제3류 위험물 중 금수성 물품에 적응성이 있는 소화설비 [시행규칙 별표17]
> ㉮ 탄산수소염류 분말소화설비 및 분말소화기
> ㉯ 건조사
> ㉰ 팽창질석 또는 팽창진주암
> **참고** 금속칼륨(K)은 제3류 위험물 중 금수성 물질에 해당된다.

19. 위험물을 취급함에 있어서 정전기를 유효하게 제거하기 위한 설비를 설치하고자 한다. 위험물 안전관리법령상 공기 중의 상대습도를 몇 % 이상 되게 하여야 하는가?

① 50
② 60
③ 70
④ 80

> **해설** 정전기 제거 방법 [시행규칙 별표4]
> ㉮ 접지에 의한 방법
> ㉯ 공기 중의 상대습도를 70% 이상으로 하는 방법
> ㉰ 공기를 이온화하는 방법

20. 위험물 안전관리법령에 따른 자동화재 탐지설비의 설치기준에서 하나의 경계구역의 면적은 얼마 이하로 하여야 하는가? (단, 해당 건축물 그 밖의 공작물의 주요한 출입구에서 그 내부의 전체를 볼 수 없는 경우이다.)

① 500m²

② 600m²

③ 800m²

④ 1000m²

해설 자동화재 탐지설비 설치기준 [시행규칙 별표17]

㉮ 자동화재 탐지설비의 경계구역은 건축물 그 밖의 공작물의 2 이상의 층에 걸치지 아니하도록 할 것. 다만, 하나의 경계구역의 면적이 500m² 이하이면서 당해 경계구역이 두 개의 층에 걸치는 경우이거나 계단·경사로·승강기의 승강로 그 밖에 이와 유사한 장소에 연기감지기를 설치하는 경우에는 그러하지 아니하다.

㉯ 하나의 경계구역의 면적은 600m² 이하로 하고 그 한 변의 길이는 50m(광전식분리형 감지기를 설치할 경우에는 100m) 이하로 할 것. 다만, 당해 건축물 그 밖의 공작물의 출입구에서 그 내부의 전체를 볼 수 있는 경우에는 그 면적을 1000m² 이하로 할 수 있다.

㉰ 자동화재 탐지설비의 감지기는 지붕(상층이 있는 경우에는 상층의 바닥) 또는 벽의 옥내에 면한 부분(천장이 있는 경우에는 천장 또는 벽의 옥내에 면한 부분 및 천장의 뒷부분)에 유효하게 화재의 발생을 감지할 수 있도록 설치할 것

㉱ 자동화재 탐지설비에는 비상전원을 설치할 것

21. 위험물 안전관리법령상 위험물에 해당하는 것은?

① 황산

② 비중이 1.41인 질산

③ 53마이크로미터의 표준체를 통과하는 것이 50 중량% 미만인 철의 분말

④ 농도가 40 중량%인 과산화수소

해설 위험물 안전관리법령상 위험물[시행령 별표1]

㉮ 황산 : 비위험물(위험물에 해당되지 않음)

㉯ 질산 : 비중이 1.49 이상인 것에 한한다.

㉰ 철의 분말(철분) : 철의 분말로서 53μm의 표준체를 통과하는 것이 50wt% 미만인 것은 제외한다.

㉱ 과산화수소 : 농도가 36wt% 이상인 것에 한한다.

22. 위험물 안전관리법령에 의한 위험물 운송에 관한 규정으로 틀린 것은?

① 이동탱크 저장소에 의하여 위험물을 운송하는 자는 당해 위험물을 취급할 수 있는 국가기술자격자 또는 안전교육을 받은 자 이어야 한다.

② 안전관리자, 탱크시험자, 위험물 운송자 등 위험물의 안전관리와 관련된 업무를 수행하는 자는 시·도지사가 실시하는 안전교육을 받아야 한다.

③ 운송책임자의 범위, 감독 또는 지원의 방법 등에 관한 구체적인 기준은 행정안전부령으로 정한다.

④ 위험물 운송자는 행정안전부령이 정하는 기준을 준수하는 등 당해 위험물의 안전확보를 위해 세심한 주의를 기울어야 한다.

해설 안전교육[법 제28조] : 안전관리자·탱크시험자·위험물운송자 등 위험물의 안전관리와 관련된 업무를 수행하는 자는 소방청장이 실시하는 교육을 받아야 한다.

23. 과산화바륨의 성질에 대한 설명 중 틀린 것은?

① 고온에서 열분해하여 산소를 발생한다.

② 황산과 반응하여 과산화수소를 만든다.

③ 비중이 약 4.96이다.

④ 온수와 접촉하면 수소가스를 발생한다.

(해설) 과산화바륨(BaO_2) 특징

㉮ 백색 또는 회색의 정방정계 결정분말로 알칼리토금속의 과산화물 중 제일 안정하다.

㉯ 물에는 약간 녹으나 알코올, 에테르, 아세톤에는 녹지 않는다.

㉰ 묽은 산에는 녹으며, 수화물($BaO_2 \cdot 8H_2O$)은 100℃에서 결정수를 잃는다.

㉱ 산 및 온수에 분해되어 <u>과산화수소(H_2O_2)와 산소가</u> 발생하면서 발열한다.

㉲ 고온으로 가열하면 열분해되어 산소를 발생하고, 폭발하기도 한다.

㉳ 산화되기 쉬운 물질, 습한 종이, 섬유소 등과 섞이면 폭발하는 경우도 있다.

㉴ 비중 4.96, 융점 450℃, 분해온도 840℃이다.

24. 과염소산칼륨의 일반적인 성질에 대한 설명 중 틀린 것은?

① 강한 산화제이다.

② 불연성 물질이다.

③ 과일향이 나는 보라색 결정이다.

④ 가열하여 완전 분해시키면 산소를 발생한다.

(해설) 과염소산칼륨($KClO_4$)의 특징

㉮ 제1류 위험물 중 과염소산염류로 지정수량 50kg이다.

㉯ <u>무색, 무취의 결정</u>으로 물에 녹기 어렵고 알코올, 에테르에도 불용이다.

㉰ 가열하여 610℃에서 완전 분해되어 산소를 방출한다.

㉱ 자신은 불연성 물질이지만 강력한 산화제이다.

㉲ 진한 황산과 접촉하면 폭발성 가스를 생성하고 폭발 위험이 있다.

㉳ 인, 황, 마그네슘, 유기물 등이 섞여 있을 때 가열, 충격, 마찰에 의해 폭발한다.

㉴ 비중 2.52, 융점 610℃, 용해도(20℃) 1.8이다.

25. 물과 접촉하면 위험성이 증가하므로 주수소화를 할 수 없는 물질은?

① $C_6H_2CH_3(NO_2)_3$ ② $NaNO_3$

③ $(C_2H_5)_3Al$ ④ $(C_6H_5CO)_2O_2$

(해설) ㉮ 트리에틸알루미늄[$(C_2H_5)_3Al$] : 제3류 위험물 중 알킬알루미늄으로 지정수량 10kg이다. 물과 폭발적으로 반응하여 가연성 기체인 에탄(C_2H_6)을 발생하므로 주수소화는 부적합하고, 마른 모래를 이용하여 소화한다.

㉯ 트리니트로톨루엔[$C_6H_2CH_3(NO_2)_3$] : 제5류 위험물로 물에 녹지 않으므로 주수소화가 가능하다.

㉰ 질산나트륨($NaNO_3$) : 제1류 위험물로 물에 잘 녹지만 산소나 가연성 기체를 생성하지 않아 주수소화가 가능하다.

㉱ 과산화벤조일[$(C_6H_5CO)_2O_2$] : 제5류 위험물로 물에 잘 녹지 않으므로 주수소화가 가능하다.

26. 위험물에 대한 설명으로 옳은 것은?

① 적린은 암적색의 분말로서 조해성이 있는 자연발화성 물질이다.

② 황화린은 황색의 액체이며 상온에서 자연 분해하여 이산화황과 오산화인을 발생한다.

③ 유황은 미황색의 고체 또는 분말이며 많은 이성질체를 갖고 있는 전기 도체이다.

④ 황린은 가연성 물질이며 마늘 냄새가 나는 맹독성 물질이다.

(해설) 각 물질의 특징

㉮ 적린 : 제2류 위험물 가연성고체이며 안정한 암적색, 무취의 분말로 황린과 동소체이다. 물에 용해하지 않기 때문에 조해성은 없다.

㉯ 황화린 : 제2류 위험물 황색의 가연성고체로 자연발화성이며 연소하면 오산화인(P_2O_5)과 아황산가스(SO_2)가 발생한다.

㉰ 유황 : 제2류 위험물의 노란색 고체로 열 및 전기절연체이며 여러 원소와 황화합물을 만든다.

㉱ 황린 : 제3류 위험물로 자연발화성이고 강한 마늘 냄새가 나고, 증기는 공기보다 무거운 가연성이며 맹독성 물질이다.

27. 지정수량이 200kg인 물질은?

① 질산
② 피크린산
③ 질산메틸
④ 과산화벤조일

해설 각 위험물의 지정수량

품명	유별	지정수량
질산(HNO_3)	제6류	300kg
피크린산[$C_6H_2(NO_2)_3OH$]	제5류	200kg
질산메틸(CH_3ONO_2)	제5류	10kg
과산화벤조일[$(C_6H_5CO)_2O_2$]	제5류	10kg

28. 위험물 안전관리법령상 제6류 위험물이 아닌 것은?

① H_3PO_4
② IF_5
③ BrF_5
④ BrF_3

해설 제6류 위험물(산화성 액체) 종류 및 지정수량

품명	지정수량
과염소산($HClO_4$)	300kg
과산화수소(H_2O_2)	300kg
질산(HNO_3)	300kg
그 밖에 행정안전부령으로 정하는 것 : 할로겐간 화합물 → 오불화요오드(IF_5), 오불화브롬(BrF_5), 삼불화브롬(BrF_3)	300kg

㊀ 인산(H_3PO_4)은 위험물에 해당되지 않는다.

29. 제4류 위험물의 공통적인 성질이 아닌 것은?

① 대부분 물보다 가볍고 물에 녹기 어렵다.
② 공기와 혼합된 증기는 연소의 우려가 있다.
③ 인화되기 쉽다.
④ 증기는 공기보다 가볍다.

해설 제4류 위험물의 공통적인(일반적인) 성질
㉮ 상온에서 액체이며, 대단히 인화되기 쉽다.
㉯ 물보다 가볍고, 대부분 물에 녹기 어렵다.
㉰ 증기는 공기보다 무겁다.

㉱ 착화온도가 낮은 것은 위험하다.
㉲ 증기와 공기가 약간 혼합되어 있어도 연소한다.
㉳ 전기의 불량도체라 정전기 발생의 가능성이 높고, 정전기에 의하여 인화할 수 있다.

30. 수소화나트륨의 소화약제로 적당하지 않은 것은?

① 물
② 건조사
③ 팽창질석
④ 팽창진주암

해설 수소화나트륨(NaH)
㉮ 제3류 위험물 중 금속의 수소화물로 지정수량은 300kg이다.
㉯ 습한 공기 중에서 분해하고, 물과는 심하게 반응하여 가연성 기체인 수소(H_2)를 발생하므로 물은 소화약제로 부적합하다.
㉰ 소화약제로는 탄산수소염류 분말소화설비 및 소화기, 건조사(마른 모래), 팽창질석 또는 팽창진주암을 사용한다.

31. 과염소산나트륨의 성질이 아닌 것은?

① 수용성이다.
② 조해성이 있다.
③ 분해온도는 약 400℃이다.
④ 물보다 가볍다.

해설 과염소산나트륨(NaClO₄)의 특징(성질)
㉮ 제1류 위험물 중 과염소산염류에 해당되며 지정수량 50kg이다.
㉯ 무색, 무취의 사방정계 결정으로 조해성이 있다.
㉰ 물이나 에틸알코올, 아세톤에 잘 녹으나 에테르에는 녹지 않는다.
㉱ 400℃ 부근에서 분해하여 산소를 방출한다.
㉲ 자신은 불연성 물질이지만 강력한 산화제이다.
㉳ 진한 황산과 접촉하면 폭발성가스를 생성하고 폭발 위험이 있다.
㉴ 유기물 등이 섞여 있을 때 가열, 충격, 마찰에 의해 폭발한다.

㉮ 비중 2.50, 융점 482℃, 용해도(0℃) 170 이다.

32. 위험물 제조소의 위치, 구조 및 설비의 기준에 대한 설명 중 틀린 것은?

① 벽, 기둥, 바닥, 보, 서까래는 내화재료로 하여야 한다.
② 제조소의 표지판은 한 변이 30cm, 다른 한 변이 60cm 이상의 크기로 한다.
③ "화기엄금"을 표시하는 게시판은 적색 바탕에 백색 문자로 한다.
④ 지정수량의 10배를 초과한 위험물을 취급하는 제조소는 보유공지의 너비가 5m 이상이어야 한다.

해설 제조소의 건축물 기준 [시행규칙 별표4]
㉮ 지하층이 없도록 하여야 한다.
㉯ 벽·기둥·바닥·보·서까래 및 계단을 불연재료로 하고, 연소의 우려가 있는 외벽은 출입구 외의 개구부가 없는 내화구조의 벽으로 하여야 한다.
㉰ 지붕은 가벼운 불연재료로 덮어야 한다.
㉱ 출입구와 비상구는 갑종방화문 또는 을종방화문을 설치하되, 연소의 우려가 있는 외벽에 설치하는 출입구에는 자동폐쇄식의 갑종방화문을 설치하여야 한다.
㉲ 위험물을 취급하는 건축물의 창 및 출입구의 유리는 망입유리로 하여야 한다.
㉳ 액체의 위험물을 취급하는 건축물의 바닥은 적당한 경사를 두어 최저부에 집유설비를 하여야 한다.

33. 물과 작용하여 메탄과 수소를 발생시키는 것은?

① Al_4C_3 ② Mn_3C
③ Na_2C_2 ④ MgC_2

해설 제3류 위험물 중 칼슘 또는 알루미늄의 탄화물(금속탄화물)이 물과 반응하여 생성하는 물질
㉮ 탄화알루미늄(Al_4C_3) : 수산화알루미늄[$Al(OH)_3$]과 메탄(CH_4)을 생성

$Al_4C_3 + 12H_2O \rightarrow 4Al(OH)_3 + 3CH_4 \uparrow$
㉯ 탄화망간(Mn_3C) : 메탄(CH_4)과 수소(H_2)가 발생
$Mn_3C + 6H_2O \rightarrow 3Mn(OH)_2 + CH_4 \uparrow + H_2 \uparrow$
㉰ 탄화나트륨(Na_2C_2) : 수산화나트륨($NaOH$)과 아세틸렌(C_2H_2)을 생성
$Na_2C_2 + 2H_2O \rightarrow 2NaOH + C_2H_2 \uparrow$
㉱ 탄화마그네슘(MgC_2) : 수산화마그네슘[$Mg(OH)_2$]과 아세틸렌(C_2H_2) 생성
$MgC_2 + 2H_2O \rightarrow Mg(OH)_2 + C_2H_2 \uparrow$

34. 연면적이 1000m²이고 지정수량의 80배의 위험물을 취급하며 지반면으로부터 5m 높이에 위험물 취급설비가 있는 제조소의 소화난이도 등급은?

① 소화난이도 등급 Ⅰ
② 소화난이도 등급 Ⅱ
③ 소화난이도 등급 Ⅲ
④ 제시된 조건으로 판단할 수 없음

해설 제조소, 일반 취급소의 소화난이도 등급 Ⅰ에 해당되는 시설 [시행규칙 별표17]
㉮ 연면적 1000m² 이상인 것
㉯ 지정수량의 100배 이상인 것(고인화점 위험물만을 100℃ 미만의 온도에서 취급하는 것은 제외)
㉰ 지반면으로부터 6m 이상의 높이에 위험물 취급설비가 있는 것(고인화점 위험물만을 100℃ 미만의 온도에서 취급하는 것은 제외)
㉱ 일반취급소로 사용되는 부분 외의 부분을 갖는 건축물에 설치된 것(내화구조로 개구부 없이 구획된 것, 고인화점 위험물만을 100℃ 미만의 온도에서 취급하는 것 및 화학실험의 일반취급소는 제외)

35. 트리니트로톨루엔의 작용기에 해당하는 것은?

① $-NO$ ② $-NO_2$
③ $-NO_3$ ④ $-NO_4$

해설 트리니트로톨루엔[$C_6H_2CH_3(NO_2)_3$] : 제5류 위험물 중 니트로화합물에 해당된다. 톨루엔($C_6H_5CH_3$)의 수소 3개를 니트로기($-NO_2$)로 치환된 화합물로 3개의 이성질체가 있으며 일명 TNT라 불려진다.

36. 위험물 안전관리법령상 위험등급이 나머지 셋과 다른 하나는?

① 알코올류   ② 제2석유류

③ 제3석유류   ④ 동식물유류

해설 제4류 위험물의 위험등급

㉮ 위험등급 Ⅰ : 특수인화물

㉯ 위험등급 Ⅱ : 제1석유류, 알코올류

㉰ 위험등급 Ⅲ : 제2석유류, 제3석유류, 제4석유류, 동식물유류

37. 위험물 안전관리법령상 운송책임자의 감독·지원을 받아 운송하여야 하는 위험물은?

① 특수인화물   ② 알킬리튬

③ 질산구아니딘   ④ 히드라진 유도체

해설 운송책임자의 감독·지원을 받아 운송하여야 하는 위험물 종류 [시행령 제19조] : 알킬알루미늄, 알킬리튬, 알킬알루미늄 또는 알킬리튬을 함유하는 위험물

38. 다음 위험물 중 상온에서 액체인 것은 어느 것인가?

① 질산에틸   ② 트리니트로톨루엔

③ 셀룰로이드   ④ 피크린산

해설 제5류 위험물의 상온에서 상태

품명		상태
질산에틸	질산에스테르류	액체
트리니트로톨루엔	니트로화합물	고체
셀룰로이드	질산에스테르류	고체
피크린산	니트로화합물	고체

39. 위험물 제조소의 게시판에 "화기주의"라고 쓰여 있다. 제 몇 류 위험물 제조소인가?

① 제1류   ② 제2류   ③ 제3류   ④ 제4류

해설 제조소의 주의사항 게시판[시행규칙 별표4]

위험물의 종류	내용	색상
• 제1류 위험물 중 알칼리 금속의 과산화물 • 제3류 위험물 중 금수성 물질	"물기엄금"	청색바탕에 백색문자
• 제2류 위험물(인화성 고체 제외)	"화기주의"	적색바탕에 백색문자
• 제2류 위험물 중 인화성 고체 • 제3류 위험물 중 자연발화성 물질 • 제4류 위험물 • 제5류 위험물	"화기엄금"	

40. 제6류 위험물에 대한 설명으로 옳은 것은?

① 과염소산은 독성은 없지만 폭발의 위험이 있으므로 밀폐하여 보관한다.

② 과산화수소는 농도가 3% 이상일 때 단독으로 폭발하므로 취급에 주의한다.

③ 질산은 자연발화의 위험이 높으므로 저온 보관한다.

④ 할로겐화합물의 지정수량은 300kg이다.

해설 각 항목의 옳은 설명

① 과염소산($HClO_4$)은 무색의 유동하기 쉬운 액체이며, 염소 냄새가 난다. 불연성물질로 가열하면 유독성가스를 발생한다. 유리나 도자기 등의 밀폐용기에 넣어, 저온에서 통풍이 잘 되는 곳에 저장한다.

② 과산화수소(H_2O_2)는 농도가 60% 이상의 것은 충격에 의해 단독 폭발의 가능성이 있으므로 취급에 주의한다. 소독약으로 사용되는 옥시풀은 과산화수소 3%인 용액이다.

③ 질산(HNO_3) 자체는 연소성, 폭발성은 없지만 환원성이 강한 물질(황화수소(H_2S), 아민 등)과 혼합하면 발화 또는 폭발한다. 직사광선에 의해 분해되므로 갈색병에 넣어 냉암소에 저장한다.

④ 할로겐간 화합물 : 지정수량 300kg으로 오불화요오드(IF_5), 오불화브롬(BrF_5), 삼불화브롬(BrF_3) 등이 해당된다.

41. 적린의 성질에 대한 설명 중 틀린 것은?

① 물이나 이황화탄소에 녹지 않는다.
② 발화온도는 약 260℃ 정도이다.
③ 연소할 때 인화수소 가스가 발생한다.
④ 산화제가 섞여 있으면 마찰에 의해 착화하기 쉽다.

해설 적린(P)의 특징
㉮ 제2류 위험물로 지정수량 100kg이다.
㉯ 안정한 암적색, 무취의 분말로 황린과 동소체이다.
㉰ 물, 에틸알코올, 가성소다(NaOH), 이황화탄소(CS_2), 에테르, 암모니아에 용해하지 않는다.
㉱ 독성이 없고 상온에서 할로겐원소와 반응하지 않는다.
㉲ 자연발화의 위험성이 없으나 산화제와 공존하면 낮은 온도에서도 발화할 수 있다.
㉳ 공기 중에서 연소하면 오산화인(P_2O_5)이 되면서 백색 연기를 낸다.
㉴ 비중 2.2, 융점(43atm) 590℃, 승화점 400℃, 발화점 260℃

42. 트리니트로페놀의 성상에 대한 설명 중 틀린 것은?

① 융점은 약 61℃이고, 비점은 약 120℃이다.
② 쓴맛이 있으며 독성이 있다.
③ 단독으로는 마찰, 충격에 비교적 안정하다.
④ 알코올, 에테르, 벤젠에 녹는다.

해설 트리니트로페놀($C_6H_2(NO_2)_3OH$: 피크린산)의 특징
㉮ 제5류 위험물 중 니트로화합물로 지정수량 200kg이다.
㉯ 강한 쓴맛과 독성이 있는 휘황색을 나타내는 편평한 침상 결정이다.
㉰ 찬물에는 거의 녹지 않으나 온수, 알코올, 에테르, 벤젠 등에는 잘 녹는다.
㉱ 중금속(Fe, Cu, Pb 등)과 반응하여 민감한 피크린산염을 형성한다.
㉲ 공기 중에서 서서히 연소하나 뇌관으로는 폭굉을 일으킨다.
㉳ 황색 염료, 농약, 산업용 도폭선의 심약, 뇌관의 첨장약, 군용 폭파약, 피혁공업에 사용한다.
㉴ 단독으로는 타격, 마찰에 둔감하고, 연소할 때 검은 연기(그을음)를 낸다.
㉵ 금속염은 매우 위험하여 가솔린, 알코올, 옥소, 황 등과 혼합된 것에 약간의 마찰이나 타격을 주어도 심하게 폭발한다.
㉶ 비중 1.8, 융점 121℃, 비점 255℃, 발화점 300℃이다.

43. 위험물 안전관리법령에서 제3류 위험물에 해당하지 않는 것은?

① 알칼리 금속   ② 칼륨
③ 황화인   ④ 황린

해설 황화인(황화린)은 제3류 위험물에 해당된다.

44. 위험물 안전관리법령상 정기점검 대상인 제조소등의 조건이 아닌 것은?

① 예방규정 작성대상인 제조소등
② 지하탱크 저장소
③ 이동탱크 저장소
④ 지정수량 5배의 위험물을 취급하는 옥외탱크를 둔 제조소

해설 정기점검 대상인 제조소 [시행령 제16조]
㉮ 관계인이 예방규정을 정하여야 하는 제조소등
㉯ 지하탱크저장소
㉰ 이동탱크저장소
㉱ 위험물을 취급하는 탱크로서 지하에 매설된 탱크가 있는 제조소·주유취급소 또는 일반취급소

정답 41. ③ 42. ① 43. ③ 44. ④

45. Ca₃P₂ 600kg을 저장하려 한다. 지정수량의 배수는 얼마인가?

① 2배   ② 3배
③ 4배   ④ 5배

[해설] 인화칼슘(Ca_3P_2)
㉮ 제3류 위험물로 지정수량은 300kg이다.
㉯ 지수량 배수 계산 : 지정수량 배수는 위험물량을 지정수량으로 나눈 값이다.
∴ 지정수량배수 = $\dfrac{\text{위험물량}}{\text{지정수량}} = \dfrac{600}{300} = 2$배

46. 디에틸에테르의 보관·취급에 관한 설명으로 틀린 것은?

① 용기는 밀봉하여 보관한다.
② 환기가 잘 되는 곳에 보관한다.
③ 정전기가 발생하지 않도록 취급한다.
④ 저장용기에 빈 공간이 없게 가득 채워 보관한다.

[해설] 디에틸에테르($C_2H_5OC_2H_5$: 에테르)의 특징
㉮ 제4류 위험물 중 특수인화물에 해당되며 지정수량 50L이다.
㉯ 비점(34.48℃)이 낮고 무색투명하며 독특한 냄새가 있는 인화되기 쉬운 액체이다.
㉰ 물에는 녹기 어려우나 알코올에는 잘 녹는다.
㉱ 전기의 불량도체라 정전기가 발생되기 쉽다.
㉲ 휘발성이 강하고 증기는 마취성이 있어 장시간 흡입하면 위험하다.
㉳ 공기와 장시간 접촉하면 과산화물이 생성되어 가열, 충격, 마찰에 의하여 폭발한다.
㉴ 인화점 및 발화온도가 낮고 연소범위가 넓다.
㉵ 건조 시 정전기에 의하여 발화하는 경우도 있다.
㉶ 불꽃 등 화기를 멀리하고 통풍이 잘 되는 곳에 저장한다.
㉷ 공기와 접촉 시 과산화물이 생성되는 것을 방지하기 위해 용기는 갈색병을 사용한다.
㉸ 증기 누설을 방지하고, 밀전하여 냉암소에 보관한다.
㉹ 용기의 <u>공간용적은 10% 이상</u> 여유 공간을 확

보한다.
㉺ 액체 비중 0.719(증기비중 2.55), 비점 34.48℃, 발화점 180℃, 인화점 −45℃, 연소범위 1.91~48%이다.

47. 아닐린에 대한 설명으로 옳은 것은?

① 특유의 냄새를 가진 기름상 액체이다.
② 인화점이 0℃ 이하이어서 상온에서 인화의 위험이 높다.
③ 황산과 같은 강산화제와 접촉하면 중화되어 안정하게 된다.
④ 증기는 공기와 혼합하여 인화, 폭발의 위험이 없는 안정한 상태가 된다.

[해설] 아닐린($C_6H_5NH_2$)의 특징
㉮ 제4류 위험물 중 제3석유류에 해당되며 지정수량 4000L이다.
㉯ 황색 또는 담황색 기름 모양의 액체로 특이한 냄새가 나며 햇빛이나 공기의 작용에 의해 흑갈색으로 변한다.
㉰ 물보다 무겁고 잘 녹지 않으나 유기용제에는 잘 녹는다.
㉱ 알칼리금속 및 알칼리토금속과 반응하여 수소와 아닐리드를 생성한다.
㉲ <u>가연성</u>이며, <u>독성</u>이 강하여 증기를 흡입하거나 피부에 노출되면 급성 또는 만성 중독을 일으킨다.
㉳ 비중 1.02, 비점 184.2℃, 융점 −6.2℃, <u>인화점 75.8℃</u>, 발화점 538℃이다.

48. 벤젠의 저장 및 취급 시 주의사항에 대한 설명으로 틀린 것은?

① 정전기 발생에 주의한다.
② 피부에 닿지 않도록 주의한다.
③ 증기는 공기보다 가벼워 높은 곳에 체류하므로 환기에 주의한다.
④ 통풍이 잘 되는 서늘하고 어두운 곳에 저장한다.

2013

해설 벤젠(C_6H_6)의 특징

㉮ 제4류 위험물 중 제1석유류에 해당되며 지정수량은 200L이다.

㉯ 무색, 투명한 휘발성이 강한 액체로 증기는 마취성과 독성이 있다.

㉰ 분자량 78의 방향족 유기화합물로 증기는 공기보다 무겁다.

㉱ 물에는 녹지 않으나 알코올, 에테르 등 유기 용제와 잘 섞이고 수지, 유지, 고무 등을 잘 녹인다.

㉲ 불을 붙이면 그을음(C)을 많이 내면서 연소한다.

㉳ 융점이 5.5℃로 겨울철 찬 곳에서 고체가 되는 현상이 발생한다.

㉴ 액체 비중 0.88(증기비중 2.7), 비점 80.1℃, 발화점 562.2℃, 인화점 -11.1℃, 융점 5.5℃, 연소범위 1.4~7.1%이다.

49. 질산칼륨의 성질에 해당하는 것은?

① 무색 또는 흰색 결정이다.

② 물과 반응하면 폭발의 위험이 있다.

③ 물에 녹지 않으나 알코올에 잘 녹는다.

④ 황산, 목분과 혼합하면 흑색 화약이 된다.

해설 질산칼륨(KNO_3)의 특징

㉮ 제1류 위험물 중 질산염류에 해당되며 지정수량은 300kg이다.

㉯ 무색 또는 백색 결정분말로 짠맛과 자극성이 있다.

㉰ 물이나 글리세린에는 잘 녹으나 알코올에는 녹지 않는다.

㉱ 강산화제로 가연성 분말이나 유기물과의 접촉은 매우 위험하다.

㉲ 흡습성이나 조해성이 없다.

㉳ 400℃ 정도로 가열하면 아질산칼륨(KNO_2)과 산소(O_2)가 발생한다.

㉴ 흑색 화약의 원료(질산칼륨 75%, 황 15%, 목탄 10%)로 사용한다.

㉵ 유기물과 접촉을 피하고, 건조한 장소에 보관한다.

㉳ 비중 2.10, 융점 339℃, 용해도(15℃) 26, 분해온도 400℃이다.

50. 위험물 제조소 등에 자체소방대를 두어야 할 대상의 위험물 안전관리법령상 기준으로 옳은 것은? (단, 원칙적인 경우에 한한다.)

① 지정수량의 3000배 이상의 위험물을 저장하는 저장소 또는 제조소

② 지정수량의 3000배 이상의 위험물을 취급하는 제조소 또는 일반취급소

③ 지정수량의 3000배 이상의 제4류 위험물을 저장하는 저장소 또는 제조소

④ 지정수량의 3000배 이상의 제4류 위험물을 취급하는 제조소 또는 일반취급소

해설 제조소등에 자체소방대를 두어야 할 대상 [시행령 18조] : 지정수량 3000배 이상의 제4류 위험물을 취급하는 제조소 또는 일반취급소

51. 보기의 위험물을 위험등급 Ⅰ, 위험등급 Ⅱ, 위험등급 Ⅲ의 순서로 옳게 나열한 것은?

┤ 보기 ├

황린, 인화칼슘, 리튬

① 황린, 인화칼슘, 리튬

② 황린, 리튬, 인화칼슘

③ 인화칼슘, 황린, 리튬

④ 인화칼슘, 리튬, 황린

해설 ㉮ 제3류 위험물 위험등급[시행규칙 별표19]

㉠ 위험등급 Ⅰ : 칼륨, 나트륨, 알킬알루미늄, 알킬리튬, 황린 그 밖에 지정수량이 10kg 또는 20kg인 위험물

㉠ 위험등급 Ⅱ : 알칼리금속(칼륨 및 나트륨을 제외한다) 및 알칼리토금속, 유기금속화합물(알킬알루미늄 및 알킬리튬을 제외한다) 그 밖에 지정수량이 50kg인 위험물

㉢ ㉠항 및 ㉠항에서 정하지 아니한 위험물

㉯ 보기의 위험물 품명, 지정수량 및 위험등급

품명		지정수량	위험등급
황린		20kg	I
인화칼슘	금속의 인화물	300kg	III
리튬	알칼리금속	50kg	II

52. 다음 중 휘발유에 대한 설명으로 옳지 않은 것은?

① 지정수량은 200L이다.

② 전기의 불량도체로서 정전기 축적이 용이하다.

③ 원유의 성질, 상태, 처리 방법에 따라 탄화수소와 혼합 비율이 다르다.

④ 발화점은 −43~−20℃ 정도이다.

해설 휘발유(가솔린)의 특징

㉮ 제4류 위험물 중 제1석유류에 해당되며 지정수량 200L이다.

㉯ 탄소수 $C_{5\sim9}$까지의 포화(알칸), 불포화(알켄) 탄화수소의 혼합물로 휘발성 액체이다.

㉰ 특이한 냄새가 나는 무색의 액체로 비점이 낮다.

㉱ 물에는 용해되지 않지만 유기용제와는 잘 섞이며 고무, 수지, 유지를 잘 녹인다.

㉲ 액체는 물보다 가볍고, 증기는 공기보다 무겁다.

㉳ 옥탄가를 높이기 위해 첨가제(사에틸납)를 넣으며, 착색된다.

㉴ 휘발 및 인화하기 쉽고, 증기는 공기보다 3~4배 무거워 누설 시 낮은 곳에 체류하여 연소를 확대시킨다.

㉵ 전기의 불량도체이며, 정전기 발생에 의한 인화의 위험성이 크다.

㉶ 액체 비중 0.65 ~ 0.8(증기비중 3~4), 인화점 −20 ~ −43℃, 발화점 300℃, 연소범위 1.4 ~ 7.6%이다.

53. 위험물 운반 시 동일한 트럭에 제1류 위험물과 함께 적재할 수 있는 유별은? (단, 지정수량의 5배 이상인 경우이다.)

① 제3류　　　　② 제4류

③ 제6류　　　　④ 없음

해설 ㉮ 위험물 운반할 때 혼재 기준 [시행규칙 별표19, 부표2]

구분	제1류	제2류	제3류	제4류	제5류	제6류
제1류		×	×	×	×	○
제2류	×			○	○	×
제3류	×	×		○	×	×
제4류	×	○	○		○	×
제5류	×	○	×	○		×
제6류	○	×	×	×	×	

○ : 혼합 가능, × : 혼합 불가능

㉯ 이 표는 지정수량의 $\frac{1}{10}$ 이하의 위험물에 대하여는 적용하지 않는다.

54. 황린의 저장 및 취급에 있어서 주의할 사항 중 옳지 않은 것은?

① 독성이 있으므로 취급에 주의할 것

② 물과의 접촉을 피할 것

③ 산화제와의 접촉을 피할 것

④ 화기의 접근을 피할 것

해설 황린(P_4)의 저장 및 취급 방법

㉮ 자연 발화의 가능성이 있으므로 물속에 저장하며, 온도가 상승 시 물의 산성화가 빨라져 용기를 부식시키므로 직사광선을 막는 차광 덮개를 하여 저장한다.

㉯ 맹독성 물질이므로 고무장갑, 보호복, 보호안경을 착용하고 취급한다.

㉰ 황린을 덮고 있는 물은 약알칼리성의 석회나 소다회로 중화시켜 보관하되, 강알칼리가 되어서는 안 된다[pH9 이상이 되면 인화수소(PH_3)를 발생한다].

㉱ 용기는 금속 또는 유리용기를 사용하고 밀봉한다.

㉲ 피부에 노출되었을 경우 다량의 물로 세척하거나, 질산은($AgNO_3$) 용액으로 제거한다.

참고 황린은 물에 녹지 않으므로 물과 접촉하여도 위험이 없다.

정답 **52.** ④　**53.** ③　**54.** ②

55. 위험물 안전관리법상 제조소등의 허가취소 또는 사용정지의 사유에 해당되지 않는 것은?

① 안전교육 대상자가 교육을 받지 아니한 때
② 완공검사를 받지 않고 제조소등을 사용한 때
③ 위험물 안전관리자를 선임하지 아니한 때
④ 제조소등의 정기검사를 받지 아니한 때

해설 제조소등 허가취소 또는 사용정지의 사유 [법 제12조]
㉮ 변경허가를 받지 아니하고 제조소등의 위치·구조 또는 설비를 변경한 때
㉯ 완공검사를 받지 아니하고 제조소등을 사용한 때
㉰ 수리·개조 또는 이전의 명령을 위반한 때
㉱ 위험물 안전관리자를 선임하지 아니한 때
㉲ 위험물 안전관리자 대리자를 지정하지 아니한 때
㉳ 정기점검을 하지 아니한 때
㉴ 정기검사를 받지 아니한 때
㉵ 저장·취급기준 준수명령을 위반한 때

참고 교육대상자가 교육을 받지 아니한 때에는 그 교육대상자가 교육을 받을 때까지 이 법의 규정에 따라 그 자격으로 행하는 행위를 제한할 수 있다[법 제28조].

56. 위험물의 유별 구분이 나머지 셋과 다른 하나는?

① 니트로글리콜
② 벤젠
③ 아조벤젠
④ 디니트로벤젠

해설 각 위험물의 유별 구분

품명		유별	지정수량
니트로글리콜	질산에스테르류	제5류	10kg
벤젠	제1석유류	제4류	200L
아조벤젠	아조화합물	제5류	200kg
디니트로벤젠	니트로화합물	제5류	200kg

57. 제4류 위험물 중 제1석유류에 속하는 것은?

① 에틸렌글리콜
② 글리세린
③ 아세톤
④ n-부탄올

해설 ㉮ 제4류 위험물 중 제1석유류 : 아세톤(CH_3COCH_3 : 디메틸케톤), 가솔린($C_5H_{12} \sim C_9H_{20}$: 휘발유), 벤젠(C_6H_6 : 벤졸), 톨루엔($C_6H_5CH_3$: 메틸벤젠), 크실렌[$C_6H_4(CH_3)_2$: 디메틸벤젠], 초산에스테르류, 의산(개미산) 에스테르류, 메틸에틸케톤($CH_3COC_2H_5$), 피리딘(C_5H_5N) 등
㉯ 에틸렌 글리콜, 글리세린 : 제4류 위험물 중 제3석유류
㉰ n-부탄올 : 제4류 위험물 중 제2석유류

58. 횡으로 설치한 원통형 위험물 저장탱크의 내용적이 500L일 때 공간용적은 최소 몇 L 이어야 하는가? (단, 원칙적인 경우에 한한다.)

① 15 ② 25 ③ 35 ④ 50

해설 탱크의 공간용적 [세부기준 제25조]
㉮ 탱크의 공간용적은 탱크의 내용적의 $\frac{5}{100}$ 이상 $\frac{10}{100}$ 이하의 용적으로 한다.
㉯ 소화설비(소화약제 방출구를 탱크 안의 윗부분에 설치하는 것에 한한다)를 설치하는 탱크의 공간용적은 소화방출구 아래의 0.3m 이상 1m 미만 사이의 면으로부터 윗부분의 용적으로 한다.
㉰ 암반탱크는 당해 탱크 내에 용출하는 7일간의 지하수의 양에 상당하는 용적과 당해 탱크의 내용적의 $\frac{1}{100}$ 용적 중에서 보다 큰 용적을 공간용적으로 한다.
∴ 최소공간용적 = 탱크 내용적 $\times \frac{5}{100}$
$= 500 \times \frac{5}{100} = 25$ L

59. 탄화칼슘을 습한 공기 중에 보관하면 위험한 이유로 가장 옳은 것은?

① 아세틸렌과 공기가 혼합하면 폭발성 가스가 생성될 수 있으므로
② 에틸렌과 공기 중 질소가 혼합된 폭발성 가스가 생성될 수 있으므로
③ 분진 폭발의 위험성이 증대하기 때문에
④ 포스핀과 같은 독성가스가 발생하기 때문에

해설 ㉮ 탄화칼슘(CaC_2) : 제3류 위험물로 물(H_2O)과 반응하여 가연성 가스인 아세틸렌(C_2H_2)이 발생한다.
　㉯ 반응식 : $CaC_2 + 2H_2O \rightarrow Ca(OH)_2 + C_2H_2$

60. 인화성 액체 위험물을 저장 또는 취급하는 옥외탱크 저장소의 방유제 내에 용량 10만 L와 5만 L인 옥외저장탱크 2기를 설치하는 경우에 확보하여야 하는 방유제의 용량은?

① 50000 L 이상
② 80000 L 이상
③ 110000 L 이상
④ 150000 L 이상

해설 옥외탱크 저장소 방유제 용량 기준 [시행규칙 별표6]
　㉮ 탱크가 하나인 경우 : 탱크 용량의 110% 이상
　㉯ 2기 이상인 경우 : 탱크 중 용량이 최대인 것의 110% 이상
　∴ 방유제 용량 = 100000×1.1 = 110000L 이상

2013. 4. 14 시행 (제2회)

1. 분말 소화약제의 식별 색을 옳게 나타낸 것은?

① $KHCO_3$: 백색

② $NH_4H_2PO_4$: 담홍색

③ $NaHCO_3$: 보라색

④ $KHCO_3 + (NH_2)_2CO$: 초록색

해설 분말 소화약제의 종류 및 적응화재

종류	주성분	적응 화재	착색
제1종 분말	중탄산나트륨 ($NaHCO_3$)	B, C	백색
제2종 분말	중탄산칼륨 ($KHCO_3$)	B, C	자색 (보라색)
제3종 분말	제1인산암모늄 ($NH_4H_2PO_4$)	A, B, C	담홍색
제4종 분말	중탄산칼륨+요소 [$KHCO_3 + (NH_2)_2CO$]	B, C	회색

2. 유류화재 소화 시 분말 소화약제를 사용할 경우 소화 후에 재발화 현상이 가끔씩 발생할 수 있다. 다음 중 이러한 현상을 예방하기 위하여 병용하여 사용하면 가장 효과적인 포 소화약제는?

① 단백포 소화약제

② 수성막포 소화약제

③ 알코올형포 소화약제

④ 합성계면활성제포 소화약제

해설 포(foam) 소화약제 중 공기포(기계포) 특징

㉠ 단백포 소화약제 : 기포 안정제로 염화제일철염을 사용하며 내열성이 강하며 가격이 저렴하지만 유동 및 내유성이 매우 나쁘다.

㉡ 합성 계면활성제포 소화약제 : 계면활성제를 기제로 하며 유동성이 빠르고, 쉽게 변질되지 않아 반영구적이다. A급 화재, B급 화재에 적응한다.

㉢ <u>수성막포 소화약제</u> : 인체에 유해하지 않으

며, 유동성이 좋아 소화속도가 빠르다. 단백포에 비해 3배 효과가 있으며 <u>기름화재 진압용으로 가장 우수하다.</u>

㉣ 불화단백포 소화약제 : 플로오르계 계면활성제를 물과 혼합하여 제조한 것으로 수명이 길지만 가격이 고가이다.

㉤ 내알코올포 소화약제 : 알코올과 같은 수용성 액체에는 포가 파괴되는 현상으로 인해 소화 효과를 잃게 되는 것을 방지하기 위해 단백질 가스분해물에 합성세제를 혼합하여 제조한 소화약제이다.

3. 위험물 제조소등의 소화설비의 기준에 관한 설명으로 옳은 것은?

① 제조소등 중에서 소화난이도 등급 Ⅰ, Ⅱ 또는 Ⅲ의 어느 것에도 해당하지 않는 것도 있다.

② 옥외탱크 저장소의 소화난이도 등급을 판단하는 기준 중 탱크의 높이는 기초를 제외한 탱크 측판의 높이를 말한다.

③ 제조소의 소화난이도 등급을 판단하는 기준 중 면적에 관한 기준은 건축물 외에 설치된 것에 대해서는 수평투영면적을 기준으로 한다.

④ 제4류 위험물을 저장, 취급하는 제조소 등에도 스프링클러 소화설비가 적응성이 인정되는 경우가 있으며 이는 수원의 수량을 기준으로 판단한다.

해설 ㉠ 소화설비의 기준 [시행규칙 제41조] : 소화가 곤란한 정도에 따른 소화난이도는 소화난이도등급 Ⅰ, 소화난이도등급 Ⅱ 및 소화난이도등급 Ⅲ으로 구분하되, 시행규칙 제47조에 의하여 규정을 적용하지 않는 특례 조항이 있다.

㉡ 각 항목의 옳은 설명 : 제조소등 소화설비 기준 [시행규칙 별표17]

② 옥외탱크 저장소의 소화난이도 등급 Ⅰ을

판단하는 기준 중 탱크의 높이는 지반면으로부터 탱크 옆판의 상단까지 높이가 6m 이상인 것을 말한다.

③ 제조소등의 옥외에 설치된 공작물은 외벽이 내화구조인 것으로 간주하고 공작물의 최대수평투영면적을 연면적으로 간주하여 제조소 또는 취급소의 건축물 및 저장소의 건축물의 규정에 의하여 소요단위를 산정한다.

④ 제4류 위험물을 저장 또는 취급하는 장소의 살수기준면적에 따라 스프링클러설비의 살수밀도가 규정에 정하는 기준 이상인 경우에는 당해 스프링클러설비가 제4류 위험물에 대하여 적응성이 있다.

4. 수소화나트륨 240g과 충분한 물이 완전 반응하였을 때 발생하는 수소의 부피는? (단, 표준상태를 가정하며, 나트륨의 원자량은 23이다.)

① 22.4L
② 224L
③ 22.4m³
④ 224m³

해설 ㉮ 수소화나트륨(NaH)과 물의 반응식
$NaH + H_2O \rightarrow NaOH + H_2$
㉯ 수소화나트륨(NaH) 240g이 반응할 때 수소 부피 계산 : 수소화나트륨의 분자량은 24이다.

$$\therefore x = \frac{22.4 \times 240}{24} = 224L$$

5. 소화난이도 등급 Ⅰ인 옥외탱크 저장소에 있어서 제4류 위험물 중 인화점이 섭씨 70도 이상인 것을 저장, 취급하는 경우 어느 소화설비를 설치해야 하는가? (단, 지중탱크 또는 해상탱크 외의 것이다.)

① 스프링클러 소화설비
② 물분무 소화설비
③ 이산화탄소 소화설비
④ 분말 소화설비

해설 소화난이도 등급 Ⅰ인 옥외탱크 저장소에

설치하여야 할 소화설비 [시행규칙 별표17]

구 분		소화설비
지중탱크 또는 해상탱크 외의 것	유황만을 취급하는 것	물분무 소화설비
	인화점 70℃ 이상의 제4류 위험물만을 저장 취급하는 것	물분무 소화설비 또는 고정식 포 소화설비
	그 밖의 것	고정식 포 소화설비 (포 소화설비가 적응성이 없는 경우 분말 소화설비)

6. 위험물 제조소 내의 위험물을 취급하는 배관에 대한 설명으로 옳지 않은 것은?

① 배관을 지하에 매설하는 경우 접합부분에는 점검구를 설치하여야 한다.
② 배관을 지하에 매설하는 경우 금속성 배관의 외면에는 부식 방지 조치를 하여야 한다.
③ 최대상용압력의 1.5배 이상의 압력으로 수압시험을 실시하여 이상이 없어야 한다.
④ 지상에 설치하는 경우에는 안전한 구조의 지지물로 지면에 밀착하여 설치하여야 한다.

해설 제조소 내의 배관 [시행규칙 별표4]
㉮ 배관의 재질은 강관 그 밖에 이와 유사한 금속성으로 하여야 한다.
㉯ 배관에 걸리는 최대상용압력의 1.5배 이상의 압력으로 수압시험(불연성의 액체 또는 기체를 이용하여 실시하는 시험을 포함한다)을 실시하여 누설 그 밖의 이상이 없는 것으로 한다.
㉰ 배관을 지상에 설치하는 경우에는 지진·풍압·지반침하 및 온도변화에 안전한 구조의 지지물에 설치하되, 지면에 닿지 아니하도록 하고 배관의 외면에 부식방지를 위한 도장을 하여야 한다.
㉱ 배관을 지하에 매설하는 경우 기준
 ㉠ 금속성 배관의 외면에는 부식방지를 위하

2013

여 도복장·코팅 또는 전기방식 등의 필요한 조치를 할 것

ⓒ 배관의 접합부분(용접 접합부 제외)에는 위험물의 누설여부를 점검할 수 있는 점검구를 설치할 것

ⓒ 지면에 미치는 중량이 당해 배관에 미치지 아니하도록 보호할 것

ⓜ 배관에 가열 또는 보온을 위한 설비를 설치하는 경우에는 화재예방상 안전한 구조로 하여야 한다.

7. 위험물 제조소등의 화재예방 등 위험물 안전관리에 관한 직무를 수행하는 위험물 안전관리자의 선임 시기는?

① 위험물 제조소등의 완공검사를 받은 후 즉시

② 위험물 제조소등의 허가 신청 전

③ 위험물 제조소등의 설치를 마치고 완공검사를 신청하기 전

④ 위험물 제조소등에서 위험물을 저장 또는 취급하기 전

해설 위험물 안전관리자의 선임 시기 : 위험물 제조소등에서 위험물을 저장 또는 취급하기 전

8. 소화효과 중 부촉매 효과를 기대할 수 있는 소화약제는?

① 물 소화약제　　② 포 소화약제

③ 분말 소화약제　④ 이산화탄소 소화약제

해설 소화약제의 소화효과

㉮ 물 : 냉각효과

㉯ 산·알칼리 소화약제 : 냉각효과

㉰ 강화액 소화약제 : 냉각소화, 부촉매 효과, 일부질식효과

㉱ 이산화탄소 소화약제 : 질식효과, 냉각효과

㉲ 할로겐화합 소화약제 : 억제효과(부촉매 효과)

㉳ 포 소화약제 : 질식효과, 냉각효과

㉴ 분말 소화약제 : 질식효과, 냉각효과, 제3종 분말 소화약제는 부촉매 효과도 있음

9. 고온체의 색깔이 휘적색일 경우의 온도는 약 몇 ℃ 정도인가?

① 500　② 950　③ 1300　④ 1500

해설 연소 빛에 따른 온도

구분	암적색	적색	휘적색	황적색	백적색	휘백색
온도	700℃	850℃	950℃	1100℃	1300℃	1500℃

10. 다음 중 연소속도와 의미가 가장 가까운 것은?

① 기화열의 발생속도

② 환원속도

③ 착화속도

④ 산화속도

해설 연소속도 : 가연물과 산소와의 반응(산화반응)을 일으키는 속도이다.

11. 지정수량의 몇 배 이상의 위험물을 취급하는 제조소에는 화재발생 시 이를 알릴 수 있는 경보설비를 설치하여야 하는가?

① 5　② 10　③ 20　④ 100

해설 경보설비의 기준 [시행규칙 제42조]

㉮ 지정수량의 10배 이상의 위험물을 저장 또는 취급하는 제조소등(이동탱크저장소를 제외한다)에는 화재발생 시 이를 알릴 수 있는 경보설비를 설치하여야 한다.

㉯ 경보설비는 자동화재 탐지설비·비상경보설비(비상벨장치 또는 경종을 포함한다)·확성장치(휴대용확성기를 포함한다) 및 비상방송설비로 구분한다.

㉰ 자동신호장치를 갖춘 스프링클러설비 또는 물분무등 소화설비를 설치한 제조소등에 있어서는 자동화재 탐지설비를 설치한 것으로 본다.

12. 이산화탄소의 특성에 대한 설명으로 옳지 않은 것은?

① 전기전도성이 우수하다.

② 냉각, 압축에 의하여 액화된다.

③ 과량 존재 시 질식할 수 있다.

④ 상온, 상압에서 무색, 무취의 불연성 기체이다.

해설 이산화탄소(CO_2)의 특징

㉮ 무색, 무미, 무취의 기체로 공기보다 무겁고 불연성이다.

㉯ 독성이 없지만 과량 존재 시 산소부족으로 질식할 수 있다.

㉰ 비점 $-78.5℃$로 냉각, 압축에 의하여 액화된다.

㉱ 전기의 불량도체이고, 장기간 저장이 가능하다.

㉲ 소화약제에 의한 오손이 없고, 질식효과와 냉각효과가 있다.

㉳ 자체압력을 이용하므로 압력원이 필요하지 않고 할로겐소화약제보다 경제적이다.

13. 이동탱크 저장소에 의한 위험물의 운송에 있어서 운송 책임자의 감독 또는 지원을 받아야 하는 위험물은?

① 금속분   ② 알킬알루미늄

③ 아세트알데히드   ④ 히드록실아민

해설 운송책임자의 감독, 지원을 받아 운송하여야 하는 위험물 종류 [시행령 제19조]

㉮ 알킬알루미늄

㉯ 알킬리튬

㉰ 알킬알루미늄 또는 알킬리튬을 함유하는 위험물

14. 위험물 안전관리법령에 근거하여 자체 소방대에 두어야 하는 제독차의 경우 가성소다 및 규조토를 각각 몇 kg 이상 비치하여야 하는가?

① 30   ② 50   ③ 60   ④ 100

해설 화학소방자동차에 갖추어야 하는 소화능력 및 설비의 기준 [시행규칙 별표23] → 비치해야 할 소화약제만 발췌 정리한 것임

㉮ 포수용액 방사차 : 10만 L 이상의 포수용액

㉯ 분말 방사차 : 1400kg 이상의 분말

㉰ 할로겐화합물 방사차 : 1000kg 이상의 할로겐화합물

㉱ 이산화탄소 방사차 : 3000kg 이상의 이산화탄소

㉲ 제독차 : 가성소다 및 규조토를 각각 50kg 이상

15. 인화점이 낮은 것부터 높은 순서로 나열된 것은?

① 톨루엔 – 아세톤 – 벤젠

② 아세톤 – 톨루엔 – 벤젠

③ 톨루엔 – 벤젠 – 아세톤

④ 아세톤 – 벤젠 – 톨루엔

해설 제4류 위험물의 인화점

품명		인화점
아세톤	제1석유류	$-18℃$
벤젠	제1석유류	$-11.1℃$
톨루엔	제1석유류	$4.5℃$

16. 화재 시 이산화탄소를 방출하여 산소의 농도를 12.5%로 낮추어 소화하려면 공기 중의 이산화탄소의 농도는 약 몇 vol%로 해야 하는가?

① 30.7   ② 32.8   ③ 40.5   ④ 68.0

해설 공기 중 산소의 체적비율이 21%인 상태에서 이산화탄소(CO_2)에 의하여 산소농도가 감소되는 것이고, 산소농도가 감소되어 발생되는 차이가 공기 중 이산화탄소의 농도가 된다.

$$\therefore CO_2 = \frac{21 - O_2}{21} \times 100$$

$$= \frac{21 - 12.5}{21} \times 100 = 40.476\%$$

17. 위험물 안전관리법령상 고정주유설비는 주유설비의 중심선을 기점으로 하여 도로경계까지 몇 m 이상의 거리를 유지해야 하는가?

① 1   ② 3   ③ 4   ④ 6

해설 주유취급소 고정주유설비 또는 고정급유설비 설치 위치 [시행규칙 별표13]

㉮ <u>고정주유설비</u>의 중심선을 기점으로 하여

　㉠ <u>도로경계선까지 : 4m 이상</u>

ⓒ 부지경계선·담 및 건축물의 벽까지 : 2m
  이상(개구부가 없는 벽까지는 1m 이상)
ⓒ 고정급유설비의 중심선을 기점으로 하여
  ㉠ 도로경계선까지 : 4m 이상
  ㉡ 부지경계선 및 담까지 : 1m 이상
  ㉢ 건축물의 벽까지 : 2m 이상(개구부가 없는
    벽까지는 1m 이상)
ⓒ 고정주유설비와 고정급유설비 사이 유지거
  리 : 4m 이상

18. 위험물 옥외저장소에서 지정수량 200배 초
과의 위험물을 저장할 경우 보유공지의 너비
는 몇 m 이상으로 하여야 하는가? (단, 제4류
위험물과 제6류 위험물이 아닌 경우이다.)

① 0.5 ② 2.5 ③ 10 ④ 15

해설 위험물 옥외저장소 보유공지 기준 [시행규
칙 별표11]

저장 또는 취급하는 위험물의 최대수량	공지의 너비
지정수량의 10배 이하	3m 이상
지정수량의 10배 초과 20배 이하	5m 이상
지정수량의 20배 초과 50배 이하	9m 이상
지정수량의 50배 초과 200배 이하	12m 이상
지정수량의 200배 초과	15m 이상

참고 제4류 위험물 중 제4석유류와 제6류 위험물
을 저장 또는 취급하는 옥외저장소는 보유공지
너비의 3분의 1 이상의 너비로 할 수 있다.

19. 소화설비의 주된 소화효과를 옳게 설명한 것
은?

① 옥내·옥외 소화설비 : 질식소화
② 스프링클러 설비, 물분무 소화설비 : 억
  제소화
③ 포, 분말 소화설비 : 억제소화
④ 할로겐화합물 소화설비 : 억제소화

해설 소화설비의 소화효과
㉮ 옥내·옥외 소화설비 : 냉각소화
㉯ 스프링클러 설비, 물분무 소화설비 : 냉각소화

㉰ 포, 분말 소화설비 : 질식소화
㉱ 할로겐화합물 소화설비 : 억제소화(부촉매효과)

20. 다음 위험물의 화재 시 물에 의한 소화 방법
이 가장 부적합한 것은?

① 황린 ② 적린
③ 마그네슘분 ④ 황분

해설 ㉮ 마그네슘은 제2류 위험물(지정수량 500kg)
로 물(H_2O)과 접촉하면 반응하여 가연성인 수
소(H_2)를 발생하여 폭발의 위험이 있기 때문
에 물에 의한 소화는 부적합하므로 탄산수소
염류 분말소화설비 및 분말소화기, 건조사(마
른 모래), 팽창질석 및 팽창진주암을 이용
한다.
㉯ 물과 반응식 : $Mg + 2H_2O \rightarrow Mg(OH)_2 + H_2 \uparrow$

21. 위험물 옥외저장탱크 저장소와 병원과는 안
전거리를 얼마 이상 두어야 하는가?

① 10m ② 20m ③ 30m ④ 50m

해설 옥외저장탱크 저장소의 안전거리 [시행규
칙 별표6]

해당 대상물	안전거리
7000V 초과 35000V 이하 전선	3m 이상
35000V 초과 전선	5m 이상
건축물, 주거용 공작물	10m 이상
고압가스, LPG, 도시가스 시설	20m 이상
학교·병원·극장(300명 이상 수용), 다수인 수용시설(20명 이상)	30m 이상
유형문화재, 지정문화재	50m 이상

22. 질산의 수소 원자를 알킬기로 치환한 제5류
위험물의 지정수량은?

① 10kg ② 100kg
③ 200kg ④ 300kg

해설 질산에스테르류는 질산($HONO_2$)의 수소 원
자를 알킬기(C_nH_{2n+1})로 치환한 화합물의 총칭으
로 지정수량은 10kg이다.

정답 18. ④ 19. ④ 20. ③ 21. ③ 22. ①

23. 위험물 제조소에 옥외소화전이 5개가 설치되어 있다. 이 경우 확보하여야 하는 수원의 법정 최소량은 몇 m^3 인가?

① 28   ② 35   ③ 54   ④ 67.5

해설 ㉮ 옥외소화전설비 설치기준 [시행규칙 별표 17] : 수원의 수량은 옥외소화전의 설치개수 (설치개수가 4개 이상인 경우는 4개)에 $13.5m^3$를 곱한 양 이상이 되도록 설치할 것
㉯ 수원의 최소량 계산
  ∴ 수원의 최소량 $= 4 \times 13.5 = 54m^3$

24. 다음은 위험물을 저장하는 탱크의 공간용적 산정기준이다. ( )에 알맞은 수치로 옳은 것은?

> 가. 위험물을 저장 또는 취급하는 탱크의 공간용적은 탱크 내용적의 (A) 이상 (B) 이하의 용적으로 한다. 다만, 소화설비(소화약제 방출구를 탱크 안의 윗부분에 설치하는 것에 한한다)를 설치하는 탱크의 공간용적은 당해 소화설비의 소화약제 방출구 아래의 0.3m 이상 1m 미만 사이의 면으로부터 윗부분의 용적으로 한다.
> 나. 암반탱크에 있어서는 당해 탱크 내에 용출하는 (C)일 간의 지하수의 양에 상당하는 용적과 당해 탱크의 내용적의 (D)의 용적 중에서 보다 큰 용적을 공간용적으로 한다.

① A : $\frac{3}{100}$, B : $\frac{10}{100}$, C : 10, D : $\frac{1}{100}$

② A : $\frac{5}{100}$, B : $\frac{5}{100}$, C : 10, D : $\frac{1}{100}$

③ A : $\frac{5}{100}$, B : $\frac{10}{100}$, C : 7, D : $\frac{1}{100}$

④ A : $\frac{5}{100}$, B : $\frac{10}{100}$, C : 10, D : $\frac{3}{100}$

해설 탱크의 공간용적 [위험물안전관리에 관한 세부기준 제25조]

㉮ 탱크의 공간용적은 탱크의 내용적의 $\frac{5}{100}$ 이상 $\frac{10}{100}$ 이하의 용적으로 한다.
㉯ 소화설비(소화약제 방출구를 탱크 안의 윗부분에 설치하는 것에 한한다)를 설치하는 탱크의 공간용적은 소화방출구 아래의 0.3m 이상 1m 미만 사이의 면으로부터 윗부분의 용적으로 한다.
㉰ 암반탱크는 당해 탱크 내에 용출하는 7일간의 지하수의 양에 상당하는 용적과 당해 탱크의 내용적의 $\frac{1}{100}$ 용적 중에서 보다 큰 용적을 공간용적으로 한다.

25. 다음 중 제6류 위험물로써 분자량이 약 63인 것은?

① 과염소산   ② 질산
③ 과산화수소   ④ 삼불화브롬

해설 제6류 위험물의 분자량 계산
㉮ 과염소산($HClO_4$) : $1 + 35.5 + (16 \times 4)$ $= 100.5$
㉯ 질산(HNO_3) : $1 + 14 + (16 \times 3) = 63$
㉰ 과산화수소(H_2O_2) : $(1 \times 2) + (16 \times 2) = 34$
㉱ 삼불화브롬(BrF_3) : $80 + (19 \times 3) = 137$

26. 인화칼슘이 물과 반응하였을 때 발생하는 가스에 대한 설명으로 옳은 것은?

① 폭발성인 수소를 발생한다.
② 유독한 인화수소를 발생한다.
③ 조연성인 산소를 발생한다.
④ 가연성인 아세틸렌을 발생한다.

해설 인화칼슘(Ca_3P_2 : 인화석회)
㉮ 제3류 위험물 중 금속의 인화물로 지정수량 300kg이다.
㉯ 물(H_2O), 산(HCl : 염산)과 반응하여 유독한 인화수소(PH_3 : 포스핀)를 발생시킨다.
㉰ 반응식
$Ca_3P_2 + 6H_2O \longrightarrow 3Ca(OH)_2 + 2PH_3 \uparrow + Q[kcal]$
$Ca_3P_2 + 6HCl \longrightarrow 3CaCl_2 + 2PH_3 \uparrow + Q[kcal]$

정답 **23.** ③ **24.** ③ **25.** ② **26.** ②

2013

27. 다음 중 위험물 안전관리법령에 따른 위험물의 적재 방법에 대한 설명으로 옳지 않은 것은?

① 원칙적으로는 운반 용기를 밀봉하여 수납할 것

② 고체 위험물은 용기 내용적의 95% 이하의 수납률로 수납할 것

③ 액체 위험물은 용기 내용적의 99% 이상의 수납률로 수납할 것

④ 하나의 외장 용기에는 다른 종류의 위험물을 수납하지 않을 것

해설 운반용기에 의한 수납 적재 기준 [시행규칙 별표19] : ①, ②, ④ 외

㉮ 액체 위험물은 운반용기 내용적의 98% 이하로 수납하되, 55℃에서 누설되지 않도록 공간 용적을 유지할 것

㉯ 수납하는 위험물과 반응을 일으키지 않는 등 위험물의 성질에 적합한 재질의 운반용기에 수납할 것

㉰ 위험물이 전락(轉落), 운반용기가 전도·낙하 또는 파손되지 않도록 적재할 것

㉱ 운반용기는 수납구를 위로 향하게 적재한다.

㉲ 운반용기를 겹쳐 쌓는 경우에는 높이를 3m 이하로 할 것

28. 주유 취급소에서 자동차 등에 위험물을 주유할 때에 자동차 등의 원동기를 정지시켜야 하는 위험물의 인화점 기준은? (단, 연료탱크에 위험물을 주유하는 동안 방출되는 가연성 증기를 회수하는 설비가 부착되지 않은 고정주유설비에 의하여 주유하는 경우이다.)

① 20℃ 미만

② 30℃ 미만

③ 40℃ 미만

④ 50℃ 미만

해설 자동차 등에 인화점 40℃ 미만의 위험물을 주유할 때는 자동차의 원동기(엔진)를 정지시켜야 한다. [시행규칙 별표18]

29. 저장하는 위험물의 최대수량이 지정수량의 15배일 경우 건축물의 벽·기둥 및 바닥이 내화구조로 된 위험물 옥내 저장소의 보유공지는 몇 m 이상이어야 하는가?

① 0.5   ② 1   ③ 2   ④ 3

해설 옥내 저장소의 보유공지 기준 [시행규칙 별표5]

저장 또는 취급하는 위험물의 최대수량	공지의 너비	
	벽·기둥 및 바닥이 내화구조로 된 건축물	그 밖의 건축물
지정수량의 5배 이하	–	0.5m 이상
지정수량의 5배 초과 10배 이하	1m 이상	1.5m 이상
지정수량의 10배 초과 20배 이하	2m 이상	3m 이상
지정수량의 20배 초과 50배 이하	3m 이상	5m 이상
지정수량의 50배 초과 200배 이하	5m 이상	10m 이상
지정수량의 200배 초과	10m 이상	15m 이상

30. 위험물 안전관리법령에 따른 이동저장탱크의 구조 기준에 대한 설명으로 틀린 것은?

① 압력탱크는 최대상용압력의 1.5배의 압력으로 10분간 수압시험을 하여 새지 말 것

② 상용압력이 20kPa를 초과하는 탱크의 안전장치는 상용압력의 1.5배 이하의 압력에서 작동할 것

③ 방파판은 두께 1.6mm 이상의 강철판 또는 이와 동등 이상의 강도, 내식성 및 내열성이 있는 금속성의 것으로 할 것

④ 탱크는 두께 3.2mm 이상의 강철판 또는 이와 동등 이상의 강도, 내식성 및 내열성을 갖는 재질로 할 것

해설 이동저장탱크의 안전장치 작동압력 [시행규칙 별표10]
㉮ 상용압력이 20kPa 이하인 탱크 : 20kPa 이상 24kPa 이하의 압력
㉯ 상용압력이 20kPa 초과하는 탱크 : 상용압력의 1.1배 이하의 압력

31. 내용적이 20000L인 옥내 저장탱크에 대하여 저장 또는 취급의 허가를 받을 수 있는 최대 용량은? (단, 원칙적인 경우에 한한다.)
① 18000L　　② 19000L
③ 19400L　　④ 20000L

해설 ㉮ 탱크 용적의 산정기준[시행규칙 제5조] : 위험물을 저장 또는 취급하는 탱크의 용량은 해당 탱크의 내용적에서 공간용적을 뺀 용적으로 한다.
㉯ 탱크의 공간용적[세부기준 제25조] : 탱크의 공간용적은 탱크의 내용적의 $\frac{5}{100}$ 이상 $\frac{10}{100}$ 이하의 용적으로 한다.
㉰ 탱크의 최대 용량 계산 : 공간용적을 최소로 하여야 위험물을 허가 받을 수 있는 최대 용량이 된다.
∴ 탱크 최대 용량 = 탱크 내용적 − 공간용적
= 탱크 내용적 − $\left(탱크 내용적 × \frac{5}{100}\right)$
= $20000 - \left(20000 × \frac{5}{100}\right) = 19000L$

32. 디에틸에테르에 관한 설명 중 틀린 것은?
① 비전도성이므로 정전기를 발생하지 않는다.
② 무색 투명한 유동성의 액체이다.
③ 휘발성이 매우 높고, 마취성을 가진다.
④ 공기와 장시간 접촉하면 폭발성의 과산화물이 생성된다.

해설 디에틸에테르($C_2H_5OC_2H_5$: 에테르)의 특징
㉮ 제4류 위험물 중 특수인화물에 해당되며 지정수량 50L이다.
㉯ 비점(34.48℃)이 낮고 무색투명하며 독특한 냄새가 있는 인화되기 쉬운 액체이다.
㉰ 물에는 녹기 어려우나 알코올에는 잘 녹는다.
㉱ 전기의 불량도체라 정전기가 발생되기 쉽다.
㉲ 휘발성이 강하고 증기는 마취성이 있어 장시간 흡입하면 위험하다.
㉳ 공기와 장시간 접촉하면 과산화물이 생성되어 가열, 충격, 마찰에 의하여 폭발한다.
㉴ 인화점 및 발화온도가 낮고 연소범위가 넓다.
㉵ 액체 비중 0.719(증기비중 2.55), 비점 34.48℃, 발화점 180℃, 인화점 −45℃, 연소범위 1.91~48%이다.

33. 위험물 안전관리법령상에 따른 다음에 해당하는 동식물유류의 규제에 관한 설명으로 틀린 것은?

"행정안전부령이 정하는 용기기준과 수납·저장기준에 따라 수납되어 저장·보관되고 용기의 외부에 물품의 통칭명, 수량 및 화기엄금(화기엄금과 동일한 의미를 갖는 표시를 포함한다)의 표시가 있는 경우"

① 위험물에 해당하지 않는다.
② 제조소등이 아닌 장소에 지정수량 이상 저장할 수 있다.
③ 지정수량 이상을 저장하는 장소도 제조소등 설치허가를 받을 필요가 없다.
④ 화물자동차에 적재하여 운반하는 경우 위험물 안전관리법상 운반기준이 적용되지 않는다.

해설 ㉮ 동식물유류의 정의 [시행령 별표1] : 동물의 지육 등 또는 식물의 종자나 과육으로부터 추출한 것으로서 1기압에서 인화점이 250℃ 미만의 것을 말한다. 다만, 법 제20조 제1항의 규정에 의하며 행정안전부령으로 정하는 용기기준과 수납·저장기준에 따라 수납되어 저장·보관되고 용기의 외부에 물품의 통칭명, 수량 및 화기엄금(화기엄금과 동일한 의미를 갖는 표시를 포함한다)의 표시가 있는 경우를 제

외한다.

ⓐ 보기에서 주어진 것은 법 적용을 받는 위험물이 아니므로 제조소등이 아닌 장소에 지정수량 이상을 저장할 수 있고, 지정수량 이상을 저장하는 장소도 제조소등의 설치허가를 받을 필요가 없다.

ⓑ 문제의 조건이 법 적용을 받는 위험물이 아니더라도 이를 화물자동차에 적재하여 운반하는 경우 위험물 안전관리법상의 운반기준 적용을 받는다.

34. 질산암모늄의 일반적인 성질에 대한 설명으로 옳은 것은?

① 조해성이 없다.
② 무색, 무취의 액체이다.
③ 물에 녹을 때에는 발열한다.
④ 급격한 가열에 의한 폭발의 위험이 있다.

해설 질산암모늄(NH_4NO_3)의 특징

ⓐ 제1류 위험물 중 질산염류에 해당되며 지정수량은 300kg이다.
ⓑ 무취의 백색 결정 고체로 물, 알코올, 알칼리에 잘 녹는다.
ⓒ 조해성이 있으며 물에 녹을 때는 흡열반응을 나타낸다.
ⓓ 220℃에서 분해되어 아산화질소(N_2O)와 수증기(H_2O)를 발생하며, 급격한 가열이나 충격을 주면 단독으로 분해·폭발한다.
ⓔ 가연물, 유기물을 섞거나 가열, 충격, 마찰을 주면 폭발한다.
ⓕ 경유 6%, 질산암모늄 94%를 혼합한 것은 안투폭약이라 하며, 공업용 폭약이 된다.

35. 에틸알코올에 관한 설명 중 옳은 것은?

① 인화점은 0℃ 이하이다.
② 비점은 물보다 낮다.
③ 증기밀도는 메틸알코올보다 작다.
④ 수용성이므로 이산화탄소 소화기는 효과가 없다.

해설 에틸알코올(C_2H_5OH : 에탄올)의 특징

ⓐ 제4류 위험물 중 알코올류에 해당되며 지정수량은 400L이다.
ⓑ 무색, 투명하고 향긋한 냄새를 가진 액체로 물과 잘 혼합된다.
ⓒ 일정한 조건에서 유기용제(벤젠, 아세톤, 가솔린 등)와 잘 혼합된다.
ⓓ 메틸알코올과 달리 독성이 없다.
ⓔ 고온에서 열분해하면 에틸렌과 물 또는 아세트알데히드와 수소가 된다.
ⓕ 소화 방법은 알코올포, 탄산가스(CO_2), 분말 소화약제를 이용한 질식소화를 한다.
ⓖ 액체 비중 0.79(증기비중 1.59), 비점 78.3℃, 인화점 13℃, 착화점 423℃, 연소범위 4.3~19%이다.

참고 증기 밀도 $= \dfrac{분자량}{22.4}$ 이고, 에틸알코올의 분자량은 46, 메틸알코올의 분자량은 32이므로 분자량이 큰 에틸알코올의 증기밀도는 메틸알코올보다 크다.

36. 종류(유별)가 다른 위험물을 동일한 옥내 저장소의 동일한 실에 같이 저장하는 경우에 대한 설명으로 틀린 것은? (단, 유별로 정리하여 1m 이상의 간격을 두는 경우에 한한다.)

① 제1류 위험물과 황린은 동일한 옥내 저장소에 저장할 수 있다.
② 제1류 위험물과 제6류 위험물은 동일한 옥내 저장소에 저장할 수 있다.
③ 제1류 위험물 중 알칼리금속의 과산화물과 제5류 위험물은 동일한 옥내 저장소에 저장할 수 있다.
④ 제2류 위험물 중 인화성 고체와 제4류 위험물을 동일한 옥내 저장소에 저장할 수 있다.

해설 유별을 달리하는 위험물의 동일한 저장소에 저장 기준[시행규칙 별표18]

ⓐ 유별을 달리하는 위험물은 동일한 저장소에 저장하지 아니하여야 한다.

ⓝ 동일한 저장소에 저장할 수 있는 경우 : 옥내저장소 또는 옥외저장소에 위험물을 유별로 정리하여 저장하고, 서로 1m 이상의 간격을 두는 경우
  ㉠ 제1류 위험물(알칼리금속의 과산화물 또는 이를 함유한 것 제외)과 제5류 위험물
  ㉡ 제1류 위험물과 제6류 위험물
  ㉢ 제1류 위험물과 제3류 위험물 중 자연발화성물질(황린 또는 이를 함유한 것에 한한다)
  ㉣ 제2류 위험물 중 인화성고체와 제4류 위험물
  ㉤ 제3류 위험물 중 알킬알루미늄등과 제4류 위험물(알킬알루미늄 또는 알킬리튬을 함유한 것에 한한다)
  ㉥ 제4류 위험물 중 유기과산화물 또는 이를 함유한 것과 제5류 위험물 중 유기과산화물 또는 이를 함유한 것

37. $C_6H_2(NO_2)_3OH$와 $C_2H_5NO_3$의 공통 성질에 해당하는 것은?

① 니트로화합물이다.
② 인화성과 폭발성이 있는 액체이다.
③ 무색의 방향성 액체이다.
④ 에탄올에 녹는다.

해설 제5류 위험물 중 피크린산과 질산에틸 성질
  ㉮ 피크린산[$C_6H_2(NO_2)_3OH$: 트리니트로페놀]의 성질
    ㉠ 니트로화합물로 지정수량은 200kg이다.
    ㉡ 강한 쓴맛과 무취의 독성이 있는 황색의 고체이다.
    ㉢ 공기 중에서 연소하며, 찬물에는 거의 녹지 않으나 온수, 알코올(에탄올), 에테르, 벤젠에 녹는다.
  ㉯ 질산에틸($C_2H_5NO_3$, $C_2H_5ONO_2$)의 성질
    ㉠ 질산에스테르류로 지정수량은 10kg이다.
    ㉡ 인화성과 폭발성이 있는 무색, 투명한 액체이다.
    ㉢ 향긋한 냄새와 단맛이 있고 물에는 녹지 않으나 알코올(에탄올), 에테르에 녹는다.

38. 위험물을 저장하는 간이탱크 저장소의 구조 및 설비의 기준으로 옳은 것은?

① 탱크의 두께 2.5mm 이상, 용량 600L 이하
② 탱크의 두께 2.5mm 이상, 용량 800L 이하
③ 탱크의 두께 3.2mm 이상, 용량 600L 이하
④ 탱크의 두께 3.2mm 이상, 용량 800L 이하

해설 간이탱크 저장소 기준[시행규칙 별표9]
  ㉮ 탱크의 두께 : 3.2mm 이상의 강판
  ㉯ 용량 : 600L 이하
  ㉰ 설치 수 : 3 이하 (동일한 품질의 위험물 : 2 이상 설치하지 않는다.)
  ㉱ 수압시험 : 70kPa의 압력으로 10분간 실시
  ㉲ 옥외에 설치하는 경우에 너비 1m 이상의 공지를 둔다.

39. 위험물 안전관리법령상 예방규정을 정하여야 하는 제조소등에 해당하지 않는 것은?

① 지정수량 10배 이상의 위험물을 취급하는 제조소
② 이송 취급소
③ 암반탱크 저장소
④ 지정수량의 200배 이상의 위험물을 저장하는 옥내탱크 저장소

해설 예방규정을 정하여야 하는 제조소 등[시행령 제15조]
  ㉮ 지정수량의 10배 이상의 위험물을 취급하는 제조소
  ㉯ 지정수량의 100배 이상의 위험물을 저장하는 옥외저장소
  ㉰ 지정수량의 150배 이상의 위험물을 저장하는 옥내저장소
  ㉱ 지정수량의 200배 이상의 위험물을 저장하는 옥외탱크저장소
  ㉲ 암반탱크저장소
  ㉳ 이송취급소
  ㉴ 지정수량의 10배 이상의 위험물을 취급하는 일반취급소

정답 37. ④ 38. ③ 39. ④

40. 유기과산화물의 화재예방상 주의사항으로 틀린 것은?

① 직사광선을 피하고 냉암소에 저장한다.
② 불꽃, 불티 등의 화기 및 열원으로부터 멀리한다.
③ 산화제와 접촉하지 않도록 주의한다.
④ 대형 화재 시 분말소화기를 이용한 질식 소화가 유효하다.

해설 유기과산화물(제5류 위험물)의 화재예방상 주의사항

㉮ 직사일광을 피하고 냉암소에 저장한다.
㉯ 불꽃, 불티 등의 화기 및 열원으로부터 멀리하고 산화제, 환원제와도 격리한다.
㉰ 용기의 손상으로 유기과산화물이 누설하거나 오염되지 않도록 한다.
㉱ 같은 장소에 종류가 다른 약품과 함께 저장하지 않는다.
㉲ 알코올류, 아민류, 금속분류, 기타 가연성 물질과 혼합하지 않는다.
㉳ 유기과산화물은 자체 내에 산소가 함유되어 있기 때문에 질식소화는 효과가 없으므로, 다량의 주수에 의한 냉각소화가 효과적이다.

41. 위험물 안전관리법령에 따라 기계에 의하여 하역하는 구조로 된 운반용기의 외부에 행하는 표시 내용에 해당하지 않은 것은? (단, 국제해상위험물 규칙에 정한 기준 또는 소방청장이 정하여 고시하는 기준에 적합한 표시를 한 경우는 제외한다.)

① 운반용기의 제조년월
② 제조자의 명칭
③ 겹쳐쌓기 시험하중
④ 용기의 유효기간

해설 기계에 의하여 하역하는 구조로 된 운반용기의 외부에 행하는 표시 내용 [시행규칙 별표 19]

㉮ 운반용기의 제조년월 및 제조자의 명칭

㉯ 겹쳐쌓기시험하중
㉰ 운반용기 종류에 따른 중량
　㉠ 플렉시블 외의 운반용기 : 최대총중량
　㉡ 플렉시블 운반용기 : 최대수용중량
㉱ 소방청장이 정하여 고시하는 것

42. 산화성 고체의 저장 및 취급 방법으로 옳지 않은 것은?

① 가연물과 접촉 및 혼합을 피한다.
② 분해를 촉진하는 물품의 접근을 피한다.
③ 조해성 물질의 경우 물속에 보관하고 과열, 충격, 마찰 등을 피하여야 한다.
④ 알칼리금속의 과산화물은 물과의 접촉을 피하여야 한다.

해설 산화성 고체(제1류 위험물)의 저장 및 취급 방법

㉮ 재해 발생의 위험이 있는 가열, 충격, 마찰 등을 피한다.
㉯ 조해성인 것은 습기에 주의하며, 용기는 밀폐하여 저장한다.
㉰ 분해를 촉진하는 물품의 접근을 피하고, 환기가 잘 되고 서늘한 곳에 저장한다.
㉱ 가연물이나 다른 약품과의 접촉 및 혼합을 피한다.
㉲ 용기의 파손 및 위험물의 누설에 주의한다.
㉳ 알칼리 금속(Li, Na, K, Rb 등)의 과산화물은 물과 급격히 발열반응하므로 접촉을 피하여야 한다.

43. 제5류 위험물을 취급하는 위험물 제조소에 설치하는 주의사항 게시판에서 표시하는 내용과 바탕색, 문자색으로 옳은 것은?

① "화기주의", 백색 바탕에 적색 문자
② "화기주의", 적색 바탕에 백색 문자
③ "화기엄금", 백색 바탕에 적색 문자
④ "화기엄금", 적색 바탕에 백색 문자

해설 제조소의 주의사항 게시판[시행규칙 별표4]

위험물의 종류	내용	색상
• 제1류 위험물 중 알칼리금속의 과산화물 • 제3류 위험물 중 금수성물질	"물기엄금"	청색바탕에 백색문자
• 제2류 위험물(인화성 고체 제외)	"화기주의"	적색바탕에 백색문자
• 제2류 위험물 중 인화성 고체 • 제3류 위험물 중 자연발화성물질 • 제4류 위험물 • 제5류 위험물	"화기엄금"	적색바탕에 백색문자

44. 황의 성질로 옳은 것은?

① 전기 양도체이다.

② 물에는 매우 잘 녹는다.

③ 이산화탄소와 반응한다.

④ 미분은 분진폭발의 위험성이 있다.

해설 황(유황)의 특징

㉮ 제2류 위험물로 지정수량 100kg이다.

㉯ 노란색 고체로 열 및 전기의 불량도체이며 물이나 산에 녹지 않는다.

㉰ 저온에서는 안정하나 높은 온도에서는 여러 원소와 황화물을 만든다.

㉱ 공기 중에서 연소하면 푸른 불꽃을 발하며, 유독한 아황산가스(SO_2)가 발생한다.

㉲ 산화제나 목탄가루 등과 혼합되어 있을 때 마찰이나 열에 의해 착화, 폭발을 일으킨다.

㉳ 황가루가 공기 중에 떠 있을 때는 분진 폭발의 위험성이 있다.

참고 이산화탄소(CO_2)와 반응하지 않으므로 소화 방법으로 이산화탄소를 사용한다.

45. 경유를 저장하는 옥외저장탱크의 반지름이 2m 이고, 높이가 12m일 때 탱크 옆판으로부터 방유제까지의 거리는 몇 m 이상이어야 하는가?

① 4   ② 5   ③ 6   ④ 7

해설 옥외탱크저장소의 방유제와 탱크 옆판까지 유지거리[시행규칙 별표6]

㉮ 지름이 15m 미만인 경우 : 탱크 높이의 3분의 1 이상

㉯ 지름이 15m 이상인 경우 : 탱크 높이의 2분의 1 이상

㉰ 인화점이 200℃ 이상인 위험물을 저장 또는 취급하는 것은 옥외저장탱크와 방유제 사이의 거리를 유지하지 않아도 된다.

㉱ 유지거리 계산 : 탱크 지름이 15m 미만인 경우에 해당된다.

$$\therefore 유지거리 = 탱크높이 \times \frac{1}{3} = 12 \times \frac{1}{3}$$
$$= 4m \ 이상$$

46. 염소산나트륨의 성상에 대한 설명으로 옳지 않은 것은?

① 자신은 불연성 물질이지만 강한 산화제이다.

② 유리를 녹이므로 철제 용기에 저장한다.

③ 열분해하여 산소를 발생한다.

④ 산과 반응하면 유독성의 이산화염소를 발생한다.

해설 염소산나트륨($NaClO_3$)의 특징

㉮ 제1류 위험물 중 염소산염류에 해당되며 지정수량은 50kg이다.

㉯ 무색, 무취의 결정으로 물, 알코올, 글리세린, 에테르 등에 잘 녹는다.

㉰ 불연성 물질이고 조해성이 강하다.

㉱ 300℃ 정도에서 분해하기 시작하여 산소를 발생한다.

㉲ 강력한 산화제로 철과 반응하여 철제용기를 부식시킨다(철제용기를 부식시키므로 유리나 플라스틱용기를 사용한다).

㉳ 방습성이 있으므로 섬유, 나무, 먼지 등에 흡수되기 쉽다.

㉴ 산과 반응하여 유독한 이산화염소(ClO_2)가 발생하며, 폭발 위험이 있다.

정답 **44.** ④ **45.** ① **46.** ②

47. 다음 위험물 품명 중 지정수량이 나머지 셋과 다른 것은?

① 염소산염류 ② 질산염류
③ 무기과산화물 ④ 과염소산염류

해설 제1류 위험물의 지정수량

품명	지정수량
아염소산염류, 염소산염류, 과염소산염류, 무기과산화물	50kg
브롬산염류, 질산염류, 요오드산염류	300kg
과망간산염류, 중크롬산염류	1000kg

48. 제2류 위험물인 유황의 대표적인 연소 형태는?

① 표면연소 ② 분해연소
③ 증발연소 ④ 자기연소

해설 연소의 종류에 따른 가연물
㉮ 표면연소 : 목탄(숯), 코크스
㉯ 분해연소 : 종이, 석탄, 목재, 중유
㉰ 증발연소 : 가솔린, 등유, 경유, 알코올, 양초, 유황
㉱ 확산연소 : 가연성 기체(수소, 프로판, 부탄, 아세틸렌 등)
㉲ 자기연소 : 제5류 위험물(니트로셀룰로오스, 셀룰로이드, 니트로글리세린 등)

49. 소화난이도 등급 Ⅰ의 옥내탱크 저장소에 설치하는 소화설비가 아닌 것은? (단, 인화점이 70℃ 이상인 제4류 위험물만을 저장, 취급하는 장소이다.)

① 물분무 소화설비, 고정식 포 소화설비
② 이동식 외의 이산화탄소 소화설비, 고정식 포 소화설비
③ 이동식의 분말 소화설비, 스프링클러 설비
④ 이동식 외의 할로겐화합물 소화설비, 물분무 소화설비

해설 소화난이도 등급 Ⅰ인 옥내탱크 저장소에 설치하여야 할 소화설비 [시행규칙 별표17]

구분	소화설비
유황만을 저장 취급하는 것	물분무 소화설비
인화점 70℃ 이상의 제4류 위험물만을 저장 취급하는 것	물분무 소화설비, 고정식 포 소화설비, 이동식 이외의 불활성가스소화설비, 이동식 이외의 할로겐화합물소화설비 또는 이동식 이외의 분말소화설비
그 밖의 것	고정식 포 소화설비, 이동식 이외의 불활성가스소화설비, 이동식 이외의 할로겐화합물 소화설비 또는 이동식 이외의 분말소화설비

50. 다음 위험물 중 인화점이 가장 낮은 것은?

① 아세톤 ② 이황화탄소
③ 클로로벤젠 ④ 디에틸에테르

해설 제4류 위험물의 인화점

품명		인화점
아세톤	제1석유류	−18℃
이황화탄소	특수인화물	−30℃
클로로벤젠	제2석유류	32℃
디에틸에테르	특수인화물	−45℃

51. 분말소화기의 소화약제로 사용되지 않는 것은?

① 탄산수소나트륨 ② 탄산수소칼륨
③ 과산화나트륨 ④ 인산암모늄

해설 분말 소화약제의 종류 및 적응화재

분말 종류	주성분	적응 화재	착색
제1종	중탄산나트륨($NaHCO_3$) [탄산수소나트륨]	B.C	백색
제2종	중탄산칼륨($KHCO_3$) [탄산수소칼륨]	B.C	자색 (보라색)
제3종	제1인산암모늄 ($NH_4H_2PO_4$)	A.B.C	담홍색
제4종	중탄산칼륨+요소 [$KHCO_3 + (NH_2)_2CO$]	B.C	회색

참고 과산화나트륨(Na_2O_2) : 제1류 위험물 중 무기 과산화물에 해당되며, 소화약제와는 관계없다.

52. 질산이 공기 중에서 분해되어 발생하는 유독한 갈색 증기의 분자량은?

① 16   ② 40   ③ 46   ④ 71

해설 질산(HNO_3) : 제6류 위험물로 공기 중에서 분해하면서 유독성인 이산화질소(NO_2)의 적갈색 증기를 발생한다.
㉮ 반응식 : $4HNO_3 \rightarrow 2H_2O + 4NO_2 + O_2$
㉯ 이산화질소(NO_2)의 분자량 계산 :
$14 + (16 \times 2) = 46$

53. 에틸알코올의 증기 비중은 약 얼마인가?

① 0.72   ② 0.91   ③ 1.13   ④ 1.59

해설 에틸알코올(C_2H_5OH)
㉮ 분자량 계산 : $(12 \times 2) + (1 \times 5) + 16 + 1 = 46$
㉯ 증기 비중 계산
$\therefore$ 비중 $= \dfrac{분자량}{29} = \dfrac{46}{29} = 1.586$

54. 위험물 안전관리법령상 예방규정을 정하여야 하는 제조소등의 관계인은 위험물 제조소 등에 대하여 기술기준에 적합한지의 여부를 정기적으로 점검을 하여야 한다. 법적 최소 점검주기에 해당하는 것은? (단, 100만 L 이상의 옥외탱크 저장소는 제외한다.)

① 주 1회 이상   ② 월 1회 이상
③ 6개월 1회 이상   ④ 연 1회 이상

해설 제조소등의 정기점검
㉮ 정기점검 대상[시행령 제16조]
㉠ 관계인이 예방규정을 정하여야 하는 제조소등
㉡ 지하탱크저장소
㉢ 이동탱크저장소
㉣ 위험물을 취급하는 탱크로서 지하에 매설된 탱크가 있는 제조소·주유취급소 또는 일반취급소

㉯ 정기점검 횟수[시행규칙 제64조] : 연 1회 이상

55. 삼황화인과 오황화인의 공통점이 아닌 것은?

① 물과 접촉하여 인화수소가 발생한다.
② 가연성 고체이다.
③ 분자식이 P와 S로 이루어져 있다.
④ 연소 시 오산화인과 이산화황이 생성된다.

해설 삼황화인(P_4S_3)과 오황화인(P_2S_5)의 비교

구분	삼황화인(P_4S_3)	오황화인(P_2S_5)
색상	황색 결정	담황색 결정
비중	2.03	2.09
비점	407℃	514℃
융점	172.5℃	290℃
물에 대한 용해성	불용성	조해성
CS_2에 대한 용해도	소량	76.9g/100g
물과 접촉 시 발생되는 것		황화수소(H_2S) 인산(H_3PO_4)
연소 시 생성되는 것	오산화인(P_2O_5) 아황산가스(SO_2)	오산화인(P_2O_5) 아황산가스(SO_2)

참고 삼황화인(P_4S_3)과 오황화인(P_2S_5)은 제2류 위험물(가연성 고체) 중 황화린에 해당된다.

56. 탄화알루미늄 1몰을 물과 반응시킬 때 발생하는 가연성 가스의 종류와 양은?

① 에탄, 4몰   ② 에탄, 3몰
③ 메탄, 4몰   ④ 메탄, 3몰

해설 탄화알루미늄(Al_4C_3) : 제3류 위험물 중 알루미늄의 탄화물이며 지정수량 300kg이다.
㉮ 탄화알루미늄 1몰(mol)과 물의 반응식
$Al_4C_3 + 12H_2O \rightarrow 4Al(OH)_3 + 3CH_4 \uparrow$
㉯ 발생하는 가스 : 메탄(CH_4) 3몰(mol)이 발생

57. 위험물 안전관리법령에 따른 제6류 위험물의 특성에 대한 설명 중 틀린 것은?

① 과염소산은 유기물과 접촉 시 발화의 위험이 있다.
② 과염소산은 불안정하며 강력한 산화성 물질이다.
③ 과산화수소는 알코올, 에테르에 녹지 않는다.
④ 질산은 부식성이 강하고 햇빛에 의해 분해된다.

해설 과산화수소(H_2O_2)는 알코올, 에테르에 녹지만(용해하지만) 석유, 벤젠에는 녹지 않는다.

58. 위험물 안전관리법령에 대한 설명 중 옳지 않은 것은?

① 군부대가 지정수량 이상의 위험물을 군사 목적으로 임시로 저장 또는 취급하는 경우는 제조소등이 아닌 장소에서 지정수량 이상의 위험물을 취급할 수 있다.
② 철도 및 궤도에 의한 위험물의 저장, 취급 및 운반에 있어서는 위험물 안전관리법령을 적용하지 아니한다.
③ 지정수량 미만인 위험물의 저장 또는 취급에 관한 기술상의 기준은 국가화재 안전기준으로 정한다.
④ 업무상 과실로 제조소등에서 위험물을 유출, 방출 또는 확산시켜 사람의 생명, 신체 또는 재산에 대하여 위험을 발생시킨 자는 7년 이하의 금고 또는 2천만원 이하의 벌금에 처한다.

해설 지정수량 미만인 위험물의 저장·취급[법 제4조] : 지정수량 미만인 위험물의 저장 또는 취급에 관한 기술상의 기준은 특별시·광역시·특별자치시·도 및 특별자치도(이하 시·도라 한다)의 조례로 정한다.

59. 다음 중 인화점이 가장 높은 것은?

① 니트로벤젠　　② 클로로벤젠
③ 톨루엔　　　　④ 에틸벤젠

해설 제4류 위험물의 인화점

품 명		인화점
니트로벤젠	제3석유류	87.8℃
클로로벤젠	제2석유류	32℃
톨루엔	제1석유류	4.5℃
에틸벤젠	제1석유류	18℃

60. 위험물 안전관리법령상 지하탱크 저장소의 위치, 구조 및 설비의 기준에 따라 다음 (　)에 들어갈 수치로 옳은 것은?

> 탱크 전용실은 지하의 가장 가까운 벽·피트·가스관 등의 시설물 및 대지 경계선으로부터 (㉠)m 이상 떨어진 곳에 설치하고, 지하 저장탱크와 탱크 전용실의 안쪽과의 사이는 (㉡)m 이상의 간격을 유지하도록 하며, 당해 탱크의 주위에 마른 모래 또는 습기 등에 의하여 응고되지 아니하는 입자 지름 (㉢)mm 이하의 마른 자갈분을 채워야 한다.

① ㉠ : 0.1, ㉡ : 0.1, ㉢ : 5
② ㉠ : 0.1, ㉡ : 0.3, ㉢ : 5
③ ㉠ : 0.1, ㉡ : 0.1, ㉢ : 10
④ ㉠ : 0.1, ㉡ : 0.3, ㉢ : 10

해설 지하탱크 저장소 탱크 전용실 기준[시행규칙 별표8]

㉮ 지하의 가장 가까운 벽·피트·가스관 등의 시설물 및 대지 경계선으로부터 0.1m 이상 떨어진 곳에 설치한다.
㉯ 지하저장탱크와 탱크전용실의 안쪽과의 사이는 0.1m 이상의 간격을 유지한다.
㉰ 당해 탱크의 주위에 마른 모래 또는 습기 등에 의하여 응고되지 아니하는 입자지름 5mm 이하의 마른 자갈분을 채워야 한다.

2013. 7. 21 시행 (제4회)

1. 주된 연소 형태가 표면연소인 것을 옳게 나타낸 것은?

① 중유, 알코올
② 코크스, 숯
③ 목재, 종이
④ 석탄, 플라스틱

해설 연소의 종류에 따른 가연물
㉮ 표면연소 : 목탄(숯), 코크스
㉯ 분해연소 : 종이, 석탄, 목재, 중유
㉰ 증발연소 : 가솔린, 등유, 경유, 알코올, 양초, 유황
㉱ 확산연소 : 가연성 기체
㉲ 자기연소 : 제5류 위험물(니트로셀룰로오스, 셀룰로이드, 니트로글리세린 등)

2. 다음 중 화학적 소화에 해당하는 것은?

① 냉각소화
② 질식소화
③ 제거소화
④ 억제소화

해설 소화 방법의 분류
㉮ 물리적 소화 방법 : 냉각소화, 제거소화, 질식소화
㉯ 화학적 소화 방법 : 억제소화(부촉매효과)

3. 제3류 위험물 중 금수성 물질에 적응할 수 있는 소화설비는?

① 포 소화설비
② 이산화탄소 소화설비
③ 탄산수소염류 분말소화설비
④ 할로겐화합물 소화설비

해설 제3류 위험물 중 금수성 물질에 적응성이 있는 소화설비 [시행규칙 별표17]
㉮ 탄산수소염류 분말소화설비 및 분말소화기
㉯ 건조사
㉰ 팽창질석 또는 팽창진주암

4. 가연물이 연소할 때 공기 중의 산소 농도를 떨어뜨려 연소를 중단시키는 소화 방법은?

① 제거소화
② 질식소화
③ 냉각소화
④ 억제소화

해설 소화작용(소화효과)
㉮ 제거소화 : 화재 현장에서 가연물을 제거함으로써 화재의 확산을 저지하는 방법으로 소화하는 것이다.
㉯ 질식소화 : 산소공급원을 차단하여 연소 진행을 억제하는 방법으로 소화하는 것이다.
㉰ 냉각소화 : 물 등을 사용하여 활성화 에너지(점화원)를 냉각시켜 가연물을 발화점 이하로 낮추어 연소가 계속 진행할 수 없도록 하는 방법으로 소화하는 것이다.
㉱ 부촉매 소화(억제소화) : 산화반응에 직접 관계없는 물질을 가하여 연쇄반응의 억제작용을 이용하는 방법으로 소화하는 것이다.

5. 다음 중 오존층 파괴지수가 가장 큰 것은?

① Halon 104
② Halon 1211
③ Halon 1301
④ Halon 2402

해설 할로겐 화합물의 오존층 파괴지수(ODP)

구분	오존층 파괴지수
Halon 104	1.1
Halon 1211($CBrClF_2$)	3.0
Halon 1301($CBrF_3$)	10
Halon 2402($C_2Br_2F_4$)	6.0

㊟ 오존층 파괴지수의 숫자가 클수록 오존파괴 정도가 크다는 의미이다.

6. 분말 소화약제 중 제1종과 제2종 분말이 각각 열분해될 때 공통적으로 생성되는 물질은?

① N_2, CO_2
② N_2, O_2
③ H_2O, CO_2
④ H_2O, N_2

2013

해설 ㉮ 제1종 분말 소화약제 반응식

$$2NaHCO_3 \rightarrow Na_2CO_3 + \underline{H_2O} + \underline{CO_2}$$

㉯ 제2종 분말 소화약제 반응식

$$2KHCO_3 \rightarrow K_2CO_3 + \underline{H_2O} + \underline{CO_2}$$

7. 발화점이 달라지는 요인으로 가장 거리가 먼 것은?

① 가연성 가스와 공기의 조성비
② 발화를 일으키는 공간의 형태와 크기
③ 가열속도와 가열시간
④ 가열도구와 내구연한

해설 발화점에 영향을 주는 인자(요인)
㉮ 가연성 가스와 공기와의 혼합비
㉯ 발화를 일으키는 공간의 형태와 크기
㉰ 기벽의 재질과 촉매 효과
㉱ 가열속도와 지속시간(가열시간)
㉲ 점화원의 종류와 에너지 투여법

8. 이산화탄소 소화기의 장점으로 옳은 것은?

① 전기설비 화재에 유용하다.
② 마그네슘과 같은 금속분 화재 시 유용하다.
③ 자기반응성 물질의 화재 시 유용하다.
④ 알칼리금속 과산화물 화재 시 유용하다.

해설 이산화탄소 소화기의 특징
㉮ 소화 후 소화약제에 의한 물품의 오손이 거의 없다.
㉯ 전기 절연성이고 장시간 저장해도 물성의 변화가 거의 없다.
㉰ 한랭지에서도 동결의 우려가 없다.
㉱ 자체 압력으로 방출되기 때문에 방출용 동력이 필요하지 않다.
㉲ 약제 방출 시 소음이 발생한다.

참고 이산화탄소 소화기는 전기설비 화재에 적응성이 있고, 마그네슘 및 금속분(제2류 위험물), 자기반응성 물질(제5류 위험물), 알칼리금속 과산화물(제1류 위험물)의 화재에는 적응성이 없다.

9. 다음 중 폭발범위가 가장 넓은 물질은?

① 메탄   ② 톨루엔
③ 에틸알코올   ④ 에틸에테르

해설 각 위험물의 공기 중에서 폭발범위

명칭	폭발범위
메탄	5~15%
톨루엔	1.4~6.7%
에틸알코올	4.3~19%
에틸에테르	1.9~48%

10. 이산화탄소가 소화약제로 사용되는 이유에 대한 설명으로 가장 옳은 것은?

① 산소와의 반응이 느리기 때문이다.
② 산소와 반응하지 않기 때문이다.
③ 착화되어도 곧 불이 꺼지기 때문이다.
④ 산화반응이 되어도 열 발생이 없기 때문이다.

해설 이산화탄소(CO_2)는 산소와 반응하지 않는 불연성 가스로 공기 중의 산소 농도를 낮추어 질식 소화의 효과를 나타내므로 물을 사용할 수 없는 전기설비화재 등에 사용한다.

11. 니트로셀룰로오스 화재 시 가장 적합한 소화 방법은?

① 할로겐화합물 소화기를 사용한다.
② 분말소화기를 사용한다.
③ 이산화탄소 소화기를 사용한다.
④ 다량의 물을 사용한다.

해설 니트로셀룰로오스는 산소가 없어도 연소가 가능한 제5류 위험물로 질식소화의 효과는 없으므로 다량의 물을 이용한 주수소화가 효과적이다.

12. 자연발화를 방지하기 위한 방법으로 옳지 않은 것은?

① 습도를 가능한 한 높게 유지한다.
② 열 축적을 방지한다.

③ 저장실의 온도를 낮춘다.
④ 정촉매 작용을 하는 물질을 피한다.

해설 위험물의 자연발화를 방지하는 방법
㉮ 통풍을 잘 시킬 것
㉯ 저장실의 온도를 낮출 것
㉰ 습도가 높은 곳을 피하고, 건조하게 보관할 것
㉱ 열의 축적을 방지할 것
㉲ 가연성가스 발생을 조심할 것
㉳ 불연성가스를 주입하여 공기와의 접촉을 피할 것
㉴ 물질의 표면적을 최대한 작게 할 것
㉵ 정촉매 작용을 하는 물질과의 접촉을 피할 것

13. 건물물의 1층 및 2층 부분만을 방사 능력범위로 하고 지하층 및 3층 이상의 층에 대하여 다른 소화설비를 설치해야 하는 소화설비는?

① 스프링클러 소화설비
② 포 소화설비
③ 옥외 소화전설비
④ 물분무 소화설비

해설 위험물시설의 소화설비 설치 [세부기준 제128조]
㉮ 옥내소화전설비 및 이동식 물분무등 소화설비는 화재발생 시 연기가 충만할 우려가 없는 장소 등 쉽게 접근이 가능하고 화재 등에 의한 피해를 받을 우려가 적은 장소에 한하여 설치할 것
㉯ 옥외소화전설비는 건축물의 1층 및 2층 부분만을 방사 능력범위로 하고 건축물의 지하층 및 3층 이상의 층에 대하여 다른 소화설비를 설치할 것. 또한 옥외소화전설비를 옥외 공작물에 대한 소화설비로 하는 경우에도 유효방수거리 등을 고려한 방사 능력범위에 따라 설치할 것

14. 위험물 안전관리법령상 소화난이도 등급 Ⅰ에 해당하는 제조소의 연면적 기준은?

① 1000m² 이상
② 800m² 이상
③ 700m² 이상
④ 500m² 이상

해설 제조소, 일반 취급소의 소화난이도 등급 Ⅰ에 해당되는 시설 [시행규칙 별표17]
㉮ 연면적 1000m² 이상인 것
㉯ 지정수량의 100배 이상인 것(고인화점 위험물만을 100℃ 미만의 온도에서 취급하는 것 및 제48조의 위험물을 취급하는 것은 제외)
㉰ 지반면으로부터 6m 이상의 높이에 위험물 취급설비가 있는 것(고인화점 위험물만을 100℃ 미만의 온도에서 취급하는 것은 제외)
㉱ 일반취급소로 사용되는 부분 외의 부분을 갖는 건축물에 설치된 것(내화구조로 개구부 없이 구획된 것. 고인화점 위험물만을 100℃ 미만의 온도에서 취급하는 것 및 화학실험의 일반취급소는 제외)

15. 위험물 취급소의 건축물은 외벽이 내화구조인 경우 연면적 몇 m²를 1소요단위로 하는가?

① 50
② 100
③ 150
④ 200

해설 소화설비 소요단위 계산방법 [시행규칙 별표17]
㉮ 제조소 또는 취급소의 건축물
㉠ 외벽이 내화구조인 것 : 연면적 100m²를 1소요단위로 할 것
㉡ 외벽이 내화구조가 아닌 것 : 연면적 50m²를 1소요단위로 할 것
㉯ 저장소의 건축물
㉠ 외벽이 내화구조인 것 : 연면적 150m²를 1소요단위로 할 것
㉡ 외벽이 내화구조가 아닌 것 : 연면적 75m²를 1소요단위로 할 것
㉰ 위험물 : 지정수량의 10배를 1소요단위로 할 것
㉱ 제조소등의 옥외에 설치된 공작물은 외벽이 내화구조인 것으로 간주하고 공작물의 최대수평투영면적을 연면적으로 간주하여 ㉮ 및 ㉯의 규정에 의하여 소요단위를 산정할 것

16. 금속칼륨의 보호액으로 적당하지 않은 것은?

① 등유   ② 유동파라핀
③ 경유   ④ 에탄올

해설 칼륨(K) : 제3류 위험물(금수성 물질)에 해당되며 지정수량은 10kg이다.
  ㉮ 보호액 : 등유, 경유, 파라핀
  ㉯ 에탄올(C_2H_5OH)은 칼륨과 반응하여 가연성 기체인 수소(H_2)를 발생시키므로 보호액으로 사용하는 것은 부적합하다.
$$2K + 2C_2H_5OH \rightarrow 2C_2H_5OK + H_2 \uparrow$$

17. 위험물 제조소에서 지정수량 이상의 위험물을 취급하는 건축물(시설)에는 원칙상 최소 몇 m 이상의 보유공지를 확보하여야 하는가? (단, 최대수량은 지정수량의 10배이다.)

① 1m 이상   ② 3m 이상
③ 5m 이상   ④ 7m 이상

해설 제조소의 보유공지 [시행규칙 별표4]

취급하는 위험물의 최대수량	공지의 너비
지정수량의 10배 이하	3m 이상
지정수량의 10배 초과	5m 이상

18. 이송취급소의 배관이 하천을 횡단하는 경우 하천 밑에 매설하는 배관의 외면과 계획하상(계획하상이 최소 하상보다 높은 경우에는 최심하상)과의 거리는?

① 1.2m 이상   ② 2.5m 이상
③ 3.0m 이상   ④ 4.0m 이상

해설 이송취급소 배관의 하천 등 횡단설치 [시행규칙 별표15] : 하천 또는 수로의 밑에 배관을 매설하는 경우에는 배관의 외면과 계획하상(계획하상이 최심하상보다 높은 경우에는 최심하상)과의 거리는 다음의 거리로 한다.
  ㉮ 하천을 횡단하는 경우 : 4.0m 이상
  ㉯ 수로를 횡단하는 경우
    ㉠ 하수도(상부가 개방되는 구조로 된 것에 한한다) 또는 운하 : 2.5m 이상
    ㉡ ㉠의 규정에 의한 수로에 해당되지 아니하는 좁은 수로(용수로 제외) : 1.2m 이상

19. 다음 중 주수소화를 하면 위험성이 증가하는 것은?

① 과산화칼륨   ② 과망간산칼륨
③ 과염소산칼륨   ④ 브롬산칼륨

해설 과산화칼륨(K_2O_2) : 제1류 위험물 중 무기과산화물로 물과 접촉하면 열과 산소가 발생하므로 주수소화는 금물이고 건조사, 팽창질석 또는 팽창진주암, 탄산수소염류 분말 소화약제 및 분말 소화기를 사용하여야 한다.

20. 메탄 1g이 완전 연소하면 발생되는 이산화탄소는 몇 g인가?

① 1.25 ② 2.75 ③ 14 ④ 44

해설 ㉮ 메탄(CH_4)의 완전연소 반응식
$$CH_4 + 2O_2 \rightarrow CO_2 + 2H_2O$$
  ㉯ 이산화탄소 발생량 계산 : 메탄(CH_4)의 분자량은 16이고, 이산화탄소(CO_2)의 분자량은 44이다. 그러므로 메탄 16g이 연소하면 이산화탄소는 44g이 발생하므로 메탄 1g이 연소할 때 발생하는 이산화탄소량을 비례식으로 계산할 수 있다.

$$\therefore x = \frac{44 \times 1}{16} = 2.75 \, g$$

21. 가연성 고체 위험물의 일반적 성질로서 틀린 것은?

① 비교적 저온에서 착화한다.
② 산화제와의 접촉 가열은 위험하다.
③ 연소속도가 빠르다.
④ 산소를 포함하고 있다.

해설 가연성 고체 위험물(제2류 위험물)의 일반적 성질

㉮ 낮은 온도에서 착화하기 쉬운 가연성 물질이다.

㉯ 비중은 1보다 크며, 연소 시 유독가스를 발생하는 것도 있다.

㉰ 연소속도가 대단히 빠르며, 금속분은 물이나 산과 접촉하면 확산 폭발한다.

㉱ 대부분 물에는 불용이며, 산화하기 쉬운 물질이다.

㉲ 강력한 환원성 물질로 산화제와 접촉, 마찰로 착화되면 급격히 연소한다.

참고 산소를 포함하고 있는 것은 제5류 위험물이다.

22. 벤젠에 관한 설명 중 틀린 것은?

① 인화점은 약 −11℃ 정도이다.

② 이황화탄소보다 착화온도가 높다.

③ 벤젠 증기는 마취성은 있으나 독성은 없다.

④ 취급할 때 정전기 발생을 조심해야 한다.

해설 벤젠(C_6H_6)의 특징

㉮ 제4류 위험물 중 제1석유류에 해당되며 지정수량은 200L이다.

㉯ 무색, 투명한 휘발성이 강한 액체로 증기는 마취성과 독성이 있다.

㉰ 분자량 78의 방향족 유기화합물로 증기는 공기보다 무겁다.

㉱ 물에는 녹지 않으나 알코올, 에테르 등 유기용제와 잘 섞이고 수지, 유지, 고무 등을 잘 녹인다.

㉲ 불을 붙이면 그을음(C)을 많이 내면서 연소한다.

㉳ 융점이 5.5℃로 겨울철 찬 곳에서 고체가 되는 현상이 발생한다.

㉴ 전기의 불량도체로 취급할 때 정전기발생을 조심해야 한다.

㉵ 액체 비중 0.88(증기비중 2.7), 비점 80.1℃, 발화점 562.2℃, 인화점 −11.1℃, 융점 5.5℃, 연소범위 1.4~7.1%이다.

참고 이황화탄소(CS)의 발화점(착화점) : 100℃

23. 1기압 20℃에서 액상이며 인화점이 200℃ 이상인 물질은?

① 벤젠   ② 톨루엔   ③ 글리세린   ④ 실린더유

해설 제4석유류의 정의 [시행령 별표1] : 제4석유류라 함은 기어유, 실린더유 그 밖에 1기압에서 인화점이 200℃ 이상 250℃ 미만의 것을 말한다. 다만, 도료류 그 밖의 물품은 가연성 액체량이 40 wt% 이하인 것은 제외한다.

24. 다음 중 질산에스테르류에 속하는 것은?

① 피크린산
② 니트로벤젠
③ 니트로글리세린
④ 트리니트로톨루엔

해설 제5류 위험물 중 질산에스테르류의 종류
㉮ 니트로셀룰로오스($[C_6H_7O_2(ONO_2)_3]_n$)
㉯ 질산에틸($C_2H_5ONO_2$)
㉰ 질산메틸(CH_3ONO_2)
㉱ 니트로글리세린($C_3H_5(ONO_2)_3$)
㉲ 니트로글리콜($C_2H_4(ONO_2)_2$)
㉳ 셀룰로이드류

25. 제6류 위험물의 화재예방 및 진압대책으로 적합하지 않은 것은?

① 가연물과의 접촉을 피한다.
② 과산화수소를 장기 보존할 때는 유리용기를 사용하여 밀전한다.
③ 옥내소화전설비를 사용하여 소화할 수 있다.
④ 물분무 소화설비를 사용하여 소화할 수 있다.

해설 제6류 위험물은 산화성 액체로 가연물과의 접촉을 피하고 화재 시 주수소화가 효과적이다.
참고 유리용기는 알칼리성으로 과산화수소(H_2O_2)의 분해를 촉진하므로 장기 보존하지 않아야 한다.

26. 지정수량이 50kg이 아닌 위험물은?

① 염소산나트륨　　② 리튬
③ 과산화나트륨　　④ 나트륨

해설 각 위험물의 지정수량

위험물	유별 및 품명	지정수량
염소산나트륨	제1류, 염소산염류	50kg
리튬	제3류, 알칼리금속	50kg
과산화나트륨	제1류, 무기과산화물	50kg
나트륨	제3류, 나트륨	10kg

27. 과산화수소와 산화프로필렌의 공통점으로 옳은 것은?

① 특수인화물이다.
② 분해 시 질소를 발생한다.
③ 끓는점이 100℃ 이하이다.
④ 수용액 상태에서도 자연발화 위험이 있다.

해설 과산화수소(H_2O_2)와
산화프로필렌 (CH_3CHOCH_2) 비교

구분	과산화수소	산화프로필렌
유별	제6류	제4류 특수인화물
지정수량	300kg	50L
위험등급	I	I
연소성	산화성	가연성
색상	무색의 액체 (많은 양은 청색)	무색 투명한 액체
물의 용해도	녹는다.	녹는다.
비점(끓는점)	80.2℃	34℃
인화점	–	−37℃
발화점	–	465℃
액체 비중	1.47	0.83
소화방법	주수소화	소화분말, 탄산가스

28. 제2류 위험물인 마그네슘의 위험성에 관한 설명 중 틀린 것은?

① 더운물과 작용시키면 산소 가스를 발생

한다.
② 이산화탄소 중에서도 연소한다.
③ 습기와 반응하여 열이 축적되면 자연발화의 위험이 있다.
④ 공기 중에 부유하면 분진 폭발의 위험이 있다.

해설 마그네슘(Mg)의 위험성
㉮ 마그네슘을 더운물과 작용시키면 <u>수소(H_2)</u> 가스를 발생시킨다.
㉯ 반응식 : $Mg + 2HO \longrightarrow Mg(OH)_2 + H_2 \uparrow$

29. 과산화벤조일의 지정수량은 얼마인가?

① 10kg　　　　② 50L
③ 100kg　　　　④ 1000L

해설 과산화벤조일$[(C_6H_5CO)_2O_2$: 벤조일퍼옥사이드]은 제5류 위험물 중 유기과산화물로 지정수량은 10kg이다.

30. 지하탱크 저장소에서 인접한 2개의 지하 저장탱크 용량의 합계가 지정수량의 100배일 경우 탱크 상호간의 최소거리는 얼마인가?

① 0.1m　② 0.3m　③ 0.5m　④ 1m

해설 지하탱크저장소 기준 [시행규칙 별표8]
㉮ 지하저장탱크를 2 이상 인접 설치하는 경우 간격 : 상호간에 1m 이상의 간격 유지
㉯ 당해 2 이상의 지하저장탱크의 용량 합계가 지정수량의 100배 이하인 때 : 0.5m 이상의 간격 유지

31. 위험물 안전관리법령에서 정하는 위험등급 I 에 해당하지 않는 것은?

① 제3류 위험물 중 지정수량이 20kg인 위험물
② 제4류 위험물 중 특수인화물
③ 제1류 위험물 중 무기과산화물
④ 제5류 위험물 중 지정수량이 100kg인 위험물

해설 위험등급 Ⅰ의 위험물 [시행규칙 별표19]
⑦ 제1류 위험물 중 아염소산염류, 염소산염류, 과염소산염류, 무기과산화물 그 밖에 지정수량이 50kg인 위험물
⑭ 제3류 위험물 중 칼륨, 나트륨, 알킬알루미늄, 알킬리튬, 황린 그 밖에 지정수량이 10kg 또는 20kg인 위험물
⑮ 제4류 위험물 중 특수인화물
⑯ 제5류 위험물 중 유기과산화물, 질산에스테르류 그 밖에 지정수량이 10kg인 위험물
⑰ 제6류 위험물
참고 제5류 위험물 중 위험등급 Ⅰ 외의 것은 위험등급 Ⅱ에 해당된다.

32. 위험물 안전관리법령에 명시된 아세트알데히드의 옥외 저장탱크에 필요한 설비가 아닌 것은?
① 보랭장치
② 냉각장치
③ 동합금 배관
④ 불활성 기체를 봉입하는 장치

해설 아세트알데히드(CH_3CHO)등의 옥외탱크 저장소 기준 [시행규칙 별표6]
⑦ 옥외 저장탱크의 설비는 동·마그네슘·은·수은 또는 이들을 성분으로 하는 합금으로 만들지 아니할 것
⑭ 옥외 저장탱크에는 냉각장치 또는 보랭장치, 그리고 연소성 혼합기체의 생성에 의한 폭발을 방지하기 위한 불활성의 기체를 봉입하는 장치를 설치할 것

33. 정기점검 대상 제조소 등에 해당하지 않는 것은?
① 이동탱크 저장소
② 지정수량 120배의 위험물을 저장하는 옥외 저장소
③ 지정수량 120배의 위험물을 저장하는 옥내 저장소
④ 이송 취급소

해설 ⑦ 정기점검 대상 제조소등[시행령 제16조]
㉠ 관계인이 예방규정을 정하여야 하는 제조소등
㉡ 지하탱크저장소
㉢ 이동탱크저장소
㉣ 위험물을 취급하는 탱크로서 지하에 매설된 탱크가 있는 제조소·주유취급소 또는 일반취급소
⑭ 관계인이 예방규정을 정하여야 하는 제조소등[시행령 제15조]
㉠ 지정수량의 10배 이상의 위험물을 취급하는 제조소
㉡ 지정수량의 100배 이상의 위험물을 저장하는 옥외저장소
㉢ 지정수량의 150배 이상의 위험물을 저장하는 옥내저장소
㉣ 지정수량의 200배 이상의 위험물을 저장하는 옥외탱크저장소
㉤ 암반탱크저장소
㉥ 이송취급소
㉦ 지정수량의 10배 이상의 위험물을 취급하는 일반취급소

34. 다음 중 탄화칼슘에 대한 설명으로 옳은 것은?
① 분자식은 CaC이다.
② 물과의 반응 생성물에는 수산화칼슘이 포함된다.
③ 순수한 흑회색의 불규칙한 덩어리이다.
④ 고온에서도 질소와는 반응하지 않는다.

해설 탄화칼슘(CaC_2 : 카바이드)의 특징
⑦ 제3류 위험물 중 칼슘 또는 알루미늄의 탄화물로 지정수량은 300kg이다.
⑭ 백색의 입방체 결정으로 시판품은 회색, 회흑색을 띠고 있다.
⑮ 높은 온도에서 강한 환원성을 가지며, 많은 산화물을 환원시킨다.
⑯ 공업적으로 석회와 탄소를 전기로에서 가열하여 제조한다.
⑰ 수증기 및 물과 반응하여 가연성 가스인 아세

틸렌(C_2H_2)과 수산화칼슘[$Ca(OH)_2$]이 발생한다.

$$CaC_2 + 2H_2O \longrightarrow Ca(OH)_2 + C_2H_2 \uparrow$$

㉯ 상온에서 안정하지만 350℃에서 산화되며, 700℃ 이상에서는 질소와 반응하여 석회질소($CaCN_2$: 칼슘시아나이드)를 생성한다.

㉰ 시판품은 불순물이 포함되어 있어 유독한 황화수소(H_2S), 인화수소(PH_3 : 포스핀), 암모니아(NH_3) 등을 발생시킨다.

㉱ 비중 2.22, 융점 2370℃, 착화온도 335℃이다.

35. 셀룰로이드에 관한 설명 중 틀린 것은 어느 것인가?

① 물에 잘 녹으며, 자연발화의 위험이 있다.
② 지정수량은 10kg이다.
③ 탄력성이 있는 고체의 형태이다.
④ 장시간 방치된 것은 햇빛, 고온 등에 의해 분해가 촉진된다.

해설 셀룰로이드 특징
㉮ 제5류 위험물 중 질산에스테르류에 해당되면 지정수량은 10kg이다.
㉯ 무색 또는 황색의 반투명하고 탄력성이 있는 고체이다.
㉰ 물에는 녹지 않으며 알코올, 아세톤, 초산에스테르류에 잘 녹는다.
㉱ 질소를 함유하면서 탄소가 함유된 유기물이다.
㉲ 장시간 방치된 것은 햇빛, 고온 등에 의해 분해가 촉진된다.
㉳ 습기가 많고 온도가 높으면 자연발화의 위험이 있고 연소하면 유독한 가스가 발생된다.
㉴ 비중 1.4, 발화온도 180℃이다.

36. 오황화인이 물과 작용했을 때 주로 발생되는 기체는?

① 포스핀   ② 포스겐
③ 황산가스   ④ 황화수소

해설 오황화인(P_2S_5)
㉮ 제2류 위험물 중 황화린에 해당되며 지정수량 100kg이다.
㉯ 오황화인(P_2S_5)은 물, 알칼리에 의해 황화수소(H_2S)와 인산(H_3PO_4)으로 분해된다.
㉰ 반응식 : $P_2S_5 + 8H_2O \longrightarrow 5H_2S + 2H_3PO_4$

37. 다음 물질 중 물보다 비중이 작은 것으로만 이루어진 것은?

① 에테르, 이황화탄소
② 벤젠, 글리세린
③ 가솔린, 에탄올
④ 글리세린, 아닐린

해설 제4류 위험물의 액체 비중

품명		액 비중
에테르	특수인화물	0.719
이황화탄소	특수인화물	1.263
벤젠	제1석유류	0.88
글리세린	제3석유류	1.26
가솔린	제1석유류	0.65~0.8
에탄올	알코올류	0.79
아닐린	제3석유류	1.02

38. 위험물 판매취급소에 관한 설명 중 틀린 것은?

① 위험물을 배합하는 실의 바닥면적은 $6m^2$ 이상 $15m^2$ 이하이어야 한다.
② 제1종 판매취급소는 건축물의 1층에 설치하여야 한다.
③ 일반적으로 페인트점, 화공약품점이 이에 해당된다.
④ 취급하는 위험물의 종류에 따라 제1종과 제2종으로 구분된다.

해설 위험물 판매취급소 구분 [시행규칙 별표14]
㉮ 제1종 판매취급소 : 저장 또는 취급하는 위험물의 수량이 지정수량의 20배 이하인 판매취급소이다.

㉯ 제2종 판매취급소 : 저장 또는 취급하는 위험물의 수량이 <u>지정수량의 40배 이하</u>인 판매취급소이다.

39. 위험물 안전관리법령에 따른 소화설비의 적응성에 관한 내용 중 ( ) 안에 적합한 내용은?

> 제6류 위험물을 저장 또는 취급하는 장소로서 폭발의 위험이 없는 장소에 한하여 ( )가[이] 제6류 위험물에 대하여 적응성이 있다.

① 할로겐화합물 소화기
② 분말소화기 – 탄산수소염류 소화기
③ 분말소화기 – 그 밖의 것
④ 이산화탄소 소화기

해설 소화설비의 적응성 중 "△" 표시 [시행규칙 별표17]

㉮ 제4류 위험물을 저장 또는 취급하는 장소의 살수기준면적에 따라 스프링클러설비의 살수밀도가 규정에 정하는 기준 이상인 경우에는 당해 스프링클러설비가 제4류 위험물에 대하여 적응성이 있음을 표시한다.

㉯ 제6류 위험물을 저장 또는 취급하는 장소로서 폭발의 위험이 없는 장소에 한하여 이산화탄소 소화기가 제6류 위험물에 대하여 적응성이 있음을 표시한다.

40. 위험물 운반용기에 수납하여 적재할 때 차광성이 있는 피복으로 가려야 하는 위험물이 아닌 것은?

① 제1류 위험물   ② 제2류 위험물
③ 제5류 위험물   ④ 제6류 위험물

해설 적재하는 위험물의 성질에 따른 조치 [시행규칙 별표19]

㉮ <u>차광성</u> 피복으로 가려야 하는 위험물 : <u>제1류</u> 위험물, <u>제3류</u> 위험물 중 <u>자연발화성 물질</u>, <u>제4류</u> 위험물 중 <u>특수인화물</u>, <u>제5류</u> 위험물, <u>제6류</u> 위험물

㉯ 방수성 피복으로 덮는 위험물 : 제1류 위험물 중 알칼리금속의 과산화물, 제2류 위험물 중 철분·금속분·마그네슘, 제3류 위험물 중 금수성 물질

㉰ 보랭 컨테이너에 수납하는 위험물 : 제5류 위험물 중 55℃ 이하에서 분해될 우려가 있는 것

㉱ 액체 위험물, 위험등급 Ⅱ의 위험물을 기계에 의하여 하역하는 구조로 된 운반용기 : 충격방지조치

41. 위험물의 운반 및 적재 시 혼재가 불가능한 것으로 연결된 것은? (단, 지정수량의 1/5 이상이다.)

① 제1류와 제6류
② 제4류와 제3류
③ 제2류와 제3류
④ 제5류와 제4류

해설 ㉮ 위험물 운반할 때 혼재 기준 [시행규칙 별표19, 부표2]

구분	제1류	제2류	제3류	제4류	제5류	제6류
제1류		×	×	×	×	○
제2류	×		×	○	○	×
제3류	×	×		○	×	×
제4류	×	○	○		○	×
제5류	×	○	×	○		×
제6류	○	×	×	×	×	

○ : 혼합 가능, × : 혼합 불가능

㉯ 이 표는 지정수량의 $\frac{1}{10}$ 이하의 위험물에 대하여는 적용하지 않는다.

42. 염소산칼륨 20kg과 아염소산나트륨 10kg을 과염소산과 함께 저장하는 경우 지정수량 1배로 저장하려면 과염소산은 얼마나 저장할 수 있는가?

① 20kg   ② 40kg
③ 80kg   ④ 120kg

해설 ㉮ 각 위험물의 유별 및 지정수량

품명	유별	지정수량
염소산칼륨	제1류 위험물, 염소산염류	50kg
아염소산나트륨	제1류 위험물, 아염소산염류	50kg
과염소산	제6류 위험물	300kg

㉯ 과염소산의 저장량 계산 : 지정수량 배수의 합은 각 위험물량을 지정수량으로 나눈 값의 합이다.

∴ 지정수량 배수의 합

$$= \frac{A\,위험물량}{지정수량} + \frac{B\,위험물량}{지정수량} + \frac{C\,위험물량}{지정수량}$$

$$\therefore 1 = \frac{20}{50} + \frac{10}{50} + \frac{x}{300}$$

$$\therefore 1 - \left(\frac{20}{50} + \frac{10}{50}\right) = \frac{x}{300}$$

$$\therefore 1 - (0.4 + 0.2) = \frac{x}{300}$$

$$\therefore x = 300 \times \{1 - (0.4 + 0.2)\} = 120\,kg$$

43. 위험물 안전관리법령상 주유취급소의 소화설비 기준과 관련한 설명 중 틀린 것은 어느 것인가?

① 모든 주유취급소는 소화난이도 등급 Ⅱ 또는 소화난이도 등급 Ⅲ에 속한다.
② 소화난이도 등급 Ⅱ에 해당하는 주유취급소에는 대형 수동식 소화기 및 소형 수동식 소화기 등을 설치하여야 한다.
③ 소화난이도 등급 Ⅲ에 해당하는 주유취급소에는 소형 수동식 소화기 등을 설치하여야 하며, 위험물의 소요단위 산정은 지하탱크 저장소의 기준을 준용한다.
④ 모든 주유취급소의 소화설비 설치를 위해서는 위험물의 소요단위를 산출하여야 한다.

해설 주유취급소의 소화설비 기준 [시행규칙 별표17]
㉮ 주유취급소의 소화난이도 등급 Ⅰ은 주유취

급소의 직원 외의 자가 출입하는 부분의 면적의 합이 500m³를 초과하는 것, Ⅱ는 옥내주유취급소, Ⅲ은 Ⅰ, Ⅱ 외의 주유취급소이다. 〈개정 2014. 6. 23〉

참고 법령 개정 이전에는 모든 주유취급소는 소화난이도등급 Ⅱ와 Ⅲ에 속하는 것으로 되어 있었다.

㉯ 소화난이도 등급 Ⅰ에 해당하는 주유취급소에는 스프링클러설비(건축물에 한정), 소형수동식 소화기등을 설치하여야 한다.
㉰ 소화난이도 등급 Ⅱ에 해당하는 주유취급소에는 대형 수동식 소화기 및 소형 수동식 소화기등을 설치하여야 한다.
㉱ 소화난이도 등급 Ⅲ에 해당하는 주유취급소에는 소형 수동식 소화기등을 설치하여야 한다.
㉲ 주유취급소의 소형소화기등의 설치기준은 능력단위의 수치가 건축물 그 밖의 공작물 및 위험물의 소요단위의 수치에 이르도록 설치하여야 한다.

44. 위험물이 물과 반응하여 발생하는 가스를 잘못 연결한 것은?

① 탄화알루미늄 – 메탄
② 탄화칼슘 – 아세틸렌
③ 인화칼슘 – 에탄
④ 수소화칼슘 – 수소

해설 물(H_2O)과 반응하여 발생하는 가스
㉮ 인화칼슘(Ca_3P_2 : 인화석회)은 인화수소 (PH_3 : 포스핀)를 발생
$$Ca_3P_2 + 6H_2O \rightarrow 3Ca(OH)_2 + 2PH_3 \uparrow$$
㉯ 탄화알루미늄(Al_4C_3)은 메탄(CH_4) 가스를 발생
$$Al_4C_3 + 12H_2O \rightarrow 4Al(OH)_3 + 3CH_4$$
㉰ 탄화칼슘(CaC_2)은 아세틸렌(C_2H_2) 가스를 발생
$$CaC_2 + 2H_2O \rightarrow Ca(OH)_2 + C_2H_2 \uparrow$$
㉱ 수소화칼슘(CaH_2)은 수소(H_2) 가스를 발생
$$CaH_2 + 2H_2O \rightarrow Ca(OH)_2 + 2H_2 \uparrow$$

45. 제1류 위험물의 일반적인 성질에 해당하지 않는 것은?

① 고체 상태이다.

② 분해하여 산소를 발생한다.

③ 가연성 물질이다

④ 산화제이다.

> **해설** 제1류 위험물(산화성 고체)의 공통적인 성질
> ㉮ 대부분 무색 결정, 백색 분말로 비중이 1보다 크다.
> ㉯ 물에 잘 녹는 것이 많으며 물과 작용하여 열과 산소를 발생시키는 것도 있다.
> ㉰ 반응성이 커서 가열, 충격, 마찰 등에 의해서 분해되기 쉽다.
> ㉱ 일반적으로 불연성이며 산소를 많이 함유한 강산화제로서 가연물과 혼입하면 폭발의 위험성이 크다.

46. 다음은 위험물 안전관리법령에 따른 이동 저장탱크의 구조에 관한 기준이다. ( ) 안에 알맞은 수치는?

> 이동 저장탱크는 그 내부에 (㉠)L 이하마다 (㉡)mm 이상의 강철판 또는 이와 동등 이상의 강도, 내열성 및 내식성이 있는 금속성의 것으로 칸막이를 설치하여야 한다. 다만, 고체인 위험물을 저장하거나 고체인 위험물을 가열하여 액체 상태로 저장하는 경우에는 그러하지 아니하다.

① ㉠ 2000, ㉡ 1.6

② ㉠ 2000, ㉡ 3.2

③ ㉠ 4000, ㉡ 1.6

④ ㉠ 4000, ㉡ 3.2

> **해설** 이동저장탱크의 칸막이[시행규칙 별표10]
> ㉮ 이동저장탱크는 그 내부에 4000L 이하마다 3.2mm 이상의 강철판 또는 이와 동등 이상의 강도·내열성 및 내식성이 있는 금속성의 것으로 칸막이를 설치하여야 한다.
> ㉯ 고체인 위험물을 저장하거나 고체인 위험물을 가열하여 액체 상태로 저장하는 경우에는 그러하지 아니하다.

47. 질산나트륨의 성상으로 옳은 것은?

① 황색 결정이다.

② 물에 잘 녹는다.

③ 흑색 화약의 원료이다.

④ 상온에서 자연 분해한다.

> **해설** 질산나트륨($NaNO_3$)의 특징
> ㉮ 제1류 위험물로 질산염류에 해당되며 지정수량은 300kg이다.
> ㉯ 무색, 무취, 투명한 결정 또는 백색 분말이다.
> ㉰ 조해성이 있으며 물, 글리세린에 잘 녹는다.
> ㉱ 강한 산화제이며 수용액은 중성으로 무수 알코올에는 잘 녹지 않는다.
> ㉲ 분해온도(380℃)에서 분해되면 아질산나트륨($NaNO_2$)과 산소를 생성한다.
> ㉳ 가연물, 유기물, 차아황산나트륨과 함께 가열하면 폭발한다.
> ㉴ 비중 2.27, 융점 308℃, 용해도(0℃) 73이다.
> **참고** 흑색화약의 원료는 질산칼륨(KNO_3)이다.

48. 피크린산 제조에 사용되는 물질과 가장 관계가 있는 것은?

① C_6H_6

② $C_6H_5CH_3$

③ $C_3H_5(OH)_3$

④ C_6H_5OH

> **해설** 피크르산[$C_6H_2(NO_2)_3OH$: 트리니트로페놀]은 페놀(C_6H_5OH)을 진한 황산(H_2SO_4)과 질산(HNO_3)의 혼산으로 니트로화하여 제조한다.

49. 위험물 안전관리법령상 위험물 옥외 저장소에 저장할 수 있는 품명은? (단, 국제해상위험물규칙에 적합한 용기에 수납하는 경우이다.)

① 특수인화물

② 무기과산화물

③ 알코올류

④ 칼륨

> **해설** 옥외저장소에 지정수량 이상의 위험물을 저장할 수 있는 위험물 [시행령 별표2]
> ㉮ 제2류 위험물 중 유황 또는 인화성고체(인화점이 0℃ 이상인 것에 한한다)
> ㉯ 제4류 위험물 중 제1석유류(인화점이 0℃ 이

상인 것에 한한다)·알코올류·제2석유류·제3
석유류·제4석유류 및 동식물유류

㉰ 제6류 위험물

㉱ 제2류 위험물 및 제4류 위험물 중 특별시·광
역시 또는 도의 조례에서 정하는 위험물(관세
법 제154조의 규정에 의한 보세구역 안에 저
장하는 경우에 한한다)

㉲ '국제해사기구에 관한 협약'에 의하여 설치된
국제해사기구가 채택한 '국제해상위험물규칙
(IMDG Code)'에 적합한 용기에 수납된 위험물

50. 가연물에 따른 화재의 종류 및 표시색의 연
결이 옳은 것은?

① 폴리에틸렌 – 유류 화재 – 백색
② 석탄 – 일반 화재 – 청색
③ 시너 – 유류 화재 – 청색
④ 나무 – 일반 화재 – 백색

해설 ㉮ 화재의 분류 및 표시 색상

구분	화재 종류	표시 색상
A급 화재	일반 화재	백색
B급 화재	유류, 가스 화재	황색
C급 화재	전기 화재	청색
D급 화재	금속 화재	–

㉯ 각 항목의 옳은 내용
① 폴리에틸렌 – 일반 화재 – 백색
② 석탄 – 일반 화재 – 백색
③ 시너 – 유류 화재 – 황색

51. 다음 중 위험물 안전관리법령에 따른 지정수
량이 나머지 셋과 다른 하나는?

① 황린 ② 칼륨
③ 나트륨 ④ 알킬리튬

해설 제3류 위험물의 지정수량

위험물	지정수량
황린(P_4)	20kg
칼륨(K)	10kg
나트륨(Na)	10kg
알킬리튬(LiR)	10kg

52. 위험물 안전관리법령에서 정한 정의이다. 무
엇의 정의인가?

> 인화성 또는 발화성 등의 성질을 가지는
> 것으로서 대통령령이 정하는 물품을 말
> 한다.

① 위험물 ② 가연물
③ 특수인화물 ④ 제4류 위험물

해설 위험물의 정의 [법 제2조] : 위험물 : 인화성
또는 발화성 등의 성질을 가지는 것으로서 대통
령령으로 정하는 물품을 말한다.

53. 다음 중 과염소산나트륨의 성질이 아닌 것은?

① 황색의 분말로 물과 반응하여 산소를 발
생한다.
② 가열하면 분해되어 산소를 방출한다.
③ 융점은 약 482℃이고 물에 잘 녹는다.
④ 비중은 약 2.5로 물보다 무겁다.

해설 과염소산나트륨($NaClO_4$)의 특징(성질)
㉮ 제1류 위험물 중 과염소산염류에 해당되며 지
정수량 50kg이다.
㉯ 무색, 무취의 사방정계 결정으로 조해성이 있다.
㉰ 물이나 에틸알코올, 아세톤에 잘 녹으나 에테
르에는 녹지 않는다.
㉱ 400℃ 부근에서 분해하여 산소를 방출한다.
㉲ 자신은 불연성 물질이지만 강력한 산화제
이다.
㉳ 진한 황산과 접촉하면 폭발성가스를 생성하
고 폭발 위험이 있다.
㉴ 비중 2.50, 융점 482℃, 용해도(0℃) 170이다.

참고 과염소산나트륨이 물과 반응하여 산소를 발
생하는 것이 아니라 물을 가열하여 400℃가 되
었을 때 분해하면서 산소를 발생한다.

54. 황린과 적린의 성질에 대한 설명으로 가장
거리가 먼 것은?

① 황린과 적린은 이황화탄소에 녹는다.
② 황린과 적린은 물에 불용이다.

③ 적린은 황린에 비하여 화학적으로 활성이 작다.

④ 황린과 적린을 각각 연소시키면 P_2O_5이 생성된다.

해설 황린(P_4)과 적린(P_4)의 비교

구분	황린	적린
유별	제3류	제2류
지정수량	20kg	100kg
위험등급	I	II
색상	백색 또는 담황색 고체	암적색 분말
이황화탄소(CS_2) 용해도	용해한다.	용해하지 않는다.
물의 용해도	용해하지 않는다.	용해하지 않는다.
연소생성물	오산화인(P_2O_5)	오산화인(P_2O_5)
독성	유	무
비중	1.82	2.2
발화점	34℃	260℃
소화방법	분무주수	분무주수

55. 아세트알데히드와 아세톤의 공통 성질에 대한 설명 중 틀린 것은?

① 증기는 공기보다 무겁다.
② 무색 액체로서 인화점이 낮다.
③ 물에 잘 녹는다.
④ 특수인화물로 반응성이 크다.

해설 아세트알데히드와 아세톤의 비교

구분	아세트알데히드	아세톤
분자기호	CH_3CHO	CH_3COCH_3
품명	제4류 위험물 중 특수인화물	제4류 위험물 중 제1석유류
물의 용해도	잘 녹는다.	잘 녹는다.
액체 비중	0.783	0.79
증기비중	1.52	2.0
발화점	185℃	538℃
인화점	−39℃	−18℃
연소범위	4.1~75%	2.6~12.8%

56. 다음 위험물 중 특수인화물이 아닌 것은?

① 메틸에틸케톤 퍼옥사이드
② 산화프로필렌
③ 아세트알데히드
④ 이황화탄소

해설 ㉮ 제4류 위험물 중 특수인화물 종류 : 디에틸에테르($C_2H_5OC_2H_5$: 에테르), 이황화탄소(CS_2), 아세트알데히드(CH_3CHO), 산화프로필렌(CH_3CHOCH_2), 디에틸설파이드(황화디메틸) 등
㉯ 메틸에틸케톤 퍼옥사이드는 제5류 위험물에 해당된다.

57. 분자량이 약 74, 비중이 약 0.71인 물질로서 에탄올 두 분자에서 물이 빠지면서 축합반응이 일어나 생성되는 물질은?

① $C_2H_5OC_2H_5$ ② C_2H_5OH
③ C_6H_5Cl ④ CS_2

해설 에탄올 두 분자($2C_2H_5OH$)에는 에틸(C_2H_5) 2개, 수산기(OH) 2개를 각각 포함하고 있으며 여기에서 물(H_2O)이 빠지면 에틸(C_2H_5) 2개와 산소 원소(O) 1개만 남으로 $C_2H_5OC_2H_5$(디에틸에테르)가 생성된다.

58. 위험물 관련 신고 및 선임에 관한 사항으로 옳지 않은 것은?

① 제조소의 위치, 구조 변경 없이 위험물의 품명 변경 시는 변경한 날로부터 7일 이내에 신고하여야 한다.
② 제조소 설치자의 지위를 승계한 자는 승계한 날로부터 30일 이내에 신고하여야 한다.
③ 위험물 안전관리자를 선임한 경우는 선임한 날부터 14일 이내에 신고하여야 한다.
④ 위험물 안전관리자가 퇴직한 경우는 퇴직일로부터 30일 이내에 선임하여야 한다.

해설 제조소등의 설치 및 변경허가 [법 제6조] : 제조소등의 위치·구조 또는 설비의 변경 없이 위험물의 품명·수량 또는 지정수량의 배수를 변경하고자 하는 자는 변경하고자 하는 날의 1일 전까지 행정안전부령이 정하는 바에 따라 시·도지사에게 신고하여야 한다.

59. 다음 중 메탄올에 관한 설명으로 옳지 않은 것은?

① 인화점은 약 11℃이다.
② 술의 원료로 사용된다.
③ 휘발성이 강하다.
④ 최종 산화물은 의산(포름산)이다.

해설 메탄올(CH_3OH : 메틸알코올)의 특징

㉮ 제4류 위험물 중 알코올류에 해당되며 지정수량은 400L이다.

㉯ 휘발성이 강한 무색, 투명한 액체로 물과는 어떤 비율로도 혼합된다.

㉰ 유지, 수지 등을 잘 녹이며, 유기용매에는 농도에 따라서 녹는 정도가 다르다.

㉱ 백금(Pt), 산화구리(CuO) 존재 하에 공기 중에서 서서히 산화하면 포르말린($HCHO$), 빠르면 의산($HCOOH$)을 거쳐 이산화탄소(CO_2)로 된다.

㉲ 독성이 강하여 소량 마시면 시신경을 마비시키고, 8~20g 정도 먹으면 두통, 복통을 일으키거나 실명을 하며, 30~50g 정도 먹으면 사망한다.

㉳ 인화점 이상이 되면 폭발성 혼합기체를 발생하고, 밀폐된 상태에서는 폭발한다.

㉴ 밝은 곳에서 연소 시 화염의 색깔이 연해서 잘 보이지 않으므로 화상 등에 주의한다.

㉵ 밀봉, 밀전하여 통풍이 잘 되는 냉암소에 저장하고, 용기는 10% 이상의 여유공간을 확보해 둔다.

㉶ 액체 비중 0.79(증기비중 1.1), 비점 63.9℃, 착화점 464℃, 인화점 11℃, 연소범위 7.3~36%이다.

참고 술의 원료로 사용하는 것은 에탄올(C_2H_5OH : 에틸알코올)이다.

60. 옥내 저장소의 동일한 실에 서로 1m 이상의 간격을 두고 저장할 수 없는 것은?

① 제1류 위험물과 제3류 위험물 중 자연발화성 물질(황린 또는 이를 함유한 것에 한한다)
② 제4류 위험물과 제2류 위험물 중 인화성 고체
③ 제1류 위험물과 제4류 위험물
④ 제1류 위험물과 제6류 위험물

해설 유별을 달리하는 위험물의 동일한 저장소에 저장 기준[시행규칙 별표18]

㉮ 유별을 달리하는 위험물은 동일한 저장소에 저장하지 아니하여야 한다.

㉯ 동일한 저장소에 저장할 수 있는 경우 : 옥내 저장소 또는 옥외저장소에 위험물을 유별로 정리하여 저장하고, 서로 1m 이상의 간격을 두는 경우

㉠ 제1류 위험물(알칼리금속의 과산화물 또는 이를 함유한 것 제외)과 제5류 위험물

㉡ 제1류 위험물과 제6류 위험물

㉢ 제1류 위험물과 제3류 위험물 중 자연발화성물질(황린 또는 이를 함유한 것에 한한다)

㉣ 제2류 위험물 중 인화성고체와 제4류 위험물

㉤ 제3류 위험물 중 알킬알루미늄등과 제4류 위험물(알킬알루미늄 또는 알킬리튬을 함유한 것에 한한다)

㉥ 제4류 위험물 중 유기과산화물 또는 이를 함유한 것과 제5류 위험물 중 유기과산화물 또는 이를 함유한 것

2013. 10. 12 시행 (제5회)

1. 제조소등에 전기설비(전기배선, 조명기구 등은 제외)가 설치된 경우에는 면적 몇 m² 마다 소형 수동식 소화기를 1개 이상 설치하여야 하는가?

① 50 ② 100
③ 150 ④ 200

해설 전기설비의 소화설비 [시행규칙 별표17] : 제조소등에 전기설비(전기배선, 조명기구 등은 제외한다)가 설치된 경우에는 당해 장소의 면적 100m² 마다 소형수동식 소화기를 1개 이상 설치할 것

2. 연쇄반응을 억제하여 소화하는 소화약제는?

① 할론 1301 ② 물
③ 이산화탄소 ④ 포

해설 소화약제의 소화효과
㉮ 물 : 냉각효과
㉯ 산·알칼리 소화약제 : 냉각효과
㉰ 강화액 소화약제 : 냉각소화, 부촉매효과, 일부질식효과
㉱ 이산화탄소 소화약제 : 질식효과, 냉각효과
㉲ 할로겐화합물 소화약제 : 억제효과(부촉매 효과)
㉳ 포 소화약제 : 질식효과, 냉각효과
㉴ 분말 소화약제 : 질식효과, 냉각효과, 제3종 분말 소화약제는 부촉매효과도 있음

3. 위험물 안전관리법령상 지하탱크 저장소에 설치하는 강제 이중벽 탱크에 관한 설명으로 틀린 것은?

① 탱크 본체와 외벽 사이에는 3mm 이상의 감지 층을 둔다.
② 스페이서는 탱크 본체와 재질을 다르게 하여야 한다.
③ 탱크 전용실이 없이 지하에 직접 매설할

수도 있다.
④ 탱크 외면에는 최대시험압력을 지워지지 않도록 표시하여야 한다.

해설 강제 이중벽탱크의 구조 [세부기준 제106조]
㉮ 외벽은 완전용입용접 또는 양면겹침이음용접으로 틈이 없도록 제작할 것
㉯ 탱크의 본체와 외벽의 사이에 3mm 이상의 감지층을 둘 것
㉰ 탱크본체와 외벽 사이의 감지층 간격을 유지하기 위한 스페이서를 다음에 의하여 설치할 것
 ㉠ 스페이서는 탱크의 고정밴드 위치 및 기초대 위치에 설치할 것
 ㉡ 재질은 원칙적으로 탱크본체와 동일한 재료로 할 것
 ㉢ 스페이서와 탱크의 본체와의 용접은 전주 필릿용접 또는 부분용접으로 하되, 부분용접으로 하는 경우에는 한 변의 용접비드는 25mm 이상으로 할 것
 ㉣ 스페이서 크기는 두께 3mm, 폭 50mm, 길이 380mm 이상일 것
㉱ 누설감지설비는 강제강화플라스틱계 이중벽탱크의 누설감지설비의 기준에 의할 것
㉲ 강제 이중벽탱크의 외면에는 위험물의 종류 및 사용온도범위와 함께 표시사항(제조업체·제조년월 및 제조번호, 탱크의 용량·규격 및 최대시험압력, 형식번호·탱크안전성능 실시자 등)이 지워지지 아니하도록 표시하여야 한다.

4. 단백포 소화약제 제조 공정에서 부동제로 사용하는 것은?

① 에틸렌글리콜 ② 물
③ 가수분해 단백질 ④ 황산제1철

해설 포소화약제의 부동제(부동액) : 포소화약제에 제4류 위험물 중 제3석유류에 해당하는 에틸렌글리콜($C_2H_4(OH)_2$)을 첨가하여 포소화약제가 동결되지 않도록 하는 것이다.

5. 8L 용량의 소화전용 물통의 능력단위는 얼마인가?

① 0.3   ② 0.5

③ 1.0   ④ 1.5

해설 소화설비의 능력단위 [시행규칙 별표17]

소화설비 종류	용량	능력단위
소화전용 물통	8L	0.3
수조(소화전용 물통 3개 포함)	80L	1.5
수조(소화전용 물통 6개 포함)	190L	2.5
마른모래(삽 1개 포함)	50L	0.5
팽창질석 또는 팽창진주암(삽 1개 포함)	160L	1.0

6. 위험물 제조소등별로 설치하여야 하는 경보설비의 종류에 해당하지 않은 것은?

① 비상방송설비
② 비상조명등설비
③ 자동화재탐지설비
④ 비상경보설비

해설 경보설비의 구분 [시행규칙 제42조]
㉮ 자동화재 탐지설비
㉯ 비상경보설비(비상벨장치 또는 경종을 포함한다)
㉰ 확성장치(휴대용확성기를 포함한다)
㉱ 비상방송설비

참고 비상조명등설비는 피난설비에 해당된다.

7. 점화원으로 작용할 수 있는 정전기를 방지하기 위한 예방 대책이 아닌 것은?

① 정전기 발생이 우려되는 장소에 접지시설을 한다.
② 실내의 공기를 이온화하여 정전기 발생을 억제한다.
③ 정전기는 습도가 낮을 때 많이 발생하므로 상대습도를 70% 이상으로 한다.
④ 전기의 저항이 큰 물질은 대전이 용이하므로 비전도체 물질을 사용한다.

해설 정전기 방지 대책
㉮ 설비를 접지한다.
㉯ 공기를 이온화한다.
㉰ 공기 중 상대습도를 70% 이상 유지한다.

참고 전기가 통하지 않는 비전도체는 정전기가 발생할 가능성이 더 높아진다.

8. 15℃의 기름 100g에 8000J의 열량을 주면 기름의 온도는 몇 ℃가 되겠는가? (단, 기름의 비열은 2J/g·℃ 이다.)

① 25   ② 45   ③ 50   ④ 55

해설 현열식 $Q = G \times C \times (t_2 - t_1)$ 에서

$$\therefore t_2 = \frac{Q}{G \times C} + t_1 = \frac{8000}{100 \times 2} + 15 = 55 ℃$$

9. 탱크화재 현상 중 BLEVE(boiling liquid expanding vapor explosion)에 대한 설명으로 옳은 것은?

① 기름 탱크에서의 수증기 폭발 현상이다.
② 비등상태의 액화가스가 기화하여 팽창하고 폭발하는 현상이다.
③ 화재 시 기름 속의 수분이 급격히 증발하여 기름 거품이 되고 팽창해서 기름 탱크에서 밖으로 내뿜어져 나오는 현상이다.
④ 고점도의 기름 속에 수증기를 포함한 볼 형태의 물방울이 형성되어 탱크 밖으로 넘치는 현상이다.

해설 BLEVE (boiling liquid expanding vapor explosion) 현상 : 비등액체팽창증기폭발이라 하며 가연성 액체 저장탱크 주변에서 화재가 발생하여 기상부의 탱크가 국부적으로 가열되면 그 부분이 강도가 약해져 탱크가 파열된다. 이 때 내부의 액화가스가 급격히 유출 팽창되어 화구(fire ball)를 형성하여 폭발하는 형태를 말한다.

10. 위험물을 운반용기에 담아 지정수량의 1/10 초과하여 적재하는 경우 위험물을 혼재하여도 무방한 것은?

① 제1류 위험물과 제6류 위험물
② 제2류 위험물과 제6류 위험물
③ 제2류 위험물과 제3류 위험물
④ 제3류 위험물과 제5류 위험물

해설 ㉮ 위험물 운반할 때 혼재 기준 [시행규칙 별표19, 부표2]

구분	제1류	제2류	제3류	제4류	제5류	제6류
제1류		×	×	×	×	○
제2류	×		×	○	○	×
제3류	×	×		○	×	×
제4류	×	○	○		○	×
제5류	×	○	×	○		×
제6류	○	×	×	×	×	

○ : 혼합 가능, × : 혼합 불가능

㉯ 이 표는 지정수량의 $\frac{1}{10}$ 이하의 위험물에 대하여는 적용하지 않는다.

11. 위험물의 성질에 따라 강화된 기준을 적용하는 지정과산화물을 저장하는 옥내 저장소에서 지정과산화물에 대한 설명으로 옳은 것은?

① 지정과산화물이란 제5류 위험물 중 유기과산화물 또는 이를 함유한 것으로서 지정수량이 10kg인 것을 말한다.
② 지정과산화물에는 제4류 위험물에 해당하는 것도 포함된다.
③ 지정과산화물이란 유기과산화물과 알킬알루미늄을 말한다.
④ 지정과산화물이란 유기과산화물 중 소방방재청 고시로 지정한 물질을 말한다.

해설 지정과산화물 [시행규칙 별표4] : 제5류 위험물 중 유기과산화물 또는 이를 함유하는 것으로서 지정수량이 10kg인 것을 말한다.

참고 옥내 저장소에서 위험물의 성질에 따라 강화된 기준을 적용하는 위험물 종류
㉮ 지정과산화물
㉯ 알킬알루미늄등
㉰ 히드록실아민등

12. 다음과 같은 반응에서 5m³의 탄산가스를 만들기 위해 필요한 탄산수소나트륨의 양은 약 몇 kg 인가? (단, 표준상태이고 나트륨의 원자량은 23이다.)

$$2NaHCO_3 \rightarrow Na_2CO_3 + CO_2 + H_2O$$

① 18.75 ② 37.5 ③ 56.25 ④ 75

해설 탄산수소나트륨($NaHCO_3$)의 분자량은 84이고, 1kmol이 차지하는 체적은 22.4m³이다.
$$2NaHCO_3 \rightarrow Na_2CO_3 + CO_2 + H_2O$$
$2 \times 84kg$ ↔ $22.4m^3$
$x[kg]$ ↔ $5m^3$
$$\therefore x = \frac{2 \times 84 \times 5}{22.4} = 37.5\,kg$$

13. 지정수량의 100배 이상을 저장 또는 취급하는 옥내 저장소에 설치하여야 하는 경보설비는? (단, 고인화점 위험물만을 저장 또는 취급하는 것은 제외한다.)

① 비상경보설비   ② 자동화재 탐지설비
③ 비상방송설비   ④ 비상조명등설비

해설 경보설비 설치 대상 [시행규칙 별표17]
(1) 자동화재 탐지설비
㉮ 제조소 및 일반취급소
㉠ 연면적 500m² 이상인 것
㉡ 옥내에서 지정수량의 100배 이상을 취급하는 것
㉯ 옥내저장소
㉠ 지정수량의 100배 이상을 저장 또는 취급하는 것
㉡ 저장창고의 연면적이 150m²를 초과하는 것
㉢ 처마높이가 6m 이상인 단층건물의 것
㉣ 옥내저장소로 사용되는 부분 외의 부분이 있는 건축물에 설치된 옥내저장소
㉰ 옥내탱크저장소 : 단층 건물 외의 건축물에 설치된 옥내탱크저장소로서 소화난이도등급 Ⅰ에 해당하는 곳
㉱ 주유취급소 : 옥내주유취급소

정답 11. ① 12. ② 13. ②

(2) 자동화재 탐지설비, 비상경보설비, 확성장치 또는 비상방송설비 중 1종 이상을 설치해야 하는 경우 : (1)에 해당하지 않는 제조소등으로 지정수량의 10배 이상을 저장 또는 취급하는 것

14. 이산화탄소 소화기 사용 시 줄·톰슨 효과에 의해서 생성되는 물질은?

① 포스겐　　　② 일산화탄소
③ 드라이아이스　④ 수성가스

해설 ㉮ 드라이아이스 : 고체탄산이라고 하며 액체 상태의 이산화탄소가 줄·톰슨 효과에 의하여 온도가 강하되면서 고체(얼음) 상태로 된 것이다.
㉯ 줄·톰슨 효과 : 단열을 한 배관 중에 작은 구멍을 내고 이 관에 압력이 있는 유체를 흐르게 하면 유체가 작은 구멍을 통할 때 유체의 압력이 하강함과 동시에 온도가 떨어지는 현상이다. 이산화탄소 소화기를 사용할 때 줄·톰슨 효과에 의하여 노즐부분에서 드라이아이스가 생성되어 노즐을 폐쇄하는 현상이 발생한다.

15. 금속분, 목탄, 코크스 등의 연소형태에 해당하는 것은?

① 자기연소　　② 증발연소
③ 분해연소　　④ 표면연소

해설 연소형태에 따른 가연물
㉮ 표면연소 : 목탄(숯), 코크스
㉯ 분해연소 : 종이, 석탄, 목재, 중유
㉰ 증발연소 : 가솔린, 등유, 경유, 알코올, 양초, 유황
㉱ 확산연소 : 가연성 기체
㉲ 자기연소 : 제5류 위험물(니트로셀룰로오스, 셀룰로이드, 니트로글리세린 등)

16. 일반 취급소의 형태가 옥외의 공작물로 되어 있는 경우에 있어서 그 최대 수평투영면적이 500m²일 때 설치하여야 하는 소화설비의 소요단위는 몇 단위인가?

① 5단위　　　② 10단위
③ 15단위　　　④ 20단위

해설 소화설비 소요단위 계산 [시행규칙 별표17]
㉮ 제조소 또는 취급소의 건축물
　㉠ 외벽이 내화구조인 것 : 연면적 100m²를 1소요단위로 할 것
　㉡ 외벽이 내화구조가 아닌 것 : 연면적 50m²를 1소요단위로 할 것
㉯ 저장소의 건축물
　㉠ 외벽이 내화구조인 것 : 연면적 150m²를 1소요단위로 할 것
　㉡ 외벽이 내화구조가 아닌 것 : 연면적 75m²를 1소요단위로 할 것
㉰ 위험물 : 지정수량의 10배를 1소요단위로 할 것
㉱ 제조소등의 옥외에 설치된 공작물은 외벽이 내화구조인 것으로 간주하고 공작물의 최대수평투영면적을 연면적으로 간주하여 ㉮ 및 ㉯의 규정에 의하여 소요단위를 산정할 것
㉲ 소요단위 계산 : 일반취급소의 옥외의 공작물이므로 외벽이 내화구조인 것이 되고 최대수평투영면적 500m²가 연면적으로 적용되며, 연면적 100m²가 1소요단위에 해당된다.

$$\therefore \text{소요단위} = \frac{\text{건축물 연면적}}{\text{1소요단위 면적}}$$

$$= \frac{500}{100} = 5 \text{단위}$$

17. 수용성 가연성 물질의 화재 시 다량의 물을 방사하여 가연물질의 농도를 연소농도 이하가 되도록 하여 소화시키는 것은 무슨 소화 원리인가?

① 제거소화　　② 촉매소화
③ 희석소화　　④ 억제소화

해설 소화작용(소화효과)
㉮ 제거소화 : 화재 현장에서 가연물을 제거함으로써 화재의 확산을 저지하는 방법으로 소화하는 것이다.
㉯ 질식소화 : 산소공급원을 차단하여 연소 진행을 억제하는 방법으로 소화하는 것이다.

14. ③　**15.** ④　**16.** ①　**17.** ③

㉐ 냉각소화 : 물 등을 사용하여 활성화 에너지(점화원)를 냉각시켜 가연물을 발화점 이하로 낮추어 연소가 계속 진행할 수 없도록 하는 방법으로 소화하는 것이다.

㉑ 부촉매 소화(억제소화) : 산화반응에 직접 관계없는 물질을 가하여 연쇄반응의 억제작용을 이용하는 방법으로 소화하는 것이다.

㉒ 희석소화 : 수용성 가연성 위험물인 알코올, 에테르 등의 화재 시 다량의 물을 살포하여 가연성 위험물의 농도를 연소농도 이하가 되도록 하여 화재를 소화시키는 방법이다.

18. 화재별 급수에 따른 화재의 종류 및 표시 색상을 모두 옳게 나타낸 것은?

① A급 : 유류 화재 – 황색
② B급 : 유류 화재 – 황색
③ A급 : 유류 화재 – 백색
④ B급 : 유류 화재 – 백색

해설 화재 급수에 따른 화재 종류 및 표시 색상

화재 급수	화재종류	표시 색상
A급	일반 화재	백색
B급	유류 화재	황색
C급	전기 화재	청색
D급	금속 화재	–

19. 건물의 외벽이 내화구조로서 연면적 300m^{2}의 옥내저장소에 필요한 소화기 소요단위 수는?

① 1단위
② 2단위
③ 3단위
④ 4단위

해설 저장소용 건축물로 외벽이 내화구조인 것의 1소요 단위는 연면적이 150m^{2}이다.

$$\therefore \ 소요단위 = \frac{건축물\ 연면적}{1소요단위\ 면적}$$

$$= \frac{300}{150} = 2단위$$

참고 소화설비 소요단위 계산 기준 및 방법은 16번 해설을 참고하기 바랍니다.

20. 소화난이도 등급 Ⅰ에 해당하지 않는 제조소 등은?

① 제1석유류 위험물을 제조하는 제조소로서 연면적 1000m^2 이상인 것
② 제1석유류 위험물을 저장하는 옥외탱크 저장소로서 액표면적이 40m^2 이상인 것
③ 모든 이송취급소
④ 제6류 위험물을 저장하는 암반탱크 저장소

해설 소화난이도 등급 Ⅰ에 해당하는 암반탱크 저장소 [시행규칙 별표17]

㉠ 액표면적이 40m^2 이상인 것(제6류 위험물을 저장하는 것 및 고인화점위험물만을 100℃ 미만의 온도에서 저장하는 것은 제외)

㉡ 고체 위험물만을 저장하는 것으로서 지정수량의 100배 이상인 것

21. 다음 중 위험물 안전관리법령에 의한 지정수량이 가장 작은 품명은?

① 질산염류
② 인화성 고체
③ 금속분
④ 질산에스테르류

해설 각 위험물의 지정수량

품명	유별	지정수량
질산염류	제1류 위험물	300kg
인화성 고체	제2류 위험물	1000kg
금속분	제2류 위험물	500kg
질산에스테르류	제5류 위험물	10kg

22. 위험물 판매취급소에 대한 설명 중 틀린 것은?

① 제1종 판매취급소라 함은 저장 또는 취급하는 위험물의 수량이 지정수량의 20배 이하인 판매취급소를 말한다.
② 위험물을 배합하는 실의 바닥면적은 6m^2 이상 15m^2 이하이어야 한다.
③ 판매취급소에서는 도료류 외의 제1석유류를 배합하거나 옮겨 담는 작업을 할 수 있다.

2013

④ 제1종 판매취급소는 건축물의 2층까지만 설치가 가능하다.

해설 위험물 판매취급소 기준[시행규칙 별표1 4] : 제1종 및 제2종 판매취급소는 건축물 1층에 설치하여야 한다.

23. 과염소산암모늄의 위험성에 대한 설명으로 올바르지 않은 것은?

① 급격히 가열하면 폭발의 위험이 있다.
② 건조 시에는 안정하나, 수분 흡수 시에는 폭발한다.
③ 가연성 물질과 혼합하면 위험하다.
④ 강한 충격이나 마찰에 의해 폭발의 위험이 있다.

해설 과염소산암모늄(NH_4ClO_4)의 특징 및 위험성
㉮ 제1류 위험물 중 과염소산염류로 지정수량은 50kg이다.
㉯ 무색, 무취의 결정으로 물, 알코올, 아세톤에는 용해되나 에테르에는 녹지 않는다.
㉰ 강한 충격이나 마찰, 급격히 가열하면 폭발의 위험이 있다.
㉱ 강산과 접촉하거나 가연성 물질 또는 산화성 물질과 혼합하면 폭발 위험이 있다.
㉲ 상온에서 비교적 안정하나 130℃에서 분해하기 시작하여 300℃ 부근에서 급격히 분해하여 폭발한다.
㉳ 비중 1.87, 분해온도 130℃이다.

참고 과염소산암모늄은 물에 녹을 때 흡열반응을 하기 때문에 수분을 흡수하여도 폭발의 위험성이 없으며, 화재 시 다량의 주수소화를 한다.

24. 시·도 조례가 정하는 바에 따라 관할 소방서장의 승인을 받아 지정수량 이상의 위험물을 제조소 등이 아닌 장소에서 임시로 저장 또는 취급하는 기간은 최대 며칠 이내인가?

① 30   ② 60   ③ 90   ④ 120

해설 지정수량 이상의 위험물을 임시로 저장 또는 취급 조건 [법 제5조]

㉮ 시·도의 조례가 정하는 바에 따라 관할소방서장의 승인을 받아 지정수량 이상의 위험물을 90일 이내의 기간 동안 임시로 저장 또는 취급하는 경우
㉯ 군부대가 지정수량 이상의 위험물을 군사목적으로 임시로 저장 또는 취급하는 경우

참고 임시로 저장 또는 취급하는 장소에서의 저장 또는 취급의 기준과 위치·구조 및 설비의 기준은 시·도의 조례로 정한다.

25. 휘발유에 대한 설명으로 옳은 것은?

① 가연성 증기를 발생하기 쉬우므로 주의한다.
② 발생된 증기는 공기보다 가벼워서 주변으로 확산하기 쉽다.
③ 전기를 잘 통하는 도체이므로 정전기를 발생시키지 않도록 조치한다.
④ 인화점이 상온보다 높으므로 여름철에 각별한 주의가 필요하다.

해설 휘발유(가솔린)의 특징
㉮ 제4류 위험물 중 제1석유류에 해당되며 지정수량 200L이다.
㉯ 탄소수 C_5~C_9까지의 포화(알칸), 불포화(알켄) 탄화수소의 혼합물로 휘발성 액체이다.
㉰ 특이한 냄새가 나는 무색의 액체로 비점이 낮다.
㉱ 물에는 용해되지 않지만 유기용제와는 잘 섞이며 고무, 수지, 유지를 잘 녹인다.
㉲ 액체는 물보다 가볍고, 증기는 공기보다 무겁다.
㉳ 옥탄가를 높이기 위해 첨가제(사에틸납)를 넣으며, 착색된다.
㉴ 휘발 및 인화하기 쉽고, 증기는 공기보다 3~4배 무거워 누설 시 낮은 곳에 체류하여 연소를 확대시킨다.
㉵ 전기의 불량도체이며, 정전기 발생에 의한 인화의 위험성이 크다.
㉶ 액체 비중 0.65~0.8(증기비중 3~4), 인화점 −20~−43℃, 발화점 300℃, 연소범위 1.4~7.6%이다.

참고 인화점이 −20~−43℃로 상온보다 낮다.

26. 가솔린의 연소범위에 가장 가까운 것은?

① 1.4~7.6% ② 2.0~23.0%

③ 1.8~36.5% ④ 1.0~50.0%

해설 가솔린(휘발유)의 연소범위 : 1.4~7.6%

27. 다음 중 착화온도가 가장 낮은 것은?

① 등유 ② 가솔린 ③ 아세톤 ④ 톨루엔

해설 제4류 위험물의 착화온도

품 명		착화온도
등유	제2석유류	254℃
가솔린	제1석유류	300℃
아세톤	제1석유류	538℃
톨루엔	제1석유류	552℃

28. 주유취급소 일반점검표와의 점검항목에 따른 점검내용 중 점검방법이 육안점검이 아닌 것은?

① 가연성증기 검지경보설비 – 손상의 유무

② 피난설비의 비상전원 – 정전 시의 점등 상황

③ 간이탱크의 가연성 증기 회수밸브 – 작동상황

④ 배관의 전기방식 설비 – 단자의 탈락 유무

해설 주유취급소 일반점검표 [세부기준 별지 제16호 서식]

점검항목		점검내용	점검방법
가연성증기 검지경보설비		손상의 유무	육안
		기능의 적부	작동확인
피난 설비	유도등 본체	점등상황 및 손상의 유무	육안
		시각장애물의 유무	육안
	비상전원	정전시의 점등상황	작동확인
간이 탱크	가연성 증기 회수밸브	작동상황	육안
배관	전기방식 설비	단자의 탈락 유무	육안

29. 다음 각 위험물의 지정수량의 총 합은 몇 kg 인가?

알킬리튬, 리튬, 수소화나트륨, 인화칼슘, 탄화칼슘

① 820 ② 900 ③ 960 ④ 1260

해설 제3류 위험물 지정수량 및 총합

품 명		지정수량
알킬리튬		10kg
황린		20kg
수소화나트륨	금속의 수소화물	300kg
인화칼슘	금속의 인화물	300kg
탄화칼슘	칼슘 또는 알루미늄의 탄화물	300kg
지정수량의 총합		960kg

30. 위험물 안전관리법령상 제2류 위험물에 속하지 않은 것은?

① P_4S_3 ② Al ③ Mg ④ Li

해설 리튬(Li)은 제3류 위험물 중 알칼리금속(칼륨, 나트륨 제외)에 해당된다.

31. 위험물 안전관리법령상 유별이 같은 것으로만 나열된 것은?

① 금속의 인화물, 칼슘의 탄화물, 할로겐화 합물

② 아조벤젠, 염산히드라진, 질산구아니딘

③ 황린, 적린, 무기과산화물

④ 유기과산화물, 질산에트테르류, 알칼리튬

해설 각 항목의 유별 분류

① 금속의 인화물(제3류), 칼슘의 탄화물(제3류), 할로겐화합물(제6류)

② 아조벤젠, 염산히드라진, 질산구아니딘 : 제5류

③ 황린(제3류), 적린(제2류), 무기과산화물(제1류)

④ 유기과산화물(제5류), 질산에스테르류(제5류), 알킬리튬(제3류)

32. 인화성 액체 위험물을 저장하는 옥외탱크 저장소에 설치하는 방유제의 높이 기준은?

① 0.5m 이상 1m 이하
② 0.5m 이상 3m 이하
③ 0.3m 이상 1m 이하
④ 0.3m 이상 3m 이하

해설 옥외탱크 저장소 방유제[시행규칙 별표6]
㉮ 용량 기준
　㉠ 탱크가 하나인 경우 : 탱크 용량의 110% 이상
　㉡ 2기 이상인 경우 : 탱크 중 용량이 최대인 것의 110% 이상
㉯ 방유제는 높이 0.5m 이상 3m 이하, 두께 0.2m 이상, 지하매설깊이 1m 이상으로 할 것
㉰ 방유제 내의 면적은 8만m^2 이하로 할 것

33. 다음 위험물 중 발화점이 가장 낮은 것은?

① 황　　　　　② 삼황화인
③ 황린　　　　④ 아세톤

해설 각 위험물의 발화점

품명		발화점
황	제2류 위험물	233℃
삼황화인	제2류 위험물 중 황화린	100℃
황린	제3류 위험물	34℃
아세톤	제4류 위험물 중 제1석유류	538℃

34. 옥내저장소에 질산 600L를 저장하고 있다. 저장하고 있는 질산은 지정수량의 몇 배 인가? (단, 질산의 비중은 1.50이다.)

① 1　　　　　② 2
③ 3　　　　　④ 4

해설 질산(HNO_3)
㉮ 제6류 위험물로 지정수량은 300kg이다.
㉯ 질산 600L를 무게(kg)로 환산
　∴ 무게=체적(L)×비중=600×1.5=900kg
㉰ 지수량 배수 계산 : 지정수량 배수는 위험물량을 지정수량으로 나눈 값이다.

∴ 지정수량배수= $\frac{위험물량}{지정수량}$ = $\frac{600}{300}$ = 3 배

35. 염소산나트륨과 반응하여 ClO_2 가스를 발생시키는 것은?

① 글리세린　　② 질소
③ 염산　　　　④ 산소

해설 ㉮ 염소산나트륨($NaClO_3$)은 염산(HCl)과 반응하여 이산화염소(ClO_2)를 발생시킨다.
㉯ 반응식
$2NaClO_3 + 4HCl \rightarrow 2NaCl + Cl_2 + 2ClO_2 + 2H_2O$
참고 염소산나트륨($NaClO_3$)은 제1류 위험물 중 염소산염류에 해당된다.

36. 다음 중 증기 비중이 가장 큰 것은?

① 벤젠
② 등유
③ 메틸알코올
④ 디에틸에테르

해설 ㉮ 제4류 위험물의 분자량 및 증기 비중

품명	분자량	비중
벤젠(C_6H_6)	78	2.69
등유	–	4~5
메틸알코올(CH_3OH)	32	1.1
디에틸에테르($C_2H_5OC_2H_5$)	74	2.55

㉯ 증기 비중은 $\frac{기체 분자량}{공기의 평균 분자량(29)}$ 이므로 분자량이 큰 것이 증기 비중이 크다.
참고 등유는 탄소수 C_9~C_{18}인 포화, 불포화탄화수소의 혼합물로 증기비중은 4~5이다.

37. 위험물 안전관리법령상 옥외저장탱크 중 압력탱크 외의 탱크에 통기관을 설치하여야 할 때 밸브 없는 통기관인 경우 통기관의 지름은 몇 mm 이상으로 하여야 하는가?

① 10　　② 15　　③ 20　　④ 30

해설 옥외탱크저장소의 통기관 기준 [시행규칙 별표6]

㉮ 밸브 없는 통기관
  ㉠ 직경은 30mm 이상일 것
  ㉡ 선단은 수평면보다 45° 이상 구부려 빗물 등의 침투를 막는 구조로 할 것
  ㉢ 가는 눈의 구리망 등으로 인화방지장치를 할 것.
  ㉣ 가연성의 증기를 회수하기 위한 밸브를 통기관에 설치하는 경우
    ⓐ 저장탱크에 위험물을 주입하는 경우를 제외하고는 항상 개방되어 있는 구조로 할 것
    ⓑ 폐쇄하였을 경우에는 10kPa 이하의 압력에서 개방되는 구조로 할 것(유효 단면적은 777.15mm² 이상이어야 한다)
㉯ 대기밸브 부착 통기관
  ㉠ 5kPa 이하의 압력차이로 작동할 수 있을 것
  ㉡ 인화방지장치를 할 것

38. 위험물 안전관리법령에 의한 지정수량이 나머지 셋과 다른 하나는?

① 유황 ② 적린
③ 황린 ④ 황화인

해설 각 위험물의 유별 및 지정수량

품명	유별	지정수량
유황, 적린, 황화인	제2류	100kg
황린	제3류	20kg

39. 톨루엔에 대한 설명으로 틀린 것은?

① 벤젠의 수소 원자 하나가 메틸기로 치환된 것이다.
② 증기는 벤젠보다 가볍고, 휘발성은 더 높다.
③ 독특한 향기를 가진 무색의 액체이다.
④ 물에 녹지 않는다.

해설 톨루엔($C_6H_5CH_3$)의 특징
㉮ 제4류 위험물로 제1석유류에 해당되며 지정수량 200L이다.
㉯ 벤젠의 수소 원자 하나가 메틸기($-CH_3$)로 치환된 것이다.
㉰ 독특한 냄새가 있는 무색의 액체로 벤젠보다는 독성이 약하다.
㉱ 물에는 녹지 않으나 알코올, 에테르, 벤젠과는 잘 섞인다.
㉲ 수지, 유지, 고무 등을 녹인다.
㉳ 액체 비중 0.89(증기비중 3.14), 비점 110.6℃, 착화점 552℃, 인화점 4.5℃, 연소범위 1.4~6.7%이다.

참고 톨루엔($C_6H_5CH_3$)의 분자량 92, 벤젠(C_6H_6)의 분자량은 78이므로 톨루엔의 증기는 벤젠보다 무겁고, 휘발성은 낮다.

40. 질산나트륨의 성상에 대한 설명 중 틀린 것은?

① 조해성이 있다.
② 강력한 환원제이며 물보다 가볍다.
③ 열분해하여 산소를 방출한다.
④ 가연물과 혼합하면 충격에 의해 발화할 수 있다.

해설 질산나트륨($NaNO_3$)의 특징
㉮ 제1류 위험물로 질산염류에 해당되며 지정수량은 300kg이다.
㉯ 무색, 무취, 투명한 결정 또는 백색 분말이다.
㉰ 조해성이 있으며 물, 글리세린에 잘 녹는다.
㉱ 강한 산화제이며 수용액은 중성으로 무수 알코올에는 잘 녹지 않는다.
㉲ 분해온도(380℃)에서 분해되면 아질산나트륨($NaNO_2$)과 산소(O_2)를 생성한다.
㉳ 가연물, 유기물, 차아황산나트륨과 함께 가열하면 폭발한다.
㉴ 비중 2.27, 용점 308℃, 용해도(0℃) 73이다.

41. 과산화수소의 분해 방지제로서 적합한 것은?

① 아세톤 ② 인산
③ 황 ④ 암모니아

해설 과산화수소(H_2O_2 : 제6류 위험물)의 분해 방지제(안정제) : 인산(H_3PO_4), 요산($C_5H_4N_4O_3$)

42. 저장용기에 물을 넣어 보관하고 Ca(OH)₂을 넣어 pH9의 약 알칼리성으로 유지시키면서 저장하는 물질은?

① 적린   ② 황린

③ 질산   ④ 황화인

해설 황린을 보관하는 물은 석회(CaO)나 수산화 칼슘[Ca(OH)₂ : 소석회]를 넣어 약알칼리성으로 보관하되, 강알칼리가 되어서는 안 된다 [pH9 이상이 되면 인화수소(PH₃)를 발생한다].

43. 위험물 저장탱크 중 부상 지붕구조로 탱크의 지름이 53m 이상 60m 미만인 경우 고정식 포 소화설비의 포방출구 종류 및 수량으로 옳은 것은?

① Ⅰ형 8개 이상

② Ⅱ형 8개 이상

③ Ⅲ형 10개 이상

④ 특형 10개 이상

해설 고정식 포 소화설비 기준 [세부기준 제133조]
㉮ 탱크의 지름 53m 이상 60m 미만인 경우 포방출구의 수

구분	고정지붕구조		부상덮개부착 고정지붕구조	부상지붕구조
포방출구의 종류	Ⅰ형 또는 Ⅱ형	Ⅲ형 또는 Ⅳ형	Ⅱ형	특형
포방출구 수	8	8	8	10

㉯ 탱크의 지름에 따라 포방출구의 개수가 규정되어 있다.

44. 위험물 안전관리법령상 산화성 액체에 해당하지 않는 것은?

① 과염소산

② 과산화수소

③ 과염소산나트륨

④ 질산

해설 산화성 액체(제6류 위험물)의 종류

품명	지정수량
1. 과염소산	300kg
2. 과산화수소	300kg
3. 질산	300kg
4. 행정안전부령으로 정하는 것 : 할로겐간 화합물 → 오불화요오드(IF₅), 오불화브롬(BrF₅), 삼불화브롬(BrF₃)	300kg
5. 제1호 내지 제4호의 하나에 해당하는 어느 하나 이상을 함유한 것	300kg

㉮ 과산화수소는 그 농도가 36 중량% 이상인 것에 한하며, 산화성액체의 성상이 있는 것으로 본다.

㉯ 질산은 그 비중이 1.49 이상인 것에 한하며, 산화성액체의 성상이 있는 것으로 본다.

참고 과염소산나트륨(NaClO₄)은 제1류 위험물(산화성 고체) 중 과염소산염류에 해당된다.

45. 과산화벤조일에 대한 설명 중 틀린 것은 어느 것인가?

① 진한 황산과 혼촉 시 위험성이 증가한다.

② 폭발성을 방지하기 위하여 희석제를 첨가할 수 있다.

③ 가열하면 약 100℃에서 흰 연기를 내면서 분해한다.

④ 물에 녹으며 무색, 무취의 액체이다.

해설 벤조일퍼옥사이드(과산화벤조일)의 특징
㉮ 제5류 위험물 중 유기과산화물에 해당되며 지정수량은 10kg이다.

㉯ 무색, 무미의 결정 고체로 물에는 잘 녹지 않으나 알코올에는 약간 녹는다.

㉰ 상온에서 안정하며, 강한 산화작용이 있다.

㉱ 가열하면 100℃ 부근에서 백색 연기를 내며 분해한다.

㉲ 빛, 열, 충격, 마찰 등에 의해 폭발의 위험이 있다.

㉳ 강한 산화성 물질로 진한 황산, 질산, 초산 등과 접촉하면 화재나 폭발의 우려가 있다.

㉔ 수분의 흡수나 불활성 희석제(프탈산디메틸, 프탈산디부틸)의 첨가에 의해 폭발성을 낮출 수도 있다.

㉕ 비중(25℃) 1.33, 융점 103~105℃(분해온도), 발화점 125℃이다.

46. 메탄올과 에탄올의 공통점을 설명한 내용으로 틀린 것은?

① 휘발성의 무색 액체이다.
② 인화점이 0℃ 이하이다.
③ 증기는 공기보다 무겁다.
④ 비중이 물보다 작다.

해설 메탄올(CH_3OH)과 에탄올(C_2H_5OH)의 비교

구분	메탄올	에탄올
상 태	무색의 휘발성 액체	무색의 휘발성 액체
인화점	11℃	13℃
발화점	464℃	423℃
증기 비중	1.1	1.59
액체 비중	0.79	0.79
비점	63.9℃	78.3℃

47. 트리니트로페놀에 대한 일반적인 설명으로 틀린 것은?

① 가연성 물질이다.
② 공업용은 보통 휘황색의 결정이다.
③ 알코올에 녹지 않는다.
④ 납과 화합하여 예민한 금속염을 만든다.

해설 트리니트로페놀[$C_6H_2(NO_2)_3OH$: 피크린산]의 특징
㉠ 제5류 위험물 중 니트로화합물로 지정수량 200kg이다.
㉡ 강한 쓴맛과 독성이 있는 휘황색을 나타내는 편평한 침상 결정이다.
㉢ 찬물에는 거의 녹지 않으나 온수, 알코올, 에테르, 벤젠 등에는 잘 녹는다.
㉣ 중금속(Fe, Cu, Pb 등)과 반응하여 민감한 피크린산염을 형성한다.

㉤ 공기 중에서 서서히 연소하나 뇌관으로는 폭 굉을 일으킨다.
㉥ 황색 염료, 농약, 산업용 도폭선의 심약, 뇌관의 첨장약, 군용 폭파약, 피혁공업에 사용한다.
㉦ 단독으로는 타격, 마찰에 둔감하고, 연소할 때 검은 연기(그을음)를 낸다.
㉧ 금속염은 매우 위험하여 가솔린, 알코올, 옥소, 황 등과 혼합된 것에 약간의 마찰이나 타격을 주어도 심하게 폭발한다.
㉨ 비중 1.8, 융점 121℃, 비점 255℃, 발화점 300℃이다.

48. 위험물 저장탱크의 내용적이 300L일 때 탱크에 저장하는 위험물의 총량의 범위로 적합한 것은?

① 240~270L   ② 270~285L
③ 290~295L   ④ 295~298L

해설 ㉠ 탱크 용적의 산정기준[시행규칙 제5조] : 위험물을 저장 또는 취급하는 탱크의 용량은 해당 탱크의 내용적에서 공간용적을 뺀 용적으로 한다.
㉡ 탱크의 공간용적[세부기준 제25조] : 탱크의 공간용적은 탱크의 내용적의 $\frac{5}{100}$ 이상 $\frac{10}{100}$ 이하의 용적으로 한다.
㉢ 탱크에 저장하는 위험물의 총량 범위 계산
∴ 탱크 총량 범위=탱크 내용적-공간용적

$$=탱크\ 내용적-\left(탱크\ 내용적\times\frac{5}{100}\sim\frac{10}{100}\right)$$

$$=300-\left(300\times\frac{5}{100}\sim\frac{10}{100}\right)$$

$$=300-(15\sim30)=285L\sim270L$$

49. 위험물 안전관리법의 적용 제외와 관련된 내용으로 (   ) 안에 알맞은 것을 모두 나타낸 것은?

> 위험물 안전관리법은 (   )에 의한 위험물의 저장·취급 및 운반에 있어서는 이를 적용하지 아니한다.

① 항공기·선박(선박법 제1조의2 제1항에 따른 선박을 말한다)·철도 및 궤도
② 항공기·선박(선박법 제1조의2 제1항에 따른 선박을 말한다)·철도
③ 항공기·철도 및 궤도
④ 철도 및 궤도

해설 적용제외 [법 제3조] : 위험물 안전관리법은 항공기·선박(선박법 규정에 따른 선박을 말한다)·철도 및 궤도에 의한 위험물의 저장·취급 및 운반에 있어서는 이를 적용하지 아니한다.

50. 중크롬산칼륨에 대한 설명으로 틀린 것은?

① 열분해하여 산소를 발생한다.
② 물과 알코올에 잘 녹는다.
③ 등적색의 결정으로 쓴맛이 있다.
④ 산화제, 의약품 등에 사용된다.

해설 중크롬산칼륨($K_2Cr_2O_7$)의 특징
㉮ 제1류 위험물 중 중크롬산염류에 해당되면 지정수량은 1000kg이다.
㉯ 흡습성이 있는 등적색 결정으로 쓴맛이 있다.
㉰ 물에는 녹으나 알코올에는 용해되지 않는다.
㉱ 산성 용액에서 강한 산화제 역할하며, 열분해하면 산소를 발생한다.
㉲ 산화제, 의약품 등에 사용된다.
㉳ 부식성이 강하여 피부와 접촉 시 점막을 자극하고, 30g 이상 복용하면 사망한다.
㉴ 단독으로는 안정하지만 가열하거나 유기물, 기타 가연물과 접촉하여 마찰 및 열을 주게 되면 발화 또는 폭발한다.
㉵ 환기가 잘 되는 곳에 보관하고 취급 시 보호구를 착용한다.
㉶ 비중 2.69, 융점 398℃, 분해온도 500℃이다.

51. 위험물 안전관리법령상 염소화규소화합물은 제 몇 류 위험물에 해당하는가?

① 제1류   ② 제2류
③ 제3류   ④ 제5류

해설 염소화규소화합물은 제3류 위험물 중 행정안전부령으로 정하는 물품이다 [시행규칙 제3조].

52. 금속 나트륨과 금속 칼륨의 공통적인 성질에 대한 설명으로 옳은 것은?

① 불연성 고체이다.
② 물과 반응하여 산소를 발생한다.
③ 은백색의 매우 단단한 금속이다.
④ 물보다 가벼운 금속이다.

해설 금속 나트륨과 금속 칼륨의 공통적인 성질
㉮ 제3류 위험물로 지정수량 10kg이다.
㉯ 은백색의 경금속으로 금수성물질이며 가연성 고체이다.
㉰ 물과 반응 시 수소(H_2)가 발생한다.
㉱ 나트륨 비중 0.97, 칼륨 비중 0.86으로 물보다 가벼운 금속이다.
㉲ 산화를 방지하기 위하여 보호액(등유, 경유, 파라핀) 속에 넣어 저장한다.
㉳ 소화방법은 건조사(마른 모래)를 이용한 질식소화를 한다.

53. 옥내 저장탱크의 상호간에는 특별한 경우를 제외하고 최소 몇 m 이상의 간격을 유지하여야 하는가?

① 0.1   ② 0.2   ③ 0.3   ④ 0.5

해설 옥내탱크 저장소 기준 [시행규칙 별표7]
㉮ 옥내저장탱크는 단층 건축물에 설치된 탱크전용실에 설치할 것
㉯ 옥내저장탱크와 탱크전용실의 벽과의 사이 및 옥내저장탱크 상호간에는 0.5m 이상의 간격을 유지할 것. 다만, 탱크의 점검 및 보수에 지장이 없는 경우에는 그러하지 아니하다.
㉰ 옥내저장탱크의 용량은 지정수량의 40배 이하일 것(제4석유류 및 동식물유류 외의 제4류 위험물에 있어서 당해 수량이 2만 L를 초과할 때에는 2만 L 이하일 것)

54. 위험물 저장 방법에 관한 설명 중 틀린 것은?

① 알킬알루미늄은 물속에 보관한다.
② 황린은 물속에 보관한다.

③ 금속 나트륨은 등유 속에 보관한다.

④ 금속 칼륨은 경유 속에 보관한다.

해설 알킬알루미늄은 물과 폭발적으로 반응하여 에탄(C_2H_6) 가스를 발생하므로 물속에 보관할 수 없으며, 취급설비와 탱크 저장 시에는 질소 등의 불활성가스 봉입장치를 설치하고, 용기는 밀봉하여 공기와 접촉을 금지한다.

55. 디에틸에테르에 대한 설명 중 틀린 것은 어느 것인가?

① 강산화제와 혼합 시 안전하게 사용할 수 있다.

② 대량으로 저장 시 불활성가스를 봉입한다.

③ 정전기 발생 방지를 위해 주의를 기울여야 한다.

④ 통풍, 환기가 잘 되는 곳에 저장한다.

해설 디에틸에테르($C_2H_5OC_2H_5$: 에테르)의 취급 및 저장 방법

㉮ 제4류 위험물 중 특수인화물에 해당되며 지정수량 50L이다.

㉯ 불꽃 등 화기를 멀리하고 통풍이 잘 되는 곳에 저장한다.

㉰ 공기와 접촉 시 과산화물이 생성되는 것을 방지하기 위해 용기는 갈색 병을 사용한다.

㉱ 증기 누설을 방지하고, 밀전하여 냉암소에 보관한다.

㉲ 용기의 공간용적은 10% 이상 여유 공간을 확보한다.

㉳ 전기의 불량도체라 정전기가 발생되기 쉬우므로 취급 시 주의를 기울여야 한다.

참고 디에틸에테르는 가연성 액체이므로 강산화제와 혼합하면 연소, 폭발 등의 위험이 있다.

56. 위험물 운반에 관한 기준 중 위험등급 Ⅰ에 해당하는 위험물은?

① 황화인　　　　② 피크린산
③ 벤조일퍼옥사이드　④ 질산나트륨

해설 ㉮ 위험등급 Ⅰ의 위험물 [시행규칙 별표19]
　㉠ 제1류 위험물 중 아염소산염류, 염소산염

류, 과염소산염류, 무기과산화물 그 밖에 지정수량이 50kg인 위험물

㉡ 제3류 위험물 중 칼륨, 나트륨, 알킬알루미늄, 알킬리튬, 황린 그 밖에 지정수량이 10kg 또는 20kg인 위험물

㉢ 제4류 위험물 중 특수인화물

㉣ 제5류 위험물 중 유기과산화물, 질산에스테르류 그 밖에 지정수량이 10kg인 위험물

㉤ 제6류 위험물

㉯ 보기의 위험물 위험등급

품명		지정수량	위험등급
황화인	제2류 위험물	100kg	Ⅱ
피크린산	제5류 위험물 니트로화합물	200kg	Ⅱ
벤조일퍼옥사이드	제5류 위험물 질산에스테르류	10kg	Ⅰ
질산나트륨	제1류 위험물 질산염류	300kg	Ⅱ

57. 위험물의 지하저장탱크 중 압력탱크 외의 탱크에 대해 수압시험을 실시할 때 몇 kPa의 압력으로 하여야 하는가? (단, 소방청장이 정하여 고시하는 기밀시험과 비파괴시험을 동시에 실시하는 방법으로 대신하는 경우는 제외한다.)

① 40　　　　② 50
③ 60　　　　④ 70

해설 지하저장탱크 수압시험 [시행규칙 별표8]
㉮ 압력탱크 외의 탱크 : 70kPa의 압력
㉯ 압력탱크(최대상용압력이 46.7kPa 이상인 탱크) : 최대상용압력의 1.5배
㉰ 수압시험 시간 : 10분간
㉱ 수압시험은 소방청장이 정하여 고시하는 기밀시험과 비파괴시험을 동시에 실시하는 방법으로 대신할 수 있다.

58. 위험물의 운반에 관한 기준에서 제4석유류와 혼재할 수 없는 위험물은? (단, 위험물은 각각 지정수량의 2배인 경우이다.)

① 황화인   ② 칼륨
③ 유기과산화물   ④ 과염소산

해설 ㉮ 위험물 운반할 때 혼재 기준 [시행규칙 별표19, 부표2]

구분	제1류	제2류	제3류	제4류	제5류	제6류
제1류		×	×	×	×	○
제2류	×		×	○	○	×
제3류	×	×		○	×	×
제4류	×	○	○		○	×
제5류	×	○	×	○		×
제6류	○	×	×	×	×	

○ : 혼합 가능, × : 혼합 불가능

㉯ 이 표는 지정수량의 $\frac{1}{10}$ 이하의 위험물에 대하여는 적용하지 않는다.

㉰ 위험물의 유별 구분과 제4류 위험물과 혼재 여부

품명	유별	혼재 여부
황화인	제2류 위험물	○
칼륨	제3류 위험물	○
유기과산화물	제5류 위험물	○
과염소산	제6류 위험물	×

59. 위험물 안전관리법령상 제5류 위험물의 판정을 위한 시험의 종류로 옳은 것은?

① 폭발성 시험, 가열분해성 시험
② 폭발성 시험, 충격민감성 시험
③ 가열분해성 시험, 착화의 위험성 시험
④ 충격민감성 시험, 착화의 위험성 시험

해설 위험물의 유별에 따른 위험성 시험 방법
[위험물안전관리에 관한 세부기준]
  ㉮ 제1류 위험물 : 산화성고체
    ㉠ 산화성 시험[세부기준 제3조] : 연소시험
    ㉡ 충격민감성 시험[세부기준 제5조] : 낙구타격감도 시험
  ㉯ 제2류 위험물 : 가연성고체
    ㉠ 착화의 위험성 시험[세부기준 8조] : 작은 불꽃 착화시험

    ㉡ 인화의 위험성 시험[세부기준 9조] : 인화점 측정
  ㉰ 제3류 위험물 : 자연발화성물질
    ㉠ 고체의 공기 중 발화의 위험성 시험[세부기준 11조] : 자연발화 여부
    ㉡ 액체의 공기 중 발화의 위험성 시험[세부기준 11조] : 자연발화 여부
  ㉱ 제3류 위험물 : 금수성물질
    ㉠ 금수성 시험[세부기준 12조] : 물과 접촉하여 발화하거나 가연성가스를 발생할 위험성 시험
  ㉲ 제4류 위험물 : 인화성액체
    ㉠ 인화점 측정[세부기준 14조] : 태크밀폐식 인화점측정기
  ㉳ 제5류 위험물 : 자기반응성물질
    ㉠ 폭발성 시험[세부기준 18조] : 열분석 시험
    ㉡ 가열분해성 시험[세부기준 20조] : 압력용기 시험
  ㉴ 제6류 위험물 : 산화성액체
    ㉠ 연소시간의 측정시험[세부기준 23조]

60. 2몰의 브롬산칼륨이 모두 열분해되어 생긴 산소의 양은 2기압 27℃에서 약 몇 L 인가?

① 32.42   ② 36.92
③ 41.34   ④ 45.64

해설 ㉮ 브롬산칼륨($KBrO_3$)의 열분해 반응식
$$2KBrO_3 \longrightarrow 2KBr + 3O_2$$
∴ 표준상태(0℃, 1기압)에서 2몰(mol)의 브롬산칼륨이 열분해하면 발생되는 산소는 3몰(mol)이므로 체적으로는 3×22.4L이다.

㉯ 2기압, 27℃에서 산소의 양 계산 :
보일-샤를의 법칙 $\frac{P_1 V_1}{T_1} = \frac{P_2 V_2}{T_2}$ 에서

$$\therefore V_2 = \frac{P_1 V_1 T_2}{P_2 T_1}$$
$$= \frac{1 \times (3 \times 22.4) \times (273 + 27)}{2 \times (273 + 0)}$$
$$= 36.923 \, L$$

참고 브롬산칼륨($KBrO_3$) : 제1류 위험물 중 브롬산염류에 해당된다.

2014년도 출제문제

2014. 1. 26 시행 (제1회)

1. 니트로셀룰로오스의 자연발화는 일반적으로 무엇에 기인한 것인가?

① 산화열 ② 중합열 ③ 흡착열 ④ 분해열

[해설] 니트로셀룰로오스($[C_6H_7O_2(ONO_2)_3]_n$)는 제5류 위험물 중 질산에스테르류에 속하며 직사광선, 산, 알칼리 등에 의하여 분해되어 자연발화가 발생되며, 자연발화는 분해열에 기인한 것이다.

2. 인화점 70℃ 이상의 제4류 위험물을 저장하는 암반탱크 저장소에 설치하여야 하는 소화설비들로만 이루어진 것은? (단, 소화난이도 등급 Ⅰ에 해당한다.)

① 물분무 소화설비 또는 고정식 포 소화설비
② 이산화탄소 소화설비 또는 물분무 소화설비
③ 할로겐화합물 소화설비 또는 이산화탄소 소화설비
④ 고정식 포 소화설비 또는 할로겐화합물 소화설비

[해설] 소화난이도등급 Ⅰ의 암반탱크 저장소에 설치하여야 하는 소화설비 [시행규칙 별표17]

구분		소화설비
암반 탱크 저장소	유황만을 취급하는 것	물분무소화설비
	인화점 70℃ 이상의 제4류 위험물만을 저장 취급하는 것	물분무소화설비 또는 고정식 포 소화설비
	그 밖의 것	고정식 포 소화설비(포 소화설비가 적응성이 없는 경우 분말소화설비)

3. 탄화알루미늄이 물과 반응하여 폭발의 위험이 있는 것은 어떤 가스가 발생하기 때문인가?

① 수소   ② 메탄
③ 아세틸렌   ④ 암모니아

[해설] ㉮ 탄화알루미늄(Al_4C_3 : 제3류 위험물)이 물(H_2O)과 반응하여 발생하는 가스는 가연성인 메탄(CH_4)이다.
㉯ 물(H_2O)과의 반응식
$$Al_4C_3 + 12H_2O \longrightarrow 4Al(OH)_3 + 3CH_4 \uparrow$$

4. 위험물 안전관리법령에 따른 옥외소화전 설비의 설치기준에 대해 다음 ( ) 안에 알맞은 수치를 차례대로 나타낸 것은?

> 옥외소화전설비는 모든 옥외소화전(설치 개수가 4개 이상인 경우는 4개의 옥외소화전)을 동시에 사용할 경우에 각 노즐 선단의 방수압력이 ( )kPa 이상이고, 방수량이 1분당 ( )L 이상의 성능이 되도록 할 것

① 350, 260   ② 300, 260
③ 350, 450   ④ 300, 450

[해설] 옥외소화전설비 설치 [시행규칙 별표17]
㉮ 방호대상물의 각 부분에서 하나의 호스 접속 구까지의 수평거리가 40m 이하가 되도록 설치할 것. 이 경우 설치개수가 1개일 때는 2개로 하여야 한다.
㉯ 수원의 수량은 옥외소화전의 설치개수(설치 개수가 4개 이상인 경우는 4개)에 13.5m³를 곱한 양 이상이 되도록 설치할 것

정답 1. ④   2. ①   3. ②   4. ③

㉰ 옥외소화전설비는 모든 옥외소화전(설치개수가 4개 이상인 경우는 4개)을 동시에 사용할 경우에 각 노즐선단의 <u>방수압력이 350kPa 이상</u>이고, <u>방수량이 1분당 450L 이상</u>의 성능이 되도록 할 것

㉱ 옥외소화전설비에는 비상전원을 설치할 것

5. 위험물 제조소에 설치하는 분말소화설비의 기준에서 분말 소화약제의 가압용 가스로 사용할 수 있는 것은?

① 헬륨 또는 산소
② 네온 또는 염소
③ 아르곤 또는 산소
④ 질소 또는 이산화탄소

해설 분말소화설비의 가압용 또는 축압용 가스
[세부기준 136조] : 질소 또는 이산화탄소

6. 위험물별로 설치하는 소화설비 중 적응성이 없는 것과 연결된 것은?

① 제3류 위험물 중 금수성 물질 이외의 것 – 할로겐화합물 소화설비, 이산화탄소 소화설비
② 제4류 위험물 – 물분무 소화설비, 이산화탄소 소화설비
③ 제5류 위험물 – 포 소화설비, 스프링클러설비
④ 제6류 위험물 – 옥내 소화전설비, 물분무 소화설비

해설 각 항목의 소화설비 적응성 유무
① 할로겐화합물소화설비, 이산화탄소소화설비 : 제3류 위험물 중 금수성 물질 이외의 것에 적응성이 없음
② 물분무소화설비, 이산화탄소소화설비 : 제4류 위험물에 적응성이 있음
③ 포 소화설비, 스프링클러설비 : 제5류 위험물에 적응성이 있음
④ 옥내소화전설비, 물분무소화설비 : 제6류 위험물에 적응성이 있음

7. 아세톤의 위험도를 구하면 얼마인가? (단, 아세톤의 연소범위는 2~13 vol%이다.)

① 0.846
② 1.23
③ 5.5
④ 7.5

해설 $H = \dfrac{U-L}{L} = \dfrac{13-2}{2} = 5.5$

여기서, U : 연소범위 상한값
L : 연소범위 하한값

8. 주유 취급소 중 건축물의 2층에 휴게음식점의 용도로 사용하는 것에 있어 해당 건축물의 2층으로부터 직접 주유 취급소의 부지 밖으로 통하는 출입구와 해당 출입구로 통하는 통로·계단에 설치하여야 하는 것은?

① 비상경보설비
② 유도등
③ 비상조명등
④ 확성장치

해설 피난설비 설치기준 [시행규칙 별표17]
㉮ 주유취급소 중 건축물의 2층 이상의 부분을 점포·휴게음식점 또는 전시장의 용도로 사용하는 것에 있어서는 당해 건축물의 2층 이상으로부터 주유취급소의 부지 밖으로 통하는 출입구와 당해 출입구로 통하는 통로·계단 및 출입구에 유도등을 설치한다.
㉯ 옥내주유취급소에 있어서는 당해 사무소 등의 출입구 및 피난구와 당해 피난구로 통하는 통로·계단 및 출입구에 유도등을 설치한다.
㉰ 유도등에는 비상전원을 설치한다.

9. 제조소에서 취급하는 제4류 위험물의 최대수량의 합이 지정수량의 24만배 이상 48만배 미만인 사업소의 자체소방대에 두는 화학 소방자동차 수와 소방대원의 인원기준으로 옳은 것은?

① 2대, 4인
② 2대, 12인
③ 3대, 15인
④ 3대, 24인

해설 자체소방대에 두는 화학소방자동차 및 인원 [시행령 별표8]

위험물의 최대수량의 합	화학 소방자동차	소방대원 (조작인원)
지정수량의 12만배 미만	1대	5인
지정수량의 12만배 이상 24만배 미만	2대	10인
지정수량의 24만배 이상 48만배 미만	3대	15인
지정수량의 48만배 이상	4대	20인

10. 제6류 위험물을 저장하는 제조소등에 적응성이 없는 소화설비는?

① 옥외 소화전설비
② 탄산수소염류 분말소화설비
③ 스프링클러설비
④ 포 소화설비

해설 제6류 위험물에 적응성이 없는 소화설비 [시행규칙 별표17]
㉮ 불활성가스 소화설비
㉯ 할로겐화합물 소화설비 및 소화기
㉰ 탄산수소염류 분말소화설비 및 분말소화기
㉱ 이산화탄소소화기

11. 소화난이도 등급 Ⅰ에 해당하는 위험물 제조소 등이 아닌 것은? (단, 원칙적인 경우에 한하며, 다른 조건은 고려하지 않는다.)

① 모든 이송취급소
② 연면적 600m²의 제조소
③ 지정수량의 150배인 옥내 저장소
④ 액 표면적이 40m²인 옥외탱크 저장소

해설 제조소, 일반 취급소의 소화난이도 등급 Ⅰ에 해당되는 시설 [시행규칙 별표17]
㉮ 연면적 1000m² 이상인 것
㉯ 지정수량의 100배 이상인 것(고인화점 위험물만을 100℃ 미만의 온도에서 취급하는 것

및 제48조의 위험물을 취급하는 것은 제외)
㉰ 지반면으로부터 6m 이상의 높이에 위험물 취급설비가 있는 것(고인화점 위험물만을 100℃ 미만의 온도에서 취급하는 것은 제외)
㉱ 일반취급소로 사용되는 부분 외의 부분을 갖는 건축물에 설치된 것(내화구조로 개구부 없이 구획된 것. 고인화점 위험물만을 100℃ 미만의 온도에서 취급하는 것 및 화학실험의 일반취급소는 제외)

12. 위험물 제조소등에 설치하는 이산화탄소 소화설비의 소화약제 저장용기 설치장소로 적합하지 않은 곳은?

① 방호구역 외의 장소
② 온도가 40℃ 이하이고 온도 변화가 적은 장소
③ 빗물이 침투할 우려가 적은 장소
④ 직사일광이 잘 들어오는 장소

해설 이산화탄소 소화약제 저장용기 설치장소
㉮ 방호구역 외의 장소에 설치할 것
㉯ 온도가 40℃ 이하이고, 온도 변화가 적은 곳에 설치할 것
㉰ 직사광선 및 빗물이 침투할 우려가 없는 곳에 설치할 것
㉱ 방화문으로 구획된 실에 설치할 것
㉲ 용기의 설치장소에는 해당 용기가 설치된 곳임을 표시하는 표지를 할 것
㉳ 용기간의 간격은 점검에 지장이 없도록 3cm 이상의 간격을 유지할 것
㉴ 저장용기와 집합관을 연결하는 연결배관에는 체크밸브를 설치할 것

13. 위험물 제조소등에 설치해야 하는 각 소화설비의 설치기준에 있어 각 노즐 또는 헤드 선단의 방사압력 기준이 나머지 셋과 다른 설비는?

① 옥내소화전설비
② 옥외소화전설비
③ 스프링클러설비
④ 물분무소화설비

해설 각 소화설비 방사압력 [시행규칙 별표17]

명칭	방사압력	방수량 (L/min)
옥내소화전설비	350kPa 이상	260 이상
옥외소화전설비	350kPa 이상	450 이상
스프링클러설비	100kPa 이상	80 이상
물분무소화설비	350kPa 이상	–

참고 물분무소화설비의 분무헤드는 방호대상물 표면적 $1m^2$당 1분당 20L의 비율로 계산된 수량을 표준방사량으로 방사할 수 있는 수로 배치하고, 수원은 30분간 방사할 수 있도록 한다.

14. 높이 15m, 지름 20m인 옥외저장탱크에 보유공지의 단축을 위해서 물분무설비로 방호조치를 하는 경우 수원의 양은 약 몇 L 이상으로 하여야 하는가?

① 46496 ② 58090
③ 70259 ④ 95880

해설 공지단축 옥외저장탱크에 물분무설비로 방호조치를 하는 경우에 보유공지의 2분의 1 이상의 너비(최소 3m 이상)로 할 수 있는 방사량 및 수원 기준 [시행규칙 별표6]
  ㉮ 탱크의 표면에 방사하는 물의 양은 탱크의 원주길이 1m에 대하여 분당 37L 이상으로 할 것
  ㉯ 수원의 양은 ㉮항의 규정에 의한 수량으로 20분 이상 방사할 수 있는 수량으로 할 것
  ㉰ 수원의 양 계산 : 탱크의 원주길이는 $\pi \times D$ 이다.
  ∴ 수원의 양
  = 탱크 원주길이(m)×37(L/min·m)×20(min)
  = (π×20)×37×20=46495.571L

15. 위험물의 품명, 수량 또는 지정수량 배수의 변경신고에 대한 설명으로 옳은 것은?

① 허가청과 협의하여 설치한 군용 위험물시설의 경우에도 적용된다.

② 변경신고는 변경한 날로부터 7일 이내에 완공검사필증을 첨부하여 신고하여야 한다.
③ 위험물의 품명이나 수량의 변경을 위해 제조소등의 위치, 구조 또는 설비를 변경하는 경우에 신고한다.
④ 위험물의 품명, 수량 및 지정수량의 배수를 모두 변경할 때에는 신고를 할 수 없고 허가를 신청하여야 한다.

해설 변경신고 [법 제6조·제7조, 시행령 제6조·제7조, 시행규칙 제7조·제8조]
  ㉮ 군용위험물시설의 설치 및 변경하는 경우에는 당해 제조소등의 설치공사 또는 변경공사를 착수하기 전에 그 공사의설계도서와 행정안전부령이 정하는 서류를 시·도지사에게 제출하여야 한다 [시행령 제7조].
  ㉯ 제조소등의 위치·구조 또는 설비의 변경 없이 당해 제조소등에서 저장하거나 취급하는 위험물의 품명·수량 또는 지정수량의 배수를 변경하고자 하는 자는 변경하고자 하는 날의 1일 전까지 행정안전부령이 정하는 바(제조소등 완공검사필증 첨부 등)에 따라 시·도지사에게 신고하여야 한다 [법 제6조].
  ㉰ 제조소등의 위치·구조 또는 설비 가운데 행정안전부령이 정하는 사항[시행규칙 별표1의2에 따른 사항]을 변경하고자 하는 때에는 시·도지사의 허가를 받아야 한다 [법 제6조].

참고 제조소등의 위치·구조 또는 설비를 변경하는 경우는 변경허가를 받아야 하는 것이고, 위험물의 품명·수량 또는 지정수량의 배수를 변경하는 경우는 변경신고를 하는 것이다.

16. 과산화리튬의 화재 현장에서 주수소화가 불가능한 경우는?

① 수소가 발생하기 때문에
② 산소가 발생하기 때문에
③ 이산화탄소가 발생하기 때문에
④ 일산화탄소가 발생하기 때문에

해설 과산화리튬(Li_2O_2) : 제1류 위험물 중 무기과산화물로 물과 반응하여 많은 열과 함께 산소(O_2)를 발생하므로 화재 현장에서 주수소화가 불가능하기 때문에 건조사를 이용한다.

$$2Li_2O_2 + 2H_2O \rightarrow 4LiOH + O_2 \uparrow$$

17. 알루미늄 분말 화재 시 주수하여서는 안 되는 가장 큰 이유는?

① 수소가 발생하여 연소가 확대되기 때문에
② 유독가스가 발생하여 연소가 확대되기 때문에
③ 산소의 발생으로 연소가 확대되기 때문에
④ 분말의 독성이 강하기 때문에

해설 ㉮ 알루미늄 분말(제2류 위험물 중 금속분, 지정수량 500kg)은 물(H_2O)과 접촉하면 반응하여 가연성인 수소(H_2)를 발생하여 폭발의 위험이 있기 때문에 주수소화는 부적합하므로 건조사(마른 모래)를 이용한다.
㉯ 알루미늄(Al)분과 물의 반응식
$$2Al + 6H_2O \rightarrow 2Al(OH)_3 + 3H_2 \uparrow$$

18. 위험물 제조소등에 설치하는 옥외 소화전설비의 기준에서 옥외 소호전함은 옥외 소화전으로부터 보행거리 몇 m 이하의 장소에 설치하여야 하는가?

① 1.5   ② 5   ③ 7.5   ④ 10

해설 옥외소화전설비 기준 [세부기준 제130조]
㉮ 옥외소화전의 개폐밸브 및 호스접속구는 지반면으로부터 1.5m 이하의 높이에 설치할 것
㉯ 방수용기구를 격납하는 함(이하 "옥외소화전함"이라 한다)은 불연재료로 제작하고 옥외소화전으로부터 보행거리 5m 이하의 장소로서 화재발생 시 쉽게 접근가능하고 화재 등의 피해를 받을 우려가 적은 장소에 설치할 것

19. 질식소화 효과를 주로 사용하는 소화기는?

① 포 소화기
② 강화액 소화기
③ 수(물) 소화기
④ 할로겐화합물 소화기

해설 포(foam) 소화기는 화학포 소화기와 기계포(공기포) 소화기로 분류되며, 방출되는 거품으로 연소물의 덮어 산소를 차단하는 질식소화 효과를 이용하는 소화기이다.

20. 전기 화재의 급수와 표시 색상을 옳게 나타낸 것은?

① C급 - 백색   ② D급 - 백색
③ C급 - 청색   ④ D급 - 청색

해설 화재 급수에 따른 화재 종류 및 표시 색상

화재 급수	화재 종류	표시 색상
A급	일반 화재	백색
B급	유류 화재	황색
C급	전기 화재	청색
D급	금속 화재	-

21. 인화점이 상온 이상인 위험물은?

① 중유   ② 아세트알데히드
③ 아세톤   ④ 이황화탄소

해설 제4류 위험물의 인화점

품명		인화점
중유	제2석유류	60~150℃
아세트알데히드	특수인화물	-39℃
아세톤	제1석유류	-18℃
이황화탄소	특수인화물	-30℃

22. 알킬알루미늄의 저장 및 취급방법으로 옳은 것은?

① 용기는 완전 밀봉하고 CH_4, C_3H_8 등을 봉입한다.
② C_6H_6 등의 희석제를 넣어준다.
③ 용기의 마개에 다수의 미세한 구멍을 뚫는다.

④ 통기구가 달린 용기를 사용하여 압력상
승을 방지한다.

해설 알킬알루미늄(제3류 위험물)의 저장 및 취급방법

㉮ 용기는 밀봉하고 공기와의 접촉을 금한다.
㉯ 물과 반응하여 가연성 기체인 에탄(C_2H_6)을 발생하므로 접촉을 피한다.
㉰ 취급설비와 탱크 저장 시에는 질소 등의 불활성가스 봉입장치를 설치하여 벤젠(C_6H_6), 헥산(C_6H_{14})과 같은 희석제를 첨가한다.
㉱ 용기 파손으로 인한 공기 중에 누출을 방지한다.

참고 알킬알루미늄은 공기 중에서 자연발화의 위험성이 있으므로 용기 마개에 구멍을 뚫는 것, 통기구가 달린 용기를 사용하여 공기와 접촉되도록 하는 것, 가연성인 메탄(CH_4), 프로판(C_3H_8)을 봉입용 가스로 사용하는 것은 잘못된 저장 및 취급방법이다.

23. 위험물 제조소의 연면적이 몇 m^2 이상이 되면 경보설비 중 자동화재 탐지설비를 설치하여야 하는가?

① 400
② 500
③ 600
④ 800

해설 제조소 및 일반취급소에 자동화재 탐지설비만을 설치해야 하는 대상 [시행규칙 별표17]
㉮ 연면적 500m^2 이상인 것
㉯ 옥내에서 지정수량의 100배 이상을 취급하는 것(고인화점 위험물만을 100℃ 미만의 온도에서 취급하는 것을 제외한다)
㉰ 일반취급소로 사용되는 부분 외의 부분이 있는 건축물에 설치된 일반취급소(일반취급소와 일반취급소 외의 부분이 내화구조의 바닥 또는 벽으로 개구부 없이 구획된 것을 제외한다)

24. 제조소등에 있어서 위험물의 저장하는 기준으로 잘못된 것은?

① 황린은 제3류 위험물이므로 물기가 없는 건조한 장소에 저장하여야 한다.

② 덩어리 상태의 유황은 위험물 용기에 수납하지 않고 옥내 저장소에 저장할 수 있다.
③ 옥내 저장소에서는 용기에 수납하여 저장하는 위험물의 온도가 55℃를 넘지 아니하도록 필요한 조치를 강구하여야 한다.
④ 이동저장탱크에는 저장 또는 취급하는 위험물의 유별, 품명, 최대수량 및 적재중량을 표시하고 잘 보일 수 있도록 관리하여야 한다.

해설 황린(P_4) : 제3류 위험물로 자연발화성이기 때문에 물속에 저장하여야 한다.

25. 염소산나트륨의 저장 및 취급 시 주의사항으로 틀린 것은?

① 철제용기에 저장은 피해야 한다.
② 열분해 시 이산화탄소가 발생하므로 질식에 유의한다.
③ 조해성이 있으므로 방습에 유의한다.
④ 용기에 밀전(密栓)하여 보관한다.

해설 염소산나트륨($NaClO_3$)의 저장 및 취급
㉮ 조해성이 크므로 방습에 주의하여야 한다.
㉯ 강력한 산화제로 철을 부식시키므로 철제용기에 저장은 피해야 한다.
㉰ 용기는 공기와의 접촉을 방지하기 위하여 밀전하여 보관한다.
㉱ 환기가 잘 되는 냉암소에 보관한다.
㉲ <u>열분해 시 산소가 발생하므로 취급에 유의한다.</u>

26. 요오드(아이오딘)산 아연의 성질에 대한 설명으로 가장 거리가 먼 것은?

① 결정성 분말이다.
② 유기물과 혼합 시 연소위험이 있다.
③ 환원력이 강하다.
④ 제1류 위험물이다.

해설 요오드(아이오딘)산 아연[$Zn(IO_3)_2 \cdot 6H_2O$]의 특징

㉮ 제1류 위험물 중 요오드산염류에 해당되며 지정수량은 300kg이다.
㉯ 산화력이 강한 고체 또는 분말이다.
㉰ 유기물과 혼합 시 연소위험이 있다.

27. 메틸알코올의 위험성에 대한 설명으로 틀린 것은?

① 겨울에는 인화의 위험이 여름보다 작다.
② 증기 밀도는 가솔린보다 크다.
③ 독성이 있다.
④ 연소범위는 에틸알코올보다 넓다.

해설 ㉮ 메틸알코올(CH_3OH : 메탄올)의 위험성
㉠ 독성이 강하여 소량 마시면 시신경을 마비시키고, 8~20g 정도 먹으면 두통, 복통을 일으키거나 실명을 하며, 30~50g 정도 먹으면 사망한다.
㉡ 휘발성이 강하여 인화점(11℃) 이상이 되면 폭발성 혼합기체를 발생하고, 밀폐된 상태에서는 폭발한다.
㉢ 밝은 곳에서 연소 시 화염의 색깔이 연해서 잘 보이지 않으므로 화상 등에 주의한다.
㉣ 증기는 환각성 물질이고 계절적으로 여름에 위험하다.
㉤ 연소범위 7.3~36%이다(에틸알코올 : 4.3~19%).
㉯ 메틸알코올과 가솔린의 증기 밀도 비교 :
증기 밀도$(\rho) = \dfrac{분자량}{22.4}$ 이다.
㉠ 메틸알코올(CH_3OH)의 분자량은 32이다.
∴ $\rho = \dfrac{32}{22.4} = 1.428\,g/L$
㉡ 가솔린(C_8H_{18})의 분자량은 114이다.
∴ $\rho = \dfrac{114}{22.4} = 5.089\,g/L$

참고 증기 밀도는 메틸알코올이 가솔린보다 작다.

28. 위험물 안전관리법령에서 규정하고 있는 사항으로 틀린 것은?

① 법정의 안전교육을 받아야 하는 사람은 안전관리자로 선임된 자, 탱크시험자의 기술인력으로 종사하는 자, 위험물 운송자로 종사하는 자이다.
② 지정수량의 150배 이상의 위험물을 저장하는 옥내 저장소는 관계인이 예방규정을 정하여야 하는 제조소등에 해당한다.
③ 정기검사의 대상이 되는 것은 액체 위험물을 저장 또는 취급하는 10만 L 이상의 옥외탱크 저장소, 암반탱크 저장소, 이송 취급소이다.
④ 법정의 안전관리교육 이수자와 소방공무원으로 근무한 경력이 3년 이상인 자는 제4류 위험물에 대한 위험물 취급 자격자가 될 수 있다.

해설 정기검사 대상인 제조소등 [시행령 제17조] : 액체위험물을 저장 또는 취급하는 50만 리터 이상의 옥외탱크저장소

29. 이송취급소의 교체밸브, 제어밸브 등의 설치 기준으로 틀린 것은?

① 밸브는 원칙적으로 이송기지 또는 전용부지 내에 설치할 것
② 밸브는 그 개폐상태를 설치장소에서 쉽게 확인할 수 있도록 할 것
③ 밸브를 지하에 설치하는 경우에는 점검상자 안에 설치할 것
④ 밸브는 해당 밸브의 관리에 관계하는 자가 아니면 수동으로만 개폐할 수 있도록 할 것

해설 이송취급소의 교체밸브, 제어밸브 등의 설치기준 [시행규칙 별표15]
㉮ 밸브는 원칙적으로 이송기지 또는 전용부지 내에 설치할 것
㉯ 밸브는 그 개폐상태가 당해 밸브의 설치장소에서 쉽게 확인할 수 있도록 할 것
㉰ 밸브를 지하에 설치하는 경우에는 점검상자 안에 설치할 것
㉱ 밸브는 당해 밸브의 관리에 관계하는 자가 아니면 수동으로 개폐할 수 없도록 할 것

정답 27. ② 28. ③ 29. ④

30. 위험물 안전관리법령에서 정한 물분무 소화설비의 설치기준으로 적합하지 않은 것은?

① 고압의 전기설비가 있는 장소에는 해당 전기설비와 분무헤드 및 배관과 사이에 전기절연을 위하여 필요한 공간을 보유한다.

② 스트레이너 및 일제 개방밸브는 제어밸브의 하류측 부근에 스트레이너, 일제 개방밸브의 순으로 설치한다.

③ 물분무 소화설비에 2 이상의 방사구역을 두는 경우에는 화재를 유효하게 소화할 수 있도록 인접하는 방사구역이 상호 중복되도록 한다.

④ 수원의 수위가 수평회전식 펌프보다 낮은 위치에 있는 가압송수장치의 물올림장치는 타 설비와 겸용하여 설치한다.

해설 물분무소화설비의 기준 [세부기준 제132조] : 수원의 수위가 수평회전식 펌프보다 낮은 위치에 있는 가압송수장치의 물올림 장치는 <u>전용의 물올림탱크를 설치</u>하고, 물올림탱크의 용량은 가압송수장치를 유효하게 작동할 수 있도록 할 것

31. 위험물 운송책임자의 감독 또는 지원의 방법으로 운송의 감독 또는 지원을 위하여 마련한 별도의 사무실에 운송책임자가 대기하면서 이행하는 사항에 해당하지 않은 것은?

① 운송 후에 운송경로를 파악하여 관할 경찰관서에 신고하는 것

② 이동탱크 저장소의 운전자에 대하여 수시로 안전확보 상황을 확인하는 것

③ 비상시의 응급처치에 관하여 조언을 하는 것

④ 위험물의 운송 중 안전확보에 관하여 필요한 정보를 제공하고 감독 또는 지원하는 것

해설 위험물운송책임자가 사무실에 대기하면서 이행하는 사항 [시행규칙 별표21]
㉮ 운송경로를 <u>미리 파악</u>하고 관할소방서 또는

관련업체에 대한 연락체계를 갖추는 것
㉯ 이동탱크저장소의 운전자에 대하여 수시로 안전확보 상황을 확인하는 것
㉰ 비상시의 응급처치에 관하여 조언하는 것
㉱ 그 밖에 위험물의 운송 중 안전확보에 관하여 필요한 정보를 제공하고 감독 또는 지원하는 것

32. 1종 판매취급소에 설치하는 위험물 배합실의 기준으로 틀린 것은?

① 바닥면적은 $6m^2$ 이상 $15m^2$ 이하일 것

② 내화구조 또는 불연재료로 된 벽으로 구획할 것

③ 출입구는 수시로 열 수 있는 자동폐쇄식의 갑종 방화문으로 설치할 것

④ 출입구 문턱의 높이는 바닥면으로부터 0.2m 이상일 것

해설 위험물을 배합하는 실의 기준 [시행규칙 별표14]
㉮ 바닥면적은 $6m^2$ 이상 $15m^2$ 이하로 할 것
㉯ 내화구조 또는 불연재료로 된 벽으로 구획할 것
㉰ 바닥은 위험물이 침투하지 아니하는 구조로 하여 적당한 경사를 두고 집유설비를 할 것
㉱ 출입구에는 수시로 열 수 있는 자동폐쇄식의 갑종방화문을 설치할 것
㉲ 출입구 문턱의 높이는 바닥면으로부터 0.1m 이상으로 할 것
㉳ 내부에 체류한 가연성의 증기 또는 가연성의 미분을 지붕 위로 방출하는 설비를 할 것

33. 규조토에 흡수시켜 다이너마이트를 제조할 때 사용되는 위험물은?

① 디니트로톨루엔

② 질산에틸

③ 니트로글리세린

④ 니트로셀룰로오스

해설 니트로글리세린[$C_3H_5(ONO_2)_3$]의 특징
㉮ 제5류 위험물 중 질산에스테르류에 해당되며

지정수량은 10kg이다.

㉯ 순수한 것은 상온에서 무색, 투명한 기름 모양의 액체이나 공업적으로 제조한 것은 담황색을 띠고 있다.

㉰ 상온에서 액체이지만 약 10℃에서 동결하므로 겨울에는 백색의 고체 상태이다.

㉱ 물에는 거의 녹지 않으나 벤젠, 알코올, 클로로포름, 아세톤에 녹는다.

㉲ 점화하면 적은 양은 타기만 하지만 많은 양은 폭굉에 이른다.

㉳ 규조토에 흡수시켜 다이너마이트를 제조할 때 사용된다.

㉴ 충격이나 마찰에 예민하여 액체 운반은 금지되어 있다.

34. NaClO₂을 수납하는 운반용기의 외부에 표시하여야 할 주의사항으로 옳은 것은?

① 화기엄금 및 충격주의
② 화기주의 및 물기엄금
③ 화기·충격주의 및 가연물 접촉주의
④ 화기엄금 및 공기접촉엄금

해설 ㉮ 염소산나트륨(NaClO₂) : 제1류 위험물 중 염소산염류에 해당된다.
㉯ 제1류 위험물 운반용기 외부 표시사항

구분	표시사항
알칼리금속의 과산화물 또는 이를 함유한 것	화기·충격주의, 물기엄금, 가연물 접촉주의
그 밖의 것	화기·충격주의 및 가연물 접촉주의

※ 제1류 위험물 외의 운반용기 외부 표시사항은 45번 해설을 참고한다.

35. 이황화탄소 저장 시 물속에 저장하는 이유로 가장 옳은 것은?

① 공기 중 수소와 접촉하여 산화되는 것을 방지하기 위하여
② 공기와 접촉 시 환원하기 때문에
③ 가연성 증기의 발생을 억제하기 위해서

④ 불순물을 제거하기 위하여

해설 이황화탄소(CS₂)는 물보다 무겁고 물에 녹기 어려우므로 물(수조) 속에 저장하여 가연성 증기의 발생을 억제한다.
참고 이황화탄소는 제4류 위험물 중 특수인화물에 해당되며 무색 투명한 휘발성 액체로 연소범위가 1.25~44%이다.

36. 알루미늄의 위험성에 대한 설명 중 틀린 것은?

① 할로겐원소와 접촉 시 자연발화의 위험성이 있다.
② 산과 반응하여 가연성 가스인 수소를 발생한다.
③ 발화하면 다량의 열이 발생한다.
④ 뜨거운 물과 격렬히 반응하여 산화알루미늄을 발생한다.

해설 알루미늄의 위험성
㉮ 제2류 위험물 중 금속분에 해당되며 지정수량은 500kg이다.
㉯ 산화제와 혼합 시 가열, 충격, 마찰에 의하여 착화한다.
㉰ 할로겐원소와 접촉하면 자연발화의 위험성이 있다.
㉱ 발화(연소)하면 많은 열이 발생한다.
㉲ 산, 알칼리, 물과 반응하여 가연성 가스인 수소를 발생한다.
참고 물(뜨거운 물)과 반응하면 수소(H₂)와 수산화알루미늄[Al(OH)₃]이 발생한다.
$$2Al + 6H_2O \rightarrow 2Al(OH)_3 + 3H_2\uparrow$$

37. 위험물 제조소에서 다음과 같이 위험물을 취급하고 있는 경우 각각의 지정수량 배수의 총합은 얼마인가?

- 브롬산나트륨 300kg
- 과산화나트륨 150kg
- 중크롬산나트륨 500kg

① 3.5 ② 4.0 ③ 4.5 ④ 5.0

해설 ㉮ 제1류 위험물의 지정수량

품명		지정수량
브롬산나트륨	브롬산염류	300kg
과산화나트륨	무기과산화물	50kg
중크롬산나트륨	중크롬산염류	1000kg

㉯ 지정수량 배수의 합 계산 : 지정수량 배수의 합은 각 위험물량을 지정수량으로 나눈 값의 합이다.

∴ 지정수량 배수의 합

$$= \frac{A \text{위험물량}}{\text{지정수량}} + \frac{B \text{위험물량}}{\text{지정수량}} + \frac{C \text{위험물량}}{\text{지정수량}}$$

$$= \frac{300}{300} + \frac{150}{50} + \frac{500}{1000} = 4.5$$

38. 오황화인과 칠황화인이 물과 반응했을 때 공통으로 나오는 물질은?

① 이산화황
② 황화수소
③ 인화수소
④ 삼산화황

해설 ㉮ 오황화인(P_2S_5), 칠황화인(P_4S_7)은 제2류 위험물 중 황린에 해당되며 물과 반응하면 황화수소(H_2S)와 인산(H_3PO_4)이 발생한다.

㉯ 반응식 : $P_2S_5 + 8H_2O \rightarrow 5H_2S + 2H_3PO_4$

39. 과산화벤조일의 일반적인 성질로 옳은 것은?

① 비중은 약 0.33이다.
② 무미, 무취의 고체이다.
③ 물에는 잘 녹지만 디에틸에테르에는 녹지 않는다.
④ 녹는점은 약 300℃이다.

해설 과산화벤조일(벤조일퍼옥사이드)의 특징

㉮ 제5류 위험물 중 유기과산화물에 해당되며 지정수량은 10kg이다.

㉯ 무색, 무미의 결정 고체로 물에는 잘 녹지 않으나 알코올에는 약간 녹는다.

㉰ 상온에서 안정하며, 강한 산화작용이 있다.

㉱ 가열하면 100℃ 부근에서 백색 연기를 내며 분해한다.

㉲ 빛, 열, 충격, 마찰 등에 의해 폭발의 위험이 있다.

㉳ 강한 산화성 물질로 진한 황산, 질산, 초산 등과 접촉하면 화재나 폭발의 우려가 있다.

㉴ 수분의 흡수나 불활성 희석제(프탈산디메틸, 프탈산디부틸)의 첨가에 의해 폭발성을 낮출 수도 있다.

㉵ 비중(25℃) 1.33, 융점 103~105℃(분해온도), 발화점 125℃이다.

40. 위험물 안전관리법령은 위험물의 유별에 따른 저장, 취급상의 유의사항을 규정하고 있다. 이 규정에서 특히 과열, 충격, 마찰을 피하여야 할 류(類)에 속하는 위험물 품명을 옳게 나열한 것은?

① 히드록실아민, 금속의 아지화합물
② 금속의 산화물, 칼슘의 탄화물
③ 무기금속화합물, 인화성 고체
④ 무기과산화물, 금속의 산화물

해설 위험물의 유별 저장·취급의 공통기준[시행규칙 별표18]

㉮ 과열, 충격, 마찰을 피하여야 할 위험물 : 제1류 위험물, 제5류 위험물

㉯ 예제의 위험물 중에서 히드록실아민, 금속의 아지화합물이 제5류 위험물에 해당된다.

㉰ 예제의 위험물 유별 구분 : 금속의 산화물(비위험물), 칼슘의 탄화물(제3류), 무기금속화합물(비위험물), 인화성 고체(제2류), 무기과산화물(제1류)

41. 제3류 위험물에 대한 설명으로 옳지 않은 것은?

① 황린은 공기 중에 노출되면 자연발화하므로 물속에 저장하여야 한다.
② 나트륨은 물보다 무거우며 석유 등의 보호액 속에 저장하여야 한다.
③ 트리에틸알루미늄은 상온에서 액체 상태로 존재한다.

④ 인화칼슘은 물과 반응하여 유독성의 포스핀을 발생한다.

해설 나트륨의 비중은 0.97로 물보다 가벼우며 산화를 방지하기 위하여 보호액(등유, 경유, 파라핀) 속에 넣어 저장한다.

42. 과산화벤조일 100kg을 저장하려 한다. 지정수량의 배수는 얼마인가?

① 5배
② 7배
③ 10배
④ 15배

해설 과산화벤조일[$(C_6H_5CO)_2O_2$] : 벤조일퍼옥사이드 : 제5류 위험물 중 유기과산화물에 해당되며 지정수량은 10kg이다.

$$\therefore 지정수량 배수 = \frac{위험물량}{지정수량} = \frac{100}{10} = 10 배$$

43. 순수한 것은 무색, 투명한 기름상의 액체이고 공업용은 담황색인 위험물로 충격, 마찰에는 매우 예민하고 겨울철에는 동결할 우려가 있는 것은?

① 펜트리트
② 트리니트로벤젠
③ 니트로글리세린
④ 질산메틸

해설 니트로글리세린[$C_3H_5(ONO_2)_3$]의 특징
㉮ 제5류 위험물 중 질산에스테르류에 해당되며 지정수량은 10kg이다.
㉯ 순수한 것은 상온에서 무색, 투명한 기름 모양의 액체이나 공업적으로 제조한 것은 담황색을 띠고 있다.
㉰ 상온에서 액체이지만 약 10℃에서 동결하므로 겨울에는 백색의 고체 상태이다.

참고 니트로글리세린에 대한 추가적인 설명은 33번 해설을 참고한다.

44. 과산화칼륨이 물 또는 이산화탄소와 반응할 경우 공통적으로 발생하는 물질은 어느 것인가?

① 산소
② 과산화수소
③ 수산화칼륨
④ 수소

해설 ㉮ 과산화칼륨(K_2O_2) : 제1류 위험물 중 무기과산화물로 물(H_2O) 또는 이산화탄소(CO_2)와 반응하면 산소(O_2)가 발생된다.
㉯ 반응식
㉠ 물과 반응 : $2K_2O_2 + 2H_2O \rightarrow 4KOH + O_2 \uparrow$
㉡ CO_2와 반응 : $2K_2O_2 + CO_2 \rightarrow 2K_2CO_3 + O_2 \uparrow$

45. 과산화수소의 운반용기 외부에 표시하여야 하는 주의사항은?

① 화기주의
② 충격주의
③ 물기엄금
④ 가연물 접촉주의

해설 운반용기의 외부 표시사항 [시행규칙 별표19]

유별	구분	표시사항
제1류	알칼리금속의 과산화물 또는 이를 함유한 것	화기·충격주의, 물기엄금, 가연물 접촉주의
	그 밖의 것	화기·충격주의 및 가연물 접촉주의
제2류	철분, 금속분, 마그네슘 또는 어느 하나 이상을 함유한 것	화기주의, 물기엄금
	인화성 고체	화기엄금
	그 밖의 것	화기주의
제3류	자연발화성 물질	화기엄금 및 공기접촉엄금
	금수성물질	물기엄금
제4류		화기엄금
제5류		화기엄금 및 충격주의
제6류		가연물접촉주의

참고 과산화수소(H_2O_2)는 제6류 위험물이므로 운반용기 외부에 "가연물접촉주의"를 표시한다.

46. 액체 위험물을 운반용기에 수납할 때 내용적의 몇 % 이하의 수납률로 수납하여야 하는가?

① 95 ② 96 ③ 97 ④ 98

해설 운반용기에 의한 수납 적재 기준 [시행규칙 별표19]

㉮ 고체 위험물은 운반용기 내용적의 95% 이하로 수납할 것

㉯ 액체 위험물은 운반용기 내용적의 98% 이하로 수납하되, 55℃에서 누설되지 아니하도록 공간용적을 유지하도록 할 것

㉰ 제3류 위험물의 운반용기 수납 기준

㉠ 자연발화성 물질 중 알킬알루미늄 등은 운반용기의 내용적의 90% 이하로 수납하되, 50℃에서 5% 이상의 공간용적을 유지하도록 할 것

㉡ 자연발화성 물질에 있어서는 불활성 기체를 봉입하여 공기와 접하지 아니하도록 할 것

㉢ 자연발화성 물질 외의 물품에 있어서는 파라핀·경유·등유 등의 보호액으로 채우거나 불활성 기체로 밀봉하는 등 수분과 접하지 아니하도록 할 것

47. 위험물 안전관리법령에서 정한 지정수량이 500kg인 것은?

① 황화린 ② 금속분
③ 인화성 고체 ④ 유황

해설 제2류 위험물(가연성 고체)의 지정수량

품명	지정수량	위험등급
황화린	100kg	Ⅱ
적린	100kg	
유황	100kg	
철분	500kg	Ⅲ
금속분	500kg	
마그네슘	500kg	
인화성고체	1000kg	
그 밖에 행안부령으로 정하는 것	100kg 또는 500kg	Ⅱ~Ⅲ

48. 건성유에 해당되지 않는 것은?

① 들기름 ② 오동유
③ 아마인유 ④ 피마자유

해설 동식물유류(제4류 위험물)의 구분 및 종류

㉮ 건성유 : 요오드값 130인 이상인 것으로 들기름, 아마인유, 해바라기유, 오동유 등

㉯ 반건성유 : 요오드값 100 이상 130 미만인 것으로 목화씨유, 참기름, 채종유 등

㉰ 불건성유 : 요오드값이 100 미만인 것으로 땅콩기름(낙화생유), 올리브유, 피마자유, 팜유, 야자유, 동백유 등

49. 위험물 안전관리법령상 제5류 위험물의 위험등급에 대한 설명 중 틀린 것은?

① 유기과산화물과 질산에스테르류는 위험등급 Ⅰ에 해당한다.
② 지정수량 100kg인 히드록실아민과 히드록실아민염류는 위험등급 Ⅱ에 해당한다.
③ 지정수량 200kg에 해당되는 품명은 모두 위험등급 Ⅲ에 해당한다.
④ 지정수량 10kg인 품명만 위험등급 Ⅰ에 해당한다.

해설 제5류 위험물의 위험등급 분류[시행규칙 별표19]

㉮ 위험등급 Ⅰ : 유기과산화물, 질산에스테르류 그 밖에 지정수량이 10kg인 위험물

㉯ 위험등급 Ⅱ : 위험등급 Ⅰ 외의 것

㉰ 위험등급 Ⅲ : 해당되는 것 없음

50. 제5류 위험물에 관한 내용으로 틀린 것은?

① $C_2H_5ONO_2$: 상온에서 액체이다.
② $C_6H_2OH(NO_2)_3$: 공기 중 자연분해가 매우 잘 된다.
③ $C_6H_3(NO_2)_2CH_3$: 담황색의 결정이다.
④ $C_3H_5(ONO_2)_3$: 혼산 중에 글리세린을 반응시켜 제조한다.

정답 46. ④ 47. ② 48. ④ 49. ③ 50. ②

해설 제5류 위험물 중 각 품명의 성질

㉮ 질산에틸($C_2H_5ONO_2$) : 녹는점 $-112℃$로 상온에서 액체이며 물에 녹는다.

㉯ 피크린산[$C_6H_2OH(NO_2)_3$] : 강한 쓴맛과 독성이 있으며 단독으로는 타격, 마찰에 둔감하며 공기 중에서 자연분해가 되지 않고, 중금속(Fe, Cu, Pb)과 반응하여 피크린산염을 생성한다.

㉰ 디니트로톨루엔[$C_6H_3(NO_2)_2CH_3$] : 니트로화합물로 물, 알코올, 에테르에 약간 녹는 담황색의 결정이다.

㉱ 니트로글리세린[$C_3H_5(ONO_2)_3$] : 폭발성이 있는 무색, 투명한 기름 모양의 액체로 글리세린을 반응시켜 제조하며, 규조토에 흡수시켜 다이너마이트를 제조할 때 사용한다.

51. 제4류 위험물에 대한 설명으로 가장 옳은 것은?

① 물과 접촉하면 발열하는 것
② 자기 연소성 물질
③ 많은 산소를 함유하는 강산화제
④ 상온에서 액상인 가연성 액체

해설 제4류 위험물은 상온에서 액체 상태로 인화의 위험성이 있는 가연성 액체이다.

52. 1몰의 에틸알코올이 완전 연소하였을 때 생성되는 이산화탄소는 몇 몰인가?

① 1몰 ② 2몰
③ 3몰 ④ 4몰

해설 ㉮ 에틸알코올(C_2H_5OH)의 완전연소 반응식
$C_2H_5OH + 3O_2 \rightarrow 2CO_2 + 3H_2O$
㉯ 생성 이산화탄소 : 에틸알코올 1몰(mol)이 완전연소하면 이산화탄소 2몰(mol)이 생성된다.

53. 과염소산에 대한 설명으로 틀린 것은?

① 물과 접촉하면 발열한다.
② 불연성이지만 유독성이 있다.
③ 증기 비중은 약 3.5이다.
④ 산화제이므로 쉽게 산화할 수 있다.

해설 과염소산($HClO_4$) 특징

㉮ 제6류 위험물(산화성 액체)로 지정수량 300kg이다.
㉯ 무색의 유동하기 쉬운 액체이며, 염소 냄새가 난다.
㉰ 불연성물질로 가열하면 유독성가스를 발생한다.
㉱ 염소산 중에서 가장 강한 산이다.
㉲ 산화력이 강하여 종이, 나무부스러기 등과 접촉하면 연소와 동시에 폭발하기 때문에 접촉을 피한다.
㉳ 물과 접촉하면 심하게 반응하며 발열한다.
㉴ 액체 비중 1.76(증기비중 3.47), 융점 $-112℃$, 비점 $39℃$이다.

54. 제조소등에서 위험물을 유출시켜 사람의 신체 또는 재산에 대하여 위험을 발생시킨 자에 대한 벌칙기준으로 옳은 것은 어느 것인가?

① 1년 이상 3년 이하의 징역
② 1년 이상 5년 이하의 징역
③ 1년 이상 7년 이하의 징역
④ 1년 이상 10년 이하의 징역

해설 제조소등에서 위험물을 유출·방출 또는 확산시켜 사람의 생명·신체 또는 재산에 대하여 위험을 발생시킨 자의 벌칙 : 1년 이상 10년 이하의 징역 벌칙[법 제33조]

55. 고정지붕 구조를 가진 높이 15m의 원통 종형 옥외위험물저장탱크 안의 탱크 상부로부터 아래로 1m 지점에 고정식 포 방출구가 설치되어 있다. 이 조건의 탱크를 신설하는 경우 최대 허가량은 얼마인가? (단, 탱크의 내부 단면적은 100m²이고, 탱크 내부에는 별다른 구조물이 없으며, 공간 용적 기준은 만족하는 것으로 가정한다.)

① 1400m³   ② 1370m³

③ 1350m³   ④ 1300m³

해설 탱크의 내용적 및 공간용적 [세부기준 제25조]

㉮ 위험물을 저장 또는 취급하는 탱크의 용량은 해당 탱크의 내용적에서 공간용적을 뺀 용적으로 한다[시행규칙 제5조].

㉯ 탱크의 공간용적은 탱크 내용적의 $\frac{5}{100}$ 이상 $\frac{10}{100}$ 이하의 용적으로 한다. 다만, 소화설비(소화약제 방출구를 탱크 안의 윗부분에 설치하는 것에 한한다)를 설치하는 탱크의 공간용적은 당해 소화설비의 소화약제 방출구 아래의 0.3m 이상 1m 미만의 사이의 면으로부터 윗부분의 용적으로 한다.

㉰ 문제의 조건과 기준을 적용하면 탱크의 최소 공간용적은 포방출구 아래 0.3m를 기준으로 위쪽에 해당되는 용적이 공간용적이 되는 것이다. 즉 공간용적에 해당하는 높이는 상부로부터 1.3m이다.

㉱ 탱크의 최대 허가량을 묻는 것이므로 탱크 내용적에서 최소공간용적을 빼준 용적이 최대 허가량이 된다.

∴ 최대 허가량=탱크 내용적－최소 공간용적
=(탱크 단면적×전체 높이)
－(탱크 단면적×공간용적 높이)
=탱크 단면적×(전체높이－공간용적 높이)
=100×(15－1.3)=1370m³

56. 제4류 위험물의 옥외 저장탱크에 대기 밸브 부착 통기관을 설치할 때 몇 kPa 이하의 압력차로 작동하여야 하는가?

① 5kPa 이하

② 10kPa 이하

③ 15kPa 이하

④ 20kPa 이하

해설 옥외탱크저장소 통기관(대기밸브 부착 통기관) 기준 [시행규칙 별표6]

㉮ 5kPa 이하의 압력차로 작동할 수 있을 것

㉯ 인화방지장치를 할 것

57. 비중은 0.86이고 은백색의 무른 경금속으로 보라색 불꽃을 내면서 연소하는 제3류 위험물은?

① 칼슘   ② 나트륨

③ 칼륨   ④ 리튬

해설 칼륨(K)의 특징

㉮ 제3류 위험물로 지정수량은 10kg이다.

㉯ 은백색을 띠는 무른 금속으로 녹는점 이상 가열하면 보라색의 불꽃을 내면서 연소한다.

㉰ 공기 중의 산소와 반응하여 광택을 잃고 산화칼륨(K₂O)의 회백색으로 변화한다.

㉱ 공기 중에서 수분과 반응하여 수산화물(KOH)과 수소(H₂)를 발생하고, 연소하면 과산화칼륨(K₂O₂)이 된다.

㉲ 화학적으로 활성이 크며, 알코올과 반응하여 칼륨에틸레이트(C₂H₅OK)를 만든다.

㉳ 피부에 접촉되면 화상을 입으며, 연소할 때 발생하는 증기가 피부에 접촉하거나 호흡하면 자극이 된다.

㉴ 산화를 방지하기 위하여 보호액(등유, 경유, 파라핀) 속에 넣어 저장한다.

㉵ 용기 파손 및 보호액 누설에 주의하고, 소량으로 나누어 저장한다.

㉶ 비중 0.86, 융점 63.7℃, 비점 762℃이다.

58. 위험물 안전관리법령상 제3류 위험물에 속하는 담황색의 고체로서 물속에 보관해야 하는 것은?

① 황린

② 적린

③ 유황

④ 니트로글리세린

해설 황린(P₄)의 특징

㉮ 제3류 위험물로 지정수량은 20kg이다.

㉯ 백색 또는 담황색 고체로 일명 백린이라 한다.

㉰ 강한 마늘 냄새가 나고, 증기는 공기보다 무거운 가연성이며 맹독성 물질이다.

㉱ 물에 녹지 않고 벤젠, 알코올에 약간 용해하며 이황화탄소, 염화황, 삼염화인에 잘 녹는다.

정답   56. ①   57. ③   58. ①

㉠ 공기를 차단하고 약 260℃로 가열하면 적린이 된다(증기 비중은 4.3으로 공기보다 무겁다).

㉡ 상온에서 증기를 발생하고 서서히 산화하므로 어두운 곳에서 청백색의 인광을 발한다.

㉢ 다른 원소와 반응하여 인화합물을 만들며, 연소할 때 유독성의 오산화인(P_2O_5)이 발생하면서 백색 연기가 난다.

㉣ 자연 발화의 가능성이 있으므로 물속에만 저장하며, 온도가 상승 시 물의 산성화가 빨라져 용기를 부식시키므로 직사광선을 막는 차광 덮개를 하여 저장한다.

㉤ 액체 비중 1.82, 증기비중 4.3, 융점 44℃, 비점 280℃, 발화점 34℃이다.

59. 이황화탄소에 관한 설명으로 틀린 것은?

① 비교적 무거운 무색의 고체이다.
② 인화점이 0℃ 이하이다.
③ 약 100℃에서 발화할 수 있다.
④ 이황화탄소의 증기는 유독하다.

해설 이황화탄소(CS_2)의 특징

㉠ 제4류 위험물 중 특수인화물에 해당되며 지정수량은 50L이다.

㉡ 무색, 투명한 액체로 시판품은 불순물로 인하여 황색을 나타내며 불쾌한 냄새가 난다.

㉢ 물에는 녹지 않으나 알코올, 에테르, 벤젠 등 유기용제에는 잘 녹으며 유지, 수지, 생고무, 황, 황린 등을 녹인다.

㉣ 독성이 있고 직사광선에 의해 서서히 변질되고, 점화하면 청색불꽃을 내며 연소하면서 아황산가스(SO_2)를 발생한다.

㉤ 인화성이 강하고 유독하며, 물과 150℃ 이상 가열하면 분해하여 이산화탄소(CO_2)와 황화수소(H_2S)를 발생한다.

㉥ 직사광선을 피하고 통풍이 잘되는 냉암소에 저장한다.

㉦ 물보다 무겁고 물에 녹기 어려우므로 물(수조) 속에 저장한다.

㉧ 액체 비중 1.263(증기비중 2.62), 비점 46.45℃, 발화점(착화점) 100℃, 인화점 −30℃, 연소범위 1.2~44%이다.

60. 다음은 위험물 안전관리법령에 따른 이동탱크 저장소에 대한 기준이다. ( ) 안에 알맞은 수치를 차례대로 나열한 것은?

이동저장탱크는 그 내부에 ( )L 이하마다 ( )mm 이상의 강철판 또는 이와 동등 이상의 강도, 내열성 및 내식성이 있는 금속성의 것으로 칸막이를 설치하여야 한다.

① 2500, 3.2 ② 2500, 4.8
③ 4000, 3.2 ④ 4000, 4.8

해설 이동저장탱크의 칸막이[시행규칙 별표10]

㉠ 이동저장탱크는 그 내부에 4000L 이하마다 3.2mm 이상의 강철판 또는 이와 동등 이상의 강도·내열성 및 내식성이 있는 금속성의 것으로 칸막이를 설치하여야 한다.

㉡ 고체인 위험물을 저장하거나 고체인 위험물을 가열하여 액체 상태로 저장하는 경우에는 그러하지 아니하다.

2014. 4. 6 시행 (제2회)

1. 증발연소를 하는 물질이 아닌 것은?

① 황   ② 석탄

③ 파라핀   ④ 나프탈렌

해설 연소의 종류에 따른 가연물

㉮ 표면연소 : 목탄(숯), 코크스

㉯ 분해연소 : 종이, 석탄, 목재, 중유

㉰ 증발연소 : 가솔린, 등유, 경유, 알코올, 양초, 유황

㉱ 확산연소 : 가연성 기체

㉲ 자기연소 : 제5류 위험물(니트로셀룰로오스, 셀룰로이드, 니트로글리세린 등)

2. 제5류 위험물의 화재 시 소화방법에 대한 설명으로 옳은 것은?

① 가연성 물질로서 연소속도가 빠르므로 질식소화가 효과적이다.

② 할로겐화합물 소화기가 적응성이 있다.

③ CO_2 및 분말소화기가 적응성이 있다.

④ 다량의 주수에 의한 냉각소화가 효과적이다.

해설 제5류 위험물(자기반응성 물질)은 가연성 물질이며 그 자체가 산소를 함유하고 있으므로 질식소화가 불가능하므로 다량의 주수에 의한 냉각소화가 효과적이다.

3. 1몰의 이황화탄소와 고온의 물이 반응하여 생성되는 독성 기체물질의 부피는 표준상태에서 얼마인가?

① 22.4L   ② 44.8L

③ 67.2L   ④ 134.4L

해설 ㉮ 이황화탄소(CS_2)와 물(H_2O)과의 반응식

$CS_2 + 2H_2O \rightarrow CO_2 + 2H_2S$

㉯ 유독한 기체물질(황화수소) 부피 계산 : 이황화탄소(CS_2) 1몰(mol)이 물과 반응하면 2몰

(mol)의 황화수소(H_2S)가 발생되며, 표준상태에서 1몰(mol)의 기체 부피는 22.4L에 해당된다.

∴ 황화수소의 부피 = 2mol × 22.4L/mol = 44.8L

4. 국소방출방식의 이산화탄소 소화설비의 분사헤드에서 방출되는 소화약제의 방사기준은?

① 10초 이내에 균일하게 방사할 수 있을 것

② 15초 이내에 균일하게 방사할 수 있을 것

③ 30초 이내에 균일하게 방사할 수 있을 것

④ 60초 이내에 균일하게 방사할 수 있을 것

해설 불활성가스 소화설비(이산화탄소 소화설비) 국소방출방식의 분사헤드 기준 [세부기준 제134조]

㉮ 분사헤드는 방호대상물의 모든 표면이 분사헤드의 유효사정 내에 있도록 설치할 것

㉯ 소화약제의 방사에 의해서 위험물이 비산되지 않는 장소에 설치할 것

㉰ 방호구역의 체적 $1m^3$당 방사되는 소화약제의 양을 30초 이내에 균일하게 방사할 것

5. 화재 시 이산화탄소를 사용하여 공기 중 산소의 농도를 21 vol%에서 13 vol%로 낮추려면 공기 중 이산화탄소의 농도는 약 몇 vol%가 되어야 하는가?

① 34.3   ② 38.1

③ 42.5   ④ 45.8

해설 공기 중 산소의 체적비율이 21%인 상태에서 이산화탄소(CO_2)에 의하여 산소농도가 감소되는 것이고, 산소농도가 감소되어 발생되는 차이가 공기 중 이산화탄소의 농도가 된다.

$$\therefore CO_2 = \frac{21 - O_2}{21} \times 100 = \frac{21 - 13}{21} \times 100$$
$$= 38.095 \%$$

6. 포 소화약제에 의한 소화방법으로 다음 중 가장 주된 소화효과는?

① 희석소화   ② 질식소화
③ 제거소화   ④ 자기소화

해설 소화약제의 소화효과
㉮ 물 : 냉각효과
㉯ 산·알칼리 소화약제 : 냉각효과
㉰ 강화액 소화약제 : 냉각소화, 부촉매효과, 일부질식효과
㉱ 이산화탄소 소화약제 : 질식효과, 냉각효과
㉲ 할로겐화합물 소화약제 : 억제효과(부촉매효과)
㉳ 포 소화약제 : 질식효과, 냉각효과
㉴ 분말 소화약제 : 질식효과, 냉각효과, (제3종 분말 소화약제는 부촉매효과도 있음)

7. 알킬리튬에 대한 설명으로 틀린 것은?

① 제3류 위험물이고 지정수량은 10kg이다.
② 가연성의 액체이다.
③ 이산화탄소와는 격렬하게 반응한다.
④ 소화방법으로는 물로 주수는 불가하며 할로겐화합물 소화약제를 사용하여야 한다.

해설 알킬리튬(LiR)의 특징
㉮ 제3류 위험물로 지정수량 10kg이다.
㉯ 알킬기($C_nH_{2n+1}-$)와 리튬(Li)의 유기금속화합물이다.
㉰ 가연성의 액체이며, 이산화탄소와 격렬히 반응한다.
㉱ 공기 또는 물과 접촉하면 분해 폭발한다.
㉲ 소화방법은 건조사, 팽창질석 또는 팽창진주암, 탄산수소염류 분말소화설비 및 분말소화기를 사용한다.

8. 위험물 안전관리법령상 위험물 제조소 등에서 전기설비가 있는 곳에 적용하는 소화설비는?

① 옥내 소화전설비
② 스프링클러설비
③ 포 소화설비
④ 할로겐화합물 소화설비

해설 전기설비에 적응성이 있는 소화설비[시행규칙 별표17]
㉮ 물분무 소화설비
㉯ 불활성가스 소화설비
㉰ 할로겐화합물 소화설비
㉱ 인산염류 및 탄산수소염류 분말소화설비
㉲ 무상수(霧狀水) 소화기
㉳ 무상강화액 소화기
㉴ 이산화탄소 소화기
㉵ 할로겐화합물 소화기
㉶ 인산염류 및 탄산수소염류 분말소화기

참고 적응성이 없는 소화설비 : 옥내소화전 또는 옥외소화전설비, 스플링클러설비, 포 소화설비, 봉상수(棒狀水) 소화기, 봉상강화액 소화기, 포 소화기, 건조사

9. Halon 1301 소화약제에 대한 설명으로 틀린 것은?

① 저장 용기에 액체상으로 충전한다.
② 화학식을 CF_3Br이다.
③ 비점이 낮아서 기화가 용이하다.
④ 공기보다 가볍다.

해설 할론 1301(CF_3Br) 특징
㉮ 무색, 무취이고 액체 상태로 저장 용기에 충전한다.
㉯ 비점이 낮아서 기화가 용이하며, 상온에서 기체이다.
㉰ 할론 소화약제 중 독성이 가장 적은 반면 오존파괴지수가 가장 높다.
㉱ 전기전도성이 없고, 기체 비중이 5.17로 공기보다 무거워 심부화재에 효과적이다.
㉲ 소화 시 시야를 방해하지 않기 때문에 피난 시에 방해가 없다.

10. 위험물 제조소의 안전거리 기준으로 틀린 것은?

① 초·중등교육법 및 고등교육법에 의한 학교 : 20m 이상

정답 6. ② 7. ④ 8. ④ 9. ④ 10. ①

② 의료법에 의한 병원급 의료기관 : 30m 이상

③ 문화재보호법 규정에 의한 지정문화재 : 50m 이상

④ 사용전압이 35000V를 초과하는 특고압 가공전선 : 5m 이상

해설 제조소의 안전거리 [시행규칙 별표4]

해당 대상물	안전거리
7000V 초과 35000V 이하 전선	3m 이상
35000V 초과 전선	5m 이상
건축물, 주거용 공작물	10m 이상
고압가스, LPG, 도시가스 시설	20m 이상
학교·병원·극장(300명 이상 수용), 다수인 수용시설(20명 이상)	30m 이상
유형문화재, 지정문화재	50m 이상

11. 고온체의 색깔을 낮은 온도부터 옳게 나열한 것은?

① 암적색<황적색<백적색<휘적색
② 휘적색<백적색<황적색<암적색
③ 휘적색<암적색<황적색<백적색
④ 암적색<휘적색<황적색<백적색

해설 연소 빛에 따른 온도

구분	암적색	적색	휘적색	황적색	백적색	휘백색
온도	700℃	850℃	950℃	1100℃	1300℃	1500℃

12. 위험물 안전관리법령상 옥내 주유취급소의 소화난이도 등급은?

① Ⅰ   ② Ⅱ   ③ Ⅲ   ④ Ⅳ

해설 주유취급소의 소화난이도 등급 [시행규칙 별표17]
㉮ 소화난이도 등급 Ⅰ : 주유취급소 직원 외의 자가 출입하는 부분 면적의 합이 500m² 를 초과하는 것
㉯ 소화난이도 등급 Ⅱ : 옥내 주유취급소로서 소화난이도 등급 Ⅰ의 제조소등에 해당하지

아니하는 것
㉰ 소화난이도 등급 Ⅲ : 옥내 주유취급소 외의 것으로서 소화난이도등급 Ⅰ의 제조소등에 해당하지 아니하는 것

참고 옥내 주유취급소의 소화난이도 등급은 Ⅱ에 해당된다.

13. 다음 위험물의 화재 시 주수소화가 가능한 것은?

① 철분   ② 마그네슘
③ 나트륨   ④ 황

해설 ㉮ 제2류 위험물인 철분과 마그네슘 및 제3류 위험물인 나트륨은 물(H_2O)과 반응하여 가연성 가스인 수소(H_2)를 발생하므로 주수소화는 부적합하고 건조사, 팽창질석 또는 팽창진주암, 탄산수소염류 분말소화설비 및 분말소화기를 사용하여야 한다.
㉯ 제2류 위험물인 황(유황)은 물이나 산에 녹지 않기 때문에 주수소화가 가능하다.

14. 보기에서 소화기의 사용방법을 옳게 설명한 것을 모두 나열한 것은?

┤ 보기 ├
㉠ 적응화재에만 사용할 것
㉡ 불과 최대한 멀리 떨어져서 사용할 것
㉢ 바람을 마주보고 풍하에서 풍상 방향으로 사용할 것
㉣ 양옆으로 비로 쓸 듯이 골고루 사용할 것

① ㉠, ㉡   ② ㉠, ㉢
③ ㉠, ㉣   ④ ㉠, ㉢, ㉣

해설 소화기 사용방법
㉮ 적응화재에만 사용할 것
㉯ 성능에 따라 불 가까이 접근하여 사용할 것
㉰ 바람을 등지고 풍상(風上)에서 풍하(風下)의 방향으로 소화작업을 할 것
㉱ 소화는 양옆으로 비로 쓸 듯이 골고루 방사할 것

15. 다음의 위험물 중에서 이동탱크 저장소에 의하여 위험물을 운송할 때 운송책임자의 감독, 지원을 받아야 하는 위험물은?

① 알킬리튬
② 아세트알데히드
③ 금속의 수소화물
④ 마그네슘

해설 운송책임자의 감독, 지원을 받아 운송하여야 하는 위험물 종류 [시행령 제19조]
㉠ 알킬알루미늄
㉡ 알킬리튬
㉢ 알킬알루미늄 또는 알킬리튬을 함유하는 위험물

16. 다음 중 화재 원인에 대한 설명으로 틀린 것은?

① 연소 대상물의 열전도율이 좋을수록 연소가 잘 된다.
② 온도가 높을수록 연소 위험이 높아진다.
③ 화학적 친화력이 클수록 연소가 잘 된다.
④ 산소와 접촉이 잘 될수록 연소가 잘 된다.

해설 연소 대상물의 열전도율이 좋으면 열의 축적이 되지 않아 연소가 잘 되지 않는다.

17. 위험물 안전관리법령의 소화설비 설치기준에 의하면 옥외소화전설비의 수원의 수량은 옥외소화전 설치개수(설치개수가 4 이상인 경우에는 4)에 몇 m³을 곱한 양 이상이 되도록 하여야 하는가?

① 7.5m³
② 13.5m³
③ 20.5m³
④ 25.5m³

해설 옥외소화전설비 설치기준 [시행규칙 별표17]
: 수원의 수량은 옥외소화전의 설치개수(설치개수가 4개 이상인 경우는 4개)에 13.5m³를 곱한 양 이상이 되도록 설치할 것

18. 스프링클러설비의 장점이 아닌 것은?

① 화재의 초기 진압에 효율적이다.
② 사용 약제를 쉽게 구할 수 있다.
③ 자동으로 화재를 감지하고 소화할 수 있다.
④ 다른 소화설비보다 구조가 간단하고 시설비가 적다.

해설 스프링클러설비의 장점
㉠ 화재 초기 진화작업에 효과적이다.
㉡ 소화제가 물이므로 가격이 저렴하고 소화 후 시설 복구가 용이하다.
㉢ 조작이 간편하며 안전하다.
㉣ 감지부가 기계적으로 작동되어 오동작이 없다.
㉤ 사람이 없는 야간에도 자동적으로 화재를 감지하여 소화 및 경보를 해 준다.

참고 단점
㉠ 초기 시설비가 많이 소요된다.
㉡ 시공이 복잡하고, 물로 인한 피해가 클 수 있다.

19. 폭발 시 연소파의 전파속도 범위에 가장 가까운 것은?

① 0.1~10m/s
② 100~1000m/s
③ 2000~3500m/s
④ 5000~10000m/s

해설 연소파 및 폭굉의 속도
㉠ 연소파 전파속도(연소속도) : 0.1~10m/s
㉡ 폭굉의 속도(폭속) : 1000~3500m/s

20. 산화제와 환원제를 연소의 4요소와 연관 지어 연결한 것으로 옳은 것은?

① 산화제 – 산소공급원, 환원제 – 가연물
② 산화제 – 가연물, 환원제 – 산소공급원
③ 산화제 – 연쇄반응, 환원제 – 점화원
④ 산화제 – 점화원, 환원제 – 가연물

해설 산화제와 환원제
㉠ 산화제 : 자신은 환원되면서 다른 물질을 산화시키는 것으로 일반적으로 산소공급원을 의

미한다.

　㉯ 환원제 : 자신은 산화되면서 다른 물질을 환원시키는 것으로 일반적으로 가연물을 의미한다.

21. 금속 나트륨에 대한 설명으로 옳지 않은 것은?

① 물과 격렬히 반응하여 발열하고 수소가스를 발생한다.
② 에틸알코올과 반응하여 나트륨에틸라이트와 수소가스를 발생한다.
③ 할로겐화합물 소화약제는 사용할 수 없다.
④ 은백색의 광택이 있는 중금속이다.

해설 나트륨(Na)의 특징

　㉮ 제3류 위험물(금수성 물질)로 지정수량은 10kg이다.
　㉯ 은백색의 가벼운 금속으로 연소시키면 노란 불꽃을 내며 과산화나트륨이 된다.
　㉰ 화학적으로 활성이 크며, 모든 비금속 원소와 잘 반응한다.
　㉱ 상온에서 물이나 알코올 등과 격렬히 반응하여 수소(H_2)를 발생한다.
　㉲ 피부에 접촉되면 화상을 입는다.
　㉳ 산화를 방지하기 위해 등유, 경유 속에 넣어 저장한다.
　㉴ 용기 파손 및 보호액 누설에 주의하고, 습기나 물과 접촉하지 않도록 저장한다.
　㉵ 다량 연소하면 소화가 어려우므로 소량으로 나누어 저장한다.
　㉶ 적응성이 있는 소화설비는 건조사, 팽창질석 또는 팽창진주암, 탄산수소염류 분말소화설비 및 분말소화기가 해당된다.
　㉷ 비중 0.97, 융점 97.7℃, 비점 880℃, 발화점 121℃이다.

22. 과염소산칼륨과 아염소산나트륨의 공통 성질이 아닌 것은?

① 지정수량이 50kg이다.
② 열분해 시 산소를 방출한다.

③ 강산화성 물질이며 가연성이다.
④ 상온에서 고체의 형태이다.

해설 과염소산칼륨($KClO_4$)과 아염소산나트륨($NaClO_2$)의 공통 성질

　㉮ 제1류 위험물로 지정수량 50kg이고, 위험등급 Ⅰ등급이다.
　㉯ 열분해 시 산소를 방출한다.
　㉰ 자신은 불연성이지만 강력한 산화제이다.
　㉱ 상온에서 고체의 형태이다(과염소산칼륨 : 사방정계결정, 아염소산나트륨 : 무색의 결정성 분말).

23. 황의 성질에 대한 설명 중 틀린 것은 어느 것인가?

① 물에 녹지 않으나 이황화탄소에 녹는다.
② 공기 중에서 연소하여 아황산가스를 발생한다.
③ 전도성 물질이므로 정전기 발생에 유의하여야 한다.
④ 분진폭발의 위험성에 주의하여야 한다.

해설 황(유황)의 특징

　㉮ 제2류 위험물로 지정수량 100kg이다.
　㉯ 노란색 고체로 열 및 전기의 불량도체이므로 정전기발생에 유의하여야 한다.
　㉰ 물이나 산에는 녹지 않지만 이황화탄소(CS_2)에는 녹는다(단, 고무상 황은 녹지 않음).
　㉱ 저온에서는 안정하나 높은 온도에서는 여러 원소와 황화물을 만든다.
　㉲ 사방정계를 가열하면 95.5℃에서 단사정계가 되고 단사정계를 계속 가열하면 갈색(160℃)에서 흑색 불투명으로 변하여 250℃에서 유동성이 되고 445℃에서 끓는다.
　㉳ 공기 중에서 연소하면 푸른 불꽃을 발하며, 유독한 아황산가스(SO_2)를 발생한다.
　㉴ 산화제나 목탄가루 등과 혼합되어 있을 때 마찰이나 열에 의해 착화, 폭발을 일으킨다.
　㉵ 황가루가 공기 중에 떠 있을 때는 분진 폭발의 위험성이 있다.
　㉶ 이산화탄소(CO_2)와 반응하지 않으므로 소화방법으로 이산화탄소를 사용한다.

정답 21. ④　22. ③　23. ③

24. 제5류 위험물의 니트로 화합물에 속하지 않은 것은?

① 니트로벤젠

② 테트릴

③ 트리니트로톨루엔

④ 피크린산

해설 니트로 화합물 종류 : 피크린산, 트리니트로페놀, TNP, 트리니트로톨루엔, 트리니트로벤젠, 테트릴, 트리니트로페닐, 메틸니트라민, 디니트로나프탈렌, 트리메틸렌트리니트라민, 디아노디니트로페놀

참고 니트로벤젠은 제4류 위험물 중 제3석유류에 해당한다.

25. 위험물 저장소에 해당하지 않는 것은?

① 옥외 저장소

② 지하탱크 저장소

③ 이동탱크 저장소

④ 판매 저장소

해설 ㉮ 저장소의 정의[법 제2조] : 지정수량 이상의 위험물을 저장하기 위한 대통령령이 정하는 장소로서 법 제6조 제1항의 규정에 따른 허가를 받은 장소를 말한다.

㉯ 대통령령이 정하는 장소(위험물을 저장하기 위한 장소)[시행령 제4조]

　㉠ 옥내저장소　　　㉡ 옥외탱크저장소

　㉢ 옥내탱크저장소　㉣ 지하탱크저장소

　㉤ 간이탱크저장소　㉥ 이동탱크저장소

　㉦ 옥외저장소　　　㉧ 암반탱크저장소

26. 위험물 제조소등에서 위험물 안전관리법상 안전거리 규제 대상이 아닌 것은?

① 제6류 위험물을 취급하는 제조소를 제외한 모든 제조소

② 주유취급소

③ 옥외저장소

④ 옥외탱크저장소

해설 제조소의 안전거리 기준[시행규칙 별표4]

㉮ 제조소(제6류 위험물을 취급하는 제조소를 제외한다)는 건축물의 외벽 또는 이에 상당하는 공작물의 외측으로부터 당해 제조소의 외벽 또는 이에 상당하는 공작물의 외측까지 안전거리를 두어야 한다.

㉯ 주유취급소는 위험물을 제조 외의 목적으로 취급하기 위한 취급소에 해당되므로 제조소의 안전거리 기준이 적용되지 않는다.

27. 옥외탱크 저장소의 소화설비를 검토 및 적용할 때에 소화난이도 등급 Ⅰ에 해당되는지를 검토하는 탱크 높이의 측정 기준으로서 적합한 것은?

① ⓐ　　② ⓑ　　③ ⓒ　　④ ⓓ

해설 옥외탱크 저장소의 소화난이도 등급 Ⅰ에 해당하는 것 [시행규칙 별표17]

㉮ 액표면적이 $40m^2$ 이상인 것(제6류 위험물을 저장하는 것 및 고인화점위험물만을 100℃ 미만의 온도에서 저장하는 것은 제외)

㉯ 지반면으로부터 탱크 옆판의 상단까지 높이가 6m 이상인 것(제6류 위험물을 저장하는 것 및 고인화점위험물만을 100℃ 미만의 온도에서 저장하는 것은 제외)

㉰ 지중탱크 또는 해상탱크로서 지정수량의 100배 이상인 것(제6류 위험물을 저장하는 것 및 고인화점위험물만을 100℃ 미만의 온도에서 저장하는 것은 제외)

㉱ 고체위험물을 저장하는 것으로서 지정수량의 100배 이상인 것

※ 문제에서 주어진 그림에서 탱크 높이의 측정 기준은 ⓑ번이다.

정답　**24.** ①　**25.** ④　**26.** ②　**27.** ②

2014

28. 제2류 위험물의 일반적 성질에 대한 설명으로 가장 거리가 먼 것은?

① 가연성 고체 물질이다.

② 연소 시 연소열이 크고 연소속도가 빠르다.

③ 산소를 포함하여 조연성 가스의 공급이 없이 연소가 가능하다.

④ 비중이 1보다 크고 물에 녹지 않는다.

해설 제2류 위험물의 공통적인 특징

㉮ 비교적 낮은 온도에서 착화하기 쉬운 가연성 고체 물질이다.

㉯ 비중은 1보다 크며, 연소 시 유독가스를 발생하는 것도 있다.

㉰ 연소속도가 대단히 빠르며, 금속분은 물이나 산과 접촉하면 확산 폭발한다.

㉱ 대부분 물에는 불용이며, 산화하기 쉬운 물질이다.

㉲ 강력한 환원성 물질로 산화제와 접촉, 마찰로 착화되면 급격히 연소한다.

참고 산소를 포함하여 조연성 가스의 공급이 없이 연소가 가능한 것은 제5류 위험물이다.

29. 다음 중 자연발화의 위험성이 가장 큰 물질은?

① 아마인유   ② 야자유

③ 올리브유   ④ 피마자유

해설 ㉮ 동식물유류를 요오드값에 의하여 분류할 때 요오드값이 크게 되면 불포화도(불포화결합)가 커져 자연발화의 위험이 커진다.

구분	요오드값	종류
건성유	130 이상	들기름, 아마인유, 해바라기유, 오동유
반건성유	100~130 미만	목화씨유, 참기름, 채종유
불건성유	100 미만	땅콩기름(낙화생유), 올리브유, 피마자유, 야자유, 동백유

㉯ 요오드값에 따른 동식물유류의 분류 및 종류

30. 위험물 분류에서 제1석유류에 대한 설명으로 옳은 것은?

① 아세톤, 휘발유 그 밖에 1기압에서 인화점이 섭씨 21도 미만인 것

② 등유, 경유 그 밖에 액체로서 인화점이 섭씨 21도 이상 70도 미만의 것

③ 중유, 도료류로서 인화점이 섭씨 70도 이상 200도 미만의 것

④ 기계유, 실린더유 그 밖의 액체로서 인화점이 섭씨 200도 이상 250도 미만인 것

해설 제4류 위험물의 분류 [시행령 별표1]

㉮ 제1석유류 : 아세톤, 휘발유 그 밖의 액체로서 인화점이 21℃ 미만인 것

㉯ 예제의 위험물

②번 항목 : 제4류 위험물 중 제2석유류

③번 항목 : 제4류 위험물 중 제3석유류

④번 항목 : 제4류 위험물 중 제4석유류

㉰ 특수인화물 : 이황화탄소, 디에틸에테르 그 밖에 1기압에서 발화점이 100℃ 이하인 것 또는 인화점이 −20℃ 이하이고 비점이 40℃ 이하인 것

㉱ 알코올류 : 알코올류 : 1분자를 구성하는 탄소 원자의 수가 1개부터 3개까지인 포화1가 알코올(변성 알코올을 포함한다)을 말한다.

㉲ 동식물유류 : 동물의 지육 등 또는 식물의 종자나 과육으로부터 추출한 것으로서 1기압에서 인화점이 250℃ 미만의 것

31. 등유의 지정수량에 해당하는 것은?

① 100L   ② 200L

③ 1000L   ④ 2000L

해설 등유 : 제4류 위험물 중 제2석유류에 속하며 지정수량은 1000L이다.

32. 옥내저장소의 저장창고에 150m² 이내마다 일정 규격의 격벽을 설치하여 저장하여야 하는 위험물은?

① 제5류 위험물 중 지정과산화물
② 알킬알루미늄등
③ 아세트알데히드등
④ 히드록실아민등

해설 지정과산화물 옥내저장소의 저장창고 기준
[시행규칙 별표5]
㉮ 저장창고는 150m² 이내마다 격벽으로 구획할 것
㉯ 외벽은 두께 20cm 이상의 철근콘크리트조나 철골철근콘크리트조 또는 두께 30cm 이상의 보강콘크리트블록조로 할 것
㉰ 출입구에는 갑종방화문을 설치할 것
㉱ 창은 바닥면으로부터 2m 이상의 높이에 설치할 것
㉲ 하나의 벽면에 두는 창의 면적의 합계를 당해 벽면의 80분의 1 이내로 할 것
㉳ 하나의 창의 면적은 0.4m² 이내로 할 것
㉴ 지붕은 중도리 또는 서까래의 간격은 30cm 이하로 할 것

참고 옥내저장소에서 위험물의 성질에 따라 강화된 기준을 적용하는 위험물 종류 : 지정과산화물, 알킬알루미늄등, 히드록실아민등

33. 옥내탱크 저장소 중 탱크 전용실을 단층건물 외의 건축물에 설치하는 경우 탱크 전용실을 건축물의 1층 또는 지하층에만 설치하여야 하는 위험물이 아닌 것은 어느 것인가?

① 제2류 위험물 중 덩어리 유황
② 제3류 위험물 중 황린
③ 제4류 위험물 중 인화점이 38℃ 이상인 위험물
④ 제6류 위험물 중 질산

해설 옥내탱크 저장소 중 탱크 전용실 위치[시행규칙 별표7] : 옥내저장탱크는 탱크 전용실에 설치할 것. 이 경우 제2류 위험물 중 황화린·적린 및 덩어리 유황, 제3류 위험물 중 황린, 제6류 위험물 중 질산의 탱크 전용실은 건축물의 1층 또는 지하층에 설치하여야 한다.

34. 벤젠 1몰을 충분한 산소가 공급되는 표준상태에서 완전 연소시켰을 때 발생하는 이산화탄소의 양은 몇 L 인가?

① 22.4 ② 134.4
③ 168.8 ④ 224.0

해설 ㉮ 벤젠(C_6H_6)의 완전연소 반응식
$C_6H_6 + 7.5O_2 \rightarrow 6CO_2 + 3H_2O$
㉯ 이산화탄소(CO_2)의 양 계산 : 벤젠 1몰(mol)이 완전 연소하면 이산화탄소 6몰(mol)이 발생하며, 표준상태에서 기체 1몰(mol)의 체적은 22.4L에 해당된다.
∴ CO_2의 양 = 6×22.4 = 134.4L

35. 황린의 저장 방법으로 옳은 것은?

① 물속에 저장한다.
② 공기 중에 보관한다.
③ 벤젠 속에 저장한다.
④ 이황화탄소 속에 보관한다.

해설 황린(P_4 : 제3류 위험물)은 자연 발화의 위험성이 있어 물속에 저장하며, 온도가 상승 시 물의 산성화가 빨라져 용기를 부식시키므로 직사광선을 막는 차광 덮개를 하여 저장한다.

36. 황화인에 대한 설명 중 옳지 않은 것은 어느 것인가?

① 삼황화인은 황색 결정으로 공기 중 약 100℃에서 발화할 수 있다.
② 오황화인은 담황색 결정으로 조해성이 있다.
③ 오황화인은 물과 접촉하여 유독성 가스를 발생할 위험이 있다.
④ 삼황화인은 연소하여 황화수소 가스를 발생할 위험이 있다.

해설 황화린(황화인)의 특징
㉮ 제2류 위험물로 지정수량 100kg이다.
㉯ 황화린 종류에는 삼황화인(P_4S_3), 오황화인(P_2S_5), 칠황화인(P_4S_7)이 있다.

⑭ 삼황화인(P_4S_3)은 물, 염소, 염산, 황산에는 녹지 않으나 질산, 이황화탄소, 알칼리에는 녹는다. 공기 중에서 **연소하면 오산화인(P_2O_5)과 아황산가스(SO_2)가 발생한다.**

㉮ 오황화인(P_2S_5)은 담황색 결정으로 조해성이 있으며 물, 알칼리에 의해 유독한 황화수소(H_2S)와 인산(H_3PO_4)으로 분해된다.

㉯ 칠황화인(P_4S_7)은 담황색 결정으로 조해성이 있으며 찬물에는 서서히, 더운물에는 급격히 녹아 분해되면서 황화수소(H_2S)와 인산(H_3PO_4)을 발생한다.

37. 다음 중 증기의 밀도가 가장 큰 것은?

① 디메틸에테르
② 벤젠
③ 가솔린(옥탄 100%)
④ 에틸알코올

해설 ㉮ 제4류 위험물의 분자량 및 증기 밀도

품명	분자량	증기 밀도
디에틸에테르($C_2H_5OC_2H_5$)	74	3.3
벤젠(C_6H_6)	78	3.48
가솔린(C_8H_{18})	114	5.09
에틸알코올(C_2H_5OH)	46	2.05

㉯ 증기 밀도는 $\dfrac{\text{기체 분자량}}{22.4}$ 이므로 분자량이 큰 것이 증기 밀도가 크다(증기 밀도 단위 : g/L, kg/m^3).

38. 아세트알데히드의 저장, 취급 시 주의사항으로 틀린 것은?

① 강산화제와의 접촉을 피한다.
② 취급설비에는 구리 합금의 사용을 피한다.
③ 수용성이기 때문에 화재 시 물로 희석소화가 가능하다.
④ 옥외저장 탱크에 저장 시 조연성 가스를 주입한다.

해설 아세트알데히드의 저장, 취급 시 주의사항
㉮ 화학적 활성이 큰 가연성 액체이므로 강산화제와의 접촉을 피한다.
㉯ 구리, 마그네슘 등의 금속과 접촉하면 폭발적으로 반응하므로 취급설비에는 구리 합금의 사용을 피한다.
㉰ 공기와 접촉 시 과산화물을 생성하므로 밀봉, 밀전하여 냉암소에 저장한다.
㉱ 용기 및 탱크 내부에는 질소, 아르곤 등 불연성가스를 주입하여 봉입한다.
㉲ 물에 잘 녹는 수용성이기 때문에 화재 시 희석소화가 가능하다.

39. 아염소산염류의 운반용기 중 적응성 있는 내장용기의 종류와 최대 용적이나 중량을 옳게 나타낸 것은? (단, 외장용기의 종류는 나무상자 또는 플라스틱상자이고, 외장용기의 최대 중량은 125kg으로 한다.)

① 금속제 용기 : 20L
② 종이 포대 : 55kg
③ 플라스틱 필름 포대 : 60kg
④ 유리 용기 : 10L

해설 운반용기의 최대용적 또는 중량 [시행규칙 별표19 부표1]
㉮ 아염소산염류 : 제1류 위험물 중 위험등급 Ⅰ등급, 고체 위험물에 해당된다.
㉯ 외장용기의 종류가 나무상자 또는 플라스틱상자이고, 외장용기의 최대 중량은 125kg일 때 내장용기의 종류 및 최대용적 또는 중량 → [시행규칙 별표19 부표1]의 표에서 찾아야 함
㉠ 유리용기 또는 플라스틱 용기 : 10L → 나무상자 또는 플라스틱상자에 '필요에 따라 불활성의 완충재를 채울 것'의 조건이 있는 경우임
㉡ 금속제 용기 : 30L
㉢ 플라스틱 필름포대 또는 종이포대 : 해당용기 무

40. 위험물 안전관리법령상 제조소 등의 정기점검 대상에 해당하지 않는 것은?

① 지정수량 15배의 제조소
② 지정수량 40배의 옥내탱크 저장소
③ 지정수량 50배의 이동탱크 저장소
④ 지정수량 20배의 지하탱크 저장소

해설 ㉮ 정기점검 대상 제조소등[시행령 제16조]
  ㉠ 관계인이 예방규정을 정하여야 하는 제조소등
  ㉡ 지하탱크저장소
  ㉢ 이동탱크저장소
  ㉣ 위험물을 취급하는 탱크로서 지하에 매설된 탱크가 있는 제조소·주유취급소 또는 일반취급소
㉯ 관계인이 예방규정을 정하여야 하는 제조소등[시행령 제15조]
  ㉠ 지정수량의 10배 이상의 위험물을 취급하는 제조소
  ㉡ 지정수량의 100배 이상의 위험물을 저장하는 옥외저장소
  ㉢ 지정수량의 150배 이상의 위험물을 저장하는 옥내저장소
  ㉣ 지정수량의 200배 이상의 위험물을 저장하는 옥외탱크저장소
  ㉤ 암반탱크저장소
  ㉥ 이송취급소
  ㉦ 지정수량의 10배 이상의 위험물을 취급하는 일반취급소

41. 질산메틸의 성질에 대한 설명으로 틀린 것은?

① 비점은 약 66℃이다.
② 증기는 공기보다 가볍다.
③ 무색 투명한 액체이다.
④ 자기반응성 물질이다.

해설 질산메틸(CH_3ONO_2)의 특징
㉮ 제5류 위험물 중 질산에스테르류에 해당되며 지정수량은 10kg이다.
㉯ 무색, 투명한 액체로 향긋한 냄새와 단맛이 있다.
㉰ 물에는 녹지 않으나 알코올, 에테르에 녹는다.
㉱ 인화성이 있고 자기반응성 물질이다.
㉲ 화기를 피하고, 통풍이 잘 되는 냉암소에 저장한다.
㉳ 액체 비중 1.22, 증기비중 2.65, 비점 66℃이다.
참고 질산메틸의 증기비중이 2.65이므로 공기보다 무겁다.

42. 다음에서 설명하는 위험물에 해당하는 것은?

- 지정수량은 300kg이다.
- 산화성 액체 위험물이다.
- 가열하면 분해하며 유독성가스를 발생한다.
- 증기 비중은 약 3.5이다.

① 브롬산칼륨
② 클로벤젠
③ 질산
④ 과염소산

해설 과염소산($HClO_4$) 특징
㉮ 제6류 위험물(산화성 액체)로 지정수량 300kg이다.
㉯ 무색의 유동하기 쉬운 액체이며, 염소 냄새가 난다.
㉰ 불연성물질로 가열하면 유독성가스를 발생한다.
㉱ 염소산 중에서 가장 강한 산이다.
㉲ 산화력이 강하여 종이, 나무부스러기 등과 접촉하면 연소와 동시에 폭발하기 때문에 접촉을 피한다.
㉳ 물과 접촉하면 심하게 반응하며 발열한다.
㉴ 액체 비중 1.76(증기비중 3.47), 융점 −112℃, 비점 39℃이다.

43. 염소산나트륨의 저장 및 취급 방법으로 옳지 않은 것은?

① 철제 용기에 저장한다.
② 습기가 없는 찬 장소에 보관한다.

③ 조해성이 크므로 용기는 밀전한다.

④ 가열, 충격, 마찰을 피하고 점화원의 접근을 금한다.

해설 염소산나트륨($NaClO_3$)의 저장 및 취급 방법

㉮ 조해성이 크므로 방습에 주의하여야 한다.

㉯ 강력한 산화제로 철을 부식시키므로 <u>철제용기에 저장은 피해야</u> 한다.

㉰ 용기는 공기와의 접촉을 방지하기 위하여 밀전하여 보관한다.

㉱ 환기가 잘 되는 냉암소에 보관한다.

㉲ 열분해 시 산소가 발생하므로 취급에 유의한다.

㉳ 가열, 충격, 마찰을 피하고 점화원의 접근을 금한다.

44. 과산화나트륨 78g과 충분한 양의 물이 반응하여 생성되는 기체의 종류와 생성량을 옳게 나타낸 것은?

① 수소, 1g   ② 산소, 16g

③ 수소, 2g   ④ 산소, 32g

해설 ㉮ 과산화나트륨(Na_2O_2) : 제1류 위험물 중 무기과산화물에 해당되며 지정수량은 50kg이다.

㉯ 과산화나트륨(Na_2O_2)과 물(H_2O)이 반응하면 수산화나트륨($NaOH$)과 산소(O_2)가 생성된다.

㉰ 생성되는 산소량 계산

$$2Na_2O_2 + 2H_2O \longrightarrow 4NaOH + O_2$$

$2 \times 78g$ $32g$

$78g$ $x[g]$

$$\therefore x = \frac{78 \times 32}{2 \times 78} = 16\,g$$

45. 니트로글리세린을 다공질의 규조토에 흡수시켜 제조한 물질은 어느 것인가?

① 흑색 화약

② 니트로셀룰로오스

③ 다이너마이트

④ 면 화약

해설 니트로글리세린[$C_3H_5(ONO_2)_3$]의 특징

㉮ 제5류 위험물 중 질산에스테르류에 해당되며 지정수량은 10kg이다.

㉯ 순수한 것은 상온에서 무색, 투명한 기름 모양의 액체이나 공업적으로 제조한 것은 담황색을 띠고 있다.

㉰ 상온에서 액체이지만 약 10℃에서 동결하므로 겨울에는 백색의 고체 상태이다.

㉱ 물에는 거의 녹지 않으나 벤젠, 알코올, 클로로포름, 아세톤에 녹는다.

㉲ 점화하면 적은 양은 타기만 하지만 많은 양은 폭굉에 이른다.

㉳ <u>규조토에 흡수시켜 다이너마이트를 제조할 때 사용된다.</u>

㉴ 충격이나 마찰에 예민하여 액체 운반은 금지되어 있다.

46. 다음 중 벤젠 증기의 비중에 가장 가까운 값은?

① 0.7   ② 0.9

③ 2.7   ④ 3.9

해설 ㉮ 벤젠(C_6H_6)의 분자량 계산

$$\therefore M = (12 \times 6) + (1 \times 6) = 78$$

㉯ 증기 비중 계산

$$\therefore 증기 비중 = \frac{분자량}{29} = \frac{78}{29} = 2.689$$

47. 위험물 안전관리법령상 제조소등에 대한 긴급 사용정지 명령 등을 할 수 있는 권한이 없는 자는?

① 시·도지사   ② 소방본부장

③ 소방서장   ④ 소방청장

해설 제조소등에 대한 긴급 사용정지 명령 등[법 제25조] : <u>시·도지사, 소방본부장</u> 또는 <u>소방서장</u>은 공공의 안전을 유지하거나 재해의 발생을 방지하기 위하여 긴급한 필요가 있다고 인정하는 때에는 제조소등의 관계인에 대하여 당해 제조소등의 사용을 일시 정지하거나 그 사용을 제한할 것을 명할 수 있다.

정답   44. ②   45. ③   46. ③   47. ④

48. 위험물 제조소등의 허가에 관계된 설명으로 옳은 것은?

① 제조소등을 변경하고자 하는 경우에는 언제나 허가를 받아야 한다.

② 위험물의 품명을 변경하고자 하는 경우에는 언제나 허가를 받아야 한다.

③ 농예용으로 필요한 난방시설을 위한 지정수량 20배 이하의 저장소는 허가 대상이 아니다.

④ 저장하는 위험물의 변경으로 지정수량의 배수가 달라지는 경우는 언제나 허가대상이 아니다.

해설 위험물 제조소등의 설치 및 변경허가

㉮ 제조소등의 위치·구조 또는 설비 가운데 행정안전부령이 정하는 사항[시행규칙 별표1의 2에 따른 사항]을 변경하고자 하는 때에는 시·도지사의 허가를 받아야 한다[법 제6조].

㉯ 제조소등의 위치·구조 또는 설비의 변경 없이 당해 제조소등에서 저장하거나 취급하는 위험물의 품명·수량 또는 지정수량의 배수를 변경하고자 하는 자는 변경하고자 하는 날의 1일 전까지 행정안전부령이 정하는 바(제조소등 완공검사필중 첨부 등)에 따라 시·도지사에게 신고하여야 한다[법 제6조].

㉰ 허가를 받지 않거나, 신고를 하지 않고 할 수 있는 경우[법 제6조]

㉠ 주택의 난방시설(공동주택의 중앙난방시설을 제외한다)을 위한 저장소 또는 취급소

㉡ 농예용·축산용 또는 수산용으로 필요한 난방시설 또는 건조시설을 위한 지정수량 20배 이하의 저장소

49. 지정과산화물을 저장 또는 취급하는 위험물 옥내저장소의 저장창고 기준에 대한 설명으로 틀린 것은?

① 서까래의 간격은 30cm 이하로 할 것

② 저장창고의 출입구에는 갑종방화문을 설치할 것

③ 저장창고의 외벽을 철근콘크리트조로 할

경우 두께를 10cm 이상으로 할 것

④ 저장창고의 창은 바닥면으로부터 2m 이상의 높이에 둘 것

해설 지정과산화물 옥내저장소의 저장창고 기준[시행규칙 별표5]

㉮ 저장창고는 150m² 이내마다 격벽으로 구획할 것

㉯ 외벽은 두께 20cm 이상의 철근콘크리트조나 철골철근콘크리트조 또는 두께 30cm 이상의 보강콘크리트블록조로 할 것

㉰ 출입구에는 갑종방화문을 설치할 것

㉱ 창은 바닥면으로부터 2m 이상의 높이에 설치할 것

㉲ 하나의 벽면에 두는 창의 면적의 합계를 당해 벽면의 80분의 1 이내로 할 것

㉳ 하나의 창의 면적은 0.4m² 이내로 할 것

㉴ 지붕은 중도리 또는 서까래의 간격은 30cm 이하로 할 것

50. 위험물 제조소등에 옥내소화전설비를 설치할 때 옥내소화전이 가장 많이 설치된 층의 소화전의 개수가 4개일 때 확보하여야 할 수원의 수량은?

① 10.4m³   ② 20.8m³
③ 31.2m³   ④ 41.6m³

해설 옥내소화전설비의 수원 수량[시행규칙 별표17]

㉮ 수원의 수량은 옥내소화전이 가장 많이 설치된 층의 옥내소화전 설치개수(설치개수가 5개 이상인 경우는 5개)에 7.8m³를 곱한 양 이상이 되도록 설치할 것

㉯ 수원의 수량 계산

∴ 수량=옥내소화전 설치개수×7.8
=4×7.8=31.2m³

51. 운반을 위하여 위험물을 적재하는 경우에 차광성이 있는 피복으로 가려주어야 하는 것은?

① 특수인화물   ② 제1석유류
③ 알코올류   ④ 동식물유류

해설 적재하는 위험물의 성질에 따른 조치 [시행규칙 별표19]

㉮ 차광성이 있는 피복으로 가려야 하는 위험물 : 제1류 위험물, 제3류 위험물 중 자연발화성 물질, 제4류 위험물 중 <u>특수인화물</u>, 제5류 위험물, 제6류 위험물

㉯ 방수성이 있는 피복으로 덮는 위험물 : 제1류 위험물 중 알칼리금속의 과산화물, 제2류 위험물 중 철분·금속분마그네슘, 제3류 위험물 중 금수성 물질

㉰ 보랭 컨테이너에 수납하는 위험물 : 제5류 위험물 중 55℃ 이하에서 분해될 우려가 있는 것

㉱ 액체 위험물, 위험등급 Ⅱ의 위험물을 기계에 의하여 하역하는 구조로 된 운반용기 : 충격방지조치

52. 과염소산나트륨에 대한 설명으로 옳지 않은 것은?

① 가열하면 분해하여 산소를 방출한다.
② 환원제이며 수용액은 강한 환원성이 있다.
③ 수용성이며 조해성이 있다.
④ 제1류 위험물이다.

해설 과염소산나트륨($NaClO_4$)의 특징(성질)

㉮ 제1류 위험물 중 과염소산염류에 해당되며 지정수량 50kg이다.

㉯ 무색, 무취의 사방정계 결정으로 조해성이 있다.

㉰ 물이나 에틸알코올, 아세톤에 잘 녹으나 에테르에는 녹지 않으며(불용), 200℃에서 결정수를 잃고, 400℃ 부근에서 분해하여 산소를 방출한다.

㉱ 자신은 불연성 물질이지만 <u>강력한 산화제</u>이다.

㉲ 진한 황산과 접촉하면 폭발성가스를 생성하고 튀는 것과 같은 폭발 위험이 있다.

㉳ 히드라진, 비소, 안티몬, 금속분, 목탄분, 유기물 등이 섞여 있을 때 가열, 충격, 마찰에 의해 폭발한다.

㉴ 용기가 파손되거나 노출되지 않도록 밀봉하여, 환기가 잘 되고 서늘한 곳에 보관한다.

㉵ 비중 2.50, 융점 482℃, 용해도(0℃) 170이다.

53. 위험물 안전관리법령상 지정수량이 다른 하나는?

① 인화칼슘
② 루비듐
③ 칼슘
④ 차아염소산칼륨

해설 각 위험물 지정수량

품명		지정수량
인화칼슘 (Ca_3P_2)	제3류 위험물 금속의 인화물	300kg
루비듐(Rb)	제3류 위험물 알칼리금속	50kg
칼슘(Ca)	제3류 위험물 칼슘 또는 알루미늄의 탄화물	300kg
차아염소산칼륨 (KClO)	제1류 위험물	300kg

참고 차아염소산칼륨은 제1류 위험물 중 행정안전부령으로 정하는 것 [시행규칙 제3조]에 해당된다.

54. 위험물 안전관리법령상 동식물유류의 경우 1기압에서 인화점은 섭씨 몇 도 미만으로 규정하고 있는가?

① 150℃
② 250℃
③ 450℃
④ 600℃

해설 동식물유류의 정의 [시행령 별표1] : 동물의 지육 등 또는 식물의 종자나 과육으로부터 추출한 것으로서 1기압에서 <u>인화점이 250℃ 미만</u>의 것을 말한다. 다만, 법 제20조 제1항의 규정에 의하며 행정안전부령으로 정하는 용기기준과 수납·저장기준에 따라 수납되어 저장·보관되고 용기의 외부에 물품의 통칭명, 수량 및 화기엄금(화기엄금과 동일한 의미를 갖는 표시를 포함한다)의 표시가 있는 경우를 제외한다.

55. 물과 접촉 시 발열하면서 폭발 위험성이 증가하는 것은?

① 과산화칼륨
② 과망간산나트륨
③ 요오드산칼륨
④ 과염소산칼륨

해설 ㉮ 과산화칼륨(K_2O_2) : 제1류 위험물 중 무기 과산화물로 물(H_2O)과 접촉하면 발열과 함께 산소(O_2)가 발생되어 폭발위험성이 증가한다.
  ㉯ 반응식
  $$2K_2O_2 + 2H_2O \rightarrow 4KOH + O_2\uparrow + Q\text{kcal}$$

56. 위험물 안전관리법에서 규정하고 있는 사항으로 옳지 않은 것은?

① 위험물 저장소를 경매에 의해 시설의 전부를 인수한 경우에는 30일 이내에, 저장소의 용도를 폐지한 경우에는 14일 이내에 시·도지사에게 그 사실을 신고하여야 한다.
② 제조소등의 위치, 구조 및 설비기준을 위반하여 사용한 때에는 시·도지사는 허가취소, 전부 또는 일부의 사용 정지를 명할 수 있다.
③ 경유 20000L를 수산용 건조시설에 사용하는 경우에는 위험물법의 허가는 받지 아니하고 저장소를 설치할 수 있다.
④ 위치, 구조 또는 설비의 변경 없이 저장소에서 저장하는 위험물 지정수량의 배수를 변경하고자 하는 경우에는 변경하고자 하는 날의 1일 전까지 시·도지사에게 신고하여야 한다.

해설 시·도지사가 제조소등 설치허가를 취소하거나 6개월 이내의 기간 동안 사용정지 명할 수 있는 경우 [법 제12조]
  ㉮ 변경허가를 받지 아니하고 제조소등의 위치·구조 또는 설비를 변경한 때
  ㉯ 완공검사를 받지 아니하고 제조소등을 사용

한 때
  ㉰ 수리·개조 또는 이전의 명령을 위반한 때
  ㉱ 위험물 안전관리자를 선임하지 아니한 때
  ㉲ 위험물 안전관리자 대리자를 지정하지 아니한 때
  ㉳ 정기점검을 하지 아니한 때
  ㉴ 정기검사를 받지 아니한 때
  ㉵ 저장·취급기준 준수명령을 위반한 때

참고 법 제36조에 의하여 제조소등의 사용정지 명령을 위반한 자는 1500만원 이하의 벌금에 처한다.

57. 과산화수소의 위험성으로 옳지 않은 것은?

① 산화제로서 불연성 물질이지만 산소를 함유하고 있다.
② 이산화망간 촉매하에서 분해가 촉진된다.
③ 분해를 막기 위해 히드라진을 안정제로 사용할 수 있다.
④ 고농도의 것은 피부에 닿으면 화상의 위험이 있다.

해설 과산화수소(H_2O_2)의 위험성
  ㉮ 제6류 위험물로 지정수량 300kg이다.
  ㉯ 열, 햇빛에 의해서 쉽게 분해하여 산소를 방출한다.
  ㉰ 은(Ag), 백금(Pt) 등 금속분말 또는 산화물(MnO_2, PbO, HgO, CoO_3)과 혼합하면 급격히 반응하여 산소를 방출하여 폭발하기도 한다.
  ㉱ 용기가 가열되면 내부에 분해산소가 발생하기 때문에 용기가 파열하는 경우도 있다.
  ㉲ 농도가 높아질수록 불안정하며, 온도가 높아질수록 분해속도가 증가하고 비점 이하에서 폭발한다.
  ㉳ 분해를 방지하기 위하여 인산(H_3PO_4), 요산($C_5H_4N_4O_3$)을 안정제로 사용한다.
  ㉴ 농도가 60% 이상의 것은 충격에 의해 단독폭발의 가능성이 있다.
  ㉵ 농도가 진한 액이 피부에 접촉되면 화상을 입는다.

58. 제조소등의 소화설비 설치 시 소요단위 산정에 관한 내용으로 다음 (   ) 안에 알맞은 수치를 차례대로 나열한 것은?

> 제조소 또는 취급소의 건축물은 외벽이 내화구조인 것은 연면적 (   )m²를 1소요 단위로 하며, 외벽이 내화구조가 아닌 것은 연면적 (   )m²를 1소요 단위로 한다.

① 200, 100　　② 150, 100
③ 150, 50　　④ 100, 50

해설 소요단위 계산방법 [시행규칙 별표17]
　㉮ 제조소 또는 취급소의 건축물
　　㉠ 외벽이 내화구조인 것 : 연면적 100m²를 1소요단위로 할 것
　　㉡ 외벽이 내화구조가 아닌 것 : 연면적 50m²를 1소요단위로 할 것
　㉯ 저장소의 건축물
　　㉠ 외벽이 내화구조인 것 : 연면적 150m²를 1소요단위로 할 것
　　㉡ 외벽이 내화구조가 아닌 것 : 연면적 75m²를 1소요단위로 할 것
　㉰ 위험물 : 지정수량의 10배를 1소요단위로 할 것
　㉱ 제조소등의 옥외에 설치된 공작물은 외벽이 내화구조인 것으로 간주하고 공작물의 최대수평투영면적을 연면적으로 간주하여 ㉮ 및 ㉯의 규정에 의하여 소요단위를 산정할 것

59. 탄화칼슘의 취급방법에 대한 설명으로 옳지 않은 것은?

① 물, 습기와의 접촉을 피한다.
② 건조한 장소에 밀봉·밀전하여 보관한다.
③ 습기와 작용하여 다량의 메탄이 발생하므로 저장 중에 메탄가스의 발생 유무를 조사한다.
④ 저장용기에 질소가스 등 불활성가스를 충전하여 저장한다.

해설 탄화칼슘(CaC₂)의 저장 및 취급방법

㉮ 제3류 위험물 중 칼슘 또는 알루미늄의 탄화물로 지정수량은 300kg이다.
㉯ 물, 습기와의 접촉을 피하고 통풍이 잘 되는 건조한 냉암소에 밀봉하여 저장한다.
㉰ 저장 중에 아세틸렌가스의 발생 유무를 점검한다.
㉱ 장기간 저장할 용기는 질소 등 불연성가스를 충전하여 저장한다.
㉲ 화기로부터 멀리 떨어진 곳에 저장한다.
㉳ 운반 중에 가열, 마찰, 충격불꽃 등에 주의한다.

참고 탄화칼슘(CaC₂ : 카바이드) 자체는 불연성이나 공기 중 수분 및 물과 접촉되면 가연성인 아세틸렌(C₂H₂)가스를 발생시키므로 건조하고 환기가 잘 되는 장소에 보관하여야 한다.

60. 제5류 위험물의 일반적 성질에 관한 설명으로 옳지 않은 것은?

① 화재발생 시 소화가 곤란하므로 적은 양으로 나누어 저장한다.
② 운반용기 외부에 충격주의, 화기엄금의 주의사항을 표시한다.
③ 자기연소를 일으키며 연소속도가 대단히 빠르다.
④ 가연성물질이므로 질식 소화하는 것이 가장 좋다.

해설 제5류 위험물의 공통적인(일반적인) 성질
㉮ 가연성 물질이며 그 자체가 산소를 함유하므로 자기연소(내부연소)를 일으키기 쉽다.
㉯ 유기물질이며 연소속도가 대단히 빨라서 폭발성이 있다.
㉰ 가열, 마찰, 충격에 의하여 인화 폭발하는 것이 많다.
㉱ 장기간 저장하면 산화반응이 일어나 열분해되어 자연 발화를 일으키는 경우도 있다.

참고 제5류 위험물(자기반응성 물질)은 가연성 물질이며 그 자체가 산소를 함유하고 있으므로 질식소화가 불가능하므로 다량의 주수에 의한 냉각소화가 효과적이다.

2014. 7. 20 시행 (제4회)

1. 화재 시 이산화탄소를 방출하여 산소의 농도를 13 vol%로 낮추어 소화를 하려면 공기 중의 이산화탄소는 몇 vol%가 되어야 하는가?

① 28.1 ② 38.1 ③ 42.86 ④ 48.36

해설 공기 중 산소의 체적비율이 21%인 상태에서 이산화탄소(CO_2)에 의하여 산소농도가 감소되는 것이고, 산소농도가 감소되어 발생되는 차이가 공기 중 이산화탄소의 농도가 된다.

$$\therefore CO_2 = \frac{21 - O_2}{21} \times 100 = \frac{21 - 13}{21} \times 100$$
$$= 38.095\,\%$$

2. 위험물 안전관리법령에 따른 대형 수동식 소화기의 설치기준에서 방호대상물의 각 부분으로부터 하나의 대형 수동식 소화기까지의 보행거리는 몇 m 이하가 되도록 설치하여야 하는가? (단, 옥내소화전설비, 옥외소화전설비, 스프링클러설비 또는 물 분무 등 소화설비와 함께 설치하는 경우는 제외한다.)

① 10 ② 15 ③ 20 ④ 30

해설 수동식 소화기 보행거리 기준 [시행규칙 별표17]
㉮ 대형 수동식 소화기 : 30m 이하
㉯ 소형 수동식 소화기 : 20m 이하

3. 알칼리금속의 과산화물 저장창고에 화재가 발생하였을 때 가장 적합한 소화약제는?

① 마른 모래 ② 물
③ 이산화탄소 ④ 할론 1211

해설 알칼리금속의 과산화물(제1류 위험물)에 적응성이 있는 소화설비 [시행규칙 별표17]
㉮ 탄산수소염류 분말소화설비 및 분말소화기
㉯ 건조사(마른 모래)
㉰ 팽창질석 또는 팽창진주암

4. 위험물 제조소등에 옥외 소화전을 6개 설치할 경우 수원의 수량은 몇 m³ 이상이어야 하는가?

① 48m³ 이상 ② 54m³ 이상
③ 60m³ 이상 ④ 81m³ 이상

해설 ㉮ 옥외소화전설비 설치기준 [시행규칙 별표 17] : 수원의 수량은 옥외소화전의 설치 개수(설치 개수가 4개 이상인 경우는 4개)에 13.5m³를 곱한 양 이상이 되도록 설치할 것
㉯ 수원의 수량 계산
∴ 수원의 수량 = 4×13.5 = 54m³ 이상

5. 어떤 소화기에 "ABC"라고 표시되어 있다. 다음 중 사용할 수 없는 화재는?

① 금속 화재 ② 유류 화재
③ 전기 화재 ④ 일반 화재

해설 화재 종류의 표시

구분	화재 종류	표시 색
A급	일반 화재	백색
B급	유류 화재	황색
C급	전기 화재	청색
D급	금속 화재	-

6. 위험물 안전관리법령상 위험물의 품명이 다른 하나는?

① CH_3COOH ② C_6H_5Cl
③ $C_6H_5CH_3$ ④ C_6H_5Br

해설 제4류 위험물의 품명

명칭	품명
아세트산(CH_3COOH)	제2석유류
클로로벤젠(C_6H_5Cl)	제2석유류
톨루엔($C_6H_5CH_3$)	제1석유류
브롬벤젠(C_6H_5Br)	제2석유류

정답 1. ② 2. ④ 3. ① 4. ② 5. ① 6. ③

7. 소화전용 물통 3개를 포함한 수조 80L의 능력단위는?

① 0.3 ② 0.5 ③ 1.0 ④ 1.5

해설 소화설비의 능력단위 [시행규칙 별표17]

소화설비 종류	용량	능력단위
소화전용 물통	8L	0.3
수조 (소화전용 물통 3개 포함)	80L	1.5
수조 (소화전용 물통 6개 포함)	190L	2.5
마른모래(삽 1개 포함)	50L	0.5
팽창질석 또는 팽창진주암(삽 1개 포함)	160L	1.0

8. 위험물 안전관리법령에서 정한 위험물의 유별 성질을 잘못 나타낸 것은?

① 제1류 : 산화성
② 제4류 : 인화성
③ 제5류 : 자기연소성
④ 제6류 : 가연성

해설 위험물의 유별 성질 [시행령 별표1]
㉮ 제1류 위험물 : 산화성 고체
㉯ 제2류 위험물 : 가연성 고체
㉰ 제3류 위험물 : 자연발화성 및 금수성 물질
㉱ 제4류 위험물 : 인화성 액체
㉲ 제5류 위험물 : 자기반응성 물질
㉳ 제6류 위험물 : 산화성 액체

9. 위험물 안전관리법령상 제5류 위험물에 적응성이 있는 소화설비는?

① 포 소화설비
② 이산화탄소 소화설비
③ 할로겐화합물 소화설비
④ 탄산수소염류 소화설비

해설 제5류 위험물에 적응성이 있는 소화설비 [시행규칙 별표17]

㉮ 옥내소화전 또는 옥외소화전설비
㉯ 스프링클러설비
㉰ 물분무소화설비
㉱ 포 소화설비
㉲ 봉상수(棒狀水) 소화기
㉳ 무상수(霧狀水) 소화기
㉴ 봉상강화액소화기
㉵ 무상강화액소화기
㉶ 포소화기
㉷ 물통 또는 건조사
㉮ 건조사
㉺ 팽창질석 또는 팽창진주암

10. 주된 연소의 형태가 나머지 셋과 다른 하나는?

① 아연분 ② 양초
③ 코크스 ④ 목탄

해설 양초는 증발연소에 해당되지만 코크스, 목탄, 아연분과 같은 금속분은 표면연소에 해당된다.

11. 금속은 덩어리 상태보다 분말 상태일 때 연소 위험성이 증가하기 때문에 금속분을 제2류 위험물로 분류하고 있다. 다음 중 연소 위험성이 증가하는 이유로 잘못된 것은?

① 비표면적이 증가하여 반응면적이 증대되기 때문에
② 비열이 증가하여 열의 축적이 용이하기 때문에
③ 복사열의 흡수율이 증가하여 열의 축적이 용이하기 때문에
④ 대전성이 증가하여 정전기가 발생되기 쉽기 때문에

해설 비열은 물질 1kg을 1℃ 상승시키는 데 필요한 열량(kcal, kJ)으로 비열이 증가하면 온도를 상승시키는데 많은 열량이 필요한 것이므로 열의 축적이 어렵게 되기 때문에 연소 위험성은 감소한다.

정답 7. ④ 8. ④ 9. ① 10. ② 11. ②

12. 위험물 안전관리법령상 스프링클러설비가 제4류 위험물에 대하여 적응성을 갖는 경우는?

① 연기가 충만할 우려가 없는 경우
② 방사밀도(살수밀도)가 일정 수치 이상인 경우
③ 지하층의 경우
④ 수용성 위험물인 경우

해설 소화설비의 적응성 중 "△" 표시 [시행규칙 별표17]
㉮ 제4류 위험물을 저장 또는 취급하는 장소의 살수기준면적에 따라 스프링클러설비의 살수밀도가 규정에 정하는 기준 이상인 경우에는 당해 스프링클러설비가 제4류 위험물에 대하여 적응성이 있음을 표시한다.
㉯ 제6류 위험물을 저장 또는 취급하는 장소로서 폭발의 위험이 없는 장소에 한하여 이산화탄소 소화기가 제6류 위험물에 대하여 적응성이 있음을 표시한다.

13. 영하 20℃ 이하의 겨울철이나 한랭지에서 사용하기에 적합한 소화기는?

① 분무주수 소화기
② 봉상주수 소화기
③ 물 주수 소화기
④ 강화액 소화기

해설 강화액 소화기 특징
㉮ 물에 탄산칼륨(K_2CO_3)이라는 알칼리금속염류를 용해한 고농도의 수용액을 질소가스를 이용하여 방출한다.
㉯ 어는점(빙점)을 −30℃ 정도까지 낮추어 겨울철 및 한랭지에서도 사용할 수 있다.
㉰ A급 화재에 적응성이 있으며 무상주수(분무)로 하면 B급, C급 화재에도 적응성이 있다.

14. 위험물 안전관리법령상 압력수조를 이용한 옥내 소화전설비의 가압송수장치에서 압력수조의 최소압력(MPa)은? (단, 소방용 호스의

마찰손실 수두압은 3MPa, 배관의 마찰손실 수두압은 1MPa, 낙차의 환산수두압은 1.35MPa이다.)

① 5.35   ② 5.70
③ 6.00   ④ 6.35

해설 압력수조를 이용한 옥내소화전설비의 최소압력
$$P = P_1 + P_2 + P_3 + 0.35$$
$$= 3 + 1 + 1.35 + 0.35 = 5.7 \text{ MPa}$$
여기서, P : 필요한 압력(MPa)
$\quad\quad P_1$: 소방용 호스의 마찰손실 수두압(MPa)
$\quad\quad P_2$: 배관의 마찰손실 수두압(MPa)
$\quad\quad P_3$: 낙차의 환산수두압(MPa)

15. 다음 중 화재발생 시 물을 이용한 소화가 효과적인 물질은?

① 트리메틸알루미늄
② 황린
③ 나트륨
④ 인화칼슘

해설 제3류 위험물의 소화방법
㉮ 황린은 물과 반응하지 않기 때문에 화재 시 물을 이용한 냉각소화가 효과적이다.
㉯ 물과 접촉하면 트리메틸알루미늄(품명 : 알킬알루미늄)은 가연성인 에탄(C_2H_6), 나트륨은 수소(H_2), 인화칼슘(Ca_3P_2)은 독성가스인 인화수소(PH_3 : 포스핀)를 발생시키므로 물을 이용한 소화가 부적합하다.

16. 위험물 안전관리법령상 제조소등의 관계인은 제조소 등의 화재예방과 재해발생 시의 비상조치에 필요한 사항을 서면으로 작성하여 허가청에 제출하여야 한다. 이는 무엇에 관한 설명인가?

① 예방규정   ② 소방계획서
③ 비상계획서   ④ 화재영향 평가서

정답 **12.** ②   **13.** ④   **14.** ②   **15.** ②   **16.** ①

해설 예방규정 [법 제17조]

㉮ 제조소등의 관계인은 당해 제조소등의 화재 예방과 화재 등 재해발생 시의 비상조치를 위하여 예방규정을 정하여 당해 제조소등의 사용을 시작하기 전에 시·도지사에게 제출하여야 한다.

㉯ 시·도지사는 ㉮항의 규정에 따라 제출한 예방규정이 기준에 적합하지 아니하거나 화재예방이나 재해발생 시의 비상조치를 위하여 필요하다고 인정하는 때에는 이를 반려하거나 그 변경을 명할 수 있다.

㉰ 제조소등의 관계인과 그 종업원은 예방규정을 충분히 잘 익히고 준수하여야 한다.

17. 탄화칼슘과 물이 반응하였을 때 발생하는 가연성 가스의 연소범위에 가장 가까운 것은?

① 2.1~9.5 vol%

② 2.5~81 vol%

③ 4.1~74.2 vol%

④ 15.0~28 vol%

해설 ㉮ 탄화칼슘(CaC_2 : 카바이드)이 물과 반응하면 가연성 가스인 아세틸렌(C_2H_2)이 발생된다.

$$CaC_2 + 2H_2O \rightarrow Ca(OH)_2 + C_2H_2$$

㉯ 아세틸렌의 공기 중 연소범위(폭발범위) : 2.5~81 vol%

18. 기체 연료가 완전 연소하기에 유리한 이유로 가장 거리가 먼 것은?

① 활성화 에너지가 크다.

② 공기 중에서 확산되기 쉽다.

③ 산소를 충분히 공급 받을 수 있다.

④ 분자의 운동이 활발하다.

해설 기체 연료가 완전 연소하기에 유리한 이유

㉮ 공기 중에서 확산되기 쉽다.

㉯ 산소를 충분히 공급 받을 수 있고, 혼합이 잘 이루어진다.

㉰ 분자의 운동이 활발하다.

㉱ 활성화 에너지가 작다.

19. 위험물의 소화방법으로 적합하지 않은 것은?

① 적린은 다량의 물로 소화한다.

② 황화인의 소규모 화재 시에는 모래로 질식 소화한다.

③ 알루미늄분은 다량의 물로 소화한다.

④ 황의 소규모 화재 시에는 모래로 질식 소화한다.

해설 제2류 위험물 중 금속분에 해당되는 알루미늄분은 물과 접촉하면 가연성 가스인 수소(H_2)가 발생하므로 물을 이용한 소화방법은 부적합하다.

20. 위험물 안전관리법령에서 정한 소화설비의 소요 단위 산정방법에 대한 설명 중 옳은 것은?

① 위험물은 지정수량의 100배를 1소요 단위로 함

② 저장소용 건축물로 외벽이 내화구조인 것은 연면적 100m²를 1소요 단위로 함

③ 제조소용 건축물로 외벽이 내화구조가 아닌 것은 연면적 50m²를 1소요 단위로 함

④ 저장소용 건축물로 외벽이 내화구조가 아닌 것은 연면적 25m²를 1소요 단위로 함

해설 소요단위 계산방법 [시행규칙 별표17]

㉮ 제조소 또는 취급소의 건축물

㉠ 외벽이 내화구조인 것 : 연면적 100m²를 1소요단위로 할 것

㉡ 외벽이 <u>내화구조가 아닌 것</u> : 연면적 <u>50m²</u>를 1소요단위로 할 것

㉯ 저장소의 건축물

㉠ 외벽이 내화구조인 것 : 연면적 150m²를 1소요단위로 할 것

㉡ 외벽이 <u>내화구조가 아닌 것</u> : 연면적 <u>75m²</u>를 1소요단위로 할 것

㉰ <u>위험물</u> : 지정수량의 <u>10배</u>를 1소요단위로 할 것

㉑ 제조소등의 옥외에 설치된 공작물은 외벽이 내화구조인 것으로 간주하고 공작물의 최대수 평투영면적을 연면적으로 간주하여 ㉮ 및 ㉯ 의 규정에 의하여 소요단위를 산정할 것

21. 위험물 안전관리법령상 다음 (   ) 안에 알맞은 수치는?

> 옥내 저장소에서 위험물을 저장하는 경우 기계에 의하여 하역하는 구조로 된 용기만을 겹쳐 쌓는 경우에 있어서는 (   ) 미터 높이를 초과하여 용기를 겹쳐 쌓지 아니하여야 한다.

① 2 ② 4
③ 6 ④ 8

해설 위험물을 옥내저장소에 저장하는 경우 용기를 겹쳐 쌓는 높이[시행규칙 별표18]
㉮ 기계에 의하여 하역하는 구조로 된 용기만을 겹쳐 쌓는 경우에는 6m를 초과하지 아니하여야 한다.
㉯ 제4류 위험물 중 제3석유류, 제4석유류 및 동식물유류 용기만을 겹쳐 쌓는 경우에는 4m를 초과하지 아니하여야 한다.
㉰ 그 밖에 경우에는 3m를 초과하지 아니하여야 한다.

22. 질화면을 강면약과 약면약으로 구분하는 기준은?

① 물질의 경화도
② 수산기의 수
③ 질산기의 수
④ 탄소 함유량

해설 제5류 위험물 중 질산에스테르류에 해당되는 니트로셀룰로오스를 질화면이라 한다. 질산기의 수에 따라 강면약(강질화면)과 약면약(약질화면)으로 구분하며 강면약일수록 폭발력이 강하게 나타난다.

23. 지정수량 20배 이상의 제1류 위험물을 저장하는 옥내 저장소에서 내화구조로 하지 않아도 되는 것은? (단, 원칙적인 경우에 한한다.)

① 바닥 ② 보
③ 기둥 ④ 벽

해설 옥내저장소 저장창고 재료 [시행규칙 별표5]
㉮ 벽·기둥 및 바닥은 내화구조로 하고, 보와 서까래는 불연재료로 한다.
㉯ 지붕은 가벼운 불연재료로 하고, 천장을 만들지 아니하여야 한다.
㉰ 출입구에는 갑종방화문 또는 을종방화문을 설치한다.
㉱ 창 또는 출입구의 유리는 망입유리로 한다.

24. 다음 중 제1류 위험물에 속하지 않는 것은?

① 질산구아니딘
② 과요오드산
③ 납 또는 요오드의 산화물
④ 염소화이소시아눌산

해설 제1류 위험물 중 '그 밖에 행정안전부령으로 정하는 것' [시행규칙 제3조] : 과요오드산염류, 과요오드산, 크롬·납 또는 요오드의 산화물, 아질산염류, 차아염소산염류, 염소화이소시아눌산, 퍼옥소이황산염류, 퍼옥소붕산염류

참고 제5류 위험물 중 행정안전부령으로 정하는 것 : 질산구아니딘, 금속의 아지화합물

25. 다음 (   ) 안에 알맞은 수치를 차례대로 나열한 것은?

> "위험물 암반탱크의 공간용적은 당해 탱크 내에 용출하는 (   )일간의 지하수양에 상당하는 용적과 당해 탱크 내용적의 100분의 (   )의 용적 중에서 보다 큰 용적을 공간용적으로 한다.

① 1, 1 ② 7, 1
③ 1, 5 ④ 7, 5

해설 탱크의 공간용적 [위험물안전관리에 관한 세부기준 제25조]

㉮ 탱크의 공간용적은 탱크의 내용적의 $\frac{5}{100}$ 이상 $\frac{10}{100}$ 이하의 용적으로 한다.

㉯ 소화설비(소화약제 방출구를 탱크 안의 윗부분에 설치하는 것에 한한다)를 설치하는 탱크의 공간용적은 소화방출구 아래의 0.3m 이상 1m 미만 사이의 면으로부터 윗부분의 용적으로 한다.

㉰ 암반탱크는 당해 탱크 내에 용출하는 7일간의 지하수의 양에 상당하는 용적과 당해 탱크의 내용적의 $\frac{1}{100}$ 용적 중에서 보다 큰 용적을 공간용적으로 한다.

26. 주유 취급소의 고정 주유설비에서 펌프기기의 주유관 선단에서 최대 토출량으로 틀린 것은?

① 휘발유는 분당 50L 이하
② 경유는 분당 180L 이하
③ 등유는 분당 80L 이하
④ 제1석유류(휘발유 제외)는 분당 100L 이하

해설 주유취급소의 고정주유설비 구조 기준(펌프기기의 주유관 선단에서의 최대 토출량) [시행규칙 별표13]

㉮ 제1석유류 : 50L/min 이하
㉯ 경유 : 180L/min 이하
㉰ 등유 : 80L/min 이하
㉱ 이동저장탱크에 주입하기 위한 고정급유설비 : 300L/min 이하
㉲ 토출량 200L/min 이상인 주유설비에 관계된 모든 배관의 안지름 : 40mm 이상

참고 휘발유(가솔린)는 제1석유류에 해당되므로 ㉮항의 규정이 적용되는 것이다.

27. 공기 중에서 산소와 반응하여 과산화물을 생성하는 물질은?

① 디에틸에테르
② 이황화탄소
③ 에틸알코올
④ 과산화나트륨

해설 디에틸에테르($C_2H_5OC_2H_5$: 에테르) : 제4류 위험물 중 특수인화물로 공기와 장시간 접촉하면 과산화물이 생성되어 가열, 충격, 마찰에 의하여 폭발한다. 저장 시에는 갈색 병을 사용한다.

28. 위험물 이동저장탱크의 외부 도장 색상으로 적합하지 않은 것은?

① 제2류 – 적색   ② 제3류 – 청색
③ 제5류 – 황색   ④ 제6류 – 회색

해설 위험물 이동저장탱크의 외부 도장 [세부기준 제109조]

유별	도장 색상	유별	도장 색상
제1류	회색	제4류	–
제2류	적색	제5류	황색
제3류	청색	제6류	청색

[비고] 1. 탱크의 앞면과 뒷면을 제외한 면적의 40% 이내의 면적은 다른 유별의 색상 외의 색상으로 도장하는 것이 가능하다.
2. 제4류에 대해서는 도장의 색상 제한이 없으나 적색을 권장한다.

29. 다음 중 제5류 위험물이 아닌 것은?

① 니트로글리세린
② 니트로톨루엔
③ 니트로글리콜
④ 트리니트로톨루엔

해설 ㉮ 니트로글리세린[$C_3H_5(ONO_2)_3$], 니트로글리콜[$C_2H_4(ONO_2)_2$] : 제5류 위험물 중 질산에스테르류에 해당된다.
㉯ 트리니트로톨루엔[$C_6H_2CH_3(NO_2)_3$] : 제5류 위험물 중 니트로화합물에 해당된다.
㉰ 니트로톨루엔 : 제4류 위험물 중 제3석유류에 해당된다.

30. 벤젠에 대한 설명으로 옳은 것은?

① 휘발성이 강한 액체이다.

② 물에 매우 잘 녹는다.

③ 증기의 비중은 1.5이다.

④ 순수한 것의 융점은 30℃이다.

해설 벤젠(C_6H_6)의 특징

㉮ 제4류 위험물 중 제1석유류에 해당되며 지정 수량은 200L이다.

㉯ 무색, 투명한 휘발성 강한 액체로 증기는 마취성과 독성이 있다.

㉰ 분자량 78의 방향족 유기화합물로 증기는 공기보다 무겁다.

㉱ 물에는 녹지 않으나 알코올, 에테르 등 유기 용제와 잘 섞이고 수지, 유지, 고무 등을 잘 녹인다.

㉲ 불을 붙이면 그을음(C)을 많이 내면서 연소한다.

㉳ 융점이 5.5℃로 겨울철 찬 곳에서 고체가 되는 현상이 발생한다.

㉴ 전기의 불량도체로 취급할 때 정전기발생을 조심해야 한다.

㉵ 액체 비중 0.88(증기비중 2.7), 비점 80.1℃, 발화점 562.2℃, 인화점 −11.1℃, 융점 5.5℃, 연소범위 1.4~7.1%이다.

31. 칼륨의 화재 시 사용 가능한 소화제는 어느 것인가?

① 물   ② 마른 모래

③ 이산화탄소   ④ 사염화탄소

해설 칼륨(K) : 제3류 위험물(금수성물질)로 적응성이 있는 소화설비는 탄산수소염류 분말소화설비 및 분말소화기, 건조사(마른 모래), 팽창질석 또는 팽창진주암이 해당된다.

32. 다음 위험물 중 발화점이 가장 낮은 것은?

① 피크린산

② TNT

③ 과산화벤조일

④ 니트로셀룰로오스

해설 제5류 위험물의 발화점

품명		발화점
피크린산	니트로화합물	300℃
TNT	니트로화합물	300℃
과산화벤조일	유기과산화물	125℃
니트로셀룰로오스	질산에스테르류	180℃

33. 이황화탄소 기체는 수소 기체보다 20℃, 1기압에서 몇 배 더 무거운가?

① 11   ② 22   ③ 32   ④ 38

해설 기체의 경우 무거운지, 가벼운지 비교는 기체 비중으로 비교하면 되고, 기체 비중은 분자량을 공기의 평균분자량으로 나눈 값이다. 그러므로 이황화탄소와 수소의 무게 비교는 분자량으로 할 수 있다.

㉮ 이황화탄소(CS_2) 분자량 계산

$12 + (32 \times 2) = 76$

㉯ 수소(H_2) 분자량 계산 : $1 \times 2 = 2$

㉰ 무게 비교 : $\dfrac{\text{이황화탄소 분자량}}{\text{수소 분자량}}$

$= \dfrac{76}{2} = 38$ 배

34. 건축물 외벽이 내화구조이며, 연면적 300m² 인 위험물 옥내 저장소의 건축물에 대하여 소화설비의 소화능력 단위는 최소한 몇 단위 이상이 되어야 하는가?

① 1단위   ② 2단위   ③ 3단위   ④ 4단위

해설 저장소용 건축물로 외벽이 내화구조인 것의 1소요단위는 연면적이 150m²이다.

∴ 소요단위 $= \dfrac{\text{건축물 연면적}}{\text{1소요 단위 면적}} = \dfrac{300}{150} = 2$ 단위

35. 등유의 성질에 대한 설명 중 틀린 것은 어느 것인가?

① 증기는 공기보다 가볍다.

② 인화점이 상온보다 높다.

③ 전기에 대해 불량도체이다.

2014

④ 물보다 가볍다.

해설 등유의 특징

㉮ 제4류 위험물 중 제2석유류에 해당되며 지정 수량은 1000L이다.

㉯ 탄소수가 $C_9 \sim C_{18}$인 포화, 불포화탄화수소의 혼합물이다.

㉰ 석유 특유의 냄새가 있으며, 무색 또는 연한 담황색을 나타낸다.

㉱ 원유 증류 시 등유와 중유 사이에서 유출되며, 유출온도 범위는 150~300℃이다.

㉲ 물에는 녹지 않는 불용성이며, 유기용제와 잘 혼합되고 유지, 수지를 잘 녹인다.

㉳ 전기의 불량도체로 정전기 발생에 의한 인화의 위험이 있다.

㉴ 액체 비중 0.79~0.85(증기비중 4~5), 인화점 30~60℃, 발화점 254℃, 융점(녹는점) −51℃, 연소범위 1.1~6.0%이다.

참고 등유 증기는 공기보다 무겁고, 액체는 물보다 가볍다.

36. 다음 위험물 중 지정수량이 가장 작은 것은?

① 니트로글리세린
② 과산화수소
③ 트리니트로톨루엔
④ 피크린산

해설 각 위험물의 지정수량

품명		지정수량
니트로글리세린	제5류 위험물 질산에스테르류	10kg
과산화수소	제6류 위험물	300kg
트리니트로톨루엔	제5류 위험물 니트로화합물	200kg
피크린산	제5류 위험물 니트로화합물	200kg

37. 위험물 운반에 관한 사항 중 위험물 안전관리법령에서 정한 내용과 틀린 것은?

① 운반용기에 수납하는 위험물이 디에틸에테르라면 운반용기 중 최대용적이 1L 이

하라 하더라도 규정에 품명, 주의사항 등 표시사항을 부착하여야 한다.

② 운반용기에 담아 적재하는 물품이 황린이라면 파라핀, 경유 등 보호액으로 채워 밀봉한다.

③ 운반용기에 담아 적재하는 물품이 알킬알루미늄이라면 운반용기의 내용적의 90% 이하의 수납률을 유지하여야 한다.

④ 기계에 의하여 하역하는 구조로 된 경질 플라스틱제 운반용기는 제조된 때로부터 5년 이내의 것이어야 한다.

해설 제3류 위험물의 운반용기 수납 기준 [시행규칙 별표19]

㉮ 자연발화성 물질 중 알킬알루미늄 등은 운반용기의 내용적의 90% 이하로 수납하되, 50℃에서 5% 이상의 공간용적을 유지하도록 할 것

㉯ 자연발화성 물질에 있어서는 불활성 기체를 봉입하여 공기와 접하지 아니하도록 할 것

㉰ 자연발화성 물질 외의 물품에 있어서는 파라핀·경유·등유 등의 보호액으로 채워 밀봉하거나 불활성 기체를 봉입하여 수분과 접하지 아니하도록 할 것

※ 황린은 제3류 위험물 중 <u>자연발화성 물질</u>이므로 ㉯항의 규정을 적용해야 한다.

참고 운반용기 외부에 품명, 수량 등을 표시하여 적재하는 위험물 중 제1류·제2류 또는 제4류 위험물(위험등급 Ⅰ의 위험물을 제외)의 운반용기로서 최대용적이 1L 이하인 운반용기의 품명 및 주의사항은 위험물의 통칭명 및 당해 주의사항과 동일한 의미가 있는 다른 표지시로 대신할 수 있다. → 디에틸에테르는 위험등급 Ⅰ이므로 규정대로 부착하여야 한다.

38. 과망간산칼륨의 위험성에 대한 설명 중 틀린 것은?

① 진한 황산과 접촉하면 폭발적으로 반응한다.
② 알코올, 에테르, 글리세린 등 유기물과 접촉을 금한다.

③ 가열하면 약 60℃에서 분해하여 수소를 방출한다.

④ 목탄, 황과 접촉 시 충격에 의해 폭발할 위험성이 있다.

해설 과망간산칼륨($KMnO_4$)의 위험성

㉮ 제1류 위험물 중 과망간산염류에 해당하고, 지정수량은 1000kg이다.

㉯ 240℃에서 <u>가열하면</u> 망간산칼륨, 이산화망간, <u>산소를 발생</u>한다.

㉰ 목탄, 황 등 환원성 물질과 접촉 시 폭발의 위험이 있다.

㉱ 강산화제이며, 진한 황산과 접촉하면 폭발적으로 반응한다.

㉲ 직사광선(일광)을 차단하고 냉암소에 저장한다.

㉳ 용기는 금속 또는 유리 용기를 사용하며 산, 가연물, 유기물과 격리하여 저장한다.

39. 다음 물질 중에서 위험물 안전관리법상 위험물의 범위에 포함되는 것은?

① 농도가 40 중량 퍼센트인 과산화수소 350kg

② 비중이 1.40인 질산 350kg

③ 지름 2.5mm의 막대 모양인 마그네슘 500kg

④ 순도가 55 중량 퍼센트인 유황 50kg

해설 위험물의 범위 [시행령 별표1]

㉮ 과산화수소(H_2O_2)는 그 농도가 36 중량% 이상인 것이 제6류 위험물 범위이고 지정수량은 300kg이다. 그러므로 예제 ①번은 위험물 범위에 포함된다.

㉯ 질산(HNO_3)은 그 비중이 1.49 이상인 것이 제6류 위험물 범위이고 지정수량은 300kg이다. 그러므로 예제 ②번은 위험물 범위에 포함되지 않는다.

㉰ 직경 2mm 이상의 막대모양의 마그네슘(Mg)은 제2류 위험물에서 제외되는 항목이다. 그러므로 예제 ③번은 위험물 범위에 포함되지 않는다.

㉱ 유황은 순도가 60 중량 % 이상인 것이 제2류 위험물 범위이고 지정수량은 100kg 이다. 그러므로 예제 ④번은 위험물 범위에 포함되지 않는다.

40. 질산에틸에 대한 설명 중 틀린 것은?

① 액체 형태이다.

② 물보다 무겁다.

③ 알코올에 녹는다.

④ 증기는 공기보다 가볍다.

해설 질산에틸($C_2H_5NO_3$)의 특징

㉮ 제5류 위험물 중 질산에스테르류에 해당되며 지정수량은 10kg이다.

㉯ 무색, 투명한 액체로 향긋한 냄새와 단맛이 있다.

㉰ 물에는 녹지 않으나 알코올, 에테르에 녹으며 인화성이 있다.

㉱ 에탄올을 진한 질산에 작용시켜서 얻는다.

㉲ 인화점이 낮아 비점 이상으로 가열하면 폭발한다.

㉳ 아질산과 같이 있으면 폭발한다.

㉴ 화기를 피하고, 통풍이 잘 되는 냉암소에 저장한다.

㉵ 용기는 갈색병을 사용하고 밀전한다.

㉶ 액체 비중 1.11(증기비중 3.14), 비점 88℃, 융점 −112℃, 인화점 −10℃이다.

참고 질산에틸 액체는 물보다, 기체는 공기보다 무겁다.

41. 비스코스레이온 원료로서 비중이 약 1.3, 인화점이 약 −30℃이고, 연소 시 유독한 아황산가스를 발생시키는 위험물은?

① 황린   ② 이황화탄소

③ 테레핀유   ④ 장뇌유

해설 이황화탄소(CS_2)의 특징

㉮ 제4류 위험물 중 특수인화물에 해당되며 지정수량은 50L이다.

㉯ 무색, 투명한 액체로 시판품은 불순물로 인하여 황색을 나타내며 불쾌한 냄새가 난다.

정답 **39.** ①   **40.** ④   **41.** ②

㉰ 물에는 녹지 않으나 알코올, 에테르, 벤젠 등 유기용제에는 잘 녹으며 유지, 수지, 생고무, 황, 황린 등을 녹인다.

㉴ 독성이 있고 직사광선에 의해 서서히 변질되고, 점화하면 청색불꽃을 내며 연소하면서 아황산가스(SO_2)를 발생한다.

㉵ 인화성이 강화고 유독하며, 물과 150℃ 이상 가열하면 분해하여 이산화탄소(CO_2)와 황화수소(H_2S)를 발생한다.

㉶ 직사광선을 피하고 통풍이 잘되는 냉암소에 저장한다.

㉷ 물보다 무겁고 물에 녹기 어려우므로 물(수조) 속에 저장한다.

㉸ 액체 비중 1.263(증기비중 2.62), 비점 46.45℃, 발화점(착화점) 100℃, 인화점 −30℃, 연소범위 1.2~44%이다.

42. 질산의 비중이 1.5일 때 1소요 단위는 몇 L 인가?

① 150 ② 200 ③ 1500 ④ 2000

해설 ㉮ 질산 : 제6류 위험물로 지정수량은 300kg이다.

㉯ 1소요단위 : 지정수량의 10배이다.
  ∴ 1소요단위＝300×10＝3000kg

㉰ 무게를 체적단위로 환산

∴ 체적(L) ＝ $\dfrac{\text{무게 (kg)}}{\text{비중 (kg/L)}}$

＝ $\dfrac{3000}{1.5}$ ＝ 2000 L

43. 위험물 안전관리법령에 따른 제3류 위험물에 대한 화재예방 또는 소화의 대책으로 틀린 것은?

① 이산화탄소, 할로겐화합물, 분말 소화약제를 사용하여 소화한다.

② 칼륨은 석유, 등유 등의 보호액 속에 저장한다.

③ 알킬알루미늄은 헥산, 톨루엔 등 탄화수소용제를 희석제로 사용한다.

④ 알킬알루미늄, 알킬리튬을 저장하는 탱크에는 불활성가스의 봉입장치를 설치한다.

해설 제3류 위험물에 적응성이 있는 소화설비 [시행규칙 별표17]

㉮ 금수성 물질 : 탄산수소염류 분말소화설비 및 분말소화기, 건조사, 팽창질석 또는 팽창진주암

㉯ 금수성 물질을 제외한 그 밖의 것 : 옥내소화전 또는 옥외소화전설비, 스프링클러설비, 물분무소화설비, 포 소화설비, 봉상수(棒狀水) 소화기, 무상수(霧狀水) 소화기, 봉상강화액 소화기, 무상강화액 소화기, 포소화기, 물통 또는 건조사, 건조사, 팽창질석 또는 팽창진주암

참고 제3류 위험물에 이산화탄소, 할로겐화합물은 소화설비로 적응성이 없다.

44. 삼황화인의 연소 시 발생하는 가스에 해당하는 것은?

① 이산화황 ② 황화수소
③ 산소 ④ 인산

해설 삼황화인(P_4S_3) : 제2류 위험물 중 황화린에 해당된다.

㉮ 삼황화인(P_4S_3)의 완전연소 반응식
  $P_4S_3 + 8O_2 \rightarrow 2P_2O_5 + 3SO_2$

㉯ 삼화화인이 연소하면 오산화인(P_2O_5)과 이산화황(SO_2 : 아황산가스)이 발생한다.

45. 위험물 저장소에서 다음과 같이 제3류 위험물을 저장하고 있는 경우 지정수량의 몇 배가 보관되어 있는가?

- 칼륨 : 20kg
- 황린 : 40kg
- 칼슘의 탄화물 : 300kg

① 4 ② 5 ③ 6 ④ 7

해설 ㉮ 제3류 위험물의 지정수량

품명	지정수량
칼륨	10kg
황린	20kg
칼슘의 탄화물	300kg

㉯ 지정수량 배수의 합 계산 : 지정수량 배수의 합은 각 위험물량을 지정수량으로 나눈 값의 합이다.

∴ 지정수량 배수의 합

$$= \frac{A \text{ 위험물량}}{\text{지정수량}} + \frac{B \text{ 위험물량}}{\text{지정수량}} + \frac{C \text{ 위험물량}}{\text{지정수량}}$$

$$= \frac{20}{10} + \frac{40}{20} + \frac{300}{300} = 5$$

46. HNO_3에 대한 설명으로 틀린 것은?

① Al, Fe은 진한 질산에서 부동태를 생성해 녹지 않는다.
② 질산과 염산을 3 : 1 비율로 제조한 것을 왕수라고 한다.
③ 부식성이 강하고 흡습성이 있다.
④ 직사광선에서 분해하여 NO_2를 발생한다.

해설 질산(HNO_3)의 특징

㉮ 제6류 위험물로 지정수량 300kg이다.
㉯ 순수한 질산은 무색의 액체로 공기 중에서 물을 흡수하는 성질이 강하다.
㉰ 물과 임의적인 비율로 혼합하면 발열한다.
㉱ 진한 질산을 −42℃ 이하로 냉각시키면 응축, 결정된다.
㉲ 은(Ag), 구리(Cu), 수은(Hg) 등은 다른 산과 작용하지 않지만 질산과는 반응을 하여 질산염과 산화질소를 만든다.
㉳ 진한 질산은 부식성이 크고 산화성이 강하며, 피부에 접촉되면 화상을 입는다.
㉴ 진한 질산을 가열하면 분해하면서 유독성인 이산화질소(NO_2)의 적갈색 증기를 발생한다.
㉵ 질산 자체는 연소성, 폭발성은 없지만 환원성이 강한 물질(황화수소(H_2S), 아민 등)과 혼합하면 발화 또는 폭발한다.
㉶ 불연성이지만 다른 물질의 연소를 돕는 조연성 물질이다.

참고 왕수 : 진한 염산과 진한 질산을 3 : 1의 체적비로 혼합한 액체로 염산이나 질산으로 녹일 수 없는 금이나 백금을 녹이는 성질을 갖는다.

47. 위험물을 유별로 정리하여 상호 1m 이상의 간격을 유지하는 경우에도 동일한 옥내 저장소에 저장할 수 없는 것은?

① 제1류 위험물(알칼리금속의 과산화물 또는 이를 함유한 것을 제외한다)과 제5류 위험물
② 제1류 위험물과 제6류 위험물
③ 제1류 위험물과 제3류 위험물 중 황린
④ 인화성 고체를 제외한 제2류 위험물과 제4류 위험물

해설 유별을 달리하는 위험물의 동일한 저장소에 저장 기준 [시행규칙 별표18]

㉮ 유별을 달리하는 위험물은 동일한 저장소에 저장하지 아니하여야 한다.
㉯ 동일한 저장소에 <u>저장할 수 있는 경우</u> : 옥내 저장소 또는 옥외저장소에 위험물을 유별로 정리하여 저장하고, 서로 1m 이상의 간격을 두는 경우
　㉠ 제1류 위험물(알칼리금속의 과산화물 또는 이를 함유한 것 제외)과 제5류 위험물
　㉡ 제1류 위험물과 제6류 위험물
　㉢ 제1류 위험물과 제3류 위험물 중 자연발화성물질(황린 또는 이를 함유한 것에 한한다)
　㉣ <u>제2류 위험물 중 인화성고체와 제4류 위험물</u>
　㉤ 제3류 위험물 중 알킬알루미늄등과 제4류 위험물(알킬알루미늄 또는 알킬리튬을 함유한 것에 한한다)
　㉥ 제4류 위험물 중 유기과산화물 또는 이를 함유한 것과 제5류 위험물 중 유기과산화물 또는 이를 함유한 것

48. 적린의 일반적인 성질에 대한 설명으로 틀린 것은?

① 비금속 원소이다.

② 암적색의 분말이다.

③ 승화온도가 약 260℃이다.

④ 이황화탄소에 녹지 않는다.

해설 적린(P)의 특징

㉮ 제2류 위험물로 지정수량 100kg이다.

㉯ 안정한 암적색, 무취의 분말로 황린과 동소체이다.

㉰ 물, 에틸알코올, 가성소다(NaOH), 이황화탄소(CS_2), 에테르, 암모니아에 용해하지 않는다.

㉱ 독성이 없고 어두운 곳에서 인광을 내지 않는다.

㉲ 상온에서 할로겐원소와 반응하지 않는다.

㉳ 독성이 없고 자연발화의 위험성이 없으나 산화물(염소산염류 등의 산화제)과 공존하면 낮은 온도에서도 발화할 수 있다.

㉴ 공기 중에서 연소하면 오산화인(P_2O_5)이 되면서 백색 연기를 낸다.

㉵ 서늘한 장소에 저장하며, 화기접근을 금지한다.

㉶ 산화제, 특히 염소산염류의 혼합은 절대 금지한다.

㉷ 적린의 성질 : 비중 2.2, 융점(43atm) 590℃, 승화점 400℃, 발화점 260℃

49. 위험물 안전관리법에서 정의하는 다음 용어는 무엇인가?

> "인화성 또는 발화성 등의 성질을 가지는 것으로서 대통령령이 정하는 물품을 말한다."

① 위험물

② 인화성물질

③ 자연발화성물질

④ 가연물

해설 위험물의 정의 [법 제2조] : 위험물이란 인화성 또는 발화성 등의 성질을 가지는 것으로서 대통령령으로 정하는 물품을 말한다.

50. 위험물 안전관리법령에 따라 위험물 운반을 위해 적재하는 경우 제4류 위험물과 혼재가 가능한 액화석유가스 또는 압축천연가스의 용기 내용적은 몇 L 미만인가?

① 120

② 150

③ 180

④ 200

해설 위험물과 혼재가 가능한 고압가스 [세부기준 제149조]

㉮ 내용적이 120L 미만의 용기에 충전한 불활성 가스

㉯ 내용적이 120L 미만의 용기에 충전한 액화석유가스 또는 압축천연가스(제4류 위험물과 혼재하는 경우에 한한다)

51. 제1류 위험물 중의 과산화칼륨을 다음과 같이 반응시켰을 때 공통적으로 발생되는 기체는?

> ㉠ 물과 반응을 시켰다.
> ㉡ 가열하였다.
> ㉢ 탄산가스와 반응시켰다.

① 수소

② 이산화탄소

③ 산소

④ 이산화황

해설 ㉮ 과산화칼륨(K_2O_2)을 물(H_2O), 이산화탄소(CO_2)와 반응시킨 경우, 가열하면 산소(O_2)가 발생된다.

㉯ 반응식

㉠ 물과 반응 : $2K_2O_2 + 2H_2O \rightarrow 4KOH + O_2 \uparrow$

㉡ CO_2와 반응 : $2K_2O_2 + CO_2 \rightarrow 2K_2CO_3 + O_2 \uparrow$

㉢ 가열 : $2K_2O_2 \rightarrow K_2O + O_2 \uparrow$

52. 물과 반응하여 가연성 가스를 발생하지 않는 것은?

① 리튬

② 나트륨

③ 유황

④ 칼슘

해설 ㉮ 리튬, 나트륨, 칼슘은 제3류 위험물로 물(H_2O)과 반응하여 가연성 가스인 수소(H_2)를 발생

㉠ 리튬(Li)

$$Li + HO \longrightarrow LiOH + \frac{1}{2} H_2 \uparrow + 52.7kcal$$

㉡ 나트륨(Na)

$$2Na + 2H_2O \longrightarrow 2NaOH + H_2 \uparrow + 88.2kcal$$

㉢ 칼슘(Ca)

$$Ca + 2H_2O \longrightarrow Ca(OH)_2 + H_2 \uparrow + 102kcal$$

㉣ 유황(제2류 위험물)은 물에 녹지 않으므로 물과 반응하지 않는다.

53. 제2류 위험물의 종류에 해당되지 않는 것은?

① 마그네슘　　② 고형알코올
③ 칼슘　　　　④ 안티몬분

해설 칼슘(Ca)은 제3류 위험물 중 알칼리토금속에 해당된다.

54. 위험물을 저장할 때 필요한 보호물질을 옳게 연결한 것은?

① 황린 – 석유
② 금속 칼륨 – 에탄올
③ 이황화탄소 – 물
④ 금속 나트륨 – 산소

해설 각 위험물의 보호물질
　㉮ 황린 : 제3류 위험물로 공기 중에서 산화되어 발화하기 때문에 물속에 저장한다.
　㉯ 금속 칼륨, 금속 나트륨 : 제3류 위험물로 물과의 접촉을 피하고, 산화를 방지하기 위해 등유, 경유, 파라핀 속에 저장한다.
　㉰ 이황화탄소 : 제4류 위험물로 가연성 증기의 발생을 억제하기 위하여 물속에 저장한다.

55. 위험물 안전관리법령상 위험물의 운반에 관한 기준에 따르면 알코올류의 위험등급은 얼마인가?

① 위험등급 Ⅰ
② 위험등급 Ⅱ
③ 위험등급 Ⅲ
④ 위험등급 Ⅳ

해설 제4류 위험물의 위험등급

분류	위험등급
특수인화물	Ⅰ
제1석유류	Ⅱ
제2석유류	Ⅲ
제3석유류	
알코올류	Ⅱ

56. 위험물의 지정수량이 틀린 것은?

① 과산화칼륨 : 50kg
② 질산나트륨 : 50kg
③ 과망간산나트륨 : 1000kg
④ 중크롬산암모늄 : 1000kg

해설 제1류 위험물의 지정수량

품명		지정수량
과산화칼륨	무기과산화물	50kg
질산나트륨	질산염류	300kg
과망간산나트륨	과망간산염류	1000kg
중크롬산암모늄	중크롬산염류	1000kg

57. "인화점 50℃"의 의미를 가장 옳게 설명한 것은?

① 주변의 온도가 50℃ 이상이 되면 자발적으로 점화원 없이 발화한다.
② 액체의 온도가 50℃ 이상이 되면 가연성 증기를 발생하여 점화원에 의해 인화한다.
③ 액체를 50℃ 이상으로 가열하면 발화한다.
④ 주변의 온도가 50℃일 경우 액체가 발화한다.

해설 ㉮ 인화점 : 가연성 물질이 공기 중에서 점화원에 의하여 연소할 수 있는 최저온도이다.
　㉯ "인화점 50℃"의 의미 : 액체의 온도가 50℃ 이상이 되면 가연성 증기를 발생하여 점화원에 의해 인화한다.

참고 ①번 예제는 "발화점 50℃"의 의미를 설명한 것이다.

정답 53. ③　54. ③　55. ②　56. ②　57. ②

2014

58. 위험물 안전관리법령상 위험물 운송 시 제1류 위험물과 혼재 가능한 위험물은? (단, 지정수량의 10배를 초과하는 경우이다.)

① 제2류 위험물 ② 제3류 위험물
③ 제5류 위험물 ④ 제6류 위험물

해설 ㉮ 위험물 운반할 때 혼재 기준 [시행규칙 별표19, 부표2]

구분	제1류	제2류	제3류	제4류	제5류	제6류
제1류		×	×	×	×	○
제2류	×		×	○	○	×
제3류	×	×		○	×	×
제4류	×	○	○		○	×
제5류	×	○	×	○		×
제6류	○	×	×	×	×	

○ : 혼합 가능, × : 혼합 불가능

㉯ 이 표는 지정수량의 $\frac{1}{10}$ 이하의 위험물에 대하여는 적용하지 않는다.

59. 에틸렌글리콜의 성질로 옳지 않은 것은?

① 갈색의 액체로 방향성이 있고, 쓴맛이 난다.
② 물, 알코올 등에 잘 녹는다.
③ 분자량은 약 62이고, 비중은 약 1.1이다.
④ 부동액의 원료로 사용된다.

해설 에틸렌글리콜[$C_2H_4(OH)_2$]의 성질

㉮ 산화에틸렌(C_2H_4O)의 수화반응에 의하여 생성된다.
㉯ 무색, 무취의 점성이 있고 단맛이 있는 액체로 섭취하면 유독하다.
㉰ 분자량은 62이고, 비중은 약 1.1이다.
㉱ 부동액 및 냉각제, 유압 유체 및 저온 동결 다이나이트, 수지 제조에 사용된다.

60. 위험물 옥외 저장탱크 중 압력탱크에 저장하는 디에틸에테르 등의 저장온도는 몇 ℃ 이하이어야 하는가?

① 60 ② 40
③ 30 ④ 15

해설 알킬알루미늄등, 아세트알데히드등 및 디에틸에테르등의 저장기준 [시행규칙 별표18]

㉮ 옥외저장탱크·옥내저장탱크 또는 지하저장탱크 중 압력탱크 외의 탱크에 저장하는 디에틸에테르등 또는 아세트알데히드등의 온도
㉠ 산화프로필렌과 이를 함유한 것 또는 디에틸에테르등 : 30℃ 이하로 유지할 것
㉡ 아세트알데히드 또는 이를 함유한 것 : 15℃ 이하로 유지할 것
㉯ 옥외저장탱크·옥내저장탱크 또는 지하저장탱크 중 압력탱크에 저장하는 아세트알데히드등 또는 디에틸에테르등의 온도 : 40℃ 이하로 유지할 것
㉰ 보랭장치가 있는 이동저장탱크에 저장하는 아세트알데히드등 또는 디에틸에테르등의 온도 : 당해 위험물의 비점 이하로 유지할 것
㉱ 보랭장치가 없는 이동저장탱크에 저장하는 아세트알데히드등 또는 디에틸에테르등의 온도 : 40℃ 이하로 유지할 것

2014. 10. 11 시행 (제5회)

1. 분말 소화약제를 방출시키기 위해 주로 사용되는 가압용 가스는?

① 산소   ② 질소
③ 헬륨   ④ 아르곤

해설 분말소화설비의 가압용 또는 축압용 가스
[세부기준 136조] : 질소 또는 이산화탄소

2. 제2류 위험물인 마그네슘에 대한 설명으로 옳지 않은 것은?

① 2mm 체를 통과한 것만 위험물에 해당된다.
② 화재 시 이산화탄소 소화약제로 소화가 가능하다.
③ 가연성 고체로 산소와 반응하여 산화 반응을 한다.
④ 주수소화를 하면 가연성의 수소가스가 발생한다.

해설 ㉮ 마그네슘(Mg) 화재 시 이산화탄소 소화약제를 사용하면 탄소(C) 및 유독성이고 가연성인 일산화탄소(CO)가 발생하므로 부적합하다.
    ㉯ 반응식 : $2Mg + CO_2 \rightarrow 2MgO + C$
               $Mg + CO_2 \rightarrow MgO + CO \uparrow$
    ㉰ 마그네슘 화재 시 소화설비는 탄산수소염류 분말소화설비 및 분말소화기, 건조사(마른 모래), 팽창질석 및 팽창진주암을 이용한다.

3. 알킬알루미늄의 소화방법으로 가장 적합한 것은?

① 팽창질석에 의한 소화
② 알코올포에 의한 소화
③ 주수에 의한 소화
④ 산·알칼리 소화약제에 의한 소화

해설 알킬알루미늄
    ㉮ 제3류 위험물로 금수성물질에 해당되며, 물, 산·알칼리, 알코올과 반응하여 가연성가스를 발생한다.
    ㉯ 적응성이 있는 소화설비는 탄산수소염류 분말소화설비 및 분말소화기, 건조사, 팽창질석 또는 팽창진주암이다.

4. 다음은 어떤 화합물의 구조식인가?

① 할론 1301   ② 할론 1201
③ 할론 1011   ④ 할론 2402

해설 ㉮ 할론(Halon)-abcd → "<u>탄·불·염·취</u>"로 암기
    a : 탄소(C)의 수
    b : 불소(F)의 수
    c : 염소(Cl)의 수
    d : 취소(Br : 브롬)의 수
    ㉯ 주어진 구조식에서 탄소(C) 1개, 불소(F) 0개, 염소(Cl) 1개, 취소(Br : 브롬) 1개이므로 할론 1011에 해당되며, 화학식(분자식)은 CH_2ClBr이다.

5. 제조소등의 소요단위 산정 시 위험물은 지정수량의 몇 배를 1소요 단위로 하는가?

① 5배   ② 10배
③ 20배   ④ 50배

해설 소요단위 계산방법 [시행규칙 별표17]
    ㉮ 제조소 또는 취급소의 건축물
        ㉠ 외벽이 내화구조인 것 : 연면적 $100m^2$를 1소요단위로 할 것
        ㉡ 외벽이 내화구조가 아닌 것 : 연면적 $50m^2$를 1소요단위로 할 것

정답 1. ②   2. ②   3. ①   4. ③   5. ②

④ 저장소의 건축물
　　㉠ 외벽이 내화구조인 것 : 연면적 $150m^2$를 1 소요단위로 할 것
　　㉡ 외벽이 내화구조가 아닌 것 : 연면적 $75m^2$ 를 1소요단위로 할 것
　㉯ <u>위험물 : 지정수량의 10배를 1소요단위로</u> 할 것
　㉰ 제조소등의 옥외에 설치된 공작물은 외벽이 내화구조인 것으로 간주하고 공작물의 최대수 평투영면적을 연면적으로 간주하여 ㉮ 및 ④ 의 규정에 의하여 소요단위를 산정할 것

6. 양초, 고급 알코올 등과 같은 연료의 가장 일 반적인 연소형태는?

① 분무연소　　　② 증발연소
③ 표면연소　　　④ 분해연소

(해설) 연소 형태에 따른 가연물
　㉮ 표면연소 : 목탄(숯), 코크스
　④ 분해연소 : 종이, 석탄, 목재, 중유
　㉰ <u>증발연소 : 가솔린, 등유, 경유, 알코올, 양</u>
　　<u>초, 유황</u>
　㉱ 확산연소 : 가연성 기체
　㉲ 자기연소 : 제5류 위험물(니트로셀룰로오스, 셀룰로이드, 니트로글리세린 등)

7. 다음은 위험물 안전관리법령에 따른 판매 취 급소에 대한 정의이다. ( )에 알맞은 말은?

> 판매 취급소라 함은 점포에서 위험물을 용기에 담아 판매하기 위하여 지정수량 의 (ⓐ)배 이하의 위험물을 (ⓑ)하는 장소

① ⓐ : 20, ⓑ : 취급
② ⓐ : 40, ⓑ : 취급
③ ⓐ : 20, ⓑ : 저장
④ ⓐ : 40, ⓑ : 저장

(해설) ㉮ 판매취급소[시행령 별표3] : 점포에서 위 험물을 용기에 담아 판매하기 위하여 지정수 량의 40배 이하의 위험물을 취급하는 장소

④ 판매취급소 구분 [시행규칙 별표14]
　㉠ 제1종 판매취급소 : 저장 또는 취급하는 위 험물의 수량이 지정수량의 20배 이하인 판 매취급소이다.
　㉡ 제2종 판매취급소 : 저장 또는 취급하는 위 험물의 수량이 지정수량의 40배 이하인 판 매취급소이다.

8. 위험물 안전관리법령상 위험등급 Ⅰ의 위험물 로 옳은 것은?

① 무기과산화물
② 황화인, 적린, 유황
③ 제1석유류
④ 알코올류

(해설) 위험등급 Ⅰ의 위험물 [시행규칙 별표19]
　㉮ <u>제1류 위험물</u> 중 아염소산염류, 염소산염류, 과염소산염류, <u>무기과산화물</u> 그 밖에 지정수 량이 50kg인 위험물
　④ 제3류 위험물 중 칼륨, 나트륨, 알킬알루미 늄, 알킬리튬, 황린 그 밖에 지정수량이 10kg 또는 20kg인 위험물
　㉯ 제4류 위험물 중 특수인화물
　㉰ 제5류 위험물 중 유기과산화물, 질산에스테 르류 그 밖에 지정수량이 10kg인 위험물
　㉱ 제6류 위험물

9. 위험물 안전관리법령상 자동화재 탐지설비를 설치하지 않고 비상경보설비로 대신할 수 있 는 것은?

① 일반취급소로서 연면적 $600m^2$인 것
② 지정수량 20배를 저장하는 옥내 저장소 로서 처마높이가 8m인 단층건물
③ 단층건물 외의 건축물에 설치된 지정수 량 15배의 옥내탱크 저장소로서 소화난이 도 등급 Ⅱ에 속하는 것
④ 지정수량 20배를 저장, 취급하는 옥내 주유취급소

해설 각 항목의 경보설비 설치 판단
① 연면적이 $500m^2$ 이상이므로 '자동화재 탐지설비'를 설치하여야 한다.
② 처마높이가 6m 이상인 단층건물이므로 '자동화재 탐지설비'를 설치하여야 한다.
③ 자동화재 탐지설비 설치대상이 아닌 제조소 등에 해당되고, 지정수량의 10배 이상을 저장하는 곳이므로 자동화재 탐지설비, 비상경보, 확성장치, 비상방송설비 중 하나를 선택해서 설치하면 된다.
④ 옥내주유취급소는 무조건 '자동화재 탐지설비'를 설치하여야 한다.

참고 경보설비 설치 대상 [시행규칙 별표17]
(1) 자동화재 탐지설비
  ㉮ 제조소 및 일반취급소
    ㉠ 연면적 $500m^2$ 이상인 것
    ㉡ 옥내에서 지정수량의 100배 이상을 취급하는 것
  ㉯ 옥내저장소
    ㉠ 지정수량의 100배 이상을 저장 또는 취급하는 것
    ㉡ 저장창고의 연면적이 $150m^2$를 초과하는 것
    ㉢ 처마높이가 6m 이상인 단층건물의 것
    ㉣ 옥내저장소로 사용되는 부분 외의 부분이 있는 건축물에 설치된 옥내저장소
  ㉰ 옥내탱크저장소 : 단층 건물 외의 건축물에 설치된 옥내탱크저장소로서 소화난이도등급 Ⅰ에 해당하는 곳
  ㉱ 주유취급소 : 옥내주유취급소
(2) 자동화재 탐지설비, 비상경보설비, 확성장치 또는 비상방송설비 중 1종 이상을 설치해야 하는 경우 : (1)에 해당하지 않는 제조소등으로 지정수량의 10배 이상을 저장 또는 취급하는 것

10. 위험물 안전관리법령상 제5류 위험물의 화재발생 시 적응성이 있는 소화설비는 어느 것인가?

① 분말 소화설비
② 물분무 소화설비
③ 이산화탄소 소화설비
④ 할로겐화합물 소화설비

해설 제5류 위험물에 적응성이 있는 소화설비 [시행규칙 별표17]
  ㉮ 옥내소화전 또는 옥외소화전설비
  ㉯ 스프링클러설비
  ㉰ 물분무 소화설비
  ㉱ 포 소화설비
  ㉲ 봉상수(棒狀水) 소화기
  ㉳ 무상수(霧狀水) 소화기
  ㉴ 봉상강화액 소화기
  ㉵ 무상강화액 소화기
  ㉶ 포 소화기
  ㉷ 물통 또는 건조사
  ㉸ 건조사
  ㉹ 팽창질석 또는 팽창진주암

11. BCF(bromochlorodifluoromethane) 소화약제의 화학식으로 옳은 것은?

① CCl_4 ② CH_2ClBr
③ CF_3Br ④ CF_2ClBr

해설 BCF는 할로겐화합물 소화약제 중에서 탄소(C), 불소(F), 염소(Cl), 취소(Br : 브롬)을 모두 포함하는 것으로 할론 1211(CF_2ClBr)이다.

참고 소화기 분류

분류	소화기 명칭	화학식
CTC 소화기	사염화탄소 소화기	CCl_4
CB 소화기	할론 1011 소화기	CH_2ClBr
MTB 소화기	할론 1301 소화기	CF_3Br
BCF 소화기	할론 1211 소화기	CF_2ClBr
FB 소화기	할론 2402 소화기	$C_2F_4Br_2$

12. 제4류 위험물의 화재에 적응성이 없는 소화기는?

① 포 소화기
② 봉상수 소화기
③ 인산염류 소화기

2014

④ 이산화탄소 소화기

해설 제4류 위험물에 적응성이 없는 소화기 [시행규칙 별표17]

㉮ 봉상수(棒狀水) 소화기
㉯ 무상수(霧狀水) 소화기
㉰ 봉상강화액소화기

13. 위험물 안전관리법령상 자동화재 탐지설비의 경계구역 하나의 면적은 몇 m^2 이하이어야 하는가? (단, 원칙적인 경우에 한한다.)

① 250
② 300
③ 400
④ 600

해설 자동화재 탐지설비 설치기준 [시행규칙 별표17]

㉮ 자동화재 탐지설비의 경계구역은 건축물 그 밖의 공작물의 2 이상의 층에 걸치지 아니하도록 할 것. 다만, 하나의 경계구역의 면적이 $500m^2$ 이하이면서 당해 경계구역이 두 개의 층에 걸치는 경우이거나 계단·경사로·승강기의 승강로 그 밖에 이와 유사한 장소에 연기감지기를 설치하는 경우에는 그러하지 아니하다.

㉯ 하나의 경계구역의 면적은 $600m^2$ 이하로 하고 그 한 변의 길이는 50m(광전식분리형 감지기를 설치할 경우에는 100m) 이하로 한다. 다만, 당해 건축물 그 밖의 공작물의 출입구에서 그 내부의 전체를 볼 수 있는 경우에는 그 면적을 $1000m^2$ 이하로 할 수 있다.

㉰ 자동화재 탐지설비의 감지기는 지붕(상층이 있는 경우에는 상층의 바닥) 또는 벽의 옥내에 면한 부분(천장이 있는 경우에는 천장 또는 벽의 옥내에 면한 부분 및 천장의 뒷부분)에 유효하게 화재의 발생을 감지할 수 있도록 설치한다.

㉱ 자동화재 탐지설비에는 비상전원을 설치한다.

14. 플래시 오버(flash over)에 대한 설명으로 옳은 것은?

① 대부분 화재 초기(발화기)에 발생한다.
② 대부분 화재 종기(쇠퇴기)에 발생한다.

③ 내장재의 종류와 개구부의 크기에 영향을 받는다.
④ 산소의 공급이 주요 요인이 되어 발생한다.

해설 플래시 오버(flash over) 현상 : 전실화재라 하며 화재로 발생한 열이 주변의 모든 물체가 연소되기 쉬운 상태에 도달하였을 때 순간적으로 강한 화염을 분출하면서 내부 전체를 급격히 태워버리는 현상으로 화재성장기(제1단계)에서 발생한다.

15. 연소의 연쇄반응을 차단 및 억제하여 소화하는 방법은?

① 냉각소화
② 부촉매소화
③ 질식소화
④ 제거소화

해설 소화작용(소화효과)

㉮ 제거소화 : 화재 현장에서 가연물을 제거함으로써 화재의 확산을 저지하는 방법으로 소화하는 것이다.

㉯ 질식소화 : 산소공급원을 차단하여 연소 진행을 억제하는 방법으로 소화하는 것이다.

㉰ 냉각소화 : 물 등을 사용하여 활성화 에너지(점화원)를 냉각시켜 가연물을 발화점 이하로 낮추어 연소가 계속 진행할 수 없도록 하는 방법으로 소화하는 것이다.

㉱ 부촉매소화(억제소화) : 산화반응에 직접 관계없는 물질을 가하여 연쇄반응의 억제작용을 이용하는 방법으로 소화하는 것이다.

16. 취급하는 제4류 위험물의 수량이 지정수량의 30만 배인 일반 취급소가 있는 사업장에 자체소방대를 설치함에 있어서 전체 화학소방차 중 포 수용액을 방사하는 화학소방차는 몇 대 이상 두어야 하는가?

① 필수적인 것은 아니다.
② 1
③ 2
④ 3

해설 자체소방대에 두는 화학소방자동차 및 인원 [시행령 별표8]

위험물의 최대수량의 합	화학 소방자동차	소방대원 (조작인원)
지정수량의 12만배 미만	1대	5인
지정수량의 12만배 이상 24만배 미만	2대	10인
지정수량의 24만배 이상 48만배 미만	3대	15인
지정수량의 48만배 이상	4대	20인

참고 화학소방차의 기준 등 [시행규칙 제75조] : 포수용액을 방사하는 화학소방자동차의 대수는 화학소방자동차의 대수의 3분의 2 이상으로 하여야 한다.

∴ 지정수량 30만 배인 일반취급소에 두어야 하는 화학소방자동차는 3대이지만 포수용액을 방사하는 경우이므로 보유대수는 2대가 된다.

17. 위험물 안전관리법령상 제4류 위험물을 지정수량의 3000배 초과 4000배 이하로 저장하는 옥외탱크 저장소의 보유공지는 얼마인가?

① 6m 이상   ② 9m 이상
③ 12m 이상   ④ 15m 이상

해설 옥외탱크저장소의 보유공지 기준 [시행규칙 별표6]

저장 또는 취급하는 위험물의 최대수량	공지의 너비
지정수량의 500배 이하	3m 이상
지정수량의 500배 초과 1000배 이하	5m 이상
지정수량의 1000배 초과 2000배 이하	9m 이상
지정수량의 2000배 초과 3000배 이하	12m 이상
지정수량의 3000배 초과 4000배 이하	15m 이상

지정수량의 4000배 초과	당해 탱크의 수평단면의 최대지름(횡형인 경우에는 긴 변)과 높이 중 큰 것과 같은 거리 이상. 다만, 30m 초과의 경우에는 30m 이상으로 할 수 있고, 15m 미만의 경우에는 15m 이상으로 하여야 한다.

18. 충격이나 마찰에 민감하고 가수분해반응을 일으키는 단점을 가지고 있어 이를 개선하여 다이너마이트를 발명하는데 주원료로 사용한 위험물은?

① 셀룰로이드
② 니트로글리세린
③ 트리니트로톨루엔
④ 트리니트로페놀

해설 니트로글리세린[$C_3H_5(ONO_2)_3$]의 특징
㉮ 제5류 위험물 중 질산에스테르류에 해당되며 지정수량은 10kg이다.
㉯ 순수한 것은 상온에서 무색, 투명한 기름 모양의 액체이나 공업적으로 제조한 것은 담황색을 띠고 있다.
㉰ 상온에서 액체이지만 약 10℃에서 동결하므로 겨울에는 백색의 고체 상태이다.
㉱ 물에는 거의 녹지 않으나 벤젠, 알코올, 클로로포름, 아세톤에 녹는다.
㉲ 점화하면 적은 양은 타기만 하지만 많은 양은 폭굉에 이른다.
㉳ 규조토에 흡수시켜 다이너마이트를 제조할 때 사용된다.
㉴ 충격이나 마찰에 예민하여 액체 운반은 금지되어 있다.

19. 다음 물질 중 분진폭발의 위험이 가장 낮은 것은?

① 마그네슘 가루   ② 아연 가루
③ 밀가루   ④ 시멘트 가루

정답 **17.** ④ **18.** ② **19.** ④

해설 분진폭발을 일으키는 물질

㉮ 폭연성 분진 : 금속분말(Mg, Al, Fe 등)

㉯ 가연성 분진 : 소맥분, 전분, 합성수지류, 황, 코코아, 리그린, 석탄분말, 고무분말, 담배분말 등

참고 시멘트 분말, 대리석 분말, 모래 등은 불연성 물질로 분진폭발과는 관련이 없다.

20. 소화기 속에 압축되어 있는 이산화탄소 1.1kg을 표준상태에서 분사하였다. 이산화탄소 부피는 몇 m^3가 되는가?

① 0.56 　　② 5.6
③ 11.2 　　④ 24.6

해설 표준상태(0℃, 1기압)에서 이산화탄소 1몰(mol)의 분자량은 44g이며 이때의 부피는 22.4 L이다. (1kmol의 상태의 분자량(질량)은 44kg, 부피는 22.4m^3 이다.)

$$\therefore x = \frac{1.1 \times 22.4}{44} = 0.56\,m^3$$

21. 위험물의 품명이 질산염류에 속하지 않는 것은?

① 질산메틸 　　② 질산칼륨
③ 질산나트륨 　　④ 질산암모늄

해설 질산염류

㉮ 제1류 위험물로 지정수량 300kg이다.

㉯ 질산염류의 종류 : 질산칼륨(KNO_3), 질산나트륨($NaNO_3$), 질산암모늄(NH_4NO_3), 질산바륨[$Ba(NO_3)_2$], 질산코발트[$Co(NO_3)_2$], 질산니켈[$Ni(NO_3)_2$], 질산구리[$Cu(NO_3)_2$], 질산카드뮴[$Cd(NO_3)_2$], 질산납[$Pb(NO_3)_2$], 질산마그네슘[$Mg(NO_3)_2$], 질산은[$AgNO_3$], 질산철[$Fe(NO_3)_2$], 질산스트론튬[$Sr(NO_3)_2$] 등

참고 질산메틸(CH_3ONO_2)은 제5류 위험물 중 질산에스테르류에 해당된다.

22. 질산암모늄의 일반적인 성질에 대한 설명 중 옳은 것은?

① 불안정한 물질이고 물에 녹을 때 흡열반응을 나타낸다.
② 물에 대한 용해도 값이 매우 작아 물에 거의 불용이다.
③ 가열 시 분해하여 수소를 발생한다.
④ 과일향의 냄새가 나는 적갈색 비결정체이다.

해설 질산암모늄(NH_4NO_3)의 특징

㉮ 제1류 위험물 중 질산염류에 해당되며 지정수량은 300kg이다.

㉯ 무취의 백색 결정 고체로 물, 알코올, 알칼리에 잘 녹는다.

㉰ 조해성이 있으며 물에 녹을 때는 흡열반응을 나타낸다.

㉱ 220℃에서 분해되어 아산화질소(N_2O)와 수증기(H_2O)를 발생하며, 급격한 가열이나 충격을 주면 단독으로 분해·폭발한다.

㉲ 가연물, 유기물을 섞거나 가열, 충격, 마찰을 주면 폭발한다.

㉳ 경유 6%, 질산암모늄 94%를 혼합한 것은 안투폭약이라 하며, 공업용 폭약이 된다.

23. 황 분말과 혼합했을 때 가열 또는 충격에 의해서 폭발할 위험이 가장 높은 것은?

① 질산암모늄 　　② 물
③ 이산화탄소 　　④ 마른 모래

해설 황은 제2류 위험물인 가연성 고체이며, 질산암모늄(NH_4NO_3)은 제1류 위험물인 산화성 고체로 가연물인 황에 산소공급원 역할을 하는 질산암모늄이 혼합되었을 때 가열, 충격 등이 가해지면 폭발할 위험성이 있다.

24. 제2석유류에 해당하는 물질로만 짝 지워진 것은?

① 등유, 경유
② 등유, 중유

③ 글리세린, 기계유

④ 글리세린, 장뇌유

해설 제2석유류

㉮ 정의 : 등유, 경유 그 밖에 1기압에서 인화점이 21℃ 이상 70℃ 미만인 것을 말한다. 다만, 도료류 그 밖의 물품에 있어서 가연성 액체량이 40 중량% 이하이면서 인화점이 40℃ 이상인 동시에 연소점이 60℃ 이상인 것은 제외한다.

㉯ 종류 : 등유, 경유, 의산, 초산, 테레빈유, 장뇌유, 스티렌, 송근유, 에틸셀르솔브, 메틸셀르솔브, 클로로벤젠, 히드라진, 아크린산 등

25. 삼황화인의 연소 생성물을 옳게 나열한 것은?

① P_2O_5, SO_2 ② P_2O_5, H_2S

③ H_3PO_4, SO_2 ④ H_3PO_4, H_2S

해설 삼황화인(P_4S_3) : 제2류 위험물 중 황화린에 해당되며 지정수량은 100kg이다.

㉮ 삼황화인(P_4S_3)의 완전연소 반응식

$P_4S_3 + 8O_2 \rightarrow 2P_2O_5 + 3SO_2$

㉯ 삼화화인이 연소하면 오산화인(P_2O_5)과 이산화황(SO_2 : 아황산가스)이 발생한다.

26. 아염소산염류 500kg과 질산염류 3000kg을 함께 저장하는 경우 위험물의 소요단위는 얼마인가?

① 2 ② 4 ③ 6 ④ 8

해설 ㉮ 아염소산염류 : 제1류 위험물로 지정수량은 50kg이다.

㉯ 질산염류 : 제1류 위험물로 지정수량은 300kg이다.

㉰ 지정수량의 10배를 1소요단위로 하며, 위험물이 2종류 이상을 함께 저장하는 경우 각각 소요단위를 계산하여 합산한다.

∴ 소요단위

$= \dfrac{A 저장량}{지정수량 \times 10} + \dfrac{B 저장량}{지정수량 \times 10}$

$= \dfrac{500}{50 \times 10} + \dfrac{3000}{300 \times 10} = 2$

27. 위험물의 저장 및 취급방법에 대한 설명으로 틀린 것은?

① 적린은 화기와 멀리하고 가열, 충격이 가해지지 않도록 한다.

② 이황화탄소는 발화점이 낮으므로 물속에 저장한다.

③ 마그네슘은 산화제와 혼합되지 않도록 취급한다.

④ 알루미늄분은 분진폭발의 위험이 있으므로 분무 주수하여 저장한다.

해설 제2류 위험물인 알루미늄분은 물(H_2O)과 접촉하면 가연성 가스인 수소(H_2)를 발생하므로 물과의 접촉을 금지하여야 한다.

28. 경유에 대한 설명으로 틀린 것은?

① 물에 녹지 않는다.

② 비중은 1 이하이다.

③ 발화점은 인화점보다 높다.

④ 인화점은 상온 이하이다.

해설 경유의 성질

구분	성질
유별 및 품명	제4류 위험물 중 제2석유류
지정수량	1000L(비수용성)
발화점	257℃
인화점	50~70℃
비중	0.82~0.85
증기 비중	4~5
연소범위	1~6.0%

29. 다음 ( ) 안에 적합한 숫자를 차례대로 나열한 것은?

자연발화성 물질 중 알킬알루미늄 등은 운반용기의 내용적의 ( )% 이하의 수납률로 수납하되, 50℃의 온도에서 ( )% 이상의 공간용적을 유지하도록 할 것

① 90, 5　　② 90, 10

③ 95, 5　　④ 95, 10

해설 제3류 위험물의 운반용기 수납 기준 [시행 규칙 별표19]

㉮ 자연발화성 물질 중 <u>알킬알루미늄</u> 등은 운반 용기의 내용적의 <u>90%</u> 이하로 수납하되, <u>50℃</u> 에서 5% 이상의 공간용적을 유지하도록 할 것

㉯ 자연발화성 물질에 있어서는 불활성 기체를 봉입하여 공기와 접하지 아니하도록 할 것

㉰ 자연발화성 물질 외의 물품에 있어서는 파라핀·경유·등유 등의 보호액으로 채워 밀봉하거나 불활성 기체를 봉입하여 수분과 접하지 아니하도록 할 것

30. 위험물 안전관리법령에서 정한 제5류 위험물 이동저장탱크의 외부 도장 색상은 어느 것인가?

① 황색　　② 회색　　③ 적색　　④ 청색

해설 위험물 이동저장탱크의 외부 도장 [세부기준 제109조]

유별	도장 색상	유별	도장 색상
제1류	회색	제4류	–
제2류	적색	제5류	황색
제3류	청색	제6류	청색

[비고] 1. 탱크의 앞면과 뒷면을 제외한 면적의 40% 이내의 면적은 다른 유별의 색상 외의 색상으로 도장하는 것이 가능하다.

2. 제4류에 대해서는 도장의 색상 제한이 없으나 적색을 권장한다.

31. 위험물 안전관리법령에서 정한 제3류 위험물 금수성 물질의 소화설비로 적응성이 있는 것은?

① 이산화탄소 소화설비

② 할로겐화합물 소화설비

③ 인산염류 등 분말 소화설비

④ 탄산수소염류 등 분말 소화설비

해설 제3류 위험물 중 금수성 물질에 적응성이 있는 소화설비 [시행규칙 별표17]

㉮ 탄산수소염류 분말소화설비 및 분말소화기

㉯ 건조사

㉰ 팽창질석 또는 팽창진주암

32. 자기 반응성 물질인 제5류 위험물에 해당되는 것은?

① $CH_3(C_6H_4)NO_2$　　② CH_3COCH_3

③ $C_6H_2(NO_2)_3OH$　　④ $C_6H_5NO_2$

해설 각 위험물의 명칭 및 유별 구분

① 니트로톨루엔($CH_3(C_6H_4)NO_2$) : 제4류 위험물 중 제3석유류

② 아세톤(CH_3COCH_3) : 제4류 위험물 중 제1석유류

③ 피크린산($C_6H_2(NO_2)_3OH$) : 제5류 위험물 중 니트로화합물

④ 니트로벤젠($C_6H_5NO_2$) : 제4류 위험물 중 제3석유류

33. 니트로셀룰로오스 5kg과 트리니트로페놀을 함께 저장하려고 한다. 이때 지정수량 1배로 저장하려면 트리니트로페놀을 몇 kg 저장하여야 하는가?

① 5　　② 10　　③ 50　　④ 100

해설 ㉮ 제5류 위험물의 품명 및 지정수량

품명		지정수량
니트로셀룰로오스	질산에스테르류	10kg
트리니트로페놀 (피크린산)	니트로화합물	200kg

㉯ 트리니트로페놀 저장량 계산 : 지정수량 배수의 합은 각 위험물량을 지정수량으로 나눈 값의 합이다.

∴ 지정수량 배수의 합

$$= \frac{A 위험물량}{지정수량} + \frac{B 위험물량}{지정수량}$$

$$\therefore 1 = \frac{5}{10} + \frac{x}{200}$$

$$\therefore 1 - \frac{5}{10} = \frac{x}{200}, \quad \therefore 1 - 0.5 = \frac{x}{200}$$
$$\therefore x = 200 \times (1 - 0.5) = 100\,\mathrm{kg}$$

34. 위험물 안전관리법령상 염소화이소시아눌산은 제 몇 류 위험물인가?

① 제1류   ② 제2류
③ 제3류   ④ 제4류

해설 제1류 위험물 중 '그 밖에 행정안전부령으로 정하는 것' [시행규칙 제3조] : 과요오드산염류, 과요오드산, 크롬·납 또는 요오드의 산화물, 아질산염류, 차아염소산염류, 염소화이소시아눌산, 퍼옥소이황산염류, 퍼옥소붕산염류

참고 제5류 위험물 중 행정안전부령으로 정하는 것 : 질산구아니딘, 금속의 아지화합물

35. 니트로셀룰로오스의 저장방법으로 올바른 것은?

① 물이나 알코올로 습윤시킨다.
② 에탄올과 에테르 혼액에 침윤시킨다.
③ 수은염을 만들어 저장한다.
④ 산에 용해시켜 저장한다.

해설 니트로셀룰로오스(제5류 위험물)는 건조한 상태에서는 발화의 위험이 있기 때문에 물 또는 알코올 등을 첨가하여 습윤시킨 상태로 저장한다.

36. 과망간산칼륨의 위험성에 대한 설명으로 틀린 것은?

① 황산과 격렬하게 반응한다.
② 유기물과 혼합 시 위험성이 증가한다.
③ 고온으로 가열하면 분해하여 산소와 수소를 방출한다.
④ 목탄, 황 등 환원성 물질과 격리하여 저장해야 한다.

해설 과망간산칼륨($KMnO_4$)의 위험성
㉮ 제1류 위험물 중 과망간산염류에 해당하고, 지정수량은 1000kg이다.

㉯ 240℃에서 가열하면 망간산칼륨, 이산화망간, 산소를 발생한다.
㉰ 목탄, 황 등 환원성 물질과 접촉 시 폭발의 위험이 있다.
㉱ 강산화제이며, 진한 황산과 접촉하면 폭발적으로 반응한다.
㉲ 직사광선(일광)을 차단하고 냉암소에 저장한다.
㉳ 용기는 금속 또는 유리 용기를 사용하며 산, 가연물, 유기물과 격리하여 저장한다.

37. 유별을 달리하는 위험물을 운반할 때 혼재할 수 있는 것은? (단, 지정수량의 $\frac{1}{10}$을 넘는 양을 운반하는 경우이다.)

① 제1류와 제3류   ② 제2류와 제4류
③ 제3류와 제5류   ④ 제4류와 제6류

해설 ㉮ 위험물 운반할 때 혼재 기준 [시행규칙 별표19, 부표2]

구분	제1류	제2류	제3류	제4류	제5류	제6류
제1류		×	×	×	×	○
제2류	×		×	○	○	×
제3류	×	×		○	×	×
제4류	×	○	○		○	×
제5류	×	○	×	○		×
제6류	○	×	×	×	×	

○ : 혼합 가능, × : 혼합 불가능

㉯ 이 표는 지정수량의 $\frac{1}{10}$ 이하의 위험물에 대하여는 적용하지 않는다.

38. 과산화벤조일(벤조일퍼옥사이드)에 대한 설명 중 틀린 것은?

① 환원성 물질과 격리하여 저장한다.
② 물에 녹지 않으나 유기용매에 녹는다.
③ 희석제로 묽은 질산을 사용한다.
④ 결정성의 분말 형태이다.

해설 과산화벤조일(벤조일퍼옥사이드)의 특징
㉮ 제5류 위험물 중 유기과산화물에 해당되며 지정수량은 10kg이다.

정답 **34.** ①   **35.** ①   **36.** ③   **37.** ②   **38.** ③

㉯ 무색, 무미의 결정성의 분말 형태(고체)로 물에는 잘 녹지 않으나 알코올에는 약간 녹는다.

㉰ 상온에서 안정하며, 강한 산화작용이 있다.

㉱ 가열하면 100℃ 부근에서 백색 연기를 내며 분해한다.

㉲ 빛, 열, 충격, 마찰 등에 의해 폭발의 위험이 있다.

㉳ 강한 산화성 물질로 진한 황산, 질산, 초산 등과 접촉하면 화재나 폭발의 우려가 있다.

㉴ 수분의 흡수나 불활성 희석제(프탈산디메틸, 프탈산디부틸)의 첨가에 의해 폭발성을 낮출 수도 있다.

㉵ 비중(25℃) 1.33, 융점 103~105℃(분해온도), 발화점 125℃이다.

39. 유황에 대한 설명으로 옳지 않은 것은?

① 연소 시 황색 불꽃을 보이며 유독한 이황화탄소를 발생한다.

② 미세한 분말상태에서 부유하면 분진폭발의 위험이 있다.

③ 마찰에 의해 정전기가 발생할 우려가 있다.

④ 고온에서 용융된 유황은 수소와 반응한다.

해설 황(유황)의 특징

㉮ 제2류 위험물로 지정수량 100kg이다.

㉯ 노란색 고체로 열 및 전기의 불량도체이므로 정전기발생에 유의하여야 한다.

㉰ 물이나 산에는 녹지 않지만 이황화탄소(CS_2)에는 녹는다(단, 고무상 황은 녹지 않음).

㉱ 저온에서는 안정하나 높은 온도에서는 여러 원소와 황화물을 만든다.

㉲ 공기 중에서 연소하면 푸른 불꽃을 발하며, 유독한 아황산가스(SO_2)를 발생한다.

㉳ 산화제나 목탄가루 등과 혼합되어 있을 때 마찰이나 열에 의해 착화, 폭발을 일으킨다.

㉴ 황가루가 공기 중에 떠 있을 때는 분진 폭발의 위험성이 있다.

㉵ 이산화탄소(CO_2)와 반응하지 않으므로 소화방법으로 이산화탄소를 사용한다.

40. 정전기로 인한 재해방지 대책 중 틀린 것은?

① 접지를 한다.

② 실내를 건조하게 유지한다.

③ 공기 중의 상대습도를 70% 이상으로 유지한다.

④ 공기를 이온화시킨다.

해설 정전기 방지 대책

㉮ 설비를 접지한다.

㉯ 공기를 이온화한다.

㉰ 공기 중 상대습도를 70% 이상 유지한다.

41. 제4류 위험물에 속하지 않는 것은?

① 아세톤   ② 실린더유

③ 트리니트로톨루엔 ④ 니트로벤젠

해설 ㉮ 제4류 위험물

품명		지정수량
아세톤	제1석유류	400L
실린더유	제4석유류	6000L
니트로벤젠	제3석유류	4000L

㉯ 트리니트로톨루엔[$C_6H_2CH_3(NO_2)_3$: TNT]은 제5류 위험물 중 니트로화합물에 해당되며, 지정수량은 200kg이다.

42. 제5류 위험물 중 니트로화합물의 지정수량을 옳게 나타낸 것은?

① 10kg   ② 100kg

③ 150kg   ④ 200kg

해설 제5류 위험물의 지정수량

품명	지정수량
유기과산화물, 질산에스테르류	10kg
히드록실아민, 히드록실아민염류	100kg
니트로화합물, 니트로소화합물, 아조화합물, 디아조화합물, 히드라진유도체	200kg
행정안전부령으로 정하는 것, 제5류 위험물 어느 하나 이상을 함유하는 것	10kg, 100kg, 200kg

43. 다음 중 지정수량이 나머지 셋과 다른 물질은?

① 황화인　　　　② 적린
③ 칼슘　　　　　④ 유황

해설 각 위험물의 지정수량

품명		지정수량
황화인	제2류 위험물	100kg
적린	제2류 위험물	100kg
칼슘	제3류 위험물	50kg
유황	제2류 위험물	100kg

44. 과염소산칼륨의 성질에 대한 설명 중 틀린 것은?

① 무색, 무취의 결정으로 물에 잘 녹는다.
② 화학식은 $KClO_4$이다.
③ 에탄올, 에테르에는 녹지 않는다.
④ 화약, 폭약, 섬광제 등에 쓰인다.

해설 과염소산칼륨($KClO_4$)의 특징
㉮ 제1류 위험물 중 과염소산염류로 지정수량 50kg이다.
㉯ 무색, 무취, 사방정계 결정으로 물에 녹기 어렵고 알코올, 에테르에도 불용이다.
㉰ 400℃에서 분해하기 시작하여 610℃에서 완전 분해되어 산소를 방출한다.
㉱ 자신은 불연성 물질이지만 강력한 산화제이다.
㉲ 진한 황산과 접촉하면 폭발성 가스를 생성하고 튀는 것과 같은 폭발 위험이 있다.
㉳ 인, 황, 마그네슘, 유기물 등이 섞여 있을 때 가열, 충격, 마찰에 의해 폭발한다.
㉴ 환기가 잘 되고 서늘한 곳에 보관한다.
㉵ 화약, 폭약, 섬광제 등에 사용된다.
㉶ 비중 2.52, 융점 610℃, 용해도(20℃) 1.8이다.

45. 경유 2000L, 글리세린 2000L를 같은 장소에 저장하려고 한다. 지정수량의 배수의 합은 얼마인가?

① 2.5　　　　　② 3.0

③ 3.5　　　　　④ 4.0

해설 제4류 위험물 지정수량
㉮ 경유(제2석유류, 비수용성) : 1000L
㉯ 글리세린(제3석유류, 수용성) : 4000L
㉰ 지정수량 배수의 합 계산 : 지정수량 배수의 합은 각 위험물량을 지정수량으로 나눈 값의 합이다.
∴ 지정수량 배수의 합

$$= \frac{A\,위험물량}{지정수량} + \frac{B\,위험물량}{지정수량}$$
$$= \frac{2000}{1000} + \frac{2000}{4000} = 2.5$$

46. 0.99atm, 55℃에서 이산화탄소의 밀도는 약 몇 g/L 인가?

① 0.62　　　　　② 1.62
③ 9.65　　　　　④ 12.65

해설 ㉮ 이산화탄소(CO_2)의 분자량(M) 계산 :
12+(16×2)=44
㉯ 0.99atm, 55℃에서 이산화탄소의 밀도 계산 : 이상기체 상태방정식 $PV = \frac{W}{M}RT$를 이용하여 계산한다.

$$\therefore \rho = \frac{W}{V} = \frac{PM}{RT} = \frac{0.99 \times 44}{0.082 \times (273+55)}$$
$$= 1.619\,g/L$$

47. 다음 중 인화점이 0℃보다 작은 것은 모두 몇 개인가?

$$C_2H_5OC_2H_5, \quad CS_2, \quad CH_3CHO$$

① 0개　　　　　② 1개
③ 2개　　　　　④ 3개

해설 제4류 위험물 중 특수인화물의 인화점

명칭	인화점
$C_2H_5OC_2H_5$(디에틸에테르)	−45℃
CS_2(이황화탄소)	−30℃
CH_3CHO(아세트알데히드)	−39℃

2014

48. 다음은 위험물 안전관리법령상 이동탱크 저장소에 설치하는 게시판의 설치기준에 관한 내용이다. ( ) 안에 해당하지 않는 것은?

> 이동저장탱크의 뒷면 중 보기 쉬운 곳에는 해당 탱크에 저장 또는 취급하는 위험물의 ( )·( )·( ) 및 적재중량을 게시한 게시판을 설치하여야 한다.

① 최대수량   ② 품명
③ 유별   ④ 관리자명

해설 법령 개정으로 삭제된 조항임

참고 현재의 이동탱크 저장소 표지 규정으로 학습하길 바랍니다.
㉮ 부착위치
   ㉠ 이동탱크 저장소 : 전면 상단 및 후면 상단
   ㉡ 위험물 운반차량 : 전면 및 후면
㉯ 규격 및 형상 : 60cm 이상×30cm 이상의 횡형 사각형
㉰ 색상 및 문자 : 흑색바탕에 황색의 반사 도료로 "위험물"이라 표기할 것

49. 위험물과 그 보호액 또는 안정제의 연결이 틀린 것은?

① 황린 – 물
② 인화석회 – 물
③ 금속 칼륨 – 등유
④ 알킬알루미늄 – 헥산

해설 각 위험물의 보호물질
㉮ 황린 : 제3류 위험물로 공기 중에서 산화되어 발화하기 때문에 물속에 저장한다.
㉯ 금속 칼륨, 금속 나트륨 : 제3류 위험물로 물과의 접촉을 피하고, 산화를 방지하기 위해 등유, 경유, 파라핀 속에 저장한다.
㉰ 알킬알루미늄 : 제3류 위험물로 취급설비와 탱크 저장 시에는 질소 등의 불활성가스 봉입 장치를 설치하여 벤젠(C_6H_6), 헥산(C_6H_{14})과 같은 희석제를 첨가한다.
㉱ 이황화탄소 : 제4류 위험물로 가연성 증기의 발생을 억제하기 위하여 물속에 저장한다.

㉲ 인화석회(Ca_3P_2 : 인화칼슘) : 제3류 위험물로 물, 습기와의 접촉을 피하고 통풍이 잘 되는 건조한 냉암소에 밀봉하여 저장한다. 장기간 저장할 용기는 질소 등 불연성가스를 충전하여 저장한다.

참고 인화석회는 물과 접촉하면 맹독성이고 가연성 가스인 인화수소(PH_3 : 포스핀)이 발생한다.

50. 다음 설명 중 제2석유류에 해당하는 것은? (단, 1기압 상태이다.)

① 착화점이 21℃ 미만인 것
② 착화점이 30℃ 이상 50℃ 미만인 것
③ 인화점이 21℃ 이상 70℃ 미만인 것
④ 인화점이 21℃ 이상 90℃ 미만인 것

해설 제2석유류
㉮ 정의 : 등유, 경유 그 밖에 1기압에서 인화점이 21℃ 이상 70℃ 미만인 것을 말한다. 다만, 도료류 그 밖의 물품에 있어서 가연성 액체량이 40 중량% 이하이면서 인화점이 40℃ 이상인 동시에 연소점이 60℃ 이상인 것은 제외한다.
㉯ 종류 : 등유, 경유, 의산, 초산, 테레빈유, 장뇌유, 스티렌, 송근유, 에틸셀르솔브, 메틸셀르솔브, 클로로벤젠 등

51. 위험물 안전관리법령상 제5류 위험물의 공통된 취급방법으로 옳지 않은 것은?

① 용기의 파손 및 균열에 주의한다.
② 저장 시 과열, 충격, 마찰을 피한다.
③ 운반용기 외부에 주의사항으로 "화기주의" 및 "물기엄금"을 표기한다.
④ 불티, 불꽃, 고온체와의 접근을 피한다.

해설 제5류 위험물의 공통적인(일반적인) 성질
㉮ 가연성 물질이며 그 자체가 산소를 함유하므로 자기연소(내부연소)를 일으키기 쉽다.
㉯ 유기물질이며 연소속도가 대단히 빨라서 폭발성이 있다.
㉰ 가열, 마찰, 충격에 의하여 인화 폭발하는 것이 많다.

㉣ 장기간 저장하면 산화반응이 일어나 열분해 되어 자연 발화를 일으키는 경우도 있다.

참고 제5류 위험물은 운반용기 외부에 "화기엄금" 및 "충격주의" 주의사항을 표시하여야 한다.

52. 위험물 안전관리법령상 옥내소화전설비의 설치기준에서 옥내소화전은 제조소 등의 건축물의 층마다 해당 층의 각 부분에서 하나의 호스 접속구까지의 수평거리가 몇 m 이하가 되도록 설치하여야 하는가?

① 5   ② 10
③ 15   ④ 25

해설 옥내소화전설비 설치기준 [시행규칙 별표17]
㉮ 호스 접속구까지의 수평거리 : 25m 이하
㉯ 수원의 양 : 옥내소화전 설치개수(최고 5개)에 $7.8m^3$를 곱한 양 이상
㉰ 노즐선단의 방수압력 : 350kPa(0.35MPa) 이상
㉱ 노즐에서의 방수량 : 260L/min 이상

53. 위험물 안전관리법령에 따른 위험물의 운송에 관한 설명 중 틀린 것은?

① 알킬리튬과 알킬알루미늄 또는 이 중 어느 하나 이상을 함유한 것은 운송책임자의 감독, 지원을 받아야 한다.
② 이동탱크 저장소에 의하여 위험물을 운송할 때의 운송책임자에는 법정의 교육을 이수하고 관련 업무에 2년 이상 경력이 있는 자도 포함된다.
③ 서울에서 부산까지 금속의 인화물 300kg을 1명의 운전자가 휴식 없이 운송해도 규정위반이 아니다.
④ 운송책임자의 감독 또는 지원 방법에는 동승하는 방법과 별도의 사무실에서 대기하면서 규정된 사항을 이행하는 방법이 있다.

해설 위험물 운송 시에 준수사항 [시행규칙 별표21]
㉮ 2명 이상의 운전자로 해야 하는 경우

㉠ 고속국도에 있어서는 340km 이상 운송하는 때
㉡ 그 밖의 도로에 있어서는 200km 이상 운송하는 때
㉯ 1명의 운전자로 할 수 있는 경우
㉠ 규정에 의하여 운송책임자를 동승시킨 경우
㉡ 운송하는 위험물이 제2류 위험물·제3류 위험물(칼슘 또는 알루미늄의 탄화물과 이것만을 함유한 것에 한한다) 또는 제4류 위험물(특수인화물을 제외한다)인 경우
㉢ 운송도중에 2시간 이내마다 20분 이상씩 휴식하는 경우

참고 서울에서 부산까지는 340km 이상이기 때문에 휴식 없이 운송하기 위해서는 2명 이상의 운전자로 해야 한다.

54. 다음은 위험물 안전관리법령에서 정한 내용이다. ( ) 안에 알맞은 용어는?

( )라 함은 고형 알코올 그 밖에 1기압에서 인화점이 섭씨 40도 미만인 고체를 말한다.

① 가연성 고체   ② 산화성 고체
③ 인화성 고체   ④ 자기반응성 고체

해설 제2류 위험물 품명 [시행령 별표1]
㉮ "가연성 고체"라 함은 고체로서 화염에 의한 발화의 위험성 또는 인화의 위험성을 판단하기 위하여 고시로 정하는 시험에서 고시로 정하는 성질과 상태를 나타내는 것을 말한다.
㉯ 유황은 순도가 60 wt% 이상인 것을 말한다. 이 경우 순도측정에 있어서 불순물은 활석 등 불연성물질과 수분에 한한다.
㉰ "철분"이라 함은 철의 분말로소 $53\mu m$의 표준체를 통과하는 것이 50 wt% 미만인 것은 제외한다.
㉱ "금속분"이라 함은 알칼리금속·알칼리토류금속·철 및 마그네슘 외의 금속의 분말을 말하고, 구리분·니켈분 및 $150\mu m$의 체를 통과하는 것이 50 wt% 미만인 것은 제외한다.
㉲ 황화린·적린·유황 및 철분은 '가연성고체'의

규정에 의한 성상이 있는 것으로 본다.
㉟ "인화성 고체"라 함은 고형알코올 그 밖에 1 기압에서 인화점이 40℃ 미만인 고체를 말한다.
㉴ 마그네슘을 함유한 것에 있어서는 다음 각목의 1에 해당하는 것은 제외한다.
　㉠ 2mm의 체를 통과하지 아니하는 덩어리 상태의 것
　㉡ 직경 2mm 이상의 막대 모양의 것

55. 유기과산화물의 저장 또는 운반 시 주의사항으로 옳은 것은?

① 일광이 드는 건조한 곳에 저장한다.
② 가능한 한 대용량으로 저장한다.
③ 알코올류 등 제4류 위험물과 혼재하여 운반할 수 있다.
④ 산화제이므로 다른 강산화제와 같이 저장해도 좋다.

해설 유기과산화물의 저장 또는 운반 시 주의사항
㉮ 저장 시 주의사항
　㉠ 직사일광을 피하고 냉암소에 저장한다.
　㉡ 불꽃, 불티 등의 화기 및 열원으로부터 멀리하고 산화제, 환원제와도 격리한다.
　㉢ 용기의 손상으로 유기과산화물이 누설하거나 오염되지 않도록 한다.
　㉣ 같은 장소에 종류가 다른 약품과 함께 저장하지 않는다.
　㉤ 알코올류, 아민류, 금속분류, 기타 가연성 물질과 혼합하지 않는다.
　㉥ 화재 발생에 대비해 소량씩 나누어 분산 저장한다.
㉯ 운반 시 주의사항
　㉠ 유기과산화물은 제5류 위험물이므로 운반할 때 제4류 위험물과 혼재가 가능하다.
　㉡ 혼재기준은 37번 해설을 참고한다.

56. 제3류 위험물에 해당하는 것은?

① 유황　　　　　② 적린
③ 황린　　　　　④ 삼황화인

해설 각 위험물의 유별 구분

품명	유별	지정수량
유황	제2류 위험물	100kg
적린	제2류 위험물	100kg
황린	제3류 위험물	20kg
삼황화인	제2류 위험물 중 황화린	100kg

57. 제조소등의 관계인이 예방규정을 정하여야 하는 제조소등이 아닌 것은?

① 지정수량 100배의 위험물을 저장하는 옥외탱크 저장소
② 지정수량 150배의 위험물을 저장하는 옥내 저장소
③ 지정수량 10배의 위험물을 취급하는 제조소
④ 지정수량 5배의 위험물을 취급하는 이송취급소

해설 예방규정을 정하여야 하는 제조소등 [시행령 제15조]
㉮ 지정수량의 10배 이상의 위험물을 취급하는 제조소
㉯ 지정수량의 100배 이상의 위험물을 저장하는 옥외저장소
㉰ 지정수량의 150배 이상의 위험물을 저장하는 옥내저장소
㉱ 지정수량의 200배 이상의 위험물을 저장하는 옥외탱크저장소
㉲ 암반탱크 저장소
㉳ 이송취급소
㉴ 지정수량의 10배 이상의 위험물을 취급하는 일반취급소

58. 황린의 위험성에 대한 설명으로 틀린 것은?

① 공기 중에서 자연발화의 위험성이 있다.
② 연소 시 발생되는 증기는 유독하다.
③ 화학적 활성이 커서 CO_2, H_2O와 격렬히 반응한다.

정답 55. ③　56. ③　57. ①　58. ③

④ 강알칼리 용액과 반응하여 독성가스를 발생한다.

해설 황린(P_4)의 위험성

㉮ 제3류 위험물로 지정수량은 20kg이다.
㉯ 공기와의 접촉은 자연발화의 원인이 되므로 위험하다.
㉰ 공기보다 무거운 가연성이며 맹독성 물질로 0.0098g에서 중독현상, 0.02~0.05g에서는 사망한다.
㉱ 연소하면 발생되는 백색의 증기는 유독성의 오산화인(P_2O_5)이다.
㉲ 피부에 노출되면 화상을 입으며, 근육 또는 뼈 속으로 흡수되는 성질이 있다.
㉳ KOH 등 강알칼리 용액과 반응하여 맹독성의 포스겐($COCl_2$) 가스를 발생한다.
㉴ 자연발화의 위험성이 있어 물속에 저장한다.

참고 다른 원소와 반응하여 인화합물을 만들지만, 물(H_2O), 이산화탄소(CO_2)와는 반응하지 않는다.

59. 다음 그림의 원통형 종으로 설치된 탱크에서 공간용적을 내용적의 10%라고 하면 탱크용량 (허가용량)은 약 얼마인가?

① 113.04
② 124.04
③ 129.06
④ 138.16

해설 ㉮ 탱크 용적의 산정기준 [시행규칙 제5조] : 위험물을 저장 또는 취급하는 탱크의 용량은 해당 탱크의 내용적에서 공간용적을 뺀 용적으로 한다.
㉯ 탱크의 공간용적[세부기준 제25조] : 탱크의 공간용적은 탱크의 내용적의 $\frac{5}{100}$ 이상 $\frac{10}{100}$

이하의 용적으로 한다. → 문제에서 공간용적은 내용적의 10%로 주어졌음
㉰ 탱크의 허가용량 계산 : 탱크의 허가용량은 내용적에서 공간용적 10%를 뺀 것이므로 허가용량은 내용적의 90%에 해당된다.
∴ 탱크 허가용량＝탱크 내용적 － 공간용적
＝탱크 내용적×0.9
＝($\pi \times D \times L$)×0.9
＝{$\pi \times (2 \times 2) \times 10$}×0.9
＝113.097$\,m^3$

60. 지하탱크 저장소에 대한 설명으로 옳지 않은 것은?

① 탱크전용실의 벽의 두께는 0.3m 이상이어야 한다.
② 지하저장탱크의 윗부분은 지면으로부터 0.6m 이상 아래에 있어야 한다.
③ 지하저장탱크와 탱크전용실 안쪽과의 간격은 0.1m 이상의 간격을 유지한다.
④ 지하저장탱크에는 두께 0.1m 이상의 철근콘크리트조로 된 뚜껑을 설치한다.

해설 지하탱크저장소 탱크 전용실 기준 [시행규칙 별표8]

㉮ 지하저장탱크의 벽·바닥 및 뚜껑은 두께 0.3m 이상의 철근콘크리트구조 또는 이와 동등 이상의 강도가 있는 구조로 설치할 것
㉯ 지하의 벽·피트·가스관 등 시설물 및 대지경계선으로 0.1m 이상 떨어진 곳에 설치할 것
㉰ 지하저장탱크와 탱크전용실 안쪽과의 사이는 0.1m 이상의 간격을 유지할 것
㉱ 지하저장탱크 주위에는 마른 모래 또는 입자지름 5mm 이하의 마른 자갈분을 채울 것
㉲ 지하저장탱크 윗부분과 지면과의 거리는 0.6m 이상의 거리를 유지할 것
㉳ 지하저장탱크를 2 이상 인접 설치하는 경우 상호간에 1m 이상의 간격을 유지할 것

2014

2015년도 출제문제

2015. 1. 25 시행 (제1회)

1. 제3종 분말 소화약제의 열분해 반응식을 옳게 나타낸 것은?

① $NH_4H_2PO_4 \rightarrow HPO_3 + NH_3 + H_2O$

② $2KNO_3 \rightarrow 2KNO_2 + O_2$

③ $KClO_4 \rightarrow KCl + 2O_2$

④ $2CaHCO_3 \rightarrow 2CaO + H_2CO_3$

해설 분말 소화약제의 열분해 반응식

㉮ 제1종 : $2NaHCO_3 \rightarrow Na_2CO_3 + CO_2 + H_2O$

㉯ 제2종 : $2KHCO_3 \rightarrow K_2CO_3 + CO_2 + H_2O$

㉰ 제3종 : $NH_4H_2PO_4 \rightarrow HPO_3 + NH_3 + H_2O$

㉱ 제4종 : $2KHCO_3 + (NH_2)_2CO$
$\rightarrow K_2CO_3 + 2NH_3 + 2CO_2$

2. 위험물 안전관리법령상 제2류 위험물 중 지정수량이 500kg인 물질에 의한 화재는 어느 것인가?

① A급 화재 ② B급 화재

③ C급 화재 ④ D급 화재

해설 ㉮ 제2류 위험물 중 지정수량이 500kg에 해당하는 품명은 철분, 마그네슘, 금속분이다.

㉯ 철분, 마그네슘, 금속분은 금속화재에 해당된다.

㉰ 금속화재는 화재 분류 시 D급으로 분류된다.

3. 위험물 제조소등의 용도 폐지신고에 대한 설명으로 옳지 않은 것은?

① 용도폐지 후 30일 이내에 신고하여야 한다.

② 완공검사필증을 첨부한 용도 폐지신고서를 제출하는 방법으로 신고한다.

③ 전자문서로 된 용도 폐지신고서를 제출하는 방법으로 신고한다.

④ 신고의무의 주체는 해당 제조소등의 관계인이다.

해설 제조소등의 용도 폐지신고 [법 제11조]

㉮ 제조소등 관계인은 제조소등의 용도를 폐지한 때에는 용도를 폐지한 날부터 14일 이내에 시·도지사에게 신고하여야 한다.

㉯ 제조소등의 용도폐지신고를 하고자 하는 자는 신고서와 제조소등의 완공검사필증을 첨부하여 시·도지사 또는 소방서장에게 제출하여야 한다[시행규칙 제23조].

4. 할로겐 화합물의 소화약제 중 할론 2402의 화학식은?

① $C_2Br_4F_2$ ② $C_2Cl_4F_2$

③ $C_2Cl_4Br_2$ ④ $C_2F_4Br_2$

해설 ㉮ 할론(Halon) − abcd → "탄·불·염·취"로 암기

a : 탄소(C)의 수

b : 불소(F)의 수

c : 염소(Cl)의 수

d : 취소(Br : 브롬)의 수

㉯ 주어진 할론 번호에서 탄소(C) 2개, 불소(F) 4개, 염소(Cl) 0개, 취소(Br : 브롬) 2개이므로 할론 2402에 해당되는 화학식(분자식)은 $C_2F_4Br_2$이다.

5. 위험물 제조소등에 설치하여야 하는 자동화재탐지설비의 설치기준에 대한 설명 중 틀린 것은?

① 자동화재 탐지설비의 경계구역은 건축물 그 밖의 공작물의 2 이상의 층에 걸치도록 할 것

② 하나의 경계구역에서 그 한 변의 길이는 50m(광전식 분리형 감지기를 설치한 경우에는 100m) 이하로 할 것

③ 자동화재 탐지설비의 감지기는 지붕 또는 벽의 옥내에 면한 부분에 유효하게 화재의 발생을 감지할 수 있도록 설치할 것

④ 자동화재 탐지설비에는 비상전원을 설치할 것

해설 자동화재 탐지설비 설치기준 [시행규칙 별표17]

㉮ 자동화재 탐지설비의 경계구역은 건축물 그 밖의 공작물의 2 이상의 층에 걸치지 아니하도록 할 것. 다만, 하나의 경계구역의 면적이 500m² 이하이면서 당해 경계구역이 두 개의 층에 걸치는 경우이거나 계단·경사로·승강기의 승강로 그 밖에 이와 유사한 장소에 연기감지기를 설치하는 경우에는 그러하지 아니하다.

㉯ 하나의 경계구역의 면적은 600m² 이하로 하고 그 한 변의 길이는 50m(광전식분리형 감지기를 설치할 경우에는 100m) 이하로 할 것. 다만, 당해 건축물 그 밖의 공작물의 출입구에서 그 내부의 전체를 볼 수 있는 경우에는 그 면적을 1000m² 이하로 할 수 있다.

㉰ 자동화재 탐지설비의 감지기는 지붕(상층이 있는 경우에는 상층의 바닥) 또는 벽의 옥내에 면한 부분(천장이 있는 경우에는 천장 또는 벽의 옥내에 면한 부분 및 천장의 뒷부분)에 유효하게 화재의 발생을 감지할 수 있도록 설치할 것

㉱ 자동화재 탐지설비에는 비상전원을 설치할 것

6. 수소, 아세틸렌과 같은 가연성 가스가 공기 중 누출되어 연소하는 형식에 가장 가까운 것은?

① 확산연소   ② 증발연소

③ 분해연소   ④ 표면연소

해설 확산연소 : 가연성 가스를 대기 중에 분출 확산시켜 연소하는 것으로 수소, 아세틸렌, 프로판, 부탄 등의 연소가 이에 해당된다.

7. 알코올류 20000L에 대한 소화설비 설치 시 소요단위는?

① 5   ② 10   ③ 15   ④ 20

해설 ㉮ 알코올 : 제4류 위험물로 지정수량은 400L이다.

㉯ 1소요단위는 지정수량의 10배이다.

$$\therefore \text{소요단위} = \frac{\text{위험물의 양}}{\text{지정수량} \times 10}$$
$$= \frac{20000}{400 \times 10} = 5$$

8. 위험물 안전관리법령상 분말소화설비의 기준에서 규정한 전역방출방식 또는 국소방출방식 분말 소화설비의 가압용 또는 축압용 가스에 해당하는 것은?

① 네온 가스   ② 아르곤 가스

③ 수소 가스   ④ 이산화탄소 가스

해설 분말소화설비의 가압용 또는 축압용 가스 [세부기준 136조] : 질소 또는 이산화탄소

9. 과산화칼륨의 저장창고에서 화재가 발생하였다. 다음 중 가장 적합한 소화약제는 어느 것인가?

① 물   ② 이산화탄소

③ 마른 모래   ④ 염산

해설 과산화칼륨(K_2O_2)

㉮ 제1류 위험물 중 무기과산화물에 해당되며, 물과 접촉하면 많은 열과 산소를 발생하여 폭발의 위험성이 있고, 이산화탄소와 반응하여 산소가 발생된다.

㉯ 적응성이 있는 소화설비(소화약제)는 건조사, 팽창질석 또는 팽창진주암, 탄산수소염류 분말소화설비 및 분말소화기이다.

정답 6. ① 7. ① 8. ④ 9. ③

10. 위험물 안전관리법령에 의해 옥외저장소에 저장을 허가받을 수 없는 위험물은?

① 제2류 위험물 중 유황(금속제 드럼에 수납)

② 제4류 위험물 중 가솔린(금속제 드럼에 수납)

③ 제6류 위험물

④ 국제해상 위험물규칙(IMDG code)에 적합한 용기에 수납된 위험물

해설 옥외저장소에 지정수량 이상의 위험물을 저장할 수 있는 위험물 [시행령 별표2]

㉮ 제2류 위험물 중 유황 또는 인화성고체(인화점이 0℃ 이상인 것에 한한다)

㉯ 제4류 위험물중 제1석유류 (인화점이 0℃ 이상인 것에 한한다)·알코올류·제2석유류·제3석유류·제4석유류 및 동식물유류

㉰ 제6류 위험물

㉱ 제2류 위험물 및 제4류 위험물 중 특별시·광역시 또는 도의 조례에서 정하는 위험물(관세법 제154조의 규정에 의한 보세구역 안에 저장하는 경우에 한한다)

㉲ '국제해사기구에 관한 협약'에 의하여 설치된 국제해사기구가 채택한 '국제해상위험물규칙(IMDG Code)'에 적합한 용기에 수납된 위험물

참고 가솔린은 제4류 위험물 중 제1석유류로 인화점이 $-20 \sim -43℃$이기 때문에 옥외저장소에 저장을 허가 받을 수 없다.

11. 플래시 오버에 대한 설명으로 틀린 것은?

① 국소화재에서 실내의 가연물들이 연소하는 대화재로의 전이

② 환기 지배형 화재에서 연료 지배형 화재로의 전이

③ 실내의 천장 쪽에 축적된 미연소 가연성 증기나 가스를 통한 화염의 급격한 전파

④ 내화건축물의 실내화재 온도 상황으로 보아 성장기에서 최성기로의 진입

해설 플래시 오버(flash over) 현상 : 전실화재라 하며 화재로 발생한 열이 주변의 모든 물체가 연소되기 쉬운 상태에 도달하였을 때 순간적으로 강한 화염을 분출하면서 내부 전체를 급격히 태워버리는 현상으로 화재성장기(제1단계)에서 발생하며, 연료지배형 화재에서 환기지배형 화재로 전이되는 경향이 있다.

12. 위험물 안전관리법령상 제3류 위험물 중 금수성 물질의 화재에 적응성이 있는 소화설비는?

① 탄산수소염류의 분말 소화설비

② 이산화탄소 소화설비

③ 할로겐화합물 소화설비

④ 인산염류의 분말 소화설비

해설 제3류 위험물 중 금수성 물질에 적응성이 있는 소화설비 [시행규칙 별표17]

㉮ 탄산수소염류 분말소화설비 및 분말소화기

㉯ 건조사

㉰ 팽창질석 또는 팽창진주암

13. 제1종, 제2종, 제3종 분말 소화약제의 주성분에 해당하지 않는 것은?

① 탄산수소나트륨

② 황산마그네슘

③ 탄산수소칼륨

④ 인산암모늄

해설 분말 소화약제의 종류 및 적응화재

분말 종류	주성분	적응화재	착색
제1종	중탄산나트륨($NaHCO_3$) [탄산수소나트륨]	B.C	백색
제2종	중탄산칼륨($KHCO_3$) [탄산수소칼륨]	B.C	자색 (보라색)
제3종	제1인산암모늄 ($NH_4H_2PO_4$)	A.B.C	담홍색
제4종	중탄산칼륨+요소 ($KHCO_3 + (NH_2)_2CO$)	B.C	회색

14. 가연성 액화가스의 탱크 주위에서 화재가 발생한 경우에 탱크의 가열로 인하여 그 부분의 강도가 약해져 탱크가 파열됨으로 내부의 가열된 액화가스가 급속히 팽창하면서 폭발하는 현상은?

① 블레이브(BLEVE) 현상
② 보일 오버(boil over) 현상
③ 플래시 백(flash back) 현상
④ 백 드래프트(back draft) 현상

해설 ㉮ BLEVE(boiling liquid expanding vapor explosion) 현상 : 비등액체팽창증기폭발이라 하며 가연성 액체 저장탱크 주변에서 화재가 발생하여 기상부의 탱크가 국부적으로 가열되면 그 부분이 강도가 약해져 탱크가 파열된다. 이 때 내부의 액화가스가 급격히 유출 팽창되어 화구(fire ball)를 형성하여 폭발하는 형태를 말한다.
㉯ 보일 오버(boil over) 현상 : 유류탱크 화재 시 탱크 저부의 비점이 낮은 불순물이 연소열에 의하여 이상팽창하면서 다량의 기름이 탱크 밖으로 비산하는 현상을 말한다.
㉰ 플래시 백(flash back) 현상 : 화염이 버너 노즐부분까지 되돌아와서 연소하는 현상을 말한다.
㉱ 백 드래프트(back draft) 현상 : 폐쇄된 건축물 내에서 산소가 부족한 상태로 연소가 되다가 갑자기 실내에 다량의 공기가 공급될 때 폭발적 발화현상이 발생하는 것으로 화재의 성장기와 감퇴기에서 주로 발생된다.

15. 소화효과에 대한 설명으로 틀린 것은?

① 기화잠열이 큰 소화약제를 사용할 경우 냉각소화 효과를 기대할 수 있다.
② 이산화탄소에 의한 소화는 주로 질식소화로 화재를 진압한다.
③ 할로겐화합물 소화약제는 주로 냉각소화를 한다.
④ 분말 소화약제는 질식효과와 부촉매 효과 등으로 화재를 진압한다.

해설 소화약제의 소화효과
㉮ 물 : 냉각효과
㉯ 산·알칼리 소화약제 : 냉각효과
㉰ 강화액 소화약제 : 냉각소화, 부촉매효과, 일부질식효과
㉱ 이산화탄소 소화약제 : 질식효과, 냉각효과
㉲ 할로겐화합물 소화약제 : 억제효과(부촉매효과)
㉳ 포 소화약제 : 질식효과, 냉각효과
㉴ 분말 소화약제 : 질식효과, 냉각효과, 제3종 분말 소화약제는 부촉매효과도 있음

16. 건조사와 같은 불연성 고체로 가연물을 덮는 것은 어떤 소화에 해당하는가?

① 제거소화
② 질식소화
③ 냉각소화
④ 억제소화

해설 소화작용(소화효과)
㉮ 제거소화 : 화재 현장에서 가연물을 제거함으로써 화재의 확산을 저지하는 방법으로 소화하는 것이다.
㉯ 질식소화 : 산소공급원을 차단하여 연소 진행을 억제하는 방법으로 소화하는 것이다.
㉰ 냉각소화 : 물 등을 사용하여 활성화 에너지(점화원)를 냉각시켜 가연물을 발화점 이하로 낮추어 연소가 계속 진행할 수 없도록 하는 방법으로 소화하는 것이다.
㉱ 부촉매소화(억제소화) : 산화반응에 직접 관계없는 물질을 가하여 연쇄반응의 억제작용을 이용하는 방법으로 소화하는 것이다.

17. 금속 칼륨과 금속 나트륨은 어떻게 보관하여야 하는가?

① 공기 중에 노출하여 보관
② 물속에 넣어서 밀봉하여 보관
③ 석유 속에 넣어서 밀봉하여 보관
④ 그늘지고 통풍이 잘 되는 곳에 산소 분위기에서 보관

해설 ㉮ 제3류 위험물인 금속칼륨, 금속나트륨은 공기 중의 수분과 반응하여 가연성인 수소를 발생하고, 산소와 반응하여 산화하는 것을 방

지하기 위하여 보호액 속에 넣어 보관한다.
㉯ 보호액 : 등유, 경유, 파라핀

18. 위험물제조소등에 설치하는 고정식 포 소화설비의 기준에서 포헤드 방식의 포헤드는 방호대상물의 표면적 몇 m^2당 1개 이상의 헤드를 설치하여야 하는가?

① 3   ② 9   ③ 15   ④ 30

해설 포헤드방식의 포헤드 설치 기준 [세부기준 제133조]
㉮ 포헤드는 방호대상물의 모든 표면이 포헤드의 유효사정 내에 있도록 설치할 것
㉯ 방호대상물의 표면적 9m^2당 1개의 포헤드를, 1m^2당 방사량이 6.5L/min 이상의 비율로 계산한 양의 포수용액을 표준방사량으로 방사할 수 있도록 설치할 것
㉰ 방사구역은 100m^2 이상으로 할 것

19. 위험물 안전관리법령에 따른 스프링클러 헤드의 설치방법에 대한 설명으로 옳지 않은 것은?

① 개방형 헤드는 반사판으로부터 하방으로 0.45m, 수평방향으로 0.3m 공간을 확보할 것
② 폐쇄형 헤드는 가연성물질 수납 부분에 설치 시 반사판으로부터 하방으로 0.9m, 수평방향으로 0.4m의 공간을 확보할 것
③ 폐쇄형 헤드 중 개구부에 설치하는 것은 해당 개구부의 상단으로부터 높이 0.15m 이내의 벽면에 설치할 것
④ 폐쇄형 헤드 설치 시 급배기용 덕트의 긴변의 길이가 1.2m를 초과하는 것이 있는 경우에는 해당 덕트의 윗부분에만 헤드를 설치할 것

해설 폐쇄형 스프링클러헤드 설치 기준[세부기준 제131조] : 급배기용 덕트 등의 긴변의 길이가 1.2m를 초과하는 것이 있는 경우에는 당해 덕트 등의 아랫면에도 스프링클러헤드를 설치할 것

20. Mg, Na의 화재에 이산화탄소 소화기를 사용하였다. 화재 현장에서 발생되는 현상은?

① 이산화탄소가 부착면을 만들어 질식소화 된다.
② 이산화탄소가 방출되어 냉각소화 된다.
③ 이산화탄소가 Mg, Na과 반응하여 화재가 확대된다.
④ 부촉매 효과에 의해 소화된다.

해설 ㉮ 제2류 위험물인 마그네슘(Mg)과 제3류 위험물인 나트륨(Na)의 화재에 이산화탄소 소화기를 사용하면 가연성물질인 탄소(C)를 발생시켜 화재를 확대시킨다.
㉯ 반응식 : $2Mg + CO_2 \rightarrow 2MgO + C$

21. 위험물 안전관리법령상의 제3류 위험물 중 금수성 물질에 해당하는 것은?

① 황린   ② 적린
③ 마그네슘   ④ 칼륨

해설 각 위험물의 유별 및 성질

품명	유별 및 성질	지정수량
황린	제3류 위험물 자연발화성 물질	20kg
적린	제2류 위험물 가연성 고체	100kg
마그네슘		500kg
칼륨	제3류 위험물 금수성 물질	10kg

22. 다음 중 위험성이 더욱 증가하는 경우는 어느 것인가?

① 황린을 수산화칼슘 수용액에 넣었다.
② 나트륨을 등유 속에 넣었다.
③ 트리에틸알루미늄 보관 용기 내에 아르곤 가스를 봉입시켰다.
④ 니트로셀룰로오스를 알코올 수용액에 넣었다.

해설 ㉮ 황린(제3류 위험물)을 수산화칼슘 수용액에 넣으면 독성물질이 포스핀(PH_3)이 생성된다.
㉯ 반응식 : $3Ca(OH)_2 + 2P_4 + 6H_2O$
$\rightarrow 3Ca(H_2PO_2)_2 + 2PH_3$

23. 적린의 성질에 대한 설명 중 옳지 않은 것은?

① 황린과 성분 원소가 같다.
② 발화온도는 황린보다 낮다.
③ 물, 이황화탄소에 녹지 않는다.
④ 브롬화인에 녹는다.

해설 적린(P)의 특징
㉮ 제2류 위험물로 지정수량 100kg이다.
㉯ 안정한 암적색, 무취의 분말로 황린과 동소체이다.
㉰ 물, 에틸알코올, 가성소다(NaOH), 이황화탄소(CS_2), 에테르, 암모니아에 용해하지 않는다.
㉱ 독성이 없고 어두운 곳에서 인광을 내지 않는다.
㉲ 상온에서 할로겐원소와 반응하지 않는다.
㉳ 독성이 없고 자연발화의 위험성이 없으나 산화물(염소산염류 등의 산화제)과 공존하면 낮은 온도에서도 발화할 수 있다.
㉴ 공기 중에서 연소하면 오산화인(P_2O_5)이 되면서 백색 연기를 낸다.
㉵ 적린의 성질 : 비중 2.2, 융점(43atm) 590℃, 승화점 400℃, 발화점 260℃

참고 황린의 발화온도는 34℃로 적린이 높다.

24. 과산화칼륨과 과산화마그네슘이 염산과 각각 반응했을 때 공통으로 나오는 물질의 지정수량은?

① 50L
② 100kg
③ 300kg
④ 1000L

해설 ㉮ 제1류 위험물 중 무기과산화물인 과산화칼륨(K_2O_2)과 과산화마그네슘(MgO_2)이 염산(HCl)과 반응하면 과산화수소(H_2O_2)가 발생한다.

㉯ 과산화수소(H_2O_2)는 제6류 위험물(산화성 액체)로 지정수량은 300kg이다.

25. 트리메틸알루미늄이 물과 반응 시 생성되는 물질은?

① 산화알루미늄
② 메탄
③ 메틸알코올
④ 에탄

해설 트리메틸알루미늄[$(CH_3)_3Al$] : 제3류 위험물 중 알킬알루미늄에 해당되며 지정수량은 10kg이다.
㉮ 물(H_2O)과 반응하면 수산화알루미늄[$Al(OH)_3$]과 메탄(CH_4)이 발생한다.
㉯ 반응식 : $(CH_3)_3Al + 3H_2O \rightarrow Al(OH)_3 + 3CH_4$

26. 소화설비의 기준에서 용량 160L 팽창질석의 능력단위는?

① 0.5
② 1.0
③ 1.5
④ 2.5

해설 소화설비의 능력단위 [시행규칙 별표17]

소화설비	용량	능력단위
소화전용 물통	8L	0.3
수조(소화전용 물통 3개 포함)	80L	1.5
수조(소화전용 물통 6개 포함)	190L	2.5
마른 모래(삽 1개 포함)	50L	0.5
팽창질석 또는 팽창진주암(삽 1개 포함)	160L	1.0

27. 위험물 안전관리법령상 위험물 운반 시 차광성이 있는 피복으로 덮지 않아도 되는 것은?

① 제1류 위험물
② 제2류 위험물
③ 제3류 위험물 중 자연발화성 물질
④ 제5류 위험물

해설 적재하는 위험물의 성질에 따른 조치 [시행규칙 별표19]

㉮ 차광성이 있는 피복으로 가려야 하는 위험물 : 제1류 위험물, 제3류 위험물 중 자연발화성 물질, 제4류 위험물 중 특수인화물, 제5류 위험물, 제6류 위험물

㉯ 방수성이 있는 피복으로 덮는 위험물 : 제1류 위험물 중 알칼리금속의 과산화물, 제2류 위험물 중 철분·금속분마그네슘, 제3류 위험물 중 금수성 물질

㉰ 보랭 컨테이너에 수납하는 위험물 : 제5류 위험물 중 55℃ 이하에서 분해될 우려가 있는 것

㉱ 액체 위험물, 위험등급 Ⅱ의 위험물을 기계에 의하여 하역하는 구조로 된 운반용기 : 충격방지조치

28. 이동탱크 저장소에 의한 위험물의 운송 시 준수하여야 하는 기준에서 다음 중 어떤 위험물을 운송할 때 위험물 운송자는 위험물 안전카드를 휴대하여야 하는가?

① 특수인화물 및 제1석유류
② 알코올류 및 제2석유류
③ 제3석유류 및 동식물유류
④ 제4석유류

해설 이동탱크저장소에 의한 위험물 운송 시에 준수하여야 하는 기준 [시행규칙 별표21]

㉮ 위험물(제4류 위험물에 있어서는 특수인화물 및 제1석유류에 한한다)을 운송하게 하는 자는 위험물안전카드를 위험물운송자로 하여금 휴대하게 할 것

㉯ 위험물운송자는 위험물안전카드를 휴대하고 당해 카드에 기재된 내용에 따를 것

29. 위험물 안전관리법령상 행정안전부령으로 정하는 제1류 위험물에 해당하지 않는 것은 어느 것인가?

① 과요오드산
② 질산구아니딘
③ 차아염소산염류
④ 염소화이소시아눌산

해설 제1류 위험물 중 '그 밖에 행정안전부령으로 정하는 것'[시행규칙 제3조] : 과요오드산염류, 과요오드산, 크롬 · 납 또는 요오드의 산화물, 아질산염류, 차아염소산염류, 염소화이소시아눌산, 퍼옥소이황산염류, 퍼옥소붕산염류

참고 제5류 위험물 중 행정안전부령으로 정하는 것 : 질산구아니딘, 금속의 아지화합물

30. 흑색 화약 원료로 사용되는 위험물의 유별을 옳게 나타낸 것은?

① 제1류, 제2류
② 제1류, 제4류
③ 제2류, 제4류
④ 제4류, 제5류

해설 흑색 화약의 원료별 유별 구분

원료 명칭	비율	유별
질산칼륨	75%	제1류 위험물
황	15%	제2류 위험물
목탄	10%	−

31. 제1류 위험물이 아닌 것은 어느 것인가?

① Na_2O_2
② $NaClO_3$
③ NH_4ClO_4
④ $HClO_4$

해설 각 위험물의 유별 구분

품명	유별
과산화나트륨(Na_2O_2)	제1류 위험물
염소산나트륨($NaClO_3$)	제1류 위험물
과염소산암모늄(NH_4ClO_4)	제1류 위험물
과염소산($HClO_4$)	제6류 위험물

32. 소화난이도 등급 Ⅰ의 옥내저장소에 설치하여야 하는 소화설비에 해당하지 않는 것은?

① 옥외소화전설비
② 연결살수설비
③ 스프링클러설비
④ 물분무 소화설비

해설 소화난이도등급 Ⅰ에 해당하는 옥내저장소에 갖추어야할 소화설비[시행규칙 별표17]
㉮ 처마높이가 6m 이상인 단층 건물 또는 다른 용도의 부분이 있는 건축물에 설치한 옥내저장소 : 스프링클러설비 또는 이동식 외의 물분무등 소화설비
㉯ 그 밖의 것 : 옥외소화전설비, 스프링클러설비, 이동식 외의 물분무등 소화설비 또는 이동식 포 소화설비(포소화전을 옥외에 설치하는 것에 한한다)

33. 적린의 위험성에 관한 설명 중 옳은 것은?

① 공기 중에 방치하면 폭발한다.
② 산소와 반응하여 포스핀가스를 발생한다.
③ 연소 시 적색의 오산화인이 발생한다.
④ 강산화제와 혼합하면 충격, 마찰에 의해 발화할 수 있다.

해설 적린(P)의 위험성
㉮ 독성이 없고 자연발화의 위험성이 없으나 산화물(염소산염류 등의 산화제)과 공존하면 낮은 온도에서도 발화할 수 있다.
㉯ 공기 중에서 연소하면 오산화인(P_2O_5)이 되면서 백색 연기를 낸다.
㉰ 서늘한 장소에 저장하며, 화기접근을 금지한다.
㉱ 산화제, 특히 염소산염류의 혼합은 절대 금지한다.
참고 산소와 반응하는 것이 공기 중에서 연소하는 것과 같은 것이다.

34. 디에틸에테르에 대한 설명으로 옳은 것은?

① 연소하면 아황산가스를 발생하고, 마취제로 사용한다.
② 증기는 공기보다 무거우므로 물속에 보관한다.
③ 에탄올을 진한 황산을 이용해 축합 반응시켜 제조할 수 있다.
④ 제4류 위험물 중 연소범위가 좁은 편에 속한다.

해설 디에틸에테르($C_2H_5OC_2H_5$: 에테르)의 특징
㉮ 제4류 위험물 중 특수인화물에 해당되며 지정수량 50L이다.
㉯ 연소하면 이산화탄소(CO_2)와 수증기(H_2O)가 발생된다.
㉰ 액체 비중 0.719로 물보다 가볍고, 증기 비중은 2.55로 공기보다 무겁다.
㉱ 연소범위가 1.91~48%로 제4류 위험물 중에서 넓은 편에 속한다.
㉲ 디에틸에테르는 에탄올(에틸알코올)에 황산을 촉매로 사용하여 축합(탈수)반응에 의하여 제조한다.

35. 위험물 제조소에 설치하는 안전장치 중 위험물의 성질에 따라 안전밸브의 작동이 곤란한 가압설비에 한하여 설치하는 것은?

① 파괴판
② 안전밸브를 병용하는 경보장치
③ 감압측에 안전밸브를 부착한 감압밸브
④ 연성계

해설 압력계 및 안전장치 설치[시행규칙 별표 4] : 파괴판은 위험물의 성질에 따라 안전밸브의 작동이 곤란한 가압설비에 한한다.
㉮ 자동적으로 압력의 상승을 정지시키는 장치
㉯ 감압측에 안전밸브를 부착한 감압밸브
㉰ 안전밸브를 병용하는 경보장치
㉱ 파괴판

36. 트리니트로톨루엔의 성질에 대한 설명 중 옳지 않은 것은?

① 담황색의 결정이다.
② 폭약으로 사용된다.
③ 자연분해의 위험성이 적어 장기간 저장이 가능하다.
④ 조해성과 흡습성이 매우 크다.

해설 트리니트로톨루엔($C_6H_2CH_3(NO_2)_3$: TNT)의 특징
㉮ 제5류 위험물 중 니트로 화합물로 지정수량 200kg이다.

㉯ 담황색의 주상결정으로 햇빛을 받으면 다갈색으로 변한다.

㉰ 물에는 녹지 않으나 알코올, 벤젠, 에테르, 아세톤에는 잘 녹는다.

㉱ 충격감도는 피크린산보다 약간 둔하지만 급격한 타격을 주면 폭발한다.

㉲ 3개의 이성질체($\alpha-$, $\beta-$, $\gamma-$)가 있으며 α형인 2, 4, 6-트리니트로톨루엔이 폭발력이 가장 강하다.

㉳ 폭발력이 크고, 피해범위도 넓고, 위험성이 크므로 세심한 주의가 요구된다.

㉴ 비중 1.8, 융점 81℃, 비점 240℃, 발화점 300℃이다.

참고 트리니트로톨루엔은 물에 녹지 않기 때문에 조해성과 흡습성은 없다.

37. 과산화나트륨이 물과 반응하면 어떤 물질과 산소를 발생하는가?

① 수산화나트륨
② 수산화칼륨
③ 질산나트륨
④ 아염소산나트륨

해설 과산화나트륨(Na_2O_2) : 제1류 위험물 중 무기과산화물이다.

㉮ 과산화나트륨이 물(H_2O)과 반응하면 수산화나트륨($NaOH$)과 산소(O_2)가 발생한다.

㉯ 반응식 : $2Na_2O_2 + 2H_2O \rightarrow 4NaOH + O_2 \uparrow$

38. 다음 중 물에 녹고 물보다 가벼운 물질로 인화점이 가장 낮은 것은?

① 아세톤
② 이황화탄소
③ 벤젠
④ 산화프로필렌

해설 제4류 위험물의 인화점 및 수용성 여부

품명	인화점	수용성 여부
아세톤	-18℃	수용성
이황화탄소	-30℃	비수용성
벤젠	-11.1℃	비수용성
산화프로필렌	-37℃	수용성

39. 과염소산칼륨과 가연성 고체 위험물이 혼합되는 것은 위험하다. 그 주된 이유는 무엇인가?

① 전기가 발생하고 자연 가열되기 때문이다.
② 중합반응을 하여 열이 발생되기 때문이다.
③ 혼합하면 과염소산칼륨이 연소하기 쉬운 액체로 변하기 때문이다.
④ 가열, 충격 및 마찰에 의하여 발화, 폭발 위험이 높아지기 때문이다.

해설 과염소산칼륨($KClO_4$)의 제1류 위험물로 자신은 불연성이지만 가연성 고체 위험물(인, 황, 마그네슘, 유기물)이 혼합되는 것이 위험한 이유는 강력한 산화제이기 때문에 가열, 충격, 마찰에 의해 발화, 폭발의 위험이 높아지기 때문이다.

40. 유황의 성질을 설명한 것으로 옳은 것은?

① 전기의 양도체이다.
② 물에 잘 녹는다.
③ 연소하기 어려워 분진 폭발의 위험이 없다.
④ 높은 온도에서 탄소와 반응하여 이황화탄소가 생긴다.

해설 황(유황)의 특징

㉮ 제2류 위험물로 지정수량 100kg이다.

㉯ 노란색 고체로 열 및 전기의 불량도체이므로 정전기발생에 유의하여야 한다.

㉰ 물이나 산에는 녹지 않지만 이황화탄소(CS_2)에는 녹는다(단, 고무상 황은 녹지 않음).

㉱ 저온에서는 안정하나 높은 온도에서는 여러 원소와 황화물을 만든다.

㉲ 공기 중에서 연소하면 푸른 불꽃을 발하며, 유독한 아황산가스(SO_2)를 발생한다.

㉳ 산화제나 목탄가루 등과 혼합되어 있을 때 마찰이나 열에 의해 착화, 폭발을 일으킨다.

㉴ 황가루가 공기 중에 떠 있을 때는 분진 폭발의 위험성이 있다.

㉵ 이산화탄소(CO_2)와 반응하지 않으므로 소화방법으로 이산화탄소를 사용한다.

㉔ 고온에서 탄소(C)와 반응시키면 이황화탄소(CS_2)가 생성된다(반응식 : $2S + C \rightarrow CS_2$).

41. 위험물의 품명 분류가 잘못된 것은?

① 제1석유류 : 휘발유
② 제2석유류 : 경유
③ 제3석유류 : 포름산
④ 제4석유류 : 기어유

해설 포름산($HCOOH$) : 의산, 개미산으로 불러지는 것으로 제2석유류에 속한다.

42. 다음 중 발화점이 가장 낮은 것은?

① 이황화탄소
② 산화프로필렌
③ 휘발유
④ 메탄올

해설 제4류 위험물의 발화점

품명		발화점
이황화탄소	특수인화물	100℃
산화프로필렌	특수인화물	465℃
휘발유	제1석유류	300℃
메탄올	알코올류	464℃

43. 제5류 위험물의 위험성에 대한 설명으로 옳지 않은 것은?

① 가연성 물질이다.
② 대부분 외부의 산소 없이도 연소하며, 연소속도가 빠르다.
③ 물에 잘 녹지 않으며 물과의 반응 위험성이 크다.
④ 가열, 충격, 타격 등에 민감하여 강산화제 또는 강산류와 접촉 시 위험하다.

해설 제5류 위험물의 위험성(공통적인 성질)
㉠ 가연성 물질이며 그 자체가 산소를 함유하므로 자기연소(내부연소)를 일으키기 쉽다.
㉡ 유기물질이며 연소속도가 대단히 빨라서 폭발성이 있다.
㉢ 가열, 마찰, 충격에 의하여 인화 폭발하는 것이 많다.
㉣ 장기간 저장하면 산화반응이 일어나 열분해되어 자연 발화를 일으키는 경우도 있다.

참고 제5류 위험물은 물에 잘 녹지 않기 때문에 물과의 반응 위험성이 적어 화재 시 다량의 물로 냉각 소화한다.

44. 질산칼륨에 대한 설명 중 옳은 것은 어느 것인가?

① 유기물 및 강산에 보관할 때 매우 안정하다.
② 열에 안정하여 1000℃를 넘는 고온에서도 분해되지 않는다.
③ 알코올에는 잘 녹으나 물, 글리세린에는 잘 녹지 않는다.
④ 무색, 무취의 결정 또는 분말로서 화약원료로 사용된다.

해설 질산칼륨(KNO_3)의 특징
㉠ 제1류 위험물 중 질산염류에 해당되며 지정수량은 300kg이다.
㉡ 무색 또는 백색 결정분말로 짠맛과 가극성이 있다.
㉢ 물이나 글리세린에는 잘 녹으나 알코올에는 녹지 않는다.
㉣ 강산화제로 가연성 분말이나 유기물과의 접촉은 매우 위험하다.
㉤ 흡습성이나 조해성이 없다.
㉥ 400℃ 정도로 가열하면 아질산칼륨(KNO_2)과 산소(O_2)가 발생한다.
㉦ 흑색 화약의 원료(질산칼륨 75%, 황 15%, 목탄 10%)로 사용한다.
㉧ 유기물과 접촉을 피하고, 건조한 장소에 보관한다.
㉨ 비중 2.10, 융점 339℃, 용해도(15℃) 26, 분해온도 400℃이다.

정답 41. ③   42. ①   43. ③   44. ④

2015

45. [보기]에서 설명하는 물질은 무엇인가?

> ┤ 보기 ├
> • 살균제 및 소독제로 사용된다.
> • 분해할 때 발생하는 발생기 산소(O)는 난분해성 유기물질을 산화시킬 수 있다.

① HClO₄　　　　② CH₃OH
③ H₂O₂　　　　④ H₂SO₄

해설 과산화수소(H_2O_2)의 특징
  ㉮ 제6류 위험물로 지정수량 300kg이다.
  ㉯ 순수한 것은 점성이 있는 무색의 액체이나 양이 많을 경우에는 청색을 나타낸다.
  ㉰ 강한 산화성이 있고 물, 알코올, 에테르 등에는 용해하지만 석유, 벤젠에는 녹지 않는다.
  ㉱ 알칼리 용액에서는 급격히 분해하나 약산성에서는 분해하기 어렵다.
  ㉲ 시판품은 30~40%의 수용액으로 분해되기 쉬워 안정제(인산[H_3PO_4], 요산[$C_5H_4N_4O_3$])를 가한다.
  ㉳ <u>소독약으로 사용되는 옥시풀은 과산화수소 3%인 용액이다.</u>
  ㉴ 비중(0℃) 1.465, 융점 −0.89℃, 비점 80.2℃이다.
참고 과산화수소는 그 농도가 36 중량% 이상인 것에 한하여 위험물로 간주한다.

46. [보기]의 위험물 중 비중이 물보다 큰 것은 모두 몇 개인가?

> ┤ 보기 ├
> 과염소산, 과산화수소, 질산

① 0　　　　② 1
③ 2　　　　④ 3

해설 제6류 위험물의 액체 비중

품명	액체 비중
과염소산	1.76
과산화수소	1.465
질산	1.5

참고 제6류 위험물은 산화성 액체로 강산성을 나타내며 <u>비중이 1보다 크며</u> 물에 잘 녹고 물과 접촉하면 발열하는 성질을 갖는다.

47. 위험물 안전관리법령상 위험물 제조소와의 안전거리가 가장 먼 것은?

① '고등교육법'에서 정하는 학교
② '의료법'에 따른 병원급 의료기관
③ '고압가스 안전관리법'에 의하여 허가를 받응 고압가스 제조시설
④ '문화재 보호법'에 의한 유형문화재와 기념물 중 지정문화재

해설 제조소의 안전거리 [시행규칙 별표4]

해당 대상물	안전거리
7000V 초과 35000V 이하 전선	3m 이상
35000V 초과 전선	5m 이상
건축물, 주거용 공작물	10m 이상
고압가스, LPG, 도시가스 시설	20m 이상
학교·병원·극장(300명 이상 수용), 다수인 수용시설(20명 이상)	30m 이상
유형문화재, 지정문화재	50m 이상

48. 칼륨을 물에 반응시키면 격렬한 반응이 일어난다. 이때 발생하는 기체는 무엇인가?

① 산소　　　　② 수소
③ 질소　　　　④ 이산화탄소

해설 칼륨(K)
  ㉮ 제3류 위험물로 물에 반응시키면 가연성 가스인 수소(H_2)가 발생한다.
  ㉯ 반응식 : $2K + 2H_2O \rightarrow 2KOH + H_2 \uparrow$

49. 위험물 안전관리법령상의 위험물 운반에 관한 기준에서 액체 위험물은 운반용기 내용적의 몇 % 이하의 수납률로 수납하여야 하는가?

① 80　　② 85　　③ 90　　④ 98

해설 운반용기에 의한 수납 적재 기준 [시행규칙 별표19]

㉮ 고체 위험물은 운반용기 내용적의 95% 이하의 수납률로 수납할 것

㉯ 액체 위험물은 운반용기 내용적의 98% 이하의 수납률로 수납하되, 55℃의 온도에서 누설되지 아니하도록 충분한 공간용적을 유지하도록 할 것

50. 메틸알코올의 위험성으로 옳지 않은 것은?

① 나트륨과 반응하여 수소기체를 발생한다.
② 휘발성이 강하다.
③ 연소범위가 알코올류 중 가장 좁다.
④ 인화점이 상온(25℃)보다 낮다.

해설 메틸알코올(CH_3OH : 메탄올)의 위험성

㉮ 독성이 강하여 소량 마시면 시신경을 마비시키고, 8~20g 정도 먹으면 두통, 복통을 일으키거나 실명을 하며, 30~50g 정도 먹으면 사망한다.

㉯ 휘발성이 강하여 인화점(11℃) 이상이 되면 폭발성 혼합기체를 발생하고, 밀폐된 상태에서는 폭발한다.

㉰ 밝은 곳에서 연소 시 화염의 색깔이 연해서 잘 보이지 않으므로 화상 등에 주의한다.

㉱ 증기는 환각성 물질이고 계절적으로 여름에 위험하다.

㉲ 연소범위 7.3~36%이다(에틸알코올 : 4.3~19%).

51. 위험물 제조소의 건축물 구조기준 중 연소의 우려가 있는 외벽은 출입구 외의 개구부가 없는 내화구조의 벽으로 하여야 한다. 이때 연소의 우려가 있는 외벽은 제조소가 설치된 부지의 경계선에서 몇 m 이내에 있는 외벽을 말하는가? (단, 단층 건물일 경우이다.)

① 3　　② 4　　③ 5　　④ 6

해설 연소의 우려가 있는 외벽 [세부기준 제41조] : 연소의 우려가 있는 외벽은 다음에 정하는 선을 기산점으로 하여 3m(2층 이상의 층에 대해서는 5m) 이내에 있는 제조소등의 외벽을 말한다.

㉮ 제조소등이 설치된 부지의 경계
㉯ 제조소등에 인접한 도로의 중심선
㉰ 제조소등의 외벽과 동일부지 내의 다른 건축물의 외벽간의 중심선

52. 위험물 안전관리법령상 제6류 위험물에 해당하는 것은?

① 황산
② 염산
③ 질산염류
④ 할로겐간 화합물

해설 제6류 위험물 종류 : 산화성 액체

품명	지정수량
1. 과염소산	300kg
2. 과산화수소	300kg
3. 질산	300kg
4. 행정안전부령으로 정하는 것 : 할로겐간 화합물 → 오불화요오드(IF_5), 오불화브롬(BrF_5), 삼불화브롬(BrF_3)	300kg
5. 제1호 내지 제4호의 하나에 해당하는 어느 하나 이상을 함유한 것	300kg

㉮ 과산화수소는 그 농도가 36 중량% 이상인 것에 한하며, 산화성액체의 성상이 있는 것으로 본다.

㉯ 질산은 그 비중이 1.49 이상인 것에 한하며, 산화성액체의 성상이 있는 것으로 본다.

53. 질산이 직사일광에 노출될 때 어떻게 되는가?

① 분해되지는 않으나 붉은색으로 변한다.
② 분해되지는 않으나 녹색으로 변한다.
③ 분해되어 질소를 발생한다.
④ 분해되어 이산화질소를 발생한다.

해설 질산(HNO_3) : 제6류 위험물로 공기 중에서 분해하면서 유독성인 이산화질소(NO_2)의 적갈색 증기를 발생한다.

참고 반응식 : $4HNO_3 \rightarrow 2H_2O + 4NO_2 + O_2$

정답 50. ③　51. ①　52. ④　53. ④

54. 위험물 안전관리법령상 제2류 위험물의 위험등급에 대한 설명으로 옳은 것은?

① 제2류 위험물은 위험등급 Ⅰ에 해당되는 품명이 없다.

② 제2류 위험물 중 위험등급 Ⅲ에 해당되는 품명은 지정수량이 500kg인 품명만 해당된다.

③ 제2류 위험물 중 황화린, 적린, 유황 등 지정수량이 100kg인 품명은 위험등급 Ⅰ에 해당된다.

④ 제2류 위험물 중 지정수량이 1000kg인 인화성 고체는 위험등급 Ⅱ에 해당된다.

해설 제2류 위험물 위험등급 분류
[시행규칙 별표19]
㉮ 위험등급 Ⅰ : 해당되는 품명이 없음
㉯ 위험등급 Ⅱ : 황화린, 적린, 유황 그 밖에 지정수량이 100kg인 위험물
㉰ 위험등급 Ⅲ : 위험등급 Ⅰ, Ⅱ 외의 것으로 지정수량 500kg인 철분, 금속분, 마그네슘 및 지정수량 1000kg인 인화성고체가 해당된다.

55. 위험물 저장탱크의 공간용적은 탱크 내용적의 얼마 이상, 얼마 이하로 하는가?

① $\frac{2}{100}$ 이상, $\frac{3}{100}$ 이하

② $\frac{2}{100}$ 이상, $\frac{5}{100}$ 이하

③ $\frac{5}{100}$ 이상, $\frac{10}{100}$ 이하

④ $\frac{10}{100}$ 이상, $\frac{20}{100}$ 이하

해설 탱크의 공간용적 [세부기준 제25조]
㉮ 탱크의 공간용적은 탱크의 내용적의 $\frac{5}{100}$ 이상 $\frac{10}{100}$ 이하의 용적으로 한다.
㉯ 소화설비(소화약제 방출구를 탱크 안의 윗부분에 설치하는 것에 한한다)를 설치하는 탱크의 공간용적은 소화방출구 아래의 0.3m 이상

1m 미만 사이의 면으로부터 윗부분의 용적으로 한다.
㉰ 암반탱크는 당해 탱크 내에 용출하는 7일간의 지하수의 양에 상당하는 용적과 당해 탱크의 내용적의 $\frac{1}{100}$ 용적 중에서 보다 큰 용적을 공간용적으로 한다.

56. 칼륨이 에틸알코올과 반응할 때 나타나는 현상은?

① 산소가스를 발생한다.

② 칼륨에틸레이트를 생성한다.

③ 칼륨과 물이 반응할 때와 동일한 생성물이 생성한다.

④ 에틸알코올이 산화되어 아세트알데히드를 생성한다.

해설 칼륨(K) : 제3류 위험물로 지정수량 10kg이다.
㉮ 칼륨이 에틸알코올(C_2H_5OH : 제4류 위험물)과 반응할 때 나타나는 현상
㉠ 수소(H_2)가스를 발생한다.
㉡ 칼륨에틸레이트(C_2H_5OK)를 생성한다.
㉢ 반응식 : $2K+2C_2H_5OH \rightarrow 2C_2H_5OK+H_2\uparrow$
㉯ 칼륨과 수분(물)이 반응하면 수산화칼륨(KOH)과 수소(H_2)가 발생한다.

참고 에틸알코올이 산화되면 아세트알데히드를 생성하지만, 에틸알코올이 칼륨과 반응하는 과정에서는 산화가 이루어지지 않는다.

57. 지정수량 20배의 알코올류를 저장하는 옥외탱크 저장소의 경우 펌프실 외의 장소에 설치하는 펌프설비의 기준으로 옳지 않은 것은?

① 펌프설비 주위에는 3m 이상의 공지를 보유한다.

② 펌프설비 그 직하의 지반면 주위에 높이 0.15m 이상의 턱을 만든다.

③ 펌프설비 그 직하의 지반면의 최저부에는 집유설비를 만든다.

④ 집유설비에는 위험물이 배수구에 유입되지 않도록 유분리장치를 만든다.

해설 옥외탱크저장소의 펌프실 외의 장소에 설하는 펌프설비의 기준 [시행규칙 별표6)] : ①, ②, ③ 외

⑦ 지반면은 콘크리트 등 위험물이 스며들지 아니하는 재료로 적당히 경사지게 한다.

⑭ 제4류 위험물을 취급하는 펌프설비에 있어서 위험물이 직접 배수구에 유입하지 않도록 집유설비에 유분리장치를 설치하는 조건은 20℃의 물 100g에 용해되는 양이 1g 미만인 것에 적용되는 기준이다. 그러므로 문제에서 주어진 알코올은 수용성이므로 <u>유분리장치를 설치하지 않아도 된다.</u>

58. 제5류 위험물 중 유기과산화물 30kg과 히드록실아민 500kg을 함께 보관하는 경우 지정수량의 몇 배 인가?

① 3배 　　　② 8배
③ 10배 　　 ④ 18배

해설 제5류 위험물 지정수량

⑦ 유기과산화물 : 10kg

⑭ 히드록실아민 : 100kg

⑭ 지정수량 배수의 합 계산 : 지정수량 배수의 합은 각 위험물량을 지정수량으로 나눈 값의 합이다.

∴ 지정수량 배수의 합

$$= \frac{\text{A 위험물량}}{\text{지정수량}} + \frac{\text{B 위험물량}}{\text{지정수량}}$$

$$= \frac{30}{10} + \frac{500}{100} = 8 \text{ 배}$$

59. 위험물 안전관리법령상 품명이 금속분에 해당하는 것은? (단, 150μm의 체를 통과하는 것이 50wt% 이상인 경우이다.)

① 니켈분
② 마그네슘분
③ 알루미늄분
④ 구리분

해설 제2류 위험물(가연성 고체)

⑦ 금속분의 정의[시행령 별표1] : 알칼리금속, 알칼리토금속, 철 및 마그네슘 외의 금속의 분말을 말하며 구리분, 니켈분 및 150μm의 체를 통과하는 것이 50 wt% 미만인 것은 제외한다.

⑭ 알루미늄분 : 제2류 위험물 중 금속분 품명에 해당되며, 아연(Zn)분, 안티몬(Sb)분, 주석(Sn)분도 금속분에 포함된다.

⑭ 마그네슘 : 제2류 위험물에 해당되지만 품명이 금속분이 아닌 마그네슘 품명으로 분류된다.

⑭ 구리분, 니켈분 : 제2류 위험물 중 금속분 품명에서 제외되는 것이다.

60. 아세톤의 성질에 대한 설명으로 옳은 것은?

① 자연발화성 때문에 유기용제로서 사용할 수 없다.
② 무색, 무취이고 겨울철에 쉽게 응고한다.
③ 증기 비중은 약 0.79이고 요오드포름 반응을 한다.
④ 물에 잘 녹으며 끓는점이 60℃보다 낮다.

해설 아세톤(CH_3COCH_3)의 특징

⑦ 제4류 위험물 중 제1석유류에 해당되며 수용성이기 때문에 지정수량은 400L이다.

⑭ 무색의 휘발성 액체로 <u>독특한 냄새</u>가 있는 인화성 물질이다.

⑭ 물, 알코올, 에테르, 가솔린, 클로로포름 등 유기용제와 잘 섞인다.

⑭ 직사광선에 의해 분해하고, 보관 중 황색으로 변색되며 수지, 유지, 섬유, 고무, 유기물 등을 용해시킨다.

⑭ 비점과 인화점이 낮아 인화의 위험이 크다.

⑭ 독성은 거의 없으나 피부에 닿으면 탈지작용과 증기를 다량으로 흡입하면 구토 현상이 나타난다.

⑭ 액체 비중 0.79(<u>증기비중 2.0</u>), 비점 56.6℃, 발화점 538℃, 인화점 −18℃, 연소범위 2.6 ~1 2.8%이다.

참고 아세톤은 자연발화성은 없으며, 유기용제로 사용할 수 있으며, 요오드포름반응을 한다.

2015. 4. 4 시행 (제2회)

1. 위험물 안전관리법령에 따라 다음 (   ) 안에 알맞은 용어는?

> 주유취급소 중 건축물의 2층 이상의 부분을 점포, 휴게음식점 또는 전시장의 용도로 사용하는 것에 있어서는 당해 건축물의 2층 이상으로부터 주유취급소의 부지 밖으로 통하는 출입구와 당해 출입구로 통하는 통로, 계단 및 출입구에 (   )을[를] 설치하여야 한다.

① 피난사다리   ② 경보기
③ 유도등   ④ CCTV

해설 피난설비 설치기준 [시행규칙 별표17]
  ㉮ 주유취급소 중 건축물의 2층 이상의 부분을 점포·휴게음식점 또는 전시장의 용도로 사용하는 것에 있어서는 당해 건축물의 2층 이상으로부터 주유취급소의 부지 밖으로 통하는 출입구와 당해 출입구로 통하는 통로·계단 및 출입구에 <u>유도등</u>을 설치할 것
  ㉯ 옥내주유취급소에 있어서는 당해 사무소 등의 출입구 및 피난구와 당해 피난구로 통하는 통로·계단 및 출입구에 유도등을 설치할 것
  ㉰ 유도등에는 비상전원을 설치할 것

2. 물이 소화약제로 쓰이는 이유로 가장 거리가 먼 것은?

① 쉽게 구할 수 있다.
② 제거소화가 잘 된다.
③ 취급이 간편하다.
④ 기화잠열이 크다.

해설 소화약제로 물의 장점
  ㉮ 증발(기화)잠열이 539kcal/kg으로 매우 크다.
  ㉯ 냉각소화에 효과적이다.
  ㉰ 쉽게 구할 수 있고 비용이 저렴하다.
  ㉱ 취급이 간편하다.

3. 위험물 안전관리법령상 전기설비에 적응성이 없는 소화설비는?

① 포 소화설비
② 불활성가스 소화설비
③ 할로겐화합물 소화설비
④ 물분무 소화설비

해설 전기설비에 적응성이 있는 소화설비 [시행규칙 별표17]
  ㉮ 물분무 소화설비
  ㉯ 불활성가스 소화설비
  ㉰ 할로겐화합물 소화설비
  ㉱ 인산염류 및 탄산수소염류 분말소화설비
  ㉲ 무상수(霧狀水) 소화기
  ㉳ 무상강화액 소화기
  ㉴ 이산화탄소 소화기
  ㉵ 할로겐화합물 소화기
  ㉶ 인산염류 및 탄산수소염류 분말소화기

참고 적응성이 없는 소화설비 : 옥내소화전 또는 옥외소화전설비, 스프링클러설비, 포 소화설비, 봉상수(棒狀水) 소화기, 봉상강화액 소화기, 포 소화기, 건조사

4. 니트로셀룰로오스의 저장, 취급방법으로 틀린 것은?

① 직사광선을 피해 저장한다.
② 되도록 장기간 보관하여 안정화된 후에 사용한다.
③ 유기과산화물류, 강산화제와의 접촉을 피한다.
④ 건조 상태에 이르면 위험하므로 습한 상태를 유지한다.

해설 니트로셀룰로오스($[C_6H_7O_2(ONO_2)_3]_n$)의 저장, 취급방법
  ㉮ 제5류 위험물 중 질산에스테르류에 해당되며, 지정수량은 10kg이다.

㉯ 햇빛, 산, 알칼리에 의해 분해, 자연 발화하
므로 직사광선을 피해 저장한다.

㉰ 건조한 상태에서는 발화의 위험이 있으므로
함수알코올(물＋알코올)을 습윤시킨다.

㉱ 자기반응성 물질이므로 유기과산화물류, 강
산화제와의 접촉을 피한다.

참고 장기간 보관하면 니트로셀룰로오스는 자기반
응성 물질이라 위험성이 증대할 수 있다.

5. 위험물 안전관리법령상 제3류 위험물의 금수
성 물질 화재 시 적응성이 있는 소화약제는?

① 탄산수소염류분말

② 물

③ 이산화탄소

④ 할로겐화합물

해설 제3류 위험물 중 금수성 물질에 적응성이
있는 소화설비 [시행규칙 별표17]

㉮ 탄산수소염류 분말소화설비 및 분말소화기

㉯ 건조사

㉰ 팽창질석 또는 팽창진주암

6. 할론 1301의 증기 비중은? (단, 불소의 원자
량은 19, 브롬의 원자량은 80, 염소의 원자량
은 35.5이고 공기의 분자량은 29이다.)

① 2.14   ② 4.15

③ 5.14   ④ 6.15

해설 할론 1301 증기 비중

㉮ 할론 1301의 분자식 : 탄소(C) 1개, 불소(F) 3
개, 염소 0개, 취소(Br : 브롬) 1개의 화합물이
므로 화학식(분자식)은 CF_3Br이다.

㉯ 분자량 계산 : $12+(19\times3)+80=149$

㉰ 증기 비중 계산

$$\therefore 증기 비중 = \frac{분자량}{공기의 분자량}$$

$$= \frac{149}{29} = 5.137$$

7. 위험물 안전관리법령상 간이탱크 저장소에 대
한 설명 중 틀린 것은?

① 간이탱크 저장소의 용량은 600L 이하여
야 한다.

② 하나의 간이탱크 저장소에 설치하는 간
이저장탱크는 5개 이하여야 한다.

③ 간이저장탱크는 두께 3.2mm 이상의 강
판으로 흠이 없도록 제작하여야 한다.

④ 간이저장탱크는 70kPa의 압력으로 10분
간의 수압시험을 실시하여 새거나 변형되
지 않아야 한다.

해설 간이탱크 저장소 설치 수 [시행규칙 별표9]

㉮ 하나의 간이탱크저장소에 설치하는 간이저장
탱크 수는 3 이하로 한다.

㉯ 동일한 품질의 위험물의 간이저장탱크를 2
이상 설치하지 않는다.

8. 가연성 물질과 주된 연소형태의 연결이 틀린
것은?

① 종이, 섬유 – 분해연소

② 셀룰로이드, TNT – 자기연소

③ 목재, 석탄 – 표면연소

④ 유황, 알코올 – 증발연소

해설 연소의 종류에 따른 가연물

㉮ 표면연소 : 목탄(숯), 코크스

㉯ 분해연소 : 종이, 석탄, 목재, 중유

㉰ 증발연소 : 가솔린, 등유, 경유, 알코올, 양
초, 유황

㉱ 확산연소 : 가연성 기체

㉲ 자기연소 : 제5류 위험물(니트로셀룰로오스,
셀룰로이드, 니트로글리세린 등)

9. B, C급 화재뿐만 아니라 A급 화재까지도 사
용이 가능한 분말 소화약제는?

① 제1종 분말 소화약제

② 제2종 분말 소화약제

③ 제3종 분말 소화약제

④ 제4종 분말 소화약제

해설 분말 소화약제의 종류 및 적응화재

종류	주성분	적응화재	착색
제1종 분말	중탄산나트륨 ($NaHCO_3$)	B.C	백색
제2종 분말	중탄산칼륨 ($KHCO_3$)	B.C	자색
제3종 분말	제1인산암모늄 ($NH_4H_2PO_4$)	A.B.C	담홍색
제4종 분말	중탄산칼륨＋요소 [$KHCO_3$ ＋ $(NH_2)_2CO$]	B.C	회색

10. 식용유 화재 시 제1종 분말 소화약제를 이용하여 화재의 제어가 가능하다. 이때의 소화원리에 가장 가까운 것은?

① 촉매효과에 의한 질식소화
② 비누화 반응에 의한 질식소화
③ 요오드화에 의한 냉각소화
④ 가스분해 반응에 의한 냉각소화

해설 유지(기름)를 가수분해시켜 지방산을 염으로 만들 때 알칼리(Na)를 충분히 넣어주면 쉽게 가수분해가 이루어지고 비누화가 되기 때문에 식용유 화재의 제어가 가능하며, 제1종 분말 소화약제가 여기에 해당된다.

11. 위험물 안전관리법령에서 정한 자동화재 탐지설비에 대한 기준으로 틀린 것은? (단, 원칙적인 경우에 한한다.)

① 경계구역은 건축물 그 밖의 공작물의 2 이상의 층에 걸치지 아니하도록 할 것
② 하나의 경계구역의 면적은 600m² 이하로 할 것
③ 하나의 경계구역의 한 변 길이는 30m 이하로 할 것
④ 자동화재 탐지설비에는 비상전원을 설치할 것

해설 자동화재 탐지설비 설치기준 [시행규칙 별표17]

㉮ 자동화재 탐지설비의 경계구역은 건축물 그 밖의 공작물의 2 이상의 층에 걸치지 아니하도록 할 것. 다만, 하나의 경계구역의 면적이 500m² 이하이면서 당해 경계구역이 두 개의 층에 걸치는 경우이거나 계단·경사로·승강기의 승강로 그 밖에 이와 유사한 장소에 연기감지기를 설치하는 경우에는 그러하지 아니하다.

㉯ 하나의 경계구역의 면적은 600m² 이하로 하고 그 한 변의 길이는 50m(광전식분리형 감지기를 설치할 경우에는 100m) 이하로 할 것. 다만, 당해 건축물 그 밖의 공작물의 출입구에서 그 내부의 전체를 볼 수 있는 경우에는 그 면적을 1000m² 이하로 할 수 있다.

㉰ 자동화재 탐지설비의 감지기는 지붕(상층이 있는 경우에는 상층의 바닥) 또는 벽의 옥내에 면한 부분(천장이 있는 경우에는 천장 또는 벽의 옥내에 면한 부분 및 천장의 뒷부분)에 유효하게 화재의 발생을 감지할 수 있도록 설치할 것

㉱ 자동화재 탐지설비에는 비상전원을 설치할 것

12. 다음 중 산화성 물질이 아닌 것은?

① 무기과산화물
② 과염소산
③ 질산염류
④ 마그네슘

해설 산화성 물질

㉮ 제1류 위험물 : 산화성 고체로 아염소산염류, 염소산염류, 과염소산염류, 무기과산화물, 브롬산염류, 질산염류, 요오드산염류, 과망간산염류, 중크롬산염류 등이다.

㉯ 제6류 위험물 : 산화성 액체로 과염소산, 과산화수소, 질산 등이다.

참고 마그네슘은 제2류 위험물로 가연성 고체에 해당된다.

13. 위험물 제조소에서 국소방식의 배출설비 배출능력은 1시간당 배출장소 용적의 몇 배 이상인 것으로 하여야 하는가?

① 5
② 10
③ 15
④ 20

정답 10. ②   11. ③   12. ④   13. ④

해설 제조소의 배출설비 배출능력 [시행규칙 별표4]
- ㉮ 국소방식 : 1시간당 <u>배출장소 용적의 20배</u> 이상
- ㉯ 전역방식 : 1시간당 바닥면적 $1m^2$당 $18m^3$ 이상

14. 유류화재 시 발생하는 이상 현상인 보일 오버(boil over)의 방지대책으로 가장 거리가 먼 것은?

① 탱크 하부에 배수관을 설치하여 탱크 저면의 수층을 방지한다.
② 적당한 시기에 모래나 팽창질석, 비등석을 넣어 물의 과열을 방지한다.
③ 냉각수를 대량 첨가하여 유류와 물의 과열을 방지한다.
④ 탱크 내용물의 기계적 교반을 통하여 에멀션 상태로 하여 수층 형성을 방지한다.

해설 보일 오버(boil over) 현상 : 유류탱크 화재 시 탱크 저부의 비점이 낮은 불순물이 연소열에 의하여 이상팽창하면서 다량의 기름이 탱크 밖으로 비산하는 현상으로 냉각수를 대량 첨가하면 보일 오버 현상을 더 크게 할 수 있어 위험한 상태가 되므로 금지한다.

15. 20℃의 물 100kg이 100℃ 수증기로 증발하면 최대 몇 kcal의 열량을 흡수할 수 있는가? (단, 물의 증발잠열은 540kcal 이다.)

① 540
② 7800
③ 62000
④ 108000

해설 소요열량 계산
- ㉮ 20℃ 물 → 100℃ 물 : 현열
  $$\therefore Q_1 = G \times C \times \Delta t$$
  $$= 100 \times 1 \times (100-20) = 8000\,kcal$$
- ㉯ 100℃ 물 → 100℃ 수증기 : 잠열
  $$\therefore Q_2 = G \times \gamma = 100 \times 540 = 54000\,kcal$$

- ㉰ 합계 소요열량 계산
  $$\therefore Q = Q_1 + Q_2 = 8000 + 54000$$
  $$= 62000\,kcal$$

16. 제5류 위험물의 화재 시 적응성이 있는 소화설비는?

① 분말 소화설비
② 할로겐화합물 소화설비
③ 물 분무 소화설비
④ 이산화탄소 소화설비

해설 제5류 위험물에 적응성이 있는 소화설비 [시행규칙 별표17]
- ㉮ 옥내소화전 또는 옥외소화전설비
- ㉯ 스프링클러설비
- ㉰ 물분무소화설비
- ㉱ 포 소화설비
- ㉲ 봉상수(棒狀水) 소화기
- ㉳ 무상수(霧狀水) 소화기
- ㉴ 봉상강화액소화기
- ㉵ 무상강화액소화기
- ㉶ 포소화기
- ㉷ 물통 또는 건조사
- ㉮ 건조사
- ㉯ 팽창질석 또는 팽창진주암

17. 위험물 안전관리법에서 정한 정전기를 유효하게 제거할 수 있는 방법에 해당하지 않는 것은?

① 위험물 이송 시 배관 내 유속을 빠르게 하는 방법
② 공기를 이온화하는 방법
③ 접지에 의한 방법
④ 공기 중의 상대습도를 70% 이상으로 하는 방법

해설 정전기 제거설비 설치 [시행규칙 별표4]
- ㉮ 접지에 의한 방법
- ㉯ 공기 중의 상대습도를 70% 이상으로 하는 방법
- ㉰ 공기를 이온화하는 방법

18. 가연물이 고체 덩어리보다 분말 가루일 때 위험성이 더 큰 이유로 가장 옳은 것은?

① 공기와 접촉 면적이 크기 때문이다.
② 열전도율이 크기 때문이다.
③ 흡열반응을 하기 때문이다.
④ 활성 에너지가 크기 때문이다.

해설 가연물이 고체 덩어리보다 분말 가루일 때 위험성이 더 커지는 이유는 공기와 접촉 면적이 커지고, 활성화 에너지가 작아지기 때문이다.

19. 다음 중 소화약제로 사용할 수 없는 물질은?

① 이산화탄소
② 제1인산암모늄
③ 탄산수소나트륨
④ 브롬산암모늄

해설 브롬산암모늄은 제1류 위험물(산화성 고체)에 해당하는 것으로 소화약제로 사용하는 것은 부적합하다.

20. 물과 접촉하면 열과 산소가 발생하는 것은?

① $NaClO_2$ ② $NaClO_3$
③ $KMnO_4$ ④ Na_2O_2

해설 제1류 위험물
㉮ 물과 접촉하면 열과 산소가 발생하는 것은 알칼리금속(Li, Na, K, Rb)의 과산화물이다. → 과산화나트륨(Na_2O_2), 과산화칼륨(K_2O_2), 과산화리튬(Li_2O_2)
㉯ 과산화나트륨(Na_2O_2) 및 과산화칼륨(K_2O_2)과 물(H_2O)의 반응식
$2Na_2O_2 + 2H_2O \rightarrow 4NaOH + O_2 \uparrow + Q[kcal]$
$2K_2O_2 + 2H_2O \rightarrow 4KOH + O_2 \uparrow + Q[kcal]$

참고 ㉮ 아염소산나트륨($NaClO_2$) : 제1류 위험물 중 아염소산염류
㉯ 염소산나트륨($NaClO_3$) : 제1류 위험물 중 염소산염류
㉰ 과망간산칼륨($KMnO_4$) : 제1류 위험물 중 과망간산염류

21. 위험물에 대한 설명으로 틀린 것은?

① 적린은 연소하면 유독성 물질이 발생한다.
② 마그네슘은 연소하면 가연성 수소가스가 발생한다.
③ 유황은 분진폭발의 위험이 있다.
④ 황화인에는 P_4S_3, P_2S_5, P_4S_7 등이 있다.

해설 제2류 위험물 : 가연성 고체
㉮ 적린은 연소하면 유독성 물질인 오산화인(P_2O_5)이 되면서 백색 연기를 낸다.
㉯ 유황가루가 공기 중에 떠 있을 때는 분진폭발의 위험성이 있다.
㉰ 황화린(황화인)에는 삼황화인(P_4S_3), 오황화인(P_2S_5), 칠황화인(P_4S_7) 등이 있다.
㉱ 마그네슘은 물과 반응하여 수소(H_2)를 발생하며, 연소하면 산화마그네슘(MgO)으로 된다.
㉠ 물과 반응식 : $Mg + 2H_2O$
$\rightarrow Mg(OH)_2 + H_2 \uparrow$
㉡ 연소 반응식 : $2Mg + O_2$
$\rightarrow 2MgO + 287.4kcal$

22. 위험물 안전관리법령상 옥내저장탱크와 탱크전용실의 벽과의 사이 및 옥내저장탱크의 상호간에는 몇 m 이상의 간격을 유지하여야 하는가? (단, 탱크의 점검 및 보수에 지장이 없는 경우는 제외한다.)

① 0.5 ② 1
③ 1.5 ④ 2

해설 옥내탱크 저장소 기준[시행규칙 별표7]
㉮ 옥내저장탱크는 단층 건축물에 설치된 탱크전용실에 설치할 것
㉯ 옥내저장탱크와 탱크전용실의 벽과의 사이 및 옥내저장탱크 상호간에는 0.5m 이상의 간격을 유지할 것. 다만, 탱크의 점검 및 보수에 지장이 없는 경우에는 그러하지 아니하다.
㉰ 옥내저장탱크의 용량은 지정수량의 40배 이하일 것(제4석유류 및 동식물유류 외의 제4류 위험물에 있어서 당해 수량이 2만 L를 초과할 때에는 2만 L 이하일 것)

정답 18. ① 19. ④ 20. ④ 21. ② 22. ①

23. 벤조일퍼옥사이드에 대한 설명으로 틀린 것은?

① 무색, 무취의 투명한 액체이다.

② 가급적 소분하여 저장한다.

③ 제5류 위험물에 해당한다.

④ 품명은 유기과산화물이다.

해설 벤조일퍼옥사이드(과산화벤조일)의 특징
㉮ 제5류 위험물 중 유기과산화물에 해당되며 지정수량은 10kg이다.
㉯ 무색, 무미의 결정 고체로 물에는 잘 녹지 않으나 알코올에는 약간 녹는다.
㉰ 상온에서 안정하며, 강한 산화작용이 있다.
㉱ 가열하면 100℃ 부근에서 백색 연기를 내며 분해한다.
㉲ 빛, 열, 충격, 마찰 등에 의해 폭발의 위험이 있다.
㉳ 강한 산화성 물질로 진한 황산, 질산, 초산 등과 접촉하면 화재나 폭발의 우려가 있다.
㉴ 수분의 흡수나 불활성 희석제(프탈산디메틸, 프탈산디부틸)의 첨가에 의해 폭발성을 낮출 수도 있다.
㉵ 직사광선을 피하고 소분하여 냉암소에 저장한다.
㉶ 비중(25℃) 1.33, 융점 103~105℃(분해온도), 발화점 125℃이다.

24. 2가지 물질을 섞었을 때 수소가 발생하는 것은?

① 칼륨과 에탄올

② 과산화마그네슘과 염화수소

③ 과산화칼륨과 탄산가스

④ 오황화인과 물

해설 ㉮ 칼륨(제3류 위험물)이 에틸알코올(C_2H_5OH : 제4류 위험물)과 반응할 때 나타나는 현상
㉠ 수소(H_2)가스를 발생한다.
㉡ 칼륨에틸레이트(C_2H_5OK)를 생성한다.
㉢ 반응식 : $2K + 2C_2H_5OH$
$\rightarrow 2C_2H_5OK + H_2 \uparrow$

㉯ 제1류 위험물 중 무기과산화물인 과산화칼륨(K_2O_2)과 과산화마그네슘(MgO_2)이 염화수소(HCl)와 반응하면 과산화수소(H_2O_2)가 발생한다.
㉰ 과산화칼륨과 탄산가스(CO_2)가 반응하면 산소(O_2)가 발생된다.
㉱ 오황화인(P_2S_5)과 물(H_2O)이 반응하면 황화수소(H_2S)와 인산(H_3PO_4)으로 분해된다.

25. 다음 위험물의 지정수량 배수의 총합은 얼마인가?

- 질산 : 150kg
- 과산화수소 : 420kg
- 과염소산 : 300kg

① 2.5   ② 2.9
③ 3.4   ④ 3.9

해설 ㉮ 제6류 위험물의 지정수량

품명	지정수량
질산	300kg
과산화수소	300kg
과염소산	300kg

㉯ 지정수량 배수의 합 계산 : 지정수량 배수의 합은 각 위험물량을 지정수량으로 나눈 값의 합이다.
∴ 지정수량 배수의 합
$$= \frac{A위험물량}{지정수량} + \frac{B위험물량}{지정수량} + \frac{C위험물량}{지정수량}$$
$$= \frac{150}{300} + \frac{420}{300} + \frac{300}{300} = 2.9$$

26. 위험물 안전관리법령상 운송책임자의 감독, 지원을 받아 운송하여야 하는 위험물은?

① 알킬리튬   ② 과산화수소
③ 가솔린   ④ 경유

해설 운송책임자의 감독, 지원을 받아 운송하여야 하는 위험물 종류 [시행령 제19조]
㉮ 알킬알루미늄

㉯ 알킬리튬

㉰ 알킬알루미늄 또는 알킬리튬을 함유하는 위험물

27. '자동화재 탐지설비 일반점검표'의 점검내용이 "변형·손상의 유무, 표시의 적부, 경계구역 일람도의 적부, 기능의 적부"인 점검항목은?

① 감지기   ② 중계기
③ 수신기   ④ 발신기

해설 '자동화재 탐지설비 일반점검표' 내용 [세부기준 별지 제24호 서식]

점검항목	점검내용	점검방법
감지기	변형·손상의 유무	육안
	감지장해의 유무	육안
	기능의 적부	작동확인
중계기	변형·손상의 유무	육안
	표시의 적부	육안
	기능의 적부	작동확인
수신기 (통합조작반)	변형·손상의 유무	육안
	표시의 적부	육안
	경계구역일람도의 적부	육안
	기능의 적부	작동확인
주음향장치 지구음향장치	변형·손상의 유무	육안
	기능의 적부	작동확인
발신기	변형·손상의 유무	육안
	기능의 적부	작동확인
비상전원	변형·손상의 유무	육안
	전환의 적부	작동확인
배선	변형·손상의 유무	육안
	접속단자의 풀림·탈락의 유무	육안

28. 위험물 안전관리법령상 지정수량 10배 이상의 위험물을 저장하는 제조소에 설치하여야 하는 경보설비의 종류가 아닌 것은?

① 자동화재 탐지설비
② 자동화재 속보설비

③ 휴대용 확성기
④ 비상방송설비

해설 경보설비의 기준 [시행규칙 제42조]
㉮ 지정수량의 10배 이상의 위험물을 저장 또는 취급하는 제조소등(이동탱크저장소를 제외한다)에는 화재발생 시 이를 알릴 수 있는 경보설비를 설치하여야 한다.
㉯ 경보설비는 자동화재 탐지설비·비상경보설비(비상벨장치 또는 경종을 포함한다)·확성장치(휴대용확성기를 포함한다) 및 비상방송설비로 구분한다.
㉰ 자동신호장치를 갖춘 스프링클러설비 또는 물분무등 소화설비를 설치한 제조소등에 있어서는 자동화재 탐지설비를 설치한 것으로 본다.

29. 위험물 안전관리법령상 특수인화물의 정의에 관한 내용이다. ( ) 안에 알맞은 수치를 차례대로 나타낸 것은?

> "특수인화물"이라 함은 이황화탄소, 디에틸에테르 그 밖에 1기압에서 발화점이 섭씨 100도 이하인 것 또는 인화점이 섭씨 영하 ( )도 이하이고 비점이 섭씨 ( )도 이하인 것을 말한다.

① 40, 20   ② 20, 40
③ 20, 100   ④ 40, 100

해설 위험물 품명의 정의 [시행령 별표1] : "특수인화물"이라 함은 이황화탄소, 디에틸에테르 그 밖에 1기압에서 발화점이 100℃ 이하인 것 또는 인화점이 −20℃ 이하이고 비점이 40℃ 이하인 것을 말한다.

30. 제4류 위험물의 옥외저장탱크에 설치하는 밸브 없는 통기관은 지름이 얼마 이상인 것으로 설치해야 되는가? (단, 압력탱크는 제외한다.)

① 10mm   ② 20mm
③ 30mm   ④ 40mm

2015년도 출제문제 **391**

해설 옥외탱크저장소의 통기관 기준 [시행규칙 별표6]

㉮ 밸브 없는 통기관

① 직경은 30mm 이상일 것

② 선단은 수평면보다 45° 이상 구부려 빗물 등의 침투를 막는 구조로 할 것

③ 가는 눈의 구리망 등으로 인화방지장치를 할 것. 다만, 인화점 70℃ 이상의 위험물만을 인화점 미만의 온도로 저장 또는 취급하는 탱크의 통기관은 그러하지 않다.

④ 가연성의 증기를 회수하기 위한 밸브를 통기관에 설치하는 경우
  • 저장탱크에 위험물을 주입하는 경우를 제외하고는 항상 개방되어 있는 구조로 할 것
  • 폐쇄하였을 경우에는 10kPa 이하의 압력에서 개방되는 구조로 할 것(유효 단면적은 $777.15mm^2$ 이상이어야 한다)

㉯ 대기밸브 부착 통기관

① 5kPa 이하의 압력차이로 작동할 수 있을 것

② 인화방지장치를 할 것

31. 위험물 안전관리법령상 위험등급 Ⅰ의 위험물에 해당하는 것은?

① 무기과산화물
② 황화인, 적린, 유황
③ 제1석유류
④ 알코올류

해설 위험등급 Ⅰ의 위험물 [시행규칙 별표19]

㉮ 제1류 위험물 중 아염소산염류, 염소산염류, 과염소산염류, 무기과산화물 그 밖에 지정수량이 50kg인 위험물

㉯ 제3류 위험물 중 칼륨, 나트륨, 알킬알루미늄, 알킬리튬, 황린 그 밖에 지정수량이 10kg 또는 20kg인 위험물

㉰ 제4류 위험물 중 특수인화물

㉱ 제5류 위험물 중 유기과산화물, 질산에스테르류 그 밖에 지정수량이 10kg인 위험물

㉲ 제6류 위험물

32. 페놀을 황산과 질산의 혼산으로 니트로화하여 제조하는 제5류 위험물은?

① 아세트산
② 피크르산
③ 니트로글리콜
④ 질산에틸

해설 ㉮ 피크르산($C_6H_2(NO_2)_3OH$: 트리니트로페놀) : 제5류 위험물 중 니트로화합물이며 지정수량 200kg이다.

㉯ 제조법 : 피크르산[$C_6H_2(NO_2)_3OH$: 트리니트로페놀]은 페놀(C_6H_5OH)을 진한 황산(H_2SO_4)과 질산(HNO_3)의 혼산으로 니트로화하여 제조한다.

33. 금속염을 불꽃반응 실험을 한 결과 노란색의 불꽃이 나타났다. 이 금속염에 포함된 금속은 무엇인가?

① Cu
② K
③ Na
④ Li

해설 불꽃반응색

명칭	불꽃색
나트륨(Na)	노란색
칼륨(K)	보라색
리튬(Li)	적색
구리(Cu)	청록색

34. 위험물 안전관리법령에서 정한 메틸알코올의 지정수량을 kg 단위로 환산하면 얼마인가? (단, 메틸알코올의 비중은 0.8이다.)

① 200
② 320
③ 400
④ 450

해설 메틸알코올(CH_3OH : 메탄올) : 제4류 위험물 중 알코올류에 해당되며, 지정수량 400L이다.

∴ 무게 = 체적(L) × 비중
= $400 \times 0.8 = 320 kg$

정답 31. ① 32. ② 33. ③ 34. ②

35. [보기]에서 나열한 위험물의 공통 성질을 옳게 설명한 것은?

```
┤ 보기 ├
나트륨,  황린,  트리에틸알루미늄
```

① 상온, 상압에서 고체의 형태를 나타낸다.
② 상온, 상압에서 액체의 형태를 나타낸다.
③ 금수성 물질이다.
④ 자연발화의 위험이 있다.

해설 각 위험물의 성질
㉮ 나트륨(Na) : 제3류 위험물 중 <u>자연발화성</u> 물질 및 금수성 물질의 고체로 지정수량은 10kg이다.
㉯ 황린(P₄) : 제3류 위험물 중 <u>자연발화성</u> 물질의 고체로 지정수량은 20kg이다.
㉰ 트리에틸알루미늄 : 제3류 위험물 중 <u>자연발화성</u> 물질 및 금수성 물질의 액체로 지정수량은 10kg이다.

36. 위험물 안전관리법령상 제1류 위험물의 질산염류가 아닌 것은?

① 질산은   ② 질산암모늄
③ 질산섬유소   ④ 질산나트륨

해설 질산염류
㉮ 제1류 위험물로 지정수량 300kg이다.
㉯ 질산염류의 종류 : 질산칼륨(KNO_3), <u>질산나트륨($NaNO_3$)</u>, <u>질산암모늄(NH_4NO_3)</u>, 질산바륨[$Ba(NO_3)_2$], 질산코발트[$Co(NO_3)_2$], 질산니켈[$Ni(NO_3)_2$], 질산구리[$Cu(NO_3)_2$], 질산카드뮴[$Cd(NO_3)_2$], 질산납[$Pb(NO_3)_2$], 질산마그네슘[$Mg(NO_3)_2$], <u>질산은[$AgNO_3$]</u>, 질산철[$Fe(NO_3)_2$], 질산스트론튬[$Sr(NO_3)_2$] 등

37. 위험물 안전관리법령상 제3류 위험물에 해당하지 않는 것은?

① 적린   ② 나트륨
③ 칼륨   ④ 황린

해설 제3류 위험물(자연발화성 물질 및 금수성 물질)의 종류

품명	지정수량
칼륨, 나트륨, 알킬알루미늄, 알킬리튬	10kg
황린	20kg
알칼리금속 및 알카리토금속, 유기금속화합물	50kg
금속의 수소화물 및 인화물, 칼슘 또는 알루미늄의 탄화물	300kg
그 밖에 행정안전부령으로 정하는 것 : 염소화규소화합물	10kg, 20kg, 50kg 또는 300kg

참고 적린은 제2류 위험물(가연성 고체)로 지정수량 100kg이다.

38. 산화성 액체인 질산의 분자식으로 옳은 것은?

① HNO_2 ② HNO_3 ③ NO_2 ④ NO_3

해설 질산
㉮ 제6류 위험물의 산화성 액체로 지정수량 300kg이다.
㉯ 분자식(화학식) : HNO_3로 분자량 63이다.

39. 위험물 안전관리법령상 제4류 위험물 운반용기의 외부에 표시해야 하는 사항이 아닌 것은?

① 규정에 의한 주의사항
② 위험물의 품명 및 위험등급
③ 위험물의 관리자 및 지정수량
④ 위험물의 화학명

해설 운반용기 외부 표시사항 [시행규칙 별표19]
㉮ 공통 표시사항
  ㉠ 위험물의 품명·위험등급·화학명 및 수용성("수용성" 표시는 제4류 위험물로서 수용성인 것에 한한다)
  ㉡ 위험물의 수량
㉯ 위험물에 따른 주의사항 : 제4류 위험물인 경우 "화기엄금"

정답 35. ④ 36. ③ 37. ① 38. ② 39. ③

40. 위험물 안전관리법령상 그림과 같이 횡으로 설치한 원형 탱크의 용량은 약 몇 m³인가? (단, 공간용적은 내용적의 10/100이다.)

① 1690.9 　　　② 1335.1
③ 1268.4 　　　④ 1204.7

[해설] 공간용적은 내용적의 10%이므로 탱크용량은 내용적의 90%에 해당된다.

$$\therefore V = \pi \times r^2 \times \left(l + \frac{l_1 + l_2}{3} \right) \times 0.9$$

$$= \pi \times 5^2 \times \left(15 + \frac{3+3}{3} \right) \times 0.9$$

$$= 1201.659\,\mathrm{m}^3$$

41. 위험물 안전관리법령에서 정한 아세트알데 히드 등을 취급하는 제조소의 특례에 관한 내용이다. (　) 안에 해당하는 물질이 아닌 것은?

> "아세트알데히드등을 취급하는 설비는 (　)·(　)·(　)·(　) 또는 이들을 성분으로 하는 합금으로 만들지 아니할 것

① 동 　　　② 은
③ 금 　　　④ 마그네슘

[해설] 아세트알데히드등을 취급하는 제조소의 특례기준 [시행규칙 별표4]
㉮ 아세트알데히드등을 취급하는 설비는 은·수은·동·마그네슘 또는 이들을 성분으로 하는 합금으로 만들지 아니할 것
㉯ 아세트알데히드등을 취급하는 설비에는 연소성 혼합기체의 생성에 의한 폭발을 방지하기 위한 불활성기체 또는 수증기를 봉입하는 장치를 갖출 것
㉰ 아세트알데히드등을 취급하는 탱크에는 냉각장치 또는 저온을 유지하기 위한 장치(보랭장치) 및 연소성 혼합기체의 생성에 의한 폭발을

방지하기 위한 불활성기체를 봉입하는 장치를 갖출 것. 다만 지하에 있는 탱크가 아세트알데 히드등의 온도를 저온으로 유지할 수 있는 구조인 경우에는 냉각장치 및 보랭장치를 갖추지 아니할 수 있다.
㉱ 냉각장치 또는 보랭장치는 2 이상 설치하여 하나의 냉각장치 또는 보랭장치가 고장난 때에도 일정 온도를 유지할 수 있도록 하고, 비상전원을 갖출 것
㉲ 아세트알데히드등을 취급하는 탱크를 지하에 매설하는 경우에는 당해 탱크를 탱크전용실에 설치할 것

42. 다음 반응식과 같이 벤젠 1kg이 연소할 때 발생되는 CO_2의 양은 약 몇 m³인가? (단, 27℃, 750mmHg 기준이다.)

$$C_6H_6 + 7.5O_2 \longrightarrow 6CO_2 + 3H_2O$$

① 0.72 　　　② 1.22
③ 1.92 　　　④ 2.42

[해설] ㉮ 표준상태[0℃, 1기압(760mmHg)]에서 CO_2의 양 계산 : 아보가드로의 법칙에 의하여 벤젠 78kg이 반응하여 생성되는 이산화탄소(CO_2)는 6킬로몰(kmol)이고, 1킬로몰(kmol)의 체적은 22.4m³이다.

$$C_6H_6 + 7.5O_2 \longrightarrow 6CO_2 + 3H_2O$$

$$78\mathrm{kg} \qquad\qquad 6 \times 22.4\,\mathrm{m}^3$$
$$1\mathrm{kg} \qquad\qquad x\,[\mathrm{m}^3]$$

$$\therefore x = \frac{1 \times 6 \times 22.4}{78} = 1.723\,\mathrm{m}^3$$

㉯ 27℃, 750mmHg 상태에서의 체적(V_2) 계산 :

보일-샤를의 법칙 $\dfrac{P_1 V_1}{T_1} = \dfrac{P_2 V_2}{T_2}$ 에서

$$\therefore V_2 = \frac{P_1 V_1 T_2}{P_2 T_1}$$

$$= \frac{760 \times 1.723 \times (273 + 27)}{750 \times 273}$$

$$= 1.918\,\mathrm{m}^3$$

2015

43. 다음 중 등유에 관한 설명으로 틀린 것은?

① 물보다 가볍다.
② 녹는점은 상온보다 높다.
③ 발화점은 상온보다 높다.
④ 증기는 공기보다 무겁다.

해설 등유의 특징
㉮ 제4류 위험물 중 제2석유류에 해당되며 지정
  수량은 1000L이다.
㉯ 탄소수가 C_9~C_{18}인 포화, 불포화탄화수소의
  혼합물이다.
㉰ 석유 특유의 냄새가 있으며, 무색 또는 연한
  담황색을 나타낸다.
㉱ 원유 증류 시 등유와 중유 사이에서 유출되
  며, 유출온도 범위는 150~300℃이다.
㉲ 물에는 녹지 않는 불용성이며, 유기용제와 잘
  혼합되고 유지, 수지를 잘 녹인다.
㉳ 전기의 불량도체로 정전기 발생에 의한 인화
  의 위험이 있다.
㉴ 액체 비중 0.79~0.85(증기비중 4~5), 인화
  점 30~60℃, 발화점 254℃, 융점(녹는점)
  −51℃, 연소범위 1.1~6.0%이다.

참고 등유 증기는 공기보다 무겁고, 액체는 물보다
  가볍고, 융점(녹는점)이 −51℃로 상온보다 매
  우 낮은 편이다.

44. 벤젠(C_6H_6)의 일반 성질로서 틀린 것은?

① 휘발성이 강한 액체이다.
② 인화점은 가솔린보다 낮다.
③ 물에 녹지 않는다.
④ 화학적으로 공명구조를 이루고 있다.

해설 벤젠(C_6H_6)의 특징
㉮ 제4류 위험물 중 제1석유류에 해당되며 지정
  수량은 200L이다.
㉯ 무색, 투명한 휘발성이 강한 액체로 증기는
  마취성과 독성이 있다.
㉰ 분자량 78의 방향족 유기화합물로 증기는 공
  기보다 무겁다.
㉱ 물에는 녹지 않으나 알코올, 에테르 등 유기

용제와 잘 섞이고 수지, 유지, 고무 등을 잘
녹인다.
㉲ 불을 붙이면 그을음(C)을 많이 내면서 연소
  한다.
㉳ 융점이 5.5℃로 겨울철 찬 곳에서 고체가 되
  는 현상이 발생한다.
㉴ 전기의 불량도체로 취급할 때 정전기발생을
  조심해야 한다.
㉵ 액체 비중 0.88(증기비중 2.7), 비점 80.1℃,
  발화점 562.2℃, 인화점 −11.1℃, 융점 5.5℃,
  연소범위 1.4~7.1%이다.

참고 벤젠의 인화점은 −11.0℃이고, 가솔린의 인
  화점은 −20~−43℃ 정도이다. 그러므로 벤젠
  은 가솔린보다 인화점이 높다.

45. 위험물 안전관리법령에 의한 위험물에 속하
지 않는 것은?

① CaC_2 ② S
③ P_2O_5 ④ K

해설 오산화인(P_2O_5)은 황린, 적린이 연소에 의하
  여 생성되는 물질로 위험물에는 해당되지 않는다.

참고 각 위험물의 유별
㉮ CaC_2(탄화칼슘) : 제3류 위험물로 금수성 물
  질의 고체로 지정수량은 300kg이다.
㉯ S(유황) : 제2류 위험물로 가연성 고체이며
  지정수량은 100kg이다.
㉰ K(칼륨) : 제3류 위험물로 자연발화성 물질
  및 금수성 물질의 고체로 지정수량은 10kg
  이다.

46. 제4류 위험물을 저장 및 취급하는 위험물 제
조소에 설치한 "화기엄금" 게시판의 색상으
로 올바른 것은?

① 적색바탕에 흑색문자
② 흑색바탕에 적색문자
③ 백색바탕에 적색문자
④ 적색바탕에 백색문자

해설 제조소의 주의사항 게시판 [시행규칙 별표4]

위험물의 종류	내용	색상
• 제1류 위험물 중 알칼리금속의 과산화물 • 제3류 위험물 중 금수성 물질	"물기엄금"	청색바탕에 백색문자
• 제2류 위험물(인화성 고체 제외)	"화기주의"	적색바탕에 백색문자
• 제2류 위험물 중 인화성 고체 • 제3류 위험물 중 자연발화성 물질 • <u>제4류 위험물</u> • 제5류 위험물	"화기엄금"	

47. 과염소산암모늄에 대한 설명으로 옳은 것은?

① 물에 용해되지 않는다.
② 청록색의 침상결정이다.
③ 130℃에서 분해하기 시작하여 CO_2 가스를 방출한다.
④ 아세톤, 알코올에 용해된다.

해설 과염소산암모늄(NH_4ClO_4)의 특징

㉮ 제1류 위험물 중 과염소산염류로 지정수량은 50kg이다.
㉯ <u>무색, 무취의 결정</u>으로 물, 알코올, 아세톤에는 용해되나 에테르에는 녹지 않는다.
㉰ 강한 충격이나 마찰, 급격히 가열하면 폭발의 위험이 있다.
㉱ 강산과 접촉하거나 가연성 물질 또는 산화성 물질과 혼합하면 폭발 위험이 있다.
㉲ 상온에서 비교적 안정하나 130℃에서 분해하기 시작하여 300℃ 부근에서 급격히 분해하여 폭발한다.
㉳ 비중 1.87, 분해온도 130℃이다.

참고 과염소산암모늄은 물에 녹을 때 흡열반응을 하기 때문에 수분을 흡수하여도 폭발의 위험성이 없으며, 화재 시 다량의 주수소화를 한다.

48. 휘발유의 일반적인 성질에 관한 설명으로 틀린 것은?

① 인화점이 0℃ 보다 낮다.
② 위험물 안전관리법령상 제1석유류에 해당한다.
③ 전기에 대해 비전도성 물질이다.
④ 순수한 것은 청색이나 안전을 위해 검은색으로 착색해서 사용해야 한다.

해설 휘발유(가솔린)의 특징

㉮ 제4류 위험물 중 제1석유류에 해당되며 지정수량 200L이다.
㉯ 탄소수 C_5~C_9까지의 포화(알칸), 불포화(알켄) 탄화수소의 혼합물로 휘발성 액체이다.
㉰ 특이한 냄새가 나는 <u>무색의 액체</u>로 비점이 낮다.
㉱ 물에는 용해되지 않지만 유기용제와는 잘 섞이며 고무, 수지, 유지를 잘 녹인다.
㉲ 액체는 물보다 가볍고, 증기는 공기보다 무겁다.
㉳ 옥탄가를 높이기 위해 첨가제(사에틸납)를 넣으며, 착색된다.
㉴ 휘발 및 인화하기 쉽고, 증기는 공기보다 3~4배 무거워 누설 시 낮은 곳에 체류하여 연소를 확대시킨다.
㉵ 전기의 불량도체이며, 정전기 발생에 의한 인화의 위험성이 크다.
㉶ 액체 비중 0.65~0.8(증기비중 3~4), 인화점 -20~-43℃, 발화점 300℃, 연소범위 1.4~7.6% 이다.

49. 톨루엔에 대한 설명으로 틀린 것은?

① 휘발성이 있고 가연성 액체이다.
② 증기는 마취성이 있다.
③ 알코올, 에테르, 벤젠 등과 잘 섞인다.
④ 노란색 액체로 냄새가 없다.

해설 톨루엔($C_6H_5CH_3$)의 특징

㉮ 제4류 위험물로 제1석유류에 해당되며 지정수량 200L 이다.
㉯ 벤젠의 수소 원자 하나가 메틸기($-CH_3$)로 치환된 것이다.

정답 **47.** ④ **48.** ④ **49.** ④

ⓒ 독특한 냄새가 있는 <u>무색의 액체</u>로 벤젠보다
　는 독성이 약하다.
ⓔ 물에는 녹지 않으나 알코올, 에테르, 벤젠과
　는 잘 섞인다.
ⓕ 수지, 유지, 고무 등을 녹인다.
ⓖ 액체 비중 0.89(증기비중 3.14), 비점 110.6℃,
　착화점 552℃, 인화점 4.5℃, 연소범위 1.4
　~6.7% 이다.

50. 위험물 안전관리법령상 혼재할 수 없는 위험
물은? (단, 위험물은 지정수량의 1/10을 초과
하는 경우이다.)

① 적린과 황린
② 질산염류와 질산
③ 칼륨과 특수인화물
④ 무기과산화물과 유황

해설 ㉮ 위험물 운반할 때 혼재 기준 [시행규칙 별
　　표19, 부표2]

구분	제1류	제2류	제3류	제4류	제5류	제6류
제1류		×	×	×	×	○
제2류	×		×	○	○	×
제3류	×	×		○	×	×
제4류	×	○	○		○	×
제5류	×	○	×	○		×
제6류	○	×	×	×	×	

○ : 혼합 가능, × : 혼합 불가능

㉯ 이 표는 지정수량의 $\frac{1}{10}$ 이하의 위험물에 대
하여는 적용하지 않는다.

참고 예제의 위험물 유별 분류
　　적린 : 제2류, 황린 : 제3류, 질산염류 : 제1류,
　　질산 : 제6류, 칼륨 : 제3류, 특수인화물 : 제4
　　류, 무기과산화물 : 제1류, 유황 : 제2류

51. 위험물의 품명과 지정수량이 잘못 짝지어진
것은?

① 황화인 – 50kg
② 마그네슘 – 500kg
③ 알킬알루미늄 – 10kg

④ 황린 – 20kg

해설 각 위험물의 지정수량

품명	유별	지정수량
황화린(황화인)	제2류 위험물	100kg
마그네슘	제2류 위험물	500kg
알킬알루미늄	제3류 위험물	10kg
황린	제3류 위험물	20kg

52. 디에틸에테르의 성질에 대한 설명으로 옳은
것은?

① 발화온도는 400℃이다.
② 증기는 공기보다 가볍고, 액상은 물보다
　무겁다.
③ 알코올에 용해되지 않지만 물에 잘 녹는다.
④ 연소범위는 1.9~48% 정도이다.

해설 디에틸에테르($C_2H_5OC_2H_5$: 에테르)의 특징
㉮ 제4류 위험물 중 특수인화물에 해당되며 지
　정수량 50L이다.
㉯ 비점(34.48℃)이 낮고 무색투명하며 독특한
　냄새가 있는 인화되기 쉬운 액체이다.
㉰ 물에는 녹기 어려우나 알코올에는 잘 녹는다.
㉱ 전기의 불량도체라 정전기가 발생되기 쉽다.
㉲ 휘발성이 강하고 증기는 마취성이 있어 장시
　간 흡입하면 위험하다.
㉳ 공기와 장시간 접촉하면 과산화물이 생성되
　어 가열, 충격, 마찰에 의하여 폭발한다.
㉴ 인화점 및 발화온도가 낮고 연소범위가 넓다.
㉵ 건조 시 정전기에 의하여 발화하는 경우도 있다.
㉶ 불꽃 등 화기를 멀리하고 통풍이 잘 되는 곳
　에 저장한다.
㉷ 공기와 접촉 시 과산화물이 생성되는 것을 방
　지하기 위해 용기는 갈색 병을 사용한다.
㉸ 증기 누설을 방지하고, 밀전하여 냉암소에 보
　관한다.
㉹ 용기의 공간용적은 10% 이상 여유 공간을 확
　보한다.
㉺ <u>액비중 0.719(증기비중 2.55)</u>, 비점 34.48℃,
　<u>발화점 180℃</u>, 인화점 −45℃, 연소범위 1.91
　~48%이다.

53. 다음 물질 중 인화점이 가장 낮은 것은?

① CH_3COCH_3 ② $C_2H_5OC_2H_5$
③ $CH_3(CH_2)_3OH$ ④ CH_3OH

(해설) 제4류 위험물의 인화점

품명		인화점
아세톤 (CH_3COCH_3)	제1석유류	$-18℃$
디에틸에테르 ($C_2H_5OC_2H_5$)	특수인화물	$-45℃$
부틸알코올 ($CH_3(CH_2)_3OH$)	알코올류	$28℃$
메탄올(CH_3OH)	알코올류	$11℃$

54. 과산화수소의 성질에 대한 설명으로 옳지 않은 것은?

① 산화성이 강한 무색 투명한 액체이다.
② 위험물 안전관리법령상 일정 비중 이상일 때 위험물로 취급한다.
③ 가열에 의해 분해하면 산소가 발생한다.
④ 소독약으로 사용할 수 있다.

(해설) 과산화수소(H_2O_2)의 특징
㉮ 제6류 위험물로 지정수량 300kg이다.
㉯ 순수한 것은 점성이 있는 무색의 액체이나 양이 많을 경우에는 청색을 나타낸다.
㉰ 강한 산화성이 있고 물, 알코올, 에테르 등에는 용해하지만 석유, 벤젠에는 녹지 않는다.
㉱ 알칼리 용액에서는 급격히 분해하나 약산성에서는 분해하기 어렵다.
㉲ 시판품은 30~40%의 수용액으로 분해되기 쉬워 안정제(인산[H_3PO_4], 요산[$C_5H_4N_4O_3$])를 가한다.
㉳ 소독약으로 사용되는 옥시풀은 과산화수소 3%인 용액이다.
㉴ 비중(0℃) 1.465, 융점 $-0.89℃$, 비점 80.2℃이다.

(참고) 과산화수소는 그 농도가 <u>36 중량%</u> 이상인 것에 한하여 위험물로 간주한다.

55. 질산과 과염소산의 공통 성질에 해당하지 않는 것은?

① 산소를 함유하고 있다.
② 불연성 물질이다.
③ 강산이다.
④ 비점이 상온보다 낮다.

(해설) 질산(HNO_3)과 과염소산($HClO_4$)의 비교

구분	질산	과염소산
유별	제6류 위험물	제6류 위험물
성질	산화성 액체	산화성 액체
산성	강한 산성	강한 산성
물과 반응	심하게 반응하여 발열	물과 혼합되고 발열
액체 비중	1.49	1.76
증기 비중	2.17	3.47
비점	86℃	39℃

(참고) 질산과 과염소산의 비점은 상온보다 높다.

56. 다음 물질 중 위험물 유별에 따른 구분이 나머지 셋과 다른 하나는?

① 질산은   ② 질산메틸
③ 무수크롬산   ④ 질산암모늄

(해설) 각 위험물의 유별
㉮ 질산은($AgNO_3$), 질산암모늄(NH_4NO_3), 무수크롬산 : 제1류 위험물
㉯ 질산메틸(CH_3ONO_2) : 제5류 위험물

57. 니트로셀룰로오스의 안전한 저장을 위해 사용하는 물질은?

① 페놀   ② 황산
③ 에탄올   ④ 아닐린

(해설) 니트로셀룰로오스(제5류 위험물)는 건조한 상태에서는 발화의 위험이 있기 때문에 물 또는 알코올(에탄올) 등을 첨가하여 습윤시킨 상태로 저장한다.

2015

(정답) **53.** ②   **54.** ②   **55.** ④   **56.** ②   **57.** ③

58. 1분자 내에 포함된 탄소의 수가 가장 많은 것은?

① 아세톤　　　② 톨루엔
③ 아세트산　　④ 이황화탄소

해설 ㉮ 각 위험물의 분자기호 및 탄소의 수

명칭	탄소의 수
아세톤(CH_3COCH_3)	3개
톨루엔($C_6H_5CH_3$)	7개
아세트산(CH_3COOH)	2개
이황화탄소(CS_2)	1개

㉯ 예제에 주어진 위험물 중에서 탄소의 수가 가장 많은 것은 톨루엔($C_6H_5CH_3$)이고, 가장 적은 것은 이황화탄소(CS_2)이다.

59. 다음 중 위험물 안전관리법령에 따라 정한 지정수량이 나머지 셋과 다른 것은?

① 황화인　　　② 적린
③ 유황　　　　④ 철분

해설 제2류 위험물의 지정수량

품명	지정수량
황화인(황화린)	100kg
적린	100kg
유황	100kg
철분	500kg

60. 위험물 안전관리법령상 해당하는 품명이 나머지 셋과 다른 것은?

① 트리니트로페놀
② 트리니트로톨루엔
③ 니트로셀룰로오스
④ 테트릴

해설 ㉮ 제5류 위험물의 품명

품명	
트리니트로페놀 [$C_6H_2(NO_2)_3O$: 피크린산]	니트로화합물
트리니트로톨루엔 [$C_6H_2CH_3(NO_2)_3$: TNT]	니트로화합물
니트로셀룰로오스 [$C_6H_7O_2(ONO_2)_3]_n$: 질화면	질산에스테르류
테트릴	니트로화합물

㉯ 지정수량은 니트로화합물 200kg, 질산에스테르류 10kg이다.

2015. 7. 19 시행 (제4회)

1. 팽창진주암(삽 1개 포함)의 능력단위 1은 용량이 몇 L 인가?

① 70   ② 100   ③ 130   ④ 160

해설 소화설비의 능력단위 [시행규칙 별표17]

소화설비	용량	능력단위
소화전용 물통	8L	0.3
수조(소화전용 물통 3개 포함)	80L	1.5
수조(소화전용 물통 6개 포함)	190L	2.5
마른 모래(삽 1개 포함)	50L	0.5
팽창질석 또는 팽창진주암(삽 1개 포함)	160L	1.0

2. 위험물의 저장창고에 화재가 발생하였을 때 주수(注水)에 의한 소화가 오히려 더 위험한 것은?

① 염소산칼륨   ② 과염소산나트륨
③ 질산암모늄   ④ 탄화칼슘

해설 탄화칼슘(CaC_2)
㉮ 제3류 위험물로 탄화칼슘 자체는 불연성이지만 물과 반응하여 가연성 가스인 아세틸렌(C_2H_2)이 발생되기 때문에 주수에 의한 소화는 화재를 확대시킨다.
㉯ 적응성이 있는 소화설비 : 탄산수소염류 분말소화설비 및 분말소화기, 건조사, 팽창질석 또는 팽창진주암

3. 과산화나트륨의 화재 시 물을 사용한 소화가 위험한 이유는?

① 수소와 열을 발생하므로
② 산소와 열을 발생하므로
③ 수소를 발생하고 이 가스가 폭발적으로 연소하므로

④ 산소를 발생하고 이 가스가 폭발적으로 연소하므로

해설 ㉮ 과산화나트륨(Na_2O_2)은 제1류 위험물로 흡습성이 있으며 물과 반응하여 많은 열과 함께 산소(O_2)와 수산화나트륨($NaOH$)을 발생하므로 소화 시 주수소화는 부적합하다.
㉯ 반응식 : $2Na_2O_2 + 2H_2O \longrightarrow 4NaOH + O_2 \uparrow$

4. 제1종 분말 소화약제의 적응 화재 종류는 어느 것인가?

① A급   ② B.C급
③ A.B급   ④ A.B.C급

해설 분말 소화약제의 종류 및 적응화재

종류	주성분	적응화재	착색
제1종 분말	중탄산나트륨 ($NaHCO_3$)	B.C	백색
제2종 분말	중탄산칼륨 ($KHCO_3$)	B.C	자색 (보라색)
제3종 분말	제1인산암모늄 ($NH_4H_2PO_4$)	A.B.C	담홍색
제4종 분말	중탄산칼륨+요소 [$KHCO_3 + (NH_2)_2CO$]	B.C	회색

5. 피난설비를 설치하여야 하는 위험물 제조소등에 해당하는 것은?

① 건축물의 2층 부분을 자동차 정비소로 사용하는 주유취급소
② 건축물의 2층 부분을 전시장으로 사용하는 주유취급소
③ 건축물의 1층 부분을 주유사무소로 사용하는 주유취급소
④ 건축물의 1층 부분을 관계자의 주거시설로 사용하는 주유취급소

정답 1. ④   2. ④   3. ②   4. ②   5. ②

2015

해설 피난설비 설치 대상 [시행규칙 제43조]
⑦ 주유취급소 중 건축물의 2층 이상의 부분을 점포·휴게음식점 또는 전시장의 용도로 사용하는 것
⑭ 옥내주유취급소

6. 위험물 안전관리법령상 위험물을 유별로 정리하여 저장하면서 서로 1m 이상의 간격을 두면 동일한 옥내 저장소에 저장할 수 있는 경우는?

① 제1류 위험물과 제3류 위험물 중 금수성 물질을 저장하는 경우
② 제1류 위험물과 제4류 위험물을 저장하는 경우
③ 제1류 위험물과 제6류 위험물을 저장하는 경우
④ 제2류 위험물 중 금속분과 제4류 위험물 중 동식물유류를 저장하는 경우

해설 유별을 달리하는 위험물의 동일한 저장소에 저장 기준 [시행규칙 별표18]
⑦ 유별을 달리하는 위험물은 동일한 저장소에 저장하지 아니하여야 한다.
⑭ 동일한 저장소에 저장할 수 있는 경우 : 옥내저장소 또는 옥외저장소에 위험물을 유별로 정리하여 저장하고, 서로 1m 이상의 간격을 두는 경우
　㉠ 제1류 위험물(알칼리금속의 과산화물 또는 이를 함유한 것 제외)과 제5류 위험물
　㉡ 제1류 위험물과 제6류 위험물
　㉢ 제1류 위험물과 제3류 위험물 중 자연발화성물질(황린 또는 이를 함유한 것에 한한다)
　㉣ 제2류 위험물 중 인화성고체와 제4류 위험물
　㉤ 제3류 위험물 중 알킬알루미늄등과 제4류 위험물(알킬알루미늄 또는 알킬리튬을 함유한 것에 한한다)
　㉥ 제4류 위험물 중 유기과산화물 또는 이를 함유한 것과 제5류 위험물 중 유기과산화물 또는 이를 함유한 것

7. 연소의 3요소를 모두 포함하는 것은?

① 과염소산, 산소, 불꽃
② 마그네슘분말, 연소열, 수소
③ 아세톤, 수소, 산소
④ 불꽃, 아세톤, 질산암모늄

해설 ⑦ 연소의 3요소 : 가연물질, 산소공급원, 점화원
⑭ 예제에서 가연물질은 아세톤, 산소공급원은 질산암모늄, 점화원은 불꽃이 해당된다.

8. 위험물 안전관리법령상 경보설비로 자동화재탐지설비를 설치해야 할 위험물 제조소의 규모의 기준에 대한 설명으로 옳은 것은?

① 연면적 500m^2 이상인 것
② 연면적 1000m^2 이상인 것
③ 연면적 1500m^2 이상인 것
④ 연면적 2000m^2 이상인 것

해설 제조소 및 일반취급소에 자동화재 탐지설비만을 설치해야 하는 대상 [시행규칙 별표17]
⑦ 연면적 500m^2 이상인 것
⑭ 옥내에서 지정수량의 100배 이상을 취급하는 것(고인화점 위험물만을 100℃ 미만의 온도에서 취급하는 것을 제외한다)
⑭ 일반취급소로 사용되는 부분 외의 부분이 있는 건축물에 설치된 일반취급소(일반취급소와 일반취급소 외의 부분이 내화구조의 바닥 또는 벽으로 개구부 없이 구획된 것을 제외한다)

9. 액화 이산화탄소 1kg이 25℃, 2atm에서 방출되어 모두 기체가 되었다. 방출된 기체상의 이산화탄소 부피는 약 몇 L인가?

① 238　　　　② 278
③ 308　　　　④ 340

해설 ⑦ 이산화탄소(CO_2)의 분자량(M) 계산 :
　12+(16×2)=44
⑭ 기체상태의 이산화탄소 부피(L) 계산 : 이상 기체 상태방정식 $PV = \dfrac{W}{M}RT$를 이용하여

계산

$$\therefore V = \frac{WRT}{PM}$$

$$= \frac{(1 \times 10^3) \times 0.082 \times (273 + 25)}{2 \times 44}$$

$$= 277.681\,L$$

⊕ 이상기체 상태방정식 공식 : $PV = \frac{W}{M}RT$

P : 압력(atm) → 2atm

V : 부피(L) → 구하여야 할 부피

M : 분자량(g/mol) → 44

W : 질량(g) → 1kg=1×10³g=1000g

R : 기체상수(0.082L·atm/mol·K)

T : 절대온도(K) → (273+25) K

10. 위험물 안전관리법령에서 정한 "물분무등 소화설비"의 종류에 속하지 않는 것은 어느 것인가?

① 스프링클러설비
② 포 소화설비
③ 분말 소화설비
④ 이산화탄소 소화설비

해설 물분무등 소화설비 종류 [시행규칙 별표17]
㉮ 물분무 소화설비
㉯ 포 소화설비
㉰ 불활성가스 소화설비
㉱ 할로겐화합물 소화설비
㉲ 분말 소화설비 : 인산염류, 탄산수소염류, 그 밖의 것

11. 혼합물인 위험물이 복수의 성상을 가지는 경우에 적용하는 품명에 관한 설명으로 틀린 것은?

① 산화성 고체의 성상 및 가연성 고체의 성상을 가지는 경우 : 산화성 고체의 품명
② 산화성 고체의 성상 및 자기반응성 물질의 성상을 가지는 경우 : 자기반응성 물질의 품명

③ 가연성 고체의 성상과 자연발화성 물질의 성상 및 금수성 물질의 성상을 가지는 경우 : 자기발화성 물질 및 금수성 물질의 품명
④ 인화성 액체의 성상 및 자기반응성 물질의 성상을 가지는 경우 : 자기반응성 물질의 품명

해설 복수성상 물품에 속하는 품명 [시행령 별표1]
㉮ 산화성 고체의 성상 및 가연성 고체의 성상을 가지는 경우 : 제2류 가연성 고체의 규정에 의한 품명
㉯ 산화성 고체의 성상 및 자기반응성 물질의 성상을 가지는 경우 : 제5류 자기반응성 물질의 규정에 의한 품명
㉰ 가연성 고체의 성상과 자연발화성 물질의 성상 및 금수성 물질의 성상을 가지는 경우 : 제3류 자연발화성 물질 및 금수성물질의 규정에 의한 품명
㉱ 자연발화성 물질의 성상, 금수성물질의 성상 및 인화성 액체의 성상을 가지는 경우 : 제3류 자연발화성 물질 및 금수성 물질의 규정에 의한 품명
㉲ 인화성 액체의 성상 및 자기반응성 물질의 성상을 가지는 경우 : 제5류 자기반응성 물질의 규정에 의한 품명

12. 제3류 위험물 중 금수성 물질에 적응성이 있는 소화설비는?

① 할로겐화합물 소화설비
② 포 소화설비
③ 이산화탄소 소화설비
④ 탄산수소염류 분말 소화설비

해설 제3류 위험물 중 금수성 물질에 적응성이 있는 소화설비 [시행규칙 별표17]
㉮ 탄산수소염류 분말소화설비 및 분말소화기
㉯ 건조사
㉰ 팽창질석 또는 팽창진주암

2015

13. 제6류 위험물을 저장하는 장소에 적응성이 있는 소화설비가 아닌 것은?

① 물분무 소화설비
② 포 소화설비
③ 이산화탄소 소화설비
④ 옥내 소화전설비

해설 제6류 위험물에 적응성이 있는 소화설비
[시행규칙 별표17]
㉮ 옥내소화전 또는 옥외소화전설비
㉯ 스프링클러설비
㉰ 물분무 소화설비
㉱ 포 소화설비
㉲ 인산염류 분말 소화설비
㉳ 봉상수(棒狀水) 소화기
㉴ 무상수(霧狀水) 소화기
㉵ 봉상강화액 소화기
㉶ 무상강화액 소화기
㉷ 포 소화기
㉸ 인산염류 분말 소화기
㉹ 물통 또는 건조사
㉺ 건조사
㉻ 팽창질석 또는 팽창진주암

참고 문제에서 묻는 것은 적응성이 없는 소화설비로 적응성이 있는 소화설비 외에는 적응성이 **없**는 것이다.

14. $NH_4H_2PO_4$이 열분해하여 생성되는 물질 중 암모니아와 수증기의 부피 비율은?

① 1 : 1   ② 1 : 2
③ 2 : 1   ④ 3 : 2

해설 제3종 분말 소화약제의 열분해
㉮ 인산암모늄($NH_4H_2PO_4$)이 열분해하여 생성되는 물질은 암모니아(NH_3)와 수증기(H_2O)이며 부피비는 1 : 1이다.
㉯ 반응식 : $NH_4H_2PO_4 \rightarrow HPO_3 + NH_3 + H_2O$

15. 소화약제에 따른 주된 소화효과로 틀린 것은?

① 수성막포 소화약제 : 질식효과
② 제2종 분말 소화약제 : 탈수탄화효과
③ 이산화탄소 소화약제 : 질식효과
④ 할로겐화합물 소화약제 : 화학억제효과

해설 소화약제의 소화효과
㉮ 물 : 냉각효과
㉯ 산·알칼리 소화약제 : 냉각효과
㉰ 강화액 소화약제 : 냉각소화, 부촉매효과, 일부질식효과
㉱ 이산화탄소 소화약제 : 질식효과, 냉각효과
㉲ 할로겐화합물 소화약제 : 억제효과(부촉매효과)
㉳ 포 소화약제 : 질식효과, 냉각효과
㉴ 분말 소화약제 : 질식효과, 냉각효과
　㉠ 제2종 분말 소화약제는 중탄산칼륨으로 질식효과가 있음
　㉡ 제3종 분말 소화약제는 부촉매효과도 있음

16. 제5류 위험물을 저장 또는 취급하는 장소에 적응성이 있는 소화설비는?

① 포 소화설비
② 분말 소화설비
③ 이산화탄소 소화설비
④ 할로겐화합물 소화설비

해설 제5류 위험물에 적응성이 있는 소화설비
[시행규칙 별표17]
㉮ 옥내소화전 또는 옥외소화전설비
㉯ 스프링클러설비
㉰ 물분무 소화설비
㉱ 포 소화설비
㉲ 봉상수(棒狀水) 소화기
㉳ 무상수(霧狀水) 소화기
㉴ 봉상강화액 소화기
㉵ 무상강화액 소화기
㉶ 포 소화기
㉷ 물통 또는 건조사
㉸ 건조사
㉹ 팽창질석 또는 팽창진주암

정답   **13.** ③   **14.** ①   **15.** ②   **16.** ①

17. 옥외 저장소에 덩어리 상태의 유황만을 지반 면에 설치한 경계표시의 안쪽에서 저장할 경우 하나의 경계표시의 내부 면적은 몇 m^2 이하이어야 하는가?

① 75
② 100
③ 150
④ 300

해설 덩어리 상태의 유황만을 저장하는 옥외 저장소 기준 [시행규칙 별표11]
㉮ 하나의 경계표시의 내부의 면적은 $100m^2$ 이하일 것
㉯ 2 이상의 경계표시를 설치하는 경우에는 각각의 내부 면적을 합산한 면적은 $1000m^2$ 이하로 하고, 인접하는 경계표시와의 간격을 보유 공지 너비의 1/2 이상으로 할 것. 다만, 저장 또는 취급하는 위험물의 최대수량이 지정수량의 200배 이상인 경우에는 경계표시와의 간격을 10m 이상으로 하여야 한다.
㉰ 경계표시는 불연재료로 만드는 동시에 유황이 새지 아니하는 구조로 할 것
㉱ 경계표시의 높이는 1.5m 이하로 할 것
㉲ 경계표시에는 유황이 넘치거나 비산하는 것을 방지하기 위한 천막 등을 고정하는 장치를 설치하되, 천막 등을 고정하는 장치는 경계표시의 길이 2m 마다 한 개 이상 설치할 것
㉳ 유황을 저장 또는 취급하는 장소의 주위에는 배수구와 분리장치를 설치할 것

18. 위험물 시설에 설비하는 자동화재 탐지설비의 하나의 경계구역 면적과 그 한 변의 길이의 기준으로 옳은 것은? (단, 광전식 분리형 감지기를 설치하지 않은 경우이다.)

① $300m^2$ 이하, 50m 이하
② $300m^2$ 이하, 100m 이하
③ $600m^2$ 이하, 50m 이하
④ $600m^2$ 이하, 100m 이하

해설 자동화재 탐지설비 설치기준 [시행규칙 별표17]
㉮ 자동화재 탐지설비의 경계구역은 건축물 그 밖의 공작물의 2 이상의 층에 걸치지 아니하도록 할 것. 다만, 하나의 경계구역의 면적이 $500m^2$ 이하이면서 당해 경계구역이 두 개의 층에 걸치는 경우이거나 계단·경사로·승강기의 승강로 그 밖에 이와 유사한 장소에 연기감지기를 설치하는 경우에는 그러하지 아니하다.
㉯ 하나의 경계구역의 면적은 $600m^2$ 이하로 하고 그 한 변의 길이는 50m(광전식분리형 감지기를 설치할 경우에는 100m) 이하로 할 것. 다만, 당해 건축물 그 밖의 공작물의 출입구에서 그 내부의 전체를 볼 수 있는 경우에는 그 면적을 $1000m^2$ 이하로 할 수 있다.
㉰ 자동화재 탐지설비의 감지기는 지붕(상층이 있는 경우에는 상층의 바닥) 또는 벽의 옥내에 면한 부분(천장이 있는 경우에는 천장 또는 벽의 옥내에 면한 부분 및 천장의 뒷부분)에 유효하게 화재의 발생을 감지할 수 있도록 설치할 것
㉱ 자동화재 탐지설비에는 비상전원을 설치할 것

19. 위험물 안전관리법령에서 정한 탱크 안전성능 검사의 구분에 해당하지 않는 것은 어느 것인가?

① 기초·지반검사
② 충수·수압검사
③ 용접부 검사
④ 배관 검사

해설 탱크 안전성능 검사의 종류 [시행령 제8조]
㉮ 기초·지반검사
㉯ 충수·수압검사
㉰ 용접부 검사
㉱ 암반 탱크 검사

20. 화재의 종류와 가연물이 옳게 연결된 것은?

① A급 - 플라스틱
② B급 - 섬유
③ A급 - 페인트
④ B급 - 나무

해설 화재의 분류 및 표시 색상

구분	화재 종류	표시 색상
A급 화재	일반 화재	백색
B급 화재	유류, 가스 화재	황색
C급 화재	전기 화재	청색
D급 화재	금속 화재	–

21. 위험물 안전관리법령상 위험물의 운송에 있어서 운송책임자의 감독 또는 지원을 받아 운송하여야 하는 위험물에 속하지 않는 것은?

① $Al(CH_3)_3$
② CH_3Li
③ $Cd(CH_3)_2$
④ $Al(C_4H_9)_3$

해설 ㉮ 운송책임자의 감독, 지원을 받아 운송하여야 하는 위험물 종류[시행령 제19조]
  ㉠ 알킬알루미늄
  ㉡ 알킬리튬
  ㉢ 알킬알루미늄 또는 알킬리튬을 함유하는 위험물
㉯ 예제의 위험물 명칭
  ㉠ $Al(CH_3)_3$: 트리메틸알루미늄으로 제3류 위험물 중 알킬알루미늄에 해당된다.
  ㉡ CH_3Li : 메틸리튬으로 제3류 위험물 중 알킬리튬에 해당된다.
  ㉢ $Cd(CH_3)_2$: 디메틸카드뮴으로 제3류 위험물 중 유기금속화합물에 해당된다.
  ㉣ $Al(C_4H_9)_3$: 트리이소부틸알루미늄으로 제3류 위험물 중 알킬알루미늄에 해당된다.

22. 위험물 탱크의 용량은 탱크의 내용적에서 공간용적을 뺀 용적으로 한다. 이 경우 소화약제 방출구를 탱크 안의 윗부분에 설치하는 탱크의 공간용적은 당해 소화설비 소화약제 방출구 아래의 어느 범위의 면으로부터 윗부분의 용적으로 하는가?

① 0.1m 이상 0.5m 미만 사이의 면
② 0.3m 이상 1m 미만 사이의 면
③ 0.5m 이상 1m 미만 사이의 면
④ 0.5m 이상 1.5m 미만 사이의 면

해설 탱크의 내용적 및 공간용적 [세부기준 제25조]
㉮ 위험물을 저장 또는 취급하는 탱크의 용량은 해당 탱크의 내용적에서 공간용적을 뺀 용적으로 한다[시행규칙 제5조].
㉯ 탱크의 공간용적은 탱크 내용적의 100분의 5 이상 100분의 10 이하의 용적으로 한다. 다만, 소화설비(소화약제 방출구를 탱크 안의 윗부분에 설치하는 것에 한한다)를 설치하는 탱크의 공간용적은 당해 소화설비의 소화약제 방출구 아래의 0.3m 이상 1m 미만의 사이의 면으로부터 윗부분의 용적으로 한다.

23. 다음 위험물 중 비중이 물보다 큰 것은 어느 것인가?

① 디에틸에테르
② 아세트알데히드
③ 산화프로필렌
④ 이황화탄소

해설 제4류 위험물 중 특수인화물 품명의 비중

품명	액체 비중	증기 비중
디에틸에테르 $(C_2H_5OC_2H_5)$	0.719	2.55
아세트알데히드 (CH_3CHO)	0.783	1.52
산화프로필렌 (CH_3CHOCH_2)	0.83	2.0
이황화탄소(CS_2)	1.263	2.62

24. 과산화나트륨에 대한 설명 중 틀린 것은?

① 순수한 것은 백색이다.
② 상온에서 물과 반응하여 수소 가스를 발생한다.
③ 화재 발생 시 주수소화는 위험할 수 있다.
④ CO 및 CO_2 제거제를 제조할 때 사용된다.

해설 과산화나트륨(Na_2O_2)의 특징
㉮ 제1류 위험물 중 무기과산화물에 해당되며 지정수량은 50kg이다.
㉯ 순수한 것은 백색이지만 보통은 담황색을 띠고 있는 결정분말이다.

ⓓ 공기 중에서 탄산가스를 흡수하여 탄산염이 된다.
ⓔ 조해성이 있으며 <u>물과 반응</u>하여 많은 열과 함께 <u>산소</u>(O_2)와 수산화나트륨($NaOH$)을 발생한다.
ⓕ 가열하면 분해되어 산화나트륨(Na_2O)과 산소가 발생한다.
ⓖ 강산화제로 용융물은 금, 니켈을 제외한 금속을 부식시킨다.
ⓗ 알코올에는 녹지 않으나, 묽은 산과 반응하여 과산화수소(H_2O_2)를 생성시킨다.
ⓘ 탄화칼슘(CaC_2), 마그네슘, 알루미늄 분말, 초산(CH_3COOH), 에테르($C_2H_5OC_2H_5$) 등과 혼합하면 발화하거나 폭발의 위험이 있다.
ⓙ 비중 2.805, 융점 및 분해온도 460℃이다.
ⓚ 주수 소화는 금물이고, 마른 모래(건조사)를 이용한다.

25. 위험물 안전관리법령에서 정한 품명이 서로 다른 물질을 나열한 것은?
① 이황화탄소, 디에틸에테르
② 에틸알코올, 고형알코올
③ 등유, 경유
④ 중유, 클레오소트유

해설 제4류 위험물 품명에 따른 분류
ⓐ 특수인화물 : 디에틸에테르($C_2H_5OC_2H_5$: 에테르), 이황화탄소(CS_2), 아세트알데히드(CH_3CHO), 산화프로필렌(CH_3CHOCH_2), 디에틸설파이드(황화디메틸) 등
ⓑ 제1석유류 : 아세톤(CH_3COCH_3 : 디메틸케톤), 가솔린($C_5H_{12} \sim C_9H_{20}$: 휘발유), 벤젠(C_6H_6 : 벤졸), 톨루엔($C_6H_5CH_3$: 메틸벤젠), 크실렌[$C_6H_4(CH_3)_2$: 디메틸벤젠], 초산에스테르류, 의산(개미산) 에스테르류, 메틸에틸케톤($CH_3COC_2H_5$), 피리딘(C_5H_5N) 등
ⓒ 알코올류 : 메틸알코올(CH_3OH : 메탄올), 에틸알코올(C_2H_5OH : 에탄올), 이소프로필알코올, 변성알코올
ⓓ 제2석유류 : 등유, 경유, 의산(포름산), 초산, 테레핀유, 장뇌유, 스티렌, 송근유, 에틸셀

솔브(에틸글리콜), 메틸셀르솔브(메틸글리콜), 클로로벤젠, 아크릴산
ⓔ 제3석유류 : 중유, 클레오소트유, 에틸렌글리콜, 글리세린, 니트로벤젠, 아닐린, 담금질유
ⓕ 제4석유류 : 기어유, 실린더유, 방청유, 절삭유
ⓖ 동식물유류 : 들기름, 아마인유, 참기름, 목화씨유, 올리브유, 피마자유 등

참고 고형알코올은 제2류 위험물 중 인화성고체에 해당된다.

26. 위험물 옥내저장소에 과염소산 300kg, 과산화수소 300kg을 저장하고 있다. 저장창고에는 지정수량 몇 배의 위험물을 저장하고 있는가?
① 4   ② 3
③ 2   ④ 1

해설 제6류 위험물 지정수량
ⓐ 과염소산 : 30g
ⓑ 과산화수소 : 300kg
ⓒ 지정수량 배수의 합 계산 : 지정수량 배수의 합은 각 위험물량을 지정수량으로 나눈 값의 합이다.
∴ 지정수량 배수의 합
$= \dfrac{A 위험물량}{지정수량} + \dfrac{B 위험물량}{지정수량}$
$= \dfrac{300}{300} + \dfrac{300}{300} = 2$ 배

27. 위험물 안전관리자를 해임할 때에는 해임한 날로부터 며칠 이내에 위험물 안전관리자를 다시 선임하여야 하는가?
① 7   ② 14
③ 30   ④ 60

해설 위험물 안전관리자[법 제15조]
ⓐ 안전관리자를 선임한 제조소등의 관계인은 그 안전관리자를 <u>해임</u>, 퇴직한 때에는 해임, 퇴직한 날부터 <u>30일</u> 이내에 안전관리자를 선임하여야 한다.

ⓓ 제조소등의 관계인은 안전관리자를 선임한 날부터 14일 이내에 소방본부장 또는 소방서장에게 신고하여야 한다.

ⓔ 안전관리자 대리자(代理者)의 직무 대행 기간은 30일을 초과할 수 없다.

28. 염소산염류 250kg, 요오드산염류 600kg, 질산염류 900kg을 저장하고 있는 경우 지정수량의 몇 배가 보관되어 있는가?

① 5배   ② 7배

③ 10배   ④ 12배

해설 ㉮ 제1류 위험물의 지정수량

품명	지정수량
염소산염류	50kg
요오드산염류	300kg
질산염류	300kg

ⓝ 지정수량 배수의 합 계산 : 지정수량 배수의 합은 각 위험물량을 지정수량으로 나눈 값의 합이다.

∴ 지정수량 배수의 합

$$= \frac{A \text{위험물량}}{\text{지정수량}} + \frac{B \text{위험물량}}{\text{지정수량}} + \frac{C \text{위험물량}}{\text{지정수량}}$$

$$= \frac{250}{50} + \frac{600}{300} + \frac{900}{300} = 10 \text{배}$$

29. 위험물 안전관리법령상 품명이 "유기과산화물"인 것으로만 나열된 것은?

① 과산화벤조일, 과산화메틸에틸케톤

② 과산화벤조일, 과산화마그네슘

③ 과산화마그네슘, 과산화메틸에틸케톤

④ 과산화초산, 과산화수소

해설 유기과산화물

㉮ 제5류 위험물이며 지정수량은 10kg이다.

ⓝ 종류

• 과산화벤조일[$(C_6H_5CO)_2O_2$: 벤조일퍼옥사이드]

• 메틸에틸케톤퍼옥사이드[$(CH_3COC_2H_5)_2O_2$: 과산화메틸에틸케톤]

30. 위험물 안전관리법령상 판매취급소에 관한 설명으로 옳지 않은 것은?

① 건축물의 1층에 설치하여야 한다.

② 위험물을 저장하는 탱크시설을 갖추어야 한다.

③ 건축물의 다른 부분과는 내화구조의 격벽으로 구획하여야 한다.

④ 제조소와 달리 안전거리 또는 보유공지에 관한 규제를 받지 않는다.

해설 판매취급소 기준 [시행규칙 별표14]

㉮ 저장 또는 판매하는 위험물의 수량이 20배 이하인 1종 판매취급소와 40배 이하인 2종 판매취급소로 분류한다.

ⓝ 판매취급소는 건축물 1층에 설치하여야 한다.

ⓓ "위험물 판매취급소(○종)"라는 표지와 방화에 관한 게시판을 설치하여야 한다.

ⓔ 제조소와 달리 안전거리 또는 보유공지에 관한 규제를 받지 않는다.

ⓕ 건축물의 다른 부분과는 내화구조의 격벽으로 구획하여야 한다.

ⓖ 판매취급소 출입구는 갑종방화문 또는 을종방화물을 설치하여야 한다.

ⓗ 창 및 출입구에 유리를 사용하는 경우 망입유리로 하여야 한다.

참고 판매취급소는 점포에서 위험물을 용기에 담아 판매하기 위하여 위험물을 취급하는 장소로 위험물을 저장하는 탱크시설을 갖추지 않아도 된다.

31. 위험물 안전관리법령에 의한 위험물 운송에 관한 규정으로 틀린 것은?

① 이동탱크 저장소에 의하여 위험물을 운송하는 자는 당해 위험물을 취급할 수 있는 국가기술자격자 또는 안전교육을 받은 자이어야 한다.

② 안전관리자, 탱크시험자, 위험물 운송자 등 위험물의 안전관리와 관련된 업무를 수행하는 자는 시·도지사가 실시하는 안전교육을 받아야 한다.

③ 운송책임자의 범위, 감독 또는 지원의 방법 등에 관한 구체적인 기준은 행정안전부령으로 정한다.

④ 위험물 운송자는 이동탱크 저장소에 의하여 위험물을 운송하는 때에는 행정안전부령으로 정하는 기준을 준수하는 등 당해 위험물의 안전 확보를 위하여 세심한 주의를 기울여야 한다.

해설 안전교육 [법 제28조]

㉮ 안전관리자·탱크시험자·위험물운송자 등은 <u>소방청장</u>이 실시하는 안전교육을 받아야 한다.

㉯ 법 30조 및 시행령 제22조에 의하여 소방청장은 안전관리자 및 위험물운송자의 안전교육을 한국소방안전원에, 탱크시험자의 안전교육을 한국소방산업기술원에 위탁하여 실시한다.

32. 과산화수소의 성질에 대한 설명 중 틀린 것은?

① 알칼리성 용액에 의해 분해될 수 있다.
② 산화제로 사용할 수 있다.
③ 농도가 높을수록 안정하다.
④ 열, 햇빛에 의해 분해될 수 있다.

해설 과산화수소(H_2O_2)의 위험성

㉮ 제6류 위험물로 지정수량 300kg이다.

㉯ 열, 햇빛에 의해서 쉽게 분해하여 산소를 방출한다.

㉰ 은(Ag), 백금(Pt) 등 금속분말 또는 산화물(MnO_2, PbO, HgO, CoO_3)과 혼합하면 급격히 반응하여 산소를 방출하여 폭발하기도 한다.

㉱ 용기가 가열되면 내부에 분해산소가 발생하기 때문에 용기가 파열하는 경우도 있다.

㉲ <u>농도가 높아질수록 불안정하며, 온도가 높아질수록 분해속도가 증가하고 비점 이하에서 폭발한다.</u>

㉳ 분해를 방지하기 위하여 인산(H_3PO_4), 요산($C_5H_4N_4O_3$)을 안정제로 사용한다.

㉴ 농도가 60% 이상의 것은 충격에 의해 단독 폭발의 가능성이 있다.

㉵ 농도가 진한 액이 피부에 접촉되면 화상을 입는다.

33. $C_6H_2CH_3(NO_2)_3$을 녹이는 용제가 아닌 것은?

① 물 　　　　② 벤젠
③ 에테르 　　④ 아세톤

해설 트리니트로톨루엔[$C_6H_2CH_3(NO_2)_3$: TNT]

㉮ 제5류 위험물 중 니트로화합물로 지정수량 200kg이다.

㉯ 물에는 녹지 않지만 알코올, 벤젠, 에테르, 아세톤에는 잘 녹는다.

참고 트리니트로톨루엔의 용제로 사용하는 것이 알코올, 벤젠, 에테르, 아세톤이다.

34. 제6류 위험물을 저장하는 옥내탱크 저장소로서 단층 건물에 설치된 것의 소화 난이도 등급은?

① Ⅰ 등급 　　② Ⅱ 등급
③ Ⅲ 등급 　　④ 해당 없음

해설 소화난이도 등급 [시행규칙 별표17]

㉮ 옥내탱크 저장소로서 단층 건물에 위험물을 취급하는 것은 소화난이도 등급 Ⅱ에 해당되지만 제6류 위험물만을 저장하는 경우에는 제외되는 경우이다.

㉯ 옥내탱크 저장소에 6류 위험물을 저장하는 경우 소화난이도 등급은 어디에도 해당되지 않는다.

35. 황린에 관한 설명 중 틀린 것은?

① 물에 잘 녹는다.
② 화재 시 물로 냉각소화 할 수 있다.
③ 적린에 비해 불안정하다.
④ 적린과 동소체이다.

해설 황린(P_4)의 특징

㉮ 제3류 위험물로 지정수량은 20kg이다.

㉯ 백색 또는 담황색 고체로 일명 백린이라 한다.

정답 32. ③　33. ①　34. ④　35. ①

㉰ 강한 마늘 냄새가 나고, 증기는 공기보다 무거운 가연성이며 맹독성 물질이다.
㉴ 물에 녹지 않고 벤젠, 알코올에 약간 용해하며 이황화탄소, 염화황, 삼염화인에 잘 녹는다.
㉵ 공기를 차단하고 약 260℃로 가열하면 적린이 된다(적린과 동소체이며 적린에 비해 불안정하다).
㉶ 상온에서 증기를 발생하고 서서히 산화하므로 어두운 곳에서 청백색의 인광을 발한다.
㉷ 다른 원소와 반응하여 인화합물을 만들며, 연소할 때 유독성의 오산화인(P_2O_5)이 발생하면서 백색 연기가 난다.
㉸ 자연 발화의 가능성이 있으므로 물속에만 저장하며, 온도가 상승 시 물의 산성화가 빨라져 용기를 부식시키므로 직사광선을 막는 차광 덮개를 하여 저장한다.
㉹ 액체 비중 1.82, 증기비중 4.3, 융점 44℃, 비점 280℃, 발화점 34℃이다.

36. 다음 그림의 시험장치는 체 몇 류 위험물의 위험성 판정을 위한 것인가? (단, 고체물질의 위험성 판정이다.)

① 제1류 ② 제2류 ③ 제3류 ④ 제4류

해설 고체의 인화 위험성 시험방법 [세부기준 제9조] : 그림은 가연성고체(제2류 위험물)에 인화의 위험성을 시험하는 신속평형법 시료컵이다.

37. 위험물 안전관리법령상 에틸렌글리콜과 혼재하여 운반할 수 없는 위험물은? (단, 지정수량의 10배일 경우이다.)

① 유황
② 과망간산나트륨
③ 알루미늄분
④ 트리니트로톨루엔

해설 ㉮ 위험물 운반할 때 혼재 기준[시행규칙 별표19, 부표2]

구분	제1류	제2류	제3류	제4류	제5류	제6류
제1류		×	×	×	×	○
제2류	×		×	○	○	×
제3류	×	×		○	×	×
제4류	×	○	○		○	×
제5류	×	○	×	○		×
제6류	○	×	×	×	×	

○ : 혼합 가능, × : 혼합 불가능

㉯ 이 표는 지정수량의 $\frac{1}{10}$ 이하의 위험물에 대하여는 적용하지 않는다.
㉰ 에틸렌글리콜은 제4류 위험물 중 제3석유류이다. 그러므로 혼재가 가능한 것은 제2류, 제3류, 제5류 위험물이고, 혼재할 수 없는 것은 제1류, 제6류 위험물이다.
㉱ 각 위험물의 유별
 ㉠ 유황 : 제2류 위험물
 ㉡ 과망간산나트륨 : 제1류 위험물 중 과망간산염류
 ㉢ 알루미늄분 : 제2류 위험물 중 금속분
 ㉣ 트리니트로톨루엔 : 제5류 위험물 중 니트로화합물

38. 제2석유류만으로 짝지어진 것은?

① 시클로헥산 – 피리딘
② 염화아세틸 – 휘발유
③ 시클로헥산 – 중유
④ 아크릴산 – 포름산

해설 ㉮ 제2석유류의 종류 : 등유, 경유, 의산(포름산), 초산, 테레핀유, 장뇌유, 스티렌, 송근유, 에틸셀르솔브(에틸글리콜), 메틸셀르솔브(메틸글리콜), 클로로벤젠, 히드라진, 아크릴산
㉯ 제1석유류 : 시클로헥산, 피리딘, 염화아세틸, 휘발유
㉰ 제3석유류 : 중유

39. 다음 중 물과의 반응성이 가장 낮은 것은?

① 인화알루미늄   ② 트리에틸알루미늄
③ 오황화인   ④ 황린

해설 각 위험물의 물과의 반응성
㉮ 인화알루미늄(AlP) : 제3류 위험물 중 금속의 인화물에 해당되며 물과 반응하면 가연성 가스이면서 유독한 인화수소(PH₃ : 포스핀)을 발생한다.
㉯ 트리에틸알루미늄 : 제3류 위험물 중 알킬알루미늄에 해당되며 물과 반응하면 가연성 가스인 에탄(C₂H₆)을 발생한다.
㉰ 오황화인(P₂S₅) : 제2류 위험물 중 황화린에 해당되며 물과 반응하면 가연성 가스이면서 유독한 황화수소(H₂S)가 발생한다.
㉱ 황린(P₄) : 제3류 위험물로 물과의 반응성이 아주 낮은 것으로 자연발화의 가능성 때문에 물속에 넣어 보관한다.

40. 금속 나트륨, 금속 칼륨 등을 보호액 속에 저장하는 이유를 옳게 설명한 것은?

① 온도를 낮추기 위하여
② 승화하는 것을 막기 위하여
③ 공기와의 접촉을 막기 위하여
④ 운반 시 충격을 적게 하기 위하여

해설 금속 나트륨과 금속 칼륨의 공통적인 성질
㉮ 제3류 위험물로 지정수량 10kg이다.
㉯ 은백색의 경금속으로 금수성물질이며 가연성 고체이다.
㉰ 물과 반응 시 수소(H₂)를 발생한다.
㉱ 나트륨 비중 0.97, 칼륨 비중 0.86으로 물보다 가벼운 금속이다.
㉲ 산화를 방지하기 위하여 보호액(등유, 경유, 파라핀) 속에 넣어 저장한다.
㉳ 소화방법은 건조사(마른 모래)를 이용한 질식소화를 한다.

41. 위험물 안전관리법령에서 정한 특수인화물의 발화점 기준으로 옳은 것은?

① 1기압에서 100℃ 이하
② 0기압에서 100℃ 이하
③ 1기압에서 25℃ 이하
④ 0기압에서 25℃ 이하

해설 특수인화물의 정의 [시행령 별표1]
㉮ "특수인화물"이라 함은 이황화탄소, 디에틸에테르 그 밖에 1기압에서 발화점이 100℃ 이하인 것 또는 인화점이 −20℃ 이하이고 비점이 40℃ 이하인 것을 말한다.
㉯ 특수인화물의 발화점 기준 : 1기압에서 발화점이 100℃ 이하

42. 위험물의 지정수량이 잘못된 것은?

① (C₂H₅)₃Al : 10kg ② Ca : 50kg
③ LiH : 300kg   ④ Al₄C₃ : 500kg

해설 제3류 위험물의 지정수량

품명		지정수량
트리에틸알루미늄 [(C₂H₅)₃Al]	알킬알루미늄	10kg
칼슘(Ca)	알칼리토금속	50kg
수소화리튬 (LiH)	금속의 수소화물	300kg
탄화알루미늄(Al₄C₃)	알루미늄탄화물	300kg

정답 **38.** ④ **39.** ④ **40.** ③ **41.** ① **42.** ④

43. 다음 중 요오드값이 가장 낮은 것은?

① 해바라기유　　② 오동유

③ 아마인유　　　④ 낙화생유

해설 요오드값에 따른 동식물유류의 분류 및 종류

구분	요오드값	종류
건성유	130 이상	들기름, 아마인유, 해바라기유, 오동유
반건성유	100~130 미만	목화씨유, 참기름, 채종유
불건성유	100 미만	땅콩기름(낙화생유), 올리브유, 피마자유, 야자유, 동백유

44. 탄소 80%, 수소 14%, 황 6%인 물질 1kg이 완전 연소하기 위해 필요한 이론공기량은 약 몇 kg인가? (단, 공기 중 산소는 23wt%이다.)

① 3.31　　　　② 7.05

③ 11.62　　　④ 14.41

해설 $A_0 = 11.49\,\mathrm{C} + 34.5\left(\mathrm{H} - \dfrac{\mathrm{O}}{8}\right) + 4.3\,\mathrm{S}$

$= 11.49 \times 0.8 + 34.5 \times 0.14 + 4.3 \times 0.06$

$= 14.28\,\mathrm{kg/kg}$

45. 다음 중 위험물 운반용기의 외부에 "제4류"와 "위험등급 Ⅱ"의 표시만 보이고 품명이 잘 보이지 않을 때 예상할 수 있는 수납 위험물의 품명은?

① 제1석유류　　② 제2석유류

③ 제3석유류　　④ 제4석유류

해설 제4류 위험물의 위험등급에 따른 품명
　㉮ 위험등급 Ⅰ : 특수인화물
　㉯ 위험등급 Ⅱ : 제1석유류, 알코올류
　㉰ 위험등급 Ⅲ : 제2석유류, 제3석유류, 제4석유류, 동식물유류

46. 질산의 저장 및 취급법이 아닌 것은?

① 직사광선을 차단한다.

② 분해 방지를 위해 요산, 인산 등을 가한다.

③ 유기물과 접촉을 피한다.

④ 갈색 병에 넣어 보관한다.

해설 질산(HNO_3)의 저장 및 취급법
　㉮ 제6류 위험물(산화성액체)로 지정수량 300kg 이다.
　㉯ 직사광선에 의해 분해되므로 갈색병에 넣어 냉암소에 보관한다.
　㉰ 테레핀유, 탄화칼슘, 금속분 및 가연성물질과는 격리시켜 저장하여야 한다.
　㉱ 산화력과 부식성이 강해 피부에 접촉되면 화상을 입는다.
　㉲ 질산 자체는 연소성, 폭발성은 없지만 환원성이 강한 물질(황화수소, 아민 등)과 혼합하면 발화 또는 폭발한다.

참고 분해방지를 위해 요산($C_5H_4N_4O_3$), 인산(H_3PO_4) 등의 안정제를 가하는 것은 제6류 위험물인 과산화수소(H_2O_2)이다.

47. 아세톤의 완전 연소반응식에서 ( )에 알맞은 계수를 차례대로 옳게 나타낸 것은?

$$CH_3COCH_3 + (\quad)O_2 \rightarrow (\quad)CO_2 + 3H_2O$$

① 3, 4　　　　② 4, 3

③ 6, 3　　　　④ 3, 6

해설 ㉮ 탄화수소의 완전 연소반응식

$$C_mH_n + \left(m + \frac{n}{4}\right)O_2 \rightarrow m\,CO_2 + \frac{n}{2}H_2O$$

　㉯ 산소(O_2) 몰(mol) 수 계산 : 아세톤의 분자식에서 탄소 원자수는 3개, 수소 원자수는 6개이다. 그러므로 산소의 몰수는 $\left(3 + \dfrac{6}{4}\right) = 4.5$ 인데 아세톤에 산소 원자가 1개 있으므로 필요로 하는 산소 분자(O_2)에서 산소원자 0.5를 제외하면 필요로 하는 산소 몰수는 4가 된다. (또는 아세톤이 완전 연소 후 생성되는 물질에서 산소 원자의 수는 이산화탄소에서 6개, 수증기에서 3개 이므로 합은 9개이다. 그러므로

필요로 하는 산소 원자수는 9개가 되지만 아세톤에 산소 원자가 1개 있으므로 이것을 제외하면 8개가 되며 산소 몰(mol) 수는 4가 된다.)

㉔ 이산화탄소(CO_2) 몰 수 계산 : 이산화탄소의 몰수는 탄소의 수와 같으므로 3이 된다.

㉕ 아세톤의 완전 연소반응식

$$CH_3COCH_3 + 4O_2 \rightarrow 3CO_2 + 3H_2O$$

48. 다음 중 위험등급 Ⅰ의 위험물이 아닌 것은?

① 무기과산화물 ② 적린
③ 나트륨 ④ 과산화수소

해설 위험등급 Ⅰ의 위험물 [시행규칙 별표19]

㉔ 제1류 위험물 중 아염소산염류, 염소산염류, 과염소산염류, <u>무기과산화물</u> 그 밖에 지정수량이 50kg인 위험물

㉕ 제3류 위험물 중 칼륨, <u>나트륨</u>, 알킬알루미늄, 알킬리튬, 황린 그 밖에 지정수량이 10kg 또는 20kg인 위험물

㉖ 제4류 위험물 중 특수인화물

㉗ 제5류 위험물 중 유기과산화물, 질산에스테르류 그 밖에 지정수량이 10kg인 위험물

㉘ 제6류 위험물

참고 적린은 제2류 위험물로 위험등급 Ⅱ에 해당된다.

49. 디에틸에테르의 보관, 취급에 관한 설명으로 틀린 것은?

① 용기는 밀봉하여 보관한다.
② 환기가 잘 되는 곳에 보관한다.
③ 정전기가 발생하지 않도록 취급한다.
④ 저장용기에 빈 공간이 없게 가득 채워 보관한다.

해설 디에틸에테르($C_2H_5OC_2H_5$: 에테르)의 특징

㉔ 제4류 위험물 중 특수인화물에 해당되며 지정수량 50L이다.

㉕ 비점(34.48℃)이 낮고 무색투명하며 독특한 냄새가 있는 인화되기 쉬운 액체이다.

㉖ 물에는 녹기 어려우나 알코올에는 잘 녹는다.

㉗ 전기의 불량도체라 정전기가 발생되기 쉽다.

㉘ 휘발성이 강하고 증기는 마취성이 있어 장시간 흡입하면 위험하다.

㉙ 공기와 장시간 접촉하면 과산화물이 생성되어 가열, 충격, 마찰에 의하여 폭발한다.

㉚ 인화점 및 발화온도가 낮고 연소범위가 넓다.

㉛ 건조 시 정전기에 의하여 발화하는 경우도 있다.

㉜ 불꽃 등 화기를 멀리하고 통풍이 잘 되는 곳에 저장한다.

㉝ 공기와 접촉 시 과산화물이 생성되는 것을 방지하기 위해 용기는 갈색 병을 사용한다.

㉞ 증기 누설을 방지하고, 밀전하여 냉암소에 보관한다.

㉟ 용기의 <u>공간용적은 10% 이상</u> 여유 공간을 확보한다.

㊱ 액체 비중 0.719(증기비중 2.55), 비점 34.48℃, 발화점 180℃, 인화점 -45℃, 연소범위 1.91~48%이다.

50. 시클로헥산에 관한 설명으로 가장 거리가 먼 것은?

① 고리형 분자구조를 가진 방향족 탄화수소 화합물이다.
② 화학식은 C_6H_{12}이다.
③ 비수용성 위험물이다.
④ 제4류 제1석유류에 속한다.

해설 시클로헥산(C_6H_{12}) : 제4류 위험물 중 제1석유류에 해당되는 비수용성으로 탄소 고리모양의 분자구조를 가진 지환족 탄화수소 화합물이다. 방향족 탄화수소 화합물은 벤젠(C_6H_6)과 같이 이중결합구조를 갖는 화합물이다.

51. 옥외 저장소에서 저장 또는 취급할 수 있는 위험물이 아닌 것은? (단, 국제해상 위험물 규칙에 적합한 용기에 수납된 위험물의 경우는 제외한다.)

① 제2류 위험물 중 유황
② 제1류 위험물 중 과염소산염류

2015

③ 제6류 위험물

④ 제2류 위험물 중 인화점이 10℃인 인화성 고체

해설 옥외저장소에 지정수량 이상의 위험물을 저장할 수 있는 위험물 [시행령 별표2]

㉮ 제2류 위험물 중 유황 또는 인화성고체(인화점이 0℃ 이상인 것에 한한다)

㉯ 제4류 위험물중 제1석유류(인화점이 0℃ 이상인 것에 한한다)·알코올류·제2석유류·제3석유류·제4석유류 및 동식물유류

㉰ 제6류 위험물

㉱ 제2류 위험물 및 제4류 위험물 중 특별시·광역시 또는 도의 조례에서 정하는 위험물(관세법 제154조의 규정에 의한 보세구역 안에 저장하는 경우에 한한다)

㉲ '국제해사기구에 관한 협약'에 의하여 설치된 국제해사기구가 채택한 '국제해상위험물규칙(IMDG Code)'에 적합한 용기에 수납된 위험물

52. 시약(고체)의 명칭이 불분명한 시약병의 내용물을 확인하려고 뚜껑을 열어 시계접시에 소량을 담아놓고 공기 중에서 햇빛을 받는 곳에 방치하던 중 시계접시에서 갑자기 연소현상이 일어났다. 다음 물질 중 이 시약의 명칭으로 예상할 수 있는 것은?

① 황   ② 황린

③ 적린   ④ 질산암모늄

해설 공기 중에서 햇빛(직사광선)을 받았을 때 자연발화현상이 발생하는 위험물은 제3류 위험물인 황린이며, 이런 위험을 방지하기 위하여 물속 넣어 보관하고 있다.

53. 무색의 액체로 융점이 −112℃이고 물과 접촉하면 심하게 발열하는 제6류 위험물은?

① 과산화수소   ② 과염소산

③ 질산   ④ 오불화요오드

해설 과염소산($HClO_4$) 특징

㉮ 제6류 위험물(산화성 액체)로 지정수량 300kg

이다.

㉯ 무색의 유동하기 쉬운 액체이며, 염소 냄새가 난다.

㉰ 불연성물질로 가열하면 유독성가스를 발생한다.

㉱ 염소산 중에서 가장 강한 산이다.

㉲ 산화력이 강하여 종이, 나무부스러기 등과 접촉하면 연소와 동시에 폭발하기 때문에 접촉을 피한다.

㉳ 물과 접촉하면 심하게 반응하며 발열한다.

㉴ 액체 비중 1.76(증기비중 3.47), 융점 −112℃, 비점 39℃이다.

54. 히드라진에 대한 설명으로 틀린 것은?

① 외관은 물과 같이 무색 투명하다.

② 가열하면 분해하여 가스를 발생한다.

③ 위험물 안전관리법령상 제4류 위험물에 해당한다.

④ 알코올류, 물 등의 비극성 용매에 잘 녹는다.

해설 히드라진(N_2H_4)의 특징

㉮ 제4류 위험물 중 제2석유류에 해당되며 지정수량 2000L이다.

㉯ 무색의 수용성 액체로 물과 같이 투명하다.

㉰ 물, 알코올과는 어떤 비율로도 혼합되지만 에테르, 클로로포름에는 녹지 않는다.

㉱ 유리를 침식하고 코르크나 고무를 분해한다.

㉲ 가열하면 분해하여 암모니아(NH_3)와 질소(N_2)를 발생한다.

㉳ 증기가 공기와 혼합하면 폭발적으로 연소한다.

55. 황의 성상에 관한 설명으로 틀린 것은?

① 연소할 때 발생하는 가스는 냄새를 가지고 있으나 인체에 무해하다.

② 미분이 공기 중에 떠 있을 때 분진폭발의 우려가 있다.

③ 용융된 황을 물에서 급냉하면 고무상 황을 얻을 수 있다.

④ 연소할 때 아황산가스를 발생한다.

해설 황(유황)의 특징

㉮ 제2류 위험물로 지정수량 100kg이다.

㉯ 노란색 고체로 열 및 전기의 불량도체이므로 정전기발생에 유의하여야 한다.

㉰ 물이나 산에는 녹지 않지만 이황화탄소(CS_2)에는 녹는다(단, 고무상 황은 녹지 않음).

㉱ 저온에서는 안정하나 높은 온도에서는 여러 원소와 황화물을 만든다.

㉲ 공기 중에서 연소하면 푸른 불꽃을 발하며, 유독한 아황산가스(SO_2)를 발생한다.

㉳ 산화제나 목탄가루 등과 혼합되어 있을 때 마찰이나 열에 의해 착화, 폭발을 일으킨다.

㉴ 황가루가 공기 중에 떠 있을 때는 분진 폭발의 위험성이 있다.

㉵ 이산화탄소(CO_2)와 반응하지 않으므로 소화방법으로 이산화탄소를 사용한다.

56. 이황화탄소를 화재예방상 물속에 저장하는 이유는?

① 불순물을 물에 용해시키기 위해

② 가연성 증기의 발생을 억제하기 위해

③ 상온에서 수소가스를 발생시키기 때문에

④ 공기와 접촉하면 즉시 폭발하기 때문에

해설 이황화탄소(CS_2)는 물보다 무겁고 물에 녹기 어려우므로 물(수조) 속에 저장하여 가연성 증기의 발생을 억제한다.

참고 이황화탄소는 제4류 위험물 중 특수인화물에 해당되며 무색 투명한 휘발성 액체로 연소범위가 1.25~44%이다.

57. 위험물 제조소 및 일반 취급소에 설치하는 자동화재 탐지설비의 설치기준으로 틀린 것은?

① 하나의 경계구역은 600m² 이하로 하고, 한 변의 길이는 50m 이하로 한다.

② 주요한 출입구에서 내부전체를 볼 수 있

는 겨우 경계구역은 1000m² 이하로 할 수 있다.

③ 광전식 분리형 감지기를 설치할 경우에는 하나의 경계구역을 1000m² 이하로 할 수 있다.

④ 비상전원을 설치하여 한다.

해설 자동화재 탐지설비 설치기준[시행규칙 별표17]

㉮ 자동화재 탐지설비의 경계구역은 건축물 그 밖의 공작물의 2 이상의 층에 걸치지 아니하도록 할 것. 다만, 하나의 경계구역의 면적이 500m² 이하이면서 당해 경계구역이 두 개의 층에 걸치는 경우이거나 계단·경사로·승강기의 승강로 그 밖에 이와 유사한 장소에 연기감지기를 설치하는 경우에는 그러하지 아니하다.

㉯ 하나의 경계구역의 면적은 600m² 이하로 하고 그 한 변의 길이는 50m(광전식분리형 감지기를 설치할 경우에는 100m) 이하로 할 것. 다만, 당해 건축물 그 밖의 공작물의 출입구에서 그 내부의 전체를 볼 수 있는 경우에는 그 면적을 1000m² 이하로 할 수 있다.

㉰ 자동화재 탐지설비의 감지기는 지붕(상층이 있는 경우에는 상층의 바닥) 또는 벽의 옥내에 면한 부분(천장이 있는 경우에는 천장 또는 벽의 옥내에 면한 부분 및 천장의 뒷부분)에 유효하게 화재의 발생을 감지할 수 있도록 설치할 것

㉱ 자동화재 탐지설비에는 비상전원을 설치할 것

58. 무기과산화물의 일반적인 성질에 대한 설명으로 틀린 것은?

① 과산화수소의 수소가 금속으로 치환된 화합물이다.

② 산화력이 강해 스스로 쉽게 산화한다.

③ 가열하면 분해되어 산소를 발생한다.

④ 물과의 반응성이 크다.

해설 무기과산화물의 일반적인 성질

㉮ 제1류 위험물(산화성 고체)로 지정수량 50kg이다.

㉯ 과산화수소(H_2O_2)의 수소가 나트륨(Na), 칼륨(K)으로 치환하는 경우 과산화나트륨(Na_2O_2), 과산화칼륨(K_2O_2)과 같은 무기과산화물이 생성된다.

㉰ 무기과산화물은 산화성 고체로 가연물이 연소할 때 산소를 잃으므로 자신은 환원하는 성질을 갖는다.

㉱ 가열하면 분해되면서 산소를 발생한다.

㉲ 물과의 반응성이 커서 많은 열과 함께 산소를 발생한다.

59. 과염소산의 성질로 옳지 않은 것은?

① 산화성 액체이다.

② 무기화합물이며 물보다 무겁다.

③ 불연성 물질이다.

④ 증기는 공기보다 가볍다.

해설 과염소산($HClO_4$)의 성질

㉮ 분자량 100.5로 증기비중 3.47로 공기보다 무겁다.

㉯ 액체 비중은 1.76으로 물보다 무겁다.

참고 과염소산의 특징은 53번 해설을 참고한다.

60. 알킬알루미늄등 또는 아세트알데히드등을 취급하는 제조소의 특례기준으로서 옳은 것은?

① 알킬알루미늄등을 취급하는 설비에는 불활성기체 또는 수증기를 봉입하는 장치를 설치한다.

② 알킬알루미늄등을 취급하는 설비는 은, 수은, 동, 마그네슘을 성분으로 하는 것으로 만들지 않는다.

③ 아세트알데히드등을 취급하는 탱크에는 냉각장치 또는 보랭장치 및 불활성기체 봉입장치를 설치한다.

④ 아세트알데히드등을 취급하는 설비의 주위에는 누설범위를 국한하기 위한 설비와

누설되었을 때 안전한 장소에 설치된 저장실에 유입시킬 수 있는 설비를 갖춘다.

해설 알킬알루미늄등 또는 아세트알데히드등을 취급하는 제조소의 특례기준 [시행규칙 별표4]

㉮ 알킬알루미늄등을 취급하는 제조소의 특례기준

㉠ 알킬알루미늄등을 취급하는 설비의 주위에는 누설범위를 국한하기 위한 설비와 누설된 알킬알루미늄등을 안전한 장소에 설치된 저장실에 유입시킬 수 있는 설비를 갖출 것

㉡ 알킬알루미늄등을 취급하는 설비에는 불활성기체를 봉입하는 장치를 갖출 것

㉯ 아세트알데히드등을 취급하는 제조소의 특례기준

㉠ 아세트알데히드등을 취급하는 설비는 은·수은·동·마그네슘 또는 이들을 성분으로 하는 합금으로 만들지 아니할 것

㉡ 아세트알데히드등을 취급하는 설비에는 연소성 혼합기체의 생성에 의한 폭발을 방지하기 위한 불활성기체 또는 수증기를 봉입하는 장치를 갖출 것

㉢ 아세트알데히드등을 취급하는 탱크에는 냉각장치 또는 저온을 유지하기 위한 장치(보랭장치) 및 연소성 혼합기체의 생성에 의한 폭발을 방지하기 위한 불활성기체를 봉입하는 장치를 갖출 것. 다만 지하에 있는 탱크가 아세트알데히드등의 온도를 저온으로 유지할 수 있는 구조인 경우에는 냉각장치 및 보랭장치를 갖추지 아니할 수 있다.

㉣ 냉각장치 또는 보랭장치는 2 이상 설치하여 하나의 냉각장치 또는 보랭장치가 고장난 때에도 일정 온도를 유지할 수 있도록 하고, 비상전원을 갖출 것

㉤ 아세트알데히드등을 취급하는 탱크를 지하에 매설하는 경우에는 당해 탱크를 탱크전용실에 설치할 것

2015. 10. 10 시행 (제5회)

1. 제조소의 옥외에 모두 3기의 휘발유 취급탱크를 설치하고 그 주위에 방유제를 설치하고자 한다. 방유제 안에 설치하는 각 취급탱크의 용량이 5만 L, 3만 L, 2만 L일 때 필요한 방유제의 용량은 몇 L 이상인가?

① 66000　　　　② 60000
③ 33000　　　　④ 30000

해설 제조소의 방유제 용량[시행규칙 별표4]
㉮ 위험물 제조소의 옥외에 있는 위험물 취급탱크의 방유제 용량
　㉠ 1기일 때 : 탱크용량×0.5
　㉡ 2기 이상일 때 : (최대탱크용량×0.5)+(나머지 탱크 용량 합계×0.1)
㉯ 방유제 용량 계산
　∴ 방유제 용량＝$(50000×0.5)+(30000×0.1)$
　　　　　　　　$+(20000×0.1)$
　　　　　　　＝30000 L

2. 위험물 안전관리법령에 따라 위험물을 유별로 정리하여 서로 1m 이상의 간격을 두었을 때 옥내 저장소에서 함께 저장하는 것이 가능한 경우가 아닌 것은?

① 제1류 위험물(알칼리금속의 과산화물 또는 이를 함유한 것을 제외한다)과 제5류 위험물을 저장하는 경우
② 제3류 위험물 중 알킬알루미늄과 제4류 위험물(알킬알루미늄 또는 알킬리튬을 함유한 것에 한한다)을 저장하는 경우
③ 제1류 위험물과 제3류 위험물 중 금수성 물질을 저장하는 경우
④ 제2류 위험물 중 인화성고체와 제4류 위험물을 저장하는 경우

해설 유별을 달리하는 위험물의 동일한 저장소에 저장 기준[시행규칙 별표18]

㉮ 유별을 달리하는 위험물은 동일한 저장소에 저장하지 아니하여야 한다.
㉯ 동일한 저장소에 저장할 수 있는 경우 : 옥내 저장소 또는 옥외저장소에 위험물을 유별로 정리하여 저장하고, 서로 1m 이상의 간격을 두는 경우
　㉠ 제1류 위험물(알칼리금속의 과산화물 또는 이를 함유한 것 제외)과 제5류 위험물
　㉡ 제1류 위험물과 제6류 위험물
　㉢ 제1류 위험물과 제3류 위험물 중 자연발화성물질(황린 또는 이를 함유한 것에 한한다)
　㉣ 제2류 위험물 중 인화성고체와 제4류 위험물
　㉤ 제3류 위험물 중 알킬알루미늄등과 제4류 위험물(알킬알루미늄 또는 알킬리튬을 함유한 것에 한한다)
　㉥ 제4류 위험물 중 유기과산화물 또는 이를 함유한 것과 제5류 위험물 중 유기과산화물 또는 이를 함유한 것

참고 문제에서 묻고 있는 것은 유별을 달리하는 위험물을 저장할 수 없는 것을 묻는 것이므로 제1류 위험물과 제3류 위험물 중 금수성물질은 저장할 수 없는 것이다.

3. 스프링클러설비의 소화작용으로 가장 거리가 먼 것은?

① 질식작용
② 희석작용
③ 냉각작용
④ 억제작용

해설 스프링클러설비의 주된 소화작용은 냉각작용(냉각소화)이지만 일부 질식작용과 희석작용을 한다. 연소의 연쇄반응을 억제하는 방법(억제작용, 부촉매효과)으로 소화작용을 하는 것은 할로겐화합물 소화설비로 물을 소화약제로 사용하는 스프링클러설비와는 관련이 없다.

2015

4. 금속 화재를 옳게 설명한 것은?

① C급 화재이고, 표시색상은 청색이다.

② C급 화재이고, 표시색상은 없다.

③ D급 화재이고, 표시색상은 청색이다.

④ D급 화재이고, 표시색상은 없다.

해설 화재 종류에 따른 급수와 표시색

구분	화재 종류	표시색
A급	일반 화재	백색
B급	유류 화재	황색
C급	전기 화재	청색
D급	금속 화재	무색

5. 위험물 안전관리법령상 개방형 스프링클러 헤드를 이용하는 스프링클러설비에서 수동식 개방밸브를 개방 조작하는데 필요한 힘은 얼마 이하가 되도록 설치하여야 하는가?

① 5kgf

② 10kgf

③ 15kgf

④ 20kgf

해설 개방형 스프링클러헤드를 이용하는 스프링클러설비 중 일제개방밸브 및 수동식 개방밸브 기준 [세부기준 제131조]

㉮ 일제개방밸브의 기동조작부 및 수동식 개방밸브는 바닥면으로부터 1.5m 이하의 높이에 설치할 것

㉯ 방수구역마다 설치할 것

㉰ 작용하는 압력은 당해 밸브의 최고사용압력 이하로 할 것

㉱ 2차측 배관부분에는 당해 방수구역에 방수하지 않고 당해 밸브의 작동시험을 할 수 있는 장치를 설치할 것

㉲ 수동식 개방밸브를 개방하는데 필요한 힘이 15kgf 이하가 되도록 설치할 것

6. 과산화바륨과 물이 반응하였을 때 발생하는 것은?

① 수소

② 산소

③ 탄산가스

④ 수성가스

해설 과산화바륨(BaO_2)

㉮ 제1류 위험물 중 무기과산화물에 해당되며 지정수량 50kg이다.

㉯ 과산화바륨(BaO_2)이 물(H_2O)과 반응하여 과산화수소(H_2O_2)와 산소(O_2)가 발생하면서 발열한다.

$$BaO_2 + 2H_2O \longrightarrow Ba(OH)_2 + H_2O_2$$
$$2H_2O_2 \longrightarrow 2H_2O + O_2 \uparrow$$

7. 트리에틸알루미늄의 화재 시 사용할 수 있는 소화약제(설비)가 아닌 것은?

① 마른 모래

② 팽창질석

③ 팽창진주암

④ 이산화탄소

해설 ㉮ 트리에틸알루미늄[TEAL : $(C_2H_5)_3Al$] : 제3류 위험물 중 알킬알루미늄으로 금수성물질에 해당된다.

㉯ 적응성이 있는 소화약제(설비) : 건조사(마른 모래), 팽창질석 또는 팽창진주암, 탄산수소염류 분말소화설비 및 소화기

8. 할로겐화합물 소화약제의 주된 소화효과는?

① 부촉매효과

② 희석효과

③ 파괴효과

④ 냉각효과

해설 소화약제의 소화효과

㉮ 물 : 냉각효과

㉯ 산·알칼리 소화약제 : 냉각효과

㉰ 강화액 소화약제 : 냉각소화, 부촉매효과, 일부질식효과

㉱ 이산화탄소 소화약제 : 질식효과, 냉각효과

㉲ 할로겐화합물 소화약제 : 억제효과(부촉매효과)

㉳ 포 소화약제 : 질식효과, 냉각효과

㉴ 분말 소화약제 : 질식효과, 냉각효과, 제3종 분말 소화약제는 부촉매효과도 있음

9. 가연물이 되기 쉬운 조건이 아닌 것은?

① 산소와 친화력이 클 것

② 열전도율이 클 것

③ 발열량이 클 것

④ 활성화에너지가 작을 것

[해설] 가연물의 구비조건
  ㉮ 발열량이 크고, 열전도율이 작을 것
  ㉯ 산소와 친화력이 좋고 표면적이 넓을 것
  ㉰ 활성화 에너지(점화에너지)가 작을 것
  ㉱ 연쇄반응이 있고, 건조도가 높을 것(수분 함량이 적을 것)
  [참고] 가연물의 열전도율이 크게 되면 자신이 보유하고 있는 열이 적게 되어 착화 및 연소가 어려워지게 된다.

10. 위험물 안전관리법령상 옥내 주유 취급소에 있어서 해당 사무소 등의 출입구 및 피난구와 당해 피난구로 통하는 통로, 계단 및 출입구에 무엇을 설치해야 하는가?

① 화재감지기
② 스프링클러설비
③ 자동화재 탐지설비
④ 유도등

[해설] 피난설비 설치기준[시행규칙 별표17]
  ㉮ 주유취급소 중 건축물의 2층 이상의 부분을 점포·휴게음식점 또는 전시장의 용도로 사용하는 것에 있어서는 당해 건축물의 2층 이상으로부터 주유취급소의 부지 밖으로 통하는 출입구와 당해 출입구로 통하는 통로·계단 및 출입구에 <u>유도등</u>을 설치하여야 한다.
  ㉯ 옥내주유취급소에 있어서는 당해 사무소 등의 출입구 및 피난구와 당해 피난구로 통하는 통로·계단 및 출입구에 유도등을 설치하여야 한다.
  ㉰ 유도등에는 비상전원을 설치하여야 한다.

11. 철분, 금속분, 마그네슘의 화재에 적응성이 있는 소화약제는?

① 탄산수소염류분말
② 할로겐화합물
③ 물
④ 이산화탄소

[해설] 제2류 위험물 중 철분, 금속분, 마그네슘에 적응성이 있는 소화설비 [시행규칙 별표17]
  ㉮ 탄산수소염류 분말소화설비 및 분말소화기
  ㉯ 건조사
  ㉰ 팽창질석 또는 팽창진주암

12. 제1종 분말 소화약제의 주성분으로 사용되는 것은?

① $KHCO_3$
② H_2SO_4
③ $NaHCO_3$
④ $NH_4H_2PO_4$

[해설] 분말 소화약제의 종류 및 적응화재

분말 종류	주성분	적응 화재	착색
제1종	중탄산나트륨 ($NaHCO_3$) [탄산수소나트륨]	B.C	백색
제2종	중탄산칼륨($KHCO_3$) [탄산수소칼륨]	B.C	자색 (보라색)
제3종	제1인산암모늄 ($NH_4H_2PO_4$)	A.B.C	담홍색
제4종	중탄산칼륨＋요소 [$KHCO_3$＋$(NH_2)_2CO$]	B.C	회색

13. 소화설비의 설치기준에서 유기과산화물 1000kg 은 몇 소요단위에 해당하는가?

① 10
② 20
③ 100
④ 200

[해설] ㉮ 유기과산화물 : 제5류 위험물로 지정수량은 10kg이다.
  ㉯ 지정수량의 10배를 1소요단위로 한다.
  ∴ 소요단위 $= \dfrac{저장량}{지정수량 \times 10} = \dfrac{1000}{10 \times 10} = 10$

14. 위험물 안전관리법령상 주유취급소에서의 위험물 취급기준으로 옳지 않은 것은?

① 자동차에 주유할 때에는 고정 주유설비를 이용하여 직접 주유할 것
② 자동차에 경유 위험물을 주유할 때에는 자동차의 원동기를 반드시 정지시킬 것

2015

③ 고정 주유설비에는 당해 주유설비에 접속한 전용탱크 또는 간이탱크의 배관 외의 것을 통하여서는 위험물을 공급하지 아니할 것

④ 고정 주유설비에 접속하는 탱크에 위험물을 주입할 때에는 당해 탱크에 접속된 고정 주유설비의 사용을 중지할 것

해설 주유취급소 취급기준 [시행규칙 별표18]
㉮ 자동차 등에 인화점 40℃ 미만의 위험물을 주유할 때는 자동차의 원동기(엔진)를 정지시켜야 한다.
㉯ 경유는 제4류 위험물 중 제2석유류로 인화점이 50~70℃이므로 반드시 원동기를 정지시킬 필요는 없다.

15. 위험물 안전관리자에 대한 설명 중 옳지 않은 것은?

① 이동탱크 저장소는 위험물 안전관리자 선임대상에 해당되지 않는다.
② 위험물 안전관리자가 퇴직한 경우 퇴직한 날부터 30일 이내에 다시 안전관리자를 선임하여야 한다.
③ 위험물 안전관리자를 선임한 경우에는 선임한 날로부터 14일 이내에 소방본부장 또는 소방서장에게 신고하여야 한다.
④ 위험물 안전관리자가 일시적으로 직무를 수행할 수 없는 경우에는 안전교육을 받고 6개월 이상 실무 경력이 있는 사람을 대리자로 지정할 수 있다.

해설 위험물 안전관리자 [법 제15조]
㉮ 안전관리자 대리자(代理者)의 직무 대행 기간은 30일을 초과할 수 없다.
㉯ 행정안전부령이 정하는 대리자 [시행규칙 제54조]
　㉠ 안전교육을 받은 자
　㉡ 제조소등의 위험물 안전관리업무에 있어서 안전관리자를 지휘·감독하는 직위에 있는 자

16. Halon 1211에 해당하는 물질의 분자식은?
① CBr$_2$FCl
② CF$_2$ClBr
③ CCl$_2$FBr
④ FC$_2$BrCl

해설 ㉮ 할론(Halon)−abcd → "탄·불·염·취"로 암기
a : 탄소(C)의 수
b : 불소(F)의 수
c : 염소(Cl)의 수
d : 취소(Br : 브롬)의 수
㉯ 주어진 할론 번호 '1211'에서 탄소(C) 1개, 불소(F) 2개, 염소(Cl) 1개, 취소(Br : 브롬) 1개이므로 화학식(분자식)은 CF$_2$ClBr이다.

17. 주유취급소의 벽(담)에 유리를 부착할 수 있는 기준에 대한 설명으로 옳은 것은?

① 유리부착 위치는 주입구, 고정주유설비로부터 2m 이상 이격되어야 한다.
② 지반면으로부터 50cm를 초과하는 부분에 한하여 설치하여야 한다.
③ 하나의 유리판 가로의 길이는 2m 이내로 한다.
④ 유리의 구조는 기준에 맞는 강화유리로 하여야 한다.

해설 주유취급소 벽에 유리를 부착할 수 있는 기준 [시행규칙 별표13]
㉮ 유리를 부착하는 위치는 주입구, 고정주유설비 및 고정급유설비로부터 4m 이상 이격될 것
㉯ 지반면으로부터 70cm를 초과하는 부분에 한하여 유리를 부착할 것
㉰ 하나의 유리판의 가로의 길이는 2m 이내일 것
㉱ 유리판의 테두리를 금속제의 구조물에 견고하게 고정하고 해당 구조물을 담 또는 벽에 견고하게 부착할 것
㉲ 유리의 구조는 접합유리로 하되 '유리구획 부분의 내화시험방법(KS F 2845)'에 따라 시험하여 비차열 30분 이상의 방화성능이 인정될 것
㉳ 유리를 부착하는 범위는 전체 담 또는 벽 길이의 10분의 2를 초과하지 아니할 것

정답 15. ④ 16. ② 17. ③

18. 위험물 안전관리법령에서 정한 지정수량이 나머지 셋과 다른 물질은?

① 아세트산 ② 히드라진
③ 클로로벤젠 ④ 니트로벤젠

해설 ㉮ 제4류 위험물의 지정수량

품명		지정수량
아세트산 (CH_3COOH)	제2석유류 수용성	2000L
히드라진 (N_2H_4)	제2석유류 수용성	2000L
클로로벤젠 (C_6H_5Cl)	제2석유류 비수용성	1000L
니트로벤젠 ($C_6H_5NO_2$)	제3석유류 비수용성	2000L

㉯ 제2석유류의 지정수량은 비수용성 1000L, 수용성 2000L이다.
㉰ 제3석유류의 지정수량은 비수용성 2000L, 수용성 4000L이다.

19. 제3류 위험물을 취급하는 제조소는 300명 이상을 수용할 수 있는 극장으로부터 몇 m 이상의 안전거리를 유지하여야 하는가?

① 5 ② 10 ③ 30 ④ 70

해설 제조소의 안전거리 [시행규칙 별표4]

해당 대상물	안전거리
7000V 초과 35000V 이하 전선	3m 이상
35000V 초과 전선	5m 이상
건축물, 주거용 공작물	10m 이상
고압가스, LPG, 도시가스 시설	20m 이상
학교·병원·극장(300명 이상 수용), 다수인 수용시설(20명 이상)	30m 이상
유형문화재, 지정문화재	50m 이상

20. 표준상태에서 탄소 1몰이 완전히 연소하면 몇 L의 이산화탄소가 생성되는가?

① 11.2 ② 22.4
③ 44.8 ④ 56.8

해설 ㉮ 탄소(C)의 완전연소 반응식

$$C + O_2 \rightarrow CO_2$$

㉯ 표준상태에서 탄소(C) 1몰(mol)이 완전 연소하면 이산화탄소(CO_2) 1몰이 생성되고, 1몰의 체적은 22.4L에 해당된다.

21. 위험물 안전관리법령에서 정한 알킬알루미늄 등을 저장 또는 취급하는 이동탱크 저장소에 비치해야 하는 물품이 아닌 것은?

① 방호복 ② 고무장갑
③ 비상조명등 ④ 휴대용 확성기

해설 제조소등에서의 저장 기준 [시행규칙 별표18]
㉮ 알킬알루미늄등을 저장 또는 취급하는 이동탱크저장소에는 긴급시의 연락처, 응급조치에 관하여 필요한 사항을 기재한 서류, 방호복, 고무장갑, 밸브 등을 죄는 결합공구 및 휴대용 확성기를 비치하여야 한다.
㉯ 이동탱크저장소에는 당해 이동탱크저장소의 완공검사필증 및 정기점검기록을 비치하여야 한다.

22. 제4류 위험물에 대한 일반적인 설명으로 옳지 않은 것은?

① 대부분 연소 하한값이 낮다.
② 발생증기는 가연성이며 대부분 공기보다 무겁다.
③ 대부분 무기화합물이므로 정전기 발생에 주의한다.
④ 인화점이 낮을수록 화재 위험성이 높다.

해설 제4류 위험물의 공통적인(일반적인) 성질
㉮ 상온에서 액체이며, 대단히 인화되기 쉽다.
㉯ 물보다 가볍고, 대부분 물에 녹기 어렵다.
㉰ 증기는 공기보다 무겁다.
㉱ 착화온도가 낮은 것은 위험하다.
㉲ 증기와 공기가 약간 혼합되어 있어도 연소한다.
㉳ 전기의 불량도체라 정전기 발생의 가능성이 높고, 정전기에 의하여 인화할 수 있다.
참고 제4류 위험물은 대부분 유기화합물에 해당된다.

2015

23. 위험물 안전관리법령에서 정한 아세트알데히드 등을 취급하는 제조소의 특례에 따라 다음 ( )에 해당하지 않는 것은?

> "아세트알데히드 등을 취급하는 설비는 ( )·( )·동·( ) 또는 이들을 성분으로 하는 합금으로 만들지 아니할 것

① 금
② 은
③ 수은
④ 마그네슘

해설 아세트알데히드등을 취급하는 제조소의 특례기준 [시행규칙 별표4]

㉮ 아세트알데히드등을 취급하는 설비는 은·수은·동·마그네슘 또는 이들을 성분으로 하는 합금으로 만들지 아니할 것

㉯ 아세트알데히드등을 취급하는 설비에는 연소성 혼합기체의 생성에 의한 폭발을 방지하기 위한 불활성기체 또는 수증기를 봉입하는 장치를 갖출 것

㉰ 아세트알데히드등을 취급하는 탱크에는 냉각장치 또는 저온을 유지하기 위한 장치(보랭장치) 및 연소성 혼합기체의 생성에 의한 폭발을 방지하기 위한 불활성기체를 봉입하는 장치를 갖출 것. 다만 지하에 있는 탱크가 아세트알데히드등의 온도를 저온으로 유지할 수 있는 구조인 경우에는 냉각장치 및 보랭장치를 갖추지 아니할 수 있다.

㉱ 냉각장치 또는 보랭장치는 2 이상 설치하여 하나의 냉각장치 또는 보랭장치가 고장난 때에도 일정 온도를 유지할 수 있도록 하고, 비상전원을 갖출 것

㉲ 아세트알데히드등을 취급하는 탱크를 지하에 매설하는 경우에는 당해 탱크를 탱크전용실에 설치할 것

24. 위험물 안전관리법령상 이동탱크 저장소에 의한 위험물의 운송 시 장거리에 걸친 운송을 하는 때에는 2명 이상의 운전자로 하는 것이 원칙이다. 다음 중 예외적으로 1명의 운전자가 운송하여도 되는 경우의 기준으로 옳은 것은?

① 운송 도중에 2시간 이내마다 10분 이상씩 휴식하는 경우
② 운송 도중에 2시간 이내마다 20분 이상씩 휴식하는 경우
③ 운송 도중에 4시간 이내마다 10분 이상씩 휴식하는 경우
④ 운송 도중에 4시간 이내마다 20분 이상씩 휴식하는 경우

해설 위험물 운송 시에 준수사항
[시행규칙 별표21]

㉮ 2명 이상의 운전자로 해야 하는 경우
　㉠ 고속국도에 있어서는 340km 이상 운송하는 때
　㉡ 그 밖의 도로에 있어서는 200km 이상 운송하는 때

㉯ 1명의 운전자로 할 수 있는 경우
　㉠ 규정에 의하여 운송책임자를 동승시킨 경우
　㉡ 운송하는 위험물이 제2류 위험물·제3류 위험물(칼슘 또는 알루미늄의 탄화물과 이것만을 함유한 것에 한한다) 또는 제4류 위험물(특수인화물을 제외한다)인 경우
　㉢ 운송도중에 2시간 이내마다 20분 이상씩 휴식하는 경우

25. 나트륨에 관한 설명으로 옳은 것은?

① 물보다 무겁다.
② 융점이 100℃ 보다 높다.
③ 물과 격렬히 반응하여 산소를 발생시키고 발열한다.
④ 등유는 반응이 일어나지 않아 저장에 사용된다.

해설 나트륨(Na)의 특징

㉮ 제3류 위험물로 지정수량은 10kg이다.

㉯ 은백색의 가벼운 금속으로 연소시키면 노란 불꽃을 내며 과산화나트륨이 된다.

㉰ 화학적으로 활성이 크며, 모든 비금속 원소와 잘 반응한다.

㉱ 상온에서 물이나 알코올 등과 격렬히 반응하여 수소(H_2)를 발생한다.

정답 23. ① 　 24. ② 　 25. ④

ⓜ 피부에 접촉되면 화상을 입는다.

ⓑ 산화를 방지하기 위해 등유, 경유 속에 넣어 저장한다.

ⓢ 용기 파손 및 보호액 누설에 주의하고, 습기나 물과 접촉하지 않도록 저장한다.

ⓞ 다량 연소하면 소화가 어려우므로 소량으로 나누어 저장한다.

ⓜ 적응성이 있는 소화설비는 건조사, 팽창질석 또는 팽창진주암, 탄산수소염류 분말소화설비 및 분말소화기가 해당된다.

ⓜ 비중 0.97, 융점 97.7℃, 비점 880℃, 발화점 121℃이다.

26. 위험물을 저장하는 탱크의 공간용적 산정기준이다. ( )에 알맞은 수치로 옳은 것은?

> 일반탱크에 있어서는 당해 탱크 내에 용출하는 ( )일간의 지하수의 양에 상당하는 용적과 당해 탱크의 내용적의 ( )의 용적 중에서 보다 큰 용적을 공간용적으로 한다.

① 7, $\frac{1}{100}$ ② 7, $\frac{5}{100}$

③ 10, $\frac{1}{100}$ ④ 10, $\frac{5}{100}$

해설 탱크의 공간용적 [세부기준 제25조]

㉠ 탱크의 공간용적은 탱크의 내용적의 $\frac{5}{100}$ 이상 $\frac{10}{100}$ 이하의 용적으로 한다.

㉡ 소화설비(소화약제 방출구를 탱크 안의 윗부분에 설치하는 것에 한한다)를 설치하는 탱크의 공간용적은 소화방출구 아래의 0.3m 이상 1m 미만 사이의 면으로부터 윗부분의 용적으로 한다.

㉢ 암반탱크는 당해 탱크 내에 용출하는 7일간의 지하수의 양에 상당하는 용적과 당해 탱크의 내용적의 $\frac{1}{100}$ 용적 중에서 보다 큰 용적을 공간용적으로 한다.

27. 위험물 안전관리법령상 예방규정을 정하여야 하는 제조소등의 관계인은 위험물 제조소등에 대하여 기술기준에 적합한지의 여부를 정기적으로 점검을 하여야 한다. 법적 최소 점검주기에 해당하는 것은? (단, 100만 L 이상의 옥외탱크 저장소는 제외한다.)

① 월 1회 이상 ② 6개월 1회 이상
③ 연 1회 이상 ④ 2년 1회 이상

해설 제조소등의 정기점검

㉠ 정기점검 대상[시행령 제16조]
 ㉠ 관계인이 예방규정을 정하여야 하는 제조소등
 ㉡ 지하탱크저장소
 ㉢ 이동탱크저장소
 ㉣ 위험물을 취급하는 탱크로서 지하에 매설된 탱크가 있는 제조소·주유취급소 또는 일반취급소

㉡ 정기점검 횟수[시행규칙 제64조] : 연 1회 이상

28. $CH_3COC_2H_5$의 명칭 및 지정수량을 옳게 나타낸 것은?

① 메틸에틸케톤, 50L
② 메틸에틸케톤, 200L
③ 메틸에틸에테르, 50L
④ 메틸에틸에테르, 200L

해설 메틸에틸케톤($CH_3COC_2H_5$)의 유별 및 지정수량

㉠ 제4류 위험물 중 제1석유류에 해당된다.
㉡ 비수용성으로 지정수량 200L이다.
㉢ 비중 0.81(증기비중 2.41), 비점 80℃, 발화점 516℃, 인화점 −1℃, 연소범위 1.8~10%이다.

29. 위험물 안전관리법령상 제4석유류를 저장하는 옥내저장탱크의 용량은 지정수량의 몇 배 이하이어야 하는가?

① 20 ② 40
③ 100 ④ 150

정답 26. ① 27. ③ 28. ② 29. ②

해설 옥내탱크 저장소 기준 [시행규칙 별표7]
㉮ 옥내저장탱크는 단층 건축물에 설치된 탱크
전용실에 설치할 것
㉯ 옥내저장탱크와 탱크전용실의 벽과의 사이
및 옥내저장탱크 상호간에는 0.5m 이상의 간
격을 유지할 것. 다만, 탱크의 점검 및 보수에
지장이 없는 경우에는 그러하지 아니하다.
㉰ 옥내저장탱크의 용량은 지정수량의 40배 이
하일 것(제4석유류 및 동식물유류 외의 제4류
위험물에 있어서 당해 수량이 2만 L를 초과할
때에는 2만 L 이하일 것)

30. 위험물 제조소의 환기설비 중 급기구는 급기
구가 설치된 실의 바닥면적 몇 m²마다 1개 이
상으로 설치하여야 하는가?

① 100   ② 150   ③ 200   ④ 800

해설 제조소의 환기설비 기준 [시행규칙 별표4]
㉮ 환기는 자연배기방식으로 할 것
㉯ 급기구는 당해 급기구가 설치된 실의 바닥면
적 150m² 마다 1개 이상으로 하되, 급기구의
크기는 800cm² 이상으로 한다.
㉰ 급기구는 낮은 곳에 설치하고 가는 눈의 구리
망 등으로 인화방지망을 설치할 것
㉱ 환기구는 지붕 위 또는 지상 2m 이상의 높이
에 회전식 고정벤투레이터 또는 루프팬방식으
로 설치할 것

31. 다음 중 위험물 제조소등의 종류가 아닌 것
은?

① 간이탱크 저장소
② 일반 취급소
③ 이송 취급소
④ 이동판매 취급소

해설 용어의 정의 [법 제2조]
㉮ "제조소등"이라 함은 제조소·저장소 및 취급
소를 말한다.
㉯ "제조소"라 함은 위험물을 제조할 목적으로
지정수량 이상의 위험물을 취급하기 위하여
법 규정에 따른 허가를 받은 장소를 말한다.

㉰ "저장소"라 함은 지정수량 이상의 위험물을
저장하기 위한 대통령령이 정하는 장소로서
법 규정에 따른 허가를 받은 장소를 말한다.
㉱ "취급소"라 함은 지정수량 이상의 위험물을
제조 외의 목적으로 취급하기 위한 대통령령
으로 정하는 장소로서 법 규정에 따른 허가를
받은 장소를 말한다.
참고 취급소는 주유취급소, 판매취급소, 이송취급
소, 일반취급소가 해당되며 이동판매취급소는
법 규정에는 없는 취급소이다.

32. 공기를 차단하고 황린을 약 몇 ℃로 가열하
면 적린이 생성되는가?

① 60   ② 100
③ 150   ④ 260

해설 황린을 공기를 차단하고 약 260℃로 가열하
면 적린이 된다.

33. 위험물 안전관리법령상 정기점검 대상인 제
조소등의 조건이 아닌 것은?

① 예방규정 작성대상인 제조소등
② 지하탱크 저장소
③ 이동탱크 저장소
④ 지정수량 5배의 위험물을 취급하는 옥외
탱크를 둔 제조소

해설 ㉮ 정기점검 대상 제조소등 [시행령 제16조]
㉠ 관계인이 예방규정을 정하여야 하는 제조
소등
㉡ 지하탱크저장소
㉢ 이동탱크저장소
㉣ 위험물을 취급하는 탱크로서 지하에 매설
된 탱크가 있는 제조소·주유취급소 또는 일
반취급소
㉯ 관계인이 예방규정을 정하여야 하는 제조소
등[시행령 제15조]
㉠ 정수량의 10배 이상의 위험물을 취급하는
제조소
㉡ 정수량의 100배 이상의 위험물을 저장하는
옥외저장소

정답 30. ②   31. ④   32. ④   33. ④

ⓒ 정수량의 150배 이상의 위험물을 저장하는 옥내저장소

ⓔ 정수량의 200배 이상의 위험물을 저장하는 옥외탱크저장소

ⓜ 반탱크저장소

ⓗ 송취급소

ⓢ 정수량의 10배 이상의 위험물을 취급하는 일반취급소

34. 다음 중 지정수량이 가장 큰 것은?

① 과염소산칼륨　　② 트리니트로톨루엔

③ 황린　　　　　　④ 유황

(해설) 각 위험물의 지정수량

품명		지정수량
과염소산칼륨 ($KClO_4$)	제1류 위험물 과염소산염류	50kg
트리니트로톨루엔 [$C_6H_2CH_3(NO_2)_3$]	제5류 위험물 니트로화합물	200kg
황린	제3류 위험물	20kg
유황	제2류 위험물	100kg

35. 제2류 위험물에 대한 설명으로 옳지 않은 것은?

① 대부분 물보다 가벼우므로 주수소화는 어려움이 있다.

② 점화원으로부터 멀리하고 가열을 피한다.

③ 금속분을 물과의 접촉을 피한다.

④ 용기 파손으로 인한 위험물의 누설에 주의한다.

(해설) 제2류 위험물의 성질은 가연성 고체로 물보다 무거운 것들이 대부분이고 철분, 금속분, 마그네슘 외의 품명은 화재 시 주수소화가 효과적이다(철분, 금속분, 마그네슘은 건조사를 이용).

36. 다음 물질 중 물에 대한 용해도가 가장 낮은 것은?

① 아크릴산　　　　② 아세트알데히드

③ 벤젠　　　　　　④ 글리세린

(해설) 제4류 위험물의 성질

품명		성질
아크릴산	제2석유류	수용성
아세트알데히드	특수인화물	수용성
벤젠	제1석유류	비수용성
글리세린	제3석유류	수용성

(참고) 비수용성 위험물이 수용성 위험물보다 물에 대한 용해도가 낮다.

37. 분자량이 약 110인 무기과산화물로 물과 접촉하여 발열하는 것은?

① 과산화마그네슘　　② 과산화벤젠

③ 과산화칼슘　　　　④ 과산화칼륨

(해설) 과산화칼륨(K_2O_2)

㉮ 제1류 위험물 중 무기과산화물에 해당되며 지정수량 50kg이다.

㉯ 과산화칼륨은 물과 접촉하여 반응하면 많은 열과 산소(O_2)를 발생하여 폭발의 위험성이 있다.

$$2K_2O_2 + 2H_2O \longrightarrow 4KOH + O_2 \uparrow + Q\text{kcal}$$

㉰ 분자량 계산 : $(39 \times 2) + (16 \times 2) = 110$

38. 1차 알코올에 대한 설명으로 가장 적절한 것은?

① OH기의 수가 하나이다.

② OH기가 결합된 탄소 원자에 붙은 알킬기의 수가 하나이다.

③ 가장 간단한 알코올이다.

④ 탄소의 수가 하나인 알코올이다.

(해설) 알코올의 분류

㉮ 수산기($-OH$)가 결합된 탄소 원자에 붙은 알킬기(C_nH_{2n+1})의 수에 따른 분류

　㉠ 1차 알코올 : 탄소 원자에 알킬기 1개 존재 → 에틸알코올[C_2H_5OH]

　㉡ 2차 알코올 : 탄소 원자에 알킬기 2개 존재 → 이소프로필알코올[$(CH_3)_2CHOH$]

　㉢ 3차 알코올 : 탄소 원자에 알킬기 3개 존재 → 트리메틸카비놀[$(CH_3)_3COH$]

(정답) **34.** ②　**35.** ①　**36.** ③　**37.** ④　**38.** ②

2015

㉴ 수산기(-OH)의 수에 따른 분류

명칭	분자속의 OH수	일반식	보기
1가 알코올	1개	$C_nH_{2n+1}OH$	에틸알코올 $[C_2H_5OH]$
2가 알코올	2개	$C_nH_{2n}(OH)_2$	에틸렌글리콜 $[C_2H_4(OH)_2]$
3가 알코올	3개	$C_nH_{2n-1}(OH)_3$	글리세린 $[C_3H_5(OH)_3]$

39. 위험물 안전관리법령상 산화성 액체에 대한 설명으로 옳은 것은?

① 과산화수소는 농도와 밀도가 비례한다.
② 과산화수소는 농도가 높을수록 끓는점이 낮아진다.
③ 질산은 상온에서 불연성이지만 고온으로 가열하면 스스로 발화한다.
④ 질산을 황산과 일정 비율로 혼합하여 왕수를 제조할 수 있다.

해설 산화성 액체 (제6류 위험물)
㉮ 밀도(kg/m³)는 단위 체적당 질량으로 농도가 증가하면 밀도도 증가하므로 과산화수소는 농도와 밀도가 비례한다.
㉯ 과산화수소는 농도가 높을수록 끓는점(비점)이 높아진다.
㉰ 질산은 상온에서 산화성 물질이라 가열해도 발화되지 않고 분해하면서 유독성인 이산화질소(NO_2)의 적갈색 증기를 발생한다.
㉱ 왕수는 진한 염산과 진한 질산을 3 : 1의 체적비로 혼합한 액체로 염산이나 질산으로 녹일 수 없는 금이나 백금을 녹이는 성질을 갖는다.

40. 위험물 안전관리법령상 제4류 위험물 운반용기의 외부에 표시하여야 하는 주의사항을 모두 옳게 나타낸 것은?

① 화기엄금 및 충격주의
② 가연물 접촉주의
③ 화기엄금

④ 화기주의 및 충격주의

해설 운반용기의 외부 표시사항 [시행규칙 별표19]

유별	구분	표시사항
제1류	알칼리금속의 과산화물 또는 이를 함유한 것	화기·충격주의, 물기엄금, 가연물 접촉주의
	그 밖의 것	화기·충격주의 및 가연물 접촉주의
제2류	철분, 금속분, 마그네슘 또는 어느 하나 이상을 함유한 것	화기주의, 물기엄금
	인화성 고체	화기엄금
	그 밖의 것	화기주의
제3류	자연발화성 물질	화기엄금 및 공기접촉엄금
	금수성물질	물기엄금
제4류		화기엄금
제5류		화기엄금 및 충격주의
제6류		가연물접촉주의

41. 알루미늄분이 염산과 반응하였을 경우 생성되는 가연성가스는?

① 산소
② 질소
③ 메탄
④ 수소

해설 알루미늄(Al)분 : 제2류 위험물로 금속분에 해당된다.
㉮ 물과 반응하여 수소(H_2)를 발생한다.
$$2Al + 6H_2O \longrightarrow 2Al(OH)_3 + 3H_2 \uparrow$$
㉯ 산(HCl : 염산), 알칼리(NaOH : 가성소다)와 반응하여 수소(H_2)를 발생한다.
$$2Al + 6HCl \longrightarrow 2AlCl_3 + 3H_2 \uparrow$$
$$2Al + 2NaOH + 2H_2O \longrightarrow 2NaAlO_2 + 3H_2 \uparrow$$

42. 휘발유의 성질 및 취급 시의 주의사항에 관한 설명 중 틀린 것은?

① 증기가 모여 있지 않도록 통풍을 잘 시킨다.

② 인화점이 상온이므로 상온 이상에서는 취급 시 각별한 주의가 필요하다.
③ 정전기 발생에 주의해야 한다.
④ 강산화제 등과 혼촉 시 발화할 위험이 있다.

해설 휘발유의 성질

구분	성질
발화점	300℃
인화점	−20~−43℃
액체 비중	0.65~0.8
증기 비중	3~4
연소범위	1.4~7.6%

참고 인화점이 −20~−43℃로 상온보다 낮으므로 취급 시 각별한 주의가 필요하며 특히 여름철에 주의하여야 한다.

43. 위험물 안전관리법령에서 정한 주유취급소의 고정 주유설비 주위에 보유하여야 하는 주유공지의 기준은?

① 너비 10m 이상, 길이 6m 이상
② 너비 15m 이상, 길이 6m 이상
③ 너비 10m 이상, 길이 10m 이상
④ 너비 15m 이상, 길이 10m 이상

해설 주유공지 기준 [시행규칙 별표13]
㉮ 주유공지 : 고정주유설비의 주위에 주유를 받으려는 자동차 등이 출입할 수 있도록 한 공지
㉯ 고정주유설비 : 펌프기기 및 호스기기로 되어 위험물을 자동차 등에 직접 주유하기 위한 설비로서 현수식의 것을 포함한다.
㉰ 주유공지 기준 : 고정주유설비 주위에 너비 15m 이상, 길이 6m 이상의 콘크리트 등으로 포장한 공지를 보유할 것

44. 위험물 안전관리법령상 벌칙의 기준이 나머지 셋과 다른 하나는 어느 것인가?

① 제조소등에 대한 긴급 사용정지 제한 명령을 위반한 자

② 탱크시험자로 등록하지 아니하고 탱크시험자의 업무를 한 자
③ 저장소 또는 제조소등이 아닌 장소에서 지정수량 이상의 위험물을 저장 또는 취급한 자
④ 제조소등의 완공검사를 받지 아니하고 위험물을 저장, 취급한 자

해설 벌칙 기준 [법 제33조~법37조]
㉮ ①, ②번 항목 : 1년 이하의 징역 또는 1천만원 이하의 벌금
㉯ ③번 항목은 시험이 시행된 2015년에는 1년 이하의 징역 또는 1천만원 이하의 벌금형 이었지만 2017. 3. 21 법령 개정으로 '3년 이하의 징역 또는 3천만원 이하의 벌금' 형으로 변경되었음
㉰ ④번 항목 : 1천 500만원 이하의 벌금

45. 위험물 안전관리법령에서 정하는 위험등급 Ⅱ에 해당하지 않는 것은?

① 제1류 위험물 중 질산염류
② 제2류 위험물 중 적린
③ 제3류 위험물 중 유기금속화합물
④ 제4류 위험물 중 제2석유류

해설 위험등급 Ⅱ의 위험물 [시행규칙 별표19]
㉮ 제1류 위험물 중 브롬산염류, 질산염류, 요오드산염류 그 밖에 지정수량이 300kg인 위험물
㉯ 제2류 위험물 중 황화린, 적린, 유황 그 밖에 지정수량이 100kg인 위험물
㉰ 제3류 위험물 중 알칼리금속(칼륨 및 나트륨을 제외한다) 및 알칼리토금속, 유기금속화합물(알킬알루미늄 및 알킬리튬을 제외한다) 그 밖에 지정수량이 50kg인 위험물
㉱ 제4류 위험물 중 제1석유류 및 알코올류
㉲ 제5류 위험물 중 위험등급 Ⅰ 외의 것

참고 제4류 위험물 중 제2석유류는 위험등급 Ⅲ에 해당된다.

46. 니트로셀룰로오스의 위험성에 대하여 옳게 설명한 것은?

① 물과 혼합하면 위험성이 감소된다.
② 공기 중에서 산화되지만 자연발화의 위험은 없다.
③ 건조할수록 발화의 위험성이 낮다.
④ 알코올과 반응하여 발화한다.

해설 니트로셀룰로오스의 위험성
㉮ 햇빛, 산, 알칼리에 의해 분해되면서 자연발화한다.
㉯ 건조할수록 충격, 마찰에 민감하여 발화되기 쉽다.
㉰ 물과 혼합할수록 위험성이 감소되므로 저장, 수송할 때는 물 20%나 알코올 30%로 습윤시킨다.
㉱ 130℃ 정도에서 서서히 분해되고 180℃에서 불꽃을 내며 급격히 연소하여 완전 분해되면 150배의 기체가 된다.
㉲ 불꽃 등 화기를 멀리하고 마찰, 충격에 주의하고 냉암소에 저장한다.

47. $C_6H_2(NO_2)_3OH$와 CH_3NO_3의 공통 성질에 해당하는 것은?

① 니트로화합물이다.
② 인화성과 폭발성이 있는 액체이다.
③ 무색의 방향성 액체이다.
④ 에탄올에 녹는다.

해설 트리니트로페놀[$C_6H_2(NO_2)_3OH$]과 질산메틸(CH_3NO_3)의 비교

구분	트리니트로페놀	질산메틸
유별	제5류 위험물	제5류 위험물
품명	니트로화합물	질산에스테르류
인화성 및 폭발성	인화 및 폭발	인화
색깔	휘황색 고체	무색, 투명 액체
냄새, 맛	무취	향긋한 냄새
물의 용해성	온수에 용해	녹지 않음
에탄올 용해성	녹는다	녹는다

48. 위험물 안전관리법령에서 정한 소화설비의 설치기준에 따라 다음 ( )에 알맞은 숫자를 차례대로 나타낸 것은?

"제조소등에 전기설비(전기배선, 조명기구 등은 제외한다)가 설치된 경우에는 당해 장소의 면적 ( )m² 마다 소형 수동식 소화기를 ( )개 이상 설치할 것"

① 50, 1 　② 50, 2
③ 100, 1 　④ 100, 2

해설 전기설비의 소화설비 [시행규칙 별표17] : 제조소등에 전기설비(전기배선, 조명기구 등을 제외한다)가 설치된 경우에는 당해 장소의 면적 100m² 마다 소형수동식 소화기를 1개 이상 설치할 것

49. 알루미늄 분말의 저장 방법 중 옳은 것은?

① 에틸알코올 수용액에 넣어 보관한다.
② 밀폐 용기에 넣어 건조한 곳에 보관한다.
③ 폴리에틸렌병에 넣어 수분이 많은 곳에 보관한다.
④ 염산 수용액에 넣어 보관한다.

해설 알루미늄 분말의 저장 방법
㉮ 제2류 위험물 중 금속분에 해당되며 물이나 산과 접촉하여 가연성 가스인 수소가 발생된다.
㉯ 할로겐원소와 접촉하면 자연발화의 위험성이 있다.
㉰ 이런 이유 때문에 알루미늄분은 밀폐 용기에 넣어 건조한 곳에 보관하여야 한다.
참고 물, 산과 반응하여 수소가 발생하는 반응식은 41번 해설을 참고한다.

50. 산을 가하면 이산화염소를 발생시키는 물질로 분자량이 약 90.5인 것은 어느 것인가?

① 아염소산나트륨
② 브롬산나트륨
③ 옥소산칼륨(요오드산칼륨)
④ 중크롬산나트륨

정답 46. ① 47. ④ 48. ③ 49. ② 50. ①

해설 아염소산나트륨($NaClO_2$)

㉮ 제1류 위험물 중 아염소산염류에 해당되며, 지정수량은 50kg이다.

㉯ 산(HCl : 염산)과 반응하면 유독가스 이산화염소(ClO_2) 및 염화나트륨($NaCl$), 과산화수소(H_2O_2)가 발생된다.

㉰ 반응식

$$3NaClO_2 + 2HCl \longrightarrow 3NaCl + 2ClO_2 + H_2O_2$$

51. 니트로글리세린에 관한 설명으로 틀린 것은?

① 상온에서 액체 상태이다.

② 물에는 잘 녹지만 유기 용매에는 녹지 않는다.

③ 충격 및 마찰에 민감하므로 주의해야 한다.

④ 다이너마이트의 원료로 쓰인다.

해설 니트로글리세린[$C_3H_5(ONO_2)_3$]의 특징

㉮ 제5류 위험물 중 질산에스테르류에 해당되며 지정수량은 10kg이다.

㉯ 순수한 것은 상온에서 무색, 투명한 기름 모양의 액체이나 공업적으로 제조한 것은 담황색을 띠고 있다.

㉰ 상온에서 액체이지만 약 10℃에서 동결하므로 겨울에는 백색의 고체 상태이다.

㉱ 물에는 거의 녹지 않으나 벤젠, 알코올, 클로로포름, 아세톤에 녹는다.

㉲ 점화하면 적은 양은 타기만 하지만 많은 양은 폭굉에 이른다.

㉳ 규조토에 흡수시켜 다이너마이트를 제조할 때 사용된다.

㉴ 충격이나 마찰에 예민하여 액체 운반은 금지되어 있다.

52. 아세트산에틸의 일반 성질 중 틀린 것은?

① 과일 냄새를 가진 휘발성 액체이다.

② 증기는 공기보다 무거워 낮은 곳에 체류한다.

③ 강산화제와의 혼촉은 위험하다.

④ 인화점은 −20℃ 이하이다.

해설 아세트산에틸[$CH_3COOC_2H_5$: 초산에틸]의 특징

㉮ 제4류 위험물 중 제1석유류의 초산에스테르류에 해당되며 비수용성으로 지정수량은 200L이다.

㉯ 무색, 투명한 가연성 액체로 딸기향의 과일 냄새가 난다.

㉰ 물에는 약간 녹으며 알코올, 아세톤, 에테르 등 유기용매에 잘 녹는다.

㉱ 유지, 수지, 셀룰로오스 유도체 등을 잘 녹인다.

㉲ 가수분해되기 쉬우며 물이 있으면 상온에서 서서히 초산과 에틸알코올로 분해한다.

㉳ 휘발성, 인화성이 커서 수용액 상태에서도 인화의 위험이 있다.

㉴ 비중 0.9, 비점 77℃, 발화점 427℃, 인화점 −4.4℃, 폭발범위 2.2~11.4%이다.

53. 위험물 안전관리법령상 운송책임자의 감독, 지원을 받아 운송하여야 하는 위험물에 해당하는 것은?

① 알킬알루미늄, 산화프로필렌, 알킬리튬

② 알킬알루미늄, 산화프로필렌

③ 알킬알루미늄, 알킬리튬

④ 산화프로필렌, 알킬리튬

해설 운송책임자의 감독, 지원을 받아 운송하여야 하는 위험물 종류 [시행령 제19조]

㉮ 알킬알루미늄

㉯ 알킬리튬

㉰ 알킬알루미늄 또는 알킬리튬을 함유하는 위험물

54. 위험물 안전관리법령상 다음 (   )에 알맞은 수치를 모두 합한 것은?

- 과염소산의 지정수량은 (   )kg이다.
- 과산화수소는 농도가 (   ) wt% 미만인 것은 위험물에 해당하지 않는다.
- 질산의 비중이 (   ) 이상인 것만 위험물로 규정한다.

2015

① 349.36　　　② 549.36

③ 337.49　　　④ 537.49

해설 각 항목에 해당하는 수치

㉮ 과염소산의 지정수량은 300kg이다.

㉯ 과산화수소는 농도가 36 wt% 미만인 것은 위험물에 해당하지 않는다.

㉰ 질산의 비중이 1.49 이상인 것만 위험물로 규정한다.

㉱ 각 항목의 수치 합계 계산

∴ 300+36+1.49=337.49

55. 살충제 원료로 사용되기도 하는 암회색 물질로 물과 반응하여 포스핀 가스를 발생할 위험이 있는 것은?

① 인화아연　　　② 수소화나트륨

③ 칼륨　　　　　④ 나트륨

해설 인화아연(Zn_3P_2)의 특징

㉮ 제3류 위험물 중 금속의 인화물에 해당되며 지정수량은 300kg이다.

㉯ 암회색의 물질로 살충제 원료로 사용한다.

㉰ 물과 반응하여 악취가 나는 맹독성이고 가연성 가스인 인화수소(PH_3 : 포스핀)를 발생한다.

$$Zn_3P_2+6H_2O \longrightarrow 3Zn(OH)_2+2PH_3\uparrow$$

56. 유황의 특성 및 위험성에 대한 설명으로 틀린 것은?

① 산화성 물질이므로 환원성 물질과 접촉을 피해야 한다.

② 전기의 부도체이므로 전기 절연체로 쓰인다.

③ 공기 중 연소 시 유해가스를 발생한다.

④ 분말 상태인 경우 분진 폭발의 위험성이 있다.

해설 유황의 특성 및 위험성

㉮ 제2류 위험물로 지정수량 100kg이다.

㉯ 노란색 고체로 열 및 전기의 불량도체이므로 정전기발생에 유의하여야 한다.

㉰ 물이나 산에는 녹지 않지만 이황화탄소(CS_2)에는 녹는다(단, 고무상 황은 녹지 않음).

㉱ 저온에서는 안정하나 높은 온도에서는 여러 원소와 황화물을 만든다.

㉲ 공기 중에서 연소하면 푸른 불꽃을 발하며, 유독한 아황산가스(SO_2)를 발생한다.

㉳ 산화제나 목탄가루 등과 혼합되어 있을 때 마찰이나 열에 의해 착화, 폭발을 일으킨다.

㉴ 황가루가 공기 중에 떠 있을 때는 분진 폭발의 위험성이 있다.

참고 유황은 가연성 고체로 환원성 성질(가연물)을 가지므로 산화성 물질과의 접촉을 피해야 한다.

57. 과산화벤조일 취급 시 주의사항에 대한 설명 중 틀린 것은?

① 수분을 포함하고 있으면 폭발하기 쉽다.

② 가열, 충격, 마찰을 피해야 한다.

③ 저장용기는 차고 어두운 곳에 보관한다.

④ 희석제를 첨가하여 폭발성을 낮출 수 있다.

해설 벤조일퍼옥사이드(과산화벤조일)의 특징

㉮ 제5류 위험물 중 유기과산화물에 해당되며 지정수량은 10kg이다.

㉯ 무색, 무미의 결정 고체로 물에는 잘 녹지 않으나 알코올에는 약간 녹는다.

㉰ 상온에서 안정하며, 강한 산화작용이 있다.

㉱ 가열하면 100℃ 부근에서 백색 연기를 내며 분해한다.

㉲ 빛, 열, 충격, 마찰 등에 의해 폭발의 위험이 있다.

㉳ 강한 산화성 물질로 진한 황산, 질산, 초산 등과 접촉하면 화재나 폭발의 우려가 있다.

㉴ 수분의 흡수나 불활성 희석제(프탈산디메틸, 프탈산디부틸)의 첨가에 의해 폭발성을 낮출 수도 있다.

㉵ 직사광선을 피하고 소분하여 냉암소에 저장한다.

㉶ 비중(25℃) 1.33, 융점 103~105℃(분해온도), 발화점 125℃이다.

58. 과염소산칼륨의 성질에 관한 설명 중 틀린 것은?

① 무색, 무취의 결정이다.

② 알코올, 에테르에 잘 녹는다.

③ 진한 황산과 접촉하면 폭발할 위험이 있다.

④ 400℃ 이상으로 가열하면 분해하여 산소가 발생할 수 있다.

해설 과염소산칼륨($KClO_4$)의 특징

㉮ 제1류 위험물 중 과염소산염류로 지정수량 50kg이다.

㉯ 무색, 무취, 사방정계 결정으로 물에 녹기 어렵고 알코올, 에테르에도 불용이다.

㉰ 400℃에서 분해하기 시작하여 610℃에서 완전 분해되어 산소를 방출한다.

㉱ 자신은 불연성 물질이지만 강력한 산화제이다.

㉲ 진한 황산과 접촉하면 폭발성 가스를 생성하고 튀는 것과 같은 폭발 위험이 있다.

㉳ 인, 황, 마그네슘, 유기물 등이 섞여 있을 때 가열, 충격, 마찰에 의해 폭발한다.

㉴ 환기가 잘 되고 서늘한 곳에 보관한다.

㉵ 화약, 폭약, 섬광제 등에 사용된다.

㉶ 비중 2.52, 융점 610℃, 용해도(20℃) 1.8이다.

59. 분말의 형태로서 150 마이크로미터(μm)의 체를 통과하는 것이 50 중량퍼센트 이상인 것만 위험물로 취급되는 것은?

① Zn ② Fe ③ Ni ④ Cu

해설 제2류 위험물(가연성 고체) [시행령 별표1]

㉮ 금속분 : 알칼리금속, 알칼리토금속, 철 및 마그네슘 외의 금속의 분말을 말하며 구리분, 니켈분 및 150μm의 체를 통과하는 것이 50 wt% 미만인 것은 제외한다[아연(Zn)분은 위험물로 취급된다].

㉯ 철분 : 철의 분말로서 53μm의 표준체를 통과하는 것이 50 중량% 미만인 것은 제외한다[철(Fe)분은 별도의 규정을 적용받는다].

㉰ 구리(Cu)분, 니켈(Ni)분 : 제2류 위험물 중 금속분 품명에서 제외되는 것이다.

㉱ 제2류 위험물 중 금속분 품명에 해당되는 것은 150μm의 체를 통과하는 것이 50 wt% 이상인 알루미늄(Al)분, 아연(Zn)분, 안티몬(Sb)분, 주석(Sn)분이다.

60. 다음 물질 중 인화점이 가장 높은 것은 어느 것인가?

① 아세톤

② 디에틸에테르

③ 메탄올

④ 벤젠

해설 제4류 위험물의 인화점

품 명		인화점
아세톤 (CH_3COCH_3)	제1석유류	-18℃
디에틸에테르 ($C_2H_5OC_2H_5$)	특수인화물	-45℃
메탄올(CH_3OH)	알코올류	11℃
벤젠(C_6H_6)	제1석유류	-11.1℃

2016년도 출제문제

2016. 1. 24 시행 (제1회)

1. 위험물 제조소의 경우 연면적이 최소 몇 m²
이면 자동화재 탐지설비를 설치해야 하는가?
(단, 원칙적인 경우에 한한다.)

① 100　② 300　③ 500　④ 1000

해설 제조소 및 일반취급소에 자동화재 탐지설
비만을 설치해야 하는 대상 [시행규칙 별표17]
㉮ 연면적 500m² 이상인 것
㉯ 옥내에서 지정수량의 100배 이상을 취급하는
것(고인화점 위험물만을 100℃ 미만의 온도에
서 취급하는 것을 제외한다)
㉰ 일반취급소로 사용되는 부분 외의 부분이 있
는 건축물에 설치된 일반취급소(일반취급소와
일반취급소 외의 부분이 내화구조의 바닥 또
는 벽으로 개구부 없이 구획된 것을 제외한다)

2. 메틸알코올 8000L에 대한 소화능력으로 삽을
포함한 마른 모래를 몇 L 설치하여야 하는가?

① 100　② 200　③ 300　④ 400

해설 ㉮ 소화설비의 능력단위(소요단위) [시행규
칙 별표17]

소화설비	용량	능력단위
소화전용 물통	8L	0.3
수조(소화전용 물통 3개 포함)	80L	1.5
수조(소화전용 물통 6개 포함)	190L	2.5
마른 모래(삽 1개 포함)	50L	0.5
팽창질석 또는 팽창진주암(삽 1개 포함)	160L	1.0

㉯ 메틸알코올의 지정수량 : 400L
㉰ 소요단위 계산 : 지정수량의 10배를 1소요단
위로 한다.

$$\therefore 소요단위 = \frac{저장량}{지정수량 \times 10} = \frac{8000}{400 \times 10} = 2$$

㉱ 마른 모래 계산 : 마른 모래 50L가 0.5능력단
위(소요단위)이다.

$$50L \;:\; 0.5\ 소요단위$$
$$x[L] \;:\; 2\ 소요단위$$

$$\therefore x = \frac{50 \times 2}{0.5} = 200\,L$$

3. 지정수량의 몇 배 이상의 위험물을 취급하는
제조소에는 화재발생 시 이를 알릴 수 있는 경
보설비를 설치하여야 하는가?

① 5　② 10　③ 20　④ 100

해설 경보설비의 기준 [시행규칙 제42조]
㉮ 지정수량의 10배 이상의 위험물을 저장 또는
취급하는 제조소등(이동탱크저장소를 제외한
다)에는 화재발생 시 이를 알릴 수 있는 경보
설비를 설치한다.
㉯ 경보설비는 자동화재 탐지설비 · 비상경보설
비(비상벨장치 또는 경종을 포함한다) · 확성장
치(휴대용확성기를 포함한다) 및 비상방송설
비로 구분한다.
㉰ 자동신호장치를 갖춘 스프링클러설비 또는
물분무등 소화설비를 설치한 제조소등에 있어
서는 자동화재 탐지설비를 설치한 것으로 본다.

4. 피크르산의 위험성과 소화방법에 대한 설명으
로 틀린 것은?

① 금속과 화합하여 예민한 금속염이 만들
어질 수 있다.
② 운반 시 건조한 것보다는 물에 젖게 하는
것이 안전하다.
③ 알코올과 혼합된 것은 충격에 의한 폭발
위험이 있다.

④ 화재 시에는 질식소화가 효과적이다.

해설 피크르산[$C_6H_2(NO_2)_3OH$: 트리니트로페놀]의 위험성 및 소화방법

㉮ 중금속(Fe, Cu, Pb 등)과 반응하여 민감한 피크린산염을 형성한다.

㉯ 공기 중에서 서서히 연소하나 뇌관으로는 폭굉을 일으킨다.

㉰ 황색 염료, 농약, 산업용 도폭선의 심약, 뇌관의 첨장약, 군용 폭파약, 피혁공업에 사용한다.

㉱ 단독으로는 타격, 마찰에 둔감하지만, 금속염은 매우 위험하여 가솔린, 알코올, 옥소, 황 등과 혼합된 것에 약간의 마찰이나 타격을 주어도 심하게 폭발한다.

㉲ 건조된 것일수록 주의하여 다루고, 운반 시에는 물에 젖게 하는 것이 안전하다.

㉳ 화기와 멀리하고, 산화하기 쉬운 물질과 혼합되지 않도록 한다.

㉴ 화재 시 다량의 주수에 의한 냉각소화가 효과적이다.

5. 단층 건물에 설치하는 옥내탱크 저장소의 탱크전용실에 비수용성의 제2석유류 위험물을 저장하는 탱크 1개를 설치할 경우 설치할 수 있는 탱크의 최대용량은?

① 10000L
② 20000L
③ 40000L
④ 80000L

해설 옥내탱크 저장소 기준 [시행규칙 별표7]

㉮ 옥내저장탱크는 단층 건축물에 설치된 탱크전용실에 설치할 것

㉯ 옥내저장탱크의 용량은 지정수량의 40배 이하일 것(제4석유류 및 동식물유류 외의 제4류 위험물에 있어서 당해 수량이 2만 L를 초과할 때에는 2만 L 이하일 것)

참고 문제에서 제2석유류를 저장하는 경우이므로 지정수량에 관계없이 탱크의 최대용량은 20000L이 되는 것이다.

6. 위험물 안전관리법령상 제6류 위험물에 적응성이 없는 것은?

① 스프링클러설비
② 포 소화설비
③ 불활성가스 소화설비
④ 물분무 소화설비

해설 제6류 위험물에 적응성이 없는 소화설비 [시행규칙 별표17]

㉮ 불활성가스 소화설비
㉯ 할로겐화합물 소화설비 및 소화기
㉰ 탄산수소염류 분말 소화설비 및 분말 소화기
㉱ 이산화탄소 소화기

7. 위험물 안전관리법령상 위험물 옥외탱크 저장소에 방화에 관하여 필요한 사항을 게시한 게시판에 기재하여야 하는 내용이 아닌 것은?

① 위험물의 지정수량의 배수
② 위험물의 저장최대수량
③ 위험물의 품명
④ 위험물의 성질

해설 제조소에 설치하는 방화에 관한 게시판 [시행규칙 별표4]

㉮ 게시위치 : 제조소 보기 쉬운 곳
㉯ 크기 : 한 변의 길이가 0.3m 이상, 다른 한 변의 길이 0.6m 이상인 직사각형
㉰ 내용 : 저장 또는 취급하는 위험물의 유별·품명, 저장최대수량, 지정수량의 배수, 안전관리자의 성명 또는 직명
㉱ 색상 : 백색 바탕에 흑색 문자

8. 주된 연소형태가 증발연소인 것은?

① 나트륨
② 코크스
③ 양초
④ 니트로셀룰로오스

해설 각 위험물의 연소형태

㉮ 나트륨, 코크스 : 표면연소
㉯ 양초 : 증발연소
㉰ 니트로셀룰로오스 : 자기연소

정답 5. ② 6. ③ 7. ④ 8. ③

9. 금속화재에 마른 모래를 피복하여 소화하는 방법은?

① 제거소화
② 질식소화
③ 냉각소화
④ 억제소화

해설 소화작용(소화효과)
㉮ 제거소화 : 화재 현장에서 가연물을 제거함으로써 화재의 확산을 저지하는 방법으로 소화하는 것이다.
㉯ 질식소화 : 산소공급원을 차단하여 연소 진행을 억제하는 방법으로 소화하는 것이다.
㉰ 냉각소화 : 물 등을 사용하여 활성화 에너지(점화원)를 냉각시켜 가연물을 발화점 이하로 낮추어 연소가 계속 진행할 수 없도록 하는 방법으로 소화하는 것이다.
㉱ 부촉매소화(억제소화) : 산화반응에 직접 관계없는 물질을 가하여 연쇄반응의 억제작용을 이용하는 방법으로 소화하는 것이다.

10. 위험물 안전관리법령상 위험등급 Ⅰ의 위험물에 해당하는 것은?

① 무기과산화물
② 황화인
③ 제1석유류
④ 유황

해설 위험등급 Ⅰ의 위험물[시행규칙 별표19]
㉮ 제1류 위험물 중 아염소산염류, 염소산염류, 과염소산염류, 무기과산화물 그 밖에 지정수량이 50kg인 위험물
㉯ 제3류 위험물 중 칼륨, 나트륨, 알킬알루미늄, 알킬리튬, 황린 그 밖에 지정수량이 10kg 또는 20kg인 위험물
㉰ 제4류 위험물 중 특수인화물
㉱ 제5류 위험물 중 유기과산화물, 질산에스테르류 그 밖에 지정수량이 10kg인 위험물
㉲ 제6류 위험물

11. 위험물 안전관리법령상 옥내저장소에서 기계에 의하여 하역하는 구조로 된 용기만을 겹쳐 쌓아 위험물을 저장하는 경우 그 높이는 몇 m를 초과하지 않아야 하는가?

① 2
② 4
③ 6
④ 8

해설 위험물을 옥내저장소에 저장하는 경우 용기를 겹쳐 쌓는 높이 [시행규칙 별표18]
㉮ 기계에 의하여 하역하는 구조로 된 용기만을 겹쳐 쌓는 경우에는 6m를 초과하지 아니하여야 한다.
㉯ 제4류 위험물 중 제3석유류, 제4석유류 및 동식물유류 용기만을 겹쳐 쌓는 경우에는 4m를 초과하지 아니하여야 한다.
㉰ 그 밖에 경우에는 3m를 초과하지 아니하여야 한다.

12. 연소가 잘 이루어지는 조건으로 거리가 먼 것은?

① 가연물의 발열량이 클 것
② 가연물의 열전도율이 클 것
③ 가연물과 산소와의 접촉 표면적이 클 것
④ 가연물의 활성화 에너지가 작을 것

해설 가연물의 구비조건(연소가 잘 이루어지기 위한 조건)
㉮ 발열량이 크고, 열전도율이 작을 것
㉯ 산소와 친화력이 좋고 표면적이 넓을 것
㉰ 활성화 에너지(점화에너지)가 작을 것
㉱ 연쇄반응이 있고, 건조도가 높을 것(수분 함량이 적을 것)
참고 가연물의 열전도율이 크게 되면 자신이 보유하고 있는 열이 적게 되어 착화 및 연소가 어려워지게 된다.

13. 위험물 안전관리법령상 위험물의 운반에 관한 기준에서 적재 시 혼재가 가능한 위험물을 옳게 나타낸 것은? (단, 각각 지정수량의 10배 이상인 경우이다.)

① 제1류와 제4류
② 제3류와 제6류
③ 제1류와 제5류
④ 제2류와 제4류

해설 ㉮ 위험물 운반할 때 혼재 기준[시행규칙 별표19, 부표2]

구분	제1류	제2류	제3류	제4류	제5류	제6류
제1류		×	×	×	×	○
제2류	×		×	○	○	×
제3류	×	×		○	×	×
제4류	×	○	○		○	×
제5류	×	○	×	○		×
제6류	○	×	×	×	×	

○ : 혼합 가능, × : 혼합 불가능

㉯ 이 표는 지정수량의 $\frac{1}{10}$ 이하의 위험물에 대하여는 적용하지 않는다.

14. 석유류가 연소할 때 발생하는 가스로 강한 자극적인 냄새가 나며 취급하는 장치를 부식시키는 것은?

① H_2 ② CH_4 ③ NH_3 ④ SO_2

해설 ㉮ 석유류에 함유된 황(S) 성분이 연소하면서 유독성이 아황산가스(SO_2)가 발생하며 수분과 반응하여 황산(H_2SO_4)을 생성하고 장치를 부식시킨다.
㉯ 반응식 : $S + O_2 \longrightarrow SO_2$

15. 위험물 제조소 표지 및 게시판에 대한 설명이다. 위험물 안전관리법령상 옳지 않은 것은?

① 표지는 한 변의 길이가 0.3m, 다른 변의 길이가 0.6m 이상으로 하여야 한다.
② 표지의 바탕은 백색, 문자는 흑색으로 하여야 한다.
③ 취급하는 위험물에 따라 규정에 의한 주의사항을 표시한 게시판을 설치하여야 한다.
④ 제2류 위험물(인화성 고체 제외)은 "화기엄금" 주의사항 게시판을 설치하여야 한다.

해설 표지 및 게시판 [시행규칙 별표4]
㉮ 표지 : 제조소에는 보기 쉬운 곳에 "위험물 제조소"라는 표시를 한 표지를 설치한다.

㉠ 크기 : 한 변의 길이가 0.3m 이상, 다른 한 변의 길이가 0.6m 이상인 직사각형
㉡ 색상 : 백색 바탕에 흑색 문자
㉯ 주의사항 게시판

위험물의 종류	내용	색상
• 제1류 위험물 중 알칼리금속의 과산화물 • 제3류 위험물 중 금수성물질	"물기엄금"	청색바탕에 백색문자
• 제2류 위험물(인화성 고체 제외)	"화기주의"	적색바탕에 백색문자
• 제2류 위험물 중 인화성 고체 • 제3류 위험물 중 자연발화성물질 • 제4류 위험물 • 제5류 위험물	"화기엄금"	

※ 방화에 관한 게시판 규정은 7번 해설을 참고한다.

16. 다음 그림과 같이 횡으로 설치한 원통형 위험물탱크에 대하여 탱크의 용량을 구하면 약 몇 m^3인가? (단, 공간용적은 탱크 내용적의 $\frac{5}{100}$로 한다.)

① 52.4   ② 291.6
③ 994.8   ④ 1047.2

해설 ㉮ 탱크의 내용적 계산

$$\therefore V = \pi \times r^2 \times \left(l + \frac{l_1 + l_2}{3} \right)$$

$$= \pi \times 5^2 \times \left(10 + \frac{5+5}{3} \right)$$

$$= 1047.197 \, m^3$$

㉯ 공간용적 계산 : 공간용적은 탱크 내용적의 $\frac{5}{100}$ 이다.

2016

$$\therefore V' = 1047.197 \times \frac{5}{100} = 52.359\,\mathrm{m}^3$$

㉰ 탱크 용량 계산

∴ 탱크 용량 = 내용적 − 공간용적
$$= 1047.197 - 52.359 = 994.838\,\mathrm{m}^3$$

17. 위험물을 취급함에 있어서 정전기를 유효하게 제거하기 위한 설비를 설치하고자 한다. 위험물 안전관리법령상 공기 중의 상대습도를 몇 % 이상 되게 하여야 하는가?

① 50 ② 60 ③ 70 ④ 80

해설 정전기 제거설비 설치 [시행규칙 별표4]
㉮ 접지에 의한 방법
㉯ 공기 중의 상대습도를 70% 이상으로 하는 방법
㉰ 공기를 이온화하는 방법

18. 제3종 분말 소화약제의 열분해 시 생성되는 메타인산의 화학식은?

① H_3PO_4 ② HPO_3
③ $H_4P_2O_7$ ④ $CO(NH_2)_2$

해설 제3종 분말 소화약제
㉮ 제3종 분말 소화약제 주성분인 제1인산암모늄($NH_4H_2PO_4$)의 열분해 시 생성되는 것은 메타인산(HPO_3), 암모니아(NH_3), 물(H_2O)이다.
㉯ 반응식 : $NH_4H_2PO_4 \rightarrow HPO_3 + NH_3 + H_2O$

19. 위험물 안전관리법령상 제조소등의 관계인은 예방규정을 정하여 누구에게 제출하여야 하는가?

① 소방청장 또는 행정안전부장관
② 소방청장 또는 소방서장
③ 시·도지사 또는 소방서장
④ 한국소방안전원장 또는 소방청장

해설 예방규정 [법 제17조]
㉮ 제조소등의 관계인은 제조소등의 화재예방과 화재 등 재해발생 시의 비상조치를 위하여 예방규정을 정하여 제조소등의 사용을 시작하기 전에 시·도지사에게 제출하여야 한다.
㉯ 시·도지사는 제출한 예방규정이 기준에 적합하지 아니하거나 화재예방이나 재해발생 시의 비상조치를 위하여 필요하다고 인정하는 때에는 이를 반려하거나 그 변경을 명할 수 있다.
참고 시행령 제21조에 따라 예방규정의 수리·반려 및 변경명령은 소방서장에게 권한이 위임된다.

20. 연소의 3요소를 모두 갖춘 것은 어느 것인가?

① 휘발유 + 공기 + 수소
② 적린 + 수소 + 성냥불
③ 성냥불 + 황 + 염소산암모늄
④ 알코올 + 수소 + 염소산암모늄

해설 연소의 3요소 및 해당 물질
㉮ 가연물질 : 황
㉯ 산소공급원 : 염소산암모늄
㉰ 점화원 : 성냥불

21. 위험물의 저장방법에 대한 설명으로 옳은 것은?

① 황화린은 알코올 또는 과산화물 속에 저장하여 보관한다.
② 마그네슘은 건조하면 분진폭발의 위험성이 있으므로 물에 습윤하여 저장한다.
③ 적린은 화재예방을 위해 할로겐 원소와 혼합하여 저장한다.
④ 수소화리튬은 저장용기에 아르곤과 같은 불활성 기체를 봉입한다.

해설 각 위험물의 저장방법
① 황화린(제2류 위험물) : 냉암소에 보관 → 가연성고체이므로 과산화물과 접촉하면 자연발화 할 수 있다.
② 마그네슘(제2류 위험물) : 산화제, 수분, 할로겐원소와 접촉을 피해 보관 → 수분과 접촉 시 수소가 발생하므로 습윤하여 저장하는 것은 위험하다.
③ 적린(제2류 위험물) : 서늘한 장소 → 할로겐원소는 조연성 성질을 가지므로 혼합하여 저

장하면 위험하다.

④ 수소화리튬(제3류 위험물) : 공기 중 수분과 접촉하면 반응하여 수소를 발생하므로 저장용기에 아르곤과 같은 불활성 기체를 봉입하여 저장한다.

22. 다음은 P_2S와 물의 화학반응이다. ( )에 알맞은 숫자를 차례대로 나열한 것은?

$$P_2S_5+(\quad)H_2O \rightarrow (\quad)H_2S+(\quad)H_3PO_4$$

① 2, 8, 5   ② 2, 5, 8
③ 8, 5, 2   ④ 8, 2, 5

해설 오황화인(P_2S_5)

㉮ 제2류 위험물 중 황화린에 해당되며 지정수량 100kg이다.

㉯ 오황화인(P_2S_5)은 물, 알칼리에 의해 황화수소(H_2S)와 인산(H_3PO_4)으로 분해된다.

㉰ 반응식 : $P_2S_5+8H_2O \rightarrow 5H_2S+2H_3PO_4$

23. 위험물 안전관리법령상 제조소에서 취급하는 제4류 위험물의 최대수량의 합이 지정수량의 12만배 미만인 사업소에 두어야 하는 화학소방자동차 및 자체소방대원의 수의 기준으로 옳은 것은?

① 1대 – 5인   ② 2대 – 10인
③ 3대 – 15인   ④ 4대 – 20인

해설 자체소방대에 두는 화학소방자동차 및 인원 [시행령 별표8]

위험물의 최대수량의 합	화학 소방자동차	소방대원 (조작인원)
지정수량의 12만배 미만	1대	5인
지정수량의 12만배 이상 24만배 미만	2대	10인
지정수량의 24만배 이상 48만배 미만	3대	15인
지정수량의 48만배 이상	4대	20인

24. 위험물 안전관리법령상 위험물 운반용기의 외부에 표시하여야 하는 사항에 해당하지 않는 것은?

① 위험물에 따라 규정된 주의사항
② 위험물의 지정수량
③ 위험물의 수량
④ 위험물의 품명

해설 운반용기 외부 표시사항 [시행규칙 별표19]

㉮ 공통 표시사항

㉠ 위험물의 품명·위험등급·화학명 및 수용성("수용성" 표시는 제4류 위험물로서 수용성인 것에 한한다)

㉡ 위험물의 수량

㉯ 위험물에 따른 주의사항

25. 염소산칼륨의 성질에 대한 설명으로 옳은 것은?

① 가연성 고체이다.
② 강력한 산화제이다.
③ 물보다 가볍다.
④ 열분해하면 수소를 발생한다.

해설 염소산칼륨($KClO_3$)의 특징

㉮ 제1류 위험물 중 염소산염류에 해당되며 지정수량 50kg이다.

㉯ 자신은 불연성 물질이며, 광택이 있는 무색의 고체 또는 백색 분말이다.

㉰ 글리세린 및 온수에 잘 녹고, 알코올 및 냉수에는 녹기 어렵다.

㉱ 400℃ 부근에서 분해되기 시작하여 540~560℃에서 과염소산칼륨($KClO_4$)을 거쳐 염화칼륨(KCl)과 산소(O_2)를 방출한다.

㉲ 가연성이나 산화성 물질 및 강산 촉매인 중금속염의 혼합은 폭발의 위험성이 있다.

㉳ 산화하기 쉬운 물질이므로 강산, 중금속류와의 혼합을 피하고 가열, 충격, 마찰에 주의한다.

㉴ 환기가 잘 되고 서늘한 곳에 보관하고 용기가 파손되거나 노출되지 않도록 한다.

㉵ 비중 2.32, 융점 368.4℃, 용해도(20℃) 7.3이다.

2016

26. 위험물 안전관리법령상 운반차량에 혼재해서 적재할 수 없는 것은? (단, 각각의 지정수량은 10배인 경우이다.)

① 염소화규소화합물 − 특수인화물
② 고형알코올 − 니트로화합물
③ 염소산염류 − 질산
④ 질산구아니딘 − 황린

해설 각 위험물의 유별 및 혼재 여부

㉮ 염소화규소화합물(제3류) − 특수인화물(제4류) → 혼재 가능

㉯ 고형알코올(제4류) − 니트로화합물(제5류) → 혼재 가능

㉰ 염소산염류(제1류) − 질산(제6류) → 혼재 가능

㉱ 질산구아니딘(제5류) − 황린(제3류) → 혼재 불가능

참고 위험물 유별 혼재 가능 여부의 구체적인 사항은 13번 해설을 참고한다.

27. 가솔린의 연소범위(vol%)에 가장 가까운 것은?

① 1.4~7.6
② 8.3~11.4
③ 12.5~19.7
④ 22.3~32.8

해설 공기 중에서 가솔린의 연소범위(폭발범위)는 1.4~7.6 vol%이다.

28. 위험물의 저장방법에 대한 설명 중 틀린 것은?

① 황린은 공기와의 접촉을 피해 물속에 저장한다.
② 황은 정전기의 축적을 방지하여 저장한다.
③ 알루미늄 분말은 건조한 공기 중에서 분진폭발의 위험이 있으므로 정기적으로 분무상의 물을 뿌려야 한다.
④ 황화인은 산화제와의 혼합을 피해 격리해야 한다.

해설 알루미늄 분말 : 제2류 위험물 중 금속분

㉮ 물과 접촉하면 가연성인 수소(H_2)가스를 발생하므로 위험하다.

㉯ 반응식 : $2Al + 6H_2O \rightarrow 2Al(OH)_3 + 3H_2 \uparrow$

29. 저장하는 위험물의 최대수량이 지정수량의 15배일 경우 건축물의 벽, 기둥 및 바닥이 내화구조로 된 위험물 옥내저장소의 보유공지는 몇 m 이상이어야 하는가?

① 0.5
② 1
③ 2
④ 3

해설 옥내 저장소의 보유공지 기준

[시행규칙 별표5]

저장 또는 취급하는 위험물의 최대수량	공지의 너비	
	벽·기둥 및 바닥이 내화구조로 된 건축물	그 밖의 건축물
지정수량의 5배 이하	−	0.5m 이상
지정수량의 5배 초과 10배 이하	1m 이상	1.5m 이상
지정수량의 10배 초과 20배 이하	2m 이상	3m 이상
지정수량의 20배 초과 50배 이하	3m 이상	5m 이상
지정수량의 50배 초과 200배 이하	5m 이상	10m 이상
지정수량의 200배 초과	10m 이상	15m 이상

30. 제4류 위험물의 화재예방 및 취급방법으로 옳지 않은 것은?

① 이황화탄소는 물속에 저장한다.
② 아세톤은 일광에 의해 분해될 수 있으므로 갈색병에 보관한다.
③ 초산은 내산성 용기에 저장하여야 한다.
④ 건성유는 다공성 가연물과 함께 보관한다.

해설 건성유(제4류 위험물 중 동식물유류)는 불포화결합이 커서 자연발화의 위험성이 있으므로 누설에 주의하여야 하며 가연물 및 화기의 접근을 피해야 한다.

31. 위험물 안전관리법령상 품명이 나머지 셋과 다른 하나는?

① 트리니트로톨루엔
② 니트로글리세린
③ 니트로글리콜
④ 셀룰로이드

해설 제5류 위험물의 품명 및 지정수량

위험물 명칭	품명	지정수량
트리니트로톨루엔	니트로화합물	200kg
니트로글리세린	질산에스테르류	10kg
니트로글리콜		
셀룰로이드		

32. 부틸리튬(n-butyl lithium)에 대한 설명으로 옳은 것은?

① 무색의 가연성 고체이며 자극성이 있다.
② 증기는 공기보다 가볍고 점화원에 의해 선화의 위험이 있다.
③ 화재발생 시 이산화탄소 소화설비는 적응성이 없다.
④ 탄화수소나 다른 극성의 액체에 용해가 잘 되며 휘발성은 없다.

해설 부틸리튬(C_4H_9Li)의 특징
㉮ 제3류 위험물 중 알킬리튬에 해당되며 지정수량 10kg 이다.
㉯ 상온에서 액체 상태로 휘발성이 강하다.
㉰ 물과 반응하여 열과 가연성 가스를 발생한다.
㉱ 소화방법은 건조사, 팽창질석 또는 팽창진주암, 탄산수소염류 분말소화설비 및 분말소화기를 사용한다(이산화탄소 소화설비는 적응성이 없다).

33. 니트로글리세린은 여름철(30℃)과 겨울철(0℃)에 어떤 상태인가?

① 여름 – 기체, 겨울 – 액체
② 여름 – 액체, 겨울 – 액체
③ 여름 – 액체, 겨울 – 고체
④ 여름 – 고체, 겨울 – 고체

해설 니트로글리세린[$C_3H_5(ONO_2)_3$]의 상태
㉮ 제5류 위험물 중 질산에스테르류에 해당되며 지정수량 10kg이다.
㉯ 비점 160℃, 융점 2.8℃로 약 10℃ 정도에서 동결하므로 겨울에는 고체 상태, 여름에는 액체 상태이다.

34. 정기점검 대상 제조소등에 해당하지 않는 것은?

① 이동탱크 저장소
② 지정수량 120배의 위험물을 저장하는 옥외저장소
③ 지정수량 120배의 위험물을 저장하는 옥내저장소
④ 이송 취급소

해설 ㉮ 정기점검 대상 제조소등 [시행령 제16조]
㉠ 관계인이 예방규정을 정하여야 하는 제조소등
㉡ 지하탱크 저장소
㉢ 이동탱크 저장소
㉣ 위험물을 취급하는 탱크로서 지하에 매설된 탱크가 있는 제조소·주유취급소 또는 일반취급소
㉯ 관계인이 예방규정을 정하여야 하는 제조소등 [시행령 제15조]
㉠ 지정수량의 10배 이상의 위험물을 취급하는 제조소
㉡ 지정수량의 100배 이상의 위험물을 저장하는 옥외저장소
㉢ 지정수량의 150배 이상의 위험물을 저장하는 옥내저장소
㉣ 지정수량의 200배 이상의 위험물을 저장하는 옥외탱크저장소

정답 31. ① 32. ③ 33. ③ 34. ③

ⓜ 암반탱크저장소

ⓑ 이송취급소

ⓢ 지정수량의 10배 이상의 위험물을 취급하는 일반취급소

35. 위험물 안전관리법령상 자동화재 탐지설비의 설치기준으로 옳지 않은 것은?

① 경계구역은 건축물의 최소 2개 이상의 층에 걸치도록 할 것

② 하나의 경계구역의 면적은 $600m^2$ 이하로 할 것

③ 감지기는 지붕 또는 벽의 옥내에 면한 부분에 유효하게 화재의 발생을 감지할 수 있도록 설치할 것

④ 비상전원을 설치할 것

해설 자동화재 탐지설비 설치기준

[시행규칙 별표17]

㉮ 자동화재 탐지설비의 경계구역은 건축물 그 밖의 공작물의 2 이상의 층에 <u>걸치지 아니하도록 할 것</u>. 다만, 하나의 경계구역의 면적이 $500m^2$ 이하이면서 당해 경계구역이 두 개의 층에 걸치는 경우이거나 계단·경사로·승강기의 승강로 그 밖에 이와 유사한 장소에 연기감지기를 설치하는 경우에는 그러하지 아니하다.

㉯ 하나의 경계구역의 면적은 $600m^2$ 이하로 하고 그 한 변의 길이는 50m(광전식분리형 감지기를 설치할 경우에는 100m) 이하로 할 것. 다만, 당해 건축물 그 밖의 공작물의 출입구에서 그 내부의 전체를 볼 수 있는 경우에는 그 면적을 $1000m^2$ 이하로 할 수 있다.

㉰ 자동화재 탐지설비의 감지기는 지붕(상층이 있는 경우에는 상층의 바닥) 또는 벽의 옥내에 면한 부분(천장이 있는 경우에는 천장 또는 벽의 옥내에 면한 부분 및 천장의 뒷부분)에 유효하게 화재의 발생을 감지할 수 있도록 설치할 것

㉱ 자동화재 탐지설비에는 비상전원을 설치할 것

36. 위험물에 대한 설명으로 틀린 것은?

① 과산화나트륨은 산화성이 있다.

② 과산화나트륨은 인화점이 매우 낮다.

③ 과산화바륨과 염산을 반응시키면 과산화수소가 생긴다.

④ 과산화바륨의 비중은 물보다 크다.

해설 과산화나트륨(Na_2O_2)은 제1류 위험물(산화성 고체) 중 무기과산화물로 불연성에 해당되므로 인화점 자체가 없다.

37. 위험물 안전관리법령상 지정수량이 50kg인 것은?

① $KMnO_4$ ② $KClO_2$

③ $NaIO_3$ ④ NH_4NO_3

해설 제1류 위험물의 지정수량

품명		지정수량
과망간산칼륨 ($KMnO_4$)	과망간산염류	1000kg
아염소산칼륨 ($KClO_2$)	아염소산염류	50kg
요오드산나트륨 ($NaIO_3$)	요오드산염류	300kg
질산암모늄 (NH_4NO_3)	질산염류	300kg

38. 적린이 연소하였을 때 발생하는 물질은?

① 인화수소 ② 포스겐

③ 오산화인 ④ 이산화황

해설 적린(P) : 제2류 위험물(가연성 고체)

㉮ 공기 중에서 연소하면 오산화인(P_2O_5)이 되면서 백색 연기를 낸다.

㉯ 반응식 : $4P+5O_2 \rightarrow 2P_2O_5$

39. 다음 중 상온에서 액체인 물질로만 조합된 것은?

① 질산메틸, 니트로글리세린

② 피크린산, 질산메틸

③ 트리니트로톨루엔, 디니트로벤젠

④ 니트로글리콜, 테트릴

해설 각 위험물의 상온에서 상태

㉮ 질산메틸(액체), 니트로글리세린(액체)

㉯ 피그린산(고체), 질산메틸(액체)

㉰ 트리니트로톨루엔(고체), 디니트로벤젠(고체)

㉱ 니트로글리콜(액체), 테트릴(고체)

40. 제3류 위험물 중 금수성 물질을 제외한 위험물에 적응성이 있는 소화설비가 아닌 것은?

① 분말 소화설비   ② 스프링클러설비

③ 옥내소화전설비   ④ 포 소화설비

해설 제3류 위험물 중 금수성 물질을 제외한 그 밖의 것에 적응성이 있는 소화설비
[시행규칙 별표17]

㉮ 옥내소화전 또는 옥외소화전설비

㉯ 스프링클러설비

㉰ 물분무 소화설비

㉱ 포 소화설비

㉲ 봉상수(棒狀水) 소화기

㉳ 무상수(霧狀水) 소화기

㉴ 봉상강화액 소화기

㉵ 무상강화액 소화기

㉶ 포 소화기

㉷ 기타 : 물통 또는 건조사, 건조사, 팽창질석 또는 팽창진주암

41. 니트로화합물, 니트로소화합물, 질산에스테르류, 히드록실아민을 각각 50kg씩 저장하고 있을 때 지정수량의 배수가 가장 큰 것은?

① 니트로화합물   ② 니트로소화합물

③ 질산에스테르류   ④ 히드록실아민

해설 ㉮ 제5류 위험물의 지정수량

명칭	지정수량	지정수량 배수
니트로화합물	200kg	0.25
니트로소화합물	200kg	0.25
질산에스테르류	10kg	5
히드록실아민	100kg	0.5

㉯ 지정수량 배수는 $\dfrac{물질량}{지정수량}$ 이다.

42. 위험물 안전관리법령상 운송책임자의 감독, 지원을 받아 운송하여야 하는 위험물에 해당하는 것은?

① 특수인화물   ② 알킬리튬

③ 질산구아니딘   ④ 히드라진 유도체

해설 운송책임자의 감독, 지원을 받아 운송하여야 하는 위험물 종류 [시행령 제19조]

㉮ 알킬알루미늄

㉯ 알킬리튬

㉰ 알킬알루미늄 또는 알킬리튬을 함유하는 위험물

43. 질산암모늄에 대한 설명으로 옳은 것은?

① 물에 녹을 때 발열 반응한다.

② 가열하면 폭발적으로 분해하여 산소와 암모니아를 생성한다.

③ 소화방법으로 질식소화가 좋다.

④ 단독으로도 급격한 가열, 충격으로 분해, 폭발할 수 있다.

해설 질산암모늄(NH_4NO_3)의 특징

㉮ 제1류 위험물 중 질산염류에 해당되며 지정수량은 300kg이다.

㉯ 무취의 백색 결정 고체로 물, 알코올, 알칼리에 잘 녹는다.

㉰ 조해성이 있으며 물에 녹을 때는 흡열반응을 나타낸다.

㉱ 220℃에서 분해되어 아산화질소(N_2O)와 수증기(H_2O)를 발생하며, 급격한 가열이나 충격을 주면 단독으로 분해·폭발한다.

㉲ 가연물, 유기물을 섞거나 가열, 충격, 마찰을 주면 폭발한다.

㉳ 경유 6%, 질산암모늄 94%를 혼합한 것은 안투폭약이라 하며, 공업용 폭약이 된다.

㉴ 화재 시 소화방법으로는 주수소화가 적합하다.

44. 위험물 안전관리법에서 정의한 "제조소"의 의미로 가장 옳은 것은?

① "제조소"라 함은 위험물을 제조할 목적으로 지정수량 이상의 위험물을 취급하기 위하여 허가를 받은 장소임

② "제조소"라 함은 지정수량 이상의 위험물을 제조할 목적으로 위험물을 취급하기 위하여 허가를 받은 장소임

③ "제조소"라 함은 지정수량 이상의 위험물을 제조할 목적으로 지정수량 이상의 위험물을 취급하기 위하여 허가를 받은 장소임

④ "제조소"라 함은 위험물을 제조할 목적으로 위험물을 취급하기 위하여 허가를 받은 장소임

해설 용어의 정의 [법 제2조]

㉮ "위험물"이라 함은 인화성 또는 발화성 등의 성질을 가지는 것으로서 대통령령이 정하는 물품을 말한다.

㉯ "지정수량"이라 함은 위험물의 종류별로 위험성을 고려하여 대통령령이 정하는 수량으로서 '제조소등'의 설치허가 등에 있어서 최저의 기준이 수량을 말한다.

㉰ "제조소"라 함은 위험물을 제조할 목적으로 지정수량 이상의 위험물을 취급하기 위하여 법 제6조 제1항의 규정에 따른 허가를 받은 장소를 말한다.

㉱ "저장소"라 함은 지정수량 이상의 위험물을 저장하기 위한 대통령령이 정하는 장소로서 법 제6조 제1항의 규정에 따른 허가를 받은 장소를 말한다.

㉲ "취급소"라 함은 지정수량 이상의 위험물을 제조 외의 목적으로 취급하기 위한 대통령령으로 정하는 장소로서 법 제6조 제1항의 규정에 따른 허가를 받은 장소를 말한다.

㉳ "제조소등"이라 함은 제조소·저장소 및 취급소를 말한다.

45. 탄화칼슘의 성질에 대하여 옳게 설명한 것은?

① 공기 중에서 아르곤과 반응하여 불연성 기체를 발생한다.

② 공기 중에서 질소와 반응하여 유독한 기체를 낸다.

③ 물과 반응하면 탄소가 생성된다.

④ 물과 반응하여 아세틸렌가스가 생성된다.

해설 탄화칼슘(CaC_2)

㉮ 제3류 위험물 중 칼슘 또는 알루미늄의 탄화물로 지정수량은 300kg이다.

㉯ 탄화칼슘(CaC_2)이 물(H_2O)과 반응하면 가연성인 아세틸렌(C_2H_2)가스가 발생한다.

㉰ 반응식 : $CaC_2 + 2H_2O \longrightarrow Ca(OH)_2 + C_2H_2$

46. 위험물 안전관리법령상 "연소의 우려가 있는 외벽"은 기산점이 되는 선으로부터 3m(2층 이상의 층에 대해서는 5m) 이내에 있는 제조소 등의 외벽을 말하는데 이 기산점이 되는 선에 해당하지 않는 것은?

① 동일 부지 내의 다른 건축물과 제조소 부지 간의 중심선

② 제조소등에 인접한 도로의 중심선

③ 제조소등이 설치된 부지의 경계선

④ 제조소등의 외벽과 동일 부지 내의 다른 건축물의 외벽 간의 중심선

해설 연소의 우려가 있는 외벽 [세부기준 제41조] : 연소의 우려가 있는 외벽은 다음에 정하는 선을 기산점으로 하여 3m(2층 이상의 층에 대해서는 5m) 이내에 있는 제조소등의 외벽을 말한다.

㉮ 제조소등이 설치된 부지의 경계

㉯ 제조소등에 인접한 도로의 중심선

㉰ 제조소등의 외벽과 동일부지 내의 다른 건축물의 외벽간의 중심선

47. 위험물 안전관리법령에 명기된 위험물의 운반용기 재질에 포함되지 않는 것은?

① 고무류   ② 유리

③ 도자기   ④ 종이

> **해설** 운반용기 [시행규칙 별표19]
> ㉮ 운반용기의 재질은 강판·알루미늄판·양철판·유리·금속판·종이·플라스틱·섬유판·고무류·합성섬유·삼·짚 또는 나무로 한다.
> ㉯ 운반용기는 견고하여 쉽게 파손될 우려가 없고, 그 입구로부터 수납된 위험물이 샐 우려가 없도록 하여야 한다.

48. 특수인화물 200L와 제4석유류 12000L를 저장할 때 각각의 지정수량 배수의 합은 얼마인가?

① 3   ② 4   ③ 5   ④ 6

> **해설** 제4류 위험물 지정수량
> ㉮ 특수인화물 : 50L
> ㉯ 제4석유류 : 6000L
> ㉰ 지정수량 배수의 합 계산 : 지정수량 배수의 합은 각 위험물량을 지정수량으로 나눈 값의 합이다.
> ∴ 지정수량 배수의 합
> $$= \frac{A\,위험물량}{지정수량} + \frac{B\,위험물량}{지정수량}$$
> $$= \frac{200}{50} + \frac{12000}{6000} = 6$$

49. 다음 위험물 중 착화온도가 가장 높은 것은?

① 이황화탄소   ② 디에틸에테르
③ 아세트알데히드   ④ 산화프로필렌

> **해설** 제4류 위험물 중 특수인화물의 착화온도

품명	착화온도(발화점)
이황화탄소	100℃
디에틸에테르	180℃
아세트알데히드	185℃
산화프로필렌	465℃

50. 동·식물유류에 대한 설명 중 틀린 것은 어느 것인가?

① 연소하면 열에 의해 액온이 상승하여 화

재가 커질 위험이 있다.
② 요오드값이 낮을수록 자연발화의 위험이 높다.
③ 동유는 건성유이므로 자연발화의 위험이 있다.
④ 요오드값이 100~130인 것을 반건성유라고 한다.

> **해설** 동식물유류 특징
> ㉮ 제4류 위험물로 지정수량 10000L이다.
> ㉯ 동물의 지육 또는 식물의 종자나 과육으로부터 추출한 것으로서 1기압에서 인화점이 250℃ 미만인 것이다.
> ㉰ 요오드값이 크면 불포화도가 커지고, 작아지면 불포화도가 작아진다.
> ㉱ 불포화결합이 많이 포함되어 있을수록 자연발화를 일으키기 쉽다.
> ㉲ 요오드값에 따른 분류 및 종류

구분	요오드값	종류
건성유	130 이상	들기름, 아마인유, 해바라기유, 오동유(동유)
반건성유	100~130 미만	목화씨유, 참기름, 채종유
불건성유	100 미만	땅콩기름(낙화생유), 올리브유, 피마자유, 야자유, 동백유

51. 위험물 안전관리법령상 위험물 운반 시 방수성 덮개를 하지 않아도 되는 위험물은?

① 나트륨   ② 적린
③ 철분   ④ 과산화칼륨

> **해설** 적재하는 위험물의 성질에 따른 조치 [시행규칙 별표19]
> ㉮ 차광성 피복으로 가리는 위험물 : 제1류 위험물, 제3류 위험물 중 자연발화성 물질, 제4류 위험물 중 특수인화물, 제5류 위험물, 제6류 위험물
> ㉯ 방수성 피복으로 덮는 위험물 : 제1류 위험물 중 알칼리금속의 과산화물, 제2류 위험물 중

철분·금속분·마그네슘, 제3류 위험물 중 금수성 물질

㉰ 보랭 컨테이너에 수납하는 위험물 : 제5류 위험물 중 55℃ 이하에서 분해될 우려가 있는 것

㉱ 액체 위험물, 위험등급 Ⅱ의 위험물을 기계에 의하여 하역하는 구조로 된 운반용기 : 충격방지조치

참고 적린은 제2류 위험물이지만 방수성 피복으로 덮는 것에서 제외되는 경우이다.

구분	질산	과산화수소
유별	제6류 위험물	제6류 위험물
성질	산화성 액체	산화성 액체
점성	무색의 액체	점성 액체
물에 용해성	녹는다	녹는다
액체 비중	1.49	1.465
증기 비중	2.17	1.17
비점	86℃	80.2℃

52. 연소할 때 연기가 거의 나지 않아 밝은 곳에서 연소상태를 잘 느끼지 못하는 물질로 독성이 매우 강해 먹으면 실명 또는 사망에 이를 수 있는 것은?

① 메틸알코올
② 에틸알코올
③ 등유
④ 경유

해설 메틸알코올(CH_3OH : 메탄올)의 위험성

㉮ 독성이 강하여 소량 마시면 시신경을 마비시키고, 8~20g 정도 먹으면 두통, 복통을 일으키거나 실명을 하며, 30~50g 정도 먹으면 사망한다.

㉯ 휘발성이 강하여 인화점(11℃) 이상이 되면 폭발성 혼합기체를 발생하고, 밀폐된 상태에서는 폭발한다.

㉰ 밝은 곳에서 연소 시 화염의 색깔이 연해서 잘 보이지 않으므로 화상 등에 주의한다.

㉱ 증기는 환각성 물질이고 계절적으로 여름에 위험하다.

㉲ 연소범위 7.3~36%이다.

53. 질산과 과산화수소의 공통적인 성질을 옳게 설명한 것은?

① 물보다 가볍다.
② 물에 녹는다.
③ 점성이 큰 액체로서 환원제이다.
④ 연소가 매우 잘 된다.

해설 질산(HNO_3)과 과산화수소(H_2O_2)의 비교

54. 제조소등의 위치, 구조 또는 설비의 변경 없이 해당 제조소등에서 저장하거나 취급하는 위험물의 품명, 수량 또는 지정수량의 배수를 변경하고자 하는 자는 변경하고자 하는 날의 며칠 전까지 행정안전부령이 정하는 바에 따라 시·도지사에게 신고하여야 하는가?

① 1일 ② 14일 ③ 21일 ④ 30일

해설 위험물 시설의 설치 및 변경 등 [법 제6조] : 제조소등의 위치·구조 또는 설비의 변경 없이 위험물의 품명·수량 또는 지정수량의 배수를 변경하고자 하는 자는 **변경하고자 하는 날의 1일** 전까지 행정안전부령이 정하는 바에 따라 시·도지사에게 신고하여야 한다.

55. 과산화벤조일과 과염소산의 지정수량의 합은 몇 kg인가?

① 310 ② 350 ③ 400 ④ 500

해설 ㉮ 과산화벤조일[$(C_6H_5CO)_2O_2$] : 제5류 위험물 중 유기과산화물에 해당되며 지정수량은 10kg이다.

㉯ 과염소산($HClO_4$) : 제6류 위험물로 지정수량은 300kg이다.

㉰ 지정수량 합은 각각의 지정수량을 합한 것이다.

∴ 지정수량 합 = 10 + 300 = 310kg

56. 황가루가 공기 중에 떠 있을 때의 주된 위험성에 해당하는 것은?

① 수증기 발생 ② 전기 감전

정답 ▶ 52. ① 53. ② 54. ① 55. ① 56. ③

③ 분진폭발   ④ 인화성가스 발생

해설 황가루가 공기 중에 떠 있을 때는 분진 폭발의 위험성이 있으며, 분진폭발의 위험성이 있는 물질로는 제2류 위험물에 해당하는 철분, 금속분, 마그네슘분 등이 해당된다.

57. 위험물의 인화점에 대한 설명으로 옳은 것은?

① 톨루엔이 벤젠보다 낮다.
② 피리딘이 톨루엔보다 낮다.
③ 벤젠이 아세톤보다 낮다.
④ 아세톤이 피리딘보다 낮다.

해설 ㉮ 각 위험물의 인화점 비교

명칭	인화점
톨루엔	4.5℃
벤젠	−11.1℃
피리딘	20℃
아세톤	−18℃

㉯ 인화점이 낮은 것에서 높은 순서 : 아세톤 <벤젠<톨루엔<피리딘

58. 저장 또는 취급하는 위험물의 최대수량이 지정수량의 500배 이하일 때 옥외 저장탱크의 측면으로부터 몇 m 이상의 보유공지를 유지하여야 하는가? (단, 제6류 위험물은 제외한다.)

① 1   ② 2   ③ 3   ④ 4

해설 옥외탱크저장소의 보유공지 기준 [시행규칙 별표6]

저장 또는 취급하는 위험물의 최대수량	공지의 너비
지정수량의 500배 이하	3m 이상
지정수량의 500배 초과 1000배 이하	5m 이상
지정수량의 1000배 초과 2000배 이하	9m 이상
지정수량의 2000배 초과 3000배 이하	12m 이상
지정수량의 3000배 초과 4000배 이하	15m 이상

참고 지정수량의 4000배 초과의 경우, 당해 탱크의 수평단면의 최대지름(횡형인 경우에는 긴 변)과 높이 중 큰 것과 같은 거리 이상이어야 한다. 다만, 30m 초과의 경우에는 30m 이상으로 할 수 있고, 15m 미만의 경우에는 15m 이상으로 하여야 한다.

59. 위험물 안전관리법령상 옥내 저장소 저장창고의 바닥은 물이 스며 나오거나 스며들지 아니하는 구조로 하여야 한다. 다음 중 반드시 이 구조로 하지 않아도 되는 위험물은?

① 제1류 위험물 중 알칼리금속의 과산화물
② 제4류 위험물
③ 제5류 위험물
④ 제2류 위험물 중 철분

해설 옥내저장소 저장창고 바닥의 물이 스며 나오거나 스며들지 않는 구조로 하여야 할 위험물 [시행규칙 별표5]
㉮ 제1류 위험물 중 알칼리금속의 과산화물 또는 이를 함유하는 것
㉯ 제2류 위험물 중 철분·금속분·마그네슘 또는 이중 어느 하나 이상을 함유하는 것
㉰ 제3류 위험물 중 금수성물질 또는 제4류 위험물

60. 다음 중 산화성 고체 위험물에 속하지 않는 것은?

① Na_2O_2
② $HClO_4$
③ NH_4ClO_4
④ $KClO_3$

해설 산화성 고체와 액체 위험물 구분
㉮ 산화성 고체 : 제1류 위험물로 과산화나트륨(Na_2O_2), 과염소산암모늄(NH_4ClO_4), 염소산칼륨($KClO_3$)이 해당된다.
㉯ 산화성 액체 : 제6류 위험물로 과염소산($HClO_4$), 질산(HNO_3), 과산화수소(H_2O_2)가 해당된다.

2016. 4. 2 시행 (제2회)

1. 제4류 위험물의 화재 시 물을 이용한 소화를 시도하기 전에 고려해야 하는 위험물의 성질로 가장 옳은 것은?

① 수용성, 비중
② 증기비중, 끓는점
③ 색상, 발화점
④ 분해온도, 녹는점

해설 제4류 위험물은 인화성 액체로 물에 녹는지 여부(수용성)와 물보다 가벼운지, 무거운지를 판단하는 비중을 고려해야 한다. 물에 녹는 수용성인 경우 물을 소화제 사용하면 냉각효과와 함께 희석효과를 기대할 수 있는 반면 비수용성이며 비중이 1보다 작은(물보다 가벼운 경우) 경우에는 화재를 확대시킬 위험이 있으므로 물을 소화제로 사용하는 것은 부적합하다.

2. 점화에너지 중 물리적 변화에서 얻어지는 것은?

① 압축열
② 산화열
③ 중합열
④ 분해열

해설 점화에너지의 분류
㉮ 물리적 에너지 : 압축열, 마찰열
㉯ 화학적 에너지 : 산화열, 중합열, 분해열, 연소열
㉰ 전기적 에너지 : 전기저항, 정전기, 낙뢰

3. 금속분의 연소 시 주수소화하면 위험한 원인으로 옳은 것은?

① 물에 녹아 산이 된다.
② 물과 작용하여 유독가스를 발생한다.
③ 물과 작용하여 수소가스를 발생한다.
④ 물과 작용하여 산소가스를 발생한다.

해설 ㉮ 금속분(제2류 위험물, 지정수량 500kg)은 물(H_2O)과 접촉하면 반응하여 가연성인 수소(H_2)를 발생하여 폭발의 위험이 있기 때문에 주수소화는 부적합하므로 건조사(마른 모래)를 이용한다.

㉯ 알루미늄(Al)분과 물의 반응식
$2Al + 6H_2O \rightarrow 2Al(OH)_3 + 3H_2 \uparrow$

4. 유류 저장탱크 화재에서 일어나는 현상으로 거리가 먼 것은?

① 보일 오버
② 플래시 오버
③ 슬롭 오버
④ BLEVE

해설 유류 저장탱크 화재 시 일어나는 현상
㉮ 블레이브(BLEVE) 현상 : 비등액체팽창 증기폭발
㉯ 보일 오버(boil over) 현상 : 유류 저장탱크 화재 시 탱크 저부의 비점이 낮은 불순물이 연소열에 의하여 이상팽창하면서 다량의 기름이 탱크 밖으로 비산하는 현상
㉰ 슬롭오버(slop over) 현상 : 유류 저장탱크 화재 시 포소화약제를 방사하면 물이 기화되어 다량의 기름이 탱크 밖으로 비산하는 현상

참고 플래시 오버(flash over) 현상 : 전실화재라 하며 화재로 발생한 열이 주변의 모든 물체가 연소되기 쉬운 상태에 도달하였을 때 순간적으로 강한 화염을 분출하면서 내부 전체를 급격히 태워버리는 현상으로 화재성장기(제1단계)에서 발생한다.

5. 정전기 방지대책으로 가장 거리가 먼 것은?

① 접지를 한다.
② 공기를 이온화한다.
③ 21% 이상의 산소농도를 유지하도록 한다.
④ 공기의 상대습도를 70% 이상으로 한다.

해설 정전기 방지 대책
㉮ 설비를 접지한다.
㉯ 공기를 이온화한다.
㉰ 공기 중 상대습도를 70% 이상 유지한다.

정답 1. ① 2. ① 3. ③ 4. ② 5. ③

6. 폭발의 종류에 따른 물질이 잘못 짝지어진 것은?

① 분해폭발 – 아세틸렌, 산화에틸렌
② 분진폭발 – 금속분, 밀가루
③ 중합폭발 – 시안화수소, 염화비닐
④ 산화폭발 – 히드라진, 과산화수소

해설 폭발의 종류에 따른 물질
⑦ 산화폭발 : 가연성 기체 또는 가연성 액체의 증기
⑭ 분해폭발 : 아세틸렌, 산화에틸렌, 과산화수소
⑮ 분무폭발 : 가연성 액체의 무적(안개방울)
⑯ 분진폭발 : 가연성 고체의 미분
⑰ 중합폭발 : 산화에틸렌, 시안화수소, 염화비닐, 히드라진

7. 착화온도가 낮아지는 원인과 가장 관계가 있는 것은?

① 발열량이 적을 때
② 압력이 높을 때
③ 습도가 높을 때
④ 산소와의 결합력이 나쁠 때

해설 착화온도(발화온도)가 낮아지는 조건
⑦ 압력이 높을 때
⑭ 발열량이 높을 때
⑮ 열전도율이 작고 습도가 낮을 때
⑯ 산소와 친화력이 클 때
⑰ 산소농도가 높을 때
⑱ 분자구조가 복잡할수록
⑲ 반응활성도가 클수록

8. 제5류 위험물의 화재 예방상 유의사항 및 화재 시 소화방법에 관한 설명으로 옳지 않은 것은?

① 대량의 주수에 의한 소화가 좋다.
② 화재 초기에는 질식소화가 효과적이다.
③ 일부 물질의 경우 운반 또는 저장 시 안정제를 사용해야 한다.

④ 가연물과 산소공급원이 같이 있는 상태이므로 점화원의 방지에 유의하여야 한다.

해설 제5류 위험물(자기반응성 물질)은 가연성 물질이며 그 자체가 산소를 함유하고 있으므로 질식소화가 불가능하므로 다량의 주수에 의한 냉각소화가 효과적이다.

9. 과염소산의 화재예방에 요구되는 주의사항에 대한 설명으로 옳은 것은?

① 유기물과 접촉 시 발화의 위험이 있기 때문에 가연물과 접촉시키지 않는다.
② 자연발화의 위험이 높으므로 냉각시켜 보관한다.
③ 공기 중 발화하므로 공기와의 접촉을 피해야 한다.
④ 액체 상태는 위험하므로 고체 상태로 보관한다.

해설 과염소산($HClO_4$)의 취급 시 주의사항
⑦ 제6류 위험물 산화성 액체로 지정수량 300kg이다.
⑭ 산화력이 강하여 유기물과 접촉 시 발화의 위험이 있기 때문에 가연물과 접촉시키지 않는다.
⑮ 불연성 물질이라 공기 중에 자연발화의 위험은 없지만 공기 중에 방치하면 분해하고, 가열하면 폭발한다.
⑯ 물과 접촉하면 심하게 반응하므로 비, 눈 등에 노출되지 않도록 한다.
⑰ 유리, 도자기 등의 용기에 넣어 통풍이 잘 되는 곳에 보관한다.
⑱ 직사광선을 차단하고 유기물, 가연성 물질의 접촉을 피한다.

10. 15℃의 기름 100g에 8000J의 열량을 주면 기름의 온도는 몇 ℃가 되겠는가? (단, 기름의 비열은 2J/g·℃이다.)

① 25   ② 45
③ 50   ④ 55

2016

해설 현열식 $Q = G \times C \times (t_2 - t_1)$에서

$$\therefore t_2 = t_1 + \frac{Q}{G \times C} = 15 + \frac{8000}{100 \times 2} = 55\,℃$$

11. 제6류 위험물의 화재에 적응성이 없는 소화설비는?

① 옥내소화전설비
② 스프링클러설비
③ 포 소화설비
④ 불활성가스 소화설비

해설 제6류 위험물에 적응성이 없는 소화설비 [시행규칙 별표17]
㉮ 불활성가스 소화설비
㉯ 할로겐화합물 소화설비 및 소화기
㉰ 탄산수소염류 분말소화설비 및 분말소화기
㉱ 이산화탄소 소화기

12. 소화약제로서 물의 단점인 동결현상을 방지하기 위하여 주로 사용되는 물질은?

① 에틸알코올
② 글리세린
③ 에틸글리콜
④ 탄산칼슘

해설 에틸렌글리콜[$C_2H_4(OH)_2$]의 성질
㉮ 산화에틸렌(C_2H_4O)의 수화반응에 의하여 생성된다.
㉯ 무색, 무취의 점성이 있고 단맛이 있는 액체로 섭취하면 유독하다.
㉰ 분자량은 62이고, 비중은 약 1.1이다.
㉱ 부동액 및 냉각제, 유압 유체 및 저온 동결 다이나이트, 수지 제조에 사용된다.

13. 다음 중 D급 화재에 해당하는 것은?

① 플라스틱 화재
② 나트륨 화재
③ 휘발유 화재
④ 전기 화재

해설 ㉮ 화재의 분류 및 표시 색상

구분	화재 종류	표시 색상
A급 화재	일반 화재	백색
B급 화재	유류, 가스 화재	황색
C급 화재	전기 화재	청색
D급 화재	금속 화재	–

㉯ 나트륨(Na) : 제3류 위험물로 공기 중에서 연소시키면 노란 불꽃을 내며 과산화나트륨(Na_2O_2)이 된다.
㉰ 반응식 : $4Na + O_2 \rightarrow 2Na_2O_2$

14. 위험물 안전관리법령상 철분, 금속분, 마그네슘에 적응성이 있는 소화설비는 다음 중 어느 것인가?

① 불활성가스 소화설비
② 할로겐화합물 소화설비
③ 포 소화설비
④ 탄산수소염류 소화설비

해설 제2류 위험물 중 철분, 금속분, 마그네슘에 적응성이 있는 소화설비 [시행규칙 별표17]
㉮ 탄산수소염류 분말소화설비 및 분말소화기
㉯ 건조사
㉰ 팽창질석 또는 팽창진주암

15. 위험물 안전관리법령상 제4류 위험물에 적응성이 없는 소화설비는?

① 옥내소화전설비
② 포 소화설비
③ 불활성가스 소화설비
④ 할로겐화합물 소화설비

해설 제4류 위험물에 적응성이 없는 소화설비 [시행규칙 별표17]
㉮ 옥내소화전 또는 옥외소화전설비
㉯ 봉상수(棒狀水) 소화기
㉰ 무상수(霧狀水) 소화기
㉱ 봉상강화액 소화기
㉲ 물통 또는 건조사

참고 스프링클러설비는 요구하는 규정을 충족할 때만 적용성이 있음

16. 물은 냉각소화가 주된 대표적인 소화약제이다. 물의 소화효과를 높이기 위하여 무상주수를 함으로써 부가적으로 작용하는 소화효과로 이루어진 것은?

① 질식 소화작용, 제거 소화작용
② 질식 소화작용, 유화 소화작용
③ 타격 소화작용, 유화 소화작용
④ 타격 소화작용, 피복 소화작용

해설 물은 화재 시 봉상주수하여 증발잠열을 이용한 냉각소화가 주된 소화효과지만, 안개모양으로 무상주수를 하여 산소를 차단시키는 질식효과와 유류 화재 시에 뿌려진 물이 얇은 막을 형성하여 유류 표면을 뒤덮는 유화효과도 갖는다.

17. 소화약제인 강화액의 주성분에 해당하는 것은?

① K_2CO_3
② K_2O_2
③ CaO_2
④ $KBrO_3$

해설 강화액 소화약제 : 물에 탄산칼륨(K_2CO_3)을 용해하여 빙점을 $-30℃$ 정도까지 낮추어 겨울철 및 한랭지에서도 사용할 수 있도록 한 소화약제이다.

18. 위험물 안전관리법령상 소화설비의 적응성에 관한 내용이다. 옳은 것은?

① 마른 모래는 대상물 중 제1류~제6류 위험물에 적응성이 있다.
② 팽창질석은 전기설비를 포함한 모든 대상물에 적응성이 있다.
③ 분말 소화약제는 셀룰로이드류의 화재에 가장 적당하다.
④ 물 분무소화설비는 전기설비에 사용할 수 없다.

해설 소화설비의 적응성 [시행규칙 별표17]
㉮ 건조사(마른 모래) : 제1류~제6류 위험물에 적응성이 있다. 전기설비, 건축물·그 밖의 공작물에는 적응성이 없다.
㉯ 팽창질석 또는 팽창진주암 : 제1류~제6류 위험물에 적응성이 있다. 전기설비, 건축물·그 밖의 공작물에는 적응성이 없다.
㉰ 분말 소화약제(인산염류, 탄산수소염류) : 제5류 위험물인 셀룰로이드류에는 적응성이 없다.
㉱ 물분무소화설비 : 전기설비에 적응성이 있다.

19. 다음 중 공기포 소화약제가 아닌 것은?

① 단백포 소화약제
② 합성 계면활성제포 소화약제
③ 화학포 소화약제
④ 수성막포 소화약제

해설 공기포 소화약제의 종류
㉮ 단백포 소화약제
㉯ 합성 계면활성제포 소화약제
㉰ 수성막포 소화약제
㉱ 내알코올포 소화약제

20. 분말 소화약제 중 제1종과 제2종 분말이 각각 열분해될 때 공통적으로 생성되는 물질은?

① N_2, CO_2
② N_2, O_2
③ H_2O, CO_2
④ H_2O, N_2

해설 분말 소화약제의 열분해 반응식
㉮ 제1종 : $2NaHCO_3 \rightarrow NaCO_3 + CO_2 + H_2O$
㉯ 제2종 : $2KHCO_3 \rightarrow K_2CO_3 + CO_2 + H_2O$
㉰ 제3종 : $NH_4H_2PO_4 \rightarrow HPO_3 + NH_3 + H_2O$
㉱ 제4종 : $2KHCO_3 + (NH_2)_2CO \rightarrow$
$K_2CO_3 + 2NH_3 + 2CO_2$

21. 포름산에 대한 설명으로 옳지 않은 것은?

① 물, 알코올, 에테르에 잘 녹는다.
② 개미산이라고도 한다.

2016

③ 강한 산화제이다.

④ 녹는점이 상온보다 낮다.

해설 포름산(HCOOH)의 특징

㉮ 제4류 위험물 중 제2석유류에 해당되며 수용성으로 지정수량 2000L이다.

㉯ 의산, 개미산으로 불려진다.

㉰ 자극성 냄새가 나는 무색, 투명한 액체이다.

㉱ 초산보다 산성이 강하며, 피부에 닿으면 수종을 일으킨다.

㉲ 강한 환원제이며 물, 알코올, 에테르에 어떤 비율로도 혼합된다.

㉳ 황산과 함께 가열하면 분해하여 일산화탄소(CO)가 발생한다.

㉴ 불이 붙으면 푸른 불꽃을 내면서 연소한다.

㉵ 액체 비중 1.22(증기비중 1.59), 인화점 69℃, 착화점 601℃이다.

22. 제3류 위험물에 해당하는 것은?

① NaH

② Al

③ Mg

④ P_4S_3

해설 각 위험물의 유별 구분

품명		지정수량
수소화나트륨 (NaH)	제3류 위험물 금속의 수소화물	300kg
알루미늄 (Al)	제2류 위험물 금속분	500kg
마그네슘 (Mg)	제2류 위험물 마그네슘	500kg
삼황화인 (P_4S_3)	제2류 위험물 황화린	100kg

23. 지방족 탄화수소가 아닌 것은?

① 톨루엔

② 아세트알데히드

③ 아세톤

④ 디에틸에테르

해설 탄화수소 화합물 분류

㉮ 지방족 탄화수소 : 사슬모양으로 연결된 것으로 아세톤(CH_3COCH_3), 디에틸에테르($C_2H_5OC_2H_5$),

아세트알데히드(CH_3CHO) 등이 해당된다.

㉯ 방향족 탄화수소 : 고리모양으로 연결된 것으로 벤젠(C_6H_6), 톨루엔($C_6H_5CH_3$), 크실레 [$C_6H_4(CH_3)_2$] 등이 해당된다.

24. 위험물 안전관리법령상 위험물의 지정수량으로 옳지 않은 것은?

① 니트로셀룰로오스 : 10kg

② 히드록실아민 : 100kg

③ 아조벤젠 : 50kg

④ 트리니트로페놀 : 200kg

해설 제5류 위험물 지정수량

품명		지정수량
니트로셀룰로오스	질산에스테르류	10kg
히드록실아민	히드록실아민	100kg
아조벤젠	아조화합물	200kg
트리니트로페놀	니트로화합물	200kg

25. 셀룰로이드에 대한 설명으로 옳은 것은?

① 질소가 함유된 무기물이다.

② 질소가 함유된 유기물이다.

③ 유기의 염화물이다.

④ 무기의 염화물이다.

해설 셀룰로이드 특징

㉮ 제5류 위험물 중 질산에스테르류에 해당되며 지정수량은 10kg이다.

㉯ 무색 또는 황색의 반투명하고 탄력성이 있는 고체이다.

㉰ 물에는 녹지 않으며 알코올, 아세톤, 초산에스테르류에 잘 녹는다.

㉱ 질소를 함유하면서 탄소가 함유된 유기물이다.

㉲ 장시간 방치된 것은 햇빛, 고온 등에 의해 분해가 촉진된다.

㉳ 습기가 많고 온도가 높으면 자연발화의 위험이 있고 연소하면 유독한 가스가 발생된다.

㉴ 비중 1.4, 발화온도 180℃이다.

26. 에틸알코올의 증기 비중은 약 얼마인가?

① 0.72　　　　② 0.91

③ 1.13　　　　④ 1.59

해설 에틸알코올(C_2H_5OH)

　㉮ 제4류 위험물 중 알코올류에 해당되며 지정수량 400L이다.

　㉯ 분자량 계산 : $(12 \times 2) + (1 \times 5) + 16 + 1 = 46$

　㉰ 증기 비중 계산

　∴ 증기 비중 $= \dfrac{분자량}{29} = \dfrac{46}{29} = 1.586$

27. 과염소산나트륨의 성질이 아닌 것은?

① 물과 급격히 반응하여 산소를 발생한다.

② 가열하면 분해되어 조연성 가스를 방출한다.

③ 융점은 400℃ 보다 높다.

④ 비중은 물보다 무겁다.

해설 과염소산나트륨($NaClO_4$)의 특징(성질)

　㉮ 제1류 위험물 중 과염소산염류에 해당되며 지정수량 50kg이다.

　㉯ 무색, 무취의 사방정계 결정으로 조해성이 있다.

　㉰ 물이나 에틸알코올, 아세톤에 잘 녹으나 에테르에는 녹지 않으며(불용), 200℃에서 결정수를 잃고, 400℃ 부근에서 분해하여 산소를 방출한다.

　㉱ 자신은 불연성 물질이지만 강력한 산화제이다.

　㉲ 진한 황산과 접촉하면 폭발성가스를 생성하고 튀는 것과 같은 폭발 위험이 있다.

　㉳ 히드라진, 비소, 안티몬, 금속분, 목탄분, 유기물 등이 섞여 있을 때 가열, 충격, 마찰에 의해 폭발한다.

　㉴ 용기가 파손되거나 노출되지 않도록 밀봉하여, 환기가 잘 되고 서늘한 곳에 보관한다.

　㉵ 비중 2.50, 융점 482℃, 용해도(0℃) 170이다.

참고 과염소산나트륨이 물과 급격히 반응하여 산소를 발생하는 것이 아니라 물을 가열하여 400℃가 되었을 때 분해하면서 산소를 발생한다.

28. 화학적으로 알코올을 분류할 때 3가 알코올에 해당하는 것은?

① 에탄올　　　　② 메탄올

③ 에틸렌글리콜　④ 글리세린

해설 알코올의 분류

　㉮ 수산기(−OH)가 결합된 탄소 원자에 붙은 알킬기(C_nH_{2n+1})의 수에 따른 분류

　　㉠ 1차 알코올 : 탄소 원자에 알킬기 1개 존재
　　　→ 에틸알코올[C_2H_5OH]

　　㉡ 2차 알코올 : 탄소 원자에 알킬기 2개 존재
　　　→ 이소프로필알코올[$(CH_3)_2CHOH$]

　　㉢ 3차 알코올 : 탄소 원자에 알킬기 3개 존재
　　　→ 트리메틸카비놀[$(CH_3)_3COH$]

　㉯ 수산기(−OH)의 수에 따른 분류

명칭	분자속의 OH수	일반식	보기
1가 알코올	1개	$C_nH_{2n+1}OH$	에틸알코올 [C_2H_5OH]
2가 알코올	2개	$C_nH_{2n}(OH)_2$	에틸렌글리콜 [$C_2H_4(OH)_2$]
3가 알코올	3개	$C_nH_{2n-1}(OH)_3$	글리세린 [$C_3H_5(OH)_3$]

29. 인화칼슘이 물과 반응할 경우에 대한 설명 중 틀린 것은?

① 발생 가스는 가연성이다.

② 포스겐 가스가 발생한다.

③ 발생 가스는 독성이 강하다.

④ $Ca(OH)_2$가 생성된다.

해설 인화칼슘(Ca_3P_2) : 인화석회

　㉮ 제3류 위험물 중 금속의 인화물로 지정수량 300kg이다.

　㉯ 물(H_2O), 산(HCl : 염산)과 반응하여 가연성 가스이면서 유독한 포스핀(PH_3 : 인화수소)을 발생시킨다.

　㉰ 반응식

　　$Ca_3P_2 + 6H_2O \longrightarrow 3Ca(OH)_2 + 2PH_3 \uparrow + Q[kcal]$

　　$Ca_3P_2 + 6HCl \longrightarrow 3CaCl_2 + 2PH_3 \uparrow + Q[kcal]$

정답 **26.** ④　**27.** ①　**28.** ④　**29.** ②

2016

참고 포스겐($COCl_2$)은 사염화탄소(CCl_4) 소화기를 사용할 때 발생하는 것으로 독성가스이고, 불연성가스이다.

30. 위험물 안전관리법령상 품명이 다른 하나는?

① 니트로글리콜 ② 니트로글리세린
③ 셀룰로이드 ④ 테트릴

해설 제5류 위험물의 품명 및 지정수량

위험물 명칭	품명	지정수량
니트로글리콜		
니트로글리세린	질산에스테르류	10kg
셀룰로이드		
데트릴	니트로화합물	200kg

31. 주수소화를 할 수 없는 위험물은?

① 금속분 ② 적린
③ 유황 ④ 과망간산칼륨

해설 ㉮ 금속분(제2류 위험물, 지정수량 500kg)은 물(H_2O)과 접촉하면 반응하여 가연성인 수소(H_2)를 발생하여 폭발의 위험이 있기 때문에 주수소화는 부적합하므로 건조사(마른 모래)를 이용한다.
㉯ 알루미늄(Al)분과 물의 반응식
$2Al + 6H_2O \rightarrow 2Al(OH)_3 + 3H_2 \uparrow$

32. 제1류 위험물 중 흑색화약의 원료로 사용되는 것은?

① KNO_3 ② $NaNO_3$
③ BaO_2 ④ NH_4NO_3

해설 흑색 화약의 원료별 유별 구분

원료 명칭	비율	유별 및 품명
질산칼륨	75%	제1류 위험물 중 질산염류
황	15%	제2류 위험물 중 유황
목탄	10%	—

33. 다음 중 제6류 위험물에 해당하는 것은?

① IF_5 ② $HClO_3$
③ NO_3 ④ H_2O

해설 제6류 위험물(산화성 액체) 종류 및 지정수량

품명	지정수량
과염소산($HClO_4$)	300kg
과산화수소(H_2O_2)	300kg
질산(HNO_3)	300kg
그 밖에 행정안전부령으로 정하는 것 : 할로겐간 화합물 → 오불화요오드(IF_5), 오불화브롬(BrF_5), 삼불화브롬(BrF_3)	300kg

34. 다음 중 제4류 위험물에 해당하는 것은?

① $Pb(N_3)_2$ ② CH_3ONO_2
③ N_2H_4 ④ NH_2OH

해설 각 위험물의 유별 분류

명칭	유별 및 품명	지정수량
아지화납 [$Pb(N_3)_2$]	제5류 위험물 행안부령이 정하는 것 : 금속의 아지화합물	200kg
질산메틸 (CH_3ONO_2)	제5류 위험물 질산에스테르류	10kg
히드라진 (N_2H_4)	제4류 위험물 제2석유류	2000L
히드록실아민 (NH_2OH)	제5류 위험물 히드록실아민	100kg

35. 다음의 분말은 모두 150마이크로미터의 체를 통과하는 것이 50중량퍼센트 이상이 된다. 이 분말 중 위험물 안전관리법령상 품명이 "금속분"으로 분류되는 것은?

① 철분 ② 구리분
③ 알루미늄분 ④ 니켈분

해설 제2류 위험물 : 가연성 고체

㉮ 금속분의 정의[시행령 별표1] : 알칼리금속, 알칼리토금속, 철 및 마그네슘 외의 금속의 분말을 말하며 구리분, 니켈분 및 $150\mu m$의 체를 통과하는 것이 50 wt% 미만인 것은 제외한다.

㉯ 알루미늄분 : 제2류 위험물 중 <u>금속분 품명에 해당</u>되며, 아연(Zn)분, 안티몬(Sb)분, 주석(Sn)분도 금속분에 포함된다.

㉰ 철분 : 철의 분말로서 $53\mu m$의 표준체를 통과하는 것이 50 중량% 미만인 것은 제외한다 [철(Fe)분은 별도의 규정을 적용받는다].

㉱ 마그네슘 : 제2류 위험물에 해당되지만 품명이 금속분이 아닌 마그네슘 품명으로 분류된다.

㉲ 구리분, 니켈분 : 제2류 위험물 중 금속분 품명에서 제외되는 것이다.

36. 다음 중 분자량이 가장 큰 위험물은?

① 과염소산
② 과산화수소
③ 질산
④ 히드라진

해설 각 위험물의 분자기호 및 분자량

㉮ 과염소산($HClO_4$) : $1+35.5+(16\times4)=100.5$

㉯ 과산화수소(H_2O_2) : $(1\times2)+(16\times2)=34$

㉰ 질산(HNO_3) : $1+14+(16\times3)=63$

㉱ 히드라진(N_2H_4) : $(14\times2)+(1\times4)=32$

참고 각 원소의 원자량 : 수소(H) 1, 질소(N) 14, 산소(O) 16, 염소(Cl) 35.5

37. 인화칼슘, 탄화알루미늄, 나트륨이 물과 반응하였을 때 발생하는 가스에 해당하지 않는 것은?

① 포스핀 가스
② 수소
③ 이황화탄소
④ 메탄

해설 각 위험물이 물과 반응할 때 발생하는 가스

㉮ 인화칼슘(Ca_3P_2 : 인화석회)은 포스핀(PH_3 : 인화수소)를 발생

$$Ca_3P_2+6H_2O \longrightarrow 3Ca(OH)_2+2PH_3\uparrow$$

㉯ 탄화알루미늄(Al_4C_3)은 메탄(CH_4) 가스를 발생

$$Al_4C_3+12H_2O \longrightarrow 4Al(OH)_3+3CH_4\uparrow$$

㉰ 나트륨(Na)은 수소(H_2) 가스를 발생

$$2Na+2H_2O \longrightarrow 2NaOH+H_2\uparrow$$

38. 연소 시 발생하는 가스를 옳게 나타낸 것은?

① 황린 – 황산가스
② 황 – 무수인산가스
③ 적린 – 아황산가스
④ 삼황화사인(삼황화인) – 아황산가스

해설 각 위험물이 연소 시 발생하는 가스

㉮ 황린 : 오산화인(P_2O_5)을 발생

$$P_4+5O_2 \longrightarrow 2P_2O_5\uparrow$$

㉯ 황 : 아황산가스(SO_2)를 발생

$$S+O_2 \longrightarrow SO_2\uparrow$$

㉰ 적린 : 오산화인(P_2O_5)을 발생

$$4P+5O_2 \longrightarrow 2P_2O_5\uparrow$$

㉱ 삼황화사인(삼황화인) : 오산화인(P_2O_5)과 아황산가스(SO_2)를 발생

$$P_4S_3+8O_2 \longrightarrow 2P_2O_5\uparrow+3SO_2\uparrow$$

39. 염소산나트륨에 대한 설명으로 틀린 것은?

① 조해성이 크므로 보관용기는 밀봉하는 것이 좋다.
② 무색, 무취의 고체이다.
③ 산과 반응하여 유독성의 이산화나트륨 가스가 발생한다.
④ 물, 알코올, 글리세린에 녹는다.

해설 염소산나트륨($NaClO_3$)의 특징

㉮ 제1류 위험물 중 염소산염류에 해당되며 지정수량은 50kg이다.

㉯ 무색, 무취의 결정으로 물, 알코올, 글리세린, 에테르 등에 잘 녹는다.

㉰ 불연성 물질이고 조해성이 강하다.

㉱ 300℃ 정도에서 분해하기 시작하여 산소를 발생한다.

㉲ 강력한 산화제로 철과 반응하여 철제용기를 부식시킨다(철제용기를 부식시키므로 유리나 플라스틱용기를 사용한다).

정답 36. ① 37. ③ 38. ④ 39. ③

㉻ 방습성이 있으므로 섬유, 나무, 먼지 등에 흡수되기 쉽다.

㉼ 산과 반응하여 유독한 <u>이산화염소(ClO_2)</u>가 <u>발생하며</u>, 폭발 위험이 있다.

40. 질산칼륨을 약 400℃에서 가열하여 열분해시킬 때 주로 생성되는 물질은?

① 질산과 산소
② 질산과 칼륨
③ 아질산칼륨과 산소
④ 아질산칼륨과 질소

해설 질산칼륨(KNO_3)

㉮ 제1류 위험물 중 질산염류에 해당되며 지정수량은 300kg이다.

㉯ 400℃ 정도로 가열하면 아질산칼륨(KNO_2)과 산소(O_2)가 발생한다.

㉰ 반응식 : $2KNO_3 \rightarrow 2KNO_2 + O_2\uparrow$

41. 위험물 안전관리법령에서 정한 피난설비에 관한 내용이다. ( )에 알맞은 것은?

> 주유 취급소 중 건축물의 2층 이상의 부분을 점포, 휴게음식점 또는 전시장의 용도로 사용하는 것에 있어서는 해당 건축물의 2층 이상으로부터 주유 취급소의 부지 밖으로 통하는 출입구와 해당 출입구로 통하는 통로, 계단 및 출입구에 ( )을[를] 설치하여야 한다.

① 피난사다리
② 유도등
③ 공기호흡기
④ 시각경보기

해설 피난설비 설치기준 [시행규칙 별표17]

㉮ 주유취급소 중 건축물의 2층 이상의 부분을 점포·휴게음식점 또는 전시장의 용도로 사용하는 것에 있어서는 당해 건축물의 2층 이상으로부터 주유취급소의 부지 밖으로 통하는 출입구와 당해 출입구로 통하는 통로·계단 및 출입구에 유도등을 설치하여야 한다.

㉯ 옥내주유취급소에 있어서는 당해 사무소 등의 출입구 및 피난구와 당해 피난구로 통하는 통로·계단 및 출입구에 유도등을 설치하여야 한다.

㉰ 유도등에는 비상전원을 설치하여야 한다.

42. 옥내 저장소에 제3류 위험물인 황린을 저장하면서 위험물 안전관리법령에 의한 최소한의 보유공지로 3m를 옥내 저장소 주위에 확보하였다. 이 옥내 저장소에 저장하고 있는 황린의 수량은? (단, 옥내 저장소의 구조는 벽, 기둥 및 바닥이 내화구조로 되어 있고 그 외의 다른 사항은 고려하지 않는다.)

① 100kg 초과 500kg 이하
② 400kg 초과 1000kg 이하
③ 500kg 초과 5000kg 이하
④ 1000kg 초과 40000kg 이하

해설 ㉮ 옥내 저장소의 보유공지 기준 [시행규칙 별표5]

저장 또는 취급하는 위험물의 최대수량	공지의 너비	
	벽·기둥 및 바닥이 내화구조로 된 건축물	그 밖의 건축물
지정수량의 5배 이하	–	0.5m 이상
지정수량의 5배 초과 10배 이하	1m 이상	1.5m 이상
지정수량의 10배 초과 20배 이하	2m 이상	3m 이상
지정수량의 <u>20배 초과 50배 이하</u>	<u>3m</u> 이상	5m 이상
지정수량의 50배 초과 200배 이하	5m 이상	10m 이상
지정수량의 200배 초과	10m 이상	15m 이상

㉬ 황린은 제3류 위험물로 지정수량은 20kg이다.

㉭ 문제에서 보유공지가 3m로 주어졌으므로 표에서 해당되는 지정수량을 찾으면 '20배 초과 50배 이하'에 해당된다.

㉮ 황린의 수량 계산 : 지정수량의 20배와 50배 적용

∴ 20kg×20배=400kg,
20kg×50배=1000kg

㉯ 황린의 수량은 <u>400kg 초과 1000kg 이하</u>에 해당된다.

---

43. 위험물 안전관리법령상 이동탱크저장소에 의한 위험물 운송 시 위험물운송자는 장거리에 걸치는 운송을 하는 때에는 2명 이상의 운전자로 하여야 한다. 다음 중 그러하지 않아도 되는 경우가 아닌 것은?

① 적린을 운송하는 경우
② 알루미늄의 탄화물을 운송하는 경우
③ 이황화탄소를 운송하는 경우
④ 운송 도중에 2시간 이내마다 20분 이상씩 휴식을 하는 경우

해설 위험물 운송 시에 준수사항
[시행규칙 별표21]

㉮ 2명 이상의 운전자로 해야 하는 경우
ㄱ 고속국도 : 340km 이상 운송하는 때
ㄴ 그 밖의 도로 : 200km 이상 운송하는 때

㉯ 1명의 운전자로 할 수 있는 경우
ㄱ 규정에 의하여 운송책임자를 동승시킨 경우
ㄴ 운송하는 위험물이 제2류 위험물·제3류 위험물(칼슘 또는 알루미늄의 탄화물과 이것만을 함유한 것에 한한다) 또는 제4류 위험물(<u>특수인화물을 제외한다</u>)인 경우
ㄷ 운송도중에 2시간 이내마다 20분 이상씩 휴식하는 경우

참고 이황화탄소(CS_2)는 제4류 위험물 중 <u>특수인화물</u>에 해당되므로 2명 이상의 운전자로 해야 한다.

※ 문제에서 묻고 있는 것은 2명 이상의 운전자로 하여야 하는 것을 찾는 문제임

---

44. 각각 지정수량의 10배인 위험물을 운반할 경우 제5류 위험물과 혼재 가능한 위험물에 해당하는 것은?

① 제1류 위험물
② 제2류 위험물
③ 제3류 위험물
④ 제6류 위험물

해설 ㉮ 위험물 운반할 때 혼재 기준 [시행규칙 별표19, 부표2]

구분	제1류	제2류	제3류	제4류	제5류	제6류
제1류		×	×	×	×	○
제2류	×		×	○	○	×
제3류	×	×		○	×	×
제4류	×	○	○		○	×
제5류	×	○	×	○		×
제6류	○	×	×	×	×	

○ : 혼합 가능, × : 혼합 불가능

㉯ 이 표는 지정수량의 $\frac{1}{10}$ 이하의 위험물에 대하여는 적용하지 않는다.

---

45. 위험물 안전관리법령상 옥외탱크 저장소의 기준에 따라 다음의 인화성 액체위험물을 저장하는 옥외저장탱크 1~4호를 동일의 방유제 내에 설치하는 경우 방유제에 필요한 최소 용량으로서 옳은 것은? (단, 암반탱크 또는 특수 액체위험물 탱크의 경우는 제외한다.)

• 1호 탱크 : 등유 1500kL
• 2호 탱크 : 가솔린 1000kL
• 3호 탱크 : 경유 500kL
• 4호 탱크 : 중유 250kL

① 1650kL
② 150kL
③ 500kL
④ 250kL

해설 옥외탱크 저장소 방유제 용량 기준 [시행규칙 별표6]

㉮ 탱크가 하나인 경우 : 탱크 용량의 110% 이상

㉯ 2기 이상인 경우 : 탱크 중 용량이 최대인 것의 110% 이상

∴ 방유제 용량=1500×1.1=1650kL

46. 위험물 안전관리법령상 사업소의 관계인이 자체 소방대를 설치하여야 할 제조소등의 기준으로 옳은 것은?

① 제4류 위험물을 지정수량의 3천배 이상 취급하는 제조소 또는 일반취급소
② 제4류 위험물을 지정수량의 5천배 이상 취급하는 제조소 또는 일반취급소
③ 제4류 위험물 중 특수인화물을 지정수량의 3천배 이상 취급하는 제조소 또는 일반취급소
④ 제4류 위험물 중 특수인화물을 지정수량의 5천배 이상 취급하는 제조소 또는 일반취급소

해설 제조소등에 자체소방대를 두어야 할 대상 [시행령 18조] : 지정수량의 3000배의 제4류 위험물을 취급하는 제조소 또는 일반취급소

47. 소화난이도 등급 Ⅱ의 제조소에 소화설비를 설치할 때 대형 수동식 소화기와 함께 설치하여야 하는 소형 수동식 소화기의 능력단위에 관한 설명으로 옳은 것은?

① 위험물의 소요단위에 해당하는 능력단위의 소형 수동식 소화기등을 설치할 것
② 위험물의 소요단위의 $\frac{1}{2}$ 이상에 해당하는 능력단위의 소형 수동식 소화기등을 설치할 것
③ 위험물의 소요단위의 $\frac{1}{5}$ 이상에 해당하는 능력단위의 소형 수동식 소화기등을 설치할 것
④ 위험물의 소요단위의 10배 이상에 해당하는 능력단위의 소형 수동식 소화기등을 설치할 것

해설 소화난이도 등급 Ⅱ의 제조소에 소화설비를 설치 기준 [시행규칙 별표17]

㉠ 방사능력 범위 내에 당해 건축물, 그 밖의 공작물 및 위험물이 포함되도록 대형수동식소화기를 설치할 것
㉡ 당해 위험물의 소요단위의 $\frac{1}{5}$ 이상에 해당되는 능력단위의 소형수동식 소화기등을 설치할 것

48. 다음 중 위험물 안전관리법이 적용되는 영역은 어느 것인가?

① 항공기에 의한 대한민국 영공에서의 위험물의 저장, 취급 및 운반
② 궤도에 의한 위험물의 저장, 취급 및 운반
③ 철도에 의한 위험물의 저장, 취급 및 운반
④ 자가용 승용차에 의한 지정수량 이하의 위험물의 저장, 취급 및 운반

해설 위험물 안전관리법 적용 제외 [법 제3조] : 위험물 안전관리법은 항공기·선박(선박법에 따른 선박을 말한다)·철도 및 궤도에 의한 위험물의 저장·취급 및 운반에 있어서는 이를 적용하지 아니한다.

49. 위험물 안전관리법령상 위험물의 운반 시 운반용기는 다음의 기준에 따라 수납 적재하여야 한다. 다음 중 틀린 것은?

① 수납하는 위험물과 위험한 반응을 일으키지 않아야 한다.
② 고체 위험물은 운반용기 내용적의 95% 이하로 수납하여야 한다.
③ 액체 위험물은 운반용기 내용적의 95% 이하로 수납하여야 한다.
④ 하나의 외장용기에는 다른 종류의 위험물을 수납하지 않는다.

해설 운반용기에 의한 수납 적재 기준 [시행규칙 별표19]

㉠ 위험물이 온도변화 등에 의하여 누설되지 않

도록 밀봉하여 수납할 것
㉯ 수납하는 위험물과 반응을 일으키지 않는 위험물의 성질에 적합한 재질의 운반용기에 수납할 수 있다.
㉰ 고체 위험물은 내용적의 95% 이하로 수납할 것
㉱ 액체 위험물은 내용적의 98% 이하로 수납하되, 55℃에서 누설되지 아니하도록 공간용적을 유지하도록 할 것
㉲ 하나의 외장용기에는 다른 종류의 위험물을 수납하지 아니할 것
㉳ 위험물이 전락(轉落), 운반용기가 전도·낙하 또는 파손되지 않도록 적재한다.
㉴ 운반용기는 수납구를 위로 향하게 적재한다.
㉵ 위험물을 수납한 운반용기를 겹쳐 쌓는 경우에는 높이를 3m 이하로 한다.

50. 위험물 안전관리법령상 위험물을 운반하기 위해 적재할 때 예를 들어 제6류 위험물은 1가지 유별(제1류 위험물)하고만 혼재할 수 있다. 다음 중 가장 많은 유별과 혼재가 가능한 것은? (단, 지정수량의 $\frac{1}{10}$을 초과하는 위험물이다.)

① 제1류   ② 제2류
③ 제3류   ④ 제4류

[해설] 위험물 6종류 중 다른 유별과 혼재가 가장 많이 가능한 유별은 제4류 위험물로 3종류이다.

[참고] 제4류 위험물과 혼재가 가능한 위험물 : 제2류, 제3류, 제5류

※ 자세한 내용은 44번 해설의 표를 참고한다.

51. 다음 위험물 중에서 옥외 저장소에서 저장, 취급할 수 없는 것은? (단, 특별시, 광역시 또는 도의 조례에서 정하는 위험물과 IDMG code에 적합한 용기에 수납된 위험물의 경우는 제외한다.)

① 아세트산   ② 에틸렌글리콜
③ 크레오소트유   ④ 아세톤

[해설] ㉮ 옥외저장소에 지정수량 이상의 위험물을 저장할 수 있는 위험물[시행령 별표2]
㉠ 제2류 위험물 중 유황 또는 인화성고체(인화점이 0℃ 이상인 것에 한한다)
㉡ 제4류 위험물중 제1석유류(인화점이 0℃ 이상인 것에 한한다)·알코올류·제2석유류·제3석유류·제4석유류 및 동식물유류
㉢ 제6류 위험물
㉣ 제2류 위험물 및 제4류 위험물 중 특별시·광역시 또는 도의 조례에서 정하는 위험물(관세법 제154조의 규정에 의한 보세구역 안에 저장하는 경우에 한한다)
㉤ '국제해사기구에 관한 협약'에 의하여 설치된 국제해사기구가 채택한 '국제해상위험물규칙(IMDG Code)'에 적합한 용기에 수납된 위험물
㉯ 예제에 주어진 위험물의 구분
㉠ 아세트산(CH_3COOH) : 제4류 위험물 중 제2석유류
㉡ 에틸렌글리콜[$C_2H_4(OH)_2$] : 제4류 위험물 중 제3석유류
㉢ 크레오소트유 : 제4류 위험물 중 제3석유류
㉣ 아세톤(CH_3COCH_3) : 제4류 위험물 중 제1석유류

[참고] 아세톤은 제4류 위험물 중 제1석유류로 인화점이 −18℃이기 때문에 옥외저장소에서 저장, 취급할 수 없다.

52. 디에틸에테르에 대한 설명으로 틀린 것은?

① 일반식은 $R-CO-R'$이다.
② 연소범위는 약 1.9~48%이다.
③ 증기 비중 값이 비중 값보다 크다.
④ 휘발성이 높고 마취성을 가진다.

[해설] ㉮ 디에틸에테르의 분자기호 $C_4H_{10}O$을 $C_2H_5OC_2H_5$로 표시할 수 있으며 알킬(R, R')과 알킬사이에 산소(O)가 결합된 것으로 일반식은 $R-O-R'$로 표기된다.
㉯ 일반식 $R-CO-R'$로 표기되는 것은 아세톤(CH_3COCH_3)이다.

[정답] **50.** ④   **51.** ④   **52.** ①

53. 위험물 안전관리법령상 지하탱크 저장소 탱크전용실의 안쪽과 지하저장탱크와의 사이는 몇 m 이상의 간격을 유지하여야 하는가?

① 0.1   ② 0.2
③ 0.3   ④ 0.5

해설 지하탱크 저장소의 탱크 전용실 기준 [시행규칙 별표8]

㉮ 지하의 가장 가까운 벽·피트·가스관 등의 시설물 및 대지 경계선으로부터 0.1m 이상 떨어진 곳에 설치한다.

㉯ 지하저장탱크와 탱크전용실의 안쪽과의 사이는 0.1m 이상의 간격을 유지한다.

㉰ 당해 탱크의 주위에 마른 모래 또는 입자지름 5mm 이하의 마른 자갈분을 채운다.

54. 다음 ( ) 안에 들어갈 수치를 순서대로 올바르게 나열한 것은? (단, 제4류 위험물에 적응성을 갖기 위한 살수밀도기준을 적용하는 경우를 제외한다.)

> 위험물 제조소등에 설치하는 폐쇄형 헤드의 스프링클러설비는 30개의 헤드를 동시에 사용할 경우 각 선단의 방사압력이 ( )kPa 이상이고 방수량이 1분당 ( )L 이상이어야 한다.

① 100, 80   ② 120, 80
③ 100, 100   ④ 120, 100

해설 스프링클러설비 설치기준 [시행규칙 별표17]

㉮ 방사압력과 방수량 : 폐쇄형 헤드 30개를 동시에 사용할 경우 각 선단의 방사압력이 100kPa 이상이고, 방수량이 1분당 80L 이상의 성능이 되도록 하여야 한다.

㉯ 수원의 수량 : 폐쇄형 헤드를 사용하는 것은 30(헤드의 설치개수가 30 미만인 것은 당해 설치개수), 개방형 헤드를 사용하는 것은 가장 많이 설치된 방사구역의 설치개수에 2.4m^{3}를 곱한 이상이 되도록 설치하여야 한다.

55. 위험물 안전관리법령상 제조소 등의 위치, 구조 또는 설비 가운데 행정안전부령이 정하는 사항을 변경허가를 받지 아니하고 제조소 등의 위치, 구조 또는 설비를 변경한 때 1차 행정처분 기준으로 옳은 것은?

① 사용정지 15일
② 경고 또는 사용정지 15일
③ 사용정지 30일
④ 경고 또는 업무정지 30일

해설 제조소에 대한 행정처분 기준 [시행규칙 별표2]

위반사항	행정처분기준		
	1차	2차	3차
수리·개조 또는 이전의 명령을 위반한 때	사용정지 30일	사용정지 90일	허가취소
저장·취급기준 준수명령을 위반한 때	사용정지 30일	사용정지 60일	허가취소
완공검사를 받지 아니하고 제조소등을 사용한 때	사용정지 15일	사용정지 60일	허가취소
위험물안전관리자를 선임하지 아니한 때			
변경허가를 받지 아니하고 제조소등의 위치·구조 또는 설비를 변경한 때	경고 또는 사용정지 15일	사용정지 60일	허가취소
위험물안전관리자 대리자를 지정하지 아니한 때	사용정지 10일	사용정지 30일	허가취소
정기점검을 받지 아니한 때			
정기검사를 받지 아니한 때			

56. 위험물 안전관리법령상 제조소 등의 관계인이 정기적으로 점검하여야 할 대상이 아닌 것은?

① 지정수량의 10배 이상의 위험물을 취급하는 제조소
② 지하탱크 저장소
③ 이동탱크 저장소
④ 지정수량의 100배 이상의 위험물을 저장하는 옥외탱크 저장소

[해설] ㉮ 정기점검 대상 제조소등 [시행령 제16조]
　㉠ 관계인이 예방규정을 정하여야 하는 제조소등
　㉡ 지하탱크 저장소
　㉢ 이동탱크 저장소
　㉣ 위험물을 취급하는 탱크로서 지하에 매설된 탱크가 있는 제조소·주유취급소 또는 일반취급소
㉯ 관계인이 예방규정을 정하여야 하는 제조소등 [시행령 제15조]
　㉠ 지정수량의 10배 이상의 위험물을 취급하는 제조소
　㉡ 지정수량의 100배 이상의 위험물을 저장하는 옥외 저장소
　㉢ 지정수량의 150배 이상의 위험물을 저장하는 옥내 저장소
　㉣ 지정수량의 200배 이상의 위험물을 저장하는 옥외탱크 저장소
　㉤ 암반탱크 저장소
　㉥ 이송취급소
　㉦ 지정수량의 10배 이상의 위험물을 취급하는 일반취급소

57. 위험물 안전관리법령상 위험물 제조소의 옥외에 있는 하나의 액체 위험물 취급탱크 주위에 설치하는 방유제의 용량은 해당 탱크용량의 몇 % 이상으로 하여야 하는가?

① 50%　　　　② 60%
③ 100%　　　④ 110%

[해설] 제조소의 옥외에 있는 방유제
　[시행규칙 별표4]
　㉮ 하나의 액체 위험물 탱크 : 당해 탱크용량의 50% 이상
　㉯ 2 이상의 액체 위험물 탱크 : 당해 탱크 중 용량이 최대인 것의 50%에 나머지 탱크용량 합계의 10%를 가산한 양 이상

58. 위험물 안전관리법령상 이송취급소에 설치하는 경보설비의 기준에 따라 이송기지에 설치하여야 하는 경보설비로만 이루어진 것은?

① 확성장치, 비상벨장치
② 비상방송설비, 비상경보설비
③ 확성장치, 비상방송설비
④ 비상방송설비, 자동화재탐지설비

[해설] 이송취급소에 설치하는 경보설비 [시행규칙 별표15]
　㉮ 이송기지에는 비상벨장치 및 확성장치를 설치할 것
　㉯ 가연성증기를 발생하는 위험물을 취급하는 펌프실 등에는 가연성증기 경보설비를 설치할 것

59. 위험물 안전관리법령상 위험물의 탱크 내용적 및 공간용적에 관한 기준으로 틀린 것은 어느 것인가?

① 위험물을 저장 또는 취급하는 탱크의 용량은 해당 탱크 내용적에서 공간용적을 뺀 용적으로 한다.
② 탱크의 공간용적은 탱크의 내용적의 $\frac{5}{100}$ 이상 $\frac{10}{100}$ 이하의 용적으로 한다.
③ 소화설비(소화약제 방출구를 탱크 안의 윗부분에 설치하는 것에 한한다)를 설치하는 탱크의 공간용적은 해당 소화설비의 소화약제 방출구 아래의 0.3m 이상 1m 미만 사이의 면으로부터 윗부분의 용적으로 한다.

2016

④ 암반탱크에 있어서는 해당 탱크 내에 용]
출하는 30일간의 지하수의 양에 상당하
는 용적과 해당 탱크의 내용적의 $\frac{1}{100}$의
용적 중에서 보다 큰 용적을 공간용적으
로 한다.

해설 탱크의 공간용적 [세부기준 제25조]

㉮ 탱크의 공간용적은 탱크의 내용적의 $\frac{5}{100}$ 이
상 $\frac{10}{100}$ 이하의 용적으로 한다.

㉯ 소화설비(소화약제 방출구를 탱크 안의 윗부
분에 설치하는 것에 한한다)를 설치하는 탱크
의 공간용적은 소화방출구 아래의 0.3m 이상
1m 미만 사이의 면으로부터 윗부분의 용적으
로 한다.

㉰ 암반탱크는 당해 탱크 내에 용출하는 7일간
의 지하수의 양에 상당하는 용적과 당해 탱크
의 내용적의 $\frac{1}{100}$ 용적 중에서 보다 큰 용적
을 공간용적으로 한다.

60. 위험물 안전관리법령상 위험등급의 종류가
나머지 셋과 다른 하나는?

① 제1류 위험물 중 중크롬산염류
② 제2류 위험물 중 인화성 고체
③ 제3류 위험물 중 금속의 인화물
④ 제4류 위험물 중 알코올류

해설 각 위험물의 위험등급

㉮ 중크롬산염류 : 지정수량 1000kg으로 위험등
급 Ⅲ

㉯ 인화성 고체 : 지정수량 1000kg으로 위험등
급 Ⅲ

㉰ 금속의 인화물 : 지정수량 300kg으로 위험등
급 Ⅲ

㉱ 알코올류 : 지정수량에 관계없이 제1석유류와
함께 위험등급 Ⅱ로 분류된다.

2016. 7. 10 시행 (제4회)

1. 다음과 같은 반응에서 5m³의 탄산가스를 만들기 위해 필요한 탄산수소나트륨의 양은 약 몇 kg인가? (단, 표준상태이고, 나트륨의 원자량은 23이다.)

$$2NaHCO_3 \rightarrow Na_2CO_3 + CO_2 + H_2O$$

① 18.75 ② 37.5
③ 56.25 ④ 75

해설 탄산수소나트륨($NaHCO_3$)의 분자량은 84이고, 1kmol이 차지하는 체적은 22.4m³ 이다.

$$\therefore x = \frac{2 \times 84 \times 5}{22.4} = 37.5 \, kg$$

2. 연소의 3요소인 산소의 공급원이 될 수 없는 것은?

① H_2O_2 ② KNO_3 ③ HNO_3 ④ CO_2

해설 각 물질의 특성

명칭	유별	비고
과산화수소(H_2O_2)	제6류	산화성 액체
질산칼륨(KNO_3)	제1류	산화성 고체
질산(HNO_3)	제6류	산화성 액체
이산화탄소(CO_2)	–	불연성 가스

3. 탄화칼슘은 물과 반응 시 위험성이 증가하는 물질이다. 주수소화 시 물과 반응하면 어떤 가스가 발생하는가?

① 수소 ② 메탄
③ 에탄 ④ 아세틸렌

해설 ㉮ 탄화칼슘(CaC_2 : 카바이드) : 제3류 위험물로 물과 반응하여 가연성 기체인 아세틸렌(C_2H_2)가스를 발생한다.

㉯ 반응식 : $CaC_2 + 2H_2O \rightarrow Ca(OH)_2 + C_2H_2$

4. 위험물의 자연발화를 방지하는 방법으로 가장 거리가 먼 것은?

① 통풍을 잘 시킬 것
② 저장실의 온도를 낮출 것
③ 습도가 높은 곳에 저장할 것
④ 정촉매 작용을 하는 물질과의 접촉을 피할 것

해설 위험물의 자연발화를 방지하는 방법
㉮ 통풍을 잘 시킬 것
㉯ 저장실의 온도를 낮출 것
㉰ 습도가 높은 곳을 피하고, 건조하게 보관할 것
㉱ 열의 축적을 방지할 것
㉲ 가연성가스 발생을 조심할 것
㉳ 불연성가스를 주입하여 공기와의 접촉을 피할 것
㉴ 물질의 표면적을 최대한 작게 할 것
㉵ 정촉매 작용을 하는 물질과의 접촉을 피할 것

5. 공기 중의 산소농도를 한계산소량 이하로 낮추어 연소를 중지시키는 소화방법은 어느 것인가?

① 냉각소화 ② 제거소화
③ 억제소화 ④ 질식소화

해설 소화작용(소화효과)
㉮ 제거소화 : 화재 현장에서 가연물을 제거함으로써 화재의 확산을 저지하는 방법으로 소화하는 것이다.
㉯ 질식소화 : 산소공급원을 차단하여 연소 진행을 억제하는 방법으로 소화하는 것이다.
㉰ 냉각소화 : 물 등을 사용하여 활성화 에너지(점화원)를 냉각시켜 가연물을 발화점 이하로 낮추어 연소가 계속 진행할 수 없도록 하는 방법으로 소화하는 것이다.

정답 1. ② 2. ④ 3. ④ 4. ③ 5. ④

2016

㉣ 부촉매소화(억제소화) : 산화반응에 직접 관계없는 물질을 가하여 연쇄반응의 억제작용을 이용하는 방법으로 소화하는 것이다.

6. 제5류 위험물의 화재 시 가장 적당한 소화방법은?

① 물에 의한 냉각소화
② 질소에 의한 질식소화
③ 사염화탄소에 의한 부촉매소화
④ 이산화탄소에 의한 질식소화

해설 제5류 위험물(자기반응성 물질)은 가연성 물질이며 그 자체가 산소를 함유하고 있으므로 질식소화가 불가능하므로 다량의 주수에 의한 냉각소화가 효과적이다.

7. 인화칼슘이 물과 반응하였을 때 발생하는 가스는?

① 수소   ② 포스겐
③ 포스핀   ④ 아세틸렌

해설 인화칼슘(Ca_3P_2) : 인화석회
㉮ 제3류 위험물 중 금속의 인화물로 지정수량 300kg이다.
㉯ 물(H_2O), 산(HCl : 염산)과 반응하여 유독한 포스핀(PH_3 : 인화수소)을 발생시킨다.
㉰ 반응식
$Ca_3P_2 + 6H_2O \rightarrow 3Ca(OH)_2 + 2PH_3 \uparrow + Q[kcal]$
$Ca_3P_2 + 6HCl \rightarrow 3CaCl_2 + 2PH_3 \uparrow + Q[kcal]$

8. 위험물 안전관리법령상 제3류 위험물 중 금수성 물질의 제조소에 설치하는 주의사항 게시판의 바탕색과 문자색을 옳게 나타낸 것은?

① 청색바탕에 황색문자
② 황색바탕에 청색문자
③ 청색바탕에 백색문자
④ 백색바탕에 청색문자

해설 제조소의 주의사항 게시판 [시행규칙 별표4]

위험물의 종류	내용	색상
• 제1류 위험물 중 알칼리금속의 과산화물 • 제3류 위험물 중 금수성 물질	"물기엄금"	청색바탕에 백색문자
• 제2류 위험물(인화성 고체 제외)	"화기주의"	
• 제2류 위험물 중 인화성 고체 • 제3류 위험물 중 자연발화성 물질 • 제4류 위험물 • 제5류 위험물	"화기엄금"	적색바탕에 백색문자

9. 폭굉유도거리(DID)가 짧아지는 경우는?

① 정상 연소속도가 작은 혼합가스일수록 짧아진다.
② 압력이 높을수록 짧아진다.
③ 관지름이 넓을수록 짧아진다.
④ 점화원의 에너지가 약할수록 짧아진다.

해설 ㉮ 폭굉(detonation)의 정의 : 가스 중의 음속보다도 화염 전파속도가 큰 경우로서 파면 선단에 충격파라고 하는 압력파가 생겨 격렬한 파괴작용을 일으키는 현상
㉯ 폭굉 유도거리(DID) : 최초의 완만한 연소가 격렬한 폭굉으로 발전될 때까지의 거리이다.
㉰ 폭굉유도거리(DID)가 짧아지는 조건
 ㉠ 정상 연소속도가 큰 혼합가스일수록
 ㉡ 관 속에 방해물이 있거나 관지름이 가늘수록
 ㉢ 압력이 높을수록
 ㉣ 점화원의 에너지가 클수록

10. 연소에 대한 설명으로 옳지 않은 것은 어느 것인가?

① 산화되기 쉬운 것일수록 타기 쉽다.
② 산소와의 접촉 면적이 큰 것일수록 타기 쉽다.

③ 충분한 산소가 있어야 타기 쉽다.

④ 열전도율이 큰 것일수록 타기 쉽다.

[해설] 열전도율이 크면 가연물에 열의 축적이 되지 않기 때문에 잘 타지 않는(잘 연소되지 않는) 현상이 발생한다.

11. 위험물 안전관리법령상 제4류 위험물에 적응성이 있는 소화기가 아닌 것은?

① 이산화탄소 소화기

② 봉상강화액 소화기

③ 포 소화기

④ 인산염류분말 소화기

[해설] 제4류 위험물에 적응성이 있는 소화기 [시행규칙 별표17]

㉮ 무상강화액 소화기

㉯ 포 소화기

㉰ 이산화탄소 소화기

㉱ 할로겐화합물 소화기

㉲ 인산염류 및 탄산수소염류 소화기

12. 위험물 안전관리법령상 알칼리금속의 과산화물에 적응성이 있는 소화설비는?

① 할로겐화합물 소화설비

② 탄산수소염류분말 소화설비

③ 물분무 소화설비

④ 스프링클러설비

[해설] 제1류 위험물 중 알칼리금속 과산화물에 적응성이 있는 소화설비 [시행규칙 별표17]

㉮ 탄산수소염류 분말소화설비 및 분말소화기

㉯ 건조사(마른 모래)

㉰ 팽창질석 또는 팽창진주암

13. 수성막포 소화약제에 사용되는 계면활성제는?

① 염화단백포 계면활성제

② 산소계 계면활성제

③ 황산계 계면활성제

④ 불소계 계면활성제

[해설] 포 소화약제 중 기름 화재 진압용으로 가장 우수한 효과를 갖는 수성막포 소화약제에는 불소계 계면활성제를 사용하고 있다.

14. 강화액 소화약제의 주된 소화 원리에 해당하는 것은?

① 냉각 소화

② 절연 소화

③ 제거 소화

④ 발포 소화

[해설] 강화액 소화약제의 구성은 '물+탄산칼륨(K_2CO_3)'으로 주된 소화원리(소화효과)는 냉각소화이며 일부 억제소화 및 질식소화의 효과가 있다.

15. Halon 1001의 화학식에서 수소원자의 수는?

① 0   ② 1   ③ 2   ④ 3

[해설] ㉮ 할론(Halon)−abcd의 구조식

a : 탄소(C)의 수

b : 불소(F)의 수

c : 염소(Cl)의 수

d : 취소(Br)의 수

㉯ 할로겐화합물은 탄소(C) 원자에 4개의 원자들이 연결되어 있어야 하는데 Halon 1001은 탄소(C) 1개, 취소(Br 브롬) 1개만 존재하므로 3개의 자리가 비워져 있고 그 자리에는 수소(H) 원자가 채워져야 한다. 그러므로 Halon 1001의 분자식은 CH_3Br이 되고 수소(H) 원자의 수는 3개가 된다.

16. 질소와 아르곤과 이산화탄소의 용량비가 52 : 40 : 8인 혼합물 소화약제에 해당하는 것은?

① IG − 541

② HCFC BLEND A

③ HFC − 125

④ HFC − 23

[해설] 불활성가스 소화설비 용량비에 따른 명칭 [세부기준 제134조]

㉮ IG−100 : 질소 100%

㉯ IG−55 : 질소 50%, 아르곤 50%

2016

[정답] 11. ② 12. ② 13. ④ 14. ① 15. ④ 16. ①

㉔ IG-541 : 질소 52%, 아르곤 40%, 이산화탄소 8%

아르곤 또는 질소가스 중 하나 이상의 원소를 기본성분으로 하는 소화약제를 말한다.

17. 탄산칼륨을 물에 용해시킨 강화액 소화약제의 pH에 가장 가까운 값은?

① 1　　② 4　　③ 7　　④ 12

해설 강화액 소화약제의 구성은 '물+K_2CO_3'으로 알칼리성(pH12)을 나타낸다.

18. 이산화탄소 소화약제에 관한 설명 중 틀린 것은?

① 소화약제에 의한 오손이 없다.
② 소화약제 중 증발잠열이 가장 크다.
③ 전기절연성이 있다.
④ 장기간 저장이 가능하다.

해설 이산화탄소(CO_2)의 특징
㉮ 무색, 무미, 무취의 기체로 공기보다 무겁고 불연성이다.
㉯ 독성이 없지만 과량 존재 시 산소부족으로 질식할 수 있다.
㉰ 비점 -78.5℃로 냉각, 압축에 의하여 액화된다.
㉱ 전기의 불량도체이고, 장기간 저장이 가능하다.
㉲ 소화약제에 의한 오손이 없고, 질식효과와 냉각효과가 있다.
㉳ 자체압력을 이용하므로 압력원이 필요하지 않고 할로겐소화약제보다 경제적이다.

참고 0℃에서의 증발잠열은 이산화탄소가 56kcal/kg, 물은 597kcal/kg이다.

19. 불활성기체 소화약제의 기본 성분이 아닌 것은?

① 헬륨　　　② 질소
③ 불소　　　④ 아르곤

해설 불활성기체 소화약제[할로겐화합물 및 불활성기체 소화설비의 화재안전기준(NFSC107A) 제3조] : "불활성기체 소화약제"란 헬륨, 네온,

20. 물과 친화력이 있는 수용성 용매의 화재에 보통의 포 소화약제를 사용하면 포가 파괴되기 때문에 소화효과를 잃게 된다. 이와 같은 단점을 보완한 소화약제로 가연성인 수용성 용매의 화재에 유효한 효과를 가지고 있는 것은?

① 알코올형포 소화약제
② 단백포 소화약제
③ 합성계면활성제포 소화약제
④ 수성막포 소화약제

해설 알코올형포(내알코올포) 소화약제 : 알코올과 같은 수용성 액체에는 포가 파괴되는 현상으로 인해 소화효과를 잃게 되는 것을 방지하기 위해 단백질 가스분해물에 합성세제를 혼합하여 제조한 소화약제이다.

21. 질산과 과염소산의 공통 성질이 아닌 것은?

① 가연성이며 강산화제이다.
② 비중이 1보다 크다.
③ 가연물과 혼합으로 발화의 위험이 있다.
④ 물과 접촉하면 발열한다.

해설 질산(HNO_3)과 과염소산($HClO_4$)의 비교

구분	질산	과염소산
유별	제6류 위험물	제6류 위험물
성질	산화성 액체	산화성 액체
산성	강한 산성	강한 산성
물과 반응	심하게 반응하여 발열	물과 혼합되고 발열
액체 비중	1.49	1.76
증기 비중	2.17	3.47
비점	86℃	39℃

참고 제6류 위험물인 질산과 과염소산 자체는 연소성, 폭발성이 없는 산화성 액체이다.

정답 17. ④　18. ②　19. ③　20. ①　21. ①

22. 물과 반응하여 가연성 가스를 발생하지 않는 것은?

① 칼륨

② 과산화칼륨

③ 탄화알루미늄

④ 트리에틸알루미늄

해설 각 위험물이 물(H_2O)과 반응하였을 때 발생하는 가스

㉮ 칼륨(K)과 물 : 수소(H_2)

$$2K + 2H_2O \longrightarrow 2KOH + H_2$$

㉯ 과산화칼륨(K_2O_2)과 물 : 산소(O_2) → 조연성 가스

$$2K_2O_2 + 2H_2O \longrightarrow 4KOH + O_2$$

㉰ 탄화알루미늄(Al_4C_3)과 물 : 메탄(CH_4)

$$Al_4C_3 + 12H_2O \longrightarrow 4Al(OH)_3 + 3CH_4$$

㉱ 트리에틸알루미늄[$(C_2H_5)_3Al$]과 물 : 에탄(C_2H_6)

$$(C_2H_5)_3Al + 3H_2O \longrightarrow Al(OH)_3 + 3C_2H_6$$

23. 다음 중 제6류 위험물이 아닌 것은?

① 할로겐화합물

② 과염소산

③ 아염소산

④ 과산화수소

해설 제6류 위험물 종류 : 산화성 액체

품명	지정수량
1. 과염소산	300kg
2. 과산화수소	300kg
3. 질산	300kg
4. 행정안전부령으로 정하는 것 : 할로겐 화합물 → 오불화요오드(IF₅), 오불화브롬(BrF₅), 삼불화브롬(BrF₃)	300kg
5. 제1호 내지 제4호의 하나에 해당하는 어느 하나 이상을 함유한 것	300kg

㉮ 과산화수소는 그 농도가 36 중량% 이상인 것에 한하며, 산화성액체의 성상이 있는 것으로 본다.

㉯ 질산은 그 비중이 1.49 이상인 것에 한하며,

산화성액체의 성상이 있는 것으로 본다.

참고 아염소산($HClO_2$)은 위험물에 해당되지 않는다.

24. 위험물 안전관리법령에서는 특수인화물을 1기압에서 발화점이 100℃ 이하인 것 또는 인화점은 얼마 이하이고 비점이 40℃ 이하인 것으로 정의하는가?

① −10℃

② −20℃

③ −30℃

④ −40℃

해설 특수인화물의 정의 [시행령 별표1] : "특수인화물"이라 함은 이황화탄소, 디에틸에테르 그 밖에 1기압에서 발화점이 100℃ 이하인 것 또는 인화점이 −20℃ 이하이고 비점이 40℃ 이하인 것을 말한다.

25. 다음 중 제1류 위험물에 해당되지 않는 것은?

① 염소산칼륨

② 과염소산암모늄

③ 과산화바륨

④ 질산구아니딘

해설 제1류 위험물의 지정수량

품명		지정수량
염소산칼륨 ($KClO_3$)	염소산염류	50kg
과염소산암모늄 (NH_4ClO_4)	과염소산염류	50kg
과산화바륨 (BaO_2)	무기과산화물	50kg

참고 제5류 위험물 중 행정안전부령으로 정하는 것 : 질산구아니딘, 금속의 아지화합물

26. 니트로글리세린에 대한 설명으로 옳은 것은?

① 물에 매우 잘 녹는다.

② 공기 중에서 점화하면 연소하나 폭발의 위험이 없다.

③ 충격에 대하여 민감하여 폭발을 일으키기 쉽다.

정답 22. ② 23. ③ 24. ② 25. ④ 26. ③

2016

④ 제5류 위험물의 니트로화합물에 속한다.

해설 니트로글리세린[$C_3H_5(ONO_2)_3$]의 특징

㉮ 제5류 위험물 중 질산에스테르류에 해당되며 지정수량은 10kg이다.

㉯ 순수한 것은 상온에서 무색, 투명한 기름 모양의 액체이나 공업적으로 제조한 것은 담황색을 띠고 있다.

㉰ 상온에서 액체이지만 약 10℃에서 동결하므로 겨울에는 백색의 고체 상태이다.

㉱ 물에는 거의 녹지 않으나 벤젠, 알코올, 클로로포름, 아세톤에 녹는다.

㉲ 점화하면 적은 양은 타기만 하지만 많은 양은 폭굉에 이른다.

㉳ 규조토에 흡수시켜 다이너마이트를 제조할 때 사용된다.

㉴ 충격이나 마찰에 예민하여 액체 운반은 금지되어 있다.

27. 과산화나트륨에 대한 설명으로 틀린 것은?

① 알코올에 잘 녹아서 산소와 수소를 발생시킨다.

② 상온에서 물과 격렬하게 반응한다.

③ 비중이 약 2.8이다.

④ 조해성 물질이다.

해설 과산화나트륨(Na_2O_2)의 특징

㉮ 제1류 위험물 중 무기과산화물에 해당되며 지정수량은 50kg이다.

㉯ 순수한 것은 백색이지만 보통은 담황색을 띠고 있는 결정분말이다.

㉰ 공기 중에서 탄산가스를 흡수하여 탄산염이 된다.

㉱ 조해성이 있으며 물과 반응하여 많은 열과 함께 산소(O_2)와 수산화나트륨(NaOH)을 발생한다.

㉲ 가열하면 분해되어 산화나트륨(Na_2O)과 산소가 발생한다.

㉳ 강산화제로 용융물은 금, 니켈을 제외한 금속을 부식시킨다.

㉴ 알코올에는 녹지 않으나, 묽은 산과 반응하여 과산화수소(H_2O_2)를 생성시킨다.

㉯ 탄화칼슘(CaC_2), 마그네슘, 알루미늄 분말, 초산(CH_3COOH), 에테르($C_2H_5OC_2H_5$) 등과 혼합하면 발화하거나 폭발의 위험이 있다.

㉰ 비중 2.805, 융점 및 분해온도 460℃이다.

㉱ 주수 소화는 금물이고, 마른 모래(건조사)를 이용한다.

28. 다음 위험물 중 지정수량이 나머지 셋과 다른 하나는?

① 마그네슘   ② 금속분

③ 철분   ④ 유황

해설 제2류 위험물의 지정수량

품명	지정수량
마그네슘	500kg
금속분	500kg
철분	500kg
유황	100kg

29. 제4류 위험물의 일반적인 성질에 대한 설명 중 틀린 것은?

① 대부분 유기화합물이다.

② 액체 상태이다.

③ 대부분 물보다 가볍다.

④ 대부분 물에 녹기 쉽다.

해설 제4류 위험물의 공통적인(일반적인) 성질

㉮ 상온에서 액체이며, 대단히 인화되기 쉽다.

㉯ 물보다 가볍고, 대부분 물에 녹기 어렵다.

㉰ 증기는 공기보다 무겁다.

㉱ 착화온도가 낮은 것은 위험하다.

㉲ 증기와 공기가 약간 혼합되어 있어도 연소한다.

㉳ 전기의 불량도체라 정전기 발생의 가능성이 높고, 정전기에 의하여 인화할 수 있다.

㉴ 대부분 유기화합물에 해당된다.

30. 다음 물질 중 과염소산칼륨과 혼합 했을 때 발화폭발의 위험이 가장 높은 것은?

① 석면   ② 금   ③ 유리   ④ 목탄

해설 과염소산칼륨($KClO_4$)의 제1류 위험물로 자신은 불연성이지만 강력한 산화제이기 때문에 가연성 고체 위험물(인, 황, 마그네슘, 유기물) 및 목탄과 같은 가연물이 혼합되었을 때 가열, 충격, 마찰에 의해 발화, 폭발의 위험이 높아진다.

31. 피리딘의 일반적인 성질에 대한 설명 중 틀린 것은?

① 순수한 것은 무색 액체이다.
② 약알칼리성을 나타낸다.
③ 물보다 가볍고, 증기는 공기보다 무겁다.
④ 흡습성이 없고 비수용성이다.

해설 피리딘(C_5H_5N)의 특징
㉮ 제4류 위험물로 제1석유류에 해당되며 수용성물질이라 지정수량은 400L이다.
㉯ 순수한 것은 무색 액체이나 불순물 때문에 담황색을 나타낸다.
㉰ 강한 악취와 흡수성이 있고, 질산과 함께 가열해도 분해하지 않는다.
㉱ 산, 알칼리에 안정하고 물, 알코올, 에테르, 유류 등에 잘 녹으며 많은 유기물을 들을 녹인다.
㉲ 약 알칼리성을 나타내고 독성이 있으므로 취급할 때 증기를 흡입하지 않도록 주의한다.
㉳ 화기를 멀리하고 통풍이 잘 되는 냉암소에 보관한다.
㉴ 비중 0.973(증기비중 2.73), 비점 115.5℃, 발화점 482.2℃, 인화점 20℃, 연소범위 1.8~12.4%이다.

32. 메틸리튬과 물의 반응생성물로 옳은 것은?

① 메탄, 수소화리튬
② 메탄, 수산화리튬
③ 에탄, 수소화리튬
④ 에탄, 수산화리튬

해설 메틸리튬(CH_3Li)
㉮ 제3류 위험물 중 알킬리튬에 해당되며 지정수량 10kg이다.
㉯ 메틸리튬(CH_3Li)이 물(H_2O)과 반응하면 수산화리튬(LiOH)과 메탄(CH_4)이 발생한다.
㉰ 반응식 : $CH_3Li + H_2O \rightarrow LiOH + CH_4 \uparrow$

33. 위험물의 성질에 대한 설명 중 틀린 것은?

① 황린은 공기 중에서 산화할 수 있다.
② 적린은 $KClO_3$와 혼합하면 위험하다.
③ 황은 물에 매우 잘 녹는다.
④ 황화인은 가연성 고체이다.

해설 각 위험물의 성질
㉮ 황린(P_4)은 제3류 위험물로 공기 중에서 자연발화(산화)의 가능성이 있어 물속에 저장하고 있다.
㉯ 적린(P)은 제2류 위험물 가연성 고체(분말)로 염소산칼륨($KClO_3$)과 같은 염소산염류(제1류 위험물, 산화성 고체)와 혼합하면 자연발화할 수 있는 위험이 있다.
㉰ 황(유황)은 제2류 위험물로 이황화탄소(CS_2)에 잘 녹지만(단, 고무상 황은 물에 녹지 않음) 물에는 녹지 않는다.
㉱ 황화인(황화린)은 제2류 위험물 가연성 고체로 자연발화성이므로 산화제, 금속분, 과산화물과 격리하여 저장한다.

34. 다음 중 인화점이 가장 높은 것은?

① 등유
② 벤젠
③ 아세톤
④ 아세트알데히드

해설 제4류 위험물의 인화점

품명		인화점
등유	제2석유류	30~60℃
벤젠	제1석유류	-11.1℃
아세톤	제1석유류	-18℃
아세트알데히드	특수인화물	-39℃

35. 다음 위험물 중 물보다 가벼운 것은?

① 메틸에틸케톤　　② 니트로벤젠
③ 에틸렌글리콜　　④ 글리세린

해설 제4류 위험물의 액체 비중

품명		액체 비중
메틸에틸케톤 ($CH_3COC_2H_5$)	제1석유류	0.81
니트로벤젠 ($C_6H_5NO_2$)	제3석유류	1.2
에틸렌글리콜 [$C_2H_4(OH)_2$]	제3석유류	1.116
글리세린 [$C_3H_5(OH)_3$]	제3석유류	1.26

참고 액체 비중이 1보다 작은 것은 물보다 가벼운 것이고, 1보다 큰 것은 물보다 무거운 것이다.

36. 트리니트로톨루엔의 작용기에 해당하는 것은?

① $-NO$
② $-NO_2$
③ $-NO_3$
④ $-NO_4$

해설 트리니트로톨루엔[$C_6H_2CH_3(NO_2)_3$] : 제5류 위험물 중 니트로화합물에 해당된다. 톨루엔($C_6H_5CH_3$)의 수소 3개를 니트로기($-NO_2$)로 치환된 화합물로 3개의 이성질체가 있으며 일명 TNT라 불려진다.

37. 제5류 위험물로만 나열되지 않은 것은?

① 과산화벤조일, 질산메틸
② 과산화초산, 디니트로벤젠
③ 과산화요소, 니트로글리콜
④ 아세토니트릴, 트리니트로톨루엔

해설 각 위험물의 유별 및 품명

위험물 명칭	유별	품명
과산화벤조일	제5류	니트로화합물
질산메틸		질산에스테르류
과산화초산		유기과산화물
디니트로벤젠		니트로화합물
과산화요소		유기과산화물
니트로글리콜		질산에스테르류
아세토니트릴	제4류	제1석유류
트리니트로톨루엔	제5류	니트로화합물

참고 아세토니트릴은 제4류 위험물 중 제1석유류에 속하는 것으로 에테르와 같은 냄새가 나는 무색의 액체이다. 물, 알코올 등에 녹으며 가수분해하면 아세트아미드와 아세트산을 생성한다.

38. 제4류 위험물인 클로로벤젠의 지정수량으로 옳은 것은?

① 200L
② 400L
③ 1000L
④ 2000L

해설 클로로벤젠(C_6H_5Cl)의 특징
㉮ 제4류 위험물 중 제2석유류에 해당되며 지정수량은 1000L이다.
㉯ 석유와 비슷한 냄새를 가진 무색의 액체이다.
㉰ 물에는 녹지 않는 비수용성이지만 유기용제와는 잘 혼합된다.
㉱ 증기는 약한 독성과 마취성이 있다.
㉲ 액체 비중 1.1(증기비중 3.9), 비점 132.2℃, 인화점 32℃, 발화점 637.7℃, 연소범위 1.3~7.1%이다.

39. 알루미늄분의 성질에 대한 설명으로 옳은 것은?

① 금속 중에서 연소열량이 가장 작다.
② 끓는 물과 반응해서 수소를 발생한다.
③ 수산화나트륨 수용액과 반응해서 산소를 발생한다.
④ 안전한 저장을 위해 할로겐 원소와 혼합한다.

해설 알루미늄(Al)분의 특징
㉮ 제2류 위험물 중 금속분에 해당되며 지정수량은 500kg이다.
㉯ 산화제와 혼합 시 가열, 충격, 마찰에 의하여 착화한다.
㉰ 할로겐원소와 접촉하면 자연발화의 위험성이 있다.
㉱ 발화(연소)하면 많은 열이 발생한다.
㉲ 산, 알칼리, 물과 반응하여 가연성 가스인 수소(H_2)를 발생한다.

참고 물(뜨거운 물)과 반응하면 수소(H_2)와 수산화알루미늄[$Al(OH)_3$]이 발생한다.

$$2Al + 6H_2O \rightarrow 2Al(OH)_3 + 3H_2 \uparrow$$

40. 아조화합물 800kg, 히드록실아민 300kg, 유기과산화물 40kg의 총 양은 지정수량의 몇 배에 해당하는가?

① 7배   ② 9배   ③ 10배   ④ 11배

해설 ㉮ 제5류 위험물의 지정수량

품명	지정수량	위험물량
아조화합물	200kg	800kg
히드록실아민	100kg	300kg
유기과산화물	10kg	40kg

㉯ 지정수량 배수의 합 계산 : 지정수량 배수의 합은 각 위험물량을 지정수량으로 나눈 값의 합이다.

∴ 지정수량 배수의 합

$$= \frac{A 위험물량}{지정수량} + \frac{B 위험물량}{지정수량} + \frac{C 위험물량}{지정수량}$$

$$= \frac{800}{200} + \frac{300}{100} + \frac{40}{10} = 11 배$$

41. 위험물 안전관리법령상 위험물 제조소에 설치하는 배출설비에 대한 내용으로 틀린 것은?

① 배출설비는 예외적인 경우를 제외하고는 국소방식으로 하여야 한다.
② 배출설비는 강제배출 방식으로 한다.
③ 급기구는 낮은 장소에 설치하고 인화방지망을 설치한다.
④ 배출구는 지상 2m 이상 높이에 연소의 우려가 없는 곳에 설치한다.

해설 제조소의 배출설비 설치기준
[시행규칙 별표4]
㉮ 배출설비는 국소방식으로 하여야 한다. 다만, 다음의 경우 전역방식으로 할 수 있다.
㉠ 위험물 취급설비가 배관이음 등으로만 된 경우
㉡ 건축물의 구조·작업장소의 분포 등의 조건에 의하여 전역방식이 유효한 경우

㉯ 배출설비는 배풍기·배출덕트·후드 등을 이용하여 강제적으로 배출하는 것으로 하여야 한다.
㉰ 배출능력은 1시간당 배출장소 용적의 20배 이상인 것으로 하여야 한다. 다만, 전역방식의 경우에는 바닥면적 1m^2당 18m^3 이상으로 할 수 있다.
㉱ 배출설비의 급기구 및 배출구는 다음 기준에 의하여야 한다.
㉠ 급기구는 높은 곳에 설치하고, 가는 눈의 구리망 등으로 인화방지망을 설치할 것
㉡ 배출구는 지상 2m 이상으로서 연소의 우려가 없는 장소에 설치하고, 배출덕트가 관통하는 벽부분의 바로 가까이에 화재 시 자동으로 폐쇄되는 방화댐퍼를 설치할 것
㉲ 배풍기는 강제배기방식으로 하고, 옥내덕트의 내압이 대기압 이상이 되지 아니하는 위치에 설치하여야 한다.

42. 위험물 안전관리법령상 주유취급소 중 건축물의 2층을 휴게음식점의 용도로 사용하는 것에 있어 해당 건축물의 2층으로부터 직접 주유취급소의 부지 밖으로 통하는 출입구와 해당 출입구로 통하는 통로, 계단에 설치하여야 하는 것은?

① 비상경보설비   ② 유도등
③ 비상조명등   ④ 확성장치

해설 피난설비 설치기준 [시행규칙 별표17]
㉮ 주유취급소 중 건축물의 2층 이상의 부분을 점포·휴게음식점 또는 전시장의 용도로 사용하는 것에 있어서는 당해 건축물의 2층 이상으로부터 주유취급소의 부지 밖으로 통하는 출입구와 당해 출입구로 통하는 통로·계단 및 출입구에 유도등을 설치하여야 한다.
㉯ 옥내주유취급소에 있어서는 당해 사무소 등의 출입구 및 피난구와 당해 피난구로 통하는 통로·계단 및 출입구에 유도등을 설치하여야 한다.
㉰ 유도등에는 비상전원을 설치하여야 한다.

2016

43. 아염소산나트륨의 저장 및 취급 시 주의사항으로 가장 거리가 먼 것은?

① 물속에 넣어 냉암소에 저장한다.
② 강산류와의 접촉을 피한다.
③ 취급 시 충격, 마찰을 피한다.
④ 가연성 물질과 접촉을 피한다.

해설 아염소산나트륨의 저장 및 취급 시 주의사항
㉮ 비교적 안정하나 유기물, 금속분 등 환원성 물질과 격리시킨다.
㉯ 건조한 냉암소에 저장한다.
㉰ 강산류, 분해를 촉진하는 물품과의 접촉을 피한다.
㉱ 습기에 주의하여 밀봉, 밀전한다.

44. 인화점이 21℃ 미만인 액체 위험물의 옥외저장탱크 주입구에 설치하는 "옥외저장탱크 주입구" 라고 표시한 게시판의 바탕 및 문자색을 옳게 나타낸 것은?

① 백색바탕 – 적색문자
② 적색바탕 – 백색문자
③ 백색바탕 – 흑색문자
④ 흑색바탕 – 백색문자

해설 액체 위험물 옥외저장탱크 주입구 기준 [시행규칙 별표6]
㉮ 화재예방 상 지장이 없는 장소에 설치할 것
㉯ 주입호스 또는 주입관과 결합할 수 있고, 결합하였을 때 새지 않을 것
㉰ 주입구에는 밸브 또는 뚜껑을 설치할 것
㉱ 주입구 부근에 정전기를 유효하게 제거하기 위한 접지전극을 설치할 것
㉲ 인화점이 21℃ 미만인 위험물의 경우 게시판을 설치할 것
  ㉠ 게시판은 한 변이 0.3m 이상, 다른 한 변이 0.6m 이상인 직사각형으로 할 것
  ㉡ "옥외저장탱크 주입구"라고 표시 외에 주의사항을 표시
  ㉢ 백색바탕에 흑색문자로 할 것(단, 주의사항은 적색문자)

㉳ 주입구 주위에는 방유턱 및 집유설비 등의 장치를 설치할 것

45. 위험물의 운반에 관한 기준에서 다음 (   )에 알맞은 온도는 몇 ℃ 인가?

> 적재하는 제5류 위험물 중 (   )℃ 이하의 온도에서 분해될 우려가 있는 것은 보랭 컨테이너에 수납하는 등 적정한 온도관리를 유지하여야 한다.

① 40   ② 50   ③ 55   ④ 60

해설 적재하는 위험물의 성질에 따른 조치 [시행규칙 별표19] : 제5류 위험물 중 55℃ 이하의 온도에서 분해될 우려가 있는 것은 보랭 컨테이너에 수납하는 등 적정한 온도관리를 할 것

46. 위험물 안전관리법령상 배출설비를 설치하여야 하는 옥내저장소의 기준에 해당하는 것은?

① 가연성 증기가 액화할 우려가 있는 장소
② 모든 장소의 옥내저장소
③ 가연성 미분이 체류할 우려가 있는 장소
④ 인화점이 70℃ 미만인 위험물의 옥내저장소

해설 옥내저장소 배출설비 기준 [시행규칙 별표5] : 인화점이 70℃ 미만인 위험물의 저장창고(옥내저장소)에 있어서는 내부에 체류한 가연성의 증기를 지붕 위로 배출하는 설비를 갖추어야 한다.

47. 위험물 안전관리법령상 연면적이 450m² 인 저장소의 건축물 외벽이 내화구조가 아닌 경우 이 저장소의 소화기 소요단위는?

① 3   ② 4.5   ③ 6   ④ 9

해설 저장소 건축물의 소요단위 계산방법 [시행규칙 별표17]
㉮ 외벽이 내화구조인 것 : 연면적 150m²를 1소요단위로 할 것

㉯ 외벽이 내화구조가 아닌 것 : 연면적 75m²를
1소요단위로 할 것

㉰ 소요단위 계산 : 외벽이 내화구조가 아니므로
연면적 75m²가 1소요단위에 해당된다.

$$\therefore \text{소요단위} = \frac{\text{건축물 연면적}}{\text{1소요단위 면적}}$$

$$= \frac{450}{75} = 6 \text{단위}$$

48. 위험물 안전관리법령상 위험물 안전관리자의 책무에 해당하지 않는 것은?

① 화재 등의 재난이 발생한 경우 소방관서 등에 대한 연락업무
② 화재 등의 재난이 발생한 경우 응급조치
③ 위험물의 취급에 관한 일지의 작성, 기록
④ 위험물 안전관리자의 선임, 신고

해설 위험물 안전관리자의 책무 [시행규칙 제55조]

㉮ 위험물의 취급 작업에 참여하여 작업이 규정에 적합하도록 해당 작업자에 대하여 지시 및 감독하는 업무

㉯ 화재 등의 재난이 발생한 경우 응급조치 및 소방관서 등에 대한 연락업무

㉰ 위험물시설의 안전을 담당하는 자를 따로 두는 제조소등의 경우에는 그 담당자에게 다음 규정에 의한 업무의 지시, 그 밖의 제조소등의 경우에는 다음의 업무

㉠ 제조소등의 위치·구조 및 설비를 기술기준에 적합하도록 유지하기 위한 점검과 점검 상황의 기록·보존

㉡ 제조소등의 구조 또는 설비의 이상을 발견한 경우 관계자에 대한 연락 및 응급조치

㉢ 화재가 발생하거나 화재발생의 위험성이 현저한 경우 소방관서 등에 대한 연락 및 응급조치

㉣ 제조소등의 계측장치·제어장치 및 안전장치 등의 적정한 유지·관리

㉤ 제조소등의 설계도서 정비·보존 및 구조 및 설비의 안전에 관한 사무의 처리

㉱ 화재 등의 재해의 방지와 응급조치에 관하여 인접하는 제조소등과 그 밖의 관련되는 시설의 관계자와 협조체제의 유지

㉲ 위험물의 취급에 관한 일지의 작성·기록

㉳ 그 밖에 위험물을 수납한 용기를 차량에 적재하는 작업, 위험물설비를 보수하는 작업 등 위험물의 취급과 관련된 작업의 안전에 관하여 필요한 감독의 수행

참고 위험물 안전관리자의 선임 및 신고는 관계인이 하여야 하는 사항이다.

49. 위험물 안전관리법령상 옥내소화전설비의 기준에 따르면 펌프를 이용한 가압송수장치에서 펌프의 토출량은 옥내 소화전의 설치개수가 가장 많은 층에 대해 해당 설치개수(5개 이상인 경우에는 5개)에 얼마를 곱한 양 이상이 되도록 하여야 하는가?

① 260L/min ② 360L/min
③ 460L/min ④ 560L/min

해설 옥내소화전설비 설치기준 [시행규칙 별표 17] : 옥내소화전설비는 각층을 기준으로 당해 층의 모든 옥내소화전(설치개수가 5개 이상인 경우는 5개)을 동시에 사용할 경우에 각 노즐선단의 방수압력이 350kPa(0.35MPa) 이상이고 방수량이 1분당 260L 이상의 성능이 되도록 할 것

50. 위험물 안전관리법령상 주유취급소에 설치, 운영할 수 없는 건축물 또는 시설은?

① 주유 취급소를 출입하는 사람을 대상으로 하는 그림 전시장
② 주유 취급소를 출입하는 사람을 대상으로 하는 일반음식점
③ 주유원 주거 시설
④ 주유 취급소를 출입하는 사람을 대상으로 하는 휴게음식점

해설 주유취급소에 허용되는 건축물 또는 시설 [시행규칙 별표13]

㉮ 주유 또는 등유·경유를 옮겨 담기 위한 작업장
㉯ 주유취급소의 업무를 행하기 위한 사무소
㉰ 자동차 등의 점검 및 간이정비를 위한 작업장

㉣ 자동차 등의 세정을 위한 작업장
㉤ 주유취급소에 출입하는 사람을 대상으로 한 점포·휴게음식점 또는 전시장
㉥ 주유취급소의 관계자가 거주하는 주거시설
㉦ 전기자동차용 충전설비
㉧ 그 밖의 소방청장이 정하여 고시하는 건축물 또는 시설

참고 휴게음식점은 설치가 가능하지만 <u>일반음식점</u>은 설치할 수 없는 시설이다.

51. 제2류 위험물 중 인화성 고체의 제조소에 설치하는 주의사항 게시판에 표시할 내용을 옳게 나타낸 것은?

① 적색바탕에 백색문자로 "화기엄금" 표시
② 적색바탕에 백색문자로 "화기주의" 표시
③ 백색바탕에 적색문자로 "화기엄금" 표시
④ 백색바탕에 적색문자로 "화기주의" 표시

해설 제조소의 주의사항 게시판 [시행규칙 별표4]

위험물의 종류	내용	색상
• 제1류 위험물 중 알칼리금속의 과산화물 • 제3류 위험물 중 금수성물질	"물기엄금"	청색바탕에 백색문자
• 제2류 위험물(인화성 고체 제외)	"화기주의"	적색바탕에 백색문자
• <u>제2류 위험물 중 인화성 고체</u> • 제3류 위험물 중 자연발화성물질 • 제4류 위험물 • 제5류 위험물	<u>"화기엄금"</u>	

52. 위험물 안전관리법령상 옥내탱크저장소의 기준에서 옥내저장탱크 상호간에는 몇 m 이상의 간격을 유지하여야 하는가?

① 0.3 ② 0.5 ③ 0.7 ④ 1.0

해설 옥내탱크 저장소 기준 [시행규칙 별표7]
㉮ 옥내저장탱크는 단층 건축물에 설치된 탱크

전용실에 설치할 것
㉯ 옥내저장탱크와 탱크전용실의 벽과의 사이 및 <u>옥내저장탱크 상호간</u>에는 <u>0.5m 이상</u>의 간격을 유지할 것. 다만, 탱크의 점검 및 보수에 지장이 없는 경우에는 그러하지 아니하다.
㉰ 옥내저장탱크의 용량은 지정수량의 40배 이하일 것(제4석유류 및 동식물유류 외의 제4류 위험물에 있어서 당해 수량이 2만 L를 초과할 때에는 2만 L 이하일 것)

53. 위험물 안전관리법령상 소화전용 물통 8L의 능력단위는?

① 0.3 ② 0.5 ③ 1.0 ④ 1.5

해설 소화설비의 능력단위 [시행규칙 별표17]

소화설비 종류	용량	능력단위
소화전용 물통	8L	0.3
수조 (소화전용 물통 3개 포함)	80L	1.5
수조 (소화전용 물통 6개 포함)	190L	2.5
마른모래(삽 1개 포함)	50L	0.5
팽창질석 또는 팽창진주암(삽 1개 포함)	160L	1.0

54. 위험물 안전관리법령상 제4류 위험물의 품명에 따른 위험등급과 옥내저장소 하나의 저장창고 바닥면적 기준을 옳게 나열한 것은? (단, 전용의 독립된 단층건물에 설치하며, 구획된 실이 없는 하나의 저장창고인 경우에 한한다.)

① 제1석유류 : 위험등급 Ⅰ 최대 바닥면적 1000m²
② 제2석유류 : 위험등급 Ⅰ 최대 바닥면적 2000m²
③ 제3석유류 : 위험등급 Ⅱ 최대 바닥면적 2000m²
④ 알코올류 : 위험등급 Ⅱ 최대 바닥면적 1000m²

해설 ㉮ 옥내저장소에서 하나의 저장창고 바닥면적을 <u>1000m²</u> 이하로 하는 위험물[시행규칙 별표5

    ㉠ 제1류 위험물 중 아염소산염류, 염소산염류, 과염소산염류, 무기과산화물 그 밖에 지정수량이 50kg인 위험물

    ㉡ 제3류 위험물 중 칼륨, 나트륨, 알킬알루미늄, 알킬리튬 그 밖에 지정수량이 10kg인 위험물 및 황린

    ㉢ 제4류 위험물 중 특수인화물, 제1석유류 및 <u>알코올류</u>

    ㉣ 제5류 위험물 중 유기과산화물, 질산에스테르류 그 밖에 지정수량이 10kg인 위험물

    ㉤ 제6류 위험물

 ㉯ 제4류 위험물의 위험등급 분류

    ㉠ 위험등급 Ⅰ : 특수인화물

    ㉡ 위험등급 Ⅱ : 제1석유류, <u>알코올류</u>

    ㉢ 위험등급 Ⅲ : ㉠, ㉡에 정하지 아니한 것

55. 위험물 옥외저장탱크의 통기관에 관한 사항으로 옳지 않은 것은?

 ① 밸브 없는 통기관의 지름은 30mm 이상으로 한다.

 ② 대기밸브부착 통기관은 항시 열려 있어야 한다.

 ③ 밸브 없는 통기관의 선단은 수평면보다 45도 이상 구부려 빗물 등의 침투를 막는 구조로 한다.

 ④ 대기밸브부착 통기관은 5kPa 이하의 압력차이로 작동할 수 있어야 한다.

해설 옥외탱크저장소의 통기관 기준 [시행규칙 별표6]

 ㉮ 밸브 없는 통기관

    ㉠ 지름은 30mm 이상일 것

    ㉡ 선단은 수평면보다 45° 이상 구부려 빗물 등의 침투를 막는 구조로 할 것

    ㉢ 가는 눈의 구리망 등으로 인화방지장치를 할 것. 다만, 인화점 70℃ 이상의 위험물만을 인화점 미만의 온도로 저장 또는 취급하는 탱크의 통기관은 그러하지 않다.

    ㉣ 가연성의 증기를 회수하기 위한 밸브를 통기관에 설치하는 경우

     • 저장탱크에 위험물을 주입하는 경우를 제외하고는 항상 개방되어 있는 구조로 할 것

     • 폐쇄하였을 경우에는 10kPa 이하의 압력에서 개방되는 구조로 할 것(유효 단면적은 777.15mm² 이상이어야 한다)

 ㉯ 대기밸브 부착 통기관

    ㉠ 5kPa 이하의 압력차이로 작동할 수 있을 것

    ㉡ 인화방지장치를 할 것

참고 대기밸브 부착 통기관은 밸브가 부착되어 있는 통기관으로 <u>평상시에는 닫혀</u> 있다가 압력차이가 발생하면 5kPa 이하에서 밸브가 개방되는 통기관이다.

56. 위험물 안전관리법령상 지정수량의 $\frac{1}{10}$을 초과하는 위험물을 운반할 때 혼재할 수 없는 경우는?

 ① 제1류 위험물과 제6류 위험물

 ② 제2류 위험물과 제4류 위험물

 ③ 제4류 위험물과 제5류 위험물

 ④ 제5류 위험물과 제3류 위험물

해설 ㉮ 위험물 운반할 때 혼재 기준 [시행규칙 별표19, 부표2]

구분	제1류	제2류	제3류	제4류	제5류	제6류
제1류		×	×	×	×	○
제2류	×		×	○	○	×
제3류	×	×		○	×	×
제4류	×	○	○		○	×
제5류	×	○	×	○		×
제6류	○	×	×	×	×	

○ : 혼합 가능, × : 혼합 불가능

 ㉯ 이 표는 지정수량의 $\frac{1}{10}$ 이하의 위험물에 대하여는 적용하지 않는다.

57. 이동저장탱크에 알킬알루미늄을 저장하는 경우에 불활성 기체를 봉입하는데 이때의 압력은 몇 kPa 이하이어야 하는가?

① 10　　② 20　　③ 30　　④ 40

해설 알킬알루미늄등, 아세트알데히드등 및 디에틸에테르등의 저장기준 [시행규칙 별표18]

㉮ 옥외저장탱크 또는 옥내저장탱크 중 압력탱크에 있어서는 알킬알루미늄등의 취출에 의하여 압력이 상용압력 이하로 저하하지 아니하도록 하고, 압력탱크 외의 탱크에 있어서는 알킬알루미늄등의 취출이나 온도의 저하의 의한 공기의 혼입을 방지할 수 있도록 불활성의 기체를 봉입할 것

㉯ 옥외저장탱크·옥내저장탱크 또는 이동저장탱크에 새롭게 알킬알루미늄등을 주입하는 때에는 미리 당해 탱크 안의 공기를 불활성기체와 치환하여 둘 것

㉰ 이동저장탱크에 <u>알킬알루미늄등</u>을 저장하는 경우에는 <u>20kPa</u> 이하의 압력으로 불활성 기체를 봉입하여 둘 것

58. 위험물 옥외저장소에서 지정수량 200배 초과의 위험물을 저장할 경우 경계표시 주위의 보유공지 너비는 몇 m 이상으로 하여야 하는가? (단, 제4류 위험물과 제6류 위험물이 아닌 경우이다.)

① 0.5　　② 2.5　　③ 10　　④ 15

해설 위험물 옥외저장소 보유공지 기준 [시행규칙 별표11]

저장 또는 취급하는 위험물의 최대수량	공지의 너비
지정수량의 10배 이하	3m 이상
지정수량의 10배 초과 20배 이하	5m 이상
지정수량의 20배 초과 50배 이하	9m 이상
지정수량의 50배 초과 200배 이하	12m 이상
지정수량의 200배 초과	15m 이상

참고 제4류 위험물 중 제4석유류와 제6류 위험물을 저장 또는 취급하는 옥외저장소는 보유공지 너비의 $\frac{1}{3}$ 이상의 너비로 할 수 있다.

59. 위험물 안전관리법령상 옥외저장소 중 덩어리 상태의 유황만을 지반면에 설치한 경계표시의 안쪽에서 저장 또는 취급할 때 경계표시의 높이는 몇 m 이하로 하여야 하는가?

① 1　　② 1.5　　③ 2　　④ 2.5

해설 덩어리 상태의 유황만을 저장하는 옥외저장소 기준 [시행규칙 별표11]

㉮ 하나의 경계표시의 내부의 면적은 $100m^2$ 이하일 것

㉯ 2 이상의 경계표시를 설치하는 경우에는 각각의 내부 면적을 합산한 면적은 $1000m^2$ 이하로 하고, 인접하는 경계표시와의 간격을 보유공지 너비의 $\frac{1}{2}$ 이상으로 할 것. 다만, 저장 또는 취급하는 위험물의 최대수량이 지정수량의 200배 이상인 경우에는 경계표시와의 간격을 10m 이상으로 하여야 한다.

㉰ 경계표시는 불연재료로 만드는 동시에 유황이 새지 아니하는 구조로 할 것

㉱ <u>경계표시의 높이는 1.5m 이하로 할 것</u>

㉲ 경계표시에는 유황이 넘치거나 비산하는 것을 방지하기 위한 천막 등을 고정하는 장치를 설치하되, 천막 등을 고정하는 장치는 경계표시의 길이 2m 마다 한 개 이상 설치할 것

㉳ 유황을 저장 또는 취급하는 장소의 주위에는 배수구와 분리장치를 설치할 것

60. 다음 그림과 같은 위험물 저장탱크의 내용적은 약 몇 m^3 인가?

① 4681
② 5482
③ 6283
④ 7080

해설 $V = \pi \times r^2 \times \left(l + \dfrac{l_1 + l_2}{3} \right)$

$\quad = \pi \times 10^2 \times \left(18 + \dfrac{3+3}{3} \right) = 6283.185\,m^3$

> **일러두기** : 2016년 제5회부터 CBT 방식으로 시행되어 문제가 공개되지 않습니다.

부록

위험물기능사

CBT 모의고사

- 제1회 CBT 모의고사
- 제2회 CBT 모의고사
- 제3회 CBT 모의고사
- 제4회 CBT 모의고사
- CBT 모의고사 정답 및 해설

일러두기 : [CBT 모의고사 정답 및 해설]은 저자가 운영하는 카페에
서 PDF로 다운로드하여 활용할 수 있습니다.

저자 카페 : cafe.naver.com/gas21

제1회 CBT 모의고사

1. 다음 중 연소의 3요소를 모두 갖춘 것은?

① 휘발유, 공기, 산소
② 적린, 수소, 성냥불
③ 성냥불, 황, 산소
④ 알코올, 수소, 산소

2. 제3종 분말 소화약제의 주성분에 해당하는 것은?

① 탄산수소칼륨
② 인산암모늄
③ 탄산수소나트륨
④ 탄산수소칼륨과 요소의 반응생성물

3. 다음 중 분자량이 가장 큰 위험물은?

① 과염소산
② 과산화수소
③ 질산
④ 히드라진

4. 물이 소화약제로 이용되는 주된 이유로 가장 적합한 것은?

① 물의 기화열로 가연물을 냉각하기 때문이다.
② 물이 산소를 공급하기 때문이다.
③ 물은 환원성이 있기 때문이다.
④ 물이 가연물을 제거하기 때문이다.

5. Halon 1211에 해당하는 물질의 분자식으로 옳은 것은?

① CBr_2FCl　　② CF_2ClBr
③ CCl_2FBr　　④ FC_2BrCl

6. 다음 중 발화점이 가장 낮은 물질은?

① 메틸알코올　　② 등유
③ 아세트산　　④ 아세톤

7. 다음 중 화재 시 사용하면 독성의 $COCl_2$ 가스를 발생시킬 위험이 가장 높은 소화약제는?

① 액화이산화탄소
② 제1종 분말
③ 사염화탄소
④ 공기포

8. 화재예방 시 자연발화를 방지하기 위한 일반적인 방법으로 옳지 않은 것은?

① 통풍을 막는다.
② 저장실의 온도를 낮춘다.
③ 습도가 높은 장소를 피한다.
④ 열의 축적을 막는다.

9. 유기과산화물에 대한 설명으로 옳은 것은?

① 제1류 위험물이다.
② 화재발생 시 질식소화가 가장 효과적이다.
③ 산화제 또는 환원제와 같이 보관하여 화재에 대비한다.
④ 지정수량은 약 10kg이다.

10. 다음 반응식과 같이 벤젠 1kg이 연소할 때 발생되는 CO_2의 양은 약 몇 m^3인가? (단, 27℃, 750mmHg 기준이다.)

$$C_6H_6 + 7.5O_2 \rightarrow 6CO_2 + 3H_2O$$

① 0.72　　② 1.22
③ 1.92　　④ 2.42

11. 소화기에 "A-2"로 표시되어 있었다면 숫자 "2"가 의미하는 것은 무엇인가?

① 소화기의 제조번호
② 소화기의 소요단위
③ 소화기의 능력단위
④ 소화기의 사용순위

12. 분말소화설비의 약제 방출 후 클리닝 장치로 배관 내를 청소하지 않을 때 발생하는 주된 문제점은?

① 배관 내에서 약제가 굳어져 차후에 사용 시 약제 방출에 장애를 초래한다.
② 배관 내 남아있는 약제를 재사용할 수 없다.
③ 가압용 가스가 외부로 누출된다.
④ 선택밸브의 작동이 불능이 된다.

13. 화재가 발생한 후 실내온도는 급격히 상승하고 축적된 가연성 가스가 착화하면 실내 전체가 화염에 휩싸이는 화재현상은?

① 보일 오버   ② 슬롭 오버
③ 플래시 오버   ④ 파이어 볼

14. 위험물에 대한 유별 구분이 잘못된 것은?

① 브롬산염류 - 제1류 위험물
② 유황 - 제2류 위험물
③ 금속의 인화물 - 제3류 위험물
④ 무기과산화물 - 제5류 위험물

15. 마그네슘에 대한 설명으로 옳은 것은?

① 수소와 반응성이 매우 높아 접촉하면 폭발한다.
② 브롬과 혼합하여 보관하면 안전하다.
③ 화재 시 CO_2 소화약제의 사용이 가장 효과적이다.
④ 무기과산화물과 혼합한 것은 마찰에 의해 발화할 수 있다.

16. 일반적인 제5류 위험물 취급 시 주의사항으로 가장 거리가 먼 것은?

① 화기의 접근을 피한다.
② 물과 격리하여 저장한다.
③ 마찰과 충격을 피한다.
④ 통풍이 잘 되는 냉암소에 저장한다.

17. 니트로셀룰로오스에 대한 설명 중 틀린 것은?

① 약 130℃에서 서서히 분해된다.
② 셀룰로오스를 진한 질산과 진한 황산의 혼산으로 반응시켜 제조한다.
③ 수분과의 접촉을 피하기 위해 석유 속에 저장한다.
④ 발화점은 약 160~170℃이다.

18. 다음 중 위험물 안전관리법령에서 정한 지정수량이 50kg이 아닌 것은?

① 염소산나트륨
② 금속리튬
③ 과산화나트륨
④ 디에틸에테르

19. 위험물 안전관리법령상 제6류 위험물에 해당하지 않는 것은?

① 염산   ② 질산
③ 과염소산   ④ 과산화수소

20. 위험물 제조소에서 다음과 같이 위험물을 취급하고 있는 경우 각각의 지정수량 배수의 총합은 얼마인가?

- 브롬산나트륨 300kg
- 과산화나트륨 150kg
- 중크롬산나트륨 500kg

① 3.5   ② 4.0   ③ 4.5   ④ 5.0

21. 제1류 위험물의 일반적인 공통성질에 대한 설명 중 틀린 것은?

① 대부분 유기물이며 무기물도 포함되어 있다.
② 산화성 고체이다.
③ 가연물과 혼합하면 연소 또는 폭발의 위험이 크다.
④ 가열, 충격, 마찰 등에 의해 분해될 수 있다.

22. 오황화인이 물과 반응하여 발생하는 유독한 가스는?

① 황화수소   ② 이산화황
③ 이산화탄소   ④ 이산화질소

23. 다음 중 물에 녹지 않는 인화성 액체는?

① 벤젠   ② 아세톤
③ 메틸알코올   ④ 아세트알데히드

24. 휘발유의 일반적인 성상에 대한 설명으로 틀린 것은?

① 물에 녹지 않는다.
② 전기전도성이 뛰어나다.
③ 물보다 가볍다.
④ 주성분은 알칸 또는 알켄계 탄화수소이다.

25. 지정수량이 50kg이 아닌 것은?

① 염소산나트륨   ② 리튬
③ 과산화나트륨   ④ 디에틸에테르

26. 시약(고체)의 명칭이 불분명한 시약병의 내용물을 확인하려고 뚜껑을 열어 시계접시에 소량을 담아놓고 공기 중에서 햇빛을 받는 곳에 방치하던 중 시계접시에서 갑자기 연소현상이 일어났다. 다음 물질 중 이 시약의 명칭으로 예상할 수 있는 것은?

① 황   ② 황린
③ 적린   ④ 질산암모늄

27. 제3류 위험물의 위험성에 대한 설명으로 틀린 것은?

① 칼륨은 피부에 접촉하면 화상을 입을 위험이 있다.
② 수소화나트륨은 물과 반응하여 수소를 발생한다.
③ 트리에틸알루미늄은 자연발화 하므로 물 속에 넣어 밀봉 저장한다.
④ 황린은 독성 물질이고, 증기는 공기보다 무겁다.

28. 금속칼륨의 보호액으로 가장 적절한 것은?

① 물   ② 아세트산
③ 등유   ④ 에틸알코올

29. 2몰의 브롬산칼륨이 모두 열분해되어 생긴 산소의 양은 2기압 27℃에서 약 몇 L인가?

① 32.42   ② 36.92
③ 41.34   ④ 45.64

30. 다음 각 위험물의 지정수량의 총합은 몇 kg인가?

알킬리튬, 리튬, 수소화나트륨, 인화칼슘, 탄화칼슘

① 820   ② 900   ③ 960   ④ 1260

31. 탄화칼슘을 대량으로 저장하는 용기에 봉입하는 가스로 가장 적절한 것은?

① 포스겐   ② 인화수소
③ 질소가스   ④ 아황산가스

32. 아세트산의 일반적 성질에 대한 설명 중 틀린 것은?

① 무색, 투명한 액체이다.
② 수용성이다.
③ 증기비중은 등유보다 크다.
④ 겨울철에 고화될 수 있다.

33. 위험물 안전관리법령에서 정한 정의이다. 무엇의 정의인가?

> 인화성 또는 발화성 등의 성질을 가지는 것으로서 대통령령이 정하는 물품을 말한다.

① 위험물   ② 가연물
③ 특수인화물   ④ 제4류 위험물

34. 다음 중 제5류 위험물이 아닌 것은?

① 질산에틸   ② 니트로글리세린
③ 니트로벤젠   ④ 니트로글리콜

35. 아세트알데히드의 저장 및 취급 시 주의사항으로 틀린 것은?

① 강산화제와의 접촉을 피한다.
② 취급설비에는 구리합금을 피한다.
③ 수용성이기 때문에 화재 시 물로 희석소화가 가능하다.
④ 옥외저장탱크에 저장 시 조연성가스를 주입한다.

36. 다음 중 주수소화를 하면 위험성이 증가하는 것은?

① 과산화칼륨   ② 과망간산칼륨
③ 과염소산칼륨   ④ 브롬산칼륨

37. TNT가 폭발했을 때 발생하는 유독기체는?

① N_2 ② CO_2 ③ H_2 ④ CO

38. 스프링클러설비의 장점이 아닌 것은?

① 화재의 조기 진압에 효율적이다.
② 사용약제를 쉽게 구분할 수 있다.
③ 자동으로 화재를 감지하고 소화할 수 있다.
④ 다른 소화설비보다 구조가 간단하고 시설비가 적다.

39. 지정수량의 얼마 이하의 위험물에 대하여는 위험물 안전관리법령에서 정한 유별을 달리하는 위험물의 혼재기준을 적용하지 아니하여도 되는가?

① $\dfrac{1}{2}$ ② $\dfrac{1}{3}$
③ $\dfrac{1}{5}$ ④ $\dfrac{1}{10}$

40. 위험물 제조소 등에 옥내소화전설비를 설치할 때 옥내소화전이 가장 많이 설치된 층의 소화전의 개수가 4개일 때 확보하여야 할 수원의 수량은?

① $10.4m^3$ ② $20.8m^3$
③ $31.2m^3$ ④ $41.6m^3$

41. 위험물의 운반에 관한 기준에 따라 액체위험물은 운반용기 내용적의 (　　) 이하의 수납률로 수납하되 (　　)의 온도에서 누설되지 않도록 충분한 공간용적을 두어야 한다. (　　) 안에 적합한 것은?

① 98%, 40℃   ② 98%, 55℃
③ 95%, 40℃   ④ 95%, 55℃

42. 다음 중 위험물의 유별 구분이 나머지 셋과 다른 하나는?

① 황린   ② 부틸리튬
③ 칼슘   ④ 유황

43. 질산이 직사일광에 노출될 때 어떻게 되는가?

① 분해되지는 않으나 붉은색으로 변한다.
② 분해되지는 않으나 녹색으로 변한다.
③ 분해되어 질소를 발생한다.
④ 분해되어 이산화질소를 발생한다.

44. 대형수동식소화기의 설치기준은 방호대상물의 각 부분으로부터 하나의 대형수동식소화기까지의 보행거리가 몇 m 이하가 되도록 설치하여야 하는가?

① 10m　　　　② 20m
③ 30m　　　　④ 40m

45. 8L 용량의 소화전용 물통의 능력단위는?

① 0.3　　　　② 0.5
③ 1.0　　　　④ 1.5

46. 피난설비를 설치하여야 하는 위험물제조소 등에 해당하는 것은?

① 건축물의 2층 부분을 자동차정비소로 사용하는 주유취급소
② 건축물의 2층 부분을 전시장으로 사용하는 주유취급소
③ 건축물의 2층 부분을 주유사무소로 사용하는 주유취급소
④ 건축물의 2층 부분을 관계자의 주거시설로 사용하는 주유취급소

47. 위험물 안전관리법령에서 정하는 위험등급 Ⅰ에 속하지 않는 것은?

① 제6류 위험물
② 제5류 위험물 중 니트로화합물
③ 제4류 위험물 중 특수인화물
④ 제3류 위험물 중 나트륨

48. 위험물 안전관리법령에 따른 소화설비의 적응성에 관한 내용 중 (　) 안에 적합한 내용은?

> 제6류 위험물을 저장 또는 취급하는 장소로서 폭발의 위험이 없는 장소에 한하여 (　)가[이] 제6류 위험물에 대하여 적응성이 있다.

① 할로겐화합물 소화기
② 분말소화기 - 탄산수소염류 소화기
③ 분말소화기 - 그 밖의 것
④ 이산화탄소 소화기

49. 위험물은 지정수량의 몇 배를 1소용 단위로 하는가?

① 1　　② 10　　③ 50　　④ 100

50. 제3류 위험물 중 금수성 물질을 제외한 위험물에 적응성이 있는 소화설비가 아닌 것은?

① 분말 소화설비　　② 스프링클러설비
③ 팽창질석　　　　④ 포 소화설비

51. 높이 15m, 지름 20m인 옥외저장탱크에 보유공지의 단축을 위해서 물분무설비로 방호조치를 하는 경우 수원의 양은 약 몇 L 이상으로 하여야 하는가?

① 46496　　　　② 58090
③ 70259　　　　④ 95880

52. 물분무 소화설비의 방사구역은 몇 m² 이상이어야 하는가? (단, 방호대상물의 표면적은 300m²이다.)

① 100　　　　② 150
③ 300　　　　④ 450

53. 운송책임자의 감독, 지원을 받아 운송하여야 하는 위험물은?

① 알킬알루미늄　　② 금속나트륨
③ 메틸에틸케톤　　④ 트리니트로톨루엔

54. 위험물 제조소의 환기설비 중 급기구는 급기구가 설치된 실의 바닥면적 몇 m² 마다 1개 이상으로 설치하여야 하는가?

① 100　② 150　③ 200　④ 800

55. 위험물 안전관리법령에서 정한 아세트알데히드등을 취급하는 제조소의 특례에 따라 다음 (   )에 해당하지 않는 것은?

> "아세트알데히드등을 취급하는 설비는 (   )·(   )·동·(   ) 또는 이들을 성분으로 하는 합금으로 만들지 아니할 것"

① 금   ② 은
③ 수은   ④ 마그네슘

56. 위험물 안전관리법령상 배출설비를 설치하여야 하는 옥내저장소의 기준에 해당하는 것은?

① 가연성 증기가 액화할 우려가 있는 장소
② 모든 장소의 옥내저장소
③ 가연성 미분이 체류할 우려가 있는 장소
④ 인화점이 70℃ 미만인 위험물의 옥내저장소

57. 다음은 위험물 안전관리법령에 따른 이동 저장탱크의 구조에 관한 기준이다. (   ) 안에 알맞은 수치는?

> 이동 저장탱크는 그 내부에 (ⓐ)L 이하마다 (ⓑ)mm 이상의 강철판 또는 이와 동등 이상의 강도, 내열성 및 내식성이 있는 금속성의 것으로 칸막이를 설치하여야 한다. 다만, 고체인 위험물을 저장하거나 고체인 위험물을 가열하여 액체 상태로 저장하는 경우에는 그러하지 아니하다.

① ⓐ 2000, ⓑ 1.6
② ⓐ 2000, ⓑ 3.2
③ ⓐ 4000, ⓑ 1.6
④ ⓐ 4000, ⓑ 3.2

58. 제3류 위험물을 취급하는 제조소는 300명 이상을 수용할 수 있는 극장으로부터 몇 m 이상의 안전거리를 유지하여야 하는가?

① 5   ② 10
③ 30   ④ 70

59. 가연성 고체에 대한 착화의 위험성 시험방법에 관한 설명으로 옳은 것은?

① 시험장소는 온도 20℃, 습도 50%, 1기압, 무풍장소로 한다.
② 두께 5mm 이상의 무기질 단열판 위에 시험물품 $30cm^3$를 둔다.
③ 시험물품에 30초간 액화석유가스의 불꽃을 접촉시킨다.
④ 시험을 2번 반복하여 착화할 때까지의 시간을 측정한다.

60. 다음 (   ) 안에 알맞은 수치를 차례대로 옳게 나열한 것은?

> "위험물 암반탱크의 공간용적은 당해 탱크 내에 용출하는 (   )일간의 지하수 양에 상당하는 용적과 당해 탱크 내용적의 100분의 (   )의 용적 중에서 보다 큰 용적을 공간용적으로 한다."

① 1, 7   ② 3, 5
③ 5, 3   ④ 7, 1

제2회 CBT 모의고사

1. $NH_4H_2PO_4$이 열분해하여 생성되는 물질 중 암모니아와 수증기의 부피 비율은?

① 1 : 1   ② 1 : 2
③ 2 : 1   ④ 3 : 2

2. 정전기 발생의 예방방법이 아닌 것은?

① 접지에 의한 방법
② 공기를 이온화시키는 방법
③ 전기의 도체를 사용하는 방법
④ 공기 중의 상대습도를 낮추는 방법

3. 다음 중 소화기 사용방법으로 잘못된 것은?

① 적응 화재에 따라 사용할 것
② 성능에 따라 방출거리 내에서 사용할 것
③ 바람을 마주보며 소화할 것
④ 양옆으로 비로 쓸 듯이 방사할 것

4. 위험물 안전관리법령에서 정한 메틸알코올의 지정수량을 kg 단위로 환산하면 얼마인가? (단, 메틸알코올의 비중은 0.8이다.)

① 200   ② 320
③ 400   ④ 450

5. 화학포 소화기에서 탄산수소나트륨과 황산알루미늄이 반응하여 생성되는 기체의 주성분은?

① CO   ② CO_2 ③ N_2 ④ Ar

6. 아세톤의 위험도를 구하면 얼마인가? (단, 아세톤의 연소범위는 2~13 vol%이다.)

① 0.846   ② 1.23
③ 5.5   ④ 7.5

7. 질소가 가연물이 될 수 없는 이유를 가장 옳게 설명한 것은?

① 산소와 산화반응을 하지 않기 때문이다.
② 산소와 산화반응을 하지만 흡열반응을 하기 때문이다.
③ 산소와 환원반응을 하지 않기 때문이다.
④ 산소와 환원반응을 하지만 발열반응을 하기 때문이다.

8. 다음 중 B급 화재로 볼 수 있는 것은?

① 목재, 종이 등의 화재
② 휘발유, 알코올 등의 화재
③ 누전, 과부하 등의 화재
④ 마그네슘, 알루미늄 등의 화재

9. 다음 위험물 중 착화온도가 가장 낮은 것은?

① 이황화탄소   ② 디에틸에테르
③ 아세톤   ④ 아세트알데히드

10. 자기반응성 물질의 화재예방에 대한 설명으로 옳지 않은 것은?

① 가열 및 충격을 피한다.
② 할로겐화합물 소화기를 구비한다.
③ 가급적 소분하여 저장한다.
④ 서늘하고 어두운 곳에 저장하여야 한다.

11. 1몰의 이황화탄소와 고온의 물이 반응하여 생성되는 유독한 기체물질의 부피는 표준상태에서 얼마인가?

① 22.4L   ② 44.8L
③ 67.2L   ④ 134.4L

12. 증발연소를 하는 물질이 아닌 것은?

① 황   ② 석탄
③ 파라핀   ④ 나프탈렌

13. 건조사와 같은 불연성 고체로 가연물을 덮은 것은 어떤 소화에 해당하는가?

① 제거소화   ② 질식소화
③ 냉각소화   ④ 억제소화

14. 일반적 성질이 산소공급원이 되는 위험물로 내부연소를 하는 것은?

① 제1류 위험물
② 제2류 위험물
③ 제5류 위험물
④ 제6류 위험물

15. 화재 시 이산화탄소를 방출하여 산소의 농도를 12.5%로 낮추어 소화하려면 공기 중의 이산화탄소의 농도는 약 몇 vol%로 해야 하는가?

① 30.7   ② 32.8
③ 40.5   ④ 68.0

16. 고체의 연소형태에 해당하지 않는 것은?

① 증발연소   ② 확산연소
③ 분해연소   ④ 표면연소

17. 소화기에 대한 설명 중 틀린 것은?

① 화학포, 기계포 소화기는 포 소화기에 속한다.
② 탄산가스 소화기는 질식 및 냉각소화 작용이 있다.
③ 분말 소화기는 가압가스가 필요 없다.
④ 화학포 소화기는 탄산수소나트륨과 황산알루미늄이 사용된다.

18. 탄산수소나트륨 분말 소화약제에서 분말에 습기가 침투하는 것을 방지하기 위해서 사용하는 물질은?

① 스테아린산아연   ② 수산화나트륨
③ 황산마그네슘   ④ 인산

19. 알루미늄의 성질에 대한 설명 중 틀린 것은?

① 묽은 질산보다는 진한 질산에 훨씬 잘 녹는다.
② 열전도율, 전기전도도가 크다.
③ 할로겐 원소와의 접촉은 위험하다.
④ 실온의 공기 중에서 표면에 치밀한 산화피막이 형성되어 내부를 보호하므로 부식성이 적다.

20. 증기압이 높고 액체가 피부에 닿으면 동상과 같은 증상을 나타내며 Cu, Ag, Hg 등과 반응하여 폭발성 화합물을 만드는 것은?

① 메탄올   ② 가솔린
③ 톨루엔   ④ 산화프로필렌

21. 과염소산 300kg, 과산화수소 450kg, 질산 900kg을 보관하는 경우 각각의 지정수량 배수의 합은 얼마인가?

① 1.5   ② 3   ③ 5.5   ④ 7

22. 다음 위험물에 대한 설명 중 틀린 것은?

① 아세트산은 약 16℃ 정도에서 응고한다.
② 아세트산의 분자량은 약 60이다.
③ 피리딘은 물에 용해되지 않는다.
④ 크실렌은 3가지의 이성질체를 가진다.

23. BCF 소화기의 약제를 화학식으로 옳게 나타낸 것은?

① CCl_4 ② CH_2ClBr
③ CF_3Br ④ CF_2ClBr

24. A~D에 분류된 위험물의 지정수량을 각각 합산하였을 때 다음 중 그 값이 가장 큰 것은?

> A : 이황화탄소+아닐린
> B : 아세톤+피리딘+경유
> C : 벤젠+클로로벤젠
> D : 중유

① A 위험물의 지정수량 합
② B 위험물의 지정수량 합
③ C 위험물의 지정수량 합
④ D 위험물의 지정수량 합

25. 위험물 안전관리법령에 의한 위험물에 속하지 않는 것은?

① CaC_2
② S
③ P_2O_5
④ K

26. 마그네슘은 제 몇 류 위험물인가?

① 제1류 위험물
② 제2류 위험물
③ 제3류 위험물
④ 제5류 위험물

27. 적린의 성상 및 취급에 대한 설명 중 틀린 것은?

① 황린에 비하여 화학적으로 안정하다.
② 연소 시 오산화인이 발생한다.
③ 화재 시 냉각소화가 가능하다.
④ 안전을 위해 산화제와 혼합하여 저장한다.

28. 벤조일퍼옥사이드에 대한 설명 중 틀린 것은?

① 물과 반응하여 가연성 가스가 발생하므로 주수 소화는 위험하다.
② 상온에서 고체이다.
③ 진한 황산과 접촉하면 분해폭발의 위험이 있다.
④ 발화점은 약 125℃이고 비중은 약 1.33이다.

29. 위험물 안전관리법령에서 정한 "물분무등 소화설비"의 종류에 속하지 않는 것은 어느 것인가?

① 스프링클러설비
② 포 소화설비
③ 분말 소화설비
④ 이산화탄소 소화설비

30. 위험물의 성질에 대한 설명으로 틀린 것은?

① 인화칼슘은 물과 반응하여 유독한 가스를 발생한다.
② 금속나트륨은 물과 반응해서 산소를 발생시키고 발열한다.
③ 칼륨은 물과 반응하여 수소가스를 발생한다.
④ 탄화칼슘은 물과 작용하여 발열하고 아세틸렌가스를 발생한다.

31. 위험물 안전관리법상 옥내소화전 설비의 비상전원은 몇 분 이상 작동할 수 있어야 하는가?

① 45분
② 30분
③ 20분
④ 10분

32. 다음 중 위험물 안전관리법이 적용되는 영역은 어느 것인가?

① 항공기에 의한 대한민국 영공에서의 위험물의 저장, 취급 및 운반
② 궤도에 의한 위험물의 저장, 취급 및 운반
③ 철도에 의한 위험물의 저장, 취급 및 운반
④ 자가용 승용차에 의한 지정수량 이하의 위험물의 저장, 취급 및 운반

33. 위험물 안전관리법령상 옥내소화전설비의 설치기준에서 옥내소화전은 제조소등의 건축물의 층마다 당해 층의 각 부분에서 하나의 호스접속구까지의 수평거리가 몇 m 이하가 되도록 설치하여야 하는가?

① 5   ② 10
③ 15   ④ 25

34. 다음 중 제1류 위험물로서 물과 반응하여 발열하면서 산소를 발생하는 것은?

① 염소산칼륨 ② 탄화칼슘
③ 질산암모늄 ④ 과산화나트륨

35. 다음 중 지정수량이 가장 큰 것은?

① 과염소산칼륨
② 트리니트로톨루엔
③ 황린
④ 유황

36. 피크르산의 성질에 대한 설명 중 틀린 것은?

① 황색의 액체이다.
② 쓴맛이 있으며 독성이 있다.
③ 납과 반응하여 예민하고 폭발 위험이 있는 물질을 형성한다.
④ 에테르, 알코올에 녹는다.

37. 질산의 위험성에 대한 설명으로 틀린 것은?

① 햇빛에 의해 분해된다.
② 금속을 부식시킨다.
③ 물을 가하면 발열한다.
④ 충격에 의해 쉽게 연소와 폭발을 한다.

38. $(C_2H_5)_3Al$이 공기 중에 노출되어 연소할 때 발생하는 물질은?

① Al_2O_3 ② CH_4
③ $Al(OH)_3$ ④ C_2H_6

39. 다음 중 물과 접촉할 때 열과 산소를 발생하는 것은?

① 과산화칼륨 ② 과망간산칼륨
③ 과산화수소 ④ 과염소산칼륨

40. 과염소산의 저장 및 취급방법이 잘못된 것은?

① 가열, 충격을 피한다.
② 화기를 멀리한다.
③ 저온의 통풍이 잘 되는 곳에 저장한다.
④ 누설하면 종이, 톱밥으로 제거한다.

41. 옥내저장소에 질산 600L를 저장하고 있다. 저장하고 있는 질산은 지정수량의 몇 배인가? (단, 질산의 비중은 1.5이다.)

① 1 ② 2 ③ 3 ④ 4

42. 위험물 안전관리법령상 옥내주유취급소는 소화난이도 등급 얼마에 해당하는가?

① 소화난이도 등급 Ⅰ
② 소화난이도 등급 Ⅱ
③ 소화난이도 등급 Ⅲ
④ 소화난이도 등급 Ⅳ

43. 다음 위험물 중 지정수량이 나머지 셋과 다른 것은?

① C_4H_9Li ② K
③ Na   ④ LiH

44. 이산화탄소 소화기가 제6류 위험물의 화재에 대하여 적응성이 인정되는 장소의 기준은?

① 습도의 정도
② 밀폐성의 유무
③ 폭발위험성의 유무
④ 건축물의 층수

484 부록 CBT 모의고사

45. 위험물 제조소등에 설치하는 고정식 포 소화 설비의 기준에서 포헤드 방식의 포헤드는 방호대상물의 표면적 몇 m^2당 1개 이상의 헤드를 설치하여야 하는가?

① 3 ② 9 ③ 15 ④ 30

46. 위험물 안전관리법령상 연면적이 $450m^2$ 인 저장소의 건축물 외벽이 내화구조가 아닌 경우 이 저장소의 소화기 소요단위는?

① 3 ② 4.5 ③ 6 ④ 9

47. 위험물 안전관리법령에서 정의하는 "제조소 등"에 해당하지 않는 것은?

① 제조소 ② 저장소
③ 판매소 ④ 취급소

48. 위험물 제조소에서 지정수량 이상의 위험물을 취급하는 건축물(시설)에는 원칙상 최소 몇 m 이상의 보유공지를 확보하여야 하는가? (단, 최대수량은 지정수량의 10배이다.)

① 1m 이상 ② 3m 이상
③ 5m 이상 ④ 7m 이상

49. 위험물제조소의 환기설비의 기준에서 급기구가 설치된 실의 바닥면적 $150m^2$ 마다 1개 이상 설치하는 급기구의 크기는 몇 cm^2 이상이어야 하는가?

① 200 ② 400
③ 600 ④ 800

50. 위험물의 이동탱크저장소 차량에 "위험물" 이라고 표시한 표지를 설치할 때 바탕색은?

① 흰색 ② 적색
③ 흑색 ④ 황색

51. 히드록실아민을 취급하는 제조소에 두어야 하는 최소한의 안전거리(D)를 구하는 산식으로 옳은 것은? (단, N은 당해 제조소에서 취급하는 히드록실아민의 지정수량 배수를 나타낸다.)

① $D = 51.1 \sqrt[4]{N}$
② $D = 51.1 \sqrt[3]{N}$
③ $D = 31.1 \sqrt[4]{N}$
④ $D = 31.1 \sqrt[3]{N}$

52. 위험물 제조소등에 설치하여야 하는 경보설비의 종류에 해당하지 않는 것은?

① 비상방송설비
② 비상조명등설비
③ 자동화재 탐지설비
④ 비상경보설비

53. 제조소의 건축물 구조기준 중 연소의 우려가 있는 외벽은 출입구 외의 개구부가 없는 내화구조의 벽으로 하여야 한다. 이때 연소의 우려가 있는 외벽은 제조소가 설치된 부지의 경계선에서 몇 m 이내에 있는 외벽을 말하는가? (단, 단층 건물일 경우이다.)

① 3
② 4
③ 5
④ 6

54. 내용적이 20000 L인 옥내저장탱크에 대하여 저장 또는 취급의 허가를 받을 수 있는 최대 용량은? (단, 원칙적인 경우에 한한다.)

① 18000L
② 19000L
③ 19400L
④ 20000L

55. 위험물 관련 신고 및 선임에 관한 사항으로 옳지 않은 것은?

① 제조소의 위치, 구조 변경 없이 위험물의 품명 변경 시는 변경하고자 하는 날의 14일 이전까지 신고하여야 한다.

② 제조소 설치자의 지위를 승계한 자는 승계한 날로부터 30일 이내에 신고하여야 한다.

③ 위험물 안전관리자를 선임한 경우는 선임한 날로부터 14일 이내에 신고하여야 한다.

④ 위험물 안전관리자가 퇴직한 경우는 퇴직일로부터 30일 이내에 선임하여야 한다.

56. 위험물 안전관리법령상 예방규정을 정하여야 하는 제조소등의 관계인은 위험물 제조소 등에 대하여 기술기준에 적합한지의 여부를 정기적으로 점검을 하여야 한다. 법적 최소 점검주기에 해당하는 것은? (단, 100만 L 이상의 옥외탱크저장소는 제외한다.)

① 주 1회 이상

② 월 1회 이상

③ 6개월 1회 이상

④ 연 1회 이상

57. 위험물을 보관하는 방법에 대한 설명 중 틀린 것은?

① 염소산나트륨 : 철제 용기의 사용을 피한다.

② 산화프로필렌 : 저장 시 구리용기에 질소 등 불활성 기체를 충전한다.

③ 트리에틸알루미늄 : 용기는 밀봉하고 질소 등 불활성 기체를 충전한다.

④ 황화인 : 냉암소에 저장한다.

58. 위험물 이동저장탱크의 외부 도장 색상으로 적합하지 않은 것은?

① 제2류 − 적색

② 제3류 − 청색

③ 제5류 − 황색

④ 제6류 − 회색

59. 위험물의 화재별 소화 방법으로 옳지 않은 것은?

① 황린 : 분무 주수에 의한 냉각소화

② 인화칼슘 : 분무 주수에 의한 냉각소화

③ 톨루엔 : 포에 의한 질식소화

④ 질산메틸 : 주수에 의한 냉각소화

60. 제2류 위험물에 대한 설명 중 틀린 것은?

① 유황은 물에 녹지 않는다.

② 오황화인은 CS_2에 녹는다.

③ 삼황화인은 가연성 물질이다.

④ 칠황화인은 더운물에 분해되어 이산화황을 발생한다.

제3회 CBT 모의고사

1. 다음 [보기]에서 올바른 정전기 방지방법을 모두 나열한 것은?

> [보기] ⓐ 접지를 할 것
> ⓑ 공기를 이온화할 것
> ⓒ 공기 중의 상대습도를 70% 미만으로 할 것

① ⓐ, ⓑ
② ⓐ, ⓒ
③ ⓑ, ⓒ
④ ⓐ, ⓑ, ⓒ

2. 줄-톰슨효과에 의하여 드라이아이스를 방출하는 소화기로 질식 및 냉각효과가 있는 것은?

① 산·알칼리 소화기
② 강화액 소화기
③ 이산화탄소 소화기
④ 할로겐화합물 소화기

3. 산·알칼리 소화기에서 소화약제를 방출하는 데 방사 압력원으로 이용되는 것은?

① 공기
② 질소
③ 아르곤
④ 탄산가스

4. 불을 끌어당기는 온도라는 뜻으로 액체표면의 근처에서 불이 붙는데 충분한 농도의 증기를 발생하는 최저온도에 해당하는 용어는?

① 연소점
② 발화점
③ 인화점
④ 착화점

5. 탄산수소칼륨과 요소의 반응 생성물이 주성분인 것은 제 몇 종 소화분말인가?

① 제1종
② 제2종
③ 제3종
④ 제4종

6. 보일 오버(boil over) 현상과 가장 거리가 먼 것은?

① 기름이 열의 공급을 받지 아니하고 온도가 상승하는 현상
② 기름의 표면부에서 조용히 연소하다 탱크 내의 기름이 갑자기 분출하는 현상
③ 탱크바닥에 물 또는 물과 기름의 에멀션 층이 있는 경우 발생하는 현상
④ 열유층이 탱크 아래로 이동하여 발생하는 현상

7. 위험물 제조소등에 전기배선, 조명기구 등을 제외한 전기설비가 설치되어 있는 경우에는 당해 장소의 면적 몇 m^2 마다 소형수동식소화기를 1개 이상 설치하여야 하는가?

① 100
② 150
③ 200
④ 300

8. 다음 중 증기비중이 가장 큰 것은?

① 벤젠
② 등유
③ 메틸알코올
④ 디에틸에테르

9. 위험물 제조소등에 옥외소화전을 6개 설치할 경우 수원의 수량은 몇 m^3 이상이어야 하는가?

① 48m^3 이상
② 54m^3 이상
③ 60m^3 이상
④ 81m^3 이상

10. 질소와 아르곤과 이산화탄소의 용량비가 52 : 40 : 8인 혼합물 소화약제에 해당하는 것은?

① IG − 541　　② HCFC BLEND A
③ HFC − 125　④ HFC − 23

11. 다음 중 착화온도가 가장 낮은 것은?

① 피크르산　　② 적린
③ 에틸알코올　④ 트리니트로톨루엔

12. 할론 1301의 증기비중은 얼마인가? (단, 불소의 원자량은 19, 브롬의 원자량은 80, 염소의 원자량은 35.5이고 공기의 분자량은 29이다.)

① 2.14　　② 4.15
③ 5.14　　④ 6.15

13. 위험물 제조소등에 설치하는 고정식 포 소화설비의 기준에서 포헤드방식의 포헤드는 방호대상물의 표면적 몇 m² 당 1개 이상의 헤드를 설치하여야 하는가?

① 3　② 9　③ 15　④ 30

14. 물과 친화력이 있는 수용성 용매의 화재에 보통의 포 소화약제를 사용하면 포가 파괴되기 때문에 소화효과를 잃게 된다. 이와 같은 단점을 보완한 소화약제로 가연성인 수용성 용매의 화재에 유효한 효과를 가지고 있는 것은?

① 알코올형포 소화약제
② 단백포 소화약제
③ 합성계면활성제포 소화약제
④ 수성막포 소화약제

15. 액화 이산화탄소 1kg이 25℃, 2atm에서 방출되어 모두 기체가 되었다. 방출된 기체상의 이산화탄소 부피는 약 몇 L인가?

① 278　　② 556
③ 1111　④ 1985

16. 트리니트로페놀의 성상 및 위험성에 관한 설명 중 옳은 것은?

① 운반 시 에탄올을 첨가하면 안전하다.
② 강한 쓴맛이 있고 공업용은 휘황색의 침상결정이다.
③ 폭발성 물질이므로 철로 만든 용기에 저장한다.
④ 물, 아세톤, 벤젠 등에는 녹지 않는다.

17. 벤조일퍼옥사이드의 성질 및 저장에 관한 설명으로 틀린 것은?

① 직사일광을 피하고 찬 곳에 저장한다.
② 산화제이므로 유기물, 환원성 물질과 접촉을 피해야 한다.
③ 발화점이 상온 이하이므로 냉장 보관해야 한다.
④ 건조방지를 위해 물 등의 희석제를 사용한다.

18. 질산에스테르류에 속하지 않는 것은?

① 트리니트로톨루엔
② 질산에틸
③ 니트로글리세린
④ 니트로셀룰로오스

19. 과염소산이 물과 접촉한 경우 일어나는 반응은?

① 중합반응　　② 연소반응
③ 흡열반응　　④ 발열반응

20. 시·도 조례가 정하는 바에 따라 관할 소방서장의 승인을 받아 지정수량 이상의 위험물을 제조소등이 아닌 장소에서 임시로 저장 또는 취급할 수 있는 기간은 얼마 이내인가? (단, 군부대가 군사목적으로 임시로 저장 또는 취급하는 경우는 제외한다.)

① 30일　② 60일　③ 90일　④ 180일

21. 제5류 위험물의 일반적인 화재예방 및 소화방법에 대한 설명으로 옳지 않은 것은?

① 불꽃, 고온체의 접근을 피한다.
② 할로겐화합물 소화기는 소화에 적응성이 없으므로 사용해서는 안 된다.
③ 위험물 제조소에는 "화기엄금" 주의사항 게시판을 설치한다.
④ 화재발생 시 탄산가스에 의한 질식소화를 한다.

22. 옥외소화전설비의 기준에서 옥외소화전함은 옥외소화전으로부터 보행거리 몇 m 이하의 장소에 설치하여야 하는가?

① 1.5 ② 5 ③ 7.5 ④ 10

23. 니트로화합물, 니트로소화합물, 질산에스테르류, 히드록실아민을 각각 50kg씩 저장하고 있을 때 지정수량의 배수가 가장 큰 것은?

① 니트로화합물 ② 니트로소화합물
③ 질산에스테르류 ④ 히드록실아민

24. 질산칼륨에 대한 설명 중 틀린 것은?

① 물에 녹는다.
② 흑색화약의 원료로 사용된다.
③ 가열하면 분해하여 산소를 방출한다.
④ 단독 폭발 방지를 위해 유기물 중에 보관한다.

25. 다음 중 자기반응성 물질이면서 산소공급원의 역할을 하는 것은?

① 황화인 ② 탄화칼슘
③ 이황화탄소 ④ 트리니트로톨루엔

26. 제2류 위험물의 화재예방 및 진압대책이 틀린 것은?

① 산화제와의 접촉을 금지한다.
② 화기 및 고온체와의 접촉을 피한다.
③ 저장용기의 파손과 누출에 주의한다.
④ 금속분은 냉각소화하고 그 외는 마른 모래를 이용한다.

27. 질산칼륨을 약 400℃에서 가열하여 열분해시킬 때 주로 생성되는 물질은?

① 질산과 산소
② 질산과 칼륨
③ 아질산칼륨과 산소
④ 아질산칼륨과 질소

28. 마그네슘분에 대한 설명으로 옳은 것은?

① 물보다 가벼운 금속이다.
② 분진폭발이 없는 물질이다.
③ 황산과 반응하면 수소가스를 발생한다.
④ 소화방법으로 직접적인 주수소화가 가장 좋다.

29. 메탈알코올 8000L에 대한 소화능력으로 삽을 포함한 마른모래를 몇 L 설치하여야 하는가?

① 100 ② 200 ③ 300 ④ 400

30. 황린과 적린의 공통성질이 아닌 것은?

① 물에 녹지 않는다.
② 이황화탄소에 잘 녹는다.
③ 연소 시 오산화인을 생성한다.
④ 화재 시 물을 사용하여 소화를 할 수 있다.

31. 다음 소화설비의 설치기준으로 틀린 것은?

① 능력단위는 소요단위에 대응하는 소화설비의 소화능력의 기준단위이다.
② 소요단위는 소화설비의 설치대상이 되는 건축물 그 밖의 공작물의 규모 또는 위험물 양의 기준단위이다.
③ 취급소의 외벽이 내화구조인 건축물의 연면적 50m²를 1소요단위로 한다.
④ 저장소의 외벽이 내화구조인 건축물의 연면적 150m²를 1소요단위로 한다.

32. 다음 위험물 중 지정수량이 나머지 셋과 다른 것은?

① C_4H_9Li ② K

③ Na ④ LiH

33. 위험물 안전관리법령상 자동화재 탐지설비 경계구역 하나의 면적은 몇 m^2 이하로 하여야 하는가? (단, 원칙적인 경우에 한한다.)

① 150 ② 450

③ 600 ④ 1000

34. 황(사방황)의 성질을 옳게 설명한 것은?

① 황색 고체로서 물에 녹는다.

② 이황화탄소에 녹는다.

③ 전기 양도체이다.

④ 연소 시 붉은색 불꽃을 내며 탄다.

35. 건물의 외벽이 내화구조로서 연면적 $300m^2$의 옥내저장소에 필요한 소화기 소요단위 수는?

① 1단위 ② 2단위

③ 3단위 ④ 4단위

36. 제4류 위험물에 대한 설명 중 틀린 것은?

① 이황화탄소는 물보다 무겁다.

② 아세톤은 물에 녹지 않는다.

③ 톨루엔 증기는 공기보다 무겁다.

④ 디에틸에테르의 연소범위 하한은 약 1.9%이다.

37. 가솔린의 위험성에 대한 설명 중 틀린 것은?

① 인화점이 낮아 인화되기 쉽다.

② 증기는 공기보다 가벼우며 쉽게 착화된다.

③ 사에틸납이 혼합된 가솔린은 유독하다.

④ 정전기 발생에 주의하여야 한다.

38. 제3류 위험물에 대한 설명으로 옳은 것은 어느 것인가?

① 대부분 물과 접촉하면 안정하게 된다.

② 일반적으로 불연성 물질이고 강산화제이다.

③ 대부분 산과 접촉하면 흡열반응을 한다.

④ 물에 저장하는 위험물도 있다.

39. 지정수량의 1/10을 초과하는 위험물을 혼재할 수 없는 경우는?

① 제1류 위험물과 제6류 위험물

② 제2류 위험물과 제4류 위험물

③ 제4류 위험물과 제5류 위험물

④ 제5류 위험물과 제3류 위험물

40. 아세톤의 성질에 대한 설명 중 틀린 것은?

① 무색의 액체로서 인화성이 있다.

② 증기는 공기보다 무겁다.

③ 물에 잘 녹는다.

④ 무취이며 휘발성이 없다.

41. 탄화알루미늄이 물과 반응하여 폭발의 위험이 있는 것은 어떤 가스를 발생하기 때문인가?

① 수소 ② 메탄

③ 아세틸렌 ④ 암모니아

42. 위험물 제조소 표지 및 게시판에 대한 설명이다. 위험물 안전관리법령상 옳지 않은 것은?

① 표지는 한 변의 길이가 0.3m, 다른 한 변의 길이가 0.6m 이상으로 하여야 한다.

② 표지의 바탕은 백색, 문자는 흑색으로 하여야 한다.

③ 취급하는 위험물에 따라 규정에 의한 주의사항을 표시한 게시판을 설치하여야 한다.

④ 제2류 위험물(인화성 고체 제외)은 "화기엄금" 주의사항 게시판을 설치하여야 한다.

43. 탄화칼슘의 성질에 대한 설명으로 틀린 것은?

① 물보다 무겁다.

② 시판품은 회색 또는 회흑색의 고체이다.

③ 물과 반응해서 수산화칼슘과 아세틸렌이 생성된다.

④ 질소와 저온에서 작용하며 흡열반응을 한다.

44. 위험물 운송책임자의 감독 또는 지원의 방법으로 운송의 감독 또는 지원을 위하여 마련한 별도의 사무실에 운송책임자가 대기하면서 이행하는 사항에 해당하지 않는 것은?

① 운송 후에 운송경로를 파악하여 관할 경찰관서에 신고하는 것

② 이동탱크저장소의 운전자에 대하여 수시로 안전확보 상황을 확인하는 것

③ 비상시의 응급처치에 관하여 조언을 하는 것

④ 위험물의 운송 중 안전확보에 관하여 필요한 정보를 제공하고 감독 또는 지원하는 것

45. 지정수량의 10배 이상의 위험물을 취급하는 제조소에는 피뢰침을 설치하여야 하지만 제 몇 류 위험물을 취급하는 경우는 이를 제외할 수 있는가?

① 제2류 위험물 ② 제4류 위험물

③ 제5류 위험물 ④ 제6류 위험물

46. 주유취급소에서 자동차 등에 위험물을 주유할 때에 자동차 등의 원동기를 정지시켜야 하는 위험물의 인화점 기준은? (단, 연료탱크에 위험물을 주유하는 동안 방출되는 가연성 증기를 회수하는 설비가 부착되지 않은 고정주유설비에 의하여 주유하는 경우이다.)

① 20℃ 미만 ② 30℃ 미만

③ 40℃ 미만 ④ 50℃ 미만

47. 이동탱크저장소에 의한 위험물의 운송 시 준수하여야 하는 기준에서 다음 중 어떤 위험물을 운송할 때 위험물운송자는 위험물안전카드를 휴대하여야 하는가?

① 특수인화물 및 제1석유류

② 알코올류 및 제2석유류

③ 제3석유류 및 동식물유류

④ 제4석유류

48. 위험물이 물과 반응하여 발생하는 가스를 잘 못 연결한 것은?

① 탄화알루미늄 - 메탄

② 탄화칼슘 - 아세틸렌

③ 인화칼슘 - 에탄

④ 수소화칼슘 - 수소

49. 위험물 안전관리법령상 옥외저장탱크 중 압력탱크 외의 탱크에 통기관을 설치하여야 할 때 밸브 없는 통기관인 경우 통기관의 지름은 몇 mm 이상으로 하여야 하는가?

① 10 ② 15 ③ 20 ④ 30

50. 위험물 제조소에 설치하는 안전장치 중 위험물의 성질에 따라 안전밸브의 작동이 곤란한 가압설비에 한하여 설치하는 것은?

① 파괴판

② 안전밸브를 병용하는 경보장치

③ 감압측에 안전밸브를 부착한 감압밸브

④ 연성계

51. 위험물에 대한 설명으로 옳은 것은 다음 중 어느 것인가?

① 적린은 암적색의 분말로서 조해성이 있는 자연발화성 물질이다.

② 황화인은 황색의 액체이며 상온에서 자연 분해하여 이산화황과 오산화인을 발생한다.

③ 유황은 미황색의 고체 또는 분말이며 많은 이성질체를 갖고 있는 전기 도체이다.
④ 황린은 가연성 물질이며 마늘 냄새가 나는 맹독성 물질이다.

52. 아세트알데히드와 아세톤의 공통 성질에 대한 설명 중 틀린 것은?

① 증기는 공기보다 무겁다.
② 무색 액체로서 인화점이 낮다.
③ 물에 잘 녹는다.
④ 특수인화물로 반응성이 크다.

53. 벤조일퍼옥사이드, 피크르산, 히드록실아민이 각각 200kg 있을 경우 지정수량의 배수의 합은 얼마인가?

① 22   ② 23   ③ 24   ④ 25

54. 제조소등의 위치·구조 또는 설비의 변경 없이 당해 제조소등에서 취급하는 위험물의 품명을 변경하고자 하는 자는 변경하고자 하는 날의 며칠 전까지 신고하여야 하는가?

① 1일   ② 7일   ③ 15일   ④ 30일

55. 탄화칼슘의 성질에 대하여 옳게 설명한 것은?

① 공기 중에서 아르곤과 반응하여 불연성 기체를 발생한다.
② 공기 중에서 질소와 반응하여 유독한 기체를 낸다.
③ 물과 반응하면 탄소가 생성된다.
④ 물과 반응하여 아세틸렌가스가 생성된다.

56. 금속염을 불꽃반응 실험을 한 결과 보라색의 불꽃이 나타났다. 이 금속염에 포함된 금속은 무엇인가?

① Cu   ② K   ③ Na   ④ Li

57. 다음 물질 중 물보다 비중이 작은 것으로만 이루어진 것은?

① 에테르, 이황화탄소
② 벤젠, 글리세린
③ 가솔린, 에탄올
④ 글리세린, 아닐린

58. 위험물 안전관리법령상의 규제에 관한 설명 중 틀린 것은?

① 지정수량 미만의 위험물의 저장·취급 및 운반은 시·도 조례에 의하여 규제한다.
② 항공기에 의한 위험물의 저장·취급 및 운반은 위험물 안전관리법의 규제대상이 아니다.
③ 궤도에 의한 위험물의 저장·취급 및 운반은 위험물 안전관리법의 규제대상이 아니다.
④ 선박법의 선박에 의한 위험물의 저장·취급 및 운반은 위험물 안전관리법의 규제대상이 아니다.

59. 위험물의 유별 구분이 나머지 셋과 다른 하나는 어느 것인가?

① 니트로글리콜   ② 벤젠
③ 아조벤젠   ④ 디니트로벤젠

60. 다음 그림과 같은 타원형 위험물탱크의 내용적을 구하는 식을 옳게 나타낸 것은?

① $\dfrac{\pi ab}{4} \times \left(L + \dfrac{L_1 + L_2}{3}\right)$

② $\dfrac{\pi ab}{4} \times \left(L + \dfrac{L_1 - L_2}{3}\right)$

③ $\pi ab \times \left(L + \dfrac{L_1 + L_2}{3}\right)$

④ $\pi ab L^2$

제4회   CBT 모의고사

1. A급, B급, C급 화재에 모두 적용이 가능한 소화약제는?

① 제1종 분말 소화약제
② 제2종 분말 소화약제
③ 제3종 분말 소화약제
④ 제4종 분말 소화약제

2. 물의 증발잠열은 약 몇 cal/g인가?

① 329
② 439
③ 539
④ 639

3. 인화점이 낮은 것부터 높은 순서로 나열된 것은?

① 톨루엔 < 아세톤 < 벤젠
② 아세톤 < 톨루엔 < 벤젠
③ 톨루엔 < 벤젠 < 아세톤
④ 아세톤 < 벤젠 < 톨루엔

4. 다음 중 B급 화재에 속하는 것은?

① 일반 화재
② 유류 화재
③ 전기 화재
④ 금속 화재

5. 화학포를 만들 때 사용되는 기포안정제가 아닌 것은?

① 사포닌
② 암분
③ 가수분해 단백질
④ 계면활성제

6. 다음 중 주된 연소형태가 분해연소인 것은?

① 목탄
② 나트륨
③ 석탄
④ 에테르

7. 화염의 전파속도가 음속보다 빠르며, 연소 시 충격파가 발생하여 파괴효과가 증대되는 현상을 무엇이라 하는가?

① 폭연
② 폭압
③ 폭굉
④ 폭명

8. 소화약제에 대한 설명으로 틀린 것은 다음 중 어느 것인가?

① 물은 기화잠열이 크고 구하기 쉽다.
② 화학포 소화약제는 물에 탄산칼슘을 보강시킨 소화약제를 말한다.
③ 산·알칼리 소화약제는 황산이 사용된다.
④ 탄산가스는 전기화재에 효과적이다.

9. 20℃의 물 100kg이 100℃ 수증기로 증발하면 최대 몇 kcal의 열량을 흡수할 수 있는가? (단, 물의 증발잠열은 540kcal이다.)

① 540
② 7800
③ 62000
④ 108000

10. BCF 소화기의 약제를 화학식으로 옳게 나타낸 것은?

① CCl_4
② CH_2ClBr
③ CF_3Br
④ CF_2ClBr

11. 가연물이 되기 쉬운 조건이 아닌 것은?

① 산소와 친화력이 클 것
② 열전도율이 클 것
③ 발열량이 클 것
④ 활성화 에너지가 작을 것

12. 벤젠 1몰을 충분한 산소가 공급되는 표준상태에서 완전 연소시켰을 때 발생하는 이산화탄소의 양은 몇 L인가?

① 22.4　　　　② 134.4
③ 168.8　　　④ 224.0

13. 위험물을 취급함에 있어서 정전기를 유효하게 제거하기 위한 설비를 설치하고자 한다. 위험물 안전관리법령상 공기 중의 상대습도를 몇 % 이상되게 하여야 하는가?

① 50　　　　② 60
③ 70　　　　④ 80

14. 수소화나트륨 240g과 충분한 물이 완전 반응하였을 때 발생하는 수소의 부피는? (단, 표준상태를 가정하며, 나트륨의 원자량은 23이다.)

① 22.4L　　　② 224L
③ 22.4m^3　④ 224m^3

15. 이산화탄소 소화설비의 기준에서 저장용기 설치기준에 대한 내용으로 틀린 것은?

① 방호구역 외의 장소에 설치할 것
② 온도가 50℃ 이하이고 온도 변화가 적은 장소에 설치할 것
③ 직사일광 및 빗물이 침투할 우려가 적은 장소에 설치할 것
④ 저장용기에는 안전장치를 설치할 것

16. 다음 물질 중 분진 폭발의 위험성이 가장 낮은 것은?

① 밀가루
② 알루미늄 분말
③ 모래
④ 석탄

17. 제5류 위험물로서 화약류 제조에 사용되는 것은?

① 중크롬산나트륨
② 클로로벤젠
③ 과산화수소
④ 니트로셀룰로오스

18. 탄화칼슘의 성질에 대한 설명 중 틀린 것은?

① 질소 중에서 고온으로 가열하면 석회질소가 된다.
② 융점은 약 300℃이다.
③ 비중은 약 2.2이다.
④ 물질의 상태는 고체이다.

19. 디에틸에테르의 성질이 아닌 것은?

① 유동성　　② 마취성
③ 인화성　　④ 비휘발성

20. 다음 중 제1석유류에 속하지 않는 위험물은 어느 것인가?

① 아세톤　　　② 시안화수소
③ 클로로벤젠　④ 벤젠

21. 다량의 주수에 의한 냉각소화가 효과적인 위험물은?

① CH_3ONO_2　② Al_4C_3
③ Na_2O_2　　④ Mg

22. 금속나트륨 또는 금속칼륨을 석유 속에 보관하는 이유로 가장 적합한 것은?

① 석유에서 질소를 발생하므로
② 기화를 방지하기 위하여
③ 공기 중 질소와 반응하여 폭발하므로
④ 공기 중 수분 또는 산소와의 접촉을 막기 위하여

23. 다음 중 물과 반응하여 메탄을 발생시키는 것은?

① 탄화알루미늄
② 금속칼륨
③ 금속리튬
④ 수소화나트륨

24. 디에틸에테르와 벤젠의 공통성질에 대한 설명으로 옳은 것은?

① 증기비중은 1보다 크다.
② 인화점은 −10℃보다 높다.
③ 착화온도는 200℃보다 낮다.
④ 연소범위의 상한은 6%보다 크다.

25. 칼륨의 저장 시 사용하는 보호물질로 가장 적당한 것은?

① 에탄올
② 이황화탄소
③ 석유
④ 이산화탄소

26. 과산화수소의 성질에 대한 설명 중 틀린 것은?

① 알칼리성 용액에 의해 분해될 수 있다.
② 산화제로 사용할 수 있다.
③ 농도가 높을수록 안정하다.
④ 열, 햇빛에 의해 분해될 수 있다.

27. 제5류 위험물에 대한 설명으로 옳지 않은 것은?

① 대표적인 성질은 자기반응성 물질이다.
② 피크르산은 니트로화합물이다.
③ 모두 산소를 포함하고 있다.
④ 니트로화합물은 니트로기가 많을수록 폭발력이 커진다.

28. 과망간산칼륨에 대한 설명으로 틀린 것은?

① 분자식은 $KMnO_4$ 이며 분자량은 약 158이다.
② 수용액은 보라색이며 산화력이 강하다.
③ 가열하면 분해하여 산소를 방출한다.
④ 에탄올과 아세톤에는 불용이므로 보호액으로 사용한다.

29. 적린의 성질 및 취급방법에 대한 설명으로 틀린 것은?

① 화재발생 시 냉각소화가 가능하다.
② 공기 중에 방치하면 자연발화 한다.
③ 산화제와 격리하여 저장한다.
④ 비금속 원소이다.

30. 트리니트로톨루엔의 성상으로 틀린 것은?

① 물에 잘 녹는다.
② 담황색의 결정이다.
③ 폭약으로 사용된다.
④ 착화점은 약 300℃이다.

31. 다음 중 위험물제조소등의 종류가 아닌 것은?

① 간이탱크저장소　② 일반취급소
③ 이송취급소　　　④ 이동판매취급소

32. 위험물 안전관리법령에서 정한 이산화탄소 소화약제의 저장용기 설치기준으로 옳은 것은?

① 저압식 저장용기의 충전비 : 1.0 이상 1.3 이하
② 고압식 저장용기의 충전비 : 1.3 이상 1.7 이하
③ 저압식 저장용기의 충전비 : 1.1 이상 1.4 이하
④ 고압식 저장용기의 충전비 : 1.7 이상 2.1 이하

33. 위험물의 성질에 대한 설명 중 틀린 것은?

① 황린은 공기 중에서 산화할 수 있다.
② 적린은 $KClO_3$와 혼합하면 위험하다.
③ 황은 물에 매우 잘 녹는다.
④ 황은 가연성 고체이다.

34. 다음 (   ) 안에 들어갈 수치를 순서대로 올바르게 나열한 것은? (단, 제4류 위험물에 적응성을 갖기 위한 살수밀도기준을 적용하는 경우를 제외한다.)

> 위험물 제조소 등에 설치하는 폐쇄형 헤드의 스프링클러설비는 30개의 헤드를 동시에 사용할 경우 각 선단의 방사압력이 (   )kPa 이상이고 방수량이 1분당 (   )L 이상이어야 한다.

① 100, 80
② 120, 80
③ 100, 100
④ 120, 100

35. 위험물 안전관리법령에 의한 지정수량이 나머지 셋과 다른 하나는?

① 유황
② 적린
③ 황린
④ 황화인

36. 질산나트륨의 성상에 대한 설명 중 틀린 것은?

① 조해성이 있다.
② 강력한 환원제이며 물보다 가볍다.
③ 열분해하여 산소를 방출한다.
④ 가연물과 혼합하면 충격에 의해 발화할 수 있다.

37. 서로 반응할 때 수소가 발생하지 않는 것은?

① 리튬 + 염산
② 탄화칼슘 + 물
③ 수소화칼륨 + 물
④ 루비듐 + 물

38. 제3류 위험물 중 금수성 물질에 적응성이 있는 소화설비는?

① 할로겐화합물 소화설비
② 포 소화설비
③ 이산화탄소 소화설비
④ 탄산수소염류등 분말 소화설비

39. 알코올류 20000L에 대한 소화설비 설치 시 소요단위는?

① 5
② 10
③ 15
④ 20

40. 유황 500kg, 인화성 고체 1000kg을 저장하려 한다. 각각의 지정수량 배수의 합은 얼마인가?

① 3배
② 4배
③ 5배
④ 6배

41. 제조소의 게시판 사항 중 위험물의 종류에 다른 주의사항이 옳게 연결된 것은?

① 제2류 위험물(인화성 고체 제외) – 화기엄금
② 제3류 위험물 중 금수성 물질 – 물기엄금
③ 제4류 위험물 – 화기주의
④ 제5류 위험물 – 물기엄금

42. 위험물 안전관리법령상 옥내주유취급소에 있어서는 해당 사무소 등의 출입구 및 피난구와 당해 피난구로 통하는 통로·계단 및 출입구에 무엇을 설치해야 하는가?

① 화재감지기
② 스프링클러
③ 자동화재 탐지설비
④ 유도등

43. 옥내탱크저장소 중 탱크 전용실을 단층건물 외의 건축물에 설치하는 경우 탱크 전용실을 건축물의 1층 또는 지하층에만 설치하여야 하는 위험물이 아닌 것은 어느 것인가?

① 제2류 위험물 중 덩어리 유황
② 제3류 위험물 중 황린
③ 제4류 위험물 중 인화점이 38℃ 이상인 위험물
④ 제6류 위험물 중 질산

44. 위험물 안전관리법령상 위험물 제조소의 옥외에 있는 하나의 액체 위험물 취급탱크 주위에 설치하는 방유제의 용량은 해당 탱크용량의 몇 % 이상으로 하여야 하는가?

① 50%   ② 60%
③ 100%   ④ 110%

45. 제조소등의 완공검사 신청서는 어디에 제출해야 하는가?

① 소방청장
② 소방청장 또는 시·도지사
③ 소방청장, 소방서장 또는 한국소방산업기술원
④ 시·도지사, 소방서장 또는 한국소방산업기술원

46. 이송취급소의 교체밸브, 제어밸브 등의 설치기준으로 틀린 것은?

① 밸브는 원칙적으로 이송기지 또는 전용부지 내에 설치할 것
② 밸브는 그 개폐상태를 설치장소에서 쉽게 확인할 수 있도록 할 것
③ 밸브를 지하에 설치하는 경우에는 점검상자 안에 설치할 것
④ 밸브는 당해 밸브의 관리에 관계하는 자가 아니면 수동으로만 개폐할 수 있도록 할 것

47. 위험물의 위험등급을 구분할 때 위험등급 II에 해당하는 것은?

① 적린
② 철분
③ 마그네슘
④ 인화성 고체

48. 위험물 제조소등을 경매에 의해 시설의 전부를 인수한 자는 지위를 승계한 날부터 며칠 이내에 시·도지사에게 신고하여야 하는가?

① 7일   ② 14일
③ 30일   ④ 즉시

49. 위험물의 유별과 성질을 잘못 연결한 것은?

① 제2류 – 가연성 고체
② 제3류 – 자연발화성 및 금수성 물질
③ 제5류 – 자기반응성 물질
④ 제6류 – 산화성 고체

50. 위험물 안전관리법령에 의한 위험물에 속하지 않는 것은?

① CaC_2 ② S
③ P_2O_5 ④ K

51. 물과 반응하여 가연성 가스를 발생하지 않는 것은?

① 나트륨
② 과산화나트륨
③ 탄화알루미늄
④ 트리에틸알루미늄

52. 벤젠(C_6H_6)의 일반 성질로서 틀린 것은?

① 휘발성이 강한 액체이다.
② 인화점은 가솔린보다 낮다.
③ 물에 녹지 않는다.
④ 화학적으로 공명구조를 이루고 있다.

53. 소화설비의 주된 소화효과를 옳게 설명한 것은?

① 옥내·옥외 소화설비 : 질식소화
② 스프링클러 설비, 물분무 소화설비 : 억제소화
③ 포, 분말 소화설비 : 억제소화
④ 할로겐화합물 소화설비 : 억제소화

54. 위험물 안전관리법령에 따른 건축물 그 밖의 공작물 또는 위험물의 소요단위의 계산방법의 기준으로 옳은 것은?

① 위험물은 지정수량의 100배를 1소요단위로 할 것
② 저장소의 건축물은 외벽에 내화구조인 것은 연면적 100m²를 1소요단위로 할 것
③ 저장소의 건축물은 외벽이 내화구조가 아닌 것은 연면적 50m²를 1소요단위로 할 것
④ 제조소 또는 취급소용으로서 옥외에 있는 공작물인 경우 최대수평투영면적 100m²를 1소요단위로 할 것

55. 위험물 안전관리법령에 의해 옥외저장소에 저장을 허가받을 수 없는 위험물은?

① 제2류 위험물 중 유황(금속제 드럼에 수납)
② 제4류 위험물 중 가솔린(금속제 드럼에 수납)
③ 제6류 위험물
④ 국제해상 위험물규칙(IMDG code)에 적합한 용기에 수납된 위험물

56. 공기 중에서 산화되어 액 표면에 피막을 만드는 경향이 가장 큰 것은?

① 올리브유   ② 낙화생유
③ 야자유   ④ 동유

57. 위험물 안전관리법령에서 정한 알킬알루미늄 등을 저장 또는 취급하는 이동탱크 저장소에 비치해야 하는 물품이 아닌 것은?

① 방호복
② 고무장갑
③ 비상조명등
④ 휴대용 확성기

58. 위험물 안전관리법령상 압력수조를 이용한 옥내소화전설비의 가압송수장치에서 압력수조의 최소압력(MPa)은? (단, 소방용 호스의 마찰손실 수두압은 3MPa, 배관의 마찰손실 수두압은 1MPa, 낙차의 환산수두압은 1.35MPa이다.)

① 5.35
② 5.70
③ 6.00
④ 6.35

59. 위험물 안전관리법령상의 위험물 운반에 관한 기준에서 액체 위험물은 운반용기 내용적의 몇 % 이하의 수납률로 수납하여야 하는가?

① 80   ② 85
③ 90   ④ 98

60. 다음 그림과 같은 위험물 저장탱크의 내용적은 약 몇 m³ 인가?

① 4681   ② 5482
③ 6283   ④ 7080

CBT 모의고사 정답 및 해설

제1회 CBT 모의고사

제1회 정답

1	2	3	4	5	6	7	8	9	10
③	②	①	①	②	②	③	①	④	③
11	12	13	14	15	16	17	18	19	20
③	①	③	④	④	②	③	④	①	③
21	22	23	24	25	26	27	28	29	30
①	①	①	②	④	②	③	③	②	③
31	32	33	34	35	36	37	38	39	40
③	②	③	④	①	④	④	③	④	②
41	42	43	44	45	46	47	48	49	50
②	④	④	④	④	④	②	④	②	①
51	52	53	54	55	56	57	58	59	60
①	②	④	④	④	④	③	①	①	④

1. 연소의 3요소
- ㉮ 가연물질, 산소공급원, 점화원
- ㉯ 성냥불 : 점화원, 황 : 가연물질, 산소공급원

2. 분말 소화약제의 종류 및 주성분

종류	주성분	적응 화재	착색
제1종 분말	탄산수소나트륨 ($NaHCO_3$)	B.C	백색
제2종 분말	탄산수소칼륨 ($KHCO_3$)	B.C	자색 (보라색)
제3종 분말	제1인산암모늄 ($NH_4H_2PO_4$)	A.B.C	담홍색
제4종 분말	탄산수소칼륨+요소 [$KHCO_3$+$(NH_2)_2CO$]	B.C	회색

㊟ 제2종 분말 소화약제의 착색 상태를 '담회색'
   으로 표현하는 경우도 있음

3. 각 위험물의 분자기호 및 분자량
- ㉮ 과염소산($HClO_4$) : $1+35.5+(16×4)=100.5$
- ㉯ 과산화수소(H_2O_2) : $(1×2)+(16×2)=34$
- ㉰ 질산(HNO_3) : $1+14+(16×3)=63$
- ㉱ 히드라진(N_2H_4) : $(14×2)+(1×4)=32$
- ※ 각 원소의 원자량 : 수소(H) 1, 질소(N) 14,
   산소(O) 16, 염소(Cl) 35.5

4. 소화약제로 물의 장점
- ㉮ 증발(기화)잠열이 539kcal/kg으로 매우 크다.
- ㉯ 냉각소화에 효과적이다.
- ㉰ 쉽게 구할 수 있고 비용이 저렴하다.
- ㉱ 취급이 간편하다.

5. ㉮ 할론(Halon)-abcd
   - a : 탄소(C)의 수
   - b : 불소(F)의 수
   - c : 염소(Cl)의 수
   - d : 취소(Br : 브롬)의 수

   ㉯ 주어진 할론 번호 '1211'에서 탄소(C) 1개,
   불소(F) 2개, 염소(Cl) 1개, 취소(Br : 브롬)
   1개이므로 화학식(분자식)은 CF_2ClBr이다.

6. 제4류 위험물의 착화온도

품명		착화온도
메틸알코올	알코올류	464℃
등유	제2석유류	254℃
아세트산	제2석유류	427℃
아세톤	제1석유류	538℃

7. ㉮ 사염화탄소(CCl_4) 소화약제를 사용할 때 유독
   성 가스인 포스겐($COCl_2$)이 생성될 위험성이
   있다.
   ㉯ 반응식 : $2CCl_4+O_2 \rightarrow 2COCl_2+2Cl_2$

8. 위험물의 자연발화를 방지하는 방법

㉮ 통풍을 잘 시킬 것
㉯ 저장실의 온도를 낮출 것
㉰ 습도가 높은 곳을 피하고, 건조하게 보관할 것
㉱ 열의 축적을 방지할 것
㉲ 가연성가스 발생을 조심할 것
㉳ 불연성가스를 주입하여 공기와의 접촉을 피할 것
㉴ 물질의 표면적을 최대한 작게 할 것
㉵ 정촉매 작용을 하는 물질과의 접촉을 피할 것

9. 유기과산화물 화재예방상 주의사항

㉮ 제5류 위험물이며 지정수량은 10kg이다.
㉯ 직사일광을 피하고 냉암소에 저장한다.
㉰ 불꽃, 불티 등의 화기 및 열원으로부터 멀리하고 산화제, 환원제와도 격리한다.
㉱ 용기의 손상으로 유기과산화물이 누설하거나 오염되지 않도록 한다.
㉲ 같은 장소에 종류가 다른 약품과 함께 저장하지 않는다.
㉳ 알코올류, 아민류, 금속분류, 기타 가연성 물질과 혼합하지 않는다.
㉴ 유기과산화물은 자체 내에 산소가 함유되어 있기 때문에 질식소화는 효과가 없으므로, 다량의 주수에 의한 냉각소화가 효과적이다.

10. ㉮ 표준상태(0℃, 1기압[760mmHg])에서 CO_2의 양 계산 : 아보가드로의 법칙에 의하여 벤젠 78kg이 반응하여 생성되는 이산화탄소(CO_2)는 6킬로몰(kmol)이고, 1킬로몰(kmol)의 체적은 22.4m^3이다.

$$C_6H_6 + 7.5O_2 \longrightarrow 6CO_2 + 3H_2O$$
$$[벤젠] \qquad\qquad [이산화탄소]$$
$$78kg \searrow \qquad\qquad \nearrow 6 \times 22.4m^3$$
$$1kg \nearrow \qquad\qquad \searrow x[m^3]$$

$$\therefore x = \frac{1 \times 6 \times 22.4}{78} = 1.723\,m^3$$

㉯ 27℃, 750mmHg 상태에서의 체적(V_2) 계산

보일-샤를의 법칙 $\dfrac{P_1 V_1}{T_1} = \dfrac{P_2 V_2}{T_2}$ 에서

$$V_2 = \frac{P_1 V_1 T_2}{P_2 T_1} = \frac{760 \times 1.723 \times (273+27)}{750 \times 273}$$
$$= 1.918\,m^3$$

11. 소화기 표시 "A-2" 의미

㉮ A : 소화기의 적응 화재 → A급 화재로 일반 화재
㉯ 2 : 소화기의 능력 단위

12. 분말 소화약제는 유사시에 방출된 후에 배관의 내부에 점착된 분말이 존재하고 이것이 습기에 의하여 응고되고, 관 내부의 부식을 초래하여 약제 방출 후 클리닝 장치로 즉시 청소하여야 한다.

13. 플래시 오버(flash over) 현상 : 전실화재라 하며 화재로 발생한 열이 주변의 모든 물체가 연소되기 쉬운 상태에 도달하였을 때 순간적으로 강한 화염을 분출하면서 내부 전체를 급격히 태워버리는 현상이다.

14. 무기과산화물은 제1류 위험물에 해당되며 지정수량은 50kg이다.

15. 마그네슘(Mg)의 특징

㉮ 제2류 위험물로 지정수량 500kg이다.
㉯ 은백색의 광택이 있는 가벼운 금속 분말이다.
㉰ 열전도율 및 전기전도도가 큰 금속이다.
㉱ 알칼리금속에는 침식당하지 않지만 산이나 염류에는 침식된다.
㉲ 산 및 더운물과 반응하여 수소(H_2)를 발생한다.
$$Mg + 2HCl \longrightarrow MgCl_2 + H_2 \uparrow$$
$$Mg + 2H_2O \longrightarrow Mg(OH)_2 + H_2 \uparrow$$
㉳ 화재 시 이산화탄소 소화약제를 사용하면 탄소 (C) 및 유독성이고 가연성인 일산화탄소가 발생하므로 부적합하다.
$$2Mg + CO_2 \longrightarrow 2MgO + C$$
$$Mg + CO_2 \longrightarrow MgO + CO \uparrow$$

비중 1.74, 융점 651℃, 비점 1102℃, 발화점 400℃ 부근이다.

16. 제5류 위험물 취급 시 주의사항

㉮ 가열, 마찰, 충격 등을 피하고, 화기로부터 멀리 한다.

㉯ 실내온도, 통풍, 습기에 주의하고 분해를 촉진시키는 원인을 제거한다.

㉰ 통풍이 잘 되는 냉암소에 저장한다.

㉱ 제5류 위험물은 물에 잘 녹지 않기 때문에 물과의 반응 위험성이 적어 화재 시 다량의 물로 냉각 소화한다.

17. 니트로셀룰로오스[$C_{24}H_{29}O_9(ONO_2)_n$]의 특징

㉮ 제5류 위험물 중 질산에스테르류에 해당되며, 지정수량은 10kg이다.

㉯ 천연 셀룰로오스에 진한 질산과 진한 황산을 작용시켜 제조한다.

㉰ 맛과 냄새가 없고 초산에틸, 초산아밀, 아세톤, 에테르 등에는 용해하나 물에는 녹지 않는다.

㉱ 햇빛, 산, 알칼리에 의해 분해, 자연 발화한다.

㉲ 질화도가 클수록 폭발의 위험성이 증가하며 폭약의 원료로 사용한다.

㉳ 건조한 상태에서는 발화의 위험이 있다.

㉴ 물과 혼합할수록 위험성이 감소하므로 저장 및 수송할 때에는 함수알코올(물+알코올)을 습윤시킨다.

㉵ 130℃ 정도에서 서서히 분해되고 180℃에서 불꽃을 내며 급격히 연소하여 완전 분해되면 150배의 기체가 된다.

㉶ 비중 1.7, 인화점 13℃, 착화점 180℃이다.

18. 각 위험물의 지정수량

위험물	유별 및 품명	지정수량
염소산나트륨	제1류, 염소산염류	50kg
리튬	제3류, 알칼리금속	50kg
과산화나트륨	제1류, 무기과산화물	50kg
디에틸에테르	제4류, 특수인화물	50L

19. 제6류 위험물(산화성 액체) 종류 및 지정수량

품명	지정수량
과염소산($HClO_4$)	300kg
과산화수소(H_2O_2)	300kg
질산(HNO_3)	300kg
그 밖에 행정안전부령으로 정하는 것 : 할로겐간 화합물→오불화요오드(IF_5), 오불화브롬(BrF_5), 삼불화브롬(BrF_3)	300kg

㊟ 염산(HCl)은 위험물에 해당되지 않는다.

20. ㉮ 제1류 위험물의 지정수량

품명		지정수량
브롬산나트륨	브롬산염류	300kg
과산화나트륨	무기과산화물	50kg
중크롬산나트륨	중크롬산염류	1000kg

㉯ 지정수량 배수의 합 계산 : 지정수량 배수의 합은 각 위험물량을 지정수량으로 나눈 값의 합이다.

∴ 지정수량 배수의 합

$$= \frac{A \, 위험물량}{지정수량} + \frac{B \, 위험물량}{지정수량} + \frac{C \, 위험물량}{지정수량}$$

$$= \frac{300}{300} + \frac{150}{50} + \frac{500}{1000} = 4.5$$

21. 제1류 위험물(산화성 고체)의 공통적인 성질

㉮ 대부분 무기물이며 무색 결정, 백색 분말로 비중이 1보다 크다.

㉯ 물에 잘 녹는 것이 많으며 물과 작용하여 열과 산소를 발생시키는 것도 있다.

㉰ 반응성이 커서 가열, 충격, 마찰 등에 의해서 분해되기 쉽다.

㉱ 일반적으로 불연성이며 산소를 많이 함유한 강산화제로서 가연물과 혼입하면 폭발의 위험성이 크다.

22. 오황화인(P_2S_5)

㉮ 제2류 위험물 중 황화인에 해당되며 지정수량 100kg이다.

㉯ 오황화인(P_2S_5)은 물과 반응하여 인산(H_3PO_4)과 유독한 가스인 황화수소(H_2S)가 발생한다.

㉱ 반응식 : $P_2S_5 + 8H_2O \longrightarrow 2H_3PO_4 + 5H_2S\uparrow$

23. 각 위험물의 수용성 여부

명칭	품명	수용성 여부
벤젠	제4류 제1석유류	비수용성
아세톤	제4류 제1석유류	수용성
메틸알코올	제4류 알코올류	수용성
아세트알데히드	제4류 특수인화물	수용성

24. 휘발유(가솔린)의 특징

㉮ 제4류 위험물 중 제1석유류에 해당되며 지정수량 200L이다.

㉯ 탄소수 $C_5 \sim C_9$까지의 포화(알칸), 불포화(알켄) 탄화수소의 혼합물로 특이한 냄새가 나는 무색의 휘발성 액체이다.

㉰ 물에는 용해되지 않지만 유기용제와는 잘 섞이며 고무, 수지, 유지를 잘 녹인다.

㉱ 휘발 및 인화하기 쉽고, 증기는 공기보다 3~4배 무거워 누설 시 낮은 곳에 체류하여 연소를 확대시킨다.

㉲ 전기의 불량도체이며, 정전기 발생에 의한 인화의 위험성이 크다.

㉳ 액비중 0.65~0.8(증기비중 3~4), 인화점 -20~-43℃, 발화점 300℃, 연소범위 1.4~7.6%이다.

25. 각 위험물의 지정수량

위험물	유별 및 품명	지정수량
염소산나트륨	제1류, 염소산염류	50kg
리튬	제3류, 알칼리금속	50kg
과산화나트륨	제1류, 무기과산화물	50kg
디에틸에테르	제4류, 특수인화물	50L

26.
공기 중에서 햇빛(직사광선)을 받았을 때 자연발화현상이 발생하는 위험물은 제3류 위험물인 황린(P_4)이며, 이런 위험을 방지하기 위하여 물 속에 넣어 보관하고 있다.

27.
트리메틸알루미늄[$(CH_3)_3Al$]은 물(H_2O)과 반응하면 수산화알루미늄[$Al(OH)_3$]과 가연성 가스인 메탄(CH_4)이 발생한다.

$(CH_3)_3Al + 3H_2O \longrightarrow Al(OH)_3 + 3CH_4$

28. 위험물과 보호액

품명	유별	보호액
이황화탄소(CS_2)	제4류	물
황린(P_4)	제3류	물
칼륨(K), 나트륨(Na)	제3류	등유, 경유, 유동파라핀
니트로셀룰로오스	제5류	물 20%, 알코올 30%로 습윤시킴

29. 브롬산칼륨($KBrO_3$)

㉮ 제1류 위험물 브롬산염류에 해당되며 지정수량은 300kg이다.

㉯ 융점(370℃) 이상으로 가열하면 분해되어 산소를 방출한다.

$2KBrO_3 \longrightarrow 2KBr + 3O_2\uparrow$

㉰ 2몰의 브롬산칼륨이 분해하면 3몰의 산소가 발생하고, 표준상태에서 1몰의 체적은 22.4L이다. 즉, 1기압, 0℃ 상태의 산소 3×22.4L을 2기압 27℃ 상태의 체적으로 보일-샤를의 법칙을 이용해서 계산한다.

$$\frac{P_1 V_1}{T_1} = \frac{P_2 V_2}{T_2}$$

$$\therefore V_2 = \frac{P_1 \times V_1 \times T_2}{P_2 \times T_1}$$

$$= \frac{1 \times (3 \times 22.4) \times (273 + 27)}{2 \times 273} = 36.923L$$

30. 제3류 위험물 지정수량 및 총합

품명		지정수량
알킬리튬		10kg
황린		20kg
수소화나트륨	금속의 수소화물	300kg
인화칼슘	금속의 인화물	300kg
탄화칼슘	칼슘 또는 알루미늄의 탄화물	300kg
지정수량의 총합		960kg

31. 탄화칼슘(CaC_2)의 저장 및 취급방법

㉮ 제3류 위험물 중 칼슘 또는 알루미늄의 탄화물로 지정수량은 300kg이다.

㉯ 물, 습기와의 접촉을 피하고 통풍이 잘 되는 건조한 냉암소에 밀봉하여 저장한다.

㉰ 저장 중에 아세틸렌가스의 발생 유무를 점검한다.

㉱ 장기간 저장할 용기는 질소 등 불연성가스를 충전하여 저장한다.

㉲ 화기로부터 멀리 떨어진 곳에 저장한다.

㉳ 운반 중에 가열, 마찰, 충격불꽃 등에 주의한다.

32. 아세트산(CH_3COOH : 초산)의 일반적 성질

㉮ 제4류 위험물 중 제2석유류(수용성)에 해당되며 지정수량 2000L이다.

㉯ 무색, 투명하고 식초와 같은 자극적인 냄새를 가진 액체이다.

㉰ 알코올, 에테르에 잘 용해하며, 묽은 것은 부식성이 강하고 진한 것일수록 약해진다.

㉱ 물에 잘 녹으며, 융점(16.7℃) 이하에서는 얼음과 같이 되며 연소 시 파란 불꽃을 낸다.

㉲ 알루미늄 이외의 일반 금속과 작용하여 수용성 염을 만든다.

㉳ 질산과 과산화나트륨과 반응하면 폭발하는 경우도 있다.

㉴ 액비중 1.05(증기비중 2.07), 비점 118.3℃, 융점 16.7℃, 인화점 42.8℃, 발화점 427℃, 연소범위 5.4~16%이다.

참고 등유의 증기비중은 4~5이므로 등유보다 작다.

33. 위험물의 정의 [법 제2조] : 위험물 – 인화성 또는 발화성 등의 성질을 가지는 것으로서 대통령령으로 정하는 물품을 말한다.

34. 니트로벤젠($C_6H_5NO_2$) : 제4류 위험물 중 제3석유류에 해당된다.

35. 아세트알데히드의 저장, 취급 시 주의사항

㉮ 화학적 활성이 큰 가연성 액체이므로 강산화제와의 접촉을 피한다.

㉯ 구리, 마그네슘 등의 금속과 접촉하면 폭발적으로 반응하므로 취급설비에는 구리 합금의 사용을 피한다.

㉰ 공기와 접촉 시 과산화물을 생성하므로 밀봉, 밀전하여 냉암소에 저장한다.

㉱ 용기 및 탱크 내부에는 질소, 아르곤 등 불연성가스를 주입하여 봉입한다.

㉲ 물에 잘 녹는 수용성이기 때문에 화재 시 희석소화가 가능하다.

36. 과산화칼륨(K_2O_2) : 제1류 위험물 중 무기과산화물로 물과 접촉하면 열과 산소가 발생하므로 주수소화는 금물이고 건조사, 팽창질석 또는 팽창진주암, 탄산수소염류 분말 소화약제 및 분말 소화기를 사용하여야 한다.

$$2K_2O_2 + 2H_2O \longrightarrow 4KOH + O_2 \uparrow + Q[kcal]$$

37. 트리니트로톨루엔[$C_6H_2CH_3(NO_2)_3$: TNT]

㉮ 분해(폭발) 반응식

$$2C_6H_2CH_3(NO_2)_3 \longrightarrow 12CO \uparrow + 3N_2 \uparrow + 5H_2 \uparrow + 2C$$

㉯ 생성되는 가스 : 일산화탄소(CO), 질소(N_2), 수소(H_2)

㉰ 생성되는 가스 중 유독기체는 일산화탄소(CO)이다.

38. 스프링클러설비의 장점

㉮ 화재 초기 진화작업에 효과적이다.

㉯ 소화제가 물이므로 가격이 저렴하고 소화 후 시설 복구가 용이하다.

㉰ 조작이 간편하며 안전하다.

㉱ 감지부가 기계적으로 작동되어 오동작이 없다.

㉲ 사람이 없는 야간에도 자동적으로 화재를 감지하여 소화 및 경보를 해 준다.

참고 단점

㉮ 초기 시설비가 많이 소요된다.

㉯ 시공이 복잡하고, 물로 인한 피해가 클 수 있다.

39. ㉮ 위험물 운반할 때 혼재 기준 [시행규칙 별표 19, 부표2]

구분	제1류	제2류	제3류	제4류	제5류	제6류
제1류		×	×	×	×	○
제2류	×		×	○	○	×
제3류	×	×		○	×	×
제4류	×	○	○		○	×
제5류	×	○	×	○		×
제6류	○	×	×	×	×	

○ : 혼합 가능, × : 혼합 불가능

㉯ 이 표는 지정수량의 $\frac{1}{10}$ 이하의 위험물에 대하여는 적용하지 않는다.

40. 옥내소화전설비의 수원 수량 [시행규칙 별표17]

㉮ 수원의 수량은 옥내소화전이 가장 많이 설치된 층의 옥내소화전 설치개수(설치개수가 5개이상인 경우는 5개)에 7.8m³를 곱한 양 이상이 되도록 설치할 것

㉯ 수원의 수량 계산

수량=옥내소화전 설치개수×7.8
　　　=4×7.8=31.2m³

41. 운반용기에 의한 수납 적재 기준 [시행규칙 별표19]

㉮ 고체 위험물은 운반용기 내용적의 95% 이하의 수납률로 수납할 것

㉯ 액체 위험물은 운반용기 내용적의 98% 이하의 수납률로 수납하되, 55℃의 온도에서 누설되지 아니하도록 충분한 공간용적을 유지하도록 할 것

42. 각 위험물의 유별 구분

품명	유별
황린	제3류 위험물
부틸리튬	제3류 유기금속화합물
칼슘	제3류 알칼리금속
유황	제2류 위험물

43. ㉮ 질산(HNO_3) : 제6류 위험물로 공기 중에서 분해하면서 유독성인 이산화질소(NO_2)의 적갈색 증기를 발생한다.

㉯ 반응식 : $4HNO_3 \rightarrow 2H_2O + 4NO_2 + O_2$

44. 소화기 설치 시 보행거리 기준 [시행규칙 별표17]

㉮ 대형수동식 소화기 : 30m 이하

㉯ 소형수동식 소화기 : 20m 이하

45. 소화설비의 능력단위 [시행규칙 별표17]

소화설비 종류	용량	능력단위
소화전용 물통	8L	0.3
수조 (소화전용 물통 3개 포함)	80L	1.5
수조 (소화전용 물통 6개 포함)	190L	2.5
마른모래(삽 1개 포함)	50L	0.5
팽창질석 또는 팽창진주암(삽 1개 포함)	160L	1.0

46. 피난설비 설치 대상 [시행규칙 제43조]

㉮ 주유취급소 중 건축물의 2층 이상의 부분을 점포·휴게음식점 또는 전시장의 용도로 사용하는 것

㉯ 옥내주유취급소

47. 위험등급 Ⅰ의 위험물 [시행규칙 별표19]

㉮ 제1류 위험물 중 아염소산염류, 염소산염류, 과염소산염류, 무기과산화물 그 밖에 지정수량이 50kg인 위험물

㉯ 제3류 위험물 중 칼륨, 나트륨, 알킬알루미늄, 알킬리튬, 황린 그 밖에 지정수량이 10kg 또는 20kg인 위험물

㉰ 제4류 위험물 중 특수인화물

㉱ 제5류 위험물 중 유기과산화물, 질산에스테르류 그 밖에 지정수량이 10kg인 위험물

㉲ 제6류 위험물

참고 제5류 위험물 중 니트로화합물은 위험등급 Ⅱ에 해당된다.

48. 소화설비의 적용성 중 "△" 표시 [시행규칙 별표 17]
  ㉮ 제4류 위험물을 저장 또는 취급하는 장소의 살수기준면적에 따라 스프링클러설비의 살수 밀도가 규정에 정하는 기준 이상인 경우에는 당해 스프링클러설비가 제4류 위험물에 대하여 적용성이 있음을 표시한다.
  ㉯ 제6류 위험물을 저장 또는 취급하는 장소로서 폭발의 위험이 없는 장소에 한하여 이산화탄소소화기가 제6류 위험물에 대하여 적용성이 있음을 표시한다.

49. 소화설비 소요단위 계산 [시행규칙 별표17] : 위험물은 지정수량의 10배를 1소요단위로 한다.

50. 제3류 위험물 중 금수성 물질을 제외한 그 밖의 것에 적용성이 있는 소화설비 [시행규칙 별표17]
  ㉮ 옥내소화전 또는 옥외소화전설비
  ㉯ 스프링클러설비
  ㉰ 물분무 소화설비
  ㉱ 포 소화설비
  ㉲ 봉상수(棒狀水) 소화기
  ㉳ 무상수(霧狀水) 소화기
  ㉴ 봉상강화액 소화기
  ㉵ 무상강화액 소화기
  ㉶ 포 소화기
  ㉷ 기타 : 물통 또는 건조사, 팽창질석 또는 팽창진주암

51. 공지단축 옥외저장탱크에 물분무설비로 방호조치를 하는 경우에 보유공지의 2분의 1 이상의 너비(최소 3m 이상)로 할 수 있는 방사량 및 수원 기준 [시행규칙 별표6]
  ㉮ 탱크의 표면에 방사하는 물의 양은 탱크의 원주길이 1m에 대하여 분당 37L 이상으로 할 것
  ㉯ 수원의 양은 ㉮항의 규정에 의한 수량으로 20분 이상 방사할 수 있는 수량으로 할 것
  ㉰ 수원의 양 계산 : 탱크의 원주길이는 $\pi \times D$ 이다.

∴ 수원의 양 = 탱크 원주길이(m)×37L/min·m×20min
= (π×20)×37L/min·m×20min
= 46495.571L

52. 물분무 소화설비의 방사구역 [시행규칙 별표17] : 물분무 소화설비의 방사구역은 150m² 이상(방호대상물의 표면적이 150m² 미만인 경우에는 당해 표면적)으로 할 것

53. 운송책임자의 감독, 지원을 받아 운송하여야 하는 위험물 종류 [시행령 제19조]
  ㉮ 알킬알루미늄
  ㉯ 알킬리튬
  ㉰ 알킬알루미늄 또는 알킬리튬을 함유하는 위험물

54. 제조소의 환기설비 기준 [시행규칙 별표4]
  ㉮ 환기는 자연배기방식으로 할 것
  ㉯ 급기구는 당해 급기구가 설치된 실의 바닥면적 150m²마다 1개 이상으로 하되, 급기구의 크기는 800cm² 이상으로 한다.
  ㉰ 급기구는 낮은 곳에 설치하고 가는 눈의 구리망 등으로 인화방지망을 설치할 것
  ㉱ 환기구는 지붕 위 또는 지상 2m 이상의 높이에 회전식 고정벤추레이터 또는 루프팬방식으로 설치할 것

55. 아세트알데히드등을 취급하는 제조소의 특례 기준 [시행규칙 별표4]
  ㉮ 아세트알데히드등을 취급하는 설비는 은·수은·동·마그네슘 또는 이들을 성분으로 하는 합금으로 만들지 아니할 것
  ㉯ 아세트알데히드등을 취급하는 설비에는 연소성 혼합기체의 생성에 의한 폭발을 방지하기 위한 불활성기체 또는 수증기를 봉입하는 장치를 갖출 것
  ㉰ 아세트알데히드등을 취급하는 탱크에는 냉각장치 또는 저온을 유지하기 위한 장치(보랭장

치) 및 연소성 혼합기체의 생성에 의한 폭발을 방지하기 위한 불활성기체를 봉입하는 장치를 갖출 것. 다만 지하에 있는 탱크가 아세트알데히드등의 온도를 저온으로 유지할 수 있는 구조인 경우에는 냉각장치 및 보랭장치를 갖추지 아니할 수 있다.

㉰ 냉각장치 또는 보랭장치는 2 이상 설치하여 하나의 냉각장치 또는 보랭장치가 고장난 때에도 일정 온도를 유지할 수 있도록 하고, 비상전원을 갖출 것

㉱ 아세트알데히드등을 취급하는 탱크를 지하에 매설하는 경우에는 당해 탱크를 탱크전용실에 설치할 것

56. 옥내저장소 배출설비 기준 [시행규칙 별표5] : 인화점이 70℃ 미만인 위험물의 저장창고(옥내저장소)에 있어서는 내부에 체류한 가연성의 증기를 지붕 위로 배출하는 설비를 갖추어야 한다.

57. 이동저장탱크의 칸막이 [시행규칙 별표10]

㉮ 이동저장탱크는 그 내부에 4000L 이하마다 3.2mm 이상의 강철판 또는 이와 동등 이상의 강도·내열성 및 내식성이 있는 금속성의 것으로 칸막이를 설치하여야 한다.

㉯ 고체인 위험물을 저장하거나 고체인 위험물을 가열하여 액체 상태로 저장하는 경우에는 그러하지 아니하다.

58. 제조소의 안전거리 [시행규칙 별표4]

해당 대상물	안전거리
7000V 초과 35000V 이하 전선	3m 이상
35000V 초과 전선	5m 이상
건축물, 주거용 공작물	10m 이상
고압가스, LPG, 도시가스 시설	20m 이상
학교·병원·극장(300명 이상 수용), 다수인 수용시설(20명 이상)	30m 이상
유형문화재, 지정문화재	50m 이상

59. 가연성 고체에 대한 착화의 위험성 시험방법 [세부기준 제8조]

㉮ 시험장소는 온도 20℃, 습도 50%, 1기압, 무풍의 장소로 한다.

㉯ 두께 10mm 이상의 무기질 단열판 위에 시험물품 3cm³ 정도를 둘 것

㉰ 액화석유가스의 불꽃을 시험물품에 10초간 접촉시킨다.

㉱ 시험을 10회 이상 반복하여 화염을 시험물품에 접촉할 때부터 착화할 때까지의 시간을 측정하고, 시험물품이 1회 이상 연소를 계속하는지 여부를 관찰할 것

㉲ 시험결과 불꽃을 시험물품에 접촉하고 있는 동안에 시험물품이 모두 연소하는 경우, 불꽃을 격리시킨 후 10초 이내에 연소물품의 모두가 연소한 경우 또는 불꽃을 격리시킨 후 10초 이상 계속하여 시험물품이 연소한 경우에는 가연성 고체에 해당하는 것으로 한다.

60. 암반탱크의 공간용적 [세부기준 제25조] : 암반탱크는 당해 탱크 내에 용출하는 7일간의 지하수의 양에 상당하는 용적과 당해 탱크의 내용적의 $\frac{1}{100}$ 용적 중에서 보다 큰 용적을 공간용적으로 한다.

제2회 CBT 모의고사

제2회 정답

1	2	3	4	5	6	7	8	9	10
①	④	③	②	②	③	②	②	①	②
11	12	13	14	15	16	17	18	19	20
②	②	②	③	③	②	③	①	①	④
21	22	23	24	25	26	27	28	29	30
③	④	②	③	②	④	①	①	①	②
31	32	33	34	35	36	37	38	39	40
①	④	④	④	②	①	④	①	①	④
41	42	43	44	45	46	47	48	49	50
③	②	④	③	②	③	③	②	④	③
51	52	53	54	55	56	57	58	59	60
②	②	①	②	①	④	②	④	②	④

1. 제3종 분말 소화약제의 열분해

㉮ 인산암모늄($NH_4H_2PO_4$)이 열분해하여 생성되는 물질은 암모니아(NH_3)와 수증기(H_2O)이며 부피비는 1 : 1이다.

㉯ 반응식 : $NH_4H_2PO_4 \rightarrow HPO_3+NH_3+H_2O$

2. 정전기 발생의 예방방법

㉮ 접지에 의한 방법

㉯ 공기 중의 상대습도를 70% 이상으로 유지하는 방법

㉰ 공기를 이온화하는 방법

㉱ 위험물의 유속을 낮추는 방법

3. 소화기 사용방법

㉮ 적응화재에만 사용할 것

㉯ 성능에 따라 불 가까이 접근하여 사용할 것

㉰ 바람을 등지고 풍상(風上)에서 풍하(風下)의 방향으로 소화작업을 할 것

㉱ 소화는 양옆으로 비로 쓸듯이 골고루 방사할 것

4. 메틸알코올(CH_3OH ; 메탄올) : 제4류 위험물 중 알코올류에 해당되며, 지정수량 400L이다.

∴ 무게 = 체적(L) × 비중 = 400 × 0.8 = 320 kg

5. ㉮ 화학포 소화기 : 탄산수소나트륨($NaHCO_3$)과 황산알루미늄[$Al_2(SO_4)_3$]의 화학 반응에 따라 발생하는 이산화탄소(CO_2)를 이용하여 포를 발생시킨다.

㉯ 반응식

$6NaHCO_3+Al_2(SO_4)_3+18H_2O$

$\rightarrow 3Na_2SO_4+2Al(OH)_3+6CO_2 \uparrow +18H_2O \uparrow$

6. $H = \dfrac{U-L}{L} = \dfrac{13-2}{2} = 5.5$

여기서, U : 연소범위 상한값

L : 연소범위 하한값

7. 질소는 산소와 반응을 하여 질소산화물을 만들지만 흡열반응을 하기 때문에 가연물이 될 수 없다.

8. 화재의 분류 및 표시 색상

구분	화재 종류	표시 색상
A급 화재	일반 화재	백색
B급 화재	유류, 가스 화재	황색
C급 화재	전기 화재	청색
D급 화재	금속 화재	–

9. 각 물질의 착화온도(발화점)

명칭	착화온도
이황화탄소	100℃
디에틸에테르	180℃
아세톤	538℃
아세트알데히드	185℃

10. 제5류 위험물(자기반응성 물질)은 가연성 물질이며 그 자체가 산소를 함유하고 있으므로 할로겐화합물 소화기 등을 이용한 질식소화가 불가능하므로 다량의 주수에 의한 냉각소화가 효과적이다.

11. ㉮ 이황화탄소(CS₂)와 물(H₂O)과의 반응식
$$CS_2 + 2H_2O \rightarrow CO_2 + 2H_2S$$
㉯ 유독한 기체물질(황화수소) 부피 계산 : 이황화
탄소(CS₂) 1몰(mol)이 물과 반응하면 2몰(mol)
의 황화수소(H₂S)가 발생되며, 표준상태에서
1몰(mol)의 기체 부피는 22.4L에 해당된다.
∴ 황화수소의 부피 = 2mol×22.4L/mol = 44.8L

12. 연소의 종류에 따른 가연물
㉮ 표면연소 : 목탄(숯), 코크스
㉯ 분해연소 : 종이, 석탄, 목재, 중유
㉰ 증발연소 : 가솔린, 등유, 경유, 알코올, 양
초, 유황
㉱ 확산연소 : 가연성 기체(수소, 프로판, 부탄,
아세틸렌 등)
㉲ 자기연소 : 제5류 위험물(니트로셀룰로오스,
셀룰로이드, 니트로글리세린 등)

13. 소화방법(소화효과)
㉮ 제거소화 : 화재 현장에서 가연물을 제거함으
로써 화재의 확산을 저지하는 방법으로 소화
하는 것이다.
㉯ 질식소화 : 산소공급원을 차단하여 연소 진행
을 억제하는 방법으로 소화하는 것이다.
㉰ 냉각소화 : 물 등을 사용하여 활성화 에너지
(점화원)를 냉각시켜 가연물을 발화점 이하로
낮추어 연소가 계속 진행할 수 없도록 하는 방
법으로 소화하는 것이다.
㉱ 부촉매 소화(억제소화) : 산화반응에 직접 관
계없는 물질을 가하여 연쇄반응의 억제작용을
이용하는 방법으로 소화하는 것이다.

14. 제5류 위험물의 일반적인 성질
㉮ 가연성 물질이며 그 자체가 산소를 함유하므
로 자기연소(내부연소)를 일으키기 쉽다.
㉯ 유기물질이며 연소속도가 대단히 빨라서 폭
발성이 있다.
㉰ 가열, 마찰, 충격에 의하여 인화 폭발하는 것
이 많다.

㉱ 장기간 저장하면 산화반응이 일어나 열분해
되어 자연 발화를 일으키는 경우도 있다.

15. 공기 중 산소의 체적비율이 21%인 상태에서 이
산화탄소(CO₂)에 의하여 산소농도가 감소되는
것이고, 산소농도가 감소되어 발생되는 차이가
공기 중 이산화탄소의 농도가 된다.
$$\therefore CO_2 = \frac{21 - O_2}{21} \times 100$$
$$= \frac{21 - 12.5}{21} \times 100 = 40.476\%$$

16. 고체 가연물의 연소형태
㉮ 표면연소 : 목탄(숯), 코크스, 금속분
㉯ 분해연소 : 종이, 석탄, 목재
㉰ 증발연소 : 양초, 유황, 나프탈렌
참고 확산연소는 기체 가연물의 연소방법에 해당된다.

17. 분말 소화기는 미세한 건조분말을 이용하는 것
으로 분말에는 자체 압력이 없기 때문에 질소(N₂),
이산화탄소(CO₂)와 같은 가압원이 필요하다.

18. 분말 소화약제의 분말이 습기 등으로 굳어지는
것을 방지하기 위하여 금속비누(스테아린산 마그
네슘, 스테아린산 아연 등)를 첨가하여 표면처리
를 한다.

19. 알루미늄(Al)분의 특징
㉮ 제2류 위험물 중 금속분에 해당되며 지정수량
은 500kg이다.
㉯ 할로겐원소와 접촉하면 자연발화의 위험성이
있다.
㉰ 물과 반응하여 수소(H₂)를 발생한다.
㉱ 산(HCl : 염산), 알칼리(NaOH : 가성소다)와
반응하여 수소(H₂)를 발생한다.
㉲ 진한 질산과는 반응이 잘 되지 않으나 묽은
염산, 황산, 묽은 질산에는 잘 녹는다.
㉳ 진한 질산은 알루미늄을 침식시키지 못하고
부동태화(不動態化)한다.
㉴ 비중 2.71, 융점 658.8℃, 비점 2060℃이다.

20. 산화프로필렌(CH_3CHOCH_2)의 특징

㉮ 제4류 위험물 중 특수인화물로 지정수량 50L
이다.

㉯ 무색, 투명한 에테르 냄새가 나는 휘발성 액
체이다.

㉰ 물, 에테르, 벤젠 등의 많은 용제에 녹는다.

㉱ 화학적 활성이 크며 산, 알칼리, 마그네슘의
촉매하에서 중합반응을 한다.

㉲ 증기와 액체는 구리(Cu), 은(Ag), 수은(Hg),
마그네슘(Mg) 등의 금속이나 합금과 접촉하면
폭발성인 아세틸라이드를 생성한다.

㉳ 휘발성이 좋아 인화하기 쉽고, 연소범위가 넓
어 위험성이 크다.

㉴ 액비중 0.83, 증기비중 2.0, 비점 34℃, 인화
점 −37℃, 발화점 465℃, 연소범위 2.1~38.5%
이다.

21. ㉮ 제6류 위험물의 지정수량 및 현재 양

품명	지정수량	현재 양
과염소산	300kg	300kg
과산화수소	300kg	450kg
질산	300kg	900kg

㉯ 지정수량 배수의 합 계산 : 지정수량 배수의
합은 각 위험물량을 지정수량으로 나눈 값의
합이다.

∴ 지정수량 배수의 합

$$= \frac{A 위험물량}{지정수량} + \frac{B 위험물량}{지정수량} + \frac{C 위험물량}{지정수량}$$

$$= \frac{300}{300} + \frac{450}{300} + \frac{900}{300} = 5.5$$

22. 피리딘(C_5H_5N) : 제4류 위험물 중 제1석유류에
해당되며 물에 용해되는 수용성으로 지정수량은
400L이다.

23. BCF는 할로겐화합물 소화약제 중에서 탄소(C),
불소(F), 염소(Cl), 취소(Br : 브롬)를 모두 포함
하는 것으로 할론 1211(CF_2ClBr)이다.

참고 소화기 분류

분류	소화기 명칭	화학식
CTC 소화기	사염화탄소 소화기	CCl_4
CB 소화기	할론 1011 소화기	CH_2ClBr
MTB 소화기	할론 1301 소화기	CF_3Br
BCF 소화기	할론 1211 소화기	CF_2ClBr
FB 소화기	할론 2402 소화기	C_2F4Br_2

24. 제4류 위험물의 유별 및 지정수량

구분	품명	분류	지정수량	합계
A	이황화탄소	특수인화물	50L	2050L
	아닐린	제3석유류	2000L	
B	아세톤	제1석유류	400L	1800L
	피리딘	제1석유류	400L	
	경유	제2석유류	1000L	
C	벤젠	제1석유류	200L	1200L
	클로로벤젠	제2석유류	1000L	
D	중유	제3석유류	2000L	2000L

25. 오산화인(P_2O_5)은 황린, 적린이 연소에 의하여
생성되는 물질로 위험물에는 해당되지 않는다.

참고 각 위험물의 유별

㉮ CaC_2(탄화칼슘) : 제3류 위험물로 금수성 물
질의 고체로 지정수량은 300kg이다.

㉯ S(유황) : 제2류 위험물로 가연성 고체이며
지정수량은 100kg이다.

㉰ K(칼륨) : 제3류 위험물로 자연발화성 물질 및
금수성 물질의 고체로 지정수량은 10kg이다.

26. 제2류 위험물(가연성 고체)의 종류

품명	지정수량	위험등급
황화린	100kg	Ⅱ
적린	100kg	
유황	100kg	
철분	500kg	Ⅲ
금속분	500kg	
마그네슘	500kg	
인화성 고체	1000kg	
행안부령으로 정하는 것	100kg 또는 500kg	Ⅱ~Ⅲ

27. 적린(P)의 성상 및 취급
  ㉮ 제2류 위험물로 지정수량 100kg이다.
  ㉯ 황린과 동소체이지만 황린에 보다 안정한 암적색, 무취의 분말이다.
  ㉰ 물, 에틸알코올, 가성소다($NaOH$), 이황화탄소(CS_2), 에테르, 암모니아에 용해하지 않는다.
  ㉱ 상온에서 할로겐원소와 반응하지 않는다.
  ㉲ 독성이 없고 자연발화의 위험성이 없으나 <u>산화물(염소산염류 등의 산화제)과 공존하면 낮은 온도에서도 발화할 수 있다.</u>
  ㉳ 공기 중에서 연소하면 오산화인(P_2O_5)이 되면서 백색 연기를 낸다.
  ㉴ 물과 반응하지 않으므로 화재 시 주수소화한다.
  ㉵ 적린의 성질 : 비중 2.2, 융점(43atm) 590℃, 승화점 400℃, 발화점 260℃

28. 벤조일퍼옥사이드(과산화벤조일)의 특징
  ㉮ 제5류 위험물 중 유기과산화물에 해당되며 지정수량은 10kg이다.
  ㉯ 무색, 무미의 결정 고체로 <u>물에는 잘 녹지 않으나</u> 알코올에는 약간 녹는다.
  ㉰ 빛, 열, 충격, 마찰 등에 의해 폭발의 위험이 있다.
  ㉱ 강한 산화성 물질로 진한 황산, 질산, 초산 등과 접촉하면 화재나 폭발의 우려가 있다.
  ㉲ <u>수분의 흡수나 불활성 희석제(프탈산디메틸, 프탈산디부틸)의 첨가에 의해 폭발성을 낮출 수도 있다.</u>
  ㉳ 비중(25℃) 1.33, 융점 103~105℃(분해온도), 발화점 125℃이다.

29. 물분무등 소화설비 종류 [시행규칙 별표17]
  ㉮ 물분무 소화설비
  ㉯ 포 소화설비
  ㉰ 불활성가스 소화설비
  ㉱ 할로겐화합물 소화설비
  ㉲ 분말 소화설비 : 인산염류, 탄산수소염류, 그 밖의 것

30. 제3류 위험물이 물과 반응 시 생성물
  ㉮ 금속나트륨(Na) : 수소(H_2)를 발생
    $2Na+2H_2O \longrightarrow 2NaOH+H_2\uparrow$
  ㉯ 칼륨(K) : <u>수소(H_2)를</u> 발생
    $2K+2H_2O \longrightarrow 2KOH+H_2\uparrow$
  ㉰ 인화칼슘(Ca_3P_2) : 인화수소(PH_3 : 포스핀)를 발생
    $Ca_3P_2+6H_2O \longrightarrow 3Ca(OH)_2+2PH_3\uparrow$
  ㉱ 탄화칼슘(CaC_2) : 아세틸렌(C_2H_2)이 발생
    $CaC_2+2H_2O \longrightarrow Ca(OH)_2+C_2H_2\uparrow$

31. 옥내소화전 설비의 비상전원 [세부기준 제129조]
  ㉮ 비상전원은 자가발전설비 또는 축전지설비에 의한다.
  ㉯ 용량은 옥내소화전설비를 유효하게 45분 이상 작동시키는 것이 가능할 것

32. 위험물 안전관리법 적용 제외 [법 제3조] : 위험물 안전관리법은 항공기 · 선박(선박법에 따른 선박을 말한다) · 철도 및 궤도에 의한 위험물의 저장 · 취급 및 운반에 있어서는 이를 적용하지 아니한다.

33. 옥내소화전설비 설치기준 [시행규칙 별표17]
  ㉮ 호스 접속구까지의 수평거리 : 25m 이하
  ㉯ 수원의 양 : 옥내소화전 설치개수(최고 5개)에 $7.8m^3$를 곱한 양 이상
  ㉰ 노즐선단의 방수압력 : 350kPa(0.35MPa) 이상
  ㉱ 노즐에서의 방수량 : 260L/min 이상

34. 제1류 위험물 중 물과 반응 생성물
  ㉮ 발열하면서 산소를 발생하는 것 : 과산화나트륨(Na_2O_2) 및 과산화칼륨(K_2O_2)
  ㉯ 반응식
    $2Na_2O_2+2H_2O \longrightarrow 4NaOH+O_2\uparrow+Q\,[kcal]$
    $2K_2O_2+2H_2O \longrightarrow 4KOH+O_2\uparrow+Q\,[kcal]$

35. 각 위험물의 지정수량

품명		지정수량
과염소산칼륨 ($KClO_4$)	제1류 위험물 과염소산염류	50kg
트리니트로톨루엔 [$C_6H_2CH_3(NO_2)_3$]	제5류 위험물 니트로화합물	200kg
황린	제3류 위험물	20kg
유황	제2류 위험물	100kg

36. 트리니트로페놀($C_6H_2(NO_2)_3OH$: 피크르산)의 특징

㉮ 제5류 위험물 중 니트로화합물로 지정수량 200kg이다.

㉯ 강한 쓴맛과 독성이 있는 <u>휘황색을 나타내는 편평한 침상 결정</u>이다.

㉰ 찬물에는 거의 녹지 않으나 온수, 알코올, 에테르, 벤젠 등에는 잘 녹는다.

㉱ 중금속(Fe, Cu, Pb 등)과 반응하여 민감한 피크린산염을 형성한다.

㉲ 공기 중에서 서서히 연소하나 뇌관으로는 폭굉을 일으킨다.

㉳ 황색 염료, 농약, 산업용 도폭선의 심약, 뇌관의 첨장약, 군용 폭파약, 피혁공업에 사용한다.

㉴ 비중 1.8, 융점 121℃, 비점 255℃, 발화점 300℃이다.

37. <u>질산 자체는 연소성, 폭발성은 없지만 환원성이 강한 물질(황화수소[H_2S], 아민 등)과 혼합하면 발화 또는 폭발한다.</u>

38. 제3류 위험물인 트리에틸알루미늄[($C_2H_5)_3Al$]의 반응 생성물 종류

㉮ 공기 중에서 연소하면 발열과 함께 산화알루미늄(Al_2O_3), 이산화탄소(CO_2), 물(H_2O)을 발생한다.

$$2(C_2H_5)_3Al+21O_2$$
$$\rightarrow 12CO_2+Al_2O_3+15H_2O+1470.4kcal$$

㉯ 물(H_2O)과 반응하면 가연성 가스인 에탄(C_2H_6)이 발생한다.

$$(C_2H_5)_3Al+3H_2O \rightarrow Al(OH)_3+3C_2H_6\uparrow$$

㉰ 할로겐족 원소와 반응하여 가연성 가스를 발생한다.

$$(C_2H_5)_3Al+3Cl_2 \rightarrow AlCl_3+3C_2H_6Cl[염화에틸]\uparrow$$

39. ㉮ 과산화칼륨(K_2O_2) : 제1류 위험물 중 무기과산화물로 물(H_2O)과 접촉하면 발열과 함께 산소(O_2)가 발생되어 폭발위험성이 증가한다.

㉯ 반응식

$$2K_2O_2+2H_2O \rightarrow 4KOH+O_2\uparrow+Q\,[kcal]$$

40. 과염소산(제6류 위험물)의 저장 및 취급방법

㉮ 공기 중에 방치하면 분해하고, 가열하면 폭발한다.

㉯ <u>산화력이 강하여 종이, 나무부스러기 등과 접촉하면 연소와 동시에 폭발하기 때문에 접촉</u>을 피한다.

㉰ 물과 접촉하면 심하게 반응하므로 비, 눈 등에 노출되지 않도록 한다.

㉱ 유리, 도자기 등의 용기에 넣어 통풍이 잘 되는 곳에 보관한다.

㉲ 직사광선을 차단하고 유기물, 가연성 물질의 접촉을 피한다.

41. 질산(HNO_3)

㉮ 제6류 위험물로 지정수량은 300kg이다.

㉯ 질산 600L를 무게(kg)로 환산

∴ 무게 = 체적(L)×비중 = 600×1.5 = 900kg

㉰ 지수량 배수 계산 : 지정수량 배수는 위험물량을 지정수량으로 나눈 값이다.

$$\therefore 지정수량 배수 = \frac{위험물량}{지정수량} = \frac{600}{300} = 3\,배$$

42. 주유취급소의 소화난이도 등급 [시행규칙 별표17]

㉮ 소화난이도 등급 Ⅰ : 주유취급소 직원 외의 자가 출입하는 부분 면적의 합이 500m²를 초과하는 것

㉯ 소화난이도 등급 Ⅱ : <u>옥내주유취급소로서 소화난이도 등급 Ⅰ의 제조소등에 해당하지 아니하는 것</u>

㉹ 소화난이도 등급 Ⅲ : 옥내주유취급소 외의
것으로서 소화난이도등급 Ⅰ의 제조소등에 해
당하지 아니하는 것

43. 제3류 위험물의 품명 및 지정수량

품명		지정수량
부틸리튬(C_4H_9Li)	유기금속 화합물	50kg
칼륨(K)	칼륨	10kg
나트륨(Na)	나트륨	10kg
수소화리튬(LiH)	금속의 수소화물	300kg

44. 이산화탄소 소화기의 경우 제6류 위험물을 저
장 또는 취급하는 장소로서 폭발의 위험이 없는
장소에 한하여 적응성이 있는 것으로 규정하고
있음 [시행규칙 별표17]

45. 포헤드방식의 포헤드 설치 기준[세부기준 제133조]

㉮ 포헤드는 방호대상물의 모든 표면이 포헤드
의 유효사정 내에 있도록 설치할 것
㉯ 방호대상물의 표면적 $9m^2$당 1개의 포헤드를,
$1m^2$당 방사량이 6.5L/min 이상의 비율로 계
산한 양의 포수용액을 표준방사량으로 방사할
수 있도록 설치할 것
㉰ 방사구역은 $100m^2$ 이상으로 할 것

46. 저장소 건축물의 소요단위 계산방법 [시행규칙
별표17]

㉮ 외벽이 내화구조인 것 : 연면적 $150m^2$를 1소
요단위로 할 것
㉯ 외벽이 내화구조가 아닌 것 : 연면적 $75m^2$를
1소요단위로 할 것
㉰ 소요단위 계산 : 외벽이 내화구조가 아니므로
연면적 $75m^2$가 1소요단위에 해당된다.

$$\therefore 소요단위 = \frac{건축물\ 연면적}{1소요단위\ 면적} = \frac{450}{75} = 6\,단위$$

47. "제조소등"이라 함은 제조소·저장소 및 취급
소를 말한다. [법 제2조]

48. 제조소의 보유공지[시행규칙 별표4]

취급하는 위험물의 최대수량	공지의 너비
지정수량의 10배 이하	3m 이상
지정수량의 10배 초과	5m 이상

49. 제조소의 환기설비 기준[시행규칙 별표4]

㉮ 환기는 자연배기방식으로 할 것
㉯ 급기구는 당해 급기구가 설치된 실의 바닥면
적 $150m^2$ 마다 1개 이상으로 하되, 급기구의
크기는 $800cm^2$ 이상으로 한다.
㉰ 급기구는 낮은 곳에 설치하고 가는 눈의 구리
망 등으로 인화방지망을 설치할 것
㉱ 환기구는 지붕 위 또는 지상 2m 이상의 높이
에 회전식 고정벤추레이터 또는 루프팬방식으
로 설치할 것

50. 이동탱크저장소 표지

㉮ 부착위치
㉠ 이동탱크 저장소 : 전면 상단 및 후면 상단
㉡ 위험물 운반차량 : 전면 및 후면
㉯ 규격 및 형상 : 60cm 이상×30cm 이상의 횡
형 사각형
㉰ 색상 및 문자 : 흑색바탕에 황색의 반사 도료
로 "위험물"이라 표기할 것

51. 히드록실아민등을 취급하는 제조소 안전거리 산
정식 [시행규칙 별표4]

$$D = 51.1^3\sqrt{N}$$

여기서, D : 안전거리(m)
N : 해당 제조소에서 취급하는 히드록
실아민등의 지정수량의 배수

52. 경보설비의 구분 [시행규칙 제42조]

㉮ 자동화재 탐지설비
㉯ 비상경보설비(비상벨장치 또는 경종을 포함
한다.)
㉰ 확성장치(휴대용 확성기를 포함한다.)
㉱ 비상방송설비

53. 제조소등의 연소의 우려가 있는 외벽 [위험물안전관리에 관한 세부기준 제41조] : 연소의 우려가 있는 외벽은 다음에서 정한 선을 기산점으로 하여 3m(2층 이상의 층에 대해서는 5m) 이내에 있는 제조소등의 외벽을 말한다.
㉮ 제조소등이 설치된 부지의 경계선
㉯ 제조소등에 인접한 도로의 중심선
㉰ 제조소등의 외벽과 동일부지 내의 다른 건축물의 외벽간의 중심선

54. ㉮ 탱크 용적의 산정기준 [시행규칙 제5조] : 위험물을 저장 또는 취급하는 탱크의 용량은 해당 탱크의 내용적에서 공간용적을 뺀 용적으로 한다.
㉯ 탱크의 공간용적 [세부기준 제25조] : 탱크의 공간용적은 탱크의 내용적의 $\frac{5}{100}$ 이상 $\frac{10}{100}$ 이하의 용적으로 한다.
㉰ 탱크의 최대 용량 계산 : 공간용적을 최소로 하여야 위험물을 허가 받을 수 있는 최대 용량이 된다.
∴ 탱크 최대 용량=탱크 내용적−공간용적
$=$탱크 내용적$-\left(\text{탱크 내용적}\times\frac{5}{100}\right)$
$=20000-\left(20000\times\frac{5}{100}\right)=19000\text{ L}$

55. 위험물 시설의 설치 및 변경 등(법 제6조) : 제조소등의 위치 · 구조 또는 설비의 변경 없이 위험물의 품명 · 수량 또는 지정수량의 배수를 변경하고자 하는 자는 변경하고자 하는 날의 1일 전까지 행정안전부령이 정하는 바에 따라 시 · 도지사에게 신고하여야 한다.

56. 제조소등의 정기점검
㉮ 정기점검 대상 [시행령 제16조]
㉠ 관계인이 예방규정을 정하여야 하는 제조소등
㉡ 지하탱크저장소
㉢ 이동탱크저장소
㉣ 위험물을 취급하는 탱크로서 지하에 매설된 탱크가 있는 제조소 · 주유취급소 또는 일반취급소

㉯ 정기점검 횟수 [시행규칙 제64조] : 연 1회 이상

57. 산화프로필렌(CH_3CHOCH_2) : 제4류 위험물 중 특수인화물, 지정수량 50L
㉮ 증기와 액체는 구리, 은, 마그네슘 등의 금속이나 합금과 접촉하면 폭발성인 아세틸라이드를 생성한다.
$C_3H_6O+2Cu \longrightarrow Cu_2C_2+CH_4+H_2O$
(Cu_2C_2 : 동아세틸라이드)
㉯ 보관 방법 : 공기와 접촉 시 과산화물을 생성하므로 용기 내부에 질소, 아르곤 등 불활성 기체를 충전하여 냉암소에 저장한다.

58. 위험물 이동저장탱크의 외부 도장 [세부기준 제109조]

유별	도장 색상	유별	도장 색상
제1류	회색	제4류	−
제2류	적색	제5류	황색
제3류	청색	제6류	청색

㈜ 1. 탱크의 앞면과 뒷면을 제외한 면적의 40% 이내의 면적은 다른 유별의 색상 외의 색상으로 도장하는 것이 가능하다.
2. 제4류에 대해서는 도장의 색상 제한이 없으나 적색을 권장한다.

59. 인화칼슘(Ca_3P_2)은 제3류 위험물 중 금속의 인화물로 물과 반응하여 유독한 인화수소(PH_3 : 포스핀)를 발생하므로 분무주수에 의한 냉각소화는 부적합하다. 건조사를 이용하여 소화하여야 한다.

60. 황화인의 특징
㉮ 제2류 위험물로 지정수량 100kg이다.
㉯ 황화인 종류에는 삼황화인(P_4S_3), 오황화인(P_2S_5), 칠황화인(P_4S_7)이 있다.
㉰ 삼황화인(P_4S_3)은 물, 염소, 염산, 황산에는 녹지 않으나 질산, 이황화탄소, 알칼리에는 녹는다.
㉱ 오황화인(P_2S_5)은 물, 알칼리에 의해 황화수소(H_2S)와 인산(H_3PO_4)으로 분해된다.
㉲ 칠황화인(P_4S_7)은 찬물에는 서서히, 더운물에는 급격히 녹아 분해되면서 황화수소와 인산을 발생한다.

제3회 CBT 모의고사

제3회 정답

1	2	3	4	5	6	7	8	9	10
①	③	④	③	④	①	①	②	②	①
11	**12**	**13**	**14**	**15**	**16**	**17**	**18**	**19**	**20**
②	③	②	①	②	③	①	①	④	③
21	**22**	**23**	**24**	**25**	**26**	**27**	**28**	**29**	**30**
④	②	③	④	④	④	③	③	②	②
31	**32**	**33**	**34**	**35**	**36**	**37**	**38**	**39**	**40**
③	④	③	②	②	②	②	④	④	④
41	**42**	**43**	**44**	**45**	**46**	**47**	**48**	**49**	**50**
②	④	④	①	④	③	①	③	④	①
51	**52**	**53**	**54**	**55**	**56**	**57**	**58**	**59**	**60**
④	④	②	①	④	②	③	①	②	①

1. 정전기 방지 대책

㉮ 설비를 접지한다.

㉯ 공기를 이온화한다.

㉰ 공기 중 상대습도를 70% 이상 유지한다.

2. ㉮ 이산화탄소 소화기를 사용할 때 액체 상태의 이산화탄소가 줄·톰슨 효과에 의하여 온도가 강하되면서 고체(얼음) 상태의 드라이아이스로 되는 현상이 발생한다.

㉯ 줄·톰슨 효과 : 단열을 한 배관 중에 작은 구멍을 내고 이 관에 압력이 있는 유체를 흐르게 하면 유체가 작은 구멍을 통할 때 유체의 압력이 하강함과 동시에 온도가 떨어지는 현상이다.

3. 산·알칼리 소화기에서 탄산수소나트륨($NaHCO_3$)과 황산(H_2SO_4)의 화학반응으로 생긴 탄산가스(이산화탄소 : CO_2)를 압력원으로 사용한다.

4. ㉮ 인화점(引火點) : 가연성 물질이 공기 중에서 점화원에 의하여 연소할 수 있는 최저온도이다.

㉯ 引 : 끌 인, 火 : 불 화, 點 : 점찍을 점

5. 분말 소화약제의 종류 및 주성분

종류	주성분	적응화재	착색
제1종 분말	탄산수소나트륨 ($NaHCO_3$)	B.C	백색
제2종 분말	탄산수소칼륨 ($KHCO_3$)	B.C	자색 (보라색)
제3종 분말	제1인산암모늄 ($NH_4H_2PO_4$)	A.B.C	담홍색
제4종 분말	탄산수소칼륨+요소 [$KHCO_3+(NH_2)_2CO$]	B.C	회색

㉬ 제2종 분말 소화약제의 착색 상태를 '담회색'으로 표현하는 경우도 있음

6. 보일 오버(boil over) 현상 : 유류탱크 화재 시 탱크 저부의 비점이 낮은 불순물이 연소열에 의하여 이상팽창하면서 다량의 기름이 탱크 밖으로 비산하는 현상을 말한다.

7. 전기설비의 소화설비 [시행규칙 별표17] : 제조소 등에 전기설비(전기배선, 조명기구 등은 제외한다)가 설치된 경우에는 당해 장소의 면적 $100m^2$ 마다 소형수동식 소화기를 1개 이상 설치할 것

8. ㉮ 제4류 위험물의 분자량 및 증기 비중

품명	분자량	비중
벤젠(C_6H_6)	78	2.69
등유	–	4~5
메틸알코올(CH_3OH)	32	1.1
디에틸에테르($C_2H_5OC_2H_5$)	74	2.55

㉯ 증기비중은 $\dfrac{기체 분자량}{공기의 평균 분자량(29)}$ 이므로 분자량이 큰 것이 증기비중이 크다.

참고 등유는 탄소수 $C_9 \sim C_{18}$인 포화, 불포화탄화수소의 혼합물로 증기비중은 4~5이다.

9. ㉮ 옥외소화전설비 설치기준 [시행규칙 별표17] : 수원의 수량은 옥외소화전의 설치개수(설치개수가 4개 이상인 경우는 4개)에 $13.5m^3$를 곱한 양 이상이 되도록 설치할 것

㉯ 수원의 수량 계산

수원의 수량=$4 \times 13.5 = 54m^3$ 이상

10. 불활성가스 소화설비 용량비에 따른 명칭[세부기준 제134조]

㉮ 질소 100% : IG-100

㉯ 질소 50%, 아르곤 50% : IG-55

㉰ 질소 52%, 아르곤 40%, 이산화탄소 8% : IG-541

11. 각 위험물의 착화온도

품명		착화온도
피크르산	제5류	300℃
적린	제2류	260℃
에틸알코올	제4류	423℃
트리니트로톨루엔	제5류	300℃

12. 할론 1301 증기비중

㉮ 할론 1301의 분자식 : 탄소(C) 1개, 불소(F) 3개, 염소 0개, 취소(Br : 브롬) 1개의 화합물이므로 화학식(분자식)은 CF_3Br이다.

㉯ 분자량 계산 : $12+(19 \times 3)+80 = 149$

㉰ 증기비중 계산

증기 비중 $= \dfrac{분자량}{공기의 분자량} = \dfrac{149}{29} = 5.137$

13. 포헤드방식의 포헤드 설치 기준[세부기준 제133조]

㉮ 포헤드는 방호대상물의 모든 표면이 포헤드의 유효사정 내에 있도록 설치할 것

㉯ 방호대상물의 표면적 $9m^2$당 1개의 포헤드를, $1m^2$당 방사량이 6.5L/min 이상의 비율로 계산한 양의 포수용액을 표준방사량으로 방사할 수 있도록 설치할 것

㉰ 방사구역은 $100m^2$ 이상으로 할 것

14. 알코올형포(내알코올포) 소화약제 : 알코올과 같은 수용성 액체에는 포가 파괴되는 현상으로 인해 소화효과를 잃게 되는 것을 방지하기 위해 단백질 가스분해물에 합성세제를 혼합하여 제조한 소화약제이다.

15.
㉮ 이산화탄소(CO_2)의 분자량(M) 계산 : $12+(16 \times 2)=44$

㉯ 기체상태의 이산화탄소 부피(L) 계산 : 이상기체 상태방정식 $PV = \dfrac{W}{M}RT$를 이용하여 계산

$\therefore V = \dfrac{WRT}{PM}$

$= \dfrac{(1 \times 10^3) \times 0.082 \times (273+25)}{2 \times 44}$

$= 277.681 L$

㉰ 이상기체 상태방정식 공식 : $PV = \dfrac{W}{M}RT$

P : 압력(atm) → 2atm

V : 부피(L) → 구하여야 할 부피임

M : 분자량(g/mol) → 44

W : 질량(g) → 1kg = 1×10^3g=1000g

R : 기체상수(0.082L · atm/mol · K)

T : 절대온도(K) → (273+25) K

16. 트리니트로페놀($C_6H_2(NO_2)_3OH$; 피크르산)의 특징

㉮ 제5류 위험물 중 니트로화합물로 지정수량 200kg이다.

㉯ 강한 쓴맛과 독성이 있는 휘황색을 나타내는 편평한 침상 결정이다.

㉰ 찬물에는 거의 녹지 않으나 온수, 알코올, 에테르, 벤젠 등에는 잘 녹는다.

㉱ 중금속(Fe, Cu, Pb 등)과 반응하여 민감한 피크린산염을 형성한다.

㉲ 공기 중에서 서서히 연소하나 뇌관으로는 폭굉을 일으킨다.

㉳ 황색 염료, 농약, 산업용 도폭선의 심약, 뇌관의 첨장약, 군용 폭파약, 피혁공업에 사용한다.

㉴ 비중 1.8, 융점 121℃, 비점 255℃, 발화점 300℃이다.

17. 벤조일퍼옥사이드(과산화벤조일)의 특징

㉮ 제5류 위험물 중 유기과산화물에 해당되며 지정수량은 10kg이다.

㉯ 무색, 무미의 결정 고체로 물에는 잘 녹지 않으나 알코올에는 약간 녹는다.

ⓒ 빛, 열, 충격, 마찰 등에 의해 폭발의 위험이 있다.

ⓔ 강한 산화성 물질로 진한 황산, 질산, 초산 등과 접촉하면 화재나 폭발의 우려가 있다.

ⓜ 수분의 흡수나 불활성 희석제(프탈산디메틸, 프탈산디부틸)의 첨가에 의해 폭발성을 낮출 수도 있다.

ⓑ 비중(25℃) 1.33, 융점 103~105℃(분해온도), <u>발화점 125℃</u>이다.

18. 제5류 위험물 중 질산에스테르류의 종류

ⓐ 니트로셀룰로오스($[C_6H_7O_2(ONO_2)_3]_n$)

ⓝ 질산에틸($C_2H_5ONO_2$)

ⓒ 질산메틸(CH_3ONO_2)

ⓔ 니트로글리세린($C_3H_5(ONO_2)_3$)

ⓜ 니트로글리콜($C_2H_4(ONO_2)_2$)

ⓑ 셀룰로이드류

참고 트리니트로톨루엔$[C_6H_2CH_3(NO_2)_3$: TNT]은 제5류 위험물 중 니트로화합물에 해당된다.

19. 과염소산($HClO_4$) 특징

ⓐ 제6류 위험물(산화성 액체)로 지정수량 300kg이다.

ⓝ 무색의 유동하기 쉬운 액체이며, 염소 냄새가 난다.

ⓒ 불연성 물질로 가열하면 유독성가스를 발생한다.

ⓔ 염소산 중에서 가장 강한 산이다.

ⓜ 산화력이 강하여 종이, 나무부스러기 등과 접촉하면 연소와 동시에 폭발하기 때문에 접촉을 피한다.

ⓑ 물과 접촉하면 심하게 반응하며 발열한다.

ⓢ 액비중 1.76(증기비중 3.47), 융점 −112℃, 비점 39℃이다.

20. 지정수량 이상의 위험물을 임시로 저장 또는 취급 조건 [법 제5조]

ⓐ 시·도의 조례가 정하는 바에 따라 관할소방서장의 승인을 받아 지정수량 이상의 위험물을 <u>90일</u> 이내의 기간 동안 임시로 저장 또는 취급하는 경우

ⓝ 군부대가 지정수량 이상의 위험물을 군사목적으로 임시로 저장 또는 취급하는 경우

참고 임시로 저장 또는 취급하는 장소에서의 저장 또는 취급의 기준과 위치·구조 및 설비의 기준은 시·도의 조례로 정한다.

21.
제5류 위험물은 그 자체가 산소를 함유하고 있는 자기반응성 물질이므로 질식소화가 불가능하므로 다량의 주수에 의한 냉각소화가 효과적이다.

22. 옥외소화전설비 기준 [세부기준 제130조]

ⓐ 옥외소화전의 개폐밸브 및 호스접속구는 지반면으로부터 1.5m 이하의 높이에 설치할 것

ⓝ 방수용 기구를 격납하는 함(이하 "옥외소화전함"이라 한다)은 불연재료로 제작하고 옥외소화전으로부터 보행거리 5m 이하의 장소로서 화재발생 시 쉽게 접근가능하고 화재 등의 피해를 받을 우려가 적은 장소에 설치할 것

23.
ⓐ 제5류 위험물의 지정수량

명칭	지정수량	지정수량 배수
니트로화합물	200kg	0.25
니트로소화합물	200kg	0.25
질산에스테르류	10kg	5
히드록실아민	100kg	0.5

ⓝ 지정수량 배수는 $\dfrac{물질량}{지정수량}$이다.

24. 질산칼륨(KNO_3)의 특징

ⓐ 제1류 위험물 중 질산염류에 해당되며 지정수량은 300kg이다.

ⓝ 무색 또는 백색 결정분말로 짠맛과 자극성이 있다.

ⓒ 물이나 글리세린에는 잘 녹으나 알코올에는 녹지 않는다.

ⓔ 강산화제로 가연성 분말이나 <u>유기물과의 접촉은 매우 위험</u>하다.

ⓜ 400℃ 정도로 가열하면 아질산칼륨(KNO_2)과 산소(O_2)가 발생한다.

ⓑ 흑색 화약의 원료(질산칼륨 75%, 황 15%, 목

탄 10%)로 사용한다.
④ 비중 2.10, 융점 339℃, 용해도(15℃) 26, 분
해온도 400℃이다.

25. ㉮ 자기반응성 물질은 제5류 위험물에 해당된다.
㉯ 각 위험물의 유별 구분

품명	유별
황화인	제2류 위험물
탄화칼슘	제3류 위험물
이황화탄소	제4류 위험물
트리니트로톨루엔	제5류 위험물

26. 제2류 위험물의 철분, 금속분, 마그네슘 외의
품명은 화재 시 주수소화가 효과적이다(철분, 금
속분, 마그네슘은 건조사를 이용한다).

27. 질산칼륨(KNO₃)
㉮ 제1류 위험물 중 질산염류에 해당되며 지정수
량은 300kg이다.
㉯ 400℃ 정도로 가열하면 아질산칼륨(KNO_2)과
산소(O_2)가 발생한다.
㉰ 반응식 : $2KNO_3 \rightarrow 2KNO_2 + O_2 \uparrow$

28. 마그네슘(Mg)분의 특징
㉮ 제2류 위험물로 지정수량 500kg이다.
㉯ 은백색의 광택이 있는 가벼운 금속 분말이다
(비중이 1.74로 물보다 무겁다).
㉰ 공기 중에 분말이 부유하면 <u>분진폭발의 위험
성이 있다.</u>
㉱ 알칼리금속에는 침식당하지 않지만 산이나
염류에는 침식된다.
㉲ 산 및 더운물과 반응하여 <u>수소(H_2)를 발생한다.</u>
㉳ 화재 시 이산화탄소 소화약제를 사용하면 탄
소(C) 및 유독성이고 가연성인 일산화탄소가
발생하므로 부적합하다.
㉴ 물(H_2O)과 반응하여 가연성인 수소(H_2)를 발
생하여 폭발의 위험이 있기 때문에 <u>주수소화
는 부적합</u>하므로 탄산수소염류 분말소화설비
및 분말소화기, 건조사(마른 모래), 팽창질석
및 팽창진주암을 이용한다.

㉮ 비중 1.74, 융점 651℃, 비점 1102℃, 발화점
400℃ 부근이다.

29. ㉮ 소화설비의 능력단위(소요단위) [시행규칙
별표17]

소화설비	용량	능력단위
소화전용 물통	8L	0.3
수조(소화전용 물통 3개 포함)	80L	1.5
수조(소화전용 물통 6개 포함)	190L	2.5
마른 모래(삽 1개 포함)	50L	0.5
팽창질석 또는 팽창진주암
(삽 1개 포함)	160L	1.0

㉯ 메틸알코올의 지정수량 : 400L
㉰ 소요단위 계산 : 지정수량의 10배를 1소요단
위로 한다.
$$\therefore 소요단위 = \frac{저장량}{지정수량 \times 10} = \frac{8000}{400 \times 10} = 2$$
㉱ 마른 모래 계산 : 마른 모래 50L가 0.5능력단
위(소요단위)이다.

50L ⟋ : ⟍ 0.5 소요단위
x[L] ⟍ : ⟋ 2 소요단위

$$\therefore x = \frac{50 \times 2}{0.5} = 200 \text{ L}$$

30. 황린(P₄)과 적린(P)의 비교

구분	황린	적린
유별	제3류	제2류
지정수량	20kg	100kg
위험등급	I	II
색상	백색 또는
담황색 고체	암적색 분말
이황화탄소
(CS_2) 용해도	용해한다.	용해하지
않는다.
물의 용해도	용해하지
않는다.	용해하지
않는다.
연소생성물	오산화인(P_2O_5)	오산화인(P_2O_5)
독성	유	무
비중	1.82	2.2
발화점	34℃	260℃
소화방법	분무 주수	분무 주수

31. 소화설비 소요단위 계산 [시행규칙 별표17]

㉮ 제조소 또는 취급소의 건축물

　　㉠ 외벽이 내화구조인 것 : 연면적 $100m^2$를 1소요단위로 할 것

　　㉡ 외벽이 내화구조가 아닌 것 : 연면적 $50m^2$를 1소요단위로 할 것

㉯ 저장소의 건축물

　　㉠ 외벽이 내화구조인 것 : 연면적 $150m^2$를 1소요단위로 할 것

　　㉡ 외벽이 내화구조가 아닌 것 : 연면적 $75m^2$를 1소요단위로 할 것

㉰ 위험물 : 지정수량의 10배를 1소요단위로 할 것

32. 제3류 위험물의 품명 및 지정수량

품명		지정수량
부틸리튬(C_4H_9Li)	유기금속 화합물	50kg
칼륨(K)	칼륨	10kg
나트륨(Na)	나트륨	10kg
수소화리튬(LiH)	금속의 수소화물	300kg

33. 자동화재 탐지설비 설치기준 [시행규칙 별표17]

㉮ 하나의 경계구역의 면적은 $600m^2$ 이하로 하고 그 한 변의 길이는 50m(광전식분리형 감지기를 설치할 경우에는 100m) 이하로 할 것

㉯ 당해 건축물 그 밖의 공작물의 출입구에서 그 내부의 전체를 볼 수 있는 경우에는 그 면적을 $1000m^2$ 이하로 할 수 있다.

34. 사방황(S)의 성질

구분	성질
품명	제2류 유황(S)
색상	노란색(황색)
비중	2.07
융점	113℃
결정형	팔면체
온도에 대한 안정성	95.5℃ 이하에서 안정
CS_2에 대한 용해도	잘 녹음
물에 대한 용해도	녹지 않음
연소 불꽃색	푸른색
전기 전도성	부도체

35. 저장소용 건축물로 외벽이 내화구조인 것의 1소요 단위는 연면적이 $150m^2$이다.

$$\therefore 소요단위 = \frac{건축물\ 연면적}{1소요단위\ 면적}$$

$$= \frac{300}{150} = 2\,단위$$

36. 제1석유류인 아세톤(CH_3COCH_3)은 물에 녹는 수용성 액체이지만 물과는 반응하지 않는다.

37. 가솔린의 위험성

㉮ 휘발 및 인화하기 쉽고, 증기는 공기보다 3~4배 무거워 누설 시 낮은 곳에 체류하여 연소를 확대시킨다.

㉯ 전기의 불량도체이며, 정전기 발생에 의한 인화의 위험성이 크다.

㉰ 사에틸납[$(C_2H_5)_4Pb$: 테트라에틸납(TEL)]의 첨가로 유독성이 있으며, 혈액에 들어가면 빈혈을 유발하고, 뇌에 손상을 준다.

㉱ 불순물에 의해서 연소 시 아황산(SO_2) 가스를 발생시키며, 내연기관에서는 고온에 의해 질소산화물을 생성한다.

㉲ 액비중 0.65~0.8(증기비중 3~4), 인화점 -20~-43℃, 발화점 300℃, 연소범위 1.4~7.6%이다.

38. 제3류 위험물의 공통적인 성질

㉮ 대부분이 무기물의 고체나 알킬알루미늄과 같은 유기물의 액체도 있다.

㉯ 물과 접촉하면 가연성 가스를 내면서 발열반응 또는 발화를 한다.(단, 황린은 제외)

㉰ 물과 반응하여 화학적으로 활성화된다.

㉱ 불연성이지만 금속 칼륨, 금속 나트륨은 공기 중에서 연소하므로 가연성이다.

㉲ 황린(P_4)은 공기 중에서 자연 발화의 가능성이 있으므로 물속에 저장한다.

39. ㉮ 위험물 운반할 때 혼재 기준 [시행규칙 별표 19, 부표2]

구분	제1류	제2류	제3류	제4류	제5류	제6류
제1류		×	×	×	×	○
제2류	×		×	○	○	×
제3류	×	×		○	×	×
제4류	×	○	○		○	×
제5류	×	○	×	○		×
제6류	○	×	×	×	×	

○ : 혼합 가능, × : 혼합 불가능

㉯ 이 표는 지정수량의 $\frac{1}{10}$ 이하의 위험물에 대하여는 적용하지 않는다.

40. 아세톤(CH_3COCH_3)의 특징

㉮ 제4류 위험물 중 제1석유류에 해당되며 수용성이기 때문에 지정수량은 400L이다.

㉯ 무색의 휘발성 액체로 독특한 냄새가 있는 인화성 물질이다.

㉰ 물, 알코올, 에테르, 가솔린, 클로로포름 등 유기용제와 잘 섞인다.

㉱ 직사광선에 의해 분해하고, 보관 중 황색으로 변색되며 수지, 유지, 섬유, 고무, 유기물 등을 용해시킨다.

㉲ 비점과 인화점이 낮아 인화의 위험이 크다.

㉳ 독성은 거의 없으나 피부에 닿으면 탈지작용과 증기를 다량으로 흡입하면 구토 현상이 나타난다.

㉴ 액비중 0.79(증기비중 2.0), 비점 56.6℃, 발화점 538℃, 인화점 −18℃, 연소범위 2.6~12.8%이다.

41. ㉮ 제3류 위험물인 탄화알루미늄(Al_4C_3)이 물(H_2O)과 반응하면 발열과 함께 수산화알루미늄[$Al(OH)_3$]과 가연성 가스인 메탄(CH_4)을 생성한다.

㉯ 물(H_2O)과의 반응식

$$Al_4C_3+12H_2O \longrightarrow 4Al(OH)_3+3CH_4\uparrow+Q[kcal]$$

42. 표지 및 게시판 [시행규칙 별표4]

(1) 표지 : 제조소에는 보기 쉬운 곳에 "위험물 제

조소"라는 표시를 한 표지를 설치한다.

㉮ 크기 : 한 변의 길이가 0.3m 이상, 다른 한 변의 길이가 0.6m 이상인 직사각형

㉯ 색상 : 백색바탕에 흑색문자

(2) 주의사항 게시판

위험물의 종류	내용	색상
• 제1류 위험물 중 알칼리금속의 과산화물 • 제3류 위험물 중 금수성 물질	"물기엄금"	청색바탕에 백색문자
• 제2류 위험물(인화성 고체 제외)	"화기주의"	적색바탕에 백색문자
• 제2류 위험물 중 인화성 고체 • 제3류 위험물 중 자연발화성 물질 • 제4류 위험물 • 제5류 위험물	"화기엄금"	

43. 탄화칼슘(카바이드 : CaC_2)의 특징

㉮ 제3류 위험물 중 칼슘 또는 알루미늄의 탄화물로 지정수량은 300kg이다.

㉯ 백색의 입방체 결정으로 시판품은 회색, 회흑색을 띠고 있다.

㉰ 수증기 및 물과 반응하여 가연성 가스인 아세틸렌(C_2H_2)과 수산화칼슘[$Ca(OH)_2$]이 발생한다.

$$CaC_2+2H_2O \longrightarrow Ca(OH)_2+C_2H_2\uparrow$$

㉱ 상온에서 안정하지만 350℃에서 산화되며, 700℃ 이상에서는 질소와 반응하여 석회질소($CaCN_2$: 칼슘시아나이드)를 생성한다.

㉲ 시판품은 불순물이 포함되어 있어 유독한 황화수소(H_2S), 인화수소(PH_3 : 포스핀), 암모니아(NH_3) 등을 발생시킨다.

㉳ 비중 2.22, 융점 2370℃, 착화온도 335℃이다.

44. 위험물운송책임자가 사무실에 대기하면서 이행하는 사항 [시행규칙 별표21]

㉮ 운송경로를 미리 파악하고 관할소방서 또는 관련업체에 대한 연락체계를 갖추는 것

㉯ 이동탱크저장소의 운전자에 대하여 수시로

안전확보 상황을 확인하는 것
㉰ 비상시의 응급처치에 관하여 조언하는 것
㉱ 그 밖에 위험물의 운송 중 안전확보에 관하여 필요한 정보를 제공하고 감독 또는 지원하는 것

45. **제조소의 피뢰설비 기준** [시행규칙 별표4] : 지정수량의 10배 이상의 위험물을 취급하는 제조소(제6류 위험물을 취급하는 위험물 제조소를 제외한다)에는 피뢰침을 설치하여야 한다. 다만, 제조소의 주위의 상황에 따라 안전상 지장이 없는 경우에는 피뢰침을 설치하지 아니할 수 있다.

46. 자동차 등에 인화점 40℃ 미만의 위험물을 주유할 때는 자동차의 원동기(엔진)를 정지시켜야 한다. [시행규칙 별표18]

47. **이동탱크저장소에 의한 위험물 운송 시에 준수하여야 하는 기준** [시행규칙 별표21]
㉮ 위험물(제4류 위험물에 있어서는 특수인화물 및 제1석유류에 한한다)을 운송하게 하는 자는 위험물안전카드를 위험물운송자로 하여금 휴대하게 할 것
㉯ 위험물운송자는 위험물안전카드를 휴대하고 당해 카드에 기재된 내용에 따를 것

48. **물(H_2O)과 반응하여 발생하는 가스**
㉮ 인화칼슘(Ca_3P_2 : 인화석회)은 인화수소(PH_3 : 포스핀)를 발생
$$Ca_3P_2 + 6H_2O \longrightarrow 3Ca(OH)_2 + 2PH_3 \uparrow$$
㉯ 탄화알루미늄(Al_4C_3)은 메탄(CH_4) 가스를 발생
$$Al_4C_3 + 12H_2O \longrightarrow 4Al(OH)_3 + 3CH_4$$
㉰ 탄화칼슘(CaC_2)은 아세틸렌(C_2H_2) 가스를 발생
$$CaC_2 + 2H_2O \longrightarrow Ca(OH)_2 + C_2H_2 \uparrow$$
㉱ 수소화칼슘(CaH_2)은 수소(H_2) 가스를 발생
$$CaH_2 + 2H_2O \longrightarrow Ca(OH)_2 + 2H_2 \uparrow$$

49. **옥외탱크저장소의 통기관 기준** [시행규칙 별표6] : 밸브 없는 통기관의 직경은 30mm 이상이어야 한다.

50. **압력계 및 안전장치 설치** [시행규칙 별표4] : 위험물을 가압하는 설비 또는 그 취급하는 위험물의 압력이 상승할 우려가 있는 설비에는 압력계 및 안전장치를 설치하여야 한다. 다만, 파괴판은 위험물의 성질에 따라 안전밸브의 작동이 곤란한 가압설비에 한한다.
㉮ 자동적으로 압력의 상승을 정지시키는 장치
㉯ 감압측에 안전밸브를 부착한 감압밸브
㉰ 안전밸브를 병용하는 경보장치
㉱ 파괴판

51. **각 물질의 특징**
㉮ 적린 : 제2류 위험물 가연성 고체이며 안정한 암적색, 무취의 분말로 황린과 동소체이다. 물에 용해하지 않기 때문에 조해성은 없다.
㉯ 황화인 : 제2류 위험물 황색의 가연성 고체로 자연발화성이며 연소하면 오산화인(P_2O_5)과 아황산가스(SO_2)가 발생한다.
㉰ 유황 : 제2류 위험물의 노란색 고체로 열 및 전기절연체이며 여러 원소와 황화합물을 만든다.
㉱ 황린 : 제3류 위험물로 자연발화성이고 강한 마늘 냄새가 나고, 증기는 공기보다 무거운 가연성이며 맹독성 물질이다.

52. **아세트알데히드와 아세톤의 비교**

구분	아세트알데히드	아세톤
분자기호	CH_3CHO	CH_3COCH_3
품명	제4류 위험물 중 특수인화물	제4류 위험물 중 제1석유류
물의 용해도	잘 녹는다.	잘 녹는다.
액비중	0.783	0.79
증기비중	1.52	2.0
발화점	185℃	538℃
인화점	−39℃	−18℃
연소범위	4.1~75%	2.6~12.8%

53. ㉮ 제5류 위험물의 지정수량

품명	지정수량	위험물량
벤조일퍼옥사이드	10kg	200kg
피크르산	200kg	200kg
히드록실아민	100kg	200kg

④ 지정수량 배수의 합 계산 : 지정수량 배수의 합은 각 위험물량을 지정수량으로 나눈 값의 합이다.

∴ 지정수량 배수의 합

$$= \frac{A\,위험물량}{지정수량} + \frac{B\,위험물량}{지정수량} + \frac{C\,위험물량}{지정수량}$$

$$= \frac{200}{10} + \frac{200}{200} + \frac{200}{100} = 23$$

54. 위험물 시설의 설치 및 변경 등[법 제6조] : 제조소등의 위치·구조 또는 설비의 변경 없이 위험물의 품명·수량 또는 지정수량의 배수를 변경하고자 하는 자는 <u>변경하고자 하는 날의 1일 전까지</u> 행정안전부령이 정하는 바에 따라 시·도지사에게 신고하여야 한다.

55. 탄화칼슘(CaC₂)의 성질

㉮ 제3류 위험물 중 칼슘 또는 알루미늄의 탄화물로 지정수량은 300kg이다.

㉯ 탄화칼슘(CaC_2)이 물(H_2O)과 반응하면 가연성인 아세틸렌(C_2H_2)가스가 발생한다.

㉰ 반응식 : $CaC_2 + 2H_2O \rightarrow Ca(OH)_2 + C_2H_2$

56. 불꽃반응 색

명칭	불꽃색
나트륨(Na)	노란색
칼륨(K)	보라색
리튬(Li)	적색
구리(Cu)	청록색
바륨(Ba)	황록색

57. 제4류 위험물의 액체 비중

품명		액체 비중
에테르	특수인화물	0.719
이황화탄소	특수인화물	1.263
벤젠	제1석유류	0.88
글리세린	제3석유류	1.26
가솔린	제1석유류	0.65~0.8
에탄올	알코올류	0.79
아닐린	제3석유류	1.02

58. 위험물 안전관리법

㉮ 적용 제외 [법 제3조] : 위험물 안전관리법은 항공기·선박법에 따른 선박·철도 및 궤도에 의한 위험물의 저장·취급 및 운반에 있어서는 적용하지 아니한다.

㉯ 지정수량 미만인 위험물의 저장·취급 [법 제4조] : 지정수량 미만인 위험물의 저장 또는 취급에 관한 기술상의 기준은 특별비·광역시·특별자치시·도 및 특별자치도(이하 "시·도"라 한다)의 조례로 정한다.

㉰ 지정수량 미만의 위험물 운반은 위험물 안전관리법의 적용을 받는다.

59. 각 위험물의 유별 구분

품명		유별	지정수량
니트로글리콜	질산에스테르류	제5류	10kg
벤젠	제1석유류	제4류	200L
아조벤젠	아조화합물	제5류	200kg
디니트로벤젠	니트로화합물	제5류	200kg

60. ㉮ 양쪽이 볼록한 타원형 탱크 내용적 계산식

$$V = \frac{\pi ab}{4} \times \left(L + \frac{L_1 + L_2}{3} \right)$$

㉯ 횡으로 설치한 원통형 탱크 내용적 계산식

$$V = \pi \times r^2 \times \left(l + \frac{l_1 + l_2}{3} \right)$$

제4회 CBT 모의고사

제4회 정답

1	2	3	4	5	6	7	8	9	10
③	③	④	②	②	③	③	②	③	④

11	12	13	14	15	16	17	18	19	20
②	②	③	②	②	②	③	④	②	④	③

21	22	23	24	25	26	27	28	29	30
①	④	①	①	③	③	③	④	②	①

31	32	33	34	35	36	37	38	39	40
④	③	③	①	③	②	②	④	①	④

41	42	43	44	45	46	47	48	49	50
②	④	③	①	④	④	①	③	④	③

51	52	53	54	55	56	57	58	59	60
②	②	④	④	②	④	③	②	④	③

1. 분말 소화약제의 종류 및 적응화재

종류	주성분	적응화재	착색
제1종 분말	탄산수소나트륨 ($NaHCO_3$)	B, C	백색
제2종 분말	탄산수소칼륨 ($KHCO_3$)	B, C	자색 (보라색)
제3종 분말	제1인산암모늄 ($NH_4H_2PO_4$)	A, B, C	담홍색
제4종 분말	탄산수소칼륨+요소 [$KHCO_3$+$(NH_2)_2CO$]	B, C	회색

㊟ 제2종 분말 소화약제의 착색 상태를 '담회색'으로 표현하는 경우도 있음

2. 물의 증발(기화)잠열은 539cal/g으로 매우 크다.

3. 제4류 위험물의 인화점

품명		인화점
아세톤	제1석유류	-18℃
벤젠	제1석유류	-11.1℃
톨루엔	제1석유류	4.5℃

4. 화재의 분류 및 표시 색상

구분	화재 종류	표시 색상
A급 화재	일반 화재	백색
B급 화재	유류, 가스 화재	황색
C급 화재	전기 화재	청색
D급 화재	금속 화재	-

5. 화학포 기포안정제 종류 : 카세인, 젤라틴, 사포닝, 가수분해 단백질, 계면활성제 등

6. 연소형태에 따른 가연물 종류

㉮ 표면연소 : 목탄(숯), 코크스

㉯ 분해연소 : 종이, 석탄, 목재, 중유

㉰ 증발연소 : 가솔린, 등유, 경유, 알코올, 양초, 유황

㉱ 확산연소 : 가연성 기체(수소, 프로판, 부탄, 아세틸렌 등)

㉲ 자기연소 : 제5류 위험물(니트로셀룰로오스, 셀룰로이드, 니트로글리세린 등)

7. 폭굉(detonation)의 정의 : 가스 중의 음속보다도 화염 전파속도가 큰 경우로서 파면선단에 충격파라고 하는 압력파가 생겨 격렬한 파괴작용을 일으키는 현상

8. 화학포 소화약제 : 탄산수소나트륨($NaHCO_3$)의 수용액과 황산알루미늄($Al_2(SO_4)_3$) 수용액과의 화학 반응에 따라 발생하는 이산화탄소(CO_2)를 이용하여 포를 발생시킨다.

9. 소요열량 계산

㉮ 20℃ 물 → 100℃ 물 : 현열

∴ $Q_1 = G \times C \times \Delta t$

$= 100 \times 1 \times (100 - 20) = 8000\,kcal$

㉯ 100℃ 물 → 100℃ 수증기 : 잠열

∴ $Q_2 = G \times \gamma = 100 \times 540 = 54000\,kcal$

㉰ 합계 소요열량 계산

∴ $Q = Q_1 + Q_2 = 8000 + 54000 = 62000\,kcal$

10. 소화기 분류

분류	소화기 명칭	화학식
CTC 소화기	사염화탄소 소화기	CCl_4
CB 소화기	할론 1011 소화기	CH_2ClBr
MTB 소화기	할론 1301 소화기	CF_3Br
BCF 소화기	할론 1211 소화기	CF_2ClBr
FB 소화기	할론 2402 소화기	$C_2F_4Br_2$

11. 가연물의 구비조건

㉮ 발열량이 크고, 열전도율이 작을 것
㉯ 산소와 친화력이 좋고 표면적이 넓을 것
㉰ 활성화 에너지(점화에너지)가 작을 것
㉱ 연쇄반응이 있고, 건조도가 높을 것(수분 함량이 적을 것)

> [참고] 가연물의 열전도율이 크게 되면 자신이 보유하고 있는 열이 적게 되어 착화 및 연소가 어려워지게 된다.

12.

㉮ 벤젠(C_6H_6)의 완전연소 반응식
$C_6H_6 + 7.5O_2 \longrightarrow 6CO_2 + 3H_2O$

㉯ 이산화탄소(CO_2)의 양 계산 : 벤젠 1몰(mol)이 완전연소하면 이산화탄소 6몰(mol)이 발생하며, 표준상태에서 기체 1몰(mol)의 체적은 22.4L에 해당된다.
∴ CO_2의 양 = $6 \times 22.4 = 134.4$L

13. 정전기 제거설비 설치 [시행규칙 별표4] : 위험물을 취급함에 있어서 정전기가 발생할 우려가 있는 설비에는 다음 중 하나에 해당하는 방법으로 정전기를 유효하게 제거할 수 있는 설비를 설치하여야 한다.

㉮ 접지에 의한 방법
㉯ 공기 중의 상대습도를 70% 이상으로 하는 방법
㉰ 공기를 이온화하는 방법

14.

㉮ 수소화나트륨(NaH)의 분자량 계산
$M = 23 + 1 = 24$

㉯ 수소화나트륨(NaH)과 물의 반응식
$NaH + H_2O \longrightarrow NaOH + H_2$

㉰ 수소화나트륨(NaH) 240g이 반응할 때 수소 부피 계산 : 수소화나트륨의 분자량은 24이다.

$$\therefore x = \frac{22.4 \times 240}{24} = 224\text{L}$$

15. 이산화탄소 소화약제 저장용기 설치장소

㉮ 방호구역 외의 장소에 설치할 것
㉯ 온도가 40℃ 이하이고 온도변화가 적은 장소에 설치할 것
㉰ 직사일광 및 빗물이 침투할 우려가 적은 장소에 설치할 것
㉱ 저장용기에는 안전장치를 설치할 것
㉲ 저장용기의 외면에 소화약제의 종류와 양, 제조년도 및 제조자를 표시할 것

16. 분진폭발을 일으키는 물질

㉮ 폭연성 분진 : 금속분말(Mg, Al, Fe 등)
㉯ 가연성 분진 : 소맥분, 전분, 합성수지류, 황, 코코아, 리그린, 석탄분말, 고무분말, 담배분말 등

> [참고] 시멘트 분말, 대리석 분말 등은 불연성 물질로 분진폭발과는 관련이 없다.

17. 니트로셀룰로오스의 특징

㉮ 제5류 위험물 중 질산에스테르류에 해당되며, 지정수량은 10kg이다.
㉯ 천연 셀룰로오스에 진한 질산과 진한 황산을 작용시켜 제조한다.
㉰ 맛과 냄새가 없고 초산에틸, 초산아밀, 아세톤, 에테르 등에는 용해하나 물에는 녹지 않는다.
㉱ 햇빛, 산, 알칼리에 의해 분해, 자연 발화한다.
㉲ 질화도가 클수록 폭발의 위험성이 증가하며 폭약의 원료(다이너마이트)로 사용한다.
㉳ 건조한 상태에서는 발화의 위험이 있다.
㉴ 물과 혼합할수록 위험성이 감소하므로 저장 및 수송할 때에는 함수알코올(물+알코올)을 습윤시킨다.

18. 탄화칼슘(카바이드 : CaC₂)의 특징

㉮ 제3류 위험물 중 칼슘 또는 알루미늄의 탄화
물로 지정수량은 300kg이다.

㉯ 백색의 입방체 결정으로 시판품은 회색, 회흑
색을 띠고 있다.

㉰ 수증기 및 물과 반응하여 가연성 가스인 아세틸
렌(C_2H_2)과 수산화칼슘[$Ca(OH)_2$]이 발생한다.

$$CaC_2 + 2H_2O \rightarrow Ca(OH)_2 + C_2H_2 \uparrow$$

㉱ 상온에서 안정하지만 350℃에서 산화되며,
700℃ 이상에서는 질소와 반응하여 석회질소
($CaCN_2$: 칼슘시아나이드)를 생성한다.

㉲ 시판품은 불순물이 포함되어 있어 유독한 황
화수소(H_2S), 인화수소(PH_3 : 포스핀), 암모니
아(NH_3) 등을 발생시킨다.

㉳ 비중 2.22, 융점 2370℃, 착화온도 335℃이다.

19. 디에틸에테르($C_2H_5OC_2H_5$: 에테르)의 특징

㉮ 제4류 위험물 중 특수인화물에 해당되며 지정
수량 50L이다.

㉯ 무색투명하며 독특한 냄새가 있는 인화되기
쉬운 액체이다.

㉰ 물에는 녹기 어려우나 알코올에는 잘 녹는다.

㉱ 전기의 불량도체라 정전기가 발생되기 쉽다.

㉲ 휘발성이 강하고 증기는 마취성이 있어 장시
간 흡입하면 위험하다.

㉳ 액비중 0.719(증기비중 2.55), 비점 34.48℃,
발화점 180℃, 인화점 -45℃, 연소범위 1.91
~48%이다.

20.
㉮ 제4류 위험물 중 제1석유류 : 아세톤
(CH_3COCH_3 : 디메틸케톤), 가솔린(C_5H_{12}~
C_9H_{20} : 휘발유), 벤젠(C_6H_6 : 벤졸), 톨루엔
($C_6H_5CH_3$: 메틸벤젠), 크실렌[$C_6H_4(CH_3)_2$:
디메틸벤젠], 초산에스테르류, 의산(개미산) 에
스테르류, 메틸에틸케톤($CH_3COC_2H_5$), 피리딘
(C_5H_5N) 등

㉯ 클로로벤젠 : 제4류 위험물 중 제2석유류

21.
㉮ 자기반응성 물질인 제5류 위험물은 질식소

화는 효과가 없고 다량의 주수에 의한 냉각소
화가 효과적이다.

㉯ 각 위험물의 유별 구분

품명		유별
질산에틸 (CH_3ONO_2)	질산에스테르류	제5류
탄화알루미늄 (Al_4C_3)	알루미늄의 탄화물	제3류
과산화나트륨 (Na_2O_2)	무기과산화물	제1류
마그네슘(Mg)	마그네슘	제2류

22.
㉮ 금속나트륨, 금속칼륨 등을 보호액 속에 저
장하는 이유는 공기 중의 수분과 반응하여 가연
성인 수소를 발생하는 것과 산소와 반응하여 산
화하는 것을 방지하기 위해서다.

㉯ 보호액 : 등유, 경유, 유동파라핀

23. 제3류 위험물이 물과 반응하여 발생하는 가스

㉮ 탄화알루미늄(Al_4C_3 : 제3류 위험물)이 물(H_2O)
과 반응하여 발생하는 가스는 가연성인 메탄
(CH_4)이다.

$$Al_4C_3 + 12H_2O \rightarrow 4Al(OH)_3 + 3CH_4 \uparrow$$

㉯ 리튬(Li), 나트륨(Na), 칼슘(Ca), 수소화나트
륨(NaH)은 제3류 위험물로 물(H_2O)과 반응하
여 가연성 가스인 수소(H_2)를 발생한다.

24. 벤젠과 톨루엔의 특징 비교

구분	디에틸에테르 ($C_2H_5OC_2H_5$)	벤젠(C_6H_6)
품명	제4류 특수인화물	제4류 제1석유류
물과 혼합	비수용성	비수용성
지정수량	50L	200L
상태	무색의 액체	무색의 액체
냄새	독특한 냄새	방향성 냄새
독성여부	마취성	독성
액체비중	0.719	0.88
증기비중	2055	2.7
인화점	-45℃	-11.1℃
연소범위	1.91~48%	1.4~7.1%

25. 위험물과 보호액

품명	유별	보호액
이황화탄소(CS_2)	제4류	물
황린(P_4)	제3류	물
칼륨(K), 나트륨(Na)	제3류	등유, 경유, 유동파라핀
니트로셀룰로오스	제5류	물 20%, 알코올 30%로 습윤시킴

26. 과산화수소(H_2O_2)의 특징

㉮ 제6류 위험물로 지정수량 300kg이다.

㉯ 순수한 것은 점성이 있는 무색의 액체이나 양이 많을 경우에는 청색을 나타낸다.

㉰ 강한 산화성이 있고 물, 알코올, 에테르 등에는 용해하지만 석유, 벤젠에는 녹지 않는다.

㉱ 알칼리 용액에서는 급격히 분해하나 약산성에서는 분해하기 어렵다.

㉲ 분해되기 쉬워 안정제(인산[H_3PO_4], 요산[$C_5H_4N_4O_3$])를 가한다.

㉳ 농도가 높아질수록 불안정하며, 온도가 높아질수록 분해속도가 증가하고 비점 이하에서 폭발한다.

㉴ 비중(0℃) 1.465, 융점 -0.89℃, 비점 80.2℃이다.

27.

제5류 위험물 중 디아조화합물, 히드라진 유도체, 히드록실아민등과 같이 산소를 포함하지 않은 화합물도 있다.

28. 과망간산칼륨($KMnO_4$)의 특징

㉮ 제1류 위험물 중 과망간산염류에 해당하고, 지정수량은 1000kg이다.

㉯ 흑자색의 사방정계 결정으로 붉은색 금속광택이 있고 단맛이 있다.

㉰ 물에 녹아 진한 보라색이 되며, 메탄올, 빙초산, 아세톤에 녹는다.

㉱ 240℃에서 가열하면 망간산칼륨, 이산화망간, 산소를 발생한다.

㉲ 목탄, 황 등 환원성 물질과 접촉 시 폭발의 위험이 있다.

㉳ 강산화제이며, 진한 황산과 접촉하면 폭발적으로 반응한다.

㉴ 비중 2.7, 분해온도 240℃이다.

29. 적린(P)의 성상 및 취급

㉮ 제2류 위험물로 지정수량 100kg이다.

㉯ 황린과 동소체이지만 황린에 보다 안정한 암적색, 무취의 분말이다.

㉰ 물, 에틸알코올, 가성소다(NaOH), 이황화탄소(CS_2), 에테르, 암모니아에 용해하지 않는다.

㉱ 상온에서 할로겐원소와 반응하지 않는다.

㉲ 독성이 없고 자연발화의 위험성이 없으나 산화물(염소산염류 등의 산화제)과 공존하면 낮은 온도에서도 발화할 수 있다.

㉳ 공기 중에서 연소하면 오산화인(P_2O_5)이 되면서 백색 연기를 낸다.

㉴ 물과 반응하지 않으므로 화재 시 주수소화한다.

㉵ 적린의 성질 : 비중 2.2, 융점(43atm) 590℃, 승화점 400℃, 발화점 260℃

30. 트리니트로톨루엔($C_6H_2CH_3(NO_2)_3$: TNT)의 특징

㉮ 제5류 위험물 중 니트로 화합물로 지정수량 200kg이다.

㉯ 담황색의 주상결정으로 햇빛을 받으면 다갈색으로 변한다.

㉰ 물에는 녹지 않으나 알코올, 벤젠, 에테르, 아세톤에는 잘 녹는다.

㉱ 폭약으로 사용되며, 폭약류의 폭약을 비교할 때 기준 폭약으로 활용된다.

㉲ 비중 1.8, 융점 81℃, 비점 240℃, 착화점(발화점) 300℃이다.

31. 용어의 정의 [법 제2조]

㉮ "제조소등"이라 함은 제조소 · 저장소 및 취급소를 말한다.

㉯ "제조소"라 함은 위험물을 제조할 목적으로

지정수량 이상의 위험물을 취급하기 위하여 법 규정에 따른 허가를 받은 장소를 말한다.
㉰ "저장소"라 함은 지정수량 이상의 위험물을 저장하기 위한 대통령령이 정하는 장소로서 법 규정에 따른 허가를 받은 장소를 말한다.
㉱ "취급소"라 함은 지정수량 이상의 위험물을 제조 외의 목적으로 취급하기 위한 대통령령으로 정하는 장소로서 법 규정에 따른 허가를 받은 장소를 말한다.

> **참고** 취급소는 주유취급소, 판매취급소, 이송취급소, 일반취급소가 해당되며 이동판매취급소는 법 규정에는 없는 취급소이다.

32. 이산화탄소 저장용기 충전비[세부기준 제134조]

구분	충전비
고압식	1.5 이상 1.9 이하
저압식	1.1 이상 1.4 이하

33. 제2류 위험물인 황(유황)은 노란색의 가연성 고체로 열 및 전기의 불량도체이며 물이나 산에 녹지 않는다.

34. 스프링클러설비 설치기준[시행규칙 별표17]
㉮ 방사압력과 방수량 : 폐쇄형 헤드 30개를 동시에 사용할 경우 각 선단의 방사압력이 100kPa 이상이고, 방수량이 1분당 80L 이상의 성능이 되도록 하여야 한다.
㉯ 수원의 수량 : 폐쇄형 헤드를 사용하는 것은 30(헤드의 설치개수가 30 미만인 것은 당해 설치개수), 개방형 헤드를 사용하는 것은 가장 많이 설치된 방사구역의 설치개수에 $2.4m^3$를 곱한 이상이 되도록 설치하여야 한다.

35. 각 위험물의 유별 및 지정수량

품명	유별	지정수량
유황, 적린, 황화인	제2류	100kg
황린	제3류	20kg

36. 질산나트륨($NaNO_3$)의 특징
㉮ 제1류 위험물로 질산염류에 해당되며 지정수량은 300kg이다.
㉯ 무색, 무취, 투명한 결정 또는 백색 분말이다.
㉰ 조해성이 있으며 물, 글리세린에 잘 녹는다.
㉱ <u>강한 산화제</u>이며 수용액은 중성으로 무수 알코올에는 잘 녹지 않는다.
㉲ 분해온도(380℃)에서 분해되면 아질산나트륨($NaNO_2$)과 산소를 생성한다.
㉳ 가연물, 유기물, 차아황산나트륨과 함께 가열하면 폭발한다.
㉴ <u>비중 2.27</u>, 융점 308℃, 용해도(0℃) 73이다.

37. ㉮ 탄화칼슘(CaC_2)이 물(H_2O)과 반응하면 아세틸렌(C_2H_2)가스가 발생한다.
㉯ 반응식 : $CaC_2 + 2H_2O \rightarrow Ca(OH)_2 + C_2H_2 \uparrow$

38. 제3류 위험물 중 금수성 물질에 적응성이 있는 소화설비[시행규칙 별표17]
㉮ 탄산수소염류 분말소화설비 및 분말소화기
㉯ 건조사
㉰ 팽창질석 또는 팽창진주암

39. ㉮ 알코올 : 제4류 위험물로 지정수량은 400L이다.
㉯ 1소요 단위는 지정수량의 10배이다.
$$\therefore 소요 단위 = \frac{위험물의 양}{지정수량 \times 10} = \frac{20000}{400 \times 10} = 5$$

40. 제2류 위험물 지정수량
㉮ 유황 : 100kg
㉯ 고형알코올(인화성 고체) : 1000kg
㉰ 지정수량 배수의 합 계산 : 지정수량 배수의 합은 각 위험물량을 지정수량으로 나눈 값의 합이다.
$$\therefore 지정수량 배수의 합$$
$$= \frac{A 위험물량}{지정수량} + \frac{B 위험물량}{지정수량}$$
$$= \frac{500}{100} + \frac{1000}{1000} = 6 배$$

41. 제조소의 주의사항 게시판 [시행규칙 별표4]

위험물의 종류	내용	색상
• 제1류 위험물 중 알칼리금속의 과산화물 • 제3류 위험물 중 금수성 물질	"물기엄금"	청색바탕에 백색문자
• 제2류 위험물(인화성 고체 제외)	"화기주의"	적색바탕에 백색문자
• 제2류 위험물 중 인화성 고체 • 제3류 위험물 중 자연발화성 물질 • 제4류 위험물 • 제5류 위험물	"화기엄금"	

42. 피난설비 설치기준 [시행규칙 별표17]

㉮ 주유취급소 중 건축물의 2층 이상의 부분을 점포·휴게음식점 또는 전시장의 용도로 사용하는 것에 있어서는 당해 건축물의 2층 이상으로부터 주유취급소의 부지 밖으로 통하는 출입구와 당해 출입구로 통하는 통로·계단 및 출입구에 유도등을 설치하여야 한다.

㉯ 옥내주유취급소에 있어서는 당해 사무소 등의 출입구 및 피난구와 당해 피난구로 통하는 통로·계단 및 출입구에 유도등을 설치하여야 한다.

43. 옥내탱크저장소 중 탱크 전용실 위치 [시행규칙 별표7] : 옥내저장탱크는 탱크 전용실에 설치할 것. 이 경우 제2류 위험물 중 황화인·적린 및 덩어리 유황, 제3류 위험물 중 황린, 제6류 위험물 중 질산의 탱크 전용실은 건축물의 1층 또는 지하층에 설치하여야 한다.

44. 제조소의 옥외에 있는 방유제 [시행규칙 별표4]

㉮ 하나의 액체 위험물 탱크 : 당해 탱크용량의 50% 이상

㉯ 2 이상의 액체 위험물 탱크 : 당해 탱크 중 용량이 최대인 것의 50%에 나머지 탱크용량 합계의 10%를 가산한 양 이상

45. 제조소등의 완공검사의 신청

㉮ 시행령 제10조 : 제조소등에 대한 완공검사를 받고자 하는 자는 이를 시·도지사에게 신청하여야 한다.

㉯ 시행규칙 제19조 : 제조소등에 대한 완공검사를 받고자 하는 자는 신청서와 해당 서류를 첨부하여 시·도지사 또는 소방서장(완공검사를 기술원에 위탁하는 경우에는 기술원)에게 제출하여야 한다.

46. 이송취급소의 교체밸브, 제어밸브 등의 설치기준 [시행규칙 별표15]

㉮ 밸브는 원칙적으로 이송기지 또는 전용부지 내에 설치할 것

㉯ 밸브는 그 개폐상태가 당해 밸브의 설치장소에서 쉽게 확인할 수 있도록 할 것

㉰ 밸브를 지하에 설치하는 경우에는 점검상자 안에 설치할 것

㉱ 밸브는 당해 밸브의 관리에 관계하는 자가 아니면 수동으로 개폐할 수 없도록 할 것

47. 가연성 고체(제2류 위험물) 위험등급 분류 [시행규칙 별표19]

㉮ 위험등급 I : 해당되는 품명이 없음

㉯ 위험등급 II : 황화인, 적린, 유황 그 밖에 지정수량이 100kg인 위험물

㉰ 위험등급 III : 위험등급 I, II 외의 것으로 지정수량 500kg인 철분, 금속분, 마그네슘 및 지정수량 1000kg인 인화성 고체

참고 마그네슘(Mg)은 제2류 위험물로 위험등급 III에 해당된다.

48. 지위승계 신고 [법 제10조] : 경매, 환가, 압류 재산의 매각 절차에 따라 제조소등의 시설의 전부를 인수한 자는 그 설치자의 지위를 승계하며 지위를 승계한 자는 승계한 날부터 30일 이내에 시·도지사에게 그 사실을 신고하여야 한다.

49. 위험물의 유별 성질(시행령 별표1)

㉮ 제1류 위험물 : 산화성 고체

㉯ 제2류 위험물 : 가연성 고체

㉰ 제3류 위험물 : 자연발화성 및 금수성 물질

㉱ 제4류 위험물 : 인화성 액체

㉲ 제5류 위험물 : 자기반응성 물질

㉳ 제6류 위험물 : 산화성 액체

50. 오산화인(P_2O_5)은 황린, 적린이 연소에 의하여 생성되는 물질로 위험물에는 해당되지 않는다.

참고 각 위험물의 유별

㉮ CaC_2(탄화칼슘) : 제3류 위험물로 금수성 물질의 고체로 지정수량은 300kg이다.

㉯ S(유황) : 제2류 위험물로 가연성 고체이며 지정수량은 100kg이다.

㉰ K(칼륨) : 제3류 위험물로 자연발화성 물질 및 금수성 물질의 고체로 지정수량은 10kg이다.

51. 각 위험물이 물(H_2O)과 반응하였을 때 발생하는 가스

㉮ 나트륨(Na)과 물 : 수소(H_2)

$$2Na+2H_2O \longrightarrow 2NaOH+H_2$$

㉯ 과산화나트륨(Na_2O_2)과 물 : 산소(O_2) → 조연성 가스

$$2Na_2O_2+2H_2O \longrightarrow 4NaOH+O_2$$

㉰ 탄화알루미늄(Al_4C_3)과 물 : 메탄(CH_4)

$$Al_4C_3+12H_2O \longrightarrow 4Al(OH)_3+3CH_4$$

㉱ 트리에틸알루미늄[$(C_2H_5)_3Al$]과 물 : 에탄(C_2H_6)

$$(C_2H_5)_3Al+3H_2O \longrightarrow Al(OH)_3+3C_2H_6$$

52. 벤젠의 인화점은 −11.0℃이고, 가솔린의 인화점은 −20∼−43℃ 정도이다. 그러므로 벤젠은 가솔린보다 인화점이 높다.

53. 소화설비의 소화효과

㉮ 옥내·옥외 소화설비 : 냉각소화

㉯ 스프링클러 설비, 물분무 소화설비 : 냉각소화

㉰ 포, 분말 소화설비 : 질식소화

㉱ 할로겐화합물 소화설비 : 억제소화(부촉매 효과)

54. 소화설비 소요단위 계산방법 [시행규칙 별표17]

㉮ 제조소 또는 취급소의 건축물

㉠ 외벽이 내화구조인 것 : 연면적 $100m^2$를 1소요단위로 할 것

㉡ 외벽이 내화구조가 아닌 것 : 연면적 $50m^2$를 1소요단위로 할 것

㉯ 저장소의 건축물

㉠ 외벽이 내화구조인 것 : 연면적 $150m^2$를 1소요단위로 할 것

㉡ 외벽이 내화구조가 아닌 것 : 연면적 $75m^2$를 1소요단위로 할 것

㉰ 위험물 : 지정수량의 10배를 1소요단위로 할 것

㉱ 제조소등의 옥외에 설치된 공작물은 외벽이 내화구조인 것으로 간주하고 공작물의 최대수평투영면적을 연면적으로 간주하여 ㉮ 및 ㉯의 규정에 의하여 소요단위를 산정할 것

55. 옥외저장소에 지정수량 이상의 위험물을 저장할 수 있는 위험물 [시행령 별표2]

㉮ 제2류 위험물 중 유황 또는 인화성 고체(인화점이 0℃ 이상인 것에 한한다)

㉯ 제4류 위험물 중 제1석유류(인화점이 0℃ 이상인 것에 한한다)·알코올류·제2석유류·제3석유류·제4석유류 및 동식물유류

㉰ 제6류 위험물

㉱ 제2류 위험물 및 제4류 위험물 중 특별시·광역시 또는 도의 조례에서 정하는 위험물(관세법 제154조의 규정에 의한 보세구역 안에 저장하는 경우에 한한다.)

㉲ '국제해사기구에 관한 협약'에 의하여 설치된 국제해사기구가 채택한 '국제해상위험물규칙(IMDG Code)'에 적합한 용기에 수납된 위험물

참고 가솔린은 제4류 위험물 중 제1석유류로 인화점이 −20∼−43℃이기 때문에 옥외저장소에 저장을 허가 받을 수 없다.

56. ㉮ 요오드값에 따른 동식물유류의 분류 및 종류

구분	요오드값	종류
건성유	130 이상	들기름, 아마인유, 해바라기유, 동유
반건성유	100~130 미만	목화씨유, 참기름, 채종유
불건성유	100 미만	땅콩기름(낙화생유), 올리브유, 피마자유, 야자유, 동백유

㉯ 요오드값에 따른 특징
  ㉠ 건성유 : 요오드값이 120 이상인 것으로 이 중결합이 많아 불포화도가 높기 때문에 공기 중에서 산화되어 액표면에 피막을 만드는 기름이다.
  ㉡ 반건성유 : 요오드값이 100 이상 130 미만인 것으로 공기 중에서 건성유보다 얇은 피막을 만드는 기름이다.
  ㉢ 불건성유 : 요오드값이 100 미만인 것으로 공기 중에서 피막을 만들지 않는 안정된 기름이다.

57. 제조소등에서의 저장 기준 [시행규칙 별표18]

㉮ 알킬알루미늄등을 저장 또는 취급하는 이동탱크저장소에는 긴급시의 연락처, 응급조치에 관하여 필요한 사항을 기재한 서류, 방호복, 고무장갑, 밸브 등을 죄는 결합공구 및 휴대용 확성기를 비치하여야 한다.
㉯ 이동탱크저장소에는 당해 이동탱크저장소의 완공검사필증 및 정기점검기록을 비치하여야 한다.

58. 압력수조를 이용한 옥내소화전설비의 최소압력

$$P = P_1 + P_2 + P_3 + 0.35$$
$$= 3 + 1 + 1.35 + 0.35 = 5.7 \text{MPa}$$

여기서, P : 필요한 압력(MPa)
P_1 : 소방용 호스의 마찰손실 수두압 (MPa)
P_2 : 배관의 마찰손실 수두압(MPa)
P_3 : 낙차의 환산수두압(MPa)

59. 운반용기에 의한 수납 적재 기준 [시행규칙 별표19]

㉮ 고체 위험물은 운반용기 내용적의 95% 이하의 수납률로 수납할 것
㉯ 액체 위험물은 운반용기 내용적의 98% 이하의 수납률로 수납하되, 55℃의 온도에서 누설되지 아니하도록 충분한 공간용적을 유지하도록 할 것

60.
$$V = \pi \times r^2 \times \left(l + \frac{l_1 + l_2}{3} \right)$$
$$= \pi \times 10^2 \times \left(18 + \frac{3+3}{3} \right) = 6283.185 \text{ m}^3$$

위험물기능사
과년도문제 해설

2021년 1월 10일 인쇄
2021년 1월 15일 발행

저 자 : 서상희
펴낸이 : 이정일

펴낸곳 : 도서출판 일진사
www.iljinsa.com

(우) 04317 서울시 용산구 효창원로 64길 6
전화 : 704-1616 / 팩스 : 715-3536
등록 : 제1979-000009호 (1979.4.2)

값 22,000 원

ISBN : 978-89-429-1647-4